"十二五"普通高等教育本科国家级规划教材

信号与系统引论

Xinhao yu Xitong Yinlun

郑君里　应启珩　杨为理

高等教育出版社·北京

内容简介

作者以原著《信号与系统》(第二版)(2000年高等教育出版社出版)为基础,改写成这本引论教材。特点如下:篇幅适当减少,以适应不同课程学时的需求;保持了原著最重要的特色——理论与实践密切结合,应用实例丰富;在改写过程中对部分实例进行了更新或补充,具有强烈的时代感;全文保留了原著第六章信号的矢量空间分析,从而充分体现了本书与国内外其他同类教材的明显区别。

全书共9章,包括:绪论;连续时间系统的时域分析;傅里叶变换;拉普拉斯变换、连续时间系统的 s 域分析;傅里叶变换应用于通信系统——滤波、调制与抽样;信号的矢量空间分析;离散时间系统的时域分析;z 变换、离散时间系统的 z 域分析;系统的状态变量分析。

本书可作为高等院校通信电子类本科生信号与系统课程的教材。如果教师备课或学生自学时将本书与《信号与系统》(第二版)交互参考研究,可以取得更好的教学效果。

图书在版编目(CIP)数据

信号与系统引论/郑君里,应启珩,杨为理.—北京:高等教育出版社,2009.3(2024.11重印)
ISBN 978-7-04-025787-8

Ⅰ.信… Ⅱ.①郑…②应…③杨… Ⅲ.信号系统-高等学校-教材 Ⅳ.TN911.6

中国版本图书馆CIP数据核字(2009)第013178号

策划编辑	杜 炜	责任编辑	曲文利	封面设计	于文燕	责任绘图	宗小梅
版式设计	马敬茹	责任校对	金 辉	责任印制	高 峰		

出版发行	高等教育出版社	咨询电话	400-810-0598
社 址	北京市西城区德外大街4号	网 址	http://www.hep.edu.cn
邮政编码	100120		http://www.hep.com.cn
印 刷	北京汇林印务有限公司	网上订购	http://www.landraco.com
开 本	787×960 1/16		http://www.landraco.com.cn
印 张	40	版 次	2009年3月第1版
字 数	750 000	印 次	2024年11月第25次印刷
购书热线	010-58581118	定 价	66.90元

本书如有缺页、倒页、脱页等质量问题,请到所购图书销售部门联系调换
版权所有 侵权必究
物 料 号 25787-C0

前　言

　　1978年撰写《信号与系统》(第一版)初稿至今已历经30年,在此期间,曾改写第二版,于2000年与读者见面。从第一版到第二版读者对该书的需求量逐步增多。我们结识了大批有志于学习或教授信号与系统课程的朋友,众多学生和教师对这一学科领域的强烈兴趣与研究热情是对作者最珍贵的鼓励与厚爱,在此深致谢意。

　　回顾10年前开始撰写第二版初稿时确定的追求目标以及近年来使用该书授课的实践感受,作者认识到以下诸方面的思考很值得认真分析与反复研究:

　　(1) 由于确定性信号经线性时不变系统传输与处理的研究方法已相当成熟,本课程的教学要求和基本内容相对稳定。虽然在某些方面受到最新技术发展的冲击,然而,尚未构成大幅度更新和重组课程体系的新局面,因而,本课程的发展前景可表述为:在相对稳定中逐步追求变革。

　　(2) 要处理好稳定与变革的关系,必须在讲授传统内容的过程中充分体现时代气息,注重经典理论的讲述与引入最新技术的相互融合。以当代信息科学的观点理解、审视、组织和阐述传统内容。所谓课程更新往往体现在应用领域的演变,而已经成熟的经典理论却仍然适用。第二版教材特别注重结合基本概念介绍各类应用实例(如PCM通信、CDMA通信、码速与带宽、匹配滤波器、小波变换以及人口增长估测、宏观经济模型、住房贷款偿还计算等)。这些讨论有助于激发学生的学习志趣和热情,推动他们灵活、深入地掌握基本概念,给读者留下深刻印象,这是该书最重要的特色。

　　(3) 增写信号的矢量空间分析一章,取得了很好的教学效果。这里涉及的基本概念在许多后续课程中需要引用,而按照以往的习惯,尚未见到国内外哪种教材或哪门课程对此进行系统的入门介绍。本章的撰写成功地改变了这种状况。

　　教学改革必须注重结合国情。我们的学生从高中到大学历经系统深入的数学课程学习,承受了严格而艰苦的训练,他们对数学基础知识及其实际应用问题的兴趣要明显超过国外的同龄学生。而本课程的核心任务正是要构建一座从数学到物理和工程技术的桥梁,引导学生从理论学习过渡到专业工程训练。本书的重要特征在于适应国情,使学生一方面对信号处理的学习步入更深层次,为学好后续理论课程打好基础,另一方面也认识到数学并不神秘,许多数学工具非常有用。

（4）信号与系统课程的实验教学可以结合 MATLAB 软件应用安排编程练习。目前,这种做法已取得国内外众多授课教师的共识。在具体实现方法上有两种形式,一是在理论教材的每一章后附加相应练习,另一种是单独编写 MATLAB 编程练习教材,适当增加综合性训练题目,这需要稍多一些课时。经过几年来的实践试点,我校电子系采取了后一种做法,并且出版了相应的教材(见本书后所附参考书目[3])。

（5）第二版教材结构具有很大灵活性,可适用于本科通信电子类与非通信电子类的多种专业,全书篇幅较大。任课教师可以根据各校实际情况进行不同章节的选取与组合,构成深度和学时有区别的课程。

我们注意到,目前国内外大部分院校这门课程的教学体系和主要内容都比较稳定,虽有个别教材提出了全新的变革观点(如参考书目[14]),然而,却难以被多数院校所接受。人们意识到,要再写一本面目一新并为广大同行师生认同的教材还需要一定时间的准备和尝试。为此,我们将继续努力研究各种改革动向,使本课程不断适应当代信息科学技术发展的需要。在与众多兄弟院校教师的相互交流过程中,大家对上述观点表示赞同。也有教师指出,我们的第二版教材篇幅过大,虽然上述第(5)条关于灵活性的特色突显优势,不过也带来一些麻烦,这就是书价较高,部分同学在经济上难以承受。面对国情,无法回避这一矛盾。经反复征求各方面意见,决定在第二版基础上适当压缩篇幅,出版这本引论。很明显,这种选材将对第二版的灵活性做出牺牲,不能满足多种专业的需求。本书主要适用于通信电子类各专业(这些专业在本课程之后都开设数字信号处理必修课),选材与结构组成做如下安排:

（1）保留第二版的第一至八章以及第十二章,删除第九、十章及第十一章的大部分内容。将 11.1 和 11.6(信号流图)两节并入第二版第十二章组成新的第九章,包括反馈的初步认识、信号流图简介和系统的状态空间分析,与第二版相比较,内容有所精简。

（2）上述选材完全覆盖了教育部于 2004 年初步制定的本课程教学基本要求(通信电子类专业),并有较多扩充内容,由于原书中丰富多彩的应用实例以及第六章全文都完整保留,因而前文所述第二版撰写所追求目标中的第(2)、(3)两条最重要的特色依然显现优势。

（3）第二版第二章介绍了以 δ 函数匹配由系统的 0_- 状态求 0_+ 状态的方法,数学推证比较繁琐,很可能给初学者带来一些不必要的麻烦。为解除此困难,本书将此内容删除,结合电路实际问题讲清楚起始点跳变的物理实质即可达到基本要求。另外,考虑到第二版第二章最后一节关于分配函数的理论探讨,可以不作为课程基本要求,全节删除。与此同时,在第一章 1.4 节增加了 δ 函数时间尺度运算特性的初步介绍,并且补充了习题 1-24 由学生自行证明有关结论。

(4) 为了突显全书加强应用实例介绍的特色,在第二章增写了 2.9 节,研究利用卷积方法分析通信系统多径失真的消除方法。很明显,这里采取的方法并不简捷,但是可以加深读者对时域卷积概念的理解,尽早认识通信系统中的实际问题。在以后各章,如习题 4-51、习题 5-27 以及例题 7-17 将分别借助拉氏变换、傅氏变换以及解卷积方法分析同一问题。这种安排可以吸引学生反复比较、深入研究,利用本课程给出的多种方法求解同一重要问题,从而激发他们的学习乐趣。

(5) 第二版 5.12 节从 ISDN 到信息高速公路概念的初步介绍使本课程的理论研究与工程实践乃至日常生活融为一体。虽然在课堂上大多不讲授,却吸引学生争相阅读、研究讨论。随着信息科学技术的飞速发展,该节内容需要更新。本书重新撰写了"对当代电信网络的初步认识"一节来替换原文,以适应最新技术发展形势。我们相信,修改稿会产生更好的教学效果。

(6) 在第八章的最后增加了 8.11 节数字滤波器简介,有助于读者了解 z 变换的实际应用,从而弥补了由于删除原第十章而引起的不足。

在本书初稿即将付梓之际,我们仍然要把内容丰富、灵活性很强的《信号与系统》(第二版)推荐给读者。诚然,本书的出版为读者提供了一种新的选择,二者各显其能。建议授课教师综合两书的长处并参考实验教材(参考书目[3])的主要内容组织选材和课程结构,根据各校具体情况、环境选取合适的教材。如果仍以第二版作教材,建议将其中的第二章换用本书的修改稿讲授。若选用本书为教材,可适当补充第二版第九章的入门知识(如 9.2 节),以利与后续课程的衔接。

在我国,由于专业划分过细,许多教材缺乏灵活性,不能适用于多种专业。这种情况不利于扩大学生的知识面,掌握宽厚的理论与实践基础。与此密切相关的现象是课堂上照本宣科,讲授内容与教材几乎完全一样,很难培养学生的自学能力。第二版教材在这方面进行的改革尝试基本上取得了成功。

写入教材而课堂上没有讲授的内容在许多方面可以发挥非常重要的作用:首先,有利于扩展视野、培养自学能力;其次,与后续课程的适当重复有利于学生从多角度观察和理解同一问题,例如,第二版 9.2 节关于傅里叶分析四种形式的比较,无论在学习数字信号处理课程之前或之后阅读,都会在综合掌握基本理论核心问题方面受到启发;第三,有些素材为参加科学研究工作提供了宝贵的参考资料,如第二版第十章各种滤波器的原理与性能以及各类滤波器之比较;最后,全面、综合性扩展知识面将十分有利于报考研究生的综合复习。任课教师的职责之一是引导学生在课堂之外加强自学、相互讨论,充分发挥教材的上述各项功能。这些都是构成培养高素质人才不可或缺的教学环节。即使选用本书作为教材,同样存在如何灵活授课的问题,有些章节没有必要在课堂上讲授,上述原则依然适用。

本书撰写执笔工作全部由郑君里完成,应启珩、杨为理共同研讨结构和内容,并校阅了部分书稿。

在清华大学,目前共有 9 个专业设置信号与系统为本科必修课程。教学任务分散在 6 个系各自完成,授课讲员已达数十人,曾参与辅导工作的青年教师和助教博士在百人以上。多年来作者与各位同事和众多博士生的切磋、研讨以及授课过程中和学生的密切交流,对本书写作有很多重要的启发和帮助。

高等教育出版社各位编辑与作者的通力协作为本书出版创造了十分有利的条件。多年来各兄弟院校的教师和学生们以多种方式与作者坦诚交换意见,并对本书写作给予很多关心和支持,在此一并深致谢意。

限于水平,书中难免有不妥或错误之处,恳请读者批评指正。

作者
2008 年 9 月于清华园

目 录

第一章 绪论 ... 1
- 1.1 信号与系统 ... 1
- 1.2 信号的描述、分类和典型示例 ... 3
- 1.3 信号的运算 ... 9
- 1.4 阶跃信号与冲激信号 ... 13
- 1.5 信号的分解 ... 23
- 1.6 系统模型及其分类 ... 28
- 1.7 线性时不变系统 ... 33
- 1.8 系统分析方法 ... 35
- 习题 ... 37

第二章 连续时间系统的时域分析 ... 42
- 2.1 引言 ... 42
- 2.2 系统数学模型（微分方程）的建立 ... 44
- 2.3 用时域经典法求解微分方程 ... 47
- 2.4 起始点的跳变——从 0_- 到 0_+ 状态的转换 ... 53
- 2.5 零输入响应与零状态响应 ... 57
- 2.6 冲激响应与阶跃响应 ... 61
- 2.7 卷积 ... 65
- 2.8 卷积的性质 ... 71
- 2.9 利用卷积分析通信系统多径失真的消除方法 ... 76
- 2.10 用算子符号表示微分方程 ... 78
- 习题 ... 83

第三章 傅里叶变换 ... 89
- 3.1 引言 ... 89
- 3.2 周期信号的傅里叶级数分析 ... 90
- 3.3 典型周期信号的傅里叶级数 ... 102
- 3.4 傅里叶变换 ... 110
- 3.5 典型非周期信号的傅里叶变换 ... 114
- 3.6 冲激函数和阶跃函数的傅里叶变换 ... 120
- 3.7 傅里叶变换的基本性质 ... 123
- 3.8 卷积特性（卷积定理） ... 139

- 3.9 周期信号的傅里叶变换 …… 144
- 3.10 抽样信号的傅里叶变换 …… 151
- 3.11 抽样定理 …… 158
- 习题 …… 161

第四章 拉普拉斯变换、连续时间系统的 s 域分析 …… 174

- 4.1 引言 …… 174
- 4.2 拉普拉斯变换的定义、收敛域 …… 175
- 4.3 拉氏变换的基本性质 …… 182
- 4.4 拉普拉斯逆变换 …… 191
- 4.5 用拉普拉斯变换法分析电路、s 域元件模型 …… 197
- 4.6 系统函数(网络函数)$H(s)$ …… 204
- 4.7 由系统函数零、极点分布决定时域特性 …… 209
- 4.8 由系统函数零、极点分布决定频响特性 …… 218
- 4.9 二阶谐振系统的 s 平面分析 …… 225
- 4.10 全通函数与最小相移函数的零、极点分布 …… 233
- 4.11 线性系统的稳定性 …… 238
- 4.12 双边拉氏变换 …… 243
- 4.13 拉普拉斯变换与傅里叶变换的关系 …… 247
- 习题 …… 251

第五章 傅里叶变换应用于通信系统——滤波、调制与抽样 …… 267

- 5.1 引言 …… 267
- 5.2 利用系统函数 $H(j\omega)$ 求响应 …… 268
- 5.3 无失真传输 …… 272
- 5.4 理想低通滤波器 …… 276
- 5.5 系统的物理可实现性、佩利-维纳准则 …… 282
- 5.6 利用希尔伯特变换研究系统函数的约束特性 …… 285
- 5.7 调制与解调 …… 287
- 5.8 带通滤波系统的运用 …… 291
- 5.9 从抽样信号恢复连续时间信号 …… 296
- 5.10 脉冲编码调制(PCM) …… 302
- 5.11 频分复用与时分复用 …… 304
- 5.12 对当代电信网络的初步认识 …… 309
- 习题 …… 314

第六章 信号的矢量空间分析 …… 321

- 6.1 引言 …… 321
- 6.2 信号矢量空间的基本概念 …… 322
- 6.3 信号的正交函数分解 …… 329
- 6.4 完备正交函数集、帕塞瓦尔定理 …… 335

6.5 沃尔什函数 ·· 338
6.6 相关 ·· 346
6.7 能量谱和功率谱 ·· 354
6.8 信号通过线性系统的自相关函数、能量谱和功率谱分析 ········ 358
6.9 匹配滤波器 ·· 363
6.10 测不准（不定度）原理及其证明 ···························· 367
6.11 码分复用、码分多址（CDMA）通信 ························ 370
习题 ·· 373

第七章 离散时间系统的时域分析 ·································· 377
7.1 引言 ·· 377
7.2 离散时间信号——序列 ···································· 379
7.3 离散时间系统的数学模型 ·································· 385
7.4 常系数线性差分方程的求解 ································ 391
7.5 离散时间系统的单位样值（单位冲激）响应 ··················· 403
7.6 卷积（卷积和） ·· 407
7.7 解卷积（反卷积） ·· 411
习题 ·· 413

第八章 z变换、离散时间系统的z域分析 ·························· 420
8.1 引言 ·· 420
8.2 z变换定义、典型序列的z变换 ···························· 421
8.3 z变换的收敛域 ·· 426
8.4 逆z变换 ·· 431
8.5 z变换的基本性质 ·· 438
8.6 z变换与拉普拉斯变换的关系 ······························ 451
8.7 利用z变换解差分方程 ···································· 456
8.8 离散系统的系统函数 ······································ 459
8.9 序列的傅里叶变换（DTFT） ································ 464
8.10 离散时间系统的频率响应特性 ······························ 471
8.11 数字滤波器简介 ·· 480
习题 ·· 486

第九章 系统的状态变量分析 ······································ 493
9.1 引言 ·· 493
9.2 反馈系统的初步概念 ······································ 497
9.3 信号流图 ·· 500
9.4 连续时间系统状态方程的建立 ······························ 513
9.5 连续时间系统状态方程的求解 ······························ 524
9.6 离散时间系统状态方程的建立 ······························ 529
9.7 离散时间系统状态方程的求解 ······························ 537

9.8　状态矢量的线性变换 …………………………………………………………… 541
9.9　系统的可控制性与可观测性 ……………………………………………………… 547
　　习题 ……………………………………………………………………………………… 556
附录一　卷积表 …………………………………………………………………………… 565
附录二　常用周期信号的傅里叶级数表 ………………………………………………… 566
附录三　常用信号的傅里叶变换表 ……………………………………………………… 570
附录四　几何级数的求值公式表 ………………………………………………………… 580
附录五　序列的 z 变换表 ……………………………………………………………… 583
习题答案 …………………………………………………………………………………… 585
索引 ………………………………………………………………………………………… 613
参考书目 …………………………………………………………………………………… 625

第一章 绪 论

1.1 信号与系统

人们相互问讯、发布新闻、广播图像或传递数据,其目的都是要把某些消息借一定形式的信号传送出去。信号是消息的表现形式,消息则是信号的具体内容。

很久以来,人们曾寻求各种方法,以实现信号的传输。我国古代利用烽火传送边疆警报。此后希腊人也以火炬的位置表示字母符号。这种光信号的传输构成最原始的光通信系统。利用击鼓鸣金可以报送时刻或传达命令,这是声信号的传输。以后又出现了信鸽、旗语、驿站等传送消息的方法。然而,这些方法无论在距离、速度或可靠性与有效性方面仍然没有得到明显的改善。19 世纪初,人们开始研究如何利用电信号传送消息。1837 年莫尔斯(F. B. Morse)发明了电报,他用点、划、空适当组合的代码表示字母和数字,这种代码称为莫尔斯电码。1876 年贝尔(A. G. Bell)发明了电话,直接将声信号(语音)转变为电信号沿导线传送。19 世纪末,人们又致力于研究用电磁波传送无线电信号。为实现这一理想,赫兹(H. Hertz)、波波夫(А. С. Попов)、马可尼(G. Marconi)等人分别作出贡献。开始时,传输距离仅数百米,1901 年马可尼成功地实现了横渡大西洋的无线电通信。从此,传输电信号的通信方式得到广泛应用和迅速发展。如今,无线电信号的传输不仅能够飞越高山海洋,而且可以遍及全球并通向宇宙。例如,以卫星通信技术为基础构成的"全球定位系统"(Global Positioning System,缩写为 GPS)可以利用无线电信号的传输,测定地球表面和周围空间任意目标的位置,其精度可达数十米之内。而个人通信技术的发展前景指出:无论任何人在任何时候和任何地方都能够和世界上其他人进行通信。人们利用手持通信机,以个人相应的电话号码呼叫或被呼叫,进行语音、图像、数据等各种信号的传输。

必须指出,现代通信系统的通信方式往往不是任意两点之间信号的直接传输,而是要利用某些集中转接设施组成复杂的信息网络,经所谓"交换"的功能以实现任意两点之间的信号传输。

信息网络技术的发展前景是实现所谓"全球通信网",它意味着世界上所有通信网将形成智能化的统一整体,即全球一网。这将克服信号传输距离、时间、语言等方面的各种障碍，与个人通信技术相结合构成无所不在的全球个人通信网。目前，迅速发展的综合业务数字网（Integrated Services Digital Network，缩写为 ISDN）、因特网（Internet）以及其他各种信息网络技术已为上述目标的实现奠定了基础。

随着信号传输、信号交换理论与应用的发展，同时出现了所谓"信号处理"的新课题。什么是信号处理？这可以理解为对信号进行某种加工或变换。加工或变换的目的是：削弱信号中的多余内容；滤除混杂的噪声和干扰；或者是将信号变换成容易分析与识别的形式，便于估计和选择它的特征参量。20 世纪 80 年代以来，由于高速数字计算机的运用，大大促进了信号处理研究的发展。而信号处理的应用已遍及许多科学技术领域。例如，从月球探测器发来的电视信号可能被淹没在噪声之中，但是，利用信号处理技术就可予以增强，在地球上得到清晰的图像。石油勘探、地震测量以及核试验监测中所得数据的分析都依赖于信号处理技术的应用。此外，在心电图、脑电图分析、语音识别与合成、图像数据压缩、工业生产自动控制（如化学过程控制）以及经济形势预测（如股票市场分析）等各种科学技术领域中都广泛采用信号处理技术。

信号传输、信号交换和信号处理相互密切联系（也可认为交换是属于传输的组成部分），又各自形成了相对独立的学科体系。它们共同的理论基础之一是研究信号的基本性能（进行信号分析），包括信号的描述、分解、变换、检测、特征提取以及为适应指定要求而进行信号设计。

"系统"是由若干相互作用和相互依赖的事物组合而成的具有特定功能的整体。

在信息科学与技术领域中，常常利用通信系统、控制系统和计算机系统进行信号的传输、交换与处理。实际上，往往需要将多种系统共同组成一个综合性的复杂整体，例如宇宙航行系统。

通常，组成通信、控制和计算机系统的主要部件中包括大量的、多种类型的电路。电路也称电网络或网络。

信号、电路（网络）与系统之间有着十分密切的联系。离开了信号，电路与系统将失去意义。信号作为待传输消息的表现形式，可以看作运载消息的工具，而电路或系统则是为传送信号或对信号进行加工处理而构成的某种组合。研究系统所关心的问题是，对于给定信号形式与传输、处理的要求，系统能否与其相匹配，它应具有怎样的功能和特性；而研究电路问题的着眼点则在于，为实现系统功能与特性应具有怎样的结构和参数。有时认为系统是比电路更复杂、规模更大的组合体，然而，更确切地说，系统与电路二词的主要差异应体现在观察事物的着眼点或处理问题的角度方面。系统问题注意全局，而电路问题则关心局部。例如，仅由一个电阻和一个电容组成的简单电路，在电路分析中，注意研究其各支路、回路的电流或电压;而从系统的观点来看,可以研究它如何构成具有微分或积分功能的运算器。

近年来,由于大规模集成化技术的发展以及各种复杂系统部件的直接采用,使系统、网络、电路以及器件这些名词的划分发生了困难,它们当中的许多问题互相渗透,需要统一分析、研究和处理。通常勿需严格区分各名词的差异。

目前,由于信息网络(包括通信网和计算机网)的广泛应用,在信息科学与技术领域中"网络"一词也泛指通信网或计算机网。

在本书中,系统、网络与电路等名词通用。一般情况下,网络指电路,仅在个别小节内涉及信息网络(通信网)。

在电路中传送的电信号一般指随时间变化的电压或电流,也可以是电容的电荷,线圈的磁通以及空间的电磁波等。电信号与非电信号容易相互转换。在许多实际系统中常利用各种传感器将其他物理量(如声波动、光强度、机械运动的位移或速度等)转变为电信号,以利传输与处理。根据需要可将转换后的电信号还原为原有的物理量。

广义讲,系统的概念不仅限于电路、通信和控制方面,它涉及的范围十分广泛,应当包括各种物理系统和非物理系统,人工系统以及自然系统。

通信系统、电力系统、机械系统可称为物理系统;政治结构、经济组织、生产管理等则属于非物理系统。计算机网、交通运输网、水利灌溉网以及交响乐队等是人工系统;而自然系统的例子小至原子核,大如太阳系,可以是无生命的,也可是有生命的(如动物的神经网络)。

随着科学技术的发展,人工系统之规模日益庞大,内部结构也越来越复杂。人们致力于研究将系统理论用于系统工程设计,以期使较复杂的系统最佳地满足预定的要求。以此为背景,出现了一门边缘技术科学,这就是系统工程学。

在系统或网络理论研究中,包括系统分析与系统综合(网络分析与网络综合)两个方面。在给定系统的条件下,研究系统对于输入激励信号所产生的输出响应,这是系统分析问题。系统综合则是按某种需要先提出对于给定激励的响应,而后根据此要求设计(综合)系统。分析与综合二者关系密切,但又有各自的体系和研究方法,一般讲,学习分析是学习综合的基础。

本书的讨论范围着重系统分析,不涉及系统工程学方面的问题。我们以通信系统和控制系统的基本问题为主要背景,研究信号经系统传输或处理的一般规律,着重基本概念和基本分析方法。

1.2 信号的描述、分类和典型示例

描述信号的基本方法是写出它的数学表达式,此表达式是时间的函数,绘出

函数的图像称为信号的波形。为便于讨论,在本书中常常把信号与函数两名词通用。除了表达式与波形这两种直观的描述方法之外,随着问题的深入,需要用频谱分析、各种正交变换以及其他方式来描述和研究信号。

信号可从不同角度进行分类。

<u>确定性信号与随机信号</u> 若信号被表示为一确定的时间函数,对于指定的某一时刻,可确定一相应的函数值,这种信号称为确定性信号或规则信号。例如我们熟知的正弦信号。但是,实际传输的信号往往具有未可预知的不确定性,这种信号称为随机信号或不确定的信号。如果通信系统中传输的信号都是确定的时间函数,接收者就不可能由它得知任何新的消息,这样也就失去了通信的意义。此外,在信号传输过程中,不可避免地要受到各种干扰和噪声的影响,这些干扰和噪声都具有随机特性。对于随机信号,不能给出确切的时间函数,只可能知道它的统计特性,如在某时刻取某一数值的概率。确定性信号与随机信号有着密切的联系,在一定条件下,随机信号也会表现出某种确定性。例如乐音表现为某种周期性变化的波形,电码可描述为具有某种规律的脉冲波形等等。作为理论上的抽象,应该首先研究确定性信号,在此基础之上才能根据随机信号的统计规律进一步研究随机信号的特性。

<u>周期信号与非周期信号</u> 在规则信号之中又可分为周期信号与非周期信号。所谓周期信号就是依一定时间间隔周而复始,而且是无始无终的信号,它们的表示式可以写作

$$f(t) = f(t + nT) \quad n = 0, \pm 1, \pm 2, \cdots (任意整数)$$

满足此关系式的最小 T 值称为信号的周期。只要给出此信号在任一周期内的变化过程,便可确知它在任一时刻的数值。非周期信号在时间上不具有周而复始的特性。若令周期信号的周期 T 趋于无限大,则成为非周期信号。

具有相对较长周期的确定性信号可以构成所谓"伪随机信号",从某一时段来看,这种信号似无规律,而经一定周期之后,波形严格重复。利用这一特点产生的伪随机码在通信系统中得到广泛应用。

近年来,随着混沌(chaos)理论研究的深入,人们对混沌信号产生了巨大兴趣。这里,不容易给出混沌信号的确切定义,通俗讲,可以认为它是一种貌似随机而遵循严格规律产生的信号,描述方法比较复杂,这种信号的特性体现了无序中蕴含着有序的哲学思想。

本书着重讨论确定性信号分析(包括各种周期性和非周期性信号),仅在第六章初步介绍一些随机信号的知识,第五章举例说明伪随机码的应用,书中不涉及混沌信号。

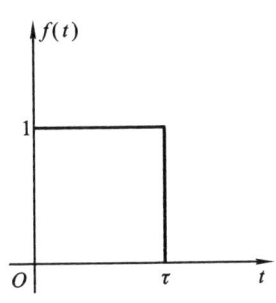
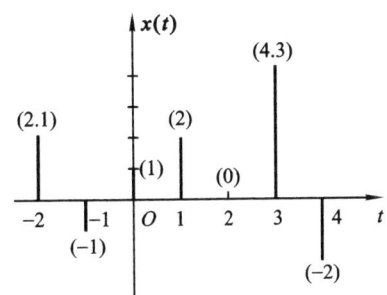

图 1-1 矩脉脉冲 　　　图 1-2 离散信号(抽样信号)

连续时间信号与离散时间信号　按照时间函数取值的连续性与离散性可将信号划分为连续时间信号与离散时间信号(简称连续信号与离散信号)。如果在所讨论的时间间隔内,除若干不连续点之外,对于任意时间值都可给出确定的函数值,此信号就称为连续信号。例如正弦波或图 1-1 所示矩形脉冲都是连续信号。连续信号的幅值可以是连续的,也可以是离散的(只取某些规定值)。时间和幅值都为连续的信号又称为模拟信号。在实际应用中,模拟信号与连续信号两名词往往不予区分。与连续信号相对应的是离散信号。离散信号在时间上是离散的,只在某些不连续的规定瞬时给出函数值,在其他时间没有定义,如图 1-2 所示。此图对应的函数 $x(t)$ 只在 $t=-2,-1,0,1,2,3,4,\cdots$ 离散时刻给出函数值 $2.1,-1,1,2,0,4.3,-2,\cdots$。给出函数值的离散时刻的间隔可以是均匀的(如图 1-2 所示),也可以是不均匀的。一般情况都采用均匀间隔。这时,自变量 t 简化为用整数序号 n 表示,函数符号写作 $x(n)$,仅当 n 为整数时 $x(n)$ 才有定义。离散时间信号也可认为是一组序列值的集合,以 $\{x(n)\}$ 表示。图 1-2 所示信号写作序列

$$x(n)=\begin{cases} 2.1 & (n=-2) \\ -1 & (n=-1) \\ 1 & (n=0) \\ 2 & (n=1) \\ 0 & (n=2) \\ 4.3 & (n=3) \\ -2 & (n=4) \end{cases}$$

为简化表达方式,此信号也可写作

$$x(n)=\{2.1 \quad -1 \quad \underset{\uparrow}{1} \quad 2 \quad 0 \quad 4.3 \quad -2\} \tag{1-1}$$

数字 1 下面的箭头表示与 $n=0$ 相对应,左右两边依次给出 n 取负和正整数相应的 $x(n)$ 值。

如果离散时间信号的幅值是连续的,则又可取名为抽样信号,例如图1-2。

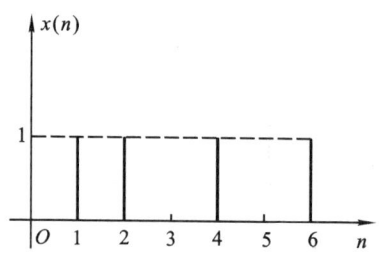

图1-3 离散信号(数字信号)

另一种情况是离散信号的幅值也被限定为某些离散值,也即时间与幅度取值都具有离散性,这种信号又称为数字信号,例如在图1-3中,各离散时刻的函数取值只能是"0","1"二者之一。此外,还可以有幅度为多个离散值的多电平数字信号。

自然界的实际信号可能是连续的,也可能是离散的时间信号。例如,声道产生的语音、乐器发出的乐音、连续测量的温度曲线都是连续时间信号,而银行发布利率、按固定时间间隔给出的股票市场指数、按年度或月份统计的人口数量或国民生产总值都是离散时间信号。数字计算机处理的是离散时间信号,当处理对象为连续信号时需要经抽样(采样)将它转换为离散时间信号。

本书前六章着重研究连续时间信号,在第一、三、五、六章结合连续时间信号适当引入一些离散时间信号的分析,第七至八章集中研究离散时间信号,以后几章将并行讨论这两类信号的分析和应用。

一维信号与多维信号 从数学表达式来看,信号可以表示为一个或多个变量的函数。语音信号可表示为声压随时间变化的函数,这是一维信号。而一张黑白图像每个点(像素)具有不同的光强度,任一点又是二维平面坐标中两个变量的函数,这是二维信号。实际上,还可能出现更多维数变量的信号。例如电磁波在三维空间传播,同时考虑时间变量而构成四维信号。在以后的讨论中,一般情况下只研究一维信号,且自变量为时间。个别情况下,自变量可能不是时间,例如,在气象观测中,温度、气压或风速将随高度而变化,此时自变量为高度。

除以上划分方式之外,还可将信号分为能量受限信号与功率受限信号(见6.6节),以及调制信号、载波信号和已调信号(见5.7节),等等。在本书中将根据各章的需要陆续介绍。

下面给出一些典型的连续时间信号表达式和波形,今后经常遇到这些信号。

(一) 指数信号

指数信号的表示式为

$$f(t) = Ke^{at} \qquad (1-2)$$

式中 a 是实数。若 $a>0$,信号将随时间增长,若 $a<0$,信号则随时间衰减,在 $a=0$ 的特殊情况下,信号不随时间变化,成为直流

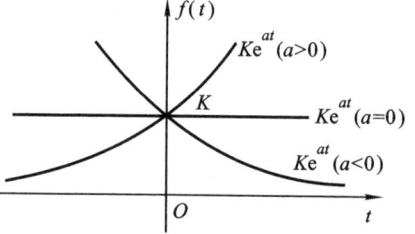

图1-4 指数信号

信号。常数 K 表示指数信号在 $t=0$ 点的初始值。指数信号的波形如图 1-4 所示。

指数 a 的绝对值大小反映了信号增长或衰减的速率,$|a|$ 越大,增长或衰减的速率越快。通常,把 $|a|$ 的倒数称为指数信号的时间常数,记作 τ,即 $\tau = \frac{1}{|a|}$,τ 越大,指数信号增长或衰减的速率越慢。

实际上,较多遇到的是衰减指数信号,例如图 1-5 所示的波形,其表示式为

$$f(t) = \begin{cases} 0 & (t<0) \\ e^{-\frac{t}{\tau}} & (t \geq 0) \end{cases}$$

在 $t=0$ 点,$f(0)=1$,在 $t=\tau$ 处,$f(\tau) = \frac{1}{e} = 0.368$。也即,经时间 τ,信号衰减到原初始值的 36.8%。

指数信号的一个重要特性是它对时间的微分和积分仍然是指数形式。

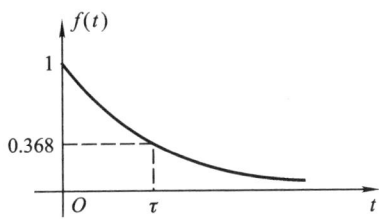

图 1-5 单边指数衰减信号

(二) 正弦信号

正弦信号和余弦信号二者仅在相位上相差 $\frac{\pi}{2}$,经常统称为正弦信号,一般写作

$$f(t) = K\sin(\omega t + \theta) \tag{1-3}$$

式中 K 为振幅,ω 是角频率,θ 称为初相位。其波形如图 1-6 所示。

正弦信号是周期信号,其周期 T 与角频率 ω 和频率 f 满足下列关系式

$$T = \frac{2\pi}{\omega} = \frac{1}{f}$$

在信号与系统分析中,有时要遇到衰减的正弦信号,波形如图 1-7 所示,此正弦振荡的幅度按指数规律衰减,其表示式为

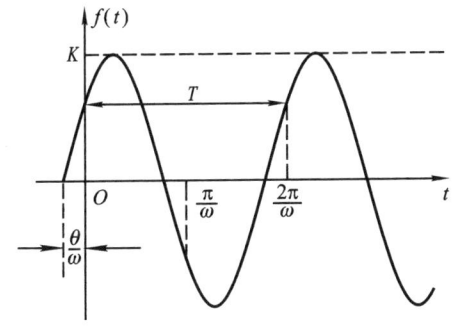

图 1-6 正弦信号　　　　图 1-7 指数衰减的正弦信号

$$f(t) = \begin{cases} 0 & (t<0) \\ Ke^{-\alpha t}\sin(\omega t) & (t \geq 0) \end{cases} \tag{1-4}$$

正弦信号和余弦信号常借助复指数信号来表示。由欧拉公式可知
$$e^{j\omega t} = \cos(\omega t) + j\sin(\omega t)$$
$$e^{-j\omega t} = \cos(\omega t) - j\sin(\omega t)$$
所以有
$$\sin(\omega t) = \frac{1}{2j}(e^{j\omega t} - e^{-j\omega t}) \qquad (1-5)$$

$$\cos(\omega t) = \frac{1}{2}(e^{j\omega t} + e^{-j\omega t}) \qquad (1-6)$$

这是今后经常要用到的两对关系式。

与指数信号的性质类似,正弦信号对时间的微分与积分仍为同频率的正弦信号。

(三) 复指数信号

如果指数信号的指数因子为一复数,则称之为复指数信号,其表示式为
$$f(t) = Ke^{st} \qquad (1-7)$$
其中
$$s = \sigma + j\omega$$
σ 为复数 s 的实部,ω 是其虚部。借助欧拉公式将式(1-7)展开,可得
$$Ke^{st} = Ke^{(\sigma+j\omega)t} = Ke^{\sigma t}\cos(\omega t) + jKe^{\sigma t}\sin(\omega t) \qquad (1-8)$$

此结果表明,一个复指数信号可分解为实、虚两部分。其中,实部包含余弦信号,虚部则为正弦信号。指数因子实部 σ 表征了正弦与余弦函数振幅随时间变化的情况。若 $\sigma > 0$,正弦、余弦信号是增幅振荡,若 $\sigma < 0$,正弦及余弦信号是衰减振荡。指数因子的虚部 ω 则表示正弦与余弦信号的角频率。两个特殊情况是:当 $\sigma = 0$,即 s 为虚数,则正弦、余弦信号是等幅振荡;而当 $\omega = 0$,即 s 为实数,则复指数信号成为一般的指数信号;最后,若 $\sigma = 0$ 且 $\omega = 0$,即 s 等于零,则复指数信号的实部和虚部都与时间无关,成为直流信号。

虽然实际上不能产生复指数信号,但是它概括了多种情况,可以利用复指数信号来描述各种基本信号,如直流信号、指数信号、正弦或余弦信号以及增长或衰减的正弦与余弦信号。利用复指数信号可使许多运算和分析得以简化。在信号分析理论中,复指数信号是一种非常重要的基本信号。

(四) Sa(t)信号(抽样信号)

Sa(t)函数即 Sa(t)信号是指 $\sin t$ 与 t 之比构成的函数,它的定义如下
$$Sa(t) = \frac{\sin t}{t} \qquad (1-9)$$

抽样函数的波形示于图1-8。我们注意到,它是一个偶函数,在 t 的正、负两方向振幅都逐渐衰减,当 $t = \pm\pi, \pm 2\pi, \cdots, \pm n\pi$ 时,函数值等于零。

Sa(t)函数还具有以下性质

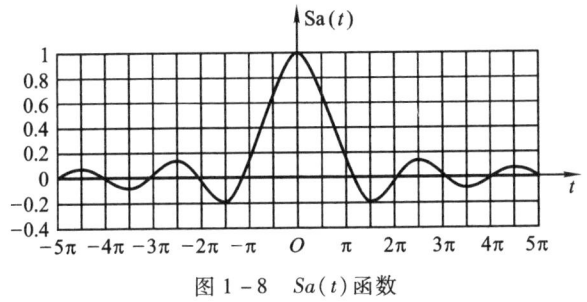

图 1-8 Sa(t)函数

$$\int_0^\infty \text{Sa}(t)\,dt = \frac{\pi}{2} \qquad (1-10)$$

$$\int_{-\infty}^\infty \text{Sa}(t)\,dt = \pi \qquad (1-11)$$

与 Sa(t)函数类似的是 sinc(t)函数,它的表示式为

$$\text{sinc}(t) = \frac{\sin(\pi t)}{\pi t} \qquad (1-12)$$

有些书中将两种符号通用,即 Sa(t)也可用 sinc(t)表示。

(五) 钟形信号(高斯函数)

钟形信号(或称高斯函数)的定义是

$$f(t) = E e^{-\left(\frac{t}{\tau}\right)^2} \qquad (1-13)$$

波形见图 1-9。令 $t = \frac{\tau}{2}$ 代入函数式求得

$$f\left(\frac{\tau}{2}\right) = E e^{-\frac{1}{4}} \approx 0.78E$$

这表明,函数式中的参数 τ 是当 $f(t)$ 由最大值 E 下降为 $0.78E$ 时,所占据的时间宽度。

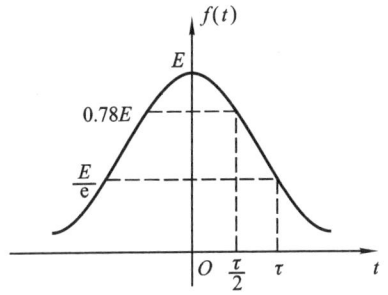

图 1-9 钟形信号

钟形信号在随机信号分析中占有重要地位,在本书中也将涉及。

1.3 信号的运算

在信号的传输与处理过程中往往需要进行信号的运算,它包括信号的移位(时移或延时)、反褶、尺度倍乘(压缩与扩展)、微分、积分以及两信号的相加或相乘。某些物理器件可直接实现这些运算功能。我们需要熟悉在运算过程中表达式对应的波形变化,并初步了解这些运算的物理背景。

(一) 移位、反褶与尺度

若 $f(t)$ 表达式的自变量 t 更换为 $(t + t_0)$(t_0 为正或负实数),则 $f(t + t_0)$

相当于 $f(t)$ 波形在 t 轴上的整体移动,当 $t_0>0$ 时($t_0=t_2$)波形左移,当 $t_0<0$($t_0=-t_1$)时波形右移,如图 1-10 所示。

在雷达、声呐以及地震信号检测等问题中容易找到信号移位现象的实例。如果发射信号经同种介质传送到不同距离的接收机时,各接收信号相当于发射信号的移位,并具有不同的 t_0 值(同时有衰减)。在通信系统中,长距离传输电话信号时,可能听到回波,这是幅度衰减的话音延时信号。

信号反褶表示将 $f(t)$ 的自变量 t 更换为 $-t$,此时 $f(-t)$ 的波形相当于将 $f(t)$ 以 $t=0$ 为轴反褶过来,如图 1-11 所示。此运算也称为时间轴反转。

如果将信号 $f(t)$ 的自变量 t 乘以正实系数 a,则信号波形 $f(at)$ 将是 $f(t)$ 波形的压缩($a>1$)或扩展($a<1$)。这种运算称为时间轴的尺度倍乘或尺度变换,也可简称尺度,波形示例见图 1-12。

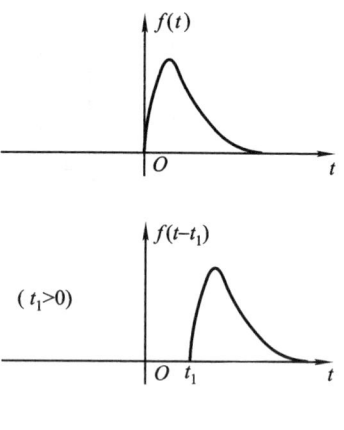
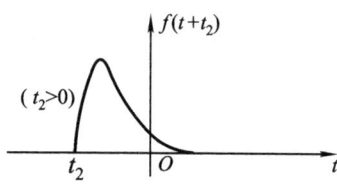

图 1-10 信号的移位

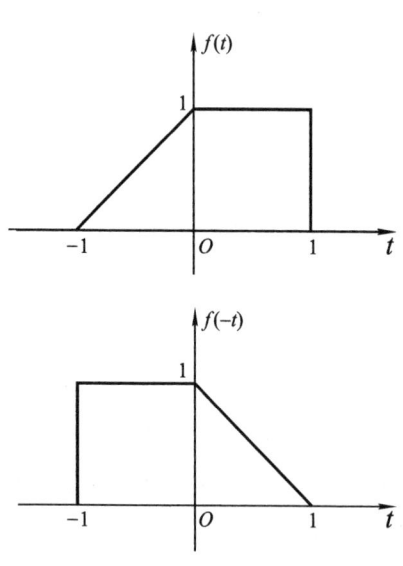

图 1-11 信号的反褶

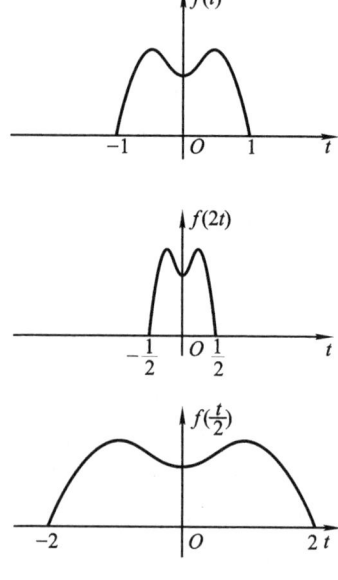

图 1-12 信号的尺度变换

若 $f(t)$ 是已录制声音的磁带,则 $f(-t)$ 表示将此磁带倒转播放产生的信号,而 $f(2t)$ 是此磁带以二倍速度加快播放的结果,$f\left(\dfrac{t}{2}\right)$ 则表示原磁带放音速度降至一半产生的信号。

综合以上三种情况,若 $f(t)$ 的自变量 t 更换为 $(at+t_0)$(其中 a,t_0 是给定的实数),此时,$f(at+t_0)$ 相对于 $f(t)$ 可以是扩展($|a|<1$)或压缩($|a|>1$),也可能出现时间上的反褶($a<0$)或移位($t_0=\neq 0$),而波形整体仍保持与 $f(t)$ 相似的形状,下面给出例题。

例 1-1 已知信号 $f(t)$ 的波形如图 1-13(a)所示,试画出 $f(-3t-2)$ 的波形。

解 (1)首先考虑移位的作用,求得 $f(t-2)$ 波形如图 1-13(b)所示。

(2)将 $f(t-2)$ 作尺度倍乘,求得 $f(3t-2)$ 如图 1-13(c)所示波形。

(3)将 $f(3t-2)$ 反褶,给出 $f(-3t-2)$ 波形如图 1-13(d)。

如果改变上述运算的顺序,例如先求 $f(3t)$ 或先求 $f(-t)$ 最终也会得到相同的结果(见习题1-4)。

(二)微分和积分

信号 $f(t)$ 的微分运算是指 $f(t)$ 对 t 取导数,即

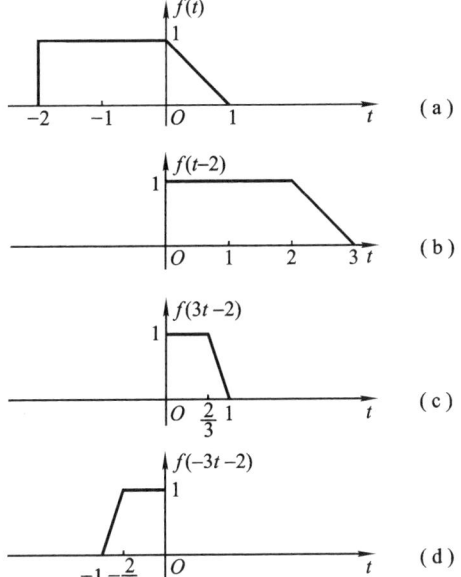

图 1-13 例 1-1 的波形

$$f'(t)=\dfrac{\mathrm{d}}{\mathrm{d}t}f(t) \tag{1-14}$$

信号 $f(t)$ 的积分运算指 $f(\tau)$ 在 $(-\infty,t)$ 区间内的定积分,其表达式为

$$\int_{-\infty}^{t}f(\tau)\mathrm{d}\tau \tag{1-15}$$

图 1-14 和图 1-15 分别示出微分与积分运算的例子。由图 1-14 可见,信号经微分后突出显示了它的变化部分。若 $f(t)$ 是一幅黑白图像信号,那么,经微分运算后将使其图形的边缘轮廓突出。在图 1-15 中

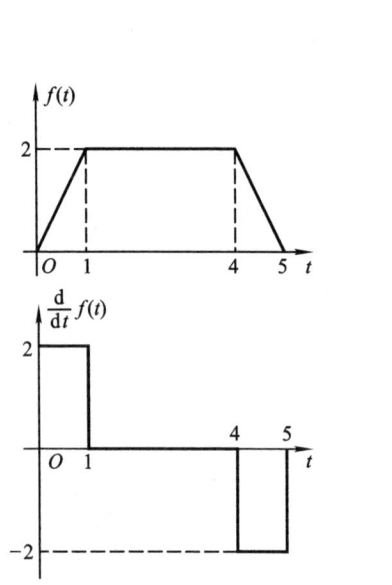
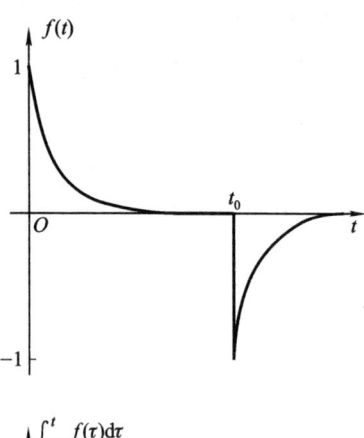
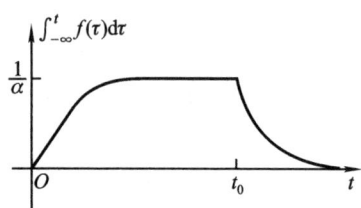

图 1 - 14 微分运算　　　　　图 1 - 15 积分运算

$$f(t) = \begin{cases} e^{-\alpha t}, & (当\ 0 < t < t_0) \\ e^{-\alpha t} - e^{-\alpha(t-t_0)}, & (当\ t_0 \leqslant t < \infty) \end{cases} \quad (1-16)$$

式中 $t_0 \gg \dfrac{1}{\alpha}$。

$$\int_{-\infty}^{t} f(\tau)\mathrm{d}\tau = \begin{cases} \dfrac{1}{\alpha}(1 - e^{-\alpha t}), & (当\ 0 < t < t_0) \\ \dfrac{1}{\alpha}(1 - e^{-\alpha t}) - \dfrac{1}{\alpha}[1 - e^{-\alpha(t-t_0)}], & (当\ t_0 \leqslant t < \infty) \end{cases} \quad (1-17)$$

由波形可见,信号经积分运算后其效果与微分相反,信号的突变部分可变得平滑,利用这一作用可削弱信号中混入的毛刺(噪声)的影响。

(三) 两信号相加或相乘

下面给出这两种运算的例子。若 $f_1(t) = \sin(\Omega t)$,$f_2(t) = \sin(8\Omega t)$,两信号相加和相乘的表达式分别为

$$f_1(t) + f_2(t) = \sin(\Omega t) + \sin(8\Omega t) \quad (1-18)$$

$$f_1(t) \cdot f_2(t) = \sin(\Omega t) \cdot \sin(8\Omega t) \quad (1-19)$$

波形分别如图 1 - 16 和图 1 - 17 所示。必须指出,在通信系统的调制、解调等过程中将经常遇到两信号相乘运算(见习题 1 - 6,详待第五章讨论)。

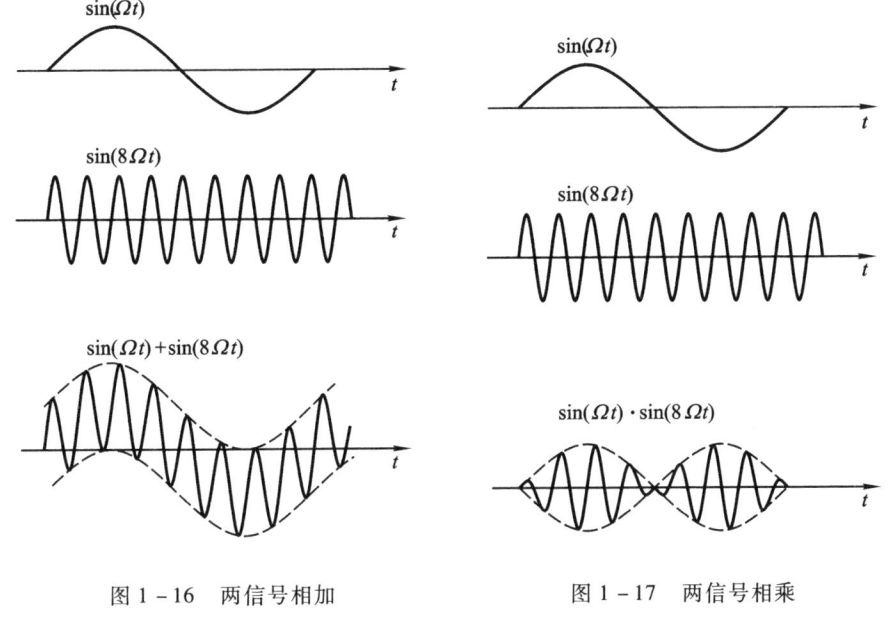

图 1-16 两信号相加　　　图 1-17 两信号相乘

1.4 阶跃信号与冲激信号

在信号与系统分析中,经常要遇到函数本身有不连续点(跳变点)或其导数与积分有不连续点的情况,这类函数统称为奇异函数或奇异信号。

通常,我们研究的典型信号都是一些抽象的数学模型,这些信号与实际信号可能有差距。然而,只要把实际信号按某种条件理想化,即可运用理想模型进行分析。本节将要介绍的奇异信号包括斜变、阶跃、冲激和冲激偶四种信号,其中,阶跃信号与冲激信号是两种最重要的理想信号模型。

(一) 单位斜变信号

斜变信号也称斜坡信号或斜升信号。这是指从某一时刻开始随时间正比例增长的信号。如果增长的变化率是 1,就称作单位斜变信号,其波形如图 1-18 所示,表示式为

$$f(t) = \begin{cases} 0 & (t<0) \\ t & (t \geq 0) \end{cases} \tag{1-20}$$

如果将起始点移至 t_0,则应写作

$$f(t-t_0) = \begin{cases} 0 & (t<t_0) \\ t-t_0 & (t \geq t_0) \end{cases} \tag{1-21}$$

其波形如图 1-19 所示。

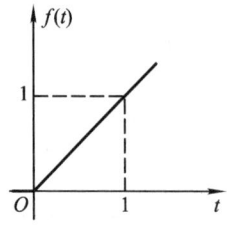 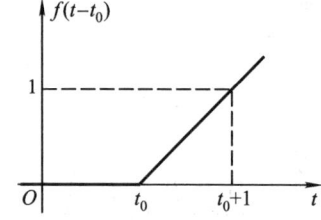

图 1-18 单位斜变信号　　　图 1-19 延迟的斜变信号

在实际应用中常遇到"截平的"斜变信号,在时间 τ 以后斜变波形被切平,如图 1-20 所示,其表示式为

$$f_1(t) = \begin{cases} \dfrac{K}{\tau} f(t) & (t < \tau) \\ K & (t \geqslant \tau) \end{cases} \quad (1-22)$$

图 1-21 所示三角形脉冲也可用斜变信号表示,写作

$$f_2(t) = \begin{cases} \dfrac{K}{\tau} f(t) & (t \leqslant \tau) \\ 0 & (t > \tau) \end{cases} \quad (1-23)$$

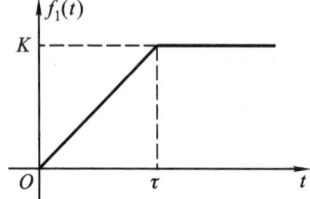 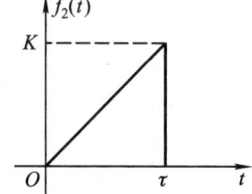

图 1-20 截平的斜变信号　　　图 1-21 三角形脉冲信号

(二) 单位阶跃信号

单位阶跃信号的波形如图 1-22(a)所示,通常以符号 $u(t)$ 表示

$$u(t) = \begin{cases} 0 & (t < 0) \\ 1 & (t > 0) \end{cases} \quad (1-24)$$

在跳变点 $t = 0$ 处,函数值未定义,或在 $t = 0$ 处规定函数值 $u(0) = \dfrac{1}{2}$。

单位阶跃函数的物理背景是,在 $t = 0$ 时刻对某一电路接入单位电源(可以是直流电压源或直流电流源),并且无限持续下去。图 1-22(b)示出接入 1 V 直流电压源的情况,在接入端口处电压为阶跃信号 $u(t)$。

容易证明,单位斜变函数的导数等于单位阶跃函数。

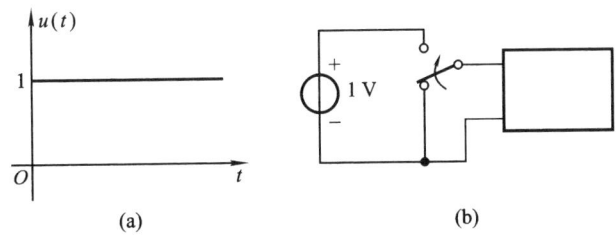

图 1 - 22 单位阶跃函数

$$\frac{df(t)}{dt} = u(t)$$

如果接入电源的时间推迟到 $t = t_0$ 时刻 ($t_0 > 0$),那么,可用一个"延时的单位阶跃函数"表示

$$u(t - t_0) = \begin{cases} 0 & (t < t_0) \\ 1 & (t > t_0) \end{cases} \tag{1-25}$$

波形如图 1 - 23 所示。

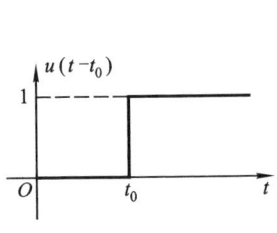

图 1 - 23 延时的单位
阶跃函数

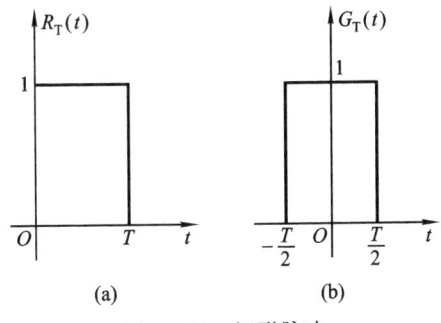

图 1 - 24 矩形脉冲

为书写方便,常利用阶跃及其延时信号之差来表示矩形脉冲,其波形如图 1 - 24(a) 或(b)所示,对于图(a)信号以 $R_T(t)$ 表示

$$R_T(t) = u(t) - u(t - T)$$

下标 T 表示矩形脉冲出现在 0 到 T 时刻之间。如果矩形脉冲对于纵坐标左右对称,则以符号 $G_T(t)$ 表示[图 1 - 24(b)]

$$G_T(t) = u\left(t + \frac{T}{2}\right) - u\left(t - \frac{T}{2}\right) \tag{1-26}$$

下标 T 表示其宽度。

阶跃信号鲜明地表现出信号的单边特性。即信号在某接入时刻 t_0 以前的幅度为零。利用阶跃信号的这一特性,可以较方便地以数学表示式描述各种信

号的接入特性,例如,图 1-25 所示的波形可写作

$$f_1(t) = \sin t \cdot u(t) \tag{1-27}$$

而图 1-26 则表示为

$$f_2(t) = e^{-t}[u(t) - u(t-t_0)] \tag{1-28}$$

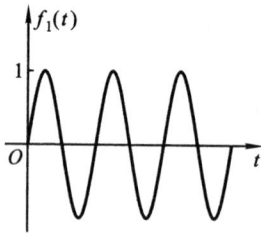
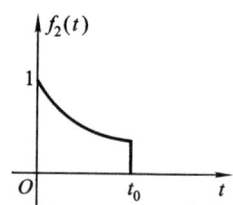

图 1-25　$\sin t \cdot u(t)$ 波形　　　　图 1-26　$e^{-t}[u(t)-u(t-t_0)]$ 波形

仿此,作为练习,读者可将前节描述图 1-15 波形的表达式改用阶跃信号表示(见习题 1-8)。

利用阶跃信号还可以表示"符号函数"。符号函数(signum)简写作 sgn(t),其定义如下

$$\text{sgn}(t) = \begin{cases} 1 & (t > 0) \\ -1 & (t < 0) \end{cases} \tag{1-29}$$

波形见图 1-27。与阶跃函数类似,对于符号函数在跳变点也可不予定义,或规定 sgn(0)=0。显然,可以利用阶跃信号来表示符号函数

$$\text{sgn}(t) = 2u(t) - 1 \tag{1-30}$$

(三) 单位冲激信号

某些物理现象需要用一个时间极短,但取值极大的函数模型来描述,例如力学中瞬间作用的冲击力,电学中的雷击电闪,数字通信中

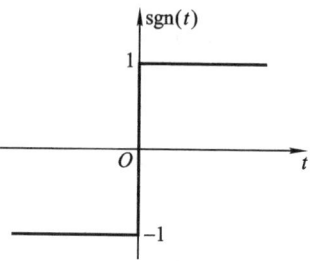

图 1-27　sgn(t)信号波形

的抽样脉冲等。"冲激函数"的概念就是以这类实际问题为背景而引出的。

冲激函数可由不同的方式来定义。首先分析矩形脉冲如何演变为冲激函数。图 1-28 示出宽为 τ,高为 $\dfrac{1}{\tau}$ 的矩形脉冲,当保持矩形脉冲面积 $\tau \cdot \dfrac{1}{\tau} = 1$ 不变,而使脉宽 τ 趋近于零时,脉冲幅度 $\dfrac{1}{\tau}$ 必趋于无穷大,此极限情况即为单位冲激函数,常记作 $\delta(t)$,又称为"δ 函数"。

1.4 阶跃信号与冲激信号   17

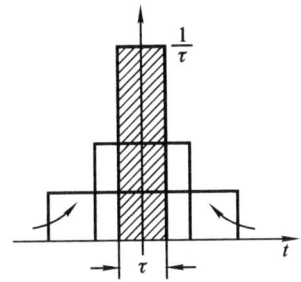

图 1-28 矩形脉冲演变为冲激函数

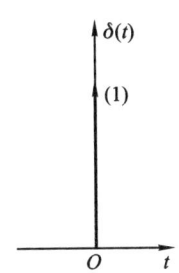

图 1-29 冲激函数 $\delta(t)$

$$\delta(t) = \lim_{\tau \to 0} \frac{1}{\tau} \left[u\left(t + \frac{\tau}{2}\right) - u\left(t - \frac{\tau}{2}\right) \right] \quad (1-31)$$

冲激函数用箭头表示,如图 1-29 所示。它示意表明,$\delta(t)$ 只在 $t=0$ 点有一"冲激",在 $t=0$ 点以外各处,函数值都是零。

如果矩形脉冲的面积不是固定为 1,而是 E,则表示一个冲激强度为 E 倍单位值的 δ 函数,即 $E\delta(t)$(在用图形表示时,可将此强度 E 注于箭头旁)。

以上利用矩形脉冲系列的极限来定义冲激函数(这种极限不同于一般的极限概念,可称为广义极限)。为引出冲激函数,规则函数系列的选取不限于矩形,也可换用其他形式。例如,一组底宽为 2τ、高为 $\frac{1}{\tau}$ 的三角形脉冲系列[如图 1-30(a)所示],若保持其面积等于 1,取 $\tau \to 0$ 的极限,同样可定义为冲激函数。此外,还可利用指数函数、钟形函数、抽样函数等等,这些函数系列分别如图 1-30(b)、(c)、(d)所示。它们的表示式如下:

(1) 三角形脉冲

$$\delta(t) = \lim_{\tau \to 0} \left\{ \frac{1}{\tau} \left(1 - \frac{|t|}{\tau}\right) [u(t+\tau) - u(t-\tau)] \right\} \quad (1-32)$$

(2) 双边指数脉冲

$$\delta(t) = \lim_{\tau \to 0} \left(\frac{1}{2\tau} e^{-\frac{|t|}{\tau}} \right) \quad (1-33)$$

(3) 钟形脉冲

$$\delta(t) = \lim_{\tau \to 0} \left[\frac{1}{\tau} e^{-\pi \left(\frac{t}{\tau}\right)^2} \right] \quad (1-34)$$

(4) $\mathrm{Sa}(t)$ 信号(抽样信号)

$$\delta(t) = \lim_{k \to \infty} \left[\frac{k}{\pi} \mathrm{Sa}(kt) \right] \quad (1-35)$$

在式(1-35)中,k 越大,函数的振幅越大,且离开原点时函数振荡越快,衰

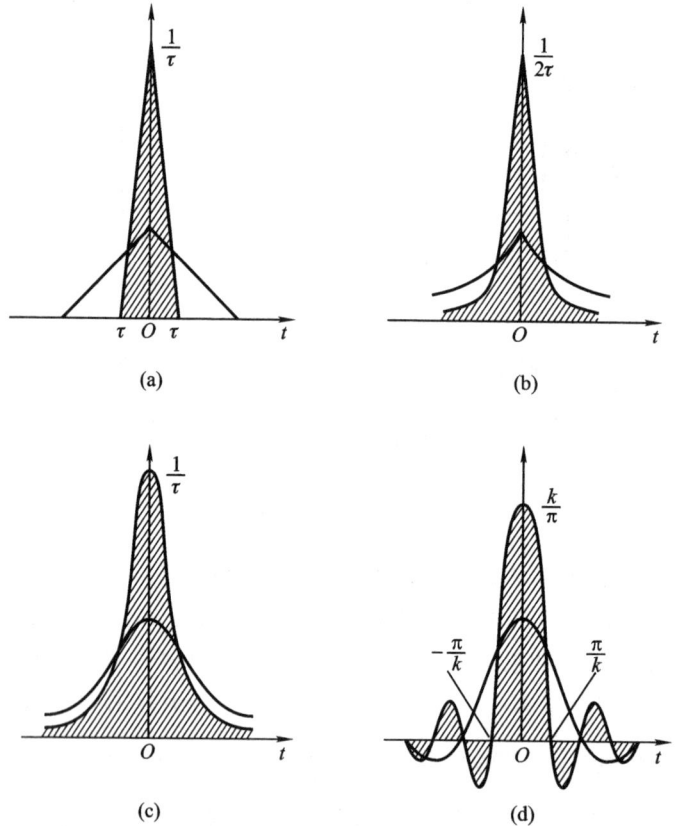

图 1-30 三角形脉冲、双边指数脉冲、钟形脉冲以及
抽样函数演变为冲激函数

减越迅速。由式(1-11)可知，曲线下的净面积保持 1。当 $k \to \infty$ 时，得到冲激函数。

狄拉克(Dirac)给出 δ 函数的另一种定义方式

$$\begin{cases} \int_{-\infty}^{\infty} \delta(t) \, dt = 1 \\ \delta(t) = 0 \qquad (\text{当 } t \neq 0) \end{cases} \qquad (1-36)$$

此定义与式(1-31)的定义相符合。有时，也称 δ 函数为狄拉克函数。

仿此，为描述在任一点 $t = t_0$ 处出现的冲激，可有如下的 $\delta(t - t_0)$ 函数之定义

$$\begin{cases} \int_{-\infty}^{\infty} \delta(t - t_0) \, dt = 1 \\ \delta(t - t_0) = 0 \qquad (\text{当 } t \neq t_0) \end{cases} \qquad (1-37)$$

此函数图形如图 1-31 所示。

如果单位冲激信号 $\delta(t)$ 与一个在 $t=0$ 点连续（且处处有界）的信号 $f(t)$ 相乘，则其乘积仅在 $t=0$ 处得到 $f(0)\delta(t)$，其余各点之乘积均为零，于是对于冲激函数有如下的性质

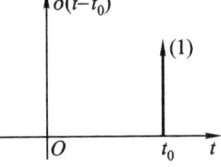

图 1-31 t_0 时刻出现的冲激 $\delta(t-t_0)$

$$\int_{-\infty}^{\infty} \delta(t)f(t)\,\mathrm{d}t = \int_{-\infty}^{\infty} \delta(t)f(0)\,\mathrm{d}t$$
$$= f(0)\int_{-\infty}^{\infty} \delta(t)\,\mathrm{d}t = f(0) \qquad (1-38)$$

类似地，对于延迟 t_0 的单位冲激信号有

$$\int_{-\infty}^{\infty} \delta(t-t_0)f(t)\,\mathrm{d}t = \int_{-\infty}^{\infty} \delta(t-t_0)f(t_0)\,\mathrm{d}t = f(t_0) \qquad (1-39)$$

以上两式表明了冲激信号的抽样特性（或称"筛选"特性）。连续时间信号 $f(t)$ 与单位冲激信号 $\delta(t)$ 相乘并在 $-\infty$ 到 ∞ 时间内取积分，可以得到 $f(t)$ 在 $t=0$ 点（抽样时刻）的函数值 $f(0)$，也即"筛选"出 $f(0)$。若将单位冲激移到 t_0 时刻，则抽样值取 $f(t_0)$。

除利用规则函数系列取极限或狄拉克的方法定义冲激函数之外，也可利用式(1-38)来定义冲激函数，这种定义方式以分配函数理论为基础（详见参考书目[1]2.9 节）。另外，δ 函数尺度运算为 $\delta(at) = \dfrac{1}{|a|}\delta(t)$（习题 1-24）。

冲激函数还具有以下的性质

$$\delta(t) = \delta(-t) \qquad (1-40)$$

也即，δ 函数是偶函数，可利用下式证明

$$\int_{-\infty}^{\infty} \delta(-t)f(t)\,\mathrm{d}t = \int_{\infty}^{-\infty} \delta(\tau)f(-\tau)\,\mathrm{d}(-\tau)$$
$$= \int_{-\infty}^{\infty} \delta(\tau)f(0)\,\mathrm{d}\tau = f(0)$$

这里，用到变量置换 $\tau = -t$。将所得结果与式(1-38)对照，即可得出 $\delta(t)$ 与 $\delta(-t)$ 相等的结论。

冲激函数的积分等于阶跃函数，因为由式(1-36)可知

$$\begin{cases} \int_{-\infty}^{t} \delta(\tau)\,\mathrm{d}\tau = 1 & (\text{当}\ t > 0) \\ \int_{-\infty}^{t} \delta(\tau)\,\mathrm{d}\tau = 0 & (\text{当}\ t < 0) \end{cases}$$

将这对式子与 $u(t)$ 的定义式(1-24)比较，就可给出

$$\int_{-\infty}^{t} \delta(\tau)\,\mathrm{d}\tau = u(t) \qquad (1-41)$$

反过来,阶跃函数的微分应等于冲激函数

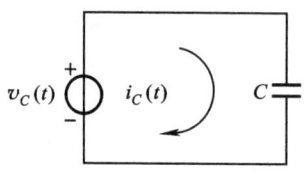

图 1-32 电压源接向电容元件

$$\frac{d}{dt}u(t) = \delta(t) \quad (1-42)$$

此结论也可作如下的解释:阶跃函数在除 $t=0$ 以外的各点都取固定值,其变化率都等于零。而在 $t=0$ 有不连续点,此跳变的微分对应在零点的冲激。

我们来考察一个电路问题,试从物理方面理解 δ 函数的意义。在图 1-32 中,电压源 $v_C(t)$ 接向电容元件 C,假定 $v_C(t)$ 是斜变信号

$$v_C(t) = \begin{cases} 0 & \left(\text{当 } t < -\frac{\tau}{2}\right) \\ \frac{1}{\tau}\left(t + \frac{\tau}{2}\right) & \left(\text{当 } -\frac{\tau}{2} < t < \frac{\tau}{2}\right) \\ 1 & \left(\text{当 } t > \frac{\tau}{2}\right) \end{cases} \quad (1-43)$$

波形如图 1-33(a)所示。电流 $i_C(t)$ 的表示式为

$$i_C(t) = C\frac{dv_C(t)}{dt} = \frac{C}{\tau}\left[u\left(t+\frac{\tau}{2}\right) - u\left(t-\frac{\tau}{2}\right)\right] \quad (1-44)$$

此电流为矩形脉冲,波形如图 1-33(b)所示。

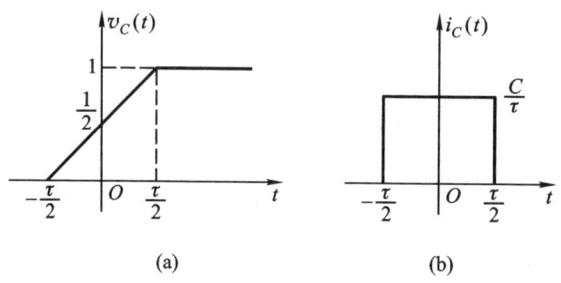

图 1-33 $v_C(t)$ 与 $i_C(t)$ 波形

当我们逐渐减小 τ,则 $i_C(t)$ 的脉冲宽度也随之减小,而其高度 $\frac{C}{\tau}$ 则相应加大,电流脉冲的面积 $\tau \cdot \frac{C}{\tau} = C$ 应保持不变。如果取 $\tau \to 0$ 的极限情况,则 $v_C(t)$ 成为阶跃信号,它的微分——电流 $i_C(t)$ 是冲激函数,写出表示式为

$$i_C(t) = \lim_{\tau \to 0}\left\{C\frac{d}{dt}[v_C(t)]\right\}$$

$$= \lim_{\tau \to 0}\left\{\frac{C}{\tau}\left[u\left(t+\frac{\tau}{2}\right)-u\left(t-\frac{\tau}{2}\right)\right]\right\}$$
$$= C\delta(t) \tag{1-45}$$

此变化过程的波形示意于图 1-34。

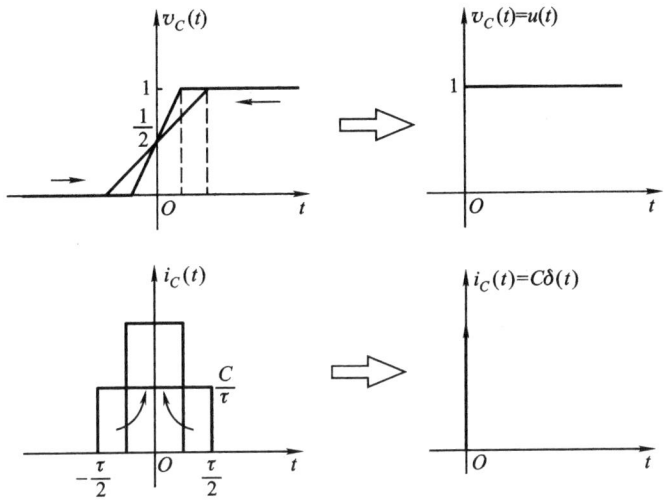

图 1-34 $\tau \to 0$ 时 $v_C(t)$ 与 $i_C(t)$ 的波形

式(1-45)的结果表明,若要使电容两端在无限短时间内建立一定的电压,那么,在此无限短时间内必须提供足够的电荷,这就需要一个冲激电流。或者说,由于冲激电流的出现,允许电容两端电压跳变。

根据网络对偶理论,上述概念也可用于理想电感模型。设电感 L 的端电压为 $v_L(t)$,电流为 $i_L(t)$,因为有 $v_L(t) = L\dfrac{\mathrm{d}}{\mathrm{d}t}i_L(t)$,所以当 $i_L(t)$ 是阶跃函数时,$v_L(t)$ 为冲激电压函数。若要使电感在无限短时间内建立一定的电流,那么,在此无限短时间内必须提供足够的磁链,这就需要一个冲激电压。或者说,由于冲激电压的出现,允许电感电流跳变。

(四) 冲激偶信号

冲激函数的微分(阶跃函数的二阶导数)将呈现正、负极性的一对冲激,称为冲激偶信号,以 $\delta'(t)$ 表示。可以利用规则函数系列取极限的概念引出 $\delta'(t)$,在此借助三角形脉冲系列,波形见图 1-35。三角形脉冲 $s(t)$ 其底宽为 2τ,高度是 $\dfrac{1}{\tau}$,当 $\tau \to 0$ 时,$s(t)$ 成为单位冲激函数 $\delta(t)$。在图 1-35 左下端画出 $\dfrac{\mathrm{d}s(t)}{\mathrm{d}t}$ 波形,它是正、负极性的两个矩形脉冲,称为脉冲偶对。其宽度都为 τ,高度分别

为 $\pm\frac{1}{\tau^2}$，面积都是 $\frac{1}{\tau}$。随着 τ 减小，脉冲偶对宽度变窄，幅度增高，面积为 $\frac{1}{\tau}$。当 $\tau \to 0$ 时 $\frac{\mathrm{d}s(t)}{\mathrm{d}t}$ 是正、负极性的两个冲激函数，其强度均为无限大，示于图 1-35 右下端，这就是冲激偶 $\delta'(t)$。

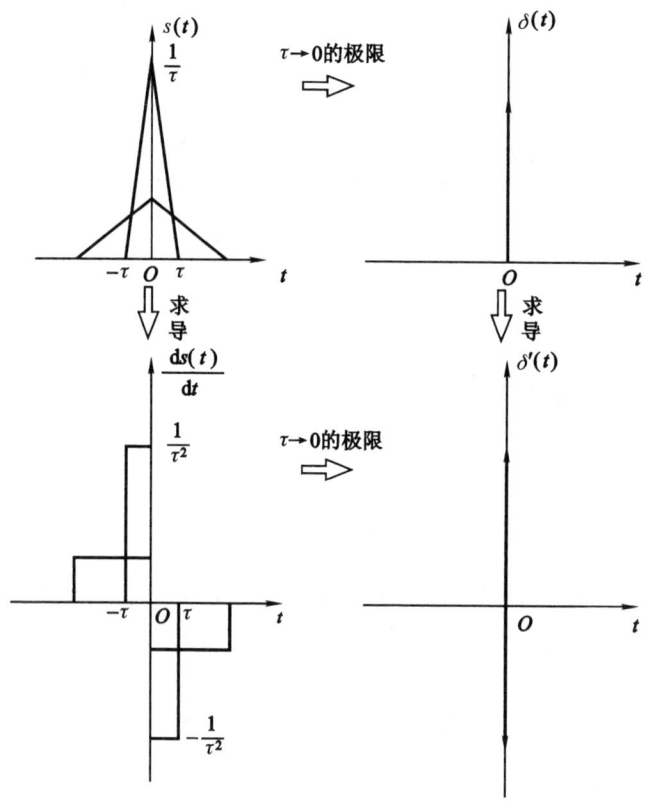

图 1-35 冲激偶的形成

冲激偶的一个重要性质是

$$\int_{-\infty}^{\infty} \delta'(t) f(t) \mathrm{d}t = -f'(0) \qquad (1-46)$$

这里，$f'(t)$ 在 0 点连续，$f'(0)$ 为 $f(t)$ 导数在零点的取值。此关系式可由分部积分展开而得到证明

$$\begin{aligned}\int_{-\infty}^{\infty} \delta'(t) f(t) \mathrm{d}t &= f(t) \delta(t) \Big|_{-\infty}^{\infty} - \int_{-\infty}^{\infty} f'(t) \delta(t) \mathrm{d}t \\ &= -f'(0)\end{aligned}$$

对于延迟 t_0 的冲激偶 $\delta'(t-t_0)$，同样有

$$\int_{-\infty}^{\infty} \delta'(t-t_0) f(t) \mathrm{d}t = -f'(t_0) \qquad (1-47)$$

冲激偶信号的另一个性质是,它所包含的面积等于零,这是因为正、负两个冲激的面积相互抵消了。于是有

$$\int_{-\infty}^{\infty} \delta'(t)\,dt = 0 \qquad (1-48)$$

至此介绍了斜变函数、阶跃函数、冲激函数以及冲激偶函数,可由依次求导的方法将它们引出。关于冲激函数的深入研究参见参考书目[1] 2.9 节。

1.5 信号的分解

为便于研究信号传输与信号处理的问题,往往将一些信号分解为比较简单的(基本的)信号分量之和,犹如在力学问题中将任一方向的力分解为几个分力一样。

信号可以从不同角度分解。

(一) 直流分量与交流分量

信号平均值即信号的直流分量。从原信号中去掉直流分量即得信号的交流分量。设原信号为 $f(t)$,分解为直流分量 f_D 与交流分量 $f_A(t)$,表示为

$$f(t) = f_D + f_A(t) \qquad (1-49)$$

若此时间函数为电流信号,则在时间间隔 T 内流过单位电阻所产生的平均功率应等于

$$P = \frac{1}{T}\int_{-\frac{T}{2}}^{\frac{T}{2}} f^2(t)\,dt$$

$$= \frac{1}{T}\int_{-\frac{T}{2}}^{\frac{T}{2}} [f_D + f_A(t)]^2\,dt$$

$$= \frac{1}{T}\int_{-\frac{T}{2}}^{\frac{T}{2}} [f_D^2 + 2f_D f_A(t) + f_A^2(t)]\,dt$$

$$= f_D^2 + \frac{1}{T}\int_{-\frac{T}{2}}^{\frac{T}{2}} f_A^2(t)\,dt \qquad (1-50)$$

在推导过程中用到 $f_D f_A(t)$ 的积分等于零。由此式可见,一个信号的平均功率等于直流功率与交流功率之和。

(二) 偶分量与奇分量

偶分量的定义为

$$f_e(t) = f_e(-t) \qquad (1-51)$$

奇分量的定义为 $\qquad f_o(t) = -f_o(-t) \qquad (1-52)$

任何信号都可分解为偶分量与奇分量两部分之和。因为任何信号总可写成

$$f(t) = \frac{1}{2}[f(t) + f(t) + f(-t) - f(-t)]$$

$$= \frac{1}{2}[f(t) + f(-t)] + \frac{1}{2}[f(t) - f(-t)] \quad (1-53)$$

显然，上式中第一部分是偶分量，第二部分是奇分量，也即

$$f_e(t) = \frac{1}{2}[f(t) + f(-t)] \quad (1-54)$$

$$f_o(t) = \frac{1}{2}[f(t) - f(-t)] \quad (1-55)$$

图 1-36 示出信号分解为偶分量与奇分量的两个实例。

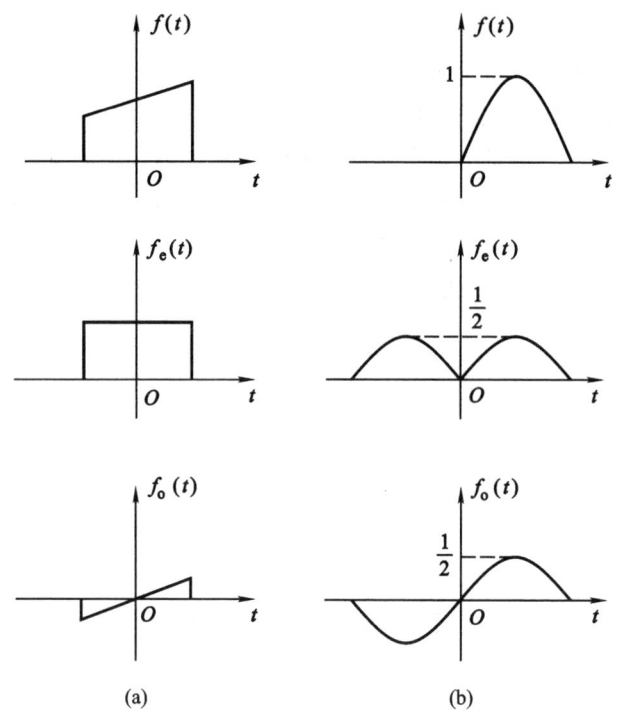

图 1-36 信号的偶分量与奇分量

用类似的方法可以证明：信号的平均功率等于它的偶分量功率与奇分量功率之和。

（三）脉冲分量

一个信号可近似分解为许多脉冲分量之和。这里，又分为两种情况：一是分解为矩形窄脉冲分量，如图 1-37(a) 所示，窄脉冲组合的极限情况就是冲激信号的叠加；另一种情况是分解为阶跃信号分量之叠加，见图 1-37(b)。

1.5 信号的分解 25

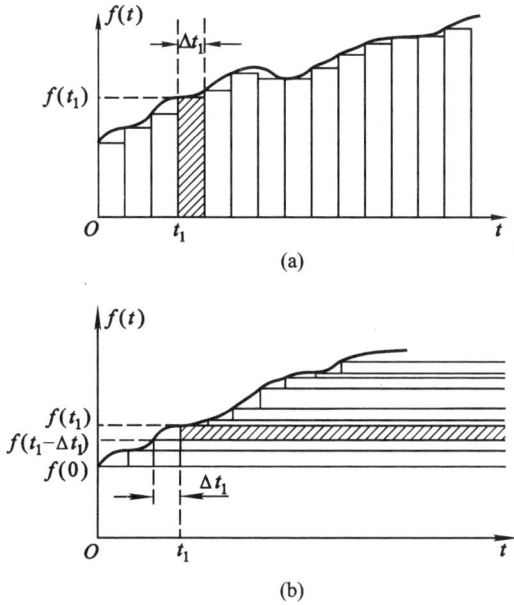

图 1-37 信号分解为脉冲分量之叠加

按图 1-37(a)的分解方式,将函数 $f(t)$ 近似写作窄脉冲信号的叠加,设在 t_1 时刻被分解之矩形脉冲高度为 $f(t_1)$,宽度为 Δt_1[见图 1-37(a)],于是此窄脉冲的表示式就为

$$f(t_1)[u(t-t_1) - u(t-t_1-\Delta t_1)] \tag{1-56}$$

从 $t_1 = -\infty$ 到 ∞ 将许多这样的矩形脉冲单元叠加,即得 $f(t)$ 的近似表示式

$$\begin{aligned} f(t) &\approx \sum_{t_1=-\infty}^{\infty} f(t_1)[u(t-t_1) - u(t-t_1-\Delta t_1)] \\ &= \sum_{t_1=-\infty}^{\infty} f(t_1) \frac{[u(t-t_1) - u(t-t_1-\Delta t_1)]}{\Delta t_1} \cdot \Delta t_1 \end{aligned} \tag{1-57}$$

取 $\Delta t_1 \to 0$ 的极限,可以得到

$$\begin{aligned} f(t) &= \lim_{\Delta t_1 \to 0} \sum_{t_1=-\infty}^{\infty} f(t_1) \frac{[u(t-t_1) - u(t-t_1-\Delta t_1)]}{\Delta t_1} \cdot \Delta t_1 \\ &= \lim_{\Delta t_1 \to 0} \sum_{t_1=-\infty}^{\infty} f(t_1) \delta(t-t_1) \Delta t_1 \\ &= \int_{-\infty}^{\infty} f(t_1) \delta(t-t_1) \mathrm{d}t_1 \end{aligned} \tag{1-58}$$

若将此积分式中的变量 t_1 改以 t 表示,而将所观察时刻 t 以 t_0 表示,则式

(1-58)改写为

$$f(t_0) = \int_{-\infty}^{\infty} f(t)\delta(t_0 - t)\,\mathrm{d}t \qquad (1-59)$$

注意到冲激函数是偶函数,$\delta(\tau) = \delta(-\tau)$,将 $\delta(t_0 - t)$ 用 $\delta(t - t_0)$ 代换,于是有

$$f(t_0) = \int_{-\infty}^{\infty} f(t)\delta(t - t_0)\,\mathrm{d}t \qquad (1-60)$$

此结果与前节式(1-39)完全一致。

与这种分解方式相对应,还可按图 1-37(b)将函数 $f(t)$ 近似写作阶跃信号的叠加。不失一般,为使以下推导简捷,假定当 $t<0$ 时 $f(t) = 0$。由图可见,当 $t=0$ 时出现的第一个阶跃信号为 $f(0)u(t)$,此后,在任一时刻 t_1 所产生的分解阶跃信号为

$$[f(t_1) - f(t_1 - \Delta t_1)]u(t - t_1) \qquad (1-61)$$

于是,$f(t)$ 可近似写作

$$f(t) \approx f(0)u(t) + \sum_{t_1 = \Delta t_1}^{\infty} [f(t_1) - f(t_1 - \Delta t_1)]u(t - t_1)$$

$$= f(0)u(t) + \sum_{t_1 = \Delta t_1}^{\infty} \frac{[f(t_1) - f(t_1 - \Delta t_1)]}{\Delta t_1} u(t - t_1)\Delta t_1 \qquad (1-62)$$

取 $\Delta t_1 \to 0$ 之极限,可导出它的积分形式

$$f(t) = f(0)u(t) + \int_0^{\infty} \frac{\mathrm{d}f(t_1)}{\mathrm{d}t_1} u(t - t_1)\,\mathrm{d}t_1 \qquad (1-63)$$

目前,将信号分解为冲激信号叠加的方法应用很广,在第二章将由此引出卷积积分的概念,并进一步研究它的应用。将信号分解为阶跃信号叠加的方法已很少采用。

(四)实部分量与虚部分量

对于瞬时值为复数的信号 $f(t)$ 可分解为实、虚两个部分之和

$$f(t) = f_r(t) + \mathrm{j}f_i(t) \qquad (1-64)$$

它的共轭复函数是

$$f^*(t) = f_r(t) - \mathrm{j}f_i(t) \qquad (1-65)$$

于是有实部和虚部的表示式

$$f_r(t) = \frac{1}{2}[f(t) + f^*(t)] \qquad (1-66)$$

$$\mathrm{j}f_i(t) = \frac{1}{2}[f(t) - f^*(t)] \qquad (1-67)$$

还可利用 $f(t)$ 与 $f^*(t)$ 来求 $|f(t)|^2$,即

$$|f(t)|^2 = f(t)f^*(t)$$
$$= f_r^2(t) + f_i^2(t) \qquad (1-68)$$

虽然实际产生的信号都为实信号,但在信号分析理论中,常借助复信号来研究某些实信号的问题,它可以建立某些有益的概念或简化运算。例如,复指数常用于表示正弦、余弦信号。近年来,在通信系统、网络理论、数字信号处理等方面,复信号的应用日益广泛。

(五)正交函数分量

如果用正交函数集来表示一个信号,那么,组成信号的各分量就是相互正交的。例如,用各次谐波的正弦与余弦信号叠加表示一个矩形脉冲,各正弦、余弦信号就是此矩形脉冲信号的正交函数分量。

把信号分解为正交函数分量的研究方法在信号与系统理论中占有重要地位,这将是本书讨论的主要课题。第三章开始介绍傅里叶级数、傅里叶变换的理论和应用,第六章将集中研究正交函数分解的一般理论,并举出一些应用实例,还有许多章节将讨论离散时间信号的正交函数分解及其应用。

(六)利用分形理论描述信号

分形(Fractal)几何理论简称分形理论或分数维理论。这一理论的创始人B. B. Mandelbrot在20世纪80年代中期明确指出:分形是"其部分与整体有相似性的体系",是一类"组成部分与整体相似的形态"。图1-38示出Sierpinski三角形集合的几何图形,读者容易看出图中依次演变的规律,每幅图形中的局部与整体具有明显的相似性。

图1-38 Sierpinski三角形集合

分形是简单空间中出现的复杂几何体,它具有任意小尺度下的细节,或者说有精细的结构,它不能用传统的几何语言描述,不是满足某些约束下点集的轨迹,也不是某些简单方程的解集。分形集可以具有形态、功能、信息等方面的自相似性,这种自相似性可以是严格确定的,也可以是统计意义上的。对于人们感兴趣的许多分形问题大多可由不复杂的方法定义,通过迭代、变换产生。

自然界中的许多事物都表现出局部与整体具有自相似性的分形特征,如云彩的边界、山地的轮廓、海岸线的分布、流体的湍流、粒子的布朗运动轨道以及生物的形态等等。正是由于这一原因,分形几何被称为更接近大自然的数学。自然界的这种分形特征为我们利用分形理论进行科学与技术研究提供了客观依据。近年来,分形理论已广泛应用于生物学、化学、物理学、天文学、地球物理学、材料科学、经济学以及语言和情报学等领域。目前,在信号传输与信号处理领域应用分形技术的实例表现在以下几方面:图像数据压缩、语音合成、地震信号或石油探井信号分析、声呐或雷达信号检测、通信网业务流量描述等等。这些信号的共同特点都是有一定的自相似性,借助分形理论可提取信号特征,并利用一定的数学迭代方法大大简化信号的描述,或自动生成某些具有自相似特征的信号。

分形理论及其应用的研究方兴未艾,而人们已经注意到它显示的独特风格和进一步应用的潜力,因此,目前有关这一领域的研究内容相当丰富。读者可在以后的专门课程或研究工作中进一步学习它的原理,本书仅作此简介,不再讨论。

1.6 系统模型及其分类

科学的每一分支都有自己的一套"模型"理论,在模型的基础上可以运用数学工具进行研究。为便于对系统进行分析,同样需要建立系统的模型。所谓模型,是系统物理特性的数学抽象,以数学表达式或具有理想特性的符号组合图形来表征系统特性。

例如,由电阻器、电容器和线圈组合而成的串联回路,可抽象表示为图1-39那样的模型。一般情况下,可以认为 R 代表电阻器的阻值,C 代表电容器的容量,L 代表线圈的电感量。若激励信号是电压源 $e(t)$,欲求解电流 $i(t)$,由元件的理想特性与 KVL 可以建立如下的微分方程式

$$LC\frac{\mathrm{d}^2 i}{\mathrm{d}t^2} + RC\frac{\mathrm{d}i}{\mathrm{d}t} + i = C\frac{\mathrm{d}e}{\mathrm{d}t} \qquad (1-69)$$

这就是电阻器、电容器与线圈串联组合系统的数学模型。在电子技术中经常用到的理想特性元件模型还有互感器、回转器、各种受控源、运算放大器等,它们的数学表示和符号图形在电路分析基础课程中都已述及,此处不再重复。

系统模型的建立是有一定条件的,对于同一物理系统,在不同条件之下,可

以得到不同形式的数学模型。严格讲,只能得到近似的模型。例如,刚刚建立的图 1-39 与式(1-69)只是在工作频率较低,而且线圈、电容器损耗相对很小情况下的近似。如果考虑电路中的寄生参量,如分布电容、引线电感和损耗,而且工作频率较高,则系统模型要变得十分复杂,图 1-39 与式(1-69)就不能应用。工作频率更高时,无法再用集总参数模型来表示此系统,需采用分布参数模型。

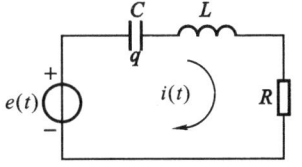

图 1-39 R、L、C 串联回路

从另一方面讲,对于不同的物理系统,经过抽象和近似,有可能得到形式上完全相同的数学模型。既使对于理想元件组成的系统,在不同电路结构情况下,其数学模型也有可能一致。例如,根据网络对偶理论可知,一个 G(电导)、C(电容)、L(电感)组成的并联回路,在电流源激励下求其端电压的微分方程将与式(1-69)形式相同。此外,还能够找到对应的机械系统,其数学模型与这里的电路方程也完全相同(见 2.2 节)。这表明,同一数学模型可以描述物理外貌截然不同的系统。

对于较复杂的系统,其数学模型可能是一个高阶微分方程,规定此微分方程的阶次就是系统的阶数,例如,图 1-39 的系统是二阶系统。也可以把这种高阶微分方程改以一阶联立方程组的形式给出,这是同一个系统模型的两种不同表现形式,前者称为输入-输出方程,后者称为状态方程,它们之间可以相互转换。

建立数学模型只是进行系统分析工作的第一步,为求得给定激励条件下系统的响应,还应当知道激励接入瞬时系统内部的能量储存情况。储能的来源可能是先前激励(或扰动)作用的后果,没有必要追究详细的历史演变过程,只需知道激励接入瞬时系统的状态。系统的起始状态由若干独立条件给出,独立条件的数目与系统的阶次相同,例如图 1-39 所示的电路,其数学模型是二阶微分方程,通常以起始时刻电容端电压与电感电流作为两个独立条件表征它的起始状态(详见第二章与第九章)。

如果系统数学模型、起始状态以及输入激励信号都已确定,即可运用数学方法求解其响应。一般情况下可以对所得结果作出物理解释、赋予物理意义。综上所述,系统分析的过程,是从实际物理问题抽象为数学模型,经数学解析后再回到物理实际的过程。

除利用数学表达式描述系统模型之外,也可借助方框图(block diagram)表示系统模型。每个方框图反映某种数学运算功能,给出该方框图输出与输入信号的约束条件,若干个方框图组成一个完整的系统。对于线性微分方程描述的系统,它的基本运算单元是相加、倍乘(标量乘法运算)和积分(或微分)。图

1-40(a)、(b)、(c)分别示出这三种基本单元的方框图及其运算功能。

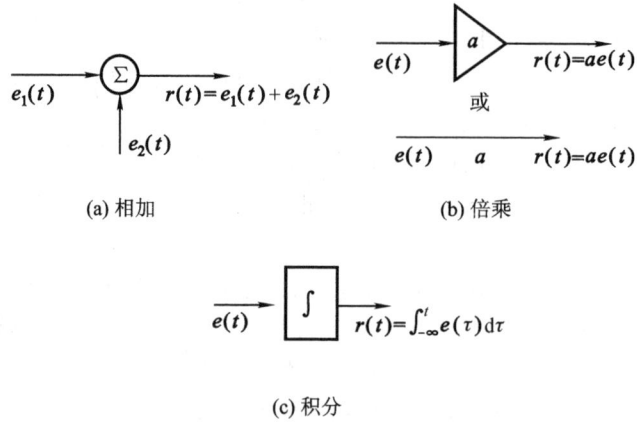

(a) 相加　　　　　　　　　(b) 倍乘

(c) 积分

图 1-40　三种基本单元方框图

虽然也可不采用积分单元而用微分运算构成基本单元,但是在实际应用中考虑到抑制突发干扰(噪声)信号的影响,往往选用积分单元。

如果一阶微分方程的表达式分别为

$$\frac{d}{dt}r(t) + a_0 r(t) = b_0 e(t) \tag{1-70}$$

$$\frac{d}{dt}r(t) + a_0 r(t) = b_1 \frac{d}{dt}e(t) \tag{1-71}$$

容易导出相应的方框图分别如图 1-41 和图 1-42 所示。两图中,输出端的相乘因子 b_0 或 b_1 也可写在输入端[即 $e(t)$ 乘因子后再相加],其效果不变。

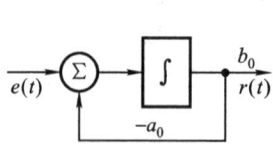

图 1-41　与式(1-70)对应的方框图

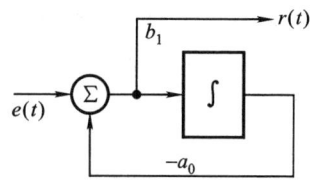

图 1-42　与式(1-71)对应的方框图

对于图 1-39 所示的电路,按照它的数学表达式(1-69)可以建立二阶系统的方框图模型,如图 1-43 所示,注意到图中有两个积分器。对于高阶系统,方框图中将包含更多的积分器。

如前文所述,不同的系统可以具有相同

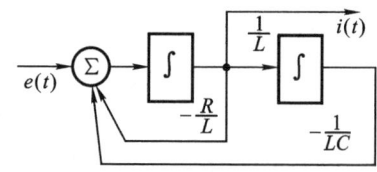

图 1-43　与式(1-69)对应的方框图

的数学模型,因而,它们也可具有相同的方框图。例如,图1-43所示的二阶系统方框图也可表征某种机械系统或其他的物理系统以及非物理系统。

利用线性微分方程基本运算单元给出系统方框图的方法也称为系统仿真(或模拟,simulation),在第九章将继续研究这种方法。

对应不同的数学运算可以构作各种类型的方框图,并由若干方框图组成系统,今后将看到多种多样的方框图表达及其组合。

系统的分类错综复杂,主要考虑其数学模型的差异来划分不同的类型。

连续时间系统与离散时间系统 若系统的输入和输出都是连续时间信号,且其内部也未转换为离散时间信号,则称此系统为连续时间系统。若系统的输入和输出都是离散时间信号,则称此系统为离散时间系统。RLC 电路都是连续时间系统的例子;而数字计算机就是一个典型的离散时间系统。实际上,离散时间系统经常与连续时间系统组合运用,这种情况称为混合系统。

连续时间系统的数学模型是微分方程,而离散时间系统则用差分方程描述。

即时系统与动态系统 如果系统的输出信号只决定于同时刻的激励信号,与它过去的工作状态(历史)无关,则称此系统为即时系统(或无记忆系统)。例如,只由电阻元件组成的系统就是即时系统。如果系统的输出信号不仅取决于同时刻的激励信号,而且与它过去的工作状态有关,这种系统称为动态系统(或记忆系统)。凡是包含有记忆作用的元件(如电容、电感、磁芯等)或记忆电路(如寄存器)的系统都属此类。

即时系统可用代数方程描述,动态系统的数学模型则是微分方程或差分方程。在分析动态系统时,变量的选择又有两种方式,一种是选择输出变量与输入变量(响应与激励),另一种是选择状态变量(如电容电压、电感电流等)。

集总参数系统与分布参数系统 只由集总参数元件组成的系统称为集总参数系统;含有分布参数元件的系统是分布参数系统(如传输线、波导等)。集总参数系统用常微分方程作为它的数学模型。而分布参数系统的数学模型是偏微分方程,这时描述系统的独立变量不仅是时间变量,还要考虑到空间位置。

线性系统与非线性系统 具有叠加性与均匀性(也称齐次性,homogeneity)的系统称为线性系统。所谓叠加性是指当几个激励信号同时作用于系统时,总的输出响应等于每个激励单独作用所产生的响应之和;而均匀性的含义是,当输入信号乘以某常数时,响应也倍乘相同的常数。不满足叠加性或均匀性的系统是非线性系统。

时变系统与时不变系统 如果系统的参数不随时间而变化,则称此系统为时不变系统(或非时变系统、定常系统);如果系统的参量随时间改变,则称其为时变系统(或参变系统)。

综合以上两方面的情况,我们可能遇到线性时不变、线性时变、非线性时不变、非线性时变等系统。现以图 1-39 为例来说明这几种不同系统数学模型的差异。

若 L,C,R 都是线性、时不变元件,就可组成一个线性时不变系统,其数学模型如式(1-69),是一个常系数线性微分方程。

若电容 C 受某种外加控制作用而改变其容量,也即 $C(t)$ 也是时间的函数,则方程式为变参线性微分方程,这是一个线性时变系统。若响应以电荷 $q(t)$ 表示,则微分方程写作

$$LC(t)\frac{\mathrm{d}^2 q}{\mathrm{d}t^2} + RC(t)\frac{\mathrm{d}q}{\mathrm{d}t} + q = C(t)e(t) \tag{1-72}$$

如果 R 是非线性电阻,设其电压、电流之间关系为 $v = Ri^2$,而 L,C 仍保持线性、非参变,于是建立一非线性常系数微分方程

$$LC\frac{\mathrm{d}^2 i}{\mathrm{d}t^2} + 2RCi\frac{\mathrm{d}i}{\mathrm{d}t} + i = C\frac{\mathrm{d}e}{\mathrm{d}t} \tag{1-73}$$

这是一个非线性时不变系统。

与此对应,也可以出现线性或非线性、常系数或变参差分方程,作为描述离散时间系统的数学模型。

可逆系统与不可逆系统 若系统在不同的激励信号作用下产生不同的响应,则称此系统为可逆系统。对于每个可逆系统都存在一个"逆系统",当原系统与此逆系统级联组合后,输出信号与输入信号相同。

例如,输出 $r_1(t)$ 与输入 $e_1(t)$ 具有如下约束的系统是可逆的

$$r_1(t) = 5e_1(t) \tag{1-74}$$

此可逆系统的逆系统输出 $r_2(t)$ 与输入 $e_1(t)$ 满足如下关系

$$r_2(t) = \frac{1}{5}e_1(t) \tag{1-75}$$

不可逆系统的一个实例为

$$r_3(t) = e_3^2(t) \tag{1-76}$$

显然无法根据给定的输出 $r_3(t)$ 来决定输入 $e_3(t)$ 的正、负号,也即,不同的激励信号产生了相同的响应,因而它是不可逆的。

可逆系统的概念在信号传输与处理技术领域中得到广泛的应用。例如在通信系统中,为满足某些要求可将待传输信号进行特定的加工(如编码),在接收信号之后仍要恢复原信号,此编码器应当是可逆的。这种特定加工的一个实例如在发送端为信号加密,在接收端需要正确解密。

除以上几种划分方式之外,还可按照系统的性质将它们划分为因果系统与非因果系统(下节),以及稳定系统与非稳定系统(参见 4.11 节)等,以后将根据各章节内容的需要陆续介绍。

1.7 线性时不变系统

本书着重讨论确定性输入信号作用下的集总参数线性时不变系统(线性时不变,Linear Time - Invariant,缩写为 LTI),在以后的文字叙述中,一般简称 LTI 系统,包括连续时间系统与离散时间系统。

为便于全书讨论,这里将线性时不变系统的一些基本特性作如下说明。

(一) 叠加性与均匀性

前节已给出文字定义,现用数学符号和方框图来说明。如果对于给定的系统,$e_1(t)$、$r_1(t)$ 和 $e_2(t)$、$r_2(t)$ 分别代表两对激励与响应,则当激励是 $C_1 e_1(t) + C_2 e_2(t)$(C_1、C_2 分别为常数)时,系统的响应为 $C_1 r_1(t) + C_2 r_2(t)$。此特性示意于图 1 - 44。

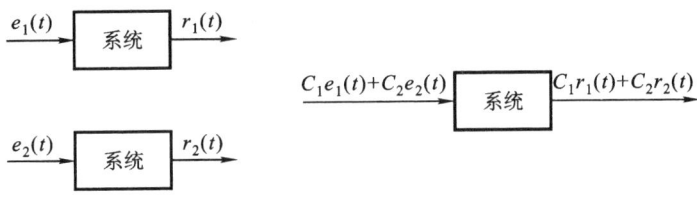

图 1 - 44 线性系统的叠加性与均匀性

由常系数线性微分方程描述的系统,如果起始状态为零,则系统满足叠加性与均匀性(齐次性)。若起始状态非零,必须将外加激励信号与起始状态的作用分别处理才能满足叠加性与均匀性,否则可能引起混淆,2.5 节将专门研究此问题。

(二) 时不变特性

对于时不变系统,由于系统参数本身不随时间改变,因此,在同样起始状态之下,系统响应与激励施加于系统的时刻无关。写成数学表达式,若激励为 $e(t)$,产生响应 $r(t)$,则当激励为 $e(t-t_0)$ 时,响应为 $r(t-t_0)$。此特性示于图 1 - 45,它表明当激励延迟一段时间 t_0 时,其输出响应也同样延迟 t_0 时间,波形形状不变。

(三) 微分特性

对于 LTI 系统满足如下的微分特性:若系统在激励 $e(t)$ 作用下产生响应 $r(t)$,则当激励为 $\dfrac{\mathrm{d}e(t)}{\mathrm{d}t}$ 时,响应为 $\dfrac{\mathrm{d}r(t)}{\mathrm{d}t}$。

根据线性与时不变性容易证明此结论。首先由时不变特性可知,激励 $e(t)$ 对应输出 $r(t)$,则激励 $e(t-\Delta t)$ 产生响应 $r(t-\Delta t)$。再由叠加性与均匀性可

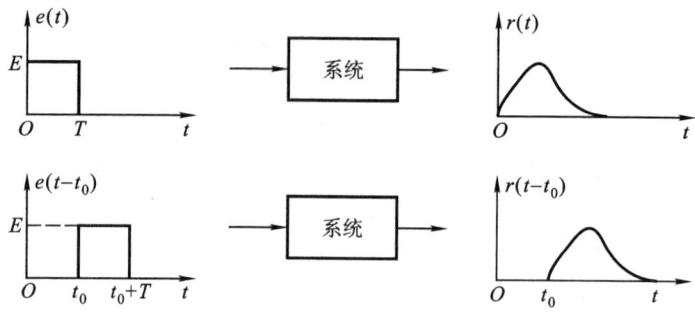

图 1-45 时不变特性

知,若激励为 $\dfrac{e(t)-e(t-\Delta t)}{\Delta t}$ 则响应等于 $\dfrac{r(t)-r(t-\Delta t)}{\Delta t}$,取 $t\to 0$ 的极限,得到导数关系。若激励为

$$\lim_{\Delta t\to 0}\dfrac{e(t)-e(t-\Delta t)}{\Delta t}=\dfrac{\mathrm{d}}{\mathrm{d}t}e(t) \tag{1-77}$$

则响应为

$$\lim_{\Delta t\to 0}\dfrac{r(t)-r(t-\Delta t)}{\Delta t}=\dfrac{\mathrm{d}}{\mathrm{d}t}r(t) \tag{1-78}$$

这表明,当系统的输入由原激励信号改为其导数时,输出也由原响应函数变成其导数。显然,此结论可扩展至高阶导数与积分。图 1-46 示意表明这一结果。

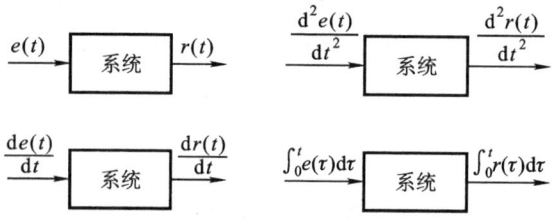

图 1-46 微分特性

(四)因果性

因果系统是指系统在 t_0 时刻的响应只与 $t=t_0$ 和 $t<t_0$ 时刻的输入有关,否则,即为非因果系统。也就是说,激励是产生响应的原因,响应是激励引起的后果,这种特性称为因果性(causality)。

例如,系统模型若为

$$r_1(t)=e_1(t-1) \tag{1-79}$$

则此系统是因果系统,如果

$$r_2(t)=e_2(t+1) \tag{1-80}$$

则为非因果系统。

通常由电阻器、电感线圈、电容器构成的实际物理系统都是因果系统。而在信号处理技术领域中,待处理的时间信号已被记录并保存下来,可以利用后一时刻的输入来决定前一时刻的输出(例如信号的压缩、扩展、求统计平均值等),那么,将构成非因果系统。在语音信号处理、地球物理学、气象学、股票市场分析以及人口统计学等领域都可能遇到此类非因果系统。

如果信号的自变量不是时间(例如在图像处理的某些问题中),研究系统的因果性显得不很重要。

由常系数线性微分方程描述的系统若在 $t < t_0$ 时不存在任何激励,在 t_0 时刻起始状态为零,则系统具有因果性。

某些非因果系统的模型虽然不能直接由物理系统实现,然而它们的性能分析对于因果系统的研究具有重要的指导意义,5.4 节将讨论这方面的问题。

借"因果"这一名词,常把 $t = 0$ 接入系统的信号(在 $t < 0$ 时函数值为零)称为因果信号(或有始信号)。对于因果系统,在因果信号的激励下,响应也为因果信号。

1.8 系统分析方法

在系统分析中,LTI 系统的分析具有重要意义。这不仅是因为在实际应用中经常遇到 LTI 系统,而且,还有一些非线性系统或时变系统在限定范围与指定条件下,遵从线性时不变特性的规律;另一方面,LTI 系统的分析方法已经形成了完整的、严密的体系,日趋完善和成熟。

为便于读者了解本书概貌,下面就系统分析方法作一概述,着重说明线性时不变系统的分析方法。

在建立系统模型方面,系统的数学描述方法可分为两大类型,一是输入-输出描述法,另一是状态变量描述法。

输入-输出描述法着眼于系统激励与响应之间的关系,并不关心系统内部变量的情况。对于在通信系统中大量遇到的单输入-单输出系统,应用这种方法较方便。

状态变量描述法不仅可以给出系统的响应,还可提供系统内部各变量的情况,也便于多输入-多输出系统的分析。在近代控制系统的理论研究中,广泛采用状态变量方法。

从系统数学模型的求解方法来讲,大体上可分为时间域方法与变换域方法两大类型。

时间域方法直接分析时间变量的函数,研究系统的时间响应特性,或称时域特性。这种方法的主要优点是物理概念清楚。对于输入-输出描述的数学模型,可以利用经典法解常系数线性微分方程或差分方程,辅以算子符号方法可使分析过程适当简化;对于状态变量描述的数学模型,则需求解矩阵方程。在线性系统时域分析方法中,卷积方法最受重视,它的优点表现在许多方面,本书中将给出较多篇幅研究这种方法。借助计算机,利用数值方法求解微分方程也比较方便,如欧拉(Euler)法、龙格 – 库塔(Runge – Kutta)法等。此外,还有一些辅助性的分析工具如求解非线性微分方程的相平面法等等。在信号与系统研究的发展过程中,曾一度认为时域方法运算繁琐、不够方便,随着计算技术与各种算法工具的出现,时域分析又重新受到重视。

变换域方法将信号与系统模型的时间变量函数变换成相应变换域的某种变量函数。例如,傅里叶变换(FT)以频率为独立变量,以频域特性为主要研究对象;而拉普拉斯变换(LT)与 z 变换(ZT)则注重研究极点与零点分析,利用 s 域或 z 域的特性解释现象和说明问题。目前,在离散系统分析中,正交变换的内容日益丰富,如离散傅里叶变换(DFT)、离散沃尔什变换(DWT)等。为提高计算速度,人们对于快速算法产生了巨大兴趣,又出现了如快速傅里叶变换(FFT)等计算方法。变换域方法可以将时域分析中的微分、积分运算转化为代数运算,或将卷积积分变为乘法。在解决实际问题时又有许多方便之处,如根据信号占有频带与系统通带间的适应关系来分析信号传输问题往往比时域法简便和直观。在信号处理问题中,经正交变换,将时间函数用一组变换系数(谱线)来表示,在允许一定误差的情况下,变换系数的数目可以很少,有利于判别信号中带有特征性的分量,也便于传输。

LTI 系统的研究,以叠加性、均匀性和时不变特性作为分析一切问题的基础。按照这一观点去考察问题,时间域方法与变换域方法并没有本质区别。这两种方法都是把激励信号分解为某种基本单元,在这些单元信号分别作用的条件下求得系统的响应,然后叠加。例如,在时域卷积方法中这种单元是冲激函数,在傅里叶变换中是正弦函数或指数函数,在拉普拉斯变换中则是复指数信号。因此,变换域方法不仅可以视为求解数学模型的有力工具,而且能够赋予明确的物理意义,基于这种物理解释,时间域方法与变换域方法得到了统一。

本书按照先输入 – 输出描述后状态变量描述,先连续后离散,先时间域后变换域的顺序,研究线性时不变系统的基本分析方法,结合通信系统与控制系统的一般问题,初步介绍这些方法在信号传输与处理方面的简单应用。

长期以来,人们对于非线性系统与时变系统的研究付出了足够的代价,虽然取得了不少进展,而目前仍有较多困难,还不能总结出系统、完整、具有普遍意义的分析方法。近年来,在信号传输与处理研究领域中,人们利用人工神经网络、模糊集理论、遗传算法、混沌理论以及它们的相互结合解决线性时不变系统模型难以描述的许多实际问题,取得了令人满意的结果,这些方法显示了强大的生命力,它们的构成原理和处理问题的方法与本课程的基本内容有着本质的区别。随着本课程与后续课程的深入学习,读者将逐步认识到本书方法的局限性。科学发展日新月异,信号与系统领域的新理论、新技术层出不穷,对于这一学科领域的学习将永无止境。

习　题

1-1 分别判断题图 1-1 所示各波形是连续时间信号还是离散时间信号,若是离散时间信号是否为数字信号?

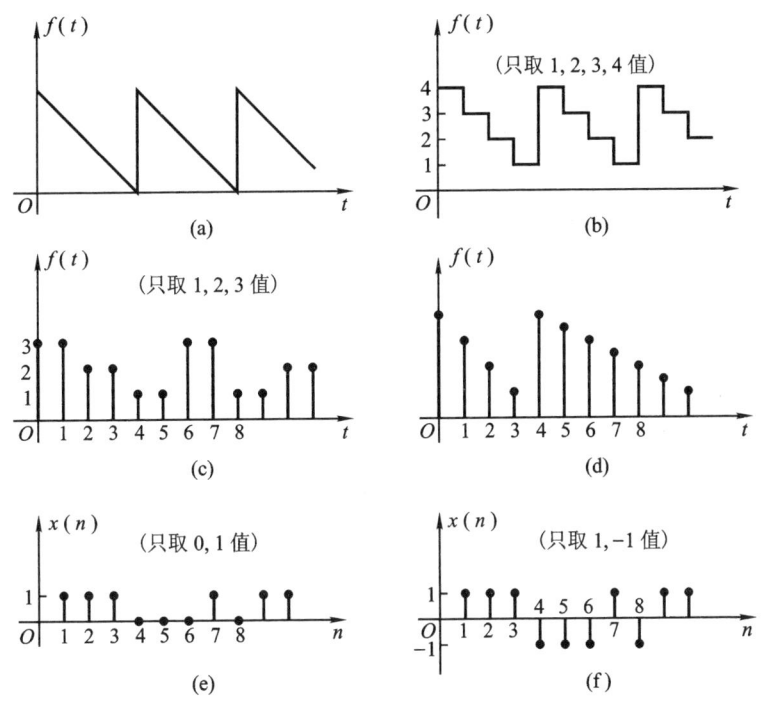

题图 1-1

1-2 分别判断下列各函数式属于何种信号?(重复习题 1-1 所问。)

(1) $e^{-\alpha t}\sin(\omega t)$;

(2) e^{-nT};

(3) $\cos(n\pi)$;

(4) $\sin(n\omega_0)$　(ω_0 为任意值);

(5) $\left(\dfrac{1}{2}\right)^n$。

以上各式中 n 为正整数。

1-3 分别求下列各周期信号的周期 T:

(1) $\cos(10t) - \cos(30t)$;

(2) e^{j10t};

(3) $[5\sin(8t)]^2$;

(4) $\sum_{n=0}^{\infty}(-1)^n[u(t-nT)-u(t-nT-T)]$（$n$ 为正整数）。

1-4 对于例 1-1 所示信号，由 $f(t)$ 求 $f(-3t-2)$，但改变运算顺序，先求 $f(3t)$ 或先求 $f(-t)$，讨论所得结果是否与原例之结果一致。

1-5 已知 $f(t)$，为求 $f(t_0-at)$ 应按下列哪种运算求得正确结果（式中 t_0, a 都为正值）？

(1) $f(-at)$ 左移 t_0；

(2) $f(at)$ 右移 t_0；

(3) $f(at)$ 左移 $\dfrac{t_0}{a}$；

(4) $f(-at)$ 右移 $\dfrac{t_0}{a}$。

1-6 绘出下列各信号的波形：

(1) $\left[1+\dfrac{1}{2}\sin(\Omega t)\right]\sin(8\Omega t)$；

(2) $[1+\sin(\Omega t)]\sin(8\Omega t)$。

1-7 绘出下列各信号的波形：

(1) $[u(t)-u(t-T)]\sin\left(\dfrac{4\pi}{T}t\right)$；

(2) $[u(t)-2u(t-T)+u(t-2T)]\sin\left(\dfrac{4\pi}{T}t\right)$。

1-8 试将描述图 1-15 波形的表达式(1-16)和(1-17)改用阶跃信号表示。

1-9 粗略绘出下列各函数式的波形图：

(1) $f(t)=(2-e^{-t})u(t)$；

(2) $f(t)=(3e^{-t}+6e^{-2t})u(t)$；

(3) $f(t)=(5e^{-t}-5e^{-3t})u(t)$；

(4) $f(t)=e^{-t}\cos(10\pi t)[u(t-1)-u(t-2)]$。

1-10 写出题图 1-10(a)、(b)、(c)所示各波形的函数式。

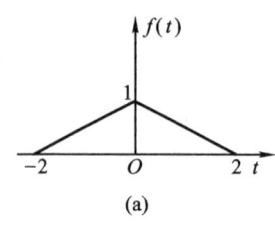
(a)

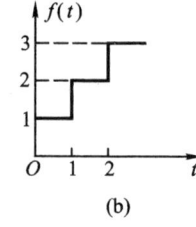
(b)

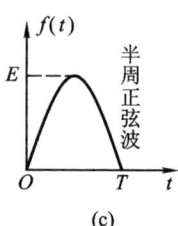
(c)

题图 1-10

1-11 绘出下列各时间函数的波形图：

(1) $te^{-t}u(t)$；

(2) $e^{-(t-1)}[u(t-1)-u(t-2)]$；

(3) $[1+\cos(\pi t)][u(t)-u(t-2)]$；

(4) $u(t) - 2u(t-1) + u(t-2)$;

(5) $\dfrac{\sin[a(t-t_0)]}{a(t-t_0)}$;

(6) $\dfrac{\mathrm{d}}{\mathrm{d}t}[\mathrm{e}^{-t}\sin t\, u(t)]$。

1-12 绘出下列各时间函数的波形图,注意它们的区别:

(1) $t[u(t) - u(t-1)]$;

(2) $t \cdot u(t-1)$;

(3) $t[u(t) - u(t-1)] + u(t-1)$;

(4) $(t-1)u(t-1)$;

(5) $-(t-1)[u(t) - u(t-1)]$;

(6) $t[u(t-2) - u(t-3)]$;

(7) $(t-2)[u(t-2) - u(t-3)]$。

1-13 绘出下列各时间函数的波形图,注意它们的区别:

(1) $f_1(t) = \sin(\omega t) \cdot u(t)$;

(2) $f_2(t) = \sin[\omega(t-t_0)] \cdot u(t)$;

(3) $f_3(t) = \sin(\omega t) \cdot u(t-t_0)$;

(4) $f_4(t) = \sin[\omega(t-t_0)] \cdot u(t-t_0)$。

1-14 应用冲激信号的抽样特性,求下列表示式的函数值:

(1) $\int_{-\infty}^{\infty} f(t-t_0)\delta(t)\mathrm{d}t$;

(2) $\int_{-\infty}^{\infty} f(t_0-t)\delta(t)\mathrm{d}t$;

(3) $\int_{-\infty}^{\infty} \delta(t-t_0)u\left(t-\dfrac{t_0}{2}\right)\mathrm{d}t$;

(4) $\int_{-\infty}^{\infty} \delta(t-t_0)u(t-2t_0)\mathrm{d}t$;

(5) $\int_{-\infty}^{\infty} (\mathrm{e}^{-t}+t)\delta(t+2)\mathrm{d}t$;

(6) $\int_{-\infty}^{\infty} (t+\sin t)\delta\left(t-\dfrac{\pi}{6}\right)\mathrm{d}t$;

(7) $\int_{-\infty}^{\infty} \mathrm{e}^{-\mathrm{j}\omega t}[\delta(t) - \delta(t-t_0)]\mathrm{d}t$。

1-15 电容 C_1 与 C_2 串联,以阶跃电压源 $v(t) = Eu(t)$ 串联接入,试分别写出回路中的电流 $i(t)$、每个电容两端电压 $v_{C1}(t)$、$v_{C2}(t)$ 的表示式。

1-16 电感 L_1 与 L_2 并联,以阶跃电流源 $i(t) = Iu(t)$ 并联接入,试分别写出电感两端电压 $v(t)$、每个电感支路电流 $i_{L1}(t)$、$i_{L2}(t)$ 的表示式。

1-17 分别指出下列各波形的直流分量等于多少?

(1) 全波整流 $f(t) = |\sin(\omega t)|$;

(2) $f(t) = \sin^2(\omega t)$;

(3) $f(t) = \cos(\omega t) + \sin(\omega t)$;

(4) 升余弦 $f(t) = K[1 + \cos(\omega t)]$。

1-18 粗略绘出题图 1-18 所示各波形的偶分量和奇分量。

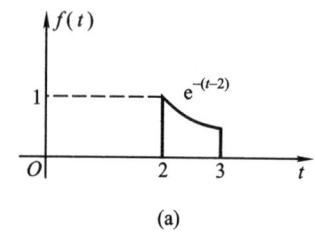

(a)

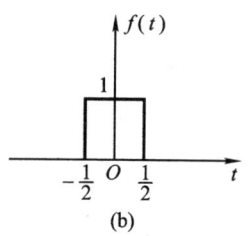

(b)

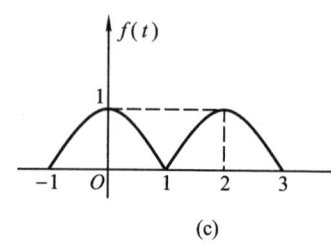

(c)

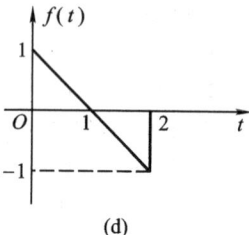

(d)

题图 1-18

1-19 绘出下列系统的仿真框图：

(1) $\dfrac{\mathrm{d}}{\mathrm{d}t}r(t) + a_0 r(t) = b_0 e(t) + b_1 \dfrac{\mathrm{d}}{\mathrm{d}t}e(t)$；

(2) $\dfrac{\mathrm{d}^2}{\mathrm{d}t^2}r(t) + a_1 \dfrac{\mathrm{d}}{\mathrm{d}t}r(t) + a_0 r(t) = b_0 e(t) + b_1 \dfrac{\mathrm{d}}{\mathrm{d}t}e(t)$。

1-20 判断下列系统是否为线性的、时不变的、因果的？

(1) $r(t) = \dfrac{\mathrm{d}e(t)}{\mathrm{d}t}$； (2) $r(t) = e(t)u(t)$；

(3) $r(t) = \sin[e(t)]u(t)$； (4) $r(t) = e(1-t)$；

(5) $r(t) = e(2t)$； (6) $r(t) = e^2(t)$；

(7) $r(t) = \displaystyle\int_{-\infty}^{t} e(\tau)\mathrm{d}\tau$； (8) $r(t) = \displaystyle\int_{-\infty}^{5t} e(\tau)\mathrm{d}\tau$。

1-21 判断下列系统是否是可逆的。若可逆，给出它的逆系统；若不可逆，指出使该系统产生相同输出的两个输入信号。

(1) $r(t) = e(t-5)$；

(2) $r(t) = \dfrac{\mathrm{d}}{\mathrm{d}t}e(t)$；

(3) $r(t) = \displaystyle\int_{-\infty}^{t} e(\tau)\mathrm{d}\tau$；

(4) $r(t) = e(2t)$。

1-22 若输入信号为 $\cos(\omega_0 t)$，为使输出信号中分别包含以下频率成分：

(1) $\cos(2\omega_0 t)$；

(2) $\cos(3\omega_0 t)$；

(3)直流。

请你分别设计相应的系统(尽可能简单)满足此要求,给出系统输出与输入的约束关系式。讨论这三种要求有何共同性、相应的系统有何共同性。

1-23 有一线性时不变系统,当激励 $e_1(t) = u(t)$ 时,响应 $r_1(t) = e^{-\alpha t}u(t)$,试求当激励 $e_2(t) = \delta(t)$ 时,响应 $r_2(t)$ 的表示式。(假定起始时刻系统无储能。)

1-24 证明 δ 函数的尺度运算特性满足 $\delta(at) = \dfrac{1}{|a|}\delta(t)$。(提示:利用图1-28,当以 t 为自变量时脉冲底宽为 τ,而改以 at 为自变量时底宽变成 $\dfrac{\tau}{a}$,借此关系以及偶函数特性即可求出以上结果。)

第二章 连续时间系统的时域分析

2.1 引　　言

LTI 系统分析方法包括时间域和变换域两方面的问题（简称时域或变域）。时域分析方法不涉及任何变换，直接求解系统的微分、积分方程式，对于系统的分析与计算全部都在时间变量领域内进行。这种方法比较直观、物理概念清楚，是学习各种变换域方法的基础。

20 世纪 50 年代以前，时域分析方法着重研究微分方程的经典法求解。对于高阶系统或激励信号较复杂的情况，计算过程相当繁复，求解过程很不方便。正是由于这一原因，在相当长的一段时间内，人们的兴趣集中于变换域分析，例如借助拉普拉斯变换求解微分方程。而 20 世纪 60 年代以后，由于计算机的广泛应用和各种软件工具的开发，从时域求解微分方程的技术显得比较方便；另一方面，在 LTI 系统中借助卷积方法求解响应日益受到重视，因而，时域分析的研究与应用又进一步得到发展。

系统数学模型的时域表示有两种形式：端口（输入 – 输出）描述与状态方程描述。前者写作一元 n 阶微分方程；而后者以 n 元联立一阶微分方程的形式给出。本章仅限于研究输入 – 输出方程的分析与求解，待到第九章专门研究状态方程的有关问题，包括时域与变换域、连续与离散。

本章的主要内容包括以下两个方面：从 2.2 节到 2.6 节着重讨论 LTI 系统微分方程的建立与求解以及响应分解特性的研究；而 2.7 节至 2.9 节讲授卷积积分的概念、运算、图解分析及其应用。前面几节，在复习数学和电路课已讲授之经典法求解微分方程的基础上，引入系统响应起始值可能发生跳变的概念（从 0_- 到 0_+ 状态的转换），并研究零输入响应与零状态响应分解特性。在给出系统的冲激响应之后，将冲激响应与激励信号进行卷积积分，从而可以求得系统的零状态响应。卷积积分方法有清楚的物理概念，一般情况下计算过程比较方便，并且能够适应计算机编程求解。此外，卷积原理在变换域方法中同样得到广泛应用，它是连接时间域与变换域两类方法的一条纽带。在 LTI 系统理论中，卷积概念占有十分重要的地位。我们将要看到，在本书许多章节里都要用到本章讲述的卷积概念和计算方法，读者对此必须熟练掌握。

2.10 节还将介绍微分方程的算子符号表示法,它使微分、积分方程的表示及某些运算简化,同时也是从时域经典法向拉普拉斯变换法的一种过渡,待到第四章将对此方法作进一步的说明。

本章的许多内容可能与先修课有重复,这些重复完全必要,它将为已修课程与本课程之间构建一座桥梁。为了认识清楚这一特征,现将有关衔接问题列于表 2-1,以协助读者在学习过程中掌握要点。

表 2-1 各节学习要点

节号	标题(主要内容)	先修课情况	本课程教学目的	需要注意的问题
2.2 2.3	系统数学模型(微分方程)的建立 用时域经典法求解微分方程	数学、物理、电路课中学过 一般应有较好基础	复习、归纳并与本课程后续内容衔接	
2.4	起始点的跳变——从0_-到0_+状态的转换	电路课可能有初步了解 基本上是全新内容	理解此现象的物理概念 初步认识时域求解方法	在学过拉氏变换之后将容易解决 此处注重概念形成不必研究解题技巧
2.5	零输入响应与零状态响应	电路课已学过	从不同角度认识响应的可分解性 认识零输入线性和零状态线性	区分清楚各组名词术语 注重概念
2.6	冲激响应与阶跃响应	电路课有初步概念	认识时域求解方法 $h(t)$ 与 $g(t)$ 关系	与 2.4 节联系密切 与 2.4 节注意问题相同
2.7 2.8	卷积 卷积的性质	电路课有初步概念 基本上是全新内容	熟悉图解法解题 熟记一些简例(如两矩形脉冲卷积的结果) 熟悉性质的应用	是本章重点,也是本课程重点(贯穿全书) 用图解法多做练习题
2.9	利用卷积分析通信系统多径失真的消除方法	全新内容	这是一个生动的应用实例 对理解卷积概念很有帮助	有助于激发读者的学习兴趣 在以后各章中仍有类似方法深入研究
2.10	用算子符号表示微分方程	没学过或初步了解	是一种表示方法的说明 容易自学	本节也可提前到 2.2 节之后自学 待到第四章 4.2 节(二)进一步与拉氏变换比较

2.2 系统数学模型(微分方程)的建立

为建立 LTI 系统的数学模型,需要列写描述其工作特性的微分方程式。对于电系统,构成此方程式的基本依据是电网络的两类约束特性。其一是元件约束特性,也即表征电路元件模型的关系式。例如二端元件电阻、电容、电感各自的电压与电流关系,以及多端元件互感、受控源、运算放大器等输出端口与输入端口之间的电压或电流关系。其二是网络拓扑约束,也即由网络结构决定的各电压、电流之间的约束关系。以基尔霍夫电压定律(KVL)和基尔霍夫电流定律(KCL)给出。下面举例说明电路微分方程的建立过程。

例 2-1 图 2-1 所示 RLC 并联电路,给定激励信号为电流源 $i_S(t)$,求并联电路的端电压 $v(t)$。建立描述系统的微分方程式。

解 设各支路电流分别为 $i_R(t)$、$i_L(t)$ 和 $i_C(t)$,以 $v(t)$ 作为待求响应函数,根据元件约束特性有

$$i_R(t) = \frac{1}{R}v(t) \qquad (2-1)$$

$$i_L(t) = \frac{1}{L}\int_{-\infty}^{t} v(\tau)\,\mathrm{d}\tau \qquad (2-2)$$

$$i_C(t) = C\frac{\mathrm{d}}{\mathrm{d}t}v(t) \qquad (2-3)$$

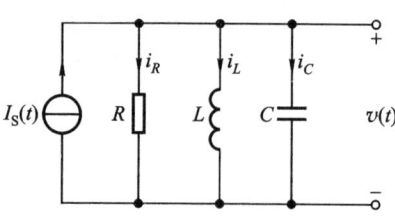

图 2-1 RLC 并联电路

根据基尔霍夫定律有

$$i_R(t) + i_L(t) + i_C(t) = i_S(t)$$

也即

$$C\frac{\mathrm{d}^2}{\mathrm{d}t^2}v(t) + \frac{1}{R}\frac{\mathrm{d}}{\mathrm{d}t}v(t) + \frac{1}{L}v(t) = \frac{\mathrm{d}}{\mathrm{d}t}i_S(t) \qquad (2-4)$$

下面考虑一个机械位移系统数学模型的建立。对此类系统的建模依据是各种作用力与运动速度的关系式以及描述系统受力平衡的基本规律——达朗贝尔原理。

例 2-2 图 2-2 示出二阶质块弹簧阻尼部件构成的机械位移系统,由于外力 $F_s(t)$ 的作用,检测块相对于左边的支撑结构将产生位移 $y(t)$,刚体质块的质量为 m、弹簧劲度系数为 k、而阻碍质块运动的阻尼系数是 f。设位移速度 $v(t) =$

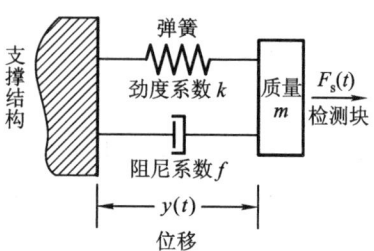

图 2-2 机械位移系统

$\frac{\mathrm{d}}{\mathrm{d}t}y(t)$,试建立 $v(t)$ 与 $F_s(t)$ 约束关系的表达式。

解

设弹簧受力为 $F_k(t)$,由胡克定律可知

$$F_k(t) = ky(t) = k\int_{-\infty}^{t} v(\tau)\mathrm{d}\tau \qquad (2-5)$$

阻尼力为 $F_f(t)$,它与移动速度成正比

$$F_f(t) = fv(t) \qquad (2-6)$$

物体运动惯性力以 $F_m(t)$ 表示,按牛顿第二定律有

$$F_m(t) = m\frac{\mathrm{d}}{\mathrm{d}t}v(t) \qquad (2-7)$$

根据达朗贝尔原理,系统受力应保持平衡,因而有

$$m\frac{\mathrm{d}}{\mathrm{d}t}v(t) + fv(t) + k\int_{-\infty}^{t} v(\tau)\mathrm{d}\tau = F_s(t)$$

等式两端微分得到

$$m\frac{\mathrm{d}^2}{\mathrm{d}t^2}v(t) + f\frac{\mathrm{d}}{\mathrm{d}t}v(t) + kv(t) = \frac{\mathrm{d}}{\mathrm{d}t}F_s(t) \qquad (2-8)$$

此式即为图 2-2 所示机械位移系统的微分方程表达式。

虽然,以上两例是性质完全不同的两个物理系统,但是对比式(2-4)和式(2-8)可以发现,它们的数学模型却一一对应,或者说这两个微分方程的形式完全相同。表 2-2 列出两种物理系统参数之对比。左列的力学量与右列的电学量逐项对应。它们的约束规律表现出惊人的相似特征。最后给出的谐振频率和品质因数是描述二阶动态系统性能的重要参量,在学习电路课程时,对此已有初步认识。本书 4.9 节将进一步说明它们的物理意义和应用。

表 2-2 力学量与电学量的对比

力学量	电学量
速度 v	电压 v
力 F	电流 i
功率 vF	功率 vi
阻尼系数 f	电导 G(电阻 R 与 f 呈倒数对应)
阻尼力 $F_f = fv$	欧姆定律 $i = Gv$
弹簧劲度系数 $k\left(\text{或弹性系数}\frac{1}{k}\right)$	电感 L(L 与 k 呈倒数对应)
胡克定律 $F_k = k\int v(t)\mathrm{d}t$	电磁感应定律 $i = \frac{1}{L}\int v(t)\mathrm{d}t$
质量 m	电容 C

续表

力学量	电学量
牛顿第二定律 $F_m = m\dfrac{\mathrm{d}v(t)}{\mathrm{d}t}$	电荷传递规律 $i = C\dfrac{\mathrm{d}v(t)}{\mathrm{d}t}$
达朗贝尔原理 $\sum\limits_{i=1}^{N} F_i = 0$ $\sum\limits_{k=1}^{M} v_k = 0$	基尔霍夫定律 $\sum\limits_{k=1}^{N} i_k = 0$ $\sum\limits_{j=1}^{M} v_j = 0$
谐振频率 $\sqrt{\dfrac{k}{m}}$	谐振频率 $\dfrac{1}{\sqrt{LC}}$
品质因数 $\dfrac{1}{f}\sqrt{km}$	品质因数 $\dfrac{1}{G}\sqrt{\dfrac{C}{L}}$
系统数学模型 $m\dfrac{\mathrm{d}^2 v(t)}{\mathrm{d}t^2} + f\dfrac{\mathrm{d}v(t)}{\mathrm{d}t} + kv(t)$ $= \dfrac{\mathrm{d}F_s(t)}{\mathrm{d}t}$	系统数字模型 $C\dfrac{\mathrm{d}^2 v(t)}{\mathrm{d}t^2} + \dfrac{1}{R}\dfrac{\mathrm{d}v(t)}{\mathrm{d}t} + \dfrac{1}{L}v(t)$ $= \dfrac{\mathrm{d}i_s(t)}{\mathrm{d}t}$

表中所列电学量是指图 2-1 所示 RLC 并联谐振电路的参数。如果改为 RLC 串联谐振电路（以电压源作为激励信号，求响应电流信号），也可得到一组与力学量对比的电参数，不过其结果将与上列并联电路参数呈"对偶"关系。这个问题可作为练习，留给读者研究。

借助表 2-2 很容易将机械系统等效类比为电路系统，考虑到近代电路研究手段日趋成熟，并具有很强的分析功能，因而，可以利用机电类比法分析与设计机械系统。

我们注意到，微电子与系统集成技术的飞速发展不仅使传统电路技术的实现与应用发生了一场革命，而且它的成功理念已经拓展到更为广泛的工程领域。近年来，出现了所谓"微电子机械系统"（Micro Electro Mechanical Systems，简写为 MEMS，中文简称微机电系统）。它将机械装置与电子控制电路合并制作在同一芯片上，构成了智能化的传感器和传动器，并且可以完成必要的检测与计算。例如借助电参数的测量来确定机械位移的数值（如速度或加速度）。与传统的机械设备相比较，这类系统具有体积、重量小，功能强，噪声低等诸多优点。已经广泛应用于诸如人体保健、生物工程、导航和汽车系统等各种领域。实际上图 2-2 所示结构的形成背景即源于测量加速度参量的"微型加速度计"。

用微分方程不仅可以建立描述电路、机械等工程系统的数学模型，而且还可用于构建生物系统、经济系统、社会系统等各种科学领域。

从本节两例分析可以看出,在建立系统微分方程的推导过程中,往往需要从多个低阶方程构建一元的高阶方程,微分和积分符号频繁出现。为简化表达方式,可利用"算子符号方法"。我们将在本章最后2.10节介绍这种描述工具。类似的思维方式将延伸到第四章拉普拉斯变换方法及其应用。

2.3 用时域经典法求解微分方程

系统的微分方程一经建立,如果给定激励信号函数形式以及系统的初始状态(微分方程的初始条件),即可求解所需的响应。

对于一阶或二阶微分方程描述的电路系统,读者已在数学与电路课程中了解其求解方法,下面在先修课程的基础上,将那里的方法引向高阶,给出LTI系统微分方程数学模型的一般求解规律。

如果组成系统的元件都是参数恒定的线性元件,则相应的数学模型是一个线性常系数常微分方程(简称定常系统)。若此系统中各元件起始无储能,则构成一个线性时不变系统。

设系统的激励信号为$e(t)$,响应为$r(t)$,它的数学模型可利用一高阶微分方程表示

$$C_0 \frac{\mathrm{d}^n r(t)}{\mathrm{d}t^n} + C_1 \frac{\mathrm{d}^{n-1} r(t)}{\mathrm{d}t^{n-1}} + \cdots + C_{n-1} \frac{\mathrm{d}r(t)}{\mathrm{d}t} + C_n r(t)$$
$$= E_0 \frac{\mathrm{d}^m e(t)}{\mathrm{d}t^m} + E_1 \frac{\mathrm{d}^{m-1} e(t)}{\mathrm{d}t^{m-1}} + \cdots + E_{m-1} \frac{\mathrm{d}e(t)}{\mathrm{d}t} + E_m e(t) \quad (2-9)$$

由微分方程的时域经典求解方法可知,式(2-9)的完全解由两部分组成,即齐次解与特解。此外,还需借助初始条件求出待定系数。下面依次说明求解过程。

(一)求齐次解$r_\mathrm{h}(t)$

当式(2-9)中的激励项$e(t)$及其各阶导数都为零时,此方程的解即为齐次解,它应满足

$$C_0 \frac{\mathrm{d}^n r(t)}{\mathrm{d}t^n} + C_1 \frac{\mathrm{d}^{n-1} r(t)}{\mathrm{d}t^{n-1}} + \cdots + C_{n-1} \frac{\mathrm{d}r(t)}{\mathrm{d}t} + C_n r(t) = 0 \quad (2-10)$$

此方程也称为式(2-9)的齐次方程。齐次解的形式是形如$Ae^{\alpha t}$函数的线性组合,令$r(t) = Ae^{\alpha t}$代入式(2-10)则有

$$C_0 A \alpha^n e^{\alpha t} + C_1 A \alpha^{n-1} e^{\alpha t} + \cdots + C_{n-1} A \alpha e^{\alpha t} + C_n A e^{\alpha t} = 0$$

简化为

$$C_0 \alpha^n + C_1 \alpha^{n-1} + \cdots + C_{n-1} \alpha + C_n = 0 \quad (2-11)$$

如果 α_k 是式(2-11)的根,则 $r(t) = Ae^{\alpha_k t}$ 将满足式(2-10)。称式(2-11)为微分方程(2-9)的特征方程,对应的 n 个根 $\alpha_1, \alpha_2, \cdots, \alpha_n$ 称为微分方程的特征根。

在特征根各不相同(无重根)的情况下,微分方程的齐次解为

$$r_h(t) = A_1 e^{\alpha_1 t} + A_2 e^{\alpha_2 t} + \cdots + A_n e^{\alpha_n t} = \sum_{i=1}^{n} A_i e^{\alpha_i t} \qquad (2-12)$$

其中常数 $A_1, A_2, \cdots, A_n$ 由初始条件决定。

若特征方程(2-11)有重根,例如 α_1 是方程(2-11)的 k 阶重根,即

$$C_0 \alpha^n + C_1 \alpha^{n-1} + \cdots + C_{n-1} \alpha + C_n = C_0 (\alpha - \alpha_1)^k \prod_{i=2}^{n-k+1} (\alpha - \alpha_i) \qquad (2-13)$$

则相应于 α_1 的重根部分将有 k 项,形如

$$(A_1 t^{k-1} + A_2 t^{k-2} + \cdots + A_{k-1} t + A_k) e^{\alpha_1 t} = \left(\sum_{i=1}^{k} A_i t^{k-i} \right) e^{\alpha_1 t} \qquad (2-14)$$

不难证明其中的每一项都满足式(2-10)的齐次方程。

例 2-3 求微分方程 $\dfrac{d^3}{dt^3} r(t) + 7 \dfrac{d^2}{dt^2} r(t) + 16 \dfrac{d}{dt} r(t) + 12 r(t) = e(t)$ 的齐次解。

解 系统的特征方程为

$$\alpha^3 + 7\alpha^2 + 16\alpha + 12 = 0$$
$$(\alpha + 2)^2 (\alpha + 3) = 0$$

特征根 $\quad \alpha_1 = -2 (\text{重根}), \alpha_2 = -3$

因而对应的齐次解为

$$r_h(t) = (A_1 t + A_2) e^{-2t} + A_3 e^{-3t}$$

(二)求特解 $r_p(t)$

微分方程特解 $r_p(t)$ 的函数形式与激励函数形式有关。将激励 $e(t)$ 代入方程式(2-9)的右端,化简后右端函数式称为"自由项"。通常由观察自由项试选特解函数式,代入方程后求得特解函数式中的待定系数,即可给出特解 $r_p(t)$。几种典型激励函数对应的特解函数式列于表 2-3,求解方程时可以参考。

表 2-3 与几种典型激励函数对应的特解

激励函数 $e(t)$	响应函数 $r(t)$ 的特解
E(常数)	B
t^p	$B_1 t^p + B_2 t^{p-1} + \cdots + B_p t + B_{p+1}$
e^{at}	Be^{at}
$\cos(\omega t)$	$B_1 \cos(\omega t) + B_2 \sin(\omega t)$
$\sin(\omega t)$	

续表

激励函数 $e(t)$	响应函数 $r(t)$ 的特解
$t^p e^{at} \cos(\omega t)$	$(B_1 t^p + \cdots + B_p t + B_{p+1}) e^{at} \cos(\omega t) +$
$t^p e^{at} \sin(\omega t)$	$(D_1 t^p + \cdots + D_p t + D_{p+1}) e^{at} \sin(\omega t)$

注:(1) 表中 B、D 是待定系数。

(2) 若 $e(t)$ 由几种激励函数组合,则特解也为其相应的组合。

(3) 若表中所列特解与齐次解重复,则应在特解中增加一项:t 倍乘表中特解。若这种重复形式有 k 次(特征根为 k 重根),则依次增加倍乘 $t, t^2, \cdots, t^k$ 诸项。例如 $e(t) = e^{at}$,而齐次解也是 e^{at}(特征根 $\alpha = a$),则特解为 $B_0 t e^{at} + B_1 e^{at}$。若 a 是 k 重根,则特解为 $B_0 t^k e^{at} + B_1 t^{k-1} e^{at} + \cdots + B_k e^{at}$。

例 2 - 4 给定微分方程式

$$\frac{d^2 r(t)}{dt^2} + 2 \frac{dr(t)}{dt} + 3r(t) = \frac{de(t)}{dt} + e(t)$$

如果已知:(1) $e(t) = t^2$;(2) $e(t) = e^t$,分别求两种情况下此方程的特解。

解

(1) 将 $e(t) = t^2$ 代入方程右端,得到 $t^2 + 2t$,为使等式两端平衡,试选特解函数式

$$r_p(t) = B_1 t^2 + B_2 t + B_3$$

这里,B_1, B_2, B_3 为待定系数。将此式代入方程得到

$$3B_1 t^2 + (4B_1 + 3B_2) t + (2B_1 + 2B_2 + 3B_3) = t^2 + 2t$$

等式两端各对应幂次的系数应相等,于是有

$$\begin{cases} 3B_1 = 1 \\ 4B_1 + 3B_2 = 2 \\ 2B_1 + 2B_2 + 3B_3 = 0 \end{cases}$$

联解得到

$$B_1 = \frac{1}{3}, B_2 = \frac{2}{9}, B_3 = -\frac{10}{27}$$

所以,特解为

$$r_p(t) = \frac{1}{3} t^2 + \frac{2}{9} t - \frac{10}{27}$$

(2) 当 $e(t) = e^t$ 时,很明显,可选 $r(t) = B e^t$。这里,B 是待定系数。代入方程后有

$$B e^t + 2B e^t + 3B e^t = e^t + e^t$$

$$B = \frac{1}{3}$$

于是,特解为 $\frac{1}{3}e^t$。

上面两部分求出的齐次解 $r_h(t)$ 和特解 $r_p(t)$ 相加即得方程的完全解

$$r(t) = \sum_{i=1}^{n} A_i e^{\alpha_i t} + r_p(t) \tag{2-15}$$

(三) 借助初始条件求待定系数 A

给定微分方程和激励信号 $e(t)$,为使方程有惟一解还必须给出一组求解区间内的边界条件,用以确定式(2-15)中的常数 $A_i(i=1,2,\cdots,n)$。对于 n 阶微分方程,若 $e(t)$ 是 $t=0$ 时刻加入,则把求解区间定为 $0 \leq t < \infty$,一组边界条件可以给定为在此区间内任一时刻 t_0,要求解满足 $r(t_0), \frac{d}{dt}r(t_0), \frac{d^2}{dt^2}r(t_0), \cdots, \frac{d^{n-1}}{dt^{n-1}}r(t_0)$ 的各值。通常取 $t_0 = 0$,这样对应的一组条件就称为初始条件,记为 $r^{(k)}(0)(k=0,1,\cdots,n-1)$。把 $r^{(k)}(0)$ 代入式(2-15),有

$$\begin{cases} r(0) = A_1 + A_2 + \cdots + A_n + r_p(0) \\ \dfrac{d}{dt}r(0) = A_1\alpha_1 + A_2\alpha_2 + \cdots + A_n\alpha_n + \dfrac{d}{dt}r_p(0) \\ \quad\vdots \\ \dfrac{d^{n-1}}{dt^{n-1}}r(0) = A_1\alpha_1^{n-1} + A_2\alpha_2^{n-1} + \cdots + A_n\alpha_n^{n-1} + \dfrac{d^{n-1}}{dt^{n-1}}r_p(0) \end{cases} \tag{2-16}$$

由此可以求出要求的常数 $A_i(i=1,2,\cdots,n)$。用矩阵形式表示为

$$\begin{bmatrix} r(0) - r_p(0) \\ \dfrac{d}{dt}r(0) - \dfrac{d}{dt}r_p(0) \\ \vdots \\ \dfrac{d^{n-1}}{dt^{n-1}}r(0) - \dfrac{d^{n-1}}{dt^{n-1}}r_p(0) \end{bmatrix} = \begin{bmatrix} 1 & 1 & \cdots & 1 \\ \alpha_1 & \alpha_2 & \cdots & \alpha_n \\ \vdots & \vdots & & \vdots \\ \alpha_1^{n-1} & \alpha_2^{n-1} & \cdots & \alpha_n^{n-1} \end{bmatrix} \begin{bmatrix} A_1 \\ A_2 \\ \vdots \\ A_n \end{bmatrix} \tag{2-17}$$

其中由各 α 值构成的矩阵称为范德蒙德矩阵(Vandermonde Matrix)。由于 α_i 值各不相同,因而它的逆矩阵存在,这样就可以惟一地确定常数 $A_i(i=1,2,\cdots,n)$。

以上简单回顾了线性常系数微分方程的经典解法。从系统分析的角度,称线性常系数微分方程描述的系统为时不变系统。式(2-9)中齐次解表示系统的自由响应。由式(2-11)表示系统特性的特征方程根 $\alpha_i(i=1,2,\cdots,n)$ 称为系统的"固有频率"(或"自由频率"、"自然频率"),它决定了系统自由响应的全部形式。完全解中的特解称为系统的强迫响应,可见强迫响应只与激励函数的形式有关。整个系统的完全响应是由系统自身特性决定的自由响应 $r_h(t)$ 和与外加激励信号 $e(t)$ 有关的强迫响应 $r_p(t)$ 两部分组成,即式(2-15)。在 2.5 节我们

将进一步讨论有关系统响应分解的问题。

为了说明上述方法的综合应用，下面给出一个借助时域经典法求解电路问题的实例。

例 2 – 5 图 2 – 3 所示电路，已知激励信号 $e(t) = \sin(2t)u(t)$，初始时刻，电容端电压均为零，求输出信号 $v_2(t)$ 的表示式。

解 （1）列写微分方程式为

$$\frac{d^2 v_2(t)}{dt^2} + 7\frac{dv_2(t)}{dt} + 6v_2(t) = 6\sin(2t) \quad (t \geq 0)$$

（2）为求齐次解，写出特征方程

$$\alpha^2 + 7\alpha + 6 = 0$$

特征根为

$$\alpha_1 = -1, \alpha_2 = -6$$

齐次解是

$$A_1 e^{-t} + A_2 e^{-6t}$$

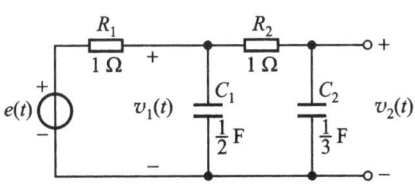

图 2 – 3 例 2 – 5 的电路

（3）查表 2 – 3 知特解为

$$B_1 \sin(2t) + B_2 \cos(2t)$$

代入原方程求系数 B

$$-4B_1 \sin(2t) - 4B_2 \cos(2t) + 14B_1 \cos(2t) - 14B_2 \sin(2t) +$$

$$6B_1 \sin(2t) + 6B_2 \cos(2t) = 6\sin(2t)$$

简化为

$$(2B_1 - 14B_2 - 6)\sin(2t) + (14B_1 + 2B_2)\cos(2t) = 0$$

因此

$$\left. \begin{array}{r} 2B_1 - 14B_2 - 6 = 0 \\ 14B_1 + 2B_2 = 0 \end{array} \right\}$$

解得

$$B_1 = \frac{3}{50}, \quad B_2 = -\frac{21}{50}$$

求出特解为

$$\frac{3}{50}\sin(2t) - \frac{21}{50}\cos(2t)$$

（4）完全解为

$$v_2(t) = A_1 e^{-t} + A_2 e^{-6t} + \frac{3}{50}\sin(2t) - \frac{21}{50}\cos(2t)$$

由于已知电容 C_2 初始端电压为零，因为 $v_2(0) = 0$，又因为电容 C_1 初始端电压也为零，于是流过 R_2、C_2 的初始电流也为零，即 $\dfrac{dv_2(0)}{dt} = 0$。借助这两个初始条

件,可以写出

$$0 = A_1 + A_2 - \frac{21}{50}$$
$$0 = -A_1 - 6A_2 + \frac{3}{25}$$

由此解得

$$A_1 = \frac{12}{25}, A_2 = -\frac{3}{50}$$

完全解为

$$v_2(t) = \frac{12}{25}e^{-t} - \frac{3}{50}e^{-6t} + \frac{3}{50}\sin(2t) - \frac{21}{50}\cos(2t) \qquad (t \geq 0)$$

以上讨论的求解线性、常系数微分方程之过程可用流程图示意于图 2-4。

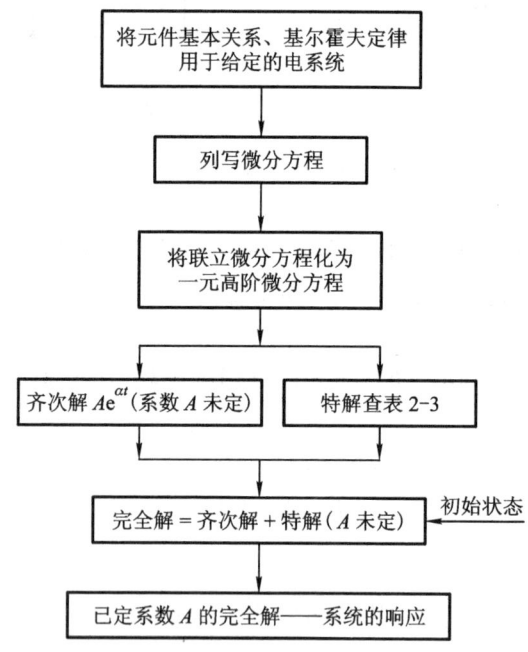

图 2-4　求解线性、常系数微分方程的流程图

以上扼要复习了时域经典法求解线性常微分方程的分析方法。很明显,这种方法的不足之处是求解过程比较麻烦,然而,对于表明和理解系统产生响应的物理概念比较清楚。待到第四章学习拉普拉斯变换方法之后可以认识到用该方法求解上述同类问题所需过程明显得以简化,但是物理概念被冲淡。由此看出,学习这两类方法的侧重点应有所不同。本章注重理解物理概念,而第四章注重常见电路的具体分析与计算。另外,对于比较复杂的信号或电路,完全可借助计

算机软件工具求解,无需再用书面的手写计算(例如用 SPICE 程序或 MATLAB 程序)。

还需指出,下面的 2.4 节将进一步研究确定初始条件的有关问题,读者还会感受到时域经典法的繁琐之处,然而,认识有关现象将有助于理解系统中产生突变现象的物理本质。

2.4 起始点的跳变——从 0_- 到 0_+ 状态的转换

作为一个数学问题,往往把微分方程的初始条件设定为一组已知的数据,利用这组数据可以确定方程解中的系数 A。对于实际的系统模型,初始条件要根据激励信号接入瞬时系统所处的状态决定。在某些情况下,此状态可能发生跳变,这将使确定初始条件的工作复杂化。

为研究这一问题,首先初步介绍系统状态的概念。系统在 $t=t_0$ 时刻的状态是一组必须知道的最少量数据,根据这组数据、系统数学模型以及 $t>t_0$ 接入的激励信号,就能够完全确定 t_0 以后任意时刻系统的响应①。对于 n 阶系统,这组数据由 n 个独立条件给定,这 n 个独立条件可以是系统响应的各阶导数值。

由于激励信号的作用,响应 $r(t)$ 及其各阶导数有可能在 $t=0$ 时刻发生跳变,为区分跳变前后的状态,我们以 0_- 表示激励接入之前的瞬时,以 0_+ 表示激励接入以后的瞬时。与此对应,给出 0_- 时刻和 0_+ 时刻的两组状态,即

$$r^{(k)}(0_-) = \left[r(0_-), \frac{\mathrm{d}r(0_-)}{\mathrm{d}t}, \cdots, \frac{\mathrm{d}^{n-1}r(0_-)}{\mathrm{d}t^{n-1}} \right] \tag{2-18}$$

我们称这组状态为"0_- 状态"或"起始状态"。它包含了为计算未来响应所需要的过去全部信息。另一组状态是

$$r^{(k)}(0_+) = \left[r(0_+), \frac{\mathrm{d}r(0_+)}{\mathrm{d}t}, \cdots, \frac{\mathrm{d}^{n-1}r(0_+)}{\mathrm{d}t^{n-1}} \right] \tag{2-19}$$

这组状态被称为"0_+ 状态"或"初始状态",也可称为"导出的起始状态"。

一般情况下,用时域经典法求得微分方程的解答应限于 $0_+ < t < \infty$ 的时间范围。因而不能以 0_- 状态作为初始条件,而应当利用 0_+ 状态作为初始条件。也即将 0_+ 状态的数据代入式(2-16)或式(2-17),以求得系数 A_i。

对于实际的电网络系统,为决定其数学模型的初始条件,可以利用系统内部储能的连续性,这包括电容储存电荷的连续性以及电感储存磁链的连续性。具体表现规律为:在没有冲激电流(或阶跃电压)强迫作用于电容的条件下,电容两端电压 $v_C(t)$ 不发生跳变;在没有冲激电压(或阶跃电流)强迫作用于电感的条

---

① 有关系统状态变量的详细分析见本书第九章。

件下,流经电感的电流 $i_L(t)$ 不发生跳变。这时有
$$v_C(0_+) = v_C(0_-)$$
$$i_L(0_+) = i_L(0_-)$$
然后根据元件特性约束和网络拓扑约束求出 0_+ 时刻其他电流或电压值。

对于简单的电路,按上述原则容易判断待求函数及其导数起始值发生的跳变,读者在先修课程中已有初步认识。下面举出两个例子,复习有关求解方法,并对起始值跳变的物理概念及其与数学方程的联系给出说明。

例 2-6 图 2-5(a)示出 RC 一阶电路,电路中无储能,起始电压和电流都为 0,激励信号 $e(t) = u(t)$,求 $t > 0$ 系统的响应——电阻两端电压 $v_R(t)$。

解 根据 KVL 和元件特性写出微分方程式

$$e(t) = \frac{1}{RC}\int_{-\infty}^{t} v_R(\tau)\mathrm{d}\tau + v_R(t) \quad (2-20)$$

也即

$$\frac{\mathrm{d}v_R(t)}{\mathrm{d}t} + \frac{1}{RC}v_R(t) = \frac{\mathrm{d}e(t)}{\mathrm{d}t} \quad (2-21)$$

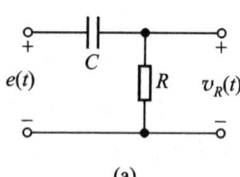

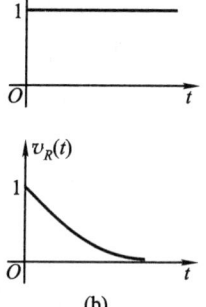

图 2-5 例 2-6 的电路和波形

很明显,当 $RC \ll 1$ 时,这是一个近似微分电路,或从频域观察是一个高通滤波器。已知 $v_R(0_-) = 0$,当输入端激励信号发生跳变时,电容二端电压应保持连续值,仍等于 0,而电阻两端电压将产生跳变,即 $v_R(0_+) = 1$。至此,可依经典法求得齐次解等于 $A\mathrm{e}^{-\frac{t}{RC}}$,$A$ 为待定系数;由于式(2-21)右端在 $t > 0_+$ 以后等于零,故特解为 0。写出完全解

$$v_R(t) = A\mathrm{e}^{-\frac{t}{RC}} \quad (2-22)$$

将 0_+ 条件代入求出 $A = 1$,最终给出本题解答

$$v_R(t) = \mathrm{e}^{-\frac{t}{RC}} \quad (\text{当 } t \geq 0) \quad (2-23)$$

画出波形如图 2-5(b)所示。

在以上分析过程中,利用了电容两端电压连续性这一物理概念求得 $v_R(0_+)$ 值。实际上,也可以不考虑物理意义,从微分方程的数学规律求得这一结果。为说明这一分析方法,将 $e(t) = u(t)$ 代入式(2-21)右端,可以得到

$$\frac{\mathrm{d}v_R(t)}{\mathrm{d}t} + \frac{1}{RC}v_R(t) = \delta(t) \quad (2-24)$$

为保持方程左、右两端各阶奇异函数平衡,可以判断,等式左端最高阶项应包含 $\delta(t)$,由此推出 $v_R(t)$ 应包含单位跳变值,也即 $v_R(0_+) = v_R(0_-) + 1 = 1$。

这种方法可推广至二阶或高阶电路。

例 2-7 电路如图 2-6 所示,在激励信号电流源 $i_S(t) = \delta(t)$ 的作用下,求电感支路电流 $i_L(t)$。激励信号接入之前系统中无储能,各支路电流 $i_R(0_-)$、$i_C(0_-)$ 和 $i_L(0_-)$ 都为零。

解 根据 KCL 和电路元件约束特性列出方程式

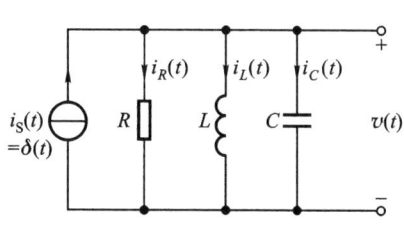

图 2-6 例 2-7 的电路

$$LC\frac{d^2 i_L(t)}{dt^2} + \frac{L}{R}\frac{di_L(t)}{dt} + i_L(t) = i_S(t) \quad (2-25)$$

整理后得

$$\frac{d^2 i_L(t)}{dt^2} + \frac{1}{RC}\frac{di_L(t)}{dt} + \frac{1}{LC}i_L(t) = \frac{1}{LC}\delta(t) \quad (2-26)$$

首先,判断 $i_L(0_+)$ 和 $\dfrac{di_L(0_+)}{dt}$ 值。根据方程式左、右两端奇异函数平衡原理可知,左端二阶导数项应含有冲激项 $\dfrac{1}{LC}\delta(t)$ 以保持与右端对应,因而一阶导数项将产生跳变值 $\dfrac{1}{LC}$;而一阶导数项不含 $\delta(t)$,因而 $i_L(t)$ 在零点没有跳变(若一阶导数项含 $\delta(t)$,则二阶项要出现 $\delta'(t)$,破坏了左、右端平衡)。由此写出

$$i_L(0_+) = i_L(0_-) + 0 = 0$$

$$\frac{di_L(0_+)}{dt} = \frac{di_L(0_-)}{dt} + \frac{1}{LC} = \frac{1}{LC}$$

相应的物理意义解释如下:在激励作用瞬间,电感支路电流 $i_L(t)$ 没有发生跳变,而它的电压 $L\dfrac{di_L(t)}{dt}$ 出现了 $\dfrac{1}{C}$ 的跳变值,当然这也是电容两端电压的跳变值。

写出系统的特征方程为

$$\alpha^2 + \frac{1}{RC}\alpha + \frac{1}{LC} = 0$$

齐次解表达式为

$$i_L(t) = A_1 e^{\alpha_1 t} + A_2 e^{\alpha_2 t} \quad (2-27)$$

式中的 A_1、A_2 为两个待定系数,α_1、α_2 是特征方程的两个根,它们分别等于

$$\alpha_{1,2} = -\frac{1}{2RC} \pm \sqrt{\frac{1}{(2RC)^2} - \frac{1}{LC}} \quad (2-28)$$

由于方程式右端在 $t>0_+$ 时刻之后为零,因而特解等于零,齐次解即为完全解。利用初始条件代入齐次解表达式可求得系数 A_1、A_2。

$$i_L(0_+) = A_1 + A_2 = 0$$

$$\frac{\mathrm{d}i_L(0_+)}{\mathrm{d}t} = \alpha_1 A_1 + \alpha_2 A_2 = \frac{1}{LC}$$

由此解得

$$A_1 = \frac{1}{LC} \cdot \frac{1}{(\alpha_1 - \alpha_2)}, A_2 = -\frac{1}{LC(\alpha_1 - \alpha_2)} \quad (2-29)$$

为简化以下推导,引入符号

$$\omega_0 = \frac{1}{\sqrt{LC}} \quad (2-30)$$

$$\omega_\mathrm{d} = \sqrt{\frac{1}{LC} - \frac{1}{(2RC)^2}} = \sqrt{\omega_0^2 - \frac{1}{(2RC)^2}} \quad (2-31)$$

于是有

$$\alpha_{1,2} = -\frac{1}{2RC} \pm \sqrt{\frac{1}{(2RC)^2} - \omega_0^2} = -\frac{1}{2RC} \pm \mathrm{j}\omega_\mathrm{d} \quad (2-32)$$

将 $\alpha_{1,2}$ 和 $A_{1,2}$ 分别代入式(2-27)可求得最终结果。下面考虑电路耗能与储能的不同相对条件,分成几种情况给出 $i_L(t)$ 表达式。

(1) 电阻 $R \to \infty$

$$\alpha_{1,2} = \pm \mathrm{j}\omega_0$$

$$i_L(t) = \omega_0 \sin(\omega_0 t) \quad (2-33)$$

由于并联电阻为无限大,没有损耗,电路中只有 L 与 C 的储能交换,因而形成等幅正弦振荡。

(2) $\frac{1}{2RC} < \omega_0$

$$i_L(t) = \frac{\omega_0^2}{\omega_\mathrm{d}} \mathrm{e}^{-\frac{t}{2RC}} \sin(\omega_\mathrm{d} t) \quad (2-34)$$

电阻虽有一些损耗,但仍可产生衰减振荡。电阻 R 越大衰减越慢,而当 R 较小时,衰减很快,以致过渡到因阻尼过大而不能产生振荡,即以下两种情况。

(3) $\frac{1}{2RC} = \omega_0$ $\qquad \alpha_1 = \alpha_2 = \frac{1}{2RC}$

$$i_L(t) = \omega_0^2 t \mathrm{e}^{-\frac{t}{2RC}} \quad (2-35)$$

(4) $\frac{1}{2RC} > \omega_0$

$$i_L(t) = \frac{\omega_0^2}{\omega_\mathrm{d}} \mathrm{e}^{-\frac{t}{2RC}} \sinh(\omega_\mathrm{d} t) \quad (2-36)$$

建议读者作为练习画出以上四种情况响应的波形,可以看到随着电路耗能的增大,从等幅振荡、衰减振荡到阻尼衰减的各种不同结果。在第四章我们还要利用拉氏变换方法分析 RLC 二阶电路的特性(见例 4-14 以及 4.9 节)。

给出本例的目的是进一步认识系统响应在起始点产生跳变的现象,并练习对简单电路从 0_- 状态导出 0_+ 状态的方法。不难发现,随着系统阶次的升高,无论从电路物理概念或借助方程左、右端奇异函数平衡的方法都将使求解过程更加麻烦。

参考书目[1]研究了利用 δ 函数平衡原则求解初始状态的数学推证方法[1]。这种研究方法最早源于美国伊利诺伊大学 Urbana-Champaign 分校 C. L. Liu 和 Jane W. S. Liu 教授所著教材[2]。后来在一些教科书中或多或少都引用了这种方法。实际上,利用拉普拉斯变换方法可以比较简便地绕过求解 0_+ 状态的过程,直接利用 0_- 状态导出微分方程的完全解。在 4.5 节将介绍这种解法。另外,稍后在 2.6 节我们还将看到利用 δ 函数平衡原理按经典法直接求完全解中的待定系数,同样可绕过从 0_- 求 0_+ 状态的过程,使推演步骤略有简化。

综上分析可以看出,研究本节的主要目的是从时域观察系统初始值产生跳变的物理观象,初步认识它与数学模型的对应,无需关注解题技巧。

2.5 零输入响应与零状态响应

将信号从不同角度进行分解,往往给 LTI 系统响应的研究带来许多方便。在 1.5 节我们初步建立起信号分析的一些基本概念。在 2.3 节我们把微分方程的完全解分为两个部分——齐次解和特解,同样体现了信号分解的研究思想。

齐次解的函数特性仅依赖于系统本身,与激励信号的函数形式无关,因而称为系统的自由响应(或固有响应)。但应注意,齐次解的系数 A 仍与激励信号有关。特解的形式完全由激励函数决定,因而称为系统的强迫响应(或受迫响应)。

把完全解分成齐次解与特解的组合仅仅是可能分解的形式之一。按照分析计算的方便或适应不同要求的物理解释,还可采取其他形式的分解。另一种广泛应用的重要形式是分解为"零输入响应"与"零状态响应"。

零输入响应的定义为:没有外加激励信号的作用,只由起始状态(起始时刻系统储能)所产生的响应。以 $r_{zi}(t)$ 表示。

零状态响应的定义为:不考虑起始时刻系统储能的作用(起始状态等于零),由系统外加激励信号所产生的响应。以 $r_{zs}(t)$ 表示。

---

[1] 参考书目[1]2.3 节 50~52 页。
[2] 参考书目[24]2.4 节 58 页。

按照上述定义，$r_{zi}(t)$必然满足方程

$$C_0 \frac{d^n}{dt^n} r_{zi}(t) + C_1 \frac{d^{n-1}}{dt^{n-1}} r_{zi}(t) + \cdots + C_{n-1} \frac{d}{dt} r_{zi}(t) + C_n r_{zi}(t) = 0 \quad (2-37)$$

并符合起始状态$r^{(k)}(0_-)$的约束。它是齐次解中的一部分，可以写出

$$r_{zi}(t) = \sum_{k=1}^{n} A_{zik} e^{\alpha_k t} \quad (2-38)$$

由于从$t<0$到$t>0$都没有激励的作用，而且系统内部结构不会发生改变，因而系统的状态在零点不会发生变化，也即$r^{(k)}(0_+) = r^{(k)}(0_-)$。常系数$A_{zik}$可由$r^{(k)}(0_-)$决定。

而$r_{zs}(t)$应满足方程

$$C_0 \frac{d^n}{dt^n} r_{zs}(t) + C_1 \frac{d^{n-1}}{dt^{n-1}} r_{zs}(t) + \cdots + C_{n-1} \frac{d}{dt} r_{zs}(t) + C_n r_{zs}(t)$$

$$= E_0 \frac{d^m}{dt^m} e(t) + E_1 \frac{d^{m-1}}{dt^{m-1}} e(t) + \cdots + E_{m-1} \frac{d}{dt} e(t) + E_m e(t) \quad (2-39)$$

并符合$r^{(k)}(0_-) = 0$的约束。① 其表达式为

$$r_{zs}(t) = \sum_{k=1}^{n} A_{zsk} e^{\alpha_k t} + B(t) \quad (2-40)$$

其中$B(t)$是特解。可见，在激励信号作用下，零状态响应包括两个部分，即自由响应的一部分与强迫响应之和。

归纳上述分析结果，可写出以下表达式

$$\begin{aligned} r(t) &= r_{zi}(t) + r_{zs}(t) \\ &= \underbrace{\sum_{k=1}^{n} A_{zik} e^{\alpha_k t}}_{\text{零输入响应}} + \underbrace{\sum_{k=1}^{n} A_{zsk} e^{\alpha_k t} + B(t)}_{\text{零状态响应}} \\ &= \underbrace{\sum_{k=1}^{n} A_k e^{\alpha_k t}}_{\text{自由响应}} + \underbrace{B(t)}_{\text{强迫响应}} \end{aligned} \quad (2-41)$$

同时给出以下重要结论：

（1）自由响应和零输入响应都满足齐次方程的解。

（2）然而，它们的系数完全不同。零输入响应的A_{zik}仅由起始储能情况决定，而自由响应的A_k要同时依从于起始状态和激励信号。

（3）自由响应由两部分组成，其中，一部分由起始状态决定，另一部分由激励信号决定。二者都与系统自身参数密切关联。

---

① 关于这部分内容的进一步讨论可参看《信号与系统》（第一版）（郑君里、杨为理、应启珩著，人民教育出版社1981年出版）上册第80页式(2-24)~式(2-36)。

(4) 若系统起始无储能,即 0_- 状态为零,则零输入响应为零,但自由响应可以不为零,由激励信号与系统参数共同决定。

(5) 零输入响应由 0_- 时刻到 0_+ 时刻不跳变,此时刻若发生跳变可能出现在零状态响应分量之中。

下面给出一个简单的例题。通过一些具体数字的计算可以理解上述一般分析。

例 2-8 已知系统方程式

$$\frac{dr(t)}{dt} + 3r(t) = 3e(t)$$

若起始状态为 $r(0_-) = \frac{3}{2}$,激励信号 $e(t) = u(t)$,求系统的自由响应、强迫响应、零输入响应、零状态响应以及完全响应。

解 (1) 由方程式求出特征根 $\alpha = -3$,齐次解是 Ae^{-3t},由激励信号 $u(t)$ 求出特解是 1。完全响应表达式为

$$r(t) = Ae^{-3t} + 1$$

由方程式两端奇异函数平衡条件易判断,$r(t)$ 在起始点无跳变,$r(0_+) = r(0_-) = \frac{3}{2}$。利用此条件解出系数 $A = \frac{1}{2}$,所以完全解为

$$r(t) = \frac{1}{2}e^{-3t} + 1$$

式中,第一项 $\frac{1}{2}e^{-3t}$ 为自由响应,第二项 1 为强迫响应。

(2) 求零输入响应。此时,特解为零。由初始条件求出系数 $A = \frac{3}{2}$,于是有

$$r_{zi}(t) = \frac{3}{2}e^{-3t}$$

再求零状态响应。此时令 $r(0_+) = 0$,解出相应的系数 $A = -1$,于是有

$$r_{zs}(t) = -e^{-3t} + 1$$

将以上二者合成为完全响应,并与第(1)步结果比较可以写出

$$r(t) = \underbrace{\overbrace{\frac{3}{2}e^{-3t}}^{\text{自由响应}} - e^{-3t}}_{\text{零输入响应}} + \underbrace{\overbrace{1}^{\text{强迫响应}}}_{\text{零状态响应}}$$

对于 LTI 系统响应的分解,除按以上两种方式划分之外,另一种情况是将完全响应分解为"瞬态(暂态)响应"和"稳态响应"的组合。当 $t \to \infty$ 时,响应趋近于零的分量称为瞬态响应;而当 $t \to \infty$ 时,保留下来的分量称为稳态响应。例如在例 2-8 中 $\frac{1}{2}e^{-3t}$ 是瞬态响应,而稳态响应是 1。关于这对名词的进一步讨

论将在 4.7 节给出。

基于观察问题的不同角度,形成了上述三种系统响应的分解方式。其中,自由响应与强迫响应分量的构成是沿袭经典法求解微分方程的传统概念,将完全响应划分为与系统特征对应以及和激励信号对应的两个部分。而零输入响应与零状态响应则是依据引起系统响应的原因来划分,前者是系统内部储能引起,而后者是外加激励信号产生的输出。至于瞬态与稳态响应的组合,只注重分析响应的结果,将长时间稳定之后的表现与短时间的过渡状态区分开来。

在当代 LTI 系统研究领域中,零状态响应的概念具有突出的重要意义,这是由于:

(1) 大量的通信与电子系统实际问题只需研究零状态响应。

(2) 为求解零状态响应,可以不再采用比较繁琐的经典法,而是利用卷积方法求解(见 2.7 节至 2.9 节),这样可使问题简化并且便于和各种变换域方法沟通。

(3) 按零输入响应与零状态响应分解有助于理解线性系统叠加性和齐次性的特征。最后,就此问题做些说明。

前文已指出(2.3 节开始),若系统起始状态为零(内部无储能),则由常系数线性微分方程描述的系统是线性时不变系统,应满足叠加性与均匀性。例如,在上述例 2-8 中,如果我们保持起始状态仍为原值,将激励信号倍乘系数 C,那么,零状态响应也要倍乘 C,由于零输入响应没有变化,系统的完全响应与激励信号之间不能满足线性倍乘的规律,因此不能认为系统是线性的。然而,若令起始无储能,即零输入响应等于零,那么,激励信号的倍乘必将引起零状态响应(也即完全响应)的倍乘,当然系统是线性的。反过来,若将起始状态的作用也视为对系统施加的激励,当零状态响应为零时(也即不加激励),此时,起始状态的数值与零输入响应之间同样满足线性倍乘规律。

综上所述,得出以下结论。由常系数线性微分方程描述的系统在下述意义上是线性的:

(1) 零状态线性:当起始状态为零时,系统的零状态响应对于各激励信号呈线性。

(2) 零输入线性:当激励为零时,系统的零输入响应对于各起始状态呈线性。

(3) 把激励信号与起始状态都视为系统的外施作用,则系统的完全响应对两种外施作用也呈线性。

2.6 冲激响应与阶跃响应

以单位冲激信号 $\delta(t)$ 作激励,系统产生的零状态响应称为"单位冲激响应"或简称"冲激响应"。以 $h(t)$ 表示。

以单位阶跃信号 $u(t)$ 作激励,系统产生的零状态响应称为"单位阶跃响应"或简称"阶跃响应"。以 $g(t)$ 表示。

冲激函数与阶跃函数代表了两种典型信号,求它们引起的零状态响应是线性系统分析中常见的典型问题,这是我们对此二种响应感兴趣的原因之一。另一方面,在 1.5 节我们曾讨论到,信号分解的一种重要方式是把待研究的信号分解为许多冲激信号的基本单元之和,或阶跃信号之和。当我们要计算某种激励信号对于系统产生的零状态响应时,可先分别计算系统对其被分解的冲激信号或阶跃信号的零状态响应,然后叠加即得所需之结果。这就是用卷积求零状态响应的基本原理。因此,本节的研究,正是为卷积分析做准备。

若已知描述系统的方程式仍如式(2-9),为便于讨论,将它抄写如下

$$C_0 \frac{d^n r(t)}{dt^n} + C_1 \frac{d^{n-1} r(t)}{dt^{n-1}} + \cdots + C_{n-1} \frac{dr(t)}{dt} + C_n r(t)$$

$$= E_0 \frac{d^m e(t)}{dt^m} + E_1 \frac{d^{m-1} e(t)}{dt^{m-1}} + \cdots + E_{m-1} \frac{de(t)}{dt} + E_m e(t)$$

在给定 $e(t)$ 为单位冲激信号的条件下,我们来求 $r(t)$,即冲激响应 $h(t)$。很明显,将 $e(t) = \delta(t)$ 代入方程,则等式右端就出现了冲激函数和它的逐次导数,即各阶的奇异函数。待求的 $h(t)$ 函数式应保证式(2-9)左、右两端奇异函数相平衡。$h(t)$ 的形式将与 m 和 n 的相对大小有着密切关系。一般情况下有 $n > m$,我们着重讨论这种情况。此时,方程式左端的 $\frac{d^n r(t)}{dt^n}$ 项应包含冲激函数的 m 阶导数 $\frac{d^m \delta(t)}{dt^m}$,以便与右端相匹配,依次有 $\frac{d^{n-1} r(t)}{dt^{n-1}}$ 项对应有 $\frac{d^{m-1} \delta(t)}{dt^{m-1}}$,…。若 $n = m+1$,则 $\frac{dr(t)}{dt}$ 项要对应有 $\delta(t)$,而 $r(t)$ 项将不包含 $\delta(t)$ 及其各阶导数项。这表明,在 $n > m$ 的条件下,冲激响应 $h(t)$ 函数式中将不包含 $\delta(t)$ 及其各阶导数项。

根据定义,$\delta(t)$ 及其各阶导数在 $t > 0$ 时都等于零。于是,式(2-9)的右端在 $t > 0$ 时恒等于零,因此,冲激响应 $h(t)$ 应与齐次解的形式相同,如果特征根包括 n 个非重根,则

$$h(t) = \sum_{k=1}^{n} A_k e^{\alpha_k t} \qquad (2-42)$$

此结果表明，$\delta(t)$信号的加入，在$t=0$时刻引起了系统的能量储存，而在$t=0_+$以后，系统的外加激励不复存在，只有由冲激引入的能量储存作用，这样，就把冲激信号源转换(等效)为非零的起始条件，响应形式必然与零输入响应相同(相当于求齐次解)。

余下的问题是如何确定式(2-42)中的系数A_k。回顾在例2-7中我们已经求解了RLC并联电路在电流源$\delta(t)$作用下产生的冲激响应(而例2-6是求阶跃响应)。在那里，按照经典法的严格步骤从0_-值求得0_+值，再由0_+状态解出系数A_k。在下面的例子中，我们将改变求解方法，利用方程式两端奇异函数系数匹配直接求出系数A_k，这样可以省去求0_+状态的过程，使问题简化。

例2-9 设描述系统的微分方程式为

$$\frac{d^2 r(t)}{dt^2} + 4\frac{dr(t)}{dt} + 3r(t) = \frac{de(t)}{dt} + 2e(t)$$

试求其冲激响应$h(t)$。

解

首先求其特征根为

$$\alpha_1 = -1, \alpha_2 = -3$$

于是有

$$h(t) = (A_1 e^{-t} + A_2 e^{-3t}) u(t)$$

对$h(t)$逐次求导得到

$$\frac{dh(t)}{dt} = (A_1 + A_2)\delta(t) + (-A_1 e^{-t} - 3A_2 e^{-3t}) u(t)$$

$$\frac{d^2 h(t)}{dt^2} = (A_1 + A_2)\delta'(t) + (-A_1 - 3A_2)\delta(t) +$$

$$(A_1 e^{-t} + 9A_2 e^{-3t}) u(t)$$

将$r(t) = h(t), e(t) = \delta(t)$代入给定之微分方程，其左端前两项得到

$$(A_1 + A_2)\delta'(t) + (3A_1 + A_2)\delta(t)$$

与其对应的右端为

$$\delta'(t) + 2\delta(t)$$

令左、右两端$\delta'(t)$的系数以及$\delta(t)$系数对应相等，得到

$$\begin{cases} A_1 + A_2 = 1 \\ 3A_1 + A_2 = 2 \end{cases}$$

解得

$$A_1 = \frac{1}{2}, A_2 = \frac{1}{2}$$

冲激响应的表示式为

$$h(t) = \frac{1}{2}(e^{-t} + e^{-3t})u(t)$$

注意,这里的方法与例 2-7 采用的方法不同,在本例中,我们绕过了求 $h(0_+)$ 与 $h'(0_+)$ 的问题,将 $h(t)$ 表示式代入方程,利用奇异函数项平衡的原理,直接求出系数 A。

如果把这里的方法用于求解例 2-7,可以得到完全相同的答案,为便于讨论,将那里的系统模型表达式抄录如下

$$\frac{d^2 i_L(t)}{dt^2} + \frac{1}{RC}\frac{d i_L(t)}{dt} + \frac{1}{LC}i_L(t) = \frac{1}{LC}\delta(t)$$

待求函数 $i_L(t)$ 即冲激响应 $h(t)$,设特征根为 α_1 和 α_2,可以写出

$$h(t) = (A_1 e^{\alpha_1 t} + A_2 e^{\alpha_2 t})u(t)$$

$$\frac{dh(t)}{dt} = (A_1 + A_2)\delta(t) + (\alpha_1 A_1 e^{\alpha_1 t} + \alpha_2 A_2 e^{\alpha_2 t})u(t)$$

$$\frac{d^2 h(t)}{dt} = (A_1 + A_2)\delta'(t) + (\alpha_1 A_1 + \alpha_2 A_2)\delta(t) + (\alpha_1^2 A_1 e^{\alpha_1 t} + \alpha_2^2 A_2 e^{\alpha_2 t})u(t)$$

将此结果代入给定的微分方程,其左端前两项得到

$$(A_1 + A_2)\delta'(t) + \left[\frac{1}{RC}(A_1 + A_2) + \alpha_1 A_1 + \alpha_2 A_2\right]\delta(t)$$

右端对应的 $\delta'(t)$ 项为零,而 $\delta(t)$ 项等于 $\frac{1}{LC}$,于是给出

$$\begin{cases} A_1 + A_2 = 0 \\ \frac{1}{RC}(A_1 + A_2) + \alpha_1 A_1 + \alpha_2 A_2 = \frac{1}{LC} \end{cases}$$

也即

$$\begin{cases} A_1 + A_2 = 0 \\ \alpha_1 A_1 + \alpha_2 A_2 = \frac{1}{LC} \end{cases}$$

至此,已经得到与前文例 2-7 中求解系数 A_1、A_2 的代数方程完全一致的结果。当然,以下全部答案也都一样。在此推导过程中也是绕过了求 $h(0_+)$ 和 $h'(0_+)$ 的步骤,直接找到了 A_1 和 A_2。

以上讨论了 $n>m$ 的情况。如果 $n=m$，冲激响应 $h(t)$ 将包含一个 $\delta(t)$ 项。而 $n<m$ 时，$h(t)$ 还要包含 $\delta(t)$ 的导数项。各奇异函数项系数的求法仍由方程式两边系数平衡而得到。

用以上方法求得一些一阶、二阶系统的冲激响应，列于表 2-4 备查。

表 2-4　冲激响应 $h(t)$

	系统方程式	冲激响应 $h(t)$
一阶 （特征根 $\alpha=-C$）	$\dfrac{\mathrm{d}r(t)}{\mathrm{d}t}+Cr(t)=Ee(t)$	$Ee^{\alpha t}u(t)$
	$\dfrac{\mathrm{d}r(t)}{\mathrm{d}t}+Cr(t)=E\dfrac{\mathrm{d}e(t)}{\mathrm{d}t}$	$E\delta(t)+E\alpha e^{\alpha t}u(t)$
二阶 $\left(\text{特征根 }\alpha_1,\alpha_2=\right.$ $\left.\dfrac{-C_1\pm\sqrt{C_1^2-4C_2}}{2}\right)$	$\dfrac{\mathrm{d}^2r(t)}{\mathrm{d}t^2}+C_1\dfrac{\mathrm{d}r(t)}{\mathrm{d}t}+C_2r(t)$ $=Ee(t)$	$\dfrac{E}{\alpha_1-\alpha_2}(e^{\alpha_1 t}-e^{\alpha_2 t})u(t)$
	$\dfrac{\mathrm{d}r^2(t)}{\mathrm{d}t^2}+C_1\dfrac{\mathrm{d}r(t)}{\mathrm{d}t}+C_2r(t)$ $=E\dfrac{\mathrm{d}e(t)}{\mathrm{d}t}$	$\dfrac{E}{\alpha_1-\alpha_2}(\alpha_1 e^{\alpha_1 t}-\alpha_2 e^{\alpha_2 t})u(t)$

当系统受阶跃信号激励时，方程式右端可能包括阶跃函数、冲激函数及其导数。这时，求阶跃响应的方法与求冲激响应的方法类似，但应注意，由于方程右端阶跃函数的出现，在阶跃响应的表示式中除齐次解之外还应增加特解项（阶跃函数项）。

求冲激响应与阶跃响应的另一种方法是拉普拉斯变换法，将在第四章研究。本章介绍的方法着重说明这两种响应的基本概念，而拉普拉斯变换方法更简便、实用。以后，我们将看到，在信号与系统分析中，时域方法往往与变换域方法相互补充、配合运用。

冲激响应与阶跃响应完全由系统本身决定，与外界因素无关。这两种响应之间有一定的依从关系，当已求得其中之一，则另一响应即可确定。由 1.7 节 LTI 系统的基本特性可知，若系统的输入由原激励信号改为其导数时，输出也由原响应函数变成其导数。显然，此结论也适用于激励信号由阶跃经求导而成为冲激的这一特殊情况。因此，若已知系统的阶跃响应为 $g(t)$，其冲激响应 $h(t)$ 可由下式求得

$$h(t) = \frac{\mathrm{d}}{\mathrm{d}t} g(t) \qquad (2-43)$$

反之,若已知冲激响应 $h(t)$,也可求出 $g(t)$

$$g(t) = \int_{0_-}^{t} h(\tau) \mathrm{d}\tau \qquad (2-44)$$

在系统理论研究中,常利用冲激响应或阶跃响应表征系统的某些基本性能,例如,因果系统的充分必要条件可表示为:当 $t<0$ 时,冲激响应(或阶跃响应)等于零,即

$$h(t) = 0 \qquad (t<0) \qquad (2-45)$$

或

$$g(t) = 0 \qquad (t<0) \qquad (2-46)$$

此外,还可利用 $h(t)$ 说明系统的稳定性,将在第五章研究。

2.7 卷 积

如果将施加于线性系统的信号分解,而且对于每个分量作用于系统产生之响应易于求得,那么,根据叠加定理,将这些响应取和即可得到原激励信号引起的响应。这种分解可表示为诸如冲激函数、阶跃函数或三角函数、指数函数这样一些基本函数之组合。卷积(convolution)方法的原理就是将信号分解为冲激信号之和,借助系统的冲激响应,从而求解系统对任意激励信号的零状态响应。(将信号分解为三角函数或指数函数组合的研究将在第三章给出。)

卷积方法最早的研究可追溯至 19 世纪初期的数学家欧拉(Euler)、泊松(Poisson)等人,以后许多科学家对此问题陆续做了大量工作,其中,最值得记起的是杜阿美尔(Duhamel,1833)。

随着信号与系统理论研究的深入以及计算机技术的发展,卷积方法得到日益广泛的应用。在现代信号处理技术的多种领域,如通信系统、地震勘探、超声诊断、光学成像、系统辨识等方面都在借助卷积或解卷积(反卷积——卷积的逆运算)解决问题。许多有待深入开发研究的新课题也都依赖卷积方法。我们将要看到,卷积原理的应用几乎贯穿于本书的每一章。

(一) 借助冲激响应与叠加定理求系统零状态响应

设激励信号 $e(t)$ 可表示成如图 2-7(a)所示的曲线。我们把它分解为许多相邻的窄脉冲。以 $t=t_1$ 处的脉冲为例,设此脉冲的持续时间等于 Δt_1。Δt_1 取得越小,则脉冲幅值与函数值越为逼近。仿照 1.5 节图 1-37(a)的近似分析,当 $\Delta t_1 \to 0$ 时,$e(t)$ 可表示为 $\sum e(t_1) \delta(t-t_1) \Delta t_1$ [参看式(1-58)]。设此系统对单位冲激 $\delta(t)$ 的响应为 $h(t)$,那么,根据线性时不变系统的基本特性可求

得，对于 $t=t_1$ 处的冲激信号 $[e(t_1)\Delta t_1]\delta(t-t_1)$ 的响应必然等于 $[e(t_1)\Delta t_1] \cdot h(t-t_1)$，如图 2-7(b) 所示。

如果要求得到 $t=t_2$ 时刻的响应 $r(t_2)$，只要将 t_2 时刻以前所有冲激响应相加即得，图 2-7(c) 示出了相加的过程和结果。将此结果写成数学表示式应为

$$r(t_2) = \lim_{\Delta t_1 \to 0} \sum_{t_1=0}^{t_2} e(t_1)h(t_2-t_1)\Delta t_1$$

(2-47)

或写为积分形式

$$r(t_2) = \int_0^{t_2} e(t_1)h(t_2-t_1)dt_1 \quad (2-48)$$

如将上式中 t_2 改写为 t，把 t_1 以 τ 代替，于是得到

$$r(t) = \int_0^t e(\tau)h(t-\tau)d\tau \quad (2-49)$$

此结果表明，如果已知系统的冲激响应 $h(t)$ 以及激励信号 $e(t)$，欲求系统的零状态响应 $r(t)$，可将 $h(t)$ 与 $e(t)$ 函数的自变量 t 分别改写作 $t-\tau$ 和 τ，取积分限为 $0 \sim t$，计算 $e(\tau)$ 与 $h(t-\tau)$ 相乘函数对变量 τ 的积分，即得所需响应 $r(t)$。注意，这里积分变量虽为 τ，但经定积分运算，代入积分限以后，所得结果仍为 t 的函数。此积分运算即为卷积积分。

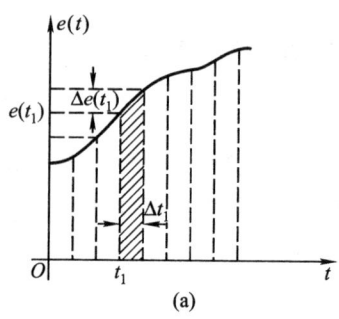

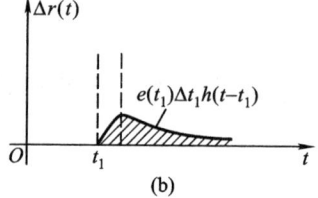

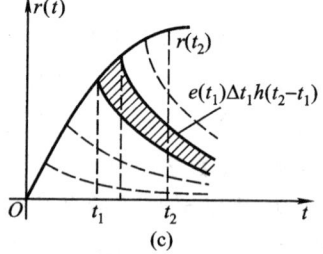

图 2-7 借助冲激响应与叠加定理求系统零状态响应

上述导出过程也可用表 2-5 概括。很明显，这是在线性、时不变(LTI)系统条件下得到的结果。

表 2-5 卷积表达式的导出

激励信号	响应信号	理论依据
$\delta(t)$	$h(t)$	定义
$\delta(t-\tau)$	$h(t-\tau)$	时不变特性
$[e(\tau)\Delta\tau]\delta(t-\tau)$	$[e(\tau)\Delta\tau]h(t-\tau)$	齐次性(均匀性) 叠加性 } 线性
$\sum_{\tau=0}^{t} e(\tau)\delta(t-\tau)\Delta\tau$	$\sum_{\tau=0}^{t} e(\tau)h(t-\tau)\Delta\tau$	
$\int_0^t e(\tau)\delta(t-\tau)d\tau$	$\int_0^t e(\tau)h(t-\tau)d\tau$	$\Delta\tau \to 0$ 求和→积分

例 2-10 图2-8所示 RL 电路,激励信号为电压源 $e(t)$,响应是电流 $i(t)$。求冲激响应 $h(t)$,并利用卷积积分求系统对 $e(t)=u(t)-u(t-t_0)$ 的响应。

解

(1) 求 $h(t)$。为此,写出微分方程

$$L\frac{\mathrm{d}i}{\mathrm{d}t}+Ri=e(t) \quad (2-50)$$

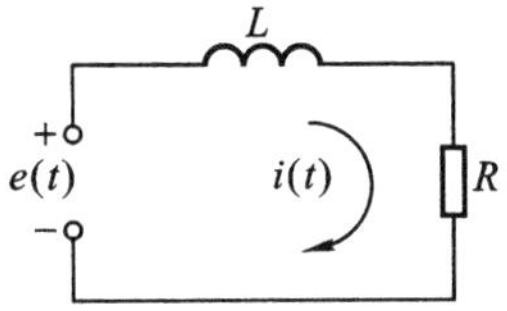

特征根

$$\alpha=-\frac{R}{L} \quad (2-51)$$

图 2-8 RL 电路

查表 2-4(或利用方程式两端奇异函数平衡关系)容易求得系统的冲激响应为

$$h(t)=\frac{1}{L}\mathrm{e}^{-\frac{R}{L}t}u(t) \quad (2-52)$$

(2) 若 $e(t)=u(t)-u(t-t_0)$,利用卷积积分求 $i(t)$,即

$$\begin{aligned}
i(t) &= \int_0^t [u(\tau)-u(\tau-t_0)]\cdot\frac{1}{L}\mathrm{e}^{-\frac{R}{L}(t-\tau)}\mathrm{d}\tau \\
&= \int_0^t \frac{1}{L}\cdot\mathrm{e}^{-\frac{R}{L}(t-\tau)}\mathrm{d}\tau\cdot u(t)- \\
&\quad \int_{t_0}^t \frac{1}{L}\cdot\mathrm{e}^{-\frac{R}{L}(t-\tau)}\mathrm{d}\tau\cdot u(t-t_0) \\
&= \frac{1}{R}\mathrm{e}^{-\frac{R}{L}(t-\tau)}\bigg|_0^t\cdot u(t)- \\
&\quad \frac{1}{R}\mathrm{e}^{-\frac{R}{L}(t-\tau)}\bigg|_{t_0}^t\cdot u(t-t_0) \\
&= \frac{1}{R}(1-\mathrm{e}^{-\frac{R}{L}t})u(t)- \\
&\quad \frac{1}{R}[1-\mathrm{e}^{-\frac{R}{L}(t-t_0)}]u(t-t_0) \quad (2-53)
\end{aligned}$$

卷积的方法借助于系统的冲激响应。与此方法对照,还可以利用系统的阶跃响应求系统对任意信号的零状态响应,这时,应把激励信号分解为许多阶跃信号之和,分别求其响应然后再叠加,这种方法称为杜阿美尔积分,其原理与卷积类似,此处不再讨论(见习题 2-22)。

在以上讨论中,我们把卷积积分的应用限于线性时不变系统。对于非线性系统,由于违反叠加定理,因而不能应用;而对于线性时变系统,仍可借助卷积求零状态响应。但应注意,由于系统的时变特性,冲激响应是两个变量的函数,这两个参量是:冲激加入时间 τ、响应观测时间 t,冲激响应的表示式为 $h(t,\tau)$。求零状态响应的卷积积分写为

$$r(t) = \int_0^t h(t,\tau)e(\tau)\,\mathrm{d}\tau \qquad (2-54)$$

前面研究的时不变系统仅仅是时变系统的一个特例,对于时不变系统,冲激响应由观测时刻与激励接入时刻的差值决定,于是式(2-54)中的 $h(t,\tau)$ 简化为 $h(t-\tau)$,这就是前面式(2-49)的结果。

(二) 卷积积分及其积分限的确定

我们暂且离开利用卷积求线性系统零状态响应的物理问题,而从数学意义上给出卷积积分运算的定义,并研究其积分限的确定。

设函数 $f_1(t)$ 与函数 $f_2(t)$ 具有相同的变量 t,将 $f_1(t)$ 与 $f_2(t)$ 经以下的积分可得到第三个相同变量的函数 $s(t)$

$$s(t) = \int_{-\infty}^{\infty} f_1(\tau)f_2(t-\tau)\,\mathrm{d}\tau \qquad (2-55)$$

此积分称为卷积积分,常用简写符号" $*$ "(或 $\otimes$)表示 $f_1(t)$ 与 $f_2(t)$ 的卷积运算,于是,式(2-55)写为

$$s(t) = \int_{-\infty}^{\infty} f_1(\tau)f_2(t-\tau)\,\mathrm{d}\tau = f_1(t)*f_2(t) \qquad (2-56)$$

式(2-55)规定的变量置换、相乘、积分的运算规律与前面式(2-49)完全一致,只是积分限有所不同。下面说明,当 $f_1(t)$ 与 $f_2(t)$ 受到某种限制时,可以得到与前面相同的积分限。

如果对于 $t<0$, $f_1(t)=0$,那么,在式(2-55)中的 $f_1(\tau)$ 可表示为 $f_1(\tau)\cdot u(\tau)$,因此积分下限应从零开始,于是有

$$f_1(t)*f_2(t) = \int_0^{\infty} f_1(\tau)f_2(t-\tau)\,\mathrm{d}\tau \qquad (2-57)$$

相反,若 $f_1(t)$ 不受此限,而当 $t<0$ 时 $f_2(t)=0$,那么,在式(2-55)中的函数 $f_2(t-\tau)$ 对于 $t-\tau<0$ 的时间范围(即 $\tau>t$ 范围)应等于零,因此积分上限取 t,于是有

$$f_1(t)*f_2(t) = \int_{-\infty}^{t} f_1(\tau)f_2(t-\tau)\,\mathrm{d}\tau \qquad (2-58)$$

若 $f_1(t)$ 与 $f_2(t)$ 在 $t<0$ 时都等于零,就会得到

$$f_1(t)*f_2(t) = \begin{cases} 0 & (t<0) \\ \int_0^t f_1(\tau)f_2(t-\tau)\,\mathrm{d}\tau & (t\geqslant 0) \end{cases} \qquad (2-59)$$

现在,可以回到式(2-49),在那里,由于激励信号 $e(t)$ 在 $t=0$ 时刻接入,也即在 $t<0$ 时 $e(t)$ 等于零,而且对于因果系统,其冲激响应 $h(t)$ 在 $t<0$ 时也等于零,因此,卷积积分的积分限应与式(2-59)一致,也是 $0 \sim t$。借助卷积的图形解释,可以把积分限的关系看得更清楚。

(三) 卷积的图形解释

卷积积分的图解说明可以帮助我们理解卷积的概念,把一些抽象的关系形象化,便于分段计算。

设系统的激励信号为 $e(t)$,如图 2-9(a) 所示,冲激响应为 $h(t)$,如图 2-9(b) 所示。利用卷积求零状态响应的一般表达式为

$$r(t) = e(t) * h(t) = \int_{-\infty}^{\infty} e(\tau)h(t-\tau)\mathrm{d}\tau \qquad (2-60)$$

可以看出,式中积分变量为 τ,而 $h(t-\tau)$ 表示在 τ 的坐标系中 $h(\tau)$ 需要进行反褶和移位,分别如图 2-9(c)、(d) 所示,然后将 $e(\tau)$ 与 $h(t-\tau)$ 的重叠部分相乘做积分。按照上述理解可将卷积运算分解为以下五个步骤:

(1) 改换图形横坐标自变量,波形仍保持原状,将 t 改写为 τ,如图 2-9(a)、(b) 中所注。

(2) 把其中的一个信号反褶[如图 2-9(c) 所示]。

(3) 把反褶后的信号移位,移位量是 t,这样 t 是一个参变量。在 τ 坐标系中,$t>0$ 图形右移;$t<0$ 图形左移[如图 2-9(d) 所示]。

(4) 两信号重叠部分相乘 $e(\tau)h(t-\tau)$。

(5) 完成相乘后图形的积分。

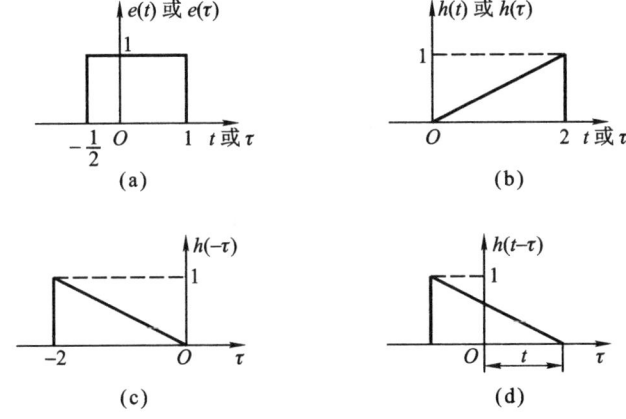

图 2-9 卷积的图形解释

按上述步骤完成的卷积积分结果如下:

(1) $-\infty < t \le -\dfrac{1}{2}$,如图 2-10(a) 所示。

$$e(t) * h(t) = 0$$

(2) $-\dfrac{1}{2} \le t \le 1$,如图 2-10(b) 所示。

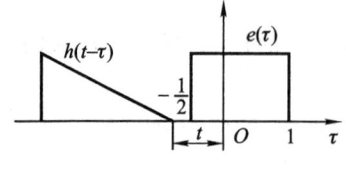
(a) $-\infty < t \le -\frac{1}{2}$

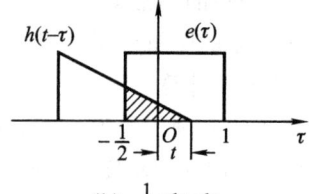
(b) $-\frac{1}{2} \le t \le 1$

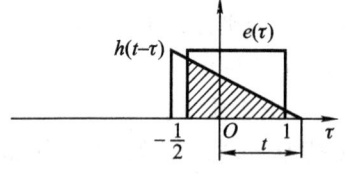
(c) $1 \le t \le \frac{3}{2}$

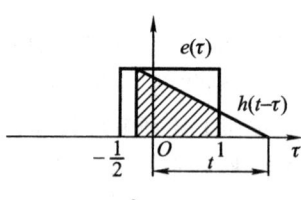
(d) $\frac{3}{2} \le t \le 3$

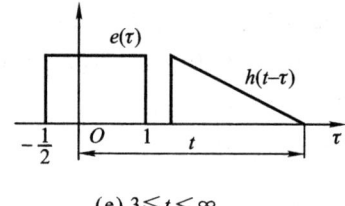
(e) $3 \le t < \infty$

图 2-10 卷积积分的求解过程

$$e(t) * h(t) = \int_{-\frac{1}{2}}^{t} 1 \times \frac{1}{2}(t-\tau) \mathrm{d}\tau$$
$$= \frac{t^2}{4} + \frac{t}{4} + \frac{1}{16}$$

(3) $1 \le t \le \frac{3}{2}$,如图 2-10(c)所示。

$$e(t) * h(t) = \int_{-\frac{1}{2}}^{1} 1 \times \frac{1}{2}(t-\tau) \mathrm{d}\tau$$
$$= \frac{3}{4}t - \frac{3}{16}$$

(4) $\frac{3}{2} \le t \le 3$,如图 2-10(d)所示。

$$e(t) * h(t) = \int_{t-2}^{1} 1 \times \frac{1}{2}(t-\tau) \mathrm{d}\tau$$
$$= -\frac{t^2}{4} + \frac{t}{2} + \frac{3}{4}$$

(5) $3 \le t < \infty$,如图 2-10(e)所示。

$$e(t) * h(t) = 0$$

以上各图中的阴影面积,即为相乘积分的结果。最后,若以 t 为横坐标,将与 t 对应的积分值描成曲线,就是卷积积分 $e(t) * h(t)$ 的函数图像。如图 2 – 11 所示。

从以上图解分析可以看出,卷积中积分限的确定取决于两个图形交叠部分的范围。卷积结果所占有的时宽等于两个函数各自时宽的总和。

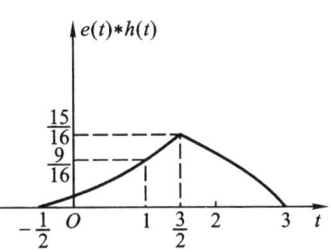

图 2 – 11 图 2 – 9 卷积积分结果

也可以把 $e(t)$ 反褶、移位计算,得到的结果相同,读者可自行完成。其理论依据是卷积运算的交换律,详见 2.8 节。

对于一些简单信号的卷积运算,可借助图解分析方法较快地看到运算结果。例如,两个波形完全相同的矩形脉冲,若宽度都为 T,则二者卷积后将得到底宽为 $2T$ 的三角形脉冲。读者可练习画图研究这一过程,并注意观察当矩形脉冲出现时间改变时,相应的三角形产生的位置也将随之移动。这个题目虽然很简单,却十分重要。在本书以后各章和后续课程中可能经常遇到,建议熟记有关结论。

另外,两个时间宽度不同的矩形脉冲经卷积运算后应得到梯形脉冲波形。请读者继续做此练习。

2.8 卷积的性质

作为一种数学运算,卷积运算具有某些特殊性质,这些性质在信号与系统分析中有重要作用。利用这些性质还可以使卷积运算简化。

(一) 卷积代数

通常乘法运算中的某些代数定律也适用于卷积运算。

(1) 交换律

$$f_1(t) * f_2(t) = f_2(t) * f_1(t) \qquad (2-61)$$

把积分变量 τ 改换为 $(t-\lambda)$,即可证明此定律

$$f_1(t) * f_2(t) = \int_{-\infty}^{\infty} f_1(\tau) f_2(t-\tau) d\tau = \int_{-\infty}^{\infty} f_2(\lambda) f_1(t-\lambda) d\lambda = f_2(t) * f_1(t)$$

这意味着两函数在卷积积分中的次序是可以交换的。

(2) 分配律

$$f_1(t) * [f_2(t) + f_3(t)] = f_1(t) * f_2(t) + f_1(t) * f_3(t) \qquad (2-62)$$

分配律用于系统分析,相当于并联系统的冲激响应,等于组成并联系统的各

子系统冲激响应之和,如图 2-12 所示。

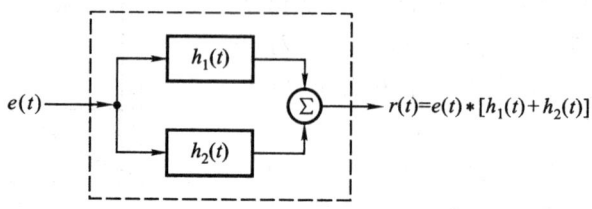

图 2-12 并联系统的 $h(t) = h_1(t) + h_2(t)$

（3）结合律

$$[f_1(t) * f_2(t)] * f_3(t) = f_1(t) * [f_2(t) * f_3(t)] \qquad (2-63)$$

这里包含两次卷积运算,是一个二重积分,只要改换积分次序即可证明此定律

$$\begin{aligned}
[f_1(t) * f_2(t)] * f_3(t) &= \int_{-\infty}^{\infty} \left[\int_{-\infty}^{\infty} f_1(\lambda) f_2(\tau-\lambda) d\lambda \right] f_3(t-\tau) d\tau \\
&= \int_{-\infty}^{\infty} f_1(\lambda) \left[\int_{-\infty}^{\infty} f_2(\tau-\lambda) f_3(t-\tau) d\tau \right] d\lambda \\
&= \int_{-\infty}^{\infty} f_1(\lambda) \left[\int_{-\infty}^{\infty} f_2(\tau) f_3(t-\tau-\lambda) d\tau \right] d\lambda \\
&= f_1(t) * [f_2(t) * f_3(t)]
\end{aligned}$$

结合律用于系统分析,相当于串联系统的冲激响应,等于组成串联系统的各子系统冲激响应的卷积,如图 2-13 所示。

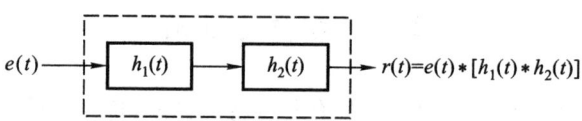

图 2-13 串联系统的 $h(t) = h_1(t) * h_2(t)$

（二）卷积的微分与积分

上述卷积代数定律与乘法运算的性质类似,但是卷积的微分或积分却与两函数相乘的微分或积分性质不同。

两个函数卷积后的导数等于其中一函数的导数与另一函数的卷积,其表示式为

$$\begin{aligned}
\frac{d}{dt}[f_1(t) * f_2(t)] &= f_1(t) * \frac{df_2(t)}{dt} \\
&= \frac{df_1(t)}{dt} * f_2(t)
\end{aligned} \qquad (2-64)$$

由卷积定义可证明此关系式

$$\frac{\mathrm{d}}{\mathrm{d}t}[f_1(t) * f_2(t)] = \frac{\mathrm{d}}{\mathrm{d}t}\int_{-\infty}^{\infty} f_1(\tau)f_2(t-\tau)\mathrm{d}\tau$$

$$= \int_{-\infty}^{\infty} f_1(\tau)\frac{\mathrm{d}f_2(t-\tau)}{\mathrm{d}t}\mathrm{d}\tau$$

$$= f_1(t) * \frac{\mathrm{d}f_2(t)}{\mathrm{d}t} \quad (2-65)$$

同样可以证得

$$\frac{\mathrm{d}}{\mathrm{d}t}[f_2(t) * f_1(t)] = f_2(t) * \frac{\mathrm{d}f_1(t)}{\mathrm{d}t} \quad (2-66)$$

显然,$f_2(t) * f_1(t)$ 也即 $f_1(t) * f_2(t)$,故式(2-66)成立。

两函数卷积后的积分等于其中一函数之积分与另一函数之卷积。其表示式为

$$\int_{-\infty}^{t}[f_1(\lambda) * f_2(\lambda)]\mathrm{d}\lambda = f_1(t) * \int_{-\infty}^{t} f_2(\lambda)\mathrm{d}\lambda$$

$$= f_2(t) * \int_{-\infty}^{t} f_1(\lambda)\mathrm{d}\lambda \quad (2-67)$$

证明如下

$$\int_{-\infty}^{t}[f_1(\lambda) * f_2(\lambda)]\mathrm{d}\lambda$$

$$= \int_{-\infty}^{t}\left[\int_{-\infty}^{\infty} f_1(\tau)f_2(\lambda-\tau)\mathrm{d}\tau\right]\mathrm{d}\lambda$$

$$= \int_{-\infty}^{\infty} f_1(\tau)\left[\int_{-\infty}^{t} f_2(\lambda-\tau)\mathrm{d}\lambda\right]\mathrm{d}\tau$$

$$= f_1(t) * \int_{-\infty}^{t} f_2(\lambda)\mathrm{d}\lambda \quad (2-68)$$

借助卷积交换律同样可求得 $f_2(t)$ 与 $f_1(t)$ 之积分相卷积的形式,于是式(2-67)全部得到证明。

应用类似的推演可以导出卷积的高阶导数或多重积分之运算规律。

设 $s(t) = [f_1(t) * f_2(t)]$,则有

$$s^{(i)}(t) = f_1^{(j)}(t) * f_2^{(i-j)}(t) \quad (2-69)$$

此处,当 i,j 取正整数时为导数的阶次,取负整数时为重积分的次数。读者可自行证明。一个简单的例子是

$$\frac{\mathrm{d}f_1(t)}{\mathrm{d}t} * \int_{-\infty}^{t} f_2(\lambda)\mathrm{d}\lambda = f_1(t) * f_2(t) \quad (2-70)$$

在运用式(2-70)求解时必须注意 $f_1(t)$ 和 $f_2(t)$ 应满足时间受限条件,当 $t \to -\infty$ 时函数值应等于零。试做习题 2-19(b)即可理解这一结论。

(三) 与冲激函数或阶跃函数的卷积

函数 $f(t)$ 与单位冲激函数 $\delta(t)$ 卷积的结果仍然是函数 $f(t)$ 本身。根据卷积定义以及冲激函数的特性[1.4 节式(1-39)]容易证明

$$\begin{aligned} f(t) * \delta(t) &= \int_{-\infty}^{\infty} f(\tau) \delta(t-\tau) \mathrm{d}\tau \\ &= \int_{-\infty}^{\infty} f(\tau) \delta(\tau-t) \mathrm{d}\tau \\ &= f(t) \end{aligned} \qquad (2-71)$$

这里用到 $\delta(x) = \delta(-x)$，因此 $\delta(t-\tau) = \delta(\tau-t)$。

此结论对我们并不陌生，在1.5节将信号分解为冲激函数之叠加时，曾导出与此类似的式(1-60)。今后将要看到，在信号与系统分析中，此性质应用广泛。

进一步有

$$\begin{aligned} f(t) * \delta(t-t_0) &= \int_{-\infty}^{\infty} f(\tau) \delta(t-t_0-\tau) \mathrm{d}\tau \\ &= f(t-t_0) \end{aligned} \qquad (2-72)$$

这表明，与 $\delta(t-t_0)$ 信号相卷积的结果，相当于把函数本身延迟 t_0。

利用卷积的微分、积分特性、不难得到以下一系列结论。

对于冲激偶 $\delta'(t)$，有

$$f(t) * \delta'(t) = f'(t) \qquad (2-73)$$

对于单位阶跃函数 $u(t)$，可以求得

$$f(t) * u(t) = \int_{-\infty}^{t} f(\lambda) \mathrm{d}\lambda \qquad (2-74)$$

推广到一般情况可得

$$f(t) * \delta^{(k)}(t) = f^{(k)}(t) \qquad (2-75)$$

$$f(t) * \delta^{(k)}(t-t_0) = f^{(k)}(t-t_0) \qquad (2-76)$$

式中 k 表示求导或取重积分的次数，当 k 取正整数时表示导数阶次，k 取负整数时为重积分的次数，例如 $\delta^{(-1)}(t)$ 即 $\delta(t)$ 的积分——单位阶跃 $u(t)$，$u(t)$ 与 $f(t)$ 之卷积得到 $f^{(-1)}(t)$，即 $f(t)$ 的一次积分式，这就是式(2-74)。

一些常用函数卷积积分的结果制成表格见附录一，备需用时参考。

卷积的性质可以用来简化卷积运算，以图2-9的两函数卷积运算为例，利用式(2-70)关系，可得

$$r(t) = e(t) * h(t) = \frac{\mathrm{d}}{\mathrm{d}t} e(t) * \int_{-\infty}^{t} h(\lambda) \mathrm{d}\lambda$$

其中

$$\frac{\mathrm{d}}{\mathrm{d}t} e(t) = \delta\left(t + \frac{1}{2}\right) - \delta(t-1)$$

其图形如图2-14(a)所示。

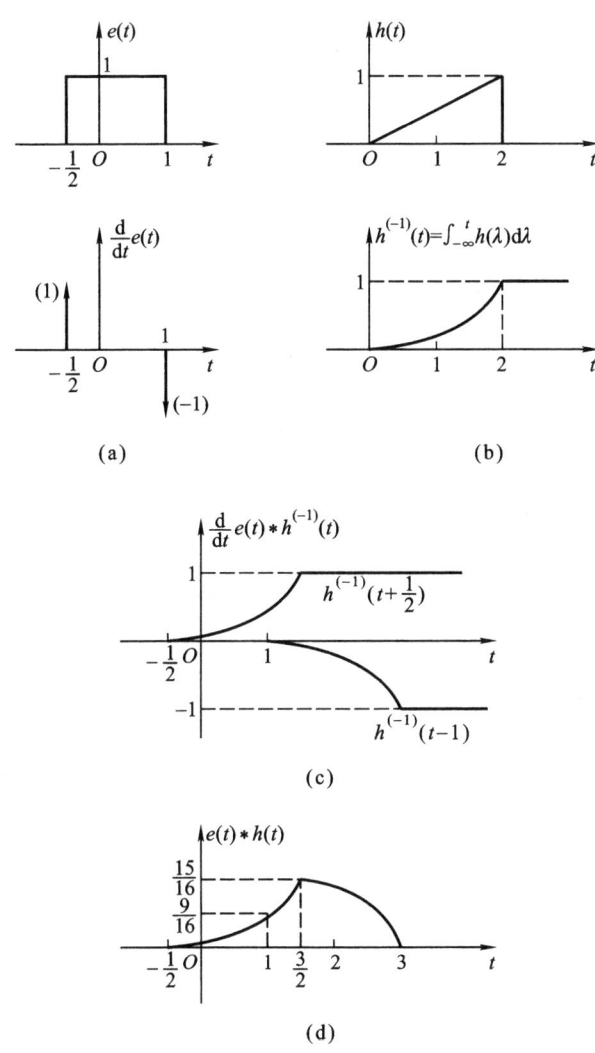

图 2-14 利用卷积性质简化卷积运算

$$h^{(-1)}(t) = \int_{-\infty}^{t} h(\lambda) d\lambda = \int_{-\infty}^{t} \frac{1}{2}\lambda [u(\lambda) - u(\lambda - 2)] d\lambda$$

$$= \left(\int_{0}^{t} \frac{1}{2}\lambda \, d\lambda\right) u(t) - \left(\int_{2}^{t} \frac{1}{2}\lambda \, d\lambda\right) u(t-2)$$

$$= \frac{1}{4}t^{2} u(t) - \frac{1}{4}(t^{2} - 4) u(t-2)$$

$$= \frac{1}{4}t^{2}[u(t) - u(t-2)] + u(t-2)$$

其图形如图 2-14(b)所示。

$$\frac{\mathrm{d}}{\mathrm{d}t}e(t) * \int_{-\infty}^{t} h(\lambda)\mathrm{d}\lambda = \frac{1}{4}\left(t+\frac{1}{2}\right)^2\left[u\left(t+\frac{1}{2}\right) - u\left(t-\frac{3}{2}\right)\right] + u\left(t-\frac{3}{2}\right) -$$

$$\left\{\frac{1}{4}(t-1)^2[u(t-1) - u(t-3)] + u(t-3)\right\}$$

$$= \begin{cases} \dfrac{1}{4}\left(t+\dfrac{1}{2}\right)^2 & -\dfrac{1}{2} \leqslant t < 1 \\ \dfrac{1}{4}\left(t+\dfrac{1}{2}\right)^2 - \dfrac{1}{4}(t-1)^2 = \dfrac{3}{4}\left(t-\dfrac{1}{4}\right) & 1 \leqslant t < \dfrac{3}{2} \\ 1 - \dfrac{1}{4}(t-1)^2 & \dfrac{3}{2} \leqslant t < 3 \end{cases}$$

如图 2-14(c)和(d)所示,与前面图 2-9 的结果一致。从以上讨论可以看出如果对某一信号微分后出现冲激信号,则卷积最终结果是另一信号对应积分后平移叠加结果。

卷积积分的工程近似计算是把信号按需要进行抽样离散化形成序列,积分运算用求和代替,因而问题化为两序列的卷积和,得出的结果再适当进行内插,求出最终结果。关于离散信号卷积和将在第七章讨论。

2.9 利用卷积分析通信系统多径失真的消除方法

至此,我们已经介绍了卷积的基本定义、性质、计算和图解分析方法。在本书以后的许多章节中将不断地应用这些概念。

在结束本章之前,我们给出一个借助卷积研究实际应用问题的例子,即通信信号传输过程中多径失真的消除。在无线通信系统中,当接收机从正常途径收到发射信号时,可能还有其他寄生的传输路径,例如从发射机经某些建筑物反射到达接收端,产生所谓"回波"(回声)现象;又如,当我们需要完成室内录音时,除了直接进入麦克风的正常信号之外,经墙壁反射的信号也可能被采集录入,这也是一种"回声"现象。为这种多径传输现象建立数学模型的简单方法就是定义一个接收信号 $r(t)$,它包括正常传输信号 $e(t)$ 与回波分量 $ae(t-T)$ 二者之和,即

$$r(t) = e(t) + ae(t-T) \tag{2-77}$$

此处,T 表示回波路径引入的传输延时,而系数 $a < 1$,表示回波路径对信号强度产生衰减。若 $e(t)$ 是一个声音信号,当 T 为 100 ms 量级时,人耳能够感觉到一个可区分的回声。如果传输环境有更多的附加路径,那么这一数学模型可表示为

$$r(t) = \sum_{m=0}^{N} a_m e(t - T_m) \tag{2-78}$$

2.9 利用卷积分析通信系统多径失真的消除方法

下角 m 表示每条路径的序号,共有 N 条。而 T_m 和 a_m 分别表示各条路径的延迟时间和衰减系数。实际上,我们把这种情况称为"混响"。而当 T 较短且 a 也很小时,人耳感觉的声音效果类似于"空洞"回声。

根据以上分析容易写出回波系统的冲激响应表达式为

$$h(t) = \delta(t) + a\delta(t - T) \tag{2-79}$$

或对多个回声有

$$h(t) = \sum_{m=0}^{N} a_m \delta(t - T_m) \tag{2-80}$$

一般在信号 $e(t)$ 激励情况下产生的响应 $r(t)$ 可借助卷积关系表示为

$$r(t) = h(t) * e(t) \tag{2-81}$$

为了从含有干扰信号的回波系统中取出正常信号,需要设计一个"逆系统"进行补偿,如图 2-15 所示。可以写出最终恢复信号应为 $e(t)$,逆系统的冲激响应以 $h_i(t)$ 表示,则

$$\begin{aligned} e(t) &= r(t) * h_i(t) \\ &= [e(t) * h(t)] * h_i(t) \\ &= e(t) * [h(t) * h_i(t)] \end{aligned} \tag{2-82}$$

显然,必须满足

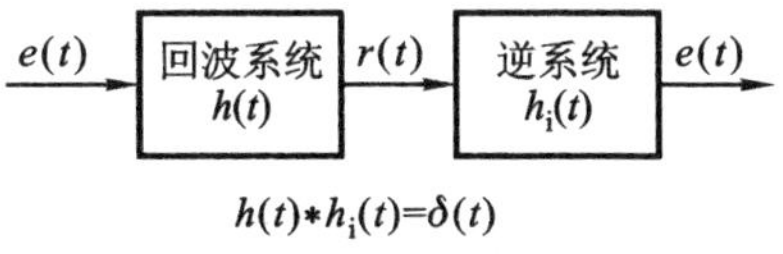

$$e(t) \rightarrow \boxed{\begin{array}{c}\text{回波系统}\\h(t)\end{array}} \xrightarrow{r(t)} \boxed{\begin{array}{c}\text{逆系统}\\h_i(t)\end{array}} \rightarrow e(t)$$

$$h(t) * h_i(t) = \delta(t)$$

图 2-15 用逆系统来补偿回波

$$h(t) * h_i(t) = \delta(t) \tag{2-83}$$

即可保证两系统级联后的输出为原激励信号

$$e(t) = e(t) * \delta(t) \tag{2-84}$$

还可写出

$$\begin{aligned} \delta(t) &= h(t) * h_i(t) \\ &= [\delta(t) + a\delta(t - T)] * h_i(t) \end{aligned} \tag{2-85}$$

接下来的工作是要从上式求出 $h_i(t)$,注意到我们已知等式左端的卷积结果和等式右端的第一个函数,而右端第二个函数是待求结果,这样的问题称为"解卷积"或"反卷积"。对于连续时间信号与系统,解卷积的问题不能导出一般的求解公式,而对于离散时间信号与系统可以给出求"解卷积"的一般计算方法,这将在 7.7 节研究。对于式(2-85)的求解问题,我们可以用直观的屡试方法寻求答案,下面从概念分析逐步给出。

先假定逆系统冲激响应的可能结果为 $h_{i1}(t)$,然后经逐步修正找到最终的 $h_i(t)$,可以写出

$$h_{i1}(t) = \delta(t) - a\delta(t-T) \qquad (2-86)$$

上式右端的 $\delta(t)$ 可以保证经卷积计算后保留 $\delta(t)$ 项,而 $-a\delta(t-T)$ 的引入是为了抵消 $a\delta(t-T)$ 这个回波。将 $h_{i1}(t)$ 与 $h(t)$ 卷积后得到

$$h(t) * h_{i1}(t) = [\delta(t) + a\delta(t-T)] * [\delta(t) - a\delta(t-T)]$$
$$= \delta(t) - a^2\delta(t-2T) \qquad (2-87)$$

很遗憾,这种假设虽然可以消除 $a\delta(t-T)$ 项,但是又多出了一个 $-a^2 \cdot \delta(t-2T)$ 项。由于 $a<1$,这个回波较 $a\delta(t-T)$ 的强度有所衰减,而且延迟到 $2T$ 出现。虽然,这里没有能够完全消除回声,然而,已经使干扰的影响明显削弱。按此思路修改逆系统的冲激响应,有望进一步减少回声。为此,再假设待求 $h_i(t)$ 为 $h_{i2}(t)$,即

$$h_{i2}(t) = \delta(t) - a\delta(t-T) + a^2\delta(t-2T) \qquad (2-88)$$

增补的一项刚好可以抵消式(2-87)中的多余项 $-a^2\delta(t-2T)$。可以求得

$$h(t) * h_{i2}(t) = \delta(t) + a^3\delta(t-3T) \qquad (2-89)$$

与前类似,当满足 $a<1$ 时,多余的回波将更小,而且出现的时刻延迟到 $3T$。依此递推,可以导出 $h_i(t)$ 的最终结果

$$h_i(t) = \sum_{k=0}^{\infty} (-a)^k \delta(t-kT) \qquad (2-90)$$

可见,当逆系统的 $h_i(t)$ 选择上式时,可使回波强度趋近于零(当 $a<1$),且出现时间推迟到 ∞。实际上构成 $h_i(t)$ 的延迟补偿并不需要无穷多项,可以根据具体环境要求,将 k 值取若干有限项即可满足消除回声之要求。

以上我们用直观的屡试方法求出了逆系统的冲激响应,待到研究离散时间信号与系统时,可以给出求逆系统的严格计算方法,详见本书7.7节(解卷积)。另外,利用变换域方法(拉普拉斯变换或傅里叶变换)也可以比较简便地求得逆系统的冲激响应(或系统函数),我们将在第四章习题4-51和第五章习题5-27分别看到。

2.10 用算子符号表示微分方程

这是一种简化微分、积分方程式表达(书写)的方法。先给出算子符号法的一些基本规则和运算规律,然后通过实例分析说明这种方法带来的方便。

(一) 算子符号的基本规则

我们把微分、积分方程中不断出现的微分与积分符号用下列算子表示

2.10 用算子符号表示微分方程

$$p = \frac{\mathrm{d}}{\mathrm{d}t} \tag{2-91}$$

$$\frac{1}{p} = \int_{-\infty}^{t} (\cdot) \mathrm{d}\tau \tag{2-92}$$

$$px = \frac{\mathrm{d}}{\mathrm{d}t}x \tag{2-93}$$

$$p^n x = \frac{\mathrm{d}^n}{\mathrm{d}t^n}x \tag{2-94}$$

$$\frac{1}{p}x = \int_{-\infty}^{t} x \mathrm{d}\tau \tag{2-95}$$

例如,按此规定我们可以把下列方程

$$\frac{\mathrm{d}^2 r(t)}{\mathrm{d}t^2} + 5\frac{\mathrm{d}r(t)}{\mathrm{d}t} + 6r(t) = \frac{\mathrm{d}e(t)}{\mathrm{d}t} + 3e(t) \tag{2-96}$$

用算子符号写作

$$p^2 r + 5pr + 6r = pe + 3e \tag{2-97}$$

即

$$(p^2 + 5p + 6)r = (p + 3)e \tag{2-98}$$

必须注意,式(2-98)表示的不是代数方程,而是微分方程。$(p^2+5p+6)r$ 并非指 (p^2+5p+6) 去乘以 $r(t)$ 函数,而是表示对 $r(t)$ 按规定进行相应的微分运算。我们会提出这样的问题:代数方程中的运算规则在算子表示的方程式中能否适用?下面回答:

(1) p 多项式可以进行类似于代数运算的因式分解或因式相乘展开,例如

$$\begin{aligned}
(p^2 + 5p + 6)x &= (p+3)(p+2)x \\
&= \left(\frac{\mathrm{d}}{\mathrm{d}t} + 3\right)\left(\frac{\mathrm{d}x}{\mathrm{d}t} + 2x\right) \\
&= \frac{\mathrm{d}}{\mathrm{d}t}\left[\frac{\mathrm{d}}{\mathrm{d}t}x + 2x\right] + 3\left[\frac{\mathrm{d}}{\mathrm{d}t}x + 2x\right] \\
&= \frac{\mathrm{d}^2}{\mathrm{d}t^2}x + 5\frac{\mathrm{d}}{\mathrm{d}t}x + 6x
\end{aligned} \tag{2-99}$$

写作一般形式有

$$(p+a)(p+b)x = [p^2 + (a+b)p + ab]x \tag{2-100}$$

(2) 某些代数运算规律不适用于算子符号表示,这里和下面的(3)都属于此类情况。

如果

$$\frac{\mathrm{d}x}{\mathrm{d}t} = \frac{\mathrm{d}y}{\mathrm{d}t} \tag{2-101}$$

两端积分后可得

$$x = y + c \tag{2-102}$$

这里，c 是积分常数。由此可见，对于算子方程式

$$px = py \tag{2-103}$$

其左右两端的算子符号 p 不能消去。

（3）微分与积分的顺序不得倒换，也即

$$p \cdot \frac{1}{p}x \neq \frac{1}{p} \cdot px \tag{2-104}$$

这是因为

$$p \cdot \frac{1}{p}x = \frac{d}{dt}\int_{-\infty}^{t} x d\tau = x \tag{2-105}$$

而

$$\frac{1}{p} \cdot px = \int_{-\infty}^{t} \frac{d}{dt} x d\tau$$

$$= x(t) - x(-\infty) \neq x \tag{2-106}$$

这表明"先乘后除"的算子运算（对应先微分后积分）不能相消，而"先除后乘"（先积分后微分）则可以相消。显然，算子乘、除的顺序（微分、积分的先后）不可随意颠倒。

（二）用算子符号建立微分方程

用算子符号表示微分方程不仅书写简便，而且在建立系统数学模型时也很方便。电感、电容的等效算子符号分别为：

对电感

$$v_L(t) = L\frac{d}{dt}i_L(t) = Lpi_L(t) \tag{2-107}$$

Lp 就是用算子符号表示的等效电感感抗值。

对电容

$$v_C(t) = \frac{1}{C}\int_{-\infty}^{t} i_C(\tau) d\tau = \frac{1}{Cp}i_C(t) \tag{2-108}$$

$\frac{1}{Cp}$ 就是用算子符号表示的等效电容容抗值。

现用算子符号来建立图 2-16(a)所示系统的微分方程。首先画出包含用

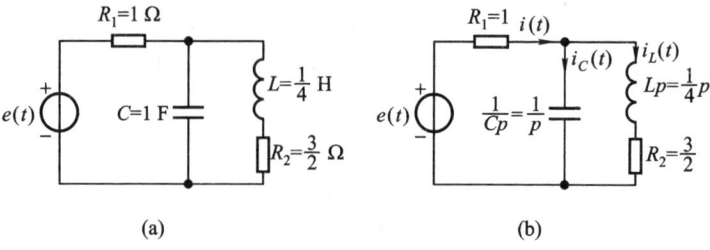

图 2-16 用算子符号表示电路图举例

算子符号表示的电感和电容电路图,如图 2-16(b) 所示。

列写电路的回路方程

$$\begin{cases} \left(R_1 + \dfrac{1}{Cp}\right)i(t) - \dfrac{1}{Cp}i_L(t) = e(t) \\ -\dfrac{1}{Cp}i(t) + \left(Lp + R_2 + \dfrac{1}{Cp}\right)i_L(t) = 0 \end{cases}$$

应用克拉默(Cramer)法则解此方程

$$i(t) = \dfrac{\begin{vmatrix} e(t) & -\dfrac{1}{Cp} \\ 0 & Lp + R_2 + \dfrac{1}{Cp} \end{vmatrix}}{\begin{vmatrix} R_1 + \dfrac{1}{Cp} & -\dfrac{1}{Cp} \\ -\dfrac{1}{Cp} & Lp + R_2 + \dfrac{1}{Cp} \end{vmatrix}}$$

$$= \dfrac{\left(Lp + R_2 + \dfrac{1}{Cp}\right)e(t)}{\left(R_1 + \dfrac{1}{Cp}\right)\left(Lp + R_2 + \dfrac{1}{Cp}\right) - \left(\dfrac{1}{Cp}\right)^2}$$

$$= \dfrac{\left(\dfrac{1}{R_1}p + \dfrac{R_2}{R_1 L} + \dfrac{1}{R_1 LCp}\right)e(t)}{p + \left(\dfrac{R_2}{L} + \dfrac{1}{R_1 C}\right) + \left(\dfrac{1}{LC} + \dfrac{R_2}{R_1 LC}\right)\dfrac{1}{p}}$$

为化解成微分方程表示,分子、分母同乘以 p,这相当于先积分后微分,符合前述规则,因而可以消去 $\dfrac{1}{p}$,得

$$i(t) = \dfrac{\left(\dfrac{1}{R_1}p^2 + \dfrac{R_2}{R_1 L}p + \dfrac{1}{R_1 LC}\right)}{p^2 + \left(\dfrac{R_2}{L} + \dfrac{1}{R_1 C}\right)p + \left(\dfrac{1}{LC} + \dfrac{R_2}{R_1 LC}\right)}e(t)$$

$$(2-109)$$

系统的微分方程表示为

$$\left[p^2 + \left(\dfrac{R_2}{L} + \dfrac{1}{R_1 C}\right)p + \left(\dfrac{1}{LC} + \dfrac{R_2}{R_1 LC}\right)\right]i(t) = \left(\dfrac{1}{R_1}p^2 + \dfrac{R_2}{R_1 L}p + \dfrac{1}{R_1 LC}\right)e(t)$$

$$(2-110)$$

代入具体元件值有

$$\dfrac{d^2}{dt^2}i(t) + 7\dfrac{d}{dt}i(t) + 10i(t) = \dfrac{d^2}{dt^2}e(t) + 6\dfrac{d}{dt}e(t) + 4e(t) \quad (2-111)$$

从上例可以看出,用算子符号法建立电路微分方程可以给我们带来方便,但

是在列写过程中一定要注意遵守算子运算的基本规则。

（三）传输算子 $H(p)$

在初步认识以上各例的基础上，我们给出借助算子符号表示微分方程的一般形式，并建立传输算子的概念。

对于 2.3 节的高阶微分方程式（2-9）可以表示为

$$C_0 p^n r(t) + C_1 p^{n-1} r(t) + \cdots + C_{n-1} p r(t) + C_n r(t)$$
$$= E_0 p^m e(t) + E_1 p^{m-1} e(t) + \cdots + E_{m-1} p e(t) + E_m e(t)$$
(2-112)

或简化为

$$(C_0 p^n + C_1 p^{n-1} + \cdots + C_{n-1} p + C_n) r(t) = (E_0 p^m + E_1 p^{m-1} + \cdots + E_{m-1} p + E_m) e(t)$$
(2-113)

若进一步令

$$\begin{cases} D(p) = C_0 p^n + C_1 p^{n-1} + \cdots + C_{n-1} p + C_n \\ N(p) = E_0 p^m + E_1 p^{m-1} + \cdots + E_{m-1} p + E_m \end{cases}$$
(2-114)

分别表示两个算子多项式，则式（2-113）可以简化为

$$D(p)[r(t)] = N(p)[e(t)] \quad (2-115)$$

把响应 $r(t)$ 与激励 $e(t)$ 之间关系表示成显式形式

$$r(t) = \frac{N(p)}{D(p)} e(t) \quad (2-116)$$

则 $H(p) = \dfrac{N(p)}{D(p)}$ 就定义为系统传输算子。此传输算子完整地建立了描述系统的数学模型，一些有用的系统特性可以通过对 $H(p)$ 分析而得出。

不难看出，对于前文图 2-16 所示电路的分析，根据式（2-109）可以导出其传输算子表达式为

$$H(p) = \frac{\left(\dfrac{1}{R_1} p^2 + \dfrac{R_2}{R_1 L} p + \dfrac{1}{R_1 LC}\right)}{p^2 + \left(\dfrac{R_2}{L} + \dfrac{1}{R_1 C}\right) p + \left(\dfrac{1}{LC} + \dfrac{R_2}{R_1 LC}\right)} \quad (2-117)$$

上面简单地介绍了微分方程的算子符号表示，在时域分析中，算子符号提供了简单易行的辅助分析手段，但本质上仍与经典法分析系统相同。待到第四章我们将要看到拉普拉斯变换法与算子符号法在表达形式上十分相似。拉氏变换法彻底改变了经典法的求解过程，使问题得以简化，在 4.2 节还要讲到算子符号方法。

习　题

2-1 对题图 2-1 所示电路图分别列写求电压 $v_o(t)$ 的微分方程表示。

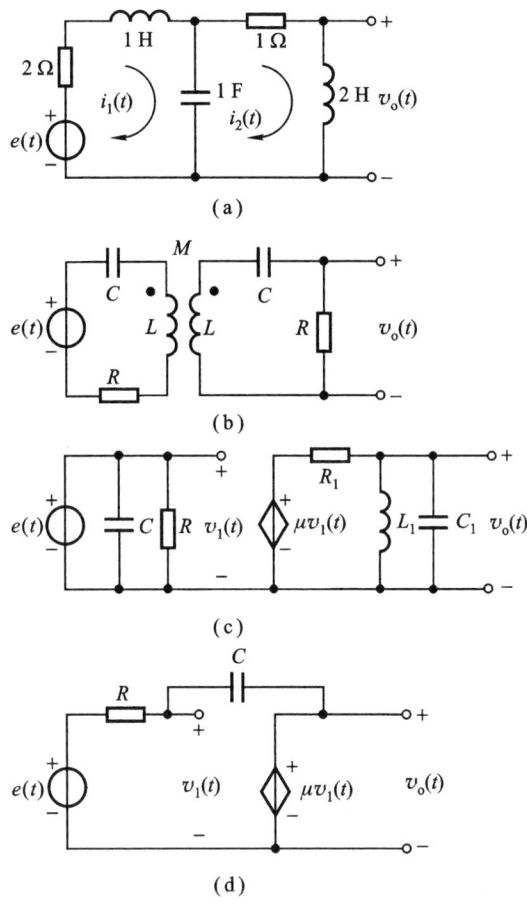

题图 2-1

2-2 题图 2-2 所示为理想火箭推动器模型。火箭质量为 m_1，荷载舱质量为 m_2，两者中间用刚度系数为 k 的弹簧相连接。火箭和荷载舱各自受到摩擦力的作用，摩擦系数分别为 f_1 和 f_2。求火箭推进力 $e(t)$ 与荷载舱运动速度 $v_2(t)$ 之间的微分方程表示。

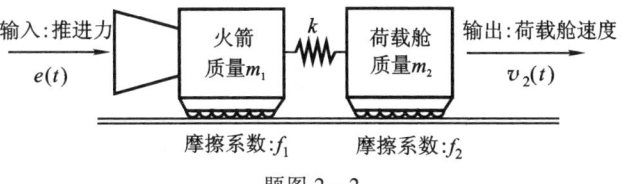

题图 2-2

2-3 题图 2-3 是汽车底盘缓冲装置模型图,汽车底盘的高度 $z(t) = y(t) + y_0$,其中 y_0 是弹簧不受任何力时的位置。缓冲器等效为弹簧与减震器并联组成,刚度系数和阻尼系数分别为 k 和 f。由于路面的凹凸不平(表示为 $x(t)$ 的起伏)通过缓冲器间接作用到汽车底盘,使汽车震动减弱。求汽车底盘的位移量 $y(t)$ 和路面不平度 $x(t)$ 之间的微分方程。

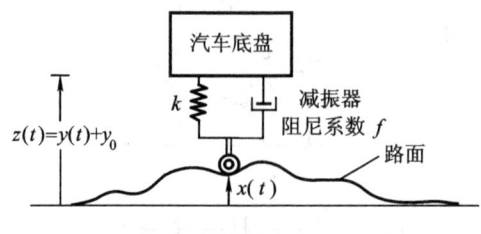

题图 2-3

2-4 已知系统相应的齐次方程及其对应的 0_+ 状态条件,求系统的零输入响应。

(1) $\dfrac{d^2}{dt^2}r(t) + 2\dfrac{d}{dt}r(t) + 2r(t) = 0$

给定:$r(0_+) = 1, r'(0_+) = 2$;

(2) $\dfrac{d^2}{dt^2}r(t) + 2\dfrac{d}{dt}r(t) + r(t) = 0$

给定:$r(0_+) = 1, r'(0_+) = 2$;

(3) $\dfrac{d^3}{dt^3}r(t) + 2\dfrac{d^2}{dt^2}r(t) + \dfrac{d}{dt}r(t) = 0$

给定:$r(0_+) = r'(0_+) = 0, r''(0_+) = 1$。

2-5 给定系统微分方程、起始状态以及激励信号分别为以下两种情况:

(1) $\dfrac{d}{dt}r(t) + 2r(t) = e(t), r(0_-) = 0, e(t) = u(t)$

(2) $\dfrac{d}{dt}r(t) + 2r(t) = 3\dfrac{d}{dt}e(t), r(0_-) = 0, e(t) = u(t)$

试判断在起始点是否发生跳变,据此对(1)、(2)分别写出其 $r(0_+)$ 值。

2-6 给定系统微分方程

$$\dfrac{d^2}{dt^2}r(t) + 3\dfrac{d}{dt}r(t) + 2r(t) = \dfrac{d}{dt}e(t) + 3e(t)$$

若激励信号和起始状态为

$$e(t) = u(t), r(0_-) = 1, r'(0_-) = 2$$

试求它的完全响应,并指出其零输入响应、零状态响应、自由响应、强迫响应各分量。

提示:将 $e(t)$ 代入方程后可见右端最高阶次奇异函数为 $\delta(t)$,故左端最高阶次也为 $\delta(t)$,因而,$r(t)$ 项无跳变,而 $r'(t)$ 项跳变值应为 1,由此导出 $r(0_+)$ 和 $r'(0_+)$。

2-7 电路如题图 2-7 所示,$t = 0$ 以前开关位于"1",已进入稳态,$t = 0$ 时刻,S_1 与 S_2 同时自"1"转至"2",求输出电压 $v_o(t)$ 的完全响应,并指出其零输入、零状态、自由、强迫各响应分量(E 和 I_s 各为常量)。

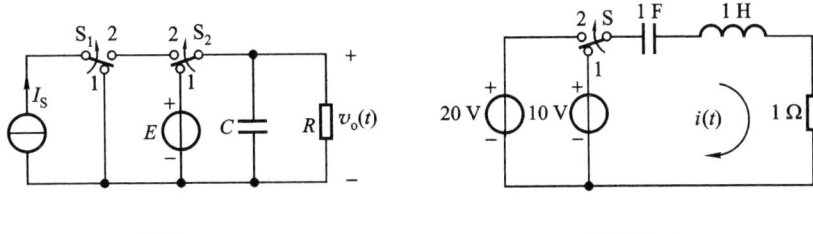

题图 2-7　　　　　　　　　题图 2-8

2-8 题图 2-8 所示电路，$t<0$ 时，开关位于"1"且已达到稳态，$t=0$ 时刻，开关自"1"转至"2"。

(1) 试从物理概念判断 $i(0_-), i'(0_-)$ 和 $i(0_+), i'(0_+)$；

(2) 写出 $t \geq 0_+$ 时间内描述系统的微分方程表示，求 $i(t)$ 的完全响应。

2-9 求下列微分方程描述的系统冲激响应 $h(t)$ 和阶跃响应 $g(t)$

(1) $\dfrac{\mathrm{d}}{\mathrm{d}t}r(t)+3r(t)=2\dfrac{\mathrm{d}}{\mathrm{d}t}e(t)$

(2) $\dfrac{\mathrm{d}^2}{\mathrm{d}t^2}r(t)+\dfrac{\mathrm{d}}{\mathrm{d}t}r(t)+r(t)=\dfrac{\mathrm{d}}{\mathrm{d}t}e(t)+e(t)$

(3) $\dfrac{\mathrm{d}}{\mathrm{d}t}r(t)+2r(t)=\dfrac{\mathrm{d}^2}{\mathrm{d}t^2}e(t)+3\dfrac{\mathrm{d}}{\mathrm{d}t}e(t)+3e(t)$

2-10 一因果性的 LTI 系统，其输入、输出用下列微分-积分方程表示：

$$\dfrac{\mathrm{d}}{\mathrm{d}t}r(t)+5r(t)=\int_{-\infty}^{\infty}e(\tau)f(t-\tau)\mathrm{d}\tau-e(t)$$

其中 $f(t)=\mathrm{e}^{-t}u(t)+3\delta(t)$，求该系统的单位冲激响应 $h(t)$。

2-11 设系统的微分方程表示为

$$\dfrac{\mathrm{d}^2}{\mathrm{d}t^2}r(t)+5\dfrac{\mathrm{d}}{\mathrm{d}t}r(t)+6r(t)=\mathrm{e}^{-t}u(t)$$

求使完全响应为 $r(t)=C\mathrm{e}^{-t}u(t)$ 时的系统起始状态 $r(0_-)$ 和 $r'(0_-)$，并确定常数 C 值。

2-12 有一系统对激励为 $e_1(t)=u(t)$ 时的完全响应为 $r_1(t)=2\mathrm{e}^{-t}(t\geq 0)$，对激励为 $e_2(t)=\delta(t)$ 时的完全响应为 $r_2(t)=\delta(t)$。

(1) 求该系统的零输入响应 $r_{zi}(t)$；

(2) 系统的起始状态保持不变，求其对于激励为 $e_3(t)=\mathrm{e}^{-t}u(t)$ 的完全响应 $r_3(t)$。

2-13 求下列各函数 $f_1(t)$ 与 $f_2(t)$ 的卷积 $f_1(t)*f_2(t)$。

(1) $f_1(t)=u(t), f_2(t)=\mathrm{e}^{-\alpha t}u(t)$

(2) $f_1(t)=\delta(t), f_2(t)=\cos(\omega t+45°)$

(3) $f_1(t)=(1+t)[u(t)-u(t-1)], f_2(t)=u(t-1)-u(t-2)$

(4) $f_1(t)=\cos(\omega t), f_2(t)=\delta(t+1)-\delta(t-1)$

(5) $f_1(t)=\mathrm{e}^{-\alpha t}u(t), f_2(t)=\sin t\, u(t)$

2-14 求下列两组卷积，并注意相互间的区别。

(1) $f(t)=u(t)-u(t-1)$，求 $s(t)=f(t)*f(t)$；

(2)$f(t) = u(t-1) - u(t-2)$,求 $s(t) = f(t) * f(t)$。

2-15 已知 $f_1(t) = u(t+1) - u(t-1)$,$f_2(t) = \delta(t+5) + \delta(t-5)$,$f_3(t) = \delta\left(t+\dfrac{1}{2}\right) + \delta\left(t-\dfrac{1}{2}\right)$,画出下列各卷积波形。

(1)$s_1(t) = f_1(t) * f_2(t)$

(2)$s_2(t) = f_1(t) * f_2(t) * f_2(t)$

(3)$s_3(t) = \{[f_1(t) * f_2(t)][u(t+5) - u(t-5)]\} * f_2(t)$

(4)$s_4(t) = f_1(t) * f_3(t)$

2-16 设 $r(t) = e^{-t} u(t) * \displaystyle\sum_{k=-\infty}^{\infty} \delta(t-3k)$,证明 $r(t) = Ae^{-t}, 0 \le t \le 3$,并求出 A 值。

2-17 已知某一 LTI 系统对输入激励 $e(t)$ 的零状态响应

$$r_{zs}(t) = \int_{t-2}^{\infty} e^{t-\tau} e(\tau-1) \, d\tau$$

求该系统的单位冲激响应。

2-18 某 LTI 系统,输入信号 $e(t) = 2e^{-3t} u(t-1)$,在该输入下的响应为 $r(t)$,即 $r(t) = H[e(t)]$,又已知

$$H\left[\dfrac{d}{dt} e(t)\right] = -3r(t) + e^{-2t} u(t)$$

求该系统的单位冲激响应 $h(t)$。

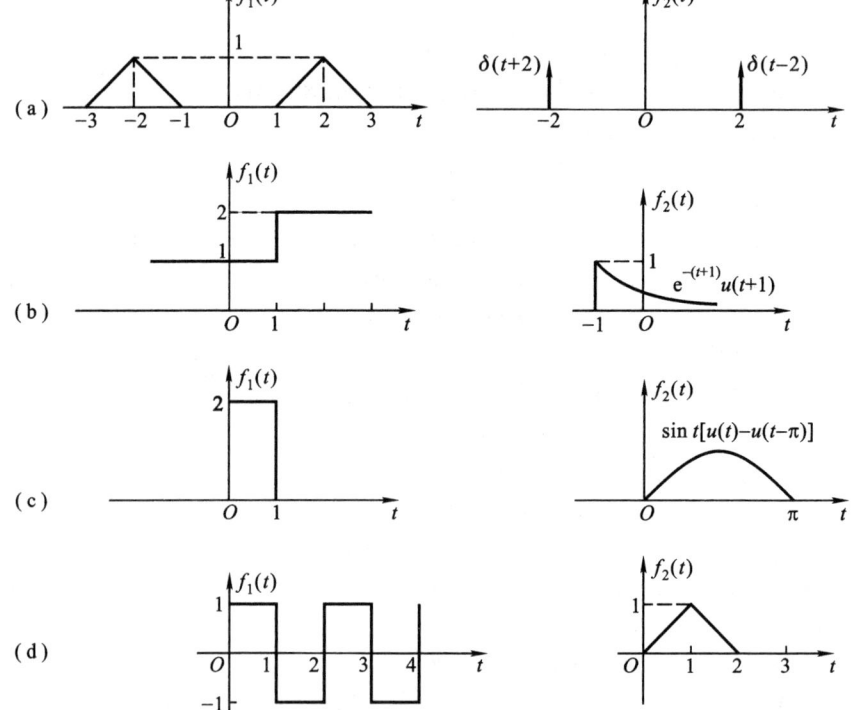

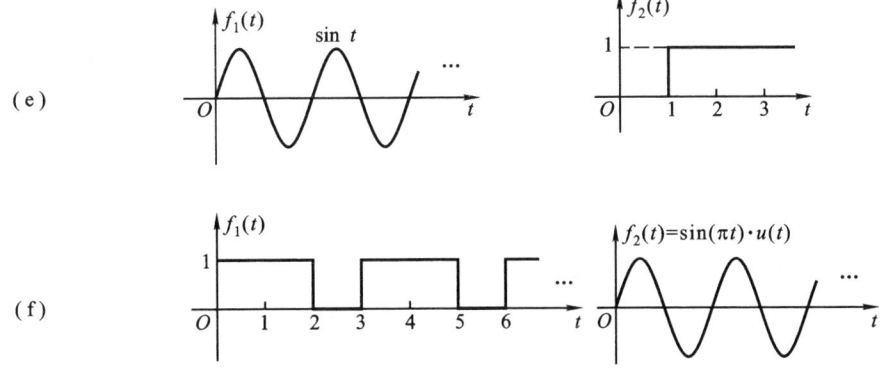

(e)

(f)

题图 2-19

2-19 对题图 2-19 所示的各组函数,用图解的方法粗略画出 $f_1(t)$ 与 $f_2(t)$ 卷积的波形,并计算卷积积分 $f_1(t) * f_2(t)$。

2-20 题图 2-20 所示系统由几个"子系统"组成,各子系统的冲激响应分别为

$$h_1(t) = u(t) \quad (积分器)$$
$$h_2(t) = \delta(t-1) \quad (单位延时)$$
$$h_3(t) = -\delta(t) \quad (倒相器)$$

试求总的系统的冲激响应 $h(t)$。

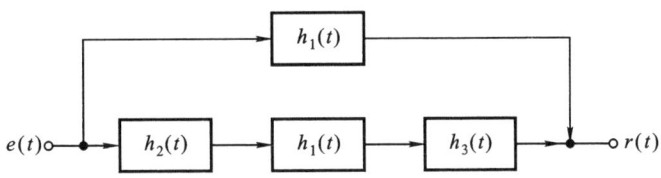

题图 2-20

2-21 已知系统的冲激响应 $h(t) = e^{-2t}u(t)$。

(1) 若激励信号为

$$e(t) = e^{-t}[u(t) - u(t-2)] + \beta\delta(t-2)$$

式中 β 为常数,试决定响应 $r(t)$;

(2) 若激励信号表示为

$$e(t) = x(t)[u(t) - u(t-2)] + \beta\delta(t-2)$$

式中 $x(t)$ 为任意 t 函数,若要求系统在 $t > 2$ 的响应为零,试确定 β 值应等于多少?

2-22 如果把施加于系统的激励信号 $e(t)$ 按题图 2-22 那样分解为许多阶跃信号的叠加,设阶跃响应为 $g(t)$,$e(t)$ 的初始值为 $e(0_+)$,在 t_1 时刻阶跃信号的幅度为 $\Delta e(t_1)$。试写出以阶跃响应的叠加取和而得到的系统响应近似式;证明,当取 $\Delta t_1 \to 0$ 的极限时,响应 $r(t)$ 的表示式为

$$r(t) = e(0_+)g(t) + \int_{0_+}^{t} \frac{de(\tau)}{d\tau} g(t-\tau) d\tau$$

[此式称为杜阿美尔积分,参看第一章式(1-63)以及 2.7 节(一)。]

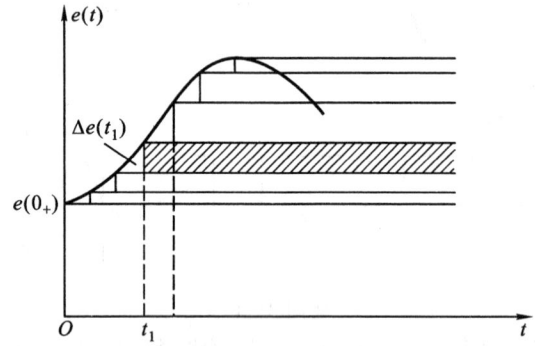

题图 2-22

2-23 若一个 LTI 系统的冲激响应为 $h(t)$,激励信号是 $e(t)$,响应是 $r(t)$。试证明此系统可以用题图 2-23 所示的方框图近似模拟。

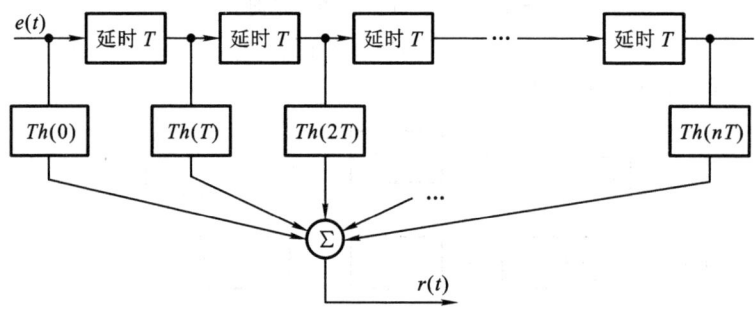

题图 2-23

2-24 若线性系统的响应 $r(t)$ 分别用以下各算子符号式表达,且系统起始状态为零,写出各问的时域表达式。

(1) $\dfrac{A}{p+\alpha}\delta(t)$

(2) $\dfrac{A}{(p+\alpha)^2}\delta(t)$

(3) $\dfrac{A}{(p+\alpha)(p+\beta)}\delta(t)$

2-25 设 $H(p)$ 是线性时不变系统的传输算子,且系统起始状态为零,试证明

$$[H(p)\delta(t)]e^{-\alpha t} = H(p+\alpha)\delta(t)$$

第三章 傅里叶变换

3.1 引　　言

从本章开始由时域分析转入变换域分析,在变换域分析中,首先讨论傅里叶变换。傅里叶变换是在傅里叶级数正交函数展开的基础上发展而产生的,这方面的问题也称为傅里叶分析。

傅里叶分析的研究与应用至今已经历了一百余年。1822 年法国数学家傅里叶(J. Fourier,1768—1830)在研究热传导理论时发表了"热的分析理论"著作,提出并证明了将周期函数展开为正弦级数的原理,奠定了傅里叶级数的理论基础。其后,泊松(Poisson)、高斯(Gauss)等人把这一成果应用到电学中去。虽然,在电力工程中,伴随着电机制造、交流电的产生与传输等实际问题的需要,三角函数、指数函数以及傅里叶分析等数学工具早已得到广泛的应用。但是,在通信系统中普遍应用这些数学工具还经历了一段过程,因为当时要找到简便而实用的方法来产生、传输、分离和变换各种频率的正弦信号还有一定的困难。直到19 世纪末,人们才制造出用于工程实际的电容器。进入 20 世纪以后,谐振电路、滤波器、正弦振荡器等一系列具体问题的解决为正弦函数与傅里叶分析的进一步应用开辟了广阔的前景。从此,人们逐渐认识到,在通信与控制系统的理论研究和实际应用之中,采用频率域(频域)的分析方法较之经典的时间域(时域)方法有许多突出的优点。当今,傅里叶分析方法已经成为信号分析与系统设计不可缺少的重要工具。

20 世纪 70 年代以来,随着计算机、数字集成电路技术的发展,人们对各种二值正交函数(如沃尔什函数)的研究产生了兴趣,它为通信、数字信号处理等技术领域的研究提供了多种途径和手段。虽然,人们认识到傅里叶分析决不是信息科学与技术领域中惟一的变换域方法,但也不得不承认,在此领域中,傅里叶分析始终有着极其广泛的应用,是研究其他变换方法的基础。而且由于计算机技术的普遍应用,在傅里叶分析方法中出现了所谓"快速傅里叶变换"(FFT),它为这一数学工具赋予了新的生命力。目前,快速傅里叶变换的研究与应用已相当成熟,而且仍在不断更新与发展。

傅里叶分析方法不仅应用于电力工程、通信和控制领域之中,而且在力学、光学、量子物理和各种线性系统分析等许多有关数学、物理和工程技术领域中得到广泛而普遍的应用。

本章从傅里叶级数正交函数展开问题开始讨论,引出傅里叶变换,建立信号频谱的概念。通过典型信号频谱以及傅里叶变换性质的研究,初步掌握傅里叶分析方法的应用。对于周期信号而言,在进行频谱分析时可以利用傅里叶级数,也可利用傅里叶变换,傅里叶级数相当于傅里叶变换的一种特殊表达形式。在 3.9 节专门研究周期信号的傅里叶变换。3.9 节与 3.10 节将对比研究周期信号与抽样信号的傅里叶变换,这将有利于从连续时间信号分析逐步过渡到离散时间信号分析。作为傅里叶变换的最重要应用之一,在最后一节介绍抽样定理,这一定理奠定了近代数字通信的理论基础,本章给出初步概念,在第五章将继续讨论有关它的实际应用。

3.2 周期信号的傅里叶级数分析

(一) 三角函数形式的傅里叶级数

由数学分析课程已知,按照傅里叶级数的定义,周期函数 $f(t)$ 可由三角函数的线性组合来表示,若 $f(t)$ 的周期为 T_1,角频率 $\omega_1 = \dfrac{2\pi}{T_1}$,频率 $f_1 = \dfrac{1}{T_1}$,傅里叶级数展开表达式为

$$\begin{aligned} f(t) &= a_0 + a_1\cos(\omega_1 t) + b_1\sin(\omega_1 t) + a_2\cos(2\omega_1 t) + \\ &\quad b_2\sin(2\omega_1 t) + \cdots + a_n\cos(n\omega_1 t) + b_n\sin(n\omega_1 t) + \cdots \\ &= a_0 + \sum_{n=1}^{\infty}\left[a_n\cos(n\omega_1 t) + b_n\sin(n\omega_1 t)\right] \end{aligned} \quad (3-1)$$

式中 n 为正整数,各次谐波成分的幅度值按以下各式计算:

直流分量

$$a_0 = \frac{1}{T_1}\int_{t_0}^{t_0+T_1} f(t)\,\mathrm{d}t \quad (3-2)$$

余弦分量的幅度

$$a_n = \frac{2}{T_1}\int_{t_0}^{t_0+T_1} f(t)\cos(n\omega_1 t)\,\mathrm{d}t \quad (3-3)$$

正弦分量的幅度

$$b_n = \frac{2}{T_1}\int_{t_0}^{t_0+T_1} f(t)\sin(n\omega_1 t)\,\mathrm{d}t \quad (3-4)$$

其中 $n = 1, 2, \cdots$。

为方便起见,通常积分区间 $t_0 \sim t_0 + T_1$ 取为 $0 \sim T_1$ 或 $-\dfrac{T_1}{2} \sim +\dfrac{T_1}{2}$。

3.2 周期信号的傅里叶级数分析

三角函数集是一组完备的正交函数集,关于正交函数集的定义、性质以及进一步的应用将在第六章详细讨论。本章着重研究从傅里叶级数引出信号频谱以及傅里叶变换的概念。

必须指出,并非任意周期信号都能进行傅里叶级数展开。被展开的函数 $f(t)$ 需要满足如下的一组充分条件,这组条件称为"狄里赫利(Dirichlet)条件":

（1）在一周期内,如果有间断点存在,则间断点的数目应是有限个;

（2）在一周期内,极大值和极小值的数目应是有限个;

（3）在一周期内,信号是绝对可积的,即 $\int_{t_0}^{t_0+T_1} |f(t)| \mathrm{d}t$ 等于有限值（T_1 为周期）。

通常我们遇到的周期性信号都能满足狄里赫利条件,因此,以后除非特殊需要,一般不再考虑这一条件。

若将式(3-1)中同频率项加以合并,可以写成另一种形式

$$f(t) = c_0 + \sum_{n=1}^{\infty} c_n \cos(n\omega_1 t + \varphi_n) \tag{3-5}$$

或

$$f(t) = d_0 + \sum_{n=1}^{\infty} d_n \sin(n\omega_1 t + \theta_n)$$

比较式(3-1)和式(3-5),可以看出傅里叶级数中各个量之间有如下关系

$$\left.\begin{aligned}
a_0 &= c_0 = d_0 \\
c_n &= d_n = \sqrt{a_n^2 + b_n^2} \\
a_n &= c_n \cos\varphi_n = d_n \sin\theta_n \\
b_n &= -c_n \sin\varphi_n = d_n \cos\theta_n \\
\tan\theta_n &= \frac{a_n}{b_n} \\
\tan\varphi_n &= -\frac{b_n}{a_n} \\
&(n = 1, 2, \cdots)
\end{aligned}\right\} \tag{3-6}$$

式(3-1)表明:任何周期信号只要满足狄里赫利条件就可以分解成直流分量及许多正弦、余弦分量。这些正弦、余弦分量的频率必定是基频 $f_1(f_1 = 1/T_1)$ 的整数倍。通常把频率为 f_1 的分量称为基波,频率为 $2f_1, 3f_1, \cdots$ 的分量分别称为二次谐波、三次谐波……。显然,直流分量的大小以及基波与各次谐波的幅度、相位取决于周期信号的波形。

从式(3-3)至式(3-6)可以看出,各分量的幅度 a_n, b_n, c_n 及相位 φ_n 都是 $n\omega_1$ 的函数。如果把 c_n 对 $n\omega_1$ 的关系绘成如图 3-1 那样的线图,便可清楚而直

观地看出各频率分量的相对大小。这种图称为信号的幅度频谱或简称为幅度谱。图中每条线代表某一频率分量的幅度,称为谱线。连接各谱线顶点的曲线(如图 3-1(a)中虚线所示)称为包络线,它反映各分量的幅度变化情况。类似地,还可以画出各分量的相位 φ_n 对频率 $n\omega_1$ 的线图,这种图称为相位频谱或简称相位谱。幅度谱和相位谱的例子如图 3-1 所示。周期信号的频谱只会出现在 $0,\omega_1,2\omega_1,\cdots$ 离散频率点上,这种频谱称为离散谱,它是周期信号频谱的主要特点。

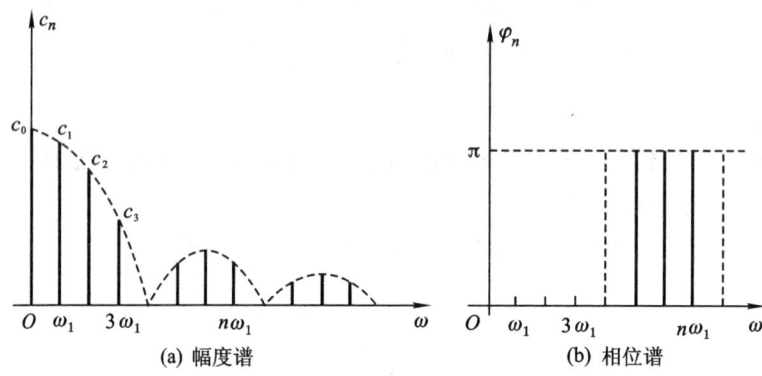

图 3-1 周期信号的频谱举例

(二) 指数形式的傅里叶级数

周期信号的傅里叶级数展开也可表示为指数形式,已知

$$f(t) = a_0 + \sum_{n=1}^{\infty} [a_n \cos(n\omega_1 t) + b_n \sin(n\omega_1 t)] \tag{3-7}$$

根据欧拉公式

$$\cos(n\omega_1 t) = \frac{1}{2}(e^{jn\omega_1 t} + e^{-jn\omega_1 t})$$

$$\sin(n\omega_1 t) = \frac{1}{2j}(e^{jn\omega_1 t} - e^{-jn\omega_1 t})$$

把上式代入式(3-7),得到

$$f(t) = a_0 + \sum_{n=1}^{\infty} \left(\frac{a_n - jb_n}{2} e^{jn\omega_1 t} + \frac{a_n + jb_n}{2} e^{-jn\omega_1 t} \right) \tag{3-8}$$

令

$$F(n\omega_1) = \frac{1}{2}(a_n - jb_n) \qquad (n = 1, 2, \cdots) \tag{3-9}$$

考虑到 a_n 是 n 的偶函数,b_n 是 n 的奇函数[见式(3-3)、式(3-4)],由式(3-9)可知

$$F(-n\omega_1) = \frac{1}{2}(a_n + jb_n)$$

将上述结果代入式(3-8),得到

$$f(t) = a_0 + \sum_{n=1}^{\infty}\left[F(n\omega_1)\mathrm{e}^{\mathrm{j}n\omega_1 t} + F(-n\omega_1)\mathrm{e}^{-\mathrm{j}n\omega_1 t}\right]$$

令 $F(0) = a_0$,考虑到

$$\sum_{n=1}^{\infty} F(-n\omega_1)\mathrm{e}^{-\mathrm{j}n\omega_1 t} = \sum_{n=-1}^{-\infty} F(n\omega_1)\mathrm{e}^{\mathrm{j}n\omega_1 t}$$

得到 $f(t)$ 的指数形式傅里叶级数,它是

$$f(t) = \sum_{n=-\infty}^{\infty} F(n\omega_1)\mathrm{e}^{\mathrm{j}n\omega_1 t} \tag{3-10}$$

若将式(3-3)、式(3-4)代入式(3-9),就可以得到指数形式傅里叶级数的系数 $F(n\omega_1)$(或简写作 F_n),它等于

$$F_n = \frac{1}{T_1}\int_{t_0}^{t_0+T_1} f(t)\mathrm{e}^{-\mathrm{j}n\omega_1 t}\mathrm{d}t \tag{3-11}$$

其中 n 为从 $-\infty$ 到 $+\infty$ 的整数。

从式(3-6)、式(3-9)可以看出 F_n 与其他系数有如下关系

$$\left.\begin{aligned}
&F_0 = c_0 = d_0 = a_0 \\
&F_n = |F_n|\mathrm{e}^{\mathrm{j}\varphi_n} = \frac{1}{2}(a_n - \mathrm{j}b_n) \\
&F_{-n} = |F_{-n}|\mathrm{e}^{-\mathrm{j}\varphi_n} = \frac{1}{2}(a_n + \mathrm{j}b_n) \\
&|F_n| = |F_{-n}| = \frac{1}{2}c_n = \frac{1}{2}d_n = \frac{1}{2}\sqrt{a_n^2 + b_n^2} \\
&|F_n| + |F_{-n}| = c_n \\
&F_n + F_{-n} = a_n \\
&b_n = \mathrm{j}(F_n - F_{-n}) \\
&c_n^2 = d_n^2 = a_n^2 + b_n^2 = 4F_nF_{-n} \\
&\quad (n = 1,2,\cdots)
\end{aligned}\right\} \tag{3-12}$$

同样可以画出指数形式表示的信号频谱。因为 F_n 一般是复函数,所以称这种频谱为复数频谱。根据 $F_n = |F_n|\mathrm{e}^{\mathrm{j}\varphi_n}$,可以画出复数幅度谱 $|F_n| - \omega$ 与复数相位谱 $\varphi_n - \omega$,如图3-2(a)、(b)所示。然而当 F_n 为实数时,可以用 F_n 的正、负表示 φ_n 的 0、π,因此经常把幅度谱与相位谱合画在一张图上,如图3-2(c)所示。由上可知,图中每条谱线长度 $|F_n| = \frac{1}{2}c_n$。由于在式(3-10)中不仅包括正频率项而且含有负频率项,因此这种频谱相对于纵轴左右是对称的。

比较图3-1和图3-2可以看出这两种频谱表示方法实质上是一样的,其不

同之处仅在于图 3-1 中每条谱线代表一个分量的幅度,而图 3-2 中每个分量的幅度一分为二,在正、负频率相对应的位置上各为一半,所以,只有把正、负频率上对应的这两条谱线矢量相加起来才代表一个分量的幅度。应该指出,在复数频谱中出现的负频率是由于将 $\sin(n\omega_1 t)$, $\cos(n\omega_1 t)$ 写成指数形式时,从数学的观点自然分成 $e^{jn\omega_1 t}$ 以及 $e^{-jn\omega_1 t}$ 两项,因而引入了 $-jn\omega_1 t$ 项。所以,负频率的出现完全是数学运算的结果,并没有任何物理意义,只有把负频率项与相应的正频率项成对地合并起来,才是实际的频谱函数。

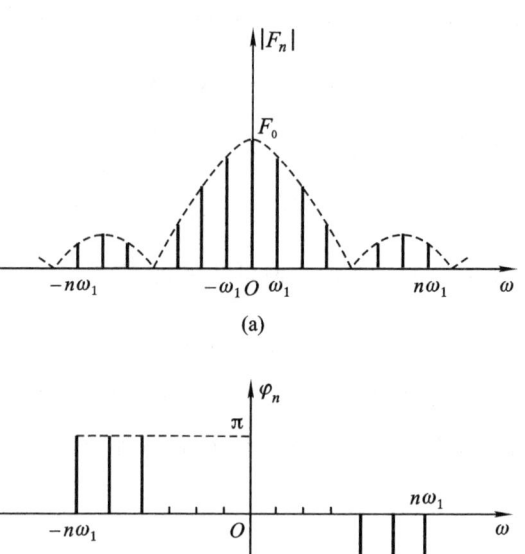

下面利用傅里叶级数的有关结论研究周期信号的功率特性。为此,把傅里叶级数表示式(3-1)或式(3-10)的两边平方,并在一个周期内进行积分,再利用三角函数及复指数函数的正交性,可以得到周期信号 $f(t)$ 的平均功率 P 与傅里叶系数有下列关系

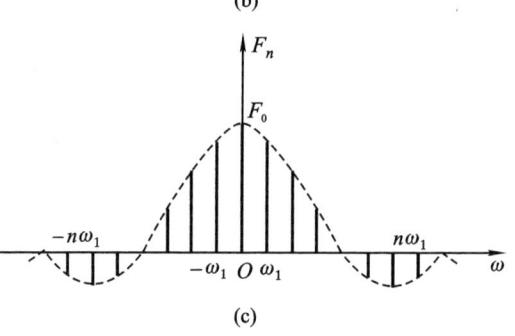

图 3-2 周期信号的复数频谱

$$P = \overline{f^2(t)} = \frac{1}{T_1} \int_{t_0}^{t_0+T_1} f^2(t) dt$$

$$= a_0^2 + \frac{1}{2} \sum_{n=1}^{\infty} (a_n^2 + b_n^2) = c_0^2 + \frac{1}{2} \sum_{n=1}^{\infty} c_n^2$$

$$= \sum_{n=-\infty}^{\infty} |F_n|^2 \qquad (3-13)$$

此式表明,周期信号的平均功率等于傅里叶级数展开各谐波分量有效值的平方和,也即时域和频域的能量守恒。式(3-13)称为帕塞瓦尔定理(或方程),在第六章还要讨论与此式有关的问题。

(三) 函数的对称性与傅里叶系数的关系

在要求把已知信号 $f(t)$ 展为傅里叶级数的时候,如果 $f(t)$ 是实函数而且它的波形满足某种对称性,则在其傅里叶级数中有些项将不出现,留下的各项系数的表示式也变得比较简单。波形的对称性有两类,一类是对整周期对称,例如偶函数和奇函数;另一类是对半周期对称,例如奇谐函数。前者决定级数中只可能含有余弦项或正弦项,后者决定级数中只可能含有偶次或奇次项。

下面讨论几种对称条件。

(1) 偶函数

若信号波形相对于纵轴是对称的,即满足

$$f(t) = f(-t)$$

此时 $f(t)$ 是偶函数,图 3-3 给出示例。

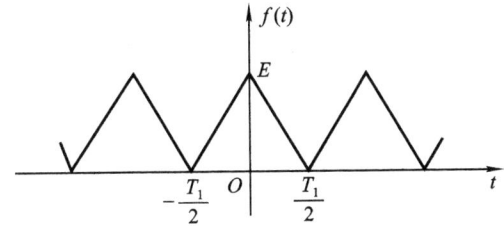

图 3-3 偶函数举例

这样,式(3-3)、式(3-4)中的 $f(t)\cos(n\omega_1 t)$ 为偶函数,而 $f(t)\sin(n\omega_1 t)$ 为奇函数,于是级数中的系数等于

$$\left. \begin{array}{l} a_n = \dfrac{4}{T_1}\displaystyle\int_0^{\frac{T_1}{2}} f(t)\cos(n\omega_1 t)\,\mathrm{d}t \\ b_n = 0 \end{array} \right\} \quad (3-14)$$

由式(3-6)、式(3-12)可以得到

$$c_n = d_n = a_n = 2F_n$$

$$F_n = F_{-n} = \frac{a_n}{2}$$

$$\varphi_n = 0$$

$$\theta_n = \frac{\pi}{2}$$

所以,偶函数的 F_n 为实数。在偶函数的傅里叶级数中不会含有正弦项,只可能含有直流项和余弦项。

例如图 3-3 所示的周期三角信号是偶函数,它的傅里叶级数如下式

$$f(t) = \frac{E}{2} + \frac{4E}{\pi^2}\left[\cos(\omega_1 t) + \frac{1}{9}\cos(3\omega_1 t) + \frac{1}{25}\cos(5\omega_1 t) + \cdots\right]$$

(2) 奇函数

若波形相对于纵坐标是反对称的,即满足
$$f(t) = -f(-t)$$
此时 $f(t)$ 是奇函数。图 3-4 给出示例。

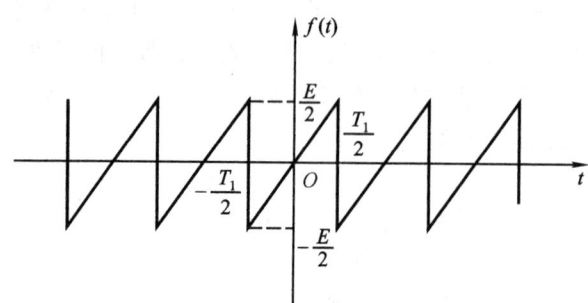

图 3-4 奇函数举例

由式(3-3)、式(3-4)可以看出级数中的系数等于

$$\left.\begin{array}{l} a_0 = 0, a_n = 0 \\ b_n = \dfrac{4}{T_1}\int_0^{\frac{T_1}{2}} f(t)\sin(n\omega_1 t)\,\mathrm{d}t \end{array}\right\} \tag{3-15}$$

由式(3-6)、式(3-12)可以得到

$$c_n = d_n = b_n = 2\mathrm{j}F_n$$

$$F_n = -F_{-n} = -\frac{1}{2}\mathrm{j}b_n$$

$$\varphi_n = -\frac{\pi}{2}$$

$$\theta_n = 0$$

所以,奇函数的 F_n 为虚数。在奇函数的傅里叶级数中不会含有余弦项,只可能包含正弦项。虽然在奇函数上加以直流成分,它不再是奇函数,但在它的级数中仍然不会含有余弦项。

例如图 3-4 所示的周期锯齿信号是奇函数,它的傅里叶级数如下式所示。显然,不包含余弦项,只含有正弦项。

$$f(t) = \frac{E}{\pi}\left[\sin(\omega_1 t) - \frac{1}{2}\sin(2\omega_1 t) + \frac{1}{3}\sin(3\omega_1 t) - \cdots\right]$$

(3) 奇谐函数

若波形沿时间轴平移半个周期并相对于该轴上下反转,此时波形并不发生变化,即满足

$$f(t) = -f\left(t \pm \frac{T_1}{2}\right)$$

这样的函数称为半波对称函数或称为奇谐函数,如图 3-5(a)所示。

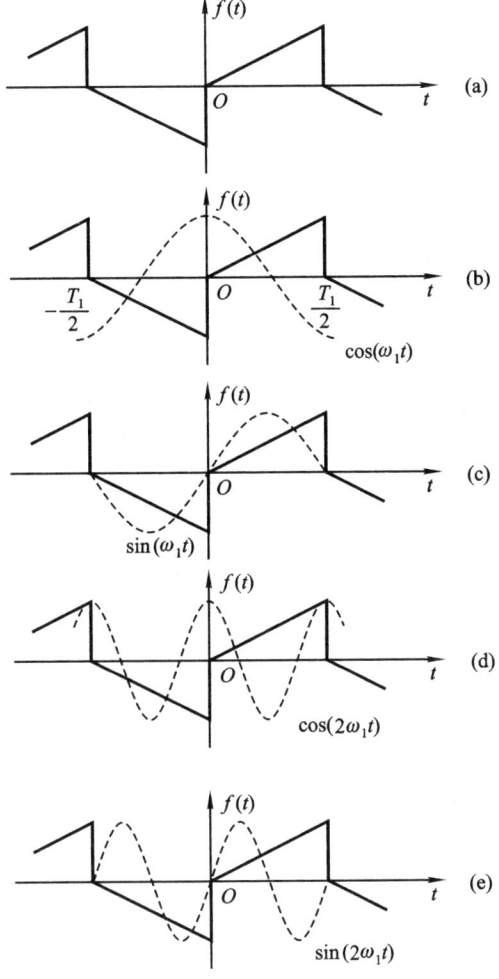

图 3-5 奇谐函数举例

由图 3-5(a) 可以明显地看出,直流分量 a_0 必然等于零。为了说明半波对称对傅里叶系数 a_n,b_n 的影响,图 3-5(b),(c),(d),(e) 中用虚线分别画出了 $\cos(\omega_1 t)$,$\sin(\omega_1 t)$,$\cos(2\omega_1 t)$ 及 $\sin(2\omega_1 t)$ 的波形,而图中的实线表示半波对称函数 $f(t)$。从这几幅图可以定性地看出,式(3-3)和式(3-4)中被积函数 $f(t)\cos(n\omega_1 t)$,$f(t)\sin(n\omega_1 t)$ 的形状。显然 $f(t)\cos(\omega_1 t)$ 和 $f(t)\sin(\omega_1 t)$ 积分存在,而 $f(t)\cos(2\omega_1 t)$ 和 $f(t)\sin(2\omega_1 t)$ 积分为零。这样可以得到

$$a_1 = \frac{4}{T_1} \int_0^{\frac{T_1}{2}} f(t) \cos(\omega_1 t) \, dt$$

$$b_1 = \frac{4}{T_1} \int_0^{\frac{T_1}{2}} f(t) \sin(\omega_1 t) \, dt$$

$$a_2 = 0$$
$$b_2 = 0$$

依此类推,可以得到

$$\left. \begin{array}{l} a_0 = 0 \\ a_n = b_n = 0 \qquad (n\text{ 为偶数}) \\ a_n = \dfrac{4}{T_1}\displaystyle\int_0^{\frac{T_1}{2}} f(t)\cos(n\omega_1 t)\,\mathrm{d}t \quad (n\text{ 为奇数}) \\ b_n = \dfrac{4}{T_1}\displaystyle\int_0^{\frac{T_1}{2}} f(t)\sin(n\omega_1 t)\,\mathrm{d}t \quad (n\text{ 为奇数}) \end{array} \right\} \qquad (3-16)$$

可见,在半波对称周期函数的傅里叶级数中,只会含有基波和奇次谐波的正弦、余弦项,而不会包含偶次谐波项,这也是"奇谐函数"名称的来由。应该注意,不要把奇函数和奇谐函数相混淆,前者只可能包含正弦项,而后者只可能包含奇次谐波的正弦、余弦项。

为查阅方便,把上述几种函数的对称性与傅里叶系数的关系汇总列于表 3-1。

由上可见,当波形满足某种对称关系时,在傅里叶级数中某些项将不出现。熟悉傅里叶级数这种性质后,可以对波形应包含哪些谐波成分迅速作出判断,以便简化傅里叶系数的计算。在允许的情况下,可以移动函数的坐标使波形具有某种对称性,以简化运算。

(四) 傅里叶有限级数与最小方均误差

一般来说,任意周期函数表示为傅里叶级数时需要无限多项才能完全逼近原函数。但在实际应用中,经常采用有限项级数来代替无限项级数。显然,选取有限项级数是一种近似的方法,所选项数愈多,有限项级数愈逼近原函数,也就是说,其方均误差愈小。

已知周期函数 $f(t)$ 的傅里叶级数为

$$f(t) = a_0 + \sum_{n=1}^{\infty} [a_n \cos(n\omega_1 t) + b_n \sin(n\omega_1 t)]$$

若取傅里叶级数的前 $(2N+1)$ 项来逼近周期函数 $f(t)$,则有限项傅里叶级数为

$$S_N(t) = a_0 + \sum_{n=1}^{N} [a_n \cos(n\omega_1 t) + b_n \sin(n\omega_1 t)]$$

这样用 $S_N(t)$ 逼近 $f(t)$ 引起的误差函数为

$$\varepsilon_N(t) = f(t) - S_N(t)$$

方均误差等于

$$E_N = \overline{\varepsilon_N^2(t)} = \frac{1}{T_1} \int_{t_0}^{t_0+T_1} \varepsilon_N^2(t)\,\mathrm{d}t$$

3.2 周期信号的傅里叶级数分析

表 3－1 函数的对称性与傅里叶系数的关系

函数 $f(t)$	波形举例	直流分量 a_0, F_0	余弦分量 $a_n(n\neq 0)$	正弦分量 b_n	复指数分量 F_n
偶函数 $f(t)=f(-t)$		$\dfrac{2}{T_1}\int_0^{\frac{T_1}{2}} f(t)\mathrm{d}t$	$\dfrac{4}{T_1}\int_0^{\frac{T_1}{2}} f(t)\cos(n\omega_1 t)\mathrm{d}t$ $(n=1,2,\cdots)$	0	$\dfrac{a_n}{2}$ （实数） $(n=1,2,\cdots)$
奇函数 $f(t)=-f(-t)$		0	0	$\dfrac{4}{T_1}\int_0^{\frac{T_1}{2}} f(t)\sin(n\omega_1 t)\mathrm{d}t$ $(n=1,2,\cdots)$	$-\mathrm{j}\dfrac{b_n}{2}$ （虚数） $(n=1,2,\cdots)$
奇谐函数 $f(t)=-f\left(t\pm\dfrac{T_1}{2}\right)$		0	$\dfrac{4}{T_1}\int_0^{\frac{T_1}{2}} f(t)\cos(n\omega_1 t)\mathrm{d}t$ $(n=1,3,\cdots)$	$\dfrac{4}{T_1}\int_0^{\frac{T_1}{2}} f(t)\sin(n\omega_1 t)\mathrm{d}t$ $(n=1,3,\cdots)$	$\dfrac{a_n-\mathrm{j}b_n}{2}$ （复数） $(n=1,3,\cdots)$

（其中 $\omega_1=\dfrac{2\pi}{T_1}$，$f(t)$ 为实函数）

将 $f(t)$, $S_N(t)$ 所表示的级数代入上式,并利用式(3-13)经化简得到

$$E_N = \overline{\varepsilon_N^2(t)} = \overline{f^2(t)} - \left[a_0^2 + \frac{1}{2}\sum_{n=1}^{N}(a_n^2 + b_n^2) \right]$$

下面以图3-6(a)所示的对称方波为例,说明取不同的项数时有限级数对原函数的逼近情况,并计算由此引起的方均误差。这样可以比较直观地了解傅里叶级数的含义,并观察到级数中各种频率分量对波形的影响。

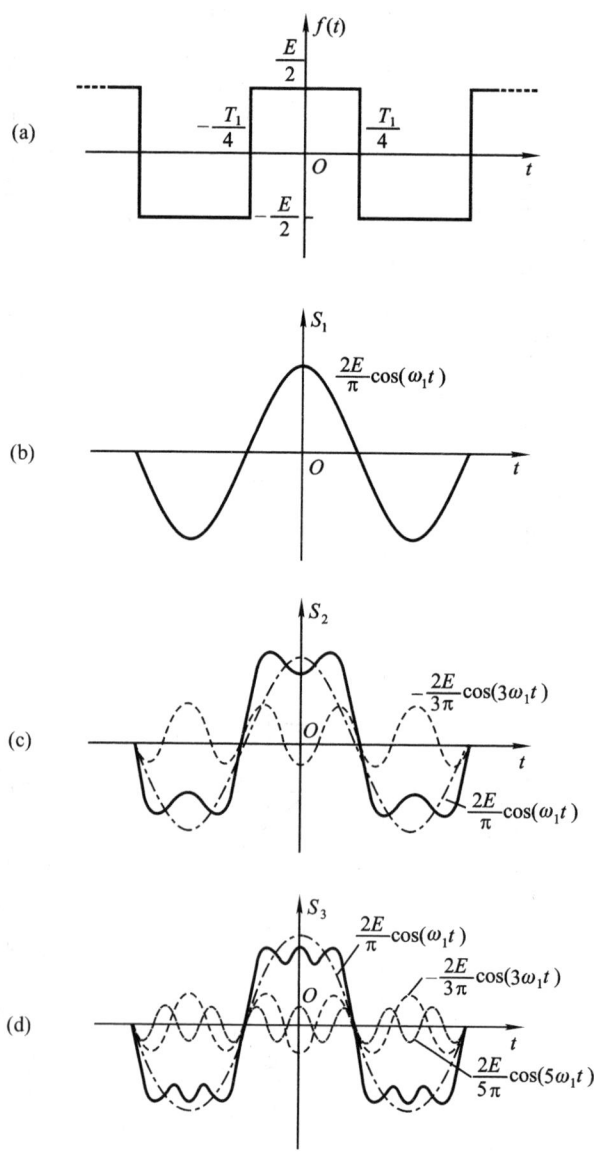

图3-6 对称方波有限项傅里叶级数的波形

由图 3-6(a)可见，$f(t)$ 既是偶函数，又是奇谐函数。因此，在它的傅里叶级数中只可能含有奇次谐波的余弦项。由式(3-3)可得

$$a_n = \frac{2E}{n\pi}\sin\left(\frac{n\pi}{2}\right)$$

于是

$$f(t) = \frac{2E}{\pi}\left[\cos(\omega_1 t) - \frac{1}{3}\cos(3\omega_1 t) + \frac{1}{5}\cos(5\omega_1 t) - \cdots\right]$$

图 3-6 示出对称方波 $f(t)$ 的傅里叶级数在取有限项时的波形，其中图 3-6(b) 是只取基波分量一项时的波形，即 $S_1 = \frac{2E}{\pi}\cos(\omega_1 t)$ 的波形；图 3-6(c)是取基波和三次谐波两项时的波形，即 $S_2 = \frac{2E}{\pi}\left[\cos(\omega_1 t) - \frac{1}{3}\cos(3\omega_1 t)\right]$ 的波形；图 3-6(d)是取基波、三次和五次谐波这三项时的波形，即 $S_3 = \frac{2E}{\pi}\left[\cos(\omega_1 t) - \frac{1}{3}\cos(3\omega_1 t) + \frac{1}{5}\cos(5\omega_1 t)\right]$ 的波形。

用有限级数 S_1、S_2、S_3 去逼近 $f(t)$ 所引起的方均误差分别为

$$E_1 = \overline{\varepsilon_1^2} = \overline{f^2(t)} - \frac{1}{2}a_1^2$$
$$= \left(\frac{E}{2}\right)^2 - \frac{1}{2}\left(\frac{2E}{\pi}\right)^2$$
$$\approx 0.05E^2$$

$$E_3 = \overline{\varepsilon_3^2} = \overline{f^2(t)} - \frac{1}{2}(a_1^2 + a_3^2)$$
$$= \left(\frac{E}{2}\right)^2 - \frac{1}{2}\left(\frac{2E}{\pi}\right)^2 - \frac{1}{2}\left(\frac{2E}{3\pi}\right)^2$$
$$\approx 0.02E^2$$

$$E_5 = \overline{\varepsilon_5^2} = \overline{f^2(t)} - \frac{1}{2}(a_1^2 + a_3^2 + a_5^2)$$
$$= \left(\frac{E}{2}\right)^2 - \frac{1}{2}\left(\frac{2E}{\pi}\right)^2 - \frac{1}{2}\left(\frac{2E}{3\pi}\right)^2 - \frac{1}{2}\left(\frac{2E}{5\pi}\right)^2$$
$$\approx 0.015E^2$$

从图 3-6 可以看出：(1)傅里叶级数所取项数 $n(=N)$ 愈多，相加后波形愈逼近原信号 $f(t)$，两者的方均误差愈小。显然，当 $N \to \infty$，S_N 波形必然等于 $f(t)$；(2)当信号 $f(t)$ 是脉冲信号时，其高频分量主要影响脉冲的跳变沿，而低频分量主要影响脉冲的顶部。所以，$f(t)$ 波形变化愈剧烈，所包含的高频分量愈丰富；变化愈缓慢，所包含的低频分量愈丰富；(3)当信号中任一频谱分量的幅度或相位发生相对变化时，输出波形一般要发生失真。

从图 3-6 还可以看出这样一种现象：当选取傅里叶有限级数的项数愈多，

在所合成的波形 S_N 中出现的峰起愈靠近 $f(t)$ 的不连续点。在第五章中将会证明,当所选取的项数 N 很大时,该峰起值趋于一个常数,它大约等于总跳变值的 9%,并从不连续点开始以起伏振荡的形式逐渐衰减下去。这种现象通常称为吉布斯(Gibbs)现象。在图 3-7 中画出了矩形波和锯齿波所呈现的吉布斯现象。

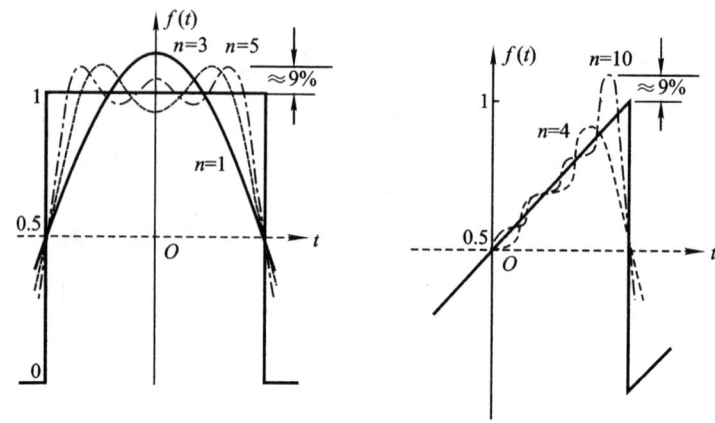

图 3-7 吉布斯现象

3.3 典型周期信号的傅里叶级数

周期信号的频谱分析可利用傅里叶级数,也可借助傅里叶变换。本节以傅里叶级数展开形式研究典型周期信号的频谱,第 3.9 节利用傅里叶变换研究周期信号频谱。

(一) 周期矩形脉冲信号

设周期矩形脉冲信号 $f(t)$ 的脉冲宽度为 τ,脉冲幅度为 E,重复周期为 T_1 (显然,角频率 $\omega_1 = 2\pi f_1 = 2\pi/T_1$),如图 3-8 所示。

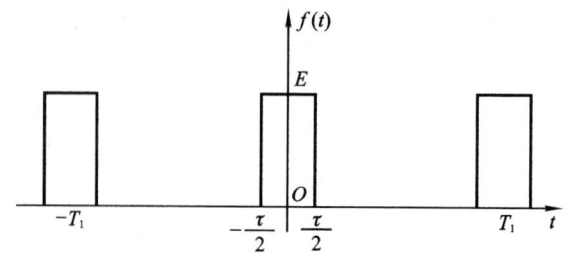

图 3-8 周期矩形信号的波形

此信号在一个周期内 $\left(-\dfrac{T_1}{2} \leq t \leq \dfrac{T_1}{2}\right)$ 的表示式为

$$f(t) = E\left[u\left(t + \frac{\tau}{2}\right) - u\left(t - \frac{\tau}{2}\right)\right]$$

利用式(3-1),可以把周期矩形信号$f(t)$展成三角形式傅里叶级数

$$f(t) = a_0 + \sum_{n=1}^{\infty}\left[a_n\cos(n\omega_1 t) + b_n\sin(n\omega_1 t)\right]$$

根据式(3-3)、式(3-4)可以求出各系数,其中直流分量

$$a_0 = \frac{1}{T_1}\int_{-\frac{T_1}{2}}^{\frac{T_1}{2}} f(t)\,\mathrm{d}t = \frac{1}{T_1}\int_{-\frac{\tau}{2}}^{\frac{\tau}{2}} E\,\mathrm{d}t = \frac{E\tau}{T_1} \tag{3-17}$$

余弦分量的幅度为

$$a_n = \frac{2}{T_1}\int_{-\frac{T_1}{2}}^{\frac{T_1}{2}} f(t)\cos(n\omega_1 t)\,\mathrm{d}t$$

$$= \frac{2}{T_1}\int_{-\frac{\tau}{2}}^{\frac{\tau}{2}} E\cos\left(n\frac{2\pi}{T_1}t\right)\mathrm{d}t$$

$$= \frac{2E}{n\pi}\sin\left(\frac{n\pi\tau}{T_1}\right)$$

或写作

$$a_n = \frac{2E\tau}{T_1}\mathrm{Sa}\left(\frac{n\pi\tau}{T_1}\right)$$

$$= \frac{E\tau\omega_1}{\pi}\mathrm{Sa}\left(\frac{n\omega_1\tau}{2}\right) \tag{3-18}$$

其中Sa为抽样函数,它等于

$$\mathrm{Sa}\left(\frac{n\pi\tau}{T_1}\right) = \frac{\sin\left(\frac{n\pi\tau}{T_1}\right)}{\left(\frac{n\pi\tau}{T_1}\right)}$$

由于$f(t)$是偶函数,由式(3-4)可知

$$b_n = 0$$

这样,周期矩形信号的三角形式傅里叶级数为

$$f(t) = \frac{E\tau}{T_1} + \frac{2E\tau}{T_1}\sum_{n=1}^{\infty}\mathrm{Sa}\left(\frac{n\pi\tau}{T_1}\right)\cos(n\omega_1 t) \tag{3-19}$$

或

$$f(t) = \frac{E\tau}{T_1} + \frac{E\tau\omega_1}{\pi}\sum_{n=1}^{\infty}\mathrm{Sa}\left(\frac{n\omega_1\tau}{2}\right)\cos(n\omega_1 t)$$

若将$f(t)$展开指数形式的傅里叶级数,由式(3-11)可得

$$F_n = \frac{1}{T_1}\int_{-\frac{\tau}{2}}^{\frac{\tau}{2}} E\mathrm{e}^{-jn\omega_1 t}\,\mathrm{d}t$$

$$= \frac{E\tau}{T_1}\mathrm{Sa}\left(\frac{n\omega_1\tau}{2}\right)$$

所以
$$f(t) = \sum_{n=-\infty}^{\infty} F_n e^{jn\omega_1 t}$$
$$= \frac{E\tau}{T_1} \sum_{n=-\infty}^{\infty} \text{Sa}\left(\frac{n\omega_1\tau}{2}\right) e^{jn\omega_1 t}$$

对式(3-19)而言,若给定 τ, T_1(或 ω_1), E 就可以求出直流分量、基波与各次谐波分量的幅度,它们等于

$$c_n = a_n = \frac{2E\tau}{T_1}\text{Sa}\left(\frac{n\pi\tau}{T_1}\right) \qquad (n = 1, 2, \cdots)$$
$$c_0 = a_0 = \frac{E\tau}{T_1}$$

图 3-9(a)和(b)分别示出幅度谱 $|c_n|$ 和相位谱 φ_n 的图形,考虑到这里 c_n 是实数,因此一般把幅度谱 c_n、相位谱 φ_n 合画在一幅图上,如图 3-9(c)所示,同样,也可画出复数频谱 F_n,如图 3-9(d)所示。

从以上分析可以看出:

(1) 周期矩形脉冲如同一般的周期信号那样,它的频谱是离散的,两谱线的间隔为 ω_1($=2\pi/T_1$),当脉冲重复周期愈大,谱线愈靠近。

(2) 直流分量、基波及各谐波分量的大小正比于脉幅 E 和脉宽 τ,反比于周期 T_1。各谱线的幅度按 $\text{Sa}\left(\frac{n\pi\tau}{T_1}\right)$ 包络线的规律而变化。譬如,$n=1$ 时,基波幅度为 $\frac{2E}{\pi}\sin\left(\frac{\pi\tau}{T_1}\right)$;$n=2$ 时,二次谐波的幅度为 $\frac{E}{\pi}\sin\left(\frac{2\pi\tau}{T_1}\right)$。当 $\omega = \frac{2m\pi}{\tau}$($m=1, 2, \cdots$)时,谱线的包络线经过零点。当 ω 位于 0, 2.86 $\frac{\pi}{\tau}$ ($\approx 3\frac{\pi}{\tau}$), 4.92 $\frac{\pi}{\tau}$ ($\approx 5\frac{\pi}{\tau}$), $\cdots$ 时,谱线的包络线为极值,极值的大小分别为 $\frac{2E\tau}{T_1}$ 及 $-0.217\left(\frac{2E\tau}{T_1}\right)$, $0.128\left(\frac{2E\tau}{T_1}\right)$, $\cdots$, 如图 3-10 所示。

(3) 周期矩形信号包含无穷多条谱线,也就是说它可以分解成无穷多个频率分量。但其主要能量集中在第一个零点以内,实际上,在允许一定失真的条件下,可以要求一个通信系统只把 $\omega \leq \frac{2\pi}{\tau}$ 频率范围内的各个频谱分量传送过去,而舍弃 $\omega > \frac{2\pi}{\tau}$ 的分量。这样,常常把 $\omega = 0 \sim \frac{2\pi}{\tau}$ 这段频率范围称为矩形信号的频带宽度,记作 B,于是

$$B_\omega = \frac{2\pi}{\tau}$$

或

$$B_f = \frac{1}{\tau} \qquad\qquad (3-20)$$

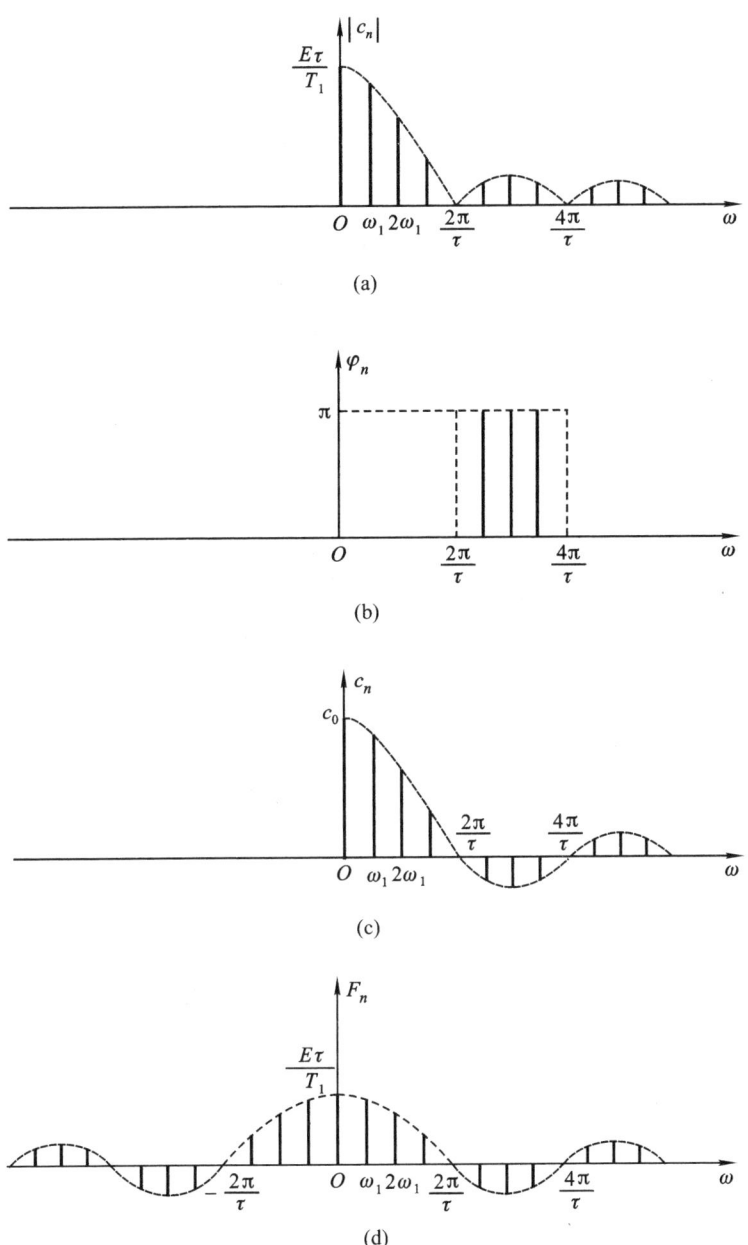

图 3-9 周期矩形信号的频谱

显然,频带宽度 B 只与脉宽 τ 有关,而且成反比关系。

为了说明在不同脉宽 τ 和不同周期 T_1 的情况下周期矩形信号频谱的变化规

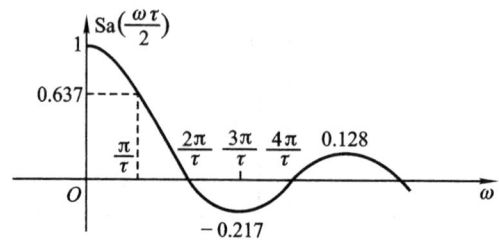

图 3 - 10　周期矩形信号归一化频谱包络线

律,图 3 - 11 画出了当 τ 保持不变,而 $T_1 = 5\tau$ 和 $T_1 = 10\tau$ 两种情况时的频谱;图 3 - 12 画出了当 T_1 保持不变,而 $\tau = \dfrac{T_1}{5}$ 与 $\tau = \dfrac{T_1}{10}$ 两种情况时的频谱。

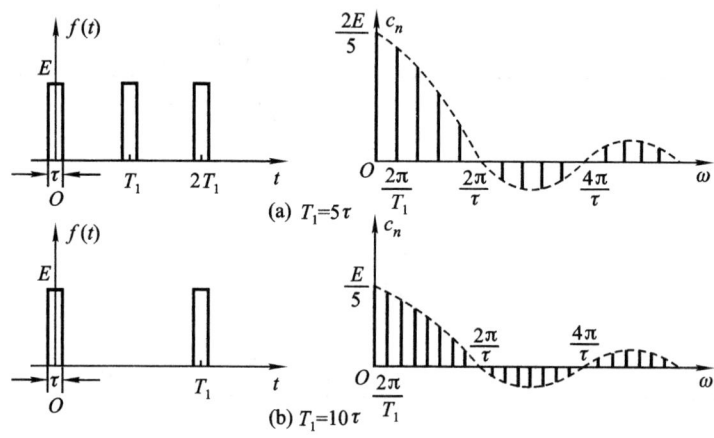

图 3 - 11　不同 T_1 值下周期矩形信号的频谱

上一节图 3 - 6 所讨论的对称方波信号是矩形信号的一种特殊情况,两者相比较,对称方波信号有两个特点:

(1)它是正负交替的信号,其直流分量(a_0)等于零。

(2)它的脉宽恰等于周期的一半,即 $\tau = \dfrac{T_1}{2}$。

这样,由周期矩形信号的傅里叶级数式(3 - 19)可以直接得到对称方波的傅里叶级数,它是

$$f(t) = \dfrac{2E}{\pi}\left[\cos(\omega_1 t) - \dfrac{1}{3}\cos(3\omega_1 t) + \dfrac{1}{5}\cos(5\omega_1 t) - \cdots\right]$$

$$= \dfrac{2E}{\pi}\sum_{n=1}^{\infty}\dfrac{1}{n}\sin\left(\dfrac{n\pi}{2}\right)\cos(n\omega_1 t) \tag{3 - 21}$$

或者写作

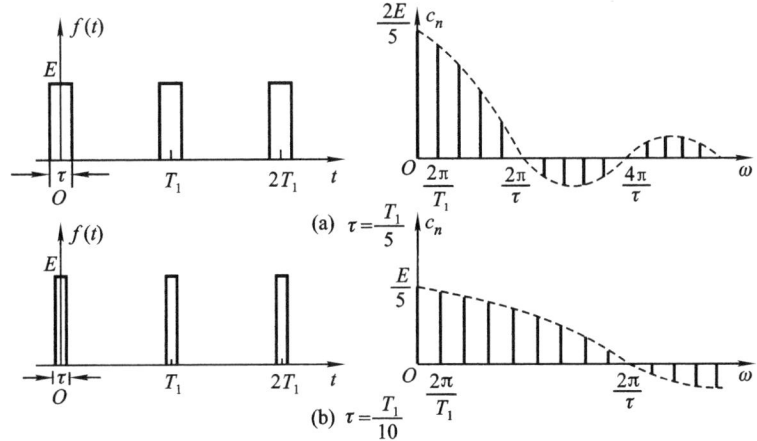

图 3-12 不同 τ 值下周期矩形信号的频谱

$$f(t) = \frac{2E}{\pi}\left[\cos(\omega_1 t) + \frac{1}{3}\cos(3\omega_1 t + \pi) + \frac{1}{5}\cos(5\omega_1 t) + \cdots\right]$$

其波形与频谱如图 3-13 所示。

由于对称方波的偶次谐波恰恰落在频谱包络线的零值点,所以它的频谱只包含基波和奇次谐波。上一节已经指出,该信号既是偶函数,同时又是奇谐函数,因此在它的频谱中只会包含基波和奇次谐波的余弦分量。

由式(3-19)、式(3-21)还可以看到,在周期矩形信号及对称方波信号的频谱中,谐波的幅度以 $\frac{1}{n}$ 规律收敛。

(二) 周期锯齿脉冲信号

周期锯齿脉冲信号如图 3-14 所示。显然它是奇函数,因而 $a_n = 0$,并由式(3-4)可以求出傅里叶级数的系数 b_n。这样,便可得到周期锯齿脉冲信号的傅里叶级数为

$$f(t) = \frac{E}{\pi}\left[\sin(\omega_1 t) - \frac{1}{2}\sin(2\omega_1 t) + \frac{1}{3}\sin(3\omega_1 t) - \frac{1}{4}\sin(4\omega_1 t) + \cdots\right]$$

$$= \frac{E}{\pi}\sum_{n=1}^{\infty}(-1)^{n+1}\frac{1}{n}\sin(n\omega_1 t) \tag{3-22}$$

周期锯齿脉冲信号的频谱只包含正弦分量,谐波的幅度以 $\frac{1}{n}$ 的规律收敛。

(三) 周期三角脉冲信号

周期三角脉冲信号如图 3-15 所示。显然它是偶函数,因而 $b_n = 0$,由式(3-2)、式(3-3)可以求出傅里叶级数的系数 a_0, a_n。这样,便可得到该信号的傅里叶级数

$$f(t) = \frac{E}{2} + \frac{4E}{\pi^2}\left[\cos(\omega_1 t) + \frac{1}{3^2}\cos(3\omega_1 t) + \frac{1}{5^2}\cos(5\omega_1 t) + \cdots\right]$$

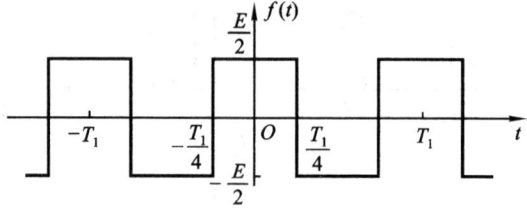

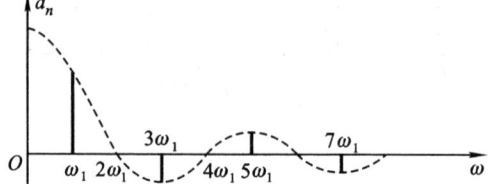

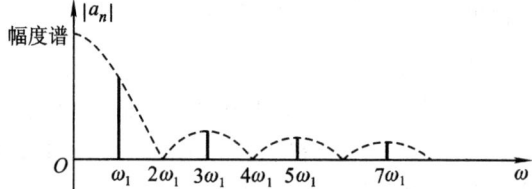

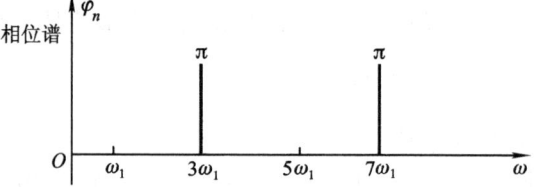

图 3-13 对称方波信号的波形及频谱

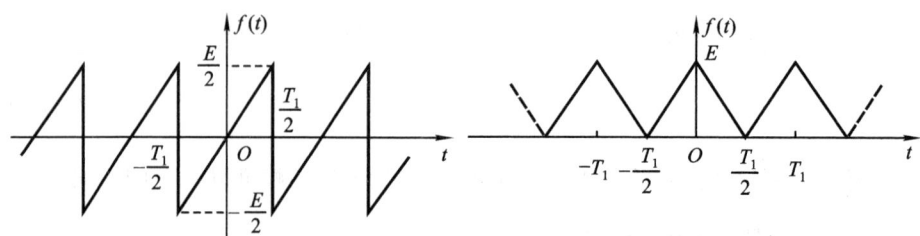

图 3-14 周期锯齿脉冲信号的波形　　　　图 3-15 周期三角脉冲信号的波形

$$= \frac{E}{2} + \frac{4E}{\pi^2} \sum_{n=1}^{\infty} \frac{1}{n^2} \sin^2\left(\frac{n\pi}{2}\right) \cos(n\omega_1 t) \qquad (3-23)$$

周期三角脉冲的频谱只包含直流、基波及奇次谐波频率分量,谐波的幅度以 $\frac{1}{n^2}$ 的规律收敛。

(四) 周期半波余弦信号

周期半波余弦信号如图 3-16 所示。显然它是偶函数,因而 $b_n = 0$,由式(3-2)、式(3-3)可以求出傅里叶级数的系数 a_0, a_n。这样便可得到该信号的傅里叶级数

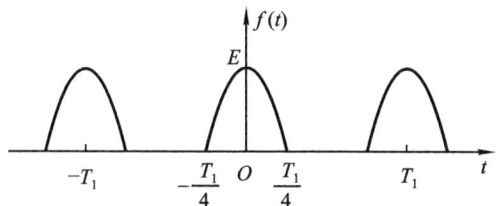

图 3-16 周期半波余弦信号的波形

$$f(t) = \frac{E}{\pi} + \frac{E}{2}\left[\cos(\omega_1 t) + \frac{4}{3\pi}\cos(2\omega_1 t) - \frac{4}{15\pi}\cos(4\omega_1 t) + \cdots\right]$$

$$= \frac{E}{\pi} - \frac{2E}{\pi} \sum_{n=1}^{\infty} \frac{1}{(n^2-1)} \cos\left(\frac{n\pi}{2}\right) \cos(n\omega_1 t) \qquad (3-24)$$

其中
$$\omega_1 = \frac{2\pi}{T_1}$$

周期半波余弦信号的频谱只含有直流、基波和偶次谐波频率分量。谐波的幅度以 $\frac{1}{n^2}$ 规律收敛。

(五) 周期全波余弦信号

令余弦信号为
$$f_1(t) = E\cos(\omega_0 t)$$

其中
$$\omega_0 = \frac{2\pi}{T_0}$$

此时,全波余弦信号 $f(t)$ 为
$$f(t) = |f_1(t)| = E|\cos(\omega_0 t)| \qquad (3-25)$$

由图 3-17 可见,$f(t)$ 的周期 T 是 $f_1(t)$ 的一半,即 $T_1 = T = \frac{T_0}{2}$,而频率 $\omega_1 = \frac{2\pi}{T_1} = 2\omega_0$。因为 $f(t)$ 是偶函数,所以 $b_n = 0$。由式(3-2)、式(3-3)可以求出傅里叶级数的系数 a_0, a_n。这样便可得到周期全波余弦信号的傅里叶级数

$$f(t) = \frac{2E}{\pi} + \frac{4E}{3\pi}\cos(\omega_1 t) - \frac{4E}{15\pi}\cos(2\omega_1 t) + \frac{4E}{35\pi}\cos(3\omega_1 t) - \cdots$$

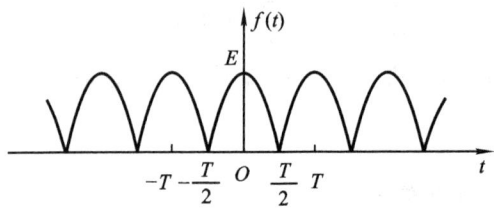

图 3-17 周期全波余弦信号的波形

$$= \frac{2E}{\pi} + \frac{4E}{\pi}\left[\frac{1}{3}\cos(2\omega_0 t) - \frac{1}{15}\cos(4\omega_0 t) + \frac{1}{35}\cos(6\omega_0 t) - \cdots\right]$$

$$= \frac{2E}{\pi} + \frac{4E}{\pi}\sum_{n=1}^{\infty}(-1)^{n+1}\frac{1}{(4n^2-1)}\cos(2n\omega_0 t) \qquad (3-26)$$

可见，周期全波余弦信号的频谱包含直流分量及 ω_1 的基波和各次谐波分量，或者说，只包含直流分量及 ω_0 的偶次谐波分量。谐波的幅度以 $\frac{1}{n^2}$ 规律收敛。

一些常用周期信号的傅里叶级数列于附录二的表格中。

3.4 傅里叶变换

在前两节已经讨论了周期信号的傅里叶级数，并得到了它的离散频谱。本节把上述傅里叶分析方法推广到非周期信号中去，导出傅里叶变换。

仍以周期矩形信号为例，由图 3-18 可见，当周期 T_1 无限增大时，则周期信号就转化为非周期性的单脉冲信号。所以可以把非周期信号看成是周期 T_1 趋于无限大的周期信号。上一节已经指出，当周期信号的周期 T_1 增大时，谱线的间隔 $\omega_1\left(=\frac{2\pi}{T_1}\right)$ 变小，若周期 T_1 趋于无限大，则谱线的间隔趋于无限小，这样，离散频谱就变成连续频谱了。同时，由式（3-11）可知，由于周期 T_1 趋于无限大，谱线的长度 $F(n\omega_1)$ 趋于零。这就是说，按 3.2 节所表示的频谱将化为乌有，失去应有的意义。但是，从物理概念上考虑，既然成为一个信号，必然含有一定的能量，无论信号怎样分解，其所含能量是不变的。所以不管周期增大到什么程度，频谱的分布依然存在。或者从数学角度看，在极限情况下，无限多的无穷小量之和，仍可等于一有限值，此有限值的大小取决于信号的能量。

基于上述原因，对非周期信号不能再采用 3.2 节那种频谱的表示方法，而必须引入一个新的量——称为"频谱密度函数"。下面由周期信号的傅里叶级数推导出傅里叶变换，并说明频谱密度函数的意义。

设有一周期信号 $f(t)$ 及其复数频谱 $F(n\omega_1)$ 如图 3-18 所示，将 $f(t)$ 展成

3.4 傅里叶变换 111

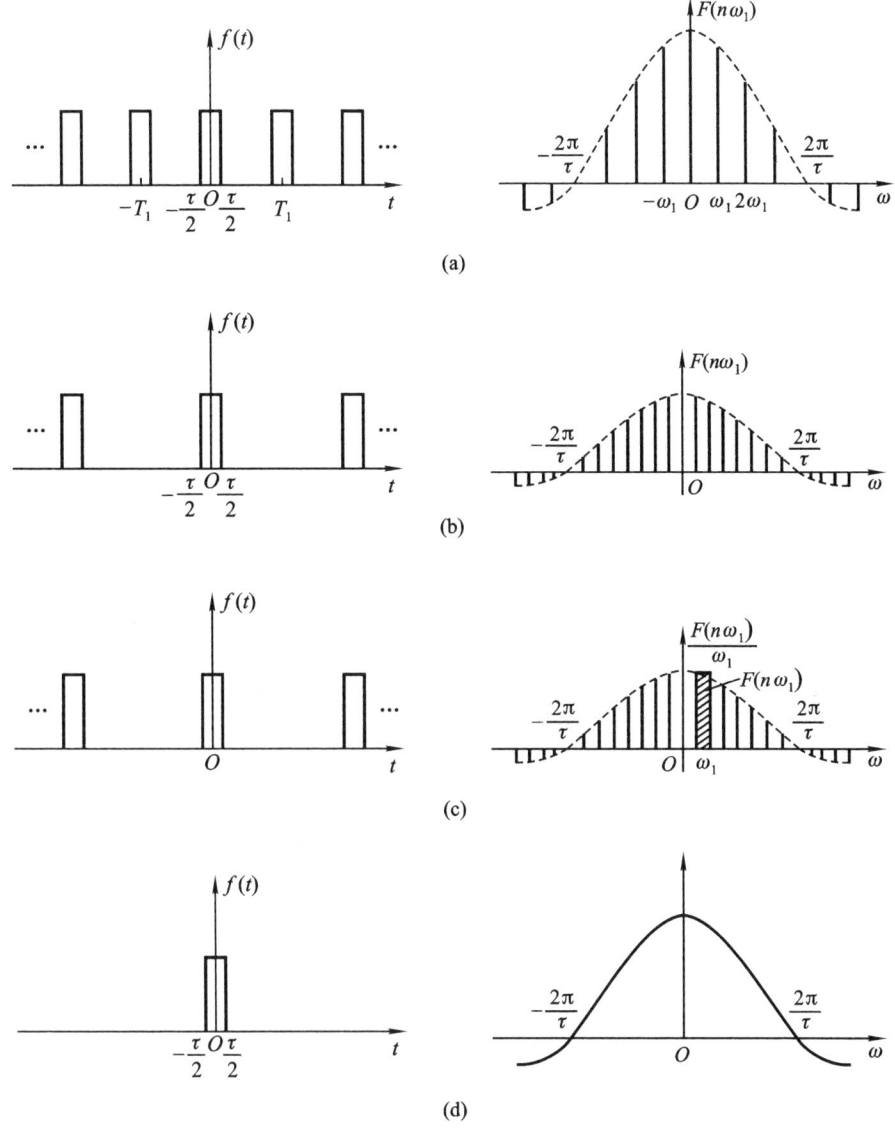

图 3-18 从周期信号的离散频谱到非周期信号的连续频谱

指数形式的傅里叶级数,它是

$$f(t) = \sum_{n=-\infty}^{\infty} F(n\omega_1) e^{jn\omega_1 t}$$

其频谱

$$F(n\omega_1) = \frac{1}{T_1} \int_{-\frac{T_1}{2}}^{\frac{T_1}{2}} f(t) e^{-jn\omega_1 t} dt$$

两边乘以 T_1，得到

$$F(n\omega_1) T_1 = \frac{2\pi F(n\omega_1)}{\omega_1} = \int_{-\frac{T_1}{2}}^{\frac{T_1}{2}} f(t) e^{-jn\omega_1 t} dt \quad (3-27)$$

对于非周期信号，重复周期 $T_1 \to \infty$，重复频率 $\omega_1 \to 0$，谱线间隔 $\Delta(n\omega_1) \to d\omega$，而离散频率 $n\omega_1$ 变成连续频率 ω。在这种极限情况下，$F(n\omega_1) \to 0$，但量 $2\pi \dfrac{F(n\omega_1)}{\omega_1}$ 可望不趋于零，而趋近于有限值，且变成一个连续函数，通常记作 $F(\omega)$ 或 $F(j\omega)$，即

$$F(\omega) = \lim_{\omega_1 \to 0} \frac{2\pi F(n\omega_1)}{\omega_1} = \lim_{T_1 \to \infty} F(n\omega_1) T_1 \quad (3-28)$$

在此式中 $\dfrac{F(n\omega_1)}{\omega_1}$ 表示单位频带的频谱值——即频谱密度的概念。因此 $F(\omega)$ 称为原函数 $f(t)$ 的频谱密度函数，或简称为频谱函数。若以 $\dfrac{F(n\omega_1)}{\omega_1}$ 的幅度为高，以间隔 ω_1 为宽画一个小矩形[如图 3-18(c)所示]，则该小矩形的面积等于 $\omega = n\omega_1$ 频率处频谱值 $F(n\omega_1)$。

这样，式(3-27)在非周期信号的情况下将变成

$$F(\omega) = \lim_{T_1 \to \infty} \int_{-\frac{T_1}{2}}^{\frac{T_1}{2}} f(t) e^{-jn\omega_1 t} dt$$

即

$$F(\omega) = \int_{-\infty}^{\infty} f(t) e^{-j\omega t} dt \quad (3-29)$$

同样，傅里叶级数

$$f(t) = \sum_{n=-\infty}^{\infty} F(n\omega_1) e^{jn\omega_1 t}$$

考虑到谱线间隔 $\Delta(n\omega_1) = \omega_1$，上式可改写为

$$f(t) = \sum_{n\omega_1 = -\infty}^{\infty} \frac{F(n\omega_1)}{\omega_1} e^{jn\omega_1 t} \Delta(n\omega_1)$$

在前述极限的情况下，上式中各量应作如下改变

$$n\omega_1 \to \omega$$
$$\Delta(n\omega_1) \to d\omega$$
$$\frac{F(n\omega_1)}{\omega_1} \to \frac{F(\omega)}{2\pi}$$
$$\sum_{n\omega_1 = -\infty}^{\infty} \to \int_{-\infty}^{\infty}$$

于是,傅里叶级数变成积分形式,它等于

$$f(t) = \frac{1}{2\pi} \int_{-\infty}^{\infty} F(\omega) e^{j\omega t} d\omega \qquad (3-30)$$

式(3-29)、式(3-30)是用周期信号的傅里叶级数通过极限的方法导出的非周期信号频谱的表示式,称为傅里叶变换。通常式(3-29)称为傅里叶正变换,式(3-30)称为傅里叶逆变换。为书写方便,习惯上采用如下符号:

傅里叶正变换

$$F(\omega) = \mathscr{F}[f(t)] = \int_{-\infty}^{\infty} f(t) e^{-j\omega t} dt$$

傅里叶逆变换

$$f(t) = \mathscr{F}^{-1}[F(\omega)] = \frac{1}{2\pi} \int_{-\infty}^{\infty} F(\omega) e^{j\omega t} d\omega$$

式中 $F(\omega)$ 是 $f(t)$ 的频谱函数,它一般是复函数,可以写作

$$F(\omega) = |F(\omega)| e^{j\varphi(\omega)}$$

其中 $|F(\omega)|$ 是 $F(\omega)$ 的模,它代表信号中各频率分量的相对大小。$\varphi(\omega)$ 是 $F(\omega)$ 的相位函数,它表示信号中各频率分量之间的相位关系。为了与周期信号的频谱相一致,在这里人们习惯上也把 $|F(\omega)|-\omega$ 与 $\varphi(\omega)-\omega$ 曲线分别称为非周期信号的幅度频谱与相位频谱。由图 3-18 可以看出,它们都是频率 ω 的连续函数,在形状上与相应的周期信号频谱包络线相同。

与周期信号相类似,也可以将式(3-30)改写为三角函数形式,即

$$f(t) = \frac{1}{2\pi} \int_{-\infty}^{\infty} F(\omega) e^{j\omega t} d\omega = \frac{1}{2\pi} \int_{-\infty}^{\infty} |F(\omega)| e^{j[\omega t + \varphi(\omega)]} d\omega$$

$$= \frac{1}{2\pi} \int_{-\infty}^{\infty} |F(\omega)| \cos[\omega t + \varphi(\omega)] d\omega +$$

$$\frac{j}{2\pi} \int_{-\infty}^{\infty} |F(\omega)| \sin[\omega t + \varphi(\omega)] d\omega$$

若 $f(t)$ 是实函数,由式(3-29)可知 $|F(\omega)|$ 和 $\varphi(\omega)$ 分别是频率 ω 的偶函数与奇函数。这样,上式化简为

$$f(t) = \frac{1}{2\pi} \int_{-\infty}^{\infty} |F(\omega)| \cos[\omega t + \varphi(\omega)] d\omega$$

$$= \frac{1}{\pi} \int_{0}^{\infty} |F(\omega)| \cos[\omega t + \varphi(\omega)] d\omega$$

可见,非周期信号和周期信号一样,也可以分解成许多不同频率的正、余弦分量。所不同的是,由于非周期信号的周期趋于无限大,基波趋于无限小,于是它包含了从零到无限高的所有频率分量。同时,由于周期趋于无限大,因此,对任一能量有限的信号(如单脉冲信号),在各频率点的分量幅度 $\dfrac{|F(\omega)| d\omega}{\pi}$ 趋于无限小。所以频谱不能再用幅度表示,而改用密度函数来表示。

在上面的讨论中,利用周期信号取极限变成非周期信号的方法,由周期信号的傅里叶级数导出傅里叶变换,从离散谱演变为连续谱。在 3.9 节和 3.10 节将要看到,这一过程还可以反过来进行,亦即由非周期信号演变成周期信号,从连续谱引出离散谱。这表明周期信号与非周期信号,傅里叶级数与傅里叶变换,离散谱与连续谱,在一定条件下可以互相转化并统一起来。

必须指出,在前面推导傅里叶变换时并未遵循数学上的严格步骤。从理论上讲,傅里叶变换也应该满足一定的条件才能存在。这种条件类似于傅里叶级数的狄里赫利条件,不同之处仅仅在于时间范围由一个周期变成无限的区间。傅里叶变换存在的充分条件是在无限区间内满足绝对可积条件,即要求

$$\int_{-\infty}^{\infty} |f(t)| \, dt < \infty$$

必须指出,借助奇异函数(如冲激函数)的概念,可使许多不满足绝对可积条件的信号,如周期信号、阶跃信号、符号函数等存在傅里叶变换,在 3.5 节、3.6 节和 3.9 节详细讨论这一问题。

3.5 典型非周期信号的傅里叶变换

本节利用傅里叶变换求几种典型非周期信号的频谱。

(一) 单边指数信号

已知单边指数信号的表示式为

$$f(t) = \begin{cases} e^{-at} & (t \geq 0) \\ 0 & (t < 0) \end{cases}$$

其中 a 为正实数。

因

$$\begin{aligned} F(\omega) &= \int_{-\infty}^{\infty} f(t) e^{-j\omega t} dt \\ &= \int_{0}^{\infty} e^{-at} e^{-j\omega t} dt \\ &= \int_{0}^{\infty} e^{-(a+j\omega)t} dt \end{aligned}$$

得

$$\left. \begin{aligned} F(\omega) &= \frac{1}{a + j\omega} \\ |F(\omega)| &= \frac{1}{\sqrt{a^2 + \omega^2}} \\ \varphi(\omega) &= -\arctan\left(\frac{\omega}{a}\right) \end{aligned} \right\} \tag{3-31}$$

单边指数信号的波形 $f(t)$、幅度谱 $|F(\omega)|$ 和相位谱 $\varphi(\omega)$ 如图 3-19 所示。

3.5 典型非周期信号的傅里叶变换

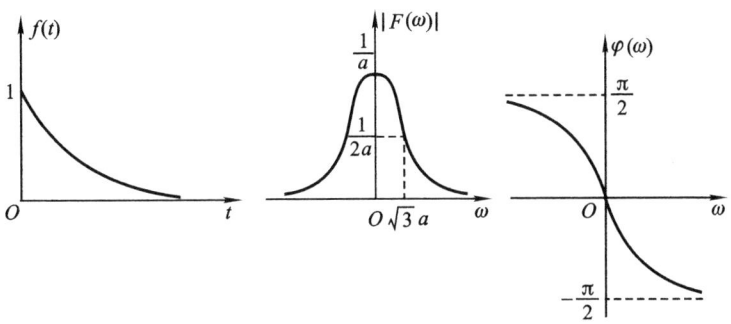

图 3-19 单边指数信号的波形及频谱

(二) 双边指数信号

已知双边指数信号的表示式为

$$f(t) = e^{-a|t|} \quad (-\infty < t < +\infty)$$

其中 a 为正实数。

因

$$F(\omega) = \int_{-\infty}^{\infty} f(t) e^{-j\omega t} dt = \int_{-\infty}^{\infty} e^{-a|t|} e^{-j\omega t} dt$$

得

$$\left.\begin{array}{l} F(\omega) = \dfrac{2a}{a^2 + \omega^2} \\ |F(\omega)| = \dfrac{2a}{a^2 + \omega^2} \\ \varphi(\omega) = 0 \end{array}\right\} \quad (3-32)$$

双边指数信号的波形 $f(t)$、幅度谱 $|F(\omega)|$ 如图 3-20 所示。

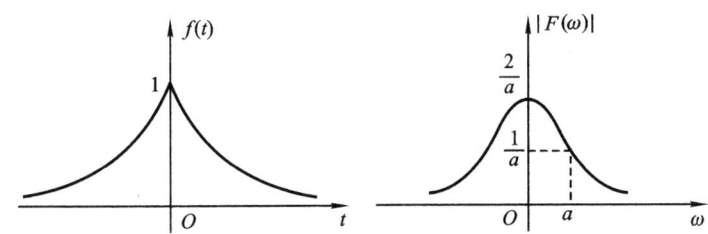

图 3-20 双边指数信号的波形及频谱

(三) 矩形脉冲信号

已知矩形脉冲信号的表示式为

$$f(t) = E\left[u\left(t + \frac{\tau}{2}\right) - u\left(t - \frac{\tau}{2}\right)\right]$$

其中 E 为脉冲幅度,τ 为脉冲宽度。

因
$$F(\omega) = \int_{-\infty}^{\infty} f(t) e^{-j\omega t} dt$$
$$= \int_{-\frac{\tau}{2}}^{\frac{\tau}{2}} E e^{-j\omega t} dt$$

得
$$F(\omega) = \frac{2E}{\omega} \sin\left(\frac{\omega \tau}{2}\right)$$
$$= E\tau \left[\frac{\sin\left(\dfrac{\omega \tau}{2}\right)}{\dfrac{\omega \tau}{2}}\right] \tag{3-33}$$

因为
$$\frac{\sin\left(\dfrac{\omega \tau}{2}\right)}{\dfrac{\omega \tau}{2}} = \mathrm{Sa}\left(\frac{\omega \tau}{2}\right)$$

所以
$$F(\omega) = E\tau \cdot \mathrm{Sa}\left(\frac{\omega \tau}{2}\right)$$

这样,矩形脉冲信号的幅度谱和相位谱分别为
$$|F(\omega)| = E\tau \left|\mathrm{Sa}\left(\frac{\omega \tau}{2}\right)\right|$$
$$\varphi(\omega) = \begin{cases} 0 & \left[\dfrac{4n\pi}{\tau} < |\omega| < \dfrac{2(2n+1)\pi}{\tau}\right] \\ \pi & \left[\dfrac{2(2n+1)\pi}{\tau} < |\omega| < \dfrac{4(n+1)\pi}{\tau}\right] \end{cases}$$
$$(n = 0,1,2,\cdots)$$

因为 $F(\omega)$ 在这里是实函数,通常用一条 $F(\omega)$ 曲线同时表示幅度谱 $|F(\omega)|$ 和相位谱 $\varphi(\omega)$,如图 3-21 所示。

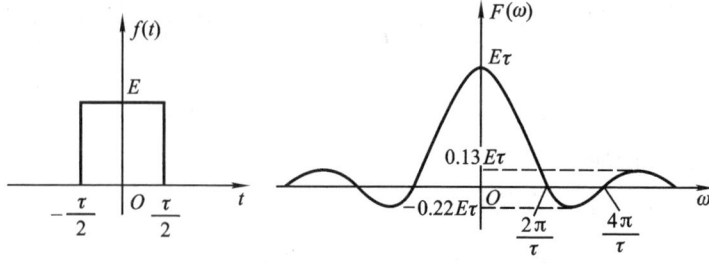

图 3-21 矩形脉冲信号的波形及频谱

由上可见,虽然矩形脉冲信号在时域集中于有限的范围内,然而它的频谱却以 $\mathrm{Sa}\left(\dfrac{\omega\tau}{2}\right)$ 的规律变化,分布在无限宽的频率范围上,但是其主要的信号能量处于 $f = 0 \sim \dfrac{1}{\tau}$ 范围。因而,通常认为这种信号占有频率范围(频带)B 近似为 $\dfrac{1}{\tau}$,即

$$B \approx \frac{1}{\tau} \tag{3-34}$$

(四) 钟形脉冲信号

钟形脉冲亦即高斯脉冲,它的表示式为

$$f(t) = E \mathrm{e}^{-\left(\frac{t}{\tau}\right)^2} \quad (-\infty < t < +\infty) \tag{3-35}$$

因
$$\begin{aligned}
F(\omega) &= \int_{-\infty}^{\infty} f(t) \mathrm{e}^{-\mathrm{j}\omega t} \mathrm{d}t \\
&= \int_{-\infty}^{\infty} E \mathrm{e}^{-\left(\frac{t}{\tau}\right)^2} \mathrm{e}^{-\mathrm{j}\omega t} \mathrm{d}t \\
&= E \int_{-\infty}^{\infty} \mathrm{e}^{-\left(\frac{t}{\tau}\right)^2} [\cos(\omega t) - \mathrm{j}\sin(\omega t)] \mathrm{d}t \\
&= 2E \int_{0}^{\infty} \mathrm{e}^{-\left(\frac{t}{\tau}\right)^2} \cos(\omega t) \mathrm{d}t
\end{aligned}$$

积分后可得

$$F(\omega) = \sqrt{\pi} E\tau \cdot \mathrm{e}^{-\left(\frac{\omega\tau}{2}\right)^2} \tag{3-36}$$

它是一个正实函数,所以钟形脉冲信号的相位谱为零。图 3-22 画出了该信号的波形和频谱。

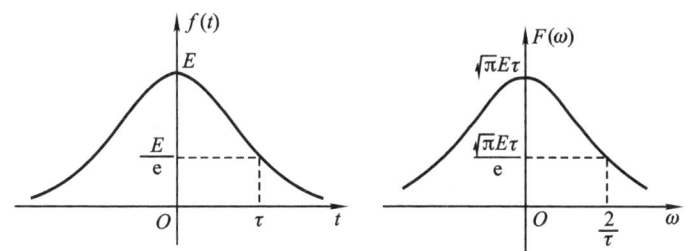

图 3-22 钟形脉冲信号的波形及频谱

钟形脉冲信号的波形和频谱具有相同的形状,均为钟形。

(五) 符号函数

符号函数(或称正负号函数)以符号 sgn 记,其表示式为

$$f(t) = \mathrm{sgn}(t) = \begin{cases} +1 & (t > 0) \\ 0 & (t = 0) \\ -1 & (t < 0) \end{cases} \tag{3-37}$$

显然,这种信号不满足绝对可积条件,但它却存在傅里叶变换。可以借助于符号函数与双边指数衰减函数相乘,先求得此乘积信号 $f_1(t)$ 的频谱,然后取极限,从而得出符号函数 $f(t)$ 的频谱。

下面先求乘积信号 $f_1(t)$ 的频谱 $F_1(\omega)$。

因为
$$F_1(\omega) = \int_{-\infty}^{\infty} f_1(t) e^{-j\omega t} dt$$

这样
$$F_1(\omega) = \int_{-\infty}^{0} (-e^{at}) e^{-j\omega t} dt + \int_{0}^{\infty} e^{-at} \cdot e^{-j\omega t} dt$$

其中 $a > 0$。

积分并化简,可得

$$\left. \begin{aligned} F_1(\omega) &= \frac{-2j\omega}{a^2 + \omega^2} \\ |F_1(\omega)| &= \frac{2|\omega|}{a^2 + \omega^2} \\ \varphi_1(\omega) &= \begin{cases} +\dfrac{\pi}{2} & (\omega < 0) \\ -\dfrac{\pi}{2} & (\omega > 0) \end{cases} \end{aligned} \right\} \quad (3-38)$$

其波形和幅度谱如图 3-23 所示。

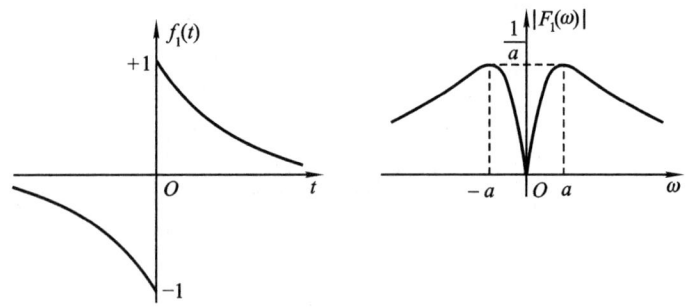

图 3-23　指数信号 $f_1(t)$ 的波形和频谱

符号函数 $\mathrm{sgn}(t)$ 的频谱 $F(\omega)$ 为

$$\begin{aligned} F(\omega) &= \lim_{a \to 0} F_1(\omega) \\ &= \lim_{a \to 0} \left(\frac{-2j\omega}{a^2 + \omega^2} \right) \end{aligned}$$

所以

$$\left.\begin{aligned} F(\omega) &= \frac{2}{\mathrm{j}\omega} \\ |F(\omega)| &= \frac{2}{|\omega|} \\ \varphi(\omega) &= \begin{cases} -\dfrac{\pi}{2} & (\omega > 0) \\ +\dfrac{\pi}{2} & (\omega < 0) \end{cases} \end{aligned}\right\} \qquad (3-39)$$

其波形和频谱如图 3 - 24 所示。

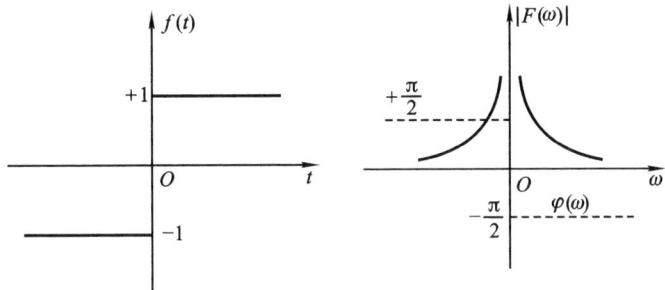

图 3 - 24 符号函数的波形和频谱

(六) 升余弦脉冲信号

升余弦脉冲信号的表示式为

$$f(t) = \frac{E}{2}\left[1 + \cos\left(\frac{\pi t}{\tau}\right)\right] \qquad (0 \le |t| \le \tau) \qquad (3-40)$$

其波形如图 3 - 25 所示。

因为

$$\begin{aligned} F(\omega) &= \int_{-\infty}^{\infty} f(t)\mathrm{e}^{-\mathrm{j}\omega t}\mathrm{d}t \\ &= \int_{-\tau}^{\tau} \frac{E}{2}\left[1 + \cos\left(\frac{\pi t}{\tau}\right)\right]\mathrm{e}^{-\mathrm{j}\omega t}\mathrm{d}t \\ &= \frac{E}{2}\int_{-\tau}^{\tau}\mathrm{e}^{-\mathrm{j}\omega t}\mathrm{d}t + \frac{E}{4}\int_{-\tau}^{\tau}\mathrm{e}^{\mathrm{j}\frac{\pi t}{\tau}}\cdot\mathrm{e}^{-\mathrm{j}\omega t}\mathrm{d}t + \\ &\quad \frac{E}{4}\int_{-\tau}^{\tau}\mathrm{e}^{-\mathrm{j}\frac{\pi t}{\tau}}\cdot\mathrm{e}^{-\mathrm{j}\omega t}\mathrm{d}t \\ &= E\tau\mathrm{Sa}(\omega\tau) + \frac{E\tau}{2}\mathrm{Sa}\left[\left(\omega - \frac{\pi}{\tau}\right)\tau\right] + \\ &\quad \frac{E\tau}{2}\mathrm{Sa}\left[\left(\omega + \frac{\pi}{\tau}\right)\tau\right] \end{aligned}$$

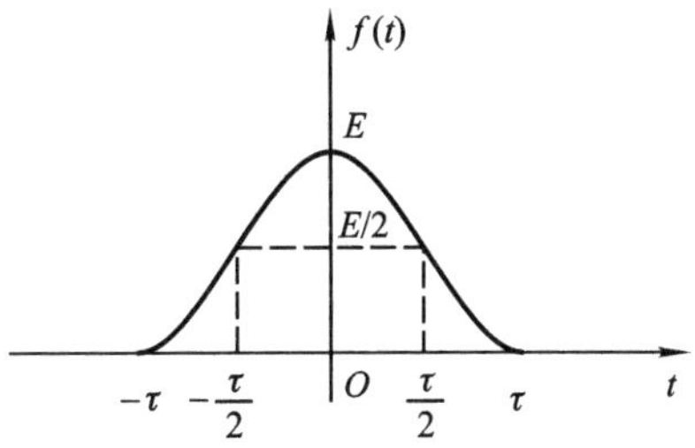

图 3 - 25 升余弦脉冲信号的波形

显然 $F(\omega)$ 是由三项构成,它们都是矩形脉冲的频谱,只是有两项沿频率轴左、右平移了 $\omega = \dfrac{\pi}{\tau}$。把上式化简,则可以得到

$$F(\omega) = \frac{E\sin(\omega\tau)}{\omega\left[1 - \left(\dfrac{\omega\tau}{\pi}\right)^2\right]} = \frac{E\tau\mathrm{Sa}(\omega\tau)}{1 - \left(\dfrac{\omega\tau}{\pi}\right)^2} \qquad (3-41)$$

其频谱如图 3 – 26 所示。

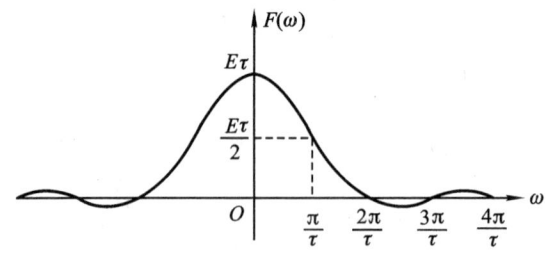

图 3 – 26　升余弦脉冲信号的频谱

由上可见,升余弦脉冲信号的频谱比矩形脉冲的频谱更加集中。对于半幅度宽度为 τ 的升余弦脉冲信号,它的绝大部分能量集中在 $\omega = 0 \sim \dfrac{2\pi}{\tau}\Big($ 即 $f = 0 \sim \dfrac{1}{\tau}\Big)$ 范围内。

3.6　冲激函数和阶跃函数的傅里叶变换

通过前章讨论,我们已经认识到奇异函数在信号与系统的时域分析中所起的重要作用,这涉及冲激响应、阶跃响应及卷积等许多基本概念。在变换域分析中,奇异函数仍然扮演着重要角色,要了解它们的种种巧妙应用,首先需要研究冲激函数与阶跃函数的傅里叶变换。

(一)　冲激函数的傅里叶变换

(1) 冲激函数的傅里叶变换

单位冲激函数 $\delta(t)$ 的傅里叶变换 $F(\omega)$ 是

$$F(\omega) = \int_{-\infty}^{\infty} \delta(t)\mathrm{e}^{-\mathrm{j}\omega t}\mathrm{d}t$$

由冲激函数的抽样性质可知上式右边的积分是 1,所以

$$F(\omega) = \mathscr{F}[\delta(t)] = 1 \qquad (3-42)$$

上述结果也可由矩形脉冲取极限得到,当脉宽 τ 逐渐变窄时,其频谱必然展宽。可以想象,若 $\tau \to 0$,而 $E\tau = 1$,这时矩形脉冲就变成了 $\delta(t)$,其相应频谱

$F(\omega)$ 必等于常数 1。

可见,单位冲激函数的频谱等于常数,也就是说,在整个频率范围内频谱是均匀分布的。显然,在时域中变化异常剧烈的冲激函数包含幅度相等的所有频率分量。因此,这种频谱常称为"均匀谱"或"白色谱",如图 3-27 所示。

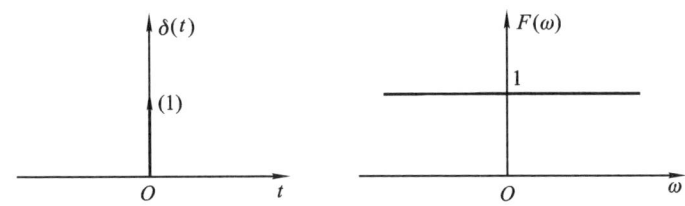

图 3-27 单位冲激函数的频谱

(2) 冲激函数的傅里叶逆变换

前文已述,冲激函数的频谱等于常数,反过来,怎样的函数其频谱为冲激函数呢？也就是需要求 $\delta(\omega)$ 的傅里叶逆变换。由逆变换定义容易求得

$$\mathscr{F}^{-1}[\delta(\omega)] = \frac{1}{2\pi} \tag{3-43}$$

此结果表明,直流信号的傅里叶变换是冲激函数。

这一结果也可由宽度为 τ 的矩形脉冲取 $\tau \to \infty$ 的极限而求得,参看图 3-28 来推证此结论。

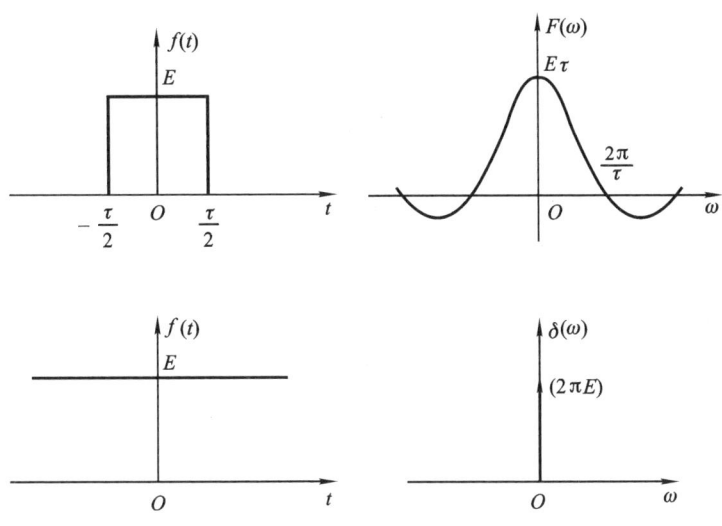

图 3-28 直流信号的频谱

当 $\tau \to \infty$ 时,矩形脉冲成为直流信号 E,此时有

$$\mathscr{F}[E] = \lim_{\tau \to \infty} E\tau \cdot \mathrm{Sa}\left(\frac{\omega\tau}{2}\right) \qquad (3-44)$$

由第一章冲激函数的定义可知

$$\delta(\omega) = \lim_{k \to \infty} \frac{k}{\pi} \mathrm{Sa}(k\omega) \qquad (3-45)$$

若令 $k = \dfrac{\tau}{2}$,比较上两式则可以得到

$$\left. \begin{aligned} \mathscr{F}(E) &= 2\pi E \delta(\omega) \\ \mathscr{F}(1) &= 2\pi \delta(\omega) \end{aligned} \right\} \qquad (3-46)$$

可见,直流信号的傅里叶变换是位于 $\omega = 0$ 的冲激函数。

(二) 冲激偶的傅里叶变换

因为
$$\mathscr{F}[\delta(t)] = 1$$

$$\delta(t) = \frac{1}{2\pi} \int_{-\infty}^{\infty} \mathrm{e}^{\mathrm{j}\omega t} \mathrm{d}\omega$$

将上式两边求导

$$\frac{\mathrm{d}}{\mathrm{d}t}[\delta(t)] = \frac{1}{2\pi} \int_{-\infty}^{\infty} (\mathrm{j}\omega) \mathrm{e}^{\mathrm{j}\omega t} \mathrm{d}\omega$$

得
$$\mathscr{F}\left[\frac{\mathrm{d}}{\mathrm{d}t}\delta(t)\right] = \mathrm{j}\omega \qquad (3-47)$$

同理可得

$$\left. \begin{aligned} \mathscr{F}\left[\frac{\mathrm{d}^n}{\mathrm{d}t^n}\delta(t)\right] &= (\mathrm{j}\omega)^n \\ \mathscr{F}(t^n) &= 2\pi(\mathrm{j})^n \frac{\mathrm{d}^n}{\mathrm{d}\omega^n}[\delta(\omega)] \end{aligned} \right\} \qquad (3-48)$$

也可按傅里叶变换定义和冲激偶的性质直接求得式(3-47),此时有

$$\int_{-\infty}^{\infty} \delta'(t) \mathrm{e}^{-\mathrm{j}\omega t} \mathrm{d}t = -(-\mathrm{j}\omega) = \mathrm{j}\omega$$

(三) 阶跃函数的傅里叶变换

从波形中容易看出阶跃函数 $u(t)$ 不满足绝对可积条件,即使如此,它仍存在傅里叶变换。

因为
$$u(t) = \frac{1}{2} + \frac{1}{2}\mathrm{sgn}(t)$$

两边进行傅里叶变换

$$\mathscr{F}[u(t)] = \mathscr{F}\left(\frac{1}{2}\right) + \frac{1}{2}\mathscr{F}[\operatorname{sgn}(t)]$$

由式(3-46)、式(3-39)可得 $u(t)$ 的傅里叶变换为

$$\mathscr{F}[u(t)] = \pi\delta(\omega) + \frac{1}{\mathrm{j}\omega} \tag{3-49}$$

单位阶跃函数 $u(t)$ 的频谱如图 3-29 所示。

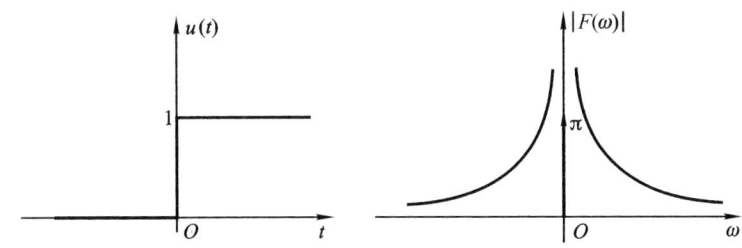

图 3-29 单位阶跃函数的波形和频谱

可见，单位阶跃函数 $u(t)$ 的频谱在 $\omega=0$ 点存在一个冲激函数，因 $u(t)$ 含有直流分量，这是在预料之中的。此外，由于 $u(t)$ 不是纯直流信号，它在 $t=0$ 点有跳变，因此在频谱中还出现其他频率分量。

这一结果的导出还可以采用其他多种方法。如果读者有兴趣可查阅参考书目[1]《信号与系统》(第二版)第 122 页第 3 行，或者参考书目[2]《教与写的记忆——信号与系统评注》第 80 页的 3.3-4 小节：阶跃信号傅里叶变换 $\mathscr{F}[u(t)]$ 的多种求解方法。

3.7 傅里叶变换的基本性质

式(3-29)和式(3-30)表示的傅里叶变换建立了时间函数 $f(t)$ 与频谱函数 $F(\omega)$ 之间的对应关系。其中，一个函数确定之后，另一函数随之被惟一地确定。在信号分析的理论研究与实际设计工作中，经常需要了解当信号在时域进行某种运算后在频域发生何种变化，或者反过来，从频域的运算推测时域的变动。这时，可以利用式(3-29)与式(3-30)求积分计算，也可以借助傅里叶变换的基本性质给出结果。后一种方法计算过程比较简便，而且物理概念清楚。因此，熟悉傅里叶变换的一些基本性质成为信号分析研究工作中最重要的内容之一。本节和下节讨论这些基本性质。

（一）对称性

若 $F(\omega) = \mathscr{F}[f(t)]$，则

$$\mathscr{F}[F(t)] = 2\pi f(-\omega)$$

证明

因为
$$f(t) = \frac{1}{2\pi}\int_{-\infty}^{\infty} F(\omega) e^{j\omega t} d\omega$$

显然
$$f(-t) = \frac{1}{2\pi}\int_{-\infty}^{\infty} F(\omega) e^{-j\omega t} d\omega$$

将变量 t 与 ω 互换,可以得到

$$2\pi f(-\omega) = \int_{-\infty}^{\infty} F(t) e^{-j\omega t} dt$$

所以
$$\mathscr{F}[F(t)] = 2\pi f(-\omega) \qquad (3-50)$$

若 $f(t)$ 是偶函数,式(3-50)变成

$$\mathscr{F}[F(t)] = 2\pi f(\omega) \qquad (3-51)$$

从式(3-50)看出,在一般情况下,若 $f(t)$ 的频谱为 $F(\omega)$,为求得 $F(t)$ 之频谱可利用 $f(-\omega)$ 给出。当 $f(t)$ 为偶函数时,由式(3-51)可知,这种对称关系得到简化,即 $f(t)$ 的频谱为 $F(\omega)$,那么形状为 $F(t)$ 的波形,其频谱必为 $f(\omega)$。显然,矩形脉冲的频谱为 Sa 函数,而 Sa 形脉冲的频谱必然为矩形函数。同样,直流信号的频谱为冲激函数,而冲激函数的频谱必然为常数,等等,如图3-30和图3-31所示。

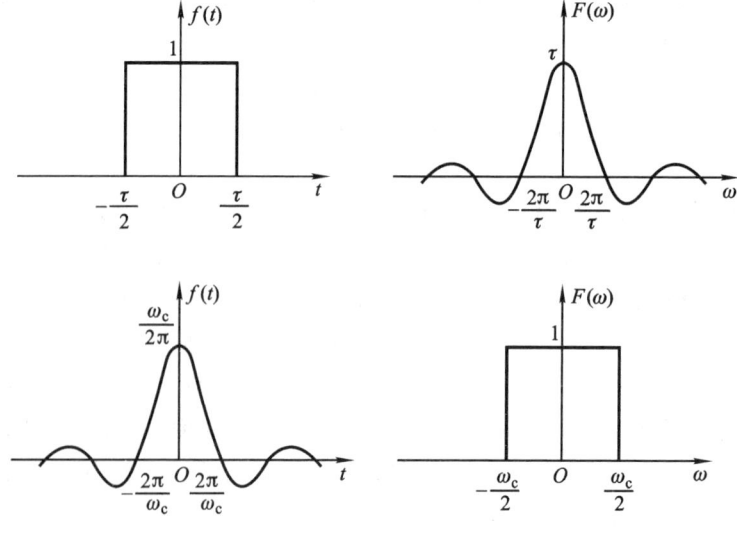

图 3-30 时间函数与频谱函数的对称性举例

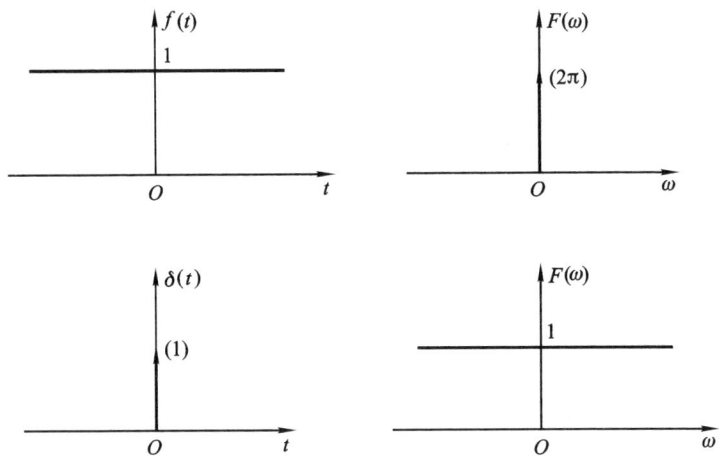

图 3-31 时间函数与频谱函数的对称性举例

(二) 线性(叠加性)

若 $\mathscr{F}[f_i(t)] = F_i(\omega)(i=1,2,\cdots,n)$,则

$$\mathscr{F}\Big[\sum_{i=1}^{n} a_i f_i(t)\Big] = \sum_{i=1}^{n} a_i F_i(\omega) \qquad (3-52)$$

其中 a_i 为常数,n 为正整数。

由傅里叶变换的定义式很容易证明上述结论。显然傅里叶变换是一种线性运算,它满足叠加定理。所以,相加信号的频谱等于各个单独信号的频谱之和。

(三) 奇偶虚实性

为便于下面的讨论,我们把 $f(t)$ 的傅里叶变换式重写如下

$$F(\omega) = \mathscr{F}[f(t)] = \int_{-\infty}^{\infty} f(t) e^{-j\omega t} dt$$

在一般的情况下,$F(\omega)$ 是复函数,因而可以把它表示成模与相位或者实部与虚部两部分,即

$$F(\omega) = |F(\omega)| e^{j\varphi(\omega)} = R(\omega) + jX(\omega)$$

显然

$$\left.\begin{array}{l} |F(\omega)| = \sqrt{R^2(\omega) + X^2(\omega)} \\ \varphi(\omega) = \arctan\Big[\dfrac{X(\omega)}{R(\omega)}\Big] \end{array}\right\} \qquad (3-53)$$

下面讨论两种特定情况。

1. $f(t)$ 是实函数

因为

$$F(\omega) = \int_{-\infty}^{\infty} f(t) e^{-j\omega t} dt$$

$$= \int_{-\infty}^{\infty} f(t)\cos(\omega t)\mathrm{d}t - \mathrm{j}\int_{-\infty}^{\infty} f(t)\sin(\omega t)\mathrm{d}t$$

在这种情况下,显然

$$\left.\begin{array}{l} R(\omega) = \int_{-\infty}^{\infty} f(t)\cos(\omega t)\mathrm{d}t \\ X(\omega) = -\int_{-\infty}^{\infty} f(t)\sin(\omega t)\mathrm{d}t \end{array}\right\} \qquad (3-54)$$

$R(\omega)$ 为偶函数,$X(\omega)$ 为奇函数,即满足下列关系

$$R(\omega) = R(-\omega)$$
$$X(\omega) = -X(-\omega)$$
$$F(-\omega) = F^*(\omega)$$

由于 $R(\omega)$ 是偶函数,$X(\omega)$ 是奇函数,利用式(3-53)可证得 $|F(\omega)|$ 是偶函数,$\varphi(\omega)$ 是奇函数。我们可以检查已求得的各种实函数的频谱都应满足这一结论,即实函数傅里叶变换的幅度谱和相位谱分别为偶、奇函数。这一特性在信号分析中得到广泛应用。

当 $f(t)$ 在积分区间内为实偶函数,上述结论可进一步简化,此时

$$f(t) = f(-t)$$

式(3-54)成为

$$X(\omega) = 0$$

此时

$$F(\omega) = R(\omega) = 2\int_{0}^{\infty} f(t)\cos(\omega t)\mathrm{d}t$$

可见,若 $f(t)$ 是实偶函数,$F(\omega)$ 必为 ω 的实偶函数。

若 $f(t)$ 为实奇函数,即

$$f(-t) = -f(t)$$

那么,由式(3-54)求得

$$R(\omega) = 0$$

此时

$$F(\omega) = \mathrm{j}X(\omega) = -2\mathrm{j}\int_{0}^{\infty} f(t)\sin(\omega t)\mathrm{d}t$$

可见,若 $f(t)$ 是实奇函数,则 $F(\omega)$ 必为 ω 的虚奇函数。

2. $f(t)$ 是虚函数

令 $f(t) = \mathrm{j}g(t)$,则

$$R(\omega) = \int_{-\infty}^{\infty} g(t)\sin(\omega t)\mathrm{d}t$$

$$X(\omega) = \int_{-\infty}^{\infty} g(t)\cos(\omega t)\mathrm{d}t$$

在这种情况下，$R(\omega)$ 为奇函数，$X(\omega)$ 为偶函数，即满足

$$R(\omega) = -R(-\omega)$$
$$X(\omega) = X(-\omega)$$

此外，无论 $f(t)$ 为实函数或复函数，都具有以下性质

$$\left.\begin{aligned}\mathscr{F}[f(-t)] &= F(-\omega) \\ \mathscr{F}[f^*(t)] &= F^*(-\omega) \\ \mathscr{F}[f^*(-t)] &= F^*(\omega)\end{aligned}\right\} \quad (3-55)$$

证明过程留给读者作为练习。

例 3-1 已知

$$f(t) = \begin{cases} \mathrm{e}^{-at} & (t>0) \\ -\mathrm{e}^{at} & (t<0) \end{cases}$$

式中 a 为正实数。求该奇函数的频谱。

解
$$F(\omega) = \int_{-\infty}^{\infty} f(t)\mathrm{e}^{-\mathrm{j}\omega t}\mathrm{d}t$$
$$= -\int_{-\infty}^{0} \mathrm{e}^{at}\cdot\mathrm{e}^{-\mathrm{j}\omega t}\mathrm{d}t + \int_{0}^{\infty} \mathrm{e}^{-at}\cdot\mathrm{e}^{-\mathrm{j}\omega t}\mathrm{d}t$$

显然，此积分结果即式(3-38)，为便于讨论，重复写在下面

$$F(\omega) = \frac{-2\mathrm{j}\omega}{a^2+\omega^2} \quad (3-56)$$

$$|F(\omega)| = \frac{2|\omega|}{a^2+\omega^2}$$

$$\varphi(\omega) = \begin{cases} -\dfrac{\pi}{2} & (\omega>0) \\ +\dfrac{\pi}{2} & (\omega<0) \end{cases}$$

波形和幅度谱如图 3-32 所示。显然，实奇函数的频谱必然是虚奇函数。

（四）尺度变换特性

若 $\mathscr{F}[f(t)] = F(\omega)$，则

$$\mathscr{F}[f(at)] = \frac{1}{|a|}F\left(\frac{\omega}{a}\right) \quad (a\text{ 为非零的实常数})$$

证明

因为 $$\mathscr{F}[f(at)] = \int_{-\infty}^{\infty} f(at)\mathrm{e}^{-\mathrm{j}\omega t}\mathrm{d}t$$

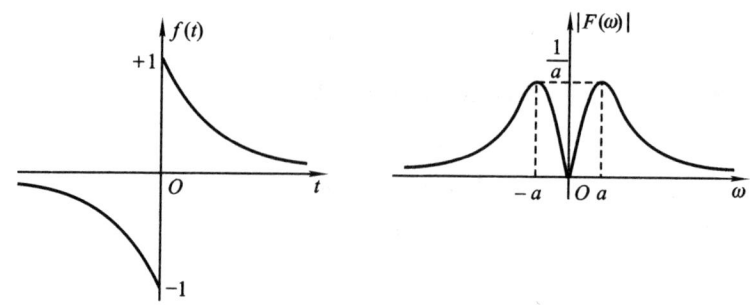

图 3-32 奇对称指数函数的波形和频谱

令
$$x = at$$

当 $a > 0$

$$\mathscr{F}[f(at)] = \frac{1}{a} \int_{-\infty}^{\infty} f(x) e^{-j\omega \frac{x}{a}} dx$$

$$= \frac{1}{a} F\left(\frac{\omega}{a}\right)$$

当 $a < 0$

$$\mathscr{F}[f(at)] = \frac{1}{a} \int_{+\infty}^{-\infty} f(x) e^{-j\omega \frac{x}{a}} dx$$

$$= \frac{-1}{a} \int_{-\infty}^{\infty} f(x) e^{-j\omega \frac{x}{a}} dx$$

$$= \frac{-1}{a} F\left(\frac{\omega}{a}\right)$$

综合上述两种情况,便可得到尺度变换特性表示式为

$$\mathscr{F}[f(at)] = \frac{1}{|a|} F\left(\frac{\omega}{a}\right) \tag{3-57}$$

对于 $a = -1$ 这种特殊情况,式(3-57)变成

$$\mathscr{F}[f(-t)] = F(-\omega)$$

为了说明尺度变换特性,在图 3-33 中画出了矩形脉冲的几种情况。

由上可见,信号在时域中压缩($a>1$)等效于在频域中扩展;反之,信号在时域中扩展($a<1$)则等效于在频域中压缩。对于 $a = -1$ 的情况,它说明信号在时域中沿纵轴反褶等效于在频域中频谱也沿纵轴反褶。上述结论是不难理解的,因为信号的波形压缩 a 倍,信号随时间变化加快 a 倍,所以它所包含的频率分量增加 a 倍,也就是说频谱展宽 a 倍。根据能量守恒定律,各频率分量的大小必然减小 a 倍。

下面从另一角度来说明尺度变换特性。对任意形状的 $f(t)$ 和 $F(\omega)$ [假设 $t \to \infty$,$\omega \to \infty$ 时,$f(t)$,$F(\omega)$ 趋近于零],因为

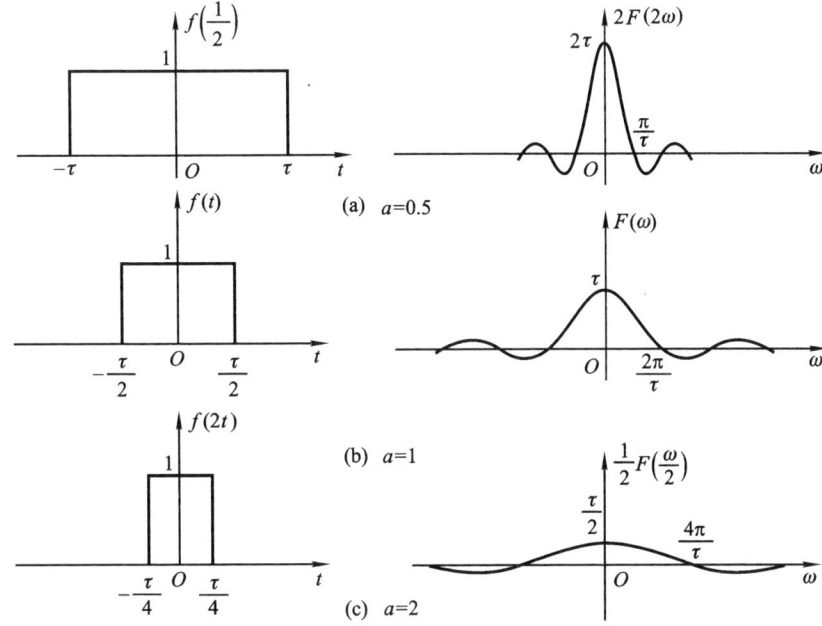

图 3-33 尺度变换特性的举例说明

$$F(\omega) = \int_{-\infty}^{\infty} f(t) e^{-j\omega t} dt$$

所以

$$F(0) = \int_{-\infty}^{\infty} f(t) dt \qquad (3-58)$$

同样,因为

$$f(t) = \frac{1}{2\pi} \int_{-\infty}^{\infty} F(\omega) e^{j\omega t} d\omega$$

所以

$$f(0) = \frac{1}{2\pi} \int_{-\infty}^{\infty} F(\omega) d\omega \qquad (3-59)$$

式(3-58)、式(3-59)分别说明 $f(t)$ 与 $F(\omega)$ 所覆盖的面积等于 $F(\omega)$ 与 $2\pi f(t)$ 在零点的数值 $F(0)$ 与 $2\pi f(0)$。

如果 $f(0)$ 与 $F(0)$ 各自等于 $f(t)$ 与 $F(\omega)$ 曲线的最大值,如图 3-34 所示。这时,定义 τ 和 B 分别为 $f(t)$ 和 $F(\omega)$ 的等效宽度,可写出以下关系式

$$f(0)\tau = F(0)$$
$$F(0)B = 2\pi f(0)$$

由此求得

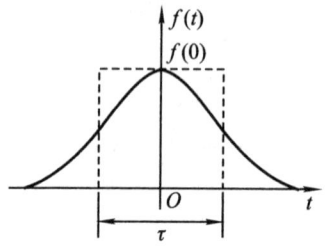 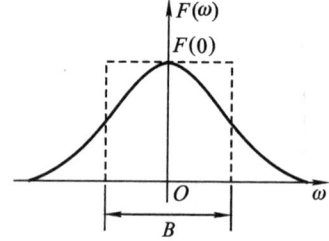

图 3 - 34 等效脉冲宽度与等效频带宽度

$$B = \frac{2\pi}{\tau} \quad (3-60)$$

从式(3-60)可以看出:信号的等效脉冲宽度与占有的等效带宽成反比,若要压缩信号的持续时间,则不得不以展宽频带作代价。所以在通信系统中,通信速度和占用频带宽度是一对矛盾。

(五) 时移特性

若 $\mathscr{F}[f(t)] = F(\omega)$,则

$$\mathscr{F}[f(t-t_0)] = F(\omega)e^{-j\omega t_0}$$

证明

因

$$\mathscr{F}[f(t-t_0)] = \int_{-\infty}^{\infty} f(t-t_0)e^{-j\omega t}dt$$

令

$$x = t - t_0$$

那么

$$\mathscr{F}[f(t-t_0)] = \mathscr{F}[f(x)] = \int_{-\infty}^{\infty} f(x)e^{-j\omega(x+t_0)}dx$$

$$= e^{-j\omega t_0}\int_{-\infty}^{\infty} f(x)e^{-j\omega x}dx$$

所以

$$\mathscr{F}[f(t-t_0)] = e^{-j\omega t_0} \cdot F(\omega) \quad (3-61)$$

同理可得

$$\mathscr{F}[f(t+t_0)] = e^{j\omega t_0} \cdot F(\omega)$$

从式(3-61)可以看出,信号 $f(t)$ 在时域中沿时间轴右移(延时)t_0 等效于在频域中频谱乘以因子 $e^{-j\omega t_0}$,也就是说信号右移后,其幅度谱不变,而相位谱产生附加变化($-\omega t_0$)。

不难证明

$$\mathscr{F}[f(at-t_0)] = \frac{1}{|a|}F\left(\frac{\omega}{a}\right)e^{-j\frac{\omega t_0}{a}}$$

$$\mathscr{F}[f(t_0 - at)] = \frac{1}{|a|} F\left(-\frac{\omega}{a}\right) e^{-j\frac{\omega t_0}{a}}$$

显然尺度变换特性和时移特性是上式的两种特殊情况，即 $t_0 = 0$ 和 $a = \pm 1$ 的情况。

例 3-2 求图 3-35 所示三脉冲信号的频谱。

解

令 $f_0(t)$ 表示矩形单脉冲信号，由式 (3-33) 知 $f_0(t)$ 的频谱函数 $F_0(\omega)$ 为

$$F_0(\omega) = E\tau \cdot \mathrm{Sa}\left(\frac{\omega\tau}{2}\right)$$

因为

$$f(t) = f_0(t) + f_0(t + T) + f_0(t - T)$$

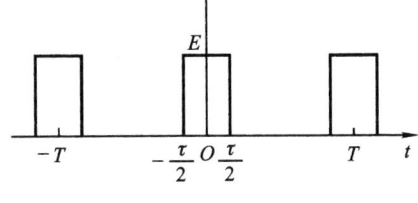

图 3-35 三脉冲信号的波形

由时移特性知 $f(t)$ 的频谱函数 $F(\omega)$ 为

$$F(\omega) = F_0(\omega)(1 + e^{j\omega T} + e^{-j\omega T})$$
$$= E\tau \cdot \mathrm{Sa}\left(\frac{\omega\tau}{2}\right)[1 + 2\cos(\omega T)]$$

其频谱如图 3-36 所示。

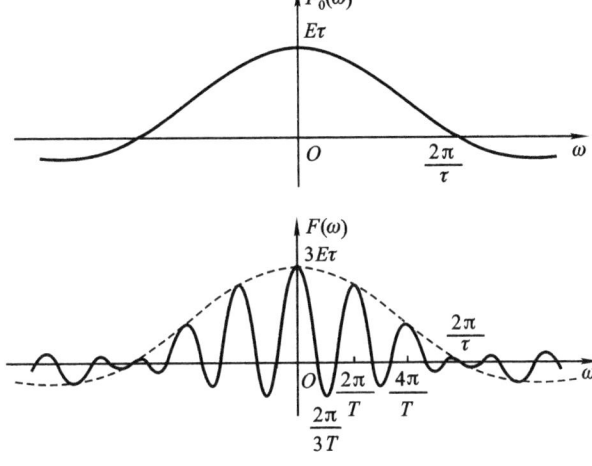

图 3-36 三脉冲信号的频谱

例 3-3 已知双 Sa 信号

$$f(t) = \frac{\omega_c}{\pi}\{\mathrm{Sa}(\omega_c t) - \mathrm{Sa}[\omega_c(t - 2\tau)]\}$$

试求其频谱。

解 令

$$f_0(t) = \frac{\omega_c}{\pi}\mathrm{Sa}(\omega_c t)$$

因 $f_0(t)$ 为 Sa 波形,其频谱 $F_0(\omega)$ 为矩形。$f_0(t)$ 和 $f(t)$ 的波形如图 3-37 所示。

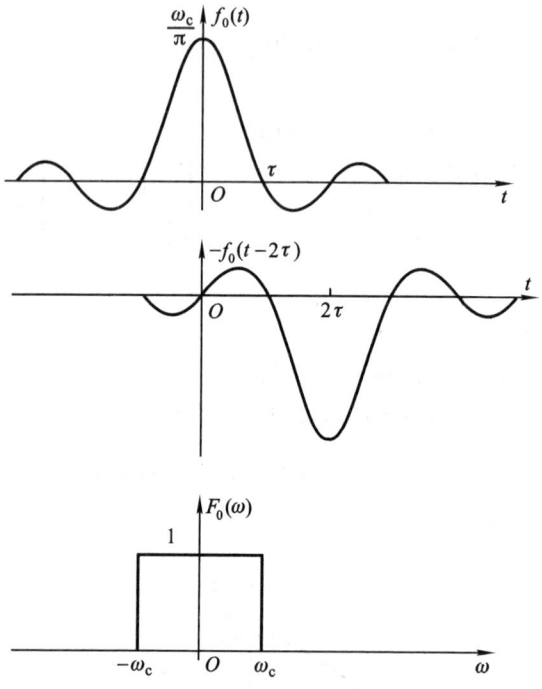

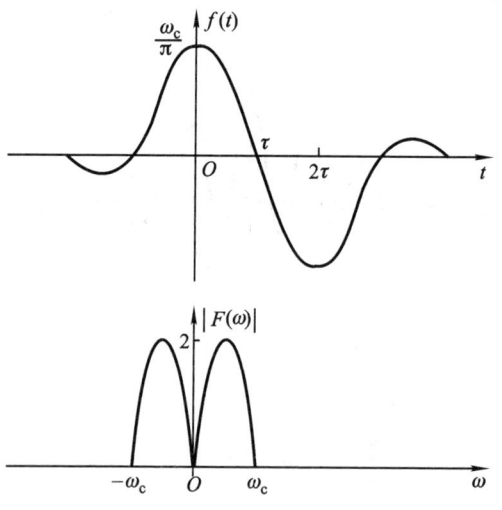

图 3-37 双 Sa 信号的波形和频谱

已知
$$\mathscr{F}[f_0(t)] = \begin{cases} 1 & (|\omega| < \omega_c) \\ 0 & (|\omega| > \omega_c) \end{cases}$$

由时移特性得到
$$\mathscr{F}[f_0(t-2\tau)] = \begin{cases} \mathrm{e}^{-\mathrm{j}2\omega\tau} & (|\omega| < \omega_c) \\ 0 & (|\omega| > \omega_c) \end{cases}$$

因此 $f(t)$ 的频谱等于
$$F(\omega) = \mathscr{F}[f_0(t)] - \mathscr{F}[f_0(t-2\tau)]$$
$$= \begin{cases} 1 - \mathrm{e}^{-\mathrm{j}2\omega\tau} & (|\omega| < \omega_c) \\ 0 & (|\omega| > \omega_c) \end{cases} \qquad (3-62)$$

从中可以得到幅度谱为
$$|F(\omega)| = \begin{cases} 2|\sin(\omega\tau)| & (|\omega| < \omega_c) \\ 0 & (|\omega| > \omega_c) \end{cases} \qquad (3-63)$$

在实际中往往选 $\tau = \dfrac{\pi}{\omega_c}$，此时式(3-63)变成
$$|F(\omega)| = \begin{cases} 2\left|\sin\left(\dfrac{\pi\omega}{\omega_c}\right)\right| & (|\omega| < \omega_c) \\ 0 & (|\omega| > \omega_c) \end{cases}$$

双 Sa 信号的波形和频谱如图 3-37 所示。

由图 3-37 可见，虽然单 Sa 信号 $f_0(t)$ 的频谱最为集中(为矩形谱)，但是它含有直流分量，使得它在实际传输过程中带来不便。而双 Sa 信号的频谱仍然限制在 $|\omega| < \omega_c$ 范围内，却消去了直流分量。

(六) 频移特性

若 $\mathscr{F}[f(t)] = F(\omega)$，则
$$\mathscr{F}[f(t)\mathrm{e}^{\mathrm{j}\omega_0 t}] = F(\omega - \omega_0)$$

证明

因为
$$\mathscr{F}[f(t)\mathrm{e}^{\mathrm{j}\omega_0 t}] = \int_{-\infty}^{\infty} f(t)\mathrm{e}^{\mathrm{j}\omega_0 t} \cdot \mathrm{e}^{-\mathrm{j}\omega t}\mathrm{d}t$$
$$= \int_{-\infty}^{\infty} f(t)\mathrm{e}^{-\mathrm{j}(\omega-\omega_0)t}\mathrm{d}t$$

所以
$$\mathscr{F}[f(t)\mathrm{e}^{\mathrm{j}\omega_0 t}] = F(\omega - \omega_0) \qquad (3-64)$$

同理
$$\mathscr{F}[f(t)\mathrm{e}^{-\mathrm{j}\omega_0 t}] = F(\omega + \omega_0)$$

其中 ω_0 为实常数。

可见,若时间信号 $f(t)$ 乘以 $e^{j\omega_0 t}$,等效于 $f(t)$ 的频谱 $F(\omega)$ 沿频率轴右移 ω_0,或者说在频域中将频谱沿频率轴右移 ω_0 等效于在时域中信号乘以因子 $e^{j\omega_0 t}$。

频谱搬移技术在通信系统中得到广泛应用,诸如调幅、同步解调、变频等过程都是在频谱搬移的基础上完成的。频谱搬移的实现原理是将信号 $f(t)$ 乘以所谓载频信号 $\cos(\omega_0 t)$ 或 $\sin(\omega_0 t)$。下面分析这种相乘作用引起的频谱搬移。

因为

$$\cos(\omega_0 t) = \frac{1}{2}(e^{j\omega_0 t} + e^{-j\omega_0 t})$$

$$\sin(\omega_0 t) = \frac{1}{2j}(e^{j\omega_0 t} - e^{-j\omega_0 t})$$

那么,可以导出

$$\begin{aligned}\mathscr{F}[f(t)\cos(\omega_0 t)] &= \frac{1}{2}[F(\omega+\omega_0) + F(\omega-\omega_0)] \\ \mathscr{F}[f(t)\sin(\omega_0 t)] &= \frac{j}{2}[F(\omega+\omega_0) - F(\omega-\omega_0)]\end{aligned} \quad (3-65)$$

所以,若时间信号 $f(t)$ 乘以 $\cos(\omega_0 t)$ 或 $\sin(\omega_0 t)$,等效于 $f(t)$ 的频谱 $F(\omega)$ 一分为二,沿频率轴向左和向右各平移 ω_0。

例 3-4 已知矩形调幅信号

$$f(t) = G(t)\cos(\omega_0 t)$$

其中 $G(t)$ 为矩形脉冲,脉幅为 E,脉宽为 τ,如图 3-38 中虚线所示。试求其频谱函数。

解 由式(3-33)知矩形脉冲 $G(t)$ 的频谱 $G(\omega)$ 为

$$G(\omega) = E\tau \cdot \text{Sa}\left(\frac{\omega\tau}{2}\right)$$

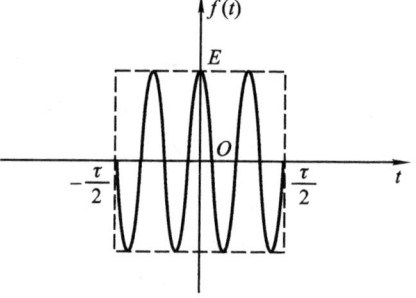

图 3-38 矩形调幅信号的波形

因为

$$f(t) = \frac{1}{2}G(t)(e^{j\omega_0 t} + e^{-j\omega_0 t})$$

根据频移特性,可得 $f(t)$ 的频谱 $F(\omega)$ 为

$$\begin{aligned}F(\omega) &= \frac{1}{2}G(\omega-\omega_0) + \frac{1}{2}G(\omega+\omega_0) \\ &= \frac{E\tau}{2}\text{Sa}\left[(\omega-\omega_0)\frac{\tau}{2}\right] + \frac{E\tau}{2}\text{Sa}\left[(\omega+\omega_0)\frac{\tau}{2}\right]\end{aligned} \quad (3-66)$$

可见,调幅信号的频谱等于将包络线的频谱一分为二,各向左、右移载频

ω_0。矩形调幅信号的频谱 $F(\omega)$ 如图 3-39 所示。

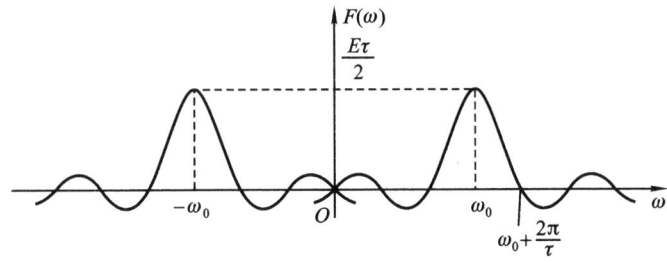

图 3-39 矩形调幅信号的频谱

例 3-5 已知 $f(t) = \cos(\omega_0 t)$,利用频移定理求余弦信号的频谱。

解

已知直流信号的频谱是位于 $\omega = 0$ 点的冲激函数,也即
$$\mathscr{F}[1] = 2\pi\delta(\omega)$$
利用频移定理,根据式(3-65)容易求得
$$\mathscr{F}[\cos(\omega_0 t)] = \pi[\delta(\omega+\omega_0) + \delta(\omega-\omega_0)] \quad (3-67)$$
可见,周期余弦信号的傅里叶变换完全集中于 $\pm\omega_0$ 点,是位于 $\pm\omega_0$ 点的冲激函数,频谱中不包含任何其他成分。这与直观感觉一致。

在 3.9 节将专门讨论周期信号的傅里叶变换,包括余弦信号、正弦信号和一般的周期性信号。

(七) 微分特性

若 $\mathscr{F}[f(t)] = F(\omega)$,则
$$\mathscr{F}\left[\frac{\mathrm{d}f(t)}{\mathrm{d}t}\right] = j\omega F(\omega)$$
$$\mathscr{F}\left[\frac{\mathrm{d}^n f(t)}{\mathrm{d}t^n}\right] = (j\omega)^n F(\omega)$$

证明

因为
$$f(t) = \frac{1}{2\pi}\int_{-\infty}^{\infty} F(\omega) e^{j\omega t} \mathrm{d}\omega$$

两边对 t 求导数,得
$$\frac{\mathrm{d}f(t)}{\mathrm{d}t} = \frac{1}{2\pi}\int_{-\infty}^{\infty} [j\omega F(\omega)] e^{j\omega t} \mathrm{d}\omega$$

所以
$$\mathscr{F}\left[\frac{\mathrm{d}f(t)}{\mathrm{d}t}\right] = j\omega F(\omega) \quad (3-68)$$

同理,可推出

$$\mathscr{F}\left[\frac{\mathrm{d}^n f(t)}{\mathrm{d} t^n}\right] = (\mathrm{j}\omega)^n F(\omega) \qquad (3-69)$$

式(3-68)、式(3-69)表示时域的微分特性,它说明在时域中 $f(t)$ 对 t 取 n 阶导数等效于在频域中 $f(t)$ 的频谱 $F(\omega)$ 乘以 $(\mathrm{j}\omega)^n$。

同理,可以导出频域的微分特性如下:

若 $\mathscr{F}[f(t)] = F(\omega)$,则

$$\mathscr{F}^{-1}\left[\frac{\mathrm{d} F(\omega)}{\mathrm{d}\omega}\right] = (-\mathrm{j}t)f(t) \qquad (3-70)$$

$$\mathscr{F}^{-1}\left[\frac{\mathrm{d}^n F(\omega)}{\mathrm{d}\omega^n}\right] = (-\mathrm{j}t)^n f(t) \qquad (3-71)$$

对于时域微分定理,容易举出简单的应用例子。若已知单位阶跃信号 $u(t)$ 的傅里叶变换,可利用此定理求出 $\delta(t)$ 和 $\delta'(t)$ 的变换式

$$\mathscr{F}[u(t)] = \frac{1}{\mathrm{j}\omega} + \pi\delta(\omega)$$

$$\mathscr{F}[\delta(t)] = \mathrm{j}\omega\left[\frac{1}{\mathrm{j}\omega} + \pi\delta(\omega)\right] = 1$$

$$\mathscr{F}[\delta'(t)] = \mathrm{j}\omega$$

(八) 积分特性

若 $\mathscr{F}[f(t)] = F(\omega)$,则

$$\mathscr{F}\left[\int_{-\infty}^{t} f(\tau)\mathrm{d}\tau\right] = \frac{F(\omega)}{\mathrm{j}\omega} + \pi F(0)\delta(\omega) \qquad (3-72)$$

证明

$$\mathscr{F}\left[\int_{-\infty}^{t} f(\tau)\mathrm{d}\tau\right] = \int_{-\infty}^{\infty}\left[\int_{-\infty}^{t} f(\tau)\mathrm{d}\tau\right]\mathrm{e}^{-\mathrm{j}\omega t}\mathrm{d}t$$

$$= \int_{-\infty}^{\infty}\left[\int_{-\infty}^{\infty} f(\tau)u(t-\tau)\mathrm{d}\tau\right]\mathrm{e}^{-\mathrm{j}\omega t}\mathrm{d}t \qquad (3-73)$$

此处,将被积函数 $f(\tau)$ 乘以 $u(t-\tau)$,同时将积分上限 t 改写为 ∞,结果不变。交换积分次序,并引用延时阶跃信号的傅里叶变换关系式

$$\mathscr{F}[u(t-\tau)] = \left[\pi\delta(\omega) + \frac{1}{\mathrm{j}\omega}\right]\mathrm{e}^{-\mathrm{j}\omega\tau}$$

则式(3-73)成为

$$\int_{-\infty}^{\infty} f(\tau)\left[\int_{-\infty}^{\infty} u(t-\tau)\mathrm{e}^{-\mathrm{j}\omega t}\mathrm{d}t\right]\mathrm{d}\tau$$

$$= \int_{-\infty}^{\infty} f(\tau)\pi\delta(\omega)\mathrm{e}^{-\mathrm{j}\omega\tau}\mathrm{d}\tau + \int_{-\infty}^{\infty} f(\tau)\frac{\mathrm{e}^{-\mathrm{j}\omega\tau}}{\mathrm{j}\omega}\mathrm{d}\tau$$

$$= \pi F(0)\delta(\omega) + \frac{F(\omega)}{\mathrm{j}\omega} \qquad (3-74)$$

如果 $F(0) = 0$,式(3-74)简化为

$$\mathscr{F}\left[\int_{-\infty}^{t} f(\tau)\mathrm{d}\tau\right] = \frac{F(\omega)}{\mathrm{j}\omega} \tag{3-75}$$

例 3-6 已知三角脉冲信号

$$f(t) = \begin{cases} E\left(1 - \frac{2}{\tau}|t|\right) & \left(|t| < \frac{\tau}{2}\right) \\ 0 & \left(|t| > \frac{\tau}{2}\right) \end{cases}$$

如图 3-40 所示,求其频谱 $F(\omega)$。

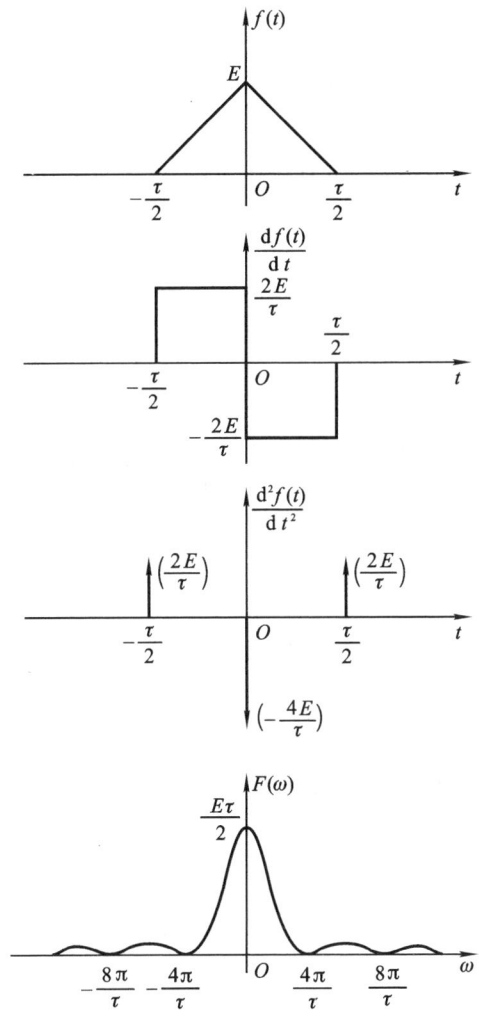

图 3-40 三角脉冲信号的波形和频谱

解 将 $f(t)$ 取一阶与二阶导数,得到

$$\frac{\mathrm{d}f(t)}{\mathrm{d}t} = \begin{cases} \dfrac{2E}{\tau} & \left(-\dfrac{\tau}{2} < t < 0\right) \\ -\dfrac{2E}{\tau} & \left(0 < t < \dfrac{\tau}{2}\right) \\ 0 & \left(|t| > \dfrac{\tau}{2}\right) \end{cases}$$

及

$$\frac{\mathrm{d}^2 f(t)}{\mathrm{d}t^2} = \frac{2E}{\tau}\left[\delta\left(t+\frac{\tau}{2}\right) + \delta\left(t-\frac{\tau}{2}\right) - 2\delta(t)\right] \tag{3-76}$$

它们的形状如图 3-40 所示。

以 $F(\omega)$, $F_1(\omega)$ 和 $F_2(\omega)$ 分别表示 $f(t)$ 及其一、二阶导数的傅里叶变换,先求得 $F_2(\omega)$ 如下

$$F_2(\omega) = \mathscr{F}\left[\frac{\mathrm{d}^2 f(t)}{\mathrm{d}t^2}\right] = \frac{2E}{\tau}(\mathrm{e}^{-\mathrm{j}\omega\frac{\tau}{2}} + \mathrm{e}^{\mathrm{j}\omega\frac{\tau}{2}} - 2)$$

$$= \frac{2E}{\tau}\left[2\cos\left(\omega\frac{\tau}{2}\right) - 2\right] = -\frac{8E}{\tau}\sin^2\left(\frac{\omega\tau}{4}\right)$$

利用积分定理容易求得

$$F_1(\omega) = \mathscr{F}\left[\frac{\mathrm{d}f(t)}{\mathrm{d}t}\right]$$

$$= \left(\frac{1}{\mathrm{j}\omega}\right)\left[-\frac{8E}{\tau}\sin^2\left(\frac{\omega\tau}{4}\right)\right] + \pi F_2(0)\delta(\omega)$$

$$F(\omega) = \mathscr{F}[f(t)]$$

$$= \frac{1}{(\mathrm{j}\omega)^2}\left[-\frac{8E}{\tau}\sin^2\left(\frac{\omega\tau}{4}\right)\right] + \pi F_1(0)\delta(\omega)$$

$$= \frac{E\tau}{2} \cdot \frac{\sin^2\left(\dfrac{\omega\tau}{4}\right)}{\left(\dfrac{\omega\tau}{4}\right)^2} = \frac{E\tau}{2}\mathrm{Sa}^2\left(\frac{\omega\tau}{4}\right)$$

在以上两式中 $F_2(0)$ 和 $F_1(0)$ 都等于零。

例 3-7 求下列截平斜变信号的频谱(见图 3-41)

$$y(t) = \begin{cases} 0 & (t < 0) \\ \dfrac{t}{t_0} & (0 \leqslant t \leqslant t_0) \\ 1 & (t > t_0) \end{cases} \tag{3-77}$$

解

利用积分特性求 $y(t)$ 的频谱 $Y(\omega)$。把 $y(t)$ 看成脉幅为 $1/t_0$,脉宽为 t_0

的矩形脉冲 $f(\tau)$ 的积分,即

$$y(t) = \int_{-\infty}^{t} f(\tau)\mathrm{d}\tau$$

由于

$$f(\tau) = \begin{cases} 0 & (\tau < 0) \\ 1/t_0 & (0 < \tau < t_0) \\ 0 & (\tau > t_0) \end{cases}$$

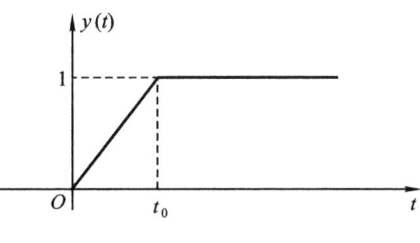

图 3-41 截平的斜变信号波形

根据矩形脉冲的频谱及时移特性,可得 $f(\tau)$ 的频谱 $F(\omega)$ 为

$$F(\omega) = \mathrm{Sa}\left(\frac{\omega t_0}{2}\right) \mathrm{e}^{-\mathrm{j}\omega \frac{t_0}{2}}$$

注意到

$$F(0) = 1 \neq 0$$

求得

$$\begin{aligned} Y(\omega) &= \mathscr{F}[y(t)] \\ &= \frac{1}{\mathrm{j}\omega}F(\omega) + \pi F(0)\delta(\omega) \\ &= \frac{1}{\mathrm{j}\omega}\mathrm{Sa}\left(\frac{\omega t_0}{2}\right)\mathrm{e}^{-\mathrm{j}\frac{\omega t_0}{2}} + \pi\delta(\omega) \end{aligned} \tag{3-78}$$

显然,当 $t_0 \to 0$, $y(t) \to u(t)$, $f(\tau) \to \delta(\tau)$,此时式(3-78)变成

$$\mathscr{F}[u(t)] = \frac{1}{\mathrm{j}\omega} + \pi\delta(\omega)$$

与式(3-49)的结果完全相同。

此外,还可导出频域积分特性如下:

若 $\mathscr{F}[f(t)] = F(\omega)$,则

$$\begin{aligned} \mathscr{F}^{-1}&\left[\int_{-\infty}^{\omega} F(\Omega)\mathrm{d}\Omega\right] \\ &= -\frac{f(t)}{\mathrm{j}t} + \pi f(0)\delta(t) \end{aligned}$$

由于此特性应用较少,此处不再讨论。

到此为止介绍了傅里叶变换的八个基本性质,下一节和以后的章节还要讨论其他性质。

3.8 卷积特性(卷积定理)

这是在通信系统和信号处理研究领域中应用最广的傅里叶变换性质之一,

在以后各章节中将认识到这一点。

(一) 时域卷积定理

若给定两个时间函数 $f_1(t)$, $f_2(t)$，已知

$$\mathscr{F}[f_1(t)] = F_1(\omega)$$

$$\mathscr{F}[f_2(t)] = F_2(\omega)$$

则

$$\mathscr{F}[f_1(t) * f_2(t)] = F_1(\omega)F_2(\omega)$$

证明

根据第二章中卷积的定义，已知

$$f_1(t) * f_2(t) = \int_{-\infty}^{\infty} f_1(\tau) f_2(t-\tau) \mathrm{d}\tau \tag{3-79}$$

因此

$$\begin{aligned}\mathscr{F}[f_1(t) * f_2(t)] &= \int_{-\infty}^{\infty} \left[\int_{-\infty}^{\infty} f_1(\tau) f_2(t-\tau) \mathrm{d}\tau\right] \mathrm{e}^{-\mathrm{j}\omega t} \mathrm{d}t \\ &= \int_{-\infty}^{\infty} f_1(\tau) \left[\int_{-\infty}^{\infty} f_2(t-\tau) \mathrm{e}^{-\mathrm{j}\omega t} \mathrm{d}t\right] \mathrm{d}\tau \\ &= \int_{-\infty}^{\infty} f_1(\tau) F_2(\omega) \mathrm{e}^{-\mathrm{j}\omega\tau} \mathrm{d}\tau \\ &= F_2(\omega) \int_{-\infty}^{\infty} f_1(\tau) \mathrm{e}^{-\mathrm{j}\omega\tau} \mathrm{d}\tau\end{aligned}$$

所以

$$\mathscr{F}[f_1(t) * f_2(t)] = F_1(\omega) F_2(\omega) \tag{3-80}$$

式(3-80)称为时域卷积定理，它说明两个时间函数卷积的频谱等于各个时间函数频谱的乘积，即在时域中两信号的卷积等效于在频域中频谱相乘。

(二) 频域卷积定理

类似于时域卷积定理，由频域卷积定理可知，若

$$\mathscr{F}[f_1(t)] = F_1(\omega)$$

$$\mathscr{F}[f_2(t)] = F_2(\omega)$$

则

$$\mathscr{F}[f_1(t) \cdot f_2(t)] = \frac{1}{2\pi} F_1(\omega) * F_2(\omega) \tag{3-81}$$

其中

$$F_1(\omega) * F_2(\omega) = \int_{-\infty}^{\infty} F_1(u) F_2(\omega - u) \mathrm{d}u$$

证明方法同时域卷积定理，读者可自行证明，这里不再重复。

式(3-81)称为频域卷积定理，它说明两时间函数频谱的卷积等效于两函数的乘积。或者说，两时间函数乘积的频谱等于各个函数频谱的卷积乘以 $\frac{1}{2\pi}$。显然时域与频域卷积定理是对称的，这由傅里叶变换的对称性所决定。

下面举例说明如何利用卷积定理求信号频谱。

例 3-8 已知

$$f(t) = \begin{cases} E\cos\left(\dfrac{\pi t}{\tau}\right) & \left(|t| \leq \dfrac{\tau}{2}\right) \\ 0 & \left(|t| > \dfrac{\tau}{2}\right) \end{cases}$$

利用卷积定理求余弦脉冲的频谱。

解

把余弦脉冲 $f(t)$ 看成矩形脉冲 $G(t)$ 与无穷长余弦函数 $\cos\left(\dfrac{\pi t}{\tau}\right)$ 的乘积,如图 3-42 所示,其表达式为

$$f(t) = G(t)\cos\left(\dfrac{\pi t}{\tau}\right)$$

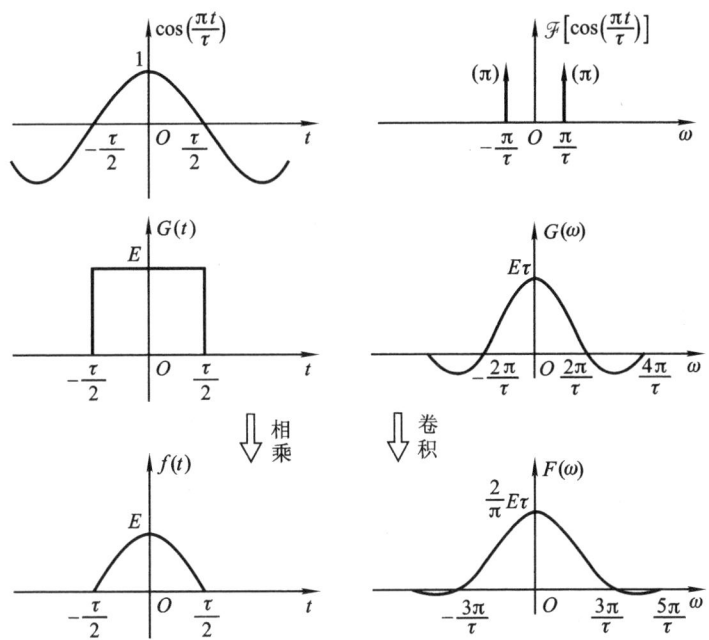

图 3-42 利用卷积定理求余弦脉冲的频谱

由式(3-33)知矩形脉冲的频谱为

$$G(\omega) = \mathscr{F}[G(t)] = E\tau\mathrm{Sa}\left(\dfrac{\omega\tau}{2}\right)$$

由式(3-65)知

$$\mathscr{F}\left[\cos\left(\dfrac{\pi t}{\tau}\right)\right] = \pi\delta\left(\omega + \dfrac{\pi}{\tau}\right) + \pi\delta\left(\omega - \dfrac{\pi}{\tau}\right)$$

根据频域卷积定理,可以得到 $f(t)$ 的频谱为

$$F(\omega) = \mathscr{F}\left[G(t)\cos\left(\frac{\pi t}{\tau}\right)\right]$$

$$= \frac{1}{2\pi}E\tau\mathrm{Sa}\left(\frac{\omega\tau}{2}\right) * \pi\left[\delta\left(\omega + \frac{\pi}{\tau}\right) + \delta\left(\omega - \frac{\pi}{\tau}\right)\right]$$

$$= \frac{E\tau}{2}\mathrm{Sa}\left[\left(\omega + \frac{\pi}{\tau}\right)\frac{\tau}{2}\right] + \frac{E\tau}{2}\mathrm{Sa}\left[\left(\omega - \frac{\pi}{\tau}\right)\frac{\tau}{2}\right]$$

上式化简后得到余弦脉冲的频谱为

$$F(\omega) = \frac{2E\tau}{\pi}\frac{\cos\left(\frac{\omega\tau}{2}\right)}{\left[1 - \left(\frac{\omega\tau}{\pi}\right)^2\right]} \tag{3-82}$$

如图 3-42 所示。

例 3-9 已知

$$f(t) = \begin{cases} E\left(1 - \frac{2|t|}{\tau}\right) & \left(|t| \leqslant \frac{\tau}{2}\right) \\ 0 & \left(|t| > \frac{\tau}{2}\right) \end{cases}$$

利用卷积定理求三角脉冲的频谱。

解 可以把图 3-43 所示的三角脉冲看成是两个同样的矩形脉冲的卷积,而矩形脉冲的幅度、宽度可以由卷积的定义直接看出,分别为 $\sqrt{\frac{2E}{\tau}}$ 及 $\frac{\tau}{2}$。根据时域卷积定理,可以很简单地求出三角脉冲的频谱 $F(\omega)$。

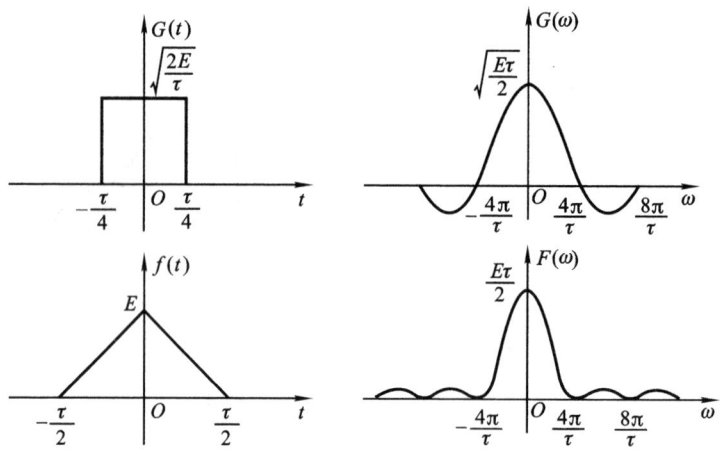

图 3-43 利用卷积定理求三角脉冲的频谱

因为
$$f(t) = G(t) * G(t)$$
$$G(\omega) = \sqrt{\frac{2E}{\tau}} \cdot \frac{\tau}{2} \text{Sa}\left(\frac{\omega\tau}{4}\right)$$

所以
$$F(\omega) = \left[\sqrt{\frac{2E}{\tau}} \cdot \frac{\tau}{2} \cdot \text{Sa}\left(\frac{\omega\tau}{4}\right)\right]^2$$
$$= \frac{E\tau}{2} \text{Sa}^2\left(\frac{\omega\tau}{4}\right) \tag{3-83}$$

如图 3-43 所示。

频域卷积定理的典型应用实例是通信系统中的调制与解调,这将是 5.7 节的主要内容。

最后,将本节与上节讨论的傅里叶变换基本性质列于表 3-2,表中最后的几个性质将在 3.10 节和 6.6 节讨论。

表 3-2 傅里叶变换的基本性质

性 质	时域 $f(t)$	频域 $F(\omega)$	时域频域对应关系
1. 线性	$\sum_{i=1}^{n} a_i f_i(t)$	$\sum_{i=1}^{n} a_i F_i(\omega)$	线性叠加
2. 对称性	$F(t)$	$2\pi f(-\omega)$	对称
3. 尺度变换	$f(at)$	$\frac{1}{|a|} F\left(\frac{\omega}{a}\right)$	压缩与扩展
	$f(-t)$	$F(-\omega)$	反褶
4. 时移	$f(t-t_0)$	$F(\omega) e^{-j\omega t_0}$	时移与相移
	$f(at-t_0)$	$\frac{1}{|a|} F\left(\frac{\omega}{a}\right) e^{-j\frac{\omega t_0}{a}}$	
5. 频移	$f(t) e^{j\omega_0 t}$	$F(\omega-\omega_0)$	调制与频移
	$f(t)\cos(\omega_0 t)$	$\frac{1}{2}[F(\omega+\omega_0) + F(\omega-\omega_0)]$	
	$f(t)\sin(\omega_0 t)$	$\frac{j}{2}[F(\omega+\omega_0) - F(\omega-\omega_0)]$	
6. 时域微分	$\dfrac{\mathrm{d}f(t)}{\mathrm{d}t}$	$j\omega F(\omega)$	
	$\dfrac{\mathrm{d}^n f(t)}{\mathrm{d}t^n}$	$(j\omega)^n F(\omega)$	

续表

性 质	时域 $f(t)$	频域 $F(\omega)$	时域频域对应关系
7. 频域微分	$-jtf(t)$	$\dfrac{dF(\omega)}{d\omega}$	
	$(-jt)^n f(t)$	$\dfrac{d^n F(\omega)}{d\omega^n}$	
8. 时域积分	$\displaystyle\int_{-\infty}^{t} f(\tau) d\tau$	$\dfrac{1}{j\omega}F(\omega) + \pi F(0)\delta(\omega)$	
9. 时域卷积	$f_1(t) * f_2(t)$	$F_1(\omega) F_2(\omega)$	乘积与卷积
10. 频域卷积	$f_1(t) f_2(t)$	$\dfrac{1}{2\pi} F_1(\omega) * F_2(\omega)$	
11. 时域抽样	$\displaystyle\sum_{n=-\infty}^{\infty} f(t)\delta(t-nT_s)$	$\dfrac{1}{T_s}\displaystyle\sum_{n=-\infty}^{\infty} F\left(\omega - \dfrac{2\pi n}{T_s}\right)$	抽样与重复
12. 频域抽样	$\dfrac{1}{\omega_s}\displaystyle\sum_{n=-\infty}^{\infty} f\left(t - \dfrac{2\pi n}{\omega_s}\right)$	$\displaystyle\sum_{n=-\infty}^{\infty} F(\omega)\delta(\omega - n\omega_s)$	
13. 相关	$R_{12}(\tau)$	$F_1(\omega) F_2^*(\omega)$	
	$R_{21}(\tau)$	$F_1^*(\omega) F_2(\omega)$	
14. 自相关	$R(\tau)$	$\lvert F(\omega) \rvert^2$	

3.9 周期信号的傅里叶变换

　　以上几节讨论了周期信号的傅里叶级数,以及非周期信号的傅里叶变换问题。在推导傅里叶变换时,令周期信号的周期趋近无穷大,这样,将周期信号变成非周期信号,将傅里叶级数演变成傅里叶变换,由周期信号的离散谱过渡成连续谱。现在研究周期信号傅里叶变换的特点以及它与傅里叶级数之间的联系,目的是力图把周期信号与非周期信号的分析方法统一起来,使傅里叶变换这一工具得到更广泛的应用,使我们对它的理解更加深入、全面。前已指出,虽然周期信号不满足绝对可积条件,但是在允许冲激函数存在并认为它是有意义的前提下,绝对可积条件就成为不必要的限制了,在这种意义上说周期信号的傅里叶变换是存在的。在 3.7 节频移定理的应用举例中(例 3 - 5)已给出余弦信号的傅里叶变换。现在,仍借助频移定理导出指数、余弦、正弦信号的频谱函数,然后研究一般周期信号的傅里叶变换。

(一) 正弦、余弦信号的傅里叶变换

若
$$\mathscr{F}[f_0(t)] = F_0(\omega)$$

由频移特性[式(3-64)]知
$$\mathscr{F}[f_0(t)\mathrm{e}^{\mathrm{j}\omega_1 t}] = F_0(\omega - \omega_1) \tag{3-84}$$

在上式中,令
$$f_0(t) = 1$$

由式(3-46)知 $f_0(t)$ 的傅里叶变换为
$$F_0(\omega) = \mathscr{F}(1) = 2\pi\delta(\omega)$$

这样,式(3-84)变成
$$\mathscr{F}[\mathrm{e}^{\mathrm{j}\omega_1 t}] = 2\pi\delta(\omega - \omega_1) \tag{3-85}$$

同理
$$\mathscr{F}[\mathrm{e}^{-\mathrm{j}\omega_1 t}] = 2\pi\delta(\omega + \omega_1) \tag{3-86}$$

由式(3-85)、式(3-86)及欧拉公式,可以得到
$$\left.\begin{array}{l}\mathscr{F}[\cos(\omega_1 t)] = \pi[\delta(\omega + \omega_1) + \delta(\omega - \omega_1)]\\ \mathscr{F}[\sin(\omega_1 t)] = \mathrm{j}\pi[\delta(\omega + \omega_1) - \delta(\omega - \omega_1)]\end{array}\right\} \tag{3-87}$$

(t 为任意值)

式(3-85)、式(3-87)表示指数、余弦和正弦函数的傅里叶变换。这类信号的频谱只包含位于 $\pm\omega_1$ 处的冲激函数,如图 3-44 所示。

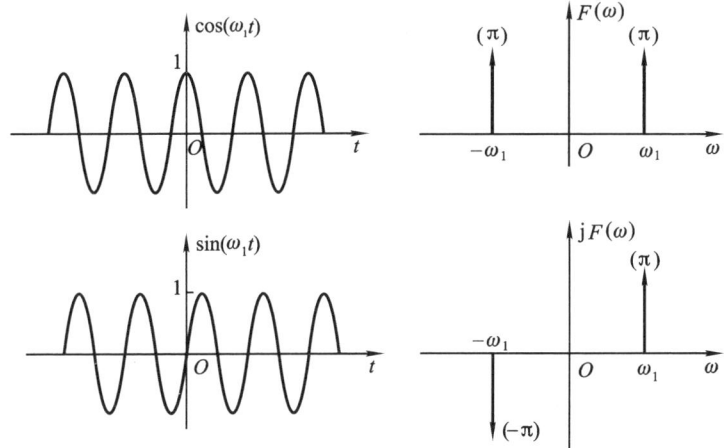

图 3-44 余弦和正弦信号的频谱

另外,还可以用极限的方法求正弦信号 $\sin(\omega_1 t)$、余弦信号 $\cos(\omega_1 t)$ 及指数信号 $\mathrm{e}^{\mathrm{j}\omega_1 t}$ 的傅里叶变换。

先令 $f_0(t)$ 为有限长的余弦信号,它只存在于 $-\dfrac{\tau}{2} \sim +\dfrac{\tau}{2}$ 的区间,即把有限长的余弦信号看成矩形脉冲 $G(t)$ 与余弦信号 $\cos(\omega_1 t)$ 的乘积。

这样
$$f_0(t) = G(t)\cos(\omega_1 t)$$
因为
$$G(\omega) = \mathscr{F}[G(t)]$$
$$= \tau \mathrm{Sa}\left(\frac{\omega\tau}{2}\right)$$

根据频移特性,可知 $f_0(t)$ 的频谱为
$$F_0(\omega) = \frac{1}{2}[G(\omega+\omega_1) + G(\omega-\omega_1)]$$
$$= \frac{\tau}{2}\mathrm{Sa}\left[(\omega+\omega_1)\frac{\tau}{2}\right] + \frac{\tau}{2}\mathrm{Sa}\left[(\omega-\omega_1)\frac{\tau}{2}\right]$$

如图 3-45 所示。

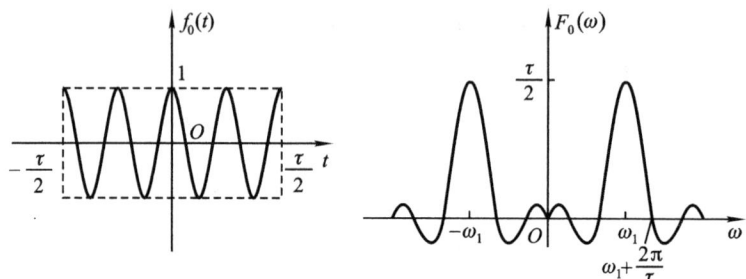

图 3-45 有限长余弦信号的频谱

显然,余弦信号 $\cos(\omega_1 t)$ 的傅里叶变换为 $\tau \to \infty$ 时 $F_0(\omega)$ 的极限,即
$$\mathscr{F}[\cos(\omega_1 t)] = \lim_{\tau \to \infty} F_0(\omega)$$
$$= \lim_{\tau \to \infty}\left\{\frac{\tau}{2}\mathrm{Sa}\left[(\omega+\omega_1)\frac{\tau}{2}\right] + \frac{\tau}{2}\mathrm{Sa}\left[(\omega-\omega_1)\frac{\tau}{2}\right]\right\}$$

由式(1-35)
$$\delta(\omega) = \lim_{k \to \infty}\frac{k}{\pi}\mathrm{Sa}(k\omega)$$

可知余弦信号的傅里叶变换为
$$\mathscr{F}[\cos(\omega_1 t)] = \pi[\delta(\omega+\omega_1) + \delta(\omega-\omega_1)]$$

同理可求得 $\sin(\omega_1 t)$,$e^{j\omega_1 t}$ 的频谱,结果与式(3-87)、式(3-85)完全一致。

对上述结果可做如下解释,当有限长余弦信号 $f_0(t)$ 的宽度 τ 增大时,频谱 $F_0(\omega)$ 越来越集中到 $\pm\omega_1$ 的附近,当 $\tau\to\infty$,有限长余弦信号就变成无穷长余弦信号,此时频谱在 $\pm\omega_1$ 处成为无穷大,而在其他频率处均为零。也就是说,$F_0(\omega)$ 由抽样函数变成位于 $\pm\omega_1$ 的两个冲激函数。

(二) 一般周期信号的傅里叶变换

令周期信号 $f(t)$ 的周期为 T_1,角频率为 $\omega_1\left(=2\pi f_1 = \dfrac{2\pi}{T_1}\right)$,可以将 $f(t)$ 展

成傅里叶级数,它是

$$f(t) = \sum_{n=-\infty}^{\infty} F_n e^{jn\omega_1 t}$$

将上式两边取傅里叶变换

$$\mathscr{F}[f(t)] = \mathscr{F}\sum_{n=-\infty}^{\infty} F_n e^{jn\omega_1 t}$$

$$= \sum_{n=-\infty}^{\infty} F_n \mathscr{F}[e^{jn\omega_1 t}] \qquad (3-88)$$

由式(3-85)知

$$\mathscr{F}[e^{jn\omega_1 t}] = 2\pi\delta(\omega - n\omega_1)$$

把它代到式(3-88),便可得到周期信号 $f(t)$ 的傅里叶变换为

$$\mathscr{F}[f(t)] = 2\pi\sum_{n=-\infty}^{\infty} F_n\delta(\omega - n\omega_1) \qquad (3-89)$$

其中 F_n 是 $f(t)$ 的傅里叶级数的系数,已经知道它等于

$$F_n = \frac{1}{T_1}\int_{-\frac{T_1}{2}}^{\frac{T_1}{2}} f(t) e^{-jn\omega_1 t} dt \qquad (3-90)$$

式(3-89)表明:周期信号 $f(t)$ 的傅里叶变换是由一些冲激函数组成,这些冲激位于信号的谐频($0, \pm\omega_1, \pm2\omega_1, \cdots$)处,每个冲激的强度等于 $f(t)$ 的傅里叶级数相应系数 F_n 的 2π 倍。显然,周期信号的频谱是离散的,这一点与3.2节的结论一致。然而,由于傅里叶变换是反映频谱密度的概念,因此周期信号的傅里叶变换不同于傅里叶级数,这里不是有限值,而是冲激函数,它表明在无穷小的频带范围内(即谐频点)取得了无限大的频谱值。

下面再来讨论周期性脉冲序列的傅里叶级数与单脉冲的傅里叶变换的关系。已知周期信号 $f(t)$ 的傅里叶级数是

$$f(t) = \sum_{n=-\infty}^{\infty} F_n e^{jn\omega_1 t}$$

其中,傅里叶系数

$$F_n = \frac{1}{T_1}\int_{-\frac{T_1}{2}}^{\frac{T_1}{2}} f(t) e^{-jn\omega_1 t} dt \qquad (3-91)$$

从周期性脉冲序列 $f(t)$ 中截取一个周期,得到所谓单脉冲信号。它的傅里叶变换 $F_0(\omega)$ 等于

$$F_0(\omega) = \int_{-\frac{T_1}{2}}^{\frac{T_1}{2}} f(t) e^{-j\omega t} dt \qquad (3-92)$$

比较式(3-91)和式(3-92),显然可以得到

$$F_n = \frac{1}{T_1} F_0(\omega)\bigg|_{\omega=n\omega_1} \qquad (3-93)$$

或写作

$$F_n = \frac{1}{T_1}\Big[\int_{-\frac{T_1}{2}}^{\frac{T_1}{2}} f(t) e^{-j\omega t} dt\Big]\Big|_{\omega = n\omega_1}$$

式(3-93)表明：周期脉冲序列的傅里叶级数的系数 F_n 等于单脉冲的傅里叶变换 $F_0(\omega)$ 在 $n\omega_1$ 频率点的值乘以 $\frac{1}{T_1}$。利用单脉冲的傅里叶变换式可以很方便地求出周期性脉冲序列的傅里叶系数。

例 3 – 10 若单位冲激函数的间隔为 T_1，用符号 $\delta_T(t)$ 表示周期单位冲激序列，即

$$\delta_T(t) = \sum_{n=-\infty}^{\infty} \delta(t - nT_1)$$

如图 3-46 所示。求周期单位冲激序列的傅里叶级数与傅里叶变换。

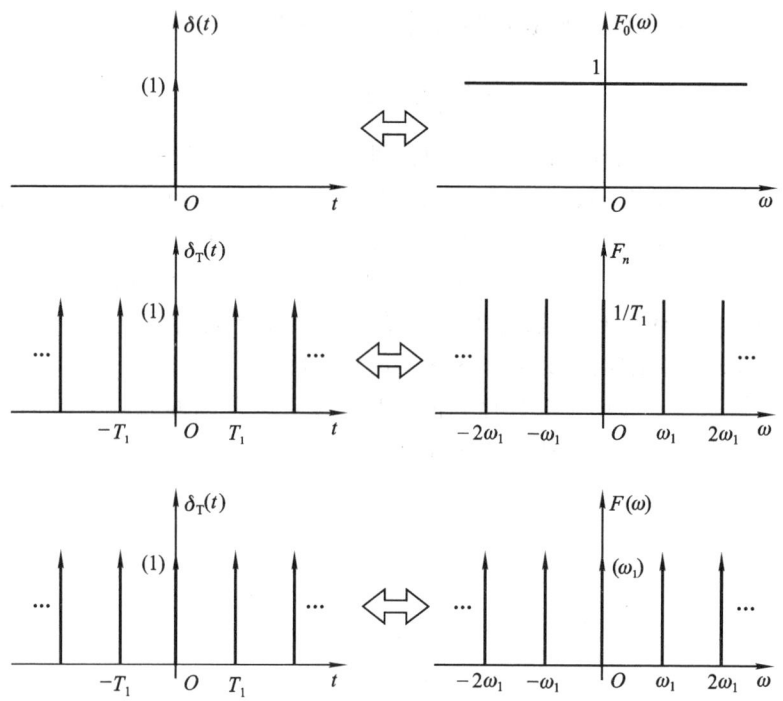

图 3-46 周期冲激序列的傅里叶级数系数与傅里叶变换

解 因为 $\delta_T(t)$ 是周期函数，所以可以把它展成傅里叶级数

$$\delta_T(t) = \sum_{n=-\infty}^{\infty} F_n e^{jn\omega_1 t}$$

其中

$$\omega_1 = \frac{2\pi}{T_1}$$

$$\begin{aligned}F_n &= \frac{1}{T_1} \int_{-\frac{T_1}{2}}^{\frac{T_1}{2}} \delta_T(t) e^{-jn\omega_1 t} dt \\ &= \frac{1}{T_1} \int_{-\frac{T_1}{2}}^{\frac{T_1}{2}} \delta(t) e^{-jn\omega_1 t} dt \\ &= \frac{1}{T_1}\end{aligned}$$

这样,得到

$$\delta_T(t) = \frac{1}{T_1} \sum_{n=-\infty}^{\infty} e^{jn\omega_1 t} \qquad (3-94)$$

可见,在周期单位冲激序列的傅里叶级数中只包含位于 $\omega = 0, \pm\omega_1, \pm 2\omega_1, \cdots, \pm n\omega_1, \cdots$ 的频率分量,每个频率分量的大小是相等的,均等于 $1/T_1$。

下面求 $\delta_T(t)$ 的傅里叶变换。

由式(3-89),知

$$\mathscr{F}[f(t)] = 2\pi \sum_{n=-\infty}^{\infty} F_n \delta(\omega - n\omega_1)$$

因 $F_n = \frac{1}{T_1}$,所以,$\delta_T(t)$ 的傅里叶变换为

$$F(\omega) = \mathscr{F}[\delta_T(t)] = \omega_1 \sum_{n=-\infty}^{\infty} \delta(\omega - n\omega_1) \qquad (3-95)$$

可见,在周期单位冲激序列的傅里叶变换中,同样,也只包含位于 $\omega = 0, \pm\omega_1, \pm 2\omega_1, \cdots, \pm n\omega_1, \cdots$ 频率处的冲激函数,其强度是相等的,均等于 ω_1,如图 3-46 所示。

例 3-11 已知周期矩形脉冲信号 $f(t)$ 的幅度为 E,脉宽为 τ,周期为 T_1,角频率为 $\omega_1 = 2\pi/T_1$,如图 3-47 所示。求周期矩形脉冲信号的傅里叶级数与傅里叶变换。

解

利用本节所给出的方法可以很方便地求出傅里叶级数与傅里叶变换。在此从熟悉的单脉冲入手,已知矩形脉冲 $f_0(t)$ 的傅里叶变换 $F_0(\omega)$ 等于

$$F_0(\omega) = E\tau \text{Sa}\left(\frac{\omega\tau}{2}\right)$$

由式(3-93)可以求出周期矩形脉冲信号的傅里叶系数 F_n

$$F_n = \frac{1}{T_1} F_0(\omega) \bigg|_{\omega = n\omega_1} = \frac{E\tau}{T_1} \text{Sa}\left(\frac{n\omega_1 \tau}{2}\right)$$

这样,$f(t)$ 的傅里叶级数为

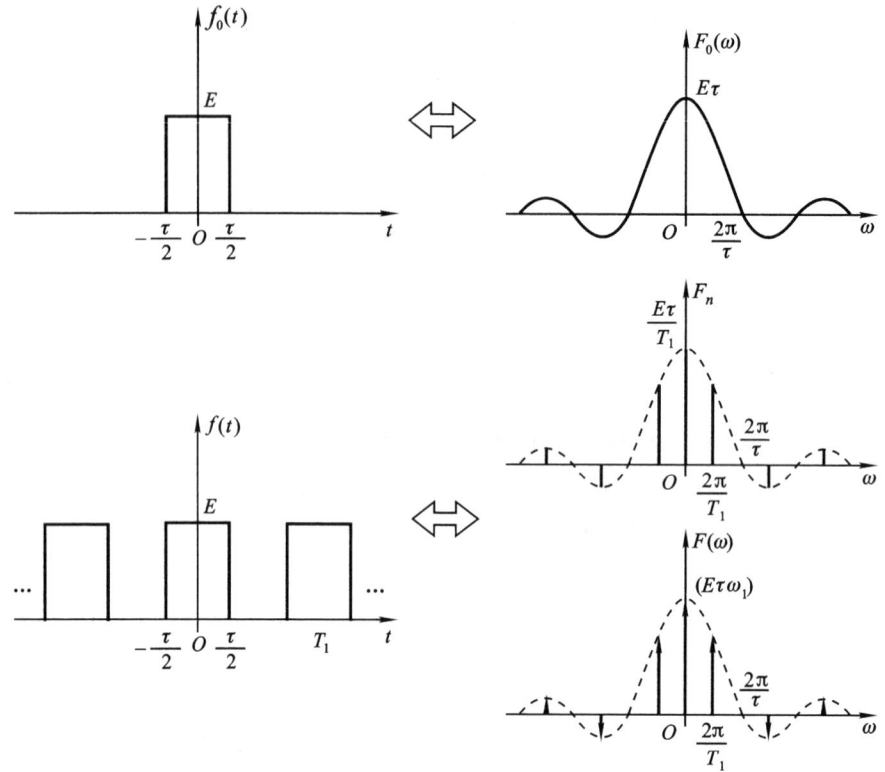

图 3-47 周期矩形脉冲信号的傅里叶级数系数与傅里叶变换

$$f(t) = \frac{E\tau}{T_1} \sum_{n=-\infty}^{\infty} \mathrm{Sa}\left(\frac{n\omega_1 \tau}{2}\right) e^{jn\omega_1 t}$$

再由式(3-89)便可得到 $f(t)$ 的傅里叶变换 $F(\omega)$，它是

$$F(\omega) = 2\pi \sum_{n=-\infty}^{\infty} F_n \delta(\omega - n\omega_1)$$

$$= E\tau\omega_1 \sum_{n=-\infty}^{\infty} \mathrm{Sa}\left(\frac{n\omega_1 \tau}{2}\right) \delta(\omega - n\omega_1)$$

如图 3-47 所示。

从此例也可以看出，单脉冲的频谱是连续函数，而周期信号的频谱是离散函数。对于 $F(\omega)$ 来说，它包含间隔为 ω_1 的冲激序列，其强度的包络线的形状与单脉冲频谱的形状相同。上述结论也可以由例 3-2 定性地看出来，在图 3-36 已经画出了三脉冲信号的频谱，显然，当脉冲数目增多时，频谱更加向 $n\omega_1 \left(\omega_1 = \frac{2\pi}{T_1}\right)$ 处聚集；当脉冲数目为无限多时，它将变成周期脉冲信号，此时频谱在 $n\omega_1$ 处聚集成冲激函数。

3.10 抽样信号的傅里叶变换

所谓"抽样"就是利用抽样脉冲序列 $p(t)$ 从连续信号 $f(t)$ 中"抽取"一系列的离散样值,这种离散信号通常称为"抽样信号",以 $f_s(t)$ 表示,如图 3-48 所示。

必须指出,在信号分析与处理研究领域中,习惯上把 $\mathrm{Sa}(t) = \dfrac{\sin t}{t}$ 称为"抽样函数",与这里所指的"抽样"或"抽样信号"具有完全不同的含义。此外,这里的抽样也称为"采样"或"取样"。

图 3-49 示出实现抽样的原理方框图。由图可见,连续信号经抽样作用变成抽样信号以后,往往需要再经量化、编码变成数字信号。这种数字信号经传输,然后进行上述过程的逆变换就可恢复出原连续信号。基于这种原理所构成的数字通信系统在很多性能上都要比模拟通信系统优越。随着数字技术与计算机的迅速发展,这种通信方式已

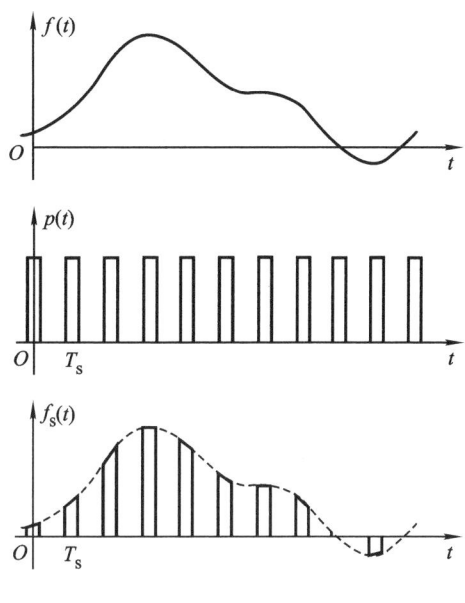

图 3-48 抽样信号的波形

经得到了广泛的应用。本节只研究信号经抽样后频谱的变化规律。量化和编码的概念将在 5.10 节介绍。

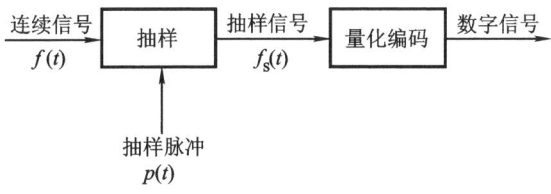

图 3-49 抽样过程方框图

摆在我们面前的两个问题是:(1)抽样信号 $f_s(t)$ 的傅里叶变换是什么样子?它和未经抽样的原连续信号 $f(t)$ 的傅里叶变换有什么联系?(2)连续信号被抽样后,它是否保留了原信号 $f(t)$ 的全部信息,也即,在什么条件下,可从抽样信号 $f_s(t)$ 中无失真地恢复出原连续信号 $f(t)$?我们把第(2)个问题留待下

节专门研究,本节只解决第(1)个问题。与时域抽样相对应,在本节也要研究频域抽样——频谱函数在 ω 轴上被抽样脉冲抽取离散值的原理。通过本节与下节的讨论,将把傅里叶分析的方法从连续信号与系统推广到离散信号与系统,为本书第七、八章以及数字信号处理课程的研究作一初步准备。

(一) 时域抽样

令连续信号 $f(t)$ 的傅里叶变换为 $\quad F(\omega)=\mathscr{F}[f(t)]$;

抽样脉冲序列 $p(t)$ 的傅里叶变换为 $\quad P(\omega)=\mathscr{F}[p(t)]$;

抽样后信号 $f_s(t)$ 的傅里叶变换为 $\quad F_s(\omega)=\mathscr{F}[f_s(t)]$。

若采用均匀抽样,抽样周期为 T_s,抽样频率为

$$\omega_s = 2\pi f_s = \frac{2\pi}{T_s}$$

在一般情况下,抽样过程是通过抽样脉冲序列 $p(t)$ 与连续信号 $f(t)$ 相乘来完成,即满足

$$f_s(t) = f(t)p(t) \tag{3-96}$$

因为 $p(t)$ 是周期信号,那么由式(3-89)可以知道 $p(t)$ 的傅里叶变换等于

$$P(\omega) = 2\pi \sum_{n=-\infty}^{\infty} P_n \delta(\omega - n\omega_s) \tag{3-97}$$

其中

$$P_n = \frac{1}{T_s} \int_{-\frac{T_s}{2}}^{\frac{T_s}{2}} p(t) \mathrm{e}^{-\mathrm{j}n\omega_s t} \mathrm{d}t \tag{3-98}$$

它是 $p(t)$ 的傅里叶级数的系数。

根据频域卷积定理可知

$$F_s(\omega) = \frac{1}{2\pi} F(\omega) * P(\omega)$$

将式(3-97)代入上式,化简后得到抽样信号 $f_s(t)$ 的傅里叶变换为

$$F_s(\omega) = \sum_{n=-\infty}^{\infty} P_n F(\omega - n\omega_s) \tag{3-99}$$

式(3-99)表明:信号在时域被抽样后,它的频谱 $F_s(\omega)$ 是连续信号频谱 $F(\omega)$ 的形状以抽样频率 ω_s 为间隔周期地重复而得到,在重复的过程中幅度被 $p(t)$ 的傅里叶系数 P_n 所加权。因为 P_n 只是 n(而不是 ω)的函数,所以 $F(\omega)$ 在重复过程中不会使形状发生变化。

式(3-99)中加权系数 P_n 取决于抽样脉冲序列的形状,下面讨论两种典型的情况。

(1) 矩形脉冲抽样

在这种情况下,抽样脉冲 $p(t)$ 是矩形,令它的脉冲幅度为 E,脉宽为 τ,抽样角频率为 ω_s(抽样间隔为 T_s)。由于 $f_s(t) = f(t)p(t)$,所以抽样信号

$f_s(t)$在抽样期间的脉冲顶部不是平的,而是随$f(t)$而变化,如图3-50所示。这种抽样称为"自然抽样"。现在只讨论自然抽样的情况,在抽样期间脉冲为平顶的情况将在5.9节讨论。对于自然抽样,由式(3-98)可求出

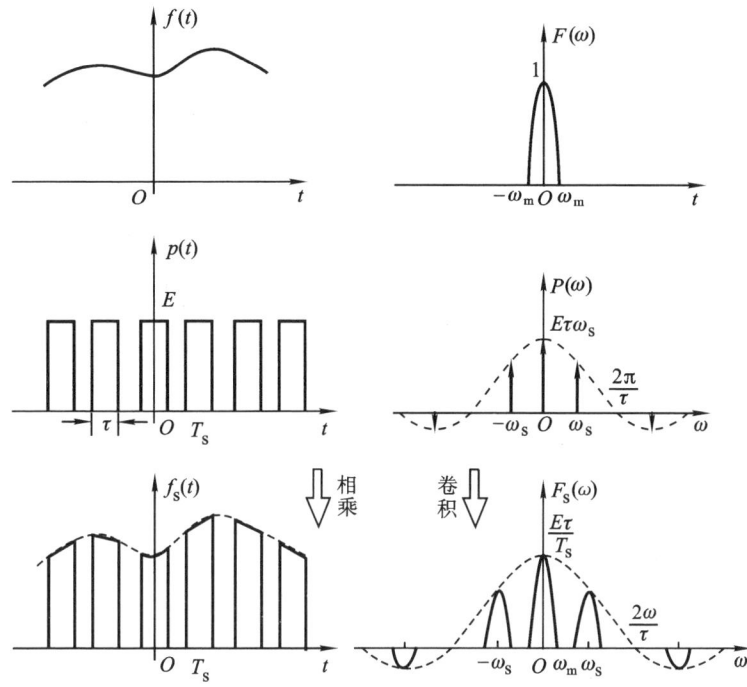

图3-50 矩形抽样信号的频谱

$$P_n = \frac{1}{T_s}\int_{-\frac{T_s}{2}}^{\frac{T_s}{2}} p(t) e^{-jn\omega_s t} dt$$

$$= \frac{1}{T_s}\int_{-\frac{\tau}{2}}^{\frac{\tau}{2}} E e^{-jn\omega_s t} dt$$

积分后得到

$$P_n = \frac{E\tau}{T_s}\text{Sa}\left(\frac{n\omega_s\tau}{2}\right) \qquad (3-100)$$

这个结果是早已熟悉的,若将它代到式(3-99),便可得到矩形抽样信号的频谱为

$$F_s(\omega) = \frac{E\tau}{T_s}\sum_{n=-\infty}^{\infty} \text{Sa}\left(\frac{n\omega_s\tau}{2}\right) F(\omega - n\omega_s) \qquad (3-101)$$

显然,在这种情况下,$F(\omega)$在以ω_s为周期的重复过程中幅度以$\text{Sa}\left(\frac{n\omega_s\tau}{2}\right)$的规律变化,如图3-50所示。

（2）冲激抽样

若抽样脉冲 $p(t)$ 是冲激序列，这种抽样则称为"冲激抽样"或"理想抽样"。因为

$$p(t) = \delta_T(t) = \sum_{n=-\infty}^{\infty} \delta(t - nT_s)$$

$$f_s(t) = f(t)\delta_T(t)$$

所以，在这种情况下抽样信号 $f_s(t)$ 是由一系列冲激函数构成，每个冲激的间隔为 T_s 而强度等于连续信号的抽样值 $f(nT_s)$，如图 3-51 所示。

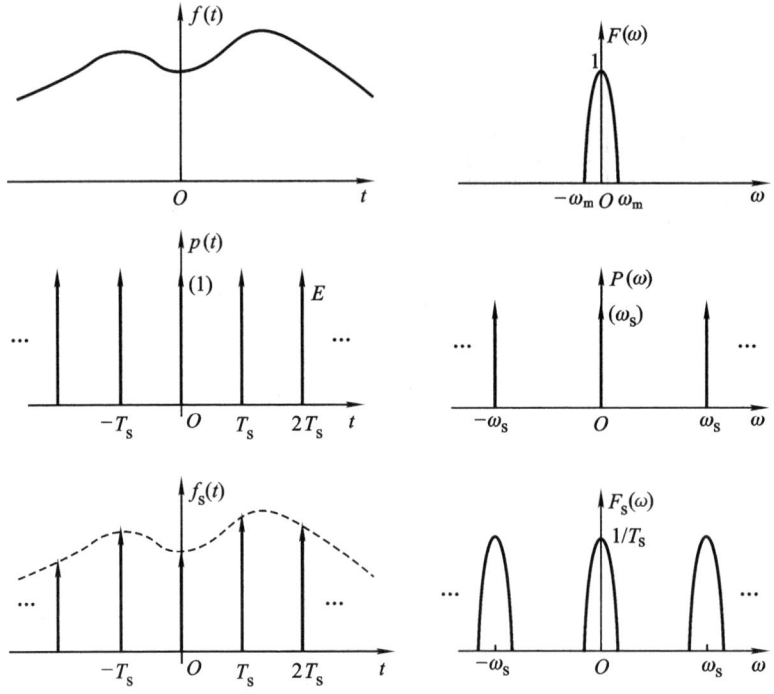

图 3-51 冲激抽样信号的频谱

由式(3-98)可以求出 $\delta_T(t)$ 的傅里叶系数

$$P_n = \frac{1}{T_s} \int_{-\frac{T_s}{2}}^{\frac{T_s}{2}} \delta_T(t) e^{-jn\omega_s t} dt$$

$$= \frac{1}{T_s} \int_{-\frac{T_s}{2}}^{\frac{T_s}{2}} \delta(t) e^{-jn\omega_s t} dt$$

$$= \frac{1}{T_s}$$

把它代入到式(3-99)，将得到冲激抽样信号的频谱为

$$F_s(\omega) = \frac{1}{T_s} \sum_{n=-\infty}^{\infty} F(\omega - n\omega_s) \qquad (3-102)$$

式(3-102)表明:由于冲激序列的傅里叶系数 P_n 为常数,所以 $F(\omega)$ 是以 ω_s 为周期等幅地重复,如图 3-51 所示。

显然冲激抽样和矩形脉冲抽样是式(3-99)的两种特定情况,而前者又是后者的一种极限情况(脉宽 $\tau \to 0$)。在实际中通常采用矩形脉冲抽样,但是为了便于问题的分析,当脉宽 τ 相对较窄时,往往近似为冲激抽样。

(二) 频域抽样

已知连续频谱函数 $F(\omega)$,对应的时间函数为 $f(t)$。若 $F(\omega)$ 在频域中被间隔为 ω_1 的冲激序列 $\delta_\omega(\omega)$ 抽样,那么抽样后的频谱函数 $F_1(\omega)$ 所对应的时间函数 $f_1(t)$ 与 $f(t)$ 具有什么样的关系?

已知
$$F(\omega) = \mathscr{F}[f(t)]$$

若频域抽样过程满足
$$F_1(\omega) = F(\omega)\delta_\omega(\omega) \qquad (3-103)$$

其中
$$\delta_\omega(\omega) = \sum_{n=-\infty}^{\infty} \delta(\omega - n\omega_1)$$

由式(3-95)知
$$\mathscr{F}\left[\sum_{n=-\infty}^{\infty} \delta(t - nT_1)\right] = \omega_1 \sum_{n=-\infty}^{\infty} \delta(\omega - n\omega_1)$$

$$\left(\omega_1 = \frac{2\pi}{T_1}\right)$$

于是上式可写为逆变换形式
$$\mathscr{F}^{-1}[\delta_\omega(\omega)] = \mathscr{F}^{-1}\left[\sum_{n=-\infty}^{\infty} \delta(\omega - n\omega_1)\right]$$
$$= \frac{1}{\omega_1} \sum_{n=-\infty}^{\infty} \delta(t - nT_1) = \frac{1}{\omega_1} \delta_T(t) \qquad (3-104)$$

由式(3-103)、式(3-104),根据时域卷积定理,可知
$$\mathscr{F}^{-1}[F_1(\omega)] = \mathscr{F}^{-1}[F(\omega)] * \mathscr{F}^{-1}[\delta_\omega(\omega)]$$

即
$$f_1(t) = f(t) * \frac{1}{\omega_1} \sum_{n=-\infty}^{\infty} \delta(t - nT_1)$$

这样,便可得到 $F(\omega)$ 被抽样后 $F_1(\omega)$ 所对应的时间函数
$$f_1(t) = \frac{1}{\omega_1} \sum_{n=-\infty}^{\infty} f(t - nT_1) \qquad (3-105)$$

式(3-105)表明:若 $f(t)$ 的频谱 $F(\omega)$ 被间隔为 ω_1 的冲激序列在频域中抽样,则在时域中等效于 $f(t)$ 以 $T_1\left(=\dfrac{2\pi}{\omega_1}\right)$ 为周期而重复(如图 3-52 所示)。也

就是说,周期信号的频谱是离散的,显然与 3.2 节、3.9 节的结论一致。

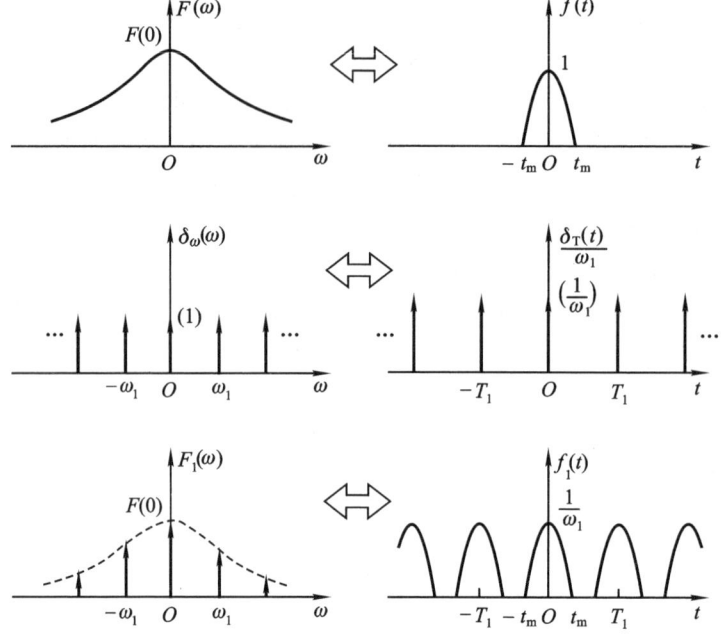

图 3-52 频谱抽样所对应的信号波形

通过上面时域与频域的抽样特性讨论,得到了傅里叶变换的又一条重要性质,即信号的时域与频域呈抽样(离散)与周期(重复)对应关系。表 3-3 给出了这一结论的要点。此性质也在表 3-2 中列出(第 11、12 项)。

表 3-3 周期信号和抽样信号的特性

时 域	频 域
周期信号 周期为 T_1	离散频谱 离散间隔 $\omega_1 = \dfrac{2\pi}{T_1}$
抽样信号(离散) 抽样间隔 $T_s = \dfrac{2\pi}{\omega_s}$	重复频谱(周期) 重复周期为 ω_s

例 3-12 大致画出图 3-53 所示周期矩形信号冲激抽样后信号的频谱。

已知周期性矩形脉冲为 $f_1(t)$,它的脉幅为 E,脉宽为 τ,周期为 T_1,其傅里叶变换以 $F_1(\omega)$ 表示。

若 $f_1(t)$ 被间隔为 T_s 的冲激序列所抽样,令抽样后的信号为 $f_s(t)$,其傅里

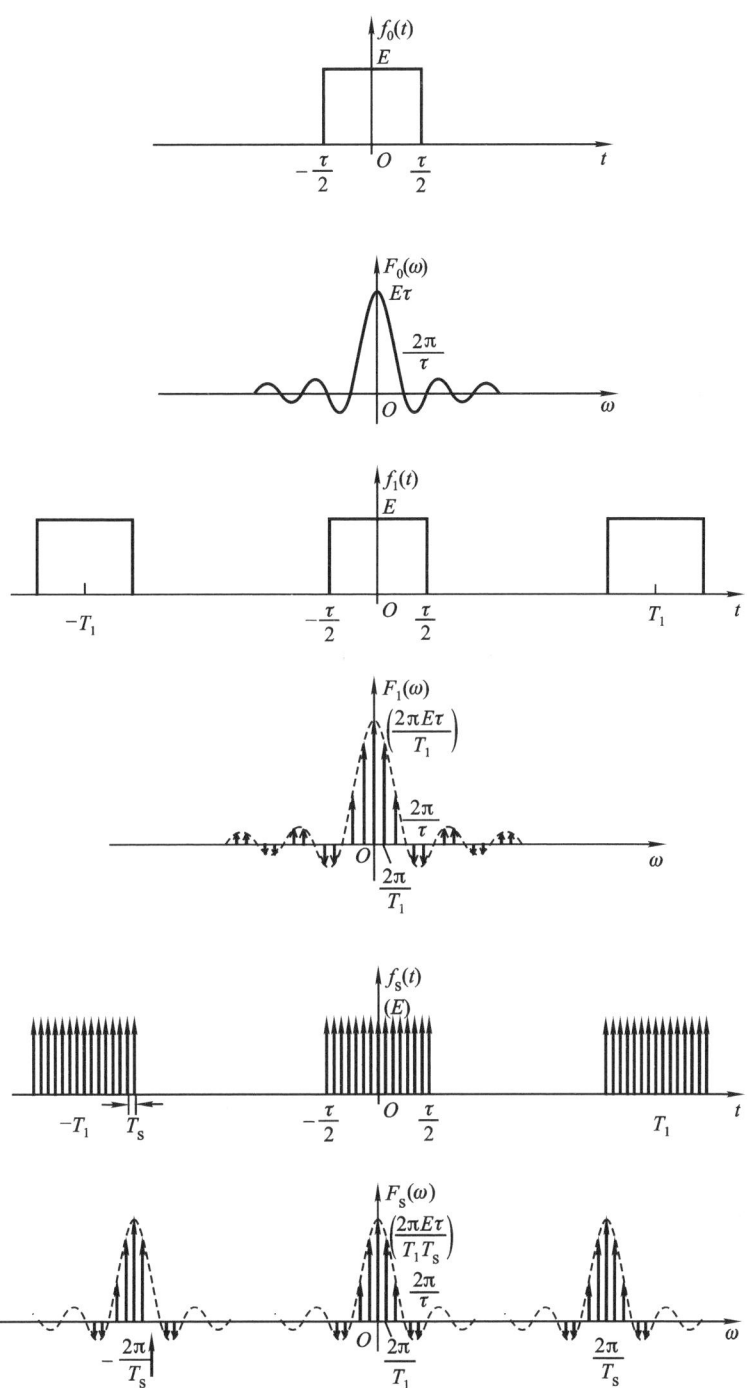

图 3-53 周期矩形抽样信号的波形与频谱

叶变换为 $F_s(\omega)$。

解 仍从单脉冲入手并利用傅里叶变换的抽样特性来解答本题。

如图 3-53 所示,已知矩形单脉冲 $f_0(t)$ 的傅里叶变换为

$$F_0(\omega) = E\tau \text{Sa}\left(\frac{\omega\tau}{2}\right)$$

若 $f_0(t)$ 以 T_1 为周期进行重复便构成周期信号 $f_1(t)$,即

$$f_1(t) = \sum_{n=-\infty}^{\infty} f_0(t - nT_1)$$

根据频域抽样特性可知 $f_1(t)$ 的傅里叶变换 $F_1(\omega)$ 是由 $F_0(\omega)$ 经过间隔为 $\omega_1\left(=\dfrac{2\pi}{T_1}\right)$ 冲激抽样而得到。由式(3-103)、式(3-105)知

$$\begin{aligned} F_1(\omega) &= \omega_1 F_0(\omega) \delta_\omega(\omega) \\ &= \omega_1 E\tau \text{Sa}\left(\frac{\omega\tau}{2}\right) \sum_{n=-\infty}^{\infty} \delta(\omega - n\omega_1) \\ &= \omega_1 E\tau \sum_{n=-\infty}^{\infty} \text{Sa}\left(\frac{n\omega_1 \tau}{2}\right) \delta(\omega - n\omega_1) \end{aligned}$$

若 $f_1(t)$ 被间隔为 T_s 的冲激序列所抽样,便构成周期矩形抽样信号 $f_s(t)$,即

$$f_s(t) = f_1(t) \delta_T(t)$$

根据时域抽样特性可知 $f_s(t)$ 的傅里叶变换 $F_s(\omega)$ 是 $F_1(\omega)$ 以 $\omega_s\left(=\dfrac{2\pi}{T_s}\right)$ 为间隔重复而得到。由式(3-102)知

$$\begin{aligned} F_s(\omega) &= \frac{1}{T_s} \sum_{m=-\infty}^{\infty} F_1(\omega - m\omega_s) \\ &= \frac{\omega_1 E\tau}{T_s} \sum_{m=-\infty}^{\infty} \sum_{n=-\infty}^{\infty} \text{Sa}\left(\frac{n\omega_1\tau}{2}\right)\delta(\omega - m\omega_s - n\omega_1) \end{aligned}$$

如图 3-53 所示。

3.11 抽样定理

本节讨论前节提出的第(2)个问题,即如何从抽样信号中恢复原连续信号,以及在什么条件下才可以无失真地完成这种恢复作用。

著名的"抽样定理"对此作出了明确而精辟的回答。抽样定理在通信系统、信息传输理论方面占有十分重要的地位,许多近代通信方式(如数字通信系统)都以此定理作为理论基础。在 5.9 节和 5.10 节将初步介绍它的有关应用,在这里只讨论抽样定理的内容以及借助此定理回答恢复连续信号的问题。

(一) 时域抽样定理

时域抽样定理说明:一个频谱受限的信号 $f(t)$,如果频谱只占据 $-\omega_m \sim +\omega_m$ 的范围,则信号 $f(t)$ 可以用等间隔的抽样值惟一地表示。而抽样间隔必须不大于 $\dfrac{1}{2f_m}$(其中 $\omega_m = 2\pi f_m$),或者说,最低抽样频率为 $2f_m$。

参看图 3-54 来证明此定理。从上一节可以看出,假定信号 $f(t)$ 的频谱 $F(\omega)$ 限制在 $-\omega_m \sim +\omega_m$ 范围内,若以间隔 $T_s \left(或重复频率 \omega_s = \dfrac{2\pi}{T_s}\right)$ 对 $f(t)$ 进行抽样,抽样后信号 $f_s(t)$ 的频谱 $F_s(\omega)$ 是 $F(\omega)$ 以 ω_s 为周期重复。若抽样过程满足式(3-96)(如冲激抽样),则 $F(\omega)$ 频谱在重复过程中是不产生失真的。在此情况下,只有满足 $\omega_s \geq 2\omega_m$ 条件,$F_s(\omega)$ 才不会产生频谱的混叠。这样,抽样信号 $f_s(t)$ 保留了原连续信号 $f(t)$ 的全部信息,完全可以用 $f_s(t)$ 惟一地表示 $f(t)$,或者说,完全可以由 $f_s(t)$ 恢复出 $f(t)$。图 3-54 画出了当抽样率 $\omega_s > 2\omega_m$ (不混叠时)及 $\omega_s < 2\omega_m$ (混叠时)两种情况下冲激抽样信号的频谱。

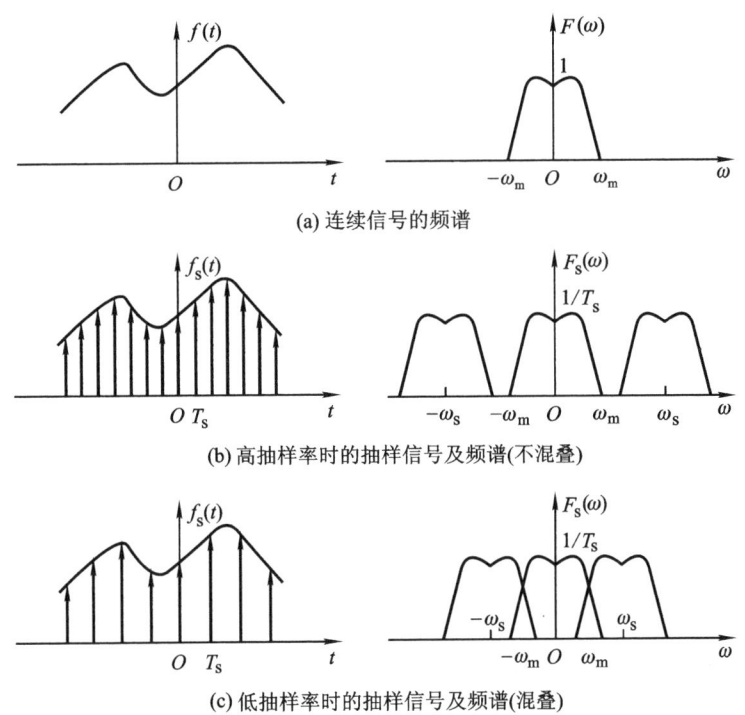

(a) 连续信号的频谱

(b) 高抽样率时的抽样信号及频谱(不混叠)

(c) 低抽样率时的抽样信号及频谱(混叠)

图 3-54 冲激抽样信号的频谱

对于抽样定理,可以从物理概念上做如下解释。由于一个频带受限的信号波形绝不可能在很短的时间内产生独立的、实质的变化,它的最高变化速度受最

高频率分量 ω_m 的限制。因此为了保留这一频率分量的全部信息，一个周期的间隔内至少抽样两次，即必须满足 $\omega_s \geq 2\omega_m$ 或 $f_s \geq 2f_m$。

通常把最低允许的抽样率 $f_s = 2f_m$ 称为"奈奎斯特(Nyquist)频率"，把最大允许的抽样间隔 $T_s = \dfrac{\pi}{\omega_m} = \dfrac{1}{2f_m}$ 称为"奈奎斯特间隔"。

从图 3 - 54 可以看出，在满足抽样定理的条件下，为了从频谱 $F_s(\omega)$ 中无失真地选出 $F(\omega)$，可以用如下的矩形函数 $H(\omega)$ 与 $F_s(\omega)$ 相乘，即

$$F(\omega) = F_s(\omega)H(\omega)$$

其中

$$H(\omega) = \begin{cases} T_s & |\omega| < \omega_m \\ 0 & |\omega| > \omega_m \end{cases}$$

学习 5.4 节之后就会知道，实现 $F_s(\omega)$ 与 $H(\omega)$ 相乘的方法就是将抽样信号 $f_s(t)$ 施加于"理想低通滤波器"[此滤波器的传输函数为 $H(\omega)$]，这样，在滤波器的输出端可以得到频谱为 $F(\omega)$ 的连续信号 $f(t)$。这相当于从图 3 - 54 无混叠情况下的 $F_s(\omega)$ 频谱中只取出 $|\omega| < \omega_m$ 的成分，当然，这就恢复了 $F(\omega)$，也即恢复了 $f(t)$。

以上从频域解释了由抽样信号的频谱恢复连续信号频谱的原理，也可以从时域直接说明由 $f_s(t)$ 经理想低通滤波器产生 $f(t)$ 的原理，这也是 5.9 节将要讨论的内容。

（二）频域抽样定理

根据时域与频域的对称性，可以由时域抽样定理直接推论出频域抽样定理。频域抽样定理的内容是：若信号 $f(t)$ 是时间受限信号，它集中在 $-t_m \sim +t_m$ 的时间范围内，若在频域中以不大于 $\dfrac{1}{2t_m}$ 的频率间隔对 $f(t)$ 的频谱 $F(\omega)$ 进行抽样，则抽样后的频谱 $F_1(\omega)$ 可以惟一地表示原信号。

从物理概念上不难理解，因为在频域中对 $F(\omega)$ 进行抽样，等效于 $f(t)$ 在时域中重复形成周期信号 $f_1(t)$。只要抽样间隔不大于 $\dfrac{1}{2t_m}$，则在时域中波形不会产生混叠，用矩形脉冲作选通信号从周期信号 $f_1(t)$ 中选出单个脉冲就可以无失真地恢复出原信号 $f(t)$。

本章从傅里叶级数引出了傅里叶变换的基本概念，初步介绍了傅里叶变换的性质。以此为基础，在本书以后的许多章节里将进一步讨论傅里叶变换的各种应用。今后还要看到，作为信息科学研究领域中广泛应用的有力工具，傅里叶变换在很多后续课程以及研究工作中将不断地发挥至关重要的作用。

习　题

3-1 求题图 3-1 所示对称周期矩形信号的傅里叶级数(三角形式与指数形式)。

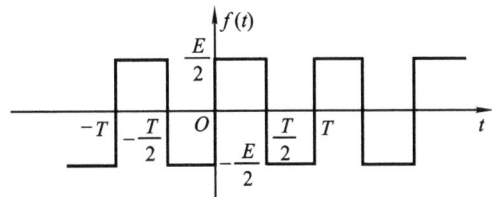

题图 3-1

3-2 周期矩形信号如题图 3-2 所示。

若：　重复频率　　　　　　　$f = 5$ kHz
　　　脉宽　　　　　　　　　$\tau = 20$ μs
　　　幅度　　　　　　　　　$E = 10$ V

求直流分量大小以及基波、二次和三次谐波的有效值。

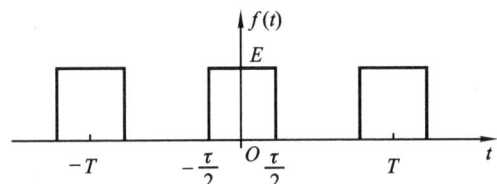

题图 3-2

3-3 若周期矩形信号 $f_1(t)$ 和 $f_2(t)$ 波形如题图 3-2 所示，$f_1(t)$ 的参数为 $\tau = 0.5$ μs，$T = 1$ μs，$E = 1$ V；$f_2(t)$ 的参数为 $\tau = 1.5$ μs，$T = 3$ μs，$E = 3$ V，分别求：
(1) $f_1(t)$ 的谱线间隔和带宽(第一零点位置)，频率单位以 kHz 表示；
(2) $f_2(t)$ 的谱线间隔和带宽；
(3) $f_1(t)$ 与 $f_2(t)$ 的基波幅度之比；
(4) $f_1(t)$ 基波与 $f_2(t)$ 三次谐波幅度之比。

3-4 求题图 3-4 所示周期三角信号的傅里叶级数并画出幅度谱。

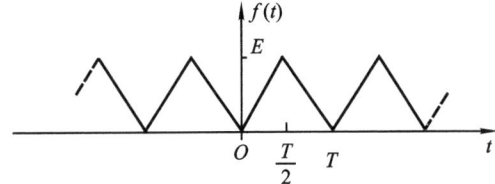

题图 3-4

3-5 求题图 3-5 所示半波余弦信号的傅里叶级数。若 $E = 10$ V，$f = 10$ kHz，大致画出幅度谱。

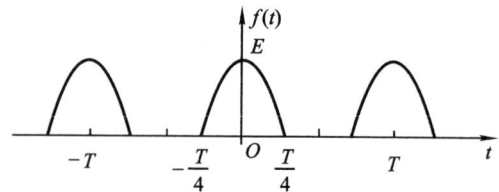

题图 3-5

3-6 求题图 3-6 所示周期锯齿信号的指数形式傅里叶级数,并大致画出频谱图。

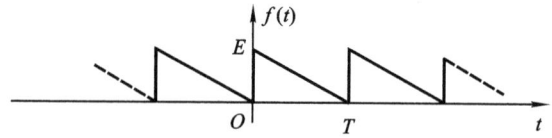

题图 3-6

3-7 利用信号 $f(t)$ 的对称性,定性判断题图 3-7 中各周期信号的傅里叶级数中所含有的

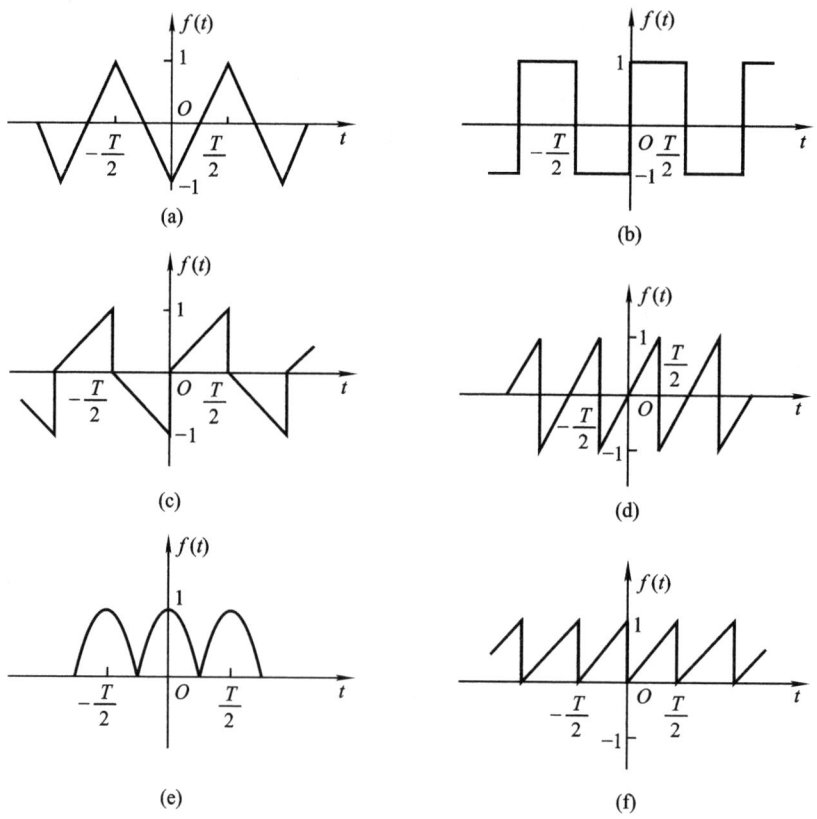

题图 3-7

频率分量。

3-8 求题图 3-8 中两种周期信号的傅里叶级数。

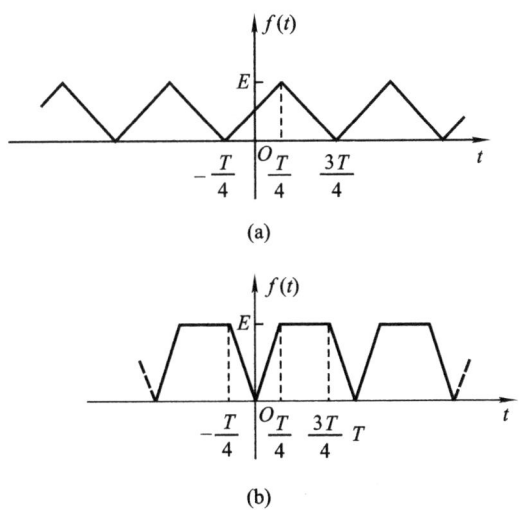

题图 3-8

3-9 求题图 3-9 所示周期余弦切顶脉冲波的傅里叶级数,并求直流分量 I_0 以及基波和 k 次谐波的幅度(I_1 和 I_k)。

(1) θ = 任意值;

(2) $\theta = 60°$;

(3) $\theta = 90°$。

$$\left[提示:i(t) = i_\mathrm{m} \frac{\cos(\omega_1 t) - \cos\theta}{1 - \cos\theta}, \omega_1 为 i(t) 的重复角频率。\right]$$

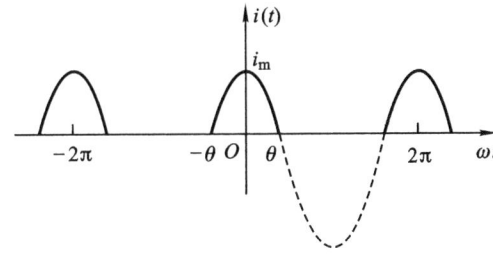

题图 3-9

3-10 已知周期函数 $f(t)$ 前四分之一周期的波形如题图 3-10 所示。根据下列各种情况的要求画出 $f(t)$ 在一个周期($0 < t < T$)的波形。

(1) $f(t)$ 是偶函数,只含有偶次谐波;

(2) $f(t)$ 是偶函数,只含有奇次谐波;

(3) $f(t)$ 是偶函数,含有偶次和奇次谐波;

(4) $f(t)$是奇函数,只含有偶次谐波;
(5) $f(t)$是奇函数,只含有奇次谐波;
(6) $f(t)$是奇函数,含有偶次和奇次谐波。

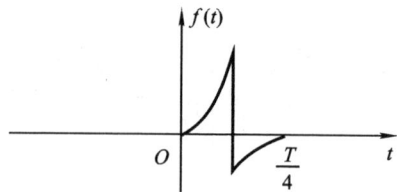

题图 3-10

3-11 求题图 3-11 所示周期信号的傅里叶级数的系数,(a)题求 a_n, b_n;(b)题求 F_n。

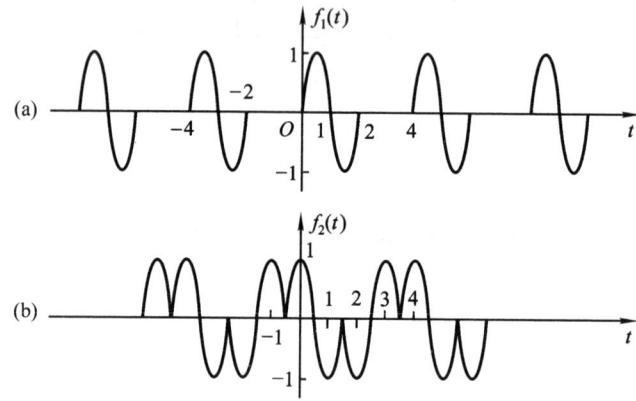

题图 3-11

3-12 如题图 3-12 所示周期信号 $v_i(t)$ 加到 RC 低通滤波电路。已知 $v_i(t)$ 的重复频率 $f_1 = \frac{1}{T} = 1$ kHz,电压幅度 $E = 1$ V, $R = 1$ kΩ, $C = 0.1$ μF。分别求:

(1) 稳态时电容两端电压之直流分量、基波和五次谐波之幅度;
(2) 求上述各分量与 $v_i(t)$ 相应分量的比值,讨论此电路对各频率分量响应的特点。
(提示:利用电路课所学正弦稳态交流电路的计算方法分别求各频率分量之响应。)

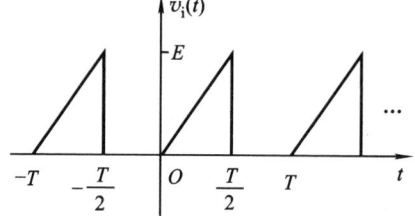 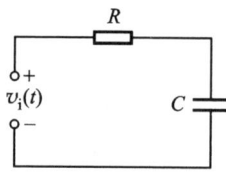

题图 3-12

3-13 学习电路课时已知,LC 谐振电路具有选择频率的作用,当输入正弦信号频率与 LC 电路的谐振频率一致时,将产生较强的输出响应,而当输入信号频率适当偏离时,输出响应相对值很弱,几乎为零(相当于窄带通滤波器)。利用这一原理可从非正弦周期信号中选择所需的正弦频率成分。题图 3-13 所示 RLC 并联电路和电流源 $i_1(t)$ 都是理想模型。已知电路的谐振频率为 $f_0 = \dfrac{1}{2\pi\sqrt{LC}} = 100$ kHz,$R = 100$ kΩ,谐振电路品质因数 Q 足够高(可滤除邻近频率成分)。$i_1(t)$ 为周期矩形波,幅度为 1 mA。当 $i_1(t)$ 的参数 (τ, T) 为下列情况时,粗略地画出输出电压 $v_2(t)$ 的波形,并注明幅度值。

(1) $\tau = 5$ μs, $T = 10$ μs;
(2) $\tau = 10$ μs, $T = 20$ μs;
(3) $\tau = 15$ μs, $T = 30$ μs。

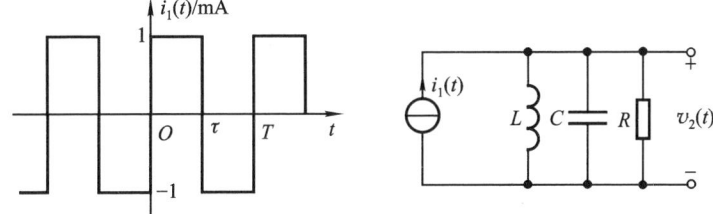

题图 3-13

3-14 若信号波形和电路结构仍如题图 3-13 所示,波形参数为 $\tau = 5$ μs, $T = 10$ μs。

(1) 适当设计电路参数,能否分别从矩形波中选出以下频率分量的正弦信号:
50 kHz, 100 kHz, 150 kHz, 200 kHz, 300 kHz, 400 kHz?

(2) 对于那些不能选出的频率成分,试分别利用其他电路(示意表明)获得所需频率分量的信号。(提示:需用到电路、模拟电路、数字电路等课程的综合知识,可行方案可能不止一种。)

3-15 求题图 3-15 所示半波余弦脉冲的傅里叶变换,并画出频谱图。

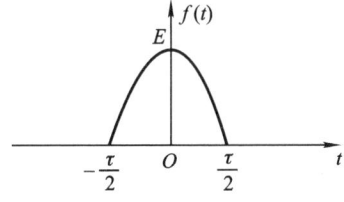

题图 3-15

3-16 求题图 3-16 所示锯齿脉冲与单周正弦脉冲的傅里叶变换。

3-17 题图 3-17 所示各波形的傅里叶变换可在本章正文或附录中找到,利用这些结果给出各波形频谱所占带宽 B_f(频谱图或频谱包络图的第一零点值),注意图中的时间单位都为 μs。

3-18 "升余弦滚降信号"的波形如题图 3-18(a)所示,它在 t_2 到 t_3 的时间范围内以升余弦

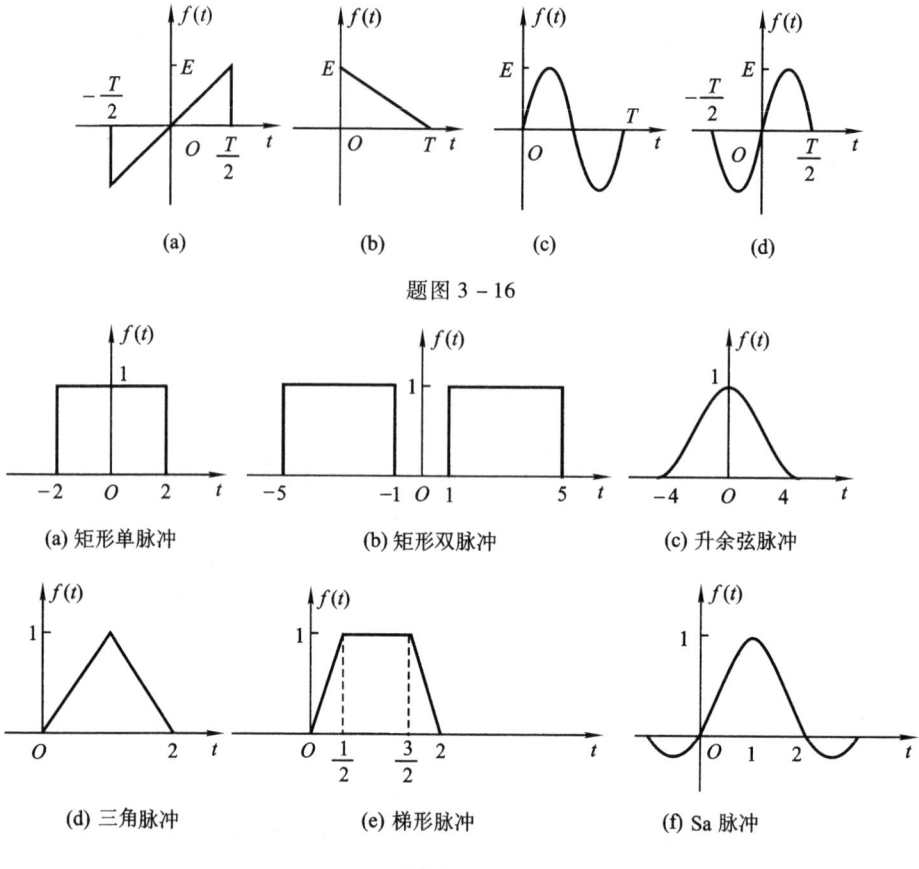

题图 3 - 16

题图 3 - 17

的函数规律滚降变化。

设 $t_3 - \dfrac{\tau}{2} = \dfrac{\tau}{2} - t_2 = t_0$，升余弦脉冲信号的表示式可以写成

$$f(t) = \begin{cases} E & \left(|t| < \dfrac{\tau}{2} - t_0\right) \\ \dfrac{E}{2}\left[1 + \cos\dfrac{\pi\left(t - \dfrac{\tau}{2} + t_0\right)}{2t_0}\right] & \left(\dfrac{\tau}{2} - t_0 \leqslant |t| \leqslant \dfrac{\tau}{2} + t_0\right) \end{cases}$$

或写作

$$f(t) = \begin{cases} E & \left(|t| < \dfrac{\tau}{2} - t_0\right) \\ \dfrac{E}{2}\left[1 - \sin\dfrac{\pi\left(t - \dfrac{\tau}{2}\right)}{k\tau}\right] & \left(\dfrac{\tau}{2} - t_0 \leqslant |t| \leqslant \dfrac{\tau}{2} + t_0\right) \end{cases}$$

其中，滚降系数

$$k = \dfrac{t_0}{\dfrac{\tau}{2}} = \dfrac{2t_0}{\tau}$$

求此信号的傅里叶变换式,并画频谱图。讨论 $k=0$ 和 $k=1$ 两种特殊情况的结果。

[提示:将 $f(t)$ 分解为 $f_1(t)$ 和 $f_2(t)$ 之和,如题图 3-18(b),分别求傅里叶变换再相加。]

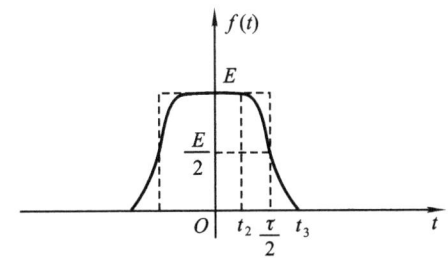

(a) 升余弦滚降信号的波形

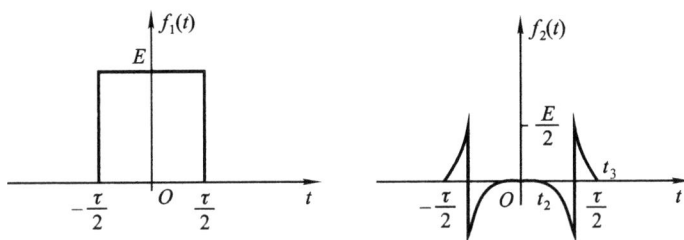

(b) 升余弦滚降信号的分解

题图 3-18

3-19 求题图 3-19 所示 $F(\omega)$ 的傅里叶逆变换 $f(t)$。

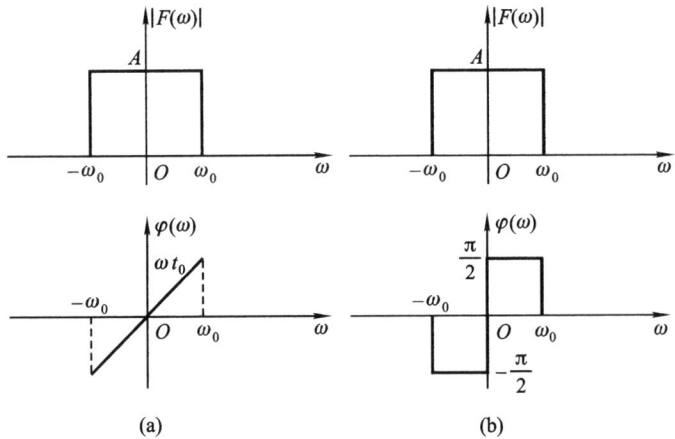

题图 3-19

3-20 函数 $f(t)$ 可以表示成偶函数 $f_e(t)$ 与奇函数 $f_o(t)$ 之和,试证明:

(1) 若 $f(t)$ 是实函数,且 $\mathscr{F}[f(t)] = F(\omega)$,则
$$\mathscr{F}[f_e(t)] = \text{Re}[F(\omega)]$$
$$\mathscr{F}[f_o(t)] = j\text{Im}[F(\omega)]$$

(2) 若 $f(t)$ 是复函数,可表示为
$$f(t) = f_r(t) + j f_i(t)$$

且
$$\mathscr{F}[f(t)] = F(\omega)$$

则
$$\mathscr{F}[f_r(t)] = \frac{1}{2}[F(\omega) + F^*(-\omega)]$$

$$\mathscr{F}[f_i(t)] = \frac{1}{2j}[F(\omega) - F^*(-\omega)]$$

其中
$$F^*(-\omega) = \mathscr{F}[f^*(t)]$$

3-21 对题图 3-21 所示波形,若已知 $\mathscr{F}[f_1(t)] = F_1(\omega)$,利用傅里叶变换的性质求 $f_1(t)$ 以 $\dfrac{t_0}{2}$ 为轴反褶后所得 $f_2(t)$ 的傅里叶变换。

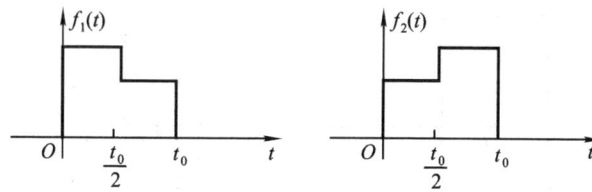

题图 3-21

3-22 利用时域与频域的对称性,求下列傅里叶变换的时间函数。

(1) $F(\omega) = \delta(\omega - \omega_0)$

(2) $F(\omega) = u(\omega + \omega_0) - u(\omega - \omega_0)$

(3) $F(\omega) = \begin{cases} \dfrac{\omega_0}{\pi} & (|\omega| \leq \omega_0) \\ 0 & (其他) \end{cases}$

3-23 若已知矩形脉冲的傅里叶变换,利用时移特性求题图 3-23 所示信号的傅里叶变换,并大致画出幅度谱。

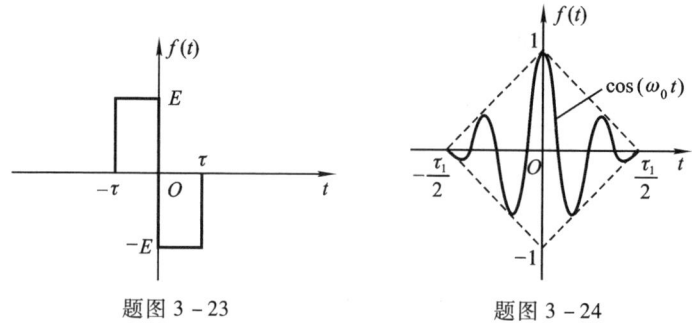

题图 3-23　　　　　　　　题图 3-24

3-24 求题图 3-24 所示三角形调幅信号的频谱。

3-25 题图 3-25 所示信号 $f(t)$，已知其傅里叶变换式 $\mathscr{F}[f(t)] = F(\omega) = |F(\omega)| e^{j\varphi(\omega)}$，利用傅里叶变换的性质（不作积分运算），求：

(1) $\varphi(\omega)$；

(2) $F(0)$；

(3) $\int_{-\infty}^{\infty} F(\omega) d\omega$；

(4) $\mathscr{F}^{-1}\{\mathrm{Re}[F(\omega)]\}$ 之图形。

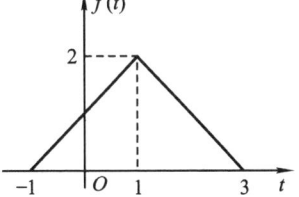

题图 3-25

3-26 利用微分定理求题图 3-26 所示梯形脉冲的傅里叶变换，并大致画出 $\tau = 2\tau_1$ 情况下该脉冲的频谱图。

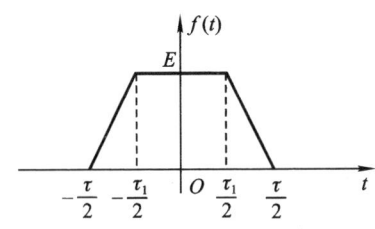 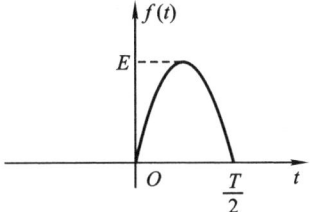

题图 3-26   题图 3-27

3-27 利用微分定理求题图 3-27 所示半波正弦脉冲 $f(t)$ 及其二阶导数 $\dfrac{d^2 f(t)}{dt^2}$ 的频谱。

3-28 (1) 已知 $\mathscr{F}[e^{-at}u(t)] = \dfrac{1}{a+j\omega}$，求 $f(t) = te^{-at}u(t)$ 的傅里叶变换。

(2) 证明 $tu(t)$ 的傅里叶变换为 $j\pi\delta'(\omega) + \dfrac{1}{(j\omega)^2}$。

（提示：利用频域微分定理。）

3-29 若已知 $\mathscr{F}[f(t)] = F(\omega)$，利用傅里叶变换的性质确定下列信号的傅里叶变换：

(1) $tf(2t)$；   (2) $(t-2)f(t)$；

(3) $(t-2)f(-2t)$；   (4) $t\dfrac{df(t)}{dt}$；

(5) $f(1-t)$；   (6) $(1-t)f(1-t)$；

(7) $f(2t-5)$。

3-30 试分别利用下列几种方法证明

$$\mathscr{F}[u(t)] = \pi\delta(\omega) + \dfrac{1}{j\omega}$$

(1) 利用符号函数 $\left[u(t) = \dfrac{1}{2} + \dfrac{1}{2}\mathrm{sgn}(t)\right]$；

(2) 利用矩形脉冲取极限 $(\tau \to \infty)$；

(3) 利用积分定理 $\left[u(t) = \int_{-\infty}^{t} \delta(\tau) d\tau\right]$；

(4) 利用单边指数函数取极限 $\left[u(t) = \lim_{a \to 0} e^{-at}, t \geq 0\right]$。

3-31 已知题图 3-31 中两矩形脉冲 $f_1(t)$ 及 $f_2(t)$，且

$$\mathscr{F}[f_1(t)] = E_1\tau_1 \text{Sa}\left(\frac{\omega\tau_1}{2}\right)$$

$$\mathscr{F}[f_2(t)] = E_2\tau_2 \text{Sa}\left(\frac{\omega\tau_2}{2}\right)$$

(1) 画出 $f_1(t) * f_2(t)$ 的图形；

(2) 求 $f_1(t) * f_2(t)$ 的频谱，并与习题 3-26 所用的方法进行比较。

3-32 已知阶跃函数和正弦、余弦函数的傅里叶变换：

$$\mathscr{F}[u(t)] = \frac{1}{j\omega} + \pi\delta(\omega)$$

$$\mathscr{F}[\cos(\omega_0 t)] = \pi[\delta(\omega+\omega_0) + \delta(\omega-\omega_0)]$$

$$\mathscr{F}[\sin(\omega_0 t)] = j\pi[\delta(\omega+\omega_0) - \delta(\omega-\omega_0)]$$

求单边正弦函数和单边余弦函数的傅里叶变换。

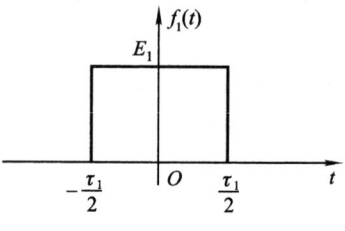
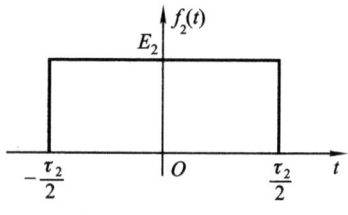

题图 3-31

3-33 已知三角脉冲 $f_1(t)$ 的傅里叶变换为

$$F_1(\omega) = \frac{E\tau}{2}\text{Sa}^2\left(\frac{\omega\tau}{4}\right)$$

试利用有关定理求 $f_2(t) = f_1\left(t - \frac{\tau}{2}\right)\cos(\omega_0 t)$ 的傅里叶变换 $F_2(\omega)$。$f_1(t)$、$f_2(t)$ 的波形如题图 3-33 所示。

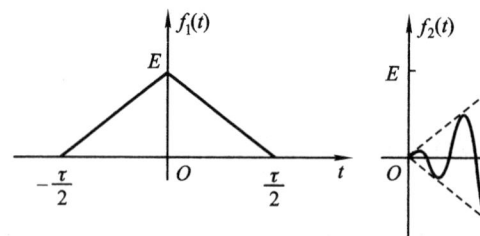

题图 3-33

3-34 若 $f(t)$ 的频谱 $F(\omega)$ 如题图 3-34 所示，利用卷积定理粗略画出 $f(t)\cos(\omega_0 t)$，$f(t)e^{j\omega_0 t}$，$f(t)\cos(\omega_1 t)$ 的频谱（注明频谱的边界频率）。

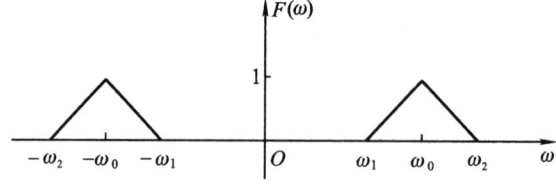

题图 3-34

3-35 求题图 3-35 所示信号的频谱（包络为三角脉冲，载波为对称方波）。并说明与题图 3-24 信号频谱的区别。

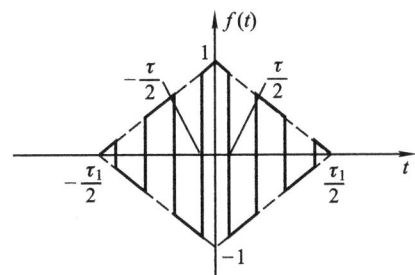

题图 3-35

3-36 已知单个梯形脉冲和单个余弦脉冲的傅里叶变换(见附录三),求题图 3-36 所示周期梯形信号和周期全波余弦信号的傅里叶级数和傅里叶变换。并示意画出它们的频谱图。

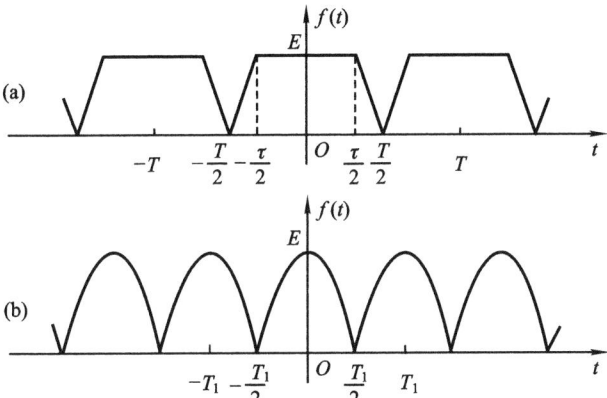

题图 3-36

3-37 已知矩形脉冲和余弦脉冲信号的傅里叶变换(见附录三),根据傅里叶变换的定义和性质,利用三种以上的方法计算题图 3-37 所示各脉冲信号的傅里叶变换,并比较三种方法。

3-38 已知三角形、升余弦脉冲的频谱(见附录三)。大致画出题图 3-38 中各脉冲被冲激抽样后信号的频谱$\left(\text{抽样间隔为 } T_s, \text{令 } T_s = \frac{\tau}{8}\right)$。

3-39 确定下列信号的最低抽样率与奈奎斯特间隔:

(1) $\text{Sa}(100t)$;

(2) $\text{Sa}^2(100t)$;

(3) $\text{Sa}(100t) + \text{Sa}(50t)$;

(4) $\text{Sa}(100t) + \text{Sa}^2(60t)$。

3-40 若 $\mathscr{F}[f(t)] = F(\omega)$,$p(t)$ 是周期信号,基波频率为 ω_0,$p(t) = \sum_{n=-\infty}^{\infty} a_n e^{jn\omega_0 t}$

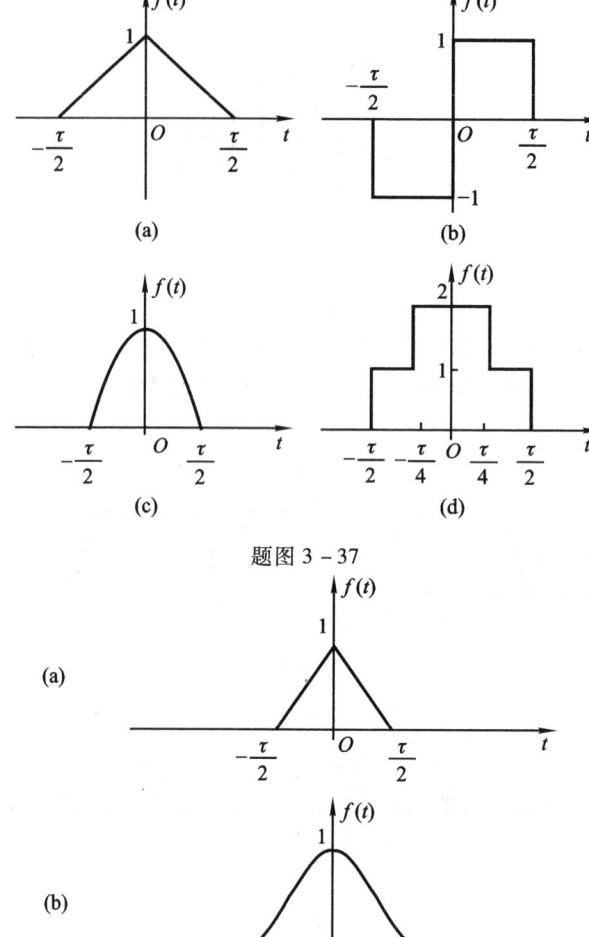

题图 3 – 37

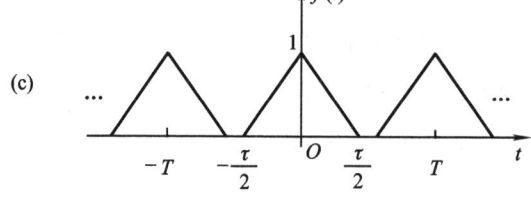

题图 3 – 38

(1) 令 $f_p(t) = f(t)p(t)$，求相乘信号的傅里叶变换表达式 $F_p(\omega) = \mathscr{F}[f_p(t)]$；

(2) 若 $F(\omega)$ 图形如题图 3 – 40 所示，当 $p(t)$ 函数表达式为 $p(t) = \cos\left(\dfrac{t}{2}\right)$ 或以下各小题时，分别求 $F_p(\omega)$ 表达式并画出频谱图；

(3) $p(t) = \cos t$;

(4) $p(t) = \cos(2t)$;

(5) $p(t) = (\sin t)[\sin(2t)]$;

(6) $p(t) = \cos(2t) - \cos t$;

(7) $p(t) = \sum_{n=-\infty}^{\infty} \delta(t - \pi n)$;

(8) $p(t) = \sum_{n=-\infty}^{\infty} \delta(t - 2\pi n)$;

(9) $p(t) = \sum_{n=-\infty}^{\infty} \delta(t - 2\pi n) - \frac{1}{2} \sum_{n=-\infty}^{\infty} \delta(t - \pi n)$;

(10) $p(t)$ 是题图 3-2 所示周期矩形波,其参数为 $T = \pi, \tau = \frac{T}{3} = \frac{\pi}{3}, E = 1$。

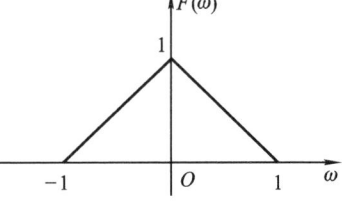

题图 3-40

3-41 系统如题图 3-41 所示,$f_1(t) = \text{Sa}(1000\pi t)$,$f_2(t) = \text{Sa}(2000\pi t)$,$p(t) = \sum_{n=-\infty}^{\infty} \delta(t - nT)$,$f(t) = f_1(t)f_2(t)$,$f_s(t) = f(t)p(t)$。

(1) 为从 $f_s(t)$ 无失真恢复 $f(t)$,求最大抽样间隔 $T_{\max}$;

(2) 当 $T = T_{\max}$ 时,画出 $f_s(t)$ 的幅度谱 $|F_s(\omega)|$。

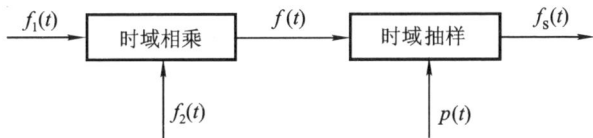

题图 3-41

3-42 若连续信号 $f(t)$ 的频谱 $F(\omega)$ 是带状的($\omega_1 \sim \omega_2$),如题图 3-42 所示。

(1) 利用卷积定理说明当 $\omega_2 = 2\omega_1$ 时,最低抽样率只要等于 ω_2 就可以使抽样信号不产生频谱混叠;

(2) 证明带通抽样定理,该定理要求最低抽样率 ω_s 满足下列关系

$$\omega_s = \frac{2\omega_2}{m}$$

其中 m 为不超过 $\frac{\omega_2}{\omega_2 - \omega_1}$ 的最大整数。

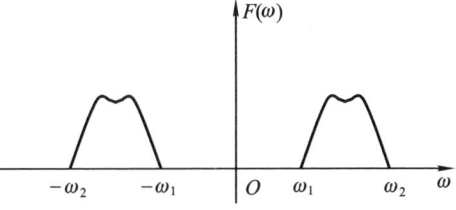

题图 3-42

第四章 拉普拉斯变换、连续时间系统的 s 域分析

4.1 引 言

19世纪末,英国工程师赫维赛德(O. Heaviside,1850—1925)发明了"运算法"(算子法)解决电工程计算中遇到的一些基本问题。他所进行的工作成为拉普拉斯变换方法的先驱。赫维赛德的方法很快地被许多人采用,但是由于缺乏严密的数学论证,曾经受到某些数学家的谴责。而赫维赛德以及另一些追随他的学者(例如卡尔逊、布罗姆维奇等人)坚信这一方法的正确性,继续坚持不懈地深入研究。后来,人们终于在法国数学家拉普拉斯(P. S. Laplace,1749—1825)的著作中为赫维赛德运算法找到了可靠的数学依据,重新给予严密的数学定义,为之取名拉普拉斯变换(简称拉氏变换)方法。从此,拉氏变换方法在电学、力学等众多的工程与科学领域中得到广泛应用。尤其是在电路理论的研究中,在相当长的时期内,人们几乎无法把电路理论与拉普拉斯变换分开来讨论。

20世纪70年代以后,电子线路计算机辅助设计(CAD)技术迅速发展,利用CAD程序(例如SPICE程序)可以很方便地求解电路分析问题,因而,拉氏变换在这方面的应用相对减少。此外,离散系统、非线性系统、时变系统的研究与应用日益广泛,而拉氏变换方法在这些方面是无能为力的,于是,它长期占据的传统重要地位正在让给一些新的方法。然而,利用拉氏变换建立的系统函数及其零、极点分析的概念仍在发挥着重要作用,在连续、线性、时不变系统分析中,拉氏变换仍然是不可缺少的强有力工具。此外,还应注意到与拉氏变换类似的概念和方法在离散时间系统的 z 变换(本书第八章)分析中得到应用。

运用拉氏变换方法,可以把线性时不变系统的时域模型简便地进行变换,经求解再还原为时间函数。从数学角度来看,拉氏变换方法是求解常系数线性微分方程的工具,它的优点表现在:

(1) 求解的步骤得到简化,同时可以给出微分方程的特解和补解(齐次解),而且初始条件自动地包含在变换式里。

(2) 拉氏变换分别将"微分"与"积分"运算转换为"乘法"和"除法"运算。也即把积分微分方程转换为代数方程。这种变换与初等数学中的对数变换很相

似,在那里,乘、除法被转换为加、减法运算。当然,对数变换所处理的对象是"数",而拉氏变换所处理的对象是函数。图 4-1 用运算流程方框图示意表明了对数变换与拉氏变换的比较。

(3) 指数函数、超越函数以及有不连续点的函数,经拉氏变换可转换为简单的初等函数。对于某些非周期性的具有不连续点的函数,用古典法求解比较烦琐,而用拉氏变换方法就很简便。

(4) 拉氏变换把时域中两函数的卷积运算转换为变换域中两函数的乘法运算,在此基础上建立了系统函数的概念,这一重要概念的应用为研究信号经线性系统传输问题提供了许多方便。

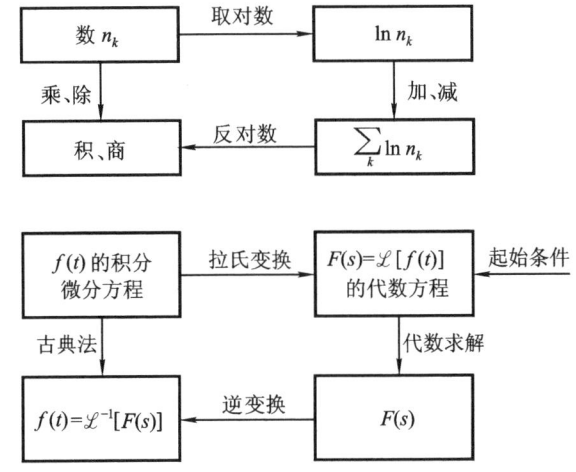

图 4-1 拉氏变换与对数变换的比较

(5) 利用系统函数零点、极点分布可以简明、直观地表达系统性能的许多规律。系统的时域、频域特性集中地以其系统函数零、极点特征表现出来,从系统的观点看,对于输入-输出描述情况,往往不关心组成系统内部的结构和参数,只需从外部特性,从零、极点特性来考察和处理各种问题。

本章前 4 节给出拉氏变换的基本定义和性质,4.5 节、4.6 节讨论拉氏变换在电路分析中的应用并导出系统函数 $H(s)$。4.7 节~4.11 节研究 $H(s)$ 零、极点分布对系统性能的影响。以上各节限于单边拉氏变换,在 4.12 节专门研究双边拉氏变换的定义与应用。最后,4.13 节对傅氏变换与拉氏变换进行了比较,讨论它们之间的区别与联系。

4.2 拉普拉斯变换的定义、收敛域

(一) 从傅里叶变换到拉普拉斯变换

由前章已知,当函数 $f(t)$ 满足狄里赫利条件时,便可构成一对傅里叶变换式

$$F(\omega) = \int_{-\infty}^{\infty} f(t) e^{-j\omega t} dt$$

$$f(t) = \frac{1}{2\pi} \int_{-\infty}^{\infty} F(\omega) e^{j\omega t} d\omega$$

考虑到在实际问题中遇到的总是因果信号，令信号起始时刻为零，于是在 $t<0$ 的时间范围内 $f(t)$ 等于零，这样，正变换表示式之积分下限可从零开始

$$F(\omega) = \int_0^{\infty} f(t) e^{-j\omega t} dt \qquad (4-1)$$

但 $F(\omega)$ 仍包含有 $-\omega$ 与 $+\omega$ 两部分分量，因此逆变换式的积分限不改变。

再从狄里赫利条件考虑，在此条件之中，绝对可积的要求限制了某些增长信号如 $e^{at}(a>0)$ 傅里叶变换的存在，而对于阶跃信号、周期信号虽未受此约束，但其变换式中出现冲激函数 $\delta(\omega)$，为使更多的函数存在变换，并简化某些变换形式或运算过程，引入一个衰减因子 $e^{-\sigma t}$（σ 为任意实数）使它与 $f(t)$ 相乘，于是 $e^{-\sigma t} f(t)$ 得以收敛，绝对可积条件就容易满足。按此原理，写出 $e^{-\sigma t} f(t)$ 的傅里叶变换

$$F_1(\omega) = \int_0^{\infty} [f(t) e^{-\sigma t}] e^{-j\omega t} dt = \int_0^{\infty} f(t) e^{-(\sigma+j\omega)t} dt \qquad (4-2)$$

将式中 $(\sigma+j\omega)$ 用符号 s 代替，令

$$s = \sigma + j\omega$$

式(4-2)遂可写作

$$F(s) = \int_0^{\infty} f(t) e^{-st} dt \qquad (4-3)$$

下面由傅里叶逆变换表示式求 $[f(t) e^{-\sigma t}]$，再寻找由 $F(s)$ 求 $f(t)$ 的一般表示式

$$f(t) e^{-\sigma t} = \frac{1}{2\pi} \int_{-\infty}^{\infty} F_1(\omega) e^{j\omega t} d\omega \qquad (4-4)$$

等式两边各乘以 $e^{\sigma t}$，因为它不是 ω 的函数，可放到积分号内，于是得到

$$f(t) = \frac{1}{2\pi} \int_{-\infty}^{\infty} F_1(\omega) e^{(\sigma+j\omega)t} d\omega \qquad (4-5)$$

已知 $s = \sigma + j\omega$，所以 $ds = d\sigma + jd\omega$，若 σ 为选定之常量，则 $ds = jd\omega$，以此代入式(4-5)，并相应地改变积分上下限，得到

$$f(t) = \frac{1}{2\pi j} \int_{\sigma-j\infty}^{\sigma+j\infty} F(s) e^{st} ds \qquad (4-6)$$

式(4-3)和式(4-6)就是一对拉普拉斯变换式（或称拉氏变换对）。两式中的 $f(t)$ 称为"原函数"，$F(s)$ 称为"象函数"。已知 $f(t)$ 求 $F(s)$ 可由式(4-3)取得拉氏变换。反之，利用式(4-6)由 $F(s)$ 求 $f(t)$ 时称为逆拉氏变换（或拉氏逆变换）。常用记号 $\mathscr{L}[f(t)]$ 表示取拉氏变换，以记号 $\mathscr{L}^{-1}[F(s)]$ 表示取拉氏逆变换。于是，式(4-3)和式(4-6)可分别写作

$$\mathscr{L}[f(t)] = F(s) = \int_0^\infty f(t)\mathrm{e}^{-st}\mathrm{d}t$$

$$\mathscr{L}^{-1}[F(s)] = f(t) = \frac{1}{2\pi\mathrm{j}}\int_{\sigma-\mathrm{j}\infty}^{\sigma+\mathrm{j}\infty} F(s)\mathrm{e}^{st}\mathrm{d}s$$

拉氏变换与傅氏变换定义的表示式形式相似,以后将要讲到它们的性质也有许多相同之处。

拉普拉斯变换与傅里叶变换的基本差别在于:傅氏变换将时域函数 $f(t)$ 变换为频域函数 $F(\omega)$,或作相反变换,时域中的变量 t 和频域中的变量 ω 都是实数;而拉氏变换是将时间函数 $f(t)$ 变换为复变函数 $F(s)$,或作相反变换,这时,时域变量 t 虽是实数,$F(s)$ 的变量 s 却是复数,与 ω 相比较,变量 s 可称为"复频率"。傅里叶变换建立了时域和频域间的联系,而拉氏变换则建立了时域与复频域(s 域)间的联系。

在以上讨论中,$\mathrm{e}^{-\sigma t}$ 衰减因子的引入是一个关键问题。从数学观点看,这是将函数 $f(t)$ 乘以因子 $\mathrm{e}^{-\sigma t}$ 使之满足绝对可积条件;从物理意义看,是将频率 ω 变换为复频率 s,ω 只能描述振荡的重复频率,而 s 不仅能给出重复频率,还可以表示振荡幅度的增长速率或衰减速率。

此外,还应指出,在引入衰减因子之前曾把正变换积分下限由 $-\infty$ 限制为 0,如果不作这一改变,则将出现形式为 $\int_{-\infty}^{\infty} f(t)\mathrm{e}^{-st}\mathrm{d}t$ 的正变换定义。为区分以上两种情况,前者称为"单边拉氏变换",后者称为"双边拉氏变换"。本章 4.11 节之前仅讨论单边变换,4.12 节专门讨论双边变换。

(二) 从算子符号法的概念说明拉氏变换的定义

在第二章曾初步介绍用算子符号法解微分方程。采用这种方法可将函数 $f(t)$ 的微分运算表示为 $f(t)$ 与算子 p "相乘"的形式。现在设想为函数 $f(t)$ 建立某种变换关系,这种变换关系应具有如下特性:如果把 t 变量的函数 $f(t)$ 变换为 s 变量的函数 $F(s)$,那么,$\dfrac{\mathrm{d}f(t)}{\mathrm{d}t}$ 的变换式应为 $sF(s)$,暂以"$\longrightarrow$"表示变换,则有

$$\left.\begin{array}{r} f(t) \longrightarrow F(s) \\ \dfrac{\mathrm{d}f(t)}{\mathrm{d}t} \longrightarrow sF(s) \end{array}\right\} \quad (4-7)$$

假定,此变换关系可通过下示积分运算来完成

$$F(s) = \int_0^\infty f(t)h(t,s)\mathrm{d}t \quad (4-8)$$

这表明,在所研究的时间范围 0 到 ∞ 之间,对变量 t 积分,即可得到变量 s 的函数。现在的问题是,如何选择一个合适的 $h(t,s)$,使它满足式(4-7)的要求,也即

$$sF(s) = \int_0^\infty f'(t)h(t,s)\mathrm{d}t \qquad (4-9)$$

利用分部积分展开得到

$$\int_0^\infty f'(t)h(t,s)\mathrm{d}t = f(t)h(t,s)\Big|_0^\infty - \int_0^\infty f(t)h'(t,s)\mathrm{d}t \qquad (4-10)$$

为确定式中第一项,应代入 t 的初值与终值,要保证 $f(t)h(t,s)$ 的积分收敛,规定 $t \to \infty$ 时此项等于零;此外,选择初值为最简单的形式代入,即 $f(0)=0$,至于 $f(0)$ 为其他任意值的情况,下面还要讨论。按上述条件求得

$$sF(s) = \int_0^\infty f'(t)h(t,s)\mathrm{d}t = -\int_0^\infty f(t)h'(t,s)\mathrm{d}t$$

$$s\int_0^\infty f(t)h(t,s)\mathrm{d}t = -\int_0^\infty f(t)h'(t,s)\mathrm{d}t$$

故

$$sh(t,s) = -h'(t,s) = -\frac{\mathrm{d}h(t,s)}{\mathrm{d}t}$$

$$\frac{\mathrm{d}h(t,s)}{h(t,s)} = -s\mathrm{d}t$$

$$\ln[h(t,s)] = -st$$

$$h(t,s) = \mathrm{e}^{-st} \qquad (4-11)$$

将找到的 $h(t,s)$ 函数 e^{-st} 代入式 $(4-8)$,写出

$$F(s) = \int_0^\infty f(t)\mathrm{e}^{-st}\mathrm{d}t$$

显然,这就是拉氏变换的定义式 $(4-3)$。

下面考虑 $f(0) \neq 0$ 的情况,这时,由式 $(4-10)$ 可写出 $f'(t)$ 的拉氏变换为

$$\int_0^\infty f'(t)\mathrm{e}^{-st}\mathrm{d}t = f(t)\mathrm{e}^{-st}\Big|_0^\infty - \int_0^\infty [-sf(t)\mathrm{e}^{-st}]\mathrm{d}t = -f(0) + sF(s) \qquad (4-12)$$

此结果表明,当 $f(0) \neq 0$ 时,$\dfrac{\mathrm{d}f(t)}{\mathrm{d}t}$ 的拉氏变换并非 $sF(s)$,而是 $sF(s) - f(0)$。我们回忆起,在算子符号法中,由于未能表示出初始条件的作用,只好在运算过程中作出一些规定,限制某些因子相消。现在,这里的 s 虽与算子符号 p 处于类似的地位,然而,拉氏变换法可以把初始条件的作用计入,这就避免了算子法分析过程中的一些禁忌,便于把微分方程转换为代数方程,使求解过程简化。

(三) 拉氏变换的收敛

从以上讨论可知,当函数 $f(t)$ 乘以衰减因子 $\mathrm{e}^{-\sigma t}$ 以后,就有可能满足绝对可积条件。然而,是否一定满足,还要看 $f(t)$ 的性质与 σ 值的相对关系而定。例如,为使 $f(t) = \mathrm{e}^{at}$ 收敛,衰减因子 $\mathrm{e}^{-\sigma t}$ 中的 σ 必须满足 $\sigma > a$,否则,$\mathrm{e}^{at} \cdot \mathrm{e}^{-\sigma t}$ 在 $t \to \infty$ 时仍不能收敛。

下面分析关于这一特性的一般规律。

函数 $f(t)$ 乘以因子 $\mathrm{e}^{-\sigma t}$ 以后,取时间 $t\to\infty$ 的极限,若当 $\sigma>\sigma_0$ 时,该极限等于零,则函数 $f(t)\mathrm{e}^{-\sigma t}$ 在 $\sigma>\sigma_0$ 的全部范围内是收敛的,其积分存在,可以进行拉普拉斯变换。这一关系可表示为

$$\lim_{t\to\infty} f(t)\mathrm{e}^{-\sigma t}=0 \quad (\sigma>\sigma_0) \tag{4-13}$$

σ_0 与函数 $f(t)$ 的性质有关,它指出了收敛条件。根据 σ_0 的数值,可将 s 平面划分为两个区域,如图 4-2 所示。通过 σ_0 的垂直线是收敛区(收敛域)的边界,称为收敛轴,σ_0 在 s 平面内称为收敛坐标。凡满足式(4-13)的函数称为"指数阶函数"。指数阶函数若具有发散特性可借助于指数函数的衰减压下去,使之成为收敛函数。

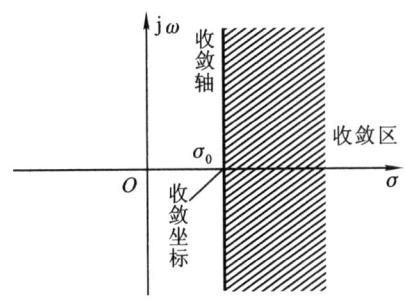

图 4-2 收敛区的划分

凡是有始有终,能量有限的信号,如单个脉冲信号,其收敛坐标落于 $-\infty$,全部 s 平面都属于收敛区。也即,有界的非周期信号的拉氏变换一定存在。

如果信号的幅度既不增长也不衰减而等于稳定值,则其收敛坐标落在原点,s 右半平面属于收敛区。也即,对任何周期信号只要稍加衰减就可收敛。

不难证明

$$\lim_{t\to\infty} t\mathrm{e}^{-\sigma t}=0 \quad (\sigma>0)$$

所以任何随时间成正比增长的信号,其收敛坐标落于原点。同样由于

$$\lim_{t\to\infty} t^n \mathrm{e}^{-\sigma t}=0 \quad (\sigma>0)$$

故与 t^n 成比例增长之函数,收敛坐标也落在原点。

如果函数按指数规律 e^{at} 增长,前已述及,只有当 $\sigma>a$ 时才满足

$$\lim_{t\to\infty} \mathrm{e}^{at}\mathrm{e}^{-\sigma t}=0 \quad (\sigma>a)$$

所以收敛坐标为

$$\sigma_0=a$$

对于一些比指数函数增长得更快的函数,不能找到它们的收敛坐标,因而,不能进行拉氏变换。例如 e^{t^2} 或 $t\mathrm{e}^{t^2}$(定义域为 $0\leqslant t\leqslant\infty$)就不是指数阶函数,但是,若把这种函数限定在有限时间范围之内,还是可以找到收敛坐标,进行拉氏变换的,如

$$f(t)=\begin{cases} \mathrm{e}^{t^2} & (0\leqslant t<T) \\ 0 & (t<0, t>T) \end{cases}$$

它的拉氏变换存在。

以上研究了单边拉氏变换的收敛条件,在 4.12 节将要看到,双边拉氏变换的收敛问题将比较复杂,收敛条件将受到更多限制。由于单边拉氏变换的收敛问题比较简单,一般情况下,求函数单边拉氏变换时不再加注其收敛范围。

(四) 一些常用函数的拉氏变换

下面按拉普拉斯变换的定义式(4-3)来推导几个常用函数的变换式。

(1) 阶跃函数

$$\mathscr{L}[u(t)] = \int_0^\infty e^{-st} dt = -\frac{e^{-st}}{s}\bigg|_0^\infty = \frac{1}{s} \qquad (4-14)$$

(2) 指数函数

$$\mathscr{L}[e^{-at}] = \int_0^\infty e^{-at} e^{-st} dt = -\frac{e^{-(a+s)t}}{a+s}\bigg|_0^\infty = \frac{1}{a+s} \quad (\sigma > -a) \qquad (4-15)$$

显然,令式(4-15)中的常数 a 等于零,也可得出式(4-14)的结果。

(3) t^n(n 是正整数)

$$\mathscr{L}[t^n] = \int_0^\infty t^n e^{-st} dt$$

用分部积分法,得

$$\int_0^\infty t^n e^{-st} dt = -\frac{t^n}{s} e^{-st}\bigg|_0^\infty + \frac{n}{s}\int_0^\infty t^{n-1} e^{-st} dt = \frac{n}{s}\int_0^\infty t^{n-1} e^{-st} dt$$

所以

$$\mathscr{L}[t^n] = \frac{n}{s}\mathscr{L}[t^{n-1}] \qquad (4-16)$$

容易求得,当 $n=1$ 时

$$\mathscr{L}[t] = \frac{1}{s^2} \qquad (4-17)$$

而 $n=2$ 时

$$\mathscr{L}[t^2] = \frac{2}{s^3} \qquad (4-18)$$

依此类推,得

$$\mathscr{L}[t^n] = \frac{n!}{s^{n+1}} \qquad (4-19)$$

必须注意到,我们所讨论的单边拉氏变换是从零点开始积分的,因此,$t<0$ 区间的函数值与变换结果无关。例如,图 4-3 中三个函数 $f_1(t), f_2(t), f_3(t)$ 都具有相同的变换式

$$F(s) = \frac{1}{s+a} \qquad (4-20)$$

当取式(4-20)的逆变换时,只能给出在 $t \geq 0$ 时间范围内的函数值

$$\mathscr{L}^{-1}\left[\frac{1}{s+a}\right] = e^{-at} \qquad (t \geqslant 0) \qquad (4-21)$$

以后将要看到,单边变换的这一特点,并未给它的应用带来不便,因为在系统分析问题中,往往也是只需求解 $t \geqslant 0$ 的系统响应,而 $t<0$ 的情况由激励接入以前系统的状态所决定。

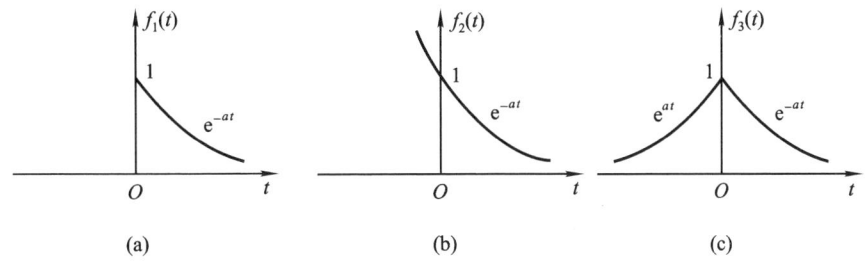

图 4-3 三个具有相同单边拉氏变换的函数

此外,从图 4-3(a) 看到,此函数在 $t=0$ 时产生了跳变,这样,初始条件 $f(0)$ 容易发生混淆,为使 $f(0)$ 有明确意义,我们仍以 $f(0_-)$ 与 $f(0_+)$ 分别表示 t 从左、右两端趋近于 0 时所得之 $f(0)$ 值,显然,对于图 4-3(a),$f(0_-)=0$,$f(0_+)=1$。当函数 $f(t)$ 在 0 点有跳变时,其导数 $\dfrac{df(t)}{dt}$ 将出现冲激函数项,为便于研究在 $t=0$ 点发生的跳变现象,我们规定单边拉氏变换的定义式(4-3)积分下限从 0_- 开始

$$F(s) = \int_{0_-}^{\infty} f(t) e^{-st} dt \qquad (4-22)$$

这样定义的好处是把 $t=0$ 处冲激函数的作用考虑在变换之中,当利用拉氏变换方法解微分方程时,可以直接引用已知的起始状态 $f(0_-)$ 而求得全部结果,无需专门计算由 0_- 至 0_+ 的跳变;否则,若取积分下限从 0_+ 开始,对于 t 从 0_- 至 0_+ 发生的变化还要另行处理(见例 4-13)。以上两种规定分别称为拉氏变换的 0_- 系统或拉氏变换的 0_+ 系统。本书中在一般情况下采用 0_- 系统,今后,未加标注之 $t=0$,均指 $t=0_-$。

(4) 冲激函数

由以上规定写出

$$\mathscr{L}[\delta(t)] = \int_{0_-}^{\infty} \delta(t) e^{-st} dt = 1 \qquad (4-23)$$

如果冲激出现在 $t=t_0$ 时刻 ($t_0>0$),有

$$\mathscr{L}[\delta(t-t_0)] = \int_{0}^{\infty} \delta(t-t_0) e^{-st} dt = e^{-st_0} \qquad (4-24)$$

将上述结果以及其他常用函数的拉氏变换(在下节继续导出)列于表 4-1。以后分析电路问题时会经常用到此表。

表 4-1 一些常用函数的拉氏变换

序 号	$f(t)$ ($t>0$)	$F(s) = \mathscr{L}[f(t)]$
1	冲激 $\delta(t)$	1
2	阶跃 $u(t)$	$\dfrac{1}{s}$
3	e^{-at}	$\dfrac{1}{s+a}$
4	t^n (n 是正整数)	$\dfrac{n!}{s^{n+1}}$
5	$\sin(\omega t)$	$\dfrac{\omega}{s^2+\omega^2}$
6	$\cos(\omega t)$	$\dfrac{s}{s^2+\omega^2}$
7	$e^{-at}\sin(\omega t)$	$\dfrac{\omega}{(s+a)^2+\omega^2}$
8	$e^{-at}\cos(\omega t)$	$\dfrac{s+a}{(s+a)^2+\omega^2}$
9	te^{-at}	$\dfrac{1}{(s+a)^2}$
10	$t^n e^{-at}$ (n 是正整数)	$\dfrac{n!}{(s+a)^{n+1}}$
11	$t\sin(\omega t)$	$\dfrac{2\omega s}{(s^2+\omega^2)^2}$
12	$t\cos(\omega t)$	$\dfrac{s^2-\omega^2}{(s^2+\omega^2)^2}$
13	$\sinh(at)$	$\dfrac{a}{s^2-a^2}$
14	$\cosh(at)$	$\dfrac{s}{s^2-a^2}$

4.3 拉氏变换的基本性质

虽然,由拉氏变换的定义式(4-3)可以求得一些常用信号的拉氏变换,但是,在实际应用中常常不去作这一积分运算,而是利用拉氏变换的一些基本性质(或称"定理")得出它们的变换式。这种方法在傅氏变换(第三章)的分析中曾被采用,下面将要看到,对于拉氏变换,在掌握了一些性质之后,运用有关定理,可以很方便地求得表 4-1 中所列各变换式。

(一)线性(叠加)

函数之和的拉氏变换等于各函数拉氏变换之和。当函数乘以常数 K 时,其变换式乘以相同的常数 K。

这个性质的数学形式为

若 $\mathscr{L}[f_1(t)] = F_1(s), \mathscr{L}[f_2(t)] = F_2(s), K_1, K_2$ 为常数时,则

$$\mathscr{L}[K_1 f_1(t) + K_2 f_2(t)] = K_1 F_1(s) + K_2 F_2(s) \tag{4-25}$$

证明

$$\begin{aligned}
\mathscr{L}[K_1 f_1(t) + K_2 f_2(t)] &= \int_0^\infty [K_1 f_1(t) + K_2 f_2(t)] e^{-st} dt \\
&= \int_0^\infty K_1 f_1(t) e^{-st} dt + \int_0^\infty K_2 f_2(t) e^{-st} dt \\
&= K_1 F_1(s) + K_2 F_2(s)
\end{aligned} \tag{4-26}$$

例 4-1 求 $f(t) = \sin(\omega t)$ 的拉氏变换 $F(s)$。

解 已知

$$f(t) = \sin(\omega t) = \frac{1}{2j}(e^{j\omega t} - e^{-j\omega t})$$

$$\mathscr{L}[e^{j\omega t}] = \frac{1}{s - j\omega}$$

$$\mathscr{L}[e^{-j\omega t}] = \frac{1}{s + j\omega}$$

所以由叠加性可知

$$\mathscr{L}[\sin(\omega t)] = \frac{1}{2j}\left[\frac{1}{s - j\omega} - \frac{1}{s + j\omega}\right] = \frac{\omega}{s^2 + \omega^2}$$

用同样方法可求得

$$\mathscr{L}[\cos(\omega t)] = \frac{s}{s^2 + \omega^2}$$

(二)原函数微分

若 $\mathscr{L}[f(t)] = F(s)$,则

$$\mathscr{L}\left[\frac{df(t)}{dt}\right] = sF(s) - f(0) \tag{4-27}$$

其中 $f(0)$ 是 $f(t)$ 在 $t = 0$ 时的起始值。

本性质已在 4.2 节给出证明。此处需要指出,当 $f(t)$ 在 $t = 0$ 处不连续时,$\frac{df(t)}{dt}$ 在 $t = 0$ 处有冲激 $\delta(t)$ 存在,按前节规定,式(4-27)取拉氏变换时,积分下限要从 0_- 开始,这时,$f(0)$ 应写作 $f(0_-)$,即

$$\mathscr{L}\left[\frac{\mathrm{d}f(t)}{\mathrm{d}t}\right] = sF(s) - f(0_-) \tag{4-28}$$

例 4-2 已知流经电感的电流 $i_L(t)$ 的拉氏变换为 $\mathscr{L}[i_L(t)] = I_L(s)$，求电感电压 $v_L(t)$ 的拉氏变换。

解 因为

$$v_L(t) = L\frac{\mathrm{d}i_L}{\mathrm{d}t}$$

所以 $\quad V_L(s) = \mathscr{L}[v_L(t)] = \mathscr{L}\left[L\frac{\mathrm{d}i_L}{\mathrm{d}t}\right] = sLI_L(s) - Li_L(0)$

这里 $i_L(0)$ 是电流 $i_L(t)$ 的起始值。如果 $i_L(0) = 0$，得到

$$V_L(s) = sLI_L(s)$$

这个结论和正弦稳态分析中的相量法形式相似，在那里，电感的电压相量与电流相量的关系为

$$\dot{V}_L = \mathrm{j}\omega L\,\dot{I}_L$$

在拉氏变换式中的"s"对应相量法中的"$\mathrm{j}\omega$"。拉氏变换把微分运算变为乘法。

上述对一阶导数的微分定理可推广到高阶导数。类似地，对 $\dfrac{\mathrm{d}^2 f(t)}{\mathrm{d}t^2}$ 的拉氏变换以分部积分展开得到

$$\begin{aligned}\mathscr{L}\left[\frac{\mathrm{d}^2 f(t)}{\mathrm{d}t^2}\right] &= \mathrm{e}^{-st}\frac{\mathrm{d}f(t)}{\mathrm{d}t}\Big|_0^\infty + s\int_0^\infty \frac{\mathrm{d}f(t)}{\mathrm{d}t}\mathrm{e}^{-st}\mathrm{d}t \\ &= -f'(0) + s[sF(s) - f(0)] \\ &= s^2 F(s) - sf(0) - f'(0)\end{aligned} \tag{4-29}$$

式中 $f'(0)$ 是 $\dfrac{\mathrm{d}f(t)}{\mathrm{d}t}$ 在 0_- 时刻的取值。

重复以上过程，可导出一般公式如下

$$\mathscr{L}\left[\frac{\mathrm{d}^n f(t)}{\mathrm{d}t^n}\right] = s^n F(s) - \sum_{r=0}^{n-1} s^{n-r-1} f^{(r)}(0) \tag{4-30}$$

式中 $f^{(r)}(0)$ 是 r 阶导数 $\dfrac{\mathrm{d}^r f(t)}{\mathrm{d}t^r}$ 在 0_- 时刻的取值。

（三）原函数的积分

若 $\mathscr{L}[f(t)] = F(s)$，则

$$\mathscr{L}\left[\int_{-\infty}^t f(\tau)\mathrm{d}\tau\right] = \frac{F(s)}{s} + \frac{f^{(-1)}(0)}{s} \tag{4-31}$$

式中 $f^{(-1)}(0) = \int_{-\infty}^0 f(\tau)\mathrm{d}\tau$ 是 $f(t)$ 积分式在 $t = 0$ 的取值。与前类似，考虑积分式在 $t = 0$ 处可能有跳变，取 0_- 值，即 $f^{(-1)}(0_-)$。

证明

4.3 拉氏变换的基本性质

由于 $\mathscr{L}\left[\int_{-\infty}^{t} f(\tau)\mathrm{d}\tau\right] = \mathscr{L}\left[\int_{-\infty}^{0} f(\tau)\mathrm{d}\tau + \int_{0}^{t} f(\tau)\mathrm{d}\tau\right]$，而其中第一项为常量，即 $\int_{-\infty}^{0} f(\tau)\mathrm{d}\tau = f^{(-1)}(0)$，所以

$$\mathscr{L}\left[\int_{-\infty}^{0} f(\tau)\mathrm{d}\tau\right] = \frac{f^{(-1)}(0)}{s}$$

第二项可借助分部积分求得

$$\mathscr{L}\left[\int_{0}^{t} f(\tau)\mathrm{d}\tau\right] = \int_{0}^{\infty}\left[\int_{0}^{t} f(\tau)\mathrm{d}\tau\right] \mathrm{e}^{-st}\mathrm{d}t$$

$$= \left[-\frac{\mathrm{e}^{-st}}{s}\int_{0}^{t} f(\tau)\mathrm{d}\tau\right]_{0}^{\infty} + \frac{1}{s}\int_{0}^{\infty} f(t)\mathrm{e}^{-st}\mathrm{d}t = \frac{1}{s}F(s)$$

所以
$$\mathscr{L}\left[\int_{-\infty}^{t} f(\tau)\mathrm{d}\tau\right] = \frac{F(s)}{s} + \frac{f^{(-1)}(0)}{s}$$

例 4-3 已知流经电容的电流 $i_C(t)$ 的拉氏变换为 $\mathscr{L}[i_C(t)] = I_C(s)$，求电容电压 $v_C(t)$ 的变换式。

解

因为
$$v_C(t) = \frac{1}{C}\int_{-\infty}^{t} i_C(\tau)\mathrm{d}\tau$$

所以
$$V_C(s) = \mathscr{L}\left[\frac{1}{C}\int_{-\infty}^{t} i_C(\tau)\mathrm{d}\tau\right]$$

$$= \frac{I_C(s)}{Cs} + \frac{i_C^{(-1)}(0)}{Cs} = \frac{I_C(s)}{Cs} + \frac{v_C(0)}{s}$$

式中
$$i_C^{(-1)}(0) = \int_{-\infty}^{0} i_C(\tau)\mathrm{d}\tau$$

它的物理意义是电容两端的起始电荷量。而 $v_C(0)$ 是起始电压。

如果 $i_C^{(-1)}(0) = 0$（电容初始无电荷），得到

$$V_C(s) = \frac{I_C(s)}{sC}$$

把这个结果也和相量形式的运算规律相比较，在那里，电容的电压电流关系式为

$$\dot{V}_C = \frac{\dot{I}_C}{j\omega C}$$

仍有"s"与"$j\omega$"相对应之规律。

下面说明如何用拉氏变换的方法求解微分方程。

例 4-4 图 4-4 所示电路在 $t=0$ 时开关 S 闭合，求输出信号 $v_C(t)$。

解

（1）列写微分方程

$$Ri(t) + v_C(t) = Eu(t)$$
$$v_C(t)\big|_{t=0} = 0$$

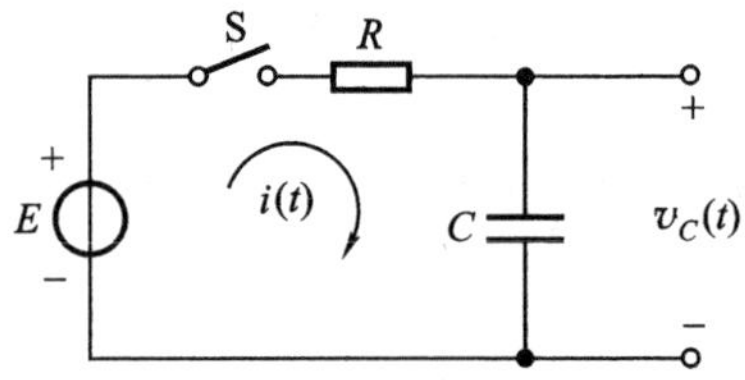

将此式改写为只含有一个未知函数 $v_C(t)$ 的形式

$$RC\frac{dv_C(t)}{dt} + v_C(t) = Eu(t)$$

(2) 再将上式中各项取拉氏变换得到

$$RCsV_C(s) + V_C(s) = \frac{E}{s}$$

图 4-4 例 4-4 的电路

解此代数方程,求得

$$V_C(s) = \frac{E}{s(1+RCs)} = \frac{E}{RCs\left(s + \frac{1}{RC}\right)}$$

(3) 求 $V_C(s)$ 的逆变换,将 $V_C(s)$ 表示式分解为以下形式

$$V_C(s) = E\left(\frac{1}{s} - \frac{1}{s + \frac{1}{RC}}\right)$$

$$v_C(t) = \mathscr{L}^{-1}[V_C(s)] = E(1 - e^{-\frac{t}{RC}}) \quad (t \geqslant 0)$$

(四) 延时(时域平移)

若 $\mathscr{L}[f(t)] = F(s)$,则

$$\mathscr{L}[f(t-t_0)u(t-t_0)] = e^{-st_0}F(s) \tag{4-32}$$

证明

$$\mathscr{L}[f(t-t_0)u(t-t_0)] = \int_0^\infty [f(t-t_0)u(t-t_0)]e^{-st}dt = \int_{t_0}^\infty f(t-t_0)e^{-st}dt$$

令

$$\tau = t - t_0$$

则有 $t = \tau + t_0$,代入上式得

$$\mathscr{L}[f(t-t_0)u(t-t_0)] = \int_0^\infty f(\tau)e^{-st_0}e^{-s\tau}d\tau = e^{-st_0}F(s)$$

此性质表明:若波形延迟 t_0,则它的拉氏变换应乘以 e^{-st_0}。例如延迟 t_0 时间的单位阶跃函数 $u(t-t_0)$,其变换式为 $\frac{e^{-st_0}}{s}$。

例 4-5 求图 4-5(a)所示矩形脉冲的拉氏变换。矩形脉冲 $f(t)$ 的宽度为 t_0,幅度为 E,它可以分解为阶跃信号 $Eu(t)$ 与延迟阶跃信号 $Eu(t-t_0)$ 之差,如图 4-5(b) 与 (c) 所示。

解 已知
$$f(t) = Eu(t) - Eu(t-t_0)$$
$$\mathscr{L}[Eu(t)] = \frac{E}{s}$$

由延时定理

$$\mathscr{L}[Eu(t-t_0)] = e^{-st_0}\frac{E}{s}$$

所以

$$\mathscr{L}[f(t)] = \mathscr{L}[Eu(t) - Eu(t-t_0)]$$
$$= \frac{E}{s}(1 - e^{-st_0})$$

(五) s 域平移

若 $\mathscr{L}[f(t)] = F(s)$,则

$$\mathscr{L}[f(t)e^{-at}] = F(s+a) \quad (4-33)$$

证明

$$\mathscr{L}[f(t)e^{-at}] = \int_0^\infty f(t)e^{-(s+a)t}dt = F(s+a)$$

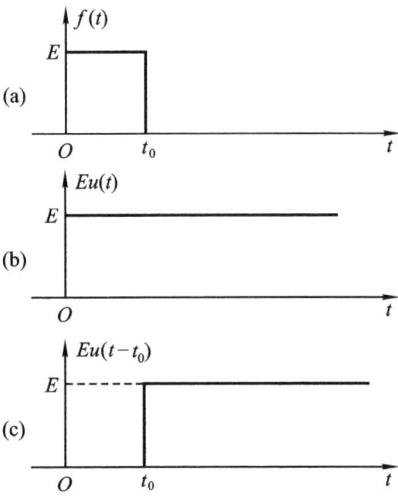

图 4-5 矩形脉冲分解为两个阶跃信号之差

此性质表明,时间函数乘以 e^{-at},相当于变换式在 s 域内平移 a。

例 4-6 求 $e^{-at}\sin(\omega t)$ 和 $e^{-at}\cos(\omega t)$ 的拉氏变换。

解 已知

$$\mathscr{L}[\sin(\omega t)] = \frac{\omega}{s^2 + \omega^2}$$

由 s 域平移定理

$$\mathscr{L}[e^{-at}\sin(\omega t)] = \frac{\omega}{(s+a)^2 + \omega^2}$$

同理,因

$$\mathscr{L}[\cos(\omega t)] = \frac{s}{s^2 + \omega^2}$$

故有

$$\mathscr{L}[e^{-at}\cos(\omega t)] = \frac{s+a}{(s+a)^2 + \omega^2}$$

(六) 尺度变换

若 $\mathscr{L}[f(t)] = F(s)$,则

$$\mathscr{L}[f(at)] = \frac{1}{a}F\left(\frac{s}{a}\right) \quad (a>0) \quad (4-34)$$

证明

$$\mathscr{L}[f(at)] = \int_0^\infty f(at)e^{-st}dt$$

令 $\tau = at$,则上式变成

$$\mathscr{L}[f(at)] = \int_0^\infty f(\tau)e^{-(\frac{s}{a})\tau}d\left(\frac{\tau}{a}\right) = \frac{1}{a}\int_0^\infty f(\tau)e^{-(\frac{s}{a})\tau}d\tau = \frac{1}{a}F\left(\frac{s}{a}\right)$$

例 4 – 7 已知 $\mathscr{L}[f(t)] = F(s)$,若 $a > 0, b > 0$,求 $\mathscr{L}[f(at-b)u(at-b)]$。

解 此问题既要用到尺度变换定理,也要引用延时定理。

先由延时定理求得

$$\mathscr{L}[f(t-b)u(t-b)] = F(s)e^{-bs}$$

再借助尺度变换定理即可求出所需结果

$$\mathscr{L}[f(at-b)u(at-b)] = \frac{1}{a}F\left(\frac{s}{a}\right)e^{-s\frac{b}{a}}$$

另一种作法是先引用尺度变换定理,再借助延时定理。这时首先得到

$$\mathscr{L}[f(at)u(at)] = \frac{1}{a}F\left(\frac{s}{a}\right)$$

然后由延时定理求出

$$\mathscr{L}\left\{f\left[a\left(t-\frac{b}{a}\right)\right]u\left[a\left(t-\frac{b}{a}\right)\right]\right\} = \frac{1}{a}F\left(\frac{s}{a}\right)e^{-s\frac{b}{a}}$$

也即

$$\mathscr{L}[f(at-b)u(at-b)] = \frac{1}{a}F\left(\frac{s}{a}\right)e^{-s\frac{b}{a}}$$

两种方法结果一致。

(七) 初值

若函数 $f(t)$ 及其导数 $\dfrac{\mathrm{d}f(t)}{\mathrm{d}t}$ 可以进行拉氏变换,$f(t)$ 的变换式为 $F(s)$,则

$$\lim_{t \to 0_+} f(t) = f(0_+) = \lim_{s \to \infty} sF(s) \tag{4-35}$$

证明

由原函数微分定理可知

$$sF(s) - f(0_-) = \mathscr{L}\left[\frac{\mathrm{d}f(t)}{\mathrm{d}t}\right]$$

$$= \int_{0_-}^{\infty} \frac{\mathrm{d}f(t)}{\mathrm{d}t} e^{-st} \mathrm{d}t$$

$$= \int_{0_-}^{0_+} \frac{\mathrm{d}f(t)}{\mathrm{d}t} e^{-st} \mathrm{d}t + \int_{0_+}^{\infty} \frac{\mathrm{d}f(t)}{\mathrm{d}t} e^{-st} \mathrm{d}t$$

$$= f(0_+) - f(0_-) + \int_{0_+}^{\infty} \frac{\mathrm{d}f(t)}{\mathrm{d}t} e^{-st} \mathrm{d}t$$

所以

$$sF(s) = f(0_+) + \int_{0_+}^{\infty} \frac{\mathrm{d}f(t)}{\mathrm{d}t} e^{-st} \mathrm{d}t \tag{4-36}$$

当 $s \to \infty$ 时,上式右端第二项的极限为

$$\lim_{s \to \infty}\left[\int_{0_+}^{\infty} \frac{\mathrm{d}f(t)}{\mathrm{d}t} e^{-st} \mathrm{d}t\right] = \int_{0_+}^{\infty} \frac{\mathrm{d}f(t)}{\mathrm{d}t}\left[\lim_{s \to \infty} e^{-st}\right] \mathrm{d}t = 0$$

因此,对式(4-36)取 $s \to \infty$ 的极限,有
$$\lim_{s \to \infty} sF(s) = f(0_+)$$
式(4-35)得证。

若 $f(t)$ 包含冲激函数 $k\delta(t)$,则上述定理需作修改,此时 $\mathscr{L}[f(t)] = F(s) = k + F_1(s)$,式中 $F_1(s)$ 为真分式,在导出式(4-36)时,等式右端还应包含 ks 项,初值定理应表示为
$$f(0_+) = \lim_{s \to \infty}[sF(s) - ks] \tag{4-37}$$
或
$$f(0_+) = \lim_{s \to \infty} sF_1(s) \tag{4-38}$$

(八) 终值

若 $f(t)$ 及其导数 $\dfrac{\mathrm{d}f(t)}{\mathrm{d}t}$ 可以进行拉氏变换,$f(t)$ 的变换式为 $F(s)$,而且 $\lim_{t \to \infty} f(t)$ 存在,则
$$\lim_{t \to \infty} f(t) = \lim_{s \to 0} sF(s) \tag{4-39}$$

证明

利用式(4-36),取 $s \to 0$ 之极限,有
$$\lim_{s \to 0} sF(s) = f(0_+) + \lim_{s \to 0}\int_{0_+}^{\infty} \frac{\mathrm{d}f(t)}{\mathrm{d}t} e^{-st}\mathrm{d}t = f(0_+) + \lim_{t \to \infty} f(t) - f(0_+)$$
于是得到
$$\lim_{t \to \infty} f(t) = \lim_{s \to 0} sF(s)$$

初值定理告诉我们,只要知道变换式 $F(s)$,就可直接求得 $f(0_+)$ 值;而借助终值定理,可从 $F(s)$ 来求 $t \to \infty$ 时的 $f(t)$ 值。

关于终值定理的应用条件限制还需作些说明,$\lim_{t \to \infty} f(t)$ 是否存在,可从 s 域作出判断,也即:仅当 $sF(s)$ 在 s 平面的虚轴上及其右边都为解析时(原点除外),终值定理才可应用。例如 $\mathscr{L}[\sin(\omega t)] = \dfrac{\omega}{s^2 + \omega^2}$ 变换式分母的根在虚轴上 $\pm j\omega$ 处,不能应用此定理,显然 $\sin(\omega t)$ 振荡不止,当 $t \to \infty$ 时极限不存在。而 $\mathscr{L}[e^{at}] = \dfrac{1}{s-a}$ 分母多项式的根是在右半平面实轴 a 点上,此定理也不能用。在 4.7 节引入"零点"、"极点"的概念以后,这种关系的说明将更为方便。

当电路较为复杂时,初值与终值定理的方便之处将显得突出,因为它不需要作逆变换,即可直接求出原函数的初值和终值。对于某些反馈系统的研究,例如锁相环路系统的稳定性分析,就是这样。

假如以符号 s 与算子 $j\omega$ 相对照,关于上述两定理的物理概念可作如下解释:$s \to 0$($j\omega \to 0$),相当于直流状态,因而得到电路稳定的终值 $f(\infty)$;而 $s \to \infty$

($j\omega \to \infty$),相当于接入信号的突变(高频分量),它可以给出相应的初值 $f(0_+)$。

(九)卷积

此定理与第三章讲述的傅里叶变换卷积定理的形式类似。拉氏变换卷积定理指出

若 $\mathscr{L}[f_1(t)] = F_1(s)$,$\mathscr{L}[f_2(t)] = F_2(s)$,则有

$$\mathscr{L}[f_1(t) * f_2(t)] = F_1(s)F_2(s) \qquad (4-40)$$

可见,两原函数卷积的拉氏变换等于两函数拉氏变换之乘积。对于单边变换,考虑到 $f_1(t)$ 与 $f_2(t)$ 均为有始信号,即 $f_1(t) = f_1(t)u(t)$,$f_2(t) = f_2(t)u(t)$,由卷积定义写出

$$\mathscr{L}[f_1(t) * f_2(t)] = \int_0^\infty \int_0^\infty f_1(\tau)u(\tau)f_2(t-\tau)u(t-\tau)\mathrm{d}\tau \, \mathrm{e}^{-st}\mathrm{d}t$$

交换积分次序并引入符号 $x = t - \tau$,得到

$$\mathscr{L}[f_1(t) * f_2(t)] = \int_0^\infty f_1(\tau)\left[\int_0^\infty f_2(t-\tau)u(t-\tau)\mathrm{e}^{-st}\mathrm{d}t\right]\mathrm{d}\tau$$

$$= \int_0^\infty f_1(\tau)\left[\mathrm{e}^{-s\tau}\int_0^\infty f_2(x)\mathrm{e}^{-sx}\mathrm{d}x\right]\mathrm{d}\tau$$

$$= F_1(s)F_2(s)$$

式(4-40)得证。此式为时域卷积定理,同理可得 s 域卷积定理(也可称为时域相乘定理)为

$$\mathscr{L}[f_1(t)f_2(t)] = \frac{1}{2\pi \mathrm{j}}[F_1(s) * F_2(s)] = \frac{1}{2\pi \mathrm{j}}\int_{\sigma-\mathrm{j}\infty}^{\sigma+\mathrm{j}\infty} F_1(p)F_2(s-p)\mathrm{d}p \qquad (4-41)$$

在 4.6 节将进一步讨论卷积定理在电路分析中的应用,并借助卷积定理建立系统函数的概念。

最后,在表 4-2 中给出拉氏变换主要性质(定理)的有关结论。表中,关于对 s 微分和对 s 积分两性质未曾证明,留作练习。

表 4-2 拉氏变换性质(定理)

$\mathscr{L}[f(t)] = F(s)$,$\mathscr{L}[f_1(t)] = F_1(s)$,$\mathscr{L}[f_2(t)] = F_2(s)$

序号	名称	结论
1	线性(叠加)	$\mathscr{L}[K_1 f_1(t) + K_2 f_2(t)] = K_1 F_1(s) + K_2 F_2(s)$
2	对 t 微分	$\mathscr{L}\left[\dfrac{\mathrm{d}f(t)}{\mathrm{d}t}\right] = sF(s) - f(0)$ $\mathscr{L}\left[\dfrac{\mathrm{d}^n f(t)}{\mathrm{d}t}\right] = s^n F(s) - \sum_{r=0}^{n-1} s^{n-r-1} f^{(r)}(0)$
3	对 t 积分	$\mathscr{L}\left[\int_{-\infty}^{\tau} f(\tau)\mathrm{d}\tau\right] = \dfrac{F(s)}{s} + \dfrac{f^{(-1)}(0)}{s}$
4	延时(时域平移)	$\mathscr{L}[f(t-t_0)u(t-t_0)] = \mathrm{e}^{-st_0}F(s)$

续表

序号	名称	结论
5	s 域平移	$\mathscr{L}[f(t)\mathrm{e}^{-at}] = F(s+a)$
6	尺度变换	$\mathscr{L}[f(at)] = \dfrac{1}{a}F\left(\dfrac{s}{a}\right)$
7	初值	$\lim\limits_{t \to 0} f(t) = \lim\limits_{s \to \infty} sF(s)$
8	终值	$\lim\limits_{t \to \infty} f(t) = \lim\limits_{s \to 0} sF(s)$
9	卷积	$\mathscr{L}\left[\int_0^t f_1(\tau)f_2(t-\tau)\mathrm{d}\tau\right] = F_1(s)F_2(s)$
10	相乘	$\dfrac{1}{2\pi\mathrm{j}}\int_{\sigma-\mathrm{j}\infty}^{\sigma+\mathrm{j}\infty} F_1(p)F_2(s-p)\mathrm{d}p = \mathscr{L}[f_1(t)f_2(t)]$
11	对 s 微分	$\mathscr{L}[-tf(t)] = \dfrac{\mathrm{d}F(s)}{\mathrm{d}s}$
12	对 s 积分	$\mathscr{L}\left[\dfrac{f(t)}{t}\right] = \int_s^\infty F(s)\mathrm{d}s$

4.4 拉普拉斯逆变换

由例 4-4 已经看到,利用拉氏变换方法分析电路问题时,最后需要求象函数的逆变换。由拉氏变换定义可知,欲求 $F(s)$ 之逆变换可按定义式(4-6)进行复变函数积分(用留数定理)求得。实际上,往往可借助一些代数运算将 $F(s)$ 表达式分解,分解后各项 s 函数式的逆变换可从表 4-1 查出,使求解过程大大简化,无需进行积分运算。这种分解方法称为部分分式分解(或部分分式展开)。

(一) 部分分式分解

由 4.3 节已经知道,微分算子的变换式要出现 s,而积分算子包含 $\dfrac{1}{s}$,因此,含有高阶导数的线性、常系数微分(或积分)方程式将变换成 s 的多项式,或变换成两个 s 的多项式之比。它们称为 s 的有理分式。一般具有如下形式

$$F(s) = \frac{A(s)}{B(s)} = \frac{a_m s^m + a_{m-1}s^{m-1} + \cdots + a_0}{b_n s^n + b_{n-1}s^{n-1} + \cdots + b_0} \qquad (4-42)$$

式中,系数 a_i 和 b_i 都为实数,m 和 n 是正整数。

为便于分解,将 $F(s)$ 的分母 $B(s)$ 写作以下形式

$$B(s) = b_n(s-p_1)(s-p_2)\cdots(s-p_n) \qquad (4-43)$$

式中 $p_1, p_2, \cdots, p_n$ 为 $B(s) = 0$ 方程式的根,也即,当 s 等于任一根值时,$B(s)$ 等

于零,$F(s)$等于无限大。$p_1,p_2,\cdots,p_n$称为$F(s)$的"极点"。

同理,$A(s)$也可改写为

$$A(s) = a_m(s-z_1)(s-z_2)\cdots(s-z_m) \qquad (4-44)$$

式中$z_1,z_2,\cdots,z_m$称为$F(s)$的"零点",它们是$A(s)=0$方程式的根。

按照极点之不同特点,部分分式分解方法有以下几种情况。

(1) 极点为实数,无重根

假定$p_1,p_2,\cdots,p_n$均为实数,且无重根,例如,考虑如下的变换式求其逆变换

$$F(s) = \frac{A(s)}{(s-p_1)(s-p_2)(s-p_3)} \qquad (4-45)$$

式中p_1,p_2,p_3是不相等的实数。先来分析$m<n$的情况,也即分母多项式的阶次高于分子多项式的阶次。这时,$F(s)$可分解为以下形式

$$F(s) = \frac{K_1}{s-p_1} + \frac{K_2}{s-p_2} + \frac{K_3}{s-p_3} \qquad (4-46)$$

显然,查表 4-1 可求得逆变换

$$f(t) = \mathscr{L}^{-1}\left[\frac{K_1}{s-p_1}\right] + \mathscr{L}^{-1}\left[\frac{K_2}{s-p_2}\right] + \mathscr{L}^{-1}\left[\frac{K_3}{s-p_3}\right]$$

$$= K_1 e^{p_1 t} + K_2 e^{p_2 t} + K_3 e^{p_3 t} \qquad (4-47)$$

我们的任务是要找到各系数K_1,K_2,K_3之值。为求得K_1,以$(s-p_1)$乘式(4-46)两端

$$(s-p_1)F(s) = K_1 + \frac{(s-p_1)K_2}{s-p_2} + \frac{(s-p_1)K_3}{s-p_3} \qquad (4-48)$$

令$s=p_1$代入式(4-48)得到

$$K_1 = (s-p_1)F(s)\big|_{s=p_1} \qquad (4-49)$$

同理可以求得对任意极点p_i所对应的系数K_i

$$K_i = (s-p_i)F(s)\big|_{s=p_i} \qquad (4-50)$$

例 4-8 求下示函数的逆变换

$$F(s) = \frac{10(s+2)(s+5)}{s(s+1)(s+3)}$$

解 将$F(s)$写成部分分式展开形式

$$F(s) = \frac{K_1}{s} + \frac{K_2}{s+1} + \frac{K_3}{s+3}$$

分别求K_1,K_2,K_3

$$K_1 = sF(s)\big|_{s=0} = \frac{10 \times 2 \times 5}{1 \times 3} = \frac{100}{3}$$

$$K_2 = (s+1)F(s)\big|_{s=-1} = \frac{10(-1+2)(-1+5)}{(-1)(-1+3)} = -20$$

$$K_3 = (s+3)F(s)\big|_{s=-3} = \frac{10(-3+2)(-3+5)}{(-3)(-3+1)} = -\frac{10}{3}$$

$$F(s) = \frac{100}{3s} - \frac{20}{s+1} - \frac{10}{3(s+3)}$$

故

$$f(t) = \frac{100}{3} - 20\mathrm{e}^{-t} - \frac{10}{3}\mathrm{e}^{-3t} \quad (t \geq 0)$$

在以上讨论中，假定 $F(s) = \dfrac{A(s)}{B(s)}$ 表示式中 $A(s)$ 的阶次低于 $B(s)$ 的阶次，也即 $m < n$，如果不满足此条件，式(4-46)将不成立。对于 $m \geq n$ 的情况，可用长除法将分子中的高次项提出，余下的部分满足 $m < n$，仍按以上方法分析，下面给出实例。

例 4-9 求下示函数的逆变换

$$F(s) = \frac{s^3 + 5s^2 + 9s + 7}{(s+1)(s+2)}$$

解

用分子除以分母(长除法)得到

$$F(s) = s + 2 + \frac{s+3}{(s+1)(s+2)}$$

现在式中最后一项满足 $m < n$ 的要求，可按前述部分分式展开方法分解得到

$$F(s) = s + 2 + \frac{2}{s+1} - \frac{1}{s+2}$$

$$f(t) = \delta'(t) + 2\delta(t) + 2\mathrm{e}^{-t} - \mathrm{e}^{-2t} \quad (t \geq 0)$$

这里，$\delta'(t)$ 是冲激函数 $\delta(t)$ 的导数。

(2) 包含共轭复数极点

这种情况仍可采用上述实数极点求分解系数的方法，当然，计算要麻烦些，但根据共轭复数的特点可以有一些取巧的方法。

例如，考虑下示函数的分解

$$F(s) = \frac{A(s)}{D(s)[(s+\alpha)^2 + \beta^2]} = \frac{A(s)}{D(s)(s+\alpha-\mathrm{j}\beta)(s+\alpha+\mathrm{j}\beta)} \quad (4-51)$$

式中，共轭极点出现在 $-\alpha \pm \mathrm{j}\beta$ 处；$D(s)$ 表示分母多项式中的其余部分，引入符号 $F_1(s) = \dfrac{A(s)}{D(s)}$，则式(4-47)改写为

$$F(s) = \frac{F_1(s)}{(s+\alpha-\mathrm{j}\beta)(s+\alpha+\mathrm{j}\beta)} = \frac{K_1}{s+\alpha-\mathrm{j}\beta} + \frac{K_2}{s+\alpha+\mathrm{j}\beta} + \cdots \quad (4-52)$$

引用式(4-50)求得 K_1, K_2

$$K_1 = (s+\alpha-\mathrm{j}\beta)F(s)\big|_{s=-\alpha+\mathrm{j}\beta} = \frac{F_1(-\alpha+\mathrm{j}\beta)}{2\mathrm{j}\beta} \quad (4-53)$$

$$K_2 = (s+\alpha+j\beta)F(s)\big|_{s=-\alpha-j\beta} = \frac{F_1(-\alpha-j\beta)}{-2j\beta} \quad (4-54)$$

不难看出,K_1 与 K_2 呈共轭关系,假定

$$K_1 = A + jB \quad (4-55)$$

则

$$K_2 = A - jB = K_1^* \quad (4-56)$$

如果把(4-52)式中共轭复数极点有关部分的逆变换以 $f_C(t)$ 表示,则

$$f_C(t) = \mathscr{L}^{-1}\left[\frac{K_1}{s+\alpha-j\beta} + \frac{K_2}{s+\alpha+j\beta}\right] = e^{-\alpha t}(K_1 e^{j\beta t} + K_1^* e^{-j\beta t})$$
$$= 2e^{-\alpha t}[A\cos(\beta t) - B\sin(\beta t)] \quad (4-57)$$

例 4-10 求下示函数的逆变换

$$F(s) = \frac{s^2+3}{(s^2+2s+5)(s+2)}$$

解

$$F(s) = \frac{s^2+3}{(s+1+j2)(s+1-j2)(s+2)}$$
$$= \frac{K_0}{s+2} + \frac{K_1}{s+1-j2} + \frac{K_2}{s+1+j2}$$

分别求系数 K_0, K_1, K_2

$$K_0 = (s+2)F(s)\big|_{s=-2} = \frac{7}{5}$$

$$K_1 = \frac{s^2+3}{(s+1+j2)(s+2)}\bigg|_{s=-1+j2} = \frac{-1+j2}{5}$$

也即 $A = -\frac{1}{5}$,$B = \frac{2}{5}$,借助式(4-57)得到 $F(s)$ 的逆变换式

$$f(t) = \frac{7}{5}e^{-2t} - 2e^{-t}\left[\frac{1}{5}\cos(2t) + \frac{2}{5}\sin(2t)\right] \quad (t \geq 0)$$

例 4-11 求下示函数的逆变换

$$F(s) = \frac{s+\gamma}{(s+\alpha)^2 + \beta^2}$$

解 显然,此函数式具有共轭复数极点,不必用部分分式展开求系数的方法,将 $F(s)$ 改写为

$$F(s) = \frac{s+\gamma}{(s+\alpha)^2+\beta^2} = \frac{s+\alpha}{(s+\alpha)^2+\beta^2} - \frac{\alpha-\gamma}{\beta} \cdot \frac{\beta}{(s+\alpha)^2+\beta^2}$$

对照表4-1容易得到

$$f(t) = e^{-\alpha t}\cos(\beta t) - \frac{\alpha-\gamma}{\beta}e^{-\alpha t}\sin(\beta t) \quad (t \geq 0)$$

(3) 有多重极点

考虑下示函数的分解

$$F(s) = \frac{A(s)}{B(s)} = \frac{A(s)}{(s-p_1)^k D(s)} \qquad (4-58)$$

式中在 $s = p_1$ 处,分母多项式 $B(s)$ 有 k 重根,也即 k 阶极点。将 $F(s)$ 写成展开式

$$F(s) = \frac{K_{11}}{(s-p_1)^k} + \frac{K_{12}}{(s-p_1)^{k-1}} + \cdots + \frac{K_{1k}}{s-p_1} + \frac{E(s)}{D(s)} \qquad (4-59)$$

这里,$\dfrac{E(s)}{D(s)}$ 表示展开式中与极点 p_1 无关的其余部分。为求出 K_{11},可借助式 $(4-59)$

$$K_{11} = (s-p_1)^k F(s) \big|_{s=p_1} \qquad (4-60)$$

然而,要求得 $K_{12}, K_{13}, \cdots, K_{1k}$ 等系数,不能再采用类似求 K_{11} 的方法,因为这样做将导致分母中出现"0"值,而得不出结果。为解决这一矛盾,引入符号

$$F_1(s) = (s-p_1)^k F(s) \qquad (4-61)$$

于是

$$F_1(s) = K_{11} + K_{12}(s-p_1) + \cdots + K_{1k}(s-p_1)^{k-1} + \frac{E(s)}{D(s)}(s-p_1)^k \qquad (4-62)$$

对式 $(4-62)$ 微分得到

$$\frac{\mathrm{d}}{\mathrm{d}s} F_1(s) = K_{12} + 2K_{13}(s-p_1) + \cdots + K_{1k}(k-1)(s-p_1)^{k-2} + \cdots \qquad (4-63)$$

很明显,可以给出

$$K_{12} = \frac{\mathrm{d}}{\mathrm{d}s} F_1(s) \bigg|_{s=p_1} \qquad (4-64)$$

$$K_{13} = \frac{1}{2} \frac{\mathrm{d}^2}{\mathrm{d}s^2} F_1(s) \bigg|_{s=p_1} \qquad (4-65)$$

一般形式为

$$K_{1i} = \frac{1}{(i-1)!} \cdot \frac{\mathrm{d}^{i-1}}{\mathrm{d}s^{i-1}} F_1(s) \bigg|_{s=p_1} \qquad (4-66)$$

其中

$$i = 1, 2, \cdots, k$$

例 4-12 求下示函数的逆变换

$$F(s) = \frac{s-2}{s(s+1)^3}$$

解 将 $F(s)$ 写成展开式

$$F(s) = \frac{K_{11}}{(s+1)^3} + \frac{K_{12}}{(s+1)^2} + \frac{K_{13}}{s+1} + \frac{K_2}{s}$$

容易求得

$$K_2 = sF(s) \big|_{s=0} = -2$$

为求出与重根有关的各系数,令

$$F_1(s) = (s+1)^3 F(s) = \frac{s-2}{s}$$

引用式(4-60)和式(4-64)、式(4-65)得到

$$K_{11} = \left.\frac{s-2}{s}\right|_{s=-1} = 3$$

$$K_{12} = \left.\frac{\mathrm{d}}{\mathrm{d}s}\left(\frac{s-2}{s}\right)\right|_{s=-1} = 2$$

$$K_{13} = \left.\frac{1}{2}\frac{\mathrm{d}^2}{\mathrm{d}s^2}\left(\frac{s-2}{s}\right)\right|_{s=-1} = 2$$

于是有

$$F(s) = \frac{3}{(s+1)^3} + \frac{2}{(s+1)^2} + \frac{2}{s+1} - \frac{2}{s}$$

逆变换为

$$f(t) = \frac{3}{2}t^2\mathrm{e}^{-t} + 2t\mathrm{e}^{-t} + 2\mathrm{e}^{-t} - 2 \quad (t \geq 0)$$

(二) 用留数定理求逆变换

现在讨论如何从式(4-6)按复变函数积分求拉普拉斯逆变换。将该式重新写于此处

$$f(t) = \frac{1}{2\pi\mathrm{j}}\int_{\sigma-\mathrm{j}\infty}^{\sigma+\mathrm{j}\infty} F(s)\mathrm{e}^{st}\mathrm{d}s \quad (t \geq 0)$$

为求出此积分,可从积分限 $\sigma_1 - \mathrm{j}\infty$ 到 $\sigma_1 + \mathrm{j}\infty$ 补足一条积分路径以构成一闭合围线。现取积分路径是半径为无限大的圆弧,如图4-6所示。这样,就可以应用留数定理,式(4-6)积分式等于围线中被积函数 $F(s)\mathrm{e}^{st}$ 所有极点的留数之和,可表示为

$$\mathscr{L}^{-1}[F(s)] = \sum_{\text{极点}} [F(s)\mathrm{e}^{st}\text{的留数}]$$

设在极点 $s = p_i$ 处的留数为 r_i,并设 $F(s)\mathrm{e}^{st}$ 在围线中共有 n 个极点,则

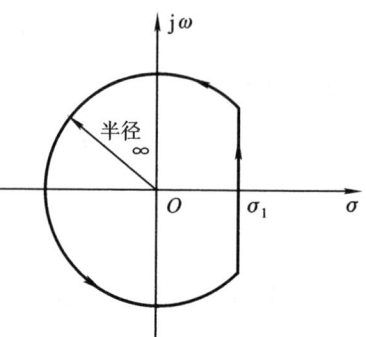

图4-6 $F(s)$ 的围线积分途径

$$\mathscr{L}^{-1}[F(s)] = \sum_{i=1}^{n} r_i \qquad (4-67)$$

若 p_i 为一阶极点,则

$$r_i = \left.[(s-p_i)F(s)\mathrm{e}^{st}]\right|_{s=p_i} \qquad (4-68)$$

若 p_i 为 k 阶极点,则

$$r_i = \frac{1}{(k-1)!}\left[\frac{d^{k-1}}{ds^{k-1}}(s-p_i)^k F(s)e^{st}\right]\bigg|_{s=p_i} \quad (4-69)$$

将以上结果与部分分式展开相比较,不难看出,两种方法所得结果是一样的。具体说,对一阶极点而言,部分分式的系数与留数的差别仅在于因子 e^{st} 的有无,经逆变换后的部分分式就与留数相同了。对高阶极点而言,由于留数公式中含有因子 e^{st},在取其导数时,所得不止一项,遂与部分分式展开法结果相同。

从以上分析可以看出,当 $F(s)$ 为有理分式时,可利用部分分式分解和查表的方法求得逆变换,无需引用留数定理。如果 $F(s)$ 表达式为有理分式与 e^{-st} 相乘时,可再借助延时定理得出逆变换。当 $F(s)$ 为无理函数时,需利用留数定理求逆变换,然而,这种情况在电路分析问题中几乎不会遇到。

4.5 用拉普拉斯变换法分析电路、s 域元件模型

首先研究例题,仿照例 4-4 的方法用拉氏变换分析电路,然后给出 s 域元件模型的概念和应用实例,使这种分析方法进一步简化。

例 4-13 图 4-7 所示电路,当 $t<0$ 时,开关位于"1"端,电路的状态已经稳定,$t=0$ 时开关从"1"端打到"2"端,分别求 $v_C(t)$ 与 $v_R(t)$ 波形。

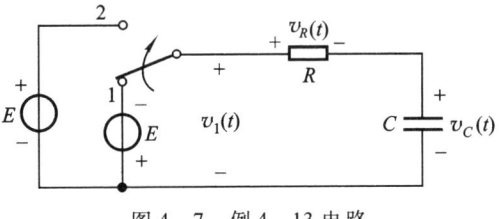

图 4-7 例 4-13 电路

解

首先求 $v_C(t)$,这里遵循与例 4-4 相同的步骤。

(1) 列写微分方程

$$RC\frac{dv_C}{dt} + v_C = E$$

由于 $t=0_-$ 时,电容已充有电压 $-E$,从 0_- 到 0_+ 电容电压没有变化。

$$v_C(0_+) = v_C(0_-) = -E$$

(2) 取拉氏变换

$$RC[sV_C(s) - v_C(0)] + V_C(s) = \frac{E}{s}$$

$$V_C(s) = \frac{\frac{E}{s} - RCE}{1 + RCs} = \frac{E\left(\frac{1}{RC} - s\right)}{s\left(s + \frac{1}{RC}\right)}$$

(3) 求 $V_C(s)$ 之逆变换

$$V_C(s) = E\left(\frac{1}{s} - \frac{2}{s + \frac{1}{RC}}\right)$$

$$v_C(t) = E - 2Ee^{-\frac{t}{RC}} \quad (t \geqslant 0)$$

画出波形如图 4-8(a) 所示。

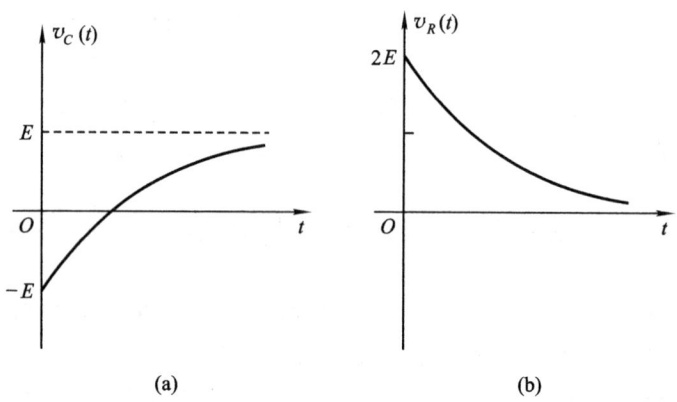

图 4-8 例 4-13 的波形

下面求 $v_R(t)$，请注意，这里遇到待求函数从 0_- 到 0_+ 发生跳变的情况。

(1) $\dfrac{1}{RC}\int v_R(t)\mathrm{d}t + v_R(t) = v_1(t)$

$$\frac{1}{RC}v_R(t) + \frac{\mathrm{d}v_R(t)}{\mathrm{d}t} = \frac{\mathrm{d}v_1(t)}{\mathrm{d}t}$$

$$v_R(0_-) = 0, v_R(0_+) = 2E$$

按 0_- 条件进行分析，这时有

$$\frac{\mathrm{d}v_1(t)}{\mathrm{d}t} = 2E\delta(t)$$

(2) $\dfrac{1}{RC}V_R(s) + sV_R(s) = 2E$

$$V_R(s) = \frac{2E}{s + \frac{1}{RC}}$$

(3) $v_R(t) = 2Ee^{-\frac{t}{RC}} \cdot u(t)$

画出波形如图 4-8(b) 所示。

如果按 0_+ 条件代入，当取拉氏变换时，在等式左端 $sV_R(s)$ 项之后应出现 $-2E$，与此同时，对 $v_1(t)$ 之求导也从 0_+ 计算，于是有 $\dfrac{\mathrm{d}v_1(t)}{\mathrm{d}t} = 0$，这时可得到同样结果。由于在一般电路分析问题中，$0_-$ 条件往往已给定，选用 0_- 系统将使分析过程简化。

4.5 用拉普拉斯变换法分析电路、s 域元件模型

例 4-14 图 4-9 所示电路起始状态为 0，$t=0$ 时开关 S 闭合，接入直流电源 E，求电流 $i(t)$ 波形。

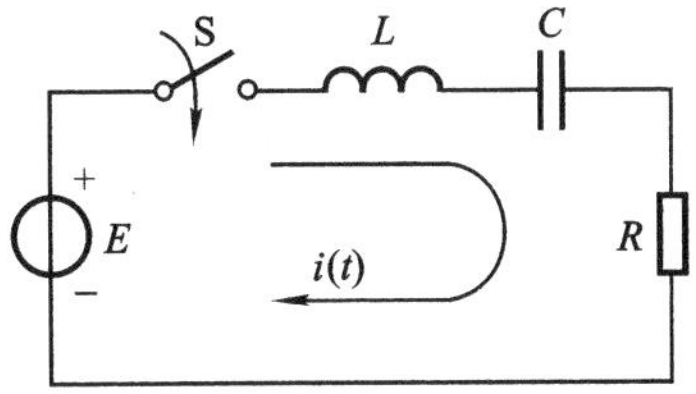

解

(1) $L\dfrac{di}{dt} + Ri + \dfrac{1}{C}\int i dt = Eu(t)$

$i(0) = 0, \dfrac{1}{C}\int i dt \Big|_{t=0} = 0$

(2) $LsI(s) + RI(s) + \dfrac{1}{Cs}I(s) = \dfrac{E}{s}$

图 4-9 例 4-14 的电路

$$I(s) = \dfrac{E}{s\left(Ls + R + \dfrac{1}{sC}\right)} = \dfrac{E}{L} \cdot \dfrac{1}{\left(s^2 + \dfrac{R}{L}s + \dfrac{1}{LC}\right)}$$

为进一步简化，求 $s^2 + \dfrac{R}{L}s + \dfrac{1}{LC} = 0$ 方程的根 p_1, p_2

$$p_1 = -\dfrac{R}{2L} + \sqrt{\left(\dfrac{R}{2L}\right)^2 - \dfrac{1}{LC}}$$

$$p_2 = -\dfrac{R}{2L} - \sqrt{\left(\dfrac{R}{2L}\right)^2 - \dfrac{1}{LC}}$$

故

$$I(s) = \dfrac{E}{L} \cdot \dfrac{1}{(s-p_1)(s-p_2)}$$

$$= \dfrac{E}{L} \cdot \left[\dfrac{1}{(p_1-p_2)(s-p_1)} + \dfrac{1}{(p_2-p_1)(s-p_2)}\right]$$

$$= \dfrac{E}{L} \cdot \dfrac{1}{(p_1-p_2)}\left(\dfrac{1}{s-p_1} - \dfrac{1}{s-p_2}\right)$$

(3) 求逆变换

$$i(t) = \dfrac{E}{L(p_1-p_2)}(e^{p_1 t} - e^{p_2 t})$$

至此，虽已得到 $i(t)$，但式中 p_1, p_2 还需用 R, L, C 代入，为讨论方便，引用符号

$$\alpha = \dfrac{R}{2L}, \omega_0 = \dfrac{1}{\sqrt{LC}}$$

则

$$p_1 = -\alpha + \sqrt{\alpha^2 - \omega_0^2}, p_2 = -\alpha - \sqrt{\alpha^2 - \omega_0^2}$$

由于所给 R, L, C 参数相对不同，p_1, p_2 式中根号项可能为实数或虚数，以致 $i(t)$ 波形也不一样，还要分成以下四种情况说明：

第一种情况 $\alpha = 0$（即 $R = 0$，无损耗的 LC 回路）

$$p_1 = j\omega_0$$
$$p_2 = -j\omega_0$$

$$i(t) = \dfrac{E}{L} \cdot \dfrac{1}{2j\omega_0}(e^{j\omega_0 t} - e^{-j\omega_0 t})$$

$$= E\sqrt{\dfrac{C}{L}} \cdot \sin(\omega_0 t)$$

这时,阶跃信号对回路作用的结果产生不衰减的正弦振荡,如图 4-10(a)的情况。

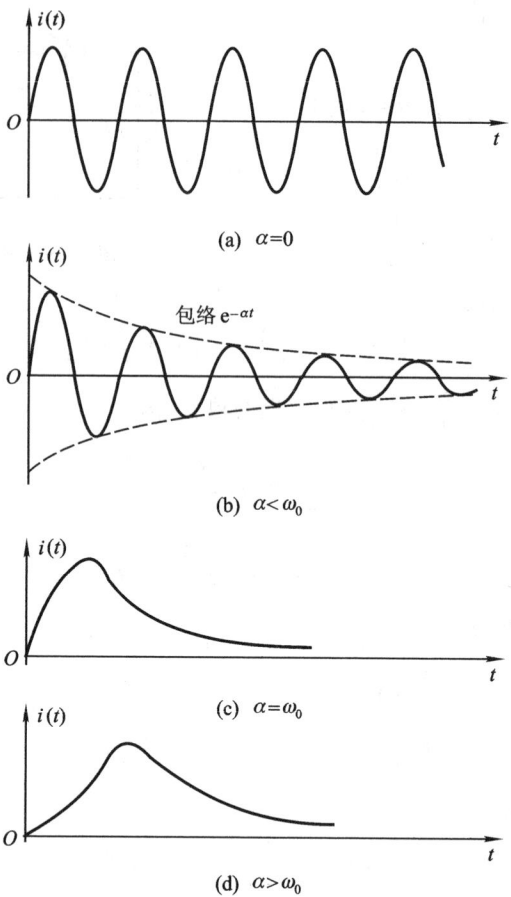

图 4-10 例 4-16 的波形

第二种情况 $\alpha < \omega_0 \left(\text{即 } R \text{ 较小,高 } Q \text{ 的 } LC \text{ 回路}, Q = \dfrac{\omega_0}{2\alpha}\right)$

这时,由于 $\alpha < \omega_0$,p_1 与 p_2 表示式中根号部分是虚数。再引入符号

$$\omega_d = \sqrt{\omega_0^2 - \alpha^2}$$

所以

$$\sqrt{\alpha^2 - \omega_0^2} = j\omega_d$$
$$p_1 = -\alpha + j\omega_d$$
$$p_2 = -\alpha - j\omega_d$$
$$i(t) = \frac{E}{L} \cdot \frac{1}{2j\omega_d}[\,\mathrm{e}^{(-\alpha+j\omega_d)t} - \mathrm{e}^{(-\alpha-j\omega_d)t}\,]$$

$$= \frac{E}{L\omega_d} \cdot e^{-\alpha t} \sin(\omega_d t)$$

得到衰减振荡如图 4-10(b), R 越小, α 就越小, 衰减越慢, R 大则衰减快。

第三种情况 $\alpha = \omega_0$

$$\frac{R}{2L} = \frac{1}{\sqrt{LC}}$$

$$p_1 = p_2 = -\alpha$$

这是有重根的情况, $I(s)$ 表示式为

$$I(s) = \frac{E}{L} \cdot \frac{1}{(s-p_1)(s-p_2)} = \frac{E}{L} \cdot \frac{1}{(s+\alpha)^2}$$

于是可得

$$i(t) = \frac{E}{L} \cdot t e^{-\alpha t} = \frac{E}{L} \cdot t e^{-\frac{R}{2L}t}$$

这时, 由于 R 较大, 阻尼大而不能产生振荡, 是临界情况, 如图 4-10(c) 所示波形。

第四种情况 $\alpha > \omega_0$ (R 较大、低 Q, 不能振荡)

$$i(t) = \frac{E}{L} \cdot \frac{1}{2\sqrt{\alpha^2-\omega_0^2}} \cdot e^{-\alpha t}(e^{\sqrt{\alpha^2-\omega_0^2}\,t} - e^{-\sqrt{\alpha^2-\omega_0^2}\,t})$$

$$= \frac{E}{L} \cdot \frac{1}{\sqrt{\alpha^2-\omega_0^2}} e^{-\alpha t} \cdot \sinh(\sqrt{\alpha^2-\omega_0^2}\,t)$$

这时 $i(t)$ 波形是双曲线函数, 如图 4-10(d) 所示。

从以上各例可以看出, 用列写微分方程取拉氏变换的方法分析电路虽然比较方便, 但是当网络结构复杂时 (支路和结点较多), 列写微分方程这一步就显得烦琐, 可考虑简化。模仿正弦稳态分析 (交流电路) 中相量法, 先对元件和支路进行变换, 再把变换后的 s 域电压与电流用 KVL 和 KCL 联系起来, 这样可使分析过程简化。为此, 给出 s 域元件模型。

R, L, C 元件的时域关系为

$$v_R(t) = R i_R(t) \tag{4-70}$$

$$v_L(t) = L \frac{\mathrm{d}i_L(t)}{\mathrm{d}t} \tag{4-71}$$

$$v_C(t) = \frac{1}{C} \int_{-\infty}^{t} i_C(\tau) \mathrm{d}\tau \tag{4-72}$$

将以上三式分别进行拉氏变换, 得到

$$V_R(s) = R I_R(s) \tag{4-73}$$

$$V_L(s) = sL I_L(s) - L i_L(0) \tag{4-74}$$

$$V_C(s) = \frac{1}{sC} I_C(s) + \frac{1}{s} v_C(0) \tag{4-75}$$

经过变换以后的方程式可以直接用来处理 s 域中 $V(s)$ 与 $I(s)$ 之间的关系, 对

每个关系式都可构成一个 s 域网络模型,如图 4-11 所示,元件符号是 s 域中广义欧姆定律的符号,也就是说,电阻符号表示下列关系

$$V_R(s) = RI_R(s) \tag{4-76}$$

而电感与电容的符号分别表示(不考虑起始条件)

$$V_L(s) = sLI_L(s) \tag{4-77}$$

$$V_C(s) = \frac{1}{sC}I_C(s) \tag{4-78}$$

式(4-74)和式(4-75)中起始状态引起的附加项,在图 4-11 中用串联的电压源来表示。这样做的实质是把 KVL 和 KCL 直接用于 s 域,就像把它用于时域以及用于相量运算一样。

然而,图 4-11 的模型并非惟一的,将式(4-73)至式(4-75)对电流求解,得到

$$I_R(s) = \frac{1}{R}V_R(s) \tag{4-79}$$

$$I_L(s) = \frac{1}{sL}V_L(s) + \frac{1}{s}i_L(0) \tag{4-80}$$

$$I_C(s) = sCV_C(s) - Cv_C(0) \tag{4-81}$$

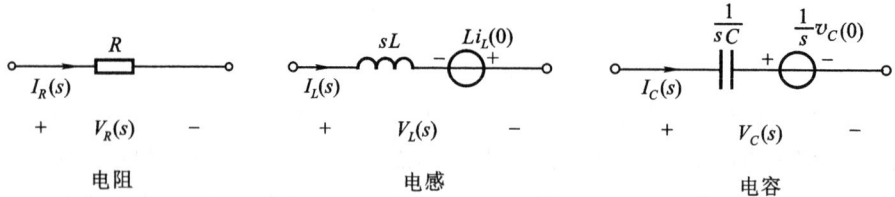

图 4-11 s 域元件模型(回路分析)

与此对应的 s 域网络模型如图 4-12。在列写结点方程式时用图 4-12 的模型方便,而列写回路方程时则宜采用图 4-11。不难看出,把戴维宁定理与诺顿定理直接用于 s 域也是可以的,图 4-11 中的电压源变换为图 4-12 的电流源正好说明了这一点。

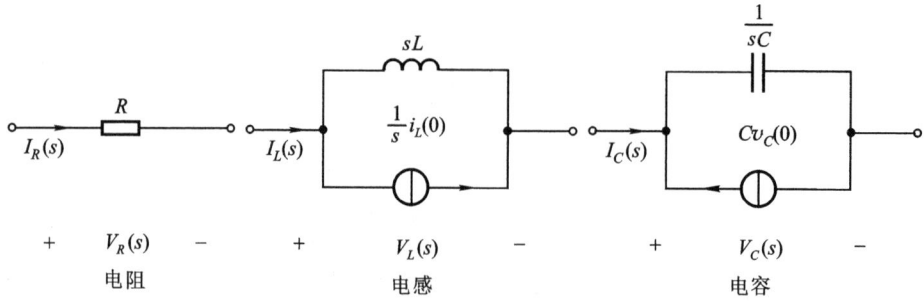

图 4-12 s 域元件模型(结点分析)

把网络中每个元件都用它的 s 域模型来代替,把信号源直接写作变换式,这样就得到全部网络的 s 域模型图,对此电路模型采用 KVL 和 KCL 分析即可找到所需求解的变换式,这时,所进行的数学运算是代数关系,它与电阻性网络的分析方法一样。

例 4 - 15 用 s 域模型的方法求解图 4 - 7(例 4 - 13)电路的 $v_C(t)$。

解 画出 s 域网络模型如图 4 - 13 所示。

根据图 4 - 13 可以写出

$$\left(R + \frac{1}{sC}\right)I(s) = \frac{E}{s} + \frac{E}{s}$$

求出 $I(s)$

$$I(s) = \frac{2E}{s\left(R + \frac{1}{sC}\right)}$$

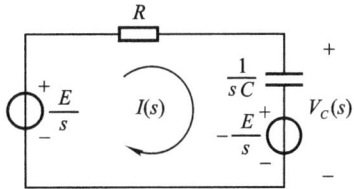

图 4 - 13 例 4 - 15 的 s 域模型图

再求得 $V_C(s)$

$$V_C(s) = \frac{I(s)}{sC} - \frac{E}{s} = \frac{2E}{s(sCR+1)} - \frac{E}{s}$$

$$= \frac{E\left(\frac{1}{RC} - s\right)}{s\left(s + \frac{1}{RC}\right)}$$

至此,已看出与例 4 - 13 结果完全一致。

例 4 - 16 图 4 - 14 所示电路,$t < 0$ 时开关 S 位于"1"端,电路的状态已经稳定,$t = 0$ 时 S 从"1"端接到"2"端,求 $i_L(t)$。

解 由题意求得电流起始值

$$i_L(0) = -\frac{E_1}{R_1}$$

画出 s 域模型如图 4 - 15 所示,这里,为便于求解,将 E_2,R_2 等效为电流源与电阻并联。

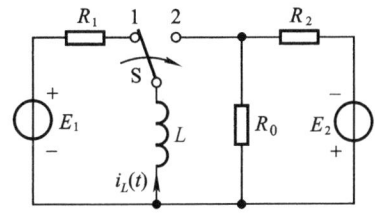

图 4 - 14 例 4 - 16 的电路

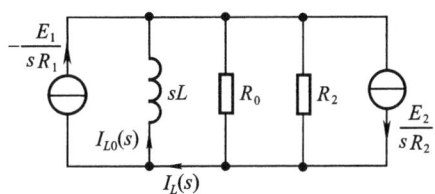

图 4 - 15 例 4 - 16 的 s 域模型

假定流过 sL 的电流为 $I_{L0}(s)$,不难写出

$$I_{L0}(s) = \frac{\dfrac{E_1}{sR_1} + \dfrac{E_2}{sR_2}}{\dfrac{1}{R_0} + \dfrac{1}{R_2} + \dfrac{1}{sL}} \times \frac{1}{sL}$$

$$= \frac{\dfrac{1}{s}\left(\dfrac{E_1}{R_1} + \dfrac{E_2}{R_2}\right)}{\dfrac{sL(R_0 + R_2)}{R_0 R_2} + 1}$$

引用符号

$$\tau = \frac{L(R_0 + R_2)}{R_0 R_2}$$

则

$$I_{L0}(s) = \frac{\dfrac{E_1}{R_1} + \dfrac{E_2}{R_2}}{s(s\tau + 1)}$$

$$= \left(\frac{E_1}{R_1} + \frac{E_2}{R_2}\right)\left(\frac{1}{s} - \frac{1}{s + \dfrac{1}{\tau}}\right)$$

由结点电流关系求得

$$I_L(s) = I_{L0}(s) - \frac{E_1}{sR_1}$$

$$= \frac{E_2}{sR_2} - \left(\frac{E_1}{R_1} + \frac{E_2}{R_2}\right) \cdot \frac{1}{s + \dfrac{1}{\tau}}$$

显然,逆变换为

$$i_L(t) = \frac{E_2}{R_2} - \left(\frac{E_1}{R_1} + \frac{E_2}{R_2}\right)\mathrm{e}^{-\frac{t}{\tau}} \qquad (t \geq 0)$$

波形如图 4-16 所示。

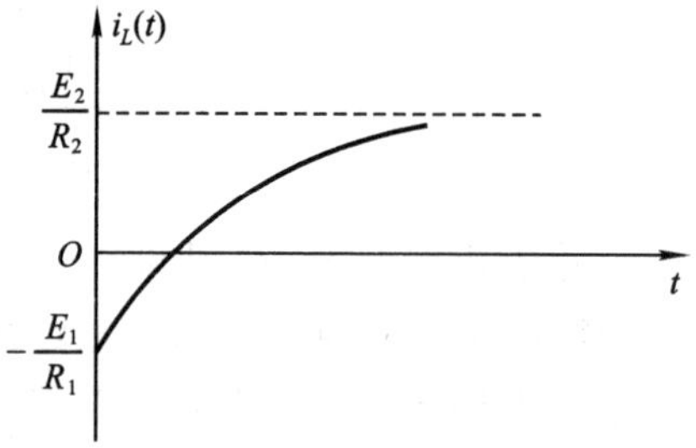

图 4-16　例 4-16 的波形

当所分析的网络具有较多结点或回路时,s 域模型的方法比列写微分方程再取变换的方法要明显简化。

4.6　系统函数(网络函数)$H(s)$

在起始条件为零的情况下,s 域元件模型可以得到简化,这时,描述动态元件(L,C)起始状态的电压源或电流源将不存在,各元件方程式都可写作以下的简单形式

$$V(s) = Z(s)I(s)$$

或

$$I(s) = Y(s)V(s)$$

式中 $Z(s)$ 称为 s 域阻抗,$Y(s)$ 是 s 域导纳。在此情况下,网络任意端口激励信号的变换式与任意端口响应信号的变换式之比仅由网络元件的阻抗、导纳特性

决定,可用"系统函数"或"网络函数"来描述这一特性。它的定义如下:

系统零状态响应的拉氏变换与激励的拉氏变换之比称为"系统函数"(或网络函数),以 $H(s)$ 表示。

例 4 - 17 图 4 - 17 所示电路在 $t=0$ 时开关 S 闭合,接入信号源 $e(t)=V_{\mathrm{m}}\sin(\omega t)$,电感起始电流等于零,求电流 $i(t)$。

解

假定输入信号的变换式写作
$$E(s) = \mathscr{L}[V_{\mathrm{m}}\sin(\omega t)]$$
那么,可以将 $I(s)$ 表示为

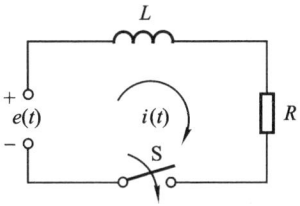

图 4 - 17 例 4 - 17 的电路

$$I(s) = \frac{1}{Ls+R} \cdot E(s)$$

下一步需要求逆变换,用卷积定理找出 $I(s)$ 的原函数 $i(t)$,为此引用

$$\frac{1}{Ls+R} = \mathscr{L}\left[\frac{1}{L}\mathrm{e}^{-\frac{R}{L}t}\right]$$

于是由卷积定理可知

$$\begin{aligned}
i(t) &= \frac{1}{L}\mathrm{e}^{-\frac{R}{L}t} * V_{\mathrm{m}}\sin(\omega t) \\
&= \int_0^t V_{\mathrm{m}}\sin(\omega\tau) \cdot \frac{1}{L}\mathrm{e}^{-\frac{R}{L}(t-\tau)}\mathrm{d}\tau \\
&= \frac{V_{\mathrm{m}}}{L}\mathrm{e}^{-\frac{R}{L}t}\int_0^t \sin(\omega\tau)\mathrm{e}^{\frac{R}{L}\tau}\mathrm{d}\tau \\
&= \frac{V_{\mathrm{m}}}{L}\mathrm{e}^{-\frac{R}{L}t} \cdot \frac{1}{\omega^2+\left(\frac{R}{L}\right)^2}\left\{\mathrm{e}^{\frac{R}{L}\tau}\left[\frac{R}{L}\sin(\omega\tau)-\omega\cos(\omega\tau)\right]\right\}\Big|_0^t \\
&= \frac{V_{\mathrm{m}}}{L}\mathrm{e}^{-\frac{R}{L}t} \cdot \frac{1}{\omega^2+\left(\frac{R}{L}\right)^2}\left\{\mathrm{e}^{\frac{R}{L}t}\left[\frac{R}{L}\sin(\omega t)-\omega\cos(\omega t)\right]+\omega\right\} \\
&= \frac{V_{\mathrm{m}}}{\omega^2L^2+R^2}\left\{[R\sin(\omega t)-\omega L\cos(\omega t)]+\omega L\mathrm{e}^{-\frac{R}{L}t}\right\} \\
&= \frac{V_{\mathrm{m}}}{\omega^2L^2+R^2}\left[\omega L\mathrm{e}^{-\frac{R}{L}t}+\sqrt{R^2+\omega^2L^2}\sin(\omega t-\varphi)\right]
\end{aligned}$$

其中
$$\varphi = \arctan\left(\frac{\omega L}{R}\right)$$

波形如图 4 - 18 所示。

在本例中,系统函数 $H(s)$ 为
$$\frac{I(s)}{E(s)} = H(s) = \frac{1}{Ls+R} \tag{4-82}$$

在求解过程中借助了卷积定理,当然也可不用卷积,将 $I(s)$ 表达式展开

$$I(s) = \frac{1}{Ls+R} \cdot \frac{V_m \omega}{s^2 + \omega^2}$$

$$= \frac{V_m \omega}{L} \left(\frac{K_0}{s + \frac{R}{L}} + \frac{K_1}{s - j\omega} + \frac{K_2}{s + j\omega} \right)$$

其中

$$K_0 = \frac{1}{s^2 + \omega^2} \bigg|_{s = -\frac{R}{L}} = \frac{1}{\omega^2 + \left(\frac{R}{L}\right)^2}$$

$$K_1 = \left(\frac{1}{s + \frac{R}{L}} \right) \left(\frac{1}{s + j\omega} \right) \bigg|_{s = +j\omega}$$

$$= \frac{1}{2\left[\omega^2 + \left(\frac{R}{L}\right)^2\right]} \left(-1 - j\frac{R}{\omega L} \right)$$

而 K_2 与 K_1 共轭,参照表 4-1 求逆变换即可得到 $i(t)$,与前面方法得到的结果相同。

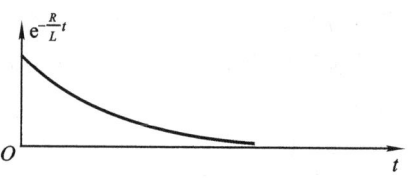

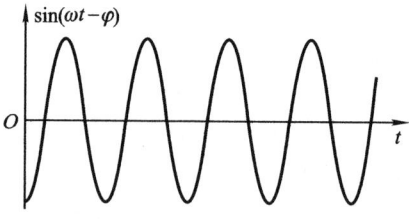

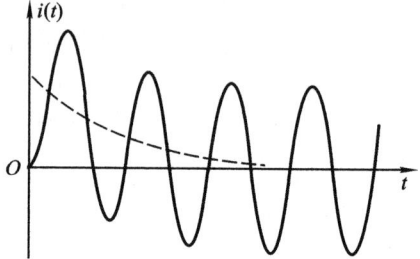

图 4-18 例 4-17 的波形

下面进一步研究在上例求解过程中引用卷积的实质。一般情况下,若线性时不变系统的激励、零状态响应和冲激响应分别为 $e(t), r(t), h(t)$,它们的拉氏变换分别为 $E(s), R(s), H(s)$,由时域分析可知

$$r(t) = h(t) * e(t) \tag{4-83}$$

借助卷积定理可得

$$R(s) = H(s)E(s) \tag{4-84}$$

或

$$H(s) = \frac{R(s)}{E(s)} \tag{4-85}$$

而冲激响应 $h(t)$ 与系统函数 $H(s)$ 构成变换对,即

$$H(s) = \mathscr{L}[h(t)] \tag{4-86}$$

$h(t)$ 和 $H(s)$ 分别从时域和 s 域表征了系统的特性。

例 4-17 中的 $H(s)$ 是电流与电压之比,也即导纳。一般在网络分析中,由于激励与响应既可以是电压,也可能是电流,因此网络函数可以是阻抗(电压比电流),或为导纳(电流比电压),也可以是数值比(电流比电流或电压比电压)。此外,若激励与响应是同一端口,则网络函数称为"策动点函数"(或"驱动点函数"),如图 4-19 中的 $V_i(s)$ 与 $I_i(s)$;若激励与响应不在同一端口,就称为"转

移函数"(或"传输函数"),如图 4-19 中的 $V_i(s)$[或 $I_i(s)$]与 $V_j(s)$[或 $I_j(s)$]。显然,策动点函数只可能是阻抗或导纳;而转移函数可以是阻抗、导纳或比值。例如式(4-82),它是策动点导纳函数。

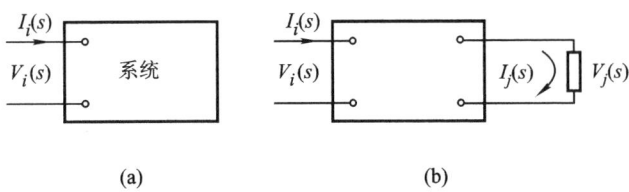

图 4-19 策动点函数与转移函数

将上述不同条件下网络函数的特定名称列于表 4-3。在一般的系统分析中,对于这些名称往往不加区分,统称为系统函数或转移函数。

表 4-3 网络函数的名称

激励与响应的位置	激 励	响 应	系统函数名称
在同一端口(策动点函数)	电流	电压	策动点阻抗
	电压	电流	策动点导纳
分别在各自的端口(转移函数)	电流	电压	转移阻抗
	电压	电流	转移导纳
	电压	电压	转移电压比(电压传输函数)
	电流	电流	转移电流比(电流传输函数)

当利用 $H(s)$ 求解网络响应时,首先需求出 $H(s)$,然后有两种解法,一种方法是取 $H(s)$ 逆变换得到 $h(t)$,由 $h(t)$ 与 $e(t)$ 之卷积求得 $r(t)$,另一种方法是将 $R(s) = H(s)E(s)$ 用部分分式法展开,逐项求出逆变换即得 $r(t)$。无论用哪种方法,求 $H(s)$ 是关键的一步。下面讨论在网络分析中求 $H(s)$ 的一般方法。

求 $H(s)$ 的方法是:将待求解之网络作出 s 域元件模型图,按照元件约束特性和拓扑约束(KCL,KVL)特性,写出响应函数 $R(s)$ 与激励函数 $E(s)$ 之比,此即 $H(s)$ 表示式。通常,这种方法具体表现为利用电路元件的串、并联简化或分压、分流等概念求解电路,必要时可借助戴维宁定理、诺顿定理、叠加定理以及 Y-Δ 转换等间接方法。列写网络的回路电压方程式或结点电流方程式,可以给出求 $H(s)$ 的一般表示式,现以回路方程为例说明这种方法,设待求解网络有 l 个回路,可列出 l 个方程

$$\left.\begin{array}{c} Z_{11}(s)I_1(s) + Z_{12}(s)I_2(s) + \cdots + Z_{1l}(s)I_l(s) = V_1(s) \\ Z_{21}(s)I_1(s) + Z_{22}(s)I_2(s) + \cdots + Z_{2l}(s)I_l(s) = V_2(s) \\ \vdots \qquad \vdots \qquad \vdots \qquad \vdots \\ Z_{l1}(s)I_1(s) + Z_{l2}(s)I_2(s) + \cdots + Z_{ll}(s)I_l(s) = V_l(s) \end{array}\right\} \quad (4-87)$$

式中包含 l 个电流 $I(s)$ 和 l 个电压 $V(s)$，而 $Z(s)$ 为各回路的 s 域互阻抗或自阻抗，写作矩阵形式为

$$V = ZI \tag{4-88}$$
$$I = Z^{-1}V \tag{4-89}$$

这里，V 和 I 分别为列向量，Z 是方阵。

可以解出，第 k 个回路电流 I_k 表示式为

$$I_k(s) = \frac{\Delta_{1k}}{\Delta} V_1(s) + \frac{\Delta_{2k}}{\Delta} V_2(s) + \cdots + \frac{\Delta_{lk}}{\Delta} V_l(s) \tag{4-90}$$

式中 Δ 为 Z 方阵的行列式，称为网络的回路分析行列式（或特征方程式），而 Δ_{jk} 是行列式 Δ 中元素 Z_{jk} 的代数补式或称代数余子式[在 Δ 行列式中，去掉第 j 行 k 列，乘以 $(-1)^{j+k}$]。注意，对于互易网络，因方阵 Z 为对称矩阵，因而 $\Delta_{jk} = \Delta_{kj}$。

如果在所研究之问题中，仅 $V_j(s) \neq 0$，其余 $V(s)$ 都等于零（其他回路没有激励信号接入），则可求出

$$I_k(s) = \frac{\Delta_{jk}}{\Delta} V_j(s) \tag{4-91}$$

即，网络函数 $H(s)$ 为

$$Y_{kj}(s) = \frac{I_k(s)}{V_j(s)} = \frac{\Delta_{jk}}{\Delta} \tag{4-92}$$

当 $k \neq j$ 时，此网络函数为转移导纳函数，当 $k = j$ 时是策动点导纳函数。

类似地，可由列写结点方程找到式（4-91）的对偶形式，求转移阻抗或策动点阻抗。

以上结果表明，网络行列式（特征方程）Δ 反映了 $H(s)$ 的特性，实际上，常常利用特征方程的根来描述系统的有关性能，稍后几节将介绍利用特征方程的根进行系统分析的某些研究方法。

例 4-18 图 4-20 所示电路中电容均为 1 F，电阻均为 1 Ω，试求电路的转移导纳函数 $Y_{21}(s) = \dfrac{I_2(s)}{V_1(s)}$。

解 在图 4-27 中标注各回路电流 $I_1(s)$，$I_2(s)$，$I_3(s)$，依此列写回路方程式如下

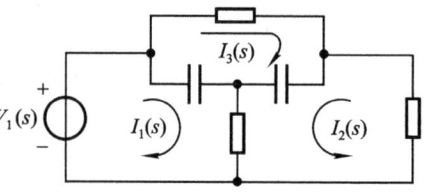

图 4-20 例 4-18 的电路

$$\left.\begin{array}{l} \left(\dfrac{1}{s}+1\right)I_1(s) + I_2(s) - \dfrac{1}{s}I_3(s) = V_1(s) \\[2mm] I_1(s) + \left(\dfrac{1}{s}+2\right)I_2(s) + \dfrac{1}{s}I_3(s) = 0 \\[2mm] -\dfrac{1}{s}I_1(s) + \dfrac{1}{s}I_2(s) + \left(\dfrac{2}{s}+1\right)I_3(s) = 0 \end{array}\right\}$$

为求得 $Y_{21}(s) = \dfrac{I_2(s)}{V_1(s)}$，分别写出

$$\Delta = \begin{vmatrix} \dfrac{1}{s}+1 & 1 & -\dfrac{1}{s} \\ 1 & \dfrac{1}{s}+2 & \dfrac{1}{s} \\ -\dfrac{1}{s} & \dfrac{1}{s} & \dfrac{2}{s}+1 \end{vmatrix} = \dfrac{s^2+5s+2}{s^2}$$

$$\Delta_{12} = -\begin{vmatrix} 1 & \dfrac{1}{s} \\ -\dfrac{1}{s} & \dfrac{2}{s}+1 \end{vmatrix} = -\dfrac{s^2+2s+1}{s^2}$$

于是得到

$$Y_{21}(s) = \dfrac{\Delta_{12}}{\Delta} = -\dfrac{s^2+2s+1}{s^2+5s+2}$$

需要指出，系统函数 $H(s)$ 的形式与传输算子 $H(p)$ 类似，但是它们之间存在着概念上的区别。$H(p)$ 是一个算子，p 不是变量。而 $H(s)$ 是变量 s 的函数。在 $H(s)$ 中，分子和分母的公共因子可以消去，而在 $H(p)$ 表示式中则不准相消。只有当 $H(p)$ 的分母与分子没有公因子的条件下，$H(p)$ 与 $H(s)$ 的形式才完全对应相同。$H(p)$ 即可用来说明零状态特性，又可说明零输入特性。而 $H(s)$ 只能用来说明零状态特性。

4.7 由系统函数零、极点分布决定时域特性

拉普拉斯变换将时域函数 $f(t)$ 变换为 s 域函数 $F(s)$；反之，拉普拉斯逆变换将 $F(s)$ 变换为相应的 $f(t)$。由于 $f(t)$ 与 $F(s)$ 之间存在一定的对应关系，故可以从函数 $F(s)$ 的典型形式透视出 $f(t)$ 的内在性质。当 $F(s)$ 为有理函数时，其分子多项式和分母多项式皆可分解为因子形式，各项因子指明了 $F(s)$ 零点和极点的位置，显然，从这些零点与极点的分布情况，便可确定原函数的性质。

（一）$H(s)$ 零、极点分布与 $h(t)$ 波形特征的对应

系统函数 $H(s)$ 零、极点的定义与一般象函数 $F(s)$ 零、极点定义相同（见 4.4 节），也即，$H(s)$ 分母多项式之根构成极点，分子多项式的根是零点。还可按以下方式定义：若 $\lim\limits_{s \to p_1} H(s) = \infty$，但 $[(s-p_1)H(s)]_{s=p_1}$ 等于有限值，则 $s = p_1$ 处有一阶极点。若 $[(s-p_1)^K H(s)]_{s=p_1}$ 直到 $K = n$ 时才等于有限值，则 $H(s)$ 在 $s = p_1$ 处有 n 阶极点。

$\dfrac{1}{H(s)}$ 的极点即 $H(s)$ 的零点,当 $\dfrac{1}{H(s)}$ 有 n 阶极点时,即 $H(s)$ 有 n 阶零点。

例如,若

$$H(s) = \dfrac{s[(s-1)^2+1]}{(s+1)^2(s^2+4)}$$

$$= \dfrac{s(s-1+\mathrm{j}1)(s-1-\mathrm{j}1)}{(s+1)^2(s+\mathrm{j}2)(s-\mathrm{j}2)} \quad (4-93)$$

那么,它的极点位于

$$\begin{cases} s = -1 & （二阶）\\ s = -\mathrm{j}2 & （一阶）\\ s = +\mathrm{j}2 & （一阶） \end{cases}$$

而其零点位于

$$\begin{cases} s = 0 & （一阶）\\ s = 1 + \mathrm{j}1 & （一阶）\\ s = 1 - \mathrm{j}1 & （一阶）\\ s = \infty & （一阶） \end{cases}$$

将此系统函数的零、极点图绘于图 4 - 21 中的 s 平面内,用符号圆圈"○"表示零点,"×"表示极点。在同一位置画两个相同的符号表示为二阶,例如 $s = -1$ 处有二阶极点。

由于系统函数 $H(s)$ 与冲激响应 $h(t)$ 是一对拉普拉斯变换式,因此,只要知道 $H(s)$ 在 s 平面中零、极点的分布情况,就可预言该系统在时域方面 $h(t)$ 波形的特性。

对于集总参数线性时不变系统,其系统函数 $H(s)$ 可表示为两个多项式之比,具有以下形式

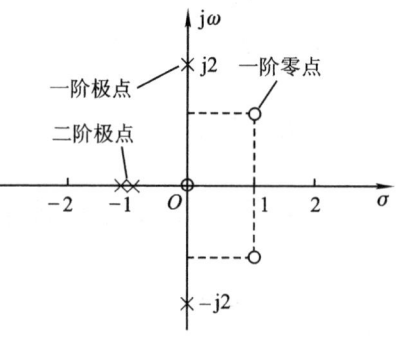

图 4 - 21　$H(s)$ 零、极点图示例

$$H(s) = \dfrac{K\prod\limits_{j=1}^{m}(s-z_j)}{\prod\limits_{i=1}^{n}(s-p_i)} \quad (4-94)$$

其中,z_j 表示第 j 个零点的位置,p_i 表示第 i 个极点的位置。零点有 m 个,极点有 n 个。K 是一个系数。

如果把 $H(s)$ 展开部分分式,那么,$H(s)$ 每个极点将决定一项对应的时间

函数。具有一阶极点 $p_1, p_2, \cdots, p_n$ 的系统函数其冲激响应形式如下

$$h(t) = \mathscr{L}^{-1}[H(s)] = \mathscr{L}^{-1}\left[\sum_{i=1}^{n}\frac{K_i}{s-p_i}\right]$$

$$= \mathscr{L}^{-1}\left[\sum_{i=1}^{n}H_i(s)\right] = \sum_{i=1}^{n}h_i(t) = \sum_{i=1}^{n}K_i e^{p_i t} \qquad (4-95)$$

这里,p_i 可以是实数,但一般情况下,p_i 以成对的共轭复数形式出现。各项相应的幅值由系数 K_i 决定,而 K_i 则与零点分布情况有关。

下面研究几种典型情况的极点分布与原函数波形的对应关系。

(1) 若极点位于 s 平面坐标原点,$H_i(s) = \dfrac{1}{s}$,那么,冲激响应就为阶跃函数,$h_i(t) = u(t)$。

(2) 若极点位于 s 平面的实轴上,则冲激响应具有指数函数形式。如 $H_i(s) = \dfrac{1}{s+a}$,则 $h_i(t) = e^{-at}$,此时,极点为负实数($p_i = -a < 0$),冲激响应是指数衰减(单调减幅)形式;如果 $H_i(s) = \dfrac{1}{s-a}$,则 $h_i(t) = e^{at}$,这时,极点是正实数 ($p_i = a > 0$),对应的冲激响应是指数增长(单调增幅)形式。

(3) 虚轴上的共轭极点给出等幅振荡。显然 $\mathscr{L}^{-1}\left[\dfrac{\omega}{s^2+\omega^2}\right] = \sin(\omega t)$,它的两个极点位于 $p_1 = +j\omega$ 和 $p_2 = -j\omega$。

(4) 落于 s 左半平面内的共轭极点对应于衰减振荡。例如

$$\mathscr{L}^{-1}\left[\frac{\omega}{(s+a)^2+\omega^2}\right] = e^{-at}\sin(\omega t)$$

它的两个极点位于 $p_1 = -a+j\omega, p_2 = -a-j\omega$,这里 $-a < 0$。与此相反,落于 s 右半平面内的共轭极点对应于增幅振荡。例如 $\mathscr{L}^{-1}\left[\dfrac{\omega}{(s-a)^2+\omega^2}\right] = e^{at}\sin(\omega t)$ 的极点是 $p_1 = a+j\omega, p_2 = a-j\omega$,这里,$a > 0$。

将以上结果整理如表 4-4 所示。这里都是一阶极点的情况。

表 4-4 极点分布与原函数波形对应(一)

$H(s)$	s 平面上的零、极点	t 平面上的波形	$h(t)(t \geq 0)$
$\dfrac{1}{s}$			$u(t)$

续表

$H(s)$	s 平面上的零、极点	t 平面上的波形	$h(t)(t \geq 0)$
$\dfrac{1}{s+a}$			e^{-at}
$\dfrac{1}{s-a}$			e^{at}
$\dfrac{\omega}{s^2+\omega^2}$			$\sin(\omega t)$
$\dfrac{\omega}{(s+a)^2+\omega^2}$			$e^{-at}\sin(\omega t)$
$\dfrac{\omega}{(s-a)^2+\omega^2}$			$e^{at}\sin(\omega t)$

若 $H(s)$ 具有多重极点,那么,部分分式展开式各项所对应的时间函数可能具有 $t, t^2, t^3, \cdots$ 与指数函数相乘的形式,t 的幂次由极点阶次决定。几种典型情况如下:

(1) 位于 s 平面坐标原点的二阶或三阶极点分别给出时间函数为 t 或 $t^2/2$。

(2) 实轴上的二阶极点给出 t 与指数函数的乘积。如

$$\mathscr{L}^{-1}\left[\frac{1}{(s+a)^2}\right] = te^{-at}$$

(3) 对于虚轴上的二阶共轭极点情况。如 $\mathscr{L}^{-1}\left[\frac{2\omega s}{(s^2+\omega^2)^2}\right] = t\sin(\omega t)$。这是幅度按线性增长的正弦振荡。

将这里讨论的几种多阶极点分布与原函数的对应关系列于表 4-5。

表 4-5 极点分布与原函数波形对应(二)

$H(s)$	s 平面上的零、极点	t 平面上的波形	$h(t)(t \geqslant 0)$
$\dfrac{1}{s^2}$	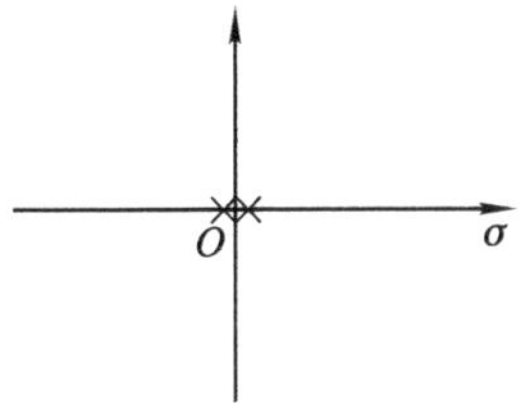	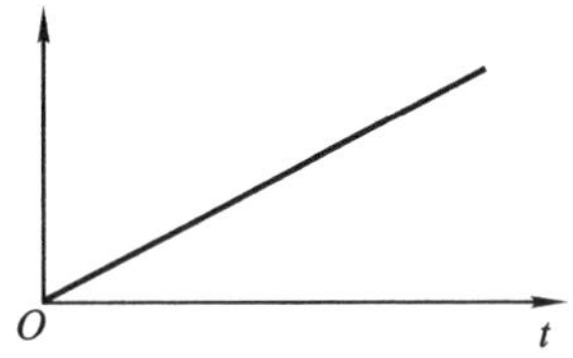	t
$\dfrac{1}{(s+a)^2}$	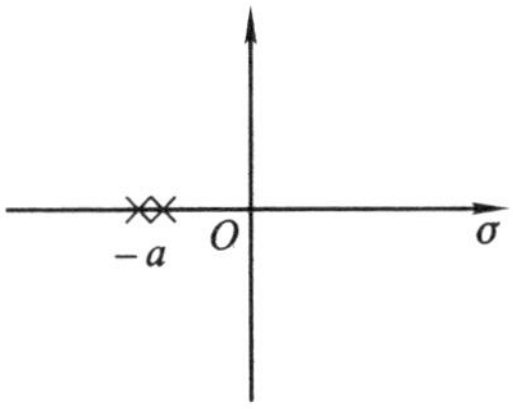	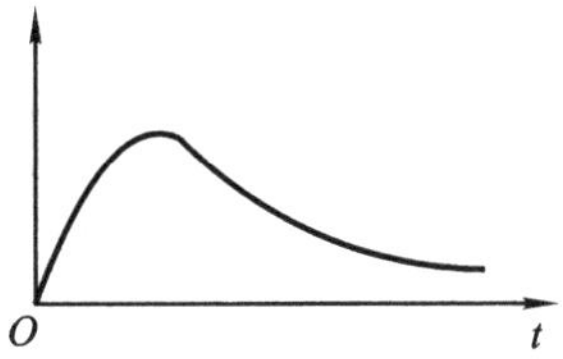	te^{-at}
$\dfrac{2\omega s}{(s^2+\omega^2)^2}$	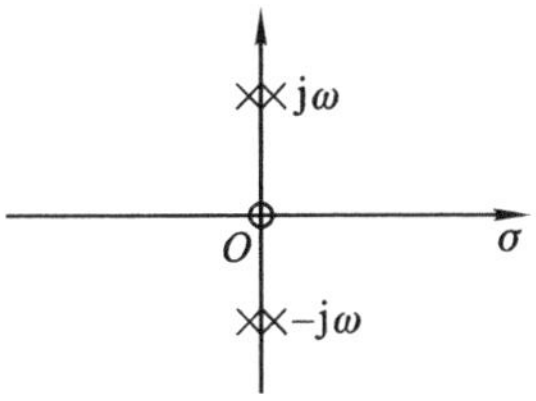	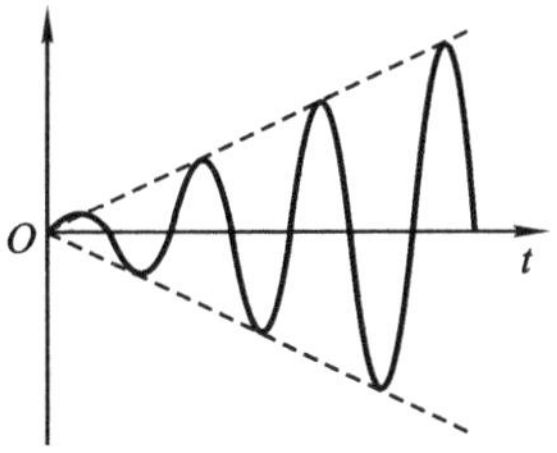	$t\sin(\omega t)$

由表 4-4 与表 4-5 可以看出,若 $H(s)$ 极点落于左半平面,则 $h(t)$ 波形为衰减形式;若 $H(s)$ 极点落在右半平面,则 $h(t)$ 增长;落于虚轴上的一阶极点对

应的 $h(t)$ 成等幅振荡或阶跃;而虚轴上的二阶极点将使 $h(t)$ 呈增长形式。在系统理论研究中,按照 $h(t)$ 呈现衰减或增长的两种情况将系统划分为稳定系统与非稳定系统两大类型,显然,根据 $H(s)$ 极点出现于左半或右半平面即可判断系统是否稳定。在 4.11 节将进一步研究系统的稳定性。

以上分析了 $H(s)$ 极点分布与时域函数的对应关系。至于 $H(s)$ 零点分布的情况则只影响到时域函数的幅度和相位;s 平面中零点变动对于 t 平面波形的形式没有影响。例如,图 4 - 22 所示 $H(s)$ 零、极点分布以及 $h(t)$ 波形,其表示式可以写作

$$\mathscr{L}^{-1}\left[\frac{(s+a)}{(s+a)^2+\omega^2}\right] = e^{-at}\cos(\omega t) \qquad (4-96)$$

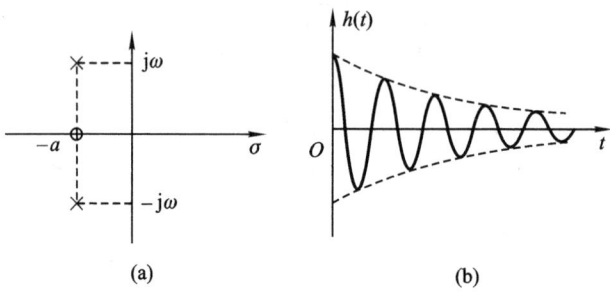

图 4 - 22 式(4 - 96)系统函数的 s 平面与 t 平面图形

假定保持极点不变,只移动零点 a 的位置,那么 $h(t)$ 波形将仍呈衰减振荡形式,振荡频率也不改变,只是幅度和相位有变化。譬如,将零点移至原点则有

$$\mathscr{L}^{-1}\left[\frac{s}{(s+a)^2+\omega^2}\right] = e^{-at}\left[\cos(\omega t) - \frac{a}{\omega}\sin(\omega t)\right] \qquad (4-97)$$

请读者绘出波形进行比较。

(二) $H(s)$、$E(s)$ 极点分布与自由响应、强迫响应特征的对应

第二章曾就系统时域特性讨论了完全响应中的自由分量、强迫分量概念。现从 s 域的观点,即从 $E(s)$ 与 $H(s)$ 的极点分布特性来研究这一问题。

在 s 域中,系统响应 $R(s)$ 与激励信号 $E(s)$、系统函数 $H(s)$ 满足式 (4 - 84)

$$R(s) = H(s)E(s)$$

系统响应的时域特性

$$r(t) = \mathscr{L}^{-1}[R(s)] \qquad (4-98)$$

显然,$R(s)$ 的零、极点由 $H(s)$ 与 $E(s)$ 的零、极点所决定。在式(4 - 84)中,

$H(s)$ 和 $E(s)$ 可以分别写作以下形式

$$H(s) = \frac{\prod_{j=1}^{m}(s-z_j)}{\prod_{i=1}^{n}(s-p_i)} \qquad (4-99)$$

$$E(s) = \frac{\prod_{l=1}^{u}(s-z_l)}{\prod_{k=1}^{v}(s-p_k)} \qquad (4-100)$$

式中,z_j 和 z_l 分别表示 $H(s)$ 和 $E(s)$ 的第 j 个或第 l 个零点,零点数目为 m 个与 u 个;p_i 和 p_k 分别表示 $H(s)$ 和 $E(s)$ 的第 i 个或第 k 个极点,极点数目为 n 个与 v 个。此外,为讨论方便还假定了 $H(s)$ 与 $E(s)$ 两式前面的系数等于 1。

如果在 $R(s)$ 函数式中不含有多重极点,而且,$H(s)$ 与 $E(s)$ 没有相同的极点,那么,将 $R(s)$ 用部分分式展开后即可得到

$$R(s) = \sum_{i=1}^{n}\frac{K_i}{s-p_i} + \sum_{k=1}^{v}\frac{K_k}{s-p_k} \qquad (4-101)$$

K_i 和 K_k 分别表示部分分式展开各项的系数。

不难看出,$R(s)$ 的极点来自两方面,一是系统函数的极点 p_i,另一是激励信号的极点 p_k。取 $R(s)$ 逆变换,写出响应函数的时域表示式为

$$r(t) = \sum_{i=1}^{n}K_i e^{p_i t} + \sum_{k=1}^{v}K_k e^{p_k t} \qquad (4-102)$$

响应函数 $r(t)$ 由两部分组成,前面一部分是由系统函数的极点所形成,称为"自由响应";后一部分则由激励函数的极点所形成,称为"强迫响应"。而自由响应中的极点 p_i 只由系统本身的特性所决定,与激励函数的形式无关。然而,系数 K_i 则与 $H(s)$ 和 $E(s)$ 都有关系,同样,系数 K_k 也不仅由 $E(s)$ 决定,还与 $H(s)$ 有关。即,自由响应时间函数的形式仅由 $H(s)$ 决定,但它的幅度和相位却受 $H(s)$ 与 $E(s)$ 两方面的影响;同样,强迫响应时间函数的形式只取决于激励函数 $E(s)$,而其幅度与相位却与 $E(s)$ 和 $H(s)$ 都有关系。另外,对于有多重极点的情况可以得到与此类似的结果。

为便于表征系统特性,定义系统行列式(特征方程)的根为系统的"固有频率"(或称"自由频率"、"自然频率")。由前节式(4-92)可看出,行列式 Δ 位于 $H(s)$ 之分母,因而 $H(s)$ 的极点 p_i 都是系统的固有频率,可以说,自由响应的函数形式应由系统的固有频率决定。必须注意,当把系统行列式作为分母写出 $H(s)$ 时,有可能出现 $H(s)$ 的极点与零点因子相消的现象,这时,被消去的固有频率在 $H(s)$ 极点中将不再出现。这一现象再次说明,系统函数 $H(s)$ 只能用于

研究系统的零状态响应，$H(s)$ 包含了系统为零状态响应提供的全部信息。但是，它不包含零输入响应的全部信息，这是因为当 $H(s)$ 的零、极点相消时，某些固有频率要丢失，而在零输入响应中要求表现出全部固有频率的作用（见习题 4-31）。

例 4-19　电路如图 4-23 所示，输入信号 $v_1(t) = 10\cos(4t)u(t)$，求输出电压 $v_2(t)$，并指出 $v_2(t)$ 中的自由响应与强迫响应。

解　写出网络函数的表示式如下

$$H(s) = \frac{V_2(s)}{V_1(s)} = \frac{\frac{1}{Cs}}{R + \frac{1}{Cs}}$$

$$= \frac{1}{1 + RCs} = \frac{1}{s+1}$$

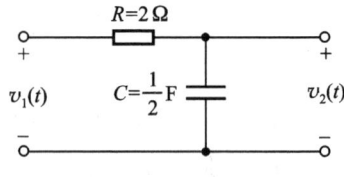

图 4-23　例 4-19 的电路

$v_1(t)$ 的变换式为

$$V_1(s) = \mathscr{L}[10\cos(4t)] = \frac{10s}{s^2 + 16}$$

输出信号的变换式为

$$V_2(s) = H(s)V_1(s) = \frac{10s}{(s^2+16)(s+1)}$$

将 $V_2(s)$ 作部分分式展开得

$$V_2(s) = \frac{As + B}{s^2 + 16} + \frac{C}{s+1}$$

分别求系数 A, B, C

$$C = (s+1)V_2(s)\bigg|_{s=-1} = \frac{10s}{s^2+16}\bigg|_{s=-1} = \frac{-10}{17}$$

将所得 C 代回原式，经整理后得

$$10s = (As + B)(s+1) - \frac{10}{17}(s^2+16)$$

$$= As^2 + Bs + As + B - \frac{10}{17}s^2 - \frac{160}{17}$$

取等式两端同样方次 s 系数相等得

$$\begin{cases} A - \dfrac{10}{17} = 0 \\ B - \dfrac{160}{17} = 0 \end{cases}$$

于是

4.7 由系统函数零、极点分布决定时域特性

$$\begin{cases} A = \dfrac{10}{17} \\ B = \dfrac{160}{17} \end{cases}$$

所以

$$V_2(s) = \frac{\dfrac{10}{17}s + \dfrac{160}{17}}{s^2 + 16} - \frac{\dfrac{10}{17}}{s+1}$$

取逆变换得到

$$\begin{aligned}
v_2(t) &= \mathscr{L}^{-1}\left[\frac{-\dfrac{10}{17}}{s+1} + \dfrac{\dfrac{10}{17}s}{s^2+16} + \dfrac{\dfrac{160}{17}}{s^2+16}\right] \\
&= -\frac{10}{17}e^{-t} + \frac{10}{17}\cos(4t) + \frac{40}{17}\sin(4t) \\
&= \underbrace{-\frac{10}{17}e^{-t}}_{\text{自由响应}} + \underbrace{\frac{10}{\sqrt{17}}\cos(4t - 76°)}_{\text{强迫响应}}
\end{aligned}$$

如果把正弦稳态分析中的相量法用于本题,所得结果将与这里的强迫响应函数一致,请读者验证。

与自由响应分量和强迫响应分量有着密切联系而且又容易发生混淆的另一对名词是:瞬态响应分量与稳态响应分量。

瞬态响应是指激励信号接入以后,完全响应中瞬时出现的有关成分,随着时间 t 增大,它将消失。由完全响应中减去瞬态响应分量即得稳态响应分量。

一般情况下,对于稳定系统,$H(s)$ 极点的实部都小于零,即 $\text{Re}[p_i] < 0$(极点在左半面),故自由响应函数呈衰减形式,在此情况下,自由响应就是瞬态响应。若 $E(s)$ 极点的实部大于或等于零,即 $\text{Re}[p_k] \geq 0$,则强迫响应就是稳态响应,通常如正弦激励信号,它的 $\text{Re}[p_k] = 0$,我们所说的正弦稳态响应即正弦信号作用下的强迫响应。典型的实例如刚刚给出的例 4-19 和前节的例 4-17。若激励是非正弦周期信号,仍属 $\text{Re}[p_k] = 0$ 的情况,用拉氏变换求解电路的过程将相当烦琐(习题 4-34),然而极点特征与响应分量的对应规律仍然成立。此时,可借助电子线路 CAD 程序(如 SPICE)利用计算机求得详细结果。

下面一些情况在实际问题中很少遇到,但从 $H(s)$ 或 $E(s)$ 极点的不同类型来看还是有可能出现。

如果激励信号本身为衰减函数,即 $\text{Re}[p_k] < 0$,例如 e^{-at},$e^{-at}\sin(\omega t)$ 等,在时间 t 趋于无限大以后,强迫响应也等于零,这时,强迫响应与自由响应一起组成瞬态响应,而系统的稳态响应等于零。

当 $\text{Re}[p_i] = 0$ 时,其自由响应就是无休止的等幅振荡(如无损 LC 谐振电

路),于是,自由响应也成为稳态响应,这是一种特例(称为边界稳定系统)。

若 $\text{Re}[p_i] > 0$,则自由响应是增幅振荡,这属于不稳定系统。

还有一种值得说明的情况,这就是 $H(s)$ 的零点与 $E(s)$ 的极点相同(出现 $z_j = p_k$),此时对应因子相消,与 p_k 相应的稳态响应不复存在(习题 4 – 32)。

4.8 由系统函数零、极点分布决定频响特性

所谓"频响特性"是指系统在正弦信号激励之下稳态响应随信号频率的变化情况。这包括幅度随频率的响应以及相位随频率的响应两个方面。

在电路分析课程中已经熟悉了正弦稳态分析,在那里,采用的方法是相量法。现在从系统函数的观点来考察系统的正弦稳态响应,并借助零、极点分布图来研究频响特性。

设系统函数以 $H(s)$ 表示,正弦激励源 $e(t)$ 的函数式写作

$$e(t) = E_m \sin(\omega_0 t) \tag{4-103}$$

其变换式为

$$E(s) = \frac{E_m \omega_0}{s^2 + \omega_0^2} \tag{4-104}$$

于是,系统响应的变换式 $R(s)$ 可写作

$$\begin{aligned}
R(s) &= \frac{E_m \omega_0}{s^2 + \omega_0^2} \cdot H(s) \\
&= \frac{K_{-j\omega_0}}{s + j\omega_0} + \frac{K_{j\omega_0}}{s - j\omega_0} + \frac{K_1}{s - p_1} + \frac{K_2}{s - p_2} + \cdots - \frac{K_n}{s - p_n}
\end{aligned} \tag{4-105}$$

式中,$p_1, p_2, \cdots, p_n$ 是 $H(s)$ 的极点,$K_1, K_2, \cdots, K_n$ 为部分分式分解各项的系数,而

$$\begin{aligned}
K_{-j\omega_0} &= (s + j\omega_0) R(s) \big|_{s = -j\omega_0} \\
&= \frac{E_m \omega_0 H(-j\omega_0)}{-2j\omega_0} = \frac{E_m H_0 e^{-j\varphi_0}}{-2j} \\
K_{j\omega_0} &= (s - j\omega_0) R(s) \big|_{s = j\omega_0} \\
&= \frac{E_m \omega_0 H(j\omega_0)}{2j\omega_0} = \frac{E_m H_0 e^{j\varphi_0}}{2j}
\end{aligned}$$

这里引用了符号

$$H(j\omega_0) = H_0 e^{j\varphi_0}$$

$$H(-j\omega_0) = H_0 e^{-j\varphi_0}$$

至此可以求得

$$\frac{K_{-j\omega_0}}{s+j\omega_0} + \frac{K_{j\omega_0}}{s-j\omega_0} = \frac{E_m H_0}{2j}\left(-\frac{e^{-j\varphi_0}}{s+j\omega_0} + \frac{e^{j\varphi_0}}{s-j\omega_0}\right) \quad (4-106)$$

式(4-105)前两项的逆变换为

$$\mathscr{L}^{-1}\left[\frac{K_{-j\omega_0}}{s+j\omega_0} + \frac{K_{j\omega_0}}{s-j\omega_0}\right]$$

$$= \frac{E_m H_0}{2j}(-e^{-j\varphi_0}e^{-j\omega_0 t} + e^{j\varphi_0}e^{j\omega_0 t})$$

$$= E_m H_0 \sin(\omega_0 t + \varphi_0) \quad (4-107)$$

系统的完全响应是

$$r(t) = \mathscr{L}^{-1}[R(s)]$$

$$= E_m H_0 \sin(\omega_0 t + \varphi_0) + K_1 e^{p_1 t} + K_2 e^{p_2 t} + \cdots + K_n e^{p_n t} \quad (4-108)$$

对于稳定系统,其固有频率 $p_1,p_2,\cdots,p_n$ 的实部必小于零,式(4-108)中各指数项均为指数衰减函数,当 $t\to\infty$,它们都趋于零,所以稳态响应 $r_{ss}(t)$ 就是式中的第一项

$$r_{ss}(t) = E_m H_0 \sin(\omega_0 t + \varphi_0) \quad (4-109)$$

可见,在频率为 ω_0 的正弦激励信号作用之下,系统的稳态响应仍为同频率的正弦信号,但幅度乘以系数 H_0,相位移动 φ_0,H_0 和 φ_0 由系统函数在 $j\omega_0$ 处的取值所决定

$$H(s)\big|_{s=j\omega_0} = H(j\omega_0) = H_0 e^{j\varphi_0} \quad (4-110)$$

当正弦激励信号的频率 ω 改变时,将变量 ω 代入 $H(s)$ 之中,即可得到频率响应特性

$$H(s)\big|_{s=j\omega} = H(j\omega) = |H(j\omega)| e^{j\varphi(\omega)} \quad (4-111)$$

式中,$|H(j\omega)|$ 是幅频响应特性,φ 是相频响应特性(或相移特性)。为便于分析,常将式(4-111)的结果绘制频响曲线,这时横坐标是变量 ω,纵坐标分别为 $|H(j\omega)|$ 或 φ。

在通信、控制以及电力系统中,一种重要的组成部件是滤波网络,而滤波网络的研究需要从它的频响特性入手分析。

按照滤波网络幅频特性形式的不同,可以把它们划分为低通、高通、带通、带阻等几种类型,相应的 $|H(j\omega)|$ 曲线分别绘于图4-24(a)、(b)、(c)、(d)。图中,虚线表示理想的滤波特性,实线示例给出可能实现的某种实际特性。

低通滤波网络的幅频特性。当 $\omega<\omega_c$ 时,$|H(j\omega)|$ 取得相对较大的数值,网络允许信号通过,而在 $\omega>\omega_c$ 以后,$|H(j\omega)|$ 的数值相对减小,以致非常微弱,网络不允许信号通过,将这些频率的信号滤除。这里,ω_c 称为截止频率。$\omega<\omega_c$ 的频率范围称为通带,$\omega>\omega_c$ 则称为阻带。对于高通滤波网络,其通带、阻带的范围则与低通的情况相反。带通滤波网络的通带范围是在 ω_{c1} 与 ω_{c2} 之间,

如图 4-24(c)所示;带阻滤波网络则与之相反。图 4-24 中用斜线(阴影部分)表示了各种滤波特性的通带范围。

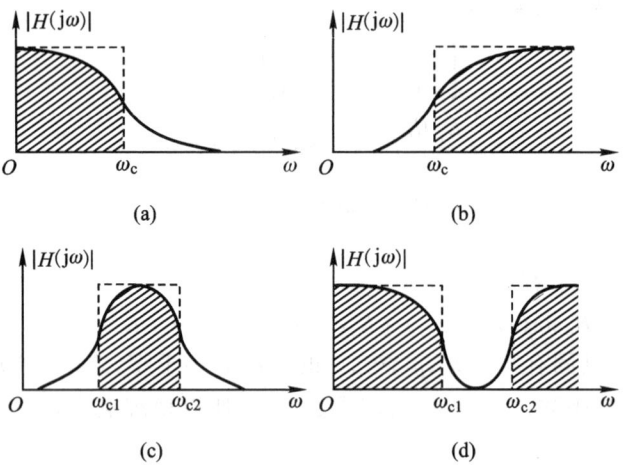

图 4-24 滤波网络频响特性示例

对于滤波网络的特性分析,有时要从它的相频响应特性研究,还可能从时域特性着手。广义讲,滤波网络的作用及其类型应涉及滤波、时延、均衡、形成等许多方面。

从本章开始将涉及与滤波器有关的问题,包括理想化模型、实现和构成原理、性能分析以及各种类型的应用。而系统的频响特性分析是研究这些问题的基础。

根据系统函数 $H(s)$ 在 s 平面的零、极点分布可以绘制频响特性曲线,包括幅频特性 $|H(j\omega)|$ 曲线和相频特性 $\varphi(\omega)$ 曲线。下面介绍这种方法的原理。

假定,系统函数 $H(s)$ 的表示式为

$$H(s) = \frac{K \prod_{j=1}^{m}(s-z_j)}{\prod_{i=1}^{n}(s-p_i)} \qquad (4-112)$$

取 $s = j\omega$,也即,在 s 平面中 s 沿虚轴移动,得到

$$H(j\omega) = \frac{K \prod_{j=1}^{m}(j\omega-z_j)}{\prod_{i=1}^{n}(j\omega-p_i)} \qquad (4-113)$$

容易看出,频率特性取决于零、极点的分布,即取决于 z_j、p_i 的位置,而式(4-113)中的 K 是系数,对于频率特性的研究无关紧要。分母中任一因子 $(j\omega-p_i)$ 相

当于由极点 p_i 引向虚轴上某点 $j\omega$ 的一个矢量;分子中任一因子$(j\omega - z_j)$ 相当于由零点 z_j 引至虚轴上某点 $j\omega$ 的一个矢量。在图 4 – 25 示意画出由零点 z_1 和极点 p_1 与 $j\omega$ 点连接构成的两个矢量,图中 N_1、M_1 分别表示矢量的模,ψ_1、θ_1 分别表示矢量的辐角。

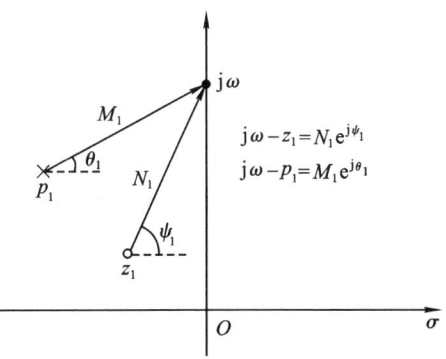

图 4 – 25 $(j\omega - z_1)$ 和 $(j\omega - p_1)$ 矢量

对于任意零点 z_j、极点 p_i,相应的复数因子(矢量)都可表示为

$$j\omega - z_j = N_j e^{j\psi_j} \quad (4-114)$$
$$j\omega - p_i = M_i e^{j\theta_i} \quad (4-115)$$

这里,N_j,M_i 分别表示两矢量的模,ψ_j,θ_i 则分别表示它们的辐角。

于是,式(4 – 113)可以改写为

$$\begin{aligned} H(j\omega) &= K \frac{N_1 e^{j\psi_1} N_2 e^{j\psi_2} \cdots N_m e^{j\psi_m}}{M_1 e^{j\theta_1} M_2 e^{j\theta_2} \cdots M_n e^{j\theta_n}} \\ &= K \frac{N_1 N_2 \cdots N_m}{M_1 M_2 \cdots M_n} e^{j[(\psi_1+\psi_2+\cdots+\psi_m)-(\theta_1+\theta_2+\cdots+\theta_n)]} \\ &= |H(j\omega)| e^{j\varphi(\omega)} \quad (4-116)\end{aligned}$$

式中

$$|H(j\omega)| = K \frac{N_1 N_2 \cdots N_m}{M_1 M_2 \cdots M_n} \quad (4-117)$$

$$\varphi(\omega) = (\psi_1 + \psi_2 + \cdots + \psi_m) - (\theta_1 + \theta_2 + \cdots + \theta_n) \quad (4-118)$$

当 ω 沿虚轴移动时,各复数因子(矢量)的模和辐角都随之改变,于是得出幅频特性曲线和相频特性曲线。这种方法也称为 s 平面几何分析。

先讨论 $H(s)$ 极点位于 s 平面实轴的情况,包括一阶与二阶系统。下一节专门研究极点为共轭复数的情况。

一阶系统只含有一个储能元件(或将几个同类储能元件简化等效为一个储能元件)。系统转移函数只有一个极点,且位于实轴上。系统转移函数(电压比或电流比)的一般形式为 $K\dfrac{s-z_1}{s-p_1}$,其中 z_1,p_1 分别为它的零点与极点,如果零点位于原点,则函数形式为 $K\dfrac{s}{s-p_1}$,也可能除 $s=\infty$ 处有零点之外,在 s 平面其他位置均无零点,于是函数形式呈 $\dfrac{K}{s-p_1}$。现以简单的 RC 网络为例,分析一阶低通、高通滤波网络。

例 4 – 20 研究图 4 – 26 所示 RC 高通滤波网络的频响特性

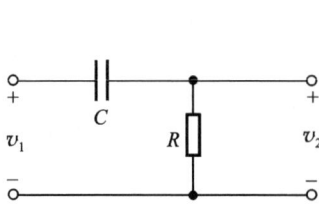

图 4-26 RC 高通滤波网络

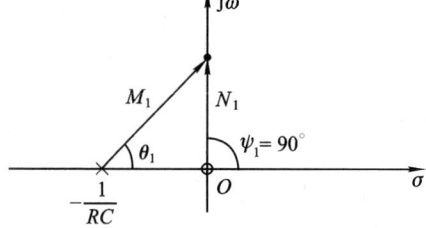

图 4-27 RC 高通滤波网络的 s 平面分析

$$H(j\omega) = \frac{V_2(j\omega)}{V_1(j\omega)}$$

解 写出网络转移函数表示式

$$H(s) = \frac{V_2(s)}{V_1(s)} = \frac{R}{R + \frac{1}{sC}} = \frac{s}{s + \frac{1}{RC}}$$

它有一个零点在坐标原点,而极点位于 $-\frac{1}{RC}$ 处,也即 $z_1 = 0, p_1 = -\frac{1}{RC}$,零、极点在 s 平面分布如图 4-27 所示。将 $H(s)|_{s=j\omega} = H(j\omega)$ 以矢量因子 $N_1 e^{j\psi_1}, M_1 e^{j\theta_1}$ 表示

$$H(j\omega) = \frac{N_1 e^{j\psi_1}}{M_1 e^{j\theta_1}} = \frac{V_2}{V_1} e^{j\varphi(\omega)}$$

式中

$$\frac{V_2}{V_1} = \frac{N_1}{M_1}$$

$$\varphi = \psi_1 - \theta_1$$

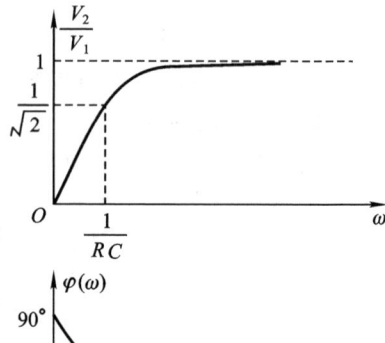

图 4-28 RC 高通滤波网络的频响特性

现在分析当 ω 从 0 沿虚轴向 ∞ 增长时,$H(j\omega)$ 如何随之改变。当 $\omega = 0$,$N_1 = 0, M_1 = \frac{1}{RC}$,所以 $\frac{N_1}{M_1} = 0$,也即 $\frac{V_2}{V_1} = 0$;又因为 $\theta_1 = 0, \psi_1 = 90°$,所以 $\varphi = 90°$。当 $\omega = \frac{1}{RC}$ 时,$N_1 = \frac{1}{RC}, \theta_1 = 45°$,所以 $\varphi = 45°$,而且 $M_1 = \frac{\sqrt{2}}{RC}$,于是 $\frac{V_2}{V_1} = \frac{N_1}{M_1} = \frac{1}{\sqrt{2}}$,此点为高通滤波网络的截止频率点。最后,当 ω 趋于 ∞ 时,N_1/M_1 趋于 1,也即 $V_2/V_1 = 1, \theta_1 \to 90°$,所以 $\varphi \to 0°$。按照上述分析绘出幅频特性与相频特性曲线如图 4-28 所示。

例 4-21 研究图 4-29 所示 RC 低通滤波网络的频响特性

$$H(j\omega) = \frac{V_2(j\omega)}{V_1(j\omega)}$$

解 写出网络转移函数表示式

$$H(s) = \frac{V_2(s)}{V_1(s)} = \frac{1}{RC} \cdot \frac{1}{\left(s + \dfrac{1}{RC}\right)}$$

极点位于 $p_1 = -\dfrac{1}{RC}$ 处,在图 4-30 中已示出。$H(j\omega)$ 表示式写作

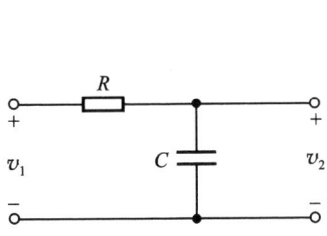

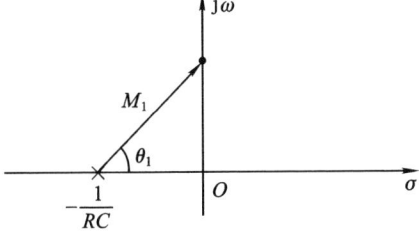

图 4-29 RC 低通滤波网络   图 4-30 RC 低通滤波网络的 s 平面分析

$$H(j\omega) = \frac{1}{RC} \frac{1}{M_1 e^{j\theta_1}} = \frac{V_2}{V_1} e^{j\varphi(\omega)}$$

式中

$$\frac{V_2}{V_1} = \frac{1}{RC} \frac{1}{M_1}$$

$$\varphi = -\theta_1$$

仿照例 4-20 的分析,容易得出频响曲线如图 4-31 所示,这是一个低通网络,截止频率位于 $\omega = \dfrac{1}{RC}$ 处。

对于一阶系统,经常遇到的电路还有简单的 RL 电路以及含有多个电阻而仅含有一个储能元件的 RC,RL 电路。对于它们都可采用类似的方法进行分析。只要系统函数

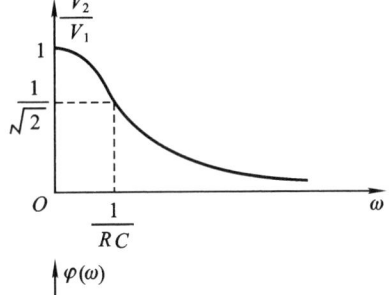

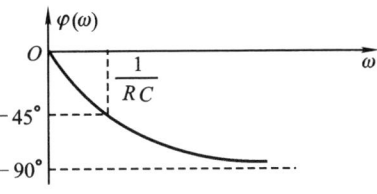

图 4-31 RC 低通滤波网络的频响特性

的零、极点分布相同,就会具有一致的时域、频域特性。从系统的观点看来,要抓住系统特性的一般规律,必须从零、极点分布的观点入手研究。

由同一类型储能元件构成的二阶系统(如含有两个电容或两个电感),它们的两个极点都落在实轴上,即不出现共轭复数极点,是非谐振系统。系统转移函数(电压比或电流比)的一般形式为 $K\dfrac{(s-z_1)(s-z_2)}{(s-p_1)(s-p_2)}$,式中 z_1,z_2 是两个零点,p_1,p_2 是两个极点。也可出现 $K\dfrac{s-z_1}{(s-p_1)(s-p_2)}$ 或 $K\dfrac{1}{(s-p_1)(s-p_2)}$ 等形式。由于

零点数目以及零点、极点位置的不同,它们可以分别构成低通、高通、带通、带阻等滤波特性。就其 s 平面几何分析方法来看,与一阶系统的方法类似,不需建立新概念,读者可通过练习[习题 4-39(a)、(b)]熟悉其性能,此处仅举一例。

例 4-22 由 s 平面几何研究图 4-32 所示二阶 RC 系统的频响特性 $H(j\omega) = \dfrac{V_2(j\omega)}{V_1(j\omega)}$。注意,图中 kv_3 是受控电压源。且 $R_1C_1 \ll R_2C_2$。

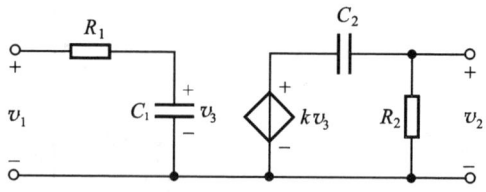

图 4-32 例 4-22 的电路

解

容易写出其转移函数为

$$H(s) = \frac{V_2(s)}{V_1(s)} = \frac{k}{R_1 C_1} \cdot \frac{s}{\left(s + \dfrac{1}{R_1 C_1}\right)\left(s + \dfrac{1}{R_2 C_2}\right)}$$

它的极点位于 $p_1 = -\dfrac{1}{R_1 C_1}$,$p_2 = -\dfrac{1}{R_2 C_2}$,只有一个零点在原点。将它们标于图 4-33 中,这里注意到题意给定的条件 $R_1 C_1 \ll R_2 C_2$,故 $-\dfrac{1}{R_2 C_2}$ 靠近原点,而 $-\dfrac{1}{R_1 C_1}$ 则离开较远。以 $j\omega$ 代入 $H(s)$ 写作矢量因子形式

$$H(j\omega) = \frac{k}{R_1 C_1} \cdot \frac{N_1 e^{j\psi_1}}{M_1 e^{j\theta_1} M_2 e^{j\theta_2}}$$

$$= \frac{k}{R_1 C_1} \cdot \frac{N_1}{M_1 M_2} e^{j(\psi_1 - \theta_1 - \theta_2)}$$

$$= \frac{V_2}{V_1} e^{j\varphi(\omega)}$$

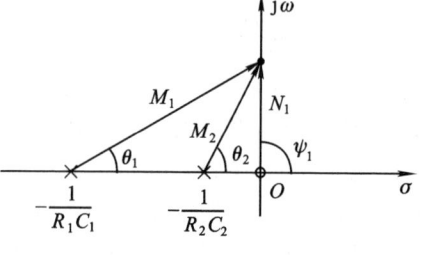

图 4-33 例 4-22 的零、极点分布

由图 4-33 看出,当 ω 较低时,$M_1 \approx \dfrac{1}{R_1 C_1}$,$\theta_1 \approx 0$,几乎都不随频率而变,这时,$M_2$,$\theta_2$,$N_1$,$\psi_1$ 的作用(即极点 p_2 与零点 z_1 的作用)与一阶 RC 高通系统相同,构成如图 4-34 中 ω 低端的高通特性。当 ω 较高时,$M_2 \approx N_1$,$\theta_2 \approx \psi_1$,也可近似认为它们不随 ω 而改变,于是,M_1,θ_1 的作用(即极点 p_1 的作用)与一阶 RC 低通系统一致,构成如图 4-34 中 ω 高端的低通特性。当 ω 位于中间频

率范围时,同时满足 $M_1 \approx \dfrac{1}{R_1 C_1}, \theta_1 \approx 0, M_2 \approx N_1 = |j\omega|, \theta_2 \approx \psi_1 = 90°$,那么 $H(j\omega)$ 可近似写作

$$H(j\omega)\bigg|_{\left(\frac{1}{R_2 C_2} < \omega < \frac{1}{R_1 C_1}\right)} \approx \frac{k}{R_1 C_1} \cdot \frac{j\omega}{\dfrac{1}{R_1 C_1} \cdot j\omega} = k$$

这时的频响特性近于常数。

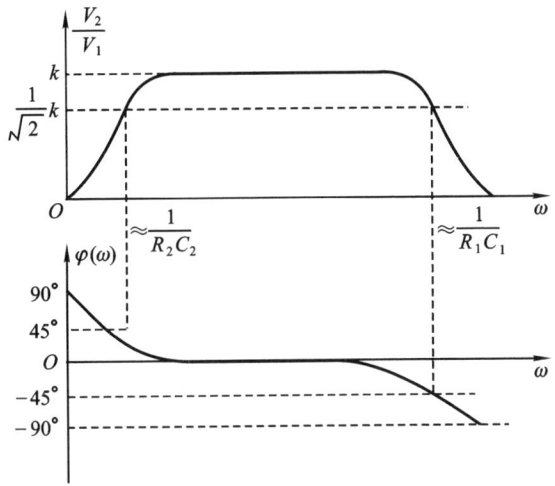

图 4-34 例 4-22 的频响曲线

从物理概念上讲,在低频端,主要是 $R_2 C_2$ 的高通特性起作用;在高频端,则是 $R_1 C_1$ 的低通特性起主要作用;在中频段,C_1 相当于开路、C_2 相当于短路,它们都不起作用,信号 v_1 经受控源的 k 倍相乘而送往输出端,给出 v_2。可见此系统相当于低通与高通级联构成的带通系统。

4.9 二阶谐振系统的 s 平面分析

含有电容、电感两类储能元件的二阶系统可以具有谐振特性,在无线电技术中,常利用它们的这一性能构成带通、带阻滤波网络。

图 4-35(a) 和 (b) 给出两个谐振电路的基本模型:RLC 串联谐振电路与 GCL 并联谐振电路。由于它们相互之间具有对偶关系,在此只可研究其中一种,所得结论可借助对偶方法去解释另一电路。这里,只讨论并联谐振电路。

我们的目的是要研究在激励信号——电流源 i_1 的作用下,并联回路端电压 v_2 的频率特性。写出网络函数(此处即阻抗函数)的表示式为

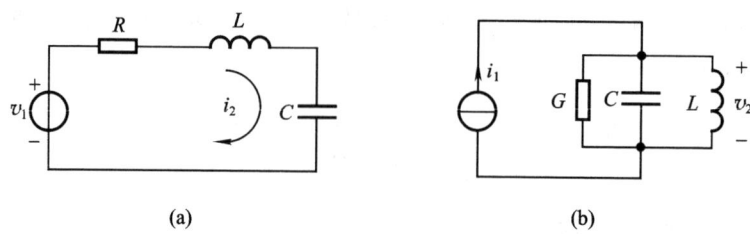

图 4-35 谐振电路模型

$$Z(s) = \frac{V_2(s)}{I_1(s)} = \frac{1}{G + sC + \frac{1}{sL}}$$

$$= \frac{1}{C} \cdot \frac{s}{\left(s^2 + \frac{G}{C}s + \frac{1}{LC}\right)}$$

$$= \frac{1}{C} \cdot \frac{s}{(s - p_1)(s - p_2)} \quad (4-119)$$

其中,极点位置是

$$p_{1,2} = -\frac{G}{2C} \pm \sqrt{\left(\frac{G}{2C}\right)^2 - \frac{1}{LC}} \quad (4-120)$$

引用符号

$$\left.\begin{array}{l} \alpha = \dfrac{G}{2C} \\ \omega_0 = \dfrac{1}{\sqrt{LC}} \\ \omega_d = \sqrt{\omega_0^2 - \alpha^2} \end{array}\right\} \quad (4-121)$$

得到

$$p_{1,2} = -\alpha \pm j\omega_d \quad (4-122)$$

这几个参数的物理意义并不陌生。ω_0 是谐振频率(下面将要讲到如何从 s 平面的几何关系解释谐振现象的产生条件)。α 是衰减因数,α 愈大表示电路的能量损耗愈大。在实际应用中,对于谐振电路损耗情况的另一种描述方法是引用品质因数 Q 作为参数,Q 的定义是

$$Q = \frac{\omega_0 C}{G} \quad (4-123)$$

Q 愈高表示电路的损耗愈小。显然,α 与 Q 之间的对应关系为

$$\alpha = \frac{\omega_0}{2Q} \quad (4-124)$$

下面描绘在 s 平面中,$Z(s)$ 的零、极点分布。先从 $\alpha < \omega_0$ 的情况开始讨论,这时电路损耗较小,是实际应用中多见的情况。它的零、极点分布示于图4-36。

零点位于 s 平面坐标原点,一对共轭极点距虚轴为 α,与实轴距 ω_d,由式(4-121)得

$$\omega_0^2 = \omega_d^2 + \alpha^2 \qquad (4-125)$$

在图 4-36 中,ω_d 和 α 分别作为直角三角形的两个直角边,从坐标原点到极点 p_1(或 p_2)的连线就是此直角三角形的斜边,它的长度应等于 ω_0。这表明在 $\alpha < \omega_0$ 的范围内,如果保持 ω_0 值不变,那么无论电路参数如何选取,共轭极点 p_1,p_2 总是落在以坐标原点为圆心,以 ω_0 为半径的左半圆弧上。

在没有损耗的情况,也即 $G=0,\alpha=0$,共轭极点将落在虚轴上,见图 4-37(a),$p_1 = j\omega_0$,$p_2 = -j\omega_0$,随着损耗增加,即 α 加大,两极点沿半圆向负实轴靠拢,见图 4-37(b)。当 α 增长到 $\alpha = \omega_0$ 时,两极点位置重合,落在负实轴上,成为二阶极点,见图 4-37(c)。继续增大 α,这时将有 $\alpha > \omega_0$,重合的极点又分开为两个极点,沿负实轴向左、右两侧移动,见图 4-37

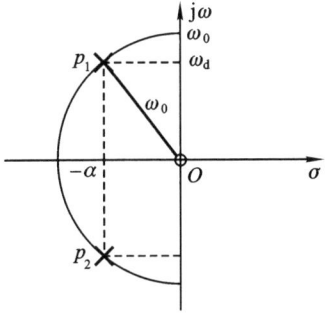

图 4-36 $Z(s)$ 的零、极点分布

(d),当 α 趋于无限大时,两极点位置则分别趋于零和负无限大。

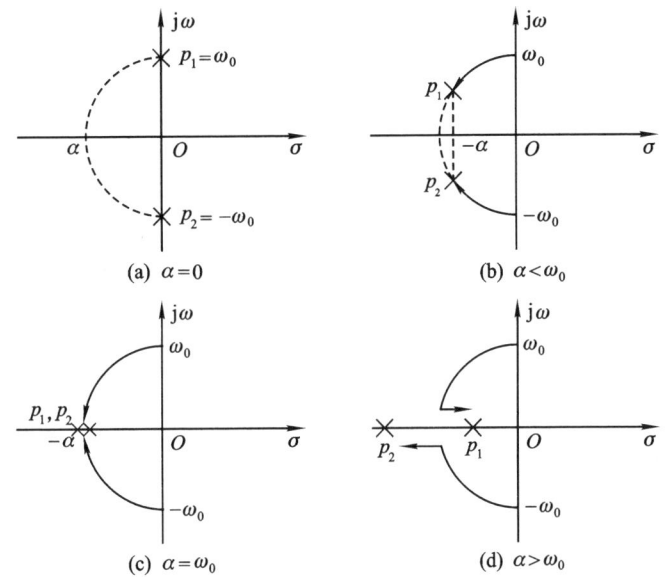

图 4-37 并联谐振电路,极点分布随 α 改变的移动轨迹

现在让 ω 沿虚轴移动,观察 $Z(s)$ 函数分子、分母中各因子 $(j\omega - z_i)$ 与 $(j\omega - p_i)$ 在 s 平面相应矢量的变化规律,分析 $Z(s)$ 稳态频率响应特性。为此,

令 $Z(s)$ 中的变量 $s = j\omega$，写出

$$Z(j\omega) = \frac{1}{C} \frac{j\omega}{(j\omega - p_1)(j\omega - p_2)}$$

$$= \frac{1}{C} \frac{N_1}{M_1 M_2} e^{j(\psi_1 - \theta_1 - \theta_2)}$$

$$= |Z(j\omega)| e^{j\varphi} \qquad (4-126)$$

图 4-38 示出 $\alpha < \omega_0$ 条件下，ω 从 0 向 $+\infty$ 移动时，相应的四幅 s 平面矢量图。

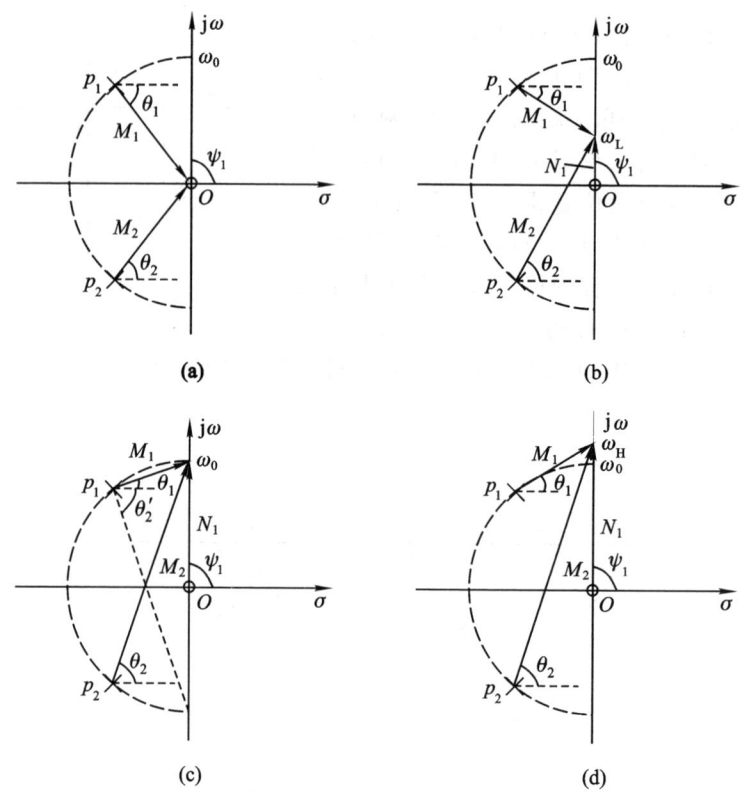

图 4-38　s 沿 $j\omega$ 轴移动时矢量因子变化图

当 $\omega = 0$ 时，$N_1 = 0$，$M_1 = M_2 = \omega_0$，$\theta_1 = -\theta_2$，$\psi_1 = 90°$，于是得到 $|Z(j\omega)| = 0$，$\varphi = +90°$。这是图 4-38(a) 的情况。随着 ω 增长，N_1 增加，θ_1 的绝对值减小，θ_2 加大，于是频率特性的幅值 $|Z(j\omega)|$ 增加，辐角 φ 从 90° 减小，这种情况示于图 4-38(b)，此时，频率值 ω 已移至 ω_L 点。ω 继续沿虚轴上移至与圆弧交界 ω_0 点，见图 4-38(c)，此时，到达谐振点，借助图中辅助虚线容易证明角 θ_2' 与 θ_2 相等，而且 $\theta_1 + \theta_2' = 90°$，所以 $\theta_1 + \theta_2 = 90°$，于是

$$\varphi = \psi_1 - \theta_1 - \theta_2$$

$$= 90° - 90° = 0° \tag{4-127}$$

同时，$|Z(j\omega)|$ 取得最大值，可由式(4-119)直接求得①

$$|Z(j\omega_0)| = \frac{1}{G} \tag{4-128}$$

此后，再增加 ω 则由于 M_1, M_2 显著增长，而 N_1 变化平缓，所以 $|Z(j\omega)|$ 逐渐减小，最后 M_1, M_2, N_1 都趋于无限大，所以 $|Z(j\omega)|$ 趋于零；又因为 $\theta_1 + \theta_2$ 继续增大，而且 $\theta_1 + \theta_2 > 90°$，所以 φ 角的负值加大，当 $\theta_1 + \theta_2$ 趋向 $180°$ 时，φ 趋于 $-90°$。图 4-38(d) 示出 ω 变动至 ω_H 点 ($\omega_H > \omega_0$) 的 s 平面矢量图。按上述过程描绘出谐振电路的幅度频率特性和相位频率特性曲线分别如图 4-39(a) 和 (b) 所示，请注意图中各频率值与图 4-38 的对应。

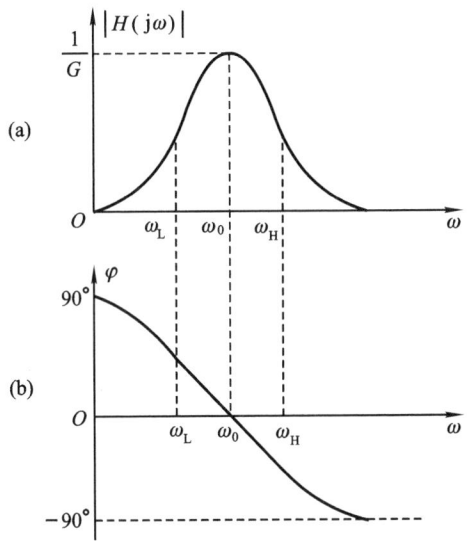

图 4-39 谐振电路频率特性

实际应用中较多遇到高 Q 情况，例如，若 $Q > 10$，则 $\alpha < \dfrac{\omega_0}{20}$，于是两共轭极点 p_1, p_2 将非常靠近虚轴，如图 4-40 所示。研究这种高 Q 电路 ω 在 ω_0 附近变动的频率特性时，可以取

$$N_1 \approx \omega_0, \psi_1 = 90°$$
$$M_2 \approx 2\omega_0, \theta_2 \approx 90°$$
$$M_1 e^{j\theta_1} = \alpha + j(\omega - \omega_d) \tag{4-129}$$

---

① 也可由直角三角形的几何关系求得，此时 $M_1 M_2 = 2N_1 \alpha, \dfrac{1}{C} \cdot \dfrac{N_1}{M_1 M_2} = \dfrac{1}{C} \cdot \dfrac{1}{2\alpha} = \dfrac{1}{G}$。

注意到这时 ω_d 几乎与 ω_0 重合($\omega_d \approx \omega_0$),所以式(4-129)又近似为

$$M_1 e^{j\theta_1} \approx \alpha + j(\omega - \omega_0) \tag{4-130}$$

于是得到

$$Z(j\omega) \approx \frac{1}{C} \cdot \frac{\omega_0}{2\omega_0 [\alpha + j(\omega - \omega_0)]}$$

$$= \frac{1}{2C\alpha} \frac{1}{\left[1 + j\dfrac{(\omega - \omega_0)}{\alpha}\right]}$$

$$= \frac{1}{G} \cdot \frac{1}{\left[1 + j\dfrac{(\omega - \omega_0)}{\alpha}\right]} \tag{4-131}$$

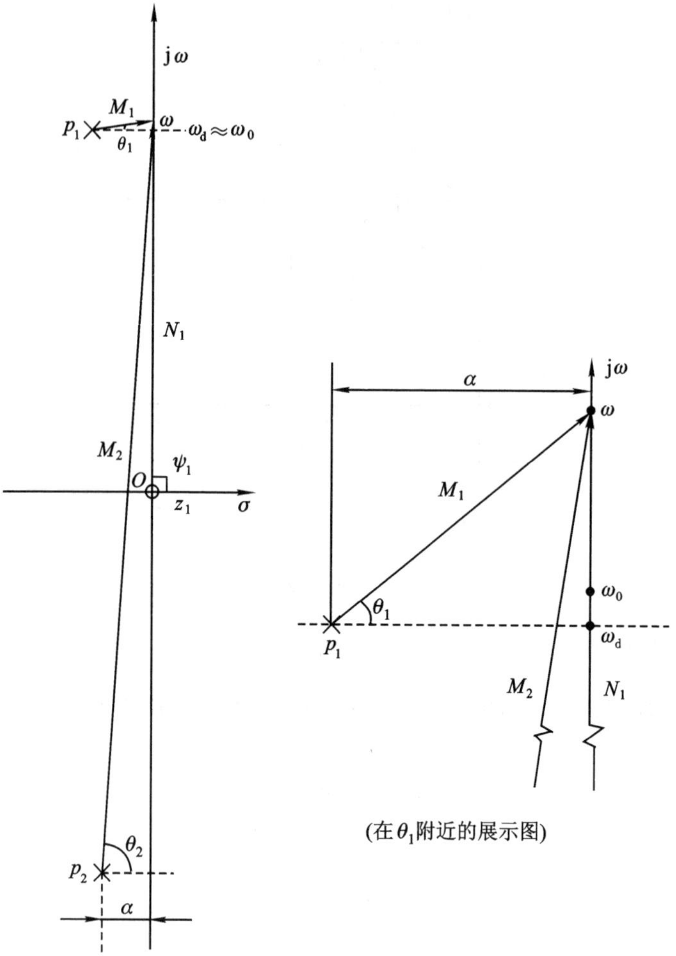

图 4-40 高 Q 并联谐振电路阻抗 s 平面分析

所以

$$|Z(j\omega)| \approx \frac{1}{G\sqrt{1+\left(\frac{\omega-\omega_0}{\alpha}\right)^2}} \qquad (4-132)$$

$$\varphi \approx -\arctan\left(\frac{\omega-\omega_0}{\alpha}\right) \qquad (4-133)$$

利用式(4-132)很容易求得高 Q 谐振电路幅频特性曲线各点数值。现在由它来求通带边界频率和通带宽度。在谐振点 $|Z(j\omega_0)| = \frac{1}{G}$，通带边界频率 ω_1（或 ω_2）处应有

$$|Z(j\omega_1)| = \frac{1}{\sqrt{2}}\frac{1}{G} = |Z(j\omega_2)|$$

由式(4-132)看出，必须满足

$$\frac{\omega_1 - \omega_0}{\alpha} = -1 \qquad (4-134)$$

或

$$\frac{\omega_2 - \omega_0}{\alpha} = +1 \qquad (4-135)$$

相应的还有

$$\varphi_1 = +45°$$
$$\varphi_2 = -45°$$

由式(4-134)与式(4-135)分别解得

$$\omega_1 = \omega_0 - \alpha \qquad (4-136)$$
$$\omega_2 = \omega_0 + \alpha \qquad (4-137)$$

两频率之差，即通带宽度

$$\omega_2 - \omega_1 = 2\alpha = \frac{\omega_0}{Q} \qquad (4-138)$$

将角频率改写为频率，用 B 表示通带宽度

$$B = f_2 - f_1 = \frac{f_0}{Q} \qquad (4-139)$$

上述并联谐振电路阻抗函数的特点是具有一对靠近虚轴的共轭极点。下面再举出网络函数同时具有共轭极点和共轭零点的系统实例，求图 4-41 电路的阻抗函数频率特性。此电路有三个独立的电抗元件，阻抗函数 $Z(s)$ 零、极点的数目要比图 4-35 电路模型增多。此外，它是无损电路。

为分析频率特性，首先写出 $Z(s)$ 表示式

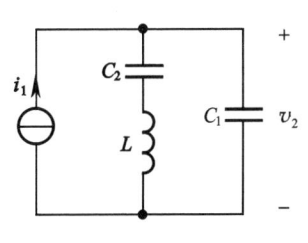

图 4-41 同时具有共轭极点和共轭零点的谐振电路

$$Z(s) = \frac{V_2(s)}{I_1(s)} = \frac{\frac{1}{sC_1}\left(sL + \frac{1}{sC_2}\right)}{\frac{1}{sC_1} + \left(sL + \frac{1}{sC_2}\right)} = \frac{1}{C_1} \cdot \frac{\left(s^2 + \frac{1}{LC_2}\right)}{s\left(s^2 + \frac{C_1 + C_2}{LC_1C_2}\right)}$$

$$= \frac{1}{C_1} \cdot \frac{s^2 + \omega_1^2}{s(s^2 + \omega_2^2)} \quad (4-140)$$

这里

$$\omega_1 = \frac{1}{\sqrt{LC_2}}, \omega_2 = \frac{1}{\sqrt{L \cdot \frac{C_1 C_2}{C_1 + C_2}}}$$

显然，ω_1 与 ω_2 之间应满足

$$\omega_1 < \omega_2$$

画出 $Z(s)$ 在 s 平面零、极点分布图如图 4-42。它有一对共轭极点 $\pm j\omega_2$ 和一对共轭零点 $\pm j\omega_1$，此外，在坐标原点也有一个极点。利用 $Z(j\omega)$ 表示式

$$Z(j\omega) = \frac{1}{C_1} \cdot \frac{(j\omega + j\omega_1)(j\omega - j\omega_1)}{j\omega(j\omega + j\omega_2)(j\omega - j\omega_2)} = |Z(j\omega)| e^{j\varphi(\omega)} \quad (4-141)$$

将式中各复数因子(矢量)作图容易求得：当 ω 沿虚轴移动时，在 $\omega = 0$ 和 $\omega = \omega_2$ 两极点处 $|Z(j\omega)|$ 为 ∞，而在 $\omega = \omega_1$ 零点处 $|Z(j\omega)| = 0$。相位变化则是在 $0 < \omega < \omega_1$ 范围内 $\varphi = -90°$，当 $\omega_1 < \omega < \omega_2$ 时 $\varphi = +90°$，而 $\omega > \omega_2$ 以后又有 $\varphi = -90°$。所得结果画成曲线如图 4-43。

虽然，这是一个无损谐振电路，但有些结论也可延用于一些有损高 Q 电路，这些电路的零、极点虽未落于虚轴，却相当靠近虚轴。

一般情况下，可以认为，若网络函数有一对非常靠近 $j\omega$ 轴的极点

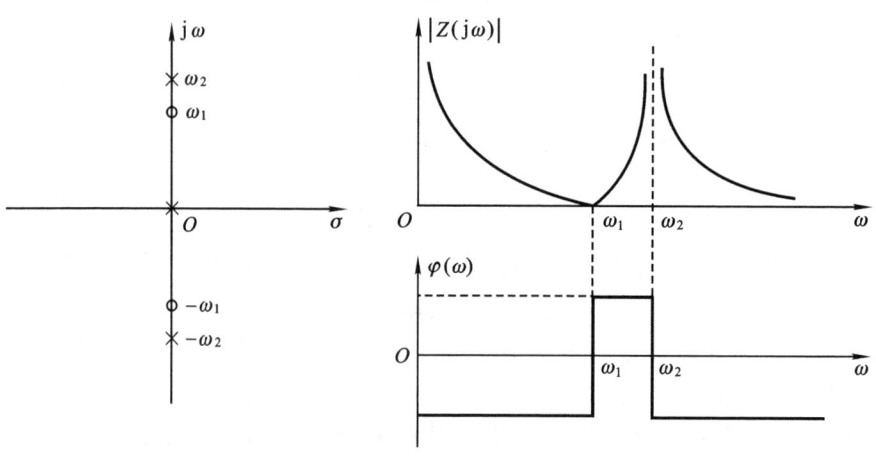

图 4-42 式(4-140)函数的 s 平面零、极点分布图

图 4-43 图 4-41 电路的频率特性

$$p = -\sigma_i \pm j\omega_i \quad (\sigma_i \ll \omega_i)$$

则在 $\omega = \omega_i$ 附近处,幅频响应特性出现峰点,相频响应迅速减小,如图 4-44(a) 所示。又若网络函数有一对非常靠近 $j\omega$ 轴的零点

$$p = -\sigma_j \pm j\omega_j \quad (\sigma_j \ll \omega_j)$$

则在 $\omega = \omega_j$ 附近处,幅频响应特性下陷,相频响应特性迅速上升,如图 4-44(b) 所示。

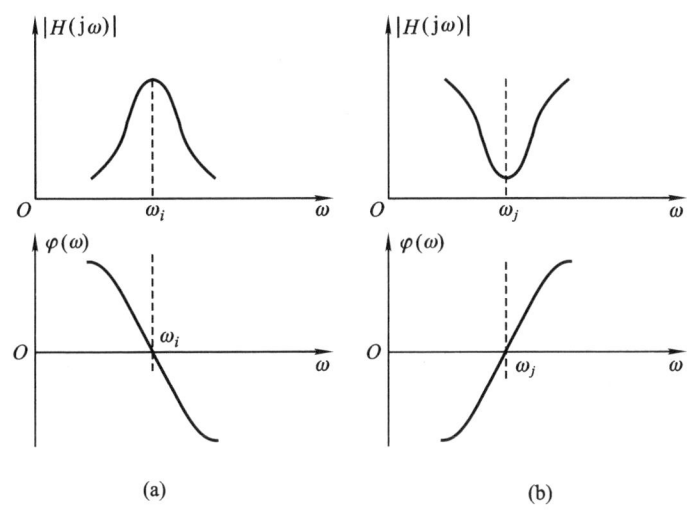

图 4-44 非常靠近 $j\omega$ 轴的极点与零点的作用

若零点与极点离开 $j\omega$ 轴很远(即它们的实部远大于虚部),那么,这些零点和极点对于幅频响应曲线和相频响应曲线的形状影响很小。它们的作用只是使总的振幅和相位的相对大小有所增减。

4.10 全通函数与最小相移函数的零、极点分布

如果一个系统函数的极点位于左半平面,零点位于右半平面,而且零点与极点对于 $j\omega$ 轴互为镜像,那么,这种系统函数称为全通函数,此系统则称全通系统或全通网络。所谓全通是指它的幅频特性为常数,对于全部频率的正弦信号都能按同样的幅度传输系数通过。

下面分析具有这种零、极点分布的系统为什么表现出"全通"特性。

图 4-45 举例示出全通网络 s 平面零、极点分布。在此图中零点 z_1, z_2, z_3 分别与极点 p_1, p_2, p_3 以 $j\omega$ 轴互为镜像关系。因此,相应的矢量长度对应相等,即

$$M_1 = N_1$$

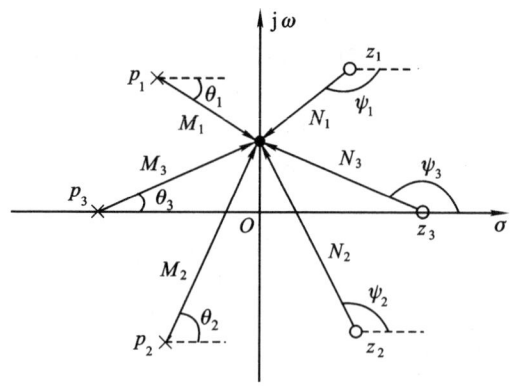

图 4-45 全通网络 s 平面零、极点分布图示例

$$M_2 = N_2$$
$$M_3 = N_3$$

网络频率特性的表示式为

$$H(j\omega) = K\frac{N_1 N_2 N_3}{M_1 M_2 M_3}e^{j[(\psi_1+\psi_2+\psi_3)-(\theta_1+\theta_2+\theta_3)]}$$

$$= Ke^{j[(\psi_1+\psi_2+\psi_3)-(\theta_1+\theta_2+\theta_3)]} \quad (4-142)$$

显然,由于 $N_1 N_2 N_3$ 与 $M_1 M_2 M_3$ 相消,幅频特性等于常数 K,即

$$|H(j\omega)| = K \quad (4-143)$$

因而具有全通特性。再看相频特性,当 $\omega = 0$ 时,$\theta_1 = -\theta_2$,$\psi_1 = -\psi_2$,$\theta_3 = 0$,$\psi_3 = 180°$,所以 $\varphi = 180°$;当 ω 沿 $j\omega$ 轴向上移动时,θ_2,θ_3 增加,ψ_2,ψ_3 减小,而且 θ_1 由负变正,ψ_1 更加变负,于是 φ 下降;而当 $\omega \to \infty$ 时,$\theta_1 = \theta_2 = \theta_3 = 90°$,$\psi_1 = -270°$,$\psi_2 = \psi_3 = 90°$,因而 $\varphi = -360°$;φ 角变化的全部过程是从 $+180°$ 下降,经零点、最终趋于 $-360°$。此网络的幅频特性与相频特性曲线分别绘于图 4-46(a) 和 (b)。

从以上分析不难看出,全通网络函数的幅频特性虽为常数,而相频特性却不受什么约束,因而,全通网络可以保证不影响待传送信号的幅度频谱特性,只改变信号的相位频谱特性,在传输系统中常用来进行相位校正,例如,作相位均衡器或移相器。

例 4-23 图 4-47 所示为格形网络,参数间满足 $\dfrac{L}{C} = R^2$,写出网络传输函数 $H(s) = \dfrac{V_2(s)}{V_1(s)}$,判别它是否为全通网络。

解

引用符号

4.10 全通函数与最小相移函数的零、极点分布

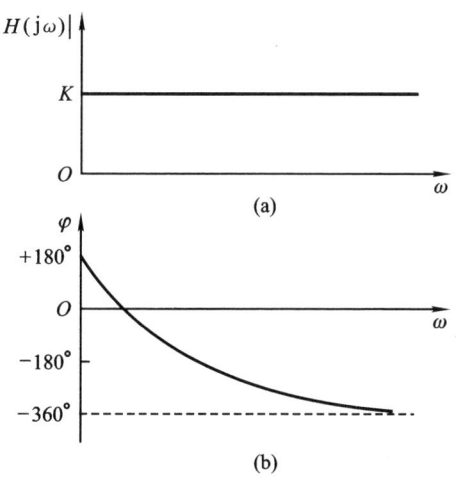

图 4-46 具有图 4-45 s 域特性的全通网络
幅频特性与相频特性

$$Z_1 = sL, Z_2 = \frac{1}{sC}$$

于是有

$$Z_1 Z_2 = R^2$$

为写出 $H(s)$，从 2-2′端向左应用戴维宁定理，求得内阻为 $\dfrac{2Z_1 Z_2}{Z_1+Z_2}$，等效电源为 $V_1(s)\dfrac{Z_2-Z_1}{Z_2+Z_1}$，如图 4-48 所示。容易求得

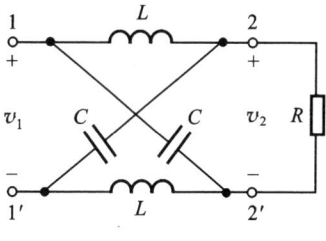

图 4-47 例 4-23 的格形网络

$$H(s) = \frac{V_2(s)}{V_1(s)} = \frac{Z_2 - Z_1}{Z_1 + Z_2} \cdot \frac{R}{R + \dfrac{2Z_1 Z_2}{Z_1 + Z_2}}$$

$$= \frac{(Z_2 - Z_1)R}{(Z_2 + Z_1)R + 2Z_2 Z_1} = \frac{Z_2 - Z_1}{Z_2 + Z_1 + 2\sqrt{Z_2 Z_1}}$$

$$= \frac{\sqrt{Z_2} - \sqrt{Z_1}}{\sqrt{Z_2} + \sqrt{Z_1}} = \frac{R - Z_1}{R + Z_1}$$

将 $Z_1 = sL$ 代入得到

$$H(s) = \frac{R - sL}{R + sL} = -\frac{s - \dfrac{R}{L}}{s + \dfrac{R}{L}}$$

它的零、极点分布互为镜像，如图 4-49 所示，因此是一个全通网络。将 s 以 $j\omega$ 置换，求得转移函数频率特性

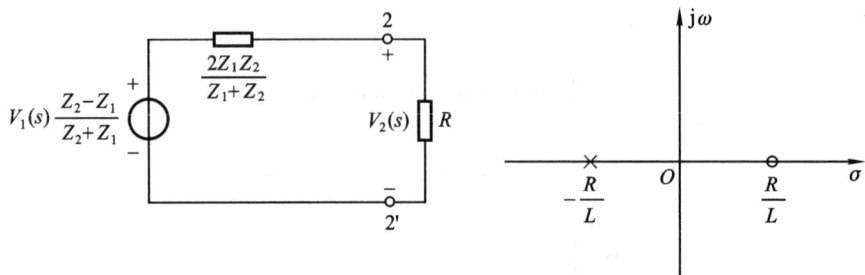

图 4-48 图 4-47 的等效电路 图 4-49 例 4-23 网络函数的零、极点分布

$$H(j\omega) = \frac{R - j\omega L}{R + j\omega L} = e^{j\varphi(\omega)}$$

其中

$$\varphi(\omega) = -2\arctan\left(\frac{\omega L}{R}\right)$$

在 4.7 节曾讲到,为使网络稳定,必须限制网络函数的极点位于左半平面,至于它的零点落于 s 平面右半或左半平面对于网络特性又有什么影响呢? 现来研究这方面的问题。

考察图 4-50(a)和(b)的 s 平面零、极点分布可以看出,它们有相同的极点 $p_{1,2} = p_{3,4} = -2 \pm j2$;而二者的零点却以 $j\omega$ 轴成镜像关系,$z_{1,2} = -1 \pm j1$,$z_{3,4} = +1 \pm j1$。不难看出,对于这两种分布情况,它们的幅频响应特性是相同的,这是由于,$H(j\omega)$ 函数的各复数因子构成的矢量长度都对应相等。再看相位情况,对于零点位于右半平面的图形,各矢量构成的辐角有较大的绝对值,而零点位于左半平面者辐角的绝对值比前者小。作出图 4-50(a)与(b)对应的相频响应曲线如图 4-51 所示。显然,就相移的绝对值而言,图 4-50(a)具有较小的相移。

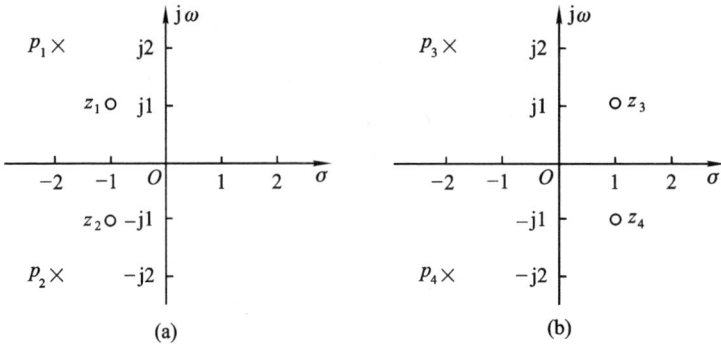

图 4-50 最小相移网络与非最小相移网络的 s 平面图

4.10 全通函数与最小相移函数的零、极点分布

根据上述分析,引出以下定义。零点仅位于左半平面或 $j\omega$ 轴的网络函数称为"最小相移函数",该网络称为"最小相移网络"。如果网络函数在右半平面有一个或多个零点,那么,就称为"非最小相移函数",这类网络称为"非最小相移网络"。

非最小相移函数可以表示为最小相移函数与全通函数的乘积。也即,非最小相移网络可代之以最小相移网络与全通网络的级联。例如,图 4 - 52(a) 的函数可表示为图 4 - 52(b) 与 (c) 之乘积。下面推导有关的函数表示式。

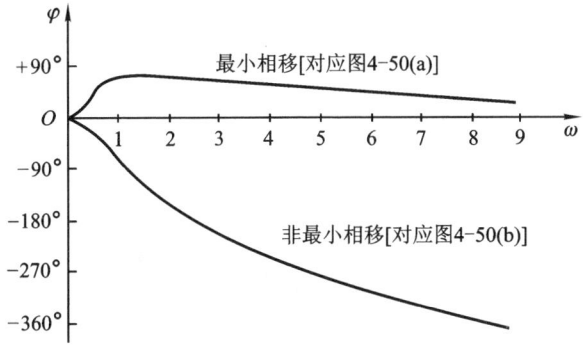

图 4 - 51 与图 4 - 50 对应的相移特性

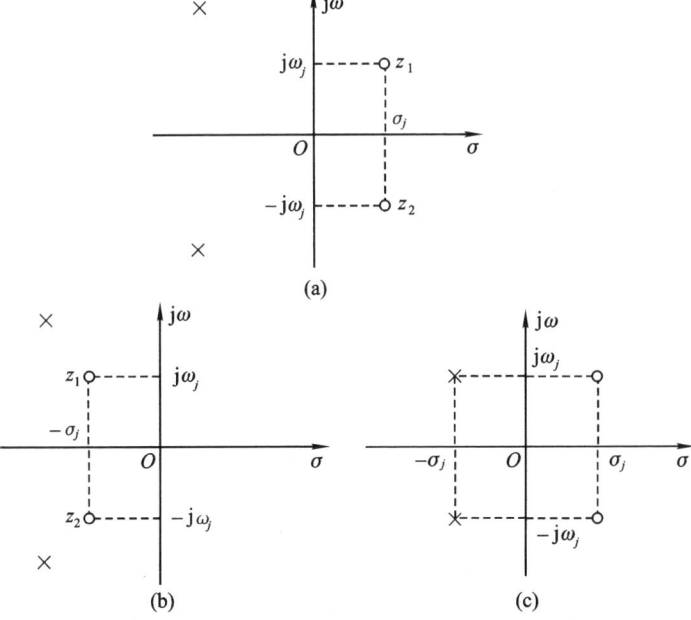

图 4 - 52 非最小相移函数表示为最小相移函数与全通函数的乘积

设非最小相移函数在右半平面的零点位于

$$z_{1,2} = \sigma_j \pm j\omega_j \quad (4-144)$$

它在网络函数 $H(s)$ 分子中的复数因子为

$$[s-(\sigma_j+j\omega_j)][s-(\sigma_j-j\omega_j)] = [(s-\sigma_j)^2+\omega_j^2] \quad (4-145)$$

于是 $H(s)$ 可写为

$$H(s) = H_{\min}(s)[(s-\sigma_j)^2+\omega_j^2] \quad (4-146)$$

由于在 $H(s)$ 中提出了式(4-145)这一项，余下的 $H_{\min}(s)$ 必然是最小相移函数，再为式(4-146)提供左半平面零点的因子项 $[(s+\sigma_j)^2+\omega_j^2]$ 最后得到

$$\underbrace{H(s)}_{\text{非最小相移函数}} = \underbrace{\{H_{\min}(s)[(s+\sigma_j)^2+\omega_j^2]\}}_{\text{最小相移函数}} \underbrace{\frac{(s-\sigma_j)^2+\omega_j^2}{(s+\sigma_j)^2+\omega_j^2}}_{\text{全通函数}} \quad (4-147)$$

4.11 线性系统的稳定性

4.7 节到 4.10 节讨论了 $H(s)$ 零、极点分布与系统时域特性、频响特性的关系，作为 $H(s)$ 零、极点分析的另一重要应用是借助它来研究线性系统的稳定性。

按照研究问题的不同类型和不同角度，系统稳定性的定义有不同形式，涉及的内容相当丰富，本节只作初步的简单介绍，在后续课程(如控制理论)中将作进一步研究。

稳定性是系统自身的性质之一，系统是否稳定与激励信号的情况无关。

系统的冲激响应 $h(t)$ 或系统函数 $H(s)$ 集中表征了系统的本性，当然，它们也反映了系统是否稳定。判断系统是否稳定，可从时域或 s 域两方面进行。对于因果系统观察在时间 t 趋于无限大时，$h(t)$ 是增长、还是趋于有限值或者消失，这样可以确定系统的稳定性。研究 $H(s)$ 在 s 平面中极点分布的位置，也可很方便地给出有关稳定性的结论。从稳定性考虑，因果系统可划分为稳定系统、不稳定系统、临界稳定(边界稳定)系统三种情况。

(1) 稳定系统：如果 $H(s)$ 全部极点落于 s 左半平面(不包括虚轴)，则可以满足

$$\lim_{t\to\infty}[h(t)] = 0 \quad (4-148)$$

系统是稳定的(参看表 4-4，表 4-5)。

(2) 不稳定系统：如果 $H(s)$ 的极点落于 s 右半平面，或在虚轴上具有二阶以上的极点，则在足够长时间以后，$h(t)$ 仍继续增长，系统是不稳定的。

(3) 临界稳定系统：如果 $H(s)$ 的极点落于 s 平面虚轴上，且只有一阶，则在

足够长时间以后，$h(t)$ 趋于一个非零的数值或形成一个等幅振荡。这处于上述两种类型的临界情况。

稳定系统的另一种定义方式如下：若系统对任意的有界输入其零状态响应也是有界的，则称此系统为稳定系统。也可称为有界输入有界输出（BIBO）稳定系统。上述定义可由以下数学表达式说明：

对所有的激励信号 $e(t)$

$$|e(t)| \leqslant M_e \tag{4-149}$$

其响应 $r(t)$ 满足

$$|r(t)| \leqslant M_r \tag{4-150}$$

则称该系统是稳定的。式中，M_e，M_r 为有界正值。按此定义，对各种可能的 $e(t)$，逐个检验式（4-149）与式（4-150）来判断系统稳定性将过于烦琐，也是不现实的，为此导出稳定系统的充分必要条件是

$$\int_{-\infty}^{\infty} |h(t)| \, \mathrm{d}t \leqslant M \tag{4-151}$$

式中 M 为有界正值。或者说，若冲激响应 $h(t)$ 绝对可积，则系统是稳定的。下面对此条件给出证明。

对任意有界输入 $e(t)$，系统的零状态响应为

$$r(t) = \int_{-\infty}^{\infty} h(\tau) e(t-\tau) \, \mathrm{d}\tau \tag{4-152}$$

$$|r(t)| \leqslant \int_{-\infty}^{\infty} |h(\tau)| \cdot |e(t-\tau)| \, \mathrm{d}\tau \tag{4-153}$$

代入式（4-149）的条件得到

$$|r(t)| \leqslant M_e \int_{-\infty}^{\infty} |h(\tau)| \, \mathrm{d}\tau \tag{4-154}$$

如果 $h(t)$ 满足式（4-151），也即 $h(t)$ 绝对可积则

$$|r(t)| \leqslant M_e \cdot M$$

取 $M_e M = M_r$ 这就是式（4-150）。至此，条件式（4-151）的充分性得到证明。下面研究它的必要性。

如果 $\int_{-\infty}^{\infty} |h(t)| \, \mathrm{d}t$ 无界，则至少有一个有界的 $e(t)$ 产生无界的 $r(t)$。试选具有如下特性的激励信号 $e(t)$

$$e(-t) = \mathrm{sgn}[h(t)] = \begin{cases} -1, & \text{当 } h(t) < 0 \\ 0, & \text{当 } h(t) = 0 \\ 1, & \text{当 } h(t) > 0 \end{cases}$$

这表明 $e(-t)h(t) = |h(t)|$，响应 $r(t)$ 的表达式为

$$r(t) = \int_{-\infty}^{\infty} h(\tau) e(t-\tau) \, \mathrm{d}\tau$$

$$r(0) = \int_{-\infty}^{\infty} h(\tau) e(-\tau) d\tau$$

$$= \int_{-\infty}^{\infty} |h(\tau)| d\tau$$

此式表明,若 $\int_{-\infty}^{\infty} |h(\tau)| d\tau$ 无界,则 $r(0)$ 也无界,即式(4-151)的必要性得证。

在以上分析中并未涉及系统的因果性,这表明无论因果稳定系统或非因果稳定系统都要满足式(4-151)的条件。对于因果系统,式(4-151)可改写为

$$\int_0^{\infty} |h(t)| dt \leq M \tag{4-155}$$

对于因果系统,从 BIBO 稳定性定义考虑与考察 $H(s)$ 极点分布来判断稳定性具有统一的结果,仅在类型划分方面略有差异。当 $H(s)$ 极点位于左半平面时,$h(t)$ 绝对可积,系统稳定,而当 $H(s)$ 极点位于右半平面或在虚轴具有二阶以上极点时,$h(t)$ 不满足绝对可积条件,系统不稳定。当 $H(s)$ 极点位于虚轴且只有一阶时称为临界稳定系统,$h(t)$ 处于不满足绝对可积的临界状况,从 BIBO 稳定性划分来看,由于未规定临界稳定类型,因而这种情况可属不稳定范围。

例 4-24 已知两因果系统的系统函数 $H_1(s) = \dfrac{1}{s}$,$H_2(s) = \dfrac{s}{s^2 + \omega_0^2}$,激励信号分别为 $e_1(t) = u(t)$,$e_2(t) = \sin(\omega_0 t) u(t)$,求两种情况的响应 $r_1(t)$ 和 $r_2(t)$,并讨论系统稳定性。

解

容易求得激励信号的拉氏变换分别为 $\dfrac{1}{s}$ 和 $\dfrac{\omega_0}{s^2 + \omega_0^2}$,响应的拉氏变换分别为

$$R_1(s) = \frac{1}{s} \cdot \frac{1}{s} = \frac{1}{s^2}$$

$$R_2(s) = \frac{\omega_0}{s^2 + \omega_0^2} \cdot \frac{s}{s^2 + \omega_0^2}$$

对应时域表达式

$$r_1(t) = t u(t)$$

$$r_2(t) = \frac{1}{2} t \sin(\omega_0 t) u(t)$$

在本例中,激励信号 $u(t)$ 和 $\sin(\omega_0 t) u(t)$ 都是有界信号,却都产生无界信号的输出,因而,从 BIBO 稳定性判据可知,两种情况都属不稳定系统。当然,也可检验 $h_1(t) = u(t)$ 和 $h_2(t) = \cos(\omega_0 t) u(t)$ 都未能满足绝对可积,于是得出同样结论。若从系统函数极点分布来看,$H_1(s)$ 和 $H_2(s)$ 都具有虚轴上的一阶极点,属临界稳定类型。

对应电路分析的实际问题,通常不含受控源的 RLC 电路构成稳定系统。不

含受控源也不含电阻 R(无损耗),只由 LC 元件构成的电路会出现 $H(s)$ 极点位于虚轴的情况,$h(t)$ 呈等幅振荡。从物理概念上讲,上述两种情况都是无源网络,它们不能对外部供给能量,响应函数幅度是有限的,属稳定或临界稳定系统。含受控源的反馈系统可出现稳定、临界稳定和不稳定几种情况,实际上由于电子器件的非线性作用,电路往往可从不稳定状态逐步调整至临界稳定状态,利用此特点产生自激振荡。关于反馈系统的稳定性问题,此处仅举出两个简单例题,详细分析可参看有关控制理论的教材。

例 4-25 假定图 4-53 所示放大器的输入阻抗等于无限大。输出信号 $V_o(s)$ 与差分输入信号 $V_1(s)$ 和 $V_2(s)$ 之间满足关系式 $V_o(s) = A[V_2(s) - V_1(s)]$,试求:

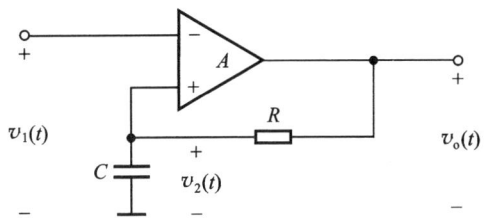

图 4-53 例 4-25 的电路

(1) 系统函数 $H(s) = \dfrac{V_o(s)}{V_1(s)}$;

(2) 由 $H(s)$ 极点分布判断 A 满足怎样的条件时,系统是稳定的?

解

$$\frac{V_2(s)}{V_o(s)} = \frac{\dfrac{1}{sC}}{R + \dfrac{1}{sC}}$$

$$V_o(s) = A[V_2(s) - V_1(s)]$$

$$= \frac{\dfrac{1}{sC}}{R + \dfrac{1}{sC}} A V_o(s) - A V_1(s)$$

$$H(s) = \frac{V_o(s)}{V_1(s)} = \frac{A}{1 - \dfrac{\dfrac{A}{sC}}{R + \dfrac{1}{sC}}}$$

$$= -\frac{\left(s + \dfrac{1}{RC}\right)A}{s + \dfrac{1-A}{RC}}$$

为使此系统稳定,$H(s)$ 之极点应落于 s 平面之左半面,故应有

$$\frac{1-A}{RC} > 0$$

即 $A < 1$ 系统稳定。若 $A \geqslant 1$ 则为临界稳定或不稳定系统。

例 4-26 图 4-54 所示线性反馈系统,讨论当 K 从 0 增长时,系统稳定性的变化。

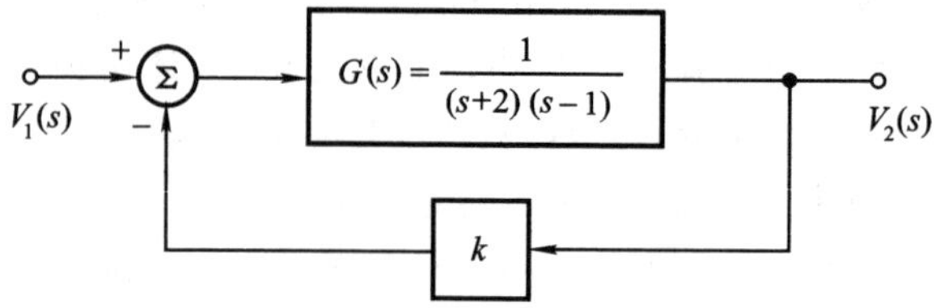

图 4-54 例 4-26 的电路

解

$$V_2(s) = [V_1(s) - KV_2(s)]G(s)$$

$$\frac{V_2(s)}{V_1(s)} = \frac{G(s)}{1 + KG(s)} = \frac{\frac{1}{(s-1)(s+2)}}{1 + \frac{K}{(s-1)(s+2)}}$$

$$= \frac{1}{(s-1)(s+2) + K} = \frac{1}{s^2 + s - 2 + K}$$

$$= \frac{1}{(s-p_1)(s-p_2)}$$

求得极点位置

$$\left.\begin{matrix}p_1\\p_2\end{matrix}\right\} = \frac{-1}{2} \pm \sqrt{\frac{9}{4} - K}$$

$$K = 0, p_1 = -2, p_2 = +1$$

$$K = 2, p_1 = -1, p_2 = 0$$

$$K = \frac{9}{4}, p_1 = p_2 = -\frac{1}{2}$$

$K > \frac{9}{4}$,有共轭复根,在左半平面。

因此,$K > 2$ 系统稳定,$K = 2$ 为临界稳定,$K < 2$ 系统不稳定。K 增长时,极点在 s 平面之移动过程示意于图 4-55。

在线性时不变系统(包括连续与离散)分析中,系统函数方法占据重要地位。以上各节研究了利用 $H(s)$ 求解电路以及由 $H(s)$ 零、极点分布决定系统的时域、频域特性和稳定性等各类问题。在本书以后许多章节中还要看到系统函数的广泛应用,从多种角度理解和认识它的作用。然而,必须注意到应用这一概念的局限性。系统函数只能针对零状态响应描述系统的外特性,不能反映系统内部性能。在第九章状态变量分析中将进一步说明这一问题。此外,对于相当多的工程实际问题,难以建立确切的系统函数模型。对高阶线性系统求出严格的系统函数过于烦琐,对于非线性系统、时变系统以及许多模糊现象则不能采用系统函数的方法。近年来,人工神经网络和模糊控制等方法的出现为解决这类问

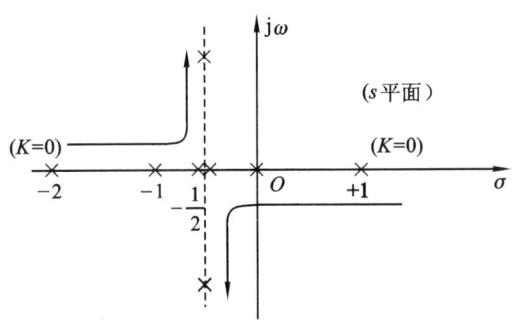

图 4-55 极点在 s 平面移动过程

题开辟了新的途径。这些新方法在构成原理和处理问题的出发点等方面与本章给出的系统函数方法有着重大区别,将在后续课程中看到。

4.12 双边拉氏变换

在导出单边拉氏变换式(4-3)时,曾将傅里叶积分的下限取 0 值,这样做的理由是注意到一般情况下的实际信号都是从 $t=0$ 开始的;另一方面,这样做便于引入衰减因子 $e^{-\sigma t}$,否则,若将积分下限从 $-\infty$ 开始,在 $t<0$ 范围内,$e^{-\sigma t}$ 成为增长因子,不但不起收敛作用,反而可能使积分发散。例如

$$\lim_{t \to \infty} te^{-\sigma t} = 0 \qquad (\sigma > 0)$$

$$\lim_{t \to -\infty} te^{-\sigma t} = -\infty \qquad (\sigma > 0)$$

故积分式 $\int_{-\infty}^{\infty} te^{-st}dt$ 不收敛。

但是,也有一些函数,当 σ 选在一定范围内,积分式

$$\int_{-\infty}^{\infty} f(t)e^{-st}dt \tag{4-156}$$

为有限值(见例 4-27)。这表明,按照式(4-156)求积分也可得到函数 $f(t)$ 的一种变换式,这就是双边拉氏变换(也称为指数变换或广义傅里叶变换)。为与单边变换符号 $F(s)$ 相区别,可以用 $F_B(s)$ 表示双边拉氏变换。

下面讨论双边拉氏变换的收敛问题。

例 4-27 设已知函数

$$f(t) = u(t) + e^t u(-t)$$

其波形如图 4-56(a)所示。试确定 $f(t)$ 双边拉氏变换的收敛区。

解 (1) 讨论收敛区

取积分

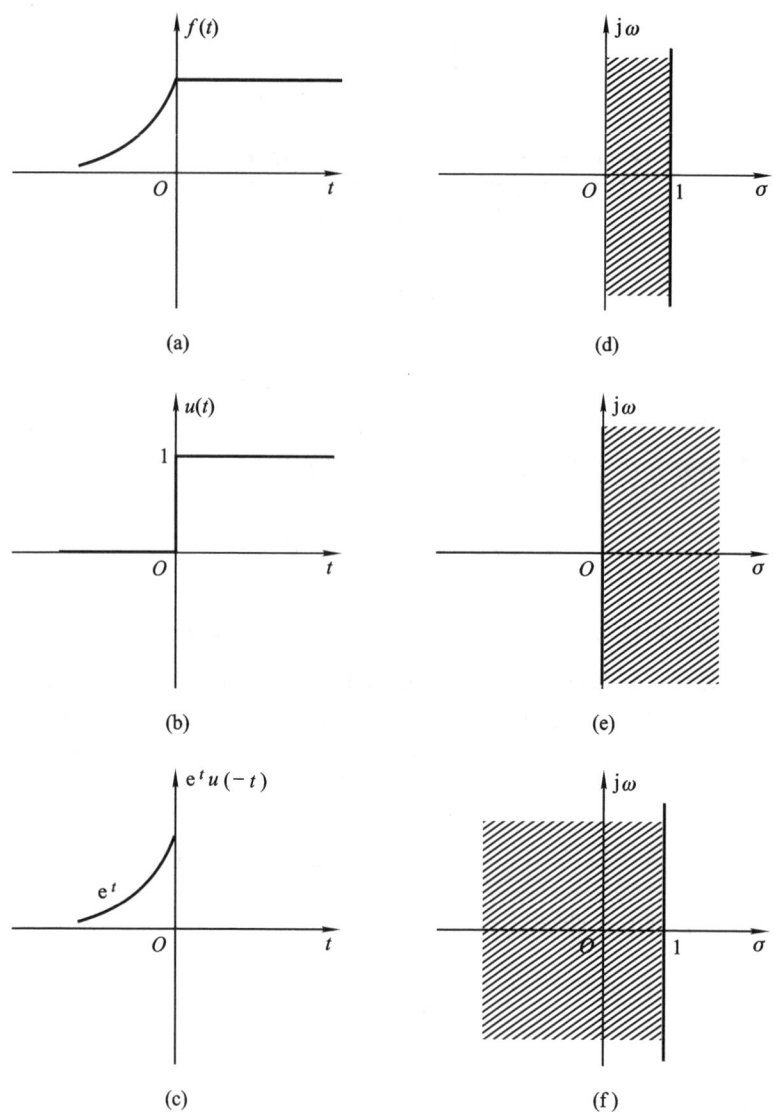

图 4-56 例 4-27 的波形与收敛区

$$\int_{-\infty}^{\infty} f(t) e^{-\sigma t} dt = \int_{-\infty}^{0} e^{(1-\sigma)t} dt + \int_{0}^{\infty} e^{-\sigma t} dt$$

此式右侧第一项积分当 $\sigma < 1$ 时是收敛的,第二项积分当 $\sigma > 0$ 时是收敛的。所以在 $0 < \sigma < 1$ 的范围内,$f(t)e^{-\sigma t}$ 满足收敛条件,对其他 σ 值而言,双边拉氏变换是不存在的。在图 4-56 中将函数 $f(t)$ 分解为两部分,见图(b)和图(c),分别示出了它们相应的收敛区如图(d)~图(f)所示。

(2) 求双边拉氏变换

$$F_B(s) = \int_{-\infty}^{\infty} f(t)e^{-st}dt$$
$$= \int_{-\infty}^{0} e^{(1-s)t}dt + \int_{0}^{\infty} e^{-st}dt$$
$$= \frac{1}{1-s} + \frac{1}{s} \quad (0 < \sigma < 1)$$

不难看出,双边拉氏变换的问题可分解为两个类似单边拉氏变换的问题来处理。双边拉氏变换的收敛区一般讲有两个边界,一个边界决定于 $t>0$ 的函数,是收敛区的左边界,以 σ_1 表示;另一个边界决定于 $t<0$ 的函数,是收敛区的右边界,以 σ_2 表示。若 $\sigma_1 < \sigma_2$,则 $t>0$ 与 $t<0$ 的两个函数有共同的收敛区,双边拉氏变换存在;如果 $\sigma_1 \geqslant \sigma_2$,无共同收敛区,双边拉氏变换就不存在。设有函数

$$f(t) = e^{at}u(t) + e^{bt}u(-t)$$

则其收敛边界为

$$\sigma_1 = a, \sigma_2 = b$$

也即收敛区落于 $a < \sigma < b$ 的范围之内。如果 $b > a$,则有收敛区,双边拉氏变换存在;若 $b \leqslant a$,则无收敛区,双边拉氏变换不存在。

从例 4-27 的结果还可以看出,在给出某函数的双边拉氏变换式 $F_B(s)$ 时,必须注明其收敛区,如不注明收敛区,在取其逆变换求 $f(t)$ 时将出现混淆。例如,若已知双边拉氏变换为

$$F_B(s) = \frac{1}{1-s} + \frac{1}{s}$$

则对应三种不同可能的收敛区,其逆变换将出现三种可能的函数:

若收敛区为 $0 < \sigma < 1$

$$f_1(t) = u(t) + e^{t}u(-t)$$

这就是图 4-56(a)和(d)给出的波形与收敛域。

若收敛区为 $\sigma > 1$

$$f_2(t) = (1 - e^{t})u(t)$$

其波形与收敛域见图 4-57(a)。

若收敛区为 $\sigma < 0$

$$f_3(t) = (e^{t} - 1)u(-t)$$

波形与收敛域见图 4-57(b)。

这表明,不同的函数在各不相同的收敛域条件之下可能得到同样的双边拉氏变换。

下面考虑用双边拉氏变换求解电路的一个实例。

例 4-28 图 4-58 所示 RC 电路,$-\infty < t < 0$ 时,开关 S 位于"1"端,当

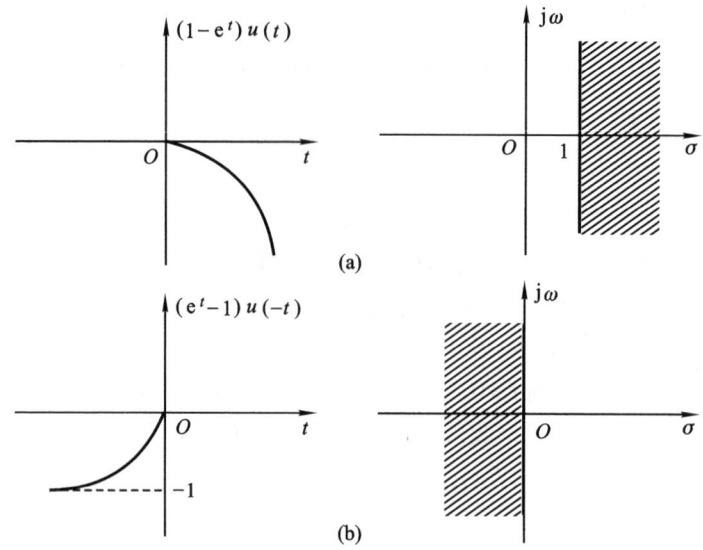

图 4-57 与例 4-27 具有同一变换式的其他两种收敛域和波形

$t=0$ 时，S 从"1"端转至"2"端，求 $v_C(t)$ 波形。

解

很明显，可将 $t<0$ 时所加直流电源 E 的作用转换为电路中的起始状态，利用单边拉氏变换求解。现在改用双边拉氏变换进行分析，为此将图 4-58 电路改画为图 4-59(a)，其中激励信号 $e(t)$ 的波形如图 4-59(b) 所示，其表示式为

$$e(t) = Eu(-t)$$

取其双边拉氏变换，注明收敛域

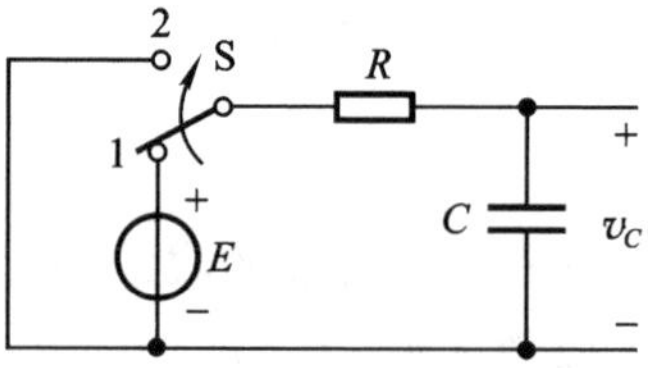

图 4-58 例 4-28 的电路

$$E(s) = -\frac{E}{s} \qquad (\sigma < 0)$$

借助网络函数关系，容易写出 $v_C(t)$ 的双边拉氏变换表示式

$$V_C(s) = E(s) \cdot \frac{\dfrac{1}{sC}}{R + \dfrac{1}{sC}}$$

$$= -\frac{E}{s} + \frac{E}{s + \dfrac{1}{RC}} \qquad \left(-\frac{1}{RC} < \sigma < 0\right)$$

于是求得

$$v_C(t) = Eu(-t) + Ee^{-\frac{1}{RC}t}u(t) \qquad \left(-\frac{1}{RC} < \sigma < 0\right)$$

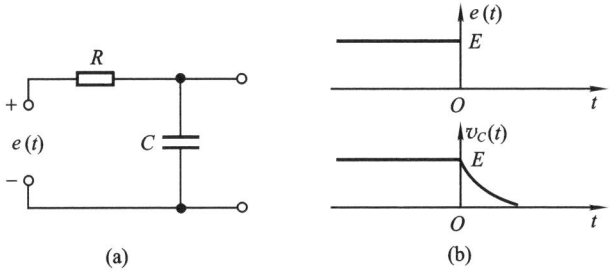

图 4-59 例 4-28 的等效电路与波形

画出波形如图 4-59(b)所示。

必须注意,在以上分析过程的每一步都应写明变换式的收敛域,否则将导致错误的结果,例如,对于 $V_C(s)$ 表示式,如果将收敛域理解为 $-\dfrac{1}{RC}<\sigma$,则其逆变换成为

$$v_C(t) = -Eu(t) + Ee^{-\frac{t}{RC}}u(t)$$

这是不确切的。

由于双边拉氏变换在收敛域方面必须考虑一些限制,因而使逆变换的求解比较麻烦,这是它的缺点。双边拉氏变换的优点在于:信号不必限制在 $t>0$ 的范围内,在某些情况下,把所研究的问题从时间为 $-\infty$ 到 $+\infty$ 做统一考虑,可使概念更清楚;此外,双边拉氏变换与傅里叶变换的联系更紧密,为全面理解傅氏变换、拉氏变换以及第八章将要学习的 z 变换之间的区别和联系,有必要对双边拉氏变换的原理有所了解。

4.13 拉普拉斯变换与傅里叶变换的关系

在本章一开始,从傅里叶变换的基本原理引出了拉普拉斯变换的概念。现在,作为这章结束,讨论从拉普拉斯变换求得傅里叶变换的方法。

读者可能会想到这样的问题:能否利用已知某信号的拉氏变换式以"$j\omega$"置换"s"而求得其傅氏变换呢?欲对此作出回答,先来讨论傅里叶变换、双边拉普拉斯变换与单边拉普拉斯变换三者之间的关系。请参看图 4-60 的示意说明。双边拉氏变换的积分限是取 t 从 $-\infty$ 到 $+\infty$,而 $f(t)$ 所乘因子为复指数 e^{-st},$s=\sigma+j\omega$,它涉及全部 s 平面。如果不改变积分限,而是将复指数的 σ 取零值,$s=j\omega$,也即局限于 s 平面的虚轴,则得到傅里叶变换。双边拉氏变换为广义的傅里叶变换。如果不改变双边拉氏变换式中的复指数因子 e^{-st},仍取 $s=\sigma+j\omega$,但将积分限制于 0 到 $+\infty$ 就得到单边拉氏变换。在取傅里叶变换时,若当 $t<0$ 满足函数

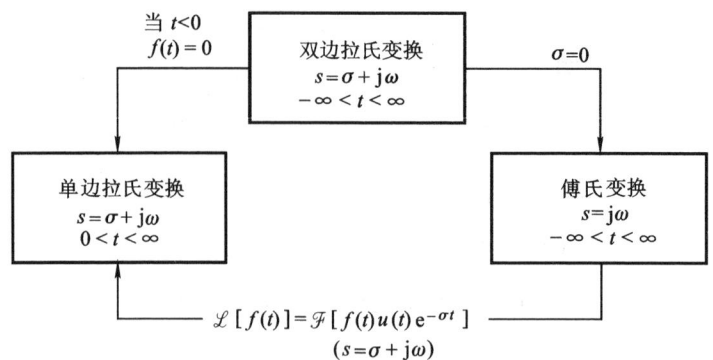

图 4-60 傅氏变换与拉氏变换的区别和联系

$f(t) = 0$,并将 $f(t)$ 乘以衰减因子 $e^{-\sigma t}$ 也就成为单边拉氏变换。

如果要从已知的单边拉氏变换求傅氏变换,首先应判明函数 $f(t)$ 为有始信号,即当 $t<0$ 时 $f(t) = 0$,然后根据收敛边界的不同,按以下三种情况分别对待。

(1) $\sigma_0 > 0$(收敛边界落于 s 平面右半边)

这相应于一些增长函数的情况,例如

$$f(t) = e^{at}u(t)$$

其单边拉氏变换为

$$\mathscr{L}[e^{at}u(t)] = \frac{1}{s-a} \qquad (\text{收敛域 } \sigma > a) \qquad (4-157)$$

函数波形和 s 平面收敛域分别如图 4-61(a)和(b)所示。对于这种情况,依靠 $e^{-\sigma t}$ 因子使增长信号衰减下来得到拉氏变换。显然,它的傅氏变换是不存在的,因而不能盲目地由拉氏变换寻求其傅氏变换。

(2) $\sigma_0 < 0$(收敛边界落于 s 平面左半边)

例如 $\qquad f(t) = e^{-at}u(t)$

$$\mathscr{L}[f(t)] = \frac{1}{s+a} \qquad (\text{收敛域 } \sigma > -a) \qquad (4-158)$$

图 4-62(a)和(b)分别示出了 $f(t)$ 波形以及在 s 平面的收敛域。

这种情况对应衰减函数,它的傅氏变换存在。令其拉氏变换中的 $s = j\omega$ 就可求得它的傅氏变换。例如对于式(4-158)

$$\mathscr{L}[e^{-at}u(t)] = \frac{1}{s+a}$$

$$\mathscr{F}[e^{-at}u(t)] = \frac{1}{j\omega + a}$$

又如

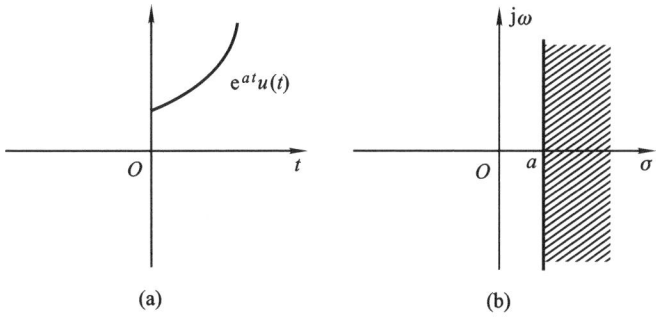

图 4-61　与式(4-157)相应的波形及其收敛域

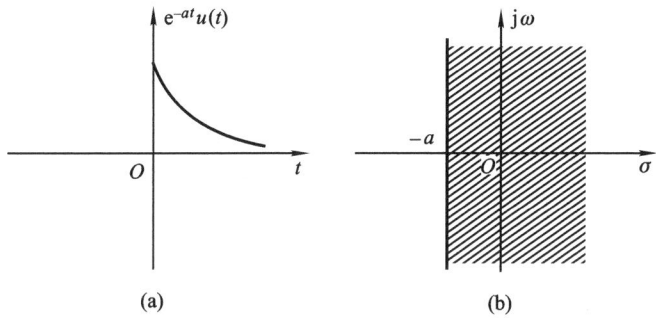

图 4-62　与式(4-158)相应的波形及其收敛域

$$\mathscr{L}[e^{-\alpha t}\sin(\omega_0 t)u(t)] = \frac{\omega_0}{(s+\alpha)^2 + \omega_0^2}$$

$$\mathscr{F}[e^{-\alpha t}\sin(\omega_0 t)u(t)] = \frac{\omega_0}{(j\omega+\alpha)^2 + \omega_0^2}$$

(3) $\sigma_0 = 0$（收敛边界位于虚轴）

在这种情况下,函数具有拉氏变换,而其傅氏变换也可以存在,但不能简单地将拉氏变换中的 s 代以 $j\omega$ 来求傅氏变换。在它的傅氏变换中将包括奇异函数项。例如,对于单位阶跃函数有

$$\mathscr{L}[u(t)] = \frac{1}{s} \quad (\sigma > 0)$$

$$\mathscr{F}[u(t)] = \frac{1}{j\omega} + \pi\delta(\omega) \qquad (4-159)$$

下面导出收敛边界位于虚轴时拉氏变换与傅氏变换联系的一般关系式,若 $f(t)$ 的拉氏变换式为

$$F(s) = F_a(s) + \sum_{n=1}^{N} \frac{K_n}{s - j\omega_n} \qquad (4-160)$$

式中 $F_a(s)$ 的极点位于 s 平面之左半，ω_n 为虚轴上的极点，共有 N 个，K_n 为部分分式分解的系数。容易求得式(4-160)的逆变换为

$$f(t) = f_a(t) + \sum_{n=1}^{N} K_n e^{j\omega_n t} u(t) \tag{4-161}$$

式中 $f_a(t)$ 是对应 $F_a(s)$ 之逆变换。求式(4-161)的傅氏变换可得

$$\begin{aligned}\mathscr{F}[f(t)] &= F_a(j\omega) + \mathscr{F}\left[\sum_{n=1}^{N} K_n e^{j\omega_n t} u(t)\right] \\ &= F_a(j\omega) + \sum_{n=1}^{N} K_n \left\{\delta(\omega-\omega_n) * \left[\pi\delta(\omega) + \frac{1}{j\omega}\right]\right\} \\ &= F_a(j\omega) + \sum_{n=1}^{N} \frac{K_n}{j(\omega-\omega_n)} + \sum_{n=1}^{N} K_n \pi \delta(\omega-\omega_n) \\ &= F(s)\bigg|_{s=j\omega} + \sum_{n=1}^{N} K_n \pi \delta(\omega-\omega_n) \end{aligned} \tag{4-162}$$

利用式(4-162)即可由 $F(s)$ 求得傅氏变换。式中包括两部分，第一部分是将 $F(s)$ 中的 s 以 $j\omega$ 代入，第二部分为一系列冲激函数之和。

例 4-29 求 $f(t) = \sin(\omega_0 t) u(t)$ 的傅氏变换和拉氏变换。

解

由表 4-1 容易求出

$$\mathscr{L}[\sin(\omega_0 t) u(t)] = \frac{\omega_0}{s^2 + \omega_0^2}$$

利用式(4-162)可求出

$$\mathscr{F}[\sin(\omega_0 t) u(t)] = \frac{\omega_0}{\omega_0^2 - \omega^2} + j\frac{\pi}{2}[\delta(\omega+\omega_0) - \delta(\omega-\omega_0)]$$

如果 $F(s)$ 具有 $j\omega$ 轴上的多重极点，对应的傅氏变换式还可能出现冲激函数的各阶导数项。例如，若

$$F(s) = F_a(s) + \frac{K_0}{(s-j\omega_0)^k}$$

式中 $F_a(s)$ 的极点位于 s 平面左半，在虚轴上有 k 重 ω_0 的极点，K_0 为系数。此时，可求得

$$\mathscr{F}[f(t)] = F(s)\bigg|_{s=j\omega} + \frac{K_0 \pi j^{k-1}}{(k-1)!} \delta^{(k-1)}(\omega-\omega_0) \tag{4-163}$$

式中 $\delta(\omega-\omega_0)$ 的上角为求 $(k-1)$ 阶导数。

例 4-30 求 $f(t) = tu(t)$ 的傅氏变换和拉氏变换。

解

由表 4-1 查到

$$F(s) = \frac{1}{s^2}$$

利用式(4-163)求出

$$\mathscr{F}[f(t)] = -\frac{1}{\omega^2} + j\pi\delta'(\omega)$$

此结果即本书附录二中第 25 号波形的傅氏变换式。

习　　题

4-1 求下列函数的拉氏变换。
(1) $1 - e^{-\alpha t}$ (2) $\sin t + 2\cos t$
(3) te^{-2t} (4) $e^{-t}\sin(2t)$
(5) $(1+2t)e^{-t}$ (6) $[1-\cos(\alpha t)]e^{-\beta t}$
(7) $t^2 + 2t$ (8) $2\delta(t) - 3e^{-7t}$
(9) $e^{-\alpha t}\sinh(\beta t)$ (10) $\cos^2(\Omega t)$
(11) $\dfrac{1}{\beta - \alpha}(e^{-\alpha t} - e^{-\beta t})$ (12) $e^{-(t+a)}\cos(\omega t)$
(13) $te^{-(t-2)}u(t-1)$ (14) $e^{-\frac{t}{a}}f\left(\dfrac{t}{a}\right)$,
　　　　　　　　　　　　　　设已知 $\mathscr{L}[f(t)] = F(s)$
(15) $e^{-\alpha t}f\left(\dfrac{t}{a}\right)$, (16) $t\cos^3(3t)$
　　　设已知 $\mathscr{L}[f(t)] = F(s)$
(17) $t^2\cos(2t)$ (18) $\dfrac{1}{t}(1 - e^{-\alpha t})$
(19) $\dfrac{e^{-3t} - e^{-5t}}{t}$ (20) $\dfrac{\sin(at)}{t}$

4-2 求下列函数的拉氏变换，考虑能否借助于延时定理。

(1) $f(t) = \begin{cases} \sin(\omega t) & \left(\text{当 } 0 < t < \dfrac{T}{2}\right) \\ 0 & (t \text{ 为其他值}) \end{cases}$

　　$T = \dfrac{2\pi}{\omega}$

(2) $f(t) = \sin(\omega t + \varphi)$

4-3 求下列函数的拉氏变换，注意阶跃函数的跳变时间。
(1) $f(t) = e^{-t}u(t-2)$
(2) $f(t) = e^{-(t-2)}u(t-2)$
(3) $f(t) = e^{-(t-2)}u(t)$
(4) $f(t) = \sin(2t) \cdot u(t-1)$
(5) $f(t) = (t-1)[u(t-1) - u(t-2)]$

4-4 求下列函数的拉普拉斯逆变换。
(1) $\dfrac{1}{s+1}$ (2) $\dfrac{4}{2s+3}$

(3) $\dfrac{4}{s(2s+3)}$ (4) $\dfrac{1}{s(s^2+5)}$

(5) $\dfrac{3}{(s+4)(s+2)}$ (6) $\dfrac{3s}{(s+4)(s+2)}$

(7) $\dfrac{1}{s^2+1}+1$ (8) $\dfrac{1}{s^2-3s+2}$

(9) $\dfrac{1}{s(RCs+1)}$ (10) $\dfrac{1-RCs}{s(1+RCs)}$

(11) $\dfrac{\omega}{(s^2+\omega^2)}\cdot\dfrac{1}{(RCs+1)}$ (12) $\dfrac{4s+5}{s^2+5s+6}$

(13) $\dfrac{100(s+50)}{(s^2+201s+200)}$ (14) $\dfrac{(s+3)}{(s+1)^3(s+2)}$

(15) $\dfrac{A}{s^2+K^2}$ (16) $\dfrac{1}{(s^2+3)^2}$

(17) $\dfrac{s}{(s+a)[(s+\alpha)^2+\beta^2]}$ (18) $\dfrac{s}{(s^2+\omega^2)[(s+\alpha)^2+\beta^2]}$

(19) $\dfrac{\mathrm{e}^{-s}}{4s(s^2+1)}$ (20) $\ln\left(\dfrac{s}{s+9}\right)$

4-5 分别求下列函数的逆变换的初值与终值。

(1) $\dfrac{(s+6)}{(s+2)(s+5)}$ (2) $\dfrac{(s+3)}{(s+1)^2(s+2)}$

4-6 题图 4-6 所示电路,$t=0$ 以前,开关 S 闭合,已进入稳定状态;$t=0$ 时,开关打开,求 $v_r(t)$ 并讨论 R 对波形的影响。

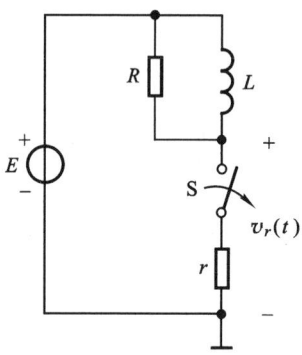

题图 4-6

4-7 题图 4-7 所示电路,$t=0$ 时,开关 S 闭合,求 $v_C(t)$。

4-8 题图 4-8 所示 RC 分压器,$t=0$ 时,开关 S 闭合,接入直流电压 E,求 $v_2(t)$ 并讨论以下三种情况的结果。

(1) $R_1C_1=R_2C_2$ (2) $R_1C_1>R_2C_2$

(3) $R_1C_1<R_2C_2$

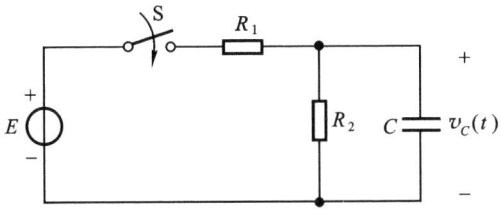

题图 4 – 7

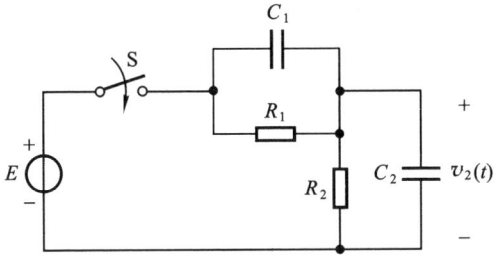

题图 4 – 8

4 – 9　题图 4 – 9 所示 RLC 电路 $t=0$ 时开关 S 闭合,求电流 $i(t)$。$\left(\text{已知}\dfrac{1}{2RC}<\dfrac{1}{\sqrt{LC}}\right)$

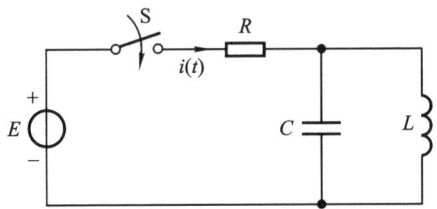

题图 4 – 9

4 – 10　求题图 4 – 10 所示电路的系统函数 $H(s)$ 和冲激响应 $h(t)$,设激励信号为电压 $e(t)$、响应信号为电压 $r(t)$。

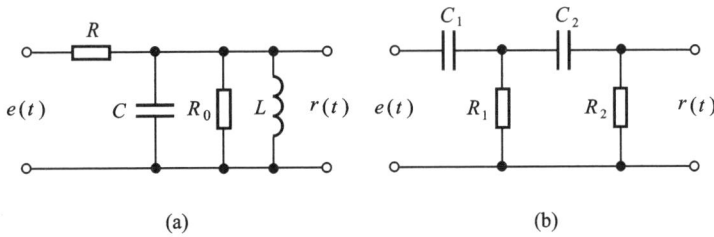

题图 4 – 10

4 – 11　电路如题图 4 – 11 所示,$t=0$ 以前开关位于"1",电路已进入稳定状态,$t=0$ 时开关从"1"倒向"2",求电流 $i(t)$ 的表示式。

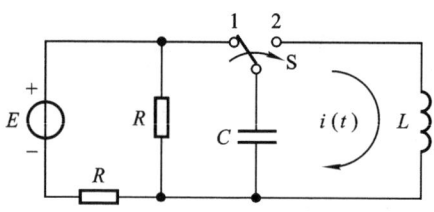

题图 4-11

4-12 电路如题图 4-12 所示,$t=0$ 以前电路元件无储能,$t=0$ 时开关闭合,求电压 $v_2(t)$ 的表示式和波形。

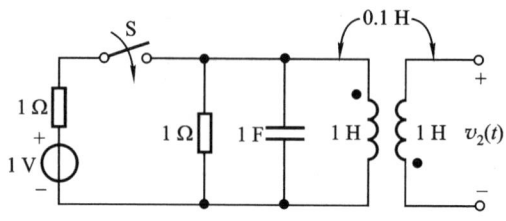

题图 4-12

4-13 分别写出题图 4-13(a),(b),(c) 所示电路的系统函数 $H(s)=\dfrac{V_2(s)}{V_1(s)}$。

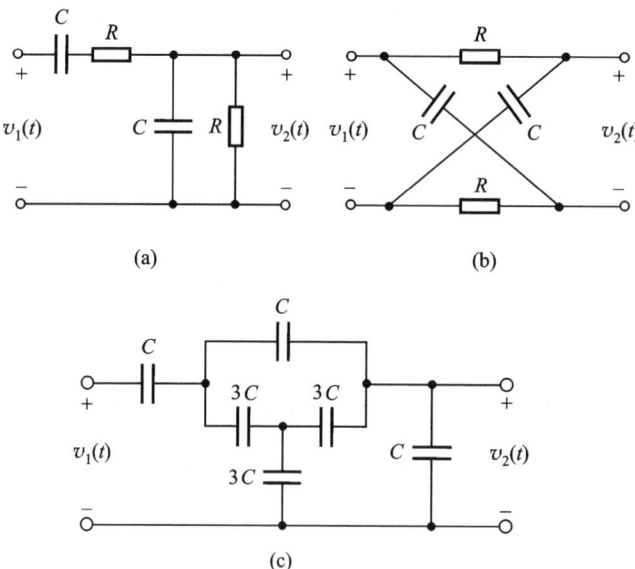

题图 4-13

4-14 试求题图 4-14 所示互感电路的输出信号 $v_R(t)$。假设输入信号 $e(t)$ 分别为以下两种情况:

(1) 冲激信号 $e(t) = \delta(t)$;
(2) 阶跃信号 $e(t) = u(t)$。

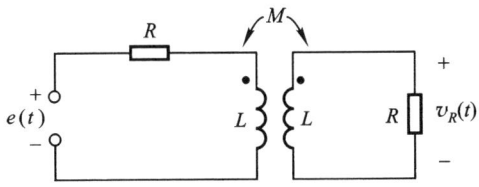

题图 4-14

4-15 激励信号 $e(t)$ 波形如题图 4-15(a)所示,电路如题图 4-15(b)所示,起始时刻 L 中无储能,求 $v_2(t)$ 的表示式和波形。

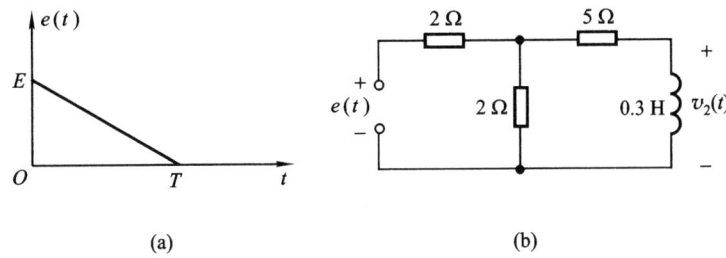

题图 4-15

4-16 电路如题图 4-16 所示,注意图中 $kv_2(t)$ 是受控源,试求:

(1) 系统函数 $H(s) = \dfrac{V_3(s)}{V_1(s)}$;

(2) 若 $k = 2$,求冲激响应。

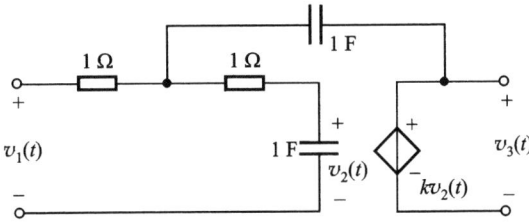

题图 4-16

4-17 在题图 4-17 所示电路中,$C_1 = 1\,\text{F}, C_2 = 2\,\text{F}, R = 2\,\Omega$,起始条件 $v_{C1}(0_-) = E$,方向如图示,$t = 0$ 时开关闭合,求:

(1) 电流 $i_1(t)$;

(2) 讨论 $t = 0_-$ 与 $t = 0_+$ 瞬间,电容 C_2 两端电荷发生的变化。

4-18 题图 4-18 所示电路中有三个受控源,求系统函数 $H(s) = \dfrac{E_o(s)}{E_i(s)}$。

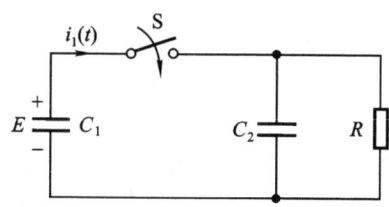

题图 4-17

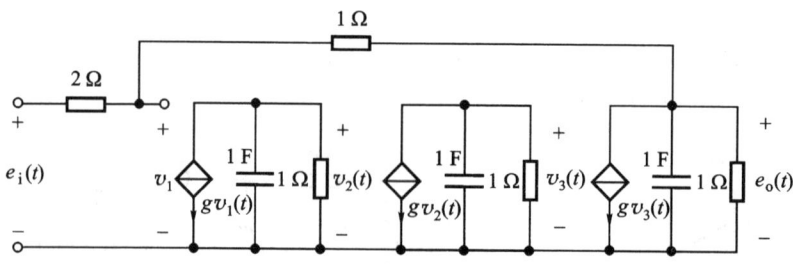

题图 4-18

4-19 因果周期信号 $f(t) = f(t)u(t)$，周期为 T，若第一周期时间信号为 $f_1(t) = f(t) \cdot [u(t) - u(t-T)]$，它的拉氏变换为 $\mathscr{L}[f_1(t)] = F_1(s)$，求 $\mathscr{L}[f(t)] = F(s)$ 表达式。

$\left(\text{提示：可借助级数性质} \sum_{n=0}^{\infty} a^n = \dfrac{1}{1-a} \text{化简。}\right)$

4-20 求题图 4-20 所示周期矩形脉冲和正弦全波整流脉冲的拉氏变换（利用上题结果）。

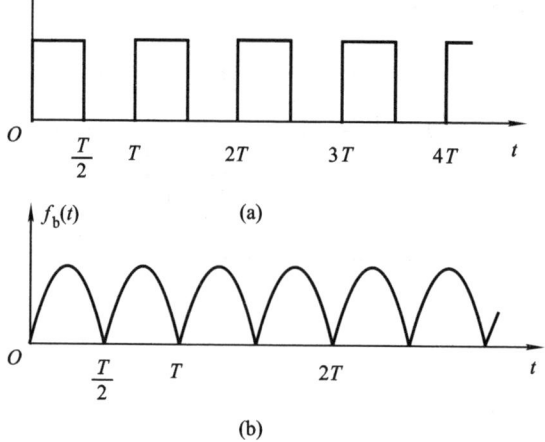

题图 4-20

4-21 将连续信号 $f(t)$ 以时间间隔 T 进行冲激抽样得到 $f_s(t) = f(t)\delta_T(t)$，$\delta_T(t)$

$= \sum_{n=0}^{\infty} \delta(t - nT)$，求：

(1) 抽样信号的拉氏变换 $\mathscr{L}[f_s(t)]$；

(2) 若 $f(t) = e^{-at}u(t)$ 求 $\mathscr{L}[f_s(t)]$。

4 - 22 当 $F(s)$ 极点(一阶)落于题图 4-22 所示 s 平面图中各方框所处位置时，画出对应的 $f(t)$ 波形(填入方框中)。图中给出了示例，此例极点实部为正，波形是增长振荡。

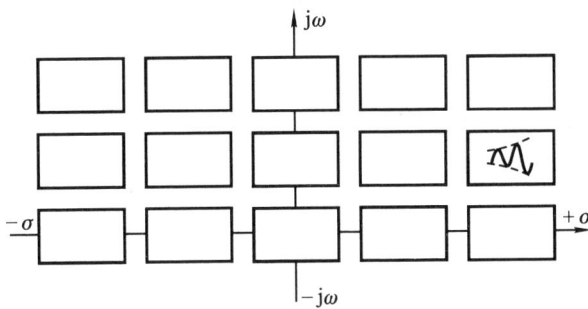

题图 4-22

4 - 23 求题图 4-23 所示各网络的策动点阻抗函数，在 s 平面示出其零、极点分布。若激励电压为冲激函数 $\delta(t)$，求其响应电流的波形。

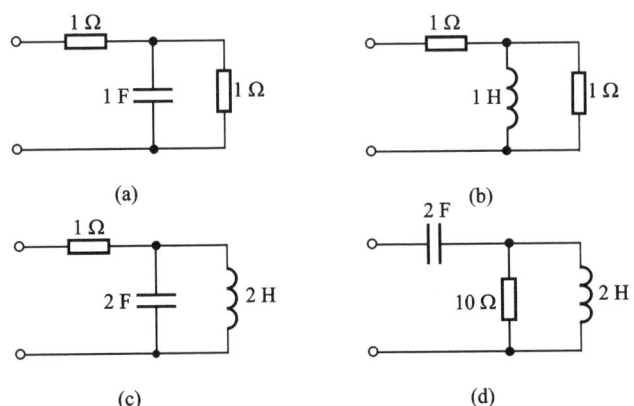

题图 4-23

4 - 24 求题图 4-24 所示各网络的电压转移函数 $H(s) = \dfrac{V_2(s)}{V_1(s)}$，在 s 平面示出其零、极点分布，若激励信号 $v_1(t)$ 为冲激函数 $\delta(t)$，求响应 $v_2(t)$ 的波形。

4 - 25 写出题图 4-25 所示梯形网络的策动点阻抗函数 $Z(s) = \dfrac{V_1(s)}{I_1(s)}$，图中串臂(横接)的符号 Z 表示其阻抗，并臂(纵接)的符号 Y 表示其导纳。

4 - 26 写出题图 4-26 所示各梯形网络的电压转移函数 $H(s) = \dfrac{V_2(s)}{V_1(s)}$，在 s 平面示出其零、极点分布。

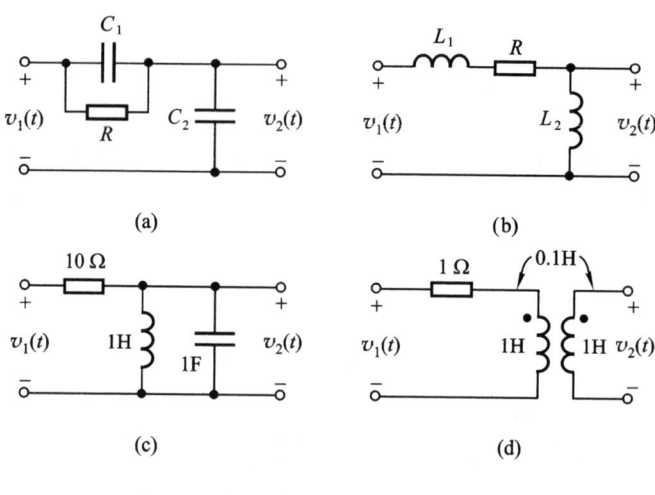

题图 4 - 24

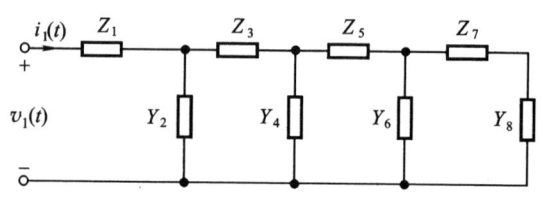

题图 4 - 25

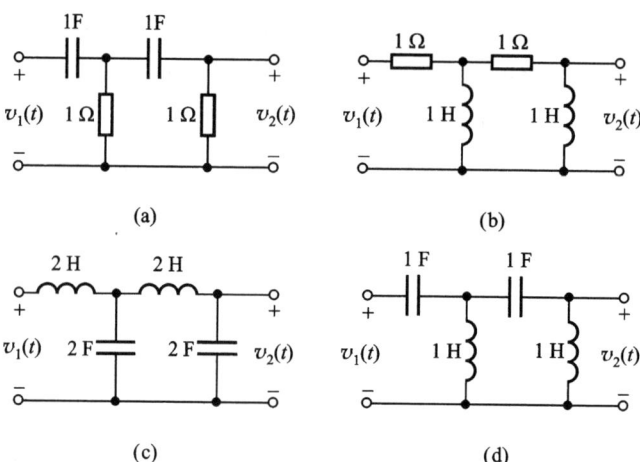

题图 4 - 26

4 - 27 已知激励信号为 $e(t) = e^{-t}$,零状态响应为 $r(t) = \dfrac{1}{2}e^{-t} - e^{-2t} + 2e^{3t}$,求此系统的冲激响应 $h(t)$。

4-28 已知系统阶跃响应为 $g(t) = 1 - e^{-2t}$，为使其响应为 $r(t) = 1 - e^{-2t} - te^{-2t}$，求激励信号 $e(t)$。

4-29 题图 4-29 所示网络中，$L = 2$ H，$C = 0.1$ F，$R = 10$ Ω。

(1) 写出电压转移函数 $H(s) = \dfrac{V_2(s)}{E(s)}$；

(2) 画出 s 平面零、极点分布；

(3) 求冲激响应、阶跃响应。

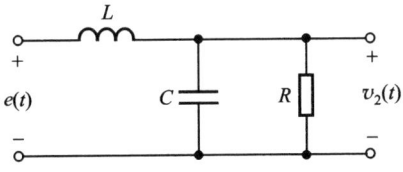

题图 4-29

4-30 若在题图 4-30 电路中，接入 $e(t) = 40\sin t \cdot u(t)$，求 $v_2(t)$，指出其中的自由响应与强迫响应。

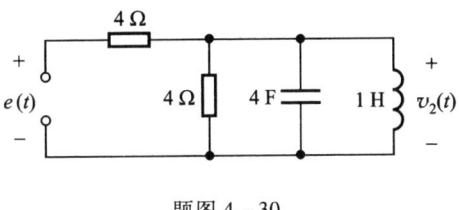

题图 4-30

4-31 如题图 4-31 所示电路：

(1) 若初始无储能，信号源为 $i(t)$，为求 $i_1(t)$（零状态响应），列写转移函数 $H(s)$；

(2) 若初始状态以 $i_1(0), v_2(0)$ 表示（都不等于零），但 $i(t) = 0$（开路），求 $i_1(t)$（零输入响应）。

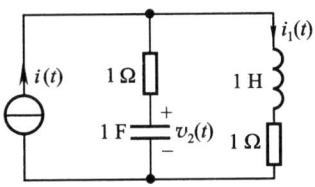

题图 4-31

4-32 如题图 4-32 所示电路：

(1) 写出电压转移函数 $H(s) = \dfrac{V_o(s)}{E(s)}$；

(2) 若激励信号 $e(t) = \cos(2t) \cdot u(t)$，为使响应中不存在正弦稳态分量，求 LC 约束；

(3) 若 $R = 1$ Ω，$L = 1$ H，按第 (2) 问条件，求 $v_o(t)$。

4-33 题图 4-33 所示电路，若激励信号 $e(t) = (3e^{-2t} + 2e^{-3t})u(t)$，求响应 $v_2(t)$ 并指出响应中的强迫分量、自由分量、瞬态分量与稳态分量。

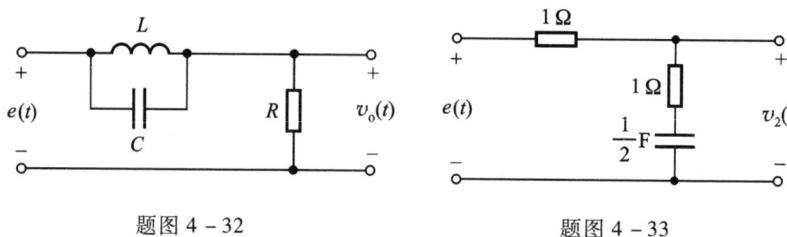

题图 4-32   题图 4-33

4-34 若激励信号 $e(t)$ 如题图 4-34(a) 所示周期矩形脉冲,$e(t)$ 施加于题图 4-34(b) 电路,研究响应 $v_o(t)$ 之特点。已求得 $v_o(t)$ 由瞬态响应 $v_{ot}(t)$ 和稳态响应 $v_{os}(t)$ 两部分组成,其表达式分别为

$$v_{ot}(t) = -\frac{E(1-e^{-\alpha\tau})}{1-e^{\alpha T}} \cdot e^{-\alpha t}$$

$$v_{os}(t) = \sum_{n=0}^{\infty} v_{os1}(t-nT)\left\{u(t-nT) - u[t-(n+1)T]\right\}$$

其中 $v_{os1}(t)$ 为 $v_{os}(t)$ 第一周期的信号

$$v_{os1}(t) = E\left[1 - \frac{1-e^{-\alpha(T-\tau)}}{1-e^{-\alpha T}}e^{-\alpha t}\right]u(t) - E[1-e^{-\alpha(t-\tau)}]u(t-\tau)$$

(1) 画出 $v_o(t)$ 波形,从物理概念讨论波形特点;
(2) 试用拉氏变换方法求出上述结果;
(3) 系统函数极点分布和激励信号极点分布对响应结果特点有何影响。

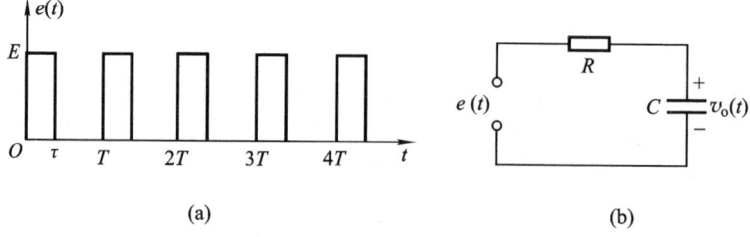

(a)   (b)

题图 4-34

4-35 已知网络函数的零、极点分布如题图 4-35 所示,此外 $H(\infty)=5$,写出网络函数表示式 $H(s)$。

4-36 已知网络函数 $H(s)$ 的极点位于 $s=-3$ 处,零点在 $s=-a$,且 $H(\infty)=1$。此网络的阶跃响应中,包含一项为 $K_1 e^{-3t}$。若 a 从 0 变到 5,讨论相应的 K_1 如何随之改变。

4-37 已知题图 4-37(a) 所示网络的入端阻抗 $Z(s)$ 表示式为

$$Z(s) = \frac{K(s-z_1)}{(s-p_1)(s-p_2)}$$

(1) 写出以元件参数 R,L,C 表示的零、极点 z_1,p_1,p_2 的位置。
(2) 若 $Z(s)$ 零、极点分布如题图 4-37(b) 所示,且 $Z(j0)=1$,求 R,L,C 值。

4-38 给定 $H(s)$ 的零、极点分布如题图 4-38 所示,令 s 沿 $j\omega$ 轴移动,由矢量因子的变化分析频响特性,粗略绘出幅频与相频曲线。

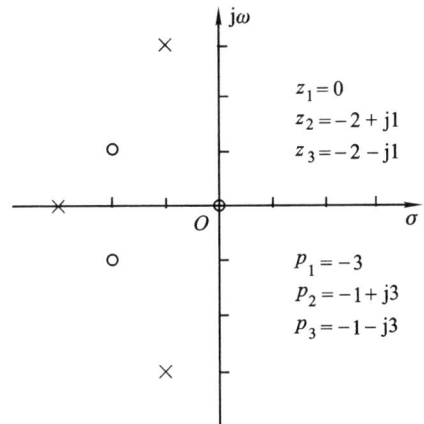

题图 4-35

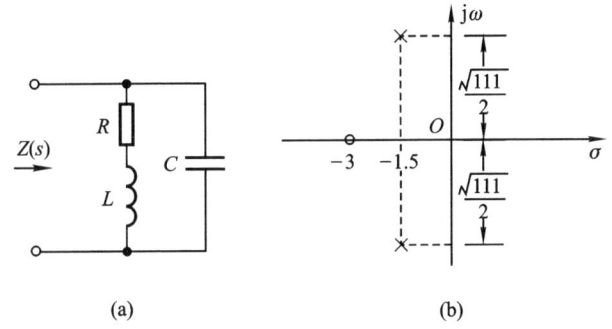

题图 4-37

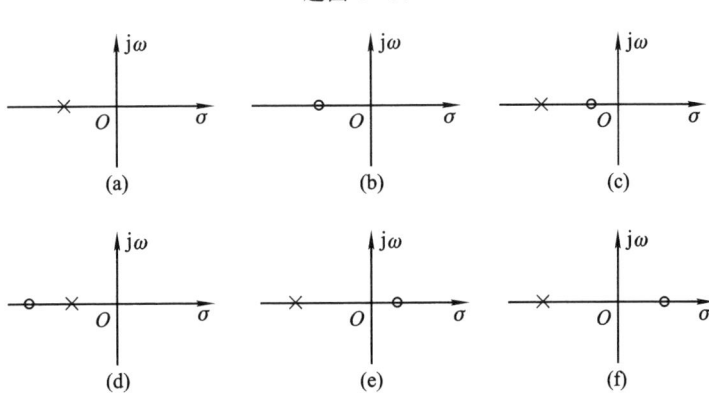

题图 4-38

4-39 若 $H(s)$ 零、极点分布如题图 4-39 所示,试讨论它们分别是哪种滤波网络(低通、高通、带通、带阻)。

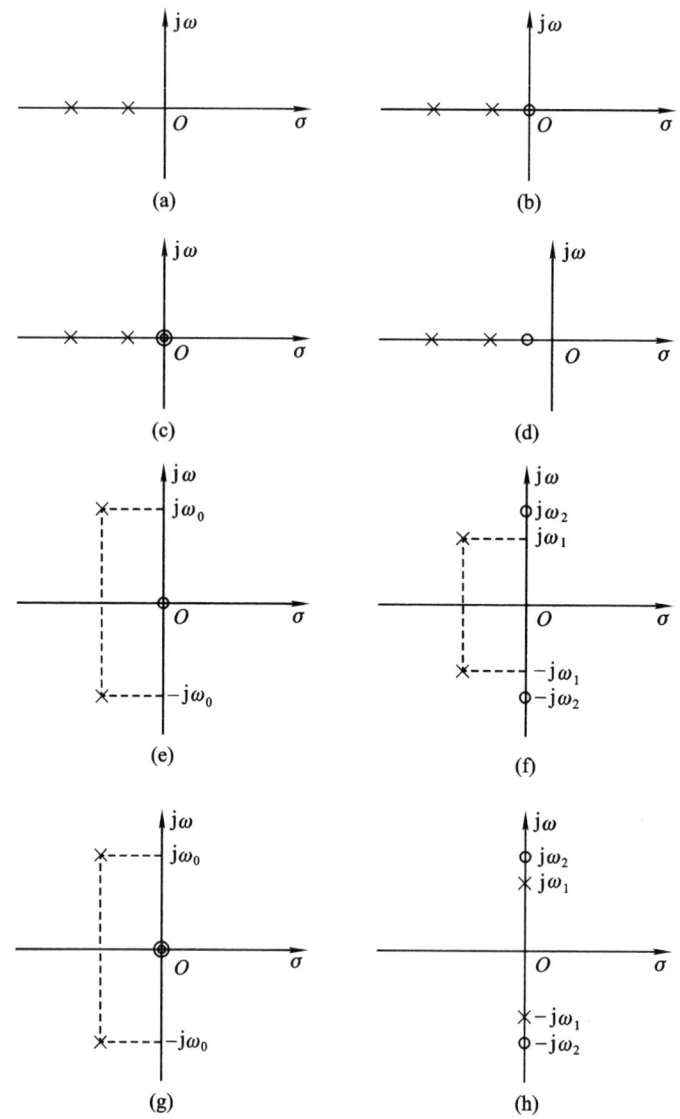

题图 4-39

4-40 写出题图 4-40 所示网络的电压转移函数 $H(s) = \dfrac{V_2(s)}{V_1(s)}$，讨论其幅频响应特性可能为何种类型。

4-41 题图 4-41 所示格形网络，写出它的电压转移函数 $H(s) = \dfrac{V_2(s)}{V_1(s)}$，画出 s 平面零、极点分布图，讨论它是否为全通网络。

4-42 题图 4-42 所示几幅 s 平面零、极点分布图，分别指出它们是否为最小相移网络函数。

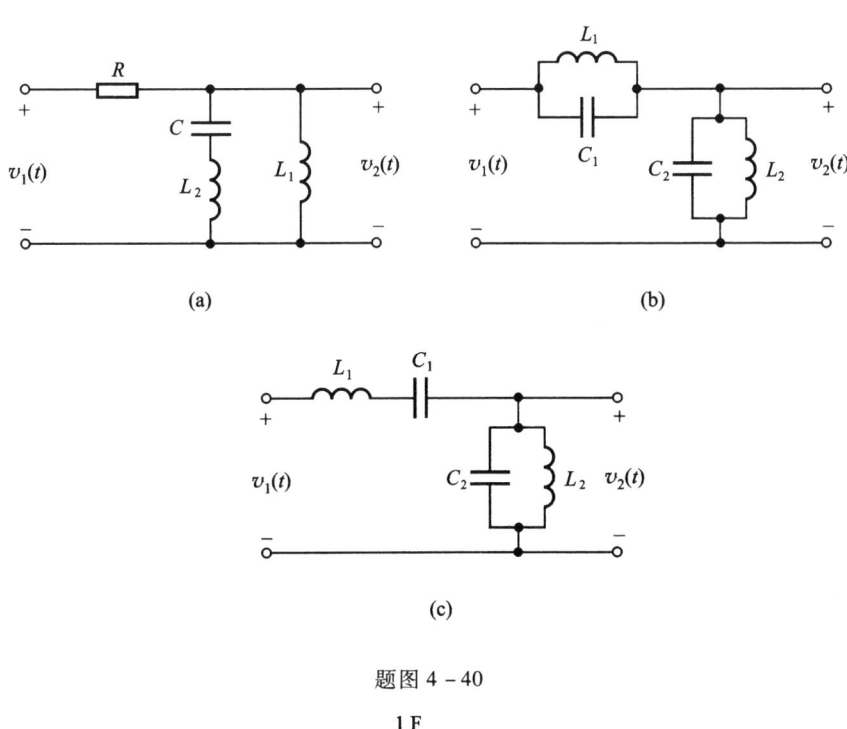

题图 4-40

题图 4-41

如果不是,应由零、极点如何分布的最小相移网络和全通网络来组合。

4-43 题图 4-43 所示电路,虚框中是 1∶1∶1 的理想变压器,激励信号为 $v_1(t)$,响应取 $v_2(t)$,写出电压转移函数 $H(s) = \dfrac{V_2(s)}{V_1(s)}$,画出零、极点分布图,指出是否为全通网络。

4-44 题图 4-44 所示格形网络,写出电压转移函数 $H(s) = \dfrac{V_2(s)}{V_1(s)}$。设 $C_1R_1 < C_2R_2$,在 s 平面示出 $H(s)$ 零、极点分布,指出是否为全通网络。在网络参数满足什么条件下才能构成全通网络。

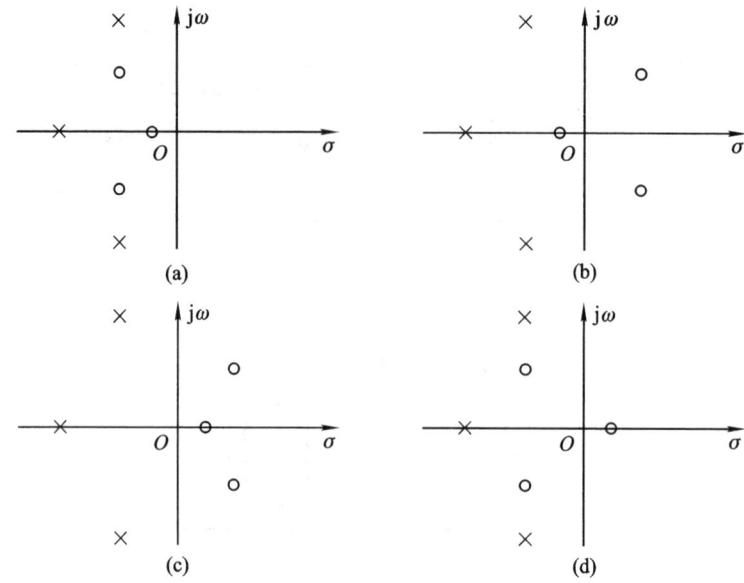

题图 4 - 42

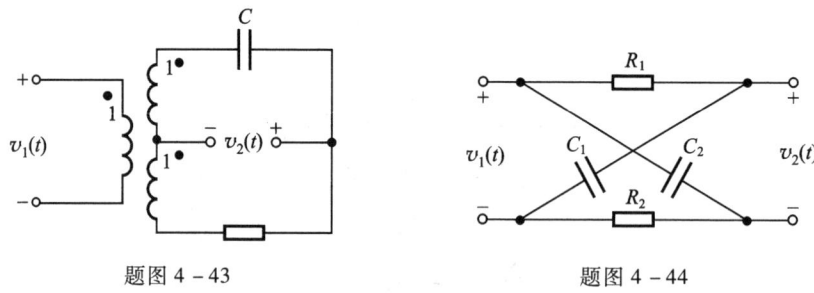

题图 4 - 43   题图 4 - 44

4 - 45 题图 4 - 45 所示反馈系统,回答下列各问:

(1) 写出 $H(s) = \dfrac{V_2(s)}{V_1(s)}$;

(2) K 满足什么条件时系统稳定?

(3) 在临界稳定条件下,求系统冲激响应 $h(t)$。

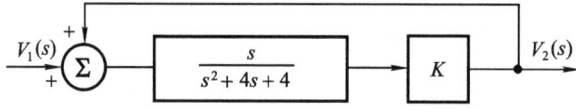

题图 4 - 45

4 - 46 题图 4 - 46 所示反馈电路,其中 $Kv_2(t)$ 是受控源。

(1) 求电压转移函数 $H(s) = \dfrac{V_o(s)}{V_1(s)}$;

(2) K 满足什么条件时系统稳定?

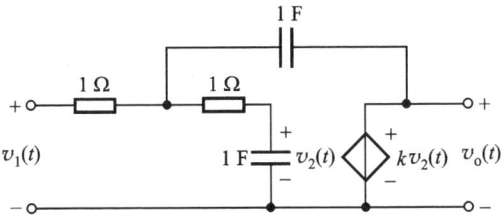

题图 4-46

4-47 题图 4-47 所示反馈系统,其中 $K = \dfrac{\beta Z(s)}{R_i}$。$\beta, R_i$ 以及 F 都为常数

$$Z(s) = \dfrac{s}{C\left(s^2 + \dfrac{G}{C}s + \dfrac{1}{LC}\right)}$$

写出系统函数 $H(s) = \dfrac{V_2(s)}{V_1(s)}$,求极点的实部等于零的条件(产生自激振荡)。讨论系统出现稳定、不稳定以及临界稳定的条件,在 s 平面示意绘出这三种情况下极点分布图。

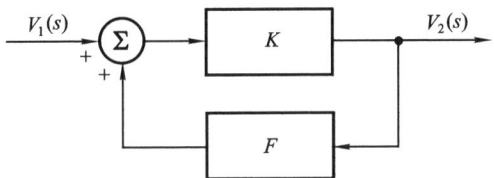

题图 4-47

4-48 电路如题图 4-48 所示,为保证稳定工作,求放大器放大系数 A 的变化范围。设放大器输入阻抗为无限大,输出阻抗等于零。

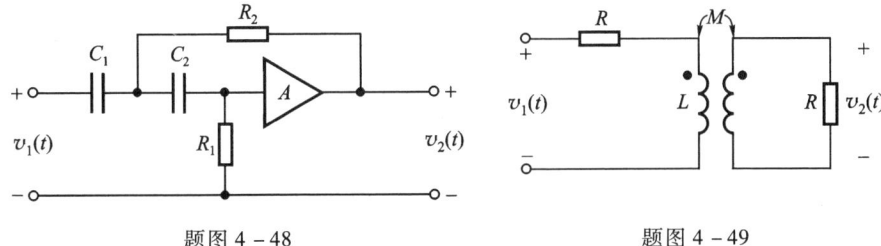

题图 4-48　　　　　　　　题图 4-49

4-49 题图 4-49 示出互感电路;激励信号为 $v_1(t)$,响应为 $v_2(t)$。

(1) 从物理概念说明此系统是否稳定?

(2) 写出系统转移函数 $H(s) = \dfrac{V_2(s)}{V_1(s)}$;

(3) 求 $H(s)$ 极点,电路参数满足什么条件下才能使极点落在左半平面?此条件实际上是否能满足?

4-50 已知信号表示式为

$$f(t) = e^{at}u(-t) + e^{-at}u(t)$$

式中 $a>0$，试求 $f(t)$ 的双边拉氏变换，给出收敛域。

4-51 在 2.9 节利用时域卷积方法分析了通信系统多径失真的消除原理，在此，借助拉氏变换方法研究同一个问题。从以下分析可以看出利用系统函数 $H(s)$ 的概念可以比较直观、简便地求得同样的结果。按 2.9 节式(2-77)已知

$$r(t) = e(t) + ae(t-T)$$

(1) 对上式取拉氏变换，求回波系统的系统函数 $H(s)$；

(2) 令 $H(s)H_i(s)=1$，设计一个逆系统，先求它的系统函数 $H_i(s)$；

(3) 再取 $H_i(s)$ 的逆变换得到此逆系统的冲激响应 $h_i(t)$，它应当与 2.9 节的结果一致。

第五章 傅里叶变换应用于通信系统
——滤波、调制与抽样

5.1 引　言

傅里叶变换应用于通信系统有着久远的历史和宽阔的范围,现代通信系统的发展处处伴随着傅里叶变换方法的精心运用。本章初步介绍这些应用中最主要的几个方面——滤波、调制和抽样。这是前两章基本内容的继续深入。

为了进一步研究系统的滤波特性,首先要引出傅里叶变换形式的系统函数。在第四章,利用拉氏变换形式的系统函数 $H(s)$ 使系统激励与响应的关系式由卷积简化为乘法运算

$$r(t) = h(t) * e(t)$$
$$R(s) = H(s)E(s)$$

这种转换关系同样可用于傅里叶变换。

设 $R(\omega), H(\omega), E(\omega)$ 分别表示 $r(t), h(t), e(t)$ 的傅里叶变换,即

$$\mathscr{F}[r(t)] = R(\omega)$$
$$\mathscr{F}[h(t)] = H(\omega)$$
$$\mathscr{F}[e(t)] = E(\omega)$$

引用傅里叶变换的时域卷积定理即可得出

$$R(\omega) = H(\omega)E(\omega) \tag{5-1}$$

这里,$H(\omega)$ 也称为系统函数,但以傅里叶变换形式给出。

如果把 $r(t), h(t), e(t)$ 的傅里叶变换式改用符号 $R(j\omega), H(j\omega), E(j\omega)$ 表示,就可得到

$$R(j\omega) = H(j\omega)E(j\omega) \tag{5-2}$$

这里的系统函数写作 $H(j\omega)$。显然,式(5-1)与式(5-2),只是函数变量表示形式不同。在式(5-1),把"j"隐含于复函数 R, H, E 之中。为便于与拉氏变换联系,式(5-2)可作如下解释,对于稳定的(不包括临界稳定的)因果系统,将 $H(s)$ 表示式中的变量 s 以 $j\omega$ 取代,即可写出 $H(j\omega)$。

与拉普拉斯变换方法类似,利用式(5-2)给出的傅里叶分析方法同样可以解决求线性系统对激励信号的零状态响应问题。从物理概念来说,如果激励信号的频谱密度函数为 $E(j\omega)$,则响应的频谱密度函数便是 $H(j\omega)E(j\omega)$。系统改变了激励信号的频谱。系统的功能是对信号各频率分量进行加权,某些频率分量增强,而另一些分量则相对削弱或不变。而且,每个频率分量在传输过程中都产生各自的相位移。这种改变的规律完全由系统函数 $H(j\omega)$ 所决定,$H(j\omega)$ 是一个加权函数,把频谱密度为 $E(j\omega)$ 的信号改造为 $R(j\omega) = H(j\omega)E(j\omega)$ 的响应信号。实际上,对于任意激励信号的傅里叶分解可以看作无穷多项 $e^{j\omega t}$ 信号的叠加(或无穷多项正弦分量的叠加),把这些分量作用于系统所得的响应取和(逆变换的积分式),即可给出完整的响应信号。

这种观点同样可用于解释拉氏变换方法。在那里,信号被分解为复指数函数 e^{st} 的叠加。

概括讲,在线性时不变系统的分析中,无论时域、频域、复频域的方法都可按信号分解、求响应再叠加的原则来处理。

从 5.2 节到 5.6 节将利用 $H(j\omega)$ 建立信号经线性系统传输的一些重要概念,包括无失真传输条件、理想滤波器模型以及系统的物理可实现条件等。着重系统滤波特性的理论分析,关于设计的一些实际问题将在后续课程中讨论。

在 3.7 节,作为傅里叶变换的一个性质曾引出调制的概念,5.7 节将从组成通信系统的角度研究调制和解调的原理与实现。5.8 节研究带通系统的运用,包括调制信号经带通传输以及频率窗函数两方面的问题,后者具有重要的理论意义。以 3.11 节抽样定理为基础,5.9 节和 5.10 节研究抽样信号的传输与恢复,初步了解数字通信系统的原理与特点。调制和抽样理论最重要的贡献是运用这些理论构成了频分复用与时分复用通信系统。最后两节着重讨论时分复用和频分复用的原理,初步认识多路复用技术在现代通信系统中占有的重要地位;同时,我们将运用傅里叶变换的基本理论介绍有关综合业务数字网以及信息高速公路的初步知识。

5.2 利用系统函数 $H(j\omega)$ 求响应

在 4.8 节式(4-111)曾利用符号 $H(j\omega)$ 描述正弦稳态响应的频率特性,在那里 $\mathscr{L}[h(t)] = H(s), H(s)|_{s=j\omega} = H(j\omega)$。现在直接定义符号 $H(j\omega)$ 为系统冲激响应 $h(t)$ 的傅里叶变换,即 $\mathscr{F}[h(t)] = H(j\omega)$。根据 4.13 节关于傅里叶变换与拉普拉斯变换的比较可知,当 $H(s)$ 在虚轴上及右半平面无极点时以上二种计算结果才相等,这时有

$$\mathscr{F}[h(t)] = H(j\omega) = H(s)|_{s=j\omega}$$

也即,对于 $H(s)$ 在虚轴上有极点的系统二者不等,下面给出这种情况的实例。

例 5 – 1 对于图 5 – 1 所示电容模型,输入为电流源电流,输出为电容两端电压,求冲激响应 $h(t)$、系统函数 $H(s)$,$H(j\omega)$。

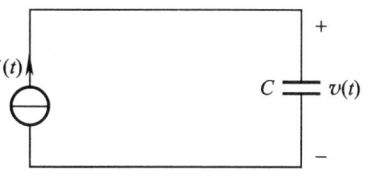

图 5 – 1 例 5 – 1 的电路

解

令输入信号 $i(t) = \delta(t)$,求出 $v(t)$ 即 $h(t)$:

$$h(t) = v(t) = \frac{1}{C}\int i(t)\,\mathrm{d}t = \frac{1}{C}u(t)$$

$$H(s) = \mathscr{L}[h(t)] = \frac{1}{sC}$$

$$H(j\omega) = \mathscr{F}[h(t)] = \frac{1}{C}\left[\frac{1}{j\omega} + \pi\delta(\omega)\right]$$

如果利用 $H(s)$ 求正弦稳态频响,则有

$$H(j\omega) = H(s)\bigg|_{s=j\omega} = \frac{1}{j\omega C}$$

显然,两种方法求得的结果并不相等。严格讲,这里宜选用二种符号,考虑到 $H(s)$ 在虚轴无极点的情况(稳定系统)更为普遍,在许多文献和著作中对以上二种情况都采用同一符号 $H(j\omega)$ 表示,本书遵从这一习惯。然而,在求解电路响应时需要针对具体问题考虑 $H(j\omega)$ 的确切含义。

下面的例子研究利用 $H(j\omega) = \mathscr{F}[h(t)]$ 求系统对非周期信号的响应。

例 5 – 2 图 5 – 2(a)所示 RC 低通网络,在输入端 1 – 1′ 加入矩形脉冲 $v_1(t)$ 如图 5 – 2(b)所示,利用傅里叶分析方法求 2 – 2′ 端电压 $v_2(t)$。

解

利用 $H(s)$ 或从 $h(t)$ 容易求得

$$H(j\omega) = \frac{\dfrac{1}{RC}}{j\omega + \dfrac{1}{RC}}$$

引用符号 $\alpha = \dfrac{1}{RC}$ 得到

$$H(j\omega) = \frac{\alpha}{\alpha + j\omega}$$

激励信号 $v_1(t)$ 的傅里叶变换式为

$$V_1(j\omega) = \frac{E}{j\omega}(1 - \mathrm{e}^{-j\omega\tau}) = E\tau\frac{\sin\left(\dfrac{\omega\tau}{2}\right)}{\left(\dfrac{\omega\tau}{2}\right)}\mathrm{e}^{-j\frac{\omega\tau}{2}} \qquad (5-3)$$

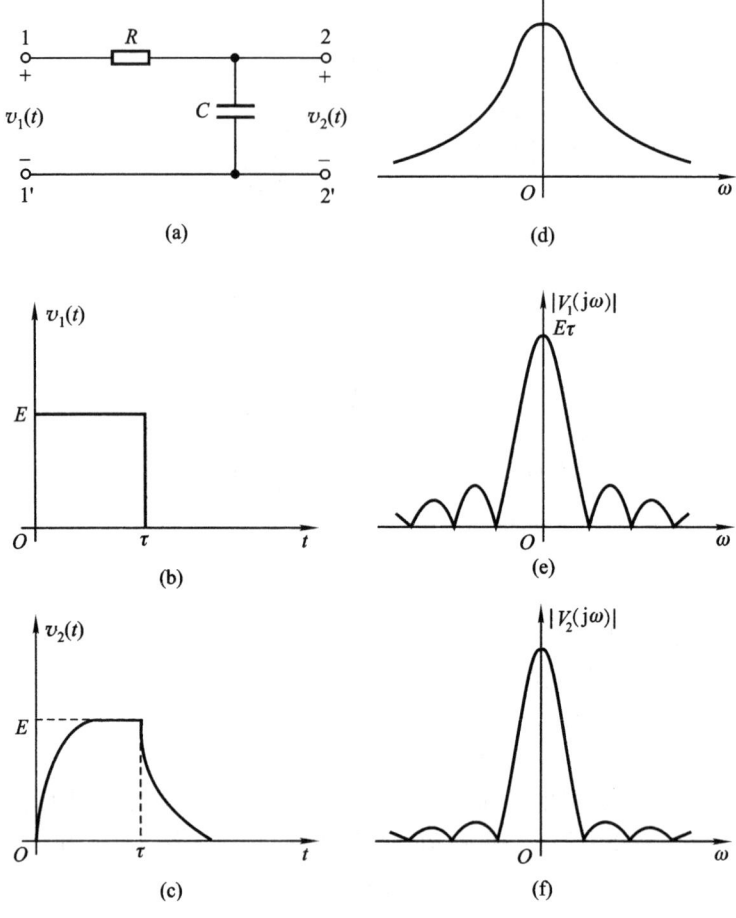

图 5-2 矩形脉冲通过 RC 低通网络

引用式(5-2)求得响应 $v_2(t)$ 的傅里叶变换

$$V_2(j\omega) = H(j\omega)V_1(j\omega)$$

$$= \frac{\alpha}{\alpha + j\omega} \left[\frac{E\tau \sin\left(\frac{\omega\tau}{2}\right)}{\frac{\omega\tau}{2}} \right] e^{-j\frac{\omega\tau}{2}}$$

$$= |V_2(j\omega)| e^{j\varphi_2(\omega)}$$

其中

$$|V_2(j\omega)| = \frac{2\alpha E \left|\sin\left(\frac{\omega\tau}{2}\right)\right|}{\omega\sqrt{\alpha^2 + \omega^2}} \tag{5-4}$$

$$\varphi_2(\omega) = \begin{cases} -\left[\dfrac{\omega\tau}{2} + \arctan\left(\dfrac{\omega}{\alpha}\right)\right] & \left[\dfrac{4n\pi}{\tau} < |\omega| < \dfrac{2(2n+1)\pi}{\tau}\right] \\ -\left[\dfrac{\omega\tau}{2} + \arctan\left(\dfrac{\omega}{\alpha}\right)\right] \mp \pi & \left[\dfrac{2(2n+1)\pi}{\tau} < |\omega| < \dfrac{2(2n+2)\pi}{\tau}\right] \end{cases}$$

$$(n = 0, +1, +2, \cdots) \quad (5-5)$$

利用式(5-4)与式(5-5)可以分别描绘响应的幅度谱与相位谱。

为便于进行逆变换以求得 $v_2(t)$ 波形,把 $V_2(\mathrm{j}\omega)$ 表示式写作

$$\begin{aligned} V_2(\mathrm{j}\omega) &= \frac{\alpha}{\alpha + \mathrm{j}\omega} \cdot \frac{E}{\mathrm{j}\omega}(1 - \mathrm{e}^{-\mathrm{j}\omega\tau}) \\ &= E\left(\frac{1}{\mathrm{j}\omega} - \frac{1}{\alpha + \mathrm{j}\omega}\right)(1 - \mathrm{e}^{-\mathrm{j}\omega\tau}) \\ &= \frac{E}{\mathrm{j}\omega}(1 - \mathrm{e}^{-\mathrm{j}\omega\tau}) - \frac{E}{\alpha + \mathrm{j}\omega}(1 - \mathrm{e}^{-\mathrm{j}\omega\tau}) \end{aligned} \quad (5-6)$$

于是有

$$\begin{aligned} v_2(t) &= E[u(t) - u(t-\tau)] - E[\mathrm{e}^{-\alpha t}u(t) - \mathrm{e}^{-\alpha(t-\tau)}u(t-\tau)] \\ &= E(1 - \mathrm{e}^{-\alpha t})u(t) - E[1 - \mathrm{e}^{-\alpha(t-\tau)}]u(t-\tau) \end{aligned} \quad (5-7)$$

$v_2(t)$ 的波形如图 5-2(c)所示。图 5-2(d),(e),(f)则分别绘出了上述各傅里叶变换式的幅频特性曲线 $|H(\mathrm{j}\omega)|$, $|V_1(\mathrm{j}\omega)|$, $|V_2(\mathrm{j}\omega)|$。由图可见,输入信号频谱的高频分量比起低频分量受到较严重的衰减。输出信号的频谱密度函数为 $H(\mathrm{j}\omega)$ 与 $V_1(\mathrm{j}\omega)$ 的乘积,于是幅度谱为 $|V_2(\mathrm{j}\omega)| = |H(\mathrm{j}\omega)V_1(\mathrm{j}\omega)|$,即式(5-4)。显然,输出信号的波形与输入相比产生了失真,这表现在输出波形上升和下降特性上。输入信号在 $t=0$ 时刻急剧上升,在 $t=\tau$ 时刻急剧下降,这种急速变化意味着有很高的频率分量。由于网络不允许高频分量通过,输出电压不能迅速变化,于是不再表现为矩形脉冲,而是以指数规律逐渐上升和下降。如果减小滤波器的 RC 时间常数,则此低通带宽增加,允许更多的高频分量通过,响应波形的上升、下降时间就要缩短。当然,系统函数相位特性也要影响到响应波形的变化,但在本例中,主要是幅频特性的影响,这里暂不讨论相位特性,有关相位特性的说明将在 5.3 节专门研究。

从以上分析可以看出,利用傅里叶变换形式的系统函数 $H(\mathrm{j}\omega)$ 从频谱改变的观点解释了激励与响应波形的差异,物理概念比较清楚,但求解过程不如拉普拉斯变换方法简便。傅里叶分析求逆变换的过程比较烦琐,此外,在正变换式中可能包含 $\delta(\omega)$ 项,在运算过程中增加麻烦。因此,在求解一般非周期信号作用于具体电路的响应时,用 $H(s)$ 更方便,很少利用 $H(\mathrm{j}\omega)$。引出 $H(\mathrm{j}\omega)$ 的重要意义在于研究信号传输的基本特性、建立滤波器的基本概念并理解频响特性的物理意义,以下两节研究这方面的问题。这些理论内容在信号传输和滤波器设计等实际问题中具有十分重要的指导意义。

5.3 无失真传输

一般情况下,系统的响应波形与激励波形不相同,信号在传输过程中将产生失真。

线性系统引起的信号失真由两方面因素造成,一是系统对信号中各频率分量幅度产生不同程度的衰减,使响应各频率分量的相对幅度产生变化,引起幅度失真,这正如前节指出。另一是系统对各频率分量产生的相移不与频率成正比,使响应的各频率分量在时间轴上的相对位置产生变化,引起相位失真,这方面的问题前面未作研究,本节将结合实例讨论。

必须指出,线性系统的幅度失真与相位失真都不产生新的频率分量。而对于非线性系统则由于其非线性特性对于所传输信号产生非线性失真,非线性失真可能产生新的频率分量。现在只研究有关线性系统的幅度失真和相位失真问题。

在实际应用中,有时需要有意识地利用系统进行波形变换,这时必然产生失真。然而在某些情况下,则希望传输过程中使信号失真最小。现在研究无失真传输的条件。

所谓无失真是指响应信号与激励信号相比,只是大小与出现的时间不同,而无波形上的变化。设激励信号为 $e(t)$,响应信号为 $r(t)$,无失真传输的条件是

$$r(t) = Ke(t - t_0) \tag{5-8}$$

式中 K 是一常数,t_0 为滞后时间。满足此条件时,$r(t)$ 波形是 $e(t)$ 波形经 t_0 时间的滞后,虽然,幅度方面有系数 K 倍的变化,但波形形状不变,举例示意于图 5-3。

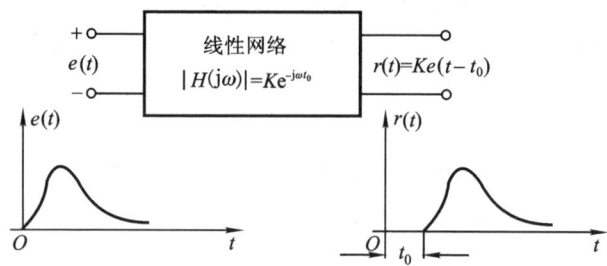

图 5-3 线性网络的无失真传输

下面讨论为满足式(5-8),实现无失真传输,对系统函数 $H(j\omega)$ 应提出怎样的要求?

设 $r(t)$ 与 $e(t)$ 的傅里叶变换式分别为 $R(j\omega)$ 与 $E(j\omega)$。借助傅里叶变换的延时定理,从式(5-8)可以写出

$$R(j\omega) = KE(j\omega)e^{-j\omega t_0} \tag{5-9}$$

此外还有

$$R(j\omega) = H(j\omega)E(j\omega)$$

所以,为满足无失真传输应有

$$H(j\omega) = Ke^{-j\omega t_0} \tag{5-10}$$

式(5-10)就是对于系统的频率响应特性提出的无失真传输条件。欲使信号在通过线性系统时不产生任何失真,必须在信号的全部频带内,要求系统频率响应的幅度特性是一常数,相位特性是一通过原点的直线。如图 5-4 所示,图中幅度特性的常数为 K,相位特性的斜率为 $-t_0$。

式(5-10)或图 5-4 的要求可以从物理概念上得到直观的解释。由于系统函数的幅度 $|H(j\omega)|$ 为常数 K,响应中各频率分量幅度的相对大小将与激励信号的情况一样,因而没有幅度失真。要保证没有相位失真,必须使响应中各频率分量与激励中各对应分量滞后同样的时间,这一要求反映到相位特性是一条通过原点的直线。下面举例说明。

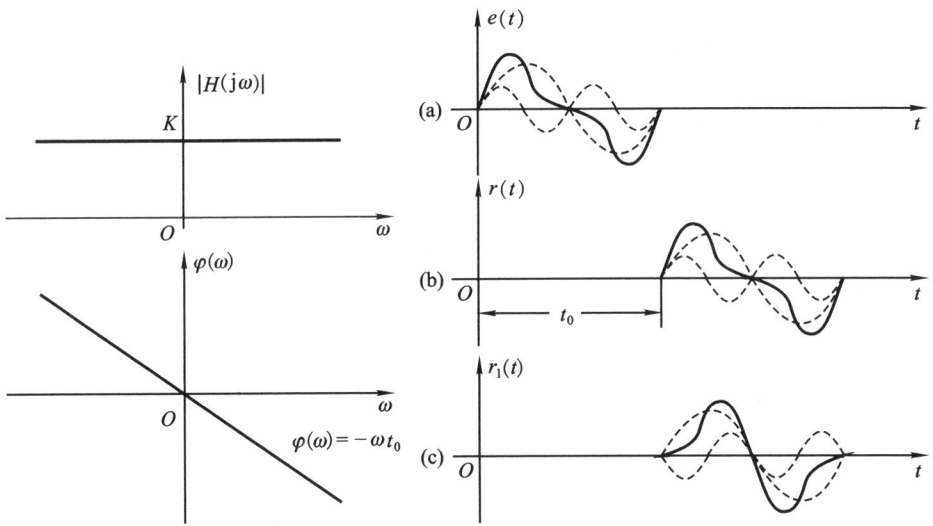

图 5-4 无失真传输系统的幅度和相位特性

图 5-5 无失真传输与有相位失真传输波形比较

设激励信号 $e(t)$ 波形如图 5-5(a)所示。它由基波与二次谐波两个频率分量组成,表示式为

$$e(t) = E_1 \sin(\omega_1 t) + E_2 \sin(2\omega_1 t) \tag{5-11}$$

响应 $r(t)$ 的表示式为

$$\begin{aligned} r(t) &= KE_1 \sin(\omega_1 t - \varphi_1) + KE_2 \sin(2\omega_1 t - \varphi_2) \\ &= KE_1 \sin\left[\omega_1\left(t - \frac{\varphi_1}{\omega_1}\right)\right] + KE_2 \sin\left[2\omega_1\left(t - \frac{\varphi_2}{2\omega_1}\right)\right] \end{aligned} \tag{5-12}$$

为了使基波与二次谐波得到相同的延迟时间,以保证不产生相位失真,应有

$$\frac{\varphi_1}{\omega_1} = \frac{\varphi_2}{2\omega_1} = t_0 = 常数 \tag{5-13}$$

因此,各谐波分量的相移须满足以下关系

$$\frac{\varphi_1}{\varphi_2} = \frac{\omega_1}{2\omega_1} \tag{5-14}$$

这个关系很容易推广到其他高次谐波频率,于是,可以得出结论:为使信号传输时不产生相位失真,信号通过线性系统时谐波的相移必须与其频率成正比,也即系统的相位特性应该是一条经过原点的直线,写作

$$\varphi(\omega) = -\omega t_0 \tag{5-15}$$

这正是式(5-10)与图5-4所得到的结果。显然,信号通过系统的延迟时间 t_0 即为相位特性的斜率

$$\frac{\mathrm{d}\varphi(\omega)}{\mathrm{d}\omega} = -t_0 \tag{5-16}$$

在图5-5(b)中画出了无失真传输的 $r(t)$ 波形。而图5-5(c)则是相位失真的情况,可以看到, $r_1(t)$ 与 $e(t)$ 或者 $r(t)$ 的波形是不一样的。

对于传输系统相移特性的另一种描述方法是以"群时延"(或称群延时)特性来表示。群时延 τ 的定义为

$$\tau = -\frac{\mathrm{d}\varphi(\omega)}{\mathrm{d}\omega} \tag{5-17}$$

也即,群时延定义为系统相频特性对频率的导数并取负号。在满足信号传输不产生相位失真的条件下,其群时延特性应为常数。

对于实际的传输系统 $\frac{\mathrm{d}\varphi(\omega)}{\mathrm{d}\omega}$ 为负值,因而 τ 为正值,通常为简化表达与计算,在一些文献或著作中也定义 $\tau = \left|\frac{\mathrm{d}\varphi(\omega)}{\mathrm{d}\omega}\right|$,这时 τ 取正值。通常利用 $\Delta\varphi(\omega)$ 与 $\Delta\omega$ 之比(当 $\Delta\omega$ 足够小)近似计算或测量 τ 值。与直接用 $\varphi(\omega)$ 描述相位特性相比较,用群时延间接表达相位特性的好处是便于实际测量,而且有助于理解调幅波传输过程的波形变化,在5.8节将结合调幅波通过带通滤波器的失真特性说明引出群时延的意义。

式(5-10)说明了为满足无失真传输对于系统函数 $H(j\omega)$ 的要求,这是就频域方面提出的。如果用时域特性表示,即对式(5-8)作傅里叶逆变换,可以写出系统的冲激响应

$$h(t) = K\delta(t - t_0) \tag{5-18}$$

此结果表明:当信号通过线性系统时,为了不产生失真,冲激响应也应该是冲激函数,而时间延后 t_0 。这和本节一开始提出的直觉想法完全一致。

在实际应用中,与无失真传输这一要求相反的另一种情况是有意识地利用系

统引起失真来形成某种特定波形,这时,系统传输函数 $H(j\omega)$ 则应根据所需具体要求来设计。现在说明利用冲激信号作用于系统产生某种特定波形的方法。当希望得到 $r(t)$ 波形时,若已知 $r(t)$ 的频谱为 $R(j\omega)$,那么,使系统函数满足

$$H(j\omega) = R(j\omega) \tag{5-19}$$

于是,在系统输入端加入激励函数为冲激信号

$$e(t) = \delta(t)$$

输出端就得到响应 $H(j\omega)$ 也即 $R(j\omega)$,它的逆变换就是所需的 $r(t)$。

例如,当需要产生底宽为 τ 的升余弦脉冲时(见图 5-6)。它的表示式为

$$r(t) = \begin{cases} \dfrac{E}{2}\left[1 + \cos\left(\dfrac{2\pi}{\tau}t\right)\right] & \left(-\dfrac{\tau}{2} < t < \dfrac{\tau}{2}\right) \\ 0 & (t\text{ 为其他值}) \end{cases} \tag{5-20}$$

频谱函数的表示式为

$$R(j\omega) = \frac{E\tau}{2} \cdot \frac{\sin\left(\dfrac{\omega\tau}{2}\right)}{\dfrac{\omega\tau}{2}} \cdot \frac{1}{1 - \left(\dfrac{\omega\tau}{2\pi}\right)^2} \tag{5-21}$$

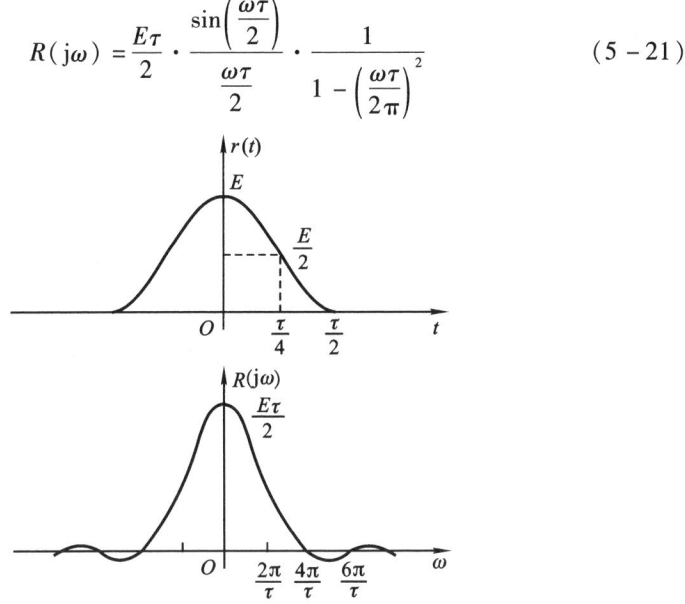

图 5-6 升余弦信号波形和频谱

频谱特性曲线示于图 5-6。

如果使系统函数 $H(j\omega)$ 等于升余弦信号的频谱函数

$$H(j\omega) = R(j\omega) = \frac{E\tau}{2} \cdot \frac{\sin\left(\dfrac{\omega\tau}{2}\right)}{\dfrac{\omega\tau}{2}} \cdot \frac{1}{1 - \left(\dfrac{\omega\tau}{2\pi}\right)^2} \tag{5-22}$$

于是,在冲激信号 $\delta(t)$ 的作用下,系统响应即为升余弦脉冲。在实际应用中,

δ(t)函数波形无法实现,只要脉冲足够窄,所得到输出信号基本上可近似为升余弦函数。此外,实际实现的 $H(j\omega)$ 还应包含一定的相移 $\varphi(\omega)$,这意味着波形 $r(t)$ 在时间上滞后。

图 5-7 示意画出用上述方法产生升余弦脉冲的方框图。

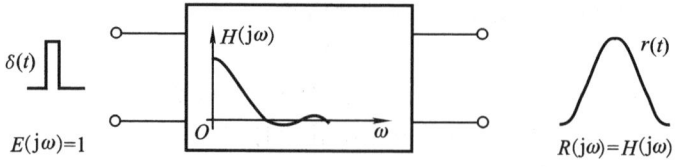

图 5-7 利用系统的冲激响应产生升余弦脉冲

5.4 理想低通滤波器

(一) 理想低通的频域特性和冲激响应

我们曾对信号特性理想化,并已经熟悉了诸如冲激函数、阶跃函数这样的理想模型。这些模型的引入带来许多方便,使我们对一些物理现象的理解进一步深化。

在研究系统特性时同样需要建立一些理想化的系统模型。所谓"理想滤波器"就是将滤波网络的某些特性理想化而定义的滤波网络。理想滤波器可按不同的实际需要从不同角度给予定义。最常用到的是具有矩形幅度特性和线性相移特性的理想低通滤波器。这种低通滤波器将低于某一频率 ω_c 的所有信号予以传送,而无任何失真,将频率高于 ω_c 的信号完全衰减[图 5-8(a)],ω_c 称为截止频率。相移特性是通过原点的直线,也满足无失真传输的要求

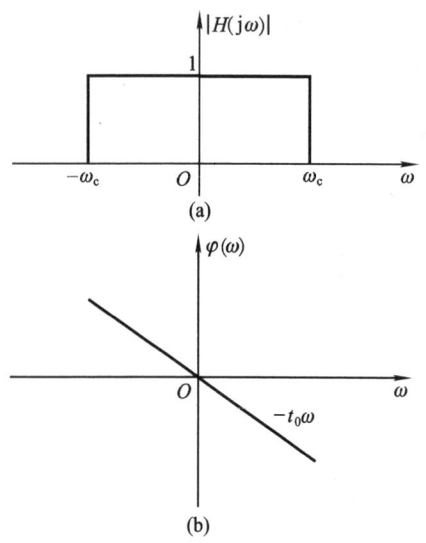

图 5-8 理想低通滤波器特性

[图 5-8(b)]。网络函数的表示式写作

$$H(j\omega) = |H(j\omega)| e^{j\varphi(\omega)} \quad (5-23)$$

其中

$$|H(j\omega)| = \begin{cases} 1 & (-\omega_c < \omega < \omega_c) \\ 0 & (\omega \text{ 为其他值}) \end{cases}$$

$$\varphi(\omega) = -t_0 \omega$$

对 $H(\mathrm{j}\omega)$ 进行傅里叶逆变换,不难求得网络的冲激响应

$$h(t) = \mathscr{F}^{-1}[H(\mathrm{j}\omega)] = \frac{1}{2\pi}\int_{-\infty}^{\infty} H(\mathrm{j}\omega)\mathrm{e}^{\mathrm{j}\omega t}\mathrm{d}\omega$$

$$= \frac{1}{2\pi}\int_{-\omega_c}^{+\omega_c} \mathrm{e}^{-\mathrm{j}\omega t_0}\mathrm{e}^{\mathrm{j}\omega t}\mathrm{d}\omega = \frac{1}{2\pi}\left.\frac{\mathrm{e}^{\mathrm{j}\omega(t-t_0)}}{\mathrm{j}(t-t_0)}\right|_{-\omega_c}^{\omega_c}$$

$$= \frac{\omega_c}{\pi}\frac{\sin[\omega_c(t-t_0)]}{\omega_c(t-t_0)} \qquad (5-24)$$

波形如图 5-9 所示。这是一个峰值位于 t_0 时刻的 Sa 函数,或写作 $\dfrac{\omega_c}{\pi} \times$ Sa$[\omega_c(t-t_0)]$。

这里,自然会提出这样的问题:按照冲激响应的定义,激励信号 $\delta(t)$ 在 $t=0$ 时刻加入,然而,响应在 t 为负值时却已经出现,为什么网络可以预测激励函数?似乎它有着"未卜先知"的本领。这个问题的解答是:实际上不可能构成具有这种理想特性的网络。尽管在研究网络问题时理想低通滤波器是十分需要的,但是在实际电路中却不能实现。

然而,有关理想滤波器的研究并不因其无法实现而失去价值,实际滤波器的分析与设计往往需要理想滤波器的理论做指导。

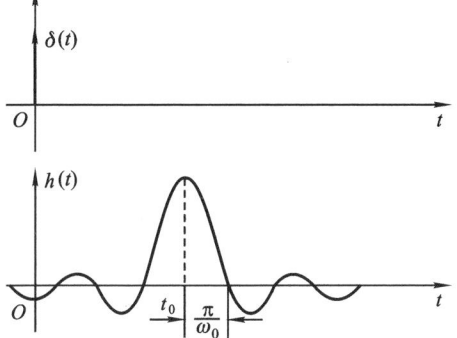

图 5-9 理想低通滤波器的冲激响应

滤波器在物理上可实现与不可实现的条件将在 5.5 节讨论。

(二) 理想低通的阶跃响应

在图 5-2 中已经看到,如果具有跃变不连续点的信号通过低通滤波器传输,则不连续点在输出将被圆滑,产生渐变。这是由于信号随时间的急剧改变意味着包含许多高频分量,而较平坦的信号则主要包含低频分量,低通滤波器滤除了一些高频分量。阶跃信号作用于理想低通滤波器时,同样在输出端要呈现逐渐上升的波形,不再像输入信号那样急剧上升。响应的上升时间取决于滤波器的截止频率。下面将要证明:上升时间和滤波器截止频率成反比。截止频率越低,在输出端信号上升越缓慢。

已知理想低通滤波器的网络函数为

$$H(\mathrm{j}\omega) = \begin{cases} \mathrm{e}^{-\mathrm{j}\omega t_0} & (-\omega_c < \omega < \omega_c) \\ 0 & (\omega\text{ 为其他值}) \end{cases} \qquad (5-25)$$

阶跃信号的傅里叶变换

$$E(j\omega) = \mathscr{F}[u(t)] = \pi\delta(\omega) + \frac{1}{j\omega} \tag{5-26}$$

于是

$$R(j\omega) = H(j\omega)E(j\omega) = \left[\pi\delta(\omega) + \frac{1}{j\omega}\right]e^{-j\omega t_0} \quad (-\omega_c < \omega < \omega_c) \tag{5-27}$$

现在,可以利用卷积或直接取逆变换的方法求得阶跃响应,按逆变换定义写出

$$\begin{aligned}r(t) &= \mathscr{F}^{-1}[R(j\omega)] \\ &= \frac{1}{2\pi}\int_{-\omega_c}^{\omega_c}\left[\pi\delta(\omega) + \frac{1}{j\omega}\right]e^{-j\omega t_0}e^{j\omega t}d\omega \\ &= \frac{1}{2} + \frac{1}{2\pi}\int_{-\omega_c}^{\omega_c}\frac{e^{j\omega(t-t_0)}}{j\omega}d\omega \\ &= \frac{1}{2} + \frac{1}{2\pi}\int_{-\omega_c}^{\omega_c}\frac{\cos[\omega(t-t_0)]}{j\omega}d\omega + \frac{1}{2\pi}\int_{-\omega_c}^{\omega_c}\frac{\sin[\omega(t-t_0)]}{\omega}d\omega \end{aligned} \tag{5-28}$$

注意到式(5-28)中,前边一项积分的被积函数 $\dfrac{\cos[\omega(t-t_0)]}{\omega}$ 是 ω 的奇函数,所以积分为零,后边一项积分的被积函数是 ω 的偶函数,因而有

$$r(t) = \frac{1}{2} + \frac{1}{\pi}\int_0^{\omega_c}\frac{\sin[\omega(t-t_0)]}{\omega}d\omega = \frac{1}{2} + \frac{1}{\pi}\int_0^{\omega_c(t-t_0)}\frac{\sin x}{x}dx \tag{5-29}$$

这里,引用了符号 x 置换被积分变量

$$x = \omega(t-t_0) \tag{5-30}$$

而函数 $\dfrac{\sin x}{x}$ 的积分称为"正弦积分",在一些数学书中已制成标准表格或曲线,以符号 $\mathrm{Si}(y)$ 表示

$$\mathrm{Si}(y) = \int_0^y \frac{\sin x}{x}dx \tag{5-31}$$

函数 $\dfrac{\sin x}{x}$ 与 $\mathrm{Si}(y)$ 曲线同时画于图 5-10。可以看到 $\mathrm{Si}(y)$ 是 y 的奇函数,随着 y 值增加,$\mathrm{Si}(y)$ 从 0 增长,以后围绕 $\dfrac{\pi}{2}$ 起伏,起伏逐渐衰减而趋于 $\dfrac{\pi}{2}$,各极值点与 $\dfrac{\sin x}{x}$ 函数的零点对应,例如 $\mathrm{Si}(y)$ 第一个峰点就在 $y=\pi$ 处出现。

引用以上有关的数学结论,响应 $r(t)$ 写作

$$r(t) = \frac{1}{2} + \frac{1}{\pi}\mathrm{Si}[\omega_c(t-t_0)] \tag{5-32}$$

把单位阶跃激励 $u(t)$ 及其响应 $r(t)$ 分别示于图 5-11(a)和(b)。由图可见,理想低通滤波器的截止频率 ω_c 越低,输出 $r(t)$ 上升越缓慢。如果定义输出由最小值到最大值所需时间为上升时间 t_r,则由图 5-11 可以得到

$$t_r = 2\cdot\frac{\pi}{\omega_c} = \frac{1}{B} \tag{5-33}$$

5.4 理想低通滤波器

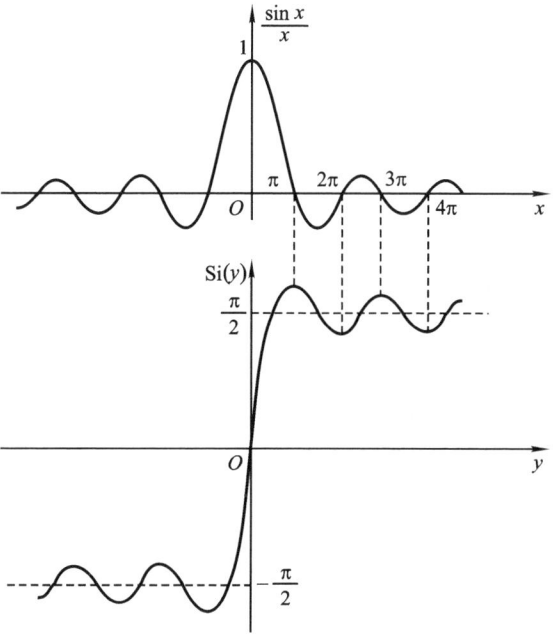

图 5-10 $\dfrac{\sin x}{x}$ 函数与 $\mathrm{Si}(y)$ 函数

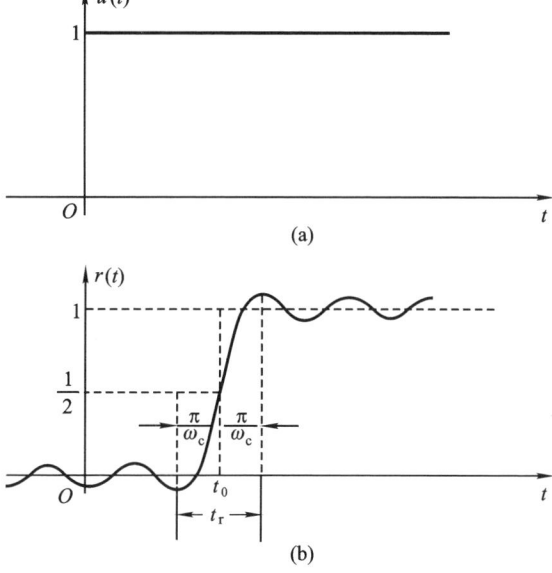

图 5-11 理想低通滤波器的阶跃响应

这里,$B = \dfrac{\omega_c}{2\pi}$,是将角频率折合为频率的滤波器带宽(截止频率)。于是得到重要的结论:阶跃响应的上升时间与系统的截止频率(带宽)成反比。

此结论对各种实际的滤波器同样具有指导意义。例如,一个一阶 RC 低通滤波器的阶跃响应应为指数上升波形,上升时间与 RC 时间常数成正比,但从频域特性来看,此低通滤波器的带宽却与 RC 乘积值成反比,这里,阶跃响应上升时间与带宽成反比的现象和理想低通滤波器的分析是一致的。

一般讲,滤波器阶跃响应上升时间与带宽不能同时减小,对不同的滤波器二者之乘积取不同的常数值,而且此常数值具有下限,这将由著名的"测不准原理"所决定,将在第六章 6.10 节研究这一问题。

(三)理想低通对矩形脉冲的响应

利用上述结果,很容易求得理想低通滤波器对于矩形脉冲的响应。设激励信号——矩形脉冲的表示式为

$$e_1(t) = u(t) - u(t - \tau) \tag{5-34}$$

波形见图 5-12(a)。应用叠加定理,借助式(5-32)可求得网络对 $e_1(t)$ 的响应 $r_1(t)$

$$r_1(t) = \dfrac{1}{\pi}\{\operatorname{Si}[\omega_c(t-t_0)] - \operatorname{Si}[\omega_c(t-t_0-\tau)]\} \tag{5-35}$$

此响应的波形示于图 5-12(b)。必须注意,这里画出的是 $\dfrac{2\pi}{\omega_c} \ll \tau$ 的情形。如果 $\dfrac{2\pi}{\omega_c}$ 与 τ 接近或大于 τ,$r_1(t)$ 波形失真将更加严重,有些像正弦波。这意味着,矩

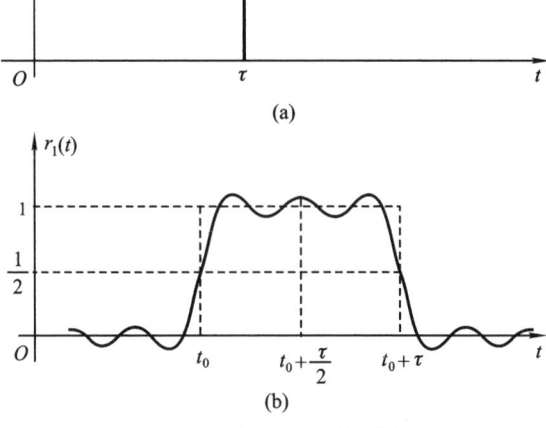

图 5-12 矩形脉冲通过理想低通滤波器

形脉冲经理想低通传输时,必须使脉宽 τ 与滤波器的截止频率相适应 $\left(\tau \gg \dfrac{2\pi}{\omega_c}\right)$,才能得到大体上为矩形的响应脉冲,如果 τ 过窄(或 ω_c 过小)则响应波形上升与下降时间连在一起,完全丢失了激励信号的脉冲形象。

借助理想低通滤波器阶跃响应的有关结论,可以解释吉布斯现象。在第三章 3.2 节曾讲到,周期信号波形经傅里叶级数分解以后,取有限项级数相加可以逼近原信号,所谓吉布斯现象是指,对于具有不连续点(跳变点)的波形,所取级数项数越多,近似波形的方均误差虽可减少,但在跳变点处的峰起(上冲)值不能减小,此峰起随项数增多向跳变点靠近,而峰起值趋近于跳变值的 9%。

参看图 5-10 不难发现类似的现象。经计算 $Si(y)$ 的第一个峰起值,可以知道在 $y=\pi$ 点,$Si(\pi)=1.851\,4$,代入式(5-32)可求得相应的阶跃响应峰值

$$r(t)\bigg|_{\max}=\dfrac{1}{2}+\dfrac{1.851\,4}{\pi}\approx 1.089\,5 \qquad (5-36)$$

也即,第一个峰起上冲约为跳变值的 8.95%,近似为 9%。如果增大理想低通滤波器的带宽 ω_c,能够使阶跃响应的上升时间减小,但却不能改变 9% 上冲的强度。

显然,理想低通对于矩形脉冲的响应同样会出现此现象。图 5-13 中图(a)所示矩形脉冲的傅里叶变换如图(b)所示,将此信号通过频域特性如图(d)所示

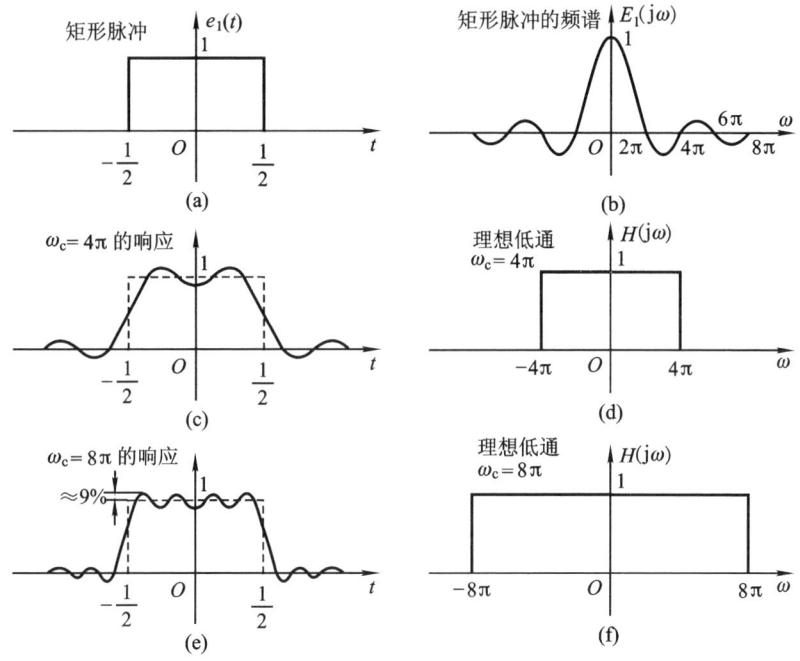

图 5-13 具有不同 ω_c 的理想低通对矩形脉冲的响应

的理想低通,其响应波形示于图(c),当加大此低通网络的带宽 ω_c 如图(f)时,允许激励信号的更多高频成分通过网络,于是,响应波形改善,见图(e),但在跳变点的上冲逼近9%。

对于周期性矩形脉冲,其频谱分布虽变成离散型,但是,仍可利用上述原理解释吉布斯现象。

当把图 5-13 中图(a)的矩形脉冲接到理想低通滤波器时,从频域角度观察,相当于利用图(d)的矩形频率特性为图(b)的频谱"开窗",在矩形"窗口"内只看到图(b)的一部分频率分量,这时,可以把图(d)所示的频率函数称为"窗函数"。利用矩形窗函数滤取信号频谱时,在时域的不连续点要出现上冲。理论研究表明,改用其他形式的"窗函数"有可能消除上冲,例如选用升余弦类型的窗函数。在5.8节还要介绍这方面的问题。

5.5 系统的物理可实现性、佩利-维纳准则

前文已述,理想低通滤波器在物理上是不可实现的,然而,传输特性接近理想特性的网络却不难构成。下面举一实例。

一个简单的低通滤波器电路如图 5-14 所示。设元件参数间满足 $R = \sqrt{\dfrac{L}{C}}$。网络转移函数为

$$H(j\omega) = \frac{V_2(j\omega)}{V_1(j\omega)}$$

$$= \frac{\dfrac{1}{\dfrac{1}{R} + j\omega C}}{j\omega L + \dfrac{1}{\dfrac{1}{R} + j\omega C}}$$

$$= \frac{1}{1 - \omega^2 LC + j\omega \dfrac{L}{R}} \quad (5-37)$$

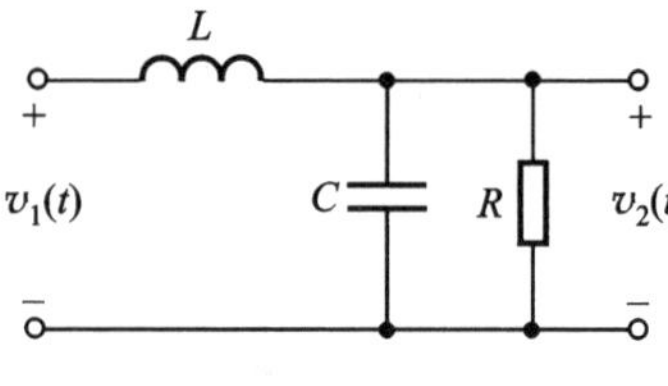

图 5-14 一个低通滤波网络 $\left(R = \sqrt{\dfrac{L}{C}}\right)$

注意到 $R = \sqrt{\dfrac{L}{C}}$,并引入符号 $\omega_c = \dfrac{1}{\sqrt{LC}}$,于是式(5-37)改写作

$$H(j\omega) = \frac{1}{1 - \left(\dfrac{\omega}{\omega_c}\right)^2 + j\dfrac{\omega}{\omega_c}} = |H(j\omega)| e^{j\varphi(\omega)} \quad (5-38)$$

其中

$$|H(j\omega)| = \frac{1}{\sqrt{\left[1-\left(\frac{\omega}{\omega_c}\right)^2\right]^2 + \left(\frac{\omega}{\omega_c}\right)^2}}$$

$$\varphi(\omega) = -\arctan\left[\frac{\frac{\omega}{\omega_c}}{1-\left(\frac{\omega}{\omega_c}\right)^2}\right]$$

画出幅度特性与相移特性如图 5-15 所示。

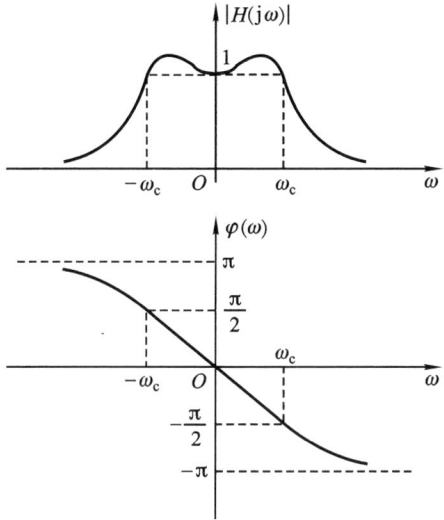

图 5-15　图 5-14 电路的幅度特性与相移特性

为便于求得 $H(j\omega)$ 之逆变换,把式(5-38)写成以下形式

$$H(j\omega) = \frac{2\omega_c}{\sqrt{3}} \cdot \frac{\frac{\sqrt{3}}{2}\omega_c}{\left(\frac{\omega_c}{2}+j\omega\right)^2 + \left(\frac{\sqrt{3}}{2}\omega_c\right)^2} \tag{5-39}$$

由此求得冲激响应

$$h(t) = \mathscr{F}^{-1}[H(j\omega)] = \frac{2\omega_c}{\sqrt{3}} e^{-\frac{\omega_c t}{2}} \sin\left(\frac{\sqrt{3}}{2}\omega_c t\right) \tag{5-40}$$

画出波形如图 5-16 所示。

现在,可以看到图 5-14 所示电路的幅度特性、相移特性与理想低通滤波器有些相似,冲激响应也有相近之处,然而,区别仍很明显,在这里幅度特性不可能出现零值,冲激响应的起始时刻在 $t=0$ 处。

通过以上比较,读者会提出这样的问题:究竟怎样的系统数学模型可以在物

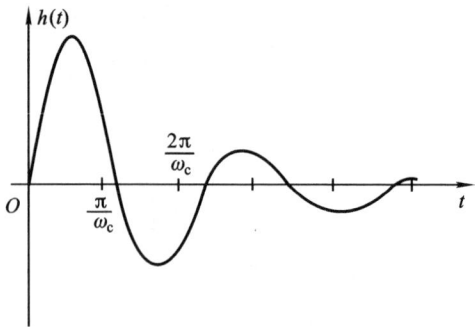

图 5 – 16 图 5 – 14 电路的冲激响应波形

理上实现？怎样的情况又是不可实现的呢？我们希望找到区分可实现特性与不可实现特性的标准。

就时间域特性而言，一个物理可实现网络的冲激响应 $h(t)$ 在 $t<0$ 时必须为零。或者说冲激响应 $h(t)$ 波形的出现必须是有起因的，不能在冲激作用之前就产生响应，有时把这一要求称为"因果条件"。

从频率特性来看，如果 $|H(j\omega)|$ 满足平方可积条件，即

$$\int_{-\infty}^{\infty} |H(j\omega)|^2 d\omega < \infty \tag{5-41}$$

佩利(Paley)和维纳(Wiener)证明了对于幅度函数 $|H(j\omega)|$ 物理可实现的必要条件是

$$\int_{-\infty}^{\infty} \frac{|\ln|H(j\omega)||}{1+\omega^2} d\omega < \infty \tag{5-42}$$

式(5-42)称为佩利-维纳准则。不满足此准则的幅度函数，该网络的冲激响应就是无起因的，即响应先于冲激激励出现。

如果系统函数幅度特性在某一限定的频带内为零，也即 $|H(j\omega)|=0$，这时 $|\ln|H(j\omega)||\to\infty$，于是，式(5-42)的积分不收敛，违反了佩利-维纳准则，系统是非因果的。对于物理可实现系统，可以允许 $|H(j\omega)|$ 特性在某些不连续的频率点上为零，但不允许在一个有限频带内为零。按此原理，理想低通、理想高通、理想带通(习题 5-10)、理想带阻等理想滤波器都是不可实现的。

下面研究具有高斯函数(钟形)幅度特性的网络函数的物理可实现性。这时有

$$|H(j\omega)| = e^{-\omega^2}$$

由第三章 3.5 节可知，频谱为钟形的时间信号也呈钟形，在 $t=-\infty$ 处已开始出现，因而，此系统是非因果性的，可用佩利-维纳准则来检验这一结论。由式(5-42)求出

$$\int_{-\infty}^{\infty} \frac{|\ln|H(j\omega)||}{1+\omega^2} d\omega = \int_{-\infty}^{\infty} \frac{|\ln(e^{-\omega^2})|}{1+\omega^2} d\omega$$
$$= \int_{-\infty}^{\infty} \frac{\omega^2}{1+\omega^2} d\omega = \int_{-\infty}^{\infty} \left(1 - \frac{1}{1+\omega^2}\right) d\omega$$
$$= \lim_{B\to\infty} (\omega - \arctan\omega)\big|_{-B}^{B} = \lim_{B\to\infty} 2(B - \arctan B)$$
$$= 2\left(\lim_{B\to\infty} B - \frac{\pi}{2}\right)$$

显然,此积分不收敛,因而证实了前面作出的结论,幅度特性呈高斯函数的网络是不可实现的。

可以证明,对于有理多项式函数构成的幅度特性,能够满足式(5-42)的条件。这表明,佩利-维纳准则要求可实现的幅度特性其总的衰减不能过于迅速。

总之,佩利-维纳准则既不允许网络特性在一频带内为零,也限制了幅度特性的衰减速度。

佩利-维纳准则只从幅度特性提出要求,而在相位特性方面却没有给出约束。假定,某一 $H(j\omega)$ 相应于一个因果系统,这时,$|H(j\omega)|$ 应满足式(5-42),而冲激响应 $h(t)$ 在 $t>0$ 才可出现。然而,若将此冲激响应波形沿 t 轴向左平移,使它进入 $t<0$ 的时间范围,就构成了一个非因果系统。显然,这里两个系统的幅度特性是相同的,都符合式(5-42)的要求,但相位特性却不相同。因此,可以说,佩利-维纳准则是系统物理可实现的必要条件,而不是充分条件。如果 $|H(j\omega)|$ 已被检验满足此准则,于是,就可找到适当的相位函数 $\varphi(\omega)$ 与 $|H(j\omega)|$ 一起构成一个物理可实现的系统函数。

5.6 利用希尔伯特变换研究系统函数的约束特性

由5.5节的讨论可知,系统可实现性的实质是具有因果性。本节将要证明,由于因果性的限制,系统函数的实部与虚部或模与辐角之间将具备某种相互制约的特性,这种特性以希尔伯特(Hilbert)变换的形式表现出来。

对于因果系统,其冲激响应 $h(t)$ 在 $t<0$ 时等于 0,仅在 $t>0$ 时存在,因此
$$h(t) = h(t)u(t) \tag{5-43}$$

设 $h(t)$ 的傅里叶变换即系统函数 $H(j\omega)$ 可分解为实部 $R(\omega)$ 和虚部 $jX(\omega)$ 之和
$$H(j\omega) = \mathscr{F}[h(t)] = R(\omega) + jX(\omega) \tag{5-44}$$

对式(5-43)运用傅里叶变换的频域卷积定理得到
$$\mathscr{F}[h(t)] = \frac{1}{2\pi}\{\mathscr{F}[h(t)] * \mathscr{F}[u(t)]\} \tag{5-45}$$

于是有

$$R(\omega) + jX(\omega) = \frac{1}{2\pi}\left\{[R(\omega) + jX(\omega)] * \left[\pi\delta(\omega) + \frac{1}{j\omega}\right]\right\}$$

$$= \frac{1}{2\pi}\left\{R(\omega) * \pi\delta(\omega) + X(\omega) * \frac{1}{\omega}\right\} +$$

$$\frac{j}{2\pi}\left\{X(\omega) * \pi\delta(\omega) - R(\omega) * \frac{1}{\omega}\right\}$$

$$= \left\{\frac{R(\omega)}{2} + \frac{1}{2\pi}\int_{-\infty}^{\infty}\frac{X(\lambda)}{\omega - \lambda}d\lambda\right\} + j\left\{\frac{X(\omega)}{2} - \frac{1}{2\pi}\int_{-\infty}^{\infty}\frac{R(\lambda)}{\omega - \lambda}d\lambda\right\}$$

$$(5-46)$$

解得：

$$R(\omega) = \frac{1}{\pi}\int_{-\infty}^{\infty}\frac{X(\lambda)}{\omega - \lambda}d\lambda \tag{5-47}$$

$$X(\omega) = -\frac{1}{\pi}\int_{-\infty}^{\infty}\frac{R(\lambda)}{\omega - \lambda}d\lambda \tag{5-48}$$

式(5-47)与式(5-48)称为希尔伯特变换对。它说明了具有因果性的系统函数 $H(j\omega)$ 的一个重要特性：实部 $R(\omega)$ 被已知的虚部 $X(\omega)$ 惟一地确定,反过来也一样。

从以上推证过程可以看出,傅氏变换实部与虚部构成希尔伯特变换对的特性,不只限于具有因果性的系统函数,对于任意因果函数,其傅氏变换的这种特性都是成立的。也即,若函数 $f(t)$ 满足

$$f(t) = f(t)u(t) \tag{5-49}$$

且 $f(t)$ 的傅里叶变换为

$$F(\omega) = R(\omega) + jX(\omega) \tag{5-50}$$

则 $R(\omega)$ 与 $X(\omega)$ 之间构成希尔伯特变换对[满足式(5-47)与式(5-48)的互换关系]。

例 5-3 已知系统冲激响应 $h(t) = e^{-\alpha t}u(t)$,求系统函数,并验证其实部与虚部之间满足希尔伯特变换关系。

解 容易求得

$$H(j\omega) = \mathscr{F}[e^{-\alpha t}u(t)]$$

$$= \frac{1}{\alpha + j\omega} = \frac{\alpha}{\alpha^2 + \omega^2} - j\frac{\omega}{\alpha^2 + \omega^2}$$

$$= R(\omega) + jX(\omega)$$

其中

$$R(\omega) = \frac{\alpha}{\alpha^2 + \omega^2}$$

$$X(\omega) = -\frac{\omega}{\alpha^2 + \omega^2}$$

引用式(5-47),由 $X(\omega)$ 来求 $R(\omega)$

$$\frac{1}{\pi}\int_{-\infty}^{\infty}\frac{X(\lambda)}{\omega-\lambda}d\lambda = \frac{1}{\pi}\int_{-\infty}^{\infty}\frac{-\lambda}{(\alpha^2+\lambda^2)(\omega-\lambda)}d\lambda$$

$$= \frac{1}{\pi(\alpha^2+\omega^2)}\int_{-\infty}^{\infty}\left(-\frac{\omega\lambda}{\alpha^2+\lambda^2}+\frac{\alpha^2}{\alpha^2+\lambda^2}-\frac{\omega}{\omega-\lambda}\right)d\lambda$$

$$= \frac{1}{\pi(\alpha^2+\omega^2)}\left[-\frac{\omega}{2}\ln(\alpha^2+\lambda^2)+\alpha\arctan\left(\frac{\lambda}{\alpha}\right)-\omega\ln(\omega-\lambda)\right]\Big|_{-\infty}^{\infty}$$

$$= \frac{\alpha}{\alpha^2+\omega^2} = R(\omega)$$

类似地,利用式(5-48)也可由 $R(\omega)$ 来求 $X(\omega)$,这时的积分计算关系为

$$-\frac{1}{\pi}\int_{-\infty}^{\infty}\frac{\alpha}{(\alpha^2+\lambda^2)(\omega-\lambda)}d\lambda = \frac{\omega}{\alpha^2+\omega^2}$$

至此,完成了本例要求的证明。

用类似的方法还可以研究可实现系统函数的模与相位函数之间的约束关系。若 $H(j\omega)$ 的模为 $|H(j\omega)|$,相位以 $\varphi(\omega)$ 表示,则

$$H(j\omega) = |H(j\omega)|e^{j\varphi(\omega)} \qquad (5-51)$$

$$\ln H(j\omega) = \ln|H(j\omega)|+j\varphi(\omega) \qquad (5-52)$$

可以证明,对于最小相移函数,$\ln|H(j\omega)|$ 与 $\varphi(\omega)$ 之间也存在一定的约束关系(构成一个变换对),关于这一问题的研究,详见有关参考书,此处不再论证。这种约束关系表明,对于可实现系统的系统函数,若给定 $\ln|H(j\omega)|$,则 $\varphi(\omega)$ 被惟一地确定,它们构成一个最小相移函数。

本节利用希尔伯特变换论证了可实现系统 $H(j\omega)$ 的实部与虚部相互约束关系。希尔伯特变换作为一种数学工具在通信系统或数字信号处理系统中的应用相当广泛,将在后续课程中看到那些应用实例。

5.7 调制与解调

在通信系统中,信号从发射端传输到接收端,为实现信号的传输,往往需要进行调制和解调。

无线电通信系统是通过空间辐射方式传送信号的,由电磁波理论可以知道,天线尺寸为被辐射信号波长的十分之一或更大些,信号才能有效地被辐射。对于语音信号来说,相应的天线尺寸要在几十公里以上,实际上不可能制造这样的天线。调制过程将信号频谱搬移到任何所需的较高频率范围,这就容易以电磁波形式辐射出去。

从另一方面讲,如果不进行调制而是把被传送的信号直接辐射出去,那么各电台所发出的信号频率就会相同,它们混在一起,收信者将无法选择所要接收的

信号。调制作用的实质是把各种信号的频谱搬移,使它们互不重叠地占据不同的频率范围,也即信号分别托附于不同频率的载波上,接收机就可以分离出所需频率的信号,不致互相干扰。此问题的解决为在一个信道中传输多对通话提供了依据,这就是利用调制原理实现"多路复用"。在简单的通信系统中,每个电台只允许有一对通话者使用,而"多路复用"技术可以用同一部电台将各路信号的频谱分别搬移到不同的频率区段,从而完成在一个信道内传送多路信号的"多路通信"。近代通信系统,无论是有线传输或无线电通信,都广泛采用多路复用技术。

下面应用傅里叶变换的某些性质说明搬移信号频谱的原理。设载波信号为 $\cos(\omega_0 t)$,它的傅里叶变换是

$$\mathscr{F}[\cos(\omega_0 t)] = \pi[\delta(\omega + \omega_0) + \delta(\omega - \omega_0)]$$

若调制信号 $g(t)$ 的频谱为 $G(\omega)$,占据 $-\omega_m$ 至 ω_m 的有限频带,见图5-17(b),将 $g(t)$ 与 $\cos(\omega_0 t)$ 进行时域相乘[图5-17(a)]即可得到已调信号 $f(t)$,根据卷积定理,容易求得已调信号的频谱 $F(\omega)$

$$f(t) = g(t)\cos(\omega_0 t)$$

$$\mathscr{F}[f(t)] = F(\omega) = \frac{1}{2\pi}G(\omega) * [\pi\delta(\omega + \omega_0) + \pi\delta(\omega - \omega_0)]$$

$$= \frac{1}{2}[G(\omega + \omega_0) + G(\omega - \omega_0)] \tag{5-53}$$

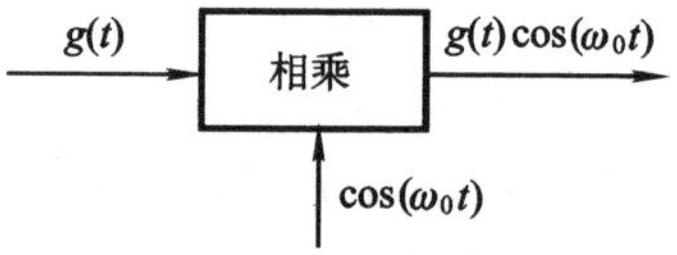

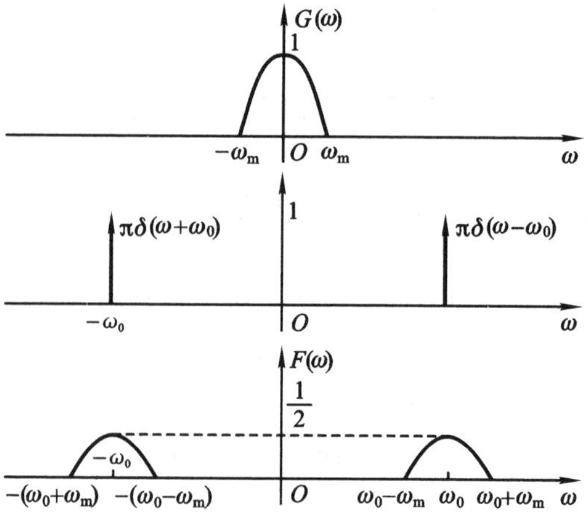

图 5-17 调制原理方框图及其频谱

可见,信号的频谱被搬移到载频 ω_0 附近。在第三章 3.7 节曾利用频移定理得到同样结论。

由已调信号 $f(t)$ 恢复原始信号 $g(t)$ 的过程称为解调。图 5-18(a) 示出实现解调的一种原理方框图,这里,$\cos(\omega_0 t)$ 信号是接收端的本地载波信号,它与发送端的载波同频同相。$f(t)$ 与 $\cos(\omega_0 t)$ 相乘的结果使频谱 $F(\omega)$ 向左、右分别移动 $\pm \omega_0$(并乘以系数 $\frac{1}{2}$),得到如图 5-18(b) 所示的频谱 $G_0(\omega)$,此图形也可从时域的相乘关系得到解释

$$\begin{aligned} g_0(t) &= [g(t)\cos(\omega_0 t)]\cos(\omega_0 t) \\ &= \frac{1}{2}g(t)[1+\cos(2\omega_0 t)] \\ &= \frac{1}{2}g(t) + \frac{1}{2}g(t)\cos(2\omega_0 t) \end{aligned} \quad (5-54)$$

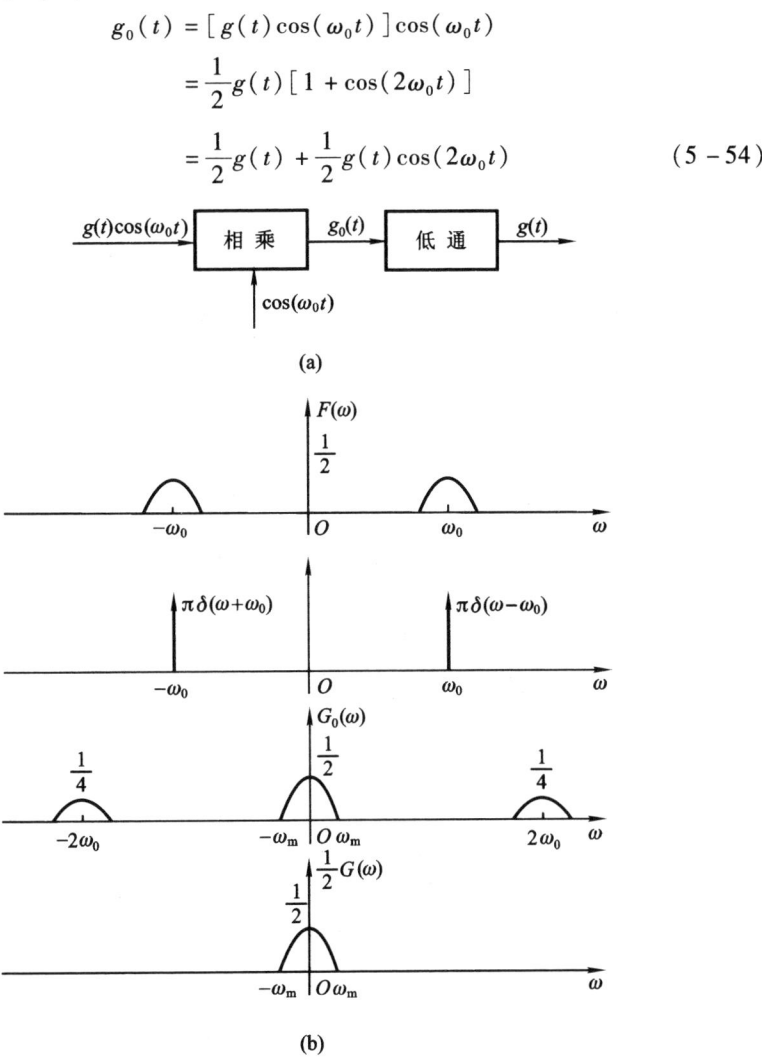

图 5-18 同步解调原理方框图及其频谱

$$\mathscr{F}[g_0(t)] = G_0(\omega) = \frac{1}{2}G(\omega) + \frac{1}{4}[G(\omega+2\omega_0) + G(\omega-2\omega_0)] \quad (5-55)$$

再利用一个低通滤波器(带宽大于 ω_m,小于 $2\omega_0 - \omega_m$),滤除在频率为 $2\omega_0$ 附近的分量,即可取出 $g(t)$,完成解调,详见图 5 – 18(b)。

这种解调器称为乘积解调(或同步解调),需要在接收端产生与发送端频率相同的本地载波,这将使接收机复杂化。为了在接收端省去本地载波,可采用如下方法。在发射信号中加入一定强度的载波信号 $A\cos(\omega_0 t)$,这时,发送端的合成信号为 $[A+g(t)]\cos(\omega_0 t)$,如果 A 足够大,对于全部 t,有 $A+g(t)>0$,于是,已调信号的包络就是 $A+g(t)$(见图 5 – 19)。这时,利用简单的包络检波器(由二极管、电阻、电容组成)即可从图 5 – 19 相应的波形中提取包络,恢复

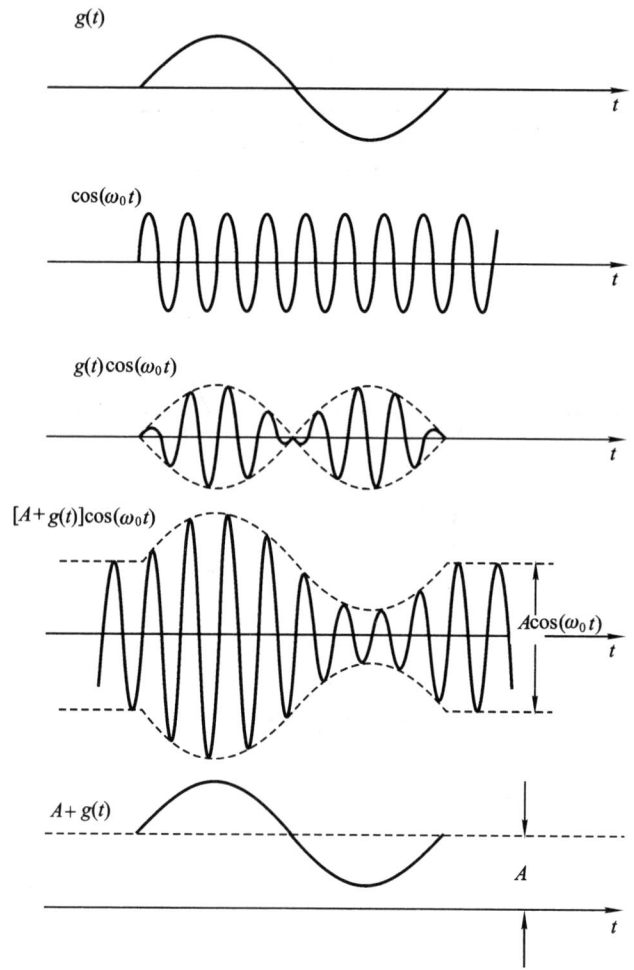

图 5 – 19 调幅、抑制载波调幅及其解调波形

$g(t)$,不需要本地载波。此方法常用于民用通信设备(例如广播接收机),在那里需要降低接收机的成本,但付出的代价是要使用价格昂贵的发射机,因为需提供足够强的信号 $A\cos(\omega_0 t)$ 之附加功率。显然,这是合算的,对于大批接收机只有一个发射机。由图 5-19 波形不难发现,在这种调制方法中,载波的振幅随信号 $g(t)$ 成比例地改变,因而称为"振幅调制"或"调幅"(AM);前述不传送载波的方案则称为"抑制载波振幅调制"(AM-SC)。此外,还有"单边带调制"(SSB)(见习题 5-17)、"残留边带调制"(VSB)等等。

也可以控制载波的频率或相位,使它们随信号 $g(t)$ 成比例地变化,这两种调制方法分别称为"频率调制"或"调频"(FM)与"相位调制"或"调相"(PM)。它们的原理也是使 $g(t)$ 的频谱 $G(\omega)$ 搬移,但搬移以后的频谱不再与原始频谱相似。

调制理论的详细研究将是通信原理课程的主题,而各种调制电路的分析要在高频电路(通信电路)课程中学习。

5.8　带通滤波系统的运用

本节研究两个问题,首先讨论调制信号经带通滤波器传输的性能分析,这是通信系统中经常遇到的实际问题;第二部分研究一个理论问题,这就是用带通滤波构成频率窗函数以改善信号局部特性的分辨率,这是信号处理技术中一些新方法的重要理论基础。

(一) 调幅信号作用于带通系统

为完成调幅信号的传输,往往要遇到调幅信号作用于带通滤波器而求其响应的问题,下面举例说明这种情况下响应信号的特点。

例 5-4　已知带通滤波器转移函数为

$$H(s) = \frac{V_2(s)}{V_1(s)} = \frac{2s}{(s+1)^2 + 100^2}$$

激励信号为 $v_1(t) = (1 + \cos t)\cos(100t)$,求稳态响应 $v_2(t)$。

解

激励信号 $v_1(t)$ 表示式可展开写作

$$v_1(t) = \cos(100t) + \frac{1}{2}\cos(101t) + \frac{1}{2}\cos(99t)$$

显然,可以分别求此三个余弦信号的稳态响应,然后叠加。为此,由 $H(s)$ 写出频响特性

$$H(j\omega) = \frac{2j\omega}{(j\omega + 1)^2 + 100^2}$$

$$\approx \frac{2j\omega}{(j\omega)^2 + 2j\omega + 100^2}$$

$$= \frac{2}{2 + j\frac{(\omega + 100)(\omega - 100)}{\omega}}$$

考虑到所研究的频率范围仅在 $\omega = 100$ 附近，取近似条件 $\omega + 100 \approx 2\omega$，于是有

$$H(j\omega) \approx \frac{1}{1 + j(\omega - 100)}$$

利用此式分别求系统对 $\cos(100t)$，$\frac{1}{2}\cos(101t)$，$\frac{1}{2}\cos(99t)$ 三个信号的响应，为此写出：

$$H(j100) = 1$$

$$H(j101) = \frac{\sqrt{2}}{2}e^{-j45°}$$

$$H(j99) = \frac{\sqrt{2}}{2}e^{j45°}$$

于是写出响应 $v_2(t)$ 表示式为

$$v_2(t) = \cos(100t) + \frac{1}{2}\left[\frac{\sqrt{2}}{2}\cos(101t - 45°) + \frac{\sqrt{2}}{2}\cos(99t + 45°)\right]$$

$$= \cos(100t) + \frac{\sqrt{2}}{2}\cos(100t) \cdot \cos(t - 45°)$$

$$= \left[1 + \frac{\sqrt{2}}{2}\cos(t - 45°)\right]\cos(100t)$$

图 5-20(a) 示出，由于频响特性 $H(j\omega)$ 的影响使信号频谱产生的变化，可以看到，此带通系统幅频特性在通带内不是常数，因而，响应信号的两个边频分量 $\cos(99t)$ 与 $\cos(101t)$ 相对于载频分量 $\cos(100t)$ 有所削弱。此外，它们还分别产生了 $\pm 45°$ 的相移，而载波点相移等于零。

图 5-20(b) 是根据 $v_1(t)$，$v_2(t)$ 表示式画出的波形，不难发现，经此带通系统以后，调幅波包络的相对强度减小(也即"调幅深度"减小)，而且包络产生时延，延迟时间 τ 可由相移差值与频率差值之比求得 $\tau = \frac{\Delta\varphi}{\Delta\omega} = \frac{\pi}{4}$ s(相应的周期是 2π s)。注意到此处的 τ 就是式(5-17)定义的群时延，群时延描述了调幅信号包络波形的延时。

在本例中，带通系统的实际背景可以是一个 LC 并联谐振电路，它具有与本例 $H(j\omega)$ 类似的传输特性，通带内 $|H(j\omega)|$ 不是常数，相移特性也不是直线，这可能引起包络波形的失真。由于本例中的调制信号仅仅是单一频率余弦波 $\cos t$ (即调制信号频率等于1)，未涉及包络波形失真的问题。如果调制信号具有多个频率分量，为保证传输波形的包络不失真，要求带通系统的幅频特性在通带内

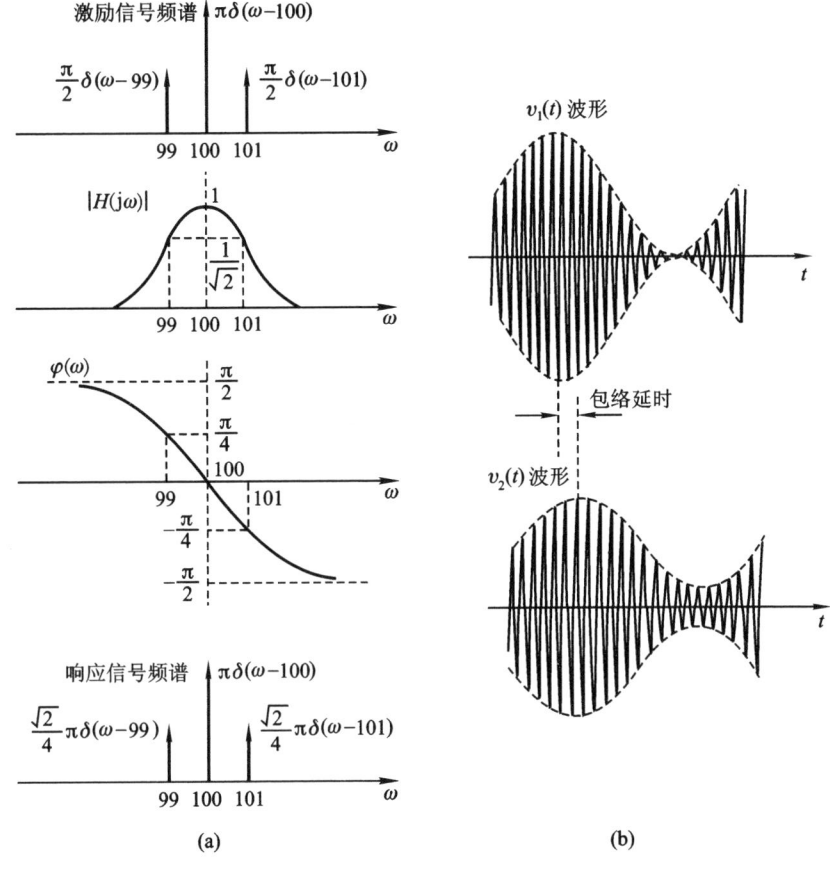

图 5-20 调幅信号通过带通滤波器

为常数,相频特性应为通过载频 ω_0 点的直线,这样的系统称为理想带通滤波器(见习题 5-10)。

在利用带通系统传输调幅波的过程中,只关心包络波形是否产生失真,并不注意载波相位如何变化,因为在接收端经解调后得到所需的包络信号,载波本身并未传递信息。通常,带通滤波器中心点 ω_0 与载波频率对应,其相频特性为零,以 ω_0 为中心取 $\Delta\varphi$ 和 $\Delta\omega$ 之比计算群时延即包络时延,而载波时延等于零。

(二) 频率窗函数的运用

到此为止,在研究信号的傅里叶变换时总是认为对时间域或频率域都是从 $-\infty$ 到 $+\infty$ 范围内给出的完整结果,从正、逆傅里叶变换公式的积分限可以清楚地看到这一点。然而,在许多实际问题中往往需要研究信号在某一时间间隔或某一频率间隔内的特性,或者说希望观察信号在时域或频域的局部性能。这时可利用"窗函数"对信号开窗。在时间域称为时域(时间)窗函数,在频率域称为频域(频率)窗函数。前面5.4节图5-13曾利用频域窗函数的概念说明理想低通截断信号频谱产生吉布斯现象的原理,实际上更需要带通滤波的概念对信号频谱开窗,而且希望这种带通的窗口有一定可调节功能,下面举一简单例子说明此类作用。

例 5-5 若信号 $f(t)$ 通过某线性时不变系统产生输出信号为

$$\frac{1}{\sqrt{a}} \int_{-\infty}^{\infty} f(\tau) w\left(\frac{\tau-t}{a}\right) d\tau$$

(1) 求此系统的系统函数 $H_a(\omega)$;

(2) 若 $w(t) = \dfrac{\sin(\pi t)\cos(3\pi t)}{\sqrt{\pi}\,\pi t}$,求 $H_a(\omega)$ 表达式,并画出 $H_a(\omega)$ - ω 图形;

(3) 说明此系统具有何种功能?

(4) 当参变量 a 改变时,$H_a(\omega)$ - ω 图形变化有何规律?

解

(1) 由所给表达式,按卷积关系可求出系统的单位冲激响应为 $h_a(t) = \dfrac{1}{\sqrt{a}} w\left(-\dfrac{t}{a}\right)$。若函数 $w(t)$ 的傅里叶变换为 $W(\omega)$,借助尺度变换特性可求得

$$\mathscr{F}[h_a(t)] = H_a(\omega) = \sqrt{a}\, W(-a\omega)$$

(2) 由 $w(t) = \dfrac{1}{\sqrt{\pi}} \dfrac{\sin(\pi t)}{\pi t} \cos(3\pi t)$ 求出其傅里叶变换式

$$W(\omega) = \frac{1}{2\pi} \cdot \frac{1}{\sqrt{\pi}} \{[u(\omega+\pi) - u(\omega-\pi)] * \pi[\delta(\omega+3\pi) + \delta(\omega-3\pi)]\}$$

$$= \frac{1}{2\sqrt{\pi}} \{[u(\omega+4\pi) - u(\omega+2\pi)] + [u(\omega-2\pi) - u(\omega-4\pi)]\}$$

或写作

$$W(\omega) = \begin{cases} \dfrac{1}{2\sqrt{\pi}} & \text{当 } 2\pi \leq |\omega| \leq 4\pi \\ 0 & \omega \text{ 为其他值} \end{cases}$$

画出 $W(\omega)$ - ω 特性如图 5-21(a)所示。

由此可求出

$$h_a(t) = \frac{\sqrt{a}\sin\left(\dfrac{\pi t}{a}\right)\cos\left(\dfrac{3\pi t}{a}\right)}{\sqrt{\pi}\,\pi t}$$

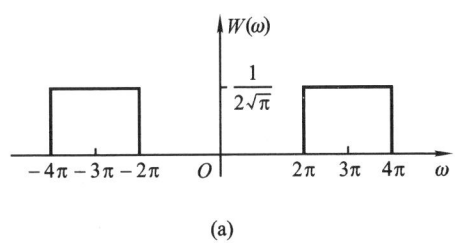

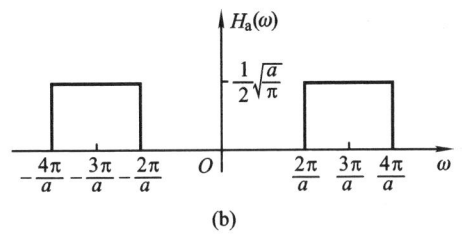

图 5-21 例 5-5 的频率特性

$$H_a(\omega) = \begin{cases} \dfrac{1}{2}\sqrt{\dfrac{a}{\pi}} & \text{当} \dfrac{2\pi}{a} \leqslant |\omega| \leqslant \dfrac{4\pi}{a} \\ 0 & \text{当}\omega \text{ 为其他值} \end{cases}$$

画出 $H_a(\omega)-\omega$ 特性如图 5-21(b) 所示。

(3) 由 $H_a(\omega)$ 图形可见,此系统功能是理想带通滤波,中心频率 $\omega_0 = \dfrac{3\pi}{a}$,带宽 $B_\omega = \dfrac{2\pi}{a}$。

(4) 当参变量 a 改变时,可调节此带通滤波器的中心频率与带宽。增大 a 则中心频率降低、带宽变窄;减小 a 则中心频率移至高端,带宽加宽。但在变化过程中,这一系列的带通滤波器之带宽与中心频率之比保持不变,即 $\dfrac{B_\omega}{\omega_0} = \dfrac{2}{3}$。

由上例分析可以看出,这里构作了一个性能可调整的频率窗函数,从频域观察,$W(a\omega)$ 对 $f(t)$ 的频谱开窗,改变 a 可调整开窗位置和窗口宽度,当 a 较大时,窗口位于频率较低处,带宽的绝对数值也较小,随着 a 的减小,窗口向高频段移动,且宽度的绝对数值增大。若从时域来看 $w\left(-\dfrac{t}{a}\right)$ 与 $f(t)$ 卷积,当 a 较大时对应 w 函数较宽,随着 a 的减小 w 函数变窄。这表明对应低频段检测带宽较窄而时间较长,与此相反,在高频段带宽加宽而时间较短。这种自动调整尺度和位置的功能可适应检测不同频段频谱成分特征的需要,便于研究信号的局部性能。例如,图像信号边缘轮廓的提取、生物医学工程中脑电图、心电图的特征检测以及地震信号识别等。

在第三章初步建立信号频谱的概念时,严格区分了时域与频域表达式和分析方法,而在上例讨论中,利用 w 函数将信号的时域分析与频域分析结合起来,可以获得更全面、完整的观察和分析。

频率窗函数或时间窗函数的概念在信号处理与通信领域中得到广泛应用。其中,最具代表性、影响最深远的是小波(或称子波,wavelet)变换(参看习题 5-22)。此外,在语音信号处理中的短时傅里叶变换(参看习题 5-23,这是时间窗函数的例子)、子带编码,在图像处理中的金字塔式压缩编码,在计算机视觉技术中的多分辨率分析等,这些方法都是对频域或时域窗函数概念灵活运用的产物。

5.9 从抽样信号恢复连续时间信号

在前几节已经研究了傅里叶变换应用于通信系统的两个重要方面,这就是滤波与调制,本节开始讨论另一个方面——抽样。这是第三章 3.11 节的继续,在以后几节将看到,抽样定理是构成数字通信系统的理论依据。本节介绍从抽样信号恢复连续时间信号的几个基本问题。

(一)从冲激抽样信号恢复连续时间信号的时域分析

利用图 3-54 曾说明冲激抽样信号的恢复原理,若带限信号 $f(t)$ 的傅里叶变换为 $F(\omega)$,经冲激序列抽样之后 $f_s(t)$ 的傅里叶变换为 $F_s(\omega)$,在满足抽样定理的条件下 $F_s(\omega)$ 的图形是 $F(\omega)$ 的周期重复,而且不会产生混叠。利用理想低通滤波器取出 $F_s(\omega)$ 在 $\omega=0$ 两侧的频率分量即可恢复 $F(\omega)$,从而无失真地复原 $f(t)$。这种频域分析方法简捷直观,但是如何从时域角度解释这一过程尚需进一步分析。假定,理想低通滤波器的频域特性为

$$H(j\omega) = \begin{cases} T_s & (\text{当} |\omega| < \omega_c) \\ 0 & (\text{当} |\omega| > \omega_c) \end{cases} \tag{5-56}$$

式中 ω_c 是滤波器的截止频率,为以下分析方便,取相位特性为零,T_s 是冲激抽样序列的周期。

滤波器冲激响应 $h(t)$ 表达式为

$$h(t) = T_s \cdot \frac{\omega_c}{\pi} \mathrm{Sa}(\omega_c t) \tag{5-57}$$

若冲激序列抽样信号 $f_s(t)$ 为

$$f_s(t) = \sum_{n=-\infty}^{\infty} f(nT_s)\delta(t-nT_s) \tag{5-58}$$

利用时域卷积关系可求得输出信号,即原连续时间信号 $f(t)$

$$\begin{aligned} f(t) &= f_s(t) * h(t) \\ &= \sum_{n=-\infty}^{\infty} f(nT_s)\delta(t-nT_s) * T_s \cdot \frac{\omega_c}{\pi} \mathrm{Sa}(\omega_c t) \\ &= T_s \cdot \frac{\omega_c}{\pi} \sum_{n=-\infty}^{\infty} f(nT_s)\mathrm{Sa}[\omega_c(t-nT_s)] \end{aligned} \tag{5-59}$$

参看图 5-22 说明上述结果,图中对照给出从时域和频域恢复 $f(t)$ 和 $F(\omega)$ 的过程。式(5-59)表明,连续信号 $f(t)$ 可展开成 Sa 函数的无穷级数,级数的系数等于抽样值 $f(nT_s)$。也可以说在抽样信号 $f_s(t)$ 的每个抽样值上画一个峰值为 $f(nT_s)$ 的 Sa 函数波形,由此合成的信号就是 $f(t)$,如图 5-22 左下端波形。按照线性系统的叠加性,当 $f_s(t)$ 通过理想低通滤波器时,抽样序列

的每个冲激信号产生一个响应,将这些响应叠加就可得出 $f(t)$,从而达到由 $f_s(t)$ 恢复 $f(t)$ 的目的。

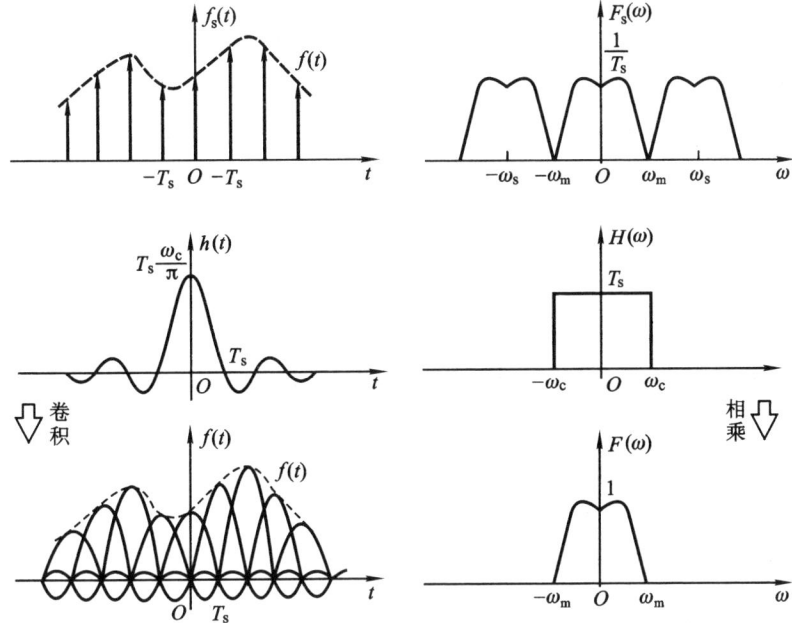

图 5-22 由抽样信号恢复连续信号的时域和频域解释

在图 5-22 中满足 $\omega_s = 2\omega_m$, $\omega_c = \omega_m$,这里 ω_s 是冲激序列的重复角频率 $\omega_s = \dfrac{2\pi}{T_s}$,$\omega_m$ 是 $f(t)$ 带宽的角频率值,此时刚好满足奈奎斯特间隔(抽样定理的边界条件),$T_s = \dfrac{\pi}{\omega_m} = \dfrac{\pi}{\omega_c}$,式(5-59)中的系数 $T_s \cdot \dfrac{\omega_c}{\pi} = 1$,于是式(5-59)简化为

$$f(t) = \sum_{n=-\infty}^{\infty} f(nT_s) \mathrm{Sa}[\omega_c(t - nT_s)] \quad (5-60)$$

此时,抽样序列的各个冲激响应零点恰好落在抽样时刻上。就抽样点叠加的数值而言,各冲激响应互相不产生"串扰",图 5-22 所示正是这种情况。当 $\omega_s > 2\omega_m$ 时,只要选择 $\omega_m < \omega_c < \omega_s - \omega_m$ 即可正确恢复 $f(t)$ 波形。当 $\omega_s < 2\omega_m$ 时,不满足抽样定理,$f_s(t)$ 的频谱出现混叠,在时域图形中,因 T_s 过大使冲激响应 Sa 函数的各波形在时间轴上相隔较远,无论如何选择 ω_c 都不可能使叠加后的波形恢复 $f(t)$。

(二)零阶抽样保持

在以上分析中,假定抽样脉冲是冲激序列。然而,在实际电路与系统中,要产生和传输接近 δ 函数的时宽窄且幅度大的脉冲信号比较困难。为此,在数字通信系统中经常采用其他抽样方式,最常见的一种方式称为零阶抽样保持(或零阶保持抽样,也简称为抽样保持),图 5-23 和图 5-24 分别示出产生这种抽样信号的框图和波形。应注意到,在这里并不是简单地将信号 $f(t)$ 与抽样信号 $p(t)$ 相乘。在抽样瞬间,脉冲序列 $p(t)$ 对 $f(t)$ 抽样,保持这一样本值直到下一个抽样瞬时为止,由此得到的输出信号 $f_{s0}(t)$ 具有阶梯形状。

实际的抽样保持电路有多种形式,图 5-25 示出在大规模集成电路芯片中可以采用的一种电路实例,图中,MOS 晶体管 M1 和 M2 作为开关运用,当窄脉冲 $p_1(t)$ (注意不是冲激序列)到来时,M1,M2 导通将 $f(t)$ 抽样值引到电容 C 两端,此后,电容两端电压即保持这一样本值到下一个抽样脉冲到来,依此重复即可由 $f(t)$ 产生 $f_{s0}(t)$ 波形。

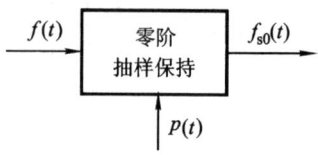

图 5-23 零阶抽样保持框图

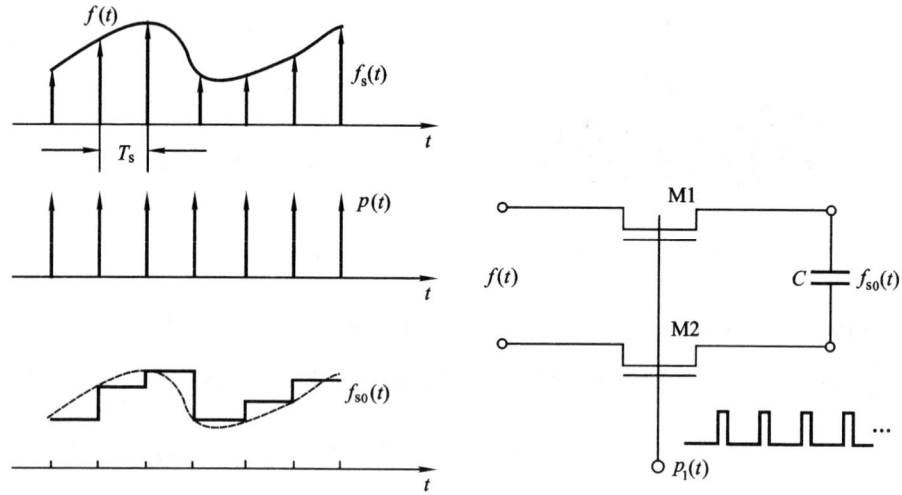

图 5-24 零阶抽样保持波形   图 5-25 抽样保持电路举例

$f_{s0}(t)$ 经传输到收端后需要恢复 $f(t)$ 信号,为分析如何恢复,借助冲激序列抽样信号的时域与频域特性,假定

$$f_s(t) = f(t) \sum_{n=-\infty}^{\infty} \delta(t - nT_s) \tag{5-61}$$

$$F_s(\omega) = \frac{1}{T_s} \sum_{n=-\infty}^{\infty} F(\omega - n\omega_s) \tag{5-62}$$

式中 T_s 为抽样周期,$\omega_s = \dfrac{2\pi}{T_s}$ 是重复角频率,$F(\omega)$ 是 $f(t)$ 的频谱。

为求得 $f_{s0}(t)$ 的频谱,构作一个线性时不变系统,它具有如下的冲激响应

(参看图 5-26)

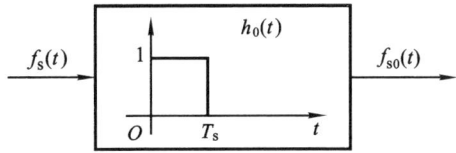

图 5-26 冲激响应为 $h_0(t)$ 的系统

$$h_0(t) = u(t) - u(t - T_s) \tag{5-63}$$

显然,令 $f_s(t)$ 通过此系统即可在输出端产生 $f_{s0}(t)$ 波形,因此可以给出

$$f_{s0}(t) = f_s(t) * h_0(t) \tag{5-64}$$

式中 $h_0(t)$ 的傅里叶变换式为

$$\mathscr{F}[h_0(t)] = T_s \text{Sa}\left(\frac{\omega T_s}{2}\right) e^{-j\frac{\omega T_s}{2}} \tag{5-65}$$

由频域关系式

$$F_{s0}(\omega) = \mathscr{F}[f_{s0}(t)]$$

$$F_{s0}(\omega) = F_s(\omega) \cdot \mathscr{F}[h_0(t)]$$

$$= \sum_{n=-\infty}^{\infty} F(\omega - n\omega_s) \text{Sa}\left(\frac{\omega T_s}{2}\right) e^{-j\frac{\omega T_s}{2}} \tag{5-66}$$

可以看出,零阶抽样保持信号 $f_{s0}(t)$ 的频谱的基本特征仍然是 $F(\omega)$ 频谱以 ω_s 周期重复,但是要乘上 $\text{Sa}\left(\frac{\omega T_s}{2}\right)$ 函数,此外还附加了延时因子项 $e^{-j\frac{\omega T_s}{2}}$。当 $F(\omega)$ 频带受限且满足抽样定理时,为复原 $F(\omega)$ 频谱,在接收端不应利用理想低通滤波器,而是需要引入具有如下补偿特性的低通滤波器

$$H_{0r}(j\omega) = \begin{cases} \dfrac{e^{j\frac{\omega T_s}{2}}}{\text{Sa}\left(\dfrac{\omega T_s}{2}\right)} & \left(|\omega| \leq \dfrac{\omega_s}{2}\right) \\ 0 & \left(|\omega| > \dfrac{\omega_s}{2}\right) \end{cases} \tag{5-67}$$

它的幅频特性 $|H_{0r}(j\omega)|$ 和相频特性 $\varphi(\omega)$ 曲线如图 5-27 所示。当 $f_{s0}(t)$ 通过此补偿滤波器后,即可复原信号 $f(t)$。从频域解释,将 $F_{s0}(\omega)$ 与 $H_{0r}(j\omega)$ 相乘,得到 $F(\omega)$。注意到此处相频特性斜率为正,而实际的滤波器相频特性为负值。一般情况下,在通信系统中,只要求幅频特性尽可能满足补偿要求,而相频特性无需满足式(5-67),当然,应具有线性相移特性。例如,若 $H_{0r}(j\omega)$ 为 $\dfrac{1}{\text{Sa}\left(\dfrac{\omega T_s}{2}\right)}$ 函数,则所恢复之 $f(t)$ 波形形状无失真,仅在时间轴上滞后 $T_s/2$。

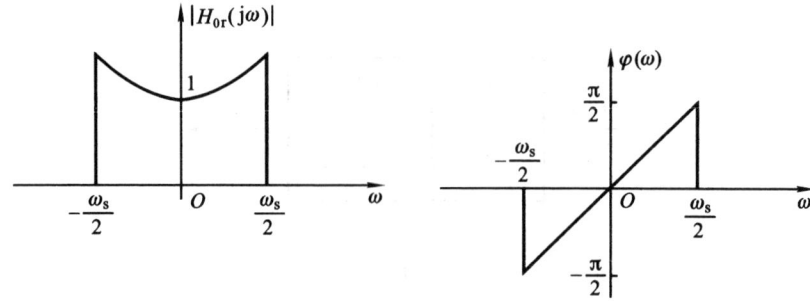

图 5-27 补偿低通特性

实际上,也可认为 $f_{s0}(t)$ 波形是对 $f(t)$ 的近似表示,在要求不很严格的问题中,补偿滤波器的 $|H_{0r}(j\omega)|$ 曲线只要大致接近式(5-67)即可满足要求,甚至可以不加补偿。

(三) 一阶抽样保持

如果将连续函数 $f(t)$ 各样本值用直线连接就可构成折线形状的波形如图 5-28 中的 $f_{s1}(t)$,这种信号称为 $f(t)$ 的一阶抽样保持信号。

为了分析 $f_{s1}(t)$ 的频谱并导出由此恢复 $f(t)$ 的方法,构作一个线性时不变系统,它具有三角波形的冲激响应特性 $h_1(t)$,如图 5-28 所示,表达式如下

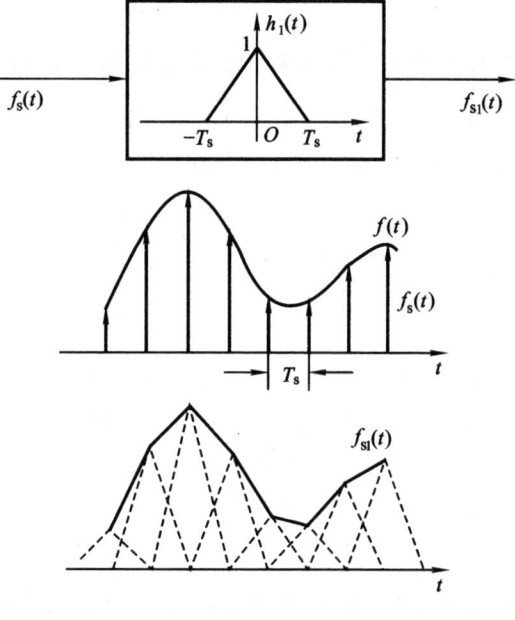

图 5-28 一阶抽样保持波形

$$h_1(t) = \begin{cases} 1 - \dfrac{|t|}{T_s} & (|t| < T_s) \\ 0 & (|t| \geq T_s) \end{cases} \qquad (5-68)$$

当冲激抽样序列 $f_s(t)$ 通过此系统时,即可在输出端产生 $f_{s1}(t)$ 波形,如图5-28所示,这里每个 δ 函数产生一个三角波形的响应如图5-28中的虚线,全部虚线叠加构成折线图形 $f_{s1}(t)$。不难求得 $h_1(t)$ 的频谱

$$\mathscr{F}[h_1(t)] = T_s \text{Sa}^2\left(\frac{\omega T_s}{2}\right) \qquad (5-69)$$

由频域关系式

$$F_{s1}(\omega) = \mathscr{F}[f_{s1}(t)]$$
$$F_{s1}(\omega) = F_s(\omega) \cdot \mathscr{F}[h_1(t)]$$
$$= \sum_{n=-\infty}^{\infty} F(\omega - n\omega_s) \text{Sa}^2\left(\frac{\omega T_s}{2}\right) \qquad (5-70)$$

可以看出,一阶抽样保持信号 $f_{s1}(t)$ 的频谱基本特征仍然是 $F(\omega)$ 频谱以 ω_s 周期重复,倍乘函数为 $\text{Sa}^2\left(\dfrac{\omega T_s}{2}\right)$。当 $F(\omega)$ 频带受限且满足抽样定理时,为重建 $F(\omega)$ 频谱,需要引入具有如下补偿特性的低通滤波器

$$H_{1r}(j\omega) = \begin{cases} \dfrac{1}{\text{Sa}^2\left(\dfrac{\omega T_s}{2}\right)} & \left(|\omega| \leq \dfrac{\omega_s}{2}\right) \\ 0 & \left(|\omega| > \dfrac{\omega_s}{2}\right) \end{cases} \qquad (5-71)$$

在以上讨论中,没有考虑信号产生、传输、恢复过程中引入的延时,$F_{s1}(\omega)$ 相对于 $F_s(\omega)$ 未引入相移,$H_{1r}(j\omega)$ 的相移特性也为零,冲激响应为 $h_1(t)$ 的系统是非因果系统(三角波形在 $t<0$ 时即出现)。这使以上分析过程的表达式得以简化。如果引入时延特性,在线性相移的条件下,最终仍可无失真重建 $f(t)$,只是在时间轴上相对于原信号有一定延时。

本节讨论了三种由抽样信号恢复原连续时间信号的方法,这类问题的本质可归结为由样本值重建某一函数。从样本重建信号的过程也称为"内插"。内插可以是近似的也可以是完全精确的。在图5-22中,由冲激抽样信号产生 Sa 函数实现内插,完成了 $f(t)$ 信号的精确恢复。这种重建过程也称带限内插。此时,$f(t)$ 的频带必须受限,且要满足抽样定理的要求。由于要产生接近冲激序列的信号和接近理想低通的系统都相当困难,因而这种方法在实际问题中很少采用。从内插的观点考虑,零阶抽样保持信号 $f_{s0}(t)$ 和一阶抽样保持信号 $f_{s1}(t)$ 都是对信号 $f(t)$ 的逼近,分别用阶梯信号和折线信号近似表示连续的函数曲线,后者也称为线性内插。这些近似比较粗糙,如果在样本点之间用高阶多

项式或其他数学函数进行拟合，可以得到更为精确的逼近函数。

目前，在数字通信系统中广泛采用零阶抽样保持来产生和传输信号，在接收端利用补偿滤波器（大致如图 5 - 27 特性）恢复连续时间信号。

5.10 脉冲编码调制(PCM)

利用脉冲序列对连续信号进行抽样产生的信号称为脉冲幅度调制(PAM)信号，这一过程的实质是把连续信号转换为脉冲序列，而每个脉冲的幅度与各抽样点信号的幅度成正比。在实际的数字通信系统中，除直接传送 PAM 信号之外，还有多种传输方式，其中目前应用最为广泛的一种调制方式称为脉冲编码调制(PCM)。在 PCM 通信系统中，把连续信号转换成数字（编码）信号进行传输或处理，在转换过程中需要利用 PAM 信号。

图 5 - 29 示出 PCM 通信系统的简化框图，在发送端主要由抽样、量化与编码三部分组成，其中，量化与编码共同完成模拟 - 数字转换（A/D 变换）功能。信源 $f(t)$ 经脉冲序列 $p(t)$ 抽样产生零阶抽样保持信号 $f_{s0}(t)$，它是 PAM 信号，具有离散时间连续幅度（如阶梯形信号）。量化的过程是将此信号转换成离散时间离散幅度的多电平数字信号。从数学角度理解，量化是把一个连续幅度值的无限数集合映射到一个离散幅度值的有限数集合。这里，规定一组量化电平，抽样值按最接近的一个电平取整数，图 5 - 30(a) 给出连续幅度值取为离散幅度值的数字实例。此例中，量化电平为 16 个（0 至 1.5 的 16 个数字）。这些数字经编码产生二进制的数字序列见图 5 - 30(b)，由于量化电平为 16，相应的编码脉冲位数取 4 (2^4 = 16)。编码后的 PCM 信号 $f_D(t)$ 经数字信道传输到达接收端。信号 $\hat{f}_D(t)$ 包括 $f_D(t)$ 与信道引入的噪声。为简化分析，假定 $\hat{f}_D(t)$ 即 $f_D(t)$，经数字 - 模拟转换（D/A 转换）后恢复 PAM 信号 $f_{s0}(t)$，再经 $\dfrac{1}{\mathrm{Sa}(x)}$ 低通补偿滤波器（如图 5 - 27 所示特性）即可重建 $f(t)$。

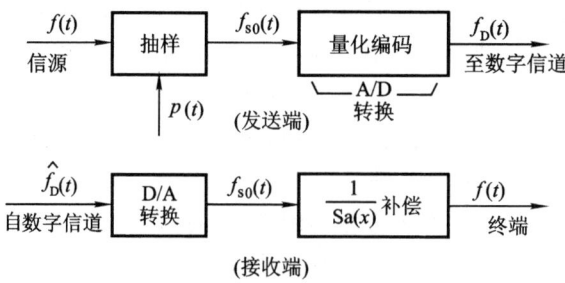

图 5 - 29   PCM 通信系统简化框图

5.10 脉冲编码调制(PCM) 303

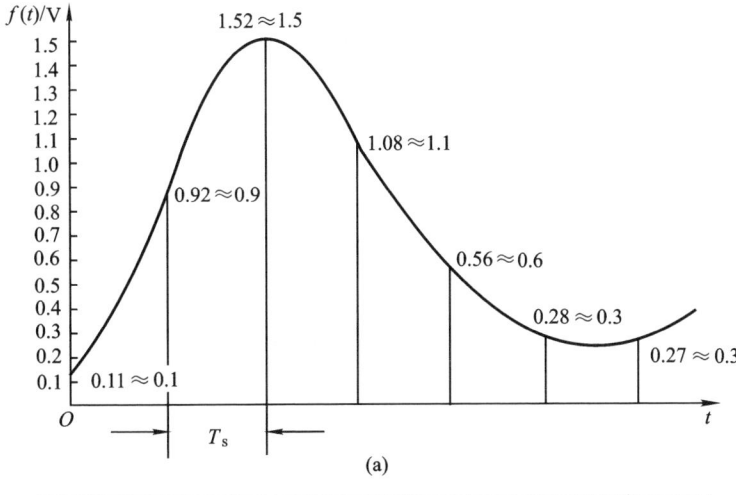

图 5-30 量化与编码原理示意图

早在1926年美国人M.雷尼就提出了脉冲编码调制的研究专利。此后,法国人A.H.热维斯进一步给出语音通信PCM电路的专利研究报告。1946年美国贝尔实验室试制成功第一台PCM数字通信设备。人们对这种数字通信方式的研究兴趣与日俱增。20世纪70年代后期,超大规模集成电路和计算机技术的飞速发展推动了PCM通信系统的实用化,目前,PCM在数字微波通信、光纤通信、卫星通信、程控交换以及遥测、遥控等各类通信系统中得到了广泛应用。

PCM 技术已经成为现代通信系统中的基本问题之一。

在远距离通信系统中,需要在一定距离间隔上接入中继器(转发器)把信号放大,否则因传输损耗将使信号消失。在传输过程中引入的噪声也被放大。在模拟通信系统中,当信号经多级中继器转发之后,噪声累积的影响可能造成严重的信号失真。当传输脉冲编码信号时,情况就大不相同。这时,中继器也作为再生器使用,在每个脉冲的持续期间判决脉冲的有无,根据判决的结果确定 1 码、0 码的存在,或产生一个新的脉冲,或不发脉冲。在此过程中弱噪声的影响已被消除,仅当噪声大到足以使判决发生错误时,才会影响此系统。这表明,在数字通信系统中,当数字信号经多级中继器转发之后,噪声不会累积。根据目前实际设备可达到的信噪比,合理设计中继器间距,不难把噪声影响压低到相当满意的水平。与直接传送模拟信号相比较,这是 PCM 通信系统的突出优点。

在模拟信号的量化与重建过程中也将引入误差,由此产生的噪声称为量化噪声。长期以来对量化噪声规律的研究已相当成熟,合理设计 A/D 和 D/A 转换器可将量化噪声限制在相当微弱的范围之内,保证 PCM 系统具有足够满意的传输质量。

PCM 的另一优点是当组合多种信源传输时具有很好的灵活性。无论语音信号、图像信号、数据信号经脉冲编码调制之后都可成为统一形式的二进制数字码流,它们可以灵活地交织在一起通过同一系统进行传输。在下一节将要看到,利用时分多路复用设备容易实现这种灵活的组合。

脉冲编码信号便于实现各种数字信号处理功能,例如数字滤波、数据压缩等。也容易完成各种形式的加密和解密,在保密通信中已获得广泛应用。

与直接传送模拟信号相比较,将模拟信号转换为 PCM 信号传输时占用频带要明显加宽。例如,语音通信话路信号的频率范围大约在 300 Hz ~ 3400 Hz,通常可认为每个话路带宽约 4 kHz。在进行抽样时取抽样频率为 8 kHz,以保证满足抽样定理的要求。每个抽样点若按 8 位脉冲编码传送一个话路的脉冲信号速率为 8×8 kHz = 64 kb/s 显然,它所占有的频带远大于直接传送一路语音(模拟)信号所需的频带。下一节将进一步研究脉冲编码信号传输速率与所占频带的关系。

利用频带压缩技术可使传输数字信号占据频带较宽的矛盾适当缓解,然而,这种技术只能在信号具有某些特征的范围内采用,且有可能引起通信质量下降。

5.11 频分复用与时分复用

将若干路信号以某种方式汇合,统一在同一信道中传输称为多路复用。在近代通信系统中普遍采用多路复用技术。本节介绍频分复用与时分复用的原理和特点,在 5.12 节给出以时分复用为基础演变而来的统计复用(标记复用)方法,6.11 节还要介绍码分复用。

频分复用的原理在 5.7 节已初步说明。这种设备在发送端将各路信号频谱搬移到各不相同的频率范围,使它们互不重叠,这样就可复用同一信道传输。在接收端利用若干滤波器将各路信号分离,再经解调即可还原为各路原始信号,图 5-31 示出频分复用原理方框图。通常,相加信号 $f(t)$ 还要进行第二次调制,在接收端将此信号解调后再经带通滤波分路解调。

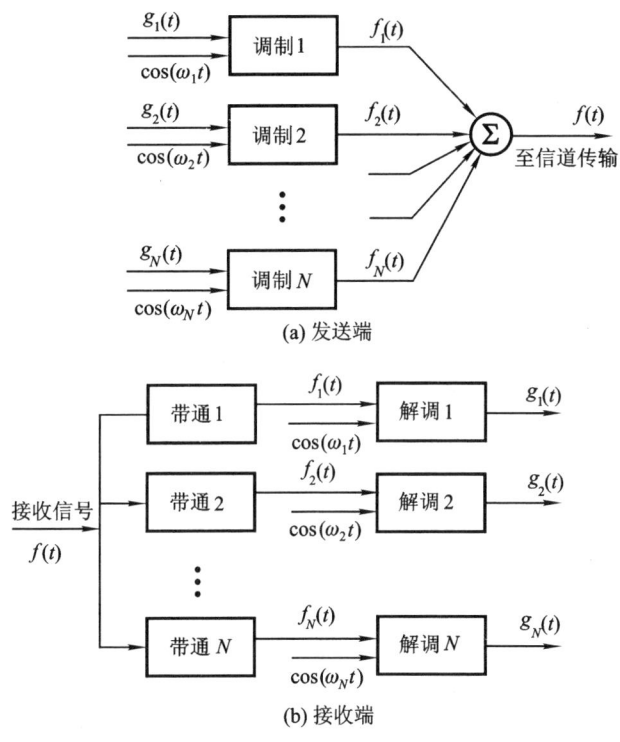

图 5-31 频分复用通信系统

时分复用的理论依据是抽样定理。在第三章已经证明,频带受限于 $-f_m \sim +f_m$ 的信号,可由间隔为 $\dfrac{1}{2f_m}$ 的抽样值惟一地确定。从这些瞬时抽样值可以正确恢复原始的连续信号。因此,允许只传送这些抽样值,信道仅在抽样瞬间被占用,其余的空闲时间可供传送第二路、第三路……各路抽样信号使用。将各路信号的抽样值有序地排列起来就可实现时分复用,在接收端,这些抽样值由适当的同步检测器分离。当然,实际传送的信号并非冲激抽样,可以占有一段时间。图 5-32 示出两路抽样信号有序地排列经同一信道传输(时分复用)的波形。

对于频分复用系统,每个信号在所有时间里都存在于信道中并混杂在一起。但是,每一信号占据着有限的不同频率区间,此区间不被其他信号占用。在时分

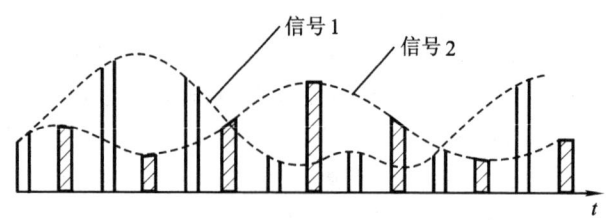

图 5-32 两路信号的时分复用

复用系统中,每一信号占据着不同的时间区间,此区间不被其他信号占用,但是所有信号的频谱可以具有同一频率区间的任何分量。从本质上讲,频分复用信号保留了频谱的个性,而在时分复用信号中保留了波形的个性。由于信号完全由其时间域特性或完全由其频率域特性所规定,因此,在接收机里总是可以在相应的域内应用适当的技术将复用信号分离。

从电路实现来看,时分复用系统优于频分复用系统。在频分复用系统中各路信号需要产生不同的载波,各自占据不同的频带,因而需要设计不同的带通滤波器。而在时分复用系统中,产生与恢复各路信号的电路结构相同,而且以数字电路为主,比频分复用系统中的电路更容易实现超大规模集成,电路类型统一,设计、调试简单。

时分复用系统的另一优点体现在各路信号之间的干扰(串话)性能方面。在频分复用系统中,各种放大器的非线性产生谐波失真,出现多项频率倍乘成分,引起各路信号之间的串话。为减少这种干扰的影响,在设计与制作放大器时,对它们的非线性指标要求比传送单路信号时严格得多,有时难以实现。对于时分复用系统不存在这种困难。当然,由于设计不当相邻脉冲信号之间可能出现码间串扰,这一问题容易得到控制,使其影响很小,下面将说明防止码间串扰的方法。

实际的时分复用系统很少直接传输图 5-32 所示的离散时间连续幅度信号(如 PAM 信号),而是传送脉冲编码调制(PCM)信号。因此,上节讨论的传输 PCM 信号具备的各种优点在时分复用系统中都得以体现。

在 PCM 系统中,由于对每个抽样点要进行多位编码,因而使脉冲信号传输速率增高、占用频带加宽,这是时分复用系统显示许多优点而付出的代价。有时,可利用频带压缩技术改善信号所占带宽。

码速与带宽的关系是各种数字通信系统设计中需要考虑的一个重要问题。合理设计码脉波形可使频带得到充分利用并且防止码间串扰。下面结合图 5-33 讨论几种典型波形的码速与带宽关系。若时钟信号(CP)周期为 T,见图 5-33(a),并假设待传输的数字信号是 01011010。当选择矩形脉冲传输时,脉

冲宽度 τ 应满足 $\tau \leq T$。对于 $\tau < T$ 的情况见图 5-33(b),这种码型称为归零码(regress zero,简写 RZ), τ 的最大可能是 $\tau = T$,见图 5-33(c),称为不归零码(NRZ)。通常,可粗略认为矩形脉冲信号的频率分量集中在频谱函数第一个零点之内,也即频带宽度 $B = \dfrac{1}{\tau}$(或角频率 $B_\omega = \dfrac{2\pi}{\tau}$)。显然,为节省频带最好选用不归零码,令 $\tau = T$,此时 $B = \dfrac{1}{T}$。由时钟周期 T 可求得脉码传输速率 $f = \dfrac{1}{T}$(单位为比特/秒,写作 bit/s 或 bps),可以看出,此时带宽与码速数值相等,$B = f = \dfrac{1}{T}$(注意,带宽单位为 Hz)。在以上分析中,由于忽略了矩形波频谱第一零点以外的高频成分,所得结果存在误差。当按照 $\dfrac{1}{T}$ 的带宽传输矩形脉冲信号时,在接收端波形要产生失真,它将畸变为具有上升、下降延迟的形状,而且可能出现拖尾振荡。当此失真较小时,在接收端对应抽样点不会产生误判,可正确恢复 1 码或 0 码。当失真较严重时,可能出现误判,引起各路信号之内的串扰。

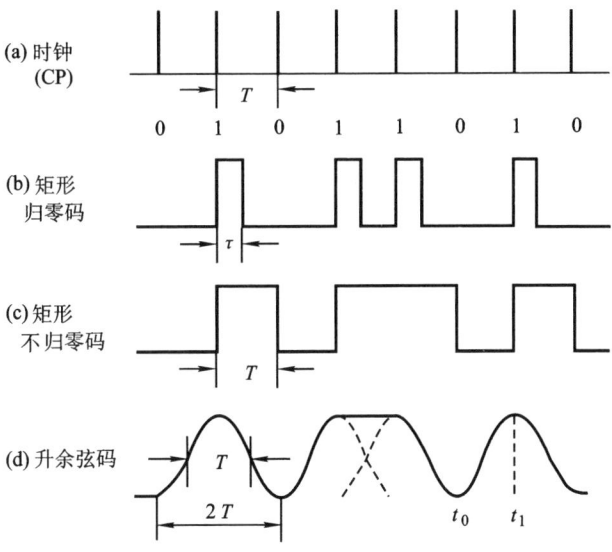

图 5-33 矩形码和升余弦码示例

为有效地解决这一问题,可不选用矩形码,而是选用主要频率成分集中于带宽之内,高频分量相对更小的波形,例如升余弦码。在 3.4 节式(3-40)和式(3-41)曾给出升余弦脉冲的表达式和频谱特性。此处,选升余弦脉冲信号底宽为 $2T$,见图 5-33(d)。其频谱函数第一个零点,也即带宽为 $\dfrac{1}{T}$,与图 5-33(b)矩形码所占带宽相同。然而,升余弦频谱在带宽以外的高频分量相对非常微弱,按$\frac{1}{T}$带宽传输波形时基本上不会产生失真,有效地避免了码间串扰。在接收端对应抽样点如图5-33(d)中的t_1或t_0可以正确恢复1码或0码。

利用Sa函数波形也可避免码间串扰。设Sa函数第一零点值为T,其波形主瓣底宽为$2T$,那么在T的整数倍各时刻其函数值均为零,因而接收端以此处为抽样判决点,保证不会出现误判。图5-34示例给出10110 Sa函数码型,图中,波形的某些部分有重叠,没有画出重叠相加的结果,但是,可以清楚地看出在各抽样点处不会产生串扰,例如,在时刻t_1为1码,在时刻t_0为0码,没有串扰。若脉码速率$f=\frac{1}{T}$,相应的单个Sa脉冲波形表达式为$\text{Sa}\left(\frac{\pi}{T}t\right)$,它的频谱函数为矩形,所占带宽是$B_\omega=\frac{\pi}{T}$,$B=\frac{1}{2T}$。可见,在码速相同的条件下,Sa脉冲所占带宽为前述二种波形(矩形、升余弦)带宽之半,节省了频带,这是Sa信号的另一优点。但是,Sa函数的产生比较困难,在实际电路中往往利用窄脉冲波形的叠加产生阶梯波,近似形成Sa函数,如图5-35所示(参看习题5-26)。这时,上述结论将出现误差,然而占据频带减半、码间串扰很小的优点仍可适当体现。

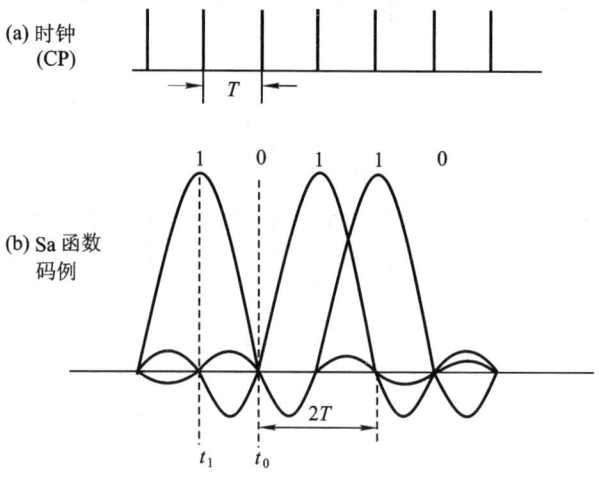

图5-34 Sa函数码型示例

对于时分复用通信系统,国际上已建立起一些技术标准。按这些标准规定先把一定路数的电话语音复合成一个标准数据流,称为基群。然后,再把若干组基群汇合成更高速的数字信号。我国和欧洲的基群标准是30路用户和同步、控制信号组合共32路。按前节给出的每路PCM信号速率为64 kbit/s,基群信号速率就是32×64 kbit/s = 2.048 Mbit/s。这是PCM通信系统基群的标准时钟

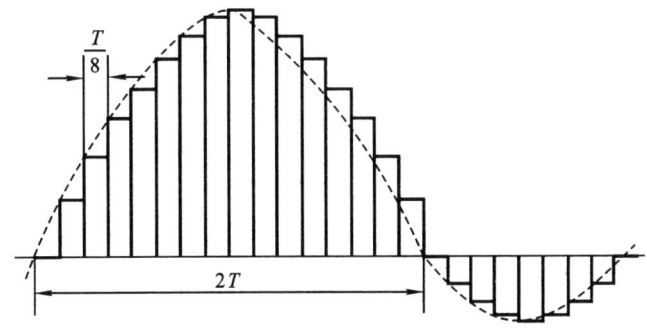

图 5-35　利用窄脉冲叠加近似形成 Sa 函数

速率。在实际应用中,时分复用数据流的组成不只包含语音信号,也可以是语音、数据、图像多种信源产生的数字信号码流之汇合。

5.12　对当代电信网络的初步认识

本课程理论分析的应用背景着重针对通信系统与控制系统。本章从滤波、调制、抽样三个角度介绍了关于傅里叶变换的重要应用实例。最后在本节就通信系统的一些应用原理作粗浅介绍。而有关控制系统的进一步说明和应用举例将在第九章给出。

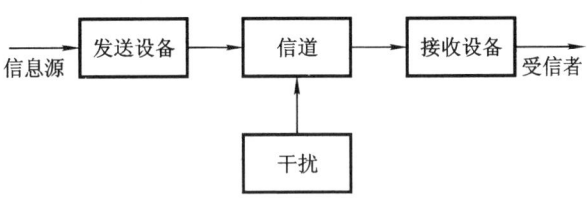

图 5-36　通信系统简化原理图

图 5-36 绘出通信系统的简化原理框图。作为通信系统的一般模型它应包括三个基本部分:即发送设备、接收设备和传输信道。通常,发送设备和接收设备可分置两处,而传输信道是将二者联系在一起的物理媒体。发送设备的作用是将信息源产生的消息转换成适合于在特定信道中传输的电信号,而待传送的信息源可能是语音、图像或数据等。信道的构成可以是有线传输、无线(利用电磁波)或光波传播,稍后我们将举出一些常见信道的实例。接收设备的功能是将接收到的信号恢复为原始消息传送给受信者,使其听到声音、看到图像或收到数

据。由于信道的某些物理特性可能使信号在传输过程中引入干扰或噪声，因而最终恢复的信号与原始信号会有差异。在设计通信系统时应当根据环境条件和实际需要采用某些信号处理技术，尽可能改善信息传输的可靠性与有效性。

早期的通信设备都是模拟通信系统，以传输连续时间信号为主，例如语音通信。近代通信系统大多已实现数字化。由数字系统或数字－模拟混合系统构成。为了利用数字系统传输连续时间信号，可以借助各种方法来实现。其中，最常见、最基本的方法是构成 PCM 通信系统，如 5.10 节所述。这时需要对连续时间信号进行抽样、量化与编码转换为数字信号，在接收端进行译码恢复。

在实际应用中，通信系统的发、收两端可构成点对点的直接传输，也可进入网络系统经路由选择转接沟通。前者的简单实例如无线对讲机，又如航天系统中在星际或与飞行物之间传输信号的通信系统；而组网传输是更为普遍的一般情况，如市话电信网络、移动通信网络、计算机网络（因特网）等。通常，我们大量使用的电话或计算机数据的传输都要进入网络转接。还有一种通信模式称为"广播"，由一部发送设备将信号传送给大量接收设备，这种通信模式可以点对点传播，也可经网络传送给用户。

下面以电信网络为例，粗浅介绍日常生活中经常遇到的一些通信方式构成原理。我们将要看到，一切问题的核心都围绕着信号的频谱分析与系统传输特性之间的相互适应。各种实际通信设备的构成几乎都不会离开滤波、调制、抽样等傅里叶变换性质的基本应用（这些原理正是本课程的研究重点），有时，还需借助较为复杂的各种信号处理技术。

图 5-37 示意给出了电信网络以及其他通信或计算机网络的简化原理图。我们着重介绍电信网络中信号的传输过程。左上半部分是电信网，包括市话局直至远程电信传输。下半部分表明了用户终端的各种有线接入模式。

我们对有线接入部分从右到左说明各模块的功能特色。首先说明普通电话的入网过程。

在各种通信业务中，电话是最基本、用户最普遍的业务，通常可简写为 POTS（Plain Ordinary Telephone Service）即普通电话服务。20 世纪 50 年代以前的电话网大都是模拟信号传输系统。每个话路的带宽为 300~3 400 Hz（或更窄些），此带宽是针对语音信号的主要频谱范围而设计的（兼顾传统的传真机）。用户发出的语音信号经电话机输出的双绞铜线进入市话局，借助交换机以模拟传输方式（频分复用）传送给其他用户。一对双绞线同时可完成发送、接收的功能，也即具有二线－四线转换作用（其原理可参看参考书目[2]第 166 页）。到 20 世纪 60 年代以后，数字通信系统付诸实用，人们试图将遍布全世界每个城市的模拟传输电话网改造为数字－模拟混合的网络，这种变革首先从公共交换机的更新开始。当传统的交换机改换为程控数字交换机之后，通信与计算机技术的密

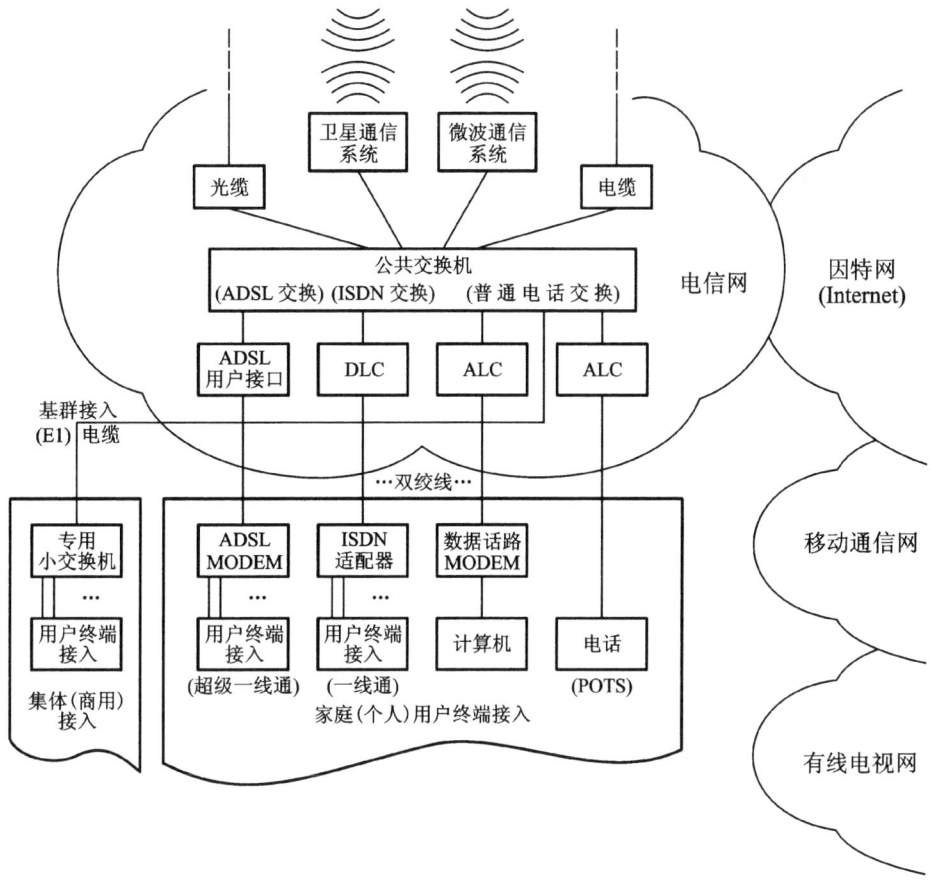

图 5-37 电信网以及其他网络的简化示意图

切结合使得电话服务的性能质量得到全面改善。为了使各用户的普通电话机与程控交换机互连,当每个电话终端进入市话网络之后都要经过一个"模拟用户线接入电路"转接板(简称 ALC)。它的功能包括馈电、保护、振铃、监视、二四线转换、编译码、测试等。很明显,首要任务当属编译码的实现(简称 CODEC),它把接入的模拟信号转换为 64 kbit/s 的 PCM 数字序列,再进入公共交换机,同时也可将接收到的 PCM 数字信号复原为模拟信号传送给用户。

与普通电话相邻的第二个模块是"数据话路调制解调器"(MODEM)或称"话路数据 MODEM"、"数据-语音频带转换 MODEM"。它的功能是把计算机给出的数字信号经调制作用转换为适应话路带宽(300~3 400 Hz)的信号,从而顺利进入电信网,再经专门设置的"网关"转送到因特网。同时,它还接收来自因特网并由电信网转接的信号,经解调复原成为进入计算机的数字信号。在因特网建立的初期,许多用户还没有铺设因特网的接入端口,利用上述模块可借助电信网进入并使用因特网。在购买计算机时可增设这种配置,即附加一块 MODEM 卡,以实现上述功能。

第三种模块是 ISDN 适配器。ISDN 是"综合业务数字网"的英文缩写(Integrated Services Digital Network)。顾名思义,它与前面两种模块的重要区别是业务的综合性和用户环路的数字化。按照电信网络的传统习惯,把电话之外的业务统称非话业务,如用户电报、图文传真、低速数据等也都可以送入普通电话端口,借助话路传输。然而,这种传输是相互独立的,也即每个话路(每对双绞线)只能传送一种信号、仅仅完成一项业务功能。随着信息科学技术的发展,用户迫切需要传送速率较高的计算机数据、可视电话、高清晰度电视等多种新型非话业务。如果针对这些业务重新建网必将使投资耗费大、建设周期长、利用率低、管理不方便。显然,人们很自然地提出新设想:尽可能利用现有网络、用户只需一个标准化接口即可与其他用户相互传送电话以及非话业务,而且要将信号数字化并适当增加带宽。这种通信体制就是要实现 ISDN。它的主要特点是业务综合化与信号传输的数字化。由此进入市话网的信号都要经过一个"数字用户线接入电路"转接板(简称 DLC),很明显,它不同于 ALC,不需要 CODEC 功能。在我国,ISDN 的一种俗称叫做"一线通"。ISDN 规定了若干标准化的通路。根据带宽的不同可划分为窄带(N-ISDN)和宽带(B-ISDN)两大类型。N-ISDN 一般可承载两路标准的 PCM 语音编码速率的信号,码率为 2×64 kbit/s,另附一通路传送信令与控制信息,码率为 16 kbit/s,总计码率为 144 kbit/s。通常,把这种体制简称为 2B+D,其中 B 代表 64 kbit/s 速率的信号,而 D 代表后者。B-ISDN 的码率一般在 155 Mbit/s 以上,可传送高清晰度电视等各种宽带信息。

早在 20 世纪 80 年代 N – ISDN 已在一些国家和地区投入商业使用,随后,B – ISDN 也逐步走向实用化。然而,当代信息科学技术的飞速发展往往难以预期、令人惊叹!又一种新型的用户接入模式正在逐步取代上述 ISDN 体制。这就是我们要介绍的第四种模块 ADSL MODEM,它的英文全称为 Asymmetrical Digital Subscriber Line,而中译名叫做"非对称数字用户环路调制解调器"。先解释 DSL 的含意,稍后再说明 A 的作用。从本质上讲 ISDN 与 DSL 系列都是要追求用户标准接口业务的综合化与数字化,但是后者工作速率进一步提高,而且采用了多种数字信号处理新技术,使得有限频率范围的利用率大大提高,并且具有较好的抗干扰特性。在多种 DSL 模式中,ADSL 是最常用的一种方式,所谓"非对称(A)"是指从用户到电信网(简称"上行")相对于从电信网到用户(简称"下行")所占用的带宽(传送速率)有明显差异,二者不对称。这种环境比较符合信号传输的实际需要。例如,上行信号只传送控制信令与低速数据,而下行可适用于多种宽带(高速)业务,如视频点播、远程教学等。目前通用的 ADSL 信号传输速率下行约为1至8Mbit/s,而上行仅需100~800 kbit/s。新一代的 ADSL 标准还可以进一步扩展。在我国,ADSL 的一种俗称叫做"超级一线通"。

除了众多家庭用户按上述各种方式分别接入电信网络(市话网)之外,还可通过专用小型交换机(简称 PBX 英文全称是 Private Branch Exchange)入网。(见图 3-57 左下角)这种情况多用于集团用户(如商用)。通常,它可同时接入 30 路用户以及 2 路同步、控制信号共 32 路的数字电话信号,每路速率为 64 kbit/s,总计速率为 2.048 Mbit/s,如 5.11 节最后所述称为"基群"信号(以符号 E1 标志)。

以上各种入网信号经公共交换机汇总,按照用户拨号的要求选择正确路由传送到各自的接收端,同时接收来自对端的发送信号。交换机输出信号的传输途径可能有多种方式,如图 5-37 左上端所示。最常见的情况包括电缆、微波、卫星、光缆等多种形式。它们分别承担市区内或远程(长途)的传输任务。在此,为了把信号频谱搬移到适当位置,往往还要利用各种调制、解调技术。

必须指出,光缆的应用是电信网络传输技术中的一场革命。光缆由光纤组合而成。与传统的各种无线、有线传输媒介相比较,光纤的主要优点是:频带宽也即传输速率高、远距离传输衰耗小、抗电磁干扰能力强因而误码率低,以及体积小、重量轻等。为说明宽带、高速的特点,这里举出数字实例。目前,实际应用的光缆速率可达 273×40 Gbit/s,若以此值除以 64 kbit/s,即可估算出它能够容纳大约 170×10^6 个标准数字话路。这样高的传输速率(或带宽)是其他各类传输媒介都无法比拟的。

有时,呼叫信号需要经过因特网(Internet)继续传输。那么,市话网可能以各种方式将信号送入因特网,再与对端用户接通。例如,前文所述第二种模块(数据-话路 MODEM)以及我们日常使用的 IP 电话(借助因特网传送的长途电话)。图 5-37 右上部示意表明了电信网与因特网的相互依存。实际上还有大量的电信业务已经或即将广泛利用因特网完成,另一方面,因特网的构成除了庞大的计算机网络体系之外,也需借助大量的电信网络传输信号。关于这种交叉融合的发展前景稍后再做说明。

与市话网密切联系的另一种网络是移动通信系统。大量的手机分别经各自邻近的"基站"以无线方式进入网络,再由基站汇总送到移动交换中心(Mobile Switching Center,简称 MSC),按需要传输到其他网络或者在移动通信网络内部继续传输。必须指出,由于无线通信技术的飞速发展,"无线"与"移动"的许多新方法、新概念密不可分,各种新型的通信方式丰富多彩,为用户提供了更多方便。限于本书范围和篇幅,不再讨论。

最后,还会想到,我们日常生活中广泛接触的另一种通信网络是有线电视网(见图 5-37 右下部)。很明显,这样多种网络的独立运行将使网络体系日趋复杂。如果把它们的工作环境统一安排、相互融合，必将为通信与计算机网络的使用、管理带来很大方便，使有限而宝贵的信息与信道资源得到共享，避免大量低水平的重复建设。因而，从发展前景来看，倡导并实施"三网融合"已经势在必行。所谓三网是指电信网（含移动通信网）、因特网和有线电视网。其中，因特网的发展前景令人注目。所谓下一代因特网（Next Generation Internet，简称 NGI）其功能和传输质量将有更加惊人的进步和发展。

如果把三网融合的具体目标概括为人类的一种宏观愿望，也可以说我们正在期盼所谓"信息高速公路"的早日建设成功。

信息高速公路也称为"国家信息基础设施"（National Information Infrastructure，简称 NII）或"全球（Globe）信息基础设施"（GII）。在我国称为"中国信息基础设施"（CNII）。对于这一名词目前还没有严格统一的定义。但是人们公认，实现信息高速公路的大致目标是：建设全球一体化、大容量、宽带、交互信息传输的智能化综合业务网络，并提供足够丰富的信息资源。具体讲，要广泛运用各种先进的信息传输手段，特别是充分利用光纤网络连接各种通信系统、计算机数据库和电信服务设施，此网络可传输语音、数据、图像等各种类型的电信业务信息。为此，需要实现光纤到楼（乃至光纤到户），也即先把光纤铺设到马路边，再连接到用户终端。信息高速公路把政府机构、企业、大学、研究机构、医院、图书馆以及各种服务机构（如银行、邮局）直到每个家庭全部组网连通，相互之间高速传输信息。全世界将形成一种崭新的信息流通网络。信息高速公路的建设将加快整个社会经济、文化、教育的全面发展，它标志着人类历史正在从农业社会、工业社会步入信息社会。

习　题

5-1 已知系统函数 $H(j\omega) = \dfrac{1}{j\omega + 2}$，激励信号 $e(t) = e^{-3t}u(t)$，试利用傅里叶分析法求响应 $r(t)$。

5-2 若系统函数 $H(j\omega) = \dfrac{1}{j\omega + 1}$，激励为周期信号 $e(t) = \sin t + \sin(3t)$，试求响应 $r(t)$，画出 $e(t), r(t)$ 波形，讨论经传输是否引起失真。

5-3 无损 LC 谐振电路如题图 5-3 所示，设 $\omega_0 = \dfrac{1}{\sqrt{LC}}$，激励信号为电流源 $i(t)$，响应为输出电压 $v(t)$，若 $\mathscr{F}[i(t)] = I(j\omega), \mathscr{F}[v(t)] = V(j\omega)$，求：

(1) $H(j\omega) = \dfrac{V(j\omega)}{I(j\omega)}, h(t) = \mathscr{F}^{-1}[H(j\omega)]$；

(2) 讨论本题结果与例 5-1 的结果有何共同特点。

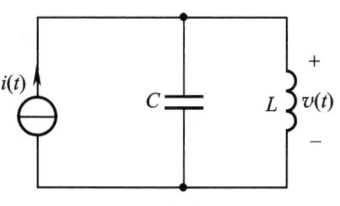

题图 5-3

5-4 电路如题图 5-4 所示,写出电压转移函数 $H(s) = \dfrac{V_2(s)}{V_1(s)}$,为得到无失真传输,元件参数 R_1, R_2, C_1, C_2 应满足什么关系?

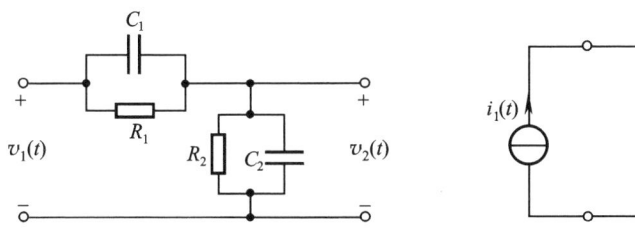
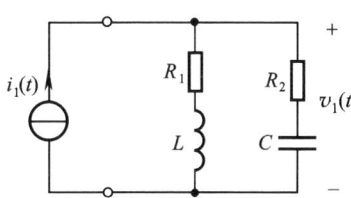

题图 5-4 　　　　　　　　　　题图 5-5

5-5 电路如题图 5-5 所示,在电流源激励作用下,得到输出电压。写出联系 $i_1(t)$ 与 $v_1(t)$ 的网络函数 $H(s) = \dfrac{V_1(s)}{I_1(s)}$,要使 $v_1(t)$ 与 $i_1(t)$ 波形一样(无失真),确定 R_1 和 R_2(设给定 $L=1$ H,$C=1$ F)。传输过程有无时间延迟?

5-6 一个理想低通滤波器的网络函数如式(5-23),幅度响应与相移响应特性如图 5-8 所示。证明此滤波器对于 $\dfrac{\pi}{\omega_c}\delta(t)$ 和 $\dfrac{\sin(\omega_c t)}{\omega_c t}$ 的响应是一样的。

5-7 一个理想低通滤波器的系统函数仍如上题(习题 5-6),求此滤波器对于 $\dfrac{\sin(\omega_0 t)}{\omega_0 t}$ 信号的响应。假定 $\omega_0 < \omega_c$,ω_c 为滤波器截止频率。

5-8 已知系统冲激响应 $h(t) = \dfrac{\mathrm{d}}{\mathrm{d}t}\left[\dfrac{\sin(\omega_c t)}{\pi t}\right]$,系统函数 $H(\mathrm{j}\omega) = \mathscr{F}[h(t)] = |H(\mathrm{j}\omega)|\mathrm{e}^{\mathrm{j}\varphi(\omega)}$,试画出 $|H(\mathrm{j}\omega)|$ 和 $\varphi(\omega)$ 图形。

5-9 已知理想低通的系统函数表示式为

$$H(\mathrm{j}\omega) = \begin{cases} 1 & \left(|\omega| < \dfrac{2\pi}{\tau}\right) \\ 0 & \left(|\omega| > \dfrac{2\pi}{\tau}\right) \end{cases}$$

而激励信号的傅氏变换式为

$$E(\mathrm{j}\omega) = \tau\mathrm{Sa}\left(\dfrac{\omega\tau}{2}\right)$$

利用时域卷积定理求响应的时间函数表示式 $r(t)$。

5-10 一个理想带通滤波器的幅度特性与相移特性如题图 5-10 所示(见下页)。求它的冲激响应,画响应波形,说明此滤波器是否是物理可实现的?

5-11 题图 5-11 所示系统,$H_i(\mathrm{j}\omega)$ 为理想低通特性

$$H_i(\mathrm{j}\omega) = \begin{cases} \mathrm{e}^{-\mathrm{j}\omega t_0} & |\omega| \leq 1 \\ 0 & |\omega| > 1 \end{cases}$$

若:(1) $v_1(t)$ 为单位阶跃信号 $u(t)$,写出 $v_2(t)$ 表示式;

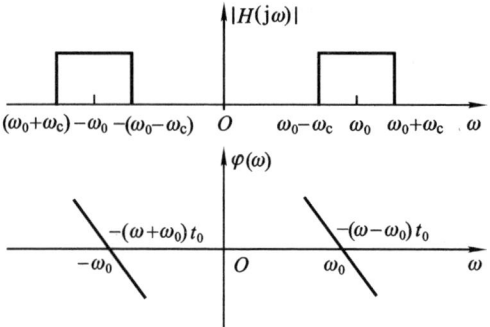

题图 5 - 10

(2) $v_1(t) = \dfrac{2\sin\left(\dfrac{t}{2}\right)}{t}$，写出 $v_2(t)$ 表示式。

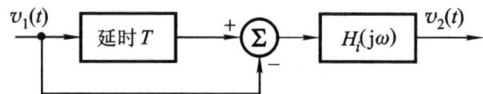

题图 5 - 11

5 - 12 写出题图 5 - 12 所示系统的系统函数 $H(s) = \dfrac{Y(s)}{X(s)}$。以持续时间为 τ 的矩形脉冲作激励 $x(t)$，求 $\tau \gg T$、$\tau \ll T$、$\tau = T$ 三种情况下的输出信号 $y(t)$（从时域直接求或以拉氏变换方法求，讨论所得结果）。

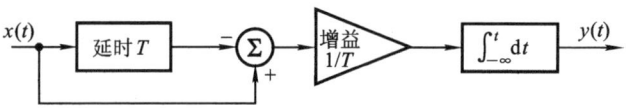

题图 5 - 12

5 - 13 某低通滤波器具有升余弦幅度传输特性，其相频特性为理想特性。若 $H(j\omega)$ 表示式为

$$H(j\omega) = H_i(j\omega)\left[\dfrac{1}{2} + \dfrac{1}{2}\cos\left(\dfrac{\pi}{\omega_c}\omega\right)\right]$$

其中 $H_i(j\omega)$ 为理想低通传输特性

$$H_i(j\omega) = \begin{cases} e^{-j\omega t_0} & (|\omega| < \omega_c) \\ 0 & (\omega\ \text{为其他值}) \end{cases}$$

试求此系统的冲激响应,并与理想低通滤波器之冲激响应相比较。

5-14 某低通滤波器具有非线性相移特性,而幅频响应为理想特性。若 $H(j\omega)$ 表示式为
$$H(j\omega) = H_i(j\omega) e^{-j\Delta\varphi(\omega)}$$
其中 $H_i(j\omega)$ 为理想低通传输特性(见上题),$\Delta\varphi(\omega) \ll 1$,并可展开为
$$\Delta\varphi(\omega) = a_1\sin\left(\frac{\omega}{\omega_1}\right) + a_2\sin\left(\frac{2\omega}{\omega_1}\right) + \cdots + a_m\sin\left(\frac{m\omega}{\omega_1}\right)$$
试求此系统的冲激响应,并与理想低通滤波器的冲激响应相比较。

5-15 试利用另一种方法证明因果系统的 $R(\omega)$ 与 $X(\omega)$ 被希尔伯特变换相互约束。
(1) 已知 $h(t) = h(t)u(t)$,$h_e(t)$ 和 $h_o(t)$ 分别为 $h(t)$ 的偶分量和奇分量,$h(t) = h_e(t) + h_o(t)$,证明:
$$h_e(t) = h_o(t)\text{sgn}(t)$$
$$h_o(t) = h_e(t)\text{sgn}(t)$$
(2) 由傅氏变换的奇偶虚实关系已知
$$H(j\omega) = R(\omega) + jX(\omega)$$
$$\mathscr{F}[f_e(t)] = R(\omega)$$
$$\mathscr{F}[f_o(t)] = jX(\omega)$$
利用上述关系证明 $R(\omega)$ 与 $X(\omega)$ 之间满足希尔伯特变换关系。

5-16 若 $\mathscr{F}[f(t)] = F(\omega)$,令 $Z(\omega) = 2F(\omega)U(\omega)$(只取单边的频谱)。试证明
$$z(t) = \mathscr{F}^{-1}[Z(\omega)] = f(t) + \hat{f}(t)$$
其中
$$\hat{f}(t) = \frac{j}{\pi}\left[\int_{-\infty}^{\infty}\frac{f(\tau)}{t-\tau}d\tau\right]$$

5-17 对于图 5-18 所示抑制载波调幅信号的频谱,由于 $G(\omega)$ 的偶对称性,使 $F(\omega)$ 在 ω_0 和 $-\omega_0$ 左右对称,利用此特点,可以只发送频谱如题图 5-17 所示的信号,称为单边带信号,以节省频带。试证明在接收端用同步解调可以恢复原信号 $G(\omega)$。

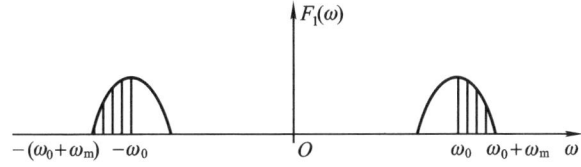

题图 5-17

5-18 试证明题图 5-18 所示之系统可以产生单边带信号。图中,信号 $g(t)$ 的频谱 $G(\omega)$ 受限于 $-\omega_m \sim +\omega_m$ 之间,$\omega_0 \gg \omega_m$;$H(j\omega) = -j\text{sgn}\,\omega$。设 $v(t)$ 的频谱为 $V(\omega)$,写出 $V(\omega)$ 表示式,并画出图形。

5-19 已知 $g(t) = \frac{\sin(\omega_c t)}{\omega_c t}$,$s(t) = \cos(\omega_0 t)$,设 $\omega_0 \gg \omega_c$,将它们相乘得到 $f(t) = g(t)s(t)$,

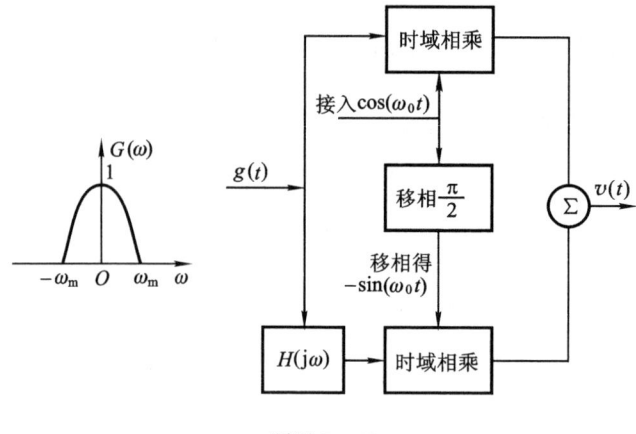

题图 5 – 18

若 $f(t)$ 通过一个特性如题图 5 – 10 所示的理想带通滤波器,求输出信号 $f_1(t)$ 的表示式。

5 – 20 在题图 5 – 20 所示系统中 $\cos(\omega_0 t)$ 是自激振荡器,理想低通滤波器的转移函数为

$$H_i(j\omega) = [u(\omega + 2\Omega) - u(\omega - 2\Omega)]e^{-j\omega t_0}$$

且 $\omega_0 \gg \Omega$。

(1) 求虚框所示系统的冲激响应 $h(t)$;

(2) 若输入信号为 $e(t) = \left[\dfrac{\sin(\Omega t)}{\Omega t}\right]^2 \cos(\omega_0 t)$,求系统输出信号 $r(t)$;

(3) 若输入信号为 $e(t) = \left[\dfrac{\sin(\Omega t)}{\Omega t}\right]^2 \sin(\omega_0 t)$,求系统输出信号 $r(t)$;

(4) 虚框所示系统是否线性时不变系统?

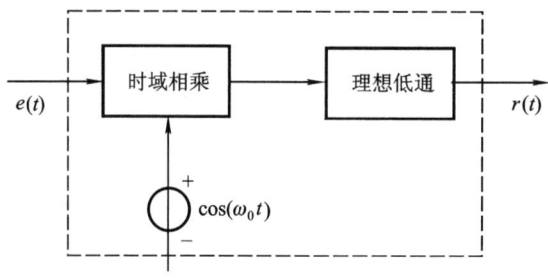

题图 5 – 20

5 – 21 模拟电话话路的频带宽度为 300 ~ 3 400 Hz,若要利用此信道传送二进制的数据信号需要接入调制解调器(MODEM)以适应信道通带要求,问 MODEM 在此完成了何种功能? 请你试想一种可能实现 MODEM 系统的方案,画出简要的原理框图。(假定数据信号的速率为 1 200 bit/s,波形为不归零矩形脉冲。)

5 – 22 若 $x(t)$、$\psi(t)$ 都为实函数,连续函数小波变换的定义可简写为

$$WT_x(a,b) = \frac{1}{\sqrt{a}} \int_{-\infty}^{\infty} x(t)\psi\left(\frac{t-b}{a}\right) dt$$

(1) 若 $\mathscr{F}[x(t)] = X(\psi), \mathscr{F}[\psi(t)] = \Psi(\omega)$，试证明以上定义式也可用下式给出

$$WT_x(a,b) = \frac{\sqrt{a}}{2\pi} \int_{-\infty}^{\infty} X(\omega) \Psi(-a\omega) e^{j\omega b} d\omega$$

(2) 讨论定义式中 a,b 参量的含义（参看例 5-5）。

5-23 在信号处理技术中应用的"短时傅里叶变换"有两种定义方式，假定信号源为 $x(t)$，时域窗函数为 $g(t)$，第一种定义方式为

$$X_1(\tau,\omega) = \int_{-\infty}^{\infty} x(t)g(t-\tau) e^{-j\omega t} dt$$

第二种定义方式为

$$X_2(\tau,\omega) = \int_{-\infty}^{\infty} x(t+\tau)g(t) e^{-j\omega t} dt$$

试从物理概念说明参变量 τ 的含义，比较二种定义结果有何联系与区别。

5-24 若 $x(t) = \cos(\omega_m t), \delta_T(t) = \sum_{n=-\infty}^{\infty} \delta(t-nT), T = \frac{2\pi}{\omega_s}$，分别画出以下情况 $x(t) \cdot \delta_T(t)$ 波形及其频谱 $\mathscr{F}[x(t)\delta_T(t)]$ 图形。讨论从 $x(t)\delta_T(t)$ 能否恢复 $x(t)$。注意比较(1)和(4)的结果。（建议画波形时保持 T 不变）。

(1) $\omega_m = \frac{\omega_s}{8} = \frac{\pi}{4T}$ \qquad (2) $\omega_m = \frac{\omega_s}{4} = \frac{\pi}{2T}$

(3) $\omega_m = \frac{\omega_s}{2} = \frac{\pi}{T}$ \qquad (4) $\omega_m = \frac{9}{8}\omega_s = \frac{9\pi}{4T}$

5-25 题图 5-25 所示抽样系统 $x(t) = A + B\cos\left(\frac{2\pi t}{T}\right), p(t) = \sum_{n=-\infty}^{\infty} \delta[t - n(T+\Delta)]$，$T \gg \Delta$，理想低通系统函数表达式为

$$H(j\omega) = \begin{cases} 1, & \text{当 } |\omega| < \frac{1}{2(T+\Delta)} \\ 0, & \text{当 } \omega \text{ 为其他} \end{cases}$$

输出端可得到 $y(t) = kx(at)$，其中 $a < 1, k$ 为实系数。求：

(1) 画 $\mathscr{F}[p(t)x(t)]$ 图形；
(2) 为实现上述要求给出 Δ 取值范围；
(3) 求 a，求 k；
(4) 此系统在电子测量技术中可构成抽样（采样）示波器，试说明此种示波器的功能特点。

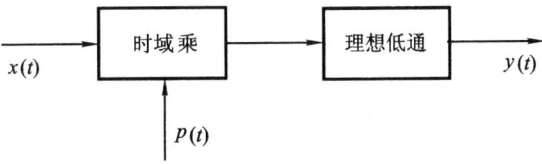

题图 5-25

5-26 试设计一个系统使它可以产生图 5-35 所示的阶梯近似 Sa 函数波形(利用数字电路等课程知识)。近似函数宽度截取 $8T$(中心向左右对称),矩形窄脉冲宽度 $\dfrac{T}{8}$。每当一个"1"码到来时$\left(\text{由速率为}\dfrac{2\pi}{T}\text{的窄脉冲控制}\right)$即出现 Sa 码波形(峰值延后 $4T$)。

(1) 画出此系统逻辑框图和主要波形;

(2) 考虑此系统是否容易实现;

(3) 在得到上述信号之后,若要去除波形中的小阶梯,产生更接近连续 Sa 函数的波形需采取什么办法?

5-27 本题继续讨论通信系统消除多径失真的原理。在 2.9 节和第四章习题 4-51 已经分别采用时域和 s 域研究这个问题,此处,再从频域导出相同的结果。仍引用式 (2-77),已知

$$r(t) = e(t) + ae(t-T)$$

(1) 对上式取傅里叶变换,求回波系统的系统函数 $H(j\omega)$;

(2) 令 $H(j\omega)H_i(j\omega) = 1$,设计一个逆系统,先求它的系统函数 $H_i(j\omega)$;

(3) 再取 $H_i(j\omega)$ 的逆变换得到此逆系统的冲激响应 $h_i(t)$,它应当与前两种方法求得的结果完全一致。

还需指出,在稍后第七章 7.7 节的最后例 7-17 我们将再次引用第四种方法——解卷积之方法研究这个问题,当然,可以求得同样的结果。很明显,本课程的一个重要特色是对于同一问题可有多种求解方法。我们相信,读者一定能够在这种反复思考与研讨之中感受无穷的乐趣!

第六章 信号的矢量空间分析

6.1 引　　言

对于信号分析理论的进一步研究表明,信号表示式与多维矢量之间存在许多形式上的类似。借助信号与矢量之间的类比,不仅可以使一些抽象问题便于理解,而且使我们对于信号的性能、信号分析与处理研究中遇到的问题进入更深的层次。

从数学观点看,通常把赋予某种数学结构的集合称为"空间"。例如,能引入线性运算的矢量集合称为"线性(矢量)空间";若再引入矢量的长度概念,也即"范数"的概念,则构成"线性赋范空间";为了研究矢量之间的相互关系,需要借助"内积"运算,于是构成"内积空间"。

信号的能量具有与矢量长度类似的属性,表征信号能量的一些参数可与矢量的范数类比。而信号之间的相关性类似于矢量之间的夹角,可以利用矢量的内积运算来描述。内积空间中的正交性是引出傅里叶级数展开的理论基础,利用内积空间的概念可以给出信号的各种正交函数展开,不仅局限于三角级数。著名的帕塞瓦尔(Parseval)方程(定理)揭示了信号正交分解能量不变性的物理本质,而从矢量空间角度分析,这是矢量范数不变性(内积不变性)的体现。当今,在信号处理领域内正交变换得到了如此广泛的应用,正是因为这种变换具备上述物理背景和相应的数学本质。

6.2 节给出利用矢量空间方法研究信号理论的基本概念,以此为基础展开信号正交函数分解的讨论,这里介绍的方法也可称为信号的广义傅里叶级数展开,它是第三章研究方法的推广,正交函数集具有丰富多彩的形式,不仅限于三角函数集。在矢量空间中,可以看到类似的现象,同一矢量可按不同的坐标系进行分解。作为正交函数分解的典型实例,介绍了沃尔什(Walsh)正交函数集的原理和简单应用。本章讲述的初步概念在许多后续课程中将得到进一步的应用和广泛深入的研究。

相关函数和卷积的运算有着密切联系,类比学习两种运算方法有助于正确、灵活的理解基本概念。作为第三章信号频谱分析方法的继续,研究信号的相关函数、能量谱和功率谱,这些概念广泛应用于随机信号分析之中,初步学习这些分析方法将十分有利于本课程与后续课程的密切配合。

"匹配滤波器"是相关函数概念应用于通信、雷达、声呐系统中的一个典型实例,在 6.9 节介绍构成这种滤波器的原理。6.10 节利用本章的有关定理证明了"测不准原理",这是 5.4 节的继续。近年来,在通信系统(特别是移动通信系统)中"码分复用"技术日益受到重视,本章介绍的相关、正交概念正是构成码分复用技术的理论基础,在 6.11 节给出码分复用的基本原理,这是 5.11 节和 5.12 节各种复用方法讨论的延续。最后几节的内容或许能引导读者从抽象的数学推演中逐步感受到利用基本理论解决工程实际问题的乐趣,从而理解学习本课程的目的。

6.2 信号矢量空间的基本概念

(一) 线性空间

粗略讲,线性空间是指这样一种集合,其中任意两元素相加可构成此集合内的另一元素,任一元素与任一数相乘后得到此集合内的另一元素,这里的倍乘系数可以是实数也可是复数。下面举出最常见的线性空间实例。

(1) N 维实数空间 $\mathbb{R}^N$ 与复数空间 $\mathbb{C}^N$

$\mathbb{R}^N$ 空间的元素 $\boldsymbol{x}$ 由 N 个有次序的实数构成

$$\boldsymbol{x} = (x_1, x_2, \cdots, x_N)^T \qquad x_i \in \mathbb{R}$$
$$i = 1, 2, \cdots, N \qquad (6-1)$$

与另一元素 $\boldsymbol{y} = (y_1, y_2, \cdots, y_N)^T$ 相加以及和数 α 相乘的运算如通常的加法和乘法按如下定义

$$\boldsymbol{x} + \boldsymbol{y} = (x_1 + y_1, x_2 + y_2, \cdots, x_N + y_N)^T \qquad (6-2)$$
$$\alpha \boldsymbol{x} = (\alpha x_1, \alpha x_2, \cdots, \alpha x_N)^T \qquad (6-3)$$

如果上述定义中的实数均改为复数,则构成 N 维复数空间 $\mathbb{C}^N$。

(2) 连续时间信号空间 L

定义在全部复数(或实数)连续时间信号的集合构成线性空间,这时,各信号逐点相加或逐点倍乘系数 α 的运算表达式按如下定义

$$(x+y)(t) = x(t) + y(t), t \in \mathbb{R} \qquad (6-4)$$
$$(\alpha x)(t) = \alpha x(t), \qquad t \in \mathbb{R} \qquad (6-5)$$

注意到时间变量 t 为实数。

上述 N 维实数空间 $\mathbb{R}^N$ 或复数空间 $\mathbb{C}^N$ 都是有限维空间,而这里的连续时间信号空间 L 是无穷维空间。

(3) 离散时间信号空间 l

全部复数(或实数)离散时间信号(序列)的集合构成线性空间,此时,各信号

逐点相加或逐点倍乘系数 α 的运算表达式按如下定义

$$(x+y)(n) = x(n) + y(n), n \in \mathbb{Z} \quad (6-6)$$
$$(\alpha x)(n) = \alpha x(n), \quad n \in \mathbb{Z} \quad (6-7)$$

注意到时间变量 n 为整数。

类似地,离散时间信号空间 l 也属无穷维空间。而 N 维的离散时间信号空间属有限维。

(二) 范数、赋范空间

在线性空间中,利用线性运算可以研究诸如线性相关、线性无关、基、维数等线性结构,但是还没有给出矢量长度的度量方法,为解决这一问题,需要研究"范数"。信号具有的能量与矢量空间的长度可以相类比,在给出范数的定义后,可以看到范数概念对于描述信号能量特性的作用。

线性空间中元素 x 的范数以符号 $\|x\|$ 表示,范数满足以下公理:

(1) 正定性　$\|x\| \geq 0$,当且仅当 $x = 0$ 时 $\|x\| = 0$;

(2) 正齐性　对所有数量 α,有 $\|\alpha x\| = |\alpha| \|x\|$;

(3) 三角形不等式　$\|x + y\| \leq \|x\| + \|y\|$。

下面举例给出各线性空间的范数:

首先考察 $\mathbb{R}^N$ 与 $\mathbb{C}^N$ 空间的范数

令 p 为实数,$1 \leq p \leq \infty$,在 $\mathbb{R}^N$ 或 $\mathbb{C}^N$ 空间元素 $x = (x_1, x_2, \cdots, x_N)$ 的 p 阶范数定义为

$$\|x\|_p \stackrel{\text{def}}{=} \begin{cases} \left[\sum_{i=1}^{N} |x_i|^p\right]^{1/p} & \text{对于 } 1 \leq p < \infty \\ \max_{1 \leq i \leq N} |x_i| & \text{对于 } p \to \infty \end{cases} \quad (6-8)$$

最常用的范数为 $\|\cdot\|_1$,$\|\cdot\|_2$,和 $\|\cdot\|_\infty$,例如,$x \in \mathbb{C}^2$,若给定 $x = (1, j)$,则其范数为

$\|x\|_1 = 1 + 1 = 2$

$\|x\|_2 = \sqrt{1+1} = \sqrt{2}$

$\|x\|_\infty = \max(1,1) = 1$

在二维或三维实数矢量空间($\mathbb{R}^2$ 或 $\mathbb{R}^3$)之中,二阶范数的物理意义是矢量的长度,$\|x\|_2$ 也称为欧氏(Euclidean)范数或欧氏距。

下面讨论连续时间信号空间 L 和离散时间信号空间 l 中的范数

在连续时间信号空间 L 中,元素 x 的 p 阶范数 $\|x\|_p$ 定义为

$$\|x\|_p = \begin{cases} \left[\int_{-\infty}^{\infty} |x(t)|^p dt\right]^{1/p}, & 1 \leq p < \infty \\ \sup |x(t)|, & p = \infty \end{cases} \quad (6-9)$$

此处,符号 sup 表示信号的上确界(supremum)或称最小上界。对于定义在闭区

间内的信号,sup 表示其幅度值。

类似地可以得到在离散时间信号空间 l 中,元素 $x(n)$ 的 p 阶范数 $\|x\|_p$ 定义为

$$\|x\|_p = \begin{cases} \left(\sum_{n=-\infty}^{\infty} |x(n)|^p\right)^{\frac{1}{p}}, & 1 \leq p < \infty \\ \sup |x(n)|, & p = \infty \end{cases} \quad (6-10)$$

下面给出信号的 1、2 和 ∞ 阶范数的表达式及其物理意义。

$$\|x\|_1 = \int_{-\infty}^{\infty} |x(t)| \, dt \quad (6-11)$$

或

$$\|x\|_1 = \sum_{x=-\infty}^{\infty} |x(n)| \quad (6-12)$$

可见,一阶范数表示信号作用的强度(大小)。

$$\|x\|_2 = \left[\int_{-\infty}^{\infty} |x(t)|^2 dt\right]^{\frac{1}{2}} 也即 \|x\|_2^2 = \int_{-\infty}^{\infty} |x(t)|^2 dt \quad (6-13)$$

或

$$\|x\|_2 = \left[\sum_{n=-\infty}^{\infty} |x(n)|^2\right]^{\frac{1}{2}} 也即 \|x\|_2^2 = \sum_{n=-\infty}^{\infty} |x(n)|^2 \quad (6-14)$$

二阶范数的平方表示信号的能量,若 $x(t)$ 表示电压或电流,它在单位电阻上产生的能量即为 $\|x\|_2^2$。

$$\|x\|_\infty = \sup |x(t)| \quad (6-15)$$

或

$$\|x\|_\infty = \sup |x(n)| \quad (6-16)$$

对于定义在闭区间上的 $x(t)$,$\|x\|_\infty$ 表示信号可测得的峰值,也即信号的幅度。

图 6-1 举例给出信号 x 波形与信号作用强度、能量以及幅度的图解示意。

在信号分析与处理研究领域中,除直接引用上述范数之外,为便于描述信号的物理性能还经常引用以下参数,它们分别是功率、方均根值和平均值。

若信号 x 之能量为无限大,而其平均功率为确定值(例如周期信号),于是可定义连续或离散时间信号的功率,其表达式为在一段时间间隔内 $\left(从 -\frac{T}{2} 到 \frac{T}{2}\right)$ 的平均功率,并取间隔 $T \to \infty$ 之极限,即

$$\lim_{T \to \infty} \left[\frac{1}{T} \int_{-T/2}^{T/2} |x(t)|^2 dt\right] \quad (6-17)$$

或

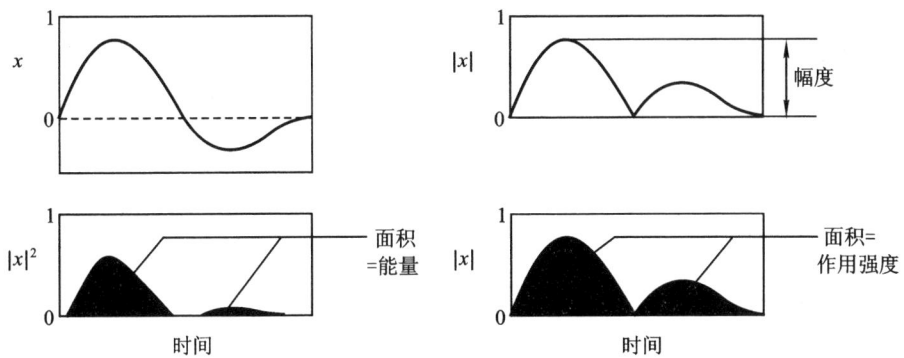

图 6-1 信号波形参数示例

$$\lim \left[\frac{1}{N} \sum_{n=-N/2}^{N/2} | x(n) |^2 \right] \qquad (6-18)$$

信号功率的开方称为信号的方均根值,写作 rms(root mean square)。

信号的平均值(也即直流分量)表达式为

$$\lim_{T \to \infty} \left[\frac{1}{T} \int_{-T/2}^{T/2} x(t) \, dt \right] \qquad (6-19)$$

或

$$\lim_{N \to \infty} \left[\frac{1}{N} \sum_{n=-N/2}^{N/2} x(n) \right] \qquad (6-20)$$

例如,幅度为 a 的正弦波,其平均值为 0,功率为 $\frac{1}{2}a^2$,方均根值是 $\frac{\sqrt{2}}{2}a$(也称有效值)。又如图 6-2 所示的连续时间周期性方波,若幅度为 a,其平均值为 $\frac{a}{2}$,功率为 $\frac{1}{2}a^2$,方均根值为 $\frac{\sqrt{2}}{2}a$。

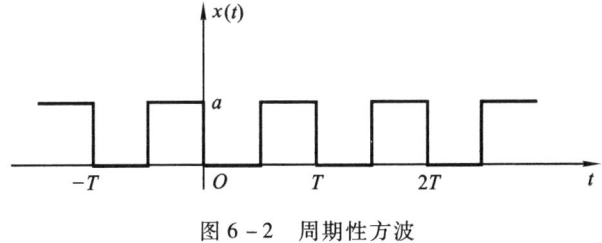

图 6-2 周期性方波

给出了范数的概念即可构成线性赋范空间,也称赋范空间。在信号分析理论研究中,若信号的能量受限,即 $\| x \|_2 < \infty$,于是可构成如下的赋范空间

$$L_2 := \{ x \in L \mid \| x \|_2 < \infty \} \qquad (6-21)$$

或

$$l_2: = \{x \in l |\ \|x\|_2 < \infty\} \qquad (6-22)$$

它们分别是能量受限的连续时间信号或离散时间信号的集合。类似地,对于幅度为有限值的连续时间信号或离散时间信号的集合,分别构成如下赋范空间

$$L_\infty: = \{x \in L |\ \|x\|_\infty < \infty\} \qquad (6-23)$$

或

$$l_\infty: = \{x \in l |\ \|x\|_\infty < \infty\} \qquad (6-24)$$

对于信号作用强度为有限值的连续时间信号或离散时间信号的集合,分别构成赋范空间

$$L_1: = \{x \in L |\ \|x\|_1 < \infty\} \qquad (6-25)$$

或

$$l_1: = \{x \in l |\ \|x\|_1 < \infty\} \qquad (6-26)$$

一般情况下,线性空间并未构成赋范空间,例如 L 和 l 空间都不是赋范空间,如果按范数存在三条公理的要求给予约束可分别定义各种形式的赋范空间如上述 $L_2, l_2, L_\infty, l_\infty, L_1, l_1$ 等。

(三)内积、内积空间

上面讨论的范数是矢量长度概念的推广,是矢量自身的重要属性。这些概念对于研究若干矢量之间的相互关系仍然不够,为解决这一问题,需要引入内积的概念。由前文已知,范数与信号自身的能量、强度等特征相对应,而内积运算与若干信号之间的相互关系密切相连,在讨论信号之间的正交、相关等概念时将看到这一点。

为引入内积概念,首先考虑直角坐标平面(二维矢量空间)内两矢量相对位置的关系。

图 6-3 示出直角坐标平面中矢量 $x = (x_1, x_2)$ 和 $y = (y_1, y_2)$,它们与水平轴夹角分别为 ϕ_1 和 ϕ_2,两矢量之间夹角 $(\phi_1 - \phi_2)$ 的余弦函数表达式为

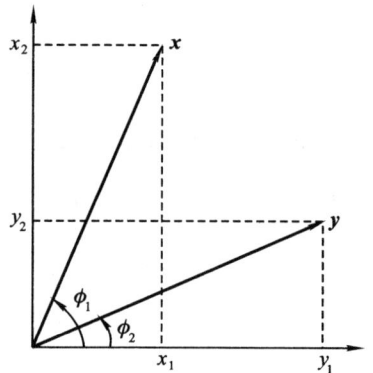

图 6-3 直角坐标平面中矢量 x 与 y

$$\cos(\phi_1 - \phi_2) = (\cos \phi_1)\cos \phi_2 + (\sin \phi_1)\sin \phi_2$$

$$= \frac{x_1}{\sqrt{x_1^2 + x_2^2}} \cdot \frac{y_1}{\sqrt{y_1^2 + y_2^2}} + \frac{x_2}{\sqrt{x_1^2 + x_2^2}} \cdot \frac{y_2}{\sqrt{y_1^2 + y_2^2}}$$

$$= \frac{x_1 y_1 + x_2 y_2}{(x_1^2 + x_2^2)^{\frac{1}{2}} (y_1^2 + y_2^2)^{\frac{1}{2}}} \qquad (6-27)$$

式中分母为两矢量长度的乘积,分子 $x_1 y_1 + x_2 y_2$ 表示两矢量相应坐标值的标量

乘积。利用范数符号,将矢量长度分别写作

$$\|\boldsymbol{x}\|_2 = (x_1^2 + x_2^2)^{\frac{1}{2}} \tag{6-28}$$

$$\|\boldsymbol{y}\|_2 = (y_1^2 + y_2^2)^{\frac{1}{2}} \tag{6-29}$$

于是,标量乘积 $x_1 y_1 + x_2 y_2$ 的表达式为

$$x_1 y_1 + x_2 y_2 = \|\boldsymbol{x}\|_2 \|\boldsymbol{y}\|_2 \cos(\phi_1 - \phi_2) \tag{6-30}$$

这表明,对于给定的矢量长度,标量乘积式(6-30)反映了两矢量之间相对位置的"校准"情况。如果标量乘积为零,$\cos(\phi_1 - \phi_2) = 0$,表示两矢量之夹角为 $90°$;而当 $\cos(\phi_1 - \phi_2) = 1$,也即两矢量夹角为 $0°$ 时,标量乘积取得最大值,即两矢量长度之乘积。

对于三维矢量空间,若两矢量分别为 $\boldsymbol{x} = (x_1, x_2, x_3)$ 和 $\boldsymbol{y} = (y_1, y_2, y_3)$,取标量乘积 $x_1 y_1 + x_2 y_2 + x_3 y_3$ 也可得出与二维矢量空间类似的几何解释,当此式为 0 时表示两矢量之夹角为 $90°$;而当两矢量重合(夹角为 $0°$)时,此式取得最大值。

上述 $x_1 y_1 + x_2 y_2$ 和 $x_1 y_1 + x_2 y_2 + x_3 y_3$ 两表达式分别对应二维和三维矢量空间的内积(也称点积)运算。

设 $\mathbb{R}$ 为实线性空间。如果对于 $\mathbb{R}$ 中任意两元素 $\boldsymbol{x}$ 和 $\boldsymbol{y}$,均有一实数与之对应,此实数记为 $\langle \boldsymbol{x}, \boldsymbol{y} \rangle$,它满足以下公理:

(1) 自内积正定性 $\langle \boldsymbol{x}, \boldsymbol{x} \rangle \geqslant 0$,当且仅当 $\boldsymbol{x} = \boldsymbol{0}$ 时 $\langle \boldsymbol{x}, \boldsymbol{x} \rangle = 0$;

(2) 交换律 $\langle \boldsymbol{x}, \boldsymbol{y} \rangle = \langle \boldsymbol{y}, \boldsymbol{x} \rangle$;

(3) 齐性 $\langle \lambda \boldsymbol{x}, \boldsymbol{y} \rangle = \lambda \langle \boldsymbol{x}, \boldsymbol{y} \rangle$,$\lambda$ 为任意实数;

(4) 分配律 $\langle \boldsymbol{x} + \boldsymbol{y}, \boldsymbol{z} \rangle = \langle \boldsymbol{x}, \boldsymbol{z} \rangle + \langle \boldsymbol{y}, \boldsymbol{z} \rangle$,$\boldsymbol{z} \in \mathbb{R}$,则 $\langle \boldsymbol{x}, \boldsymbol{y} \rangle$ 称为 $\boldsymbol{x}$ 和 $\boldsymbol{y}$ 的内积,$\mathbb{R}$ 称为实内积空间(或欧几里得空间)。

例如,对于 N 维实线性空间,两元素 $\boldsymbol{x}$ 与 $\boldsymbol{y}$ 的内积定义为

$$\langle \boldsymbol{x}, \boldsymbol{y} \rangle = \sum_{i=1}^{N} x_i y_i = \boldsymbol{x}^{\mathrm{T}} \boldsymbol{y} \tag{6-31}$$

其中,$\boldsymbol{x} = (x_1, x_2, \cdots, x_N)^{\mathrm{T}}$ 和 $\boldsymbol{y} = (y_1, y_2, \cdots, y_N)^{\mathrm{T}}$,这正是式(6-30)的推广。

设 $\mathbb{C}$ 为复线性空间。如果对于 $\mathbb{C}$ 中任意两元素 $\boldsymbol{x}$ 和 $\boldsymbol{y}$,均有一复数与之对应,记为 $\langle \boldsymbol{x}, \boldsymbol{y} \rangle$,它满足以下公理:

(1) 自内积正定性 $\langle \boldsymbol{x}, \boldsymbol{x} \rangle$ 为非负实数,$\langle \boldsymbol{x}, \boldsymbol{x} \rangle > 0$,当且仅当 $\boldsymbol{x} = \boldsymbol{0}$ 时,$\langle \boldsymbol{x}, \boldsymbol{x} \rangle = 0$;

(2) 共轭交换性 $\langle \boldsymbol{x}, \boldsymbol{y} \rangle = \langle \boldsymbol{y}, \boldsymbol{x} \rangle^*$;

(3) 齐性 $\langle \lambda \boldsymbol{x}, \boldsymbol{y} \rangle = \lambda \langle \boldsymbol{x}, \boldsymbol{y} \rangle$,$\lambda$ 为任意复数;

(4) 分配律 $\langle \boldsymbol{x} + \boldsymbol{y}, \boldsymbol{z} \rangle = \langle \boldsymbol{x}, \boldsymbol{z} \rangle + \langle \boldsymbol{y}, \boldsymbol{z} \rangle$,$\boldsymbol{z} \in \mathbb{C}$,则称 $\langle \boldsymbol{x}, \boldsymbol{y} \rangle$ 为 $\boldsymbol{x}$ 与 $\boldsymbol{y}$ 的内积,$\mathbb{C}$ 为复内积空间(或称酉空间)。

例如,对于 N 维复线性空间,两元素 $\boldsymbol{x}$ 与 $\boldsymbol{y}$ 的内积定义为

$$\langle \boldsymbol{x}, \boldsymbol{y} \rangle = \sum_{i=1}^{N} x_i y_i^* \tag{6-32}$$

不难看出，元素 x 与自身的内积运算必为正实数，而且等于它的二阶范数之平方，即 $\langle \boldsymbol{x}, \boldsymbol{x} \rangle = \|\boldsymbol{x}\|_2^2$。

上述内积概念可运用于信号矢量空间。

属于信号空间 L 内的两连续时间信号 $\boldsymbol{x}$ 和 $\boldsymbol{y}$ 之内积定义为

$$\langle \boldsymbol{x}, \boldsymbol{y} \rangle = \int_{-\infty}^{\infty} x(t) y(t)^* \, \mathrm{d}t \tag{6-33}$$

属于信号空间 l 内的两离散时间信号 $\boldsymbol{x}$ 和 $\boldsymbol{y}$ 之内积定义为

$$\langle \boldsymbol{x}, \boldsymbol{y} \rangle = \sum_{n \in Z} x(n) y(n)^* \tag{6-34}$$

对于 L 空间或 l 空间，信号 $\boldsymbol{x}$ 与其自身的内积运算表达式分别为

$$\langle \boldsymbol{x}, \boldsymbol{x} \rangle = \int_{-\infty}^{\infty} |x(t)|^2 \, \mathrm{d}t = \|\boldsymbol{x}\|_2^2 \tag{6-35}$$

或

$$\langle \boldsymbol{x}, \boldsymbol{x} \rangle = \sum_{n \in Z} |x(n)|^2 = \|\boldsymbol{x}\|_2^2 \tag{6-36}$$

（四）柯西－施瓦茨不等式

在研究内积特性时，一个很有用的公式称为柯西－施瓦茨(Cauchy - Schwarz)不等式，其表达式为

$$|\langle \boldsymbol{x}, \boldsymbol{y} \rangle|^2 \leqslant \langle \boldsymbol{x}, \boldsymbol{x} \rangle \langle \boldsymbol{y}, \boldsymbol{y} \rangle \tag{6-37}$$

对于二维矢量空间，利用式(6-30)容易得到

$$\frac{\langle \boldsymbol{x}, \boldsymbol{y} \rangle}{\|\boldsymbol{x}\|_2 \|\boldsymbol{y}\|_2} = \cos(\phi_1 - \phi_2) \tag{6-38}$$

$$-1 \leqslant \frac{\langle \boldsymbol{x}, \boldsymbol{y} \rangle}{\|\boldsymbol{x}\|_2 \|\boldsymbol{y}\|_2} \leqslant +1 \tag{6-39}$$

$$\frac{|\langle \boldsymbol{x}, \boldsymbol{y} \rangle|^2}{\langle \boldsymbol{x}, \boldsymbol{x} \rangle \langle \boldsymbol{y}, \boldsymbol{y} \rangle} \leqslant 1 \tag{6-40}$$

于是，式(6-37)得证。

对于一般情况，假定 α 为任意复数，由内积定义可知

$$\langle \boldsymbol{x} - \alpha \boldsymbol{y}, \boldsymbol{x} - \alpha \boldsymbol{y} \rangle \geqslant 0 \tag{6-41}$$

将此不等式左端展开

$$\begin{aligned}\langle \boldsymbol{x} - \alpha \boldsymbol{y}, \boldsymbol{x} - \alpha \boldsymbol{y} \rangle &= \langle \boldsymbol{x}, \boldsymbol{x} \rangle - \langle \boldsymbol{x}, \alpha \boldsymbol{y} \rangle + \langle -\alpha \boldsymbol{y}, \boldsymbol{x} \rangle - \langle -\alpha \boldsymbol{y}, \alpha \boldsymbol{y} \rangle \\ &= \langle \boldsymbol{x}, \boldsymbol{x} \rangle - \alpha \langle \boldsymbol{x}, \boldsymbol{y} \rangle^* - \alpha^* \langle \boldsymbol{x}, \boldsymbol{y} \rangle + |\alpha|^2 \langle \boldsymbol{y}, \boldsymbol{y} \rangle \end{aligned} \tag{6-42}$$

在以上推导中引用了复内积空间的公理(包括分配律、共轭交换和齐性)，还用到以下约束关系

$$\langle \boldsymbol{x}, \alpha \boldsymbol{y} \rangle = \alpha^* \langle \boldsymbol{x}, \boldsymbol{y} \rangle \tag{6-43}$$

式(6-43)可由共轭交换与齐性推证得出(作为练习,请读者自己证明)。

令
$$\alpha = \frac{\langle x,y \rangle}{\langle y,y \rangle} \tag{6-44}$$

代入式(6-42)后得到

$$\langle x - \alpha y, x - \alpha y \rangle = \langle x,x \rangle - \frac{\langle x,y \rangle \langle x,y \rangle^*}{\langle y,y \rangle}$$
$$- \frac{\langle x,y \rangle^* \langle x,y \rangle}{\langle y,y \rangle} + \frac{\langle x,y \rangle \langle x,y \rangle^*}{\langle y,y \rangle} \tag{6-45}$$

化简后代入式(6-41)得到

$$\langle x,x \rangle - \frac{|\langle x,y \rangle|^2}{\langle y,y \rangle} \geq 0 \tag{6-46}$$

于是式(6-37)得证。

利用式(6-37)可以解释信号内积空间与信号能量受限的对应关系。对于 L 空间或 l 空间,任意两元素之内积有可能为无穷大,因此,L 空间或 l 空间都不能构成内积空间。而对于能量受限的信号空间 L_2 或 l_2,其二阶范数均为有限值,由柯西-施瓦茨不等式可知,内积为有限值,所以 L_2 或 l_2 构成内积空间。

6.3 信号的正交函数分解

信号分解为正交函数分量的原理与矢量分解为正交矢量的概念类似。本节利用二维矢量空间较形象的概念引出正交函数和正交函数集的定义。

(一) 二维空间的正交矢量

考察两个矢量 x 和 y 如图6-4(a)所示。若由 x 的端点做直线垂直于矢量 y,则被分割的部分 cy 称为矢量 x 在 y 上的投影或分量。如果将垂线也表示为矢量 v,则三个矢量 x,cy,v 组成矢量三角形,它们之间有下列关系

$$x - cy = v \tag{6-47}$$

这表明,若用矢量 cy 来近似地描述矢量 x,两者之间的误差是矢量 v。

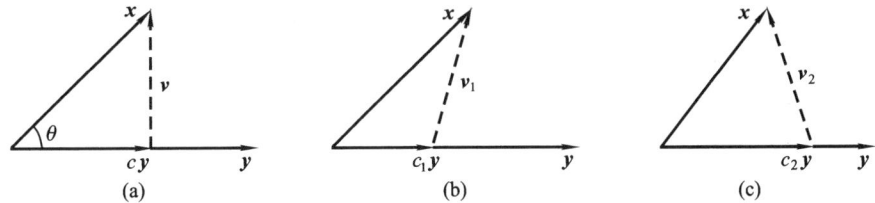

图6-4 矢量 x 在矢量 y 上的分量

在图6-4(b)和(c)分别示出 x 在 y 上的斜投影 $c_1 y$ 和 $c_2 y$,显然,这样的斜投影分量可有无穷多个。若用 $c_1 y$ 或 $c_2 y$ 去表示 x,其误差矢量 v_1 和 v_2 都要大

于以垂直投影表示时的误差矢量 v。因此，可得出以下结论，若要用 y 上的矢量近似描述另一矢量 x，为使误差最小，应选取 x 在 y 上的垂直投影 cy 如图 6 – 4 (a) 所示。若矢量 x 与 y 的模(矢量长度)分别以 $\|x\|_2$ 和 $\|y\|_2$ 表示，两矢量间夹角为 θ，容易写出

$$c\|y\|_2 = \|x\|_2 \cos\theta$$
$$= \frac{\|x\|_2 \|y\|_2 \cos\theta}{\|y\|_2} \tag{6-48}$$

利用式(6 – 48)关系可求得由内积描述的 c 表达式

$$c = \frac{\langle x,y \rangle}{\langle y,y \rangle}$$

系数 c 标志着矢量 x 与 y 相互接近的程度。当 x 与 y 完全重合时，$\theta = 0$，$c = 1$；随着 θ 增大，c 减小；当 $\theta = 90°$ 时，$c = 0$。对于最后这种情况，称 x 与 y 相互垂直的矢量为正交矢量，这时，矢量 x 在矢量 y 的方向没有分量(系数 c 等于零)。

根据上述原理，可以将一个平面中的任意矢量在直角坐标中分解为两个正交矢量的组合。为便于研究矢量分解，把相互正交的两个矢量组成一个二维的"正交矢量集"，这样，在此平面上的任意分量都可用二维正交矢量集的分量组合来代表。

将此概念推广，对于一个三维空间中的矢量，可以用一个三维的正交矢量集来表示它。在一般情况下，不能用二维正交矢量集去表示三维空间的矢量，如果这样做必将留有误差。或者说，三维的空间矢量必须分解为三维正交矢量的组合。

上述正交矢量分解的概念，可推广应用于 n 维信号矢量空间。

(二) 正交函数

假设，要在区间 $(t_1 < t < t_2)$ 内用函数 $f_2(t)$ 近似表示 $f_1(t)$

$$f_1(t) \approx c_{12} f_2(t) \qquad (t_1 < t < t_2)$$

这里的系数怎样选择才能得到最佳的近似？当然，应选取 c_{12} 使实际函数与近似函数之间的误差在区间 $(t_1 < t < t_2)$ 内为最小。所谓误差最小不是指平均误差最小，因为在平均误差很小或等于零的情况下，也可能有较大的正误差与负误差在平均过程中相抵消，以致不能正确反映两函数的近似程度。我们选择误差的方均值(或称均方值)最小，这时，可以认为已经得到了最好的近似。误差的方均值也称方均误差，以符号 $\overline{\varepsilon^2}$ 表示

$$\overline{\varepsilon^2} = \frac{1}{(t_2 - t_1)} \int_{t_1}^{t_2} [f_1(t) - c_{12} f_2(t)]^2 dt \tag{6-49}$$

为求得使 $\overline{\varepsilon^2}$ 最小之 c_{12} 值，必须使

$$\frac{d\overline{\varepsilon^2}}{dc_{12}} = 0$$

即

$$\frac{\mathrm{d}}{\mathrm{d}c_{12}}\left\{\frac{1}{(t_2-t_1)}\int_{t_1}^{t_2}[f_1(t)-c_{12}f_2(t)]^2\mathrm{d}t\right\}=0 \quad (6-50)$$

交换微分与积分次序,得到

$$\frac{1}{t_2-t_1}\left[\int_{t_1}^{t_2}\frac{\mathrm{d}}{\mathrm{d}c_{12}}f_1^2(t)\mathrm{d}t-2\int_{t_1}^{t_2}f_1(t)f_2(t)\mathrm{d}t+2c_{12}\int_{t_1}^{t_2}f_2^2(t)\mathrm{d}t\right]=0 \quad (6-51)$$

显然,上式中第一项等于零,于是求出

$$c_{12}=\frac{\int_{t_1}^{t_2}f_1(t)f_2(t)\mathrm{d}t}{\int_{t_1}^{t_2}f_2^2(t)\mathrm{d}t} \quad (6-52)$$

由式(6-52)可知:函数$f_1(t)$有$f_2(t)$的分量,此分量的系数(振幅)是c_{12}。如果c_{12}等于零,则$f_1(t)$不包含$f_2(t)$的分量,这种情况称为:$f_1(t)$与$f_2(t)$在区间(t_1,t_2)内正交。由式(6-52)得出两个函数在区间(t_1,t_2)内正交的条件是

$$\int_{t_1}^{t_2}f_1(t)f_2(t)\mathrm{d}t=0 \quad (6-53)$$

如果试图用与某函数互为正交的函数来作它的近似,那么,c_{12}的最佳值是零。这就是说,与其用它的正交函数来近似,不如用零函数$f(t)=0$来表示。

利用矢量空间内积运算的概念,在区间$(t_1<t<t_2)$内式(6-52)可写作

$$c_{12}=\frac{\langle f_1(t),f_2(t)\rangle}{\langle f_2(t),f_2(t)\rangle} \quad (6-54)$$

显然,在矢量空间内,若两信号之内积为零则构成正交函数。

下面举出求c_{12}的实例。

例 6-1 设矩形脉冲$f(t)$有如下定义

$$f(t)=\begin{cases}+1 & (0<t<\pi)\\ -1 & (\pi<t<2\pi)\end{cases}$$

波形如图6-5所示,试用正弦波$\sin t$在区间$(0,2\pi)$之内近似表示此函数,使方均误差最小。

解 函数$f(t)$在区间$(0,2\pi)$内近似为

$$f(t)\approx c_{12}\sin t$$

为使方均误差最小,c_{12}应满足

$$c_{12}=\frac{\int_0^{2\pi}f(t)\sin t\,\mathrm{d}t}{\int_0^{2\pi}\sin^2 t\,\mathrm{d}t}$$

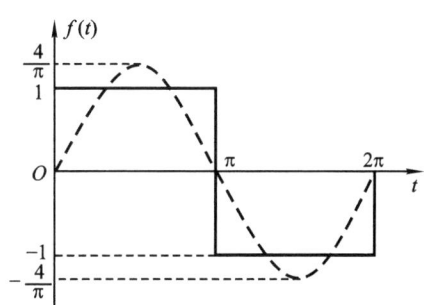

图6-5 用正弦波近似表示矩形波

$$= \frac{1}{\pi} \left[\int_0^\pi \sin t \, dt + \int_\pi^{2\pi} (-\sin t) \, dt \right] = \frac{4}{\pi}$$

所以

$$f(t) \approx \frac{4}{\pi} \sin t$$

近似波形是振幅为 $\frac{4}{\pi}$ 的正弦波如图 6-5 中虚线所示。

例 6-2 试用正弦函数 $\sin t$ 在区间 $(0, 2\pi)$ 内来近似表示余弦函数 $\cos t$。

解 显然，由于

$$\int_0^{2\pi} \cos t \sin t \, dt = 0$$

所以

$$c_{12} = 0$$

也即，余弦信号 $\cos t$ 不包含正弦信号 $\sin t$ 分量。或者说 $\cos t$ 与 $\sin t$ 两函数正交。

(三) 正交函数集

假设有 n 个函数 $g_1(t), g_2(t), \cdots, g_n(t)$ 构成的一个函数集，这些函数在区间 (t_1, t_2) 内满足如下的正交特性

$$\left. \begin{aligned} \int_{t_1}^{t_2} g_i(t) g_j(t) \, dt &= 0 \quad (i \neq j) \\ \int_{t_1}^{t_2} g_i^2(t) \, dt &= K_i \end{aligned} \right\} \tag{6-55}$$

或

$$\begin{aligned} \langle g_i(t), g_j(t) \rangle &= 0 \quad (i \neq j) \\ \langle g_i(t), g_i(t) \rangle &= K_i \end{aligned} \tag{6-56}$$

则此函数集称为正交函数集。

令任一函数 $f(t)$ 在区间 (t_1, t_2) 内由这 n 个互相正交的函数线性组合所近似，表示式为

$$\begin{aligned} f(t) &\approx c_1 g_1(t) + c_2 g_2(t) + \cdots + c_n g_n(t) \\ &= \sum_{r=1}^{n} c_r g_r(t) \end{aligned} \tag{6-57}$$

为满足最佳近似的要求，可利用方均误差 $\overline{\varepsilon^2}$ 最小的条件求系数 $c_1, c_2, \cdots, c_n$。方均误差表示式为

$$\overline{\varepsilon^2} = \frac{1}{t_2 - t_1} \int_{t_1}^{t_2} \left[f(t) - \sum_{r=1}^{n} c_r g_r(t) \right]^2 dt \tag{6-58}$$

对于第 i 个系数 c_i，要使 $\overline{\varepsilon^2}$ 最小应满足

$$\frac{\partial \overline{\varepsilon^2}}{\partial c_i} = 0$$

将 $\overline{\varepsilon^2}$ 表示式代入此式得到

$$\frac{\partial}{\partial c_i}\left\{\int_{t_1}^{t_2}[f(t) - \sum_{r=1}^{n} c_r g_r(t)]^2 dt\right\} = 0 \qquad (6-59)$$

展开此被积函数,注意到由正交函数交叉相乘产生的所有各项都为零,而且,所有不包含 c_i 的各项对 c_i 求导也等于零。这样,就使式(6-59)中只剩下两项不为零,如下所示

$$\frac{\partial}{\partial c_i}\int_{t_1}^{t_2}[-2c_i f(t) g_i(t) + c_i^2 g_i^2(t)] dt = 0 \qquad (6-60)$$

变换微分与积分次序,得到

$$\int_{t_1}^{t_2} f(t) g_i(t) dt = c_i \int_{t_1}^{t_2} g_i^2(t) dt \qquad (6-61)$$

于是求出 c_i

$$c_i = \frac{\int_{t_1}^{t_2} f(t) g_i(t) dt}{\int_{t_1}^{t_2} g_i^2(t) dt}$$

$$= \frac{1}{K_i}\int_{t_1}^{t_2} f(t) g_i(t) dt \qquad (6-62)$$

这就是满足最小方均误差条件下,式(6-57)中各系数 c_i 的表示式。

当按式(6-62)选取 c_i 时,将 c_i 代回 $\overline{\varepsilon^2}$ 表示式可求得最佳近似条件下的方均误差

$$\overline{\varepsilon^2} = \frac{1}{t_2 - t_1}\int_{t_1}^{t_2}[f(t) - \sum_{r=1}^{n} c_r g_r(t)]^2 dt$$

$$= \frac{1}{t_2 - t_1}\Big[\int_{t_1}^{t_2} f^2(t) dt + \sum_{r=1}^{n} c_r^2 \int_{t_1}^{t_2} g_r^2(t) dt$$

$$- 2\sum_{r=1}^{n} c_r \int_{t_1}^{t_2} f(t) g_r(t) dt\Big] \qquad (6-63)$$

注意到 $\int_{t_1}^{t_2} g_r^2(t) dt = K_r$,$\int_{t_1}^{t_2} f(t) g_r(t) dt = c_r K_r$ [利用式(6-62)取下标 $i=r$] 得到

$$\overline{\varepsilon^2} = \frac{1}{t_2 - t_1}\Big[\int_{t_1}^{t_2} f^2(t) dt + \sum_{r=1}^{n} c_r^2 K_r - 2\sum_{r=1}^{n} c_r^2 K_r\Big]$$

$$= \frac{1}{t_2 - t_1}\Big[\int_{t_1}^{t_2} f^2(t) dt - \sum_{r=1}^{n} c_r^2 K_r\Big] \qquad (6-64)$$

利用式(6-64)可直接求得给定项数 n 条件下的最小方均误差。

如果对某一正交函数集 $K_i = 1$，也就是

$$\int_{t_1}^{t_2} g_i^2(t) \, dt = 1 \tag{6-65}$$

或

$$\langle g_i(t), g_i(t) \rangle = 1 \tag{6-66}$$

那么，称此函数集为"规格化正交函数集"（或"归一化正交函数集"）。

当把函数 $f(t)$ 近似为规格化正交函数线性组合时，求系数 c_i 与最小方均误差 $\overline{\varepsilon^2}$ 的表示式简化为

$$c_i = \int_{t_1}^{t_2} f(t) g_i(t) \, dt \tag{6-67}$$

$$\overline{\varepsilon^2} = \frac{1}{t_2 - t_1} \left[\int_{t_1}^{t_2} f^2(t) \, dt - \sum_{r=1}^{n} c_r^2 \right] \tag{6-68}$$

（四）复变函数的正交特性

上述讨论，仅限于考虑实变量的实函数的正交特性。如果所讨论的函数 $f_1(t)$ 和 $f_2(t)$ 是实变量 t 的复变函数，那么有关正交特性的描述如下：

若 $f_1(t)$ 在区间 (t_1, t_2) 内可以由 $c_{12} f_2(t)$ 来近似

$$f_1(t) \approx c_{12} f_2(t) \tag{6-69}$$

使方均误差幅度为最小的 c_{12} 之最佳值是

$$c_{12} = \frac{\int_{t_1}^{t_2} f_1(t) f_2^*(t) \, dt}{\int_{t_1}^{t_2} f_2(t) f_2^*(t) \, dt} \tag{6-70}$$

式中 $f_2^*(t)$ 是 $f_2(t)$ 的复共轭函数。

两个复变函数 $f_1(t)$ 和 $f_2(t)$ 在区间 (t_1, t_2) 内互相正交的条件是

$$\int_{t_1}^{t_2} f_1(t) f_2^*(t) \, dt = \int_{t_1}^{t_2} f_1^*(t) f_2(t) \, dt = 0 \tag{6-71}$$

或

$$\langle f_1(t), f_2(t) \rangle = 0 \tag{6-72}$$

如果在区间 (t_1, t_2) 内，复变函数集 $\{g_r(t)\}$ $(r = 1, 2, \cdots, n)$ 满足以下关系

$$\left. \begin{aligned} \int_{t_1}^{t_2} g_i(t) g_j^*(t) \, dt &= 0 \quad (i \neq j) \\ \int_{t_1}^{t_2} g_i(t) g_i^*(t) \, dt &= K_i \end{aligned} \right\} \tag{6-73}$$

或

$$\left.\begin{array}{l}\langle g_i(t), g_j(t)\rangle = 0 \quad (i \neq j) \\ \langle g_i(t), g_i(t)\rangle = K_i\end{array}\right\} \quad (6-74)$$

则此复变函数集为正交函数集。

6.4 完备正交函数集、帕塞瓦尔定理

由式(6-64)可以看到:如果增加 n,用更多项的正交函数来近似表示 $f(t)$,那么,误差将变小。进一步考虑,当 n 趋于无限大时,级数取和 $\sum_{r=1}^{\infty} c_r^2 K_r$ 能否收敛为 $\int_{t_1}^{t_2} f^2(t) \mathrm{d}t$ 呢? 也就是说,方均误差 $\overline{\varepsilon^2}$ 是否可以减小到零呢? 为回答此问题,给出完备正交函数集的概念。

"完备正交函数集"有两种定义方式,分述如下。

如果用正交函数集 $g_1(t), g_2(t), \cdots, g_n(t)$ 在区间 (t_1, t_2) 近似表示函数 $f(t)$

$$f(t) \approx \sum_{r=1}^{n} c_r g_r(t) \quad (6-75)$$

方均误差为

$$\overline{\varepsilon^2} = \frac{1}{t_2 - t_1} \int_{t_1}^{t_2} \left[f(t) - \sum_{r=1}^{n} c_r g_r(t) \right]^2 \mathrm{d}t \quad (6-76)$$

若令 n 趋于无限大,$\overline{\varepsilon^2}$ 的极限等于零

$$\lim_{n \to \infty} \overline{\varepsilon^2} = 0 \quad (6-77)$$

则此函数集称为完备正交函数集。

很明显,$\overline{\varepsilon^2} = 0$ 也就意味着 $f(t)$ 可以由无穷级数来表示

$$f(t) = c_1 g_1(t) + c_2 g_2(t) + \cdots + c_r g_r(t) + \cdots \quad (6-78)$$

等式(6-78)右端的无穷级数收敛于 $f(t)$。也即,用级数表示 $f(t)$ 的式(6-78)不是近似式,而是等式。

另一种定义方法如下:

如果在正交函数集 $g_1(t), g_2(t), \cdots, g_n(t)$ 之外,不存在函数 $x(t)$

$$0 < \int_{t_1}^{t_2} x^2(t) \mathrm{d}t < \infty \quad (6-79)$$

满足等式

$$\int_{t_1}^{t_2} x(t) g_i(t) \mathrm{d}t = 0 \quad (6-80)$$

(i 为任意正整数)

则此函数集称为完备正交函数集。

如果能找到一个函数 $x(t)$，使得式(6-80)成立——积分为零，即可说明，$x(t)$ 与函数集 $\{g_n(t)\}$ 的每个函数是正交的，因而它本身就应属于此函数集。显然，不包含 $x(t)$，此函数集就不完备。

注意到前节讨论矢量分析时曾指出，在三维空间的物理世界中，用三维正交矢量集可以无误差地表示任意矢量，而用二维的正交矢量集则不能。现在以完备正交的观点来说明此问题。在矢量分析中，对于三维空间，只有三维的正交矢量集是完备的正交矢量集，而二维的正交矢量集则不是完备正交矢量集。

从式(6-64)或式(6-68)可以看出，如果 $\overline{\varepsilon^2}=0$，应满足以下关系

$$\int_{t_1}^{t_2} f^2(t)\,dt = \sum_{r=1}^{\infty} c_r^2 K_r \qquad (6-81)$$

或

$$\int_{t_1}^{t_2} f^2(t)\,dt = \sum_{r=1}^{\infty} c_r^2 \qquad (6-82)$$

式(6-82)与式(6-81)称为"帕塞瓦尔方程"。对于完备正交函数与规格化完备正交函数应满足帕塞瓦尔方程，这一约束规律称为帕塞瓦尔定理。

我们用帕塞瓦尔定理来说明完备正交的物理意义。帕塞瓦尔定理告诉我们，一信号(电压或电流)所含有的功率恒等于此信号在完备正交函数集中各分量功率之总和。与此情况相反，如果信号在正交函数集中各分量的功率总和不等于信号本身的功率，于是，式(6-81)的能量平衡关系就不成立，该正交函数集不完备。

从数学意义讲，帕塞瓦尔方程体现了矢量空间信号正交变换的范数不变性(内积不变性)。若将正交函数展开各系数写作矢量 $\boldsymbol{c}=[c_1,c_2,\cdots,c_r,\cdots]$，式(6-82)可写作范数(内积)表达式

$$\langle f(t),f(t)\rangle = \langle \boldsymbol{c},\boldsymbol{c}\rangle \qquad (6-83)$$

对于某一函数，可以利用它在完备正交函数集中各分量的线性组合来表示，这种表示方法称为函数的广义傅里叶级数展开。三角函数集是应用最广的一种完备正交函数集，通常，可将一周期信号展开为各三角函数分量的叠加。然而，完备正交函数集有许多种，不仅限于三角函数集。同一被展开的函数可以用不同形式的正交函数来表示。在矢量分析中可以看到与此类似的现象，对于三维空间的同一矢量，可以按不同的三维坐标系统进行分解。对于同一信号，无论用何种形式的完备正交函数表示，都必须遵循帕塞瓦尔定理的规律，保持其能量不变或范数不变的物理与数学本质。

下面给出几种正交函数集的实例。

（一）三角函数集

（二）复指数函数集

在第三、五章已经详细研究了这两种正交函数集的性质及其应用，它们都是

完备的。这两种函数集有着密切的联系,一种系数可由另一级数的系数求得。本章后面几节,还要进一步介绍它们的应用。

(三) 勒让德多项式

勒让德(Legendre)多项式的定义为

$$P_n(t) = \frac{1}{2^n n!} \frac{d^n}{dt^n}(t^2-1)^n \qquad (6-84)$$

$$(n = 0, 1, 2, \cdots)$$

由此写出

$$P_0(t) = 1$$

$$P_1(t) = t$$

$$P_2(t) = \left(\frac{3}{2}t^2 - \frac{1}{2}\right)$$

$$P_3(t) = \left(\frac{5}{2}t^3 - \frac{3}{2}t\right)$$

$$\cdots\cdots\cdots$$

一组勒让德多项式 $\{P_n(t)\}$ ($n = 0, 1, 2, \cdots$) 在区间 ($-1 < t < 1$) 内构成一个完备正交函数集。

此外,还有一些多项式也可构成正交函数集,如雅可比(Jacobi)多项式,切比雪夫(Chebyshev)多项式等。

(四) 拉德马赫(Rademacher)函数集

假如被展开的函数 $f(t)$ 是矩形脉冲,那么,设想利用一组相互正交的矩形脉冲函数来表示 $f(t)$ 可能更方便。图 6-6 示出由一组矩形脉冲组成的正交函数集,称为拉德马赫函数集,图中只给出了前 4 个序号的函数波形。这组正交函数是不完备的。但是,利用它可以表示其他的完备正交函数。

(五) 沃尔什(Walsh)函数集

沃尔什函数也是只取 +1 和 -1 两个可能的数值,波形也呈矩形脉冲。沃尔什函数集是完备的正交函数集。目

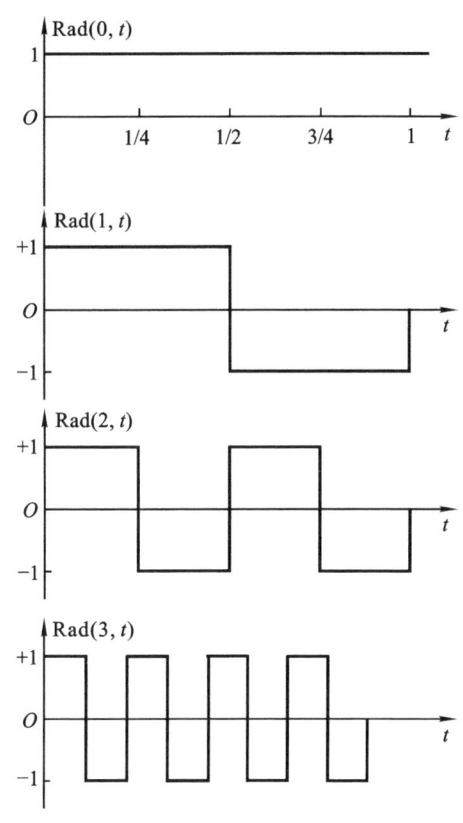

图 6-6 前 4 个拉德马赫函数波形

前,沃尔什函数集已有不少应用,在信号传输与处理方面,沃尔什变换是一种重要的正交变换方法。下一节将介绍沃尔什函数。

6.5 沃尔什函数

以正弦－余弦函数为基础的傅里叶变换方法是目前信号与系统分析中的主要工具,然而,在电信技术发展史上,非正弦信号的研究与应用也曾受到重视。19 世纪传输电报信号就是利用矩形脉冲,由电键产生电流脉冲信号,用继电器放大和检测。当时,正弦－余弦函数以及傅里叶分析等数学基础虽已成熟,但是因为没有找到简便、实用的方法产生、传输和变换正弦信号,所以还不能将这些理论知识广泛应用于电信工程实际之中。从 19 世纪末到 20 世纪初,制作电感、电容以及滤波器、振荡器的问题逐步得到解决,于是在无线电技术中,正弦－余弦函数以及傅里叶变换方法才得到广泛应用和进一步发展。

20 世纪 60 年代末至 70 年代初,数字技术与计算机科学迅速发展,利用开关元件产生和处理数字信号十分简便易行,不但体积小、重量轻,而且可靠性高。于是,人们对于使用非正弦信号的问题又重新重视起来,企图在这方面寻求新的工具和分析方法,以适应数字技术与计算机科学的新发展。

在各种非正弦函数的研究之中,沃尔什(Walsh)函数、哈尔(Haar)函数、拉德马赫(Rademacher)函数等等引起人们的注意。它们的主要特点是只取两个数值,这与数字逻辑电路只取两个状态的特点一致,同时,它们也具有一些与正弦—余弦函数类似的特性,如正交特性。

从历史发展来看,哈尔函数是 1910 年由匈牙利数学家哈尔(A. Haar)首先提出的,它是一组完备的正交函数。1923 年美国数学家沃尔什(J. L. Walsh)提出沃尔什函数,这也是一组完备的正交函数集。几乎同时,约在 1922 年德国数学家拉德马赫(H. Rademacher)提出另一组只取两个数值的正交函数,称为拉德马赫函数,它是不完备的正交函数集,然而可以间接用来给出沃尔什函数的表示方法。以上几种非正弦的正交函数各有不同特点,相互之间有着密切联系,其中,以沃尔什函数应用较多。早在 20 世纪 30 年代左右,这几种函数的数学基础已经成熟,但是,它们的广泛应用直到 20 世纪 70 年代才得以实现。沃尔什函数被搁置了近 50 年,又得到了进一步的发展。

下面介绍沃尔什函数的定义、性质以及沃尔什级数的简单应用。有关沃尔什函数的进一步应用见参考书目[1]第九章。

(一) 定义

沃尔什函数可从不同的途径推导出来,每种方法都有它的特点,这里只介绍用三角函数定义的沃尔什函数表示方法,表达式如下

$$\mathrm{Wal}(k,t) = \prod_{r=0}^{p-1} \mathrm{sgn}[\cos(k_r 2^r \pi t)] \quad (0 \leq t < 1) \tag{6-85}$$

式中,k——沃尔什函数编号,为非负整数。k 的二进制表示式为

$$k = \sum_{r=0}^{p-1} k_r 2^r$$

k_r 为 0 或 1——k 的二进制表示式中各位二进数字的值。

p——k 的二进制表示式的位数。

sgn 表示"符号函数"。

在式(6-85)中,沃尔什函数 $\mathrm{Wal}(k,t)$ 定义于区间 $0 \leq t < 1$。对于确定的沃尔什函数编号 k,$\mathrm{Wal}(k,t)$ 是变量 t 的函数。

按式(6-85)定义画出的前 8 个沃尔什函数波形如图 6-7 所示。

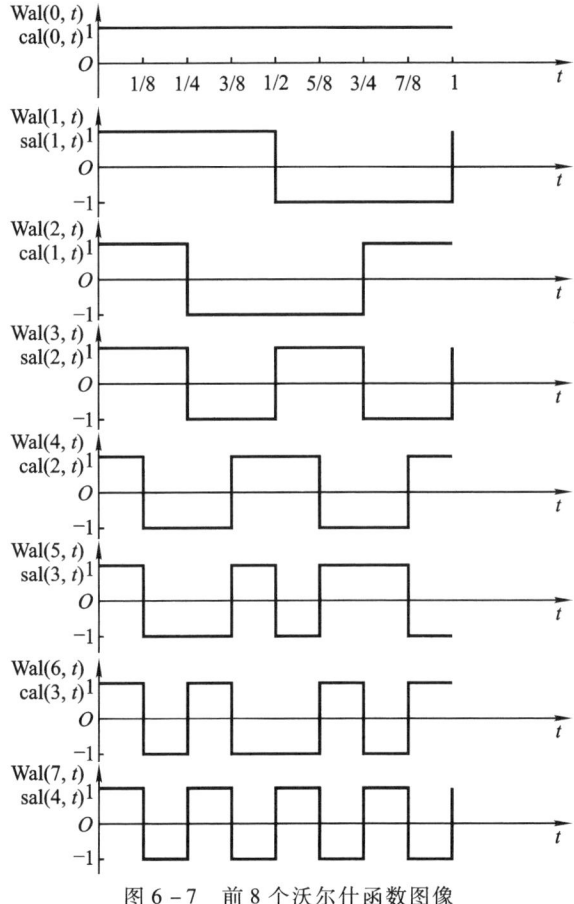

图 6-7 前 8 个沃尔什函数图像

在定义区间 $0 \leq t < 1$ 之外,将原波形周期性地重复,就使定义延拓到整个 t 轴上。这样 $\mathrm{Wal}(k,t)$ 就是以 1 为周期的函数,即

$$\mathrm{Wal}(k,t\pm 1)=\mathrm{Wal}(k,t) \qquad (6-86)$$

例如,为写出 $\mathrm{Wal}(5,t)$ 的定义式,首先需写出 $k=5$ 时 k 的二进制表示式,以便决定 k_r。因为

$$5=1\times 2^2+0\times 2^1+1\times 2^0 \qquad (6-87)$$

所以知道

$$k_2=1,k_1=0,k_0=1$$

而且可以看出,5 的二进制表示式位数是 3 位,所以 $p=3$。

将以上数值代入式 (6-85) 得出

$$\begin{aligned}\mathrm{Wal}(5,t)&=\prod_{r=0}^{2}\mathrm{sgn}[\cos(k_r 2^r \pi t)]\\ &=\mathrm{sgn}[\cos(k_2 2^2 \pi t)]\cdot\mathrm{sgn}[\cos(k_1 2^1 \pi t)]\cdot\mathrm{sgn}[\cos(k_0 2^0 \pi t)]\\ &=\mathrm{sgn}[\cos(4\pi t)]\cdot\mathrm{sgn}[\cos(\pi t)]\end{aligned} \qquad (6-88)$$

式 (6-88) 表明,将 $\cos(4\pi t)$ 与 $\cos(\pi t)$ 分别取符号再相乘,就可得到 $\mathrm{Wal}(5,t)$。

下面,以同样方法写出与图 6-7 对应的前 8 个沃尔什函数表示式

$$\mathrm{Wal}(0,t)=\mathrm{sgn}[\cos(0t)]=1$$
$$\mathrm{Wal}(1,t)=\mathrm{sgn}[\cos(\pi t)]\cdot\mathrm{sgn}[\cos(0t)]=\mathrm{sgn}[\cos(\pi t)]$$
$$\mathrm{Wal}(2,t)=\mathrm{sgn}[\cos(2\pi t)]\cdot\mathrm{sgn}[\cos(0t)]=\mathrm{sgn}[\cos(2\pi t)]$$
$$\mathrm{Wal}(3,t)=\mathrm{sgn}[\cos(2\pi t)]\cdot\mathrm{sgn}[\cos(\pi t)]=\mathrm{Wal}(2,t)\cdot\mathrm{Wal}(1,t)$$
$$\mathrm{Wal}(4,t)=\mathrm{sgn}[\cos(4\pi t)]$$
$$\mathrm{Wal}(5,t)=\mathrm{sgn}[\cos(4\pi t)]\cdot\mathrm{sgn}[\cos(\pi t)]=\mathrm{Wal}(4,t)\cdot\mathrm{Wal}(1,t)$$
$$\mathrm{Wal}(6,t)=\mathrm{sgn}[\cos(4\pi t)]\cdot\mathrm{sgn}[\cos(2\pi t)]=\mathrm{Wal}(4,t)\cdot\mathrm{Wal}(2,t)$$
$$\begin{aligned}\mathrm{Wal}(7,t)&=\mathrm{sgn}[\cos(4\pi t)]\cdot\mathrm{sgn}[\cos(2\pi t)]\cdot\mathrm{sgn}[\cos(\pi t)]\\ &=\mathrm{Wal}(4,t)\cdot\mathrm{Wal}(2,t)\cdot\mathrm{Wal}(1,t)\\ &=\mathrm{Wal}(6,t)\cdot\mathrm{Wal}(1,t)\end{aligned}$$

由式 (6-85) 还可看出,$\mathrm{Wal}(k,t)$ 等于若干因子 $\mathrm{sgn}[\cos(k_r 2^r \pi t)]$ 之连乘积。这些因子除 $\mathrm{sgn}[\cos(\pi t)]$ 之外,其他因子对于 $t=\dfrac{1}{2}$ 都是偶对称的。当 k 为奇数时,$k_0=1$,$\mathrm{sgn}[\cos(\pi t)]$ 项存在;而当 k 为偶数时,$k_0=0$,连乘积中不包含 $\mathrm{sgn}[\cos(\pi t)]$ 项。因此,若 k 为奇数,则 $\mathrm{Wal}(k,t)$ 对于 $t=\dfrac{1}{2}$ 点是奇函数;而 k 为偶数时,$\mathrm{Wal}(k,t)$ 对于 $t=\dfrac{1}{2}$ 点是偶函数。

当按式 (6-85) 将 $\mathrm{Wal}(k,t)$ 延拓到全部 t 轴时,这种对称性对于 $t=0$ 点依然成立。也即,当 k 为奇数时,$\mathrm{Wal}(k,t)$ 对原点是奇函数;当 k 为偶数时,$\mathrm{Wal}(k,t)$ 对原点是偶函数。这一性质类似于正弦函数和余弦函数。为便于和三角函数比较,可将 $\mathrm{Wal}(k,t)$ 再分为两类,表示如下

$$\mathrm{Wal}(k,t) = \begin{cases} \mathrm{sal}(m,t) & (\text{当 } k=2m-1, m=1,2,3,\cdots) \\ \mathrm{cal}(m,t) & (\text{当 } k=2m, m=0,1,2,\cdots) \end{cases}$$

此处,sal 类似于 sin,为奇函数;cal 则与 cos 类似,是偶函数。在图 6-7 中也标注了这种名称。

对于三角函数,我们曾用每秒内的周期数定义频率。对于沃尔什函数,因为在时基 $0 \leqslant t < 1$ 之内不一定呈周期重复,因此,不能作简单的类比。但是,可以用单位时间内波形过零的次数来进行比较。从三角函数来看,如果将 $\sin(n2\pi t)$ 和 $\cos(n2\pi t)$ 在 $0 \leqslant t < 1$ 内的过零点次数除以 2,即等于 n(也就是当基波频率等于 1 时的 n 次谐波频率)。同理,对于沃尔什函数,在单位时间内(时基为 1),$\mathrm{sal}(m,t)$ 和 $\mathrm{cal}(m,t)$ 过零点数之半也等于 m。这里,将 m 称为"序率"(或"列率",sequency)。序率的单位目前尚无统一规定,可以记作 zps(zero per second,每秒过零次数),也有人建议以哈姆(Harm)为单位,记作 Hm。

为便于与熟知的频域法相区别,有时把根据沃尔什函数所诱导出来的分析方法称为"序域法",序域法的建立使系统分析中变换域方法的内容更加丰富。

需要指出,上面讨论中把 $\mathrm{Wal}(k,t)$ 当作时间变量的函数看待,实际上,t 不一定代表时间,这里仅仅是一个自变量的符号,它也可作为其他变量。例如,在处理图像信号时就可以用距离(位置)作变量。

(二) 性质

(1) 相乘关系

$$\mathrm{Wal}(h,t) \cdot \mathrm{Wal}(k,t) = \mathrm{Wal}(h \oplus k, t) \qquad (6-89)$$

式中 $\oplus$ 为模 2(不进位)加法运算,例如

$$\mathrm{Wal}(3,t) \cdot \mathrm{Wal}(6,t) = \mathrm{Wal}(3 \oplus 6, t) = \mathrm{Wal}(5,t)$$

$$\begin{array}{r} (3)_{10\text{进}} = (0\ \ 1\ \ 1)_{2\text{进}} \\ \oplus (6)_{10\text{进}} = (1\ \ 1\ \ 0)_{2\text{进}} \\ \hline (5)_{10\text{进}} = (1\ \ 0\ \ 1)_{2\text{进}} \end{array}$$

下面研究 h,k 为任意值时,式(6-89)的正确性,设

$$h = \sum_{r=0}^{p-1} h_r 2^r$$

$$k = \sum_{r=0}^{l-1} k_r 2^r$$

这里,h,k 都是二进制表示式,h_r 与 k_r 只取 0 或 1。根据沃尔什函数的定义式(6-85)可以看出:当 h_r 与 k_r 相同时(都为 0 或都为 1),式(6-89)左方对应的两个因子相乘等于 1

$$\mathrm{sgn}[\cos(h_r 2^r \pi t)] \cdot \mathrm{sgn}[\cos(k_r 2^r \pi t)] = 1$$

因此,式(6-89)左方的乘积只由 $h_r \neq k_r$ 的符号函数乘积所决定,这些乘积与

Wal($h \oplus k, t$)的乘积因子一致,所以式(6-89)的结论成立。

由此性质可得到以下推论

$$[\text{Wal}(k,t)]^2 = 1 \tag{6-90}$$

$$\text{cal}(i,t) \cdot \text{cal}(j,t) = \text{cal}(i \oplus j, t) \tag{6-91}$$

$$\text{sal}(i,t) \cdot \text{sal}(j,t) = \text{cal}[(i-1) \oplus (j-1), t] \tag{6-92}$$

$$\text{sal}(i,t) \cdot \text{cal}(j,t) = \text{sal}\{[(i-1) \oplus j] + 1, t\} \tag{6-93}$$

证明过程请读者做练习(习题6-14)。

将上述结论与正弦-余弦函数的相乘定理作比较,可以看出有以下重要区别:正弦-余弦函数相乘给出正弦-余弦函数相加的表示式,从频谱变换的观点来看,经调制以后要得到两个新的频率分量;而沃尔什函数相乘则仅产生一个而不是两个沃尔什函数,也即只得到一个序率分量。由此可以推想,正弦-余弦调幅,得到双边带(上、下边带)信号;而沃尔什函数进行调幅则仅产生一个边带。

(2)对称关系

$$\text{Wal}(2^q k, t) = \text{Wal}(k, 2^q t) \tag{6-94}$$

证明如下:

设

$$k = \sum_{r=0}^{p-1} k_r 2^r$$

则

$$2^q k = 2^q \sum_{r=0}^{p-1} k_r 2^r = \sum_{r=0}^{p-1} k_r 2^{r+q}$$

$$\text{Wal}(2^q k, t) = \prod_{r=0}^{p-1} \text{sgn}[\cos(k_r 2^{r+q} \pi t)]$$

$$= \prod_{r=0}^{p-1} \text{sgn}\{\cos[k_r 2^r \pi (2^q t)]\}$$

$$= \text{Wal}(k, 2^q t) \tag{6-95}$$

此结果表明,有一沃尔什函数,当序数k增到2^q倍时,相当于序数保持不变,将时间变量增到2^q倍。

(3)倒转关系

Wal(k,t)以$t=0$为轴转动$180°$,也即用$-t$代替t,则

$$\text{Wal}(k, -t) = (-1)^k \text{Wal}(k, t) \tag{6-96}$$

当k为偶数时,Wal($k, -t$) = Wal(k, t)

当k为奇数时,Wal($k, -t$) = $-$Wal(k, t)

显然,此性质可从沃尔什函数的奇、偶特性得出。

(4)完备正交性

沃尔什函数系$\{\mathrm{Wal}(k,t), k=0,1,2,\cdots\}$在$0 \leqslant t < 1$之内是一完备正交函数集,正交关系表示如下

$$\int_0^t \mathrm{Wal}(h,t) \cdot \mathrm{Wal}(k,t) \mathrm{d}t$$
$$= \begin{cases} 0 & (\text{当}\ h \neq k) \\ 1 & (\text{当}\ h = k) \end{cases} \tag{6-97}$$

如果利用沃尔什函数集中各分量的线性组合来表示某一信号时,与傅里叶级数展开类似,也应满足帕塞瓦尔定理,下面讨论这一问题。

(三) 沃尔什级数及其应用

设$x(t)$为周期性函数,周期为T,满足狄里赫利条件,于是可给出傅里叶级数展开式

$$x(t) = \frac{a_0}{2} + \sum_{n=1}^{\infty} [a_n \cos(n\omega_1 t) + b_n \sin(n\omega_1 t)] \tag{6-98}$$

式中

$$\omega_1 = \frac{2\pi}{T}$$
$$a_n = \frac{2}{T} \int_0^T x(t) \cos(n\omega_1 t) \mathrm{d}t$$
$$b_n = \frac{2}{T} \int_0^T x(t) \sin(n\omega_1 t) \mathrm{d}t$$

与此相仿,应用沃尔什函数的正交展开式可以写成

$$x(t) = c_0 + \sum_{m=1}^{\infty} [c_m \mathrm{cal}(m,t) + s_m \mathrm{sal}(m,t)] \tag{6-99}$$

式中

$$c_0 = \int_0^1 x(t) \mathrm{cal}(0,t) \mathrm{d}t = \int_0^1 x(t) \mathrm{d}t$$
$$c_m = \int_0^1 x(t) \mathrm{cal}(m,t) \mathrm{d}t$$
$$s_m = \int_0^1 x(t) \mathrm{sal}(m,t) \mathrm{d}t$$

或合并为

$$a_k = \int_0^1 x(t) \mathrm{Wal}(k,t) \mathrm{d}t$$

式(6-99)称为沃尔什-傅里叶级数,简称为沃尔什级数。应用傅里叶级数,可将一个周期性信号分解为许多正弦-余弦信号之和。同理,应用沃尔什级数,可将一周期性信号分解为许多沃尔什函数之和。

必须指出,在应用式(6-98)展开傅里叶级数时,$x(t)$的周期为 T;而应用式(6-99)展开沃尔什级数时,$x(t)$的周期应等于 1,如果它的周期不是 1 而是 T,则应取 τ/T 代换 t,将时间归一化,即得相应的沃尔什 - 傅里叶级数展开式及系数公式。

沃尔什级数与傅里叶级数相似,都可以根据线性叠加定理进行复杂波形综合。一般而言,所取项数愈多,近似的程度愈好。

现在对函数 $x(t) = \sin(2\pi t)$ 进行沃尔什级数分解,将要看到用几个沃尔什函数逼近正弦波的情况。由式(6-99)可得

$$x(t) = \sin(2\pi t)$$

$$= c_0 + \sum_{m=1}^{\infty} [c_m \operatorname{cal}(m,t) + s_m \operatorname{sal}(m,t)] \qquad (6-100)$$

对此正弦函数容易求得 $c_0 = 0, c_m = 0$,而 s_m 各项系数由以下积分式计算

$$s_1 = \int_0^1 \sin(2\pi t) \operatorname{sal}(1,t) \, dt$$

$$= \int_0^{\frac{1}{2}} \sin(2\pi t) \, dt - \int_{\frac{1}{2}}^1 \sin(2\pi t) \, dt$$

$$= \frac{2}{\pi} = 0.64$$

$$s_2 = 0$$

$$s_3 = \int_0^1 \sin(2\pi t) \operatorname{sal}(3,t) \, dt$$

$$= \int_0^{\frac{1}{8}} \sin(2\pi t) \, dt - \int_{\frac{1}{8}}^{\frac{3}{8}} \sin(2\pi t) \, dt$$

$$+ \int_{\frac{3}{8}}^{\frac{1}{2}} \sin(2\pi t) \, dt - \int_{\frac{1}{2}}^{\frac{5}{8}} \sin(2\pi t) \, dt$$

$$+ \int_{\frac{5}{8}}^{\frac{7}{8}} \sin(2\pi t) \, dt - \int_{\frac{7}{8}}^1 \sin(2\pi t) \, dt$$

$$= -0.27$$

用同样方法,依次得到

$$s_4 = 0$$
$$s_5 = -0.051$$
$$s_6 = 0$$
$$s_7 = -0.13$$
$$\cdots\cdots$$

将系数代回式(6-100)则

$$x(t) = \sin(2\pi t)$$
$$= 0.64\mathrm{sal}(1,t) - 0.27\mathrm{sal}(3,t) -$$
$$0.051\mathrm{sal}(5,t) - 0.13\mathrm{sal}(7,t) + \cdots$$

将以上结果画出波形如图 6-8，可以看出，用序数 m 为 1,3,5,7 的 sal 函数（也即序数 k 为 1,3,5,9,13 的 Wal 函数）综合所得的波形已相当接近正弦信号。如要得到更精确的近似，可再增加高序数的沃尔什函数分量。

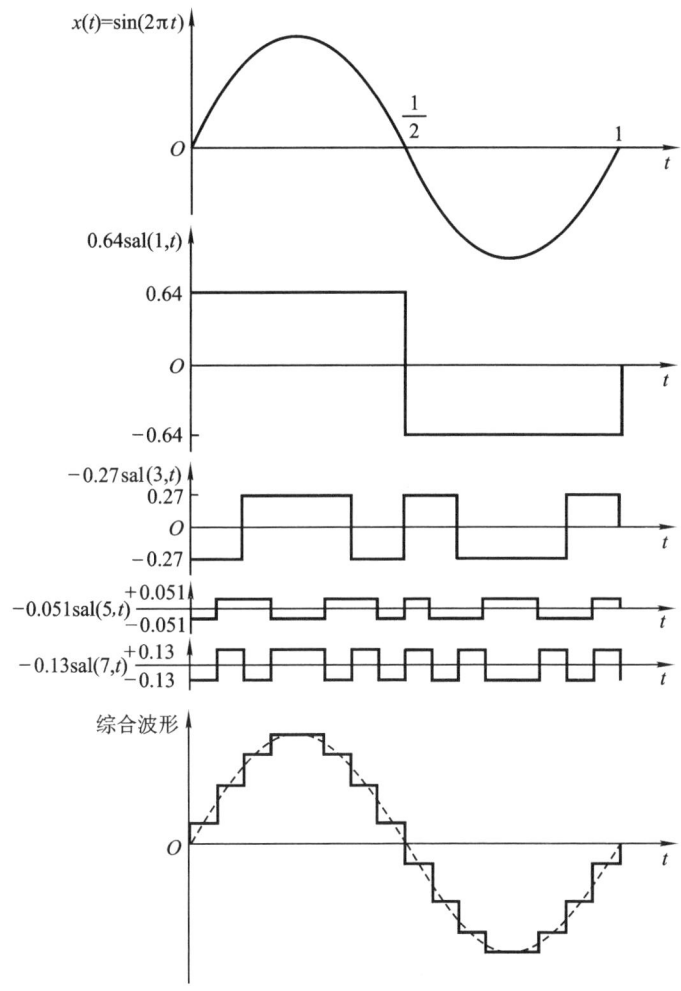

图 6-8 一正弦波的沃尔什函数逼近

当逼近项数趋于 ∞ 时，应满足帕塞瓦尔定理，此时有

$$\int_0^1 x^2(t)\,\mathrm{d}t = \int_0^1 \Big[\sum_{k=0}^{\infty} a_k \mathrm{Wal}(k,t)\Big]^2 \mathrm{d}t \qquad (6-101)$$

$$\int_0^1 x^2(t)\,dt = \sum_{k=0}^{\infty} a_k^2 \qquad (6-102)$$

无论对沃尔什级数展开或傅里叶级数展开都满足帕塞瓦尔定理,保持能量守恒或范数不变性。

显然,同一函数,既可展开傅里叶级数,又可展开沃尔什级数。一般讲,原波形如果是平滑的连续波,用沃尔什函数逼近所需的分量数目要比用傅里叶级数逼近的分量数目多,才能达到同样的近似效果。相反的,如果波形近于矩形波时,所需的沃尔什级数的项数可能要比傅里叶级数的项数少。

沃尔什级数的应用包括波形分析与波形综合两个方面。关于波形分析的一个实例是频谱分析仪,可以将波形分解为沃尔什级数,然后再对每个沃尔什分量计算其傅里叶系数,取全部计算之和即可得到待分解波形的各频谱分量。由于沃尔什函数的特点,便于集成化,这样做成的频谱仪体积小、重量轻,可以进一步降低成本。在波形综合方面,应用沃尔什函数可以合成正弦波或其他波形,电路不复杂,合成的正弦波谐波较小,而且具有确定的相位,可按需要给出正弦或余弦波形。采用这种方法的实例如电子乐器。此外,在 6.11 节还要看到利用沃尔什函数构成码分复用系统的应用实例。

6.6 相 关

通常相关的概念是从研究随机信号的统计特性而引入的。考虑本课程的研究范围,从确定性信号的相似性引出相关系数与相关函数的概念,为学习后续课程做好准备。

相关函数与卷积运算有着密切联系,我们将在对比中认识并正确运用这两种数学工具。

从数学本质来看,相关系数是信号矢量空间内积与范数特征的具体表现。从物理本质看,相关与信号能量特征有着密切联系,为便于研究,首先从信号能量特征给出能量信号与功率信号的定义。

(一) 能量信号与功率信号

信号 $f(t)$ 的归一化能量(或简称信号的能量)定义为信号电压(或电流)加到 1 Ω 电阻上所消耗的能量,以 E 表示。这样

$$E = \int_{-\infty}^{\infty} |f(t)|^2 dt \qquad (6-103)$$

若 $f(t)$ 为实函数,则

$$E = \int_{-\infty}^{\infty} f^2(t)\,dt \qquad (6-104)$$

通常把能量为有限值的信号称为能量有限信号或简称为能量信号。在实际应用中,一般的非周期信号属于能量有限信号。然而,对于像周期信号、阶跃函数、符号函数这类的信号,显然上式的积分是无穷大。在这种情况下,一般不再研究信号的能量而研究信号的平均功率。

信号的平均功率定义为信号电压(或电流)在 1 Ω 电阻上所消耗的功率,$f(t)$ 在区间 $[T_1, T_2]$ 上的平均功率表达式为

$$P = \frac{1}{T_2 - T_1} \int_{T_1}^{T_2} |f(t)|^2 \mathrm{d}t \qquad (6-105)$$

在 6.2 节式(6-17)已经给出在整个时间轴 $[-\infty, \infty]$ 上的平均功率为

$$P = \lim_{T \to \infty} \left[\frac{1}{T} \int_{-\frac{T}{2}}^{\frac{T}{2}} |f(t)|^2 \mathrm{d}t \right] \qquad (6-106)$$

通常,所谓 $f(t)$ 的平均功率(或简称功率)即指此式。

如果信号的功率是有限值,则称这类信号是功率有限信号或简称为功率信号。图 6-9 举例示出这两类信号的波形,在图 6-9(b)中的 T 值表示从 $f(t)$ 截取的时间区间,当 $T \to \infty$ 时得到式(6-106)。有些信号既不属于能量有限信号也不属于功率有限信号,例如 $f(t) = \mathrm{e}^t$。

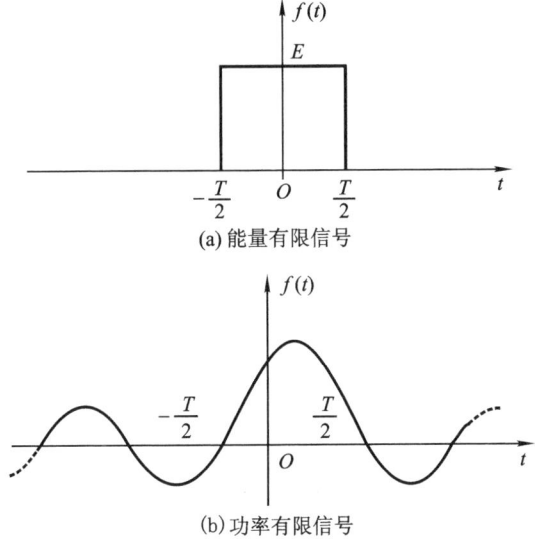

(a) 能量有限信号

(b) 功率有限信号

图 6-9 能量有限信号和功率有限信号

(二) 相关系数与相关函数

在信号分析问题中,有时要求比较两个信号波形是否相似,希望给出二者相似程度的统一描述。例如,对于图 6-10(a)中的两个波形,从直观上很难说明

它们的相似程度,它们在任何瞬间的取值似乎都是彼此不相关的。图 6-10(b) 则是一对完全相似的波形,它们或是形状完全一致,或是两变化规律相同而幅度呈某一倍数关系的波形。图 6-10(c) 的两个波形极性相反,二者幅度呈负系数倍乘关系(如 -1)。对于这些不同组合的波形如何定量衡量它们之间的相关性,需要引出相关系数的概念。假定 $f_1(t)$ 和 $f_2(t)$ 是能量有限的实信号,选择适当的系数 c_{12} 使 $c_{12}f_2(t)$ 去逼近 $f_1(t)$,利用方均误差(能量误差)$\overline{\varepsilon^2}$ 来说明二者的相似程度,这种方法与 6.3 节讨论正交函数时采用的方法类似。令

$$\overline{\varepsilon^2} = \int_{-\infty}^{\infty} [f_1(t) - c_{12}f_2(t)]^2 dt \qquad (6-107)$$

选择 c_{12} 使误差 $\overline{\varepsilon^2}$ 最小,即要求

$$\frac{d\overline{\varepsilon^2}}{dc_{12}} = 0$$

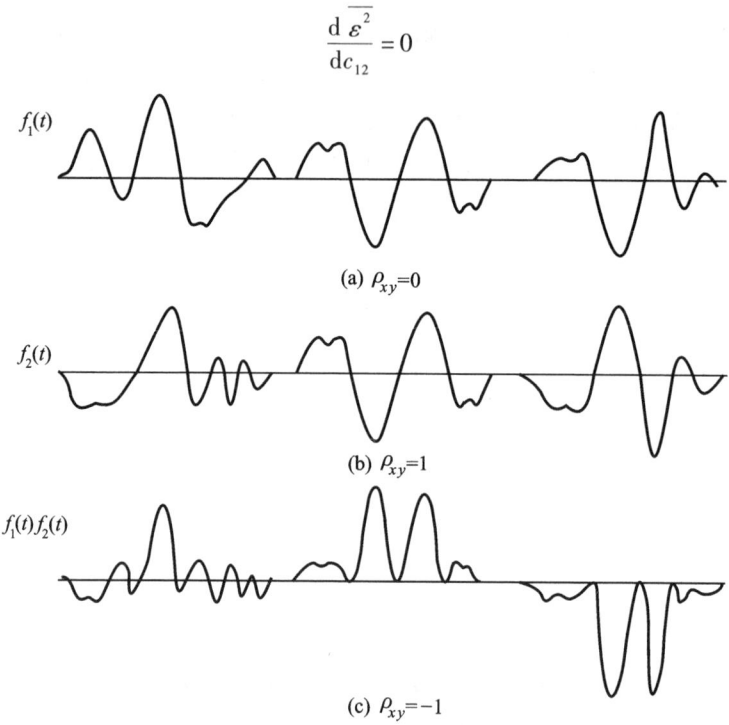

图 6-10 两个不相同、相同及相反波形

于是求得

$$c_{12} = \frac{\int_{-\infty}^{\infty} f_1(t)f_2(t) dt}{\int_{-\infty}^{\infty} f_2^2(t) dt} \qquad (6-108)$$

此时,能量误差为

$$\overline{\varepsilon^2} = \int_{-\infty}^{\infty}\left[f_1(t) - f_2(t)\frac{\int_{-\infty}^{\infty} f_1(t)f_2(t)\mathrm{d}t}{\int_{-\infty}^{\infty} f_2^2(t)\mathrm{d}t}\right]^2 \mathrm{d}t \qquad (6-109)$$

将被积函数展开并化简,得到

$$\overline{\varepsilon^2} = \int_{-\infty}^{\infty} f_1^2(t)\mathrm{d}t - \frac{\left[\int_{-\infty}^{\infty} f_1(t)f_2(t)\mathrm{d}t\right]^2}{\int_{-\infty}^{\infty} f_2^2(t)\mathrm{d}t} \qquad (6-110)$$

令相对能量误差为

$$\frac{\overline{\varepsilon^2}}{\int_{-\infty}^{\infty} f_1^2(t)\mathrm{d}t} = 1 - \rho_{12}^2 \qquad (6-111)$$

式中

$$\rho_{12} = \frac{\int_{-\infty}^{\infty} f_1(t)f_2(t)\mathrm{d}t}{\left[\int_{-\infty}^{\infty} f_1^2(t)\mathrm{d}t \int_{-\infty}^{\infty} f_2^2(t)\mathrm{d}t\right]^{\frac{1}{2}}} \qquad (6-112)$$

通常把 ρ_{12} 称为 $f_1(t)$ 与 $f_2(t)$ 的相关系数。不难发现借助柯西-施瓦茨不等式(6-37)可以求得

$$\left|\int_{-\infty}^{\infty} f_1(t)f_2(t)\mathrm{d}t\right| \leqslant \left[\int_{-\infty}^{\infty} f_1^2(t)\mathrm{d}t \int_{-\infty}^{\infty} f_2^2(t)\mathrm{d}t\right]^{\frac{1}{2}} \qquad (6-113)$$

$$|\rho_{12}| \leqslant 1 \qquad (6-114)$$

由式(6-112)、式(6-113)可以看出,对于两个能量有限信号,相关系数 ρ_{12} 的大小由两信号的内积所决定。

$$\rho_{12} = \frac{\langle f_1(t), f_2(t)\rangle}{[\langle f_1(t), f_1(t)\rangle \langle f_2(t), f_2(t)\rangle]^{1/2}}$$
$$= \frac{\langle f_1(t), f_2(t)\rangle}{\|f_1(t)\|_2 \|f_2(t)\|_2} \qquad (6-115)$$

对于图 6-10(b)、(c)所示的两个相同或相反的波形,由于它们的形状完全一致,内积的绝对值最大,ρ_{12} 分别等于 +1 或 -1,此时 $\overline{\varepsilon^2}$ 等于零。一般情况下 ρ_{12} 取值在 -1 到 +1 之间。当 $f_1(t)$ 与 $f_2(t)$ 为正交函数时 $\rho_{12} = 0$,此时 $\overline{\varepsilon^2}$ 最大。相关系数 ρ_{12} 从信号之间能量误差的角度描述了它们的相关特性,利用矢量空间的内积运算给出了定量说明。

上面对两个固定信号波形的相关性进行了研究,然而经常会遇到更复杂的情况,信号 $f_1(t)$ 和 $f_2(t)$ 由于某种原因产生了时差,例如雷达站接收到两个不同距离目标的反射信号,这就需要专门研究两信号在时移过程中的相关性,为此

需引出相关函数的概念。

如果 $f_1(t)$ 与 $f_2(t)$ 是能量有限信号且为实函数，它们之间的相关函数定义为

$$R_{12}(\tau) = \int_{-\infty}^{\infty} f_1(t)f_2(t-\tau)\,\mathrm{d}t$$

$$= \int_{-\infty}^{\infty} f_1(t+\tau)f_2(t)\,\mathrm{d}t \quad (6-116)$$

$$R_{21}(\tau) = \int_{-\infty}^{\infty} f_1(t-\tau)f_2(t)\,\mathrm{d}t$$

$$= \int_{-\infty}^{\infty} f_1(t)f_2(t+\tau)\,\mathrm{d}t \quad (6-117)$$

显然，相关函数 $R(\tau)$ 是两信号之间时差的函数，注意式(6-116)和式(6-117)中下标 1 与 2 的顺序不能互换，一般情况下 $R_{12}(\tau) \neq R_{21}(\tau)$。不难证明

$$R_{12}(\tau) = R_{21}(-\tau) \quad (6-118)$$

若 $f_1(t)$ 与 $f_2(t)$ 是同一信号，即 $f_1(t) = f_2(t) = f(t)$，此时相关函数无需加注下标，以 $R(\tau)$ 表示，称为自相关函数或自关函数

$$R(\tau) = \int_{-\infty}^{\infty} f(t)f(t-\tau)\,\mathrm{d}t$$

$$= \int_{-\infty}^{\infty} f(t+\tau)f(t)\,\mathrm{d}t \quad (6-119)$$

与自关函数相对照，一般的两信号之间的相关函数也称为互相关函数或互关函数。显然，对自关函数有如下性质

$$R(\tau) = R(-\tau) \quad (6-120)$$

可见，实函数的自相关函数是时移 τ 的偶函数。

若 $f_1(t)$ 和 $f_2(t)$ 是功率有限信号，式(6-116)与式(6-117)的定义失去意义，此时相关函数的定义为

$$R_{12}(\tau) = \lim_{T \to \infty}\left[\frac{1}{T}\int_{-\frac{T}{2}}^{\frac{T}{2}} f_1(t)f_2(t-\tau)\,\mathrm{d}t\right] \quad (6-121)$$

$$R_{21}(\tau) = \lim_{T \to \infty}\left[\frac{1}{T}\int_{-\frac{T}{2}}^{\frac{T}{2}} f_2(t)f_1(t-\tau)\,\mathrm{d}t\right] \quad (6-122)$$

以及

$$R(\tau) = \lim_{T \to \infty}\left[\frac{1}{T}\int_{-\frac{T}{2}}^{\frac{T}{2}} f(t)f(t-\tau)\,\mathrm{d}t\right] \quad (6-123)$$

若 $f_1(t)$ 和 $f_2(t)$ 为复函数且为能量有限信号，相关函数的定义为

$$R_{12}(\tau) = \int_{-\infty}^{\infty} f_1(t)f_2^*(t-\tau)\,\mathrm{d}t$$

$$= \int_{-\infty}^{\infty} f_2^*(t)f_1(t+\tau)\,\mathrm{d}t \quad (6-124)$$

$$R_{21}(\tau) = \int_{-\infty}^{\infty} f_2(t) f_1^*(t-\tau) dt$$
$$= \int_{-\infty}^{\infty} f_1^*(t) f_2(t+\tau) dt \tag{6-125}$$

以及
$$R(\tau) = \int_{-\infty}^{\infty} f(t) f^*(t-\tau) dt$$
$$= \int_{-\infty}^{\infty} f^*(t) f(t+\tau) dt \tag{6-126}$$

同时具有如下性质
$$R_{12}(\tau) = R_{21}^*(-\tau) \tag{6-127}$$
$$R(\tau) = R^*(-\tau) \tag{6-128}$$

对于复函数的功率有限信号,可仿照式(6-121)至式(6-123)给出相关函数的定义

$$R_{12}(\tau) = \lim_{T\to\infty}\left[\frac{1}{T}\int_{-\frac{T}{2}}^{\frac{T}{2}} f_1(t) f_2^*(t-\tau) dt\right] \tag{6-129}$$

$$R_{21}(\tau) = \lim_{T\to\infty}\left[\frac{1}{T}\int_{-\frac{T}{2}}^{\frac{T}{2}} f_2(t) f_1^*(t-\tau) dt\right] \tag{6-130}$$

$$R(\tau) = \lim_{T\to\infty}\left[\frac{1}{T}\int_{-\frac{T}{2}}^{\frac{T}{2}} f(t) f^*(t-\tau) dt\right] \tag{6-131}$$

(三) 相关与卷积的比较

函数 $f_1(t)$ 与 $f_2(t)$ 的卷积表达式为

$$f_1(t) * f_2(t) = \int_{-\infty}^{\infty} f_1(\tau) f_2(t-\tau) d\tau \tag{6-132}$$

为便于和相关函数表达式相比较,把式(6-116)中的变量 t 与 τ 互换,这样,实函数的互相关函数表达式可写作

$$R_{12}(t) = \int_{-\infty}^{\infty} f_1(\tau) f_2(\tau-t) d\tau \tag{6-133}$$

借助变量置换方法容易求得

$$R_{12}(t) = f_1(t) * f_2(-t) \tag{6-134}$$

可见,将 $f_2(t)$ 反褶(变量取负号)与 $f_1(t)$ 之卷积即得 $f_1(t)$ 与 $f_2(t)$ 的相关函数 $R_{12}(t)$。

和卷积类似,也可利用图解方法说明相关函数的意义,在图 6-11 中同时画出了信号 $f_1(t)$ 与 $f_2(t)$ 求卷积和求相关函数的图解过程。这两种运算都包含移位、相乘和积分三个步骤,其差别在于卷积运算开始时需要对 $f_2(t)$ 进行反褶而相关运算不需要反褶。由图 6-11 和式(6-133)还可以看出,若 $f_1(t)$ 与

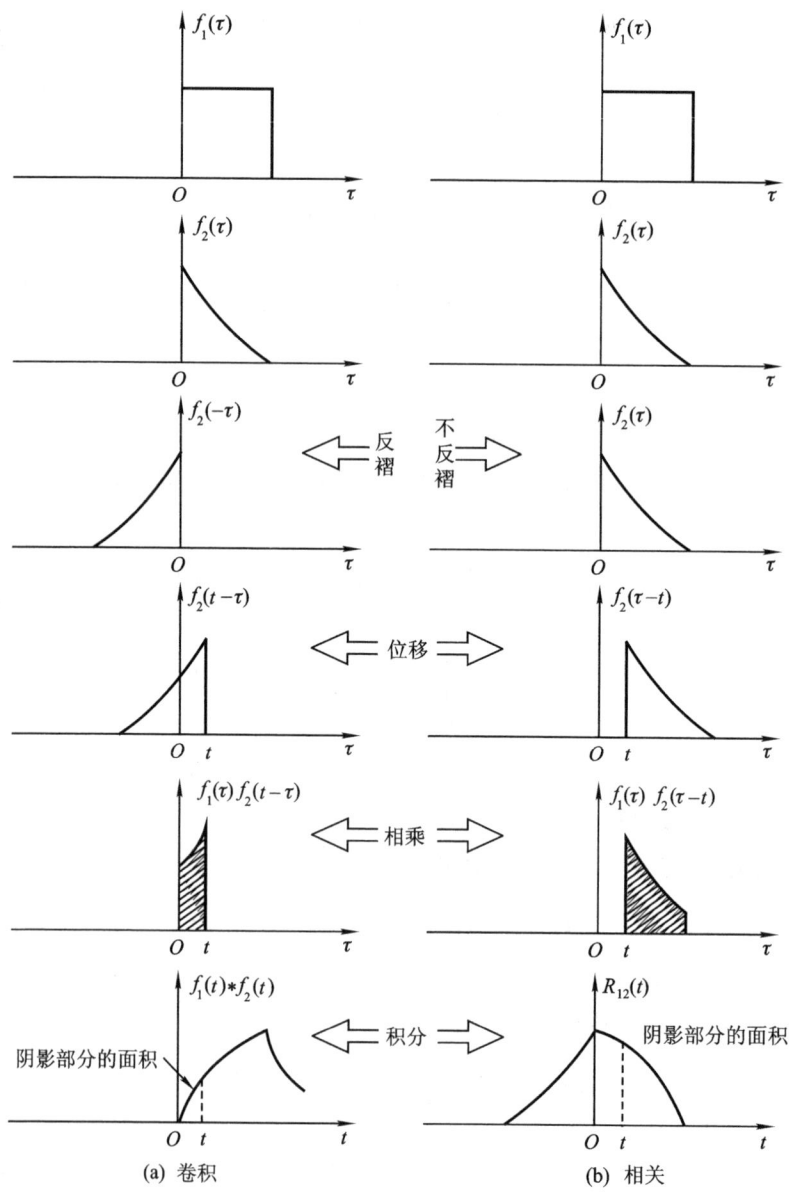

图 6-11 卷积和相关的比较

$f_2(t)$ 为实偶函数时,则卷积与相关完全相同。

例 6-3 求周期余弦信号 $f(t) = E\cos(\omega_1 t)$ 的自相关函数。

解

对此功率有限信号,借助式(6-123)可求出

$$R(\tau) = \lim_{T\to\infty}\left[\frac{1}{T}\int_{-\frac{T}{2}}^{\frac{T}{2}} f(t)f(t-\tau)\,\mathrm{d}t\right]$$

$$= \lim_{T\to\infty}\frac{E^2}{T}\int_{-\frac{T}{2}}^{\frac{T}{2}}\cos(\omega_1 t)\cdot\cos[\omega_1(t-\tau)]\,\mathrm{d}t$$

$$= \lim_{T\to\infty}\frac{E^2}{T}\int_{-\frac{T}{2}}^{\frac{T}{2}}\cos(\omega_1 t)[\cos(\omega_1 t)\cdot\cos(\omega_1\tau)$$
$$+\sin(\omega_1 t)\cdot\sin(\omega_1\tau)]\,\mathrm{d}t$$

$$= \lim_{T\to\infty}\frac{E^2}{T}\int_{-\frac{T}{2}}^{\frac{T}{2}}\cos^2(\omega_1 t)\cdot\cos(\omega_1\tau)\,\mathrm{d}t$$

$$= \lim_{T\to\infty}\frac{E^2}{T}\cos(\omega_1\tau)\int_{-\frac{T}{2}}^{\frac{T}{2}}\cos^2(\omega_1 t)\,\mathrm{d}t$$

$$= \frac{E^2}{2}\cos(\omega_1\tau)$$

可见,周期信号的自相关函数仍为周期函数,而且周期相同,此外,$\tau=0$点是自相关函数的一个最大值点,如图 6-12 所示。

(四) 相关定理

在第三章已经讨论了傅里叶变换的 12 个性质(见表 3-2),这里,作为第 13 个性质介绍相关定理。

若已知
$$\mathscr{F}[f_1(t)] = F_1(\omega)$$
$$\mathscr{F}[f_2(t)] = F_2(\omega)$$

则
$$\mathscr{F}[R_{12}(\tau)] = F_1(\omega)\cdot F_2^*(\omega) \quad (6-135)$$

证明

由相关函数定义可知
$$R_{12}(\tau) = \int_{-\infty}^{\infty} f_1(t)f_2^*(t-\tau)\,\mathrm{d}t$$

取傅里叶变换
$$\mathscr{F}[R_{12}(\tau)] = \int_{-\infty}^{\infty} R_{12}(\tau)\mathrm{e}^{-\mathrm{j}\omega\tau}\,\mathrm{d}\tau$$
$$= \int_{-\infty}^{\infty}\left[\int_{-\infty}^{\infty} f_1(t)f_2^*(t-\tau)\,\mathrm{d}t\right]\mathrm{e}^{-\mathrm{j}\omega\tau}\,\mathrm{d}\tau$$
$$= \int_{-\infty}^{\infty} f_1(t)\left[\int_{-\infty}^{\infty} f_2^*(t-\tau)\mathrm{e}^{-\mathrm{j}\omega t}\,\mathrm{d}\tau\right]\mathrm{d}t$$

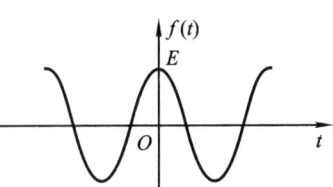
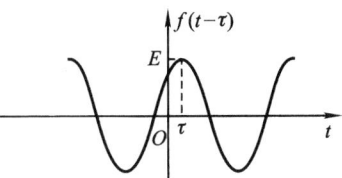
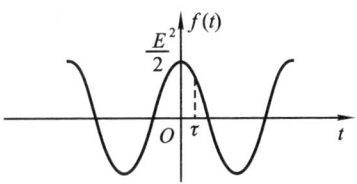

图 6-12 余弦信号的自相关函数

$$= \int_{-\infty}^{\infty} f_1(t) F_2^*(\omega) e^{-j\omega t} dt$$

$$\mathscr{F}[R_{12}(\tau)] = F_1(\omega) \cdot F_2^*(\omega)$$

同理可得

$$\mathscr{F}[R_{21}(\tau)] = F_1^*(\omega) \cdot F_2(\omega) \quad (6-136)$$

若 $f_1(t) = f_2(t) = f(t)$,$\mathscr{F}[f(t)] = F(\omega)$,则自相关函数为

$$\mathscr{F}[R(\tau)] = |F(\omega)|^2 \quad (6-137)$$

可见,两信号互相关函数的傅里叶变换等于其中第一个信号的变换与第二个信号变换取共轭二者之乘积,这就是相关定理。若 $f_2(t)$ 是实偶函数,由式(6-135)可知它的傅里叶变换 $F_2(\omega)$ 是实函数,此时相关定理与卷积定理具有相同的结果。作为一种特定情况,对于自相关函数,它的傅里叶变换等于原信号幅度谱的平方。

6.7 能量谱和功率谱

在第 3.2、3.4 节已经研究了周期信号和非周期信号的频谱。频谱(幅度谱与相位谱)是在频域中描述信号特征的方法之一,它反映了信号所含分量的幅度和相位随频率的分布情况。除此之外,也可以用能量谱(简称能谱)或功率谱来描述信号。能谱和功率谱是表示信号的能量或功率密度在频域中随频率的变化情况,它对研究信号的能量(或功率)的分布,决定信号所占有的频带等问题有着重要的作用。特别对于随机信号,无法用确定的时间函数表示,也就不能用频谱来表示。在这种情况下,往往用功率谱来描述它的频域特性。

(一) 能谱

因为能量有限信号 $f(t)$ 的自相关函数是

$$R(\tau) = \int_{-\infty}^{\infty} f(t) f^*(t-\tau) dt$$

所以

$$R(0) = \int_{-\infty}^{\infty} |f(t)|^2 dt \quad (6-138)$$

已知

$$\mathscr{F}[f(t)] = F(\omega)$$

由相关定理知

$$\mathscr{F}[R(\tau)] = |F(\omega)|^2$$

$$R(\tau) = \frac{1}{2\pi} \int_{-\infty}^{\infty} |F(\omega)|^2 e^{j\omega\tau} d\omega \quad (6-139)$$

所以

$$R(0) = \frac{1}{2\pi} \int_{-\infty}^{\infty} |F(\omega)|^2 d\omega$$

这样得到下列关系

$$R(0) = \int_{-\infty}^{\infty} |f(t)|^2 dt = \frac{1}{2\pi} \int_{-\infty}^{\infty} |F(\omega)|^2 d\omega$$

$$= \int_{-\infty}^{\infty} |F_1(f)|^2 df \qquad (6-140)$$

若 $f(t)$ 为实函数，式(6-140)可写成

$$R(0) = \int_{-\infty}^{\infty} f^2(t) dt = \frac{1}{2\pi} \int_{-\infty}^{\infty} |F(\omega)|^2 d\omega$$

$$= \int_{-\infty}^{\infty} |F_1(f)|^2 df \qquad (6-141)$$

式(6-141)即为帕塞瓦尔方程，它表明：对能量有限信号，时域内 $f^2(t)$ 曲线所覆盖的面积等于频域内 $|F_1(f)|^2$ 覆盖的面积，且等于在原点的自相关函数值 $R(0)$。也就是说，时域内信号的能量等于频域内信号的能量，即信号经傅里叶变换，其总能量保持不变，这是符合能量守恒定律的。

因为信号能量 E 等于

$$E = \frac{1}{2\pi} \int_{-\infty}^{\infty} |F(\omega)|^2 d\omega = \int_{-\infty}^{\infty} |F_1(f)|^2 df \qquad (6-142)$$

所以 $|F(\omega)|^2$ 反映了信号的能量在频域的分布情况，把 $|F(\omega)|^2$ 称为能量谱密度（简称能谱）。它表示单位带宽的能量，通常把 $f(t)$ 的能谱记作 $\mathscr{E}(\omega)$。

这样

$$\mathscr{E}(\omega) = |F(\omega)|^2 \qquad (6-143)$$

因为

$$E = \frac{1}{2\pi} \int_{-\infty}^{\infty} \mathscr{E}(\omega) d\omega = \int_{-\infty}^{\infty} \mathscr{E}_1(f) df$$

$$(6-144)$$

所以，信号的能量在数值上等于 $\mathscr{E}_1(f)$ 曲线下所覆盖的面积，$\mathscr{E}_1(f)$ 的单位是 J/H。因为它是频率的实偶函数，因此式(6-144)可写成

$$E = \frac{1}{\pi} \int_0^{\infty} \mathscr{E}(\omega) d\omega = 2 \int_0^{\infty} \mathscr{E}_1(f) df$$

图6-13画出了矩形脉冲信号的能谱。

由式(6-139)、(6-143)知

$$\left.\begin{array}{l} \mathscr{E}(\omega) = \mathscr{F}[R(\tau)] \\ R(\tau) = \mathscr{F}^{-1}[\mathscr{E}(\omega)] \end{array}\right\} \qquad (6-145)$$

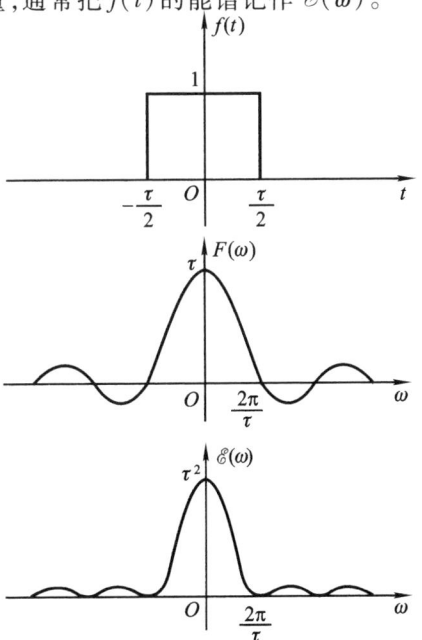

图6-13 矩形脉冲信号的能谱

所以,能谱函数 $\mathscr{E}(\omega)$ 与自相关函数 $R(\tau)$ 是一对傅里叶变换。

(二) 功率谱

若 $f(t)$ 是功率有限信号,从 $f(t)$ 中截取 $|t| \leqslant \dfrac{T}{2}$ 的一段,得到一个截尾函数 $f_T(t)$,它可以表示为

$$f_T(t) = \begin{cases} f(t) & \left(|t| \leqslant \dfrac{T}{2}\right) \\ 0 & \left(|t| > \dfrac{T}{2}\right) \end{cases} \quad (6-146)$$

如果 T 是有限值,则 $f_T(t)$ 的能量也是有限的。如图 6-14 所示。

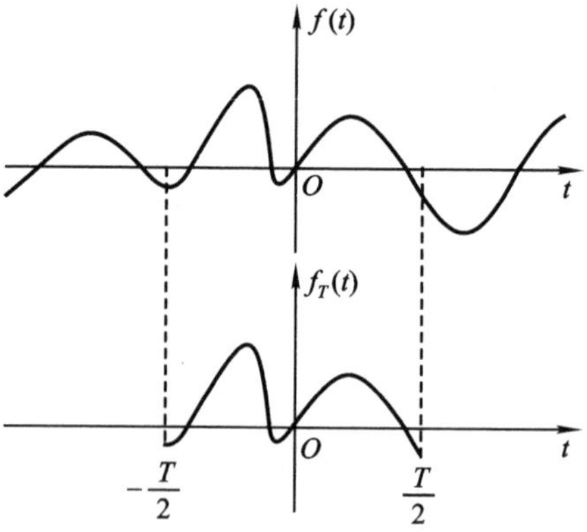

令 $\mathscr{F}[f_T(t)] = F_T(\omega)$

图 6-14 功率有限信号的截尾函数

此时 $f_T(t)$ 的能量 E_T 可表示为

$$E_T = \int_{-\infty}^{\infty} f_T^2(t)\,dt = \frac{1}{2\pi}\int_{-\infty}^{\infty} |F_T(\omega)|^2\,d\omega \quad (6-147)$$

因为

$$\int_{-\infty}^{\infty} f_T^2(t)\,dt = \int_{-\frac{T}{2}}^{\frac{T}{2}} f^2(t)\,dt$$

所以 $f(t)$ 的平均功率为

$$\begin{aligned} P &= \lim_{T\to\infty} \frac{1}{T}\int_{-\frac{T}{2}}^{\frac{T}{2}} f^2(t)\,dt \\ &= \frac{1}{2\pi}\int_{-\infty}^{\infty} \lim_{T\to\infty} \frac{|F_T(\omega)|^2}{T}\,d\omega \end{aligned} \quad (6-148)$$

当 T 增加时,$f_T(t)$ 的能量增加,$|F_T(\omega)|^2$ 也增加。当 $T\to\infty$ 时 $f_T(t)\to f(t)$,此时量 $\dfrac{|F_T(\omega)|^2}{T}$ 可能趋近于一极限。假若此极限存在,定义它是 $f(t)$ 的功率密度函数,或简称功率谱,记作 $\mathscr{P}(\omega)$。这样便得到 $f(t)$ 的功率谱为

$$\mathscr{P}(\omega) = \lim_{T\to\infty} \frac{|F_T(\omega)|^2}{T} \quad (6-149)$$

将上式代到式(6-148),则得到

$$P = \frac{1}{2\pi}\int_{-\infty}^{\infty} \mathscr{P}(\omega)\,d\omega$$

由上式可见,功率谱 $\mathscr{P}(\omega)$ 表示单位频带内信号功率随频率的变化情况,也就是说它反映了信号功率在频域的分布状况。显然,功率谱曲线 $\mathscr{P}(\omega)$ 所覆盖的面积在数值上等于信号的总功率。从式(6-149)还可以看出,$\mathscr{P}(\omega)$ 是频率 ω 的偶函数,它保留了频谱 $F_T(\omega)$ 的幅度信息而丢掉了相位信息,因此,凡是具有同样幅度谱而相位谱不同的信号都有相同的功率谱。

下面讨论一个重要的关系——信号的功率谱函数与自相关函数的关系。

注意到 $f(t)$ 的自相关函数是

$$R(\tau) = \lim_{T \to \infty} \frac{1}{T} \int_{-\frac{T}{2}}^{\frac{T}{2}} f(t) f^*(t-\tau) dt$$

利用相关定理,对式(6-139)两端乘以 $\frac{1}{T}$ 并取 $T \to \infty$ 之极限,可以得到

$$\left. \begin{aligned} R(\tau) &= \frac{1}{2\pi} \int_{-\infty}^{\infty} \mathscr{P}(\omega) e^{j\omega\tau} d\omega \\ \mathscr{P}(\omega) &= \int_{-\infty}^{\infty} R(\tau) e^{-j\omega\tau} d\tau \end{aligned} \right\} \quad (6-150)$$

也可以简写成

$$\left. \begin{aligned} \mathscr{P}(\omega) &= \mathscr{F}[R(\tau)] \\ R(\tau) &= \mathscr{F}^{-1}[\mathscr{P}(\omega)] \end{aligned} \right\} \quad (6-151)$$

可见功率有限信号的功率谱函数与自相关函数是一对傅里叶变换,式(6-150)称为维纳-欣钦(Wiener-Khintchine)关系。对 $R(\tau), \mathscr{P}(\omega)$ 来说,有关傅里叶变换的性质在这里同样适用。在实际中,有些信号无法求它的傅里叶变换,但可用求自相关函数的方法,通过式(6-150)达到求功率谱的目的。

例 6-4 已知周期性余弦信号 $f(t) = E\cos(\omega_1 t)$,且由例 6-3 可知 $f(t)$ 的自相关函数为 $R(\tau) = \frac{E^2}{2} \cdot \cos(\omega_1 \tau)$,求 $f(t)$ 的功率谱。

解

由维纳-欣钦关系可求出功率谱为

$$\begin{aligned} \mathscr{P}(\omega) &= \int_{-\infty}^{\infty} R(\tau) e^{-j\omega\tau} d\tau \\ &= \frac{E^2 \pi}{2} [\delta(\omega - \omega_1) + \delta(\omega + \omega_1)] \end{aligned}$$

波形如图 6-15 所示。

为了进一步理解功率谱与自相关函数的概念,给出一种随机信号的例子。在各类噪声信号中白噪声是一种典型信号。白噪声对于所有的频率其功率谱密度都为常数,这一特征与白色光谱包含了所有可见光频率的概念类似,因而取名时借用了"白"字。按此定义可写出白噪声的功率谱密度表达式

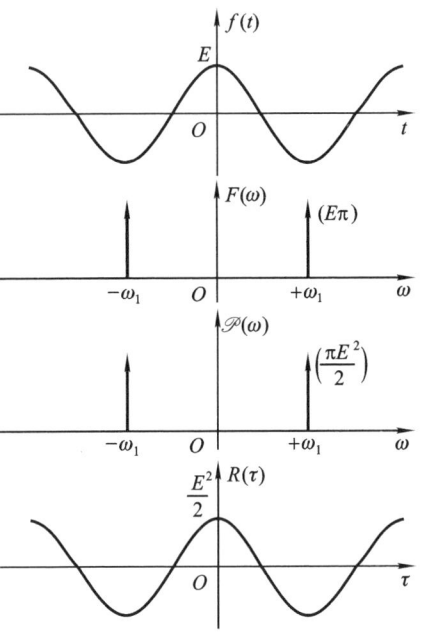

图 6-15 周期余弦信号的功率谱和自相关函数

$$\mathscr{P}_N(\omega) = N, \quad -\infty < \omega < \infty \tag{6-152}$$

利用维纳-欣钦关系式,求 $\mathscr{P}_N(\omega)$ 的傅里叶逆变换可得自相关函数

$$R_N(\tau) = N\delta(\tau) \tag{6-153}$$

可见,白噪声信号的自相关函数为冲激信号,这表明白噪声信号在各时刻的取值杂乱无章,没有任何相关性,因而对于 $\tau \neq 0$ 的所有时刻 $R_N(\tau)$ 都取零值,仅在 $\tau = 0$ 时为强度等于 N 的冲激。

白噪声是一种理想化的模型,实际情况不可能存在。若将式(6-152)的谱密度从频率为 $-\infty$ 到 ∞ 取积分可得到无限大的功率,这在物理上是不能接受的。然而,只要噪声信号保持常数功率谱的带宽远大于线性系统的通频带,那么即可将此噪声视为白噪声,在下一节例6-5中将看到计算实例。实际上,由电阻中电子的随机热运动而产生的电阻热噪声其特征与白噪声的理想化模型相当接近,因而,通常认为电阻的热噪声即为白噪声信号。

6.8 信号通过线性系统的自相关函数、能量谱和功率谱分析

到目前为止,已经从时域、频域、s 域就激励、响应与系统三者之间的联系进行了多方面的研究。在此基础之上,考察激励与响应能量特性的对应关系,也即从激励和响应的自相关函数、能量谱、功率谱所发生的变化来研究线性系统所表现的传输特性。

因为有
$$r(t) = h(t) * e(t)$$
$$R(j\omega) = H(j\omega) \cdot E(j\omega)$$

若激励函数 $e(t)$ 为能量有限信号,并假定 $e(t)$ 与 $r(t)$ 的能谱函数分别为 $\mathscr{E}_e(\omega)$ 和 $\mathscr{E}_r(\omega)$,由式(6-143)知

$$\mathscr{E}_e(\omega) = |E(j\omega)|^2 \tag{6-154}$$
$$\mathscr{E}_r(\omega) = |R(j\omega)|^2 \tag{6-155}$$

显然
$$|R(j\omega)|^2 = |H(j\omega)|^2 |E(j\omega)|^2 \tag{6-156}$$

所以
$$\mathscr{E}_r(\omega) = |H(j\omega)|^2 \mathscr{E}_e(\omega) \tag{6-157}$$

这表明响应的能谱等于激励的能谱与 $|H(j\omega)|^2$ 的乘积。同样,对功率有限激励函数 $e(t)$,响应函数为 $r(t)$,按照前节的方法,将 $e(t)$,$r(t)$ 截取 $|t| \leq \dfrac{T}{2}$ 一段,分别以 $e_T(t)$,$r_T(t)$ 表示,其傅里叶变换为 $E_T(j\omega)$ 和 $R_T(j\omega)$,取 $T \to \infty$ 之极限可给出下式

$$\lim_{T \to \infty} R_T(j\omega) = H(j\omega) \lim_{T \to \infty} E_T(j\omega) \tag{6-158}$$

根据功率谱的定义，激励信号的功率谱 $\mathscr{P}_e(\omega)$ 和响应的功率谱 $\mathscr{P}_r(\omega)$ 分别为

$$\mathscr{P}_e(\omega) = \lim_{T \to \infty} \frac{1}{T} |E_T(j\omega)|^2 \tag{6-159}$$

$$\mathscr{P}_r(\omega) = \lim_{T \to \infty} \frac{1}{T} |R_T(j\omega)|^2 \tag{6-160}$$

由式(6-158)导出

$$\begin{aligned}\mathscr{P}_r(\omega) &= \lim_{T \to \infty} \frac{1}{T} |R_T(j\omega)|^2 \\ &= \lim_{T \to \infty} \frac{1}{T} |H(j\omega)|^2 \cdot |E_T(j\omega)|^2 \\ &= |H(j\omega)|^2 \lim_{T \to \infty} \frac{1}{T} |E_T(j\omega)|^2 \end{aligned} \tag{6-161}$$

也即

$$\mathscr{P}_r(\omega) = |H(j\omega)|^2 \mathscr{P}_e(\omega) \tag{6-162}$$

可见响应的功率谱等于激励的功率谱与 $|H(j\omega)|^2$ 的乘积。

式(6-157)、式(6-162)表明了线性系统的激励与响应能量谱或功率谱之间的关系。下面进一步研究系统特性对于激励信号自相关函数产生怎样的影响。令激励和响应的自相关函数分别为 $R_e(\tau)$ 和 $R_r(\tau)$。把式(6-157)、式(6-162)改写为

$$\begin{aligned}\mathscr{E}_r(\omega) &= H(j\omega)H^*(j\omega)\mathscr{E}_e(\omega) \\ \mathscr{P}_r(\omega) &= H(j\omega)H^*(j\omega)\mathscr{P}_e(\omega) \end{aligned} \tag{6-163}$$

此外，由 $H(j\omega)$ 定义可知：

$$\mathscr{F}[h(t)] = H(j\omega)$$
$$\mathscr{F}[h^*(-t)] = H^*(j\omega)$$

考虑到能量谱或功率谱的傅里叶逆变换为自相关函数，因此根据卷积定理，式(6-163)可以写成

$$R_r(\tau) = R_e(\tau) * h(t) * h^*(-t) \tag{6-164}$$

其中 $h(t) * h^*(-t) = R_h(\tau)$ 为系统冲激响应的自相关函数（这里，将变量 t 改以 τ 表示），因此得到

$$R_r(\tau) = R_e(\tau) * R_h(\tau) \tag{6-165}$$

将以上有关结论全部示意于图6-16。

例 6-5 功率谱密度为 N 的白噪声通过图6-17所示 RC 低通网络，求输出的功率谱 $\mathscr{P}_r(\omega)$ 及自相关函数 $R_r(\tau)$，并求输出

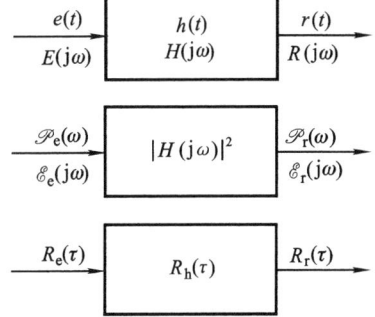

图6-16 激励与响应的各种对应关系

的平均功率 P_r。

解 已知激励 $e(t)$ 的功率谱为
$$\mathscr{P}_e(\omega) = N$$

因为系统函数 $H(j\omega)$ 为

$$H(j\omega) = \frac{\dfrac{1}{RC}}{\dfrac{1}{RC} + j\omega} = \frac{1}{1 + j\omega RC}$$

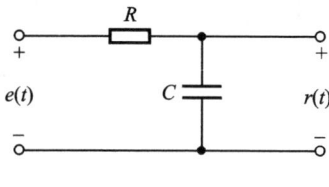

图 6-17 RC 低通网络

冲激响应
$$h(t) = \mathscr{F}^{-1}[H(j\omega)]$$
$$= \frac{1}{RC}e^{-\frac{1}{RC}t}u(t)$$

所以，响应 $r(t)$ 的功率谱为
$$\mathscr{P}_r(\omega) = \mathscr{P}_e(\omega)|H(j\omega)|^2$$
$$= N\frac{1}{1+(\omega RC)^2}$$

如图 6-18 所示。

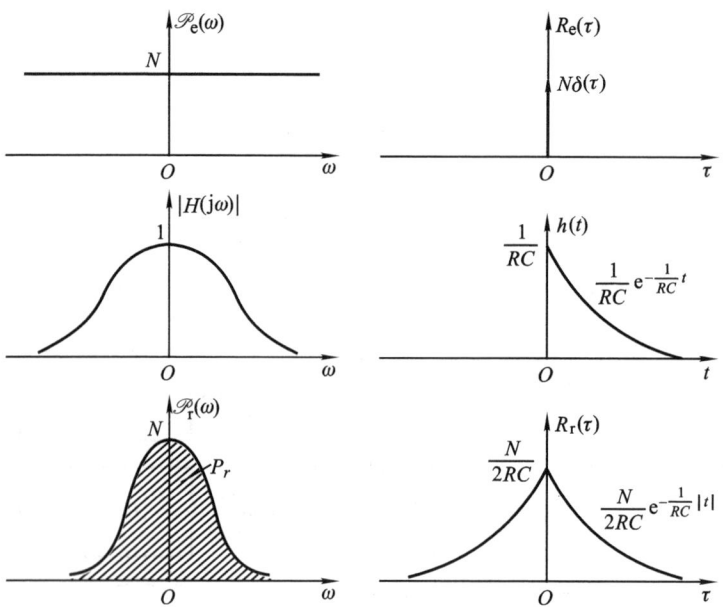

图 6-18 白噪声通过 RC 电路的功率谱和自相关函数

现在来求自相关函数。因为
$$R_e(\tau) = \mathscr{F}^{-1}[\mathscr{P}_e(\omega)] = \mathscr{F}^{-1}[N] = N\delta(\tau)$$

由式(6-164)知响应 $r(t)$ 的自相关函数

$$R_r(\tau) = R_e(\tau) * h(t) * h^*(-t)$$

$$= N\delta(\tau) * \frac{1}{RC}e^{-\frac{1}{RC}t}u(t) * \frac{1}{RC}e^{\frac{1}{RC}t}u(-t)$$

$$= \frac{N}{(RC)^2}e^{-\frac{1}{RC}t}u(t) * e^{\frac{1}{RC}t}u(-t)$$

$$= \frac{N}{2RC}e^{-\frac{1}{RC}|t|}$$

或者根据 $\mathscr{P}_r(\omega)$ 的逆变换求 $R_r(\tau)$，即

$$R_r(\tau) = \mathscr{F}^{-1}[\mathscr{P}_r(\omega)] = \mathscr{F}^{-1}\left[\frac{1}{1+(\omega RC)^2}\right]$$

考虑到

$$\mathscr{F}[e^{-\alpha|t|}] = \frac{2\alpha}{\alpha^2 + \omega^2}$$

同样可以求得

$$R_r(\tau) = \frac{N}{2RC}e^{-\frac{1}{RC}|t|}$$

这些结果也示于图 6-18。

最后求输出的平均功率 P_r

$$P_r = \frac{1}{2\pi}\int_{-\infty}^{\infty}\mathscr{P}_r(\omega)d\omega$$

$$= \frac{1}{\pi}\int_0^{\infty}\mathscr{P}_r(\omega)d\omega$$

$$= \frac{1}{\pi}\int_0^{\infty}\frac{N}{1+(\omega RC)^2}d\omega$$

$$= \frac{N}{\pi RC}\arctan(R\omega C)\Big|_0^{\infty}$$

$$= \frac{N}{2RC}$$

例 6-6 已知激励函数的功率谱为

$$\mathscr{P}_e(\omega) = \pi[\delta(\omega-1) + \delta(\omega+1)]$$

它作用于 $R=1\ \Omega, C=1\ F$ 的 RC 低通网络(仍见图6-17)。求输出的功率谱、平均功率。

解

因为

$$H(j\omega) = \frac{1}{1+j\omega}$$

$$|H(j\omega)|^2 = \frac{1}{1+\omega^2}$$

所以

$$\mathscr{P}_r(\omega) = \mathscr{P}_e(\omega)|H(j\omega)|^2$$

$$= \frac{\pi}{1+\omega^2} [\delta(\omega-1) + \delta(\omega+1)]$$

可参看图 6-19。

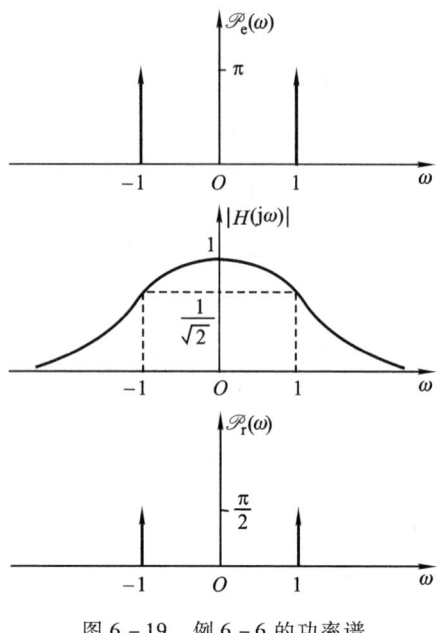

图 6-19　例 6-6 的功率谱

输出平均功率 P_r 为

$$P_r = \frac{1}{\pi} \int_0^\infty \mathscr{P}_r(\omega) \mathrm{d}\omega$$

$$= \int_0^\infty \frac{1}{1+\omega^2} [\delta(\omega-1) + \delta(\omega+1)] \mathrm{d}\omega = \frac{1}{2}$$

至此已经从几个方面建立了线性系统激励与响应之间的关系式,这包括时域或频域、电压、电流或能量、功率。为便于对比和查用,把这些公式汇总列于表 6-1。

表 6-1　线性系统激励与响应之间的关系

函数形式	系　统　特　性	激励与响应的关系
时间函数 电压或电流	$h(t)$	$r(t) = h(t) * e(t)$
频谱密度	$H(\mathrm{j}\omega)$	$R(\mathrm{j}\omega) = H(\mathrm{j}\omega)E(\mathrm{j}\omega)$
功率谱密度 能量谱密度	$\|H(\mathrm{j}\omega)\|^2$ $= H(\mathrm{j}\omega)H^*(\mathrm{j}\omega)$	$\mathscr{P}_r(\omega) = \|H(\mathrm{j}\omega)\|^2 \mathscr{P}_e(\omega)$ $\mathscr{E}_r(\omega) = \|H(\mathrm{j}\omega)\|^2 \mathscr{E}_e(\omega)$
自相关函数	$R_h(\tau) = h(\tau)h^*(-\tau)$	$R_r(\tau) = R_h(\tau) * R_e(\tau)$

6.9 匹配滤波器

在数字通信中,消息依靠一些标准符号的有无来传送,例如,二进制的编码信号,其中一个符号是某种标准的脉冲波形 $s(t)$,表示"1"码,另一个符号则由脉冲的空位(没有信号)来表示"0"码。典型的 $s(t)$ 波形如矩形脉冲、升余弦脉冲等。在这个问题中,检测波形的完整复原并不重要,波形是早已知道的,我们感兴趣的是判别脉冲 $s(t)$ 的有无。设 $s(t)$ 的持续时间和空位的持续时间均为 T,那么,接收机必须考察每个 T 内输入信号的内容,判别脉冲有无。在雷达系统中也有类似的情况,对于回波信号,我们关心它出现的时刻,而无需恢复它的全部波形。我们需要设计一种"最佳检测器",它协助增强信号抵抗噪声的能力,保证在判别信号出现时具有最低的错误概率。

为此需要寻求这样一种滤波器,它使有用信号 $s(t)$ 增强,同时对噪声 $n(t)$ 具有抑制作用。当信号与噪声同时进入滤波器时,它使信号成分在某一瞬时出现峰值,而噪声成分受到抑制。如果在某段时刻内信号 $s(t)$ 存在,那么此滤波器的输出在相应的瞬间呈现强大的峰值,如果没有信号 $s(t)$,那么将不会出现峰值。这种装置使我们能以最低的错误概率判决脉冲 $s(t)$ 的有无,能完成此功能的滤波器称之为"匹配滤波器"。所谓匹配是指滤波器的性能与信号 $s(t)$ 的特性取得某种一致,使滤波器输出端的信号瞬时功率与噪声平均功率之比值为最大。在实际问题中,根据信号 $s(t)$ 的要求设计与其对应的匹配滤波器。此滤波器的作用在于增强信号分量而同时减弱噪声分量,以满足在某一瞬间使输出端信号幅度与噪声幅度之比增至最大。

考虑到直接描述噪声信号波形的困难,我们借助功率谱的概念,以信号幅度平方与噪声功率进行比较,设计此滤波器使信号平方与噪声功率之比达到最大值,由此求出建立匹配滤波器的约束条件。

设滤波器的输入信号为 $s(t)+n(t)$,其中 $s(t)$ 是有用信号脉冲,$n(t)$ 是信道噪声;滤波器的输出信号为 $s_o(t)+n_o(t)$,其中 $s_o(t)$ 是有用信号分量,$n_o(t)$ 是噪声分量,如图 6-20 所示。设滤波器的转移函数为 $H(j\omega)$。希望在某一时刻 $t=t_m$(进行判决瞬间)使信噪比为最大,取 $s_o^2(t_m)$ 与 $n_o^2(t_m)$ 之比以 ρ 表示

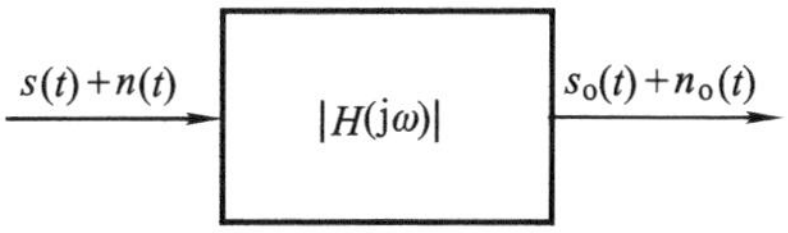

$$\rho = \frac{s_o^2(t_m)}{n_o^2(t_m)} \tag{6-166}$$

图 6-20 信号与噪声通过滤波器

若 $s(t)$ 的傅里叶变换为 $S(j\omega) = \mathscr{F}[s(t)]$,则 $s_o(t)$ 可由下式给出

$$s_o(t) = \mathscr{F}^{-1}[S(j\omega)H(j\omega)]$$
$$= \frac{1}{2\pi}\int_{-\infty}^{\infty} H(j\omega)S(j\omega)e^{j\omega t}d\omega \qquad (6-167)$$

在 t_m 时刻

$$s_o(t_m) = \frac{1}{2\pi}\int_{-\infty}^{\infty} H(j\omega)S(j\omega)e^{j\omega t_m}d\omega \qquad (6-168)$$

若 $n(t)$ 为白噪声,其功率谱为常数 N,输出噪声 $n_o(t)$ 的功率谱为 $|H(j\omega)|^2 \cdot N$,由此求出 $\overline{n_o^2(t)}$

$$\overline{n_o^2(t)} = \frac{1}{2\pi}\int_{-\infty}^{\infty} N|H(j\omega)|^2 d\omega \qquad (6-169)$$

因无法确知 $n_o^2(t)$,以 $\overline{n_o^2(t)}$ 取代 $n_o^2(t)$,得到

$$\overline{n_o^2(t_m)} = \frac{N}{2\pi}\int_{-\infty}^{\infty} |H(j\omega)|^2 d\omega \qquad (6-170)$$

将式(6-168)与式(6-170)代入式(6-166)求出

$$\rho = \frac{s_o^2(t_m)}{\overline{n_o^2(t_m)}} = \frac{\left|\int_{-\infty}^{\infty} H(j\omega)S(j\omega)e^{j\omega t_m}d\omega\right|^2}{2\pi N\int_{-\infty}^{\infty} |H(j\omega)|^2 d\omega} \qquad (6-171)$$

注意到式中 $s_o(t)$ 是实数,所以 $s_o^2(t) = |s_o(t)|^2$。

这里,需要用到 6.2 节给出的重要公式——柯西-施瓦茨不等式(6-37),借助此式可以给出

$$\left|\int_{-\infty}^{\infty} H(j\omega)S(j\omega)e^{j\omega t_m}d\omega\right|^2 \leq \int_{-\infty}^{\infty} |H(j\omega)|^2 d\omega \int_{-\infty}^{\infty} |S(j\omega)|^2 d\omega \qquad (6-172)$$

式中的等号仅在满足以下条件时成立

$$H(j\omega) = k[S(j\omega)e^{j\omega t_m}]^* \qquad (6-173)$$

式中 k 为任意常数。将式(6-172)代入式(6-171)得到

$$\rho = \frac{s_o^2(t_m)}{\overline{n_o^2(t_m)}} \leq \frac{1}{2\pi N}\int_{-\infty}^{\infty} |S(j\omega)|^2 d\omega \qquad (6-174)$$

滤波器输出端信噪比的最大可能值为

$$\rho_{max} = \frac{s_o^2(t_m)}{\overline{n_o^2(t_m)}}\bigg|_{max} = \frac{1}{2\pi N}\int_{-\infty}^{\infty} |S(j\omega)|^2 d\omega \qquad (6-175)$$

为取得此最大值,$H(j\omega)$ 与 $S(j\omega)$ 之间需满足不等式(6-172)中等号成立的条件,也即式(6-173)的约束关系,将此式改写为

$$H(j\omega) = kS(-j\omega)e^{-j\omega t_m} \qquad (6-176)$$

至此求出匹配滤波器的冲激响应 $h(t)$ 为

$$h(t) = \mathscr{F}^{-1}[H(j\omega)]$$
$$= \mathscr{F}^{-1}[kS(-j\omega)e^{-j\omega t_m}] \qquad (6-177)$$

注意到 $S(-j\omega)$ 的傅里叶逆变换是 $s(-t)$，而 $e^{-j\omega t_m}$ 项表示 t_m 的时移，因此

$$h(t) = ks(t_m - t) \qquad (6-178)$$

前文已述，有用信号 $s(t)$ 的持续时间是受限的。设 $s(t)$ 在区间 $(0,T)$ 之外为零，如图 6-21(a) 所示。$s(t_m - t)$ 可由 $s(t)$ 沿垂直轴反褶并向右平移 t_m 得

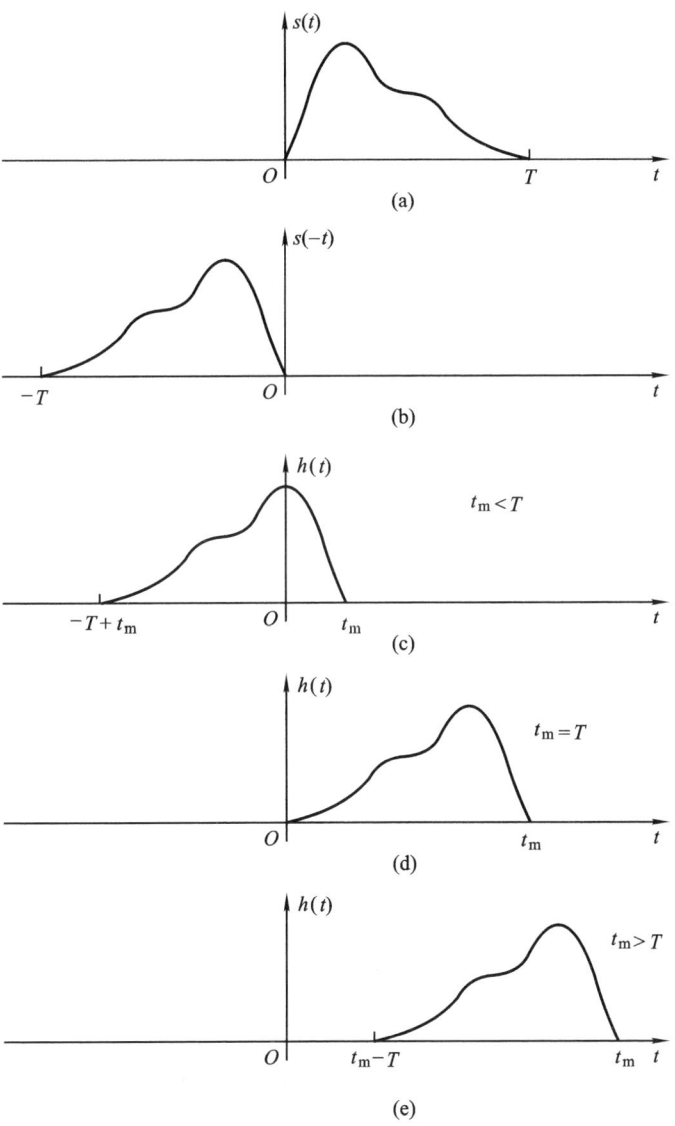

图 6-21 匹配滤波器信号波形

到,图 6-21(b)、(c)、(d)、(e)分别示出 $s(-t)$ 以及 $s(t_m-t)$ 的三种情况,即 $t_m<T, t_m=T$ 和 $t_m>T$。注意到图 6-21(c)的波形具有非因果特性,为使匹配滤波器可以物理实现,应选取图 6-21(d)或(e)的 $h(t)$ 波形。我们希望观察时间 t_m 尽可能小,以使判决迅速,因而取 $t_m=T$ 比 $t_m>T$ 更合适。按此要求改写式(6-178)同时取系数 $k=1$

$$h(t)=s(T-t) \qquad (6-179)$$

至此得出结论:匹配滤波器的冲激响应是所需信号 $s(t)$ 对垂直轴镜像并向右平移 T。这样的线性系统称为匹配滤波器或匹配接收机。从改善系统输出端信噪比的角度考虑,匹配滤波器是线性系统的最佳滤波器。所谓"最佳"仅限于线性系统。

当输入端只加入有用信号 $s(t)$ 时,匹配滤波器输出信号可由下式求出

$$\begin{aligned}
s_o(t) &= s(t) * h(t) \\
&= s(t) * s(T-t) \\
&= \int_{-\infty}^{\infty} s(t-\tau) s(T-\tau) \mathrm{d}\tau \\
&= R_{ss}(t-T)
\end{aligned} \qquad (6-180)$$

式中 $R_{ss}(t)$ 为 $s(t)$ 的自相关函数。可见,匹配滤波器的功能相当于对 $s(t)$ 进行自相关运算,在 $t=T$ 时刻取得自相关函数的峰值,而噪声通过滤波器所完成的互相关运算相对于有用信号受到明显抑制。由于上述工作机理,匹配滤波器也称为相关接收机。

将式(6-176)代入式(6-168)可求得在 $t=t_m=T$ 时刻输出信号的峰值(取系数 $k=1$)

$$s_o(t_m) = s_o(T) = \frac{1}{2\pi} \int_{-\infty}^{\infty} |S(\mathrm{j}\omega)|^2 \mathrm{d}\omega \qquad (6-181)$$

也可利用式(6-180)求得

$$s_o(T) = \int_{-\infty}^{\infty} s^2(t) \mathrm{d}t \qquad (6-182)$$

这一结果与帕塞瓦尔方程完全一致,也即式(6-181)和式(6-182)都等于信号 $s(t)$ 的能量 E

$$\begin{aligned}
s_o(T) &= \frac{1}{2\pi} \int_{-\infty}^{\infty} |S(\mathrm{j}\omega)|^2 \mathrm{d}\omega \\
&= \int_{-\infty}^{\infty} s^2(t) \mathrm{d}t = E
\end{aligned} \qquad (6-183)$$

这表明,匹配滤波器输出信号的最大值出现在 $t=T$ 时刻,其大小等于信号 $s(t)$ 的能量 E。最大值与 $s(t)$ 的波形形状无关,仅与其能量有关。

例 6-7 在测距系统中,发送信号 $s(t)$,以匹配滤波器接收回波信号,利用

滤波器输出信号峰值出现的时间折算目标距离。如果有两种可供选择的$s(t)$信号,分别如图6-22(a)的$s_1(t)$和(b)的$s_2(t)$。求:

(1) 分别画出$s_1(t)$和$s_2(t)$自相关函数波形$R_{11}(t)$和$R_{22}(t)$。

(2) 为改善测距精度,你认为应选用$s_1(t)$或$s_2(t)$两种脉冲的哪一种信号?

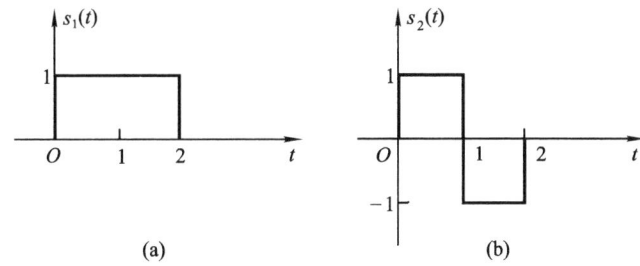

图6-22 例6-7的波形

解 (1) 由自相关函数定义可求得$s_1(t)$和$s_2(t)$的自相关函数波形$R_{11}(t)$和$R_{22}(t)$分别如图6-23(a)和(b)所示。

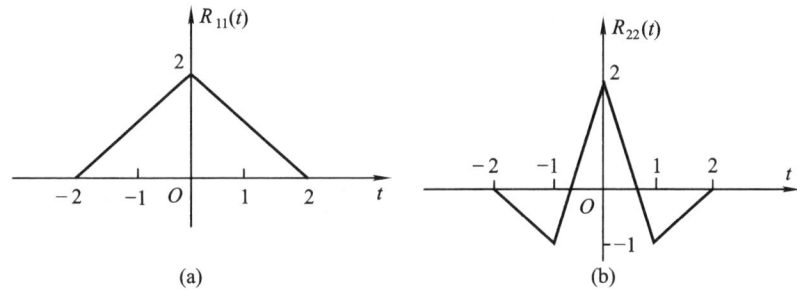

图6-23 例6-7的波形

(2) 考虑到匹配滤波器输出信号波形即$s(t)$自相关函数波形的延迟,为使峰值检测时间精确,宜选用相关函数形状尖锐的波形,因而选择$s_2(t)$信号有利于改善测距精度。

6.10 测不准(不定度)原理及其证明

本节是5.4节的继续,在那里讨论了理想低通阶跃响应上升时间与系统带宽的约束关系,现在引出"测不准原理"进一步说明这种约束的实质。为证明测不准原理所需的依据就是本章给出并反复运用的柯西-施瓦茨不等式和帕塞瓦尔定理(方程)。这些矢量空间属性相对应的物理概念仍然是能量受限或能量守恒。

由式(5-33)可以看出,理想低通阶跃响应的上升时间 t_r 与带宽 B 之乘积 $t_r B = 1$,这表明系统在时域的分辨能力与频域的分辨能力相互制约,要减小 t_r 必须以加大 B 为代价,反之,若要减小 B 需牺牲 t_r。现在的问题是能否找到一种系统使它的 t_r 与 B 之乘积无限减小,使我们用很窄的带宽得到很短的响应时间,也即在时域和频域两方面的分辨能力都尽可能得到改善。要回答这一问题需引用著名的"测不准原理"(也称不定度原理或不确定性原理,Uncertainty Principle)。该原理告诉我们,对于实信号波形,系统的阶跃响应上升时间与带宽之乘积受到限制,这两个参量不可能同时达到任意小的数值。当然,理想低通特性也符合这一规律。

为推证上述原理,首先将系统阶跃响应 $g(t)$ 上升时间的计算转化为冲激响应 $h(t)$ 持续时间的计算,因为 $g(t) = \int_{-\infty}^{t} h(\tau) \mathrm{d}\tau$,以理想低通特性为例,由图 6-24 可以看出,在 $h(t)$ 持续时间内由于积分值的增长,恰好对应 $g(t)$ 的上升时间。在下面的推证中,求阶跃响应上升时间与带宽乘积的问题也可用冲激响应持续时间与带宽的乘积来计算。

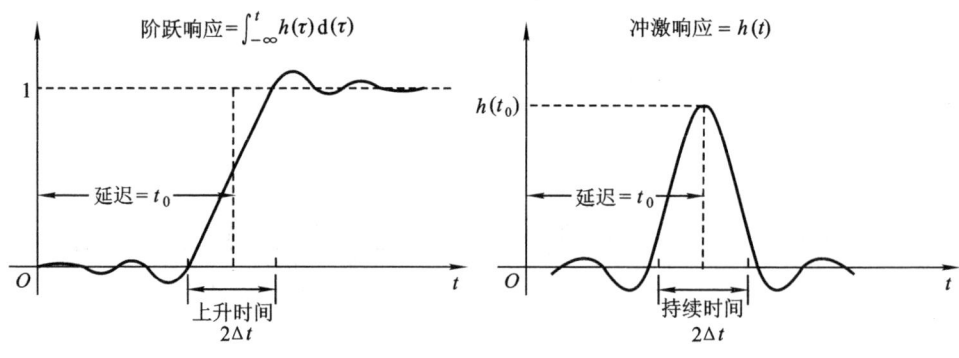

图 6-24　延迟时间、上升时间和持续时间

这里将要遇到的困难是各种时域波形与频谱图很难用统一的方式规定上升时间与带宽的定义标准。在实际电路分析中一种常用的定义方法是:上升时间为阶跃响应由终值的 10% 到 90% 所经历的时间(或按其他百分比规定)。此方法使计算烦琐,且难以反映波形的不同特点。在频域也存在类似的问题,例如,具有多次起伏型的频谱函数(如 Sa 函数),通常按两个第一零点间的距离定义带宽,这种方法相当粗糙,且难以与其他类型的谱图统一要求。显然,上述方法都不宜作为理论分析的统一定义标准。

从能量分布的观点给出上述定义是一种比较合理的方法。假定 $h(t)$ 的中心值位于 t_0,信号的能量主要集中于 $t_0 \pm \Delta t$ 的范围之内,可以规定从 $t_0 - \Delta t$

至 $t_0 + \Delta t$ 为持续时间。同理,若 $H(j\omega) = \mathscr{F}[h(t)]$ 的中心值位于 ω_0,信号的能量主要集中于 $\omega_0 \pm \Delta\omega$ 的范围之内,可以规定从 $\omega_0 - \Delta\omega$ 至 $\omega_0 + \Delta\omega$ 为带宽。借助二阶矩的概念表达信号能量的分布,于是规定

$$\Delta t = \left[\frac{\int_{-\infty}^{\infty} (t - t_0)^2 h^2(t) \mathrm{d}t}{\int_{-\infty}^{\infty} h^2(t) \mathrm{d}t}\right]^{1/2} \tag{6-184}$$

$$\Delta\omega = \left[\frac{\int_{-\infty}^{\infty} (\omega - \omega_0)^2 |H(j\omega)|^2 \mathrm{d}\omega}{\int_{-\infty}^{\infty} |H(j\omega)|^2 \mathrm{d}\omega}\right]^{1/2} \tag{6-185}$$

以上两式中,分子表示信号能量分布的方差,分母的作用是归一化。为简化以下推证,不失一般性,可令 $t_0 = 0$、$\omega_0 = 0$,这时对应理想低通的冲激响应没有时延的情况。

$$\Delta t = \left[\frac{\int_{-\infty}^{\infty} t^2 h^2(t) \mathrm{d}t}{\int_{-\infty}^{\infty} h^2(t) \mathrm{d}t}\right]^{1/2} \tag{6-186}$$

$$\Delta\omega = \left[\frac{\int_{-\infty}^{\infty} \omega^2 |H(j\omega)|^2 \mathrm{d}\omega}{\int_{-\infty}^{\infty} |H(j\omega)|^2 \mathrm{d}\omega}\right]^{1/2} \tag{6-187}$$

由傅里叶变换的微分特性可得

$$\mathscr{F}[-jh'(t)] = \omega H(j\omega) \tag{6-188}$$

借助帕塞瓦尔定理可从能量守恒的观点将时域和频域表达式统一起来

$$\int_{-\infty}^{\infty} h^2(t) \mathrm{d}t = \frac{1}{2\pi} \int_{-\infty}^{\infty} |H(j\omega)|^2 \mathrm{d}\omega \tag{6-189}$$

$$\int_{-\infty}^{\infty} |-jh'(t)|^2 \mathrm{d}t = \frac{1}{2\pi} \int_{-\infty}^{\infty} \omega^2 |H(j\omega)|^2 \mathrm{d}\omega \tag{6-190}$$

将式(6-189)与式(6-190)代入式(6-186),并求 Δt 与 $\Delta\omega$ 之乘积

$$\Delta t \Delta\omega = \left[\frac{\int_{-\infty}^{\infty} t^2 h^2(t) \mathrm{d}t}{\int_{-\infty}^{\infty} h^2(t) \mathrm{d}t}\right]^{1/2} \left[\frac{2\pi \int_{-\infty}^{\infty} |h'(t)|^2 \mathrm{d}t}{2\pi \int_{-\infty}^{\infty} h^2(t) \mathrm{d}t}\right]^{1/2} \tag{6-191}$$

利用柯西 - 施瓦茨不等式可求出上式下限

$$\Delta t \Delta\omega \geq \left|\frac{\int_{-\infty}^{\infty} t h(t) h'(t) \mathrm{d}t}{\int_{-\infty}^{\infty} h^2(t) \mathrm{d}t}\right|$$

$$= \left| \frac{\int_{-\infty}^{\infty} t \mathrm{d}h^2(t)}{2\int_{-\infty}^{\infty} h^2(t)\mathrm{d}t} \right|$$

$$= \left| \frac{h^2(t)t \Big|_{-\infty}^{\infty} - \int_{-\infty}^{\infty} h^2(t)\mathrm{d}t}{2\int_{-\infty}^{\infty} h^2(t)\mathrm{d}t} \right|$$

$$= \frac{1}{2} \qquad\qquad (6-192)$$

这里,利用了以下关系:当 $t \to \pm\infty$ 时 $th^2(t) \to 0$。可见 $\Delta t \Delta \omega$ 之下限为 $\frac{1}{2}$,注意此处 Δt 和 $\Delta \omega$ 都是相对于中心值 t_0 和 ω_0 单边的增量值,如果对持续时间和带宽都考虑双边差值此下限应为"2",若将角频率更换为频率值,此下限对单边、双边情况分别为 $\frac{1}{4\pi}$ 或 $\frac{1}{\pi}$。

上述测不准原理也称为加博(Gabor)关系式。类似的规律在当代物理学、生物学中占有同样重要的地位。20 世纪初,物理科学进入微观世界的研究,在观察和测量一些物理量时遇到一些不可逾越的限制。例如,微观粒子的位置与动量、方位角与动量矩、时间与能量等各组成对量之间存在不定度关系。其中,海森堡(Heisenberg)提出粒子位置与动量之乘积等于普朗克常数,这就是著名的"测不准原理"。上述成对量之间,其中一个量测量越精确,另一个量的误差就越大。值得注意的现象是脊椎动物视觉系统的功能也具有类似的不确定性,如果把动物的感觉系统理解为有机体对周围环境的观察与测量系统,那么它也服从测不准原理。

6.11 码分复用、码分多址(CDMA)通信

在 5.11 节和 5.12 节已经介绍了频分复用、时分复用以及统计复用(标记复用)技术在通信系统中的应用。本节简要说明码分复用技术的构成原理。所谓码分是指利用一组正交码序列来区分各路信号,它们占用的频带和时间都可重叠。实现码分复用的理论依据是利用自相关函数抑制互相关函数的特性来选取正交信号码组中的所需信号,因此,码分复用也称为正交复用。

为说明它的基本原理,首先给出一个两路正交复用模拟通信系统的例子。在图 6-25 中,两路待传输信号 $g_1(t)$ 和 $g_2(t)$ 分别由相互正交的两路载波信号 $\cos(\omega_0 t)$ 与 $\sin(\omega_0 t)$ 调制,然后相加并传送到接收端。在接收端,利用与发送端对应的两路载波信号 $\cos(\omega_0 t)$ 和 $\sin(\omega_0 t)$ 对接收信号进行同步解调,经相乘、低通滤波之后即可分离出信号 $g_1(t)$ 和 $g_2(t)$。下面利用时域关系式导出分离信号的结果。

在接收端,与 $\cos(\omega_0 t)$ 相应的一路解调系统相乘器之输出信号为

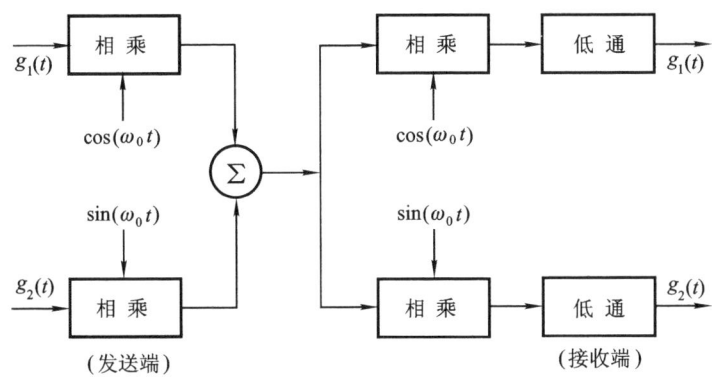

图 6-25 正交复用框图例

$$[g_1(t)\cos(\omega_0 t) + g_2(t)\sin(\omega_0 t)]\cos(\omega_0 t)$$
$$= \frac{1}{2}g_1(t)[1 + \cos(2\omega_0 t)] + \frac{1}{2}g_2(t)\sin(2\omega_0 t) \qquad (6-193)$$

经低通滤波后滤除 $2\omega_0$ 附近的高频信号,只留下 $g_1(t)$ 信号输出。同理,与 $\sin(\omega_0 t)$ 相应的一路解调系统相乘器之输出信号为

$$[g_1(t)\cos(\omega_0 t) + g_2(t)\sin(\omega_0 t)]\sin(\omega_0 t)$$
$$= \frac{1}{2}g_1(t)\sin(2\omega_0 t) + \frac{1}{2}g_2(t)[1 - \cos(2\omega_0 t)] \qquad (6-194)$$

经低通滤波后滤除 $2\omega_0$ 附近的高频信号,只留下 $g_2(t)$ 信号输出。

如果利用信号的频域表达式(取以上各信号的傅里叶变换)也可导出同样的结果(习题 6-23)。

在上述复用合路与分路过程中,没有看到两路信号在占用频带和时间方面的区别,其工作原理完全不同于频分复用或时分复用。这里的同步解调过程从本质上讲是利用了相关运算,求相关系数的运算包含相乘和积分,而图 6-25 中的低通相当于实现积分功能。由于 $\cos(\omega_0 t)$ 和 $\sin(\omega_0 t)$ 相互正交,经上述运算后在输出端相互抑制,从而区分出各路信号。在彩色电视传输系统中,就是借助上述正交复用的原理完成了色差信号的合成与分离,在接收机中可以看到类似于图 6-25 右端的同步解调电路。

目前,码分复用技术的典型应用实例是移动通信系统中点对多点(多址)信号传输,这时,也称为码分多址通信,码分多址的英文缩写为 CDMA(Code Division Multiple Access),通常称为 CDMA 通信系统。与图 6-25 的系统相比较,CDMA 系统的构成原理非常复杂,然而它的核心部分仍然是利用正交码组序列进行相关运算来区分信号,下面对此作简要介绍。

假设在移动通信系统的小区范围内有 k 个用户与基站同时通信,其中,第 k

个用户的发射机简化原理框图如图 6-26 所示。在此系统中,需要经过两次调制来实现发送功能。信号源 $a_k(t)$ 是二进制的数字序列码(例如,可以是矩形脉冲序列),它与载波信号 $\cos(\omega_0 t)$ 相乘完成第一次调制,对于各用户此载波频率 ω_0 完全相同。$c_k(t)$ 称为地址码,在设计此系统时使各用户的地址码相互正交,每个 $c_k(t)$ 码与各自的用户相对应。通常,$c_k(t)$ 也是二进制数字序列,它的码位间隔周期 T_c 远小于信源码位间隔周期 T_Ω,也即 $c_k(t)$ 信号的频带远大于信源 $a_k(t)$ 的频带。地址码码组具有如下的相关特性

$$R_{k,i}(\tau) = \int_0^T c_k(t-\tau)c_i(t)\,\mathrm{d}t = T$$

(当 $k = i$,且 $\tau = 0$) (6-195)

$$R_{k,i}(\tau) = \int_0^T c_k(t-\tau)c_i(t)\,\mathrm{d}t \ll T$$

(当 $k \neq i$,或 $\tau \neq 0$) (6-196)

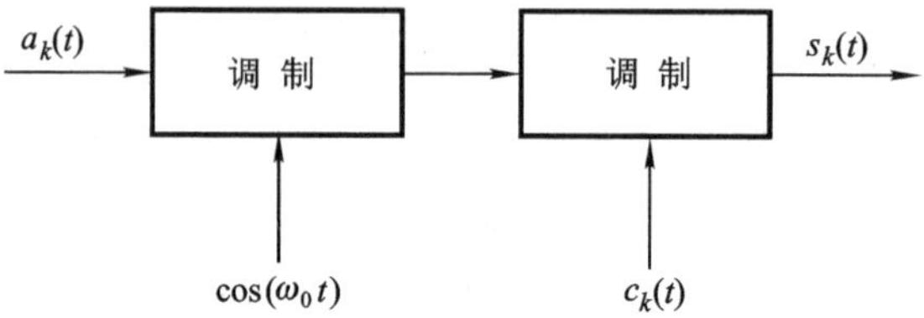

图 6-26 码分多址通信发送系统简化框图

$a_k(t)$ 与 $\cos(\omega_0 t)$ 相乘之后再与 $c_k(t)$ 相乘,完成第二次调制,发射信号 $s_k(t)$ 经无线信道传送到接收端。在接收端与发送端相对应需完成两次解调才可恢复信号 $a_k(t)$。接收机的简化原理框图如图 6-27 所示。接收信号 $r(t)$ 与本地地址码 $c_i(t-\tau_{i1})$ 进行相关运算完成第一次解调,由式(6-195)和式(6-196)可知,只有发送信号地址码与接收机本地地址码完全一致时才可获得足够强度的解调信号,所谓完全一致包括码型相同和码位对准。如果 $c_i(t)$ 与 $c_k(t)$ 相等即可保证码型相同,考虑到接收信号 $r(t)$ 与发射信号 $s(t)$ 之间要产生延时,因而在本地地址码中引入了 τ_{i1} 项,以保证码位对准。如果接收信号 $r(t)$ 携带的地址码与本地地址码不同($k \neq i$)或码位未对准($\tau \neq 0$),相关运算的输出信号取较小值或趋近于零,这些干扰信号将受到抑制。最后,再与 $\cos[\omega_0(t-\tau_{i1})]$ 相乘即可恢复 $a_k(t)$ 信号。

从以上分析可以看出,设计 CDMA 系统的关键问题之一就是要选好一组相互正交的地址码,它们的自相关函数在零点具有尖锐的峰值,而互相关函数取值很小。目前,可供选用的地址码组实例如 m 序列伪随机码或沃尔什正交函数集码组等,类型很多。

m 序列是最大长度线性移位寄存器序列的简称,它由 m 级具有反馈逻辑

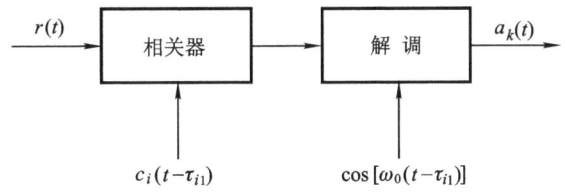

图 6-27 码分多址通信接收系统简化框图

的线性移位寄存器产生。m 级移位寄存器可产生长度为 (2^m-1) 的码序列,增大 m 值可以给出更多的 m 序列码组。(关于 m 序列的详细原理可参看有关数字系统、逻辑设计或差错控制编码等方面的著作,此处不再讨论。)

6.5 节介绍的沃尔什正交函数集码组满足式(6-195)与式(6-196)的要求,适合用作 CDMA 系统的地址码序列。例如,在一些实际的 CDMA 移动通信系统中已经采用了沃尔什函数码组提供 64 个地址码序列,利用它们的正交特性可以较好地实现码分复用。

上面介绍的 CDMA 系统属于扩频通信方式的一种,所谓扩频是扩展频谱的简称。若图 6-26 中的信源 $a_k(t)$ 码位间隔周期为 T_Ω,可粗略认为信号带宽 $B_\Omega = \dfrac{1}{T_\Omega}$,地址码 $c_k(t)$ 的码位间隔周期为 T_c,它的带宽大约是 $B_c = \dfrac{1}{T_c}$。通常,$T_c \ll T_\Omega$,因而 $B_c \gg B_\Omega$,由于利用地址码进行第二次调制的结果,使发送信号频谱的带宽较信号源带宽扩展许多倍,例如,取 $T_c = \dfrac{T_\Omega}{511}$,则 $B_c = 511 B_\Omega$。令 $N = \dfrac{B_c}{B_\Omega}$,在扩频通信系统中称 N 为扩频处理增益。地址码也称为扩频码,经扩频码调制的发送信号称为扩频信号,接收机相关运算输出的信号称为解扩信号。

至此已经学习了频分复用、时分复用和码分复用的基本原理。与前二种复用方法相比较,码分复用具有抗干扰性能好、复用系统容量灵活、保密性好、接收设备易于简化等许多优点,目前,在无线移动通信系统中具有很好的应用前景。

作为本章的结束,本节以码分复用为例进一步表明了信号正交特性和相关特性在当代通信系统应用中的重要地位,复习和巩固了正交与相关的基本概念,而码分复用技术的许多实际问题并未涉及,这些丰富而生动的内容有待后续课程专门讨论,或在研究工作中探讨。

习　题

6-1 试证明在区间 $(0, 2\pi)$,图 6-5 的矩形波与信号 $\cos t, \cos(2t), \cdots, \cos(nt)$ 正交(n 为整数),也即此函数没有波形 $\cos(nt)$ 的分量。

6-2 试证明 $\cos t, \cos(2t), \cdots, \cos(nt)$ (n 为整数)是在区间 $(0, 2\pi)$ 中的正交函数集。

6-3 上题中的函数集是否是在区间 $\left(0, \dfrac{\pi}{2}\right)$ 中的正交函数集。

6-4 $1, x, x^2, x^3$ 是否是区间 $(0,1)$ 的正交函数集。

6-5 试证明 $\cos t, \cos(2t), \cdots, \cos(nt)$ (n 为整数)不是区间 $(0, 2\pi)$ 内的完备正交函数集。

6-6 将图 6-5 的矩形波用正弦函数的有限项级数来近似

$$f(t) \approx c_1 \sin t + c_2 \sin(2t) + \cdots + c_n \sin(nt)$$

分别求 $n = 1, 2, 3, 4$ 四种情况下的方均误差 $\overline{\varepsilon^2}$。

6-7 试证明前四个勒让德多项式在 $(-1, 1)$ 内是正交函数集。它是否规格化?

6-8 一矩形波如题图 6-8 所示,将此函数用勒让德傅里叶级数表示

$$f(t) = c_0 p_0(t) + c_1 p_1(t) + \cdots + c_n p_n(t)$$

试求系数 c_0, c_1, c_2, c_3, c_4。

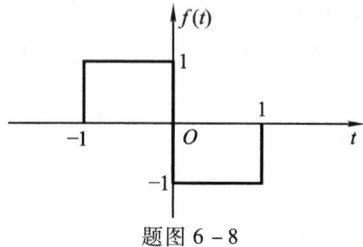

题图 6-8

6-9 用二次方程 $at^2 + bt + c$ 来近似表示函数 e^t,区间在 $(-1, 1)$,使方均误差最小,求系数 a, b 和 c。

6-10 试讨论图 6-6 所示拉德马赫函数集是否为完备的正交函数集。

6-11 若信号 $f_1(t) = \cos(\omega t), f_2(t) = \sin(\omega t)$,试证明当两信号同时作用于单位电阻时所产生的能量等于 $f_1(t)$ 和 $f_2(t)$ 分别作用时产生的能量之和。如果改为 $f_1(t) = \cos(\omega t), f_2(t) = \cos(\omega t + 45°)$,上述结论是否成立?

6-12 以三角函数形式的定义写出序号 k 从 7 至 15 的沃尔什函数表示式,并画出它们的波形。

6-13 画出 $\text{sal}(6, t)$ 和 $\text{cal}(7, t)$ 的波形。

6-14 试证明:$\text{sal}(i, t)\text{sal}(j, t) = \text{cal}[(i-1) \oplus (j-1), t]$

$\text{sal}(i, t)\text{cal}(j, t) = \text{sal}\{[(i-1) \oplus j] + 1, t\}$。

6-15 求题图 6-15 所示周期性三角波的沃尔什级数展开系数 c_0, c_1, c_2, c_3 和 s_1, s_2, s_3 各等于多少?画出以上述结果综合逼近此三角波的图形。

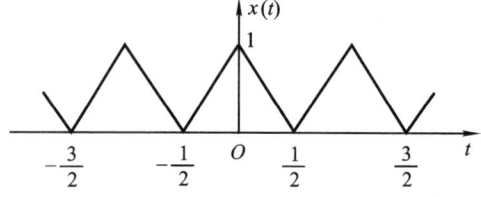

题图 6-15

6-16 求下列信号的自相关函数：
(1) $f(t) = e^{-at}u(t)(a>0)$；
(2) $f(t) = E\cos(\omega_0 t)u(t)$。

6-17 试确定下列信号的功率，并画出它们的功率谱：
(1) $A\cos(2000\pi t) + B\sin(200\pi t)$；
(2) $[A + \sin(200\pi t)]\cos(2000\pi t)$；
(3) $A\cos(200\pi t)\cos(2000\pi t)$；
(4) $A\sin(200\pi t)\cos(2000\pi t)$；
(5) $A\sin(300\pi t)\cos(2000\pi t)$；
(6) $A\sin^2(200\pi t)\cos(2000\pi t)$。

6-18 若信号 $f(t)$ 的功率谱为 $\mathscr{P}_f(\omega)$，试证明 $\dfrac{df(t)}{dt}$ 信号的功率谱为 $\omega^2 \mathscr{P}_f(\omega)$。

6-19 信号 $e(t) = 2e^{-t}u(t)$ 通过截止频率 $\omega_c = 1$ 的理想低通滤波器，试求响应的能量谱密度，以图形示出。

6-20 题图 6-20(a) 所示周期信号 $f(t)$ 通过系统函数为 $H(j\omega)$ 的系统[见题图 6-20(b)]，试求输出信号的功率谱和功率(方均值)。设 T 为以下两种情况：
(1) $T = \dfrac{\pi}{3}$；(2) $T = \dfrac{\pi}{6}$。

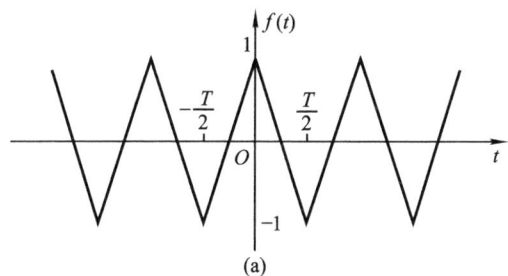

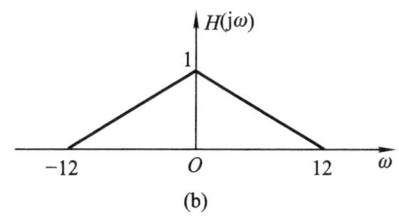

题图 6-20

6-21 若匹配滤波器输入信号为 $f(t)$，冲激响应为 $h(t) = s(T-t)$，求：
(1) 给出描述输出信号 $r(t)$ 的表达式；
(2) 求 $t = T$ 时刻的输出 $r(t) = r(T)$；
(3) 由以上结果证明，可利用题图 6-21 的框图来实现匹配滤波器之功能。

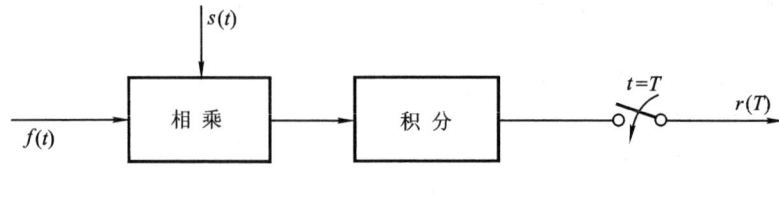

题图 6-21

6-22 题图 6-22 示出信号 $x_0(t)$ 和 $x_1(t)$ 波形,若 M_0 表示对 $x_0(t)$ 的匹配滤波器,M_1 表示对 $x_1(t)$ 的匹配滤波器,求:

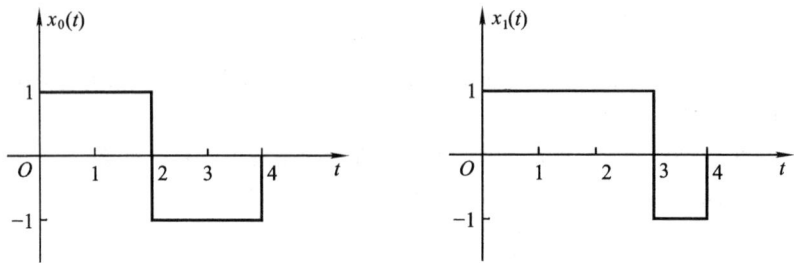

题图 6-22

(1) 分别画出 M_0 和 M_1 的冲激响应 $h_0(t)$ 和 $h_1(t)$ 的波形;

(2) 分别粗略画出 M_0 对 $x_0(t)$ 和 $x_1(t)$ 的响应波形以及 M_1 对 $x_0(t)$ 和 $x_1(t)$ 的响应波形;

(3) 比较这些响应在 $t=4$ 时的值,若保持 $x_1(t)$ 不变,如何修改 $x_0(t)$ 使接收机更容易区分 $x_0(t)$ 和 $x_1(t)$,也即使 M_0 对 $x_1(t)$ 的响应和 M_1 对 $x_0(t)$ 的响应在 $t=4$ 时为零值。

6-23 利用信号的频域表达式(取各信号的傅里叶变换)分析图 6-25 系统码分复用的工作原理。

6-24 以图 6-7 所示 $k=1,2,3$ 的三个沃尔什函数作为 CDMA 系统的地址码,$c_1(t)=\mathrm{Wal}(1,t), c_2(t)=\mathrm{Wal}(2,t), c_3(t)=\mathrm{Wal}(3,t)$。分别求它们的自相关函数 $R_{11}(\tau)$,$R_{22}(\tau), R_{33}(\tau)$ 以及互相关函数 $R_{12}(\tau), R_{21}(\tau), R_{13}(\tau), R_{31}(\tau), R_{23}(\tau), R_{32}(\tau)$(粗略画图形即可)。由所得结果讨论此码组是否能用作地址码。

第七章 离散时间系统的时域分析

7.1 引　　言

离散时间系统的研究源远流长。17 世纪发展起来的经典数值分析技术奠定了这方面的数学基础。20 世纪 40 和 50 年代,抽样数据控制系统的研究取得了重大进展。60 年代以后,计算机科学的进一步发展与应用标志着离散时间系统的理论研究和实践进入了一个新阶段。1965 年,库利(J. W. Cooley)与图基(J. W. Tukey)在前人工作的基础上发表了计算傅里叶变换高效算法的文章,这种算法称为快速傅里叶变换,缩写为 FFT。FFT 算法的出现引起了人们的巨大兴趣,迅速地得到了广泛应用。与此同时,超大规模集成电路研制的进展使得体积小、重量轻、成本低的离散时间系统有可能实现。在信号与系统分析的研究中,人们开始以一种新的观点——数字信号处理的观点来认识和分析各种问题。

20 世纪末期,数字信号处理技术迅速发展,应用日益广泛,例如在通信、雷达、控制、航空与航天、遥感、声呐、生物医学、地震学、核物理学、微电子学等诸多领域已卓见成效。随着应用技术的发展,离散时间信号与系统自身的理论体系逐步形成,并日趋丰富和完善。

离散时间系统的分析方法在许多方面与连续时间系统的分析方法有着并行的相似性。我们熟知,对于连续时间系统,其数学模型是用微分方程描述的。与之相应,离散时间系统是由差分方程表示的。差分方程与微分方程的求解方法在相当大的程度上一一对应。在连续时间系统中,卷积方法的研究与应用有着极其重要的意义;与此类似,在离散时间系统的研究中,卷积和(简称卷积)的方法具有同样重要的地位。在连续时间系统中,广泛地应用变换域方法——拉普拉斯变换与傅里叶变换方法,并运用系统函数的概念来处理各种问题;在离散时间系统中也同样普遍地运用变换域方法和系统函数的概念,这里的变换域方法包括 z 变换、离散傅里叶变换以及其他多种离散正交变换(如沃尔什变换、离散余弦变换等等)。

在第三章曾讨论连续信号的抽样,这仅仅是给出离散时间信号的方式之一,作为离散时间信号源更为一般的例子如数字计算机系统的输出、输入信号以及各种直接给出的时间序列。通常,这里产生的各种数据流不一定与连续信号有某种依从关系,因此,不能把离散时间信号狭隘地理解为连续信号的抽样或近似。

参照连续时间系统的某些方法学习离散时间系统理论的时候,必须注意它们之间存在着一些重要差异,这包括数学模型的建立与求解、系统性能分析以及系统实现原理等。正是由于差异的存在,才使得离散时间系统有可能表现出某些独特的性能。

与连续时间系统相比较,离散时间系统具有下列优点:容易做到精度高、可靠性好,便于实现大规模集成,从而在重量和体积方面显示其优越性。一般的数字系统中都包括有存储器,存储器的合理运用可以使系统具有灵活的功能,这些功能在连续时间系统中往往难以实现。此外,对于连续时间系统,通常只注重一维变量的研究,而在离散时间系统中,二维或多维技术得到广泛应用。近年来,由于可编程器件制作技术日趋成熟,对于数字系统容易利用可编程技术,借助于软件控制,适应用户设计与修改系统的各种需求,大大改善了设备的灵活性与通用性,在连续系统中这是难以实现的。

离散时间系统具有如此显著的优点,因而,离散时间系统(主要是数字信号处理系统)的应用几乎涵盖了国民经济建设与科学技术的所有领域,数字化技术逐步渗透到人类工作与生活的每个角落。近年来,人们提出了"数字地球"、"数字化世界"以及"数字化生存"等概念,以数字化的观念认识我们生存的这颗星球,充分利用数字信息技术推动社会的进步与发展。有人认为:在今天的孩童眼中,以数字化技术形成的光盘和信息网络就好像成年人眼中的空气和水一样平常。数字化生存如同一条鸿沟横亘于两代人之间,年长者必须迎头赶上。数字化浪潮正在席卷全球,数字信号处理技术正在使人类生产和生活质量提高到前所未有的新境界。

另一方面,不能认为数字化技术将取代一切连续时间系统的应用。实际上,人类在自然界中遇到的待处理信号相当多的部分都是连续时间信号,借助离散时间系统对其处理时,需经 A/D、D/A 转换,转换部分及其前后往往不能避免连续时间系统的出现;此外,当工作频率较高时,直接采用数字集成器件尚有一些困难,有时,用连续时间系统处理或许比较简便。因此,模拟信号处理与传输系统仍在一定范围内发挥作用。

在许多通信与电子设备中,经常遇到连续时间系统与离散时间系统组合构成的"混合系统"。例如,"软件无线电"(Software Radio)是继模拟通信、数字通信之后的最新一代通信技术。它是充分数字化的无线电通信系统,其 A/D、D/A 转换器尽可能靠近天线,在射频端与终端最低限度保留了部分连续时间系统。因而可将此系统看成一台带有天线的"超级"计算机。它充分发挥了数字系统的优点,利用可编程技术选择多种功能和体制,在通用化、模块化、兼容性、灵活性诸方面使无线电通信设备的面貌焕然一新。软件无线电显示了当代数字化技术发展的最新特征,也说明了适当利用连续时间系统的必要性。实际上,在研究与开发新产品过程中,最佳地协调模拟与数字部件的组合已成为系统设计师的首要职责。

本章和第八章介绍离散时间系统的基本概念和基本分析方法,仍然是从时间域到变换域。第九章将连续与离散时间系统的某些问题交叉并行讨论,包括反馈及系统的状态空间分析。

7.2 离散时间信号——序列

在绪论中曾定义,表示离散信号的时间函数,只在某些离散瞬时给出函数值。因此,它是时间上不连续的"序列"。通常,给出函数值的离散时刻之间隔是均匀的。若此间隔为 T,以 $x(nT)$ 表示此离散时间信号,这里,nT 是函数的宗量,n 取整数($n=0,\pm1,\pm2,\cdots$)。在离散信号传输与处理设备中,有时将信号寄放在存储器中,可以随时取用。离散时间信号的处理也可能是先记录、后分析(即所谓"非实时"的),短时间存入的数据要在较长时间内才能完成分析。因此,考虑到这些因素,对于离散时间信号来说,往往不必以 nT 作为宗量,可以直接以 $x(n)$ 表示此序列。这里,n 表示各函数值在序列中出现的序号。也可以说,一个离散时间信号就是一组序列值的集合 $\{x(n)\}$。为书写简便,以 $x(n)$ 表示序列,不再加注外面的括号。$x(n)$ 可写成一般闭式的表达式,也可逐个列出 $x(n)$ 值。通常,把对应某序号 n 的函数值称为在第 n 个样点的"样值"。

离散时间信号也常用图解(即波形)表示,线段的长短代表各序列值的大小,有时,可将它们的端点连接起来。例如,图 7-1 示出某序列 $x(n)$ 的波形。虽然在此图中横轴绘成一条连续的直线,但是必须认识到,$x(n)$ 仅对 n 的整数值才有定义,对于 n 的非整数值,$x(n)$ 没有意义。

与连续时间系统的研究类似,在离散系统分析中,经常遇到离散时间信号的运算,包括两信号的相加、相乘以及序列自身的移位、反褶、尺度倍乘以及差分、累加等等。

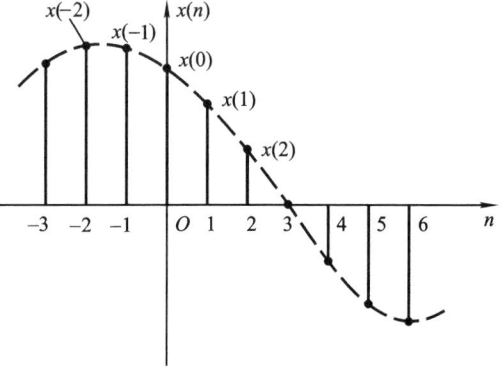

图 7-1 离散时间信号的图形

序列$x(n)$与$y(n)$相加是指两序列同序号的数值逐项对应相加构成一个新序列$z(n)$

$$z(n) = x(n) + y(n) \tag{7-1}$$

类似地,二者相乘表示同序号样值逐项对应相乘构成一个新的序列$z(n)$

$$z(n) = x(n)y(n) \tag{7-2}$$

序列延时$x(n-m)$是指原序列$x(n)$逐项依次右移(后移)m位后给出一个新序列

$$z(n) = x(n-m) \tag{7-3}$$

若向左移位(向前移位),其表达式为

$$z(n) = x(n+m) \tag{7-4}$$

序列的反褶表示将自变量n更换为$-n$,表达式为

$$z(n) = x(-n) \tag{7-5}$$

序列的尺度倍乘将波形压缩或扩展,若将自变量n乘以正整数a,构成$x(an)$为压缩,而$x\left(\dfrac{n}{a}\right)$则为波形扩展。必须注意,这时要按规律去除某些点或补足相应的零值。因此,也称这种运算为序列的"重排"。

例 7-1 若$x(n)$波形如图 7-2(a)所示,求$x(2n)$和$x\left(\dfrac{n}{2}\right)$的波形。

解

$x(2n)$波形如图 7-2(b),这时,对应$x(n)$波形中 n 为奇数的各样值已不存在,只留下 n 为偶数的各样值,波形压缩。而$x\left(\dfrac{n}{2}\right)$波形如图 7-2(c),图中,对于$x\left(\dfrac{n}{2}\right)$的 n 为奇数值各点应补入零值,n 为偶数值各点取得$x(n)$波形中依次对应的样值,因而波形扩展。

与连续时间信号的微分、积分运算相对应,离散时间信号分析过程中往往需要进行差分和累加运算。差分运算是指相邻两样值相减,其中,前向差分以符号$\Delta x(n)$表示

$$\Delta x(n) = x(n+1) - x(n) \tag{7-6}$$

而后向差分$\nabla x(n)$表达式为

$$\nabla x(n) = x(n) - x(n-1) \tag{7-7}$$

累加运算的结果表示为

$$z(n) = \sum_{K=-\infty}^{n} x(K) \tag{7-8}$$

注意对于给定的信号$x(K)$,当指定 n 值后$z(n)$为确定的数值。当然,这里已假

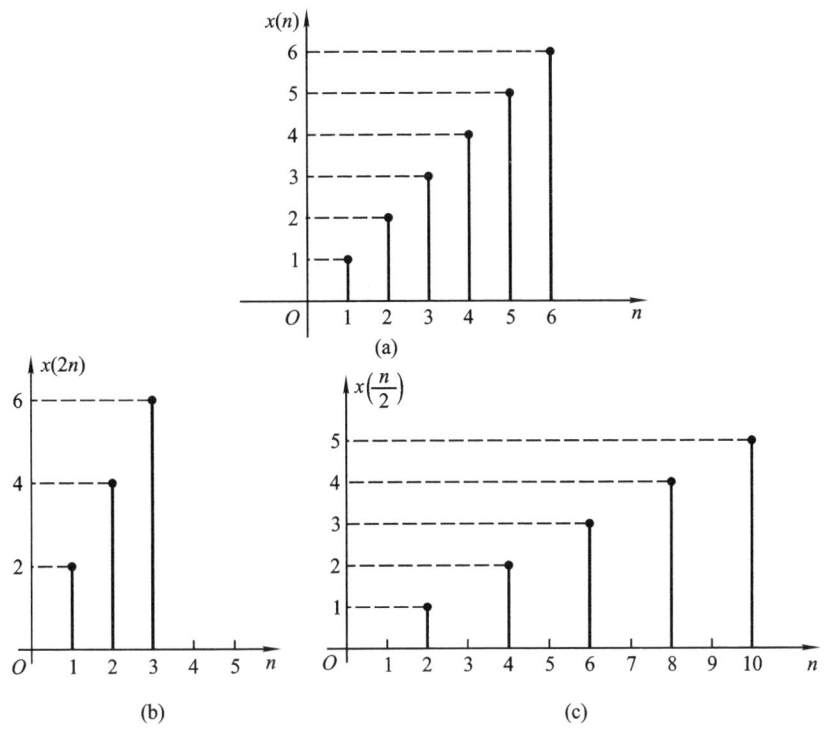

图 7-2 例 7-1 的波形

定式中无限项取和是收敛的。

此外,有时需要论及序列的能量,序列 $x(n)$ 的能量定义为

$$E = \sum_{n=-\infty}^{\infty} |x(n)|^2 \qquad (7-9)$$

下面介绍一些常用的典型序列。

(1) 单位样值信号(Unit Sample 或 Unit Impulse)

$$\delta(n) = \begin{cases} 1 & (n=0) \\ 0 & (n \neq 0) \end{cases} \qquad (7-10)$$

此序列只在 $n=0$ 处取单位值 1,其余样点上都为零,如图 7-3。也称为"单位取样"、"单位函数"、"单位脉冲"或"单位冲激"[1]。它在离散时间系统中的作用,类似于连续时间系统中的单位冲激函数 $\delta(t)$。但是,应注意它们之间的重要区别,$\delta(t)$ 可理解为在 $t=0$ 点脉宽趋于零,幅度为无限大的信号,或由分

---

[1] 为便于读者查阅参考书,把可能遇到的几种名称都已列上。

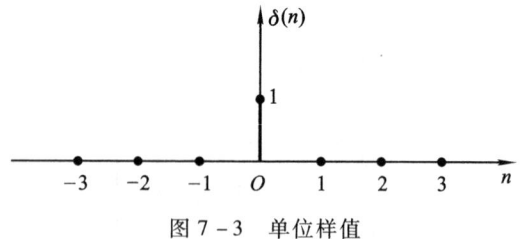

图 7-3　单位样值

配函数定义;而 $\delta(n)$ 在 $n=0$ 点取有限值,其值等于 1。

(2) 单位阶跃序列

$$u(n)=\begin{cases}1 & (n\geqslant 0)\\ 0 & (n<0)\end{cases} \quad (7-11)$$

它的图形如图 7-4。类似于连续时间系统中的单位阶跃信号 $u(t)$。但应注意 $u(t)$ 在 $t=0$ 点发生跳变,往往不予定义$\left(\text{或定义为}\dfrac{1}{2}\right)$,而 $u(n)$ 在 $n=0$ 点明确规定为

$$u(0)=1$$

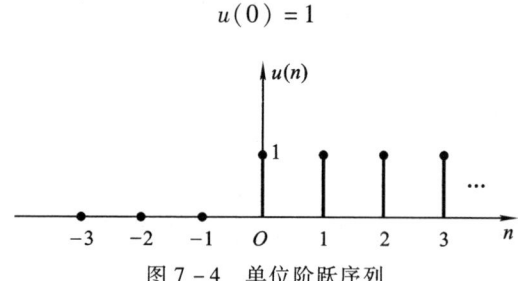

图 7-4　单位阶跃序列

(3) 矩形序列

$$R_N(n)=\begin{cases}1 & (0\leqslant n\leqslant N-1)\\ 0 & (n<0,n\geqslant N)\end{cases} \quad (7-12)$$

它从 $n=0$ 开始,到 $n=N-1$,共有 N 个幅度为 1 的数值,其余各点皆为零(见图 7-5)。类似于连续时间系统中的矩形脉冲。显然,矩形序列取值为 1 的范围也可从 $n=m$ 到 $n=m+N-1$。这种序列可写作 $R_N(n-m)$。

图 7-5　矩形序列

以上三种序列之间有如下关系

$$u(n) = \sum_{K=0}^{\infty} \delta(n-K) \qquad (7-13)$$

$$\delta(n) = u(n) - u(n-1) \qquad (7-14)$$

$$R_N(n) = u(n) - u(n-N) \qquad (7-15)$$

（4）斜变序列

$$x(n) = nu(n) \qquad (7-16)$$

见图 7-6。它与连续时间系统中的斜变函数 $f(t) = t$ 相像。类似地，还可以给出 $n^2 u(n), n^3 u(n), \cdots, n^k u(n)$ 等序列。

（5）指数序列

$$x(n) = a^n u(n) \qquad (7-17)$$

当 $|a| > 1$ 时序列是发散的，$|a| < 1$ 时序列收敛，$a > 0$ 序列都取正值，$a < 0$ 序列在正、负摆

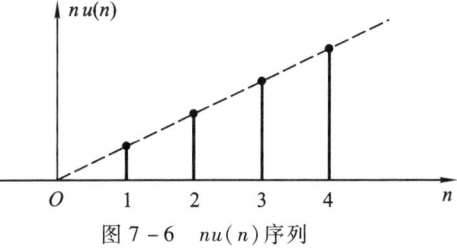

图 7-6 $nu(n)$ 序列

动。分别如图 7-7(a)~(d)所示。此外，还可能遇到 $a^{-n} u(n)$ 序列，其图形请读者练习画出。

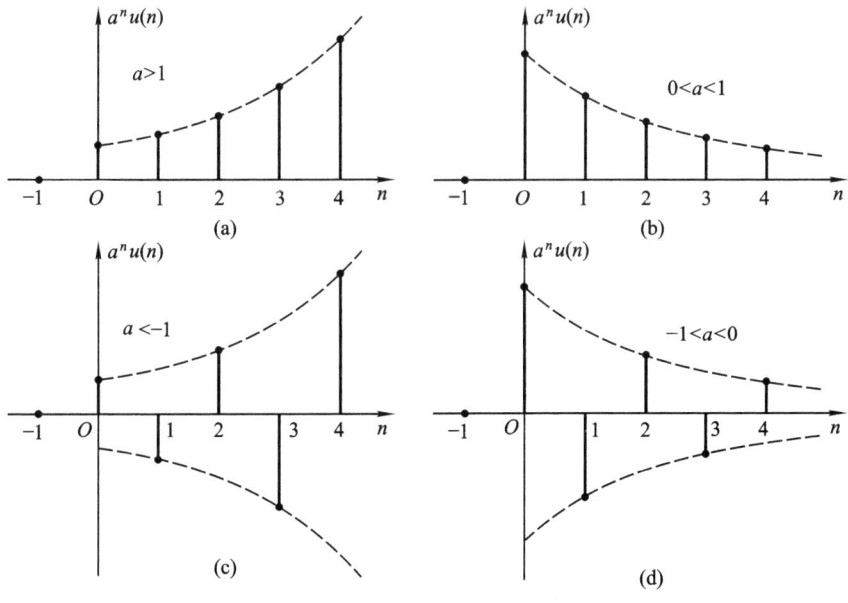

图 7-7 指数序列

（6）正弦序列

$$x(n) = \sin(n\omega_0) \qquad (7-18)$$

式中 ω_0 是正弦序列的频率,它反映序列值依次周期性重复的速率。例如 $\omega_0 = \frac{2\pi}{10}$,则序列值每 10 个重复一次正弦包络的数值。若 $\omega_0 = \frac{2\pi}{100}$,则序列值每 100 个循环一次。图 7-8 示出 $\omega_0 = 0.1\pi$ 的情形,每经 20 个序列其值循环。显然,若 $\frac{2\pi}{\omega_0}$ 为整数时,正弦序列才具有周期 $\frac{2\pi}{\omega_0}$,若 $\frac{2\pi}{\omega_0}$ 不是整数,而为有理数,则正弦序列还是周期性,但其周期要大于 $\frac{2\pi}{\omega_0}$,若 $\frac{2\pi}{\omega_0}$ 不是有理数,则正弦序列就不是周期性的。无论正弦序列是否呈周期性,都称 ω_0 为它的频率。

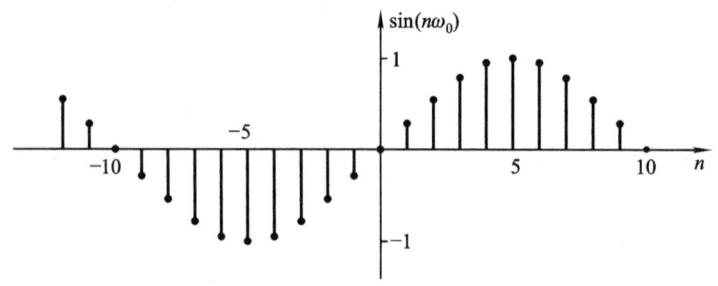

图 7-8 正弦序列 $\sin(n\omega_0)$ ($\omega_0 = 0.1\pi$)

对于连续信号中的正弦波抽样,可得正弦序列。例如,若连续信号为
$$f(t) = \sin(\Omega_0 t)$$
它的抽样值写作
$$x(n) = f(nT) = \sin(n\Omega_0 T)$$
因此有
$$\omega_0 = \Omega_0 T = \frac{\Omega_0}{f_s}$$
式中 T 是抽样间隔时间,f_s 是抽样频率$\left(f_s = \frac{1}{T}\right)$。为区分 ω_0 与 Ω_0,称 ω_0 为离散域的频率(正弦序列频率),而 Ω_0 为连续域的正弦频率。可以认为 ω_0 是 Ω_0 对于 f_s 取归一化之值 $\frac{\Omega_0}{f_s}$。

与正弦序列相对应,还有余弦序列
$$x(n) = \cos(n\omega_0) \tag{7-19}$$

(7) 复指数序列

序列也可取复数值,称为复序列,它的每个序列值都可以是复数,具有实部与虚部。

复指数序列是最常见的复序列
$$\begin{aligned}x(n) &= e^{j\omega_0 n}\\ &= \cos(\omega_0 n) + j\sin(\omega_0 n)\end{aligned} \tag{7-20}$$

复序列也可用极坐标表示

$$x(n) = |x(n)| e^{j\arg[x(n)]} \quad (7-21)$$

对于上述复指数序列

$$|x(n)| = 1$$
$$\arg[x(n)] = \omega_0 n$$

最后简要讨论离散时间信号的分解。一种常用的分解方法是将任意序列表示为加权、延迟的单位样值信号之和

$$x(n) = \sum_{m=-\infty}^{\infty} x(m)\delta(n-m) \quad (7-22)$$

很明显,这是由于

$$\delta(n-m) = \begin{cases} 1 & (m=n) \\ 0 & (m \neq n) \end{cases}$$

$$x(m)\delta(n-m) = \begin{cases} x(n) & (m=n) \\ 0 & (m \neq n) \end{cases}$$

因此,式(7-22)成立。在 7.6 节将运用这一概念引入"卷积和"。

7.3 离散时间系统的数学模型

一个离散时间系统,其激励信号 $x(n)$ 是一个序列,响应 $y(n)$ 为另一序列,示意如图 7-9 所示。显然,此系统的功能是完成 $x(n)$ 转变为 $y(n)$ 的运算。

按离散时间系统的性能,可以划分为线性、非线性、时不变、时变

图 7-9 离散时间系统

等各种类型。目前,最常用的是"线性、时不变系统"。本书的讨论范围也限于此。

在绪论 1.7 节曾给出线性时不变系统的基本特性。这里,针对离散时间系统的特点再作一些说明。

线性离散时间系统应满足均匀性与叠加性。均匀性与叠加性的意义是:对于给定之系统,若 $x_1(n), y_1(n)$ 和 $x_2(n), y_2(n)$ 分别代表两对激励与响应,则当激励序列是 $c_1 x_1(n) + c_2 x_2(n)$ 时(c_1, c_2 分别为常数),系统的响应为 $c_1 y_1(n) + c_2 y_2(n)$。此特性示意于图 7-10。

对于时不变系统(或称移不变系统),在同样起始状态之下系统响应与激励施加于系统的时刻无关。若激励 $x(n)$ 产生响应 $y(n)$,则激励 $x(n-N)$ 产生响应 $y(n-N)$。此特性示于图 7-11,它表明,若激励位移 N,响应也延迟 N。

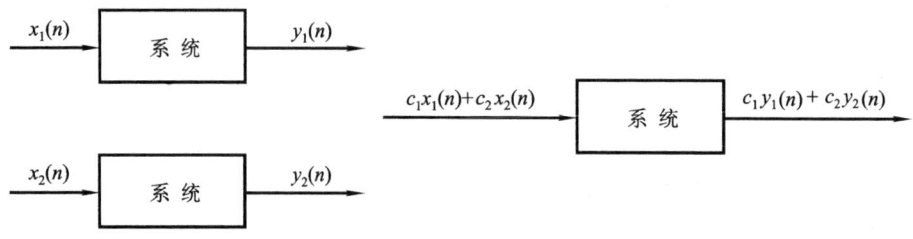

图 7-10　线性系统的均匀性与叠加性

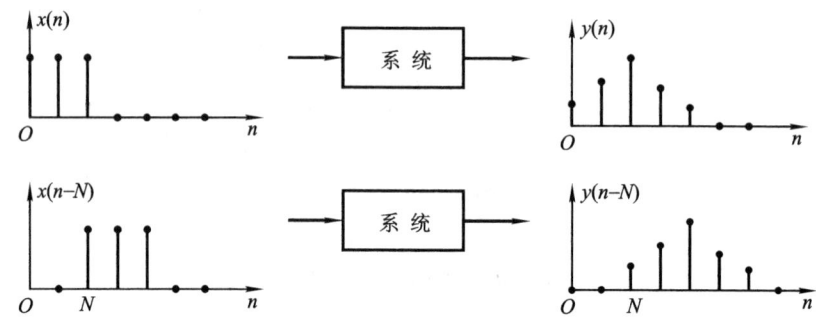

图 7-11　时不变系统特性

在连续时间系统中,信号是时间变量的连续函数,系统可用微分积分方程式来描述。对于离散时间系统,信号的变量 n 是离散的整型值,因此,系统的行为和性能需用差分方程式来表示。

微分积分方程由连续自变量的函数 $f(t)$ 及其各阶导数 $\dfrac{\mathrm{d}}{\mathrm{d}t}f(t)$,$\dfrac{\mathrm{d}^2}{\mathrm{d}t^2}f(t)$,…或积分等项线性叠加组成。在差分方程中,构成方程式的各项包含有离散变量的函数 $x(n)$,以及此序列之序数增加或减少的移位函数 $x(n+1)$,$x(n+2)$,…,$x(n-1)$,$x(n-2)$,…。

在连续时间系统中,系统内部的数学运算关系可归结为微分(或积分)、乘系数、相加。与此对应,在离散时间系统中,基本运算关系是延时(移位)、乘系数、相加。在连续时间系统中,通常是利用 R,L,C 等基本电路元件组成网络,以完成所需的功能。但是对于离散时间系统,它的基本单元是延时(移位)元件、乘法器、相加器等。在时间域描述中,以符号 $\dfrac{1}{E}$ 表示单位延时 $\Big(\dfrac{1}{E}$ 的意义将在 7.4 节说明,也可用符号"T"或符号"D"表示单位延时$\Big)$。以符号 $\sum$ 表示两序列相加。以符号 $\otimes$ 表示序列与系数相乘,为使逻辑图形简化,也可以在信号传送线旁边

(或在圆圈内)标注系数,以示与此系数相乘,这些规定如图7-12所示。下面以实例说明如何为一个离散时间系统建立描述该系统的数学模型——差分方程。

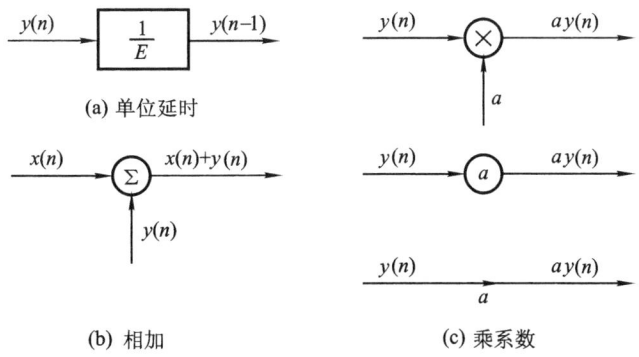

(a) 单位延时

(b) 相加

(c) 乘系数

图 7-12 离散时间系统的基本单元符号

例 7-2 一个离散时间系统由延时、相加、乘系数等基本部件组合而成,如图 7-13,激励信号为 $x(n)$,响应序列是 $y(n)$,试写出描述系统工作的差分方程。

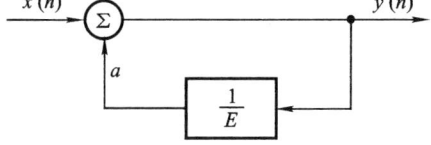

解

$y(n)$ 经单位延时得到 $y(n-1)$。围绕图 7-13 中的相加器可以写出

图 7-13 例 7-2 系统方框图

$$y(n) = ay(n-1) + x(n)$$

经整理后得到

$$y(n) - ay(n-1) = x(n) \qquad (7-23)$$

这就是一个常系数线性差分方程式(difference equation),或称递归关系式(recurrence relation)。一般情况下,等式左端由未知序列 $y(n)$ 及其移位序列 $y(n-1)$ 构成,等式右端是已知的激励函数 $x(n)$,有时,还可以包括 $x(n)$ 的延时函数,如 $x(n-1)$。式中 a 是常数。由于此方程中的未知序列仅相差一个位移序数,因此是一阶差分方程。如果给定 $x(n)$,而且知道 $y(n)$ 的边界条件,解此差分方程即可求得响应序列 $y(n)$。

如果方程式中还包括未知序列的移位项 $y(n-2),y(n-3),\cdots,y(n-N)$ 等,就可构成 N 阶差分方程式。差分方程式的阶数等于未知序列变量序号的最高与最低值之差。

这里举出的差分方程,各未知序列之序号自 n 以递减方式给出,称为后向形式的(或向右移序的)差分方程。也可从 n 以递增方式给出,即由 $y(n)$,$y(n+1),y(n+2),\cdots,y(n+N)$ 等项组成,称为前向形式的(或向左移序的)差分方程。

例 7-3 一个离散时间系统如图 7-14 所示，写出描述系统工作的差分方程。

解 延时器的输入端应为序列 $y(n+1)$。

于是，围绕相加器可以写出

$$y(n+1) = ay(n) + x(n) \tag{7-24}$$

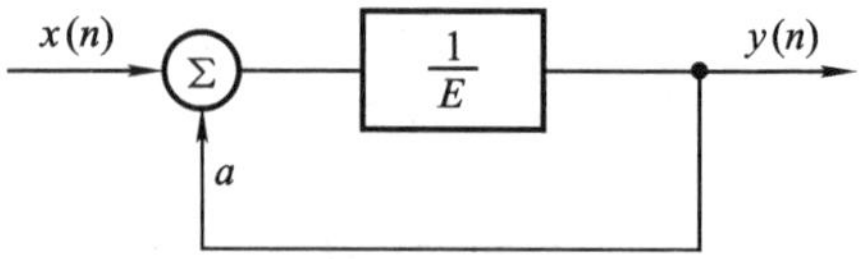

或

$$y(n) = \frac{1}{a}[y(n+1) - x(n)]$$

图 7-14 例 7-3 系统方框图

这是一个一阶前向差分方程式。

比较图 7-13 与图 7-14 可以看出，这两个系统并无本质差别，仅输出信号的取出端有所不同，图 7-13 的 $y(n)$ 取自延时器的输入端，而图 7-14 的 $y(n)$ 从延时器输出端得到，如果将同样的激励 $x(n)$ 分别作用于两个系统，那么二者所得响应形式相同，但后者较前者延时一位。通常，对于因果系统用后向形式的差分方程比较方便，在一般的数字滤波器描述中多用这种形式。而在状态变量分析中，习惯上用前向形式的差分方程。

以上分析初步说明了离散时间系统数学模型的特点，为了进一步认识差分方程中各变量之间的约束关系，以图 7-13 的问题为例，说明此系统在激励信号 $x(n)$ 作用下的工作过程，并试用迭代方法找出差分方程的解答。

为了使序列 $x(n)$ 的数据流依次进入系统并完成运算，系统内部设置有三个寄存器，一个存放 $x(n)$，第二个存放 $y(n)$，另一个存放系数 a。当 a 与 $y(n-1)$ 相乘之运算取得以后，存放 $x(n)$ 的寄存器给出 $x(n)$ 的一个样值，并与 $ay(n-1)$ 相加，相加得到的 $y(n)$ 值再存入 $y(n)$ 寄存器中，这样就完成了一次迭代，为下一个输入样值的进入做好了准备。

每一个新的输入样值进入之前（也即每一次迭代开始之前），系统的状态完全决定于 $y(n)$ 寄存器中的数值。假定在 $n=0$ 时刻，输入 $x(n)$ 的样值 $x(0)$ 进入，那么，$y(n)$ 寄存器的起始值为 $y(-1)$。

于是，可以求得 $y(0)$

$$y(0) = ay(-1) + x(0)$$

把 $y(0)$ 作为下一次迭代的起始值依次给出

$$y(1) = ay(0) + x(1)$$
$$y(2) = ay(1) + x(2)$$
$$\cdots\cdots$$

由上述分析可知，可以用迭代的方法求解差分方程，例如对于例 7-2 的方

程式(7-23),若已知$x(n)=\delta(n)$, $y(-1)=0$,容易求得

$$y(0) = ay(-1) + 1 = 1$$
$$y(1) = ay(0) + 0 = a$$
$$y(2) = ay(1) + 0 = a^2$$
$$\cdots\cdots$$
$$y(n) = ay(n-1) + 0 = a^n$$

此范围限于$n \geq 0$,因此,应将$y(n)$写作

$$y(n) = a^n u(n)$$

用迭代法求解差分方程是一种原始的方法,不易直接给出一个闭式解答,关于差分方程的一般求解方法将在下一节(用时域法)以及下一章(用变换域法)详细讨论。在那里还将看到,在某些情况下,迭代的方法还是一种可取的方法。

由以上分析容易看出,差分方程与微分方程在形式上有相似之处。我们熟知,一阶常系数线性微分方程的表达式可以写作

$$\frac{\mathrm{d}y(t)}{\mathrm{d}t} = Ay(t) + x(t) \tag{7-25}$$

为便于对比,将一阶前向差分方程式(7-24)抄录此处

$$y(n+1) = ay(n) + x(n)$$

比较这两个方程式可以看到,若$y(n)$与$y(t)$相当,则离散变量序号加1所得之序列$y(n+1)$就与连续函数对变量t取一阶导数$\frac{\mathrm{d}y(t)}{\mathrm{d}t}$相对应,$x(n)$与$x(t)$分别表示各自的激励信号。它们不仅在形式上相似,而且在一定条件下可以互相转化。对于连续时间函数$y(t)$,若在$t=nT$各点取得样值$y(nT)$,并假设时间间隔T足够小,于是$y(t)$微分式可以近似表示为

$$\frac{\mathrm{d}y(t)}{\mathrm{d}t} \approx \frac{y[(n+1)T] - y(nT)}{T}$$

因此,微分方程式(7-25)可以写作

$$\frac{y(n+1) - y(n)}{T} \approx Ay(n) + x(n)$$

经整理后得

$$y(n+1) \approx (1+AT)y(n) + Tx(n) \tag{7-26}$$

式(7-26)与式(7-24)具有相同的形式。必须注意,微分方程近似写作差分方程的条件是样值间隔T要足够小,T越小,近似程度越好。实际上,利用数字计算机来求解微分方程时(如欧拉法、龙格-库塔法),就是根据这一原理完成的。

下面举例说明,用差分方程近似处理微分方程的问题。

图 7-15 示出 RC 低通网络,描述此连续系统的数学模型为

$$RC\frac{\mathrm{d}y(t)}{\mathrm{d}t} + y(t) = x(t) \qquad (7-27)$$

如果对激励信号 $x(t)$ 抽样,得到 $x(nT)$,简写作 $x(n)$,若抽样间隔 T 足够小,则系统的数学模型可近似表示为

$$\frac{RC}{T}[y(n+1) - y(n)] + y(n) \approx x(n)$$

经整理后得到

$$y(n+1) \approx \left(1 - \frac{T}{RC}\right)y(n) + \frac{T}{RC}x(n) \qquad (7-28)$$

响应也是一个序列 $y(n)$。在图 7-15 中示出,若激励 $x(t)$ 是阶跃信号,响应 $y(t)$ 就是指数充电波形;若 $x(t)$ 经抽样为阶跃序列,则响应序列 $y(n)$ 端点的连线与 $y(t)$ 波形近似。在给定 T,RC 的条件下,求解差分方程式(7-28)即可证实这一直观的判断(学习 7.4 节以后,将在习题 7-26 解决这一问题)。

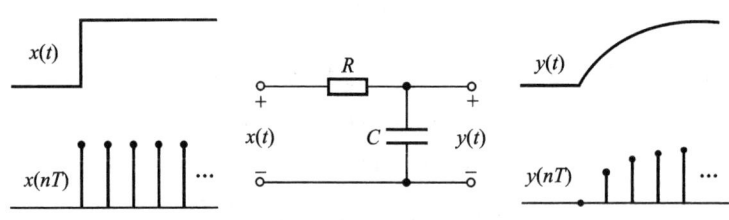

图 7-15 RC 低通网络

以上讨论的差分方程式,其离散变量都是时间,然而,差分方程是处理离散变量函数关系的一种数学工具,变量的选取因具体函数而异,并不限于时间。下面举例说明。

例 7-4 图 7-16 示出电阻梯形网络,其各支路电阻都为 R,每个结点对地的电压为 $v(n)$,$n = 0,1,2,\cdots,N$。已知两边界结点电压为 $v(0) = E,v(N) = 0$。试写出求第 n 个结点电压 $v(n)$ 的差分方程式。

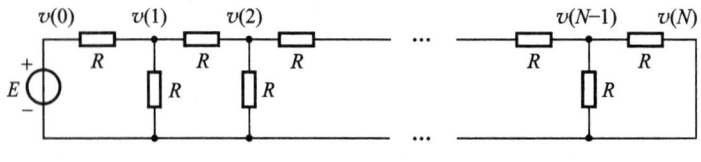

图 7-16 电阻梯形网络

解

对于任一结点 $n-1$,运用 KCL 不难写出

$$\frac{v(n-1)}{R} = \frac{v(n)-v(n-1)}{R} + \frac{v(n-2)-v(n-1)}{R}$$

经整理后得出

$$v(n) - 3v(n-1) + v(n-2) = 0$$

这是一个二阶后向差分方程，借助两个边界条件，经求解即可得到 $v(n)$。

显然，本例中函数 $v(n)$ 的自变量 n 不表示时间，而是代表电路图中结点顺序的编号，即序号（只能取整数）。

差分方程的应用遍及许多科学领域，不仅限于电工程问题之中，下面举出在生物科学的群体增长中运用差分方程的实例。

例 7-5 假定每对兔子每月可以生育一对小兔，新生的小兔子要隔一个月才具有生育能力，若第一个月只有一对新生小兔，求第 n 个月兔子对的数目是多少？

解

令 $y(n)$ 表示在第 n 个月兔子对的数目。已知 $y(0)=0, y(1)=1$，显然，可以推知：$y(2)=1, y(3)=2, y(4)=3, y(5)=5, \cdots$。

容易想到，在第 n 个月时，应有 $y(n-2)$ 对兔子具有生育能力，因而这批兔子要从 $y(n-2)$ 对变成 $2y(n-2)$ 对；此外，还有 $y(n-1)-y(n-2)$ 对兔子没有生育能力[它们是在第 $(n-1)$ 月新生的]，仍按原数目保留下来，于是可以写出

$$y(n) = 2y(n-2) + [y(n-1) - y(n-2)]$$

经整理化简得到

$$y(n) - y(n-1) - y(n-2) = 0$$

这是一个二阶差分方程式。

此方程还可写作如下形式

$$y(n) = y(n-1) + y(n-2) \tag{7-29}$$

很明显，此序列中，第 n 个样值 $y(n)$ 等于前两个样值 $y(n-1)$ 与 $y(n-2)$ 之和，这就是著名的费班纳西（Fibonacci）数列。当给定不同的初始值时，可以得到不同数列。例如，若 $y(0)=0, y(1)=1$，则数列 $y(n)$ 可写作

$$\{0, 1, 1, 2, 3, 5, 8, 13, \cdots\}$$

与微分方程的分类相对应，差分方程也可划分为线性的与非线性的，常系数的与参变系数的。一般情况下，线性、时不变离散时间系统需要由常系数线性差分方程描述。下一节研究常系数线性差分方程的求解方法。

7.4 常系数线性差分方程的求解

常系数线性差分方程的一般形式可表示为

$$a_0 y(n) + a_1 y(n-1) + \cdots + a_{N-1} y(n-N+1)$$
$$+ a_N y(n-N) = b_0 x(n) + b_1 x(n-1) + \cdots$$
$$+ b_{M-1} x(n-M+1) + b_M x(n-M) \tag{7-30}$$

式中 a 和 b 是常数,已知函数 $x(n)$ 的位移阶次是 M,未知函数 $y(n)$ 的位移阶次即表示此差分方程的阶次 N。利用取和符号可将式(7-30)缩写为

$$\sum_{k=0}^{N} a_k y(n-k) = \sum_{r=0}^{M} b_r x(n-r) \tag{7-31}$$

求解常系数线性差分方程的方法一般有以下几种。

(1) 迭代法

包括手算逐次代入求解或利用计算机求解。这种方法概念清楚,也比较简便,但只能得到其数值解,不能直接给出一个完整的解析式作为解答(也称闭式解答)。在前节中已对图 7-13 的问题给出了利用迭代法求解的示例。

(2) 时域经典法

与微分方程的时域经典法类似,先分别求齐次解与特解,然后代入边界条件求待定系数。这种方法便于从物理概念说明各响应分量之间的关系,但求解过程比较麻烦,在解决具体问题时不宜采用。

(3) 分别求零输入响应与零状态响应

可以利用求齐次解的方法得到零输入响应,利用卷积和(简称卷积)的方法求零状态响应。与连续时间系统的情况类似,卷积方法在离散时间系统分析中同样占有十分重要的地位。

此外,在时域分析中也可辅以算子符号表示的方法。

(4) 变换域方法

类似于连续时间系统分析中的拉氏变换方法,利用 z 变换方法解差分方程有许多优点,这是实际应用中简便而有效的方法。

本章着重介绍时域中求齐次解的方法和卷积方法,下一章详细研究 z 变换方法。在第九章还要讨论离散时间系统状态方程的求解。

一般差分方程对应的齐次方程的形式为

$$\sum_{k=0}^{N} a_k y(n-k) = 0 \tag{7-32}$$

所谓差分方程的齐次解应满足式(7-32)。首先分析最简单的情况,若一阶齐次差分方程的表示式为

$$y(n) - a y(n-1) = 0 \tag{7-33}$$

可以改写为

$$a = \frac{y(n)}{y(n-1)}$$

这里，$y(n)$ 与 $y(n-1)$ 之比为 a，这意味着序列 $y(n)$ 是一个公比为 a 的几何级数，有如下形式

$$y(n) = Ca^n$$

其中 C 是待定系数，由边界条件决定。

一般情况下，对于任意阶的差分方程，它们的齐次解以形式为 $C\alpha^n$ 的项组合而成。下面证实这一结论。

将 $y(n) = C\alpha^n$ 代入式(7-32)得到

$$\sum_{k=0}^{N} a_k C\alpha^{n-k} = 0 \qquad (7-34)$$

消去常数 C，并逐项除以 α^{n-N}，将式(7-34)简化为

$$a_0\alpha^N + a_1\alpha^{N-1} + \cdots + a_{N-1}\alpha + a_N = 0 \qquad (7-35)$$

如果 α_k 是式(7-35)的根，$y(n) = C\alpha_k^n$ 将满足式(7-32)。式(7-35)称为差分方程式(7-31)的特征方程，特征方程的根 $\alpha_1, \alpha_2, \cdots, \alpha_N$ 称为差分方程的特征根。

在特征根没有重根的情况下，差分方程的齐次解为

$$C_1\alpha_1^n + C_2\alpha_2^n + \cdots + C_N\alpha_N^n \qquad (7-36)$$

这里，$C_1, C_2, \cdots, C_N$ 是由边界条件决定的系数。现在举例说明求齐次解的过程。

例 7-6 上节例 7-5 对费班纳西数列建立的差分方程式为

$$y(n) - y(n-1) - y(n-2) = 0$$

已知 $y(1) = 1, y(2) = 1$。试求解方程。

解

它的特征方程为

$$\alpha^2 - \alpha - 1 = 0$$

求得特征根为

$$\alpha_1 = \frac{1+\sqrt{5}}{2}, \alpha_2 = \frac{1-\sqrt{5}}{2}$$

于是写出齐次解为

$$y(n) = C_1\left(\frac{1+\sqrt{5}}{2}\right)^n + C_2\left(\frac{1-\sqrt{5}}{2}\right)^n$$

将 $y(1) = 1, y(2) = 1$ 分别代入，得到一组联立方程式

$$\begin{cases} 1 = C_1\left(\dfrac{1+\sqrt{5}}{2}\right) + C_2\left(\dfrac{1-\sqrt{5}}{2}\right) \\ 1 = C_1\left(\dfrac{1+\sqrt{5}}{2}\right)^2 + C_2\left(\dfrac{1-\sqrt{5}}{2}\right)^2 \end{cases}$$

由此求得系数 C_1, C_2 分别为

$$C_1 = \frac{1}{\sqrt{5}}, C_2 = \frac{-1}{\sqrt{5}}$$

最后,写出 $y(n)$ 的解答

$$y(n) = \frac{1}{\sqrt{5}}\left(\frac{1+\sqrt{5}}{2}\right)^n - \frac{1}{\sqrt{5}}\left(\frac{1-\sqrt{5}}{2}\right)^n$$

在有重根的情况下,齐次解的形式将略有不同。假定 α_1 是特征方程的 K 重根,那么,在齐次解中,相应于 α_1 的部分将有 K 项

$$C_1 n^{K-1}\alpha_1^n + C_2 n^{K-2}\alpha_1^n + \cdots + C_{K-1} n\alpha_1^n + C_K \alpha_1^n \qquad (7-37)$$

显然,$C_K \alpha_1^n$ 这项满足式(7-32)。为证明 $C_{K-1} n\alpha_1^n$ 也满足式(7-32),将 $y(n) = C_{K-1} n\alpha_1^n$ 代入式(7-32)右端得到

$$a_0 C_{K-1} n\alpha_1^n + a_1 C_{K-1}(n-1)\alpha_1^{n-1} + \cdots +$$
$$a_{N-1} C_{K-1}(n-N+1)\alpha_1^{n-N+1} + a_N C_{K-1}(n-N)\alpha_1^{n-N} \qquad (7-38)$$

也就是

$$C_{K-1}\alpha_1[a_0 n\alpha_1^{n-1} + a_1(n-1)\alpha_1^{n-2} + \cdots +$$
$$a_{N-1}(n-N+1)\alpha_1^{n-N} + a_N(n-N)\alpha_1^{n-N-1}] \qquad (7-39)$$

我们的目的是要证明式(7-39)等于零。因为已经知道 α_1 是式(7-35)的 K 重根,当然,也就是下示方程的重根

$$\alpha^{n-N}(a_0 \alpha^N + a_1 \alpha^{N-1} + \cdots + a_{N-1}\alpha + a_N) = 0$$

或

$$a_0 \alpha^n + a_1 \alpha^{n-1} + \cdots + a_{N-1}\alpha^{n-N+1} + a_N \alpha^{n-N} = 0 \qquad (7-40)$$

α_1 不仅满足式(7-40),也满足它的导数式。因而有

$$a_0 n\alpha^{n-1} + a_1(n-1)\alpha^{n-2} + \cdots +$$
$$a_{N-1}(n-N+1)\alpha^{n-N} + a_N(n-N)\alpha^{n-N-1} = 0 \qquad (7-41)$$

至此可以看出,式(7-39)方括号内的式子应等于零,因而,$C_{K-1} n\alpha_1^n$ 的确满足式(7-32)。同理可证,其他各项 $C_1 n^{K-1}\alpha_1^n, C_2 n^{K-2}\alpha_1^n, \cdots$ 也满足式(7-32)。

例 7-7 求差分方程

$$y(n) + 6y(n-1) + 12y(n-2) + 8y(n-3) = x(n)$$

的齐次解。

解 特征方程为

$$\alpha^3 + 6\alpha^2 + 12\alpha + 8 = 0$$

即

$$(\alpha + 2)^3 = 0$$

可见，-2 是此方程的三重特征根，于是求得齐次解为
$$(C_1 n^2 + C_2 n + C_3)(-2)^n$$

当特征根为共轭复数时，齐次解的形式可以是等幅、增幅或衰减等形式的正弦（余弦）序列。

例 7-8 求下示差分方程的齐次解
$$y(n) - 2y(n-1) + 2y(n-2) - 2y(n-3) + y(n-4) = 0$$

已知边界条件 $y(1) = 1, y(2) = 0, y(3) = 1, y(5) = 1$。

解

特征方程为
$$\alpha^4 - 2\alpha^3 + 2\alpha^2 - 2\alpha + 1 = 0$$
$$(\alpha - 1)^2 (\alpha^2 + 1) = 0$$

特征根
$$\alpha_1 = \alpha_2 = 1 \qquad (\text{重根})$$
$$\alpha_3 = j, \alpha_4 = -j \qquad (\text{共轭复根})$$

于是可以写出
$$y(n) = (C_1 n + C_2)(1)^n + C_3 (j)^n + C_4 (-j)^n$$
$$= C_1 n + C_2 + C_3 e^{j\frac{n\pi}{2}} + C_4 e^{-j\frac{n\pi}{2}}$$
$$= C_1 n + C_2 + P\cos\left(\frac{n\pi}{2}\right) + Q\sin\left(\frac{n\pi}{2}\right)$$

这里，C_1、C_2、P、Q 是待定系数，注意 $P = C_3 + C_4$，$Q = j(C_3 - C_4)$。利用边界条件可以写出
$$1 = y(1) = C_1 + C_2 + Q$$
$$0 = y(2) = 2C_1 + C_2 - P$$
$$1 = y(3) = 3C_1 + C_2 - Q$$
$$1 = y(5) = 5C_1 + C_2 + Q$$

由此方程组解得
$$C_1 = 0, C_2 = 1$$
$$P = 1, Q = 0$$

最后，得到差分方程的解
$$y(n) = 1 + \cos\left(\frac{n\pi}{2}\right)$$

在微分方程的研究中已经知道，利用复平面图可以表明特征根的各种分布情况，并给出对应的时域特性。与此类似，对于差分方程也可用这种方法进行分

析,在学习 z 变换方法之后,将利用 z 域的复平面图进行这种研究(见第八章)。

下面讨论求特解的方法。为求得特解,首先将激励函数 $x(n)$ 代入方程式右端(也称自由项),观察自由项的函数形式来选择含有待定系数的特解函数式,将此特解函数代入方程后再求待定系数。现举出求解非齐次差分方程的例子。在此例中,包括求齐次解、求特解、最后得出完全响应。

例 7-9 求下示差分方程的完全解

$$y(n) + 2y(n-1) = x(n) - x(n-1)$$

其中激励函数 $x(n) = n^2$,且已知 $y(-1) = -1$。

解

(1) 首先,求得它的齐次解为 $C(-2)^n$。

(2) 将激励信号 $x(n) = n^2$ 代入方程右端,得到自由项为 $n^2 - (n-1)^2 = 2n - 1$。根据此函数形式,选择具有 $D_1 n + D_2$ 形式的特解,其中 D_1, D_2 为待定系数,以此作 $y(n)$ 代入方程给出

$$D_1 n + D_2 + 2[D_1(n-1) + D_2] = n^2 - (n-1)^2$$

$$3D_1 n + 3D_2 - 2D_1 = 2n - 1$$

比较方程两端系数得到

$$\begin{cases} 3D_1 = 2 \\ 3D_2 - 2D_1 = -1 \end{cases}$$

解得

$$D_1 = \frac{2}{3}, D_2 = \frac{1}{9}$$

完全解的表示式为

$$y(n) = C(-2)^n + \frac{2}{3}n + \frac{1}{9}$$

(3) 代入边界条件 $y(-1) = -1$,求系数 C

$$-1 = C(-2)^{-1} - \frac{2}{3} + \frac{1}{9}$$

解得

$$C = \frac{8}{9}$$

最后,写出完全响应的表示式为

$$y(n) = \frac{8}{9}(-2)^n + \frac{2}{3}n + \frac{1}{9}$$

一般情况下,若激励函数代入方程式右端出现 n^k 形式的函数,则特解选 $D_0 n^k + D_1 n^{k-1} + \cdots + D_k$;如果出现 a^n 形式的函数,且 a 不是此差分方程的特征根,则特解选 Da^n。实际上,前者与微分方程的 t^n 形式相对应,后者则与 e^t 形

式对应。

在以上各例中曾利用给定的边界条件,如 $y(-1)$,$y(0)$ 或 $y(1)$ 来求得完全解中的系数 C。在一般情况下,对于 N 阶差分方程,应给定 N 个边界条件,例如取 $y(0)$,$y(1)$,$\cdots$,$y(N-1)$。利用这些条件,代入完全解的表示式,可以构成一组联立方程,求得 N 个系数 C_1,C_2,$\cdots$,C_N。考虑没有重根的情况,此时方程的全解为

$$C_1 \alpha_1^n + C_2 \alpha_2^n + \cdots + C_N \alpha_N^n + D(n) \qquad (7-42)$$

式中 $D(n)$ 表示它的特解,其余各项之总和为齐次解。引用边界条件可建立如下方程组

$$y(0) = C_1 + C_2 + \cdots + C_N + D(0)$$
$$y(1) = C_1 \alpha_1 + C_2 \alpha_2 + \cdots + C_N \alpha_N + D(1)$$
$$\cdots\cdots\cdots\cdots$$
$$y(N-1) = C_1 \alpha_1^{N-1} + C_2 \alpha_2^{N-1} + \cdots + C_N \alpha_N^{N-1} + D(N-1)$$

将此方程组写作矩阵形式

$$\begin{bmatrix} y(0) - D(0) \\ y(1) - D(1) \\ \vdots \\ y(N-1) - D(N-1) \end{bmatrix} = \begin{bmatrix} 1 & 1 & \cdots & 1 \\ a_1 & a_2 & \cdots & a_N \\ \vdots & \vdots & & \vdots \\ a_1^{N-1} & a_2^{N-1} & \cdots & a_N^{N-1} \end{bmatrix} \begin{bmatrix} C_1 \\ C_2 \\ \vdots \\ C_N \end{bmatrix} \qquad (7-43)$$

简写作

$$\boldsymbol{Y}(k) - \boldsymbol{D}(k) = \boldsymbol{VC} \qquad (7-44)$$

这里看到与连续时间系统微分方程对应的关系式,借助范德蒙德(Vandermonde)逆矩阵 $\boldsymbol{V}^{-1}$ 即可求得系数 $\boldsymbol{C}$ 的一般表示式为

$$\boldsymbol{C} = \boldsymbol{V}^{-1}[\boldsymbol{Y}(k) - \boldsymbol{D}(k)] \qquad (7-45)$$

与连续时间系统的情况相同,线性时不变离散时间系统的完全响应也可分解为自由响应分量与强迫响应分量,或零输入响应分量与零状态响应分量。

由式(7-42)可知,系统的完全响应(差分方程的完全解)可表示为自由响应分量与强迫响应分量(齐次解与特解)之和

$$\sum_{k=1}^{N} C_k \alpha_k^n + D(n)$$

其中 C_k 由式(7-45)以矩阵形式给出。

响应的边界条件 $y(k)$ 可分解为零输入响应的边界值 $y_{zi}(k)$ 与零状态之边界值 $y_{zs}(k)$ 两部分

$$y(k) = y_{zi}(k) + y_{zs}(k) \qquad (7-46)$$

在零输入条件下有

$$D(k) = 0$$

于是得到相应的系数 C_{zi} 的矩阵表示

$$C_{zi} = V^{-1} Y_{zi}(k) \tag{7-47}$$

而在零状态条件下,系数 C_{zs} 的矩阵表示式为

$$\begin{aligned} C_{zs} &= V^{-1} [Y_{zs}(k) - D(k)] \\ &= V^{-1} [Y(k) - Y_{zi}(k) - D(k)] \end{aligned} \tag{7-48}$$

系数 C 与 C_{zi}、C_{zs} 之间满足

$$C = C_{zi} + C_{zs} \tag{7-49}$$

于是,完全响应由以下两部分组成

$$\text{零输入响应} = \sum_{k=1}^{N} C_{zik} \alpha_k^n \tag{7-50}$$

$$\text{零状态响应} = \sum_{k=1}^{N} C_{zsk} \alpha_k^n + D(n) \tag{7-51}$$

如果把完全响应按自由响应与强迫响应去划分,则有

$$\text{自由响应} = \sum_{k=1}^{N} C_k \alpha_k^n \tag{7-52}$$

$$\text{强迫响应} = D(n) \tag{7-53}$$

为便于比较,以上分析可写成如下表示式

$$\begin{aligned} y(n) &= \underbrace{\sum_{k=1}^{N} C_k \alpha_k^n}_{\text{自由响应}} + \underbrace{D(n)}_{\text{强迫响应}} \\ &= \underbrace{\sum_{k=1}^{N} C_{zik} \alpha_k^n}_{\text{零输入响应}} + \underbrace{\sum_{k=1}^{N} C_{zsk} \alpha_k^n + D(n)}_{\text{零状态响应}} \end{aligned} \tag{7-54}$$

其中

$$\sum_{k=1}^{N} C_k \alpha_k^n = \sum_{k=1}^{N} (C_{zik} + C_{zsk}) \alpha_k^n$$

以上所得结果与连续时间系统微分方程各响应分量的求解规律十分相似,读者可与 2.5 节的有关公式作比较。

还需指出,差分方程的边界条件不一定由 $y(0), y(1), y(2), \cdots, y(N-1)$ 这一组数字给出。对于因果系统,常给定 $y(-1), y(-2), \cdots, y(-N)$ 为边界条件。若激励信号在 $n=0$ 时接入系统,所谓零状态是指 $y(-1), y(-2), \cdots, y(-N)$ 都等于零(N 阶系统),而不是指 $y(0), y(1), \cdots, y(N)$ 为零。如果已知 $y(-1), y(-2), \cdots, y(-N)$,欲求 $y(0), y(1), \cdots, y(N)$,可利用迭代法逐次导出。

例 7-10 已知系统的差分方程表达式为
$$y(n) - 0.9y(n-1) = 0.05u(n)$$
（1）若边界条件 $y(-1) = 0$，求系统的完全响应；
（2）若边界条件 $y(-1) = 1$，求系统的完全响应。

解
（1）由于激励在 $n = 0$ 接入，且给定 $y(-1) = 0$，因此，起始时系统处于零状态。由 $y(-1)$ 利用迭代法可求出 $y(0) = 0.05$。

由特征方程求得齐次解为 $C(0.9)^n$，而特解是 D，完全解的形式应为
$$y(n) = C(0.9)^n + D$$
为确定系数 D，将特解代入方程得到
$$D(1 - 0.9) = 0.05$$
$$D = 0.5$$
再将 $y(0)$ 代入 $y(n)$ 表示式求系数 C
$$0.05 = y(0) = C + D$$
$$C = 0.05 - 0.5 = -0.45$$
最后，写出完全响应为
$$y(n) = [\underbrace{-0.45 \times (0.9)^n}_{\text{自由响应}} + \underbrace{0.5}_{\text{强迫响应}}]u(n)$$

波形如图 7-17 所示。

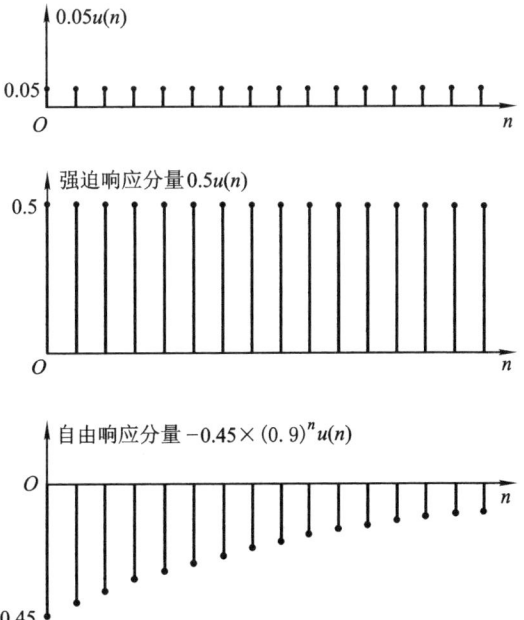

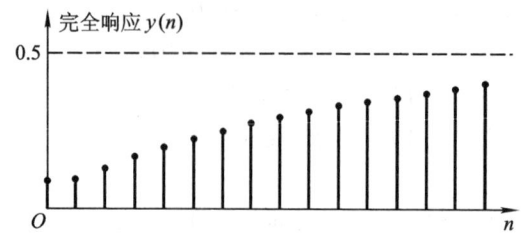

图 7-17 例 7-10(1) 的响应波形

(2) 先求零状态响应,令 $y(-1)=0$,此即第(1)问之结果,可以写出

$$\text{零状态响应} = 0.5 - 0.45 \times (0.9)^n$$

再求零输入响应,令激励信号等于零,差分方程表示式为

$$y(n) - 0.9 y(n-1) = 0$$

容易写出

$$\text{零输入响应} = C_{zi} \times (0.9)^n$$

以 $y(-1)=1$ 代入求得系数

$$C_{zi} = 0.9$$

于是有

$$\text{零输入响应} = 0.9 \times (0.9)^n$$

将以上两部分结果叠加,得到完全响应 $y(n)$ 表示式

$$y(n) = \underbrace{0.5 - 0.45 \times (0.9)^n}_{\text{零状态响应}} + \underbrace{0.9 \times (0.9)^n}_{\text{零输入响应}}$$

$$= \underbrace{0.45 \times (0.9)^n}_{\text{自由响应}} + \underbrace{0.5}_{\text{强迫响应}}$$

最后,将 $y(n)$ 的图形绘于图 7-18。

如果将上例与连续时间系统的有关问题相比较,不难发现,图 7-17 的结果类似于一个起始无储能的一阶低通网络之阶跃响应,例如一阶 RC 电路中的电容从零值按指数规律充电。而图 7-18 则是起始有储能的这种一阶电路,好像电容具有某一较高的起始电压

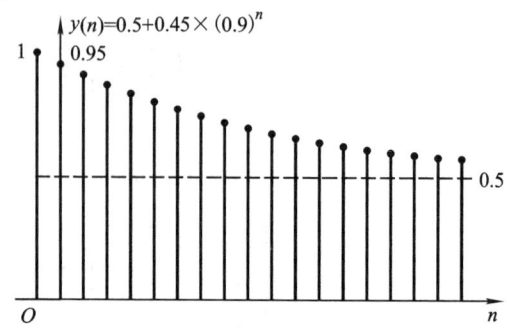

图 7-18 例 7-10(2) 的响应波形

值,在较低幅度的阶跃信号作用下,它将从起始值按指数规律放电至稳态值。

前文已述,差分方程不仅应用于信息、电子学科,在许多科学与技术领域中都得到广泛应用,如例 7-5 介绍了应用于生物学科的例子,下面再给出对于银行信贷业务的应用实例。

例 7-11 中国建设银行与北京市住房资金管理中心共同发布的等额均还个人购房贷款每月偿还金额计算公式为

$$R = P \cdot \frac{I(1+I)^N}{(1+I)^N - 1} \qquad (7-55)$$

式中 P 为总贷款金额,I 为贷款月利率,还款期限是 N 个月,每月还款金额为 R。所谓等额均还即贷款期限内每月以相等的偿还额 R 归还部分本金与利息,N 个月还清全部本息。请按照上述规定建立差分方程式,并导出式 (7-55)。

解

(1) 设第 n 个月末欠款为 $y(n)$,可建立如下差分方程
$$y(n) = y(n-1) - R + Iy(n-1), n \geq 1$$
即
$$y(n) - (1+I)y(n-1) = -R, n \geq 1 \qquad (7-56)$$
而第 0 个月欠款为
$$y(0) = P$$

(2) $y(n)$ 的齐次解为 $C(1+I)^n$,式中 C 为待定系数。$y(n)$ 的特解为 D。将特解代回式(7-56)可求出 D 的表达式
$$D = (1+I)D - R$$
$$D = \frac{1}{I}R$$

(3) $y(n)$ 的完全解可写作
$$y(n) = C(1+I)^n + \frac{1}{I}R, n \geq 1 \qquad (7-57)$$

令 $n=1$,求得
$$y(1) = C(1+I) + \frac{1}{I}R$$

另外,借助 $y(0) = P$ 经迭代求出
$$y(1) = (1+I)P - R$$

以上二式相等解出
$$C(1+I) + \frac{1}{I}R = (1+I)P - R$$
$$C = P - \frac{1}{I}R$$

(4) 将系数 C 代回式 (7-57) 得到

$$y(n) = \left(P - \frac{1}{I}R\right)(1+I)^n + \frac{1}{I}R, n \geq 0$$

为满足 N 个月全部还清本息应有

$$y(N) = 0$$

即

$$\left(P - \frac{1}{I}R\right)(1+I)^N + \frac{1}{I}R = 0$$

至此,可证得式 (7-55)

$$R = P \cdot \frac{I(1+I)^N}{(1+I)^N - 1}$$

例如,若贷款总金额 P 为 10 万元,贷款期限 10 年 ($N=120$),年利率为 5.13% $\left(I = \frac{1}{12} \times 5.13\%\right)$,可求得每月还款金额 R 为 1067.02 元。

对于线性时不变系统,可以借助算子符号、传输算子等概念来表示或求解系统的数学模型。在连续时间系统中,以算子 p 表示微分运算。对于离散时间系统,用算子符号"E"表示将序列超前一个单位时间的运算。E 也称为移序算子,利用移序算子可写出

$$y(n+1) = Ey(n) \qquad (7-58)$$

$$y(n-1) = \frac{1}{E}y(n) \qquad (7-59)$$

对于差分方程

$$y(n+1) - ay(n) = x(n)$$

可改写作

$$(E-a)y(n) = x(n) \qquad (7-60)$$

而对于方程式

$$y(n) - ay(n-1) = x(n-1)$$

则可表示为

$$\left(1 - \frac{a}{E}\right)y(n) = \frac{1}{E}x(n) \qquad (7-61)$$

对于以上二例,可以引入传输算子 $H(E) = \frac{1}{E-a}$,于是有

$$y(n) = \frac{1}{E-a}x(n) \qquad (7-62)$$

再次提醒读者,这不是一个代数方程,而是一个运算方程。这些特性与连续系统中的情况类似。

由以上分析看出,算子 $\frac{1}{E}$ 表示延迟单位时间的作用,即 $y(n)$ 经 $\frac{1}{E}$ 运算给

出 $y(n-1)$，这正是在 7.3 节规定以 $\frac{1}{E}$ 作延时元件符号标志的理由。

算子符号法是由时域分析转向变换域分析的一种过渡形式，仅简要介绍至此。在第八章将详细研究用 z 变换解差分方程的方法。

7.5 离散时间系统的单位样值(单位冲激)响应

在连续线性系统中，我们注意研究单位冲激 $\delta(t)$ 作用于系统引起的响应 $h(t)$，对于离散线性系统，我们来考察单位样值 $\delta(n)$ 作为激励而产生的系统零状态响应 $h(n)$——单位样值响应。这不仅是由于这种激励信号具有典型性，而且也是为求卷积和作准备。

由于 $\delta(n)$ 信号只在 $n=0$ 时取值 $\delta(0)=1$，在 n 为其他值时都为零，因而，利用这一特点可以较方便地以迭代法依次求出 $h(0),h(1),\cdots,h(n)$。

例 7-12 已知离散时间系统的差分方程表达式

$$y(n) - \frac{1}{2}y(n-1) = x(n)$$

试求其单位样值响应 $h(n)$。

解

对于因果系统，由于 $x(-1)=\delta(-1)=0$，故 $y(-1)=h(-1)=0$，以此起始条件代入差分方程可得

$$h(0) = \frac{1}{2}h(-1) + \delta(0) = 0 + 1 = 1$$

依次代入求得

$$h(1) = \frac{1}{2}h(0) + \delta(1) = \frac{1}{2} + 0 = \frac{1}{2}$$

$$h(2) = \frac{1}{2}h(1) + \delta(2) = \frac{1}{4} + 0 = \frac{1}{4}$$

$$\cdots\cdots\cdots\cdots$$

$$h(n) = \frac{1}{2}h(n-1) + \delta(n) = \left(\frac{1}{2}\right)^n$$

此系统的单位样值响应是

$$h(n) = \begin{cases} \left(\dfrac{1}{2}\right)^n & n \geq 0 \\ 0 & n < 0 \end{cases}$$

用这种迭代方法求系统的单位样值响应还不能直接得到 $h(n)$ 的闭式。为了能够给出闭式解答，可把单位样值 $\delta(n)$ 激励信号等效为起始条件，这样就把问题转化为求解齐次方程，由此得到 $h(n)$ 的闭式。下面的例子说明这种

方法。

例 7 – 13 系统差分方程式为
$$y(n) - 3y(n-1) + 3y(n-2) - y(n-3) = x(n)$$
求系统的单位样值响应。

解

（1）求差分方程的齐次解（即系统的零输入响应）。写出特征方程
$$\alpha^3 - 3\alpha^2 + 3\alpha - 1 = 0$$
解得特征根 $\alpha_1 = \alpha_2 = \alpha_3 = 1$，即 1 为三重根。于是可知，齐次解的表示式为
$$C_1 n^2 + C_2 n + C_3$$

（2）因为起始时系统是静止的，容易推知 $h(-2) = h(-1) = 0, h(0) = \delta(0) = 1$。以 $h(0) = 1, h(-1) = 0, h(-2) = 0$ 作为边界条件建立一组方程式求系数 C
$$\begin{cases} 1 = C_3 \\ 0 = C_1 - C_2 + C_3 \\ 0 = 4C_1 - 2C_2 + C_3 \end{cases}$$
解得
$$C_1 = \frac{1}{2}, C_2 = \frac{3}{2}, C_3 = 1$$

（3）最后写出，系统的单位样值响应为
$$h(n) = \begin{cases} \dfrac{1}{2}(n^2 + 3n + 2) & n \geq 0 \\ 0 & n < 0 \end{cases}$$

此例中单位样值的激励作用等效为一个起始条件 $h(0) = 1$，因而，求单位样值响应的问题转化为求系统的零输入响应，很方便地得到 $h(n)$ 的闭式。

例 7 – 14 已知系统的差分方程模型
$$y(n) - 5y(n-1) + 6y(n-2) = x(n) - 3x(n-2)$$
求系统的单位样值响应。

解

（1）求得齐次解为
$$C_1 3^n + C_2 2^n$$

（2）假定差分方程式右端只有 $x(n)$ 项作用，不考虑 $3x(n-2)$ 项作用，求此时系统的单位样值响应 $h_1(n)$。

边界条件是 $h_1(0) = 1, h_1(-1) = 0$，由此建立求系数 C 的方程组

7.5 离散时间系统的单位样值(单位冲激)响应

$$\begin{cases} 1 = C_1 + C_2 \\ 0 = \dfrac{1}{3}C_1 + \dfrac{1}{2}C_2 \end{cases}$$

解得

$$C_1 = 3, C_2 = -2$$

于是写出

$$h_1(n) = \begin{cases} 3^{n+1} - 2^{n+1} & (n \geq 0) \\ 0 & (n < 0) \end{cases}$$

(3) 只考虑 $-3x(n-2)$ 项作用引起的响应 $h_2(n)$。由线性时不变特性可知

$$\begin{aligned} h_2(n) &= -3h_1(n-2) \\ &= \begin{cases} -3(3^{n-1} - 2^{n-1}) & (n \geq 2) \\ 0 & (n < 2) \end{cases} \end{aligned}$$

(4) 将以上结果叠加,并在表示式中利用单位阶跃序列符号 $u(n)$,写出系统的单位样值响应

$$\begin{aligned} h(n) &= h_1(n) + h_2(n) \\ &= (3^{n+1} - 2^{n+1})u(n) - 3(3^{n-1} - 2^{n-1})u(n-2) \\ &= (3^{n+1} - 2^{n+1})[\delta(n) + \delta(n-1) + u(n-2)] \\ &\quad - 3(3^{n-1} - 2^{n-1})u(n-2) \\ &= \delta(n) + 5\delta(n-1) + (3^{n+1} - 2^{n+1} - 3^n + 3 \times 2^{n-1})u(n-2) \\ &= \delta(n) + 5\delta(n-1) + (2 \times 3^n - 2^{n-1})u(n-2) \end{aligned}$$

在连续时间系统中曾利用系统函数求拉普拉斯逆变换的方法决定冲激响应 $h(t)$,与此类似,在离散时间系统中,也可利用系统函数求逆 z 变换来确定单位样值响应,一般情况下,这是一种较简便的方法,将在第八章详述。

由于单位样值响应 $h(n)$ 表征了系统自身的性能,因此,在时域分析中可以根据 $h(n)$ 来判断系统的某些重要特性,如因果性、稳定性,以此区分因果系统与非因果系统,稳定系统与非稳定系统。

所谓因果系统,就是输出变化不领先于输入变化的系统。响应 $y(n)$ 只取决于此时,以及此时以前之激励,即 $x(n), x(n-1), x(n-2), \cdots$。如果 $y(n)$ 不仅取决于当前及过去的输入,而且还取决于未来的输入 $x(n+1), x(n+2), \cdots$,那么,在时间上就违背了因果关系,因而是非因果系统,也即不可实现的系统。

离散线性时不变系统作为因果系统的充分必要条件是

$$h(n) = 0 \quad (\text{当 } n < 0) \tag{7-63}$$

或表示为
$$h(n) = h(n)u(n) \tag{7-64}$$

在离散时间系统的应用中,某些数据处理过程的自变量虽为时间,但是待处理的数据可以记录并保存起来。这时,不一定局限于用因果系统处理信号,可借助非因果系统。在语音处理、气象学、地球物理学、经济学、人口统计学等领域中会遇到这种情况。例如,对于股票市场,人们有时更加关注数据的变化趋势,然而在这个总的慢变化过程中包含着高频起伏。为了考察一段时期内的慢变化趋势,可以利用平滑系统滤除高频成分。一种非因果的平滑系统数学模型可表示为

$$y(n) = \frac{1}{2M+1} \sum_{k=-M}^{M} x(n-k) \tag{7-65}$$

对于待处理的数据 $x(n)$,可在 n 点附近取 $\pm M$ 点的数据作平均计算,即取和后再除以 $(2M+1)$,由此获得平滑后的数据 $y(n)$,见图 7-19。显然,这是一个非因果系统。此外,若自变量不是时间(例如对某些图像处理信号),也可能遇到非因果系统。

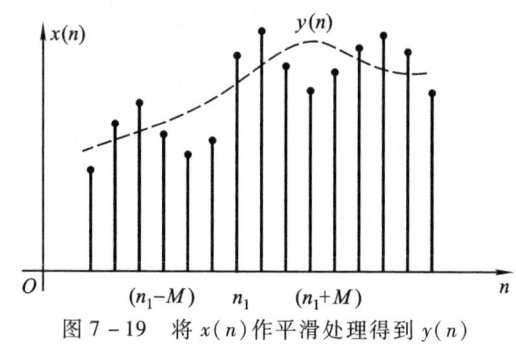

图 7-19 将 $x(n)$ 作平滑处理得到 $y(n)$

在连续时间系统分析中(4.11节)已经知道,稳定系统的定义为:若输入是有界的,输出必定也是有界的系统。对于离散时间系统,稳定系统的充分必要条件是单位样值(单位冲激)响应绝对可积(或称绝对可和,在离散时间系统中指求和),即

$$\sum_{n=-\infty}^{\infty} |h(n)| \leq M \tag{7-66}$$

式中 M 为有界正值。

既满足稳定条件又满足因果条件的系统是我们的主要研究对象,这种系统的单位样值响应 $h(n)$ 是单边的而且是有界的

$$\begin{cases} h(n) = h(n)u(n) \\ \sum_{n=-\infty}^{\infty} |h(n)| \leq M \end{cases} \tag{7-67}$$

下面考虑一个简单的例子,若系统的单位样值响应 $h(n) = a^n u(n)$,则容易判断它是因果系统,因为当 $n<0$ 时 $h(n)=0$。稳定性的确定要与 a 的数值有关,若 $|a|<1$,则几何级数 $\sum_{n=0}^{\infty} |a|^n$ 收敛为 $\frac{1}{1-a}$,系统是稳定的;若 $|a|>1$,则该几何级数发散,系统是非稳定的。

7.6 卷积(卷积和)

在连续时间系统中,可以利用卷积的方法求系统的零状态响应,这时,首先把激励信号分解为冲激函数序列,然后令每一冲激函数单独作用于系统求其冲激响应,最后把这些响应叠加即可得到系统对此激励信号的零状态响应。这个叠加的过程表现为求卷积积分。在离散时间系统中,可以采用大体相同的方法进行分析,由于离散信号本身就是一个不连续的序列,因此,激励信号分解为脉冲序列的工作就很容易完成,对应每个样值激励,系统得到对此样值的响应,每一响应也是一个离散时间序列,把这些序列叠加即得零状态响应。因为离散量的叠加无需进行积分,因此,叠加过程表现为求"卷积和"。

由式(7-22)可知,离散时间系统的任意激励信号 $x(n)$ 可以表示为单位样值加权取和的形式

$$x(n) = \sum_{m=-\infty}^{\infty} x(m)\delta(n-m)$$

设系统对单位样值 $\delta(n)$ 的响应为 $h(n)$,由时不变特性可知,对于 $\delta(n-m)$ 的延时响应就是 $h(n-m)$;再由线性系统的均匀性可知,对于 $x(m)\delta(n-m)$ 序列的响应是 $x(m)h(n-m)$,最后根据叠加性得到系统对于 $\sum x(m)\delta(n-m)$ 序列总的响应为

$$y(n) = \sum_{m=-\infty}^{\infty} x(m)h(n-m) \qquad (7-68)$$

式(7-68)称为"卷积和"(或仍称为卷积)。它表征了系统响应 $y(n)$ 与激励 $x(n)$ 和单位样值响应 $h(n)$ 之间的关系,$y(n)$ 是 $x(n)$ 与 $h(n)$ 的卷积,用简化符号记为

$$y(n) = x(n) * h(n) \qquad (7-69)$$

对式(7-68)进行变量置换得到卷积的另一种表示式

$$\begin{aligned} y(n) &= \sum_{m=-\infty}^{\infty} h(m)x(n-m) \\ &= h(n) * x(n) \end{aligned} \qquad (7-70)$$

这表明,两序列进行卷积的次序是无关紧要的,可以互换。容易证明,卷积和的代数运算与连续系统中卷积的代数运算(2.8节)规律相似,都服从交换律、分配律、结合律。

在连续时间系统中,$\delta(t)$ 与 $f(t)$ 的卷积仍等于 $f(t)$,类似地,在离散时间系统中也有

$$\delta(n) * x(n) = x(n) \qquad (7-71)$$

卷积和的图形解释可以把取卷积和的过程分解为反褶、平移、相乘、取和四个步骤，在下面的例子中可以看到。

例 7－15　某系统的单位样值响应是

$$h(n)=a^{n}u(n)$$

其中 $0<a<1$。若激励信号为

$$x(n)=u(n)-u(n-N)$$

试求响应 $y(n)$。

解　由式(7－68)可知

$$\begin{aligned}y(n)&=\sum_{m=-\infty}^{\infty}x(m)h(n-m)\\&=\sum_{m=-\infty}^{\infty}[u(m)-u(m-N)]a^{n-m}u(n-m)\end{aligned}$$

图 7－20 中示出了 $x(n)$、$h(n)$ 序列图形。为求卷积和，同时绘出 $x(m)$ 以及对应某几个 n 值的 $h(n-m)$。由图看出，在 $n<0$ 的条件下，$h(n-m)$ 与 $x(m)$ 相乘，处处都为零值，因此当 $n<0$ 时，$y(n)=0$。而 $0\leqslant n\leqslant N-1$ 时，从 $m=0$ 到 $m=n$ 的范围内 $h(n-m)$ 与 $x(m)$ 有交叠相乘而得的非零值，得到

$$\begin{aligned}y(n)&=\sum_{m=0}^{n}a^{n-m}=a^{n}\sum_{m=0}^{n}a^{-m}\\&=a^{n}\frac{1-a^{-(n+1)}}{1-a^{-1}}\quad(0\leqslant n\leqslant N-1)\end{aligned}$$

对于 $N-1\leqslant n$，交叠相乘的非零值从 $m=0$ 延伸到 $m=N-1$，因此

$$\begin{aligned}y(n)&=\sum_{m=0}^{N-1}a^{n-m}=a^{n}\sum_{m=0}^{N-1}a^{-m}\\&=a^{n}\frac{1-a^{-N}}{1-a^{-1}}\quad(N-1\leqslant n)\end{aligned}$$

图 7－21 绘出了响应 $y(n)$。

例 7－16　已知 $x_1(n)=2\delta(n)+\delta(n-1)+4\delta(n-2)+\delta(n-3)$，$x_2(n)=3\delta(n)+\delta(n-1)+5\delta(n-2)$，求卷积 $y(n)=x_1(n)*x_2(n)$。

解

注意到本例给出的离散时间信号未能以闭式表示，为书写方便也可将它们写作序列

$$\{x_1(n)\}=\{\underset{\uparrow}{2}\quad 1\quad 4\quad 1\}$$

$$\{x_2(n)\}=\{\underset{\uparrow}{3}\quad 1\quad 5\}$$

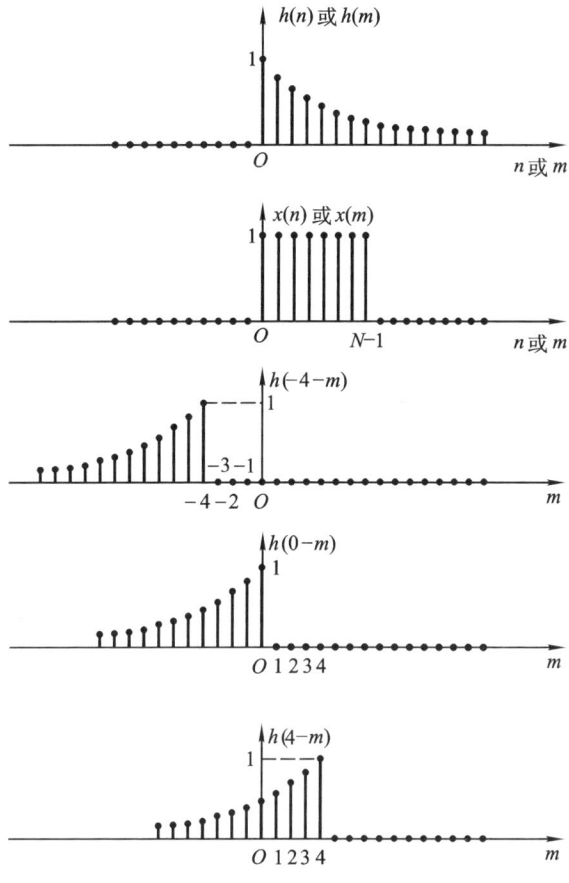

图 7-20 例 7-15 中计算卷积和有关的序列

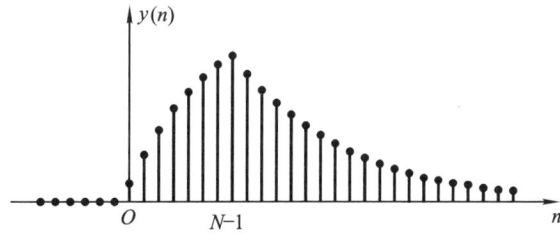

图 7-21 例 7-15 中求得的卷积和 $y(n)$

利用一种"对位相乘求和"的方法可以较快地求出卷积结果。为此,将两序列样值以各自 n 的最高值按右端对齐,如下排列

$$
\begin{array}{rccccccc}
x_1(n): & 2 & 1 & 4 & 1 & & \\
x_2(n): & & 3 & 1 & 5 & & \\
\hline
& & & 10 & 5 & 20 & 5 \\
& & 2 & 1 & 4 & 1 & \\
& 6 & 3 & 12 & 3 & & \\
\hline
y(n): & 6 & 5 & 23 & 12 & 21 & 5
\end{array}
$$

然后把逐个样值对应相乘但不要进位,最后把同一列上的乘积值按对位求和即可得到 $y(n)$

$$\{y(n)\} = \{6 \quad 5 \quad \underset{\uparrow}{23} \quad 12 \quad 21 \quad 5\}$$

不难发现,这种方法实质上是将作图过程的反褶与移位两步骤以对位排列方式巧妙地取代,读者可自行对此例用作图法求解,将两种方法进行对比。显然,这里的"对位相乘求和"解法比较便捷。

以上两例着重说明了求卷积和的原理。表 7-1 中列出常用因果序列的卷积和,以备查用。此外,在实际应用中借助离散傅里叶变换中的快速傅里叶变换算法,利用计算机可以较简便地求得两序列的卷积和。

表 7-1 卷 积 和

序号	$x_1(n)$	$x_2(n)$	$x_1(n) * x_2(n) = x_2(n) * x_1(n)$
1	$\delta(n)$	$x(n)$	$x(n)$
2	a^n	$u(n)$	$\dfrac{1-a^{n+1}}{1-a}$
3	$u(n)$	$u(n)$	$n+1$
4	a_1^n	a_2^n	$\dfrac{a_1^{n+1} - a_2^{n+1}}{a_1 - a_2} \quad (a_1 \neq a_2)$
5	a^n	a^n	$(n+1)a^n$
6	a^n	n	$\dfrac{n}{1-a} + \dfrac{a(a^n-1)}{(1-a)^2}$
7	n	n	$\dfrac{1}{6}(n-1)n(n+1)$

续表

序号	$x_1(n)$	$x_2(n)$	$x_1(n)*x_2(n)=x_2(n)*x_1(n)$
8	$a_1^n\cos(\omega_0 n+\theta)$	a_2^n	$\dfrac{a_1^{n+1}\cos[\omega_0(n+1)+\theta-\varphi]-a_2^{n+1}\cos(\theta-\varphi)}{\sqrt{a_1^2+a_2^2-2a_1a_2\cos\omega_0}}$ $\varphi=\arctan\left(\dfrac{a_1\sin\omega_0}{a_1\cos\omega_0-a_2}\right)$

注：表中函数均为因果(有始)序列。当 $n<0$ 时
$$x_1(n)=0, x_2(n)=0, x_1(n)*x_2(n)=0$$

7.7 解卷积(反卷积)

解卷积(deconvolution)也称为反卷积、反演卷积或逆卷积。

计算卷积和的表达式为

$$y(n)=h(n)*x(n)$$

在前面的讨论中，都是给定 $h(n)$ 和 $x(n)$ 求解 $y(n)$，而在许多信号处理的实际问题中需要作逆运算，即由给定的 $h(n),y(n)$ 求 $x(n)$ 或由 $x(n),y(n)$ 求 $h(n)$。这两类问题都称为解卷积。在控制工程领域中，又将从 $x(n),y(n)$ 求 $h(n)$ 类型的问题称为"系统辨识"，也即由给定的输入、输出信号寻找系统模型。

在连续时间系统分析中，难以将积分运算写出简明的逆运算表达式，而对于离散时间系统的分析，不难给出求卷积逆运算的一般表达式。

由卷积定义写出

$$y(n)=\sum_{m=0}^{n}x(m)h(n-m)$$

将此式改写为矩阵运算形式

$$\begin{bmatrix}y(0)\\y(1)\\y(2)\\\vdots\\y(n)\end{bmatrix}=\begin{bmatrix}h(0)&0&0&\cdots&0\\h(1)&h(0)&0&\cdots&0\\h(2)&h(1)&h(0)&\cdots&0\\\vdots&\vdots&\vdots&&\vdots\\h(n)&h(n-1)&h(n-2)&\cdots&h(0)\end{bmatrix}\begin{bmatrix}x(0)\\x(1)\\x(2)\\\vdots\\x(n)\end{bmatrix} \qquad (7-72)$$

借助此矩阵可逐次反求得 $x(n)$ 值

$$x(0)=y(0)/h(0)$$
$$x(1)=[y(1)-x(0)h(1)]/h(0)$$
$$x(2)=[y(2)-x(0)h(2)-x(1)h(1)]/h(0)$$

....

依此规律递推,可以求得 $x(n)$ 的表达式为

$$x(n) = [y(n) - \sum_{m=0}^{n-1} x(m)h(n-m)]/h(0) \qquad (7-73)$$

此即给定 $y(n),h(n)$ 求 $x(n)$ 之计算式,式中需用到 $n-1$ 位之前的全部 x 值。利用计算机编程容易完成此解卷积运算。

同理可求得给定 $x(n),y(n)$ 求 $h(n)$ 的计算式

$$h(n) = [y(n) - \sum_{m=0}^{n-1} h(m)x(n-m)]/x(0) \qquad (7-74)$$

在实际应用中,某些测量仪器近似具有线性系统特性,由它的系统函数 $h(n)$ 和测量输出信号 $y(n)$ 借助解卷积运算可求得待测信号即输入 $x(n)$,例如血压计传感器。对于地震信号处理、地质勘探或石油勘探等问题,往往是对待测目标发送信号 $x(n)$,测得反射回波 $y(n)$,由此计算被测地下层面的 $h(n)$ 以判断它的物理特性。图 7-22 示出雷达探测系统的简化框图,图中,$e(t)$ 和 $r(t)$ 分别为发送与接收信号,$h_T(t)$ 和 $h_R(t)$ 分别表示发、收天线的系统函数,若待测目标的系统函数为 $h(t)$,它们之间满足

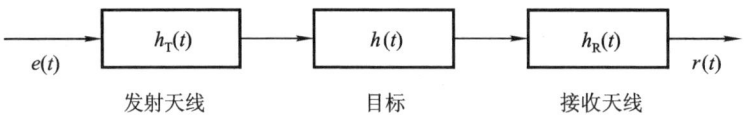

图 7-22 雷达探测系统简化框图

$$r(t) = e(t) * h_T(t) * h(t) * h_R(t) \qquad (7-75)$$

显然,在给定 $e(t),r(t),h_T(t)$ 和 $h_R(t)$ 的条件下,求 $h(t)$ 也是一个解卷积问题,根据计算得到的 $h(t)$ 可表明目标的特征,以此方法识别不同类型的目标。当然,在进行上述解卷积运算时,需要将各时间信号离散化,如 $e(t),r(t),h(t)$ 分别改写为 $e(n),r(n),h(n)$。

例 7-17 利用解卷积运算研究多径失真的消除。

在 2.9 节曾讨论消除通信系统中多径失真的方法,在此利用离散时间信号与系统解卷积的概念进行分析。首先,要为这一问题建立离散时间信号与系统的数学模型。假定,回波系统的冲激响应为

$$h_1(n) = \delta(n) + a\delta(n-1)$$

为了由此式恢复 $\delta(n)$、去除 $a\delta(n-1)$ 项,需要引入逆系统,它的冲激响应为 $h_i(n)$,于是可建立以下约束

$$\delta(n) = h_1(n) * h_i(n)$$

很明显,这是一个解卷积问题。

解

对照式(7-74),并参看图 2-15 可以写出此处 $y(n) = \delta(n)$,$x(n) = \delta(n) + a\delta(n-1)$ 而 $h(n)$ 正是这里待求的 $h_i(n)$,由式(7-74)经逐次迭代求得

$$h(0) = y(0)/x(0) = 1$$
$$h(1) = [y(1) - h(0)x(1)]/x(0) = -a$$
$$h(2) = [y(2) - h(0)x(2) - h(1)x(1)]/x(0) = a^2$$
$$h(3) = -a^3$$
$$h(4) = a^4$$
$$\cdots\cdots$$
$$h(k) = (-a)^k$$

写作一般闭式为 $(-a)^n$,也即

$$h(n) = \sum_{k=0}^{\infty} (-a)^k \delta(n-k)$$

此即待求逆系统冲激响应 $h_i(n)$ 的表达式。可以看出,此结果与式(2-90)一致。只是由连续时间函数改写为离散时间函数,前边的 $\delta(t)$ 与此处 $\delta(n)$ 对应,而 T 与 k 对应,当选择 $T=1$ 时,kT 即为 k。不过,前文只能采用直观的屡试法,而这里可以借助严格的迭代公式并利用计算机求出。这表明,离散时间信号与系统的分析方法在实际中可以得到更广泛的应用。

习　　题

7-1 分别绘出以下各序列的图形。

(1) $x(n) = \left(\dfrac{1}{2}\right)^n u(n)$

(2) $x(n) = 2^n u(n)$

(3) $x(n) = \left(-\dfrac{1}{2}\right)^n u(n)$

(4) $x(n) = (-2)^n u(n)$

(5) $x(n) = 2^{n-1} u(n-1)$

(6) $x(n) = \left(\dfrac{1}{2}\right)^{n-1} u(n)$

7-2 分别绘出以下各序列的图形。

(1) $x(n) = nu(n)$

(2) $x(n) = -nu(-n)$

(3) $x(n) = 2^{-n} u(n)$

(4) $x(n) = \left(-\dfrac{1}{2}\right)^{-n} u(n)$

(5) $x(n) = -\left(\frac{1}{2}\right)^n u(-n)$

(6) $x(n) = \left(\frac{1}{2}\right)^{n+1} u(n+1)$

7-3 分别绘出以下各序列的图形。

(1) $x(n) = \sin\left(\frac{n\pi}{5}\right)$

(2) $x(n) = \cos\left(\frac{n\pi}{10} - \frac{\pi}{5}\right)$

(3) $x(n) = \left(\frac{5}{6}\right)^n \sin\left(\frac{n\pi}{5}\right)$

7-4 判断以下各序列是否周期性的,如果是周期性的,试确定其周期。

(1) $x(n) = A\cos\left(\frac{3\pi}{7}n - \frac{\pi}{8}\right)$

(2) $x(n) = e^{j\left(\frac{n}{8} - \pi\right)}$

7-5 列出题图7-5所示系统的差分方程,已知边界条件 $y(-1) = 0$。分别求以下输入序列时的输出 $y(n)$,并绘出其图形(用逐次迭代方法求)。

(1) $x(n) = \delta(n)$

(2) $x(n) = u(n)$

(3) $x(n) = u(n) - u(n-5)$

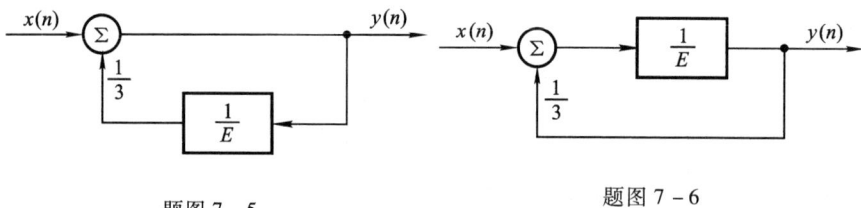

题图 7-5　　　　　　　　题图 7-6

7-6 列出题图7-6所示系统的差分方程,已知边界条件 $y(-1) = 0$ 并限定当 $n < 0$ 时,全部 $y(n) = 0$,若 $x(n) = \delta(n)$,求 $y(n)$。比较本题与习题7-5相应的结果。

7-7 在习题7-5中,若限定当 $n > 0$ 时,全部 $y(n) = 0$,以 $y(1) = 0$ 为边界条件,当 $x(n) = \delta(n)$ 时的响应 $y(n)$,这时,可以得到一个左边序列,试解释为什么会出现这种结果。

7-8 列出题图7-8所示系统的差分方程,指出其阶次。

7-9 列出题图7-9所示系统的差分方程,指出其阶次。

7-10 已知描述系统的差分方程表示式为

$$y(n) = \sum_{r=0}^{7} b_r x(n-r)$$

试绘出此离散系统的方框图。如果 $y(-1) = 0, x(n) = \delta(n)$,试求 $y(n)$,指出此时 $y(n)$ 有何特点,这种特点与系统的结构有何关系。

7-11 解差分方程。

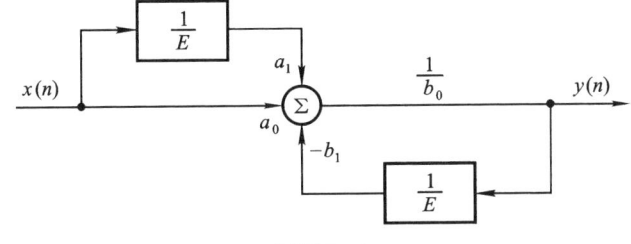

题图 7-8

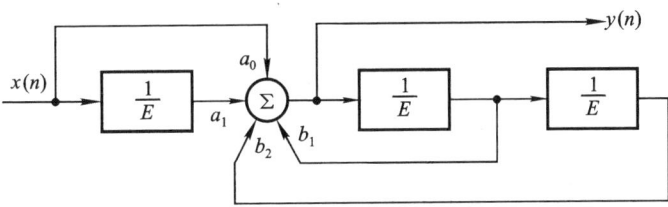

题图 7-9

(1) $y(n) - \dfrac{1}{2}y(n-1) = 0, y(0) = 1$

(2) $y(n) - 2y(n-1) = 0, y(0) = \dfrac{1}{2}$

(3) $y(n) + 3y(n-1) = 0, y(1) = 1$

(4) $y(n) + \dfrac{2}{3}y(n-1) = 0, y(0) = 1$

7-12 解差分方程。

(1) $y(n) + 3y(n-1) + 2y(n-2) = 0, y(-1) = 2, y(-2) = 1$

(2) $y(n) + 2y(n-1) + y(n-2) = 0, y(0) = y(-1) = 1$

(3) $y(n) + y(n-2) = 0, y(0) = 1, y(1) = 2$

7-13 解差分方程。
$$y(n) - 7y(n-1) + 16y(n-2) - 12y(n-3) = 0,$$
$$y(1) = -1, y(2) = -3, y(3) = -5$$

7-14 解差分方程 $y(n) = -5y(n-1) + n$。已知边界条件 $y(-1) = 0$。

7-15 解差分方程 $y(n) + 2y(n-1) = n-2$,已知 $y(0) = 1$。

7-16 解差分方程 $y(n) + 2y(n-1) + y(n-2) = 3^n$,已知 $y(-1) = 0, y(0) = 0$。

7-17 解差分方程 $y(n) + y(n-2) = \sin n$,已知 $y(-1) = 0, y(-2) = 0$。

7-18 解差分方程 $y(n) - y(n-1) = n$,已知 $y(-1) = 0$。

(1) 用迭代法逐次求出数值解,归纳一个闭式解答(对于 $n \geq 0$)。

(2) 分别求齐次解与特解,讨论此题应如何假设特解函数式。

7-19 如果上题中方程式改为 $y(n) - y(n-1) = n^3$,重复回答上题所问。

7-20 某系统的输入输出关系可由二阶常系数线性差分方程描述,如果相应于输入为

$x(n) = u(n)$ 的响应为
$$y(n) = [2^n + 3(5^n) + 10]u(n)$$
(1) 若系统起始为静止的,试决定此二阶差分方程。
(2) 若激励为 $x(n) = 2[u(n) - u(n-10)]$,求响应 $y(n)$。

7-21 一个乒乓球从 H 米高度自由下落至地面,每次弹跳起的最高值是前一次最高值的 2/3。now以 $y(n)$ 表示第 n 次跳起的最高值,试列写描述此过程的差分方程式。又若给定 $H = 2$ m,解此差分方程。

7-22 如果在第 n 个月初向银行存款 $x(n)$ 元,月息为 a,每月利息不取出,试用差分方程写出第 n 月初的本利和 $y(n)$。设 $x(n) = 10$ 元,$a = 0.003$,$y(0) = 20$ 元,求 $y(n)$,若 $n = 12$,$y(12)$ 为多少?

7-23 把 $x(n)$ 升的液体 A 和 $[100 - x(n)]$ 升的液体 B 都倒入一容器中[限定 $x(n) \le 100$ 升],该容器内已有 900 升的 A 与 B 之混合液。均匀混合后,再从容器倒出 100 升混合液。如此重复上述过程,在第 n 个循环结束时,若 A 在混合液中所占百分比为 $y(n)$,试列出求 $y(n)$ 的差分方程。如果已知 $x(n) = 50$,$y(0) = 0$,解 $y(n)$,并指出其中的自由分量与强迫分量,当 $n \to \infty$ 时 $y(n)$ 为多少?再从直觉的概念解释此结果。

7-24 "开关电容"是在集成电路中用来替代电阻的一种基本单元。在题图 7-24 中,开关 S_1、S_2(在集成芯片内由两只 MOS 晶体管实现)和电容 C_1 组成开关电容用以传送电荷,它们相当于连续系统中的电阻,再与另一电容 C_2 可构成离散系统中的一阶低通滤波器。

(1) 设 $t = nT$ 时刻输入与输出电压分别为 $x(t) = x(nT)$ 和 $y(t) = y(nT)$。在 $t = nT$ 时 S_1 通、S_2 断,$t = nT + \dfrac{T}{2}$ 时 S_1 断、S_2 通,利用电荷转移关系求 $y\left(nT + \dfrac{T}{2}\right)$ 值。

(2) 重复上述动作,当 $t = (n+1)T$ 时 S_1 通,S_2 断,当 $t = (n+1)T + \dfrac{T}{2}$ 时 S_1 断,S_2 通,……,列写描述 $y(n)$ 与 $x(n)$ 关系的差分方程(令 $T = 1$)。

(3) 若 $x(t) = u(t)$,求系统的零状态响应 $y(n)$ 表达式,并画 $y(t)$ 波形。

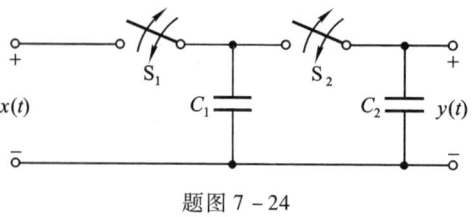

题图 7-24

7-25 对于例 7-4 的电阻梯形网络,按所列方程及给定之边界条件 $v(0) = E$,$v(N) = 0$,求解 $v(n)$ 表示式(注意:答案中有系数 N)。如果 $N \to \infty$(无限节的梯形网络),试写出 $v(n)$ 的近似式。

7-26 对于图 7-15 所示的 RC 低通网络,如果给定 $\frac{T}{RC}=0.1, x(n)=u(n)$, $y(-1)=0$,求解差分方程(7-28),画出完全响应 $y(n)$ 图形,描出 10 个样点。如果激励为阶跃信号 $x(t)=u(t)$,解微分方程求 $y(t)$,将 $y(t)$ 波形也画在 $y(n)$ 图形之同一坐标中以便比较。$\left(\text{注意},\text{横坐标可取为 } t'=n\cdot\frac{T}{RC}\text{。}\right)$

7-27 本题讨论一个饶有兴趣的"海诺塔"(Tower of Hanoi)问题。有若干个直径逐次增加的中心有孔的圆盘。起初,它们都套在同一个木桩上(见题图 7-27),尺寸最大的位于最下面,随尺寸减小依次向上排列。现在,将圆盘按下述规则转移到另外两个木桩上:(1) 每次只准传递一个;(2) 在传递过程中,不允许有大盘子位于小盘子之上;(3) 可以在三个木桩之间任意传递。为使 n 个盘子转移到另一木桩,而保持其原始的上下相对位置不变,需要传递 $y(n)$ 次,列出求 $y(n)$ 的差分方程式,并求解。

[提示:$y(0)=0, y(1)=1, y(2)=3, y(3)=7, \cdots$。]

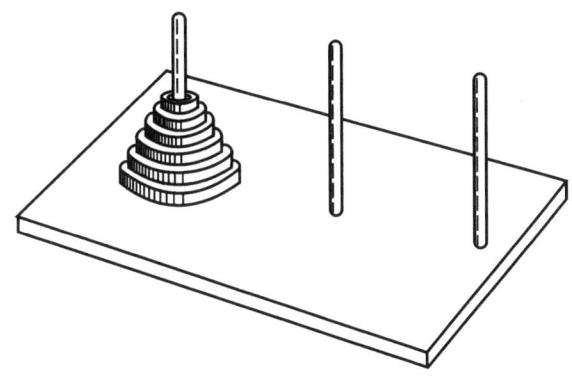

题图 7-27

7-28 以下各序列是系统的单位样值响应 $h(n)$,试分别讨论各系统的因果性与稳定性。

(1) $\delta(n)$ (2) $\delta(n-5)$
(3) $\delta(n+4)$ (4) $2u(n)$
(5) $u(3-n)$ (6) $2^n u(n)$
(7) $3^n u(-n)$ (8) $2^n[u(n)-u(n-5)]$
(9) $0.5^n u(n)$ (10) $0.5^n u(-n)$
(11) $\frac{1}{n}u(n)$ (12) $\frac{1}{n!}u(n)$

7-29 以下每个系统 $x(n)$ 表示激励,$y(n)$ 表示响应。判断每个激励与响应的关系是否线性的? 是否时不变的?

(1) $y(n)=2x(n)+3$

(2) $y(n)=x(n)\sin\left(\frac{2\pi}{7}n+\frac{\pi}{6}\right)$

(3) $y(n) = [x(n)]^2$

(4) $y(n) = \sum_{m=-\infty}^{n} x(m)$

7-30 对于线性时不变系统:

(1) 已知激励为单位阶跃信号之零状态响应(阶跃响应)是 $g(n)$,试求冲激响应 $h(n)$;

(2) 已知冲激响应 $h(n)$,试求阶跃响应 $g(n)$。

7-31 以下各序列中,$x(n)$ 是系统的激励函数,$h(n)$ 是线性时不变系统的单位样值响应。分别求出各 $y(n)$,画 $y(n)$ 图形(用卷积方法)。

(1) $x(n), h(n)$ 见题图 7-31(a)

(2) $x(n), h(n)$ 见题图 7-31(b)

(3) $x(n) = \alpha^n u(n) \quad 0 < \alpha < 1$

$h(n) = \beta^n u(n) \quad 0 < \beta < 1 \quad \beta \neq \alpha$

(4) $x(n) = u(n)$

$h(n) = \delta(n-2) - \delta(n-3)$

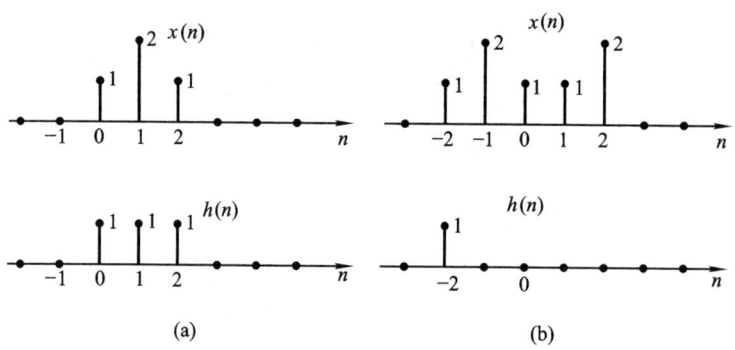

题图 7-31

7-32 已知线性时不变系统的单位样值响应 $h(n)$ 以及输入 $x(n)$,求输出 $y(n)$,并绘图示出 $y(n)$。

(1) $h(n) = x(n) = u(n) - u(n-4)$

(2) $h(n) = 2^n [u(n) - u(n-4)], \quad x(n) = \delta(n) - \delta(n-2)$

(3) $h(n) = \left(\dfrac{1}{2}\right)^n u(n), x(n) = u(n) - u(n-5)$

7-33 如题图 7-33 所示的系统包括两个级联的线性时不变系统,它们的单位样值响应分别为 $h_1(n)$ 和 $h_2(n)$。已知 $h_1(n) = \delta(n) - \delta(n-3), h_2(n) = (0.8)^n u(n)$。令 $x(n) = u(n)$。

(1) 按下式求 $y(n)$

$y(n) = [x(n) * h_1(n)] * h_2(n)$

(2) 按下式求 $y(n)$

$$y(n) = x(n) * [h_1(n) * h_2(n)]$$

两种方法的结果应当是一样的(卷积结合律)。

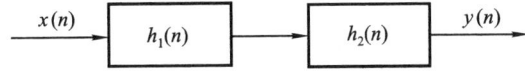

题图 7-33

7-34 已知一线性时不变系统的单位样值响应 $h(n)$,除在 $N_0 \leq n \leq N_1$ 区间之外都为零。而输入 $x(n)$ 除在 $N_2 \leq n \leq N_3$ 区间之外均为零。这样,响应 $y(n)$ 除在 $N_4 \leq n \leq N_5$ 之外均被限制为零。试用 N_0, N_1, N_2, N_3 来表示 N_4 与 N_5。

7-35 某地质勘探测试设备给出的发射信号 $x(n) = \delta(n) + \frac{1}{2}\delta(n-1)$,接收回波信号 $y(n) = \left(\frac{1}{2}\right)^n u(n)$,若地层反射特性的系统函数以 $h(n)$ 表示,且满足 $y(n) = h(n) * x(n)$。

(1) 求 $h(n)$;

(2) 以延时、相加、倍乘运算为基本单元,试画出系统方框图。

第八章 z 变换、离散时间系统的 z 域分析

8.1 引 言

很久以前,人们就已经认识了 z 变换方法的原理,其历史可以追溯至 18 世纪。早在 1730 年,英国数学家棣莫弗(De Moivre 1667—1754)将生成函数(generating function)的概念用于概率理论的研究,实质上,这种生成函数的形式与 z 变换相同。从 19 世纪的拉普拉斯(P. S. Laplace)至 20 世纪的沙尔(H. L. Seal)等人,在这方面继续做出贡献。然而,在那样一个较为局限的数学领域中,z 变换的概念没能得到充分运用与发展。20 世纪 50 年代与 60 年代,抽样数据控制系统和数字计算机的研究与实践,为 z 变换的应用开辟了广阔的天地,从此,在离散信号与系统的理论研究之中,z 变换成为一种重要的数学工具。它把离散系统的数学模型——差分方程转化为简单的代数方程,使其求解过程得以简化。因而,z 变换在离散系统中的地位与作用,类似于连续系统中的拉普拉斯变换。

从本节开始陆续讨论 z 变换的定义、性质以及它与拉氏变换、傅氏变换的联系。在此基础上研究离散时间系统的 z 域分析,给出离散系统的系统函数与频率响应的概念。必须指出,类似于连续系统的 s 域分析,在离散系统的 z 域分析中将看到,利用系统函数在 z 平面零、极点分布特性研究系统的时域特性、频域特性以及稳定性等方法也具有同样的重要意义。在第八章将简要介绍利用 z 变换构成数字滤波器的原理和初步设计方法。

在连续时间信号与系统分析中,从傅里叶变换引出拉普拉斯变换。而在本章中,对于离散时间信号与系统的研究,则是先介绍 z 变换,然后引出序列的傅里叶变换(8.9 节)。无论对于连续或离散系统,这种学习(讲授)顺序都可以更换过来。

z 变换的定义可以借助抽样信号的拉氏变换引出,也可直接对离散时间信号给予 z 变换的定义。

首先来看抽样信号的拉氏变换。若连续因果信号 $x(t)$ 经均匀冲激抽样,则抽样信号 $x_s(t)$ 的表示式为

$$x_s(t) = x(t) \cdot \delta_T(t)$$

$$= \sum_{n=0}^{\infty} x(nT)\delta(t-nT)$$

式中 T 为抽样间隔。如果对上式取拉氏变换，得到

$$X_s(s) = \int_0^{\infty} x_s(t) e^{-st} dt = \int_0^{\infty} \left[\sum_{n=0}^{\infty} x(nT)\delta(t-nT)\right] e^{-st} dt$$

将积分与求和的次序对调，并利用冲激函数的抽样特性，便可得到抽样信号的拉氏变换

$$X_s(s) = \sum_{n=0}^{\infty} x(nT) e^{-snT} \qquad (8-1)$$

此时，如果引入一个新的复变量 z，令

$$z = e^{sT}$$

或写为

$$s = \frac{1}{T} \ln z$$

则式(8-1)变成了复变量 z 的函数式 $X(z)$

$$X(z) = \sum_{n=0}^{\infty} x(nT) z^{-n} \qquad (8-2)$$

该式就是下面将要定义的离散信号 $x(nT)$ 的 z 变换表示式。通常令 $T=1$，则式(8-1)、式(8-2)变成

$$X(z) = \sum_{n=0}^{\infty} x(n) z^{-n}$$
$$z = e^s$$

如果序列 $x(n)$ 各样值与抽样信号 $x(t)\delta_T(t)$ 各冲激函数的强度相对应，就可借助符号 $z = e^{sT}$，将抽样信号的拉氏变换移植来表示离散时间信号的 z 变换（在 8.6 节将要看到，这种对应在个别样点不能成立，而在一般情况下完全一致）。下一节在此基础上给出 z 变换的定义。

8.2 z 变换定义、典型序列的 z 变换

与拉氏变换的定义类似，z 变换也有单边和双边之分。序列 $x(n)$ 的单边 z 变换定义为

$$X(z) = \mathscr{Z}[x(n)]$$
$$= x(0) + \frac{x(1)}{z} + \frac{x(2)}{z^2} + \cdots$$
$$= \sum_{n=0}^{\infty} x(n) z^{-n} \qquad (8-3)$$

其中符号 $\mathscr{Z}$ 表示取 z 变换，z 是复变量。

对于一切 n 值都有定义的双边序列 $x(n)$，也可以定义双边 z 变换为

$$X(z) = \mathscr{Z}[x(n)]$$
$$= \sum_{n=-\infty}^{\infty} x(n) z^{-n} \qquad (8-4)$$

显然，如果 $x(n)$ 为因果序列，则双边 z 变换与单边 z 变换是等同的。

式(8-3)、式(8-4)表明，序列的 z 变换是复变量 z^{-1} 的幂级数(亦称洛朗级数)，其系数是序列 $x(n)$ 值。在有些数学文献中，也把 $X(z)$ 称为序列 $x(n)$ 的生成函数。在拉氏变换分析中着重讨论单边拉氏变换，这是由于在连续时间系统中，非因果信号的应用较少。对于离散时间系统，非因果序列也有一定的应用范围，因此，将着重单边适当兼顾双边 z 变换分析。

z 变换的逆变换表达式和有关求解方法将在 8.4 节专门讨论。下面举例给出一些典型序列的 z 变换。

（一）单位样值函数

单位样值函数 $\delta(n)$ 定义为

$$\delta(n) = \begin{cases} 1 & (n=0) \\ 0 & (n \neq 0) \end{cases}$$

如图 8-1 所示。

取其 z 变换，得到

$$\mathscr{Z}[\delta(n)] = \sum_{n=0}^{\infty} \delta(n) z^{-n} = 1 \qquad (8-5)$$

可见，与连续系统单位冲激函数 $\delta(t)$ 的拉氏变换类似，单位样值函数 $\delta(n)$ 的 z 变换等于 1。

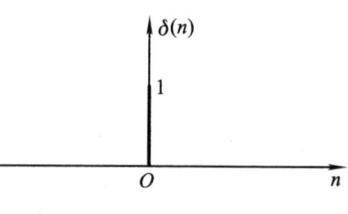

图 8-1 单位样值函数

（二）单位阶跃序列

单位阶跃序列 $u(n)$ 定义为

$$u(n) = \begin{cases} 1 & (n \geqslant 0) \\ 0 & (n < 0) \end{cases}$$

如图 8-2 所示。

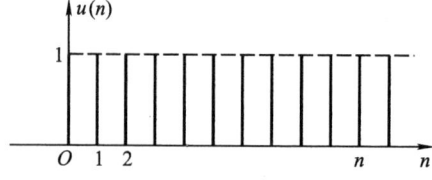

图 8-2 单位阶跃序列

取其 z 变换得到

$$\mathscr{Z}[u(n)] = \sum_{n=0}^{\infty} u(n)z^{-n} = \sum_{n=0}^{\infty} z^{-n}$$

若 $|z|>1$，该几何级数收敛，它等于

$$\mathscr{Z}[u(n)] = \frac{z}{z-1} = \frac{1}{1-z^{-1}} \tag{8-6}$$

（三）斜变序列

斜变序列为

$$x(n) = nu(n)$$

如图 8-3 所示。

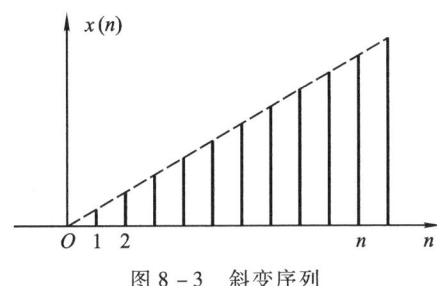

图 8-3　斜变序列

其 z 变换为

$$\mathscr{Z}[x(n)] = \sum_{n=0}^{\infty} nz^{-n}$$

该 z 变换可以用下面方法间接求得。

由式(8-6)，已知

$$\sum_{n=0}^{\infty} z^{-n} = \frac{1}{1-z^{-1}} \quad (|z|>1)$$

将上式两边分别对 z^{-1} 求导，得到

$$\sum_{n=0}^{\infty} n(z^{-1})^{n-1} = \frac{1}{(1-z^{-1})^2}$$

两边各乘 z^{-1}，便得到了斜变序列的 z 变换，它等于

$$\mathscr{Z}[nu(n)] = \sum_{n=0}^{\infty} nz^{-n} = \frac{z}{(z-1)^2} \quad (|z|>1) \tag{8-7}$$

同样，若式(8-7)两边再对 z^{-1} 取导数，还可得到

$$\mathscr{Z}[n^2 u(n)] = \frac{z(z+1)}{(z-1)^3} \tag{8-8}$$

$$\mathscr{Z}[n^3 u(n)] = \frac{z(z^2+4z+1)}{(z-1)^4} \tag{8-9}$$

…………

(四) 指数序列

单边指数序列的表示式为

$$x(n) = a^n u(n)$$

如图 8-4 所示。由式(8-4)可求出它的 z 变换为

$$\mathscr{Z}[a^n u(n)] = \sum_{n=0}^{\infty} a^n z^{-n}$$

$$= \sum_{n=0}^{\infty} (az^{-1})^n$$

显然,对此级数若满足 $|z| > |a|$,则可收敛为

$$\mathscr{Z}[a^n u(n)] = \frac{1}{1-(az^{-1})} = \frac{z}{z-a} \quad (|z| > |a|) \quad (8-10)$$

若令 $a = e^b$,当 $|z| > |e^b|$,则

$$\mathscr{Z}[e^{bn} u(n)] = \frac{z}{z-e^b}$$

同样,若将式(8-10)两边对 z^{-1} 求导,可以推出

$$\mathscr{Z}[na^n u(n)] = \frac{az^{-1}}{(1-az^{-1})^2} = \frac{az}{(z-a)^2} \quad (8-11)$$

$$\mathscr{Z}[n^2 a^n u(n)] = \frac{az(z+a)}{(z-a)^3} \quad (8-12)$$

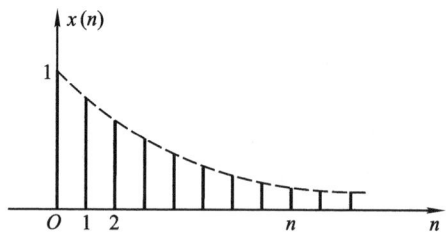

图 8-4 单边指数序列

(五) 正弦与余弦序列

单边余弦序列 $\cos(\omega_0 n)$ 如图 8-5 所示。

因

$$\mathscr{Z}[e^{bn} u(n)] = \frac{z}{z-e^b} \quad (|z| > |e^b|)$$

令 $b = j\omega_0$,则当 $|z| > |e^{j\omega_0}| = 1$ 时,得

$$\mathscr{Z}[e^{j\omega_0 n} u(n)] = \frac{z}{z-e^{j\omega_0}}$$

同样,令 $b = -j\omega_0$,则得

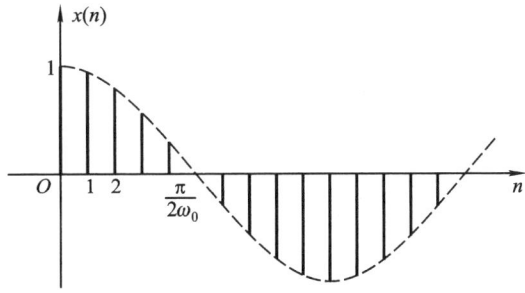

图 8-5 单边余弦序列

$$\mathscr{Z}[e^{-j\omega_0 n}u(n)] = \frac{z}{z - e^{-j\omega_0}}$$

将上两式相加,得

$$\mathscr{Z}[e^{j\omega_0 n}u(n)] + \mathscr{Z}[e^{-j\omega_0 n}u(n)] = \frac{z}{z - e^{j\omega_0}} + \frac{z}{z - e^{-j\omega_0}}$$

由 z 变换的定义可知,两序列之和的 z 变换等于各序列 z 变换的和。这样,根据欧拉公式,从上式可以直接得到余弦序列的 z 变换,它是

$$\mathscr{Z}[\cos(\omega_0 n)u(n)] = \frac{1}{2}\left(\frac{z}{z - e^{j\omega_0}} + \frac{z}{z - e^{-j\omega_0}}\right)$$

$$= \frac{z(z - \cos\omega_0)}{z^2 - 2z\cos\omega_0 + 1} \quad (8-13)$$

同理可得正弦序列的 z 变换

$$\mathscr{Z}[\sin(\omega_0 n)u(n)] = \frac{1}{2j}\left(\frac{z}{z - e^{j\omega_0}} - \frac{z}{z - e^{-j\omega_0}}\right)$$

$$= \frac{z\sin\omega_0}{z^2 - 2z\cos\omega_0 + 1} \quad (8-14)$$

以上二式的收敛域都为 $|z| > 1$。注意到 $\cos(\omega_0 n)u(n)$ 与 $\sin(\omega_0 n)u(n)$ 的 z 变换式分母相同。

在式(8-10)中,若令 $a = \beta e^{j\omega_0}$,则式(8-10)变为

$$\mathscr{Z}[a^n u(n)] = \mathscr{Z}[\beta^n e^{jn\omega_0}u(n)]$$

$$= \frac{1}{1 - \beta e^{j\omega_0}z^{-1}}$$

同样

$$\mathscr{Z}[\beta^n e^{-jn\omega_0}u(n)] = \frac{1}{1 - \beta e^{-j\omega_0}z^{-1}}$$

借助欧拉公式,由上两式可以得到

$$\mathscr{Z}[\beta^n \cos(n\omega_0)u(n)] = \frac{1 - \beta z^{-1}\cos\omega_0}{1 - 2\beta z^{-1}\cos\omega_0 + \beta^2 z^{-2}}$$

$$= \frac{z(z-\beta\cos\omega_0)}{z^2-2\beta z\cos\omega_0+\beta^2} \quad (8-15)$$

及
$$\mathscr{Z}[\beta^n\sin(n\omega_0)u(n)] = \frac{\beta z^{-1}\sin\omega_0}{1-2\beta z^{-1}\cos\omega_0+\beta^2 z^{-2}}$$

$$= \frac{\beta z\sin\omega_0}{z^2-2\beta z\cos\omega_0+\beta^2} \quad (8-16)$$

上两式是单边指数衰减($\beta<1$)及增幅($\beta>1$)的余弦、正弦序列的 z 变换。其收敛域为 $|z|>|\beta|$。

一些典型序列的单边 z 变换列于附录五。

8.3 z 变换的收敛域

由上节求解各序列 z 变换的过程可以看到,只有当级数收敛时,z 变换才有意义。对于任意给定的有界序列 $x(n)$,使 z 变换定义式级数收敛之所有 z 值的集合,称为 z 变换 $X(z)$ 的收敛域(Region Of Convergence,简写为 ROC)。

与拉氏变换的情况类似,对于单边变换,序列与变换式惟一对应,同时也有惟一的收敛域。而在双边变换时,不同的序列在不同的收敛域条件下可能映射为同一个变换式。下面举例说明这种情况。

若两序列分别为
$$x_1(n) = a^n u(n)$$
$$x_2(n) = -a^n u(-n-1)$$

容易求得它们的 z 变换分别为
$$X_1(z) = \mathscr{Z}[x_1(n)]$$
$$= \sum_{n=0}^{\infty} a^n z^{-n} = \frac{z}{z-a} \quad (|z|>|a|) \quad (8-17)$$
$$X_2(z) = \mathscr{Z}[x_2(n)]$$
$$= \sum_{n=-\infty}^{-1} (-a^n) z^{-n}$$
$$= -\sum_{n=0}^{\infty} (a^{-1}z)^n + 1$$

对 $X_2(z)$ 而言,只有当 $|z|<|a|$ 时级数才收敛,于是有
$$X_2(z) = \frac{z}{z-a} \quad (|z|<|a|) \quad (8-18)$$

上述结果说明,两个不同的序列由于收敛域不同,可能对应于相同的 z 变换。因此,为了单值地确定 z 变换所对应的序列,不仅要给出序列的 z 变换式,而且必须同时说明它的收敛域。在收敛域内,z 变换及它的导数是 z 的连续函数,也

就是说，z变换函数是收敛域内每一点上的解析函数。

根据级数的理论，式（8-4）所示级数收敛的充分条件是满足绝对可和条件，即要求

$$\sum_{n=-\infty}^{\infty}|x(n)z^{-n}|<\infty \tag{8-19}$$

上式的左边构成正项级数，通常可以利用两种方法——比值判定法和根值判定法，判别正项级数的收敛性。所谓比值判定法就是说若有一个正项级数 $\sum_{n=-\infty}^{\infty}|a_n|$，令它的后项与前项比值的极限等于 ρ，即

$$\lim_{n\to\infty}\left|\frac{a_{n+1}}{a_n}\right|=\rho \tag{8-20}$$

则当 $\rho<1$ 时级数收敛，$\rho>1$ 时级数发散，$\rho=1$ 时级数可能收敛也可能发散。所谓根值判定法，是令正项级数一般项 $|a_n|$ 的 n 次根的极限等于 ρ，即

$$\lim_{n\to\infty}\sqrt[n]{|a_n|}=\rho \tag{8-21}$$

则当 $\rho<1$ 时级数收敛，$\rho>1$ 时级数发散，$\rho=1$ 时级数可能收敛也可能发散。

下面利用上述判定法讨论几类序列的 z 变换收敛域问题。

（1）有限长序列

这类序列只在有限的区间（$n_1\leqslant n\leqslant n_2$）具有非零的有限值，此时 z 变换为

$$X(z)=\sum_{n=n_1}^{n_2}x(n)z^{-n}$$

由于 n_1,n_2 是有限整数，因而上式是一个有限项级数。由该级数可以看出，当 $n_1<0,n_2>0$ 时，除 $z=\infty$ 及 $z=0$ 外，$X(z)$ 在 z 平面上处处收敛，即收敛域为 $0<|z|<\infty$。当 $n_1<0,n_2\leqslant 0$ 时，$X(z)$ 的收敛域为 $|z|<\infty$。当 $n_1\geqslant 0,n_2>0$ 时，$X(z)$ 的收敛域为 $|z|>0$。所以有限长序列的 z 变换收敛域至少为 $0<|z|<\infty$，且可能还包括 $z=0$ 或 $z=\infty$，由序列 $x(n)$ 的形式所决定。

（2）右边序列

这类序列是有始无终的序列，即当 $n<n_1$ 时 $x(n)=0$。此时 z 变换为

$$X(z)=\sum_{n=n_1}^{\infty}x(n)z^{-n}$$

由式（8-21），若满足

$$\lim_{n\to\infty}\sqrt[n]{|x(n)z^{-n}|}<1$$

即

$$|z|>\lim_{n\to\infty}\sqrt[n]{|x(n)|}=R_{x1} \tag{8-22}$$

则该级数收敛。其中 R_{x1} 是级数的收敛半径。可见，右边序列的收敛域是半径为 R_{x1} 的圆外部分。如果 $n_1\geqslant 0$，则收敛域包括 $z=\infty$，即 $|z|>R_{x1}$；如果 $n_1<$

0,则收敛域不包括 $z = \infty$,即 $R_{x1} < |z| < \infty$。显然,当 $n_1 = 0$ 时,右边序列变成因果序列,也就是说,因果序列是右边序列的一种特殊情况,它的收敛域是 $|z| > R_{x1}$。

(3) 左边序列

这类序列是无始有终序列,即当 $n > n_2$ 时,$x(n) = 0$。此时 z 变换为

$$X(z) = \sum_{n=-\infty}^{n_2} x(n) z^{-n}$$

若令 $m = -n$,上式变为

$$X(z) = \sum_{m=-n_2}^{\infty} x(-m) z^{m}$$

如果将变量 m 再改为 n,则

$$X(z) = \sum_{n=-n_2}^{\infty} x(-n) z^{n}$$

根据式(8-21),若满足

$$\lim_{n \to \infty} \sqrt[n]{|x(-n) z^n|} < 1$$

即

$$|z| < \frac{1}{\lim_{n \to \infty} \sqrt[n]{|x(-n)|}} = R_{x2} \tag{8-23}$$

则该级数收敛。可见,左边序列的收敛域是半径为 R_{x2} 的圆内部分。如果 $n_2 > 0$,则收敛域不包括 $z = 0$,即 $0 < |z| < R_{x2}$。如果 $n_2 \leq 0$,则收敛域包括 $z = 0$,即 $|z| < R_{x2}$。

(4) 双边序列

双边序列是从 $n = -\infty$ 延伸到 $n = +\infty$ 的序列,一般可写作

$$X(z) = \sum_{n=-\infty}^{\infty} x(n) z^{-n} = \sum_{n=0}^{\infty} x(n) z^{-n} + \sum_{n=-\infty}^{-1} x(n) z^{-n}$$

显然,可以把它看成右边序列和左边序列的 z 变换叠加。上式右边第一个级数是右边序列,其收敛域为 $|z| > R_{x1}$;第二个级数是左边序列,收敛域为 $|z| < R_{x2}$。如果 $R_{x2} > R_{x1}$,则 $X(z)$ 的收敛域是两个级数收敛域的重叠部分,即

$$R_{x1} < |z| < R_{x2}$$

其中 $R_{x1} > 0, R_{x2} < \infty$。所以,双边序列的收敛域通常是环形。如果 $R_{x1} > R_{x2}$,则两个级数不存在公共收敛域,此时 $X(z)$ 不收敛。

上面讨论了各种序列的双边 z 变换的收敛域,显然,收敛域取决于序列的形式。为便于对比,将上述几类序列的双边 z 变换收敛域列于表 8-1。

应当指出,任何序列的单边 z 变换收敛域和因果序列的收敛域类同,它们都是 $|z| > R_{x1}$。

表 8-1 序列的形式与双边 z 变换收敛域的关系

序列形式		z 变换收敛域
有限长序列 ① $n_1<0$, $n_2>0$		$\infty > |z| > 0$
② $n_1 \geq 0$, $n_2 > 0$		$|z| > 0$
③ $n_1 < 0$, $n_2 \leq 0$		$\infty > |z|$
右边序列 ① $n_1 < 0$, $n_2 = \infty$		$\infty > |z| > R_{x1}$
② $n_1 \geq 0$, $n_2 = \infty$ (因果序列)		$|z| > R_{x1}$
左边序列 ① $n_1 = -\infty$, $n_2 > 0$		$R_{x2} > |z| > 0$
② $n_1 = -\infty$, $n_2 \leq 0$		$R_{x2} > |z|$
双边序列 $n_1 = -\infty$, $n_2 = \infty$		$R_{x2} > |z| > R_{x1}$

例 8 – 1 求序列 $x(n) = a^n u(n) - b^n u(-n-1)$ 的 z 变换,并确定它的收敛域(其中 $b > a, b > 0, a > 0$)。

解

这是一个双边序列,假若求单边 z 变换,它等于

$$\begin{aligned} X(z) &= \sum_{n=0}^{\infty} x(n) z^{-n} \\ &= \sum_{n=0}^{\infty} [a^n u(n) - b^n u(-n-1)] z^{-n} \\ &= \sum_{n=0}^{\infty} a^n z^{-n} \end{aligned}$$

如果 $|z| > a$,则上面的级数收敛,这样得到

$$X(z) = \sum_{n=0}^{\infty} a^n z^{-n} = \frac{z}{z-a}$$

其零点位于 $z = 0$,极点位于 $z = a$,收敛域为 $|z| > a$。

假若求序列的双边 z 变换,它等于

$$\begin{aligned} X(z) &= \sum_{n=-\infty}^{\infty} x(n) z^{-n} \\ &= \sum_{n=-\infty}^{\infty} [a^n u(n) - b^n u(-n-1)] z^{-n} \\ &= \sum_{n=0}^{\infty} a^n z^{-n} - \sum_{n=-\infty}^{-1} b^n z^{-n} \\ &= \sum_{n=0}^{\infty} a^n z^{-n} + 1 - \sum_{n=0}^{\infty} b^{-n} z^n \end{aligned}$$

如果 $|z| > a, |z| < b$,则上面的级数收敛,得到

$$X(z) = \frac{z}{z-a} + 1 + \frac{b}{z-b}$$

$$= \frac{z}{z-a} + \frac{z}{z-b}$$

显然,该序列的双边 z 变换的零点位于 $z = 0$ 及 $z = \frac{a+b}{2}$,极点位于 $z = a$ 与 $z = b$,收敛域为 $b > |z| > a$,如图 8 – 6 所示。由该例可以看出,由于 $X(z)$ 在收敛域内是解析的,因此收敛域内不应该包含任何极点。通常,收敛域以极点为边界。对于多个极点的情况,右边序列之收敛域是从 $X(z)$ 最外面(最大值)有限极点向外延伸至 $z \to \infty$(可能包括 ∞);左边序列之收敛域是从 $X(z)$ 最里边(最小值)非零极点向内延伸至 $z = 0$(可能包括 $z = 0$)。

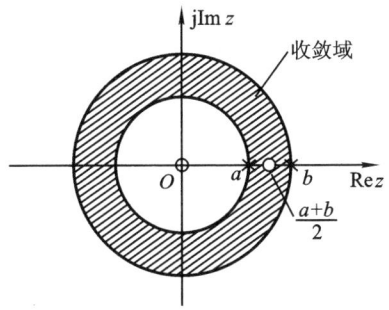

图 8-6 双边指数序列 $a^n u(n) - b^n u(-n-1)$
的 z 变换零极点与收敛域

8.4 逆 z 变 换

若已知序列 $x(n)$ 的 z 变换为

$$X(z) = \mathscr{Z}[x(n)]$$

则 $X(z)$ 的逆变换记作 $\mathscr{Z}^{-1}[X(z)]$，并由以下围线积分给出

$$x(n) = \mathscr{Z}^{-1}[X(z)]$$
$$= \frac{1}{2\pi j} \oint_C X(z) z^{n-1} dz \qquad (8-24)$$

C 是包围 $X(z)z^{n-1}$ 所有极点的逆时针闭合积分路线，通常选择 z 平面收敛域内以原点为中心的圆，如图 8-7 所示。

下面从 z 变换定义表达式导出逆变换式(8-24)。已知

$$X(z) = \sum_{n=-\infty}^{\infty} x(n) z^{-n}$$

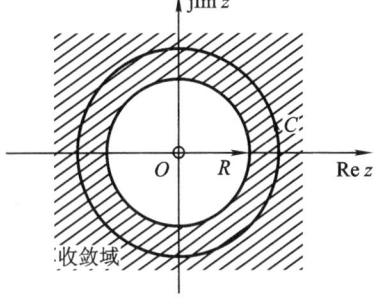

图 8-7 逆 z 变换积分围线的选择

对此式两端分别乘以 z^{m-1}，然后沿围线 C 积分，得到

$$\oint_C z^{m-1} X(z) dz = \oint_C \left[\sum_{n=0}^{\infty} x(n) z^{-n}\right] z^{m-1} dz$$

将积分与求和的次序互换，上式变成

$$\oint_C X(z) z^{m-1} dz = \sum_{n=0}^{\infty} x(n) \oint_C z^{m-n-1} dz \qquad (8-25)$$

根据复变函数中的柯西定理，已知

$$\oint_C z^{k-1}\mathrm{d}z = \begin{cases} 2\pi\mathrm{j} & (k=0) \\ 0 & (k\neq 0) \end{cases}$$

这样,式(8-25)的右边只存在 $m=n$ 一项,其余均等于零。于是式(8-25)变成

$$\oint_C X(z)z^{n-1}\mathrm{d}z = 2\pi\mathrm{j}x(n)$$

即

$$x(n) = \frac{1}{2\pi\mathrm{j}}\oint_C X(z)z^{n-1}\mathrm{d}z \tag{8-26}$$

逆变换式(8-24)得证。

求逆变换的计算方法有三种:对式(8-24)作围线积分(也称留数法),或仿照拉氏变换的方法将 $X(z)$ 函数式用部分分式展开,经查表求出逐项的逆变换再取和,此外,还可借助长除法将 $X(z)$ 展开幂级数得到 $x(n)$。显然,部分分式展开法比较简便,因此应用最多,对于另外两种方法仅作简要说明,下面分别介绍。

(一)围线积分法(留数法)

由于围线 C 在 $X(z)$ 的收敛域内,且包围着坐标原点,而 $X(z)$ 又在 $|z|>R$ 的区域内收敛,因此 C 包围了 $X(z)$ 的奇点。通常 $X(z)z^{n-1}$ 是 z 的有理函数,其奇点都是孤立奇点(极点)。这样,借助于复变函数的留数定理,可以把式(8-26)的积分表示为围线 C 内所包含 $X(z)z^{n-1}$ 的各极点留数之和,即

$$x(n) = \frac{1}{2\pi\mathrm{j}}\oint_C X(z)z^{n-1}\mathrm{d}z$$
$$= \sum_m [X(z)z^{n-1} \text{在} C \text{内极点的留数}]$$

或简写为

$$x(n) = \sum_m \mathrm{Res}[X(z)z^{n-1}]_{z=z_m} \tag{8-27}$$

式中 Res 表示极点的留数,z_m 为 $X(z)z^{n-1}$ 的极点。

如果 $X(z)z^{n-1}$ 在 $z=z_m$ 处有 s 阶极点,此时它的留数由下式确定

$$\mathrm{Res}[X(z)z^{n-1}]_{z=z_m} = \frac{1}{(s-1)!}\left\{\frac{\mathrm{d}^{s-1}}{\mathrm{d}z^{s-1}}[(z-z_m)^s X(z)z^{n-1}]\right\}_{z=z_m} \tag{8-28}$$

若只含有一阶极点,即 $s=1$,此时式(8-28)可以简化为

$$\mathrm{Res}[X(z)z^{n-1}]_{z=z_m} = [(z-z_m)X(z)z^{n-1}]_{z=z_m} \tag{8-29}$$

在利用式(8-27)~式(8-29)的时候,应当注意收敛域内围线所包围的极

点情况,特别要关注对于不同 n 值,在 $z=0$ 处的极点可能具有不同阶次。

例 8-2 求 $X(z) = \dfrac{z^2}{(z-1)(z-0.5)}$,($|z|>1$)的逆变换。

解

由式(8-27)知 $X(z)$ 的逆变换为

$$x(n) = \sum_m \text{Res}\left[\frac{z^{n+1}}{(z-1)(z-0.5)}\right]_{z=z_m}$$

当 $n \geqslant -1$ 时在 $z=0$ 点没有极点,仅在 $z=1$ 和 $z=0.5$ 处有一阶极点,可求得

$$\text{Res}\left[\frac{z^{n+1}}{(z-1)(z-0.5)}\right]_{z=1} = 2$$

$$\text{Res}\left[\frac{z^{n+1}}{(z-1)(z-0.5)}\right]_{z=0.5} = -(0.5)^n$$

由此写出

$$x(n) = [2 - (0.5)^n] u(n+1)$$

实际上,当 $n=-1$ 时 $x(n)=0$,因此上式可简写为

$$x(n) = [2 - (0.5)^n] u(n)$$

当 $n<-1$ 时,在 $z=0$ 处有极点存在,不难得与此点相应的留数和上面两极点处之留数总和值为零,因此 $x(n)$ 都等于零。本题的答案就是上面求得的因果序列 $x(n)$,这与收敛域条件($|z|>1$)一致。

如果本题的 $X(z)$ 保持不变,而收敛域改为 $|z|<0.5$,积分围线应选在半径为 0.5 的圆之内。当 $n>-1$ 时,围线积分等于零,相应的 $u(n)$ 都为零;而当 $n<-1$ 时,$z=0$ 处有极点存在,求解围线积分后可得到 $u(n)$ 为左边序列,此结果也与收敛条件($|z|<0.5$)相符合。

另一种情况是收敛域为圆环($0.5<|z|<1$)。这时,积分围线应选在半径为 0.5 至 1 的圆环之内,所求得 $x(n)$ 是双边序列。

综上所述,对于同一个 $X(z)$ 表达式,当给定的收敛域不同时,所选择的积分围线也不相同,最后将得到不同的逆变换序列 $x(n)$。

(二)幂级数展开法(长除法)

因为 $x(n)$ 的 z 变换定义为 z^{-1} 的幂级数

$$X(z) = \sum_{n=-\infty}^{\infty} x(n) z^{-n}$$

所以,只要在给定的收敛域内把 $X(z)$ 展成幂级数,级数的系数就是序列 $x(n)$。

在一般情况下,$X(z)$ 是有理函数,令分子多项式为 $N(z)$,分母多项式为 $D(z)$。如果 $X(z)$ 的收敛域是 $|z|>R_{x1}$,则 $x(n)$ 必然是因果序列,此时 $N(z), D(z)$ 按 z 的降幂(或 z^{-1} 的升幂)次序进行排列。如果收敛域是 $|z|<R_{x2}$,则 $x(n)$ 必然是左边序列,此时 $N(z), D(z)$ 按 z 的升幂(或 z^{-1} 的降幂)次

序进行排列。然后利用长除法,便可将 $X(z)$ 展成幂级数,从而得到 $x(n)$。

例 8 – 3 求 $X(z) = \dfrac{z}{(z-1)^2}$ 的逆变换 $x(n)$(收敛域为 $|z|>1$)。

解

由于 $X(z)$ 的收敛域是 $|z|>1$,因而 $x(n)$ 必然是因果序列。此时 $X(z)$ 按 z 的降幂排列成下列形式

$$X(z) = \frac{z}{z^2 - 2z + 1}$$

进行长除

$$
\begin{array}{r}
z^{-1} + 2z^{-2} + 3z^{-3} + \cdots \\
z^2 - 2z + 1 \overline{) z } \\
\underline{z - 2 + z^{-1}} \\
2 - z^{-1} \\
\underline{2 - 4z^{-1} + 2z^{-2}} \\
3z^{-1} - 2z^{-2} \\
\underline{3z^{-1} - 6z^{-2} + 3z^{-3}} \\
4z^{-2} - 3z^{-3} \\
\cdots
\end{array}
$$

所以

$$X(z) = z^{-1} + 2z^{-2} + 3z^{-3} + \cdots$$
$$= \sum_{n=0}^{\infty} n z^{-n}$$

得到

$$x(n) = nu(n)$$

例 8 – 4 求收敛域分别为 $|z|>1$ 和 $|z|<1$ 两种情况下,$X(z) = \dfrac{1 + 2z^{-1}}{1 - 2z^{-1} + z^{-2}}$ 的逆变换 $x(n)$。

解

对于收敛域 $|z|>1$,$X(z)$ 相应的序列 $x(n)$ 是因果序列,这时 $X(z)$ 写成

$$X(z) = \frac{1 + 2z^{-1}}{1 - 2z^{-1} + z^{-2}}$$

进行长除,展成级数

$$X(z) = 1 + 4z^{-1} + 7z^{-2} + \cdots$$
$$= \sum_{n=0}^{\infty} (3n+1) z^{-n}$$

得到

$$x(n) = (3n+1) u(n)$$

若收敛域为$|z|<1$,则$X(z)$相对应的序列$x(n)$是左边序列。此时$X(z)$写为

$$X(z) = \frac{2z^{-1}+1}{z^{-2}-2z^{-1}+1}$$

进行长除,展成级数

$$\begin{aligned}X(z) &= 2z+5z^2+\cdots \\ &= \sum_{n=1}^{\infty}(3n-1)z^n \\ &= -\sum_{n=-\infty}^{-1}(3n+1)z^{-n}\end{aligned}$$

得到

$$x(n) = -(3n+1)u(-n-1)$$

(三) 部分分式展开法

序列的z变换通常是z的有理函数,可表示为有理分式形式。类似于拉氏变换中部分分式展开法,在这里,也可以先将$X(z)$展成一些简单而常见的部分分式之和,然后分别求出各部分分式的逆变换,把各逆变换相加即可得到$x(n)$。

z变换的基本形式为$\frac{z}{z-z_m}$,在利用z变换的部分分式展开法的时候,通常先将$\frac{X(z)}{z}$展开,然后每个分式乘以z,这样对于一阶极点,$X(z)$便可展成$\frac{z}{z-z_m}$形式。

下面先给出一个简单的例题,然后讨论部分分式展开法的一般公式。

例 8-5 用部分分式展开法求解$X(z) = \frac{z^2}{z^2-1.5z+0.5}$的逆变换$x(n)$($|z|>1$)。

解 本题与例8-2相同。

$$X(z) = \frac{z^2}{(z-1)(z-0.5)}$$

只包含一阶极点$z_1=0.5, z_2=1$。得到以下展开式

$$\frac{X(z)}{z} = \frac{A_1}{z-0.5} + \frac{A_2}{z-1}$$

式中

$$A_1 = \left[\frac{X(z)}{z}(z-0.5)\right]_{z=0.5} = -1$$

$$A_2 = \left[\frac{X(z)}{z}(z-1)\right]_{z=1} = 2$$

$X(z)$ 展为

$$X(z) = \frac{2z}{z-1} - \frac{z}{z-0.5}$$

因为 $|z|>1$,所以 $x(n)$ 是因果序列,由 8.2 节导出的 z 变换关系式得到

$$x(n) = (2 - 0.5^n)u(n)$$

与例 8-2 的结果相同,而求解过程比较简便。

一般情况下,$X(z)$ 表达式为

$$X(z) = \frac{N(z)}{D(z)} = \frac{b_0 + b_1 z + \cdots + b_{r-1} z^{r-1} + b_r z^r}{a_0 + a_1 z + \cdots + a_{k-1} z^{k-1} + a_k z^k} \tag{8-30}$$

对于因果序列,它的 z 变换收敛域为 $|z|>R$,为保证在 $z=\infty$ 处收敛,其分母多项式的阶次不低于分子多项式的阶次,即满足 $k \geqslant r$。

如果 $X(z)$ 只含有一阶极点,则 $\dfrac{X(z)}{z}$ 可以展为

$$\frac{X(z)}{z} = \sum_{m=0}^{K} \frac{A_m}{z - z_m}$$

即

$$X(z) = \sum_{m=0}^{K} \frac{A_m z}{z - z_m} \tag{8-31}$$

式中 z_m 是 $\dfrac{X(z)}{z}$ 的极点,A_m 是 z_m 的留数,它等于

$$A_m = \mathrm{Res}\left[\frac{X(z)}{z}\right]_{z=z_m} = \left[(z-z_m)\frac{X(z)}{z}\right]_{z=z_m}$$

或者把式(8-31)表示成

$$X(z) = A_0 + \sum_{m=1}^{K} \frac{A_m z}{z - z_m} \tag{8-32}$$

在这里,z_m 是 $X(z)$ 的极点,而 A_0 是

$$A_0 = [X(z)]_{z=0} = \frac{b_0}{a_0}$$

如果 $X(z)$ 中含有高阶极点,式(8-31)、式(8-32)应当加以修正,若 $X(z)$ 除含有 M 个一阶极点外,在 $z=z_i$ 处还含有一个 s 阶极点,此时 $X(z)$ 应展成

$$X(z) = \sum_{m=0}^{M} \frac{A_m z}{z - z_m} + \sum_{j=1}^{s} \frac{B_j z}{(z-z_i)^j}$$

$$= A_0 + \sum_{m=1}^{M} \frac{A_m z}{z - z_m} + \sum_{j=1}^{s} \frac{B_j z}{(z-z_i)^j}$$

式中 A_m 确定方法与前相同,而 B_j 等于

$$B_j = \frac{1}{(s-j)!} \left[\frac{\mathrm{d}^{s-j}}{\mathrm{d}z^{s-j}} (z-z_i)^s \frac{X(z)}{z} \right]_{z=z_i}$$

在这种情况下，$X(z)$ 也可展为下列形式

$$X(z) = A_0 + \sum_{m=1}^{M} \frac{A_m z}{z - z_m} + \sum_{j=1}^{s} \frac{C_j z^j}{(z - z_i)^j}$$

其中，对于 $j = s$ 项系数

$$C_s = \left[\left(\frac{z - z_i}{z} \right)^s X(z) \right]_{z = z_i}$$

其他各 C_j 系数由待定系数法求出。

在这两种展开式中，部分分式的基本形式是 $\dfrac{z}{(z-z_i)^j}$ 或 $\dfrac{z^j}{(z-z_i)^j}$。在表 8-2 至表 8-4 中给出了相应的逆变换。其中，表 8-2 是 $|z|>a$ 对应右边序列的情况，而表 8-3 是 $|z|<a$ 为左边序列。由表 8-2 利用延时定理容易导出补充表 8-4。作为练习，读者还可由表 8-3 导出类似的补充表。在查表时应注意收敛域条件，例如对于例 8-5 给定的收敛域（$|z|>1$）可查得 $x(n) = 2u(n) - (0.5)^n u(n)$，若此题 $X(z)$ 不改变，而收敛域为 $|z|<0.5$ 时，则查得 $x(n) = [-2 + (0.5)^n] u(-n-1)$，若收敛域为环形 $0.5 < |z| < 1$，则 $x(n) = -(0.5)^n u(n) - 2u(-n-1)$。

表 8-2 逆 z 变换表（一）

z 变换（$|z| > |a|$）	序列
$\dfrac{z}{z-1}$	$u(n)$
$\dfrac{z}{z-a}$	$a^n u(n)$
$\dfrac{z^2}{(z-a)^2}$	$(n+1) a^n u(n)$
$\dfrac{z^3}{(z-a)^3}$	$\dfrac{(n+1)(n+2)}{2!} a^n u(n)$
$\dfrac{z^4}{(z-a)^4}$	$\dfrac{(n+1)(n+2)(n+3)}{3!} a^n u(n)$
$\dfrac{z^{m+1}}{(z-a)^{m+1}}$	$\dfrac{(n+1)(n+2)\cdots(n+m)}{m!} a^n u(n)$

表 8-3 逆 z 变换表(二)

z 变换 ($|z|<|a|$)	序列
$\dfrac{z}{z-1}$	$-u(-n-1)$
$\dfrac{z}{z-a}$	$-a^n u(-n-1)$
$\dfrac{z^2}{(z-a)^2}$	$-(n+1)a^n u(-n-1)$
$\dfrac{z^3}{(z-a)^3}$	$-\dfrac{(n+1)(n+2)}{2!}a^n u(-n-1)$
$\dfrac{z^4}{(z-a)^4}$	$-\dfrac{(n+1)(n+2)(n+3)}{3!}a^n u(-n-1)$
$\dfrac{z^{m+1}}{(z-a)^{m+1}}$	$-\dfrac{(n+1)(n+2)\cdots(n+m)}{m!}a^n u(-n-1)$

表 8-4 逆 z 变换表(三)

z 变换 ($|z|>|a|$)	序列
$\dfrac{z}{(z-1)^2}$	$nu(n)$
$\dfrac{az}{(z-a)^2}$	$na^n u(n)$
$\dfrac{z}{(z-1)^3}$	$\dfrac{n(n-1)}{2!}u(n)$
$\dfrac{z}{(z-1)^4}$	$\dfrac{n(n-1)(n-2)}{3!}u(n)$
$\dfrac{z}{(z-1)^{m+1}}$	$\dfrac{n(n-1)\cdots(n-m+1)}{m!}u(n)$

8.5 z 变换的基本性质

(一) 线性

z 变换的线性表现在它的叠加性与均匀性,若

$$\mathscr{Z}[x(n)] = X(z) \quad (R_{x1} < |z| < R_{x2})$$
$$\mathscr{Z}[y(n)] = Y(z) \quad (R_{y1} < |z| < R_{y2})$$

则

$$\mathscr{Z}[ax(n)+by(n)] = aX(z)+bY(z) \quad (8-33)$$
$$(R_1 < |z| < R_2)$$

其中 a,b 为任意常数。

相加后序列的 z 变换收敛域一般为两个收敛域的重叠部分,即 R_1 取 R_{x1} 与 R_{y1} 中较大者,而 R_2 取 R_{x2} 与 R_{y2} 中较小者,记作 $\max(R_{x1}, R_{y1}) < |z| < \min(R_{x2}, R_{y2})$。然而,如果在这些线性组合中某些零点与极点相抵消,则收敛域可能扩大。

例 8-6 求序列 $a^n u(n) - a^n u(n-1)$ 的 z 变换。

解 已知
$$x(n) = a^n u(n)$$
$$y(n) = a^n u(n-1)$$

由式(8-10)知
$$X(z) = \frac{z}{z-a} \quad (|z| > |a|)$$

而
$$Y(z) = \sum_{n=0}^{\infty} y(n) z^{-n}$$
$$= \sum_{n=1}^{\infty} a^n z^{-n}$$
$$= \frac{a}{z-a} \quad (|z| > |a|)$$

所以
$$\mathscr{Z}[a^n u(n) - a^n u(n-1)] = X(z) - Y(z) = 1$$

可见,线性叠加后序列的 z 变换收敛域可能扩大,在此例中由 $|z| > |a|$ 扩展到全 z 平面。

例 8-7 求下列双曲余弦和双曲正弦序列的 z 变换
$$x(n) = \cosh(n\omega_0) u(n)$$
$$x(n) = \sinh(n\omega_0) u(n)$$

解

仍由式(8-10)知
$$\mathscr{Z}[e^{n\omega_0} u(n)] = \frac{z}{z - e^{\omega_0}} \quad (|z| > |e^{\omega_0}|)$$

$$\mathscr{Z}[e^{-n\omega_0} u(n)] = \frac{z}{z - e^{-\omega_0}} \quad (|z| > |e^{-\omega_0}|)$$

根据 z 变换的线性特性和双曲函数的定义,可得
$$\mathscr{Z}[\cosh(n\omega_0) u(n)] = \mathscr{Z}\left[\left(\frac{e^{n\omega_0} + e^{-n\omega_0}}{2}\right) u(n)\right]$$
$$= \frac{1}{2} \mathscr{Z}[e^{n\omega_0} u(n)] + \frac{1}{2} \mathscr{Z}[e^{-n\omega_0} u(n)]$$

$$= \frac{z}{2(z-e^{\omega_0})} + \frac{z}{2(z-e^{-\omega_0})}$$

$$= \frac{z(z-\cosh \omega_0)}{z^2 - 2z\cosh \omega_0 + 1}$$

同样可得

$$\mathscr{Z}[\sinh(n\omega_0)u(n)] = \mathscr{Z}\left[\left(\frac{e^{n\omega_0} - e^{-n\omega_0}}{2}\right)u(n)\right]$$

$$= \frac{z}{2(z-e^{\omega_0})} - \frac{z}{2(z-e^{-\omega_0})}$$

$$= \frac{z\sinh \omega_0}{z^2 - 2z\cosh \omega_0 + 1}$$

上两 z 变换式的收敛域均为 $|z| > \max(|e^{\omega_0}|, |e^{-\omega_0}|)$，若 ω_0 为正实数，则为 $|z| > e^{\omega_0}$。

（二）位移性

位移性表示序列位移后的 z 变换与原序列 z 变换的关系。在实际中可能遇到序列的左移（超前）或右移（延迟）两种不同情况，所取的变换形式又可能有单边 z 变换与双边 z 变换，它们的位移性基本相同，但又各具不同的特点。下面分几种情况进行讨论。

（1）双边 z 变换

若序列 $x(n)$ 的双边 z 变换为

$$\mathscr{Z}[x(n)] = X(z)$$

则序列右移后，它的双边 z 变换等于

$$\mathscr{Z}[x(n-m)] = z^{-m}X(z)$$

证明

根据双边 z 变换的定义，可得

$$\mathscr{Z}[x(n-m)] = \sum_{n=-\infty}^{\infty} x(n-m)z^{-n}$$

$$= z^{-m}\sum_{k=-\infty}^{\infty} x(k)z^{-k}$$

$$= z^{-m}X(z) \tag{8-34}$$

同样，可得左移序列的双边 z 变换

$$\mathscr{Z}[x(n+m)] = z^m X(z) \tag{8-35}$$

式中 m 为任意正整数。由式（8-34）、式（8-35）可以看出，序列位移只会使 z 变换在 $z=0$ 或 $z=\infty$ 处的零极点情况发生变化。如果 $x(n)$ 是双边序列，$X(z)$ 的收敛域为环形区域（即 $R_{x1} < |z| < R_{x2}$），在这种情况下序列位移并不会使 z 变换收敛域发生变化。

(2) 单边 z 变换

若 $x(n)$ 是双边序列,其单边 z 变换为

$$\mathscr{Z}[x(n)u(n)] = X(z)$$

则序列左移后,它的单边 z 变换等于

$$\mathscr{Z}[x(n+m)u(n)] = z^m \left[X(z) - \sum_{k=0}^{m-1} x(k)z^{-k} \right] \qquad (8-36)$$

证明

根据单边 z 变换的定义,可得

$$\mathscr{Z}[x(n+m)u(n)] = \sum_{n=0}^{\infty} x(n+m)z^{-n}$$

$$= z^m \sum_{n=0}^{\infty} x(n+m) z^{-(n+m)}$$

$$= z^m \sum_{k=m}^{\infty} x(k) z^{-k}$$

$$= z^m \left[\sum_{k=0}^{\infty} x(k)z^{-k} - \sum_{k=0}^{m-1} x(k)z^{-k} \right]$$

$$= z^m \left[X(z) - \sum_{k=0}^{m-1} x(k)z^{-k} \right]$$

同样,可以得到右移序列的单边 z 变换

$$\mathscr{Z}[x(n-m)u(n)] = z^{-m} \left[X(z) + \sum_{k=-m}^{-1} x(k)z^{-k} \right] \qquad (8-37)$$

式中 m 为正整数。对于 $m=1,2$ 的情况,式(8-36)、式(8-37)可以写作

$$\mathscr{Z}[x(n+1)u(n)] = zX(z) - zx(0)$$

$$\mathscr{Z}[x(n+2)u(n)] = z^2 X(z) - z^2 x(0) - zx(1)$$

$$\mathscr{Z}[x(n-1)u(n)] = z^{-1} X(z) + x(-1)$$

$$\mathscr{Z}[x(n-2)u(n)] = z^{-2} X(z) + z^{-1}x(-1) + x(-2)$$

如果 $x(n)$ 是因果序列,则式(8-37)右边的 $\sum_{k=-m}^{-1} x(k)z^{-k}$ 项都等于零。于是右移序列的单边 z 变换变为

$$\mathscr{Z}[x(n-m)u(n)] = z^{-m} X(z) \qquad (8-38)$$

而左移序列的单边 z 变换仍为

$$\mathscr{Z}[x(n+m)u(n)] = z^m \left[X(z) - \sum_{k=0}^{m-1} x(k)z^{-k} \right] \qquad (8-39)$$

例 8-8 已知差分方程表示式

$$y(n) - 0.9y(n-1) = 0.05u(n)$$

边界条件 $y(-1) = 0$,用 z 变换方法求系统响应 $y(n)$。(此题条件与前章例

7-10相同,改用 z 变换法求解。)

解

对方程式两端分别取 z 变换,注意用到位移性定理。

$$Y(z) - 0.9z^{-1}Y(z) = \frac{0.05z}{z-1}$$

$$Y(z) = \frac{0.05z^2}{(z-0.9)(z-1)}$$

为求得逆变换,令

$$\frac{Y(z)}{z} = \frac{A_1}{z-0.9} + \frac{A_2}{z-1}$$

容易求得

$$A_1 = \left(\frac{0.05z}{z-1}\right)_{z=0.9} = -0.45$$

$$A_2 = \left(\frac{0.05z}{z-0.9}\right)_{z=1} = 0.5$$

$$Y(z) = \frac{-0.45z}{z-0.9} + \frac{0.5z}{z-1}$$

$$y(n) = [-0.45 \times (0.9)^n + 0.5]u(n)$$

与例 7-10 的答案完全一致。

本例初步说明如何用 z 变换方法求解差分方程。这里,只需利用 z 变换的两个性质,即线性和位移性。用 z 变换求解差分方程的详细讨论将在 8.7 节给出。

(三) 序列线性加权(z 域微分)

若已知

$$X(z) = \mathscr{Z}[x(n)]$$

则

$$\mathscr{Z}[nx(n)] = -z\frac{\mathrm{d}}{\mathrm{d}z}X(z)$$

证明

因为

$$X(z) = \sum_{n=0}^{\infty} x(n)z^{-n}$$

将上式两边对 z 求导数,得

$$\frac{\mathrm{d}X(z)}{\mathrm{d}z} = \frac{\mathrm{d}}{\mathrm{d}z}\sum_{n=0}^{\infty} x(n)z^{-n} \qquad (8-40)$$

交换求导与求和的次序,上式变为

$$\frac{\mathrm{d}X(z)}{\mathrm{d}z} = \sum_{n=0}^{\infty} x(n)\frac{\mathrm{d}}{\mathrm{d}z}(z^{-n})$$

$$= -z^{-1}\sum_{n=0}^{\infty} nx(n)z^{-n}$$
$$= -z^{-1}\mathscr{Z}[nx(n)]$$

所以
$$\mathscr{Z}[nx(n)] = -z\frac{\mathrm{d}X(z)}{\mathrm{d}z} \tag{8-41}$$

可见序列线性加权(乘 n)等效于其 z 变换取导数且乘以($-z$)。

如果将 $nx(n)$ 再乘以 n,利用式(8-41)可得
$$\mathscr{Z}[n^2x(n)] = \mathscr{Z}[n \cdot nx(n)]$$
$$= -z\frac{\mathrm{d}}{\mathrm{d}z}\mathscr{Z}[nx(n)]$$
$$= -z\frac{\mathrm{d}}{\mathrm{d}z}\left[-z\frac{\mathrm{d}}{\mathrm{d}z}X(z)\right]$$

即
$$\mathscr{Z}[n^2x(n)] = z^2\frac{\mathrm{d}^2X(z)}{\mathrm{d}z^2} + z\frac{\mathrm{d}X(z)}{\mathrm{d}z} \tag{8-42}$$

用同样的方法,可以得到
$$\mathscr{Z}[n^m x(n)] = \left[-z\frac{\mathrm{d}}{\mathrm{d}z}\right]^m X(z) \tag{8-43}$$

式中符号 $\left[-z\dfrac{\mathrm{d}}{\mathrm{d}z}\right]^m$ 表示

$$-z\frac{\mathrm{d}}{\mathrm{d}z}\left\{-z\frac{\mathrm{d}}{\mathrm{d}z}\left[-z\frac{\mathrm{d}}{\mathrm{d}z}\cdots\left(-z\frac{\mathrm{d}}{\mathrm{d}z}X(z)\right)\right]\right\}$$

共求导 m 次。

例 8-9 若已知 $\mathscr{Z}[u(n)] = \dfrac{z}{z-1}$,求斜变序列 $nu(n)$ 的 z 变换。

解

由式(8-41)可得
$$\mathscr{Z}[nu(n)] = -z\frac{\mathrm{d}}{\mathrm{d}z}\mathscr{Z}[u(n)]$$
$$= -z\frac{\mathrm{d}}{\mathrm{d}z}\left(\frac{z}{z-1}\right)$$
$$= \frac{z}{(z-1)^2}$$

显然与式(8-7)的结果完全一致。

(四) 序列指数加权(z 域尺度变换)

若已知
$$X(z) = \mathscr{Z}[x(n)] \quad (R_{x1} < |z| < R_{x2})$$

则

$$\mathscr{Z}[a^n x(n)] = X\left(\frac{z}{a}\right) \quad (R_{x1} < \left|\frac{z}{a}\right| < R_{x2})$$

(a 为非零常数)

证明

因为

$$\mathscr{Z}[a^n x(n)] = \sum_{n=0}^{\infty} a^n x(n) z^{-n}$$
$$= \sum_{n=0}^{\infty} x(n) \left(\frac{z}{a}\right)^{-n}$$

所以

$$\mathscr{Z}[a^n x(n)] = X\left(\frac{z}{a}\right) \qquad (8-44)$$

可见，$x(n)$ 乘以指数序列等效于 z 平面尺度展缩。同样可以得到下列关系

$$\mathscr{Z}[a^{-n} x(n)] = X(az) \quad R_{x1} < |az| < R_{x2} \qquad (8-45)$$

$$\mathscr{Z}[(-1)^n x(n)] = X(-z) \quad R_{x1} < |z| < R_{x2} \qquad (8-46)$$

例如，对于 $(-1)^n u(n)$ 若取单边 z 变换应有

$$\mathscr{Z}[(-1)^n u(n)] = \frac{z}{z+1}, \ |z| > 1$$

例 8-10 若已知 $\mathscr{Z}[\cos(n\omega_0) \cdot u(n)]$，求序列 $\beta^n \cos(n\omega_0) \cdot u(n)$ 的 z 变换。

解 由式(8-13)已知

$$\mathscr{Z}[\cos(n\omega_0) \cdot u(n)] = \frac{z(z - \cos \omega_0)}{z^2 - 2z\cos \omega_0 + 1} \qquad (|z| > 1)$$

根据式(8-44)可以得到

$$\mathscr{Z}[\beta^n \cos(n\omega_0) \cdot u(n)] = \frac{\frac{z}{\beta}\left(\frac{z}{\beta} - \cos \omega_0\right)}{\left(\frac{z}{\beta}\right)^2 - 2\frac{z}{\beta}\cos \omega_0 + 1}$$
$$= \frac{1 - \beta z^{-1} \cos \omega_0}{1 - 2\beta z^{-1} \cos \omega_0 + \beta^2 z^{-2}}$$

其收敛域为 $\left|\frac{z}{\beta}\right| > 1$，即 $|z| > |\beta|$。显然，该结果与式(8-15)完全一致。

（五）初值定理

若 $x(n)$ 是因果序列，已知

$$X(z) = \mathscr{Z}[x(n)] = \sum_{n=0}^{\infty} x(n) z^{-n}$$

则
$$x(0) = \lim_{z \to \infty} X(z) \quad (8-47)$$

证明

因为
$$X(z) = \sum_{n=0}^{\infty} x(n) z^{-n} = x(0) + x(1) z^{-1} + x(2) z^{-2} + \cdots$$

当 $z \to \infty$，在上式的级数中除了第一项 $x(0)$ 外，其他各项都趋近于零，所以

$$\lim_{z \to \infty} X(z) = \lim_{z \to \infty} \sum_{n=0}^{\infty} x(n) z^{-n} = x(0)$$

(六) 终值定理

若 $x(n)$ 是因果序列，已知

$$X(z) = \mathscr{Z}[x(n)] = \sum_{n=0}^{\infty} x(n) z^{-n}$$

则
$$\lim_{n \to \infty} x(n) = \lim_{z \to 1} [(z-1) X(z)] \quad (8-48)$$

证明

因为
$$\mathscr{Z}[x(n+1) - x(n)] = zX(z) - zx(0) - X(z)$$
$$= (z-1) X(z) - zx(0)$$

取极限得
$$\lim_{z \to 1}(z-1) X(z) = x(0) + \lim_{z \to 1} \sum_{n=0}^{\infty} [x(n+1) - x(n)] z^{-n}$$
$$= x(0) + [x(1) - x(0)] + [x(2) - x(1)] + [x(3) - x(2)] + \cdots$$
$$= x(0) - x(0) + x(\infty)$$

所以
$$\lim_{z \to 1}(z-1) X(z) = x(\infty)$$

从推导中可以看出，终值定理只有当 $n \to \infty$ 时 $x(n)$ 收敛时才可应用，也就是说要求 $X(z)$ 的极点必须处在单位圆内(在单位圆上只能位于 $z = +1$ 点且是一阶极点)。

以上两个定理的应用类似于拉氏变换，如果已知序列 $x(n)$ 的 z 变换 $X(z)$，在不求逆变换的情况下，可以利用这两个定理很方便地求出序列的初值 $x(0)$ 和终值 $x(\infty)$。

(七) 时域卷积定理

已知两序列 $x(n), h(n)$，其 z 变换为

$$X(z) = \mathscr{Z}[x(n)] \quad (R_{x1} < |z| < R_{x2})$$
$$H(z) = \mathscr{Z}[h(n)] \quad (R_{h1} < |z| < R_{h2})$$

则

$$\mathscr{Z}[x(n) * h(n)] = X(z)H(z) \tag{8-49}$$

在一般情况下，其收敛域是 $X(z)$ 与 $H(z)$ 收敛域的重叠部分，即 $\max(R_{x1}, R_{h1}) < |z| < \min(R_{x2}, R_{h2})$。若位于某一 z 变换收敛域边缘上的极点被另一 z 变换的零点抵消，则收敛域将会扩大。

证明

因为

$$\mathscr{Z}[x(n) * h(n)] = \sum_{n=-\infty}^{\infty} [x(n) * h(n)] z^{-n}$$
$$= \sum_{n=-\infty}^{\infty} \sum_{m=-\infty}^{\infty} x(m) h(n-m) z^{-n}$$
$$= \sum_{m=-\infty}^{\infty} x(m) \sum_{n=-\infty}^{\infty} h(n-m) z^{-(n-m)} z^{-m}$$
$$= \sum_{m=-\infty}^{\infty} x(m) z^{-m} H(z)$$

所以

$$\mathscr{Z}[x(n) * h(n)] = X(z)H(z)$$

或者写作

$$x(n) * h(n) = \mathscr{Z}^{-1}[X(z)H(z)] \tag{8-50}$$

可见两序列在时域中的卷积等效于在 z 域中两序列 z 变换的乘积。若 $x(n)$ 与 $h(n)$ 分别为线性时不变离散系统的激励序列和单位样值响应，那么在求系统的响应序列 $y(n)$ 时，可以避免卷积运算，而借助于式(8-50)通过 $X(z)H(z)$ 的逆变换求出 $y(n)$，在很多情况下这样会更方便些。

例 8-11 求下列两单边指数序列的卷积

$$x(n) = a^n u(n)$$
$$h(n) = b^n u(n)$$

解 因为

$$X(z) = \frac{z}{z-a} \quad (|z| > |a|)$$

$$H(z) = \frac{z}{z-b} \quad (|z| > |b|)$$

由式(8-49)得

$$Y(z) = X(z)H(z)$$
$$= \frac{z^2}{(z-a)(z-b)}$$

显然,其收敛域为 $|z| > |a|$ 与 $|z| > |b|$ 的重叠部分,如图 8-8 所示。

把 $Y(z)$ 展成部分分式,得
$$Y(z) = \frac{1}{a-b}\left(\frac{az}{z-a} - \frac{bz}{z-b}\right)$$

其逆变换为
$$y(n) = x(n) * h(n) = \mathscr{Z}^{-1}[Y(z)]$$
$$= \frac{1}{a-b}(a^{n+1} - b^{n+1})u(n)$$

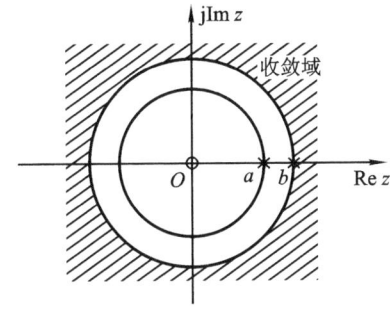

图 8-8 $a^n u(n) * b^n u(n)$ 的 z 变换收敛域

例 8-12 求下列两序列的卷积
$$x(n) = u(n)$$
$$h(n) = a^n u(n) - a^{n-1}u(n-1)$$

解 已知
$$X(z) = \frac{z}{z-1} \quad (|z| > 1)$$

由位移性知
$$H(z) = \frac{z}{z-a} - \frac{z}{z-a} \cdot z^{-1}$$
$$= \frac{z-1}{z-a} \quad (|z| > |a|)$$

由式(8-49)得
$$Y(z) = X(z)H(z)$$
$$= \frac{z}{z-1} \cdot \frac{z-1}{z-a} = \frac{z}{z-a} \quad (|z| > |a|)$$

其逆变换为
$$y(n) = x(n) * h(n)$$
$$= \mathscr{Z}^{-1}[Y(z)]$$
$$= a^n u(n)$$

显然,$X(z)$ 的极点 ($z=1$) 被 $H(z)$ 的零点抵消,若 $|a| < 1$,$Y(z)$ 的收敛域比 $X(z)$ 与 $H(z)$ 的收敛域之重叠部分要大,如图 8-9 所示。

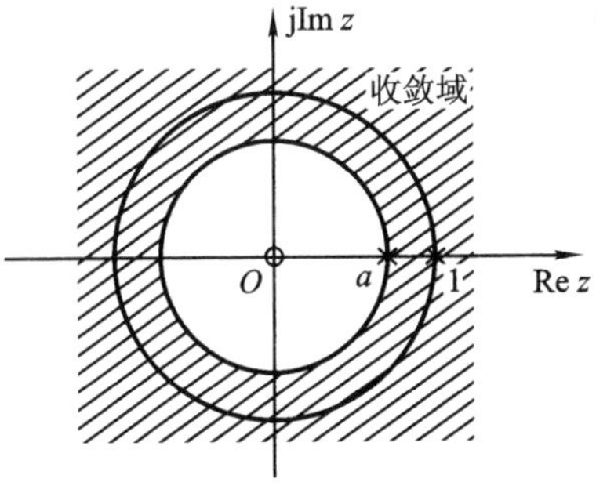

图 8-9 $[a^n u(n) - a^{n-1}u(n-1)] * u(n)$ 的 z 变换收敛域

利用 z 变换的时域卷积定理容易计算解卷积(在 7.7 节用时域方法求解)。由卷积表达

式对应的 z 域关系式 $Y(z) = X(z)H(z)$ 可以看出,若已知 $Y(z),H(z)$ 求 $X(z)$ 或已知 $Y(z),X(z)$ 求 $H(z)$,都可利用 z 变换式相除的方法解得,然后再取 $X(z)$ 或 $H(z)$ 之逆变换即可得到时域表达式 $x(n)$ 或 $h(n)$。虽然,从理论上讲这是一种比较方便的计算解卷积方法,然而在实际问题中却较少采用,这是因为当两个 z 变换式相除求得另一 z 变换式时,收敛域的分析将遇到麻烦。这时,处于分母的 z 变换式不能有位于单位圆之外的零点(即满足最小相移函数之要求),否则,所得结果将出现单位圆外的极点,对应时域不能保证当 $n\to\infty$ 时函数收敛。习题 8 - 20 介绍了在实际中应用的另一种解卷积计算方法。

(八) 序列相乘(z 域卷积定理)

已知两序列 $x(n),h(n)$,其 z 变换为

$$\mathscr{Z}[x(n)] = X(z) \qquad (R_{x1} < |z| < R_{x2})$$

$$\mathscr{Z}[h(n)] = H(z) \qquad (R_{h1} < |z| < R_{h2})$$

则

$$\mathscr{Z}[x(n)h(n)] = \frac{1}{2\pi\mathrm{j}} \oint_{C_1} X\left(\frac{z}{v}\right) H(v) v^{-1} \mathrm{d}v \qquad (8-51)$$

或

$$\mathscr{Z}[x(n)h(n)] = \frac{1}{2\pi\mathrm{j}} \oint_{C_2} X(v) H\left(\frac{z}{v}\right) v^{-1} \mathrm{d}v \qquad (8-52)$$

式中 C_1,C_2 分别为 $X\left(\dfrac{z}{v}\right)$ 与 $H(v)$ 或 $X(v)$ 与 $H\left(\dfrac{z}{v}\right)$ 收敛域重叠部分内逆时针旋转的围线。而 $\mathscr{Z}[x(n)h(n)]$ 的收敛域一般为 $X(v)$ 与 $H\left(\dfrac{z}{v}\right)$ 或 $H(v)$ 与 $X\left(\dfrac{z}{v}\right)$ 的重叠部分,即

$$R_{x1}R_{h1} < |z| < R_{x2}R_{h2}$$

证明

$$\begin{aligned}
\mathscr{Z}[x(n)h(n)] &= \sum_{n=-\infty}^{\infty} [x(n)h(n)] z^{-n} \\
&= \sum_{n=-\infty}^{\infty} \left[\frac{1}{2\pi\mathrm{j}} \oint_{C_2} X(z) z^{n-1} \mathrm{d}z\right] h(n) z^{-n} \\
&= \frac{1}{2\pi\mathrm{j}} \sum_{n=-\infty}^{\infty} \left[\oint_{C_2} X(v) v^n \frac{\mathrm{d}v}{v}\right] h(n) z^{-n} \\
&= \frac{1}{2\pi\mathrm{j}} \oint_{C_2} \left[X(v) \sum_{n=-\infty}^{\infty} h(n) \left(\frac{z}{v}\right)^{-n}\right] \frac{\mathrm{d}v}{v} \\
&= \frac{1}{2\pi\mathrm{j}} \oint_{C_2} X(v) H\left(\frac{z}{v}\right) v^{-1} \mathrm{d}v
\end{aligned}$$

同样可以证明式(8-51)。

从前面证明过程可以看出，$X(v)$ 的收敛域与 $X(z)$ 相同，$H\left(\dfrac{z}{v}\right)$ 的收敛域与 $H(z)$ 相同，即

$$R_{x1} < |v| < R_{x2}$$
$$R_{h1} < \left|\dfrac{z}{v}\right| < R_{h2}$$

合并该两式，得到 $\mathscr{Z}[x(n)h(n)]$ 的收敛域，它至少为

$$R_{x1}R_{h1} < |z| < R_{x2}R_{h2}$$

为了看出式(8-52)类似于卷积，假设围线是一个圆，圆心在原点，即令

$$v = \rho e^{j\theta}$$
$$z = r e^{j\varphi}$$

代入式(8-52)，得到

$$\mathscr{Z}[x(n)h(n)] = \dfrac{1}{2\pi j} \oint_{C_2} X(\rho e^{j\theta}) H\left(\dfrac{r e^{j\varphi}}{\rho e^{j\theta}}\right) \dfrac{d(\rho e^{j\theta})}{\rho e^{j\theta}}$$

$$= \dfrac{1}{2\pi} \oint_{C_2} X(\rho e^{j\theta}) H\left[\dfrac{r}{\rho} e^{j(\varphi-\theta)}\right] d\theta$$

由于 C_2 是圆，故 θ 的积分限为 $-\pi \sim +\pi$，这样上式变成

$$\mathscr{Z}[x(n)h(n)] = \dfrac{1}{2\pi} \int_{-\pi}^{\pi} X(\rho e^{j\theta}) H\left[\dfrac{r}{\rho} e^{j(\varphi-\theta)}\right] d\theta \qquad (8-53)$$

所以可以把它看成以 θ 为变量的 $X(\rho e^{j\theta})$ 与 $H(\rho e^{j\theta})$ 之卷积。

在应用 z 域卷积公式即式(8-51)、式(8-52)时，通常可以利用留数定理，这时应当注意围线 C 在收敛域内的正确选择。

例 8-13 利用 z 域卷积定理求 $na^n u(n)$ 序列的 z 变换 $(0 < a < 1)$。

解 若已知

$$X(z) = \mathscr{Z}[nu(n)] = \dfrac{z}{(z-1)^2} \quad (|z| > 1)$$

$$H(z) = \mathscr{Z}[a^n u(n)] = \dfrac{z}{z-a} \quad (|z| > |a|)$$

那么由 z 域卷积定理知

$$\mathscr{Z}[na^n u(n)] = \dfrac{1}{2\pi j} \oint_C X(v) H\left(\dfrac{z}{v}\right) \dfrac{dv}{v}$$

$$= \dfrac{1}{2\pi j} \oint_C \dfrac{v}{(v-1)^2} \cdot \dfrac{\left(\dfrac{z}{v}\right)}{\left(\dfrac{z}{v}-a\right)} \cdot \dfrac{dv}{v}$$

$$= \dfrac{1}{2\pi j} \oint_C \dfrac{z}{(v-1)^2 (z-av)} dv$$

其收敛域为 $|v|>1$ 与 $\left|\dfrac{z}{v}\right|>a$ 的重叠区域,即要求 $1<|v|<\left|\dfrac{z}{a}\right|$。因为 $|z|>1$,$|a|<1$,所以围线 C 只包围一个二阶极点 $v=1$,如图 8-10 所示。这样

$$\mathscr{Z}[na^n u(n)] = \dfrac{1}{2\pi\mathrm{j}} \oint_C \dfrac{z}{(v-1)^2(z-av)} \mathrm{d}v$$

$$= \text{Res}\left[\dfrac{z}{(v-1)^2(z-av)}\right]_{v=1}$$

$$= \left[\dfrac{\mathrm{d}}{\mathrm{d}v}\left(\dfrac{z}{z-av}\right)\right]_{v=1}$$

$$= \dfrac{az}{(z-a)^2} \quad (|z|>|a|)$$

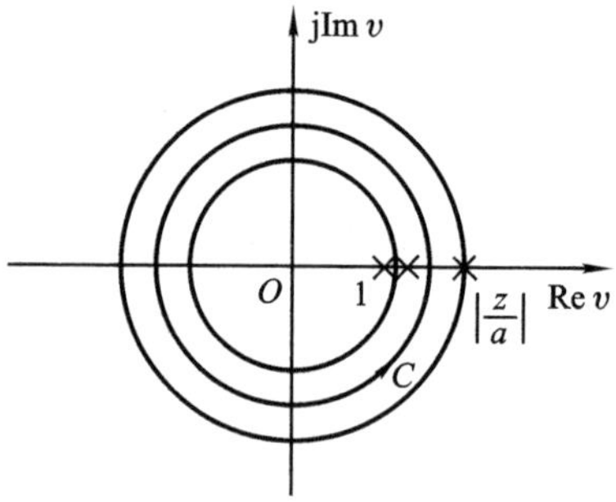

图 8-10 $\dfrac{z}{(v-1)^2(z-av)}$ 在 v 平面上的零极点分布

其结果与式(8-11)完全一致。

z 变换的一些主要性质(定理)列于表 8-5。

表 8-5 z 变换的主要性质(定理)

序号	序 列	z 变 换	收 敛 域
1	$x(n)$ $h(n)$	$X(z)$ $H(z)$	$R_{x1}<|z|<R_{x2}$ $R_{h1}<|z|<R_{h2}$
2	$ax(n)+bh(n)$	$aX(z)+bH(z)$	$\max(R_{x1},R_{h1})<|z|<\min(R_{x2},R_{h2})$
3	$\text{Re}[x(n)]$	$\dfrac{1}{2}[X(z)+X^*(z^*)]$	$R_{x1}<|z|<R_{x2}$
4	$\text{Im}[x(n)]$	$\dfrac{1}{2\mathrm{j}}[X(z)-X^*(z^*)]$	$R_{x1}<|z|<R_{x2}$
5	$x^*(n)$	$X^*(z^*)$	$R_{x1}<|z|<R_{x2}$
6	$x(-n)$	$X(z^{-1})$	$R_{x1}<|z^{-1}|<R_{x2}$
7	$a^n x(n)$	$X(a^{-1}z)$	$|a|R_{x1}<|z|<|a|R_{x2}$
8	$(-1)^n x(n)$	$X(-z)$	$R_{x1}<|z|<R_{x2}$
9	$nx(n)$	$-z\dfrac{\mathrm{d}X(z)}{\mathrm{d}z}$	$R_{x1}<|z|<R_{x2}$
10	$x(n-m)$	$z^{-m}X(z)$	$R_{x1}<|z|<R_{x2}$
11	$x(n)*h(n)$	$X(z)\cdot H(z)$	$\max(R_{x1},R_{h1})<|z|<\min(R_{x2},R_{h2})$
12	$x(n)\cdot h(n)$	$\dfrac{1}{2\pi\mathrm{j}}\oint_C X(v)H\left(\dfrac{z}{v}\right)\dfrac{\mathrm{d}v}{v}$	$R_{x1}\cdot R_{h1}<|z|<R_{x2}\cdot R_{h2}$
13	$\sum_{k=0}^{n} x(k)$	$\dfrac{z}{z-1}X(z)$	
14	$\dfrac{1}{n+a}x(n)$	$-z^a\displaystyle\int_0^z \dfrac{X(v)}{v^{a+1}}\mathrm{d}v$	
15	$\dfrac{1}{n}x(n)$	$-\displaystyle\int_0^z X(v)v^{-1}\mathrm{d}v$	

续表

序号	序列	z 变换	收敛域
16		$x(0) = \lim\limits_{z \to \infty} X(z)$	$x(n)$ 为因果序列　$|z| > R_{x1}$
17		$x(\infty) = \lim\limits_{z \to 1} (z-1) X(z)$	$\begin{cases} x(n) \text{为因果序列,且当} |z| \geq 1 \text{时} \\ (z-1)X(z) \text{收敛} \end{cases}$

8.6　z 变换与拉普拉斯变换的关系

至此本书已经讨论了三种变换域方法,即傅里叶变换、拉普拉斯变换和 z 变换。这些变换并不是孤立的,它们之间有着密切的联系,在一定条件下可以互相转换。在第四章讨论过拉普拉斯变换与傅里叶变换的关系,现在研究 z 变换与拉普拉斯变换的关系。

(一) z 平面与 s 平面的映射关系

8.1 节已经给出了复变量 z 与 s 有下列关系

$$z = e^{sT} \tag{8-54}$$

或

$$s = \frac{1}{T} \ln z$$

式中 T 是序列的时间间隔,重复频率 $\omega_s = \dfrac{2\pi}{T}$。

为了说明 s-z 的映射关系,将 s 表示成直角坐标形式,而把 z 表示成极坐标形式,即

$$s = \sigma + j\omega \tag{8-55}$$
$$z = re^{j\theta}$$

将式(8-55)代入式(8-54)

$$re^{j\theta} = e^{(\sigma + j\omega)T}$$

于是,得到

$$r = e^{\sigma T} = e^{\frac{2\pi\sigma}{\omega_s}} \tag{8-56}$$

$$\theta = \omega T = 2\pi \frac{\omega}{\omega_s}$$

上式表明 s-z 平面有如下的映射关系:

(1) s 平面上的虚轴 ($\sigma = 0, s = j\omega$) 映射到 z 平面是单位圆,其右半平面映射到 z 平面是单位圆的圆外,而左半平面映射到 z 平面是单位圆的圆内。

(2) s 平面的实轴 ($\omega = 0, s = \sigma$) 映射到 z 平面是正实轴,平行于实轴的直线

(ω 为常数)映射到 z 平面是始于原点的辐射线,通过 $j\dfrac{k\omega_s}{2}(k = \pm 1, \pm 3,\cdots)$ 而平行于实轴的直线映射到 z 平面是负实轴。

s 平面与 z 平面的映射关系如表 8 – 6 所示。

表 8 – 6 s 平面与 z 平面的映射关系

s 平面($s = \sigma + j\omega$)		z 平面($z = re^{j\theta}$)	
虚 轴 $\begin{pmatrix} \sigma = 0 \\ s = j\omega \end{pmatrix}$			单 位 圆 $\begin{pmatrix} r = 1 \\ \theta \text{ 任意} \end{pmatrix}$
左半平面 ($\sigma < 0$)			单位圆内 $\begin{pmatrix} r < 1 \\ \theta \text{ 任意} \end{pmatrix}$
右半平面 ($\sigma > 0$)			单位圆外 $\begin{pmatrix} r > 1 \\ \theta \text{ 任意} \end{pmatrix}$
平行于虚轴的直线 (σ 为常数)			圆 $\begin{pmatrix} \sigma > 0, r > 1 \\ \sigma < 0, r < 1 \end{pmatrix}$
实 轴 $\begin{pmatrix} \omega = 0 \\ s = \sigma \end{pmatrix}$			正 实 轴 $\begin{pmatrix} \theta = 0 \\ r \text{ 任意} \end{pmatrix}$
平行于实轴的直线 (ω 为常数)			始于原点的辐射线 $\begin{pmatrix} \theta \text{ 为常数} \\ r \text{ 任意} \end{pmatrix}$
通过 $\pm j\dfrac{k\omega_s}{2}$ 平行于实轴的直线 ($k = 1, 3, \cdots$)			负 实 轴 $\begin{pmatrix} \theta = \pi \\ r \text{ 任意} \end{pmatrix}$

(3) 由于 $e^{j\theta}$ 是以 ω_s 为周期的周期函数,因此在 s 平面上沿虚轴移动对应于 z 平面上沿单位圆周期性旋转,每平移 ω_s,则沿单位圆转一圈。所以 $z-s$ 映射并不是单值的。

图 8-11(a)~(e) 说明上述映射关系。

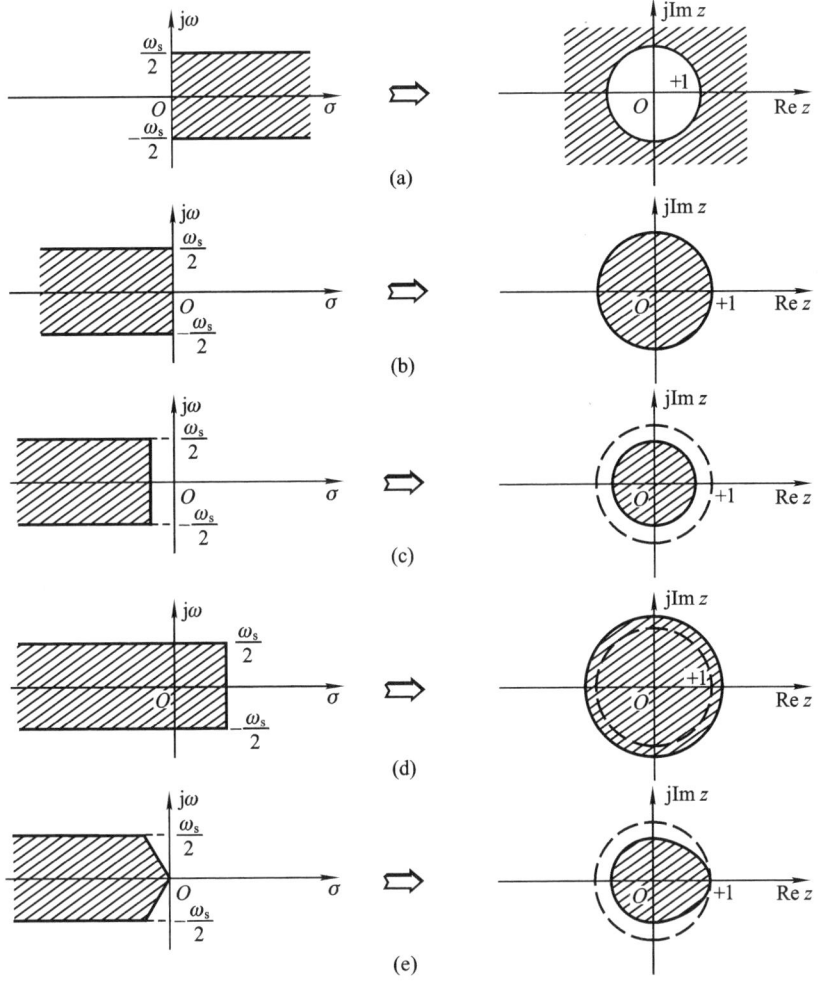

图 8-11　z 平面与 s 平面的映射关系举例

在连续时间系统分析中,我们熟知利用系统函数 s 域零、极点分布特性研究系统性能的方法。掌握了上述 s 平面与 z 平面映射规律之后,容易利用类似的方法研究离散时间系统函数 z 平面特性与系统时域特性、频响特性以及稳定性的关系,这将是后面 8.8 节和 8.10 节的研究主题。

(二) z 变换与拉氏变换表达式之对应

若连续时间信号 $x(t)$ 经均匀抽样构成序列 $x(n)$,且已知 $\mathscr{L}[x(t)] =$

$X(s)$,下面讨论能否借助 $X(s)$ 写出 $\mathscr{Z}[x(n)] = X(z)$。(注意此处 $X(s)$ 和 $X(z)$ 分别表示 $x(t)$ 和 $x(n)$ 的拉氏变换与 z 变换的表达式,严格讲,函数符号 X 应采用不同的字母,考虑到已熟悉的符号,都用 X 表示,但函数形式不同。)

在以下分析中,必须注意,对于连续时间信号的突变点函数值与对应的序列样值有所区别。例如,阶跃信号 $u(t)$ 在 $t=0$ 点定义为 $\frac{1}{2}$,而阶跃序列 $u(n)$ 在 $n=0$ 点定义为 1。

若连续时间信号 $\hat{x}(t)$ 由 N 项指数信号相加组合而成

$$\hat{x}(t) = \hat{x}_1(t) + \hat{x}_2(t) + \cdots + \hat{x}_N(t)$$
$$= \sum_{i=1}^{N} \hat{x}_i(t) = \sum_{i=1}^{N} A_i e^{p_i t} u(t) \tag{8-57}$$

容易求得,它的拉氏变换为

$$\mathscr{L}[\hat{x}(t)] = \sum_{i=1}^{N} \frac{A_i}{s - p_i} \tag{8-58}$$

若序列 $x(nT)$ 由 N 项指数序列相加组合而成

$$x(nT) = x_1(nT) + x_2(nT) + \cdots + x_N(nT)$$
$$= \sum_{i=1}^{N} x_i(nT) = \sum_{i=1}^{N} A_i e^{p_i nT} u(nT) \tag{8-59}$$

它的 z 变换为

$$\mathscr{Z}[x(nT)] = \sum_{i=1}^{N} \frac{A_i}{1 - e^{p_i T} z^{-1}} \tag{8-60}$$

从式(8-57)与式(8-59)容易想到,$x(nT)$ 的样值等于 $\hat{x}(t)$ 在 $t=nT$ 各点的抽样值。然而在 $t=0$(即 $n=0$)点违反了这一规律。出现这一现象的原因是在此点波形发生跳变。具体讲对于式(8-57)和式(8-59)中各项,也即任意 i 值有

$$\hat{x}_i(t) = \begin{cases} 0, & (t<0) \\ \dfrac{A_i}{2}, & (t=0) \\ A_i e^{p_i t}, & (t>0) \end{cases} \tag{8-61}$$

$$x_i(nT) = \begin{cases} 0, & (n<0) \\ A_i, & (n=0) \\ A_i e^{p_i nT}, & (n>0) \end{cases} \tag{8-62}$$

可以看出,按抽样规律建立二者联系时必须在 0 点补足 $A_i/2$,即

$$x_i(nT)u(n) = \begin{cases} \hat{x}_i(t)u(t)|_{t=nT} & (\text{当 } n \neq 0) \\ \hat{x}_i(t)u(t)|_{t=nT} + \dfrac{A_i}{2} & (\text{当 } n = 0) \end{cases} \qquad (8-63)$$

在满足式(8-63)要求的条件下,可以建立 $\mathscr{L}[\hat{x}(t)]$ 与 $\mathscr{Z}[x(nT)]$ 之对应,当已知式(8-58)时,引用 A_i、p_i 填入式(8-60)即可求得 $x(nT)$ 之 z 变换,下面给出实例。

例 8-14 已知指数函数 $e^{-at}u(t)$ 的拉氏变换为 $\dfrac{1}{s+a}$,求抽样序列 $e^{-anT}u(nT)$ 的 z 变换。

解 已知
$$x(t) = e^{-at}u(t)$$
$$X(s) = \frac{1}{s+a}$$

$X(s)$ 只有一个一阶极点 $s = -a$,这样由式(8-60)可以直接求出 $e^{-anT}u(nT)$ 的 z 变换为

$$X(z) = \frac{1}{1 - z^{-1}e^{-aT}}$$

例 8-15 已知正弦信号 $\sin(\omega_0 t)u(t)$ 的拉氏变换为 $\dfrac{\omega_0}{s^2 + \omega_0^2}$,求抽样序列 $\sin(\omega_0 nT)u(nT)$ 的 z 变换。

解 已知
$$x(t) = \sin(\omega_0 t)u(t)$$
$$X(s) = \frac{\omega_0}{s^2 + \omega_0^2}$$

显然 $X(s)$ 的极点位于 $s_1 = j\omega_0$,$s_2 = -j\omega_0$,其留数分别为 $A_1 = \dfrac{-j}{2}$ 及 $A_2 = \dfrac{j}{2}$。于是,$X(s)$ 可以展成部分分式

$$X(s) = \frac{-\dfrac{j}{2}}{s - j\omega_0} + \frac{\dfrac{j}{2}}{s + j\omega_0}$$

由式(8-60)可以得到 $\sin(\omega_0 nT)u(nT)$ 的 z 变换为

$$X(z) = \frac{-\dfrac{j}{2}}{1 - z^{-1}e^{j\omega_0 T}} + \frac{\dfrac{j}{2}}{1 - z^{-1}e^{-j\omega_0 T}}$$
$$= \frac{z^{-1}\sin(\omega_0 T)}{1 - 2z^{-1}\cos(\omega_0 T) + z^{-2}}$$

显然,上两例的结果与按定义求得的结果完全一致。

由于查表求 z 变换也很方便,因此求简单的 z 变换时,掌握这种对应规律并未显示明显优点。在本章 8.11 节将要看到这种对应规律在借助模拟滤波器原理设计数字滤波器时会有用处。

表 8-7 列出了常用连续信号的拉氏变换 $X(s)$ 与抽样序列 z 变换的对应关系。

表 8-7 常用信号的拉氏变换与 z 变换

	$X(s)$	$x(t)$	$x(nT)$	$X(z)$
1	1	$\delta(t)$	$\delta(nT)$	1
2	$\dfrac{1}{s}$	$u(t)$	$u(nT)$	$\dfrac{z}{z-1}$
3	$\dfrac{1}{s^2}$	t	nT	$\dfrac{zT}{(z-1)^2}$
4	$\dfrac{1}{s+a}$	e^{-at}	e^{-anT}	$\dfrac{z}{z-e^{-aT}}$
5	$\dfrac{2}{s^3}$	t^2	$(nT)^2$	$\dfrac{T^2 z(z+1)}{(z-1)^3}$
6	$\dfrac{\omega_0}{s^2+\omega_0^2}$	$\sin(\omega_0 t)$	$\sin(n\omega_0 T)$	$\dfrac{z\sin(\omega_0 T)}{z^2 - 2z\cos(\omega_0 T)+1}$
7	$\dfrac{s}{s^2+\omega_0^2}$	$\cos(\omega_0 t)$	$\cos(n\omega_0 T)$	$\dfrac{z[z-\cos(\omega_0 T)]}{z^2 - 2z\cos(\omega_0 T)+1}$
8	$\dfrac{1}{(s+a)^2}$	te^{-at}	nTe^{-anT}	$\dfrac{Tze^{-aT}}{(z-e^{-aT})^2}$
9	$\dfrac{\omega_0}{(s+a)^2+\omega_0^2}$	$e^{-at}\sin(\omega_0 t)$	$e^{-anT}\sin(n\omega_0 T)$	$\dfrac{ze^{-aT}\sin(\omega_0 T)}{z^2 - 2ze^{-aT}\cos(\omega_0 T)+e^{-2aT}}$
10	$\dfrac{s+a}{(s+a)^2+\omega_0^2}$	$e^{-at}\cos(\omega_0 t)$	$e^{-anT}\cos(n\omega_0 T)$	$\dfrac{z^2 - ze^{-aT}\cos(\omega_0 T)}{z^2 - 2ze^{-aT}\cos(\omega_0 T)+e^{-2aT}}$

8.7 利用 z 变换解差分方程

在 8.5 节例 8-8 已经给出利用 z 变换解差分方程的简单实例,本节给出一般规律。这种方法的原理是基于 z 变换的线性和位移性,把差分方程转化为代数方程,从而使求解过程简化。

线性时不变离散系统的差分方程一般形式是

$$\sum_{k=0}^{N} a_k y(n-k) = \sum_{r=0}^{M} b_r x(n-r) \qquad (8-64)$$

将等式两边取单边 z 变换,并利用 z 变换的位移公式(8-37)可以得到

$$\sum_{k=0}^{N} a_k z^{-k} \left[Y(z) + \sum_{l=-k}^{-1} y(l) z^{-l} \right]$$

$$= \sum_{r=0}^{M} b_r z^{-r} [X(z) + \sum_{m=-r}^{-1} x(m) z^{-m}] \qquad (8-65)$$

若激励 $x(n)=0$，即系统处于零输入状态，此时差分方程(8-64)成为齐次方程

$$\sum_{k=0}^{N} a_k y(n-k) = 0$$

而式(8-65)变成

$$\sum_{k=0}^{N} a_k z^{-k} [Y(z) + \sum_{l=-k}^{-1} y(l) z^{-l}] = 0$$

于是

$$Y(z) = \frac{-\sum_{k=0}^{N} [a_k z^{-k} \cdot \sum_{l=-k}^{-1} y(l) z^{-l}]}{\sum_{k=0}^{N} a_k z^{-k}} \qquad (8-66)$$

对应的响应序列是上式的逆变换，即

$$y(n) = \mathscr{Z}^{-1}[Y(z)]$$

显然它是零输入响应，该响应由系统的起始状态 $y(l)(-N \leqslant l \leqslant -1)$ 而产生的。

若系统的起始状态 $y(l)=0(-N \leqslant l \leqslant -1)$，即系统处于零起始状态，此时式(8-65)变成

$$\sum_{k=0}^{N} a_k z^{-k} Y(z) = \sum_{r=0}^{M} b_r z^{-r} [X(z) + \sum_{m=-r}^{-1} x(m) z^{-m}]$$

如果激励 $x(n)$ 为因果序列，上式可以写成

$$\sum_{k=0}^{N} a_k z^{-k} Y(z) = \sum_{r=0}^{M} b_r z^{-r} X(z)$$

于是

$$Y(z) = X(z) \cdot \frac{\sum_{r=0}^{M} b_r z^{-r}}{\sum_{k=0}^{N} a_k z^{-k}}$$

令

$$H(z) = \frac{\sum_{r=0}^{M} b_r z^{-r}}{\sum_{k=0}^{N} a_k z^{-k}} \qquad (8-67)$$

则

$$Y(z) = X(z) H(z)$$

此时对应的序列为

$$y(n) = \mathscr{Z}^{-1}[X(z)H(z)]$$

这样所得到的响应是系统的零状态响应,它完全是由激励 $x(n)$ 而产生的。这里所引入的 z 变换式 $H(z)$ 是由系统的特性所决定,它就是下节将要讨论的离散系统的"系统函数"。综合上述两种情况,可以看出,离散系统的总响应等于零输入响应与零状态响应之和。

例 8 – 16 一离散系统的差分方程为

$$y(n) - by(n-1) = x(n)$$

若激励 $x(n) = a^n u(n)$,起始值 $y(-1) = 0$,求响应 $y(n)$。

解 对差分方程两边取单边 z 变换,由位移公式(8-37)得到

$$Y(z) - bz^{-1}Y(z) - by(-1) = X(z)$$

因为 $y(-1) = 0$,所以

$$Y(z) - bz^{-1}Y(z) = X(z)$$

$$Y(z) = \frac{X(z)}{1 - bz^{-1}}$$

已知 $x(n) = a^n u(n)$ 的 z 变换为

$$X(z) = \frac{z}{z-a} \quad (|z| > |a|)$$

于是

$$Y(z) = \frac{z^2}{(z-a)(z-b)}$$

其极点位于 $z = a$,及 $z = b$。由式(8-31)可以将上式展成部分分式

$$Y(z) = \frac{1}{a-b}\left(\frac{az}{z-a} - \frac{bz}{z-b}\right)$$

进行逆变换,得到响应

$$y(n) = \frac{1}{a-b}(a^{n+1} - b^{n+1})u(n)$$

由于该系统处于零状态,所以系统的完全响应就是零状态响应。

例 8 – 17 对于上例的差分方程,若激励不变,但起始值不等于零,而是 $y(-1) = 2$,求系统的响应 $y(n)$。

解 因为差分方程的 z 变换为

$$Y(z) - bz^{-1}Y(z) - by(-1) = X(z)$$

所以

$$Y(z) = \frac{X(z) + by(-1)}{1 - bz^{-1}}$$

$$= \frac{X(z)}{1 - bz^{-1}} + \frac{by(-1)}{1 - bz^{-1}}$$

已知 $X(z) = \dfrac{z}{z-a}, y(-1) = 2$，这样

$$Y(z) = \frac{z^2}{(z-a)(z-b)} + \frac{2bz}{z-b}$$

展成部分分式

$$Y(z) = \frac{a}{a-b}\frac{z}{z-a} - \frac{b}{a-b}\frac{z}{z-b} + \frac{2bz}{z-b}$$

进行逆变换,得到系统响应

$$y(n) = \frac{1}{a-b}(a^{n+1} - b^{n+1}) + 2b^{n+1} \qquad (n \geq 0)$$

8.8 离散系统的系统函数

(一) 单位样值响应与系统函数

一个线性时不变离散系统在时域中可以用线性常系数差分方程来描述。上节中式(8-64)已经给出了这种差分方程的一般形式为

$$\sum_{k=0}^{N} a_k y(n-k) = \sum_{r=0}^{M} b_r x(n-r)$$

若激励 $x(n)$ 是因果序列,且系统处于零状态,此时,由上式的 z 变换得到

$$Y(z) \cdot \sum_{k=0}^{N} a_k z^{-k} = X(z) \cdot \sum_{r=0}^{M} b_r z^{-r}$$

于是

$$H(z) = \frac{Y(z)}{X(z)} = \frac{\sum_{r=0}^{M} b_r z^{-r}}{\sum_{k=0}^{N} a_k z^{-k}} \qquad (8-68)$$

$$Y(z) = H(z)X(z)$$

$H(z)$ 称为离散系统的系统函数,它表示系统的零状态响应与激励的 z 变换之比值。

式(8-68)的分子与分母多项式经因式分解可以改写为

$$H(z) = G\frac{\prod_{r=1}^{M}(1 - z_r z^{-1})}{\prod_{k=1}^{N}(1 - p_k z^{-1})} \qquad (8-69)$$

其中 z_r 是 $H(z)$ 的零点, p_k 是 $H(z)$ 的极点,它们由差分方程的系数 a_k 与 b_r 决定。

由第七章已经知道,系统的零状态响应也可以用激励与单位样值响应的卷

积表示,即
$$y(n) = x(n) * h(n)$$
由时域卷积定理,得到
$$Y(z) = X(z)H(z)$$
或
$$y(n) = \mathscr{Z}^{-1}[X(z)H(z)]$$
其中
$$H(z) = \mathscr{Z}[h(n)] = \sum_{n=0}^{\infty} h(n)z^{-n} \qquad (8-70)$$

可见,系统函数 $H(z)$ 与单位样值响应 $h(n)$ 是一对 z 变换。我们既可以利用卷积求系统的零状态响应,又可以借助系统函数与激励变换式乘积的逆 z 变换求此响应。

例 8 – 18 求下列差分方程所描述的离散系统的系统函数和单位样值响应。
$$y(n) - ay(n-1) = bx(n)$$

解

将差分方程两边取 z 变换,并利用位移特性,得到
$$Y(z) - az^{-1}Y(z) - ay(-1) = bX(z)$$
$$Y(z)(1 - az^{-1}) = bX(z) + ay(-1) \qquad (8-71)$$

如果系统处于零状态,即 $y(-1) = 0$,则由式(8 – 71)可得
$$H(z) = \frac{b}{1 - az^{-1}} = \frac{bz}{z - a}$$
$$h(n) = ba^n u(n)$$

(二) 系统函数的零极点分布对系统特性的影响

(1) 由系统函数的零极点分布确定单位样值响应

与拉氏变换在连续系统中的作用类似,在离散系统中,z 变换建立了时间函数 $x(n)$ 与 z 域函数 $X(z)$ 之间一定的转换关系。因此,可以从 z 变换函数 $X(z)$ 的形式反映出时间函数 $x(n)$ 的内在性质。对于一个离散系统来说,如果它的系统函数 $H(z)$ 是有理函数,那么分子多项式和分母多项式都可分解为因子形式,它们的因子分别表示 $H(z)$ 的零点和极点的位置,如式(8 – 69)所示,即

$$H(z) = \frac{\sum_{r=0}^{M} b_r z^{-r}}{\sum_{k=0}^{N} a_k z^{-k}} = G \frac{\prod_{r=1}^{M}(1 - z_r z^{-1})}{\prod_{k=1}^{N}(1 - p_k z^{-1})}$$

8.8 离散系统的系统函数

由于系统函数 $H(z)$ 与单位样值响应 $h(n)$ 是一对 z 变换

$$H(z) = \mathscr{Z}[h(n)] \qquad (8-72)$$

$$h(n) = \mathscr{Z}^{-1}[H(z)] \qquad (8-73)$$

所以,完全可以从 $H(z)$ 的零极点的分布情况,确定单位样值响应 $h(n)$ 的性质。

如果把 $H(z)$ 展成部分分式,那么 $H(z)$ 每个极点将决定一项对应的时间序列。对于具有一阶极点 $p_1, p_2, \cdots, p_N$ 的系统函数,若 $N > M$ 则 $h(n)$ 可表示为

$$\begin{aligned} h(n) &= \mathscr{Z}^{-1}[H(z)] \\ &= \mathscr{Z}^{-1}\left[G \frac{\prod_{r=1}^{M}(1 - z_r z^{-1})}{\prod_{k=1}^{N}(1 - p_k z^{-1})} \right] \\ &= \mathscr{Z}^{-1}\left[\sum_{k=0}^{N} \frac{A_k z}{z - p_k} \right] \end{aligned} \qquad (8-74)$$

式中 $p_0 = 0$。这样,上式可表示成

$$\begin{aligned} h(n) &= \mathscr{Z}^{-1}\left[A_0 + \sum_{k=1}^{N} \frac{A_k z}{z - p_k} \right] \\ &= A_0 \delta(n) + \sum_{k=1}^{N} A_k (p_k)^n u(n) \end{aligned} \qquad (8-75)$$

这里,极点 p_k 可以是实数,但一般情况下,它是以成对的共轭复数形式出现。由上式可见,单位样值响应 $h(n)$ 的特性取决于 $H(z)$ 的极点,其幅值由系数 A_k 决定,而 A_k 与 $H(z)$ 的零点分布有关。与拉氏变换类似,$H(z)$ 的极点决定 $h(n)$ 的波形特征,而零点只影响 $h(n)$ 的幅度与相位。

在 8.6 节已经讨论了 z 变换与拉氏变换之间的联系,因此,在这里完全可以借助 z-s 平面的映射关系,将 s 域零极点分析的结论直接用于 z 域分析之中。

利用已知的 z-s 平面映射关系

$$z = e^{sT}$$
$$z = re^{j\theta}$$
$$s = \sigma + j\omega$$
$$r = e^{\sigma T}$$
$$\theta = \omega T$$

这样,表 4-4、表 4-5 所表示的 $H(s)$ 的极点分布与 $h(t)$ 形状的关系,可以直接对应为 $H(z)$ 的极点分布与 $h(n)$ 形状的关系。对于一阶极点的情况,这种关系示意于图 8-12。图中 × 表示 $H(z)$ 的一阶单极点或共轭极点的位置。

(2) 离散时间系统的稳定性和因果性

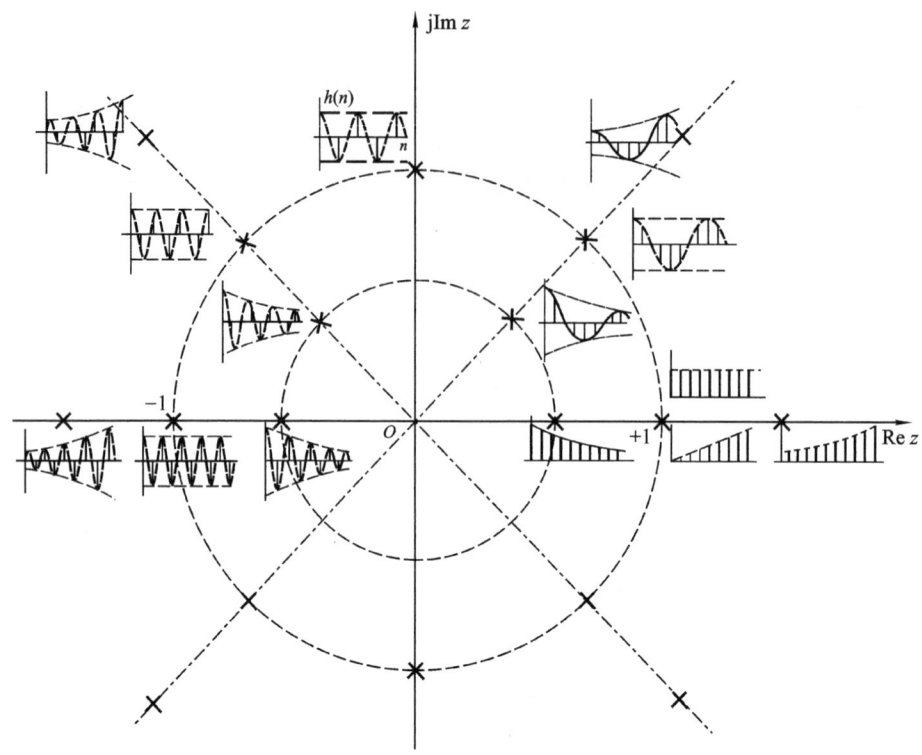

图 8-12 $H(z)$ 的极点位置与 $h(n)$ 形状的关系

在 7.5 节已从时域特性研究了离散时间系统的稳定性和因果性，现在从 z 域特征考察系统的稳定与因果特性。

离散时间系统稳定的充分必要条件是单位样值响应 $h(n)$ 绝对可和，即

$$\sum_{n=-\infty}^{\infty} |h(n)| \leqslant M \tag{8-76}$$

式中 M 为有限正值，式(8-76)也可写作

$$\sum_{n=-\infty}^{\infty} |h(n)| < \infty \tag{8-77}$$

由 z 变换定义和系统函数定义可知

$$H(z) = \sum_{n=-\infty}^{\infty} h(n) z^{-n} \tag{8-78}$$

当 $z=1$（在 z 平面单位圆上）

$$H(z) = \sum_{n=-\infty}^{\infty} h(n) \tag{8-79}$$

为使系统稳定应满足

$$\sum_{n=-\infty}^{\infty} h(n) < \infty \qquad (8-80)$$

这表明,对于稳定系统 $H(z)$ 的收敛域应包含单位圆在内。

对于因果系统, $h(n) = h(n)u(n)$ 为因果序列,它的 z 变换之收敛域包含 ∞ 点,通常收敛域表示为某圆外区 $a < |z| \leq \infty$。

在实际问题中经常遇到的稳定因果系统应同时满足以上两方面的条件,也即

$$\begin{cases} a < |z| \leq \infty \\ a < 1 \end{cases} \qquad (8-81)$$

这时,全部极点落在单位圆内。

例 8-19 表示某离散系统的差分方程为
$$y(n) + 0.2y(n-1) - 0.24y(n-2) = x(n) + x(n-1)$$

(1) 求系统函数 $H(z)$;
(2) 讨论此因果系统 $H(z)$ 的收敛域和稳定性;
(3) 求单位样值响应 $h(n)$;
(4) 当激励 $x(n)$ 为单位阶跃序列时,求零状态响应 $y(n)$。

解

(1) 将差分方程两边取 z 变换,得
$$Y(z) + 0.2z^{-1}Y(z) - 0.24z^{-2}Y(z) = X(z) + z^{-1}X(z)$$

于是
$$H(z) = \frac{Y(z)}{X(z)} = \frac{1 + z^{-1}}{1 + 0.2z^{-1} - 0.24z^{-2}}$$

也可写成
$$H(z) = \frac{z(z+1)}{(z-0.4)(z+0.6)}$$

(2) $H(z)$ 的两个极点分别位于 0.4 和 -0.6,它们都在单位圆内,对此因果系统之收敛域为 $|z| > 0.6$,且包含 $z = \infty$ 点,是一个稳定的因果系统。

(3) 将 $H(z)/z$ 展成部分分式,得到
$$H(z) = \frac{1.4z}{z - 0.4} - \frac{0.4z}{z + 0.6} \quad (|z| > 0.6)$$

取逆变换,得到单位样值响应
$$h(n) = [1.4(0.4)^n - 0.4(-0.6)^n]u(n)$$

(4) 若激励
$$x(n) = u(n)$$

则
$$X(z) = \frac{z}{z-1} \quad (|z| > 1)$$

于是

$$Y(z) = H(z)X(z) = \frac{z^2(z+1)}{(z-1)(z-0.4)(z+0.6)}$$

将 $Y(z)$ 展成部分分式,得到

$$Y(z) = \frac{2.08z}{z-1} - \frac{0.93z}{z-0.4} - \frac{0.15z}{z+0.6} \quad (|z|>1)$$

取逆变换后,得到 $y(n)$ 为

$$y(n) = [2.08 - 0.93(0.4)^n - 0.15(-0.6)^n]u(n)$$

8.9 序列的傅里叶变换(DTFT)

(一) 定义、收敛条件

与连续时间信号分析类似,对于离散时间信号的研究,傅里叶变换同样占有重要地位。本节讨论"序列的傅里叶变换",给出定义和一些基本性质,为下节利用 $H(z)$ 研究离散系统频率响应特性做准备。

可从 z 变换引出序列的傅里叶变换,也可直接给出定义。序列 $x(n)$ 的 z 变换为

$$X(z) = \sum_{n=-\infty}^{\infty} x(n) z^{-n}$$

$$x(n) = \frac{1}{2\pi j} \oint_C X(z) z^{n-1} dz$$

由 s - z 平面的映射关系可知,s 平面上的虚轴($s=j\omega$)对应于 z 平面上的单位圆($|z|=1$ 或 $z=e^{j\omega}$),如图 8 - 13 所示。这样,单位圆上的 z 变换就是序列的傅里叶变换 $X(e^{j\omega})$,即

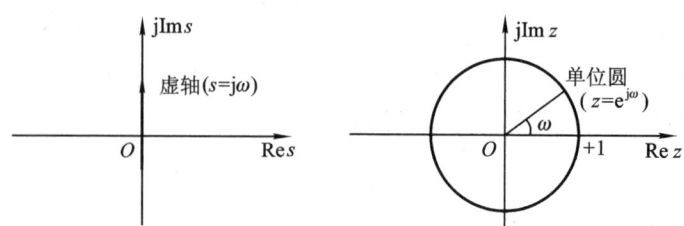

图 8 - 13 求频率响应时在 s,z 平面上取值轨迹

$$X(e^{j\omega}) = X(z)\big|_{z=e^{j\omega}}$$
$$= \sum_{n=-\infty}^{\infty} x(n) e^{-jn\omega} \qquad (8-82)$$

而逆变换

$$x(n) = \frac{1}{2\pi j} \oint_{|z|=1} X(z) z^{n-1} \mathrm{d}z$$

$$= \frac{1}{2\pi j} \oint_{|z|=1} X(e^{j\omega}) e^{jn\omega} \cdot e^{-j\omega} \mathrm{d}(e^{j\omega})$$

$$= \frac{1}{2\pi j} \int_{-\pi}^{\pi} X(e^{j\omega}) e^{jn\omega} \cdot e^{-j\omega} j e^{j\omega} \mathrm{d}\omega$$

$$= \frac{1}{2\pi} \int_{-\pi}^{\pi} X(e^{j\omega}) e^{jn\omega} \mathrm{d}\omega \qquad (8-83)$$

序列的傅里叶变换也称为离散时间傅里叶变换(Discrete Time Fourier Transform,缩写为 DTFT),通常用以下符号分别表示对 $x(n)$ 取傅里叶正变换或逆变换

$$\mathrm{DTFT}[x(n)] = X(e^{j\omega})$$

$$= \sum_{n=-\infty}^{\infty} x(n) e^{-j\omega n} \qquad (8-84)$$

$$\mathrm{IDTFT}[X(e^{j\omega})] = x(n)$$

$$= \frac{1}{2\pi} \int_{-\pi}^{\pi} X(e^{j\omega}) e^{j\omega n} \mathrm{d}\omega \qquad (8-85)$$

必须指出,这里定义的离散时间傅里叶变换(即序列的傅里叶变换)不要与"离散傅里叶变换"相混淆。

$X(e^{j\omega})$ 是 ω 的复函数,可表示为

$$X(e^{j\omega}) = |X(e^{j\omega})| e^{j\varphi(\omega)}$$

$$= \mathrm{Re}[X(e^{j\omega})] + j\mathrm{Im}[X(e^{j\omega})] \qquad (8-86)$$

$X(e^{j\omega})$ 表示 $x(n)$ 的频域特性,也称为 $x(n)$ 的频谱, $|X(e^{j\omega})|$ 为幅度谱, $\varphi(\omega)$ 为相位谱,二者都是 ω 的连续函数。由于 $e^{j\omega}$ 是变量 ω 以 2π 为周期的周期性函数,因此 $X(e^{j\omega})$ 也是以 2π 为周期的周期函数。下面将要看到, $x(n)$ 的频谱都是周期性的,与 3.10 节抽样信号的频谱相比较,二者特性是一致的。

例 8 - 20 若 $x(n) = R_5(n) = u(n) - u(n-5)$,求此序列的傅里叶变换 $X(e^{j\omega})$。

解

$$X(e^{j\omega}) = \mathrm{DTFT}[R_5(n)]$$

$$= \sum_{n=0}^{4} e^{-j\omega n} = \frac{1 - e^{-j5\omega}}{1 - e^{-j\omega}} = \frac{e^{-j\frac{5\omega}{2}}}{e^{-j\frac{\omega}{2}}} \left(\frac{e^{j\omega\frac{5}{2}} - e^{-j\omega\frac{5}{2}}}{e^{j\frac{\omega}{2}} - e^{-j\frac{\omega}{2}}} \right)$$

$$= e^{-j2\omega} \left[\frac{\sin\left(\frac{5}{2}\omega\right)}{\sin\left(\frac{\omega}{2}\right)} \right] = |X(e^{j\omega})| e^{j\varphi(\omega)}$$

其中,幅频特性

$$|X(e^{j\omega})| = \left|\frac{\sin\left(\dfrac{5}{2}\omega\right)}{\sin\left(\dfrac{\omega}{2}\right)}\right|$$

而相频特性为

$$\varphi(\omega) = -2\omega + \arg\left[\frac{\sin\left(\dfrac{5}{2}\omega\right)}{\sin\left(\dfrac{\omega}{2}\right)}\right]$$

式中 arg[·]表示方框号内表达式引入的相移,此处,其值在不同 ω 区间分别为 $0,\pi,2\pi,3\pi,4\pi,\cdots$。图 8-14 画出了 $R_5(n)$ 及其幅频特性和相频特性。

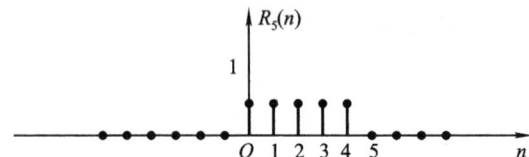

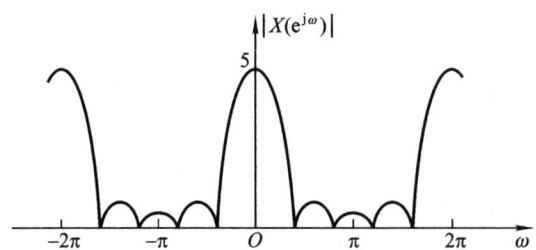

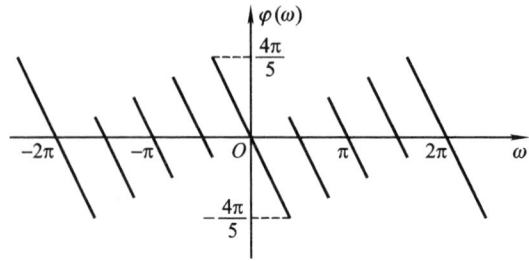

图 8-14 序列 $R_5(n)$ 的傅里叶变换

例 8-21 若离散时间系统的理想低通滤波器频率特性 $H(e^{j\omega})$ 如图 8-15 (a)所示,求它的傅里叶逆变换 $h(n)$(即单位样值响应)。

解

由式(8-85)求得

$$h(n) = \frac{1}{2\pi}\int_{-\pi}^{\pi} H(e^{j\omega})e^{j\omega n}d\omega$$

$$= \frac{1}{2\pi}\int_{-\omega_c}^{\omega_c} e^{j\omega n}d\omega$$

$$= \frac{\sin\left(\dfrac{\pi n}{4}\right)}{\pi n}$$

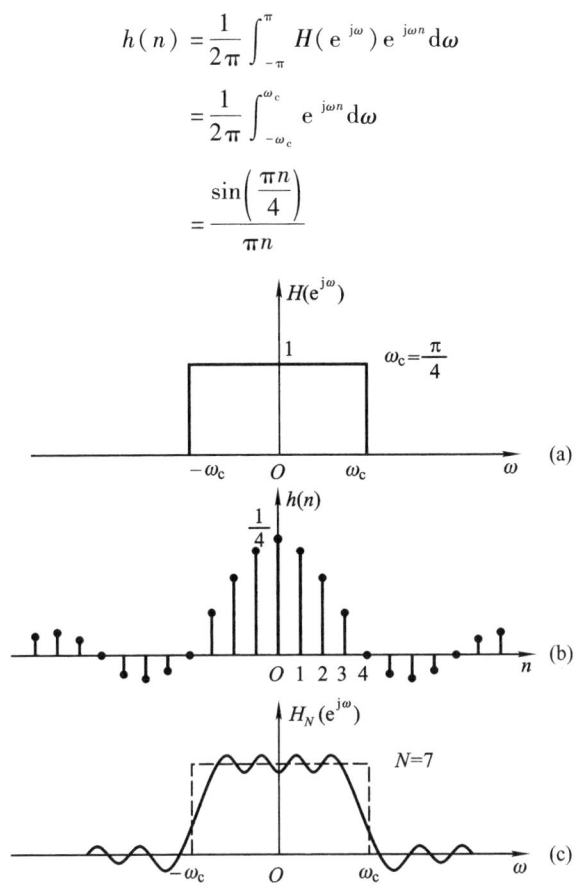

图 8-15 理想低通滤波器

图 8-15(b)示出 $h(n)$ 波形。取 $h(n)$ 有限项按正变换式(8-84)求和,例如 $N=7$(从 $-N$ 到 $+N$ 共 15 个样值)的结果 $H_N(e^{j\omega})$ 如图 8-15(c)所示,可以看到在 $\omega = \omega_c$ 不连续点处有上冲出现,也存在 Gibbs 现象。

前已述及,对于序列 $x(n)$ 而言,单位圆上的 z 变换 $X(z)|_{z=e^{j\omega}}$ 就是序列的傅里叶变换 $X(e^{j\omega})$,为此,要保证序列的 z 变换存在,$X(z)$ 的收敛域必须包含单位圆,此时有

$$|X(e^{j\omega})| = \Big|\sum_{n=-\infty}^{\infty} x(n)e^{-j\omega n}\Big| \leq \sum_{n=-\infty}^{\infty} |x(n)||e^{-j\omega n}|$$

$$\leq \sum_{n=-\infty}^{\infty} |x(n)| < \infty \qquad (8-87)$$

这表明,若 $x(n)$ 绝对可和,则它的傅里叶变换存在。这时,级数 $\sum_{n=-\infty}^{\infty} x(n) e^{-j\omega n}$ 一致收敛于 ω 的一个连续函数 $X(e^{j\omega})$。一致收敛意味着任给 $\varepsilon > 0$,总能找到 N,使

$$\left| X(e^{j\omega}) - \sum_{n=-N}^{N} x(n) e^{-j\omega n} \right| < \varepsilon \qquad (8-88)$$

式中 N 只与 ε 有关,与 $(-\pi, \pi)$ 区间内 ω 值无关。

$x(n)$ 绝对可和只是傅里叶变换存在的充分条件。例 8-21 中 $h(n)$ 不满足绝对可和条件,然而它是平方可和的,即

$$\sum_{n=-\infty}^{\infty} |h(n)|^2 = \sum_{n=-\infty}^{\infty} \left| \frac{\sin(n\omega_c)}{\pi n} \right|^2$$

$$= \frac{1}{2\pi} \int_{-\omega_c}^{\omega_c} |H(e^{j\omega})|^2 d\omega$$

$$= \frac{\omega_c}{\pi} < \infty \qquad (8-89)$$

这表明,$h(n)$ 是能量受限的,级数

$$H_N(e^{j\omega}) = \lim_{N \to \infty} \sum_{n=-N}^{N} \left[\frac{\sin(\omega_c n)}{\pi n} \right] e^{-j\omega n} \qquad (8-90)$$

不能一致收敛于 $H(e^{j\omega})$,在不连续点 $\omega = \omega_c$ 处可以看到 Gibbs 现象。但是,由于 $h(n)$ 平方可和,式(8-90)按照均方误差为零的方式收敛于 $H(e^{j\omega})$,即

$$\lim_{N \to \infty} \left[\frac{1}{2\pi} \int_{-\pi}^{\pi} |H(e^{j\omega}) - H_N(e^{j\omega})|^2 d\omega \right] = 0 \qquad (8-91)$$

以上讨论的均匀一致收敛和均方误差为零方式的收敛分别要求序列绝对可和或能量受限,当序列满足绝对可和条件时一定满足能量受限,而能量受限不能保证绝对可和。至此只讨论了序列傅里叶变换的充分条件,如同连续时间信号的傅里叶变换一样,序列傅里叶变换存在的充分必要条件至今尚未找到。

(二) 基本性质

由于序列的傅里叶变换是 z 变换在单位圆上的取值,因而,它的基本性质与 z 变换的基本性质有许多相同之处,这里只给出结论,略去证明。

(1) 线性

若

$$\text{DTFT}[x_1(n)] = X_1(e^{j\omega})$$

$$\text{DTFT}[x_2(n)] = X_2(e^{j\omega})$$

则
$$\mathrm{DTFT}[ax_1(n)+bx_2(n)] = aX_1(\mathrm{e}^{\mathrm{j}\omega})+bX_2(\mathrm{e}^{\mathrm{j}\omega}) \quad (8-92)$$
式中 a,b 为任意常数。

（2）序列的位移
若
$$\mathrm{DTFT}[x(n)] = X(\mathrm{e}^{\mathrm{j}\omega})$$
则
$$\mathrm{DTFT}[x(n-n_0)] = \mathrm{e}^{-\mathrm{j}\omega n_0}X(\mathrm{e}^{\mathrm{j}\omega}) \quad (8-93)$$
时域位移对应频域的相移。

（3）频域的位移
若
$$\mathrm{DTFT}[x(n)] = X(\mathrm{e}^{\mathrm{j}\omega})$$
则
$$\mathrm{DTFT}[\mathrm{e}^{\mathrm{j}\omega_0 n}x(n)] = X[\mathrm{e}^{\mathrm{j}(\omega-\omega_0)}] \quad (8-94)$$
频域位移对应时域的调制。

（4）序列的线性加权
若
$$\mathrm{DTFT}[x(n)] = X(\mathrm{e}^{\mathrm{j}\omega})$$
则
$$\mathrm{DTFT}[nx(n)] = \mathrm{j}\left[\frac{\mathrm{d}}{\mathrm{d}\omega}X(\mathrm{e}^{\mathrm{j}\omega})\right] \quad (8-95)$$
时域的线性加权对应频域微分。

（5）序列的反褶
若
$$\mathrm{DTFT}[x(n)] = X(\mathrm{e}^{\mathrm{j}\omega})$$
则
$$\mathrm{DTFT}[x(-n)] = X(\mathrm{e}^{-\mathrm{j}\omega}) \quad (8-96)$$
时域反褶对应频域也反褶。

（6）奇偶虚实性
若 $x(n)$ 为实序列，$\mathrm{DTFT}[x(n)] = X(\mathrm{e}^{\mathrm{j}\omega})$，它的实部和虚部分别为 $\mathrm{Re}[X(\mathrm{e}^{\mathrm{j}\omega})]$ 和 $\mathrm{Im}[X(\mathrm{e}^{\mathrm{j}\omega})]$，也可写作模与辐角形式
$$X(\mathrm{e}^{\mathrm{j}\omega}) = |X(\mathrm{e}^{\mathrm{j}\omega})|\mathrm{e}^{\mathrm{j}\varphi(\omega)}$$
它们具有以下特性
$$\mathrm{Re}[X(\mathrm{e}^{\mathrm{j}\omega})] = \mathrm{Re}[X(\mathrm{e}^{-\mathrm{j}\omega})] \quad (8-97)$$
$$\mathrm{Im}[X(\mathrm{e}^{\mathrm{j}\omega})] = -\mathrm{Im}[X(\mathrm{e}^{-\mathrm{j}\omega})] \quad (8-98)$$

$$|X(e^{j\omega})| = |X(e^{-j\omega})| \tag{8-99}$$

$$\varphi(\omega) = -\varphi(-\omega) \tag{8-100}$$

$$X(e^{j\omega}) = X^*(e^{-j\omega}) \tag{8-101}$$

这表明复函数 $X(e^{j\omega})$ 的实部为偶函数,虚部为奇函数;模为偶函数,辐角是奇函数。$X(e^{j\omega})$ 与 $X(e^{-j\omega})$ 共轭。

$x(n)$ 的偶分量 $x_e(n)$ 和奇分量 $x_o(n)$ 表示式分别为

$$x_e(n) = \frac{1}{2}[x(n) + x(-n)] \tag{8-102}$$

$$x_o(n) = \frac{1}{2}[x(n) - x(-n)] \tag{8-103}$$

它们的傅里叶变换分别为

$$\text{DTFT}[x_e(n)] = \text{Re}[X(e^{j\omega})] \tag{8-104}$$

$$\text{DTFT}[x_o(n)] = j\,\text{Im}[X(e^{j\omega})] \tag{8-105}$$

以上特性与连续时间信号的情况一致。

(7) 时域卷积定理

若

$$\text{DTFT}[x(n)] = X(e^{j\omega})$$

$$\text{DTFT}[h(n)] = H(e^{j\omega})$$

则

$$\text{DTFT}[x(n) * h(n)] = X(e^{j\omega})H(e^{j\omega}) \tag{8-106}$$

时域卷积对应频域相乘。

(8) 频域卷积定理

若

$$X(e^{j\omega}) = \text{DTFT}[x(n)]$$

$$H(e^{j\omega}) = \text{DTFT}[h(n)]$$

则

$$\frac{1}{2\pi}[X(e^{j\omega}) * H(e^{j\omega})]$$

$$= \frac{1}{2\pi}\int_{-\pi}^{\pi} X(e^{j\theta})H[e^{j(\omega-\theta)}]d\theta$$

$$= \text{DTFT}[x(n)h(n)] \tag{8-107}$$

时域相乘对应频域卷积。

(9) 帕塞瓦尔定理

若

$$\text{DTFT}[x(n)] = X(e^{j\omega})$$

则

$$\sum_{n=-\infty}^{\infty} |x(n)|^2 = \frac{1}{2\pi} \int_{-\pi}^{\pi} |X(e^{j\omega})|^2 d\omega \qquad (8-108)$$

此定理也称为能量定理,序列的总能量等于其傅里叶变换模平方在一个周期内积分取平均,即时域总能量等于频域一周期内总能量。

本节介绍的"序列的傅里叶变换(DTFT)"将为下节研究离散系统频率特性做好准备。在数字信号处理课程中(或见参考书目[1]第九章)将要介绍周期性序列的傅里叶级数和有限长序列的傅里叶变换,并引出"离散傅里叶变换(DFT)"的定义。必须注意,"序列的傅里叶变换(DTFT)"与"离散傅里叶变换(DFT)"具有完全不同的含义。由"离散傅里叶变换(DFT)"引出的"快速傅里叶变换(FFT)"是数字信号处理研究与应用中最有力的计算工具。

8.10 离散时间系统的频率响应特性

(一) 离散系统频响特性的意义

与连续系统中频率响应的地位和作用类似,在离散系统中经常需要对输入信号的频谱进行处理,因此,有必要研究离散系统在正弦序列作用下的稳态响应,并说明离散系统频率响应的意义。

对于稳定的因果离散系统,令单位样值响应为$h(n)$,系统函数为$H(z)$。如果输入是正弦序列

$$x(n) = A\sin(n\omega) \quad (n \geqslant 0)$$

其z变换为

$$X(z) = \frac{Az\sin\omega}{z^2 - 2z\cos\omega + 1}$$

$$= \frac{Az\sin\omega}{(z-e^{j\omega})(z-e^{-j\omega})}$$

于是,系统响应的z变换$Y(z)$可写作

$$Y(z) = \frac{Az\sin\omega}{(z-e^{j\omega})(z-e^{-j\omega})} \cdot H(z) \qquad (8-109)$$

因为系统是稳定的,$H(z)$的极点均位于单位圆之内,它们不会与$X(z)$的极点$e^{j\omega}$,$e^{-j\omega}$相重合。这样,$Y(z)$可展成

$$Y(z) = \frac{az}{z-e^{j\omega}} + \frac{bz}{z-e^{-j\omega}} + \sum_{m=1}^{M} \frac{A_m z}{z - z_m} \qquad (8-110)$$

式中z_m是$\dfrac{H(z)}{z}$的极点。系数a,b可以由式(8-109)、式(8-110)求出

$$a = \left[\frac{Y(z)}{z}(z-e^{j\omega})\right]_{z=e^{j\omega}} = A\frac{H(e^{j\omega})}{2j}$$

$$b = \left[\frac{Y(z)}{z}(z - e^{-j\omega})\right]_{z=e^{-j\omega}} = -A\frac{H(e^{-j\omega})}{2j}$$

注意到 $H(e^{j\omega})$ 与 $H(e^{-j\omega})$ 是复数共轭的，令

$$H(e^{j\omega}) = |H(e^{j\omega})|e^{j\varphi}$$
$$H(e^{-j\omega}) = |H(e^{j\omega})|e^{-j\varphi}$$

代入式(8-110)，得到

$$Y(z) = \frac{A \cdot |H(e^{j\omega})|}{2j}\left(\frac{ze^{j\varphi}}{z-e^{j\omega}} - \frac{ze^{-j\varphi}}{z-e^{-j\omega}}\right) + \sum_{m=1}^{M}\frac{A_m z}{z-z_m}$$

显然，$Y(z)$ 的逆变换为

$$y(n) = \frac{A \cdot |H(e^{j\omega})|}{2j}\left[e^{j(n\omega+\varphi)} - e^{-j(n\omega+\varphi)}\right] + \sum_{m=1}^{M} A_m(z_m)^n \quad (8-111)$$

对于稳定系统，其 $H(z)$ 的极点全部位于单位圆内，即 $|z_m| < 1$。这样，当 $n \to \infty$，由 $H(z)$ 的极点所对应的各指数衰减序列都趋于零。所以稳态响应 $y_{ss}(n)$ 就是式(8-111)中的第一项，即

$$y_{ss}(n) = \frac{A|H(e^{j\omega})|}{2j}\left[e^{j(n\omega+\varphi)} - e^{-j(n\omega+\varphi)}\right]$$
$$= A|H(e^{j\omega})|\sin(n\omega+\varphi) \quad (8-112)$$

由式(8-112)可以看出，若输入是正弦序列，则系统的稳态响应也是正弦序列，如果令

$$x(n) = A\sin(n\omega - \theta_1)$$
$$y_{ss}(n) = B\sin(n\omega - \theta_2)$$

则

$$H(e^{j\omega}) = \frac{B}{A}e^{j[-(\theta_2-\theta_1)]}$$

即

$$|H(e^{j\omega})| = \frac{B}{A}$$

$$\varphi = -(\theta_2 - \theta_1)$$

其中 $H(e^{j\omega})$ 就是离散系统的频率响应，它表示输出序列的幅度和相位相对于输入序列的变化。显然 $H(e^{j\omega})$ 是正弦序列包络频率 ω 的连续函数。如图 8-16 所示。

通常 $H(e^{j\omega})$ 是复数，所以一般写成

$$H(e^{j\omega}) = |H(e^{j\omega})|e^{j\varphi(\omega)}$$

式中 $|H(e^{j\omega})|$ 是离散系统的幅度响应，$\varphi(\omega)$（或记作 φ）是相位响应。由式(8-82)可知

$$H(e^{j\omega}) = \sum_{n=-\infty}^{\infty} h(n)e^{-jn\omega} \quad (8-113)$$

因此，离散系统的频率响应 $H(e^{j\omega})$ 与单位样值响应 $h(n)$ 是一对傅里叶变换。

由式(8-113)可以看出,由于$e^{j\omega}$是周期函数,因而离散系统的频率响应$H(e^{j\omega})$必然也是周期函数,其周期为序列的重复频率$\omega_s\left(=\dfrac{2\pi}{T}\right.$,若令$T=1$,则$\left.\omega_s=2\pi\right)$,这是离散系统有别于连续系统的一个突出的特点。

应当指出,类似于模拟滤波器,离散系统(数字滤波器)按其频率特性也有低通、高通、带通、带阻、全通之分。由于频响特性$H(e^{j\omega})$的周期性,因此这些特性

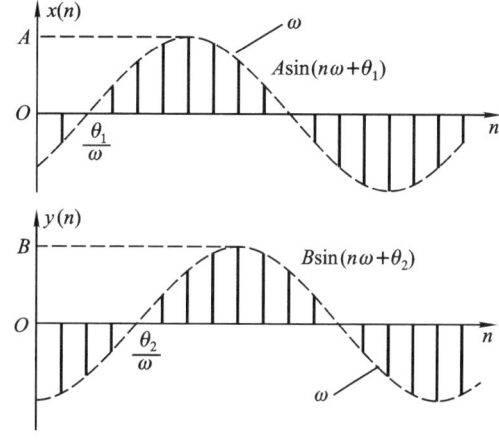

图 8-16 正弦输入与输出序列

完全可以在$-\dfrac{\omega_s}{2}\leqslant\omega\leqslant\dfrac{\omega_s}{2}$范围内得到区分,如图 8-17 所示。

(二)频响特性的几何确定法

类似于连续系统,也可以用系统函数$H(z)$在z平面上零极点分布,通过几何方法简便而直观地求出离散系统的频率响应。

若已知

$$H(z)=\dfrac{\prod\limits_{r=1}^{M}(z-z_r)}{\prod\limits_{k=1}^{N}(z-p_k)}$$

则

$$H(e^{j\omega})=\dfrac{\prod\limits_{r=1}^{M}(e^{j\omega}-z_r)}{\prod\limits_{k=1}^{N}(e^{j\omega}-p_k)}=|H(e^{j\omega})|e^{j\varphi(\omega)}$$

令

$$e^{j\omega}-z_r=A_r e^{j\psi_r}$$
$$e^{j\omega}-p_k=B_k e^{j\theta_k}$$

于是幅度响应

$$|H(e^{j\omega})|=\dfrac{\prod\limits_{r=1}^{M}A_r}{\prod\limits_{k=1}^{N}B_k} \tag{8-114}$$

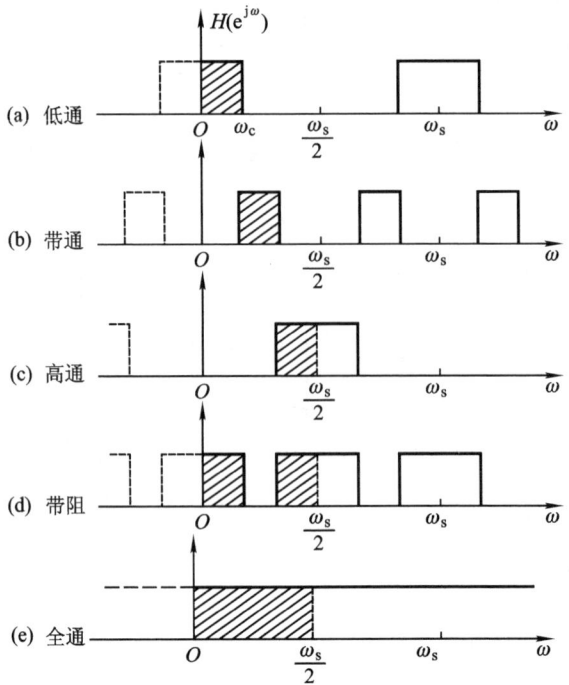

图 8-17 离散系统的各种频率响应

相位响应

$$\varphi(\omega) = \sum_{r=1}^{M} \psi_r - \sum_{k=1}^{N} \theta_k \qquad (8-115)$$

显然,式中 A_r, ψ_r 分别表示 z 平面上零点 z_r 到单位圆上某点 $e^{j\omega}$ 的矢量 $(e^{j\omega} - z_r)$ 的长度与夹角, B_k, θ_k 表示极点 p_k 到 $e^{j\omega}$ 的矢量 $(e^{j\omega} - p_k)$ 的长度与夹角,如图 8-18 所示。如果单位圆上的点 D 不断移动,就可以得到全部的频率响应。图中 C 点对应于 $\omega = 0, E$ 点对应于 $\omega = \omega_s/2$。由于离散系统频响是周期性的,因此只要 D 点转一周就可以了。利用这种方法可以比较方便地由 $H(z)$ 的零极点位置求出该系统

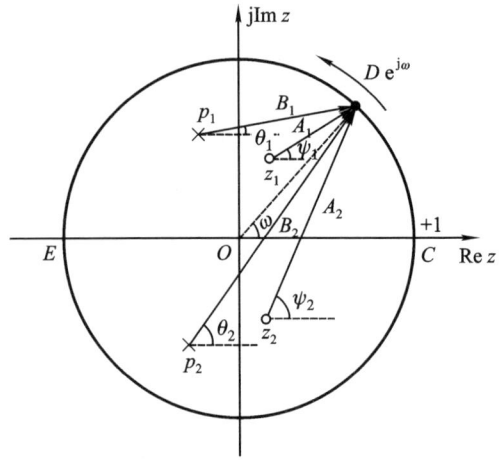

图 8-18 频率响应 $H(e^{j\omega})$ 的几何确定法

的频率响应。可见频率响应的形状取决于 $H(z)$ 的零极点分布,也就是说,取决于离散系统的形式及差分方程各系数的大小。

不难看出,位于 $z=0$ 处的零点或极点对幅度响应不产生作用,因而在 $z=0$ 处加入或去除零极点,不会使幅度响应发生变化,而只会影响相应响应。此外,还可以看出,当 $e^{j\omega}$ 点旋转到某个极点(p_i)附近时,如果矢量的长度 B_i 最短,则频率响应在该点可能出现峰值。若极点 p_i 愈靠近单位圆,B_i 愈短,则频率响应在峰值附近愈尖锐。如果极点 p_i 落在单位圆上,$B_i=0$,则频率响应的峰值趋于无穷大。对于零点来说其作用与极点恰恰相反。

例 8 – 22　求图 8 – 19(a)①所示一阶离散系统的频率响应。

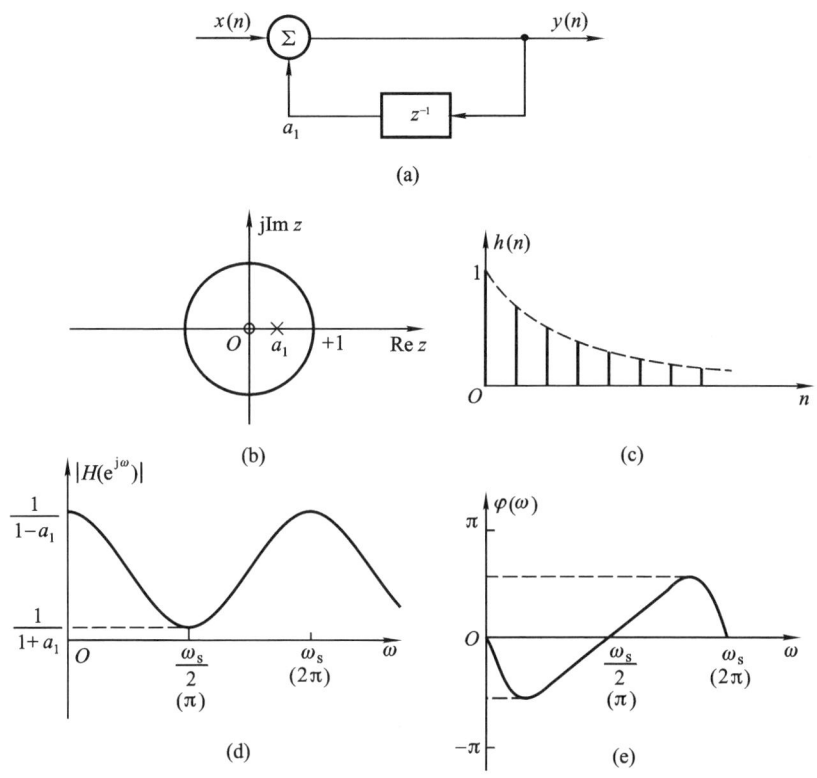

图 8 – 19　一阶离散系统的频率响应

解　该一阶系统的差分方程为

$$y(n) = a_1 y(n-1) + x(n) \quad (0 < a_1 < 1)$$

---

①　为适应变换域分析的需要,从本例开始,离散系统方框图中的单位延时器用符号"z^{-1}"表示,见图 8 – 19(a)。

通常,系统为因果序列,其系统函数为

$$H(z) = \frac{z}{z - a_1} \quad (|z| > a_1)$$

单位样值响应为

$$h(n) = a_1^n u(n)$$

这样,该一阶系统的频率响应为

$$H(e^{j\omega}) = \frac{e^{j\omega}}{e^{j\omega} - a_1}$$

$$= \frac{1}{(1 - a_1 \cos \omega) + j a_1 \sin \omega}$$

于是,幅度响应

$$|H(e^{j\omega})| = \frac{1}{\sqrt{1 + a_1^2 - 2a_1 \cos \omega}}$$

相位响应

$$\varphi(\omega) = -\arctan\left(\frac{a_1 \sin \omega}{1 - a_1 \cos \omega}\right)$$

$h(n)$,$|H(e^{j\omega})|$,$\varphi(\omega)$的形状如图 8-19(c),(d),(e)所示。显然为了保证该系统稳定,要求$|a_1| < 1$。若$0 < a_1 < 1$,则系统呈"低通"特性;若$-1 < a_1 < 0$,则系统呈"高通"特性;若$a_1 = 0$则呈"全通"特性。此例给出的一阶离散系统($0 < a_1 < 1$)与RC或RL一阶模拟电路有"相仿"的特性。

例 8-23 求图 8-20(a)所示二阶离散系统的频率响应。

解 该系统的差分方程为

$$y(n) = a_1 y(n-1) + a_2 y(n-2) + b_1 x(n-1)$$

系统函数写作

$$H(z) = \frac{b_1 z^{-1}}{1 - a_1 z^{-1} - a_2 z^{-2}}$$

若a_1,a_2为实系数,且$a_1^2 + 4a_2 < 0$,则$H(z)$含有一对共轭极点,令它们是

$$p_{1,2} = r e^{\pm j\theta}$$

对此因果系统,$H(z)$的收敛域应为$|z| \geq r$。

容易求得r,θ与系数a_1,a_2的关系为

$$(1 - re^{j\theta} z^{-1})(1 - re^{-j\theta} z^{-1}) = 1 - a_1 z^{-1} - a_2 z^{-2}$$

得到

$$r^2 = -a_2$$

$$2r \cos \theta = a_1$$

于是$H(z)$可写成

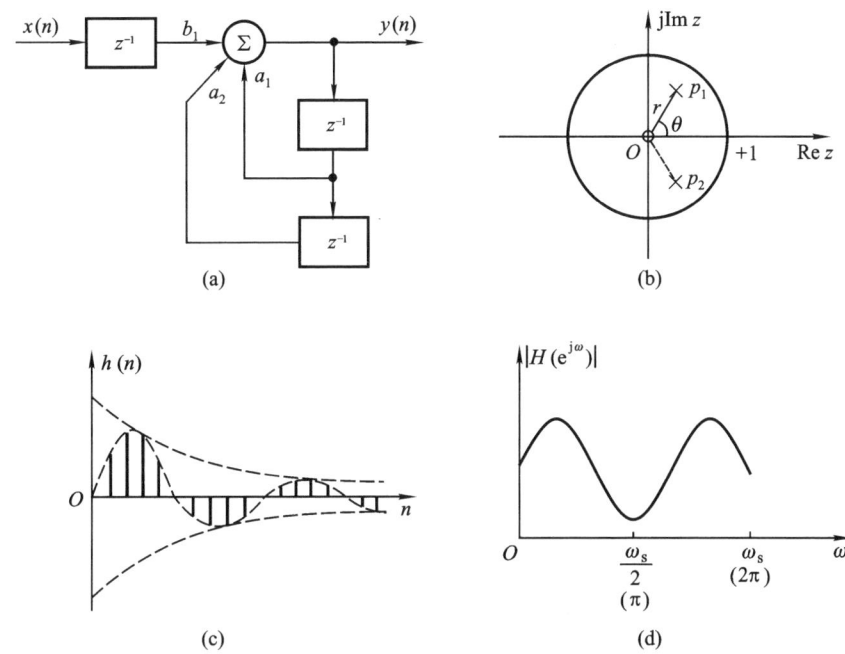

图 8-20 二阶离散系统的频率响应

$$H(z) = \frac{b_1 z^{-1}}{(1 - re^{j\theta}z^{-1})(1 - re^{-j\theta}z^{-1})}$$

可见 $H(z)$ 除一对共轭极点外,还在 $z=0$ 点有一个零点,如图 8-20(b) 所示。

若把 $H(z)$ 展成部分分式,得

$$H(z) = A\left(\frac{1}{1 - re^{j\theta}z^{-1}} - \frac{1}{1 - re^{-j\theta}z^{-1}}\right)$$

其中

$$A = \frac{b_1}{2jr\sin\theta}$$

对 $H(z)$ 进行逆变换,得到单位样值响应为

$$h(n) = A(r^n e^{jn\theta} - r^n e^{-jn\theta})u(n)$$
$$= 2jAr^n \sin(n\theta) \cdot u(n) = \frac{b_1 r^{n-1}}{\sin\theta} \cdot \sin(n\theta) u(n)$$

如图 8-20(c) 所示,若 $r<1$,极点位于单位圆内,$h(n)$ 为衰减型,此系统是稳定的。

系统的频率响应为

$$H(e^{j\omega}) = \frac{b_1 e^{-j\omega}}{1 - a_1 e^{-j\omega} - a_2 e^{-2j\omega}}$$

根据 $H(z)$ 的零极点分布,通过几何方法可以大致估计出频率响应的形状,如图 8-20(d)所示。此例给出的二阶离散系统与 RLC 二阶模拟电路有"相仿"的特性。

例 8-24 求图 8-21(a)所示离散系统的频率响应。

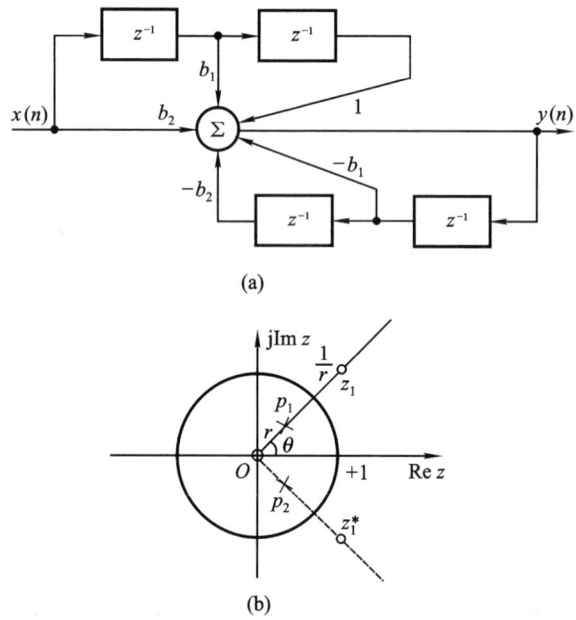

图 8-21 二阶全通离散系统

解 该系统的差分方程为

$$y(n) = x(n-2) + b_1 x(n-1) + b_2 x(n) - b_2 y(n-2) - b_1 y(n-1)$$

系统函数为

$$H(z) = \frac{b_2 + b_1 z^{-1} + z^{-2}}{1 + b_1 z^{-1} + b_2 z^{-2}}$$

若 b_1, b_2 为实系数,且 $b_1^2 - 4b_2 < 0$,则 $H(z)$ 具有一对共轭极点与一对共轭零点。这样 $H(z)$ 可表示成

$$H(z) = \frac{b_2(z - z_1)(z - z_1^*)}{(z - p_1)(z - p_1^*)}$$

令

$$z_1 = r_1 e^{j\theta_1}$$

8.10 离散时间系统的频率响应特性

$$p_1 = r_2 e^{j\theta_2}$$

可以求出

$$r_1^2 = \frac{1}{b_2}$$

$$r_2^2 = b_2$$

$$2b_2 r_1 \cos\theta_1 = -b_1$$

$$2r_2 \cos\theta_2 = -b_1$$

显然

$$r_2 = \frac{1}{r_1} = r = \sqrt{b_2}$$

$$\theta_1 = \theta_2 = \theta$$

$$\cos\theta = -\frac{b_1}{2\sqrt{b_2}}$$

因此,$H(z)$ 的零极点位于

$$z_1 = \frac{1}{r} e^{j\theta}, z_1^* = \frac{1}{r} e^{-j\theta}$$

$$p_1 = r e^{j\theta}, p_1^* = r e^{-j\theta}$$

系统的频率响应是

$$H(e^{j\omega}) = \left[\frac{z^{-1} + b_1 + b_2 z}{b_2 z^{-1} + b_1 + z}\right]_{z = e^{j\omega}}$$

$$= \frac{e^{-j\omega} + b_1 + b_2 e^{j\omega}}{b_2 e^{-j\omega} + b_1 + e^{j\omega}}$$

$$= \frac{(b_1 + \cos\omega + b_2\cos\omega) + j(b_2\sin\omega - \sin\omega)}{(b_1 + \cos\omega + b_2\cos\omega) - j(b_2\sin\omega - \sin\omega)}$$

显然

$$|H(e^{j\omega})| = 1$$

$$\varphi(\omega) = 2\arctan\left[\frac{(b_2 - 1)\sin\omega}{b_1 + (b_2 + 1)\cos\omega}\right]$$

可见该系统是全通离散系统。不难看出,全通系统零、极点分布的特征是:零点与极点的模量互为倒数,辐角相等。利用 s 平面与 z 平面的映射规律也可借助连续系统全通函数零、极点分布特征导出上述结论。

以本节的内容作为理论基础,利用延时、倍乘、相加等基本运算单元可以构成数字滤波器,有关数字滤波器的初步原理将在 8.11 节讨论。

8.11 数字滤波器简介

z 变换最重要的应用领域之一就是借助它的理论来分析与设计数字滤波器,本节给出初步概念。

与模拟滤波器相对应,在离散信号系统中广泛地应用"数字滤波器"。"数字滤波器"的作用是利用离散时间系统的特性对输入信号波形或频谱进行加工处理,或者说利用数字的方法按预定要求对信号进行变换,把输入信号变成一定的输出信号,从而达到改变信号频谱的目的。

在图 8-22(a)的中央部位画出了数字滤波器的方框,我们可以利用前面讨论的离散时间系统频响特性对输入信号 $x(n)$ 滤波,此滤波器的系统函数为 $H(z)$,经 $H(z)$ 作用之后得到输出信号 $y(n)$。实际上,$x(n)$ 往往还要转换战二进制的数字信号,经滤波后先得到二进制的输出信号,再转换成序列 $y(n)$。或者说实现 $H(z)$ 的核心部件(包括移位、乘系数、相加减)都是按二进制完成的。

如果输入为连续信号 $x(t)$(例如语音信号),希望输出也为连续信号 $y(t)$ 时,在滤波器两端还要分别接入"抽样"和"模拟低通滤波器"两功能部件。以上过程及各部分功能和波形变化示意如图 8-22(b)所示。

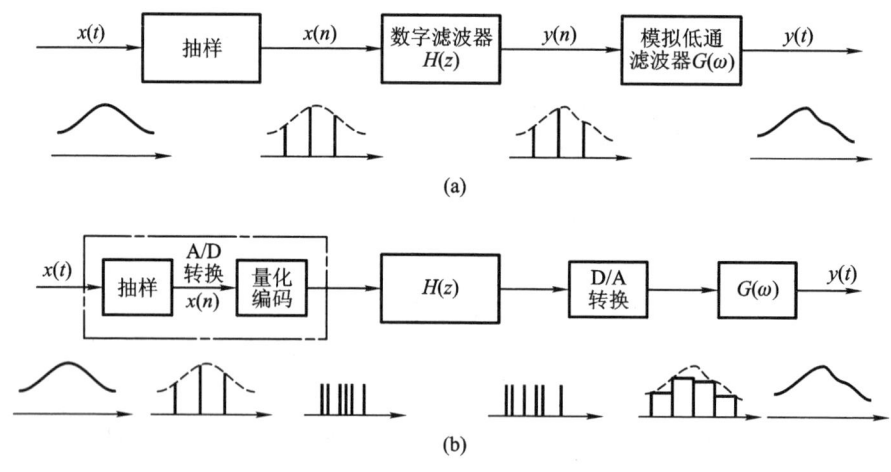

图 8-22 数字滤波器原理

可以认为,数字滤波器是一种对输入信号进行离散时间处理的系统。输入信号可以是连续信号、抽样序列或数字信号。数字滤波器以其不同的结构分别适应上述三种情况的要求。可以借助通用数字计算机按照人们编制的程序实现数字滤波,也可以利用专门器件或专用的微处理机实现所需滤波功能。

若输入的连续信号 $x(t)$ 是带宽受限的,其频谱限在 $\pm\omega_m$ 之内。令 $X(\omega) = \mathscr{F}[x(t)]$,如果在满足抽样定理的条件下对 $x(t)$ 进行抽样,已知

$$\begin{aligned}\mathscr{F}[x(t)\delta_T(t)] &= \int_{-\infty}^{\infty} x(t)\delta_T(t) e^{-j\omega t} dt \\ &= \int_{-\infty}^{\infty} x(t) \sum_{n=-\infty}^{\infty} \delta(t-nT) e^{-j\omega t} dt \\ &= \sum_{n=-\infty}^{\infty} x(nT) e^{-jn\omega T} \\ &= \frac{1}{T} \sum_{k=-\infty}^{\infty} X(\omega - k\omega_s)\end{aligned}$$

及

$$\mathscr{F}[x(nT)] = \sum_{n=-\infty}^{\infty} x(nT) e^{-jn\omega T}$$

所以 $x(n)$ 的频谱为

$$X(e^{j\omega}) = \frac{1}{T} \sum_{k=-\infty}^{\infty} X(\omega - k\omega_s)$$

其中抽样率

$$\omega_s = \frac{2\pi}{T} \geq 2\omega_m$$

此时数字滤波器输出 $y(n)$ 的频谱为

$$Y(e^{j\omega}) = H(e^{j\omega}) \cdot X(e^{j\omega})$$

式中 $H(e^{j\omega}) = H(z)\big|_{z=e^{j\omega}}$ 是数字滤波器的频率响应。显然,$x(n)$ 的频谱经过 $H(e^{j\omega})$ 的滤波而得到了 $y(n)$ 的频谱 $Y(e^{j\omega})$。

若模拟低通滤波器的系统函数为 $G(\omega)$,则输出 $y(t)$ 的频谱为

$$Y(\omega) = G(\omega) \cdot H(e^{j\omega}) \cdot X(e^{j\omega})$$

$$Y(\omega) = \frac{1}{T} G(\omega) H(e^{j\omega}) \cdot \sum_{k=-\infty}^{\infty} X(\omega - k\omega_s)$$

由于 $\omega_s \geq 2\omega_m$,因而 $X(e^{j\omega})$ 的频谱是 $X(\omega)$ 以 ω_s 为周期进行重复,但是不产生混叠。若假定模拟滤波器是一个理想的低通滤波器,即

$$G(\omega) = \begin{cases} 1 & (|\omega| \leq \omega_c) \\ 0 & (|\omega| > \omega_c) \end{cases}$$

其中 $\omega_m \leq \omega_c \leq \omega_s - \omega_m$

这样,可以从 $y(n)$ 的周期性频谱 $Y(e^{j\omega})$ 中选出频谱 $Y(\omega)$,以恢复出连续信号 $y(t)$。于是得到

$$Y(\omega) = \frac{1}{T} H(e^{j\omega}) X(\omega)$$

它说明数字滤波器的频率响应 $H(e^{j\omega})$ 起着对输入连续信号 $x(t)$ 的频谱进行滤波的作用。上述全部过程如图 8-23 所示。

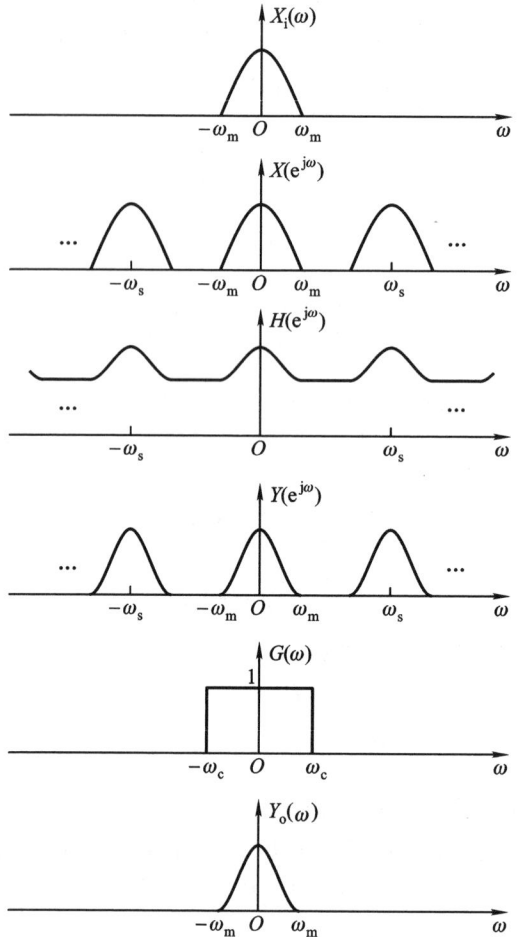

图 8-23 数字滤波器信号频谱

利用硬件或软件都能实现数字滤波器的功能。如果利用软件,则需要编出计算机程序,由数字计算机或微处理机去完成滤波器功能;如果利用硬件,则滤波器由数字部件连接而成。

数字滤波器的结构和设计方法有多种类型。如果按照系统冲激响应 $h(n)$ 的特征来划分,可以有以下两大类型:

(1) 无限冲激响应型(Infinite Impulse Response,IIR),它的冲激响应 $h(n)$ 无限延长。如前文介绍的例 8-22、例 8-23、例 8-24 构成的滤波器都属此种类型。

（2）有限冲激响应型（Finite Impulse Response, FIR），它的冲激响应 $h(n)$ 可在有限长时间内结束。如本章习题 8-34，即题图 8-34 的结构即属此种类型。

详细的分类及其特征和设计原理在参考书目[1]的 10.6 节讨论。这里只介绍一种 IIR 型数字滤波器——冲激响应不变法（简称冲激不变法）的构成原理，以此说明 z 变换的实际应用。

按照所需滤波器频响特性之要求，先选定一种适当的模拟滤波器，称它为"原型（prototype）滤波器"。然后由 s 域表达式转换为相应的 z 域表达式，最后实现数字滤波器结构。二者转换的约束规律是使离散时间系统的 $h(n)$ 等于连续时间系统 $h(t)$ 之抽样值，此即"冲激不变"名称之由来。按此原理有

$$H(s) = \mathscr{L}[h(t)]$$
$$H(z) = \mathscr{Z}[h(n)]$$

令

$$h(n) = h(t)\Big|_{t=nT}$$

$$\begin{cases} h(t) = \sum_{i=1}^{N} A_i e^{p_i t} \\ h(n) = \sum_{i=1}^{N} A_i e^{p_i nT} \end{cases}$$

这里给出了全部极点都为一阶（最常见情况）时，$h(t)$ 与 $h(n)$ 之对应。严格讲，$h(n)$ 虽为 $h(t)$ 以间隔 T 构成之抽样，但在 $t=0$ 点尚需补足 $\dfrac{A_i}{2}$ [理由见前文式（8-61）和式（8-62）的说明]。相应的 s 域与 z 域表达式为

$$H(s) = \sum_{i=1}^{N} \frac{A_i}{s - p_i}$$

$$H(z) = \sum_{i=1}^{N} \frac{A_i}{1 - z^{-1} e^{p_i T}}$$

下面给出具体设计实例。若选定模拟低通滤波器原型之系统函数表达式为

$$H(s) = \frac{\omega_c^2}{s^2 + \sqrt{2}\omega_c s + \omega_c^2}$$
$$= \frac{\omega_c^2}{(s-p_1)(s-p_2)}$$

其中 p_1, p_2 为 $H(s)$ 的极点，它位于 s 左半平面，等于

$$p_1 = \left(-\frac{\sqrt{2}}{2} + j\frac{\sqrt{2}}{2}\right)\omega_c$$

$$p_2 = \left(-\frac{\sqrt{2}}{2} - j\frac{\sqrt{2}}{2}\right)\omega_c$$

如图 8-24(a)所示。将极点值代入 $H(s)$ 表达式并展开部分分式,得到

$$H(s) = \omega_c^2 \left(\frac{K_1}{s-p_1} + \frac{K_2}{s-p_2} \right)$$

$$= \frac{\omega_c^2}{p_2-p_1} \left(\frac{1}{s-p_1} - \frac{1}{s-p_2} \right)$$

把 p_1, p_2 代入上式,整理后得到

$$H(s) = \frac{\sqrt{2}}{2} j\omega_c \left[\frac{1}{s + (1+j)\frac{\sqrt{2}}{2}\omega_c} - \frac{1}{s + (1-j)\frac{\sqrt{2}}{2}\omega_c} \right]$$

与此对应的 z 域系统函数 $H(z)$ 可写作

$$H(z) = \frac{\sqrt{2}}{2} j\omega_c \left(\frac{1}{1 - z^{-1} e^{p_1 T}} - \frac{1}{1 - z^{-1} e^{p_2 T}} \right)$$

将 p_1、p_2 代入后经整理得到

$$H(z) = \frac{b_1 z^{-1}}{1 - a_1 z^{-1} - a_2 z^{-2}}$$

其中

$$b_1 = \sqrt{2} \omega_c e^{-\frac{\omega_c T}{\sqrt{2}}} \sin\left(\frac{\sqrt{2}}{2} \omega_c T \right)$$

$$a_1 = 2 e^{-\frac{\omega_c T}{\sqrt{2}}} \cos\left(\frac{\sqrt{2}}{2} \omega_c T \right)$$

$$a_2 = -e^{-\sqrt{2}\omega_c T}$$

$H(z)$ 的两个极点分别位于 $e^{-\frac{\sqrt{2}}{2}\omega_c T} \cdot e^{j\frac{\sqrt{2}}{2}\omega_c T}$ 和 $e^{-\frac{\sqrt{2}}{2}\omega_c T} \cdot e^{-j\frac{\sqrt{2}}{2}\omega_c T}$,它们是由 s 平面上的两极点映射而来。z 域极点分布示于图 8-24(b)。

图 8-24(c)是可以实现按给定 $H(s)$ 函数完成所需滤波功能的两个实际电路。容易求得,这两种电路的电压转移函数都为

$$\frac{V_2(s)}{V_1(s)} = \frac{1}{2} \frac{\omega_c^2}{s^2 + \sqrt{2}\omega_c s + \omega_c^2}$$

与前面的 $H(s)$ 相比较,这里出现了系数 $\frac{1}{2}$,显然,这并不影响我们的讨论。

图 8-24(d)是按照已导出的 $H(z)$ 实现离散时间系统之结构图,也即我们要设计的数字滤波器。在此图中有三个延时器(z^{-1}方框),为节省延时部件,可将此结构简化为图 8-24(e),可节省延时单元,二者的 $H(z)$ 函数完全相同。这种简化原理将在第九章借助信号流图方法给出说明,详见习题 9-13。

8.11 数字滤波器简介

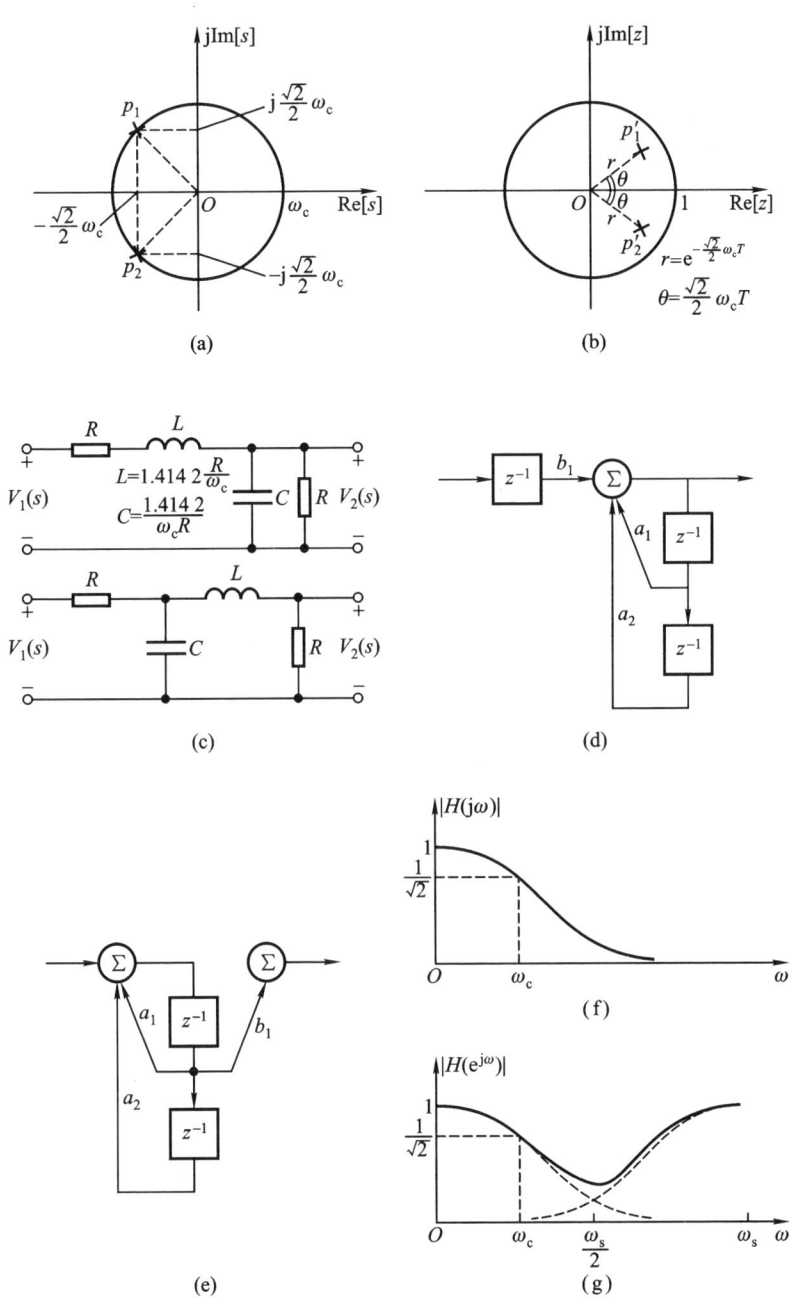

图 8-24 二阶模拟与数字滤波器之对应举例

图 8-24(f)和(g)分别给出以上分析的模拟与数字滤波器的频率响应特性

$|H(j\omega)|$ 和 $|H(e^{j\omega})|$ 曲线。可以看出,数字滤波器的频率响应并不是模拟滤波器频率响应的简单重现,而是由它混叠而成。因此,只有当模拟滤波器的频率响应带限于折叠频率 $\omega_s/2$ 之内(即当 $|\omega|>\omega_s/2$ 时,$H(j\omega)=0$)才能保证在 $|\omega|<\omega_s/2$ 范围内使数字滤波器的频率响应完全重现模拟滤波器的频率响应。如果 $H(j\omega)$ 在 $\frac{\omega_s}{2}$ 范围内衰减足够快,则数字滤波器的频率响应近于模拟滤波器的频率响应。

利用冲激(样值)响应不变法设计数字滤波器具有原理简单、便于与模拟滤波器直接对应等优点,它的主要缺点是由于 $s-z$ 平面的多值映射所引起的混叠现象。因此不能用于高通和带阻滤波器设计。为了解决这个问题,又出现了"双线性变换法"设计 IIR 数字滤波器,详见参考书目[1]第 10 章 10.6 节之(二)。

从以上讨论可以感受到 z 变换在实际问题中的应用。这里的讨论是式(8-57)到式(8-60)关系式应用于滤波器设计的具体表现。

与模拟滤波器相比较,数字滤波器显示许多优点。经数字化之后,系统性能稳定、参数准确,改变其特性灵活、方便;易于实现集成化、降低重量和体积;易于标准化;不存在两端接口的阻抗匹配问题等等。详见参考书目[1]第 10 章后半部分。

本章介绍了 z 变换和离散时间傅里叶变换(DTFT)的原理与应用。对于离散时间信号变换域的分析方法还有一些重要课题没有涉及。在后续数字信号处理课程中将继续讨论离散傅里叶级数(DFS)、离散傅里叶变换(DFT)和快速傅里叶变换(FFT)等内容。建议读者自学参考书目[1]第九章,特别推荐 9.2 节和 9.3 节,若能掌握这二节的要点,必将激发起你的学习兴趣,可以更快进入信号处理研究与应用领域。

习 题

8-1 求下列序列的 z 变换 $X(z)$,并标明收敛域,绘出 $X(z)$ 的零极点图。

(1) $\left(\dfrac{1}{2}\right)^n u(n)$ 　　　　　　(2) $\left(-\dfrac{1}{4}\right)^n u(n)$

(3) $\left(\dfrac{1}{3}\right)^{-n} u(n)$ 　　　　　　(4) $\left(\dfrac{1}{3}\right)^n u(-n)$

(5) $-\left(\dfrac{1}{2}\right)^n u(-n-1)$ 　　(6) $\delta(n+1)$

(7) $\left(\dfrac{1}{2}\right)^n [u(n)-u(n-10)]$ 　(8) $\left(\dfrac{1}{2}\right)^n u(n)+\left(\dfrac{1}{3}\right)^n u(n)$

(9) $\delta(n)-\dfrac{1}{8}\delta(n-3)$

8-2 求双边序列 $x(n) = \left(\dfrac{1}{2}\right)^{|n|}$ 的 z 变换,并标明收敛域及绘出零极点图。

8-3 求下列序列的 z 变换,并标明收敛域,绘出零极点图。

(1) $x(n) = Ar^n \cos(n\omega_0 + \phi) \cdot u(n)$ $(0 < r < 1)$

(2) $x(n) = R_N(n) = u(n) - u(n-N)$

8-4 直接从下列 z 变换看出它们所对应的序列。

(1) $X(z) = 1$ $\qquad\qquad (|z| \leqslant \infty)$

(2) $X(z) = z^3$ $\qquad\qquad (|z| < \infty)$

(3) $X(z) = z^{-1}$ $\qquad\qquad (0 < |z| \leqslant \infty)$

(4) $X(z) = -2z^{-2} + 2z + 1$ $\quad (0 < |z| < \infty)$

(5) $X(z) = \dfrac{1}{1 - az^{-1}}$ $\qquad (|z| > a)$

(6) $X(z) = \dfrac{1}{1 - az^{-1}}$ $\qquad (|z| < a)$

8-5 求下列 $X(z)$ 的逆变换 $x(n)$。

(1) $X(z) = \dfrac{1}{1 + 0.5z^{-1}}$ $\quad (|z| > 0.5)$

(2) $X(z) = \dfrac{1 - 0.5z^{-1}}{1 + \dfrac{3}{4}z^{-1} + \dfrac{1}{8}z^{-2}}$ $\quad \left(|z| > \dfrac{1}{2}\right)$

(3) $X(z) = \dfrac{1 - \dfrac{1}{2}z^{-1}}{1 - \dfrac{1}{4}z^{-2}}$ $\quad \left(|z| > \dfrac{1}{2}\right)$

(4) $X(z) = \dfrac{1 - az^{-1}}{z^{-1} - a}$ $\quad \left(|z| > \left|\dfrac{1}{a}\right|\right)$

8-6 利用三种逆 z 变换方法求下列 $X(z)$ 的逆变换 $x(n)$。

$$X(z) = \dfrac{10z}{(z-1)(z-2)} \quad (|z| > 2)$$

8-7 已知 $x(n)$ 的 z 变换为 $X(z)$,试证明下列关系。

(1) $\mathscr{Z}[a^n x(n)] = X\left(\dfrac{z}{a}\right)$

(2) $\mathscr{Z}[e^{-an} x(n)] = X(e^a z)$

(3) $\mathscr{Z}[nx(n)] = -z\dfrac{dX(z)}{dz}$

(4) $\mathscr{Z}[x^*(n)] = X^*(z^*)$

(对于以上各式可为单边,也可为双边 z 变换)

8-8 已知 $x(n)$ 的双边 z 变换为 $X(z)$,证明

$$\mathscr{Z}[x(-n)] = X(z^{-1})$$

8-9 利用幂级数展开法求 $X(z) = e^z$,$(|z| < \infty)$ 所对应的序列 $x(n)$。

8-10 求下列 $X(z)$ 的逆变换 $x(n)$。

(1) $X(z) = \dfrac{10}{(1 - 0.5z^{-1})(1 - 0.25z^{-1})}$ $\quad (|z| > 0.5)$

(2) $X(z) = \dfrac{10z^2}{(z-1)(z+1)}$ $\qquad\qquad (|z| > 1)$

(3) $X(z) = \dfrac{1 + z^{-1}}{1 - 2z^{-1}\cos\omega + z^{-2}}$ ($|z| > 1$)

8-11 求下列 $X(z)$ 的逆变换 $x(n)$。

(1) $X(z) = \dfrac{z^{-1}}{(1 - 6z^{-1})^2}$ ($|z| > 6$)

(2) $X(z) = \dfrac{z^{-2}}{1 + z^{-2}}$ ($|z| > 1$)

8-12 画出 $X(z) = \dfrac{-3z^{-1}}{2 - 5z^{-1} + 2z^{-2}}$ 的零极点图,在下列三种收敛域下,哪种情况对应左边序列、右边序列、双边序列? 并求各对应序列。

(1) $|z| > 2$ (2) $|z| < 0.5$

(3) $0.5 < |z| < 2$

8-13 已知因果序列的 z 变换 $X(z)$,求序列的初值 $x(0)$ 与终值 $x(\infty)$。

(1) $X(z) = \dfrac{1 + z^{-1} + z^{-2}}{(1 - z^{-1})(1 - 2z^{-1})}$

(2) $X(z) = \dfrac{1}{(1 - 0.5z^{-1})(1 + 0.5z^{-1})}$

(3) $X(z) = \dfrac{z^{-1}}{1 - 1.5z^{-1} + 0.5z^{-2}}$

8-14 已知 $X(z) = \ln\left(1 + \dfrac{a}{z}\right)$,($|z| > |a|$),求对应的序列 $x(n)$。

$\left[\text{提示:利用级数展开式 } \ln(1 + y) = \sum_{n=1}^{\infty}(-1)^{n+1}\dfrac{y^n}{n}, y < 1。\right]$

8-15 证明表 8-3 中所列的和函数 z 变换公式,即:

已知 $\mathscr{Z}[x(n)] = X(z)$,则

$$\mathscr{Z}\left[\sum_{k=0}^{n} x(k)\right] = \dfrac{z}{z-1} X(z)$$

8-16 试证明实序列的相关定理。

$$\mathscr{Z}\left[\sum_{m=-\infty}^{\infty} h(m)x(m - n)\right] = H(z)X\left(\dfrac{1}{z}\right)$$

其中:$H(z) = \mathscr{Z}[h(n)]$

$X(z) = \mathscr{Z}[x(n)]$

8-17 利用卷积定理求 $y(n) = x(n) * h(n)$,已知

(1) $x(n) = a^n u(n)$ $h(n) = b^n u(-n)$

(2) $x(n) = a^n u(n)$ $h(n) = \delta(n - 2)$

(3) $x(n) = a^n u(n)$ $h(n) = u(n - 1)$

8-18 利用 z 变换求例 7-15 中给出的两序列的卷积,即求

$$y(n) = x(n) * h(n)$$

其中:$h(n) = a^n u(n)$ ($0 < a < 1$)

$x(n) = R_N(n) = u(n) - u(n - N)$

8-19 已知下列 z 变换式 $X(z)$ 和 $Y(z)$,利用 z 域卷积定理求 $x(n)$ 与 $y(n)$ 乘积的 z 变换。

(1) $X(z) = \dfrac{1}{1-0.5z^{-1}}$ ($|z|>0.5$)

$Y(z) = \dfrac{1}{1-2z}$ ($|z|<0.5$)

(2) $X(z) = \dfrac{0.99}{(1-0.1z^{-1})(1-0.1z)}$ ($0.1<|z|<10$)

$Y(z) = \dfrac{1}{1-10z}$ ($|z|>0.1$)

(3) $X(z) = \dfrac{z}{z-e^{-b}}$ ($|z|>e^{-b}$)

$Y(z) = \dfrac{z\sin\omega_0}{z^2-2z\cos\omega_0+1}$ ($|z|>1$)

8-20 在 7.7 节曾介绍利用时域特性的解卷积方法,实际问题中,往往也利用变换域方法计算解卷积。本题研究一种称为"同态滤波"的解卷积算法原理。在此,需要用到 z 变换性质和对数计算。设 $x(n) = x_1(n) * x_2(n)$,若要直接把相互卷积的信号 $x_1(n)$ 与 $x_2(n)$ 分开将遇到困难。但是,对于两个相加的信号往往容易借助某种线性滤波方法使二者分离。题图 8-20 示出用同态滤波解卷积的原理框图,其中各部分作用如下:

(1) D 运算表示将 $x(n)$ 取 z 变换、取对数和逆 z 变换,得到包含 $x_1(n)$ 和 $x_2(n)$ 信息的相加形式。

(2) L 为线性滤波器,容易将两个相加项分离,取出所需信号。

(3) D^{-1} 相当于 D 的逆运算,也即取 z 变换、指数以及逆 z 变换,至此,可从 $x(n)$ 中按需要分离出 $x_1(n)$ 或 $x_2(n)$,完成解卷积运算。

试写出以上各步运算的表达式。

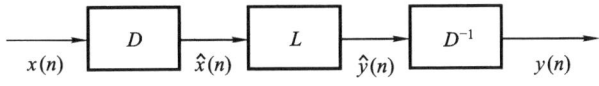

题图 8-20

8-21 用单边 z 变换解下列差分方程。

(1) $y(n+2) + y(n+1) + y(n) = u(n)$
$y(0) = 1, y(1) = 2$

(2) $y(n) + 0.1y(n-1) - 0.02y(n-2) = 10u(n)$
$y(-1) = 4, y(-2) = 6$

(3) $y(n) - 0.9y(n-1) = 0.05u(n)$
$y(-1) = 0$

(4) $y(n) - 0.9y(n-1) = 0.05u(n)$
$y(-1) = 1$

(5) $y(n) = -5y(n-1) + nu(n)$
$y(-1) = 0$

(6) $y(n) + 2y(n-1) = (n-2)u(n)$

$y(0) = 1$

8-22 用 z 变换求解习题 7-25 电阻梯形网络结点电压的差分方程
$$v(n+2) - 3v(n+1) + v(n) = 0$$
其中 $v(0) = E$
$v(N) = 0$ （当 $N \to \infty$）
$n = 0, 1, 2, \cdots, N$

8-23 因果系统的系统函数 $H(z)$ 如下所示，试说明这些系统是否稳定。

(1) $\dfrac{z+2}{8z^2 - 2z - 3}$ 　　　　(2) $\dfrac{8(1 - z^{-1} - z^{-2})}{2 + 5z^{-1} + 2z^{-2}}$

(3) $\dfrac{2z-4}{2z^2 + z - 1}$ 　　　　(4) $\dfrac{1 + z^{-1}}{1 - z^{-1} + z^{-2}}$

8-24 已知一阶因果离散系统的差分方程为
$$y(n) + 3y(n-1) = x(n)$$
试求：
(1) 系统的单位样值响应 $h(n)$；
(2) 若 $x(n) = (n + n^2)u(n)$，求响应 $y(n)$。

8-25 写出题图 8-25 所示离散系统的差分方程，并求系统函数 $H(z)$ 及单位样值响应 $h(n)$。

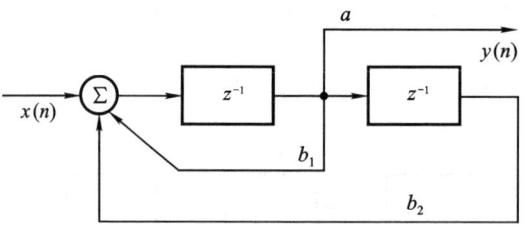

题图 8-25

8-26 由下列差分方程画出离散系统的结构图，并求系统函数 $H(z)$ 及单位样值响应 $h(n)$。

(1) $3y(n) - 6y(n-1) = x(n)$

(2) $y(n) = x(n) - 5x(n-1) + 8x(n-3)$

(3) $y(n) - \dfrac{1}{2}y(n-1) = x(n)$

(4) $y(n) - 3y(n-1) + 3y(n-2) - y(n-3) = x(n)$

(5) $y(n) - 5y(n-1) + 6y(n-2) = x(n) - 3x(n-2)$

8-27 求下列系统函数在 $10 < |z| \leq \infty$ 及 $0.5 < |z| < 10$ 两种收敛域情况下系统的单位样值响应，并说明系统的稳定性与因果性。
$$H(z) = \dfrac{9.5z}{(z - 0.5)(10 - z)}$$

8-28 在语音信号处理技术中，一种描述声道模型的系统函数具有如下形式

$$H(z) = \frac{1}{1 - \sum_{i=1}^{P} a_i z^{-i}}$$

若取 $P=8$，试画出此声道模型的结构图。

8-29 对于下列差分方程所表示的离散系统

$$y(n) + y(n-1) = x(n)$$

（1）求系统函数 $H(z)$ 及单位样值响应 $h(n)$，并说明系统的稳定性。
（2）若系统起始状态为零，如果 $x(n) = 10u(n)$，求系统的响应。

8-30 对于题图 8-30 所示的一阶离散系统（$0 < a < 1$），求该系统在单位阶跃序列 $u(n)$ 或复指数序列 $e^{jn\omega}u(n)$ 激励下的响应、瞬态响应及稳态响应。

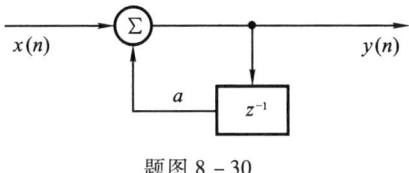

题图 8-30

8-31 用计算机对测量的随机数据 $x(n)$ 进行平均处理，当收到一个测量数据后，计算机就把这一次输入数据与前三次输入数据进行平均。试求这一运算过程的频率响应。

8-32 已知系统函数

$$H(z) = \frac{z}{z-k} \quad (k \text{ 为常数})$$

（1）写出对应的差分方程；
（2）画出该系统的结构图；
（3）求系统的频率响应，并画出 $k = 0, 0.5, 1$ 三种情况下系统的幅度响应和相位响应。

8-33 利用 z 平面零极点矢量作图方法大致画出下列系统函数所对应的系统幅度响应。

（1）$H(z) = \dfrac{1}{z - 0.5}$ （2）$H(z) = \dfrac{z}{z - 0.5}$

（3）$H(z) = \dfrac{z + 0.5}{z}$

8-34 已知横向数字滤波器的结构如题图 8-34 所示。试以 $M=8$ 为例

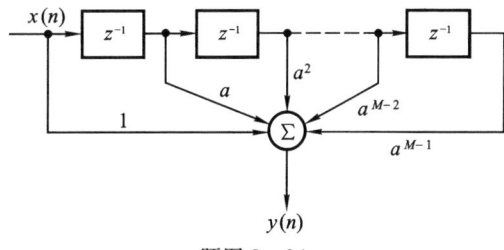

题图 8-34

(1) 写出差分方程。
(2) 求系统函数 $H(z)$；
(3) 求单位样值响应 $h(n)$；
(4) 画出 $H(z)$ 的零极点图；
(5) 粗略画出系统的幅度响应。

8-35 求题图 8-35 所示系统的差分方程、系统函数及单位样值响应。并大致画出系统函数 $H(z)$ 的零极点图及系统的幅度响应。

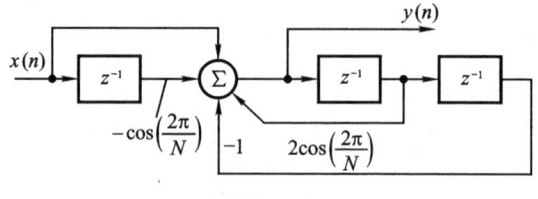

题图 8-35

8-36 已知离散系统差分方程表示式

$$y(n) - \frac{1}{3}y(n-1) = x(n)$$

(1) 求系统函数和单位样值响应；
(2) 若系统的零状态响应为 $y(n) = 3\left[\left(\frac{1}{2}\right)^n - \left(\frac{1}{3}\right)^n\right]u(n)$，求激励信号 $x(n)$；
(3) 画系统函数的零极点图；
(4) 粗略画出幅频响应特性曲线；
(5) 画系统的结构框图。

8-37 已知离散系统差分方程表示式

$$y(n) - \frac{3}{4}y(n-1) + \frac{1}{8}y(n-2) = x(n) + \frac{1}{3}x(n-1)$$

(1) 求系统函数和单位样值响应；
(2) 画系统函数的零极点图；
(3) 粗略画出幅频响应特性曲线；
(4) 画系统的结构框图。

8-38 已知系统函数

$$H(z) = \frac{z^2 - (2a\cos\omega_0)z + a^2}{z^2 - (2a^{-1}\cos\omega_0)z + a^{-2}}, (a>1)$$

(1) 画出 $H(z)$ 在 z 平面的零极点图；
(2) 借助 $s-z$ 平面的映射规律，利用 $H(s)$ 的零极点分布特性说明此系统具有全通特性。

第九章 系统的状态变量分析

9.1 引 言

20世纪50年代,经典的线性系统理论已经发展成熟,并在各种工程技术领域中得到广泛应用。按照经典理论,线性系统的基本模型以系统函数(或称转移函数、传递函数)描述,分析过程中着重运用频率响应特性的概念。通过本书前面各章的学习,读者已经熟悉了这些方法。然而,经典的线性系统理论具有明显的局限性,这种理论未能全面揭示系统的内部特性,也不容易有效地处理多输入-多输出系统,仅在着眼于系统外特性并且研究单输入-单输出系统时,才能显示其优点。

随着科学技术的进一步发展,迫切需要突破经典线性系统理论的上述局限性。到20世纪50至60年代,宇宙航行技术蓬勃兴起,在此背景的推动下,线性系统理论逐步从经典阶段过渡到现代阶段。现代系统与控制理论形成的重要标志之一是卡尔曼(R. E. Kalman)把状态空间方法引入到这一领域。此方法的主要特点是利用描述系统内部特性的状态变量取代仅描述系统外部特性的系统函数,并且将这种描述十分便捷地运用于多输入-多输出系统。在状态空间理论的基础上,卡尔曼进一步提出了系统的"可观测性"与"可控制性"两个重要概念,完整地揭示了系统的内部特性,从而促使控制系统分析与设计的指导原则产生了根本性的变革。此外,状态空间方法也成功地用来描述非线性系统或时变系统,并且易于借助计算机求解。

首先,从一个简单实例给出状态变量的初步概念。图9-1示出串联谐振电路,如果只关心其激励$e(t)$与电容两端电压$v_C(t)$之间的关系,则该系统可以用如下微分方程描述

$$\frac{\mathrm{d}^2}{\mathrm{d}t^2}v_C(t) + 2\alpha\frac{\mathrm{d}}{\mathrm{d}t}v_C(t) + \omega_0^2 v_C(t) = \omega_0^2 e(t) \qquad (9-1)$$

其中

$$\alpha = \frac{R}{2L}$$

$$\omega_0 = \frac{1}{\sqrt{LC}}$$

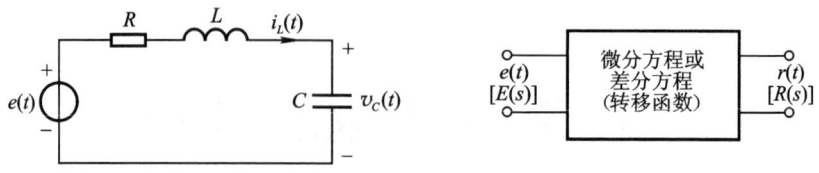

图 9 - 1 串联谐振电路　　　　　图 9 - 2 端口方法方框图

对于一般系统,一旦具体的物理设备用数学模型表示以后,就不再关心其内部变化情况,而只对其中输出的物理量 $r(t)$ 感兴趣,这时可以用图 9 - 2 所示的系统模型来研究各种激励信号 $e(t)$ 所引起的不同响应 $r(t)$。像这样研究系统的方法通常称为端口方法或输入 - 输出描述法。

对于图 9 - 1 电路,如果不仅希望了解电容上的电压 $v_C(t)$,而且希望知道在 $e(t)$ 的作用下,电感中电流 $i_L(t)$ 的变化情况,这时可以列出方程

$$Ri_L(t) + L\frac{d}{dt}i_L(t) + v_C(t) = e(t) \tag{9-2}$$

及

$$v_C(t) = \frac{1}{C}\int i_L(t)\,dt$$

或

$$\frac{d}{dt}v_C(t) = \frac{1}{C}i_L(t) \tag{9-3}$$

上列两式可以写成

$$\begin{cases} \dfrac{d}{dt}i_L(t) = -\dfrac{R}{L}i_L(t) - \dfrac{1}{L}v_C(t) + \dfrac{1}{L}e(t) \\ \dfrac{d}{dt}v_C(t) = \dfrac{1}{C}i_L(t) \end{cases} \tag{9-4}$$

这是以 $i_L(t)$ 和 $v_C(t)$ 作为变量的一阶微分联立方程组。对于图 9 - 1 所示的串联谐振电路只要知道 $i_L(t)$ 及 $v_C(t)$ 的初始情况及加入的 $e(t)$ 情况,即可完全确定电路的全部行为。这样描述系统的方法称为系统的状态变量或状态空间分析法,其中 $i_L(t)$ 及 $v_C(t)$ 即为串联谐振电路的状态变量。方程组(9 - 4)即为状态方程。

在状态空间分析方法中,将状态方程以矢量和矩阵形式表示,于是式(9 - 4)可写作

$$\begin{bmatrix} \dfrac{di_L(t)}{dt} \\ \dfrac{dv_C(t)}{dt} \end{bmatrix} = \begin{bmatrix} -\dfrac{R}{L} & -\dfrac{1}{L} \\ \dfrac{1}{C} & 0 \end{bmatrix} \begin{bmatrix} i_L(t) \\ v_C(t) \end{bmatrix} + \begin{bmatrix} \dfrac{1}{L} \\ 0 \end{bmatrix} \begin{bmatrix} e(t) \end{bmatrix} \tag{9-5}$$

实际上，电路的输出信号可能由多个状态变量以及输入信号的作用组合而成，于是还需要列写所谓"输出方程"。对于图 9-1 所示电路，若以 $r(t)$ 表示输出信号，输出方程的矩阵形式相当简单，可写作

$$r(t) = \begin{bmatrix} 0 & 1 \end{bmatrix} \begin{bmatrix} i_L(t) \\ v_C(t) \end{bmatrix} \tag{9-6}$$

当系统的阶次较高因而状态变量数目较多或系统具有多输入-多输出信号时，描述系统的方程形式仍如式(9-5)和式(9-6)，只是矢量或矩阵的维数有所增加。

下面给出系统状态变量分析法中的几个名词定义。

状态 对于一个动态系统的状态是表示系统的一组最少变量（被称为状态变量），只要知道 $t = t_0$ 时这组变量和 $t \geq t_0$ 时的输入，那么就能完全确定系统在任何时间 $t \geq t_0$ 的行为。

状态变量 能够表示系统状态的那些变量称为状态变量。例如图 9-1 中的 $i_L(t)$ 和 $v_C(t)$。

状态矢量 能够完全描述一个系统行为的 k 个状态变量，可以看作矢量 $\boldsymbol{\lambda}(t)$ 的各个分量的坐标。例如图 9-1 中的状态变量 $i_L(t)$ 和 $v_C(t)$ 可以看作二维矢量 $\boldsymbol{\lambda}(t) = \begin{bmatrix} \lambda_1(t) \\ \lambda_2(t) \end{bmatrix}$ 的两个分量 $\lambda_1(t)$ 和 $\lambda_2(t)$ 的坐标。$\boldsymbol{\lambda}(t)$ 即为状态矢量。

状态空间 状态矢量 $\boldsymbol{\lambda}(t)$ 所在的空间。

状态轨迹 在状态空间中状态矢量端点随时间变化而描出的路径称为状态轨迹。

例如图 9-1 所示电路，取系统的起始状态为零，即 $i_L(0_-) = 0, v_C(0_-) = 0$，激励电压为 $e(t) = Eu(t)$。若选电路中的 $R = 2\sqrt{\dfrac{L}{C}}$，则可以解出 $i_L(t)$ 和 $v_C(t)$ 为

$$\begin{cases} i_L(t) = \dfrac{E}{L} t \mathrm{e}^{-\omega_0 t} \\ v_C(t) = E[1 - \mathrm{e}^{-\omega_0 t}(\omega_0 t + 1)] \end{cases}$$

其中

$$\omega_0 = \dfrac{1}{\sqrt{LC}}$$

分别画出 $i_L(t)$ 和 $v_C(t)$ 随时间变化的图形如图 9-3 所示。如果把它画在以 $i_L(t)$ 和 $v_C(t)$ 为坐标的图中，以时间 t 作为参变量，给定某一时间 $t = t_0$，即有

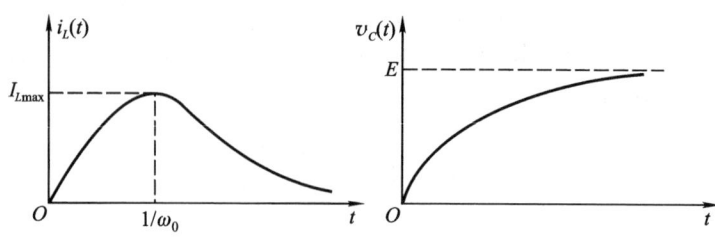

图 9 - 3　$i_L(t)$ 和 $v_C(t)$ 与时间 t 的关系

对应的一个点 $[i_L(t_0),v_C(t_0)]$，这样即可画出状态矢量 $\boldsymbol{\lambda}(t) = \begin{bmatrix} i_L(t) \\ v_C(t) \end{bmatrix}$ 在二维空间中矢量端点的轨迹图，如图 9 - 4 所示。

如果一个系统需要 k 个状态变量来描述，则状态矢量就是 k 维的矢量，对应的状态空间就是 k 维空间。

状态变量分析法对离散系统也是同样适用的，只不过在离散系统的情况改用一阶差分联立方程组来代替连续系统中的一阶微分联立方程组，详细的分析将在后面给出。

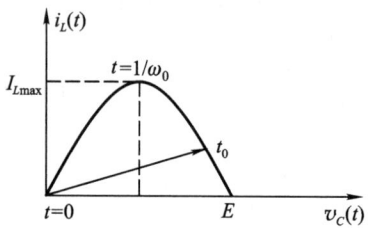

图 9 - 4　状态矢量

$\boldsymbol{\lambda}(t) = \begin{bmatrix} i_L(t) \\ v_C(t) \end{bmatrix}$ 在二维空间中矢量端点轨迹图

用状态变量分析系统的优点在于：

（1）便于研究系统内部的一些物理量在信号转换过程中的变化，这些物理量可以用状态矢量的一个分量表现出来，从而便于研究其变化规律。

（2）系统的状态变量分析法与系统的复杂程度没有关系，复杂系统和简单系统的数学模型形式相似，都表示为一些状态变量的线性组合，这种以矢量和矩阵表示的数学模型特别适用于描述多输入 - 多输出系统。

（3）状态变量分析法也适用于非线性或时变系统，因为一阶微分方程或差分方程是研究非线性和时变系统的有效办法。

（4）状态方程的主要参数鲜明地表征了系统的关键性能。以系统状态变量参数为基础引出的系统可控制性和可观测性两个概念对于揭示系统内在特性具有重要意义，在控制系统分析与设计（如最优控制和最优估计）中得到广泛应用。此外，利用状态方程分析系统的稳定性也比较方便。

（5）由于状态方程都是一阶微分方程或一阶差分方程，因而便于采用数值解法，为使用计算机分析系统提供了有效的途径。

状态空间方法除应用于电网络分析问题之外,在各种控制理论与工程领域中得到非常广泛的应用,它已成为控制系统分析与设计中最重要、最有效的方法。这些领域包括工程控制理论、生物控制理论、经济控制理论以及社会控制理论等。具体的应用实例如宇宙航行系统、生态平衡与物种竞争、宏观经济动态模型、人口发展、治疗吸毒计划实施的人口动力学等。

研究系统的状态变量需要具有初步的反馈理论知识。在 4.11 节曾简要介绍了反馈系统分析的例题(例 4-25 和例 4-26)。另外,读者在模拟电子技术课程中对此也有初步认识。不过这些知识仍略嫌不足,为此,在以下两节(9.2 节和 9.3 节)先介绍反馈系统的一些基本概念以及信号流图分析方法,为后面的学习做好准备。

从 9.4 节开始将依次研究连续与离散时间系统状态方程的建立与求解,举出各方面的应用实例。在介绍状态矢量的线性变换原理之后,给出系统可控性与可观测性的初步概念。必须指出,本书有关状态空间方法的讨论只是导引性的介绍,详细、深入的论述将在现代控制理论等课程中研究。

9.2 反馈系统的初步概念

系统分析的基本方法是建立它的数学模型(如微分方程或差分方程),然后按一些标准方法求解。然而在实际问题中只依赖这种办法往往使研究过程十分烦琐或不得要领。解决上述矛盾的方法之一是给出一些典型系统的模块及其响应特征,制成表格、手册或存放在数据库中备查,按实际问题的需要选择相应的模块,只要作简单的修改和计算即可付诸应用。后续课程将要讲到的有关滤波器的设计方法正是遵循这一原则进行的。另一类研究方法是将系统分解为若干基本单元,如果熟知各单元性能,将它们组合构成复杂系统时,分析过程将得以简化。这种方法曾在 1.6 节和 7.3 节给出初步概念,即利用基本的方框图组合建立系统模型。人类的认识过程往往需要中间体系作为媒介。求解一个庞大的问题所需计算量可能难以接受,而将此问题"拆"成若干简单问题然后相互连接起来就比较容易计算。而且前者难以给出物理概念,后一种作法容易理解性能特征的实质。系统分解与互连的研究方法也有助于从系统分析过渡到系统设计(综合)。

反馈系统的研究是利用分解与互联概念而获得成功的典型范例。首先考察连续时间信号与系统的反馈系统模型。在图 9-5 中,输入信号为 $X(s)$,输出信号为 $Y(s)$,正向通路的系统函数为 $A(s)$,反馈通路的系统函数为 $F(s)$,输入信号与反馈信号经加法器作相减运算得到 $E(s)$,有时称 $E(s)$ 为误差信号。按照上述要求写出以下约束方程

$$Y(s) = E(s)A(s)$$

$$E(s) = X(s) - Y(s)F(s)$$

由此求得反馈系统的系统函数 $H(s)$ 为

$$H(s) = \frac{Y(s)}{X(s)} = \frac{A(s)}{1 + F(s)A(s)} \tag{9-7}$$

第四章例 4-25 和例 4-26 曾建立与此类似的系统函数表达式。

注意到在图 9-5 中反馈信号与输入信号作相减运算,这种情况称为负反馈或非再生反馈。如果将二者作相加运算(即图 9-5 中加法器下面的符号改为正号),则称为正反馈或再生反馈。此时,式(9-7)中 $H(s)$ 表达式的分母项成为 $1 - F(s)A(s)$。在本章的讨论中着重研究负反馈。

为了比较引入与不引入反馈系统性能的区别,有时将图 9-5 中的反馈通路断开,这时称为开环系统。与此对照,闭合反馈通路后则称为闭环系统。

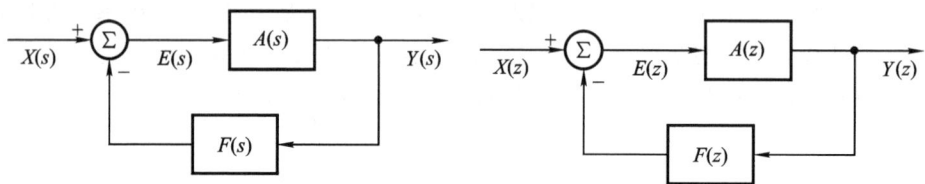

图 9-5 连续时间信号反馈系统模型　　图 9-6 离散时间信号反馈系统模型

离散时间信号的反馈系统模型如图 9-6 所示。图中,$X(z)$ 为输入信号,$Y(z)$ 是输出信号,正向通路的系统函数为 $A(z)$,反馈通路系统函数是 $F(z)$,输入信号与反馈信号相减得到 $E(z)$。仿照式(9-7)容易写出反馈系统的系统函数 $H(z)$ 表达式

$$H(z) = \frac{Y(z)}{X(z)} = \frac{A(z)}{1 + F(z)A(z)} \tag{9-8}$$

由式(9-7)和式(9-8)可见,连续与离散反馈系统的数学模型具有相同的形式,以后的分析将要看到,它们的基本特性与应用也大体相同。

很久以前人们就意识到引用反馈可以获得许多益处,这是一种自然感觉的应用,它渗透在人们的日常生活和生产活动之中。很难说谁是反馈技术的发明者。近代反馈系统理论的形成大约是在 20 世纪 30 年代。美国贝尔电话实验室的布莱克(H. S. Black)及其合作者奈奎斯特(H. Nyquist)和波特(H. W. Bode)等人都曾为此理论的形成作出贡献。他们的工作主要是围绕改善电子线路放大器的性能而进行的。到 20 世纪 40 年代至 50 年代期间,反馈理论已经成为控制系统设计的一种基本方法而得到了更为广泛的应用。控制论的创始人维纳(N. Wiener)及其继承者把反馈视为控制论哲学体系的基础之一。反馈理论涉及与自动控制有关的一切事物,不仅限于工程技术,也包括社会系统与经济系统行

为,以至人类或动物的生理过程与心理过程。

利用系统的输出去控制或调整系统自身的输入即可产生反馈效应。此时,提供了一个误差校正信号,它可以调节输出跟踪输入信号,从而削弱外界干扰或系统自身参数变动的影响。例如,在机电系统中,为了保持一台电机轴的位置处于某一恒定角度,可测量电机轴的实际位置与所要求位置之间的误差,然后利用此误差信号使轴在适当方向上调整。图 9-7(a)示意画出利用直流电机控制火炮位置系统的方框图。要使火炮能够命中目标,需要不断调整炮口位置跟踪目标,而目标的方位是任意改变的,无法预知。在图 9-7(a)反馈系统中,参考输入信号就是所需炮口位置的方位角 ϕ_0。用电位器 I 把角度 ϕ_0 转换为电压 $A_1\phi_0$,而另一电位器 II 用来产生正比于实际炮位角度 $\phi(t)$ 的电压 $A_1\phi(t)$。把这两个电压进行比较即可产生误差信号 $A_1[\phi_0-\phi(t)]$,经放大后驱动电机调整轴的角度。图 9-7(b)示出此系统的简化等效方框图。不难想象,若断开反馈,利用 ϕ_0 作输入直接控制电机轴的位置,仍有可能使火炮调整到所需方位。然而将闭环系统与开环系统相比较,前者显示明显的优点。在闭环系统中,当电机轴处于正确位置时,任何偏离此位置的扰动都会被感受到,由此产生误差信号进行校正,使轴回到正确位置。对于开环系统则不具备这种抵抗扰动的能力。此外,在开环系统中,为了设计适当的输入,必须知道整个系统的精确性能;而在闭环系统中,并不要求对整个系统参数有过细的了解。

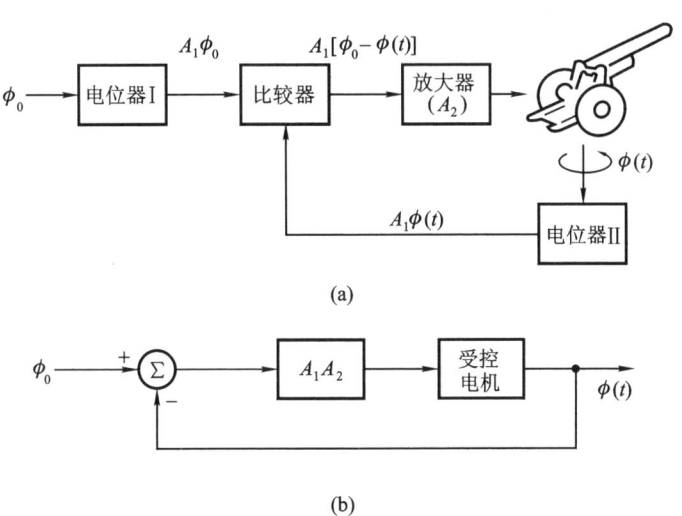

图 9-7 利用电机控制火炮位置的反馈系统

在工业自动控制过程中可以看到许多与上述跟踪系统原理类似的反馈系统

应用实例。在通信系统中,锁相环路和自动频率微调电路都是基于上述跟踪系统原理设计而成。

反馈的另一重要特性是适当引入反馈后可使一个不稳定系统进入稳定状态。图 9-8 示出研究"倒立摆"控制的模型图。图中,倒立摆由一根细棍及其顶端的重物构成。细棍的底部安装在一个小车上,小车可沿轨道移动。如果小车保持静止不动,细棍和重物就会倒下来,这是一个不稳定系统。为使此系统稳定,可不断地移动小车位置以保证倒立摆平衡于垂直状态。

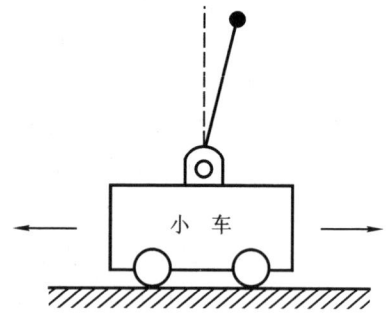

图 9-8 倒立摆控制模型

习题 9-7 将详细研究这一问题。与此类似的一个工程实例是控制火箭轨道的问题。火箭在空中飞行时,由于空气动力的变化和风的扰动将使火箭偏离正确轨道。这些力的变化和扰动都是不可能事先确知的,为此需要借助反馈。利用火箭推力方向的变化来校正扰动引起的轨道偏离。

在生物和人类控制运动的过程中也存在反馈。例如,人们用手去拿某件物体时,要依靠视觉来判断手和物体之间的差距,逐步接近物体。这是一个闭环反馈系统。如果没有视觉反馈(闭上眼睛)构成一个开环系统,则此控制过程的效果将明显变坏。此外,杂技演员用手或头部顶起一根长杆,演员凭视觉判断长杆可能倒下的方位,不停地移动手或头的位置,使长杆稳定于垂直状态。这种杂技表演与图 9-8 讲述的倒立摆工作原理完全相同。

关于反馈系统分析与设计的研究内容丰富多彩,通常涉及以下诸方面:建立反馈系统的一般模型和性能参数;利用负反馈技术实现各类功能以改进系统性能(例如扩展频带、改善环境变化引起系统参数的改变、降低干扰与噪声的影响以及设计逆系统等);利用系统函数极点分布规律提高系统的稳定性;借助正反馈产生自激振荡以及反馈系统结构分析计算与简化等等。在此,我们只研究属于最后一类问题的"信号流图"分析方法(9.3 节),利用这种方法将为状态方程的建立和求解带来很大方便。

有关反馈系统的其他问题可阅读参考书目[1]的第十一章以及参考书目[2]的第三篇 3.11 节。或者待后续课程(如控制理论等)进一步讲授。

9.3 信 号 流 图

(一) 概述

利用方框图(子系统)组合分析线性系统的方法可使求解过程简化。在 1.7

节已经利用一些基本运算单元,包括相加、倍乘和积分构成连续系统的模型。这种方法也称为线性系统的仿真(Simulation,或称模拟)。在 7.3 节用类似的方法构成离散系统模型,而基本运算单元由相加、倍乘、延时组成。在 9.2 节中,我们已经初步认识了组成反馈系统的方框图模型及其分析与计算。

为了进一步简化上述各种方框图(子系统)组合方法,出现了线性系统的"信号流图"(Signal Flow Graphs)表示与分析方法。这种方法由美国麻省理工学院的梅森(Mason)于 20 世纪 50 年代初首先提出。此后在反馈系统分析、线性方程组求解、线性系统模拟以及数字滤波器设计等方面得到广泛应用。与方框图方法相比较,信号流图方法的主要优点是:系统模型的表示简明清楚;系统函数的计算过程明显简化。对于由多个反馈环路组成的复杂系统进行分析时,信号流图方法的优点更为突出。此外,借助信号流图研究系统状态空间分析也将显示许多优点,这将在本章以下各节介绍。

系统的信号流图表示实际上是用一些点和支路来描述系统。如图 9-9 所示的简单方框图,变成流图形式就是用一有始有终的线段表示:起始点标为 $X(s)$,终了点标为 $Y(s)$,这种点称为结点。结点是表示系统中变量或信号的点;线段表示信号传输的路径,称为支路;信号的传输方向用箭头表示,转移函数标注在箭头附近,所以每一条支路相当于乘法器。结点可以有很多信号输入,而且可以向不同方向输出,如图 9-10 所示,结点 X_4 有三个输入,二个输出。按流图构成原则有

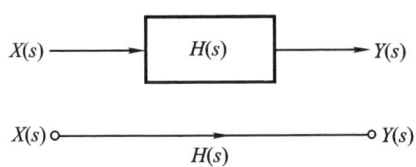

图 9-9 用信号流图表示框图

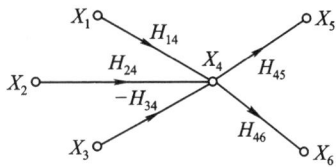

图 9-10 多输入多输出结点 X_4

$$X_4 = H_{14}X_1 + H_{24}X_2 - H_{34}X_3 \qquad (9-9)$$

$$X_5 = H_{45}X_4 \qquad (9-10)$$

$$X_6 = H_{46}X_4 \qquad (9-11)$$

类似这样的方程称为结点方程。作为练习,读者可将图 9-10 改画为对应的方框图,在该图中,除 H_{14},H_{24},$-H_{34}$,H_{45},H_{46} 五个子系统方框图之外,还应包含一个相加器。

例 9-1 将图 9-11(a)所示的方框图改画为信号流图形式,并求系统的

转移函数 $H(s) = \dfrac{Y(s)}{X(s)}$。

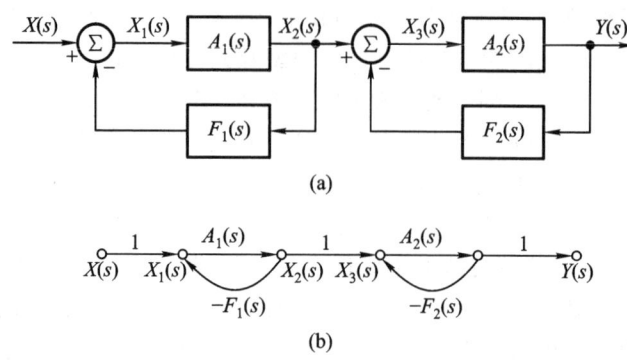

图 9 – 11 例 9 – 1 的方框图和流图

解 画出图 9 – 11(a)对应的信号流图如图 9 – 11(b)所示。显然,这种表达形式比方框图结构简明清楚。

为求得系统转移函数,列出如下线性联立方程组

$$X_1(s) = X(s) - F_1(s)X_2(s)$$

$$X_2(s) = X_1(s)A_1(s)$$

$$X_3(s) = X_2(s) - F_2(s)Y(s)$$

$$Y(s) = A_2(s)X_3(s)$$

为了得到系统转移函数,需要对上列联立方程式求解,作为中间过渡,可将四个方程依次分为两组,容易解得

$$\frac{X_2(s)}{X(s)} = \frac{A_1(s)}{1 + F_1(s)A_1(s)}$$

和

$$\frac{Y(s)}{X_2(s)} = \frac{A_2(s)}{1 + F_2(s)A_2(s)}$$

以上两式联立,求得最后结果为 $H(s)$

$$H(s) = \frac{Y(s)}{X(s)} = \frac{A_1(s)A_2(s)}{[1 + F_1(s)A_1(s)][1 + F_2(s)A_2(s)]} \qquad (9-12)$$

例 9 – 2 将图 9 – 12(a)所示方框图改画为信号流图形式,并求系统的转移函数 $H(s) = \dfrac{Y(s)}{X(s)}$。

解 很明显,本系统框图中也包含两个反馈环路,此特征与例 9 – 1 相同。然而,必须注意它们之间有所区别。前例中两个反馈环相互独立,中间以转移函

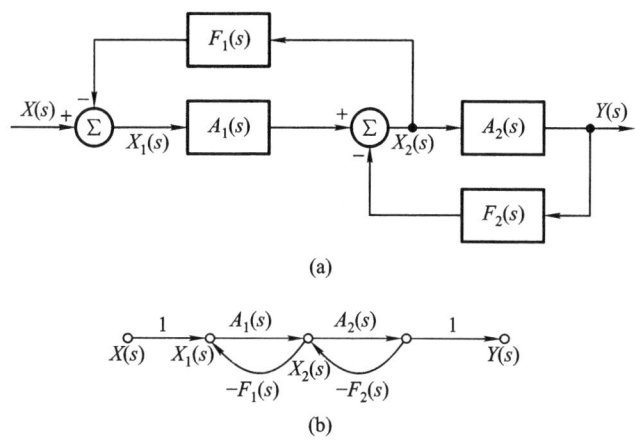

图 9-12 例 9-2 的方框图和流图

数为 1 的支路连接。而在本例中两环路相互接触,反馈作用将彼此产生影响。画出相应的流图如图 9-12(b)所示。

下面列出线性联立方程组,可见与前例并不相同

$$\begin{cases} X_1(s) = X(s) - X_2(s)F_1(s) \\ X_2(s) = X_1(s)A_1(s) - Y(s)F_2(s) \\ Y(s) = X_2(s)A_2(s) \end{cases}$$

解此联立方程,消去 $X_1(s)$ 和 $X_2(s)$ 最终求得 $Y(s)$ 与 $X(s)$ 之比即转移函数为

$$H(s) = \frac{Y(s)}{X(s)} = \frac{A_1(s)A_2(s)}{1 + A_1(s)F_1(s) + A_2(s)F_2(s)} \tag{9-13}$$

(二)在流图中一些术语的定义

结点　表示系统中变量或信号的点。

转移函数　两个结点之间的增益称为转移函数。

支路　连接两个结点之间的定向线段,支路的增益即为转移函数。

输入结点或**源点**　只有输出支路的结点,它对应的是自变量(即输入信号)。

输出结点或**阱点**　只有输入支路的结点,它对应的是因变量(即输出信号)。

混合结点　既有输入支路又有输出支路的结点。

通路　沿支路箭头方向通过各相连支路的途径(不允许有相反方向支路存在)。

开通路　通路与任一结点相交不多于一次。

闭通路　如果通路的终点就是通路的起点,并且与任何其他结点相交不多于一次。闭通路又称环路。

环路增益 环路中各支路转移函数的乘积。

不接触环路 两环路之间没有任何公共结点。

前向通路 从输入结点(源点)到输出结点(阱点)方向的通路上,通过任何结点不多于一次的全部路径。

前向通路增益 前向通路中,各支路转移函数的乘积。

(三) 信号流图的性质

在运用信号流图时必须遵循流图的以下性质:

(1) 支路表示了一个信号与另一信号的函数关系,如图9-9所示 $Y(s) = H(s)X(s)$ 的线性关系。信号只能沿着支路上的箭头方向通过。

(2) 结点可以把所有输入支路的信号叠加,并把总和信号传送到所有输出支路,如图9-10所示的结点 X_4。

(3) 具有输入和输出支路的混合结点,通过增加一个具有单位传输的支路,可以把它变成输出结点来处理。如图9-13所示,X_3' 和 X_3'' 实际上是一个结点,但分成两个结点以后,X_3' 是既有输入又有输出的混合结点,而 X_3'' 是只有输入的输出结点。

(4) 给定系统,信号流图形式并不是惟一的。这是由于同一系统的方程可以表示成不同形式,因而可以画出不同的流图。

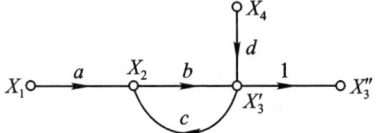

图 9-13 将一个结点分成两个结点

例 9-3 若系统的数学模型以如下的一阶微分方程描述,试画出它的信号流图(在第一章习题1-19曾练习画它的方框图)。

$$\frac{\mathrm{d}}{\mathrm{d}t}y(t) + a_0 y(t) = b_1 \frac{\mathrm{d}}{\mathrm{d}t}x(t) + b_0 x(t) \quad (9-14)$$

解 利用算子符号,以 p 表示微分,$\frac{1}{p}$ 表示积分,将给定的式(9-14)表示为

$$(p + a_0)y(t) = (b_1 p + b_0)x(t) \quad (9-15)$$

或

$$\left(1 + \frac{a_0}{p}\right)y(t) = \left(b_1 + \frac{b_0}{p}\right)x(t) \quad (9-16)$$

解得 $y(t)$ 为

$$y(t) = \frac{b_1}{1 + \frac{a_0}{p}}x(t) + \frac{\frac{b_0}{p}}{1 + \frac{a_0}{p}}x(t) \quad (9-17)$$

按此式可画出信号流图如图9-14(a)所示。图中,引入中间变量信号 $x_1(t)$ 和 $x_2(t)$,它们之间的关系可用以下联立方程描述

$$\begin{cases} x_1(t) = -a_0 x_2(t) + x(t) \\ x_2(t) = \dfrac{1}{p} x_1(t) \\ y(t) = b_1 x_1(t) + b_0 x_2(t) \end{cases} \quad (9-18)$$

利用式(9-18)可验证图9-14(a)的正确性。

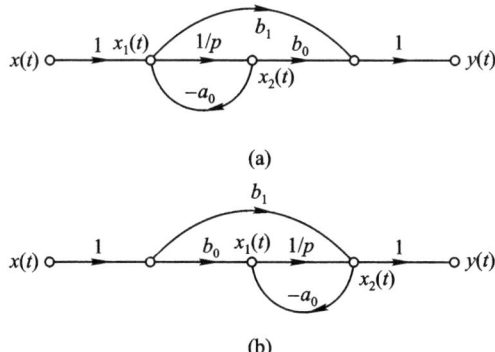

图 9-14 一阶微分方程的流图表示

对此系统还可以画出另一种形式的流图。为此,将式(9-14)改写为

$$y(t) = b_1 x(t) + \frac{1}{p} [b_0 x(t) - a_0 y(t)] \quad (9-19)$$

按此式画出的信号流图见图9-14(b),此图可用如下联立方程描述

$$\begin{cases} x_1(t) = -a_0 x_2(t) + b_0 x(t) \\ x_2(t) = \dfrac{1}{p} x_1(t) + b_1 x(t) \\ y(t) = x_2(t) \end{cases} \quad (9-20)$$

必须注意,在图9-14(a)和(b)中的 $x_1(t)$ 与 $x_2(t)$ 具有不同的定义,所代表的结点并不相同。

(5) 流图转置以后,其转移函数保持不变。所谓转置就是把流图中各支路的信号传输方向给以调转,同时把输入输出结点对换。

例如,将图9-14(a)按以上规定进行转置即可得到图9-14(b),显然,转移函数没有变化,两者代表同一系统。

(四) 信号流图的代数运算

流图既然表示一组线性方程组,代表某一线性系统,因而和系统的方框图表示一样,可以按一些代数运算规则加以简化。在图9-15中列出了基本的简化规则。其中,图(a)~(d)四条规则简单明了,不必再做解释。而图(e)是从图(d)演化而来,它的特点也是经简化后消除了中间的混合结点。图(f)是简单反馈环路的简化,应用广泛。我们在例 9-1 的求解过程中已经推导了它的简化规则。

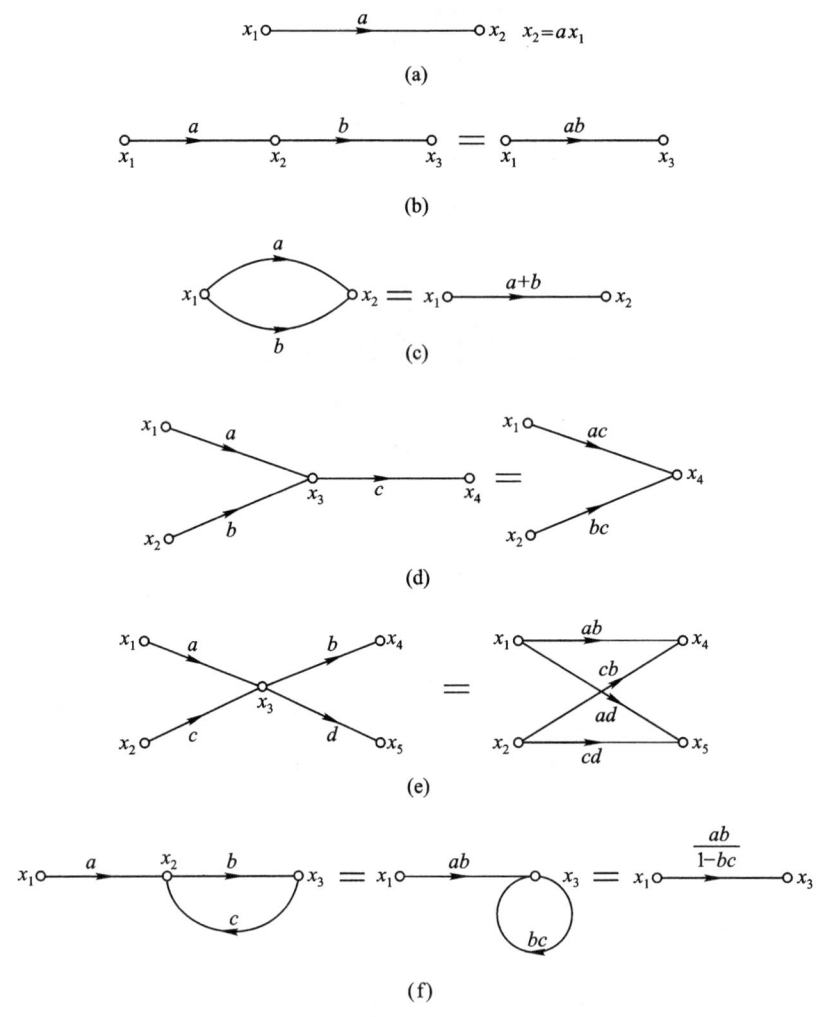

图 9-15 信号流图的代数运算规则

利用这些信号流图的代数运算,就可以把一复杂的流图加以简化,使之只剩下一个源点和一个阱点,从而确定系统的转移函数。下面给出简化分析的实例。

例 9-4 利用流图代数运算规则对前文例 9-1 和例 9-2 对应的图 9-11(b)和图 9-12(b)分别进行简化,求出系统的转移函数。

解 为讨论方便,将以上二图重新画在下面,并且将各支路转移函数符号改

用 a、b、c、d 表示,见图 9 – 16(a) 和图 9 – 17(a)(注意图中 b 和 d 都没有负号)。

(1) 对于图 9 – 16(a),我们运用图 9 – 15 中的规则(f)把两个简单的反馈环路依次简化为图 9 – 16(b) 和(c),最终容易给出图 9 – 16(d) 所示的转移函数

$$H = \frac{Y}{X} = \frac{ac}{(1-ab)(1-cd)} \tag{9-21}$$

此结果与例 9 – 1 的答案完全一致。

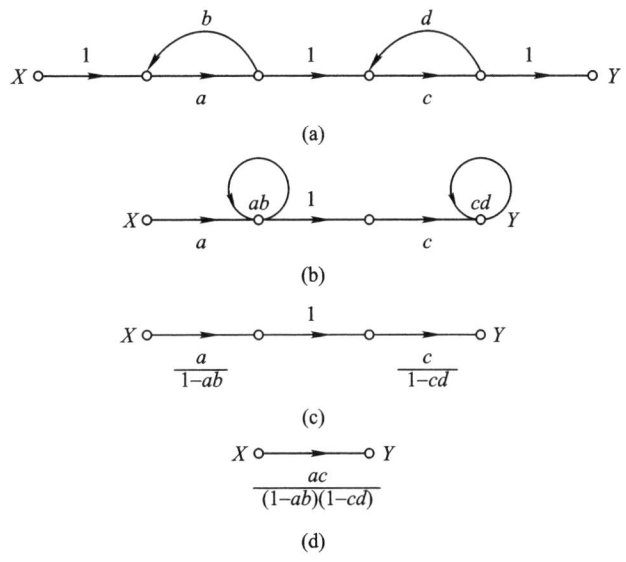

图 9 – 16 例 9 – 4(1) 的简化过程

(2) 对于图 9 – 17(a),注意到组成系统的两个反馈环路相互接触,因而简化过程要稍麻烦些。首先,从左边的 ab 环路入手简化得到图 9 – 17(b)。注意到当简化工作进入到下一步图 9 – 17(c) 时,左边支路 $\frac{a}{1-ab}$ 一般不会有误,而右边 $\frac{d}{1-ab}$ 支路有可能会漏写分母中的 $1-ab$ 项,在此特别提醒关注。接下来的两步求图 9 – 17(d) 和(e) 比较容易,不再说明。最终给出图(e) 所示的转移函数

$$H = \frac{Y}{X} = \frac{ac}{1-ab-cd} \tag{9-22}$$

此结果与例 9 – 2 的答案也完全一致。

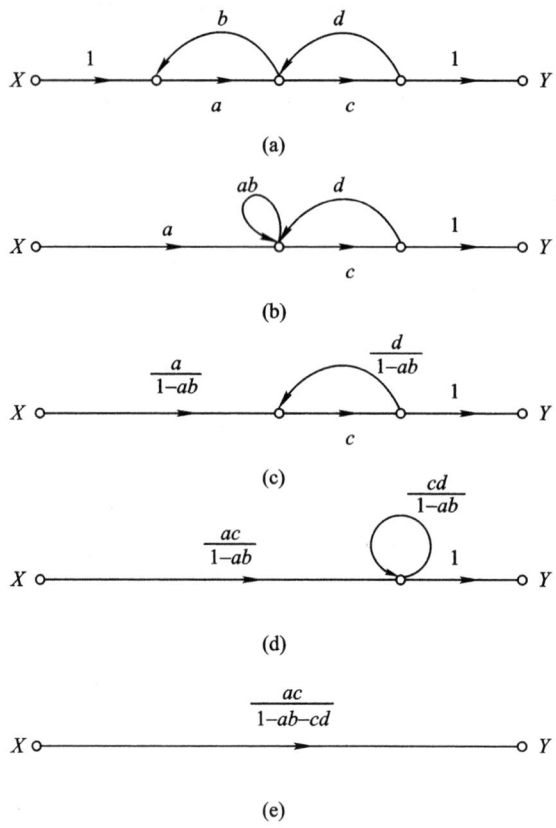

图 9-17 例 9-4(2)的简化过程

例 9-5 利用流图的代数运算规则化简图 9-18(a)所示系统,并求转移函数。

解 化简开始的第一步我们试图消除反馈环 ab,于是得到图 9-18(b)中的 ab 自环支路和左边的 a 支路,这时不要忘记在右边还应增加一个 be 支路,而这个支路有可能被漏掉。

实际上,这里的简化原理完全尊从前文图 9-15(e)之规则。与原规则中对应的中心结点(化简后将被消除)在此处为 ab 环左边的结点,两条输入支路分别为 b 和 1,而输出支路是 a 和 e。依此对照化简即可得出上述正确结果。特别提醒注意,这里有一个输入结点与输出结点重合为一个,即 ab 环左边的结点,这并不影响采用上述规则进行化简。化简后留下的四条支路分别为 a、e、ab 和 be。

接下来的几步,从图 9-18(c)~(e)的简化过程比较容易不再说明。最终给出转移函数

$$H = \frac{Y}{X} = \frac{ac + e}{1 - ab - cd - bde} \tag{9-23}$$

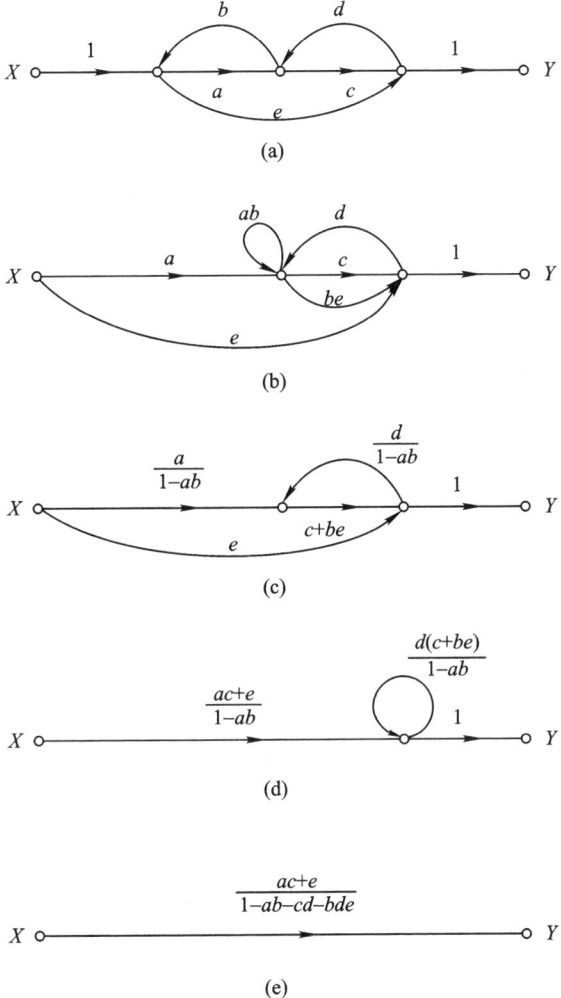

图 9-18 例 9-5 的简化过程

从以上三例可以看出,借助流图运算规则依次化简可以省去求解联立方程式的复杂工作(也即避免了繁琐的行列式计算),简化了系统转移函数的计算过程。

然而,梅森对流图的研究成果并不止于此,他进一步提出了求系统转移函数的一般公式,得到更加简便的方法,这就是下面将要介绍的梅森增益公式。

(五) 信号流图的梅森增益公式

利用梅森增益公式可以根据流图很方便地求得输入与输出间的转移函数。

梅森公式的形式为

$$H = \frac{1}{\Delta} \sum_k g_k \Delta_k \qquad (9-24)$$

式中

Δ——称为流图的特征行列式。

$\Delta = 1 - ($所有不同环路的增益之和$) +$
$\quad($每两个互不接触环路增益乘积之和$) -$
$\quad($每三个互不接触环路增益乘积之和$) + \cdots$

$= 1 - \sum\limits_a L_a + \sum\limits_{b,c} L_b L_c - \sum\limits_{d,e,f} L_d L_e L_f + \cdots$

k——表示由源点到阱点之间第 k 条前向通路的标号。

g_k——表示由源点到阱点之间第 k 条前向通路的增益。

Δ_k——称为对于第 k 条前向通路特征行列式的余因子。它是除去与第 k 条前向通路相接触的环路外,余下的特征行列式(或者说在 Δ 式中只留下与该通路不接触者,如果该通路与各环路都接触则 $\Delta_k = 1$)。

这里不讨论此公式的证明①,仅举出应用实例。

例 9 - 6 用梅森公式求前文例 9 - 4 对应的图 9 - 16(a)和图 9 - 17(a)两流图的转移函数。

解

(1) 图 9 - 16(a)包括两个互不接触的环路,其增益分别为

$$L_1 : ab$$
$$L_2 : cd$$

二者的乘积为:$abcd$

由此求得特征行列式

$$\Delta = 1 - ab - cd + abcd$$

前向通路只有一条

$$g_1 = ac, \quad \Delta_1 = 1$$

代入梅森公式后求得

$$H = \frac{Y}{X} = \frac{ac}{1 - ab - cd + abcd} \qquad (9-25)$$

(2) 图 9 - 17(a)的两个环路与图 9 - 16(a)相同,但二者互相接触,因而有特征行列式为

$$\Delta = 1 - ab - cd$$

---

① 见文献 S. J. Mason. *Feedback Theory: Further Properties of Signal Flow Graphs*. Proc. IRE 44.920, 1956

前向通路的情况与前者完全相同。最后求出

$$H = \frac{Y}{X} = \frac{ac}{1 - ab - cd} \qquad (9-26)$$

此二例与前文结果完全一致,而计算过程明显简化。作为练习,读者可对例 9-5 用梅森公式求解。

例 9-7　求图 9-19 所示系统的转移函数。

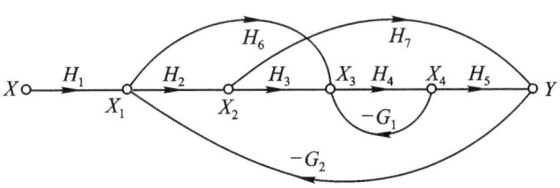

图 9-19　例 9-7 的系统流图

解　为了应用梅森公式,先求出有关参数。

(1) 求 Δ

先求环路:

$$L_1 = (X_3 \to X_4 \to X_3) = -H_4 G_1$$

$$L_2 = (X_2 \to Y \to X_1 \to X_2) = -H_7 G_2 H_2$$

$$L_3 = (X_1 \to X_3 \to X_4 \to Y \to X_1) = -H_6 H_4 H_5 G_2$$

$$L_4 = (X_1 \to X_2 \to X_3 \to X_4 \to Y \to X_1) = -H_2 H_3 H_4 H_5 G_2$$

再求两两不接触的环路

$$L_1 \cdot L_2 = H_2 H_4 H_7 G_1 G_2$$

由此得出

$$\Delta = 1 + (H_4 G_1 + H_2 H_7 G_2 + H_4 H_5 H_6 G_2 + H_2 H_3 H_4 H_5 G_2) +$$
$$\quad H_2 H_4 H_7 G_1 G_2$$

(2) 前向通路共有三条

第一条　$X \to X_1 \to X_2 \to X_3 \to X_4 \to Y$

$$g_1 = H_1 H_2 H_3 H_4 H_5$$

没有与第一条通路不接触的环路,所以

$$\Delta_1 = 1$$

第二条　$X \to X_1 \to X_3 \to X_4 \to Y$

$$g_2 = H_1 H_6 H_4 H_5$$

没有与第二条通路不接触的环路,所以

$$\Delta_2 = 1$$

第三条 $X \to X_1 \to X_2 \to Y$

$$g_3 = H_1 H_2 H_7$$

与第三条通路不接触的环路是 L_1

$$\Delta_3 = 1 + H_4 G_1$$

最后得到系统的转移函数为

$$H = \frac{Y}{X} = \frac{H_1 H_2 H_3 H_4 H_5 + H_1 H_6 H_4 H_5 + H_1 H_2 H_7 (1 + H_4 G_1)}{1 + H_4 G_1 + H_2 H_7 G_2 + H_4 H_5 H_6 G_2 + H_2 H_3 H_4 H_5 G_2 + H_2 H_4 H_7 G_1 G_2} \quad (9-27)$$

例 9-8 根据梅森公式求用下列转移函数表示的系统流图。

$$H(s) = \frac{b_0 s^m + b_1 s^{m-1} + \cdots + b_{m-1} s + b_m}{s^n + a_1 s^{n-1} + a_2 s^{n-2} + \cdots + a_{n-1} s + a_n} \quad m < n \quad (9-28)$$

解 对于连续系统通常用积分器来模拟,因而把式(9-28)改写为

$$H(s) = \frac{\dfrac{b_0}{s^{n-m}} + \dfrac{b_1}{s^{n-m+1}} + \cdots + \dfrac{b_{m-1}}{s^{n-1}} + \dfrac{b_m}{s^n}}{1 + \dfrac{a_1}{s} + \dfrac{a_2}{s^2} + \cdots + \dfrac{a_{n-1}}{s^{n-1}} + \dfrac{a_n}{s^n}} \quad (9-29)$$

从流图的梅森公式来分析式(9-29),则分母可看成是 n 个环路组成的特征行列式,而且它们是互相接触的;分子部分看成 $(m+1)$ 条前向通路构成的增益,并且没有不接触的环路。这样就可以画出图 9-20 的流图形式;根据流图转置的性质图 9-21 也同样满足式(9-29)的转移函数。

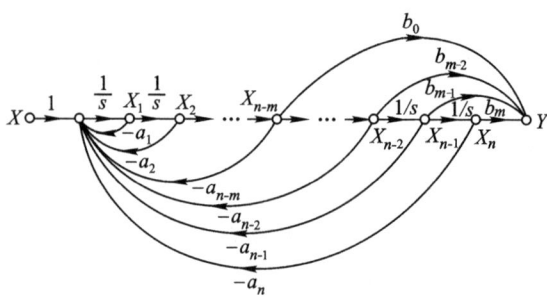

图 9-20 式(9-28)转移函数的流图表示

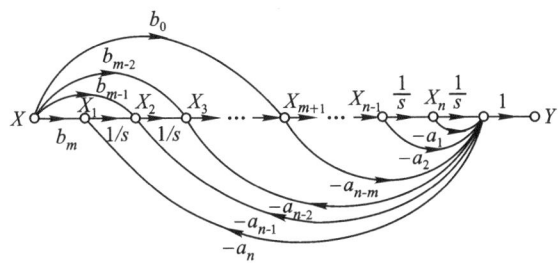

图 9-21　对图 9-20 表示的流图转置后的形式

回顾本节讨论可以看出：信号流图留给我们的印象不应局限于记忆一些公式和研究解题技巧，它的魅力要从更深层次来理解。当人们在繁琐的系统框图中难以解脱，并且无奈地依从列写方程式寻求计算结果时，梅森的方法冲破束缚，抓住研究对象中的主要矛盾，借助流图一目了然看清楚系统内部的主体结构和关键参数。仿此思路、触类旁通，它会启发我们在纷繁杂乱的事物面前拿出简化问题的方案。

另一方面，半个多世纪之前，当梅森取得这一研究工作的初步成果时，人们还不曾意识到信号流图的应用对于理解状态方程的建立和求解大有裨益。在稍后的进一步讨论中读者必然会感受到它为我们带来的方便。

9.4　连续时间系统状态方程的建立

（一）状态方程的一般形式和建立方法概述

一个动态连续系统的时域数学模型可利用信号的各阶导数来描述。作为连续系统的状态方程表现为状态变量的一阶微分联立方程组。如果系统是线性时不变的，则状态方程和输出方程是状态变量和输入信号的线性组合，即

$$\text{状态方程}\begin{cases}\dfrac{\mathrm d}{\mathrm d t}\lambda_1(t)=a_{11}\lambda_1(t)+a_{12}\lambda_2(t)+\cdots+a_{1k}\lambda_k(t)+\\\qquad\qquad b_{11}e_1(t)+b_{12}e_2(t)+\cdots+b_{1m}e_m(t)\\\dfrac{\mathrm d}{\mathrm d t}\lambda_2(t)=a_{21}\lambda_1(t)+a_{22}\lambda_2(t)+\cdots+a_{2k}\lambda_k(t)+\\\qquad\qquad b_{21}e_1(t)+b_{22}e_2(t)+\cdots+b_{2m}e_m(t)\\\quad\vdots\\\dfrac{\mathrm d}{\mathrm d t}\lambda_k(t)=a_{k1}\lambda_1(t)+a_{k2}\lambda_2(t)+\cdots+a_{kk}\lambda_k(t)+\\\qquad\qquad b_{k1}e_1(t)+b_{k2}e_2(t)+\cdots+b_{km}e_m(t)\end{cases} \quad(9-30)$$

输出方程
$$\begin{cases} r_1(t) = c_{11}\lambda_1(t) + c_{12}\lambda_2(t) + \cdots + c_{1k}\lambda_k(t) + \\ \qquad d_{11}e_1(t) + d_{12}e_2(t) + \cdots + d_{1m}e_m(t) \\ r_2(t) = c_{21}\lambda_1(t) + c_{22}\lambda_2(t) + \cdots + c_{2k}\lambda_k(t) + \\ \qquad d_{21}e_1(t) + d_{22}e_2(t) + \cdots + d_{2m}e_m(t) \\ \vdots \\ r_r(t) = c_{r1}\lambda_1(t) + c_{r2}\lambda_2(t) + \cdots + c_{rk}\lambda_k(t) + \\ \qquad d_{r1}e_1(t) + d_{r2}e_2(t) + \cdots + d_{rm}e_m(t) \end{cases} \quad (9-31)$$

其中 $\lambda_1(t),\lambda_2(t),\cdots,\lambda_k(t)$ 为系统的 k 个状态变量。

$e_1(t),e_2(t),\cdots,e_m(t)$ 为系统的 m 个输入信号。

$r_1(t),r_2(t),\cdots,r_r(t)$ 为系统的 r 个输出信号。

如果用矢量矩阵形式可表示为

状态方程 $\quad \left[\dfrac{\mathrm{d}}{\mathrm{d}t}\boldsymbol{\lambda}(t)\right]_{k\times 1} = \boldsymbol{A}_{k\times k}\boldsymbol{\lambda}_{k\times 1}(t) + \boldsymbol{B}_{k\times m}\boldsymbol{e}_{m\times 1}(t) \quad (9-32)$

输出方程 $\quad [\boldsymbol{r}(t)]_{r\times 1} = \boldsymbol{C}_{r\times k}\boldsymbol{\lambda}_{k\times 1}(t) + \boldsymbol{D}_{r\times m}\boldsymbol{e}_{m\times 1}(t) \quad (9-33)$

其中

$$\boldsymbol{\lambda}(t) = \begin{bmatrix} \lambda_1(t) \\ \lambda_2(t) \\ \vdots \\ \lambda_k(t) \end{bmatrix} \qquad \left[\dfrac{\mathrm{d}}{\mathrm{d}t}\boldsymbol{\lambda}(t)\right] = \begin{bmatrix} \dfrac{\mathrm{d}}{\mathrm{d}t}\lambda_1(t) \\ \dfrac{\mathrm{d}}{\mathrm{d}t}\lambda_2(t) \\ \vdots \\ \dfrac{\mathrm{d}}{\mathrm{d}t}\lambda_k(t) \end{bmatrix}$$

$$\boldsymbol{A} = \begin{bmatrix} a_{11} & a_{12} & \cdots & a_{1k} \\ a_{21} & a_{22} & \cdots & a_{2k} \\ \vdots & \vdots & & \vdots \\ a_{k1} & a_{k2} & \cdots & a_{kk} \end{bmatrix} \qquad \boldsymbol{B} = \begin{bmatrix} b_{11} & b_{12} & \cdots & b_{1m} \\ b_{21} & b_{22} & \cdots & b_{2m} \\ \vdots & \vdots & & \vdots \\ b_{k1} & b_{k2} & \cdots & b_{km} \end{bmatrix}$$

$$\boldsymbol{C} = \begin{bmatrix} c_{11} & c_{12} & \cdots & c_{1k} \\ c_{21} & c_{22} & \cdots & c_{2k} \\ \vdots & \vdots & & \vdots \\ c_{r1} & c_{r2} & \cdots & c_{rk} \end{bmatrix} \qquad \boldsymbol{D} = \begin{bmatrix} d_{11} & d_{12} & \cdots & d_{1m} \\ d_{21} & d_{22} & \cdots & d_{2m} \\ \vdots & \vdots & & \vdots \\ d_{r1} & d_{r2} & \cdots & d_{rm} \end{bmatrix}$$

$$\boldsymbol{r}(t) = \begin{bmatrix} r_1(t) \\ r_2(t) \\ \vdots \\ r_r(t) \end{bmatrix} \qquad \boldsymbol{e}(t) = \begin{bmatrix} e_1(t) \\ e_2(t) \\ \vdots \\ e_m(t) \end{bmatrix}$$

与上列数学表达式相对应,可画出系统状态方程和输出方程分析的示意结构图,如图 9-22 所示。图中,$\frac{1}{p}$ 是积分环节,它的输入为 $\frac{d}{dt}\boldsymbol{\lambda}(t)$,输出为 $\boldsymbol{\lambda}(t)$。若 $\boldsymbol{A},\boldsymbol{B},\boldsymbol{C},\boldsymbol{D}$ 矩阵是 t 的函数,表明系统是线性时变的,对于线性时不变系统,$\boldsymbol{A},\boldsymbol{B},\boldsymbol{C},\boldsymbol{D}$ 的各元素都为常数,不随 t 改变。

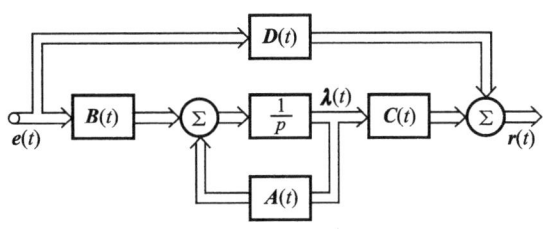

图 9-22 连续系统状态变量描述的结构图

观察状态方程式(9-32)和输出方程式(9-33)可以看出,被选择的状态变量具有这样的特性:每一状态变量的导数是所有状态变量和输入激励信号的函数;每一微分方程中只包含有一个状态变量对时间的导数;输出信号是状态变量和输入信号的函数。通常选择动态元件的输出作为状态变量,在连续系统中是选积分器的输出。

建立给定系统的状态方程的方法很多,这些方法大体上可划分为两大类型:直接法与间接法。其中,直接法主要应用于电路分析、电网络(如滤波器)的计算机辅助设计,而间接法则常见于控制系统研究。考虑到本书范围,在此着重研究后者。在本节第(二)部分,简要介绍用直接法建立电路状态方程的例子,然后讨论各种间接法,包括由输入输出方程建立状态方程、由系统框图(或信号流图)建立状态方程以及由系统函数或传输算子方程建立状态方程等方法。

(二) 由电路图直接建立状态方程

为建立电路的状态方程,先要选定状态变量,通常选电容两端电压和流经电感的电流为状态变量,有时也选电容电荷与电感磁链。

状态变量的个数即式(9-32)中的 k 等于系统的阶数。必须注意,所选定的每个状态变量都应当是独立变量。图 9-23 示例给出几个电容互连的电路,我们来讨论此时独立变量的选取原则。其中,图 9-23(a)将电压源 V_s 接到相互串联电容的两端,这两个电容上的电压不独立,只能选择其中之一为状态变量。而图 9-23(b)中任一电容电压都受到其余两电容电压值的约束,若要选取电容电压为状态变量,它们之中只有两个是独立的。图 9-24 示出几个电感互连的电路,此时同样要注意它们的独立变量选取规律。按照电路对偶原理容易看出,图 9-24(a)由于电流源 I_s 的约束作用,只能选一个电感电流作为独立的状态变量,而图 9-24(b)若要选取电感电流作状态变量,三个电流之中只有两个是独立的。

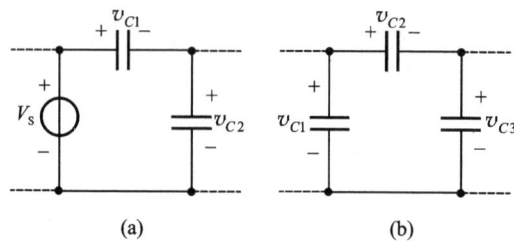

图 9-23 电容与电压源互连以及电容互连的回路

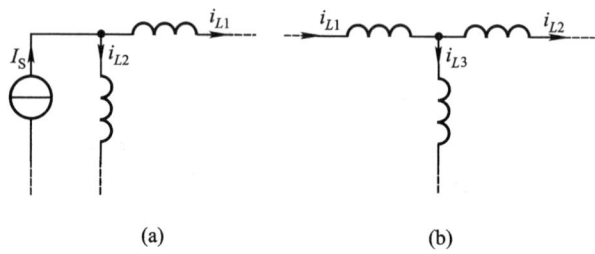

图 9-24 电感与电流源互连以及电感互连的结点

在选定状态变量之后,即可利用 KCL 和 KVL 列写电路方程,经化简消去一些不需要的变量,只留下状态变量和输入信号经整理给出状态方程。

例 9-9 给定图 9-25 的电路,列写电路的状态方程,若输出信号为电压 $r(t)$,列写输出方程。

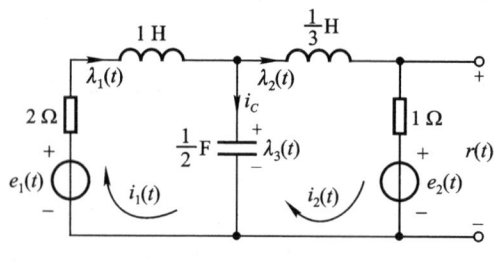

图 9-25 例 9-9 的电路

解 选电感中电流和电容两端电压作为状态变量,则有

$$\lambda_1(t) = i_1(t)$$
$$\lambda_2(t) = i_2(t)$$
$$\lambda_3(t) = v_C(t) = \frac{1}{C}\int i_C(t)\,\mathrm{d}t = \frac{1}{C}\int [i_1(t) - i_2(t)]\,\mathrm{d}t \qquad (9-34)$$

列写图 9-25 的回路方程

$$\begin{cases} 2i_1(t) + \dfrac{\mathrm{d}}{\mathrm{d}t}i_1(t) + 2\int[i_1(t) - i_2(t)]\,\mathrm{d}t = e_1(t) \\ i_2(t) + \dfrac{1}{3}\dfrac{\mathrm{d}}{\mathrm{d}t}i_2(t) + 2\int[i_2(t) - i_1(t)]\,\mathrm{d}t = -e_2(t) \end{cases} \qquad (9-35)$$

把式(9-34)代入式(9-35),省略状态变量函数中的符号 t,经整理得到

$$\begin{cases} \dot{\lambda}_1 = -2\lambda_1 - \lambda_3 + e_1(t) \\ \dot{\lambda}_2 = -3\lambda_2 + 3\lambda_3 - 3e_2(t) \\ \dot{\lambda}_3 = 2\lambda_1 - 2\lambda_2 \end{cases}$$

其中 $\dot{\lambda} = \dfrac{\mathrm{d}\lambda}{\mathrm{d}t}$,表示成矩阵形式为

$$\begin{bmatrix} \dot{\lambda}_1 \\ \dot{\lambda}_2 \\ \dot{\lambda}_3 \end{bmatrix} = \begin{bmatrix} -2 & 0 & -1 \\ 0 & -3 & 3 \\ 2 & -2 & 0 \end{bmatrix} \begin{bmatrix} \lambda_1 \\ \lambda_2 \\ \lambda_3 \end{bmatrix} + \begin{bmatrix} 1 & 0 \\ 0 & -3 \\ 0 & 0 \end{bmatrix} \begin{bmatrix} e_1(t) \\ e_2(t) \end{bmatrix} \qquad (9-36)$$

容易写出输出电压 $r(t)$ 表达式为

$$r(t) = \lambda_2(t) + e_2(t) \qquad (9-37)$$

表示成矩阵形式即输出方程为

$$r(t) = [0,1,0]\begin{bmatrix} \lambda_1 \\ \lambda_2 \\ \lambda_3 \end{bmatrix} + [0,1]\begin{bmatrix} e_1(t) \\ e_2(t) \end{bmatrix} \qquad (9-38)$$

对于比较简单的电路,用上述直观的方法容易列写状态方程。当电路结构相对复杂时,需要利用其他方法,这些方法往往要借助计算机辅助设计(CAD)技术。在电路(或电路分析)课程与教材中对此有初步介绍,详细、深入的研究可参看电路计算机辅助设计方面的教材或专著。

必须指出,连续时间系统状态方程的建立不仅应用于电路分析或设计,在许多科学与技术领域之中都已得到广泛应用,下面举出一个在生态控制研究中利用状态方程的例子。

例 9-10 考虑一种描述生态控制的状态方程模型。

为了研究两种细菌生存竞争的规律可建立连续时间系统的状态方程。若两种细菌在 t 时刻的数量分别为 $\lambda_1(t)$ 和 $\lambda_2(t)$,它们对时间的导数分别为 $\dot{\lambda}_1(t)$

和 $\dot{\lambda}_2(t)$,这反映了繁殖速率。设 α_{11},α_{22} 表示两物种的自身繁殖系数,而 α_{12} 和 α_{21} 为二者相互竞争系数。考虑人为加入一定的药物作用 $e(t)$,且利用 β_1 和 β_2 表示药品杀伤系数。综合上述要求可建立两个联立的非线性微分方程

$$\begin{cases} \dot{\lambda}_1 = \alpha_{11}\lambda_1 - \alpha_{12}\lambda_1\lambda_2 - \beta_1 e(t) \\ \dot{\lambda}_2 = \alpha_{22}\lambda_2 - \alpha_{21}\lambda_1\lambda_2 - \beta_2 e(t) \end{cases}$$

显然,这是一个非线性时不变的二阶状态方程。建立此方程可以帮助人们分析如何根据需要借助激励信号——药物来控制两种细菌的数量和繁殖速率。

下面讨论用间接法建立系统的状态方程

(三) 由系统的输入-输出方程或流图建立状态方程

假定某一物理系统可用如下微分方程表示

$$\frac{d^k}{dt^k}r(t) + a_1\frac{d^{k-1}}{dt^{k-1}}r(t) + \cdots + a_{k-1}\frac{d}{dt}r(t) + a_k r(t)$$
$$= b_0\frac{d^k}{dt^k}e(t) + b_1\frac{d^{k-1}}{dt^{k-1}}e(t) + \cdots + b_{k-1}\frac{d}{dt}e(t) + b_k e(t) \quad (9-39)$$

表示成算子形式为

$$(p^k + a_1 p^{k-1} + \cdots + a_{k-1}p + a_k)r(t)$$
$$= (b_0 p^k + b_1 p^{k-1} + \cdots + b_{k-1}p + b_k)e(t) \quad (9-40)$$

其传输算子为

$$H(p) = \frac{b_0 p^k + b_1 p^{k-1} + \cdots + b_{k-1}p + b_k}{p^k + a_1 p^{k-1} + \cdots + a_{k-1}p + a_k} \quad (9-41)$$

为便于选择状态变量,把式(9-41)表示成

$$H(p) = \frac{b_0 + b_1/p + \cdots + b_{k-1}/p^{k-1} + b_k/p^k}{1 + a_1/p + \cdots + a_{k-1}/p^{k-1} + a_k/p^k} \quad (9-42)$$

这样当用积分器来实现该系统时,有图9-26的流图形式(参见例9-8)。

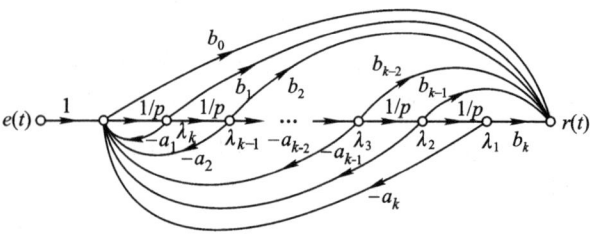

图 9-26 式(9-42)的流图表示

图9-26即是式(9-42)的流图表示,为列写状态方程,取每一积分器的输出作为状态变量,如图中所标的 $\lambda_1(t),\lambda_2(t),\cdots,\lambda_k(t)$,即

$$\begin{cases} \dot{\lambda}_1 = \lambda_2 \\ \dot{\lambda}_2 = \lambda_3 \\ \vdots \\ \dot{\lambda}_{k-1} = \lambda_k \\ \dot{\lambda}_k = -a_k \lambda_1 - a_{k-1} \lambda_2 - \cdots - a_2 \lambda_{k-1} - a_1 \lambda_k + e(t) \end{cases}$$

$$\begin{aligned} r(t) &= b_k \lambda_1 + b_{k-1} \lambda_2 + \cdots + b_2 \lambda_{k-1} + b_1 \lambda_k + \\ &\quad b_0 [-a_k \lambda_1 - a_{k-1} \lambda_2 - \cdots - a_2 \lambda_{k-1} - a_1 \lambda_k + e(t)] \\ &= (b_k - a_k b_0) \lambda_1 + (b_{k-1} - a_{k-1} b_0) \lambda_2 + \cdots + \\ &\quad (b_2 - a_2 b_0) \lambda_{k-1} + (b_1 - a_1 b_0) \lambda_k + b_0 e(t) \end{aligned}$$

(9-43)

方程(9-43)即为对应式(9-39)系统的状态方程和输出方程,表示成矢量矩阵的形式

$$\begin{bmatrix} \dot{\lambda}_1 \\ \dot{\lambda}_2 \\ \vdots \\ \dot{\lambda}_{k-1} \\ \dot{\lambda}_k \end{bmatrix} = \begin{bmatrix} 0 & 1 & 0 & \cdots & 0 \\ 0 & 0 & 1 & \cdots & 0 \\ \vdots & \vdots & \vdots & & \vdots \\ 0 & 0 & 0 & \cdots & 1 \\ -a_k & -a_{k-1} & -a_{k-2} & \cdots & -a_1 \end{bmatrix} \begin{bmatrix} \lambda_1 \\ \lambda_2 \\ \vdots \\ \lambda_{k-1} \\ \lambda_k \end{bmatrix} + \begin{bmatrix} 0 \\ 0 \\ \vdots \\ 0 \\ 1 \end{bmatrix} e(t)$$

(9-44)

$$r(t) = [(b_k - a_k b_0), (b_{k-1} - a_{k-1} b_0), \cdots, (b_2 - a_2 b_0), (b_1 - a_1 b_0)] \begin{bmatrix} \lambda_1 \\ \lambda_2 \\ \vdots \\ \lambda_{k-1} \\ \lambda_k \end{bmatrix} + b_0 e(t)$$

或简化表示成

$$\begin{cases} \dot{\boldsymbol{\lambda}}(t) = \boldsymbol{A}\boldsymbol{\lambda}(t) + \boldsymbol{B}e(t) \\ r(t) = \boldsymbol{C}\boldsymbol{\lambda}(t) + \boldsymbol{D}e(t) \end{cases}$$

(9-45)

对应的 $\boldsymbol{A},\boldsymbol{B},\boldsymbol{C},\boldsymbol{D}$ 矩阵分别为

$$\boldsymbol{A} = \begin{bmatrix} 0 & 1 & 0 & \cdots & 0 \\ 0 & 0 & 1 & \cdots & 0 \\ \vdots & \vdots & \vdots & & \vdots \\ 0 & 0 & 0 & \cdots & 1 \\ -a_k & -a_{k-1} & -a_{k-2} & \cdots & -a_1 \end{bmatrix} \quad \boldsymbol{B} = \begin{bmatrix} 0 \\ 0 \\ \vdots \\ 0 \\ 1 \end{bmatrix}$$

$$\boldsymbol{C} = [(b_k - a_k b_0), (b_{k-1} - a_{k-1} b_0), \cdots, (b_2 - a_2 b_0), (b_1 - a_1 b_0)]$$

$$\boldsymbol{D} = b_0$$

(9-46)

式(9-44)是一般形式,对应式(9-39)的不同输入情况,$\boldsymbol{A}$、$\boldsymbol{B}$ 矩阵是相同的,$\boldsymbol{C}$、$\boldsymbol{D}$ 矩阵有可能不同。

例如式(9-39)方程的右端只包含输入信号 $e(t)$，而不包含其任何阶导数，即

$$\frac{\mathrm{d}^k}{\mathrm{d}t^k}r(t) + a_1\frac{\mathrm{d}^{k-1}}{\mathrm{d}t^{k-1}}r(t) + \cdots + a_{k-1}\frac{\mathrm{d}}{\mathrm{d}t}r(t) + a_k r(t) = e(t) \qquad (9-47)$$

此时，由于 $b_k = 1$，其他 b 系数都为 0，因而

$$\boldsymbol{C} = [1, 0, \cdots, 0] \qquad \boldsymbol{D} = 0 \qquad (9-48)$$

而矩阵 $\boldsymbol{A}, \boldsymbol{B}$ 仍如式(9-46)。

如果式(9-39)方程的右端只包含输入信号的 m 阶及低于 m 阶导数 $(m < k)$，即

$$\frac{\mathrm{d}^k}{\mathrm{d}t^k}r(t) + a_1\frac{\mathrm{d}^{k-1}}{\mathrm{d}t^{k-1}}r(t) + \cdots + a_{k-1}\frac{\mathrm{d}}{\mathrm{d}t}r(t) + a_k r(t)$$

$$= b_{k-m}\frac{\mathrm{d}^m}{\mathrm{d}t^m}e(t) + b_{k-(m-1)}\frac{\mathrm{d}^{m-1}}{\mathrm{d}t^{m-1}}e(t) + \cdots + b_{k-1}\frac{\mathrm{d}}{\mathrm{d}t}e(t) + b_k e(t) \qquad (9-49)$$

此时，矩阵 $\boldsymbol{A}, \boldsymbol{B}$ 仍不变，而矩阵 $\boldsymbol{C}, \boldsymbol{D}$ 分别为

$$\boldsymbol{C} = [b_k, b_{k-1}, \cdots, b_{k-m}, 0, \cdots, 0] \qquad (9-50)$$

$$\boldsymbol{D} = 0$$

按流图转置性质，把式(9-39)对应的流图(图9-26)进行转置可以得到同一系统的另一种流图结构，从而建立另一种形式的状态方程(相当于 9.3 节中的图 9-20 与图 9-21 的相互转置关系)。这表明，对于给定的系统状态变量的选择并非惟一。

（四）将传输算子表达式（或系统函数）分解　建立状态方程

将式(9-41)的分母分解因式，可以对应构成并联或串联形式的流图结构，这样又可构成不同形式的状态方程，下面通过几个典型实例来介绍这种方法。

例 9-11　将下示 $H(p)$ 表达式分解，用流图的并联结构形式建立状态方程

$$H(p) = \frac{p+4}{p^3 + 6p^2 + 11p + 6}$$

解　把给定的 $H(p)$ 表达式作部分分式展开得到

$$H(p) = \frac{p+4}{p^3 + 6p^2 + 11p + 6} = \frac{p+4}{(p+1)(p+2)(p+3)}$$

$$= \frac{3/2}{p+1} + \frac{-2}{p+2} + \frac{1/2}{p+3}$$

$$= H_1(p) + H_2(p) + H_3(p)$$

其中每一个传输算子的标准形式为

$$H_i(p) = \frac{\beta_i}{p + \alpha_i} \qquad (9-51)$$

表示成流图即为图 9-27。

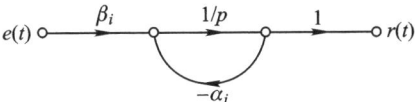

图 9-27 式(9-51)的流图表示

这样,$H(p)$ 的流图形式可表示为图 9-28。

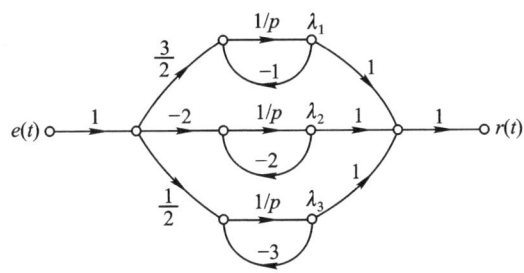

图 9-28 例 9-11 的流图形式

仍取积分器的输出为状态变量,则有

$$\begin{cases} \dot{\lambda}_1 = -\lambda_1 + \dfrac{3}{2}e(t) \\ \dot{\lambda}_2 = -2\lambda_2 - 2e(t) \\ \dot{\lambda}_3 = -3\lambda_3 + \dfrac{1}{2}e(t) \end{cases}$$
$$r(t) = \lambda_1 + \lambda_2 + \lambda_3 \tag{9-52}$$

表示成矩阵形式

$$\begin{bmatrix} \dot{\lambda}_1 \\ \dot{\lambda}_2 \\ \dot{\lambda}_3 \end{bmatrix} = \begin{bmatrix} -1 & 0 & 0 \\ 0 & -2 & 0 \\ 0 & 0 & -3 \end{bmatrix} \begin{bmatrix} \lambda_1 \\ \lambda_2 \\ \lambda_3 \end{bmatrix} + \begin{bmatrix} \dfrac{3}{2} \\ -2 \\ \dfrac{1}{2} \end{bmatrix} e(t)$$

$$r(t) = \begin{bmatrix} 1, 1, 1 \end{bmatrix} \begin{bmatrix} \lambda_1 \\ \lambda_2 \\ \lambda_3 \end{bmatrix} \tag{9-53}$$

从式(9-53)可以看出,这种并联结构形式导致 **A** 矩阵是对角阵,**A** 矩阵为对角阵形式的状态方程在控制理论研究中具有重要意义。

例 9-12 把例 9-11 表示为串联结构形式的状态方程。

解 把例 9-11 的 $H(p)$ 表达式作因式分解

$$H(p) = \left(\frac{1}{p+1}\right)\left(\frac{p+4}{p+2}\right)\left(\frac{1}{p+3}\right) \qquad (9-54)$$

按图 9-27 画成流图形式,如图 9-29 所示。

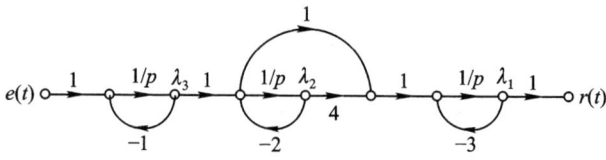

图 9-29 串联结构的流图形式

选积分器输出为状态变量

$$\begin{cases} \dot{\lambda}_1 = -3\lambda_1 + 4\lambda_2 + (\lambda_3 - 2\lambda_2) = -3\lambda_1 + 2\lambda_2 + \lambda_3 \\ \dot{\lambda}_2 = -2\lambda_2 + \lambda_3 \\ \dot{\lambda}_3 = -\lambda_3 + e(t) \end{cases}$$

$$r(t) = \lambda_1$$

或

$$\begin{bmatrix} \dot{\lambda}_1 \\ \dot{\lambda}_2 \\ \dot{\lambda}_3 \end{bmatrix} = \begin{bmatrix} -3 & 2 & 1 \\ 0 & -2 & 1 \\ 0 & 0 & -1 \end{bmatrix} \begin{bmatrix} \lambda_1 \\ \lambda_2 \\ \lambda_3 \end{bmatrix} + \begin{bmatrix} 0 \\ 0 \\ 1 \end{bmatrix} e(t)$$

$$r(t) = [1,0,0] \begin{bmatrix} \lambda_1 \\ \lambda_2 \\ \lambda_3 \end{bmatrix} \qquad (9-55)$$

由式(9-55)可以看出,A 矩阵是三角阵,而对角元素为系统的特征根。

下面讨论在 $H(p)$ 表达式分母因子中出现重根的情况。

例 9-13 用并联结构形式表示下式为状态方程的形式

$$H(p) = \frac{p+4}{(p+1)^3(p+2)(p+3)} \qquad (9-56)$$

解 用并联结构形式表示时,对式(9-39)用部分分式展开

$$H(p) = \frac{3/2}{(p+1)^3} + \frac{-7/4}{(p+1)^2} + \frac{15/8}{(p+1)} + \frac{-2}{(p+2)} + \frac{1/8}{(p+3)} \qquad (9-57)$$

对应式(9-57)的流图结构形式如图 9-30 所示。

选积分器输出为状态变量

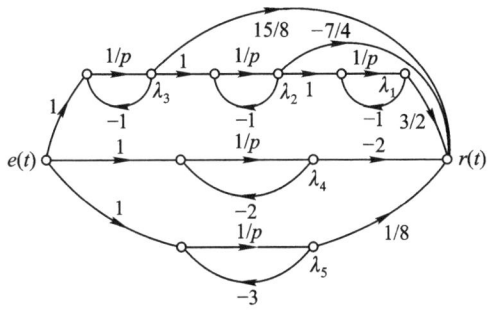

图 9-30 式(9-57)的流图形式

$$\begin{cases} \dot{\lambda}_1 = -\lambda_1 + \lambda_2 \\ \dot{\lambda}_2 = -\lambda_2 + \lambda_3 \\ \dot{\lambda}_3 = -\lambda_3 + e(t) \\ \dot{\lambda}_4 = -2\lambda_4 + e(t) \\ \dot{\lambda}_5 = -3\lambda_5 + e(t) \end{cases}$$

$$r(t) = \frac{3}{2}\lambda_1 - \frac{7}{4}\lambda_2 + \frac{15}{8}\lambda_3 + (-2)\lambda_4 + \frac{1}{8}\lambda_5 \tag{9-58}$$

表示成矩阵形式为

$$\begin{bmatrix} \dot{\lambda}_1 \\ \dot{\lambda}_2 \\ \dot{\lambda}_3 \\ \dot{\lambda}_4 \\ \dot{\lambda}_5 \end{bmatrix} = \begin{bmatrix} -1 & 1 & 0 & 0 & 0 \\ 0 & -1 & 1 & 0 & 0 \\ 0 & 0 & -1 & 0 & 0 \\ 0 & 0 & 0 & -2 & 0 \\ 0 & 0 & 0 & 0 & -3 \end{bmatrix} \begin{bmatrix} \lambda_1 \\ \lambda_2 \\ \lambda_3 \\ \lambda_4 \\ \lambda_5 \end{bmatrix} + \begin{bmatrix} 0 \\ 0 \\ 1 \\ 1 \\ 1 \end{bmatrix} e(t)$$

$$r(t) = \begin{bmatrix} \dfrac{3}{2}, -\dfrac{7}{4}, \dfrac{15}{8}, -2, \dfrac{1}{8} \end{bmatrix} \begin{bmatrix} \lambda_1 \\ \lambda_2 \\ \lambda_3 \\ \lambda_4 \\ \lambda_5 \end{bmatrix} \tag{9-59}$$

例 9-13 说明当系统传输算子用部分分式展开具有重根时,则 A 矩阵成为约当阵的形式。线性代数里已经证明任何矩阵都和一个约当阵相似(对角阵是约当阵的一种特殊情况),所以尽管状态变量选择不同,对同一系统而言不同形式的 A 矩阵都是相似的。9.8 节将进一步研究这一问题。

在本节中,由传输算子 $H(p)$ 建立状态方程的方法通常也适用于由系统函数 $H(s)$ 建立状态方程,此处不再重复说明。针对 $H(p)$ 讨论这一问题更具有一般性。此外,在本章最后还应看到,当研究 $H(s)$ 与系统状态方程之间的关系时,必须考虑系统的可观性和可控性,否则不能全面描述系统性能,这将是 9.9 节研究的重要内容。

9.5 连续时间系统状态方程的求解

可以利用时域方法或变换域方法求解状态方程,通常,对于一些低阶系统由解析式经人工计算求解时,变换域方法比较简便,而时域方法往往需要借助计算机求解。下面先给出用拉普拉斯变换法求解状态方程,然后介绍时域法,最后讨论由状态方程求系统函数的方法。

(一) 用拉普拉斯变换法求解状态方程

若给定方程

$$\begin{cases} \dfrac{\mathrm{d}}{\mathrm{d}t}\boldsymbol{\lambda}(t) = \boldsymbol{A}\boldsymbol{\lambda}(t) + \boldsymbol{B}\boldsymbol{e}(t) \\ \boldsymbol{r}(t) = \boldsymbol{C}\boldsymbol{\lambda}(t) + \boldsymbol{D}\boldsymbol{e}(t) \end{cases} \tag{9-60}$$

两边取拉氏变换

$$s\boldsymbol{\Lambda}(s) - \boldsymbol{\lambda}(0_-) = \boldsymbol{A}\boldsymbol{\Lambda}(s) + \boldsymbol{B}\boldsymbol{E}(s)$$
$$\boldsymbol{R}(s) = \boldsymbol{C}\boldsymbol{\Lambda}(s) + \boldsymbol{D}\boldsymbol{E}(s) \tag{9-61}$$

式中,$\boldsymbol{\lambda}(0_-)$ 为起始条件

$$\boldsymbol{\lambda}(0_-) = \begin{bmatrix} \lambda_1(0_-) \\ \lambda_2(0_-) \\ \vdots \\ \lambda_k(0_-) \end{bmatrix}$$

整理得

$$\begin{cases} \boldsymbol{\Lambda}(s) = (s\boldsymbol{I} - \boldsymbol{A})^{-1}\boldsymbol{\lambda}(0_-) + (s\boldsymbol{I} - \boldsymbol{A})^{-1}\boldsymbol{B}\boldsymbol{E}(s) \\ \boldsymbol{R}(s) = \boldsymbol{C}(s\boldsymbol{I} - \boldsymbol{A})^{-1}\boldsymbol{\lambda}(0_-) + [\boldsymbol{C}(s\boldsymbol{I} - \boldsymbol{A})^{-1}\boldsymbol{B} + \boldsymbol{D}]\boldsymbol{E}(s) \end{cases} \tag{9-62}$$

因而时域表示式为

$$\begin{cases} \boldsymbol{\lambda}(t) = \mathscr{L}^{-1}[(s\boldsymbol{I}-\boldsymbol{A})^{-1}\boldsymbol{\lambda}(0_-)] + \\ \qquad \mathscr{L}^{-1}[(s\boldsymbol{I}-\boldsymbol{A})^{-1}\boldsymbol{B}] * \mathscr{L}^{-1}\boldsymbol{E}(s) \\ \boldsymbol{r}(t) = \underbrace{\boldsymbol{C}\mathscr{L}^{-1}[(s\boldsymbol{I}-\boldsymbol{A})^{-1}\boldsymbol{\lambda}(0_-)]}_{\text{零输入解}} + \\ \qquad \underbrace{\{\boldsymbol{C}\mathscr{L}^{-1}[(s\boldsymbol{I}-\boldsymbol{A})^{-1}\boldsymbol{B}] + \boldsymbol{D}\delta(t)\} * \mathscr{L}^{-1}\boldsymbol{E}(s)}_{\text{零状态解}} \end{cases} \tag{9-63}$$

由此结果可以看出,在计算过程中最关键的一步是求 $(s\boldsymbol{I}-\boldsymbol{A})^{-1}$,下面举例

说明。在时域求解方法中我们将进一步解释$(s\boldsymbol{I}-\boldsymbol{A})^{-1}$取拉普拉斯逆变换的意义。

例 9 – 14 已建立状态方程和输出方程为

$$\begin{bmatrix} \dfrac{\mathrm{d}}{\mathrm{d}t}\lambda_1(t) \\ \dfrac{\mathrm{d}}{\mathrm{d}t}\lambda_2(t) \end{bmatrix} = \begin{bmatrix} 1 & 0 \\ 1 & -3 \end{bmatrix}\begin{bmatrix} \lambda_1(t) \\ \lambda_2(t) \end{bmatrix} + \begin{bmatrix} 1 \\ 0 \end{bmatrix}u(t)$$

$$r(t) = \begin{bmatrix} -\dfrac{1}{4} & 1 \end{bmatrix}\begin{bmatrix} \lambda_1(t) \\ \lambda_2(t) \end{bmatrix}$$

起始条件为

$$\lambda_1(0_-) = 1, \quad \lambda_2(0_-) = 2$$

用拉氏变换法求响应 $r(t)$。

解

$$(s\boldsymbol{I}-\boldsymbol{A}) = s\begin{bmatrix} 1 & 0 \\ 0 & 1 \end{bmatrix} - \begin{bmatrix} 1 & 0 \\ 1 & -3 \end{bmatrix} = \begin{bmatrix} s-1 & 0 \\ -1 & s+3 \end{bmatrix}$$

由此求 $(s\boldsymbol{I}-\boldsymbol{A})^{-1}$，这时需借助伴随矩阵 adj

$$(s\boldsymbol{I}-\boldsymbol{A})^{-1} = \dfrac{\mathrm{adj}(s\boldsymbol{I}-\boldsymbol{A})}{|s\boldsymbol{I}-\boldsymbol{A}|}$$

$$= \dfrac{1}{(s-1)(s+3)}\begin{bmatrix} s+3 & 0 \\ 1 & s-1 \end{bmatrix}$$

$$= \begin{bmatrix} \dfrac{1}{s-1} & 0 \\ \dfrac{1}{(s-1)(s+3)} & \dfrac{1}{s+3} \end{bmatrix}$$

将此结果代入式(9 – 62)可以得到零输入响应与零状态响应的拉氏变换式 $R_{zi}(s)$ 和 $R_{zs}(s)$ 分别为

$$R_{zi}(s) = \boldsymbol{C}(s\boldsymbol{I}-\boldsymbol{A})^{-1}\boldsymbol{\lambda}(0_-)$$

$$= \begin{bmatrix} -\dfrac{1}{4} & 1 \end{bmatrix}\begin{bmatrix} \dfrac{1}{s-1} & 0 \\ \dfrac{1}{(s-1)(s+3)} & \dfrac{1}{s+3} \end{bmatrix}\begin{bmatrix} 1 \\ 2 \end{bmatrix}$$

$$= \dfrac{7}{4} \cdot \dfrac{1}{(s+3)}$$

$$R_{zs}(s) = [\boldsymbol{C}(s\boldsymbol{I}-\boldsymbol{A})^{-1}\boldsymbol{B} + \boldsymbol{D}]E(s)$$

$$= \begin{bmatrix} -\dfrac{1}{4} & 1 \end{bmatrix}\begin{bmatrix} \dfrac{1}{s-1} & 0 \\ \dfrac{1}{(s-1)(s+3)} & \dfrac{1}{s+3} \end{bmatrix}\begin{bmatrix} 1 \\ 0 \end{bmatrix} \cdot \dfrac{1}{s}$$

$$= \frac{1}{12}\left(\frac{1}{s+3} - \frac{1}{s}\right)$$

合并以上二式并求拉氏逆变换得到响应的时域解

$$r(t) = \left[\frac{7}{4}e^{-3t} + \frac{1}{12}(e^{-3t} - 1)\right]u(t)$$

$$= \left(\frac{11}{6}e^{-3t} - \frac{1}{12}\right)u(t)$$

（二）用时域法求解状态方程（矢量微分方程求解）

在时域求解方法中需要用到"矩阵指数"，先给出矩阵指数 e^{At} 的定义和主要性质,它的定义为

$$e^{At} = I + At + \frac{1}{2!}A^2 t^2 + \cdots + \frac{1}{k!}A^k t^k + \cdots$$

$$= \sum_{k=0}^{\infty} \frac{1}{k!} A^k t^k \tag{9-64}$$

式中 A 为 $k \times k$ 方阵, e^{At} 也是一个 $k \times k$ 方阵。它的主要性质有

$$e^{At} e^{-At} = I \tag{9-65}$$

$$e^{At} = [e^{-At}]^{-1} \tag{9-66}$$

$$\frac{d}{dt}e^{At} = Ae^{At} = e^{At}A \tag{9-67}$$

从直观认识容易接受这些结论,严格的证明见参考书目[1]。

下面对给定的状态方程进行时域求解,若已知

$$\frac{d}{dt}\boldsymbol{\lambda}(t) = A\boldsymbol{\lambda}(t) + Be(t) \tag{9-68}$$

并给定起始状态矢量

$$\boldsymbol{\lambda}(0_-) = \begin{bmatrix} \lambda_1(0_-) \\ \lambda_2(0_-) \\ \vdots \\ \lambda_k(0_-) \end{bmatrix} \tag{9-69}$$

对式(9-68)两边左乘 e^{-At},移项有

$$e^{-At}\frac{d}{dt}\boldsymbol{\lambda}(t) - e^{-At}A\boldsymbol{\lambda}(t) = e^{-At}Be(t) \tag{9-70}$$

化简得

$$\frac{d}{dt}e^{-At}\boldsymbol{\lambda}(t) = e^{-At}Be(t) \tag{9-71}$$

两边取积分,并考虑式(9-68)的起始条件,有

$$e^{-At}\boldsymbol{\lambda}(t) - \boldsymbol{\lambda}(0_-) = \int_{0_-}^{t} e^{-A\tau} Be(\tau) d\tau \tag{9-72}$$

对式(9-72)两边左乘 e^{At},并考虑到

$$e^{At}e^{-At} = I \qquad (9-73)$$

可得

$$\begin{aligned}\boldsymbol{\lambda}(t) &= e^{At}\boldsymbol{\lambda}(0_-) + \int_{0_-}^{t} e^{A(t-\tau)}\boldsymbol{B}\boldsymbol{e}(\tau)d\tau \\ &= e^{At}\boldsymbol{\lambda}(0_-) + e^{At}\boldsymbol{B} * \boldsymbol{e}(t)\end{aligned} \qquad (9-74)$$

表示式(9-74),即为方程(9-68)的一般解。将此结果代入输出方程得到 $r(t)$

$$\begin{aligned}r(t) &= C\boldsymbol{\lambda}(t) + D\boldsymbol{e}(t) \\ &= Ce^{At}\boldsymbol{\lambda}(0_-) + \int_{0_-}^{t} Ce^{A(t-\tau)}\boldsymbol{B}\boldsymbol{e}(\tau)d\tau + D\boldsymbol{e}(t) \\ &= \underbrace{Ce^{At}\boldsymbol{\lambda}(0_-)}_{\text{零输入解}} + \underbrace{[Ce^{At}\boldsymbol{B} + D\delta(t)] * \boldsymbol{e}(t)}_{\text{零状态解}}\end{aligned} \qquad (9-75)$$

将时域求解结果式(9-74)和式(9-75)与变换域求解结果式(9-63)相比较,不难发现 $(s\boldsymbol{I}-\boldsymbol{A})^{-1}$ 就是 e^{At} 的拉氏变换,即

$$e^{At} = \mathscr{L}^{-1}[(s\boldsymbol{I}-\boldsymbol{A})^{-1}] \qquad (9-76)$$

无论状态方程的解或输出方程的解都由两部分相加组成,第一部分是零输入解,由 $\boldsymbol{\lambda}(0_-)$ 引起,第二部分是零状态解,由激励信号 $\boldsymbol{e}(t)$ 引起。两部分的变化规律都与矩阵 e^{At} 有关,因此可以说 e^{At} 反映了系统状态变化的本质。e^{At} 称为"状态转移矩阵"(state transition matrix),而它的拉氏变换 $(s\boldsymbol{I}-\boldsymbol{A})^{-1}$ 称为"特征矩阵"(characteristic matrix)。

至此,时域解的表达式虽已给出,而计算工作并未结束,为求得最终结果必须先求出 e^{At},正如在变换域方法中先求 $(s\boldsymbol{I}-\boldsymbol{A})^{-1}$ 一样。当然,也可以用变换域方法由 $(s\boldsymbol{I}-\boldsymbol{A})^{-1}$ 取逆变换间接得到 e^{At},除了这种方法之外,还有几种从时域直接求 e^{At} 的方法,计算过程繁琐,一般要借助计算机求解。限于本书篇幅,不再讨论。如有兴趣可查看参考书目[1]的 12.3 节。

(三) 由状态方程求系统函数 $H(s)$

当给定系统的状态方程时,可利用已知的 $\boldsymbol{A},\boldsymbol{B},\boldsymbol{C},\boldsymbol{D}$ 矩阵表示系统转移函数 $H(s)$,下面导出此关系式。

设给定状态方程

$$\begin{cases}\dot{\boldsymbol{\lambda}}(t) = \boldsymbol{A}\boldsymbol{\lambda}(t) + \boldsymbol{B}\boldsymbol{e}(t) \\ r(t) = \boldsymbol{C}\boldsymbol{\lambda}(t) + \boldsymbol{D}\boldsymbol{e}(t)\end{cases} \qquad (9-77)$$

其中 $\boldsymbol{A},\boldsymbol{B},\boldsymbol{C},\boldsymbol{D}$ 为常数阵。

考虑到系统转移函数是在零起始状态下得到的,因此对式(9-77)两边取拉氏变换有

$$\begin{cases} s\Lambda(s) = A\Lambda(s) + BE(s) \\ R(s) = C\Lambda(s) + DE(s) \end{cases} \tag{9-78}$$

由式(9-78)的第一式得到

$$\Lambda(s) = (sI - A)^{-1} BE(s)$$

代入式(9-78)的第二式,整理得

$$H(s) = \frac{R(s)}{E(s)} = C(sI - A)^{-1} B + D \tag{9-79}$$

其中

$$(sI - A)^{-1} = \frac{\text{adj}(sI - A)}{|sI - A|}$$

此外 $H(s)$ 的一般表示式为

$$H(s) = \frac{b_0 s^k + b_1 s^{k-1} + \cdots + b_{k-1} s + b_k}{s^k + a_1 s^{k-1} + \cdots + a_{k-1} s + a_k} \tag{9-80}$$

比较式(9-79)和式(9-80)的分母可以看出 $|sI-A|$ 即为 $H(s)$ 分母的特征多项式,所以称 $(sI-A)^{-1}$ 为系统的特征矩阵。

将式(9-79)取逆变换即得系统的冲激响应 $h(t)$

$$h(t) = Ce^{At} B + D\delta(t) \tag{9-81}$$

显然,此结果也可从式(9-75)的第二项(零状态解)令 $e(t) = \delta(t)$ 求得。

例 9-15 求图 9-31 所示系统的转移函数。

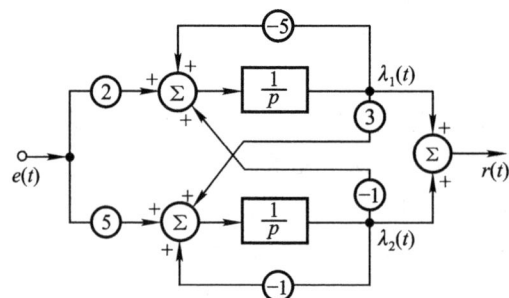

图 9-31 例 9-15 的系统

解 由图 9-31,设置状态变量 $\lambda_1(t)$ 和 $\lambda_2(t)$,则可以得出状态方程和输出方程为

$$\begin{cases} \dfrac{d}{dt}\lambda_1 = -5\lambda_1 - \lambda_2 + 2e(t) \\ \dfrac{d}{dt}\lambda_2 = 3\lambda_1 - \lambda_2 + 5e(t) \end{cases}$$

$$r(t) = \lambda_1 + \lambda_2$$

由此得到

$$A = \begin{bmatrix} -5 & -1 \\ 3 & -1 \end{bmatrix} \qquad B = \begin{bmatrix} 2 \\ 5 \end{bmatrix}$$

$$C = [1, 1] \qquad D = 0$$

按式(9-79)先求特征矩阵

$$(sI - A)^{-1} = \begin{bmatrix} s+5 & 1 \\ -3 & s+1 \end{bmatrix}^{-1}$$

$$= \frac{1}{(s+2)(s+4)} \begin{bmatrix} s+1 & -1 \\ 3 & s+5 \end{bmatrix}$$

所以

$$H(s) = C(sI - A)^{-1}B + D$$

$$= [1, 1] \frac{1}{(s+2)(s+4)} \begin{bmatrix} s+1 & -1 \\ 3 & s+5 \end{bmatrix} \begin{bmatrix} 2 \\ 5 \end{bmatrix}$$

$$= \frac{7s + 28}{(s+2)(s+4)} \tag{9-82}$$

如果系统具有 r 个输出,m 个输入,即

$$\begin{cases} \dot{\boldsymbol{\lambda}}_{k \times 1}(t) = \boldsymbol{A}_{k \times k} \boldsymbol{\lambda}_{k \times 1}(t) + \boldsymbol{B}_{k \times m} \boldsymbol{e}_{m \times 1}(t) \\ \boldsymbol{r}_{r \times 1}(t) = \boldsymbol{C}_{r \times k} \boldsymbol{\lambda}_{k \times 1}(t) + \boldsymbol{D}_{r \times m} \boldsymbol{e}_{m \times 1}(t) \end{cases} \tag{9-83}$$

则按上面推导得到系统转移函数阵为

$$\boldsymbol{H}_{r \times m}(s) = \boldsymbol{C}_{r \times k} (sI - A)^{-1}_{k \times k} \boldsymbol{B}_{k \times m} + \boldsymbol{D}_{r \times m}$$

$$= \begin{bmatrix} H_{11}(s) & H_{12}(s) & \cdots & H_{1m}(s) \\ H_{21}(s) & H_{22}(s) & \cdots & H_{2m}(s) \\ \vdots & \vdots & & \vdots \\ H_{r1}(s) & H_{r2}(s) & \cdots & H_{rm}(s) \end{bmatrix} \tag{9-84}$$

式(9-84)中每一元素的物理意义可用下式表示

$$H_{ij}(s) = \frac{\text{第 } i \text{ 个输出 } R_i(s) \text{ 中对第 } j \text{ 个输入的响应}}{\text{第 } j \text{ 个输入 } E_j(s)} \Bigg|_{\text{其他输入量都为零}} \tag{9-85}$$

9.6 离散时间系统状态方程的建立

(一) 状态方程的一般形式和建立方法概述

对于一个动态的时域离散系统,它的数学模型是用各阶差分方程形式描述的。作为离散系统的状态方程表现为一阶差分联立方程组的形式,即

如果系统是线性时不变系统,则状态方程和输出方程是状态变量和输入信号的线性组合,即

状态方程
$$\begin{cases}\lambda_1(n+1) = a_{11}\lambda_1(n) + a_{12}\lambda_2(n) + \cdots + a_{1k}\lambda_k(n) + \\ \qquad\qquad b_{11}x_1(n) + b_{12}x_2(n) + \cdots + b_{1m}x_m(n) \\ \lambda_2(n+1) = a_{21}\lambda_1(n) + a_{22}\lambda_2(n) + \cdots + a_{2k}\lambda_k(n) + \\ \qquad\qquad b_{21}x_1(n) + b_{22}x_2(n) + \cdots + b_{2m}x_m(n) \\ \vdots \\ \lambda_k(n+1) = a_{k1}\lambda_1(n) + a_{k2}\lambda_2(n) + \cdots + a_{kk}\lambda_k(n) + \\ \qquad\qquad b_{k1}x_1(n) + b_{k2}x_2(n) + \cdots + b_{km}x_m(n) \end{cases} \quad (9-86)$$

输出方程
$$\begin{cases}y_1(n) = c_{11}\lambda_1(n) + c_{12}\lambda_2(n) + \cdots + c_{1k}\lambda_k(n) + \\ \qquad\quad d_{11}x_1(n) + d_{12}x_2(n) + \cdots + d_{1m}x_m(n) \\ y_2(n) = c_{21}\lambda_1(n) + c_{22}\lambda_2(n) + \cdots + c_{2k}\lambda_k(n) + \\ \qquad\quad d_{21}x_1(n) + d_{22}x_2(n) + \cdots + d_{2m}x_m(n) \\ \vdots \\ y_r(n) = c_{r1}\lambda_1(n) + c_{r2}\lambda_2(n) + \cdots + c_{rk}\lambda_k(n) + \\ \qquad\quad d_{r1}x_1(n) + d_{r2}x_2(n) + \cdots + d_{rm}x_m(n) \end{cases} \quad (9-87)$$

其中 $\lambda_1(n), \lambda_2(n), \cdots, \lambda_k(n)$ 为系统的状态变量;

$x_1(n), x_2(n), \cdots, x_m(n)$ 为系统的 m 个输入信号;

$y_1(n), y_2(n), \cdots, y_r(n)$ 为系统的 r 个输出信号。

表示成矢量方程形式

$$\begin{cases}\text{状态方程} \quad \boldsymbol{\lambda}_{k\times 1}(n+1) = \boldsymbol{A}_{k\times k}\boldsymbol{\lambda}_{k\times 1}(n) + \boldsymbol{B}_{k\times m}\boldsymbol{x}_{m\times 1}(n) \\ \text{输出方程} \quad \boldsymbol{Y}_{r\times 1}(n) = \boldsymbol{C}_{r\times k}\boldsymbol{\lambda}_{k\times 1}(n) + \boldsymbol{D}_{r\times m}\boldsymbol{x}_{m\times 1}(n)\end{cases} \quad (9-88)$$

其中

$$\boldsymbol{\lambda}(n) = \begin{bmatrix}\lambda_1(n) \\ \lambda_2(n) \\ \vdots \\ \lambda_k(n)\end{bmatrix}$$

$$\boldsymbol{A} = \begin{bmatrix}a_{11} & a_{12} & \cdots & a_{1k} \\ a_{21} & a_{22} & \cdots & a_{2k} \\ \vdots & \vdots & & \vdots \\ a_{k1} & a_{k2} & \cdots & a_{kk}\end{bmatrix} \quad \boldsymbol{B} = \begin{bmatrix}b_{11} & b_{12} & \cdots & b_{1m} \\ b_{21} & b_{22} & \cdots & b_{2m} \\ \vdots & \vdots & & \vdots \\ b_{k1} & b_{k2} & \cdots & b_{km}\end{bmatrix}$$

$$\boldsymbol{C} = \begin{bmatrix}c_{11} & c_{12} & \cdots & c_{1k} \\ c_{21} & c_{22} & \cdots & c_{2k} \\ \vdots & \vdots & & \vdots \\ c_{r1} & c_{r2} & \cdots & c_{rk}\end{bmatrix} \quad \boldsymbol{D} = \begin{bmatrix}d_{11} & d_{12} & \cdots & d_{1m} \\ d_{21} & d_{22} & \cdots & d_{2m} \\ \vdots & \vdots & & \vdots \\ d_{r1} & d_{r2} & \cdots & d_{rm}\end{bmatrix}$$

$$Y(n) = \begin{bmatrix} y_1(n) \\ y_2(n) \\ \vdots \\ y_r(n) \end{bmatrix} \qquad X(n) = \begin{bmatrix} x_1(n) \\ x_2(n) \\ \vdots \\ x_m(n) \end{bmatrix}$$

观察离散系统的状态方程可以看出:$(n+1)$时刻的状态变量是 n 时刻状态变量和输入信号的函数。在离散系统中,动态元件是延时单元,因而状态变量常常取延时单元的输出。

与连续时间系统的分析类似,可以画出与图 9-22 类似的示意结构图,如图 9-32 所示。图中,$\frac{1}{E}$ 是延时单元,它的输入为 $\boldsymbol{\lambda}(n+1)$,输出是 $\boldsymbol{\lambda}(n)$。若 A, B, C, D 矩阵是 n 的函数,表明系统是线性时变的,对于线性时不变系统,A, B, C, D 各元素都为常数,不随 n 改变。

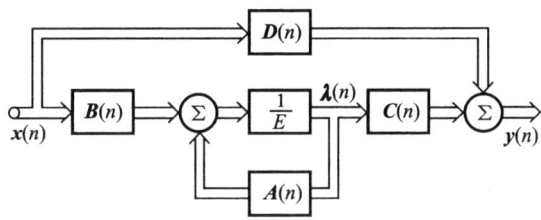

图 9-32 离散系统状态变量描述的结构图

建立离散时间系统状态方程的方法也可划分为直接法与间接法两类。而在数字滤波器类型的电子系统中,不存在与连续系统 R, L, C 元件组合相对应的电路形式,离散系统的实际结构就是由流图或框图形式给出的,此时,建立状态方程的方法与连续系统中的间接法对应。但是,对于各种非电领域的实际问题仍需要直接按照研究对象的变化规律,建立状态方程。下面先讨论间接法,然后给出直接法的例子。

(二) 由系统的输入-输出差分方程建立状态方程

对于离散系统通常用下列 k 阶差分方程描述

$$\begin{aligned}
& y(n) + a_1 y(n-1) + a_2 y(n-2) + \cdots + a_{k-1} y[n-(k-1)] + \\
& \quad a_k y(n-k) \\
& = b_0 x(n) + b_1 x(n-1) + b_2 x(n-2) + \cdots + \\
& \quad b_{k-1} x[n-(k-1)] + b_k x(n-k)
\end{aligned} \qquad (9-89)$$

如果表示成算子形式为

$$(E^k + a_1 E^{k-1} + a_2 E^{k-2} + \cdots + a_{k-1} E + a_k) y(n)$$
$$= (b_0 E^k + b_1 E^{k-1} + b_2 E^{k-2} + \cdots + b_{k-1} E + b_k) x(n) \quad (9-90)$$

传输算子为

$$H(E) = \frac{b_0 E^k + b_1 E^{k-1} + \cdots + b_{k-1} E + b_k}{E^k + a_1 E^{k-1} + \cdots + a_{k-1} E + a_k} \quad (9-91)$$

考虑到离散系统用延时单元来实现,因而把式(9-91)改写为式(9-92)的形式

$$H(E) = \frac{b_0 + \dfrac{b_1}{E} + \dfrac{b_2}{E^2} + \cdots + \dfrac{b_{k-1}}{E^{k-1}} + \dfrac{b_k}{E^k}}{1 + \dfrac{a_1}{E} + \dfrac{a_2}{E^2} + \cdots + \dfrac{a_{k-1}}{E^{k-1}} + \dfrac{a_k}{E^k}} \quad (9-92)$$

按式(9-92)可以画出其流图形式如图 9-33 所示。

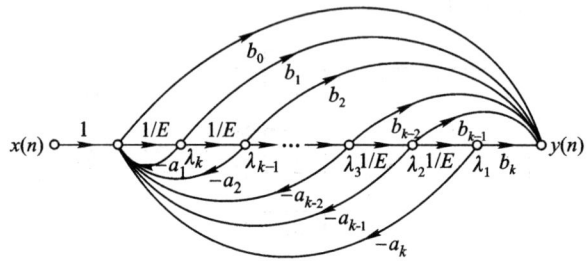

图 9-33 式(9-92)的流图表示

选延时单元输出作为状态变量,如图 9-33 中所标注的,则有

$$\begin{cases} \lambda_1(n+1) = \lambda_2(n) \\ \lambda_2(n+1) = \lambda_3(n) \\ \quad \vdots \\ \lambda_{k-1}(n+1) = \lambda_k(n) \\ \lambda_k(n+1) = -a_k \lambda_1(n) - a_{k-1} \lambda_2(n) - \cdots - \\ \qquad\qquad a_2 \lambda_{k-1}(n) - a_1 \lambda_k(n) + x(n) \end{cases}$$

$$\begin{aligned} y(n) &= b_k \lambda_1(n) + b_{k-1} \lambda_2(n) + \cdots + b_2 \lambda_{k-1}(n) + b_1 \lambda_k(n) + \\ &\quad b_0 [-a_k \lambda_1(n) - a_{k-1} \lambda_2(n) - \cdots - a_2 \lambda_{k-1}(n) - \\ &\quad a_1 \lambda_k(n) + x(n)] \\ &= (b_k - a_k b_0) \lambda_1(n) + (b_{k-1} - a_{k-1} b_0) \lambda_2(n) + \cdots + \\ &\quad (b_2 - a_2 b_0) \lambda_{k-1}(n) + (b_1 - a_1 b_0) \lambda_k(n) + b_0 x(n) \quad (9-93) \end{aligned}$$

表示成矢量方程形式为

$$\begin{cases} \boldsymbol{\lambda}(n+1) = \boldsymbol{A}\boldsymbol{\lambda}(n) + \boldsymbol{B}x(n) \\ y(n) = \boldsymbol{C}\boldsymbol{\lambda}(n) + \boldsymbol{D}x(n) \end{cases} \qquad (9-94)$$

其中

$$\boldsymbol{A} = \begin{bmatrix} 0 & 1 & 0 & \cdots & 0 \\ 0 & 0 & 1 & \cdots & 0 \\ \vdots & \vdots & \vdots & & \vdots \\ 0 & 0 & 0 & \cdots & 1 \\ -a_k & -a_{k-1} & -a_{k-2} & \cdots & -a_1 \end{bmatrix} \quad \boldsymbol{B} = \begin{bmatrix} 0 \\ 0 \\ \vdots \\ 0 \\ 1 \end{bmatrix}$$

$$\boldsymbol{C} = [(b_k - a_k b_0), (b_{k-1} - a_{k-1} b_0), \cdots, (b_2 - a_2 b_0), (b_1 - a_1 b_0)]$$

$$\boldsymbol{D} = b_0$$

由此可见,根据离散系统的传输算子来列写系统的状态方程其步骤和结果与连续系统完全一样,只不过用延时单元来代替连续系统中的积分器。所以对离散系统其他形式的状态变量选择可以如连续系统采用的方法一样来做。在9.4 节第(四)部分讨论的将传输算子表达式(或系统函数)分解建立状态方程的方法同样适用于离散时间系统。而 $\boldsymbol{A}$ 矩阵为约当阵的形式为最普遍和最重要的状态方程形式,对同一系统而言,不同形式的 $\boldsymbol{A}$ 矩阵都是相似的。这些结论对于连续与离散系统具有同样的重要意义。

(三) 由给定系统的方框图或流图建立状态方程

给定离散系统的方框图或流图,很容易建立系统的状态方程,只要取延时单元的输出作为状态变量即可,这里列举有两个输入和两个输出的例子以作说明。

例 9 – 16 给定离散系统的方框图或流图如图 9 – 34 所示,列出系统的状态方程。

解 由方框图,其中有两个延时单元,因而可以设置两个状态变量,分别为 $\lambda_1(n)$ 和 $\lambda_2(n)$,这样即可写出状态方程与输出方程为

$$\begin{cases} \lambda_1(n+1) = a_1 \lambda_1(n) + x_1(n) \\ \lambda_2(n+1) = a_2 \lambda_2(n) + x_2(n) \end{cases}$$

$$\begin{cases} y_1(n) = \lambda_1(n) + \lambda_2(n) \\ y_2(n) = \lambda_2(n) + x_1(n) \end{cases} \qquad (9-95)$$

表示成矩阵形式为

$$\begin{bmatrix} \lambda_1(n+1) \\ \lambda_2(n+1) \end{bmatrix} = \begin{bmatrix} a_1 & 0 \\ 0 & a_2 \end{bmatrix} \begin{bmatrix} \lambda_1(n) \\ \lambda_2(n) \end{bmatrix} + \begin{bmatrix} 1 & 0 \\ 0 & 1 \end{bmatrix} \begin{bmatrix} x_1(n) \\ x_2(n) \end{bmatrix}$$

$$\begin{bmatrix} y_1(n) \\ y_2(n) \end{bmatrix} = \begin{bmatrix} 1 & 1 \\ 0 & 1 \end{bmatrix} \begin{bmatrix} \lambda_1(n) \\ \lambda_2(n) \end{bmatrix} + \begin{bmatrix} 0 & 0 \\ 1 & 0 \end{bmatrix} \begin{bmatrix} x_1(n) \\ x_2(n) \end{bmatrix} \qquad (9-96)$$

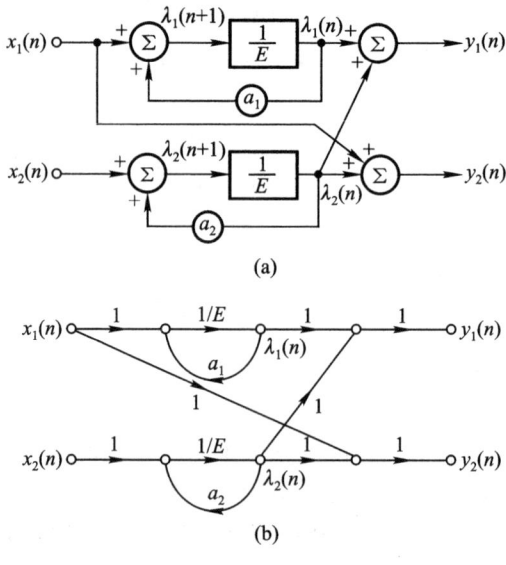

图 9-34 例 9-16 的系统

本例中,矩阵 A 为对角形式,这就是无重根情况下的约当阵,若对该系统导出其他形式的状态方程,其 A 矩阵都应与此对角阵相似。

从以上有关连续系统和离散系统状态方程的分析可以看出,作为状态方程与输出方程,它们在形式上是相同的,这就是由输入量、输出量、状态变量以及联系它们之间关系的 A,B,C,D 矩阵所构成,即对连续系统状态方程和输出方程形式为

$$\begin{cases} \dot{\boldsymbol{\lambda}}(t) = \boldsymbol{A}\boldsymbol{\lambda}(t) + \boldsymbol{B}\boldsymbol{e}(t) \\ \boldsymbol{r}(t) = \boldsymbol{C}\boldsymbol{\lambda}(t) + \boldsymbol{D}\boldsymbol{e}(t) \end{cases} \tag{9-97}$$

对离散系统状态方程和输出方程为

$$\begin{cases} \boldsymbol{\lambda}(n+1) = \boldsymbol{A}\boldsymbol{\lambda}(n) + \boldsymbol{B}\boldsymbol{x}(n) \\ \boldsymbol{y}(n) = \boldsymbol{C}\boldsymbol{\lambda}(n) + \boldsymbol{D}\boldsymbol{x}(n) \end{cases} \tag{9-98}$$

(四)由研究对象的运动规律直接建立状态方程

下面举出由研究对象的运动规律直接建立状态方程的实例。

例 9-17 某地区人口增长的简化动态模型。

首先把待研究地区的人口按年龄段分为若干个组,以序号 i 表示第 i 组,$i = 0,1,2,\cdots,k-1$,共有 k 组。以 n 表示时间序号,时间周期按年计算。

设 $\lambda_i(n)$ 表示第 n 个时间周期内(n 年)第 i 组的人口数量,$\lambda_0(n)$ 和 $\lambda_{k-1}(n)$ 分别表示第 n 年的最小与最大年龄组人口数。

设 β_i 为存活系数,表示 $\lambda_{i+1}(n+1)$ 与 $\lambda_i(n)$ 之比,显然与人口存活情况有关,于是可建立如下关系式

$$\lambda_{i+1}(n+1) = \beta_i \lambda_i(n) \qquad (9-99)$$

但是,对于最小年龄组上式不成立,$\lambda_0(n)$ 的数量变动取决于各年龄组生育的综合结果,设 α_i 为生育系数,可以建立如下方程

$$\lambda_0(n+1) = \alpha_0 \lambda_0(n) + \alpha_1 \lambda_1(n) + \alpha_2 \lambda_2(n) + \cdots + \alpha_{k-1} \lambda_{k-1}(n) \qquad (9-100)$$

综合上述分析,读者容易列出完整的状态方程式,此状态方程为 k 阶。

注意到在此方程中没有激励信号,在给定起始条件后即可求解,结果中只包含零输入响应部分。为使上述分析付诸实际应用,需要根据该地区的历史状况和当前与未来的生态环境、社会环境以及生育习俗等多种因素正确选择 α,β 系数。利用此方程可以粗略预测该地区人口发展状况。人为调节相应的系数可以适当控制人口增长速度。

例 9 - 18 简单的宏观经济模型。

1971 年美国麻省理工学院(MIT)平杜克(R. S. Pindyck)在他的博士论文中提出了一种以状态方程描述的宏观经济模型,用来分析美国经济发展的动态特性,求解结果与实测参数比较接近。

这里简要介绍建立此模型的一些考虑,帮助我们初步认识如何从研究对象的变化规律建立状态方程。

下面给出一个简化的模型,共有六个状态变量,一个激励信号。

考虑以下四个经济变量

C:货物及服务的消费支出

P:货物及服务的价格水平

W:工资水平

M:货币供应

以 $n = 0,1,2,\cdots$ 整数序号表示时间变量,时间间隔为一个季度(三个月),$n = 0$ 为待研究时段的起点。

从经济学的各种规律和该地区或国家的实际状况可以给出描述以上四个变量相互关系的一组方程式如下

$$C(n) = \alpha_1 C(n-1) + \alpha_2 P(n-1) + \alpha_3 W(n-1) + \alpha_4 W(n-2)$$

$$(9-101)$$

$$P(n) = \beta_1 P(n-1) + \beta_2 W(n-1) + \beta_3 W(n-2) + \beta_4 M(n-1)$$

$$(9-102)$$

$$W(n) = \gamma_1 P(n-3) + \gamma_2 C(n-1) \qquad (9-103)$$

式中 $\alpha_1, \alpha_2, \alpha_3, \alpha_4, \beta_1, \beta_2, \beta_3, \beta_4, \gamma_1$ 和 γ_2 都是常数参量,假定它们不随 n 改变。

在式(9-102)中,当前的价格水平 $P(n)$ 取决于前一季度的价格水平 $P(n-1)$ 和过去的工资水平 $W(n-1)$、$W(n-2)$ 以及前一季度的总货币供应 $M(n-1)$,这是因为游资愈多价格愈高。对于式(9-101)也可作类似的说明。而在式(9-103)中,当前的工资水平 $W(n)$ 取决于九个月前的物价水平,间隔时间较长是由于劳资协商调整工作需要一定的延时;此外还受上一季度消费水平的影响。

选择 $C(n), P(n), W(n), W(n-1), P(n-1)$ 和 $P(n-2)$ 作为状态变量,分别以 $\lambda_1(n)$ 至 $\lambda_6(n)$ 表示,于是有

$$\boldsymbol{\lambda}(n) = \begin{bmatrix} \lambda_1(n) \\ \lambda_2(n) \\ \lambda_3(n) \\ \lambda_4(n) \\ \lambda_5(n) \\ \lambda_6(n) \end{bmatrix} = \begin{bmatrix} C(n) \\ P(n) \\ W(n) \\ W(n-1) \\ P(n-1) \\ P(n-2) \end{bmatrix} \qquad (9-104)$$

而货币供应 $M(n)$ 由政府政策控制,作为激励信号

$$X(n) = M(n)$$

至此,可以写出状态方程如下

$$\begin{bmatrix} \lambda_1(n) \\ \lambda_2(n) \\ \lambda_3(n) \\ \lambda_4(n) \\ \lambda_5(n) \\ \lambda_6(n) \end{bmatrix} = \begin{bmatrix} \alpha_1 & \alpha_2 & \alpha_3 & \alpha_4 & 0 & 0 \\ 0 & \beta_1 & \beta_2 & \beta_3 & 0 & 0 \\ \gamma_2 & 0 & 0 & 0 & 0 & \gamma_1 \\ 0 & 0 & 1 & 0 & 0 & 0 \\ 0 & 1 & 0 & 0 & 0 & 0 \\ 0 & 0 & 0 & 0 & 1 & 0 \end{bmatrix} \begin{bmatrix} \lambda_1(n-1) \\ \lambda_2(n-1) \\ \lambda_3(n-1) \\ \lambda_4(n-1) \\ \lambda_5(n-1) \\ \lambda_6(n-1) \end{bmatrix} + \begin{bmatrix} 0 \\ \beta_4 \\ 0 \\ 0 \\ 0 \\ 0 \end{bmatrix} \boldsymbol{x}(n-1)$$

$$(9-105)$$

也可写作状态方程的一般形式

$$\boldsymbol{\lambda}(n) = \boldsymbol{A}\boldsymbol{\lambda}(n-1) + \boldsymbol{B}\boldsymbol{x}(n-1) \qquad (9-106)$$

由于此模型考虑的经济变量过于粗略,平杜克进一步给出了考虑较全面的模型,这时,除前述三个经济变量 C, P, W 之外,又引入了七个经济变量,共考虑十个变量的运动规律,增加的七个变量如下:

INR:非住宅投资

IR:住宅投资

IIN:商业库存变动

R:短期利率

RL:长期利率

UR:失业率

YD:纳税后的可支配收入

此外,激励信号除货币供应 M 之外,又增加了两个信号,它们是:

G:政府开支

TO:附加税收

仿照前面的方法,列出全部十个经济变量和三个激励信号的相互约束方程,平杜克建立了一种由 28 个状态变量和三个激励信号控制组成的状态方程。同时,还建立了此系统的输出方程,输出信号是国民生产总值 *GNP*,*GNP* 由四个状态变量和一个激励信号之和构成,表示式为

$$GNP = C + INR + IR + IIN + G \tag{9-107}$$

也即,*GNP* 由消费、非住宅与住宅投资、库存以及政府开支之和决定。

在本例分析中,所建立的状态方程都是线性时不变的,这与客观事物的实际规律尚有不少差距,因此,利用以上方法严格计算经济发展各变量的数据难以得到满意的预期结果,但是,作为定性分析,考察如何控制经济发展变化则具有一定的参考价值。

9.7 离散时间系统状态方程的求解

离散系统状态方程的求解和连续系统的求解方法类似,包括时域和变换域两种方法,下面分别介绍。

(一) 矢量差分方程的时域求解

离散系统的状态方程表示为

$$\boldsymbol{\lambda}(n+1) = \boldsymbol{A}\boldsymbol{\lambda}(n) + \boldsymbol{B}\boldsymbol{x}(n) \tag{9-108}$$

此式为一阶差分方程,可以应用迭代法求解。

设给定系统的起始状态为:在 $n = n_0$,有 $\boldsymbol{\lambda}(n_0)$,则按式(9-108)有

$$\boldsymbol{\lambda}(n_0 + 1) = \boldsymbol{A}\boldsymbol{\lambda}(n_0) + \boldsymbol{B}\boldsymbol{x}(n_0)$$

以下用迭代法,求 $(n_0 + 2),(n_0 + 3),\cdots,n$ 时刻的值:

$$\boldsymbol{\lambda}(n_0 + 1) = \boldsymbol{A}\boldsymbol{\lambda}(n_0) + \boldsymbol{B}\boldsymbol{x}(n_0)$$

$$\boldsymbol{\lambda}(n_0 + 2) = \boldsymbol{A}\boldsymbol{\lambda}(n_0 + 1) + \boldsymbol{B}\boldsymbol{x}(n_0 + 1)$$

$$= A^2\boldsymbol{\lambda}(n_0) + AB x(n_0) + B x(n_0+1)$$

$$\boldsymbol{\lambda}(n_0+3) = A\boldsymbol{\lambda}(n_0+2) + B x(n_0+2)$$

$$= A^3\boldsymbol{\lambda}(n_0) + A^2 B x(n_0) + AB x(n_0+1) + B x(n_0+2)$$

$$\cdots\cdots\cdots$$

对于任意 n 值，当 $n > n_0$ 可归结为

$$\boldsymbol{\lambda}(n) = A\boldsymbol{\lambda}(n-1) + B x(n-1)$$

$$= A^{n-n_0}\boldsymbol{\lambda}(n_0) + A^{n-n_0-1} B x(n_0) +$$

$$A^{n-n_0-2} B x(n_0+1) + \cdots + B x(n-1)$$

$$= A^{n-n_0}\boldsymbol{\lambda}(n_0) + \sum_{i=n_0}^{n-1} A^{n-1-i} B x(i) \tag{9-109}$$

注意到在上式中，当 $n = n_0$ 时第二项不存在，此时的结果只由第一项决定，即 $\boldsymbol{\lambda}(n_0)$ 本身，只有当 $n > n_0$ 时，式(9-109)才可给出完整的 $\boldsymbol{\lambda}(n)$ 的结果。

如果起始时刻选 $n_0 = 0$，并将上述对 n 值的限制以阶跃信号的形式写入表达式，于是有

$$\boldsymbol{\lambda}(n) = \underbrace{A^n\boldsymbol{\lambda}(0)u(n)}_{\text{零输入解}} + \underbrace{\left[\sum_{i=0}^{n-1} A^{n-1-i} B x(i)\right]u(n-1)}_{\text{零状态解}} \tag{9-110}$$

还可解得输出为

$$y(n) = C\boldsymbol{\lambda}(n) + D x(n)$$

$$= \underbrace{CA^n\boldsymbol{\lambda}(0)u(n)}_{\text{零输入解}} + \underbrace{\left[\sum_{i=0}^{n-1} CA^{n-1-i} B x(i)\right]u(n-1) + D x(n)u(n)}_{\text{零状态解}}$$

$$\tag{9-111}$$

式(9-110)和连续系统状态方程的情况相似，它由两部分组成：一是起始状态经转移后在 n 时刻造成的分量；另一是对 $(n-1)$ 时刻以前的输入量的响应。它们分别称为零输入解和零状态解。其中 A^n 称为离散系统的状态转移矩阵，它与连续系统中的 e^{At} 含义类似。限于本书篇幅，我们仍按照与前文连续时间系统讲授内容相一致的原则，不讨论 A^n 的时域求解方法。稍后可以看到借助 z 变换方法求 A^n 的过程。在参考书目[1]的 12.5 节介绍 A^n 的时域解法，如有兴趣，可以查阅。

（二）离散系统状态方程的 z 变换解

和连续系统的拉氏变换方法类似，对于一些低阶系统，可由解析式经人工计算，在这种情况下离散系统的 z 变换方法也使状态方程求解显得容易一些。

由离散系统的状态方程和输出方程

9.7 离散时间系统状态方程的求解

$$\begin{cases} \boldsymbol{\lambda}(n+1) = \boldsymbol{A}\boldsymbol{\lambda}(n) + \boldsymbol{B}x(n) \\ y(n) = \boldsymbol{C}\boldsymbol{\lambda}(n) + \boldsymbol{D}x(n) \end{cases} \quad (9-112)$$

两边取 z 变换

$$\begin{cases} z\boldsymbol{\Lambda}(z) - z\boldsymbol{\lambda}(0) = \boldsymbol{A}\boldsymbol{\Lambda}(z) + \boldsymbol{B}X(z) \\ Y(z) = \boldsymbol{C}\boldsymbol{\Lambda}(z) + \boldsymbol{D}X(z) \end{cases} \quad (9-113)$$

整理得到

$$\begin{cases} \boldsymbol{\Lambda}(z) = (z\boldsymbol{I} - \boldsymbol{A})^{-1} z\boldsymbol{\lambda}(0) + (z\boldsymbol{I} - \boldsymbol{A})^{-1} \boldsymbol{B}X(z) \\ Y(z) = \boldsymbol{C}(z\boldsymbol{I} - \boldsymbol{A})^{-1} z\boldsymbol{\lambda}(0) + \boldsymbol{C}(z\boldsymbol{I} - \boldsymbol{A})^{-1} \boldsymbol{B}X(z) + \boldsymbol{D}X(z) \end{cases} \quad (9-114)$$

取其逆变换即得时域表示式为

$$\begin{cases} \boldsymbol{\lambda}(n) = \mathscr{Z}^{-1}[(z\boldsymbol{I}-\boldsymbol{A})^{-1}z]\boldsymbol{\lambda}(0) + \\ \qquad \mathscr{Z}^{-1}[(z\boldsymbol{I}-\boldsymbol{A})^{-1}\boldsymbol{B}] * \mathscr{Z}^{-1}[X(z)] \\ y(n) = \mathscr{Z}^{-1}[\boldsymbol{C}(z\boldsymbol{I}-\boldsymbol{A})^{-1}z]\boldsymbol{\lambda}(0) + \\ \qquad \mathscr{Z}^{-1}[\boldsymbol{C}(z\boldsymbol{I}-\boldsymbol{A})^{-1}\boldsymbol{B}+\boldsymbol{D}] * \mathscr{Z}^{-1}[X(z)] \end{cases} \quad (9-115)$$

式(9-115)与式(9-110)和(9-111)相比较可以得出,状态转移矩阵即为

$$\boldsymbol{A}^n = \mathscr{Z}^{-1}[(z\boldsymbol{I}-\boldsymbol{A})^{-1}z] = \mathscr{Z}^{-1}[(\boldsymbol{I}-z^{-1}\boldsymbol{A})^{-1}] \quad (9-116)$$

或

$$\boldsymbol{A}^{n-1}u(n-1) = \mathscr{Z}^{-1}[(z\boldsymbol{I}-\boldsymbol{A})^{-1}] \quad (9-117)$$

注意式(9-117)虽与前面式(9-76)类似,但形式上稍有不同。

与连续时间系统分析的情况相仿,取 z 变换输出方程的零状态分量可求得系统函数 $H(z)$。由式(9-114)的 $Y(z)$ 中后两项可以得出系统的转移函数为

$$H(z) = \boldsymbol{C}(z\boldsymbol{I}-\boldsymbol{A})^{-1}\boldsymbol{B} + \boldsymbol{D} \quad (9-118)$$

如果对于多输入、多输出的情况,类似于式(9-84)有

$$\boldsymbol{H}_{r \times m}(z) = \boldsymbol{C}_{r \times k}(z\boldsymbol{I}-\boldsymbol{A})^{-1}_{k \times k}\boldsymbol{B}_{k \times m} + \boldsymbol{D}_{r \times m} \quad (9-119)$$

转移函数阵中每一元素的物理意义与式(9-85)中每一元素的物理意义相同。

例 9-19 已知描述系统的矩阵参数 $\boldsymbol{A} = \begin{bmatrix} \dfrac{1}{2} & 0 \\ \dfrac{1}{4} & \dfrac{1}{4} \end{bmatrix}$,求 $\boldsymbol{A}^n$。

解 按式(9-116)有

$$\boldsymbol{A}^n = \mathscr{Z}^{-1}[\boldsymbol{I}-z^{-1}\boldsymbol{A}]^{-1} = \mathscr{Z}^{-1}\begin{bmatrix} 1-\dfrac{1}{2}z^{-1} & 0 \\ -\dfrac{1}{4}z^{-1} & 1-\dfrac{1}{4}z^{-1} \end{bmatrix}^{-1}$$

$$= \mathscr{Z}^{-1}\left\{ \frac{1}{\left(1-\frac{1}{2}z^{-1}\right)\left(1-\frac{1}{4}z^{-1}\right)} \begin{bmatrix} 1-\frac{1}{4}z^{-1} & 0 \\ \frac{1}{4}z^{-1} & 1-\frac{1}{2}z^{-1} \end{bmatrix} \right\}$$

$$= \mathscr{Z}^{-1}\begin{bmatrix} \dfrac{1}{1-\frac{1}{2}z^{-1}} & 0 \\ \dfrac{\frac{1}{4}z^{-1}}{\left(1-\frac{1}{2}z^{-1}\right)\left(1-\frac{1}{4}z^{-1}\right)} & \dfrac{1}{1-\frac{1}{4}z^{-1}} \end{bmatrix}$$

$$= \begin{bmatrix} \left(\frac{1}{2}\right)^n & 0 \\ \left(\frac{1}{2}\right)^n - \left(\frac{1}{4}\right)^n & \left(\frac{1}{4}\right)^n \end{bmatrix} = \left(\frac{1}{4}\right)^n \begin{bmatrix} 2^n & 0 \\ 2^n-1 & 1 \end{bmatrix} \quad n \geq 0$$

在得到 $\boldsymbol{A}^n$ 之后,即可根据需要按式(9-110)和式(9-111)从时域解出状态方程和输出方程。

下面介绍用 z 变换方法分析离散系统的实例。

例 9-20 图 9-35 所示离散系统具有两个输入和一个输出,求系统对 $x_1(n)=\delta(n),x_2(n)=u(n)$ 的响应,设该系统起始是静止的。

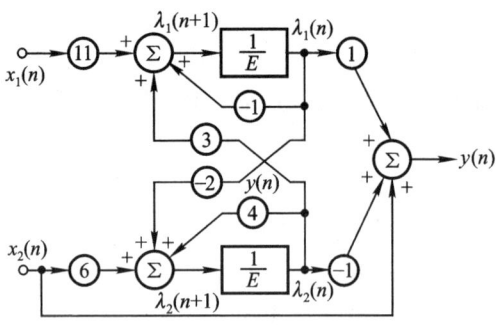

图 9-35 例 9-20 的系统

解 (1) 列写系统的状态方程和输出方程

取延时单元输出为状态变量,如图 9-35 中所标的 $\lambda_1(n)$ 和 $\lambda_2(n)$,则

$$\left.\begin{aligned} \lambda_1(n+1) &= -\lambda_1(n) + 3\lambda_2(n) + 11x_1(n) \\ \lambda_2(n+1) &= -2\lambda_1(n) + 4\lambda_2(n) + 6x_2(n) \\ y(n) &= \lambda_1(n) - \lambda_2(n) + x_2(n) \end{aligned}\right\} \quad (9-120)$$

由此得

$$A = \begin{bmatrix} -1 & 3 \\ -2 & 4 \end{bmatrix} \quad B = \begin{bmatrix} 11 & 0 \\ 0 & 6 \end{bmatrix}$$

$$C = [1, -1] \quad D = [0, 1]$$

(2) 下面用 z 变换法求 $\Lambda(z)$，由式(9-114)

$$\Lambda(z) = (zI - A)^{-1} BX(z)$$

$$= \frac{1}{(z+1)(z-4)+6} \begin{bmatrix} z-4 & 3 \\ -2 & z+1 \end{bmatrix} \begin{bmatrix} 11 & 0 \\ 0 & 6 \end{bmatrix} \begin{bmatrix} 1 \\ \dfrac{z}{z-1} \end{bmatrix}$$

$$= \frac{1}{(z-1)(z-2)} \begin{bmatrix} 11(z-4) + \dfrac{18z}{z-1} \\ -22 + \dfrac{6z(z+1)}{z-1} \end{bmatrix}$$

$$= \begin{bmatrix} \dfrac{33}{z-1} - \dfrac{22}{z-2} + \dfrac{36}{z-2} - \dfrac{18}{(z-1)^2} - \dfrac{36}{z-1} \\ \dfrac{22}{z-1} - \dfrac{22}{z-2} + \dfrac{36}{z-2} - \dfrac{12}{(z-1)^2} - \dfrac{30}{z-1} \end{bmatrix}$$

取逆变换后得到

$$\boldsymbol{\lambda}(n) = \begin{bmatrix} 15u(n-1) + 7 \cdot 2^n u(n-1) - 18nu(n-1) \\ 4u(n-1) + 7 \cdot 2^n u(n-1) - 12nu(n-1) \end{bmatrix} \quad (9-121)$$

再用 z 变换法求 $Y(z)$，由式(9-114)

$$Y(z) = C(zI - A)^{-1} BX(z) + DX(z)$$

$$= [1, -1] \frac{1}{(z-1)(z-2)} \begin{bmatrix} z-4 & 3 \\ -2 & z+1 \end{bmatrix} \begin{bmatrix} 11 & 0 \\ 0 & 6 \end{bmatrix} \begin{bmatrix} 1 \\ \dfrac{z}{z-1} \end{bmatrix} +$$

$$[0,1] \begin{bmatrix} 1 \\ \dfrac{z}{z-1} \end{bmatrix} \quad (9-122)$$

取逆变换后得到

$$y(n) = [15u(n-1) + 7 \cdot 2^n u(n-1) - 18nu(n-1)] -$$
$$\quad [4u(n-1) + 7 \cdot 2^n u(n-1) - 12nu(n-1)] + u(n)$$
$$= \delta(n) + (12 - 6n)u(n-1) \quad (9-123)$$

注意到 $Y(z)$ 表达式(9-122)中的 $(zI-A)^{-1}BX(z)$ 部分就是刚刚导出的 $\Lambda(z)$，因而在求解过程中直接抄录了(9-121)式已经得到的结果。经整理后最终求出 $y(n)$。

9.8 状态矢量的线性变换

从状态变量的选择看出，同一系统可以选择不同的状态变量，但所选每种状态变量相互之间存在着变换关系。它可以看作同一系统在状态空间中取了不同的基底,而状态矢量用不同基底表示时具有不同的形式,因此,对同一系统而言,以各种形式表示的状态矢量之间存在着线性变换关系。这种线性变换,对于简化系统分析是很有用的。

(一) 在线性变换下状态方程的特性

按线性空间不同基底的变换关系,设一组状态变量 $\boldsymbol{\lambda}$ 与另一组状态变量 $\boldsymbol{\gamma}$ 之间有

$$\begin{cases} \gamma_1 = p_{11}\lambda_1 + p_{12}\lambda_2 + \cdots + p_{1k}\lambda_k \\ \gamma_2 = p_{21}\lambda_1 + p_{22}\lambda_2 + \cdots + p_{2k}\lambda_k \\ \quad \vdots \\ \gamma_k = p_{k1}\lambda_1 + p_{k2}\lambda_2 + \cdots + p_{kk}\lambda_k \end{cases} \quad (9-124)$$

表示成矢量形式即为

$$\boldsymbol{\gamma} = \boldsymbol{P}\boldsymbol{\lambda} \quad (9-125)$$

其中 $\boldsymbol{\gamma}$ 和 $\boldsymbol{\lambda}$ 为列矢量

$$\boldsymbol{\gamma} = \begin{bmatrix} \gamma_1 \\ \gamma_2 \\ \vdots \\ \gamma_k \end{bmatrix} \quad \boldsymbol{\lambda} = \begin{bmatrix} \lambda_1 \\ \lambda_2 \\ \vdots \\ \lambda_k \end{bmatrix}$$

$$\boldsymbol{P} = \begin{bmatrix} p_{11} & p_{12} & \cdots & p_{1k} \\ p_{21} & p_{22} & \cdots & p_{2k} \\ \vdots & \vdots & & \vdots \\ p_{k1} & p_{k2} & \cdots & p_{kk} \end{bmatrix}$$

式(9-124)说明状态矢量 $\boldsymbol{\lambda}$ 经过线性变换成为新的矢量 $\boldsymbol{\gamma}$。如果 $\boldsymbol{P}$ 的逆 $\boldsymbol{P}^{-1}$ 存在,则有

$$\boldsymbol{\lambda} = \boldsymbol{P}^{-1}\boldsymbol{\gamma} \quad (9-126)$$

$\boldsymbol{\lambda}$ 经线性变换变成 $\boldsymbol{\gamma}$,则原状态方程也作相应的改变。设原基底下状态方程表示为

$$\frac{\mathrm{d}}{\mathrm{d}t}\boldsymbol{\lambda}(t) = \boldsymbol{A}\boldsymbol{\lambda}(t) + \boldsymbol{B}e(t)$$

经(9-125)变换后

$$\boldsymbol{P}^{-1}\frac{\mathrm{d}}{\mathrm{d}t}\boldsymbol{\gamma}(t) = \boldsymbol{A}\boldsymbol{P}^{-1}\boldsymbol{\gamma}(t) + \boldsymbol{B}e(t)$$

或

$$\begin{cases} \dfrac{\mathrm{d}}{\mathrm{d}t}\boldsymbol{\gamma}(t) = \boldsymbol{PAP}^{-1}\boldsymbol{\gamma}(t) + \boldsymbol{PB}e(t) \\ \qquad\quad = \hat{\boldsymbol{A}}\boldsymbol{\gamma}(t) + \hat{\boldsymbol{B}}e(t) \\ y(t) = \boldsymbol{C\lambda}(t) + \boldsymbol{D}e(t) = \boldsymbol{CP}^{-1}\boldsymbol{\gamma}(t) + \boldsymbol{D}e(t) \\ \qquad = \hat{\boldsymbol{C}}\boldsymbol{\gamma}(t) + \hat{\boldsymbol{D}}e(t) \end{cases} \qquad (9-127)$$

因而在新的状态变量下，状态方程与输出方程中的系数矩阵 $\hat{\boldsymbol{A}}, \hat{\boldsymbol{B}}, \hat{\boldsymbol{C}}, \hat{\boldsymbol{D}}$ 与原方程的 $\boldsymbol{A}, \boldsymbol{B}, \boldsymbol{C}, \boldsymbol{D}$ 之间满足如下关系

$$\begin{cases} \hat{\boldsymbol{A}} = \boldsymbol{PAP}^{-1} \\ \hat{\boldsymbol{B}} = \boldsymbol{PB} \\ \hat{\boldsymbol{C}} = \boldsymbol{CP}^{-1} \\ \hat{\boldsymbol{D}} = \boldsymbol{D} \end{cases} \qquad (9-128)$$

例 9 – 21 给定系统的状态方程为

$$\dot{\boldsymbol{\lambda}}(t) = \begin{bmatrix} 0 & 1 \\ -2 & -3 \end{bmatrix}\boldsymbol{\lambda}(t) + \begin{bmatrix} 1 \\ 2 \end{bmatrix}e(t) \qquad (9-129)$$

求在式(9-130)线性变换下的新的状态方程

$$\begin{cases} \gamma_1 = \lambda_1 + \lambda_2 \\ \gamma_2 = \lambda_1 - \lambda_2 \end{cases} \qquad (9-130)$$

解 给定的变换矩阵为

$$\begin{cases} \boldsymbol{P} = \begin{bmatrix} 1 & 1 \\ 1 & -1 \end{bmatrix} \\ \boldsymbol{P}^{-1} = \begin{bmatrix} +\dfrac{1}{2} & +\dfrac{1}{2} \\ +\dfrac{1}{2} & -\dfrac{1}{2} \end{bmatrix} \end{cases}$$

由式(9-128)求出

$$\begin{cases} \hat{\boldsymbol{A}} = \boldsymbol{PAP}^{-1} = \begin{bmatrix} 1 & 1 \\ 1 & -1 \end{bmatrix}\begin{bmatrix} 0 & 1 \\ -2 & -3 \end{bmatrix}\begin{bmatrix} \dfrac{1}{2} & \dfrac{1}{2} \\ \dfrac{1}{2} & -\dfrac{1}{2} \end{bmatrix} = \begin{bmatrix} -2 & 0 \\ 3 & -1 \end{bmatrix} \\ \hat{\boldsymbol{B}} = \boldsymbol{PB} = \begin{bmatrix} 1 & 1 \\ 1 & -1 \end{bmatrix}\begin{bmatrix} 1 \\ 2 \end{bmatrix} = \begin{bmatrix} 3 \\ -1 \end{bmatrix} \end{cases}$$

这样在给定变换下新的状态方程为

$$\dot{\boldsymbol{\gamma}}(t) = \begin{bmatrix} -2 & 0 \\ 3 & -1 \end{bmatrix}\boldsymbol{\gamma}(t) + \begin{bmatrix} 3 \\ -1 \end{bmatrix}e(t) \qquad (9-131)$$

由式(9-128)的 $\hat{\boldsymbol{A}}$ 可以看出，实际上 $\hat{\boldsymbol{A}}$ 是 $\boldsymbol{A}$ 的相似变换，由于相似变换不改变 $\boldsymbol{A}$ 的特征值，因而作为表征系统特性的特征值不因状态变量的不同选择而改变。

（二）系统转移函数阵在线性变换下是不变的

从本质上讲状态方程是描述系统的一种方法，而系统转移函数是描述系统的另一种方法。当状态矢量用不同基底表示时，并不影响系统的物理本质，因此对同一系统不同状态变量的选择，系统转移函数应是不变的，现证明如下：

$$\begin{aligned}\hat{H}(s) &= \hat{C}(sI - \hat{A})^{-1}\hat{B} + \hat{D} = CP^{-1}(sI - PAP^{-1})^{-1}PB + D \\ &= C[(sI - PAP^{-1})P]^{-1}PB + D \\ &= C[P^{-1}(sI - PAP^{-1})P]^{-1}B + D \\ &= C[sP^{-1}IP - P^{-1}PAP^{-1}P]^{-1}B + D \\ &= C(sI - A)^{-1}B + D = H(s) \end{aligned} \tag{9-132}$$

上面以连续系统为例说明状态矢量线性变换的特性，结论同样适用于离散系统。

（三）A 矩阵的对角化

在线性变换中，使 A 矩阵对角化是很有用的变换。由图 9-28 和式 (9-52) 知，A 矩阵的对角化，说明系统变换成并联结构形式。这种结构形式使得每一状态变量之间互不影响，因而可以独立研究系统参数对状态变量的影响。

在线性代数中已经分析了 A 矩阵的对角化，实际上就是以 A 矩阵的特征矢量作为基底的变换。因而把 A 矩阵对角化所需要的线性变换就是寻求 A 矩阵的特征矢量，以此构作变换阵 P，即可把状态变量相互之间分离开。

例 9-22 把图 9-36 所示系统的 A 矩阵对角化。

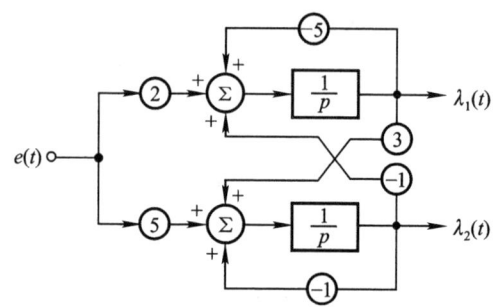

图 9-36 例 9-22 的系统

解 这个系统状态变量相互之间是有约束关系的，列出系统的状态方程为

$$\dot{\boldsymbol{\lambda}}(t) = \begin{bmatrix} -5 & -1 \\ 3 & -1 \end{bmatrix} \boldsymbol{\lambda}(t) + \begin{bmatrix} 2 \\ 5 \end{bmatrix} e(t) \tag{9-133}$$

把 A 矩阵对角化，即寻求 A 的特征矢量，为此先求 A 的特征值

$$|\alpha \boldsymbol{I} - \boldsymbol{A}| = \begin{vmatrix} \alpha + 5 & 1 \\ -3 & \alpha + 1 \end{vmatrix}$$
$$= (\alpha + 5)(\alpha + 1) + 3 = (\alpha + 2)(\alpha + 4) = 0$$

求得特征值为
$$\begin{cases} \alpha_1 = -2 \\ \alpha_2 = -4 \end{cases}$$

按特征矢量 $\boldsymbol{\xi}$ 的定义 $\boldsymbol{A\xi} = \alpha\boldsymbol{\xi}$，即可由此求特征矢量 $\boldsymbol{\xi}$。

令属于 $\alpha_1 = -2$ 的特征矢量为
$$\boldsymbol{\xi}_1 = \begin{bmatrix} c_{11} \\ c_{21} \end{bmatrix}$$

则有
$$\begin{bmatrix} -5+2 & -1 \\ 3 & -1+2 \end{bmatrix} \begin{bmatrix} c_{11} \\ c_{21} \end{bmatrix} = 0$$

或
$$\begin{cases} -3c_{11} - c_{21} = 0 \\ 3c_{11} + c_{21} = 0 \end{cases}$$

得
$$c_{21} = -3c_{11}$$

这里，属于 $\alpha = -2$ 的特征矢量是多解的，其中之一可表示为
$$\boldsymbol{\xi}_1 = \begin{bmatrix} 1 \\ -3 \end{bmatrix}$$

同样，令属于 $\alpha_2 = -4$ 的特征矢量为
$$\boldsymbol{\xi}_2 = \begin{bmatrix} c_{12} \\ c_{22} \end{bmatrix}$$

则有
$$\begin{bmatrix} -5+4 & -1 \\ 3 & -1+4 \end{bmatrix} \begin{bmatrix} c_{12} \\ c_{22} \end{bmatrix} = 0$$

或
$$\begin{cases} -c_{12} - c_{22} = 0 \\ 3c_{12} + 3c_{22} = 0 \end{cases}$$

得
$$c_{22} = -c_{12}$$

属于 $\alpha = -4$ 的一个特征矢量为
$$\boldsymbol{\xi}_2 = \begin{bmatrix} 1 \\ -1 \end{bmatrix}$$

由此构成的变换阵①

$$P^{-1} = \begin{bmatrix} c_{11} & c_{12} \\ c_{21} & c_{22} \end{bmatrix} = \begin{bmatrix} 1 & 1 \\ -3 & -1 \end{bmatrix}$$

$$P = \begin{bmatrix} c_{11} & c_{12} \\ c_{21} & c_{22} \end{bmatrix}^{-1} = \frac{1}{2}\begin{bmatrix} -1 & -1 \\ 3 & 1 \end{bmatrix}$$

所以有

$$\hat{A} = PAP^{-1} = \frac{1}{2}\begin{bmatrix} -1 & -1 \\ 3 & 1 \end{bmatrix}\begin{bmatrix} -5 & -1 \\ 3 & -1 \end{bmatrix}\begin{bmatrix} 1 & 1 \\ -3 & -1 \end{bmatrix}$$

$$= \begin{bmatrix} -2 & 0 \\ 0 & -4 \end{bmatrix}$$

$$\hat{B} = PB = \frac{1}{2}\begin{bmatrix} -1 & -1 \\ 3 & 1 \end{bmatrix}\begin{bmatrix} 2 \\ 5 \end{bmatrix} = \begin{bmatrix} -7/2 \\ 11/2 \end{bmatrix}$$

因此变换后的状态方程为

$$\dot{\gamma}(t) = \begin{bmatrix} -2 & 0 \\ 0 & -4 \end{bmatrix}\gamma(t) + \begin{bmatrix} -7/2 \\ 11/2 \end{bmatrix}e(t) \qquad (9-134)$$

式(9-134)对应的结构图如图9-37所示,可见 $\gamma_1(t)$ 和 $\gamma_2(t)$ 互不影响。如果表示成联立方程的形式即为两个独立方程

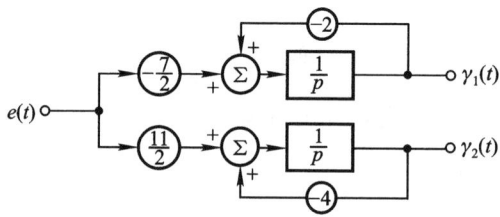

图 9-37 式(9-134)结构图

$$\begin{cases} \dfrac{d}{dt}\gamma_1(t) = -2\gamma_1(t) - \dfrac{7}{2}e(t) \\ \dfrac{d}{dt}\gamma_2(t) = -4\gamma_2(t) + \dfrac{11}{2}e(t) \end{cases} \qquad (9-135)$$

显然方程(9-135)的解为

---

① 在线性代数中相似变换形如 $\hat{A} = C^{-1}AC$,$\hat{A}$ 为对角阵,则 C 是由特征矢量构成的变换阵,而这里 $\hat{A} = PAP^{-1}$,因而 $P^{-1} = C$。

$$\begin{cases} \gamma_1(t) = \gamma_1(0_-)\mathrm{e}^{-2t} - \dfrac{7}{2}\mathrm{e}^{-2t} * e(t) \\ \gamma_2(t) = \gamma_2(0_-)\mathrm{e}^{-4t} + \dfrac{11}{2}\mathrm{e}^{-4t} * e(t) \end{cases} \quad (9-136)$$

其中初始条件 $\gamma_1(0_-)$ 和 $\gamma_2(0_-)$ 由下式求出

$$\begin{bmatrix} \gamma_1(0_-) \\ \gamma_2(0_-) \end{bmatrix} = P \begin{bmatrix} \lambda_1(0_-) \\ \lambda_2(0_-) \end{bmatrix}$$

9.9 系统的可控制性与可观测性

系统的可控制性(controllability)也称为能控制性,简称可控性或能控性。
系统的可观测性(observability)也称为能观测性,简称可观性或能观性。

用状态变量描述系统时,我们将着眼于系统内部各状态变量之变化。外部控制作用期望使系统的状态达到预期目标;通过对系统观测获取的信息可以知道系统的状态,此作用示意见图9-38。为研究外部对系统控制与观测作用的性能,可从以下两方面来考虑:

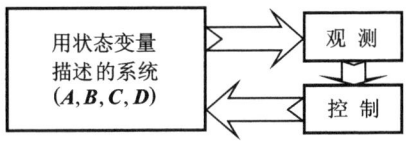

图9-38 对系统的控制与观测

(1) 控制作用是否必然可使系统在有限时间内,从起始状态指引到所要求状态,这就是可控制性问题。

(2) 是否可以做到,通过观测有限时间内的输出量,而识别出系统的起始状态。因为一旦能够根据输出量识别出起始状态,则任一状态也就惟一确定。这就是可观测性问题。

下面先讨论典型实例的可控性与可观性,然后再给出严格的定义和性能判据方法。

(一) 从典型实例直观认识可控性与可观性

例9-23 如果已知系统的状态方程和输出方程如下

$$\begin{cases} \left[\dfrac{\mathrm{d}}{\mathrm{d}t}\lambda(t)\right] = \begin{bmatrix} -1 & 0 & 0 \\ 0 & -2 & 0 \\ 0 & 0 & -3 \end{bmatrix} [\lambda(t)] + \begin{bmatrix} 0 \\ 1 \\ 1 \end{bmatrix} e(t) \\ r(t) = [1,1,0][\lambda(t)] \end{cases} \quad (9-137)$$

试讨论激励信号 $e(t)$ 对各状态变量的控制情况,以及从输出信号 $r(t)$ 能够了解系统内部状态的情况。

解

可以画出系统的流图如图9-39所示。同时写出状态方程与输出方程的各

参数矩阵

$$A = \begin{bmatrix} -1 & 0 & 0 \\ 0 & -2 & 0 \\ 0 & 0 & -3 \end{bmatrix} \quad B = \begin{bmatrix} 0 \\ 1 \\ 1 \end{bmatrix}$$

$$C = [1,1,0] \quad D = 0$$

由图 9-39 和 A,B,C,D 参数可以看出, 在本例中, 由于 A 矩阵为对角阵形式, 各状态变量的作用相互独立, 因而可以逐个分析各 $\lambda(t)$ 的可控性与可观性。容易看出, $\lambda_2(t)$ 直接受 $e(t)$ 控制, 而且可从 $r(t)$ 观测到它的变化情况; 而 $\lambda_1(t)$ 不受 $e(t)$ 作用影响, 可从 $r(t)$ 了解到它的输出变化; $\lambda_3(t)$ 的情况则与此相反, 它受 $e(t)$ 的控制, 但不能从 $r(t)$ 观测到其输出。于是可以认为在此系统中 $\lambda_1(t)$ 是可观的, 但不可控; 而 $\lambda_3(t)$ 是可控的, 但不可观; 只有 $\lambda_2(t)$ 是既可控又可观的。

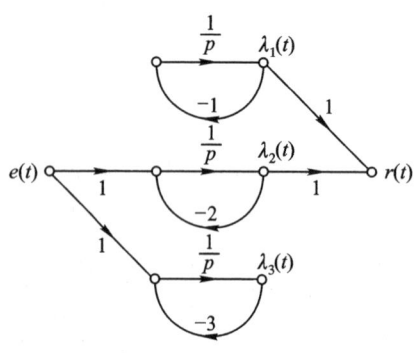

图 9-39 例 9-23 的流图

上述结论不仅可从图 9-39 看出, 也可借助 A,B,C,D 矩阵参数识别, 即当 A 为对角阵形式时, B 中的 0 元素对应不可控因素, 而 C 中的 0 元素对应不可观现象。这一重要规律将在稍后的第(四)部分进一步说明。

例 9-24 在图 9-40 的桥式电路中, $R_1 = R_2 = R_3 = R_4 = 1\ \Omega, L = 2\ \text{H}, C = 2\ \text{F}$, 激励信号为电压源 $e(t)$, 输出信号 $r(t)$ 取自 $1-1'$ 端。试建立此电路的状态方程, 并讨论它的可控性与可观性。

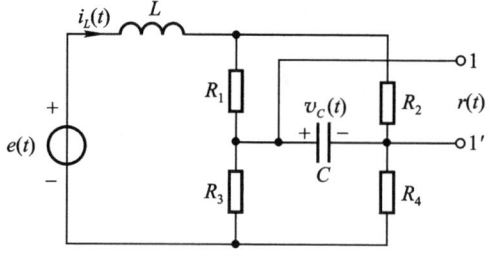

图 9-40 桥式电路

解

选定状态变量为流过电感 L 的电流 $i_L(t)$ 和电容 C 两端电压 $v_C(t)$。根据 KCL 和 KVL 可建立如下方程

$$\begin{cases} \begin{bmatrix} \dfrac{\mathrm{d}i_L(t)}{\mathrm{d}t} \\ \dfrac{\mathrm{d}v_C(t)}{\mathrm{d}t} \end{bmatrix} = \begin{bmatrix} -\dfrac{1}{2} & 0 \\ 0 & -\dfrac{1}{2} \end{bmatrix} \begin{bmatrix} i_L(t) \\ v_C(t) \end{bmatrix} + \begin{bmatrix} \dfrac{1}{2} \\ 0 \end{bmatrix} e(t) \\ \\ [r(t)] = [0,1] \begin{bmatrix} i_L(t) \\ v_C(t) \end{bmatrix} \end{cases} \quad (9-138)$$

对图9-40的电桥直观分析容易看出,在给定参数条件下($R_1 = R_2 = R_3 = R_4$)电桥平衡,因此无论$e(t)$如何改变都不能影响$v_C(t)$的数值,也即$v_C(t)$不可控。此外,无论电流$i_L(t)$如何变化都无法从输出$r(t)$观测有关它的任何信息,因此$i_L(t)$是不可观的。这一结果也可从状态方程与输出方程表达式的参数中看出,因为$\boldsymbol{A}$为对角阵,而相应的$\boldsymbol{B}$和$\boldsymbol{C}$中各有一个零值,刚好对应上述不可控与不可观现象的产生。

(二)系统可控性定义、可控阵满秩判别法

所谓可控性被定义为:当系统用状态方程描述时,给定系统的任意初始状态,可以找到容许的输入量(即控制矢量),在有限时间之内把系统的所有状态引向状态空间的原点(即零状态),如果可以做到这一点,则称系统是完全可控制的。如果只有对部分状态变量可以做到这一点,则称系统不完全可控制的。

在上述定义中,如果改成存在容许的输入量,能在有限时间之内把系统从状态空间的原点引向任意的预先指定的状态,这样的问题称为系统的可达性问题。对线性时不变系统可控性与可达性是等同的。

在前面两个实例的讨论中,实际上我们已经看到了可控性的一种判据方法,这就是检查与$\boldsymbol{A}$对角阵对应的$\boldsymbol{B}$矢量中是否含有零元素,稍后还要对此进行研究。下面介绍可控性的另一种判据方法,称为"可控阵满秩判别法"。受本书篇幅所限,我们只给出结论,它的推证过程可查阅参考书目[1]的12.7节。

这种方法首先要定义系统的"可控性判别矩阵",简称"可控阵",以$\boldsymbol{M}$表示,即

$$\boldsymbol{M} = (\boldsymbol{B} \mid \boldsymbol{AB} \mid \boldsymbol{A}^2\boldsymbol{B} \mid \cdots \mid \boldsymbol{A}^{k-1}\boldsymbol{B}) \qquad (9-139)$$

在给定系统状态方程时,只要$\boldsymbol{M}$阵满秩,系统即为完全可控系统。这是完全可控的充要条件。

例9-25 给定下列两系统

(a) $\begin{bmatrix} \dot{\lambda}_1(t) \\ \dot{\lambda}_2(t) \end{bmatrix} = \begin{bmatrix} 1 & 1 \\ 0 & -1 \end{bmatrix} \begin{bmatrix} \lambda_1(t) \\ \lambda_2(t) \end{bmatrix} + \begin{bmatrix} 1 \\ 0 \end{bmatrix} e(t) \qquad (9-140)$

(b) $\begin{bmatrix} \dot{\lambda}_1(t) \\ \dot{\lambda}_2(t) \end{bmatrix} = \begin{bmatrix} 1 & 1 \\ 2 & -1 \end{bmatrix} \begin{bmatrix} \lambda_1(t) \\ \lambda_2(t) \end{bmatrix} + \begin{bmatrix} 0 \\ 1 \end{bmatrix} e(t) \qquad (9-141)$

问这两系统是否都可控?

解 验证系统是否可控只要观察式(9-139)是否满秩即可。

对系统(a)有

$$\boldsymbol{M} = (\boldsymbol{B} \mid \boldsymbol{AB}) = \left(\begin{bmatrix} 1 \\ 0 \end{bmatrix} \begin{bmatrix} 1 & 1 \\ 0 & -1 \end{bmatrix} \begin{bmatrix} 1 \\ 0 \end{bmatrix} \right) = \begin{bmatrix} 1 & 1 \\ 0 & 0 \end{bmatrix}$$

所以$\text{rank}(\boldsymbol{B} \mid \boldsymbol{AB}) = 1$,因而系统(a)是不完全可控的。

对系统(b)有

$$M = (B \vdots AB) = \left(\begin{bmatrix} 0 \\ 1 \end{bmatrix} \begin{bmatrix} 1 & 1 \\ 2 & -1 \end{bmatrix} \begin{bmatrix} 0 \\ 1 \end{bmatrix} \right) = \begin{bmatrix} 0 & 1 \\ 1 & -1 \end{bmatrix}$$

所以 $\text{rank}(B \vdots AB) = 2$，因而系统(b)是完全可控的。

对于离散时间系统，可控性的判别方法与连续时间系统完全相同，也即只要式(9-139) M 矩阵满秩，系统即为完全可控系统。此处略去证明，给出计算例子。

例 9-26 给定离散系统用式(9-142)描述

$$\boldsymbol{\lambda}(n+1) = \begin{bmatrix} 0 & 1 \\ -1 & 0 \end{bmatrix} \boldsymbol{\lambda}(n) + \begin{bmatrix} 1 \\ 3 \end{bmatrix} x(n) \qquad (9-142)$$

问该系统能否通过 $x(n)$ 的控制作用在有限时间之内使系统由给定的起始状态引向零状态？

解

将给定 A, B 参数写入式(9-139)得到

$$M = (B \vdots AB) = \left(\begin{bmatrix} 1 \\ 3 \end{bmatrix} \begin{bmatrix} 0 & 1 \\ -1 & 0 \end{bmatrix} \begin{bmatrix} 1 \\ 3 \end{bmatrix} \right) = \begin{bmatrix} 1 & 3 \\ 3 & -1 \end{bmatrix} \qquad (9-143)$$

显然，此方阵是满秩的，因而，系统完全可控。可在有限时间之内将系统引向零状态。

（三）系统可观性定义、可观阵满秩判别法

系统的可观测性就是根据系统的输出量来确定系统的所有起始状态。系统的可观测性被定义为：如果系统用状态方程来描述，在给定控制后，能在有限时间间隔内($0 < t < t_1$)根据系统输出惟一地确定系统的所有起始状态，则称系统完全可观；若只能确定部分起始状态，则称系统不完全可观。

在前文的实例讨论中，我们已看到可观性判据的一种方法，这就是检查与 A 对角阵对应的 C 矢量中是否含有零元素，稍后还要讨论这种方法的应用。现在介绍可观性的另一种判据方法，称为"可观阵满秩判别法"。受本书篇幅所限，我们只给出结论，它的推证过程可查阅参考书目[1]的12.7节。

与可控阵满秩判别法类似，这里也要定义一个矩阵，即"可观性判别矩阵"，简称"可观阵"，以 N 表示，即

$$N = \begin{pmatrix} C \\ \hdashline CA \\ \hdashline \vdots \\ \hdashline CA^{k-1} \end{pmatrix} \qquad (9-144)$$

在给定系统的状态方程时，只要 N 满秩，系统即为完全可观系统。这是完全可

观的充要条件。

例 9-27 讨论给定系统

$$\begin{cases} \begin{bmatrix} \dot{\lambda}_1(t) \\ \dot{\lambda}_2(t) \end{bmatrix} = \begin{bmatrix} 1 & 1 \\ -2 & -1 \end{bmatrix} \begin{bmatrix} \lambda_1(t) \\ \lambda_2(t) \end{bmatrix} + \begin{bmatrix} 0 \\ 1 \end{bmatrix} e(t) \\ r(t) = [1,0] \begin{bmatrix} \lambda_1(t) \\ \lambda_2(t) \end{bmatrix} \end{cases} \quad (9-145)$$

的可观性。

解

将给定的 A, C 参数代入式(9-144)得到

$$N = \left(\begin{array}{c} C \\ \hline CA \end{array} \right) = \left(\begin{array}{c} [1,0] \\ [1,0] \begin{bmatrix} 1 & 1 \\ -2 & -1 \end{bmatrix} \end{array} \right) = \begin{bmatrix} 1 & 0 \\ 1 & 1 \end{bmatrix}$$

所以 rank $N=2$ 满秩,因而,给定系统是完全可观测的。

对于离散时间系统,可观性的判别方法与连续时间系统完全相同,也即只要式(9-144) N 矩阵满秩,系统即为完全可观系统。此处略去证明,给出计算例子。

例 9-28 给定离散系统

$$\begin{cases} \boldsymbol{\lambda}(n+1) = \begin{bmatrix} 0 & 1 \\ -1 & 0 \end{bmatrix} \boldsymbol{\lambda}(n) + \begin{bmatrix} 1 \\ 3 \end{bmatrix} x(n) \\ y(n) = [1,0] \boldsymbol{\lambda}(n) \end{cases} \quad (9-146)$$

系统是否完全可观?

解

在本例中

$$N = \left(\begin{array}{c} C \\ \hline CA \end{array} \right) = \left(\begin{array}{c} [1,0] \\ [1,0] \begin{bmatrix} 0 & 1 \\ -1 & 0 \end{bmatrix} \end{array} \right) = \begin{bmatrix} 1 & 0 \\ 0 & 1 \end{bmatrix}$$

所以

$$\mathrm{rank} \left(\begin{array}{c} C \\ \hline CA \end{array} \right) = 2$$

N 满秩,因而给定的系统完全可观。

(四) 单输入、单输出系统可控与可观性的 A 矩阵约当规范型判据

利用 M 矩阵和 N 矩阵满秩的方法判别系统的可控与可观性并不直观,它只说明系统是否可控或可观,而哪些状态可控或可观,哪些状态不能,并未给出回答。实际上,可控性是说明状态变量与输入量之间的联系,可观性是说明状态变量与输出量之间的联系。因而,如果对状态矢量进行相似变换,把 A 矩阵对

角化,则各状态变量之间相互分离,这样就很容易看出状态变量与输入量或输出量之间有无关联,这就是构成可控性或可观性判据另一形式的依据。

在前面例 9 – 23 与例 9 – 24 分析中已经看到,当 A 为对角阵时,B 与 C 中的零元素即对应系统的不可控与不可观部分。下面只给出单输入 – 单输出系统这种判据的结论,不作证明。这些规律对连续与离散时间系统同样有效。

线性时不变系统可控性另一判据形式是:设给定系统具有两两相异的特征值,则其状态完全可控的充分必要条件是系统经非奇异变换后成为 A 对角化的形式,在此形式中 B 不包含零元素。

而可观性的另一判据形式是:设系统具有两两相异的特征值,则其状态完全可观的充分必要条件是系统经非奇异变换后,其状态方程的 A 对角化形式中,C 不包含零元素。

对于特征值具有重根的情况,A 矩阵将呈现约当规范型,实际上在线性代数理论中已经知道,对角阵只是约当阵的一种特例。在有重根情况下,系统可控性与可观性利用 A 约当规范型的判据方法陈述如下:若在 A 为约当规范型中,B 与每个约当块最后一行相应的那些行不含零元素,则系统完全可控。若在 A 为约当规范型中,C 与每个约当块第一行相应的那些列不含零元素,则系统完全可观。

下面通过一个实例来说明这种判别方法的应用。在 9.4 节例 9 – 13 中,A 矩阵具有约当规范形式,见式(9 – 59)。首先考虑特征值 – 2 和 – 3 的情况,它们是两个单根,与其对应的 B,C 元素都未出现零值$\left(分别为 1,1 和 -2,\dfrac{1}{8}\right)$,因而都是可控与可观的。而对于特征值 – 1 为三重根,与约当块最后一行(也即 A 的第 3 行)相应的 B 元素是 1,因而可控;与约当块第一行(也即 A 的第一行,对应变量 λ_1)相应的 C 元素为 $\dfrac{3}{2}$,因而可观。综上,系统是完全可控和完全可观的。

然而,如果把此例中 B 元素第 3 行的"1"更换为"0"或将 C 元素第一列的"$\dfrac{3}{2}$"更换为"0",系统将出现不可控或不可观现象。对照图 9 – 30 可以清楚地看到,在上述不同假设的 B,C 情况下,系统的 $e(t)$ 与 $r(t)$ 和各变量 λ 的联系。例如当 C 的第一列为 $\dfrac{3}{2}$ 时,从 $r(t)$ 可观测到 λ_1 输出的变化,系统完全可观,若将此 $\dfrac{3}{2}$ 改为 0,则 $r(t)$ 与 λ_1 无关,变量 λ_1 不可观测。

通过以上讨论可以看出,若给定系统的状态方程并非 A 约当规范型(或 A 对角阵),可以借助 M 矩阵与 N 矩阵是否满秩的方法判别其可控性与可观性;也可将矩阵经相似变换转化为 $\hat{A}$ 约当规范型(或 $\hat{A}$ 对角阵),然后利用上述方

法检验 $\hat{\boldsymbol{B}}, \hat{\boldsymbol{C}}$ 是否出现对应的零元素,从而判别其可控性与可观性。后一种方法具有更为直观的优点。

(五) 可控和可观性与系统转移函数之间的关系

上面分析了单输入 – 单输出系统的可控性与可观性概念,而系统转移函数的描述方法在系统分析中也应用很广,那么,这两者之间有什么关系呢? 下面以连续时间系统的 $H(s)$ 为例进行分析,所得结论同样适用于离散时间系统的 $H(z)$。

在式(9 – 79)已经得出转移函数可以表示为

$$H(s) = \boldsymbol{C}(s\boldsymbol{I} - \boldsymbol{A})^{-1}\boldsymbol{B} + \boldsymbol{D}$$

而且证明了转移函数 $H(s)$ 在线性变换下保持不变,即

$$H(s) = \boldsymbol{C}(s\boldsymbol{I} - \boldsymbol{A})^{-1}\boldsymbol{B} + \boldsymbol{D} = \hat{\boldsymbol{C}}(s\boldsymbol{I} - \hat{\boldsymbol{A}})^{-1}\hat{\boldsymbol{B}} + \hat{\boldsymbol{D}} \qquad (9-147)$$

现设系统经非奇异变换而对角化,则转移函数可以写成

$$H(s) = \hat{\boldsymbol{C}}(s\boldsymbol{I} - \hat{\boldsymbol{A}})^{-1}\hat{\boldsymbol{B}}$$

$$= [\hat{c}_1, \hat{c}_2, \cdots, \hat{c}_k] \begin{bmatrix} s-\alpha_1 & 0 & \cdots & 0 \\ 0 & s-\alpha_2 & \cdots & 0 \\ \vdots & \vdots & & \vdots \\ 0 & 0 & \cdots & s-\alpha_k \end{bmatrix}^{-1} \begin{bmatrix} \hat{b}_1 \\ \hat{b}_2 \\ \vdots \\ \hat{b}_k \end{bmatrix} \qquad (9-148)$$

这里暂且不考虑与输入信号直接相联系的 $\boldsymbol{D}$,因为它不影响问题的性质。

把式(9 – 148)展开,即得

$$H(s) = \frac{\hat{c}_1 \hat{b}_1}{s-\alpha_1} + \frac{\hat{c}_2 \hat{b}_2}{s-\alpha_2} + \cdots + \frac{\hat{c}_k \hat{b}_k}{s-\alpha_k}$$

$$= \sum_{i=1}^{k} \frac{\hat{c}_i \hat{b}_i}{s-\alpha_i} \qquad (9-149)$$

上面已经分析了若系统不完全可控或不完全可观,则 $\hat{\boldsymbol{B}}$ 或 $\hat{\boldsymbol{C}}$ 中包含有零元素。只要 $\hat{b}_i$ 或 $\hat{c}_i$ 两者之一为零,就使式(9 – 149)中对应项消失,也就是 $H(s)$ 原来有 k 个极点(即 $s = \alpha_1, \alpha_2, \cdots, \alpha_k$),而现在 $H(s)$ 的极点减少了,这就是说,$H(s)$ 的特征多项式 $|s\boldsymbol{I} - \boldsymbol{A}|$ 有降阶现象。就 $H(s)$ 本身来说,降阶的引起是由于分母中的极点被分子的零点相对消,由此得出一条重要特性:若系统不完全可控或不完全可观,则在 s 域上表现为 $H(s)$ 必有零极点相消现象。这是系统转移函数的一条重要特性。

另外,由式(9 – 149)可知,零极点相消部分必定是不可控或不可观部分,而留下的是可控或可观部分。因而用转移函数描述的系统只是反映了系统中可控和可观那部分运动规律,而不能反映不可控和不可观那部分的运动规律,这是系统转移

函数的第二条重要特性。由此也可以得出这样的结论:用转移函数描述系统是不全面的,而用状态方程和输出方程来描述一个系统的运动更全面、更详尽。

例 9 - 29 给定线性时不变系统的状态方程和输出方程为

$$\begin{cases} \dot{\boldsymbol{\lambda}}(t) = \begin{bmatrix} -1 & -2 & -1 \\ 0 & -3 & 0 \\ 0 & 0 & -2 \end{bmatrix} \boldsymbol{\lambda}(t) + \begin{bmatrix} 2 \\ 1 \\ 1 \end{bmatrix} e(t) \\ r(t) = [1, -1, 0] \boldsymbol{\lambda}(t) \end{cases} \quad (9-150)$$

(1) 检查系统的可控性和可观性;
(2) 求可控与可观的状态变量个数;
(3) 求系统的输入 - 输出转移函数。

解 (1) 按系统可控性判据,即式(9 - 139)的 M 是否满秩。为此求:

$$M = (B \vdots AB \vdots A^2 B)$$

$$AB = \begin{bmatrix} -1 & -2 & -1 \\ 0 & -3 & 0 \\ 0 & 0 & -2 \end{bmatrix} \begin{bmatrix} 2 \\ 1 \\ 1 \end{bmatrix} = \begin{bmatrix} -5 \\ -3 \\ -2 \end{bmatrix}$$

$$A^2 B = \begin{bmatrix} -1 & -2 & -1 \\ 0 & -3 & 0 \\ 0 & 0 & -2 \end{bmatrix} \begin{bmatrix} -1 & -2 & -1 \\ 0 & -3 & 0 \\ 0 & 0 & -2 \end{bmatrix} \begin{bmatrix} 2 \\ 1 \\ 1 \end{bmatrix} = \begin{bmatrix} 13 \\ 9 \\ 4 \end{bmatrix}$$

$$M = \begin{bmatrix} 2 & -5 & 13 \\ 1 & -3 & 9 \\ 1 & -2 & 4 \end{bmatrix}$$

由于 M 中的第 2 行与第 3 行相加等于第一行,因而

$$\text{rank } M = 2 \neq 3$$

即 M 不是满秩的,故系统不完全可控。

检查可观性,只要检验式(9 - 144)判据,此时

$$N = \begin{pmatrix} C \\ \hdashline CA \\ \hdashline CA^2 \end{pmatrix} = \begin{bmatrix} 1 & -1 & 0 \\ -1 & 1 & -1 \\ 1 & -1 & 3 \end{bmatrix}$$

此式的第 1 列乘以(- 1)等于第 2 列,因而

$$\text{rank } N = 2 \neq 3$$

即 N 也不是满秩的,故系统不完全可观。

(2) 为求可控和可观状态变量个数可以对状态方程变换为对角化的规范形

式。经求特征矢量得到对角化所需的变换矩阵为

$$P^{-1} = \begin{bmatrix} 1 & 1 & 1 \\ 0 & 0 & 1 \\ 0 & 1 & 0 \end{bmatrix} \quad P = \begin{bmatrix} 1 & -1 & -1 \\ 0 & 0 & 1 \\ 0 & 1 & 0 \end{bmatrix}$$

系统对角化的方程表示为

$$\dot{\boldsymbol{\gamma}}(t) = \boldsymbol{P}\boldsymbol{A}\boldsymbol{P}^{-1}\boldsymbol{\gamma}(t) + \boldsymbol{P}\boldsymbol{B}e(t)$$

$$= \begin{bmatrix} -1 & 0 & 0 \\ 0 & -2 & 0 \\ 0 & 0 & -3 \end{bmatrix} \boldsymbol{\gamma}(t) + \begin{bmatrix} 0 \\ 1 \\ 1 \end{bmatrix} e(t)$$

$$r(t) = \boldsymbol{C}\boldsymbol{P}^{-1}\boldsymbol{\gamma}(t) = [1,1,0]\boldsymbol{\gamma}(t) \tag{9-151}$$

由式(9-151)可见,对角化以后

$$\hat{\boldsymbol{B}} = \begin{bmatrix} 0 \\ 1 \\ 1 \end{bmatrix} \quad \hat{\boldsymbol{C}} = [1,1,0]$$

$\hat{\boldsymbol{B}}$,$\hat{\boldsymbol{C}}$ 各包含一个零元素,因而其中 $\gamma_2(t)$ 和 $\gamma_3(t)$ 两个状态变量可控;$\gamma_1(t)$ 和 $\gamma_2(t)$ 两个状态变量可观,画成结构图如图9-41所示。不难发现,此图与图9-39结构完全相同。

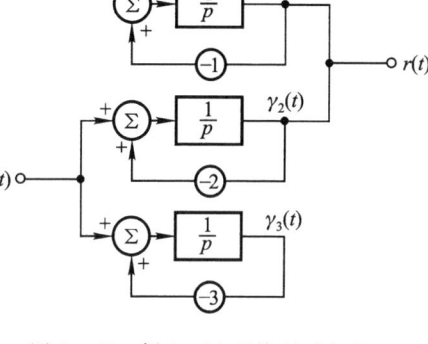

图9-41 例9-29系统经对角化变换后结构图

(3) 求系统的转移函数 $H(s)$

$$H(s) = \boldsymbol{C}(s\boldsymbol{I} - \boldsymbol{A})^{-1}\boldsymbol{B} = \hat{\boldsymbol{C}}(s\boldsymbol{I} - \hat{\boldsymbol{A}})^{-1}\hat{\boldsymbol{B}}$$

$$= [1,1,0] \begin{bmatrix} s+1 & 0 & 0 \\ 0 & s+2 & 0 \\ 0 & 0 & s+3 \end{bmatrix}^{-1} \begin{bmatrix} 0 \\ 1 \\ 1 \end{bmatrix}$$

$$= [1,1,0] \frac{1}{(s+1)(s+2)(s+3)} \cdot$$

$$\begin{bmatrix} (s+2)(s+3) & 0 & 0 \\ 0 & (s+1)(s+3) & 0 \\ 0 & 0 & (s+1)(s+2) \end{bmatrix} \begin{bmatrix} 0 \\ 1 \\ 1 \end{bmatrix}$$

$$= \frac{(s+1)(s+3)}{(s+1)(s+2)(s+3)} = \frac{1}{s+2} \tag{9-152}$$

可见系统具有零极点相消现象,相消结果保留(-2)特征根。从图9-41明显地看出,输入量只有通过 $\gamma_2(t)$ 影响到输出量 $r(t)$,这说明用系统转移函数来描述一系统是不全面的。

习　题

9-1 若图9-5所示反馈系统中 $A(s) = \dfrac{1}{s+1}$，$F(s) = s - \beta$（β 为实数），为使系统稳定，求 β 值范围。（提示：参看4.11节例4-25和例4-26）。

9-2 若上题中 $A(s)$ 改为 $A(s) = \dfrac{1}{s-1}$，其他条件不变，重复所问。

9-3 若图9-6所示反馈系统中 $A(z) = \dfrac{z}{z-\dfrac{1}{2}}$，$F(z) = 1 - \beta z^{-1}$（$\beta$ 为实数），为使系统稳定，求 β 值范围。

9-4 试写出题图9-4所示互联系统的系统函数 $H(s) = \dfrac{Y(s)}{X(s)}$ 的表达式。

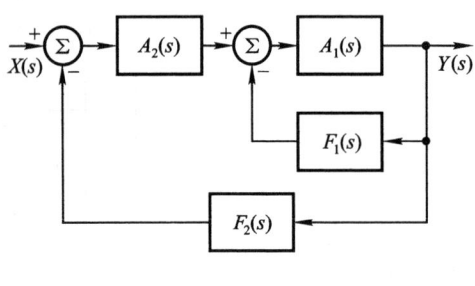

题图9-4

9-5 试写出题图9-5所示互联系统的系统函数 $H(z) = \dfrac{Y(z)}{X(z)}$ 的表达式。

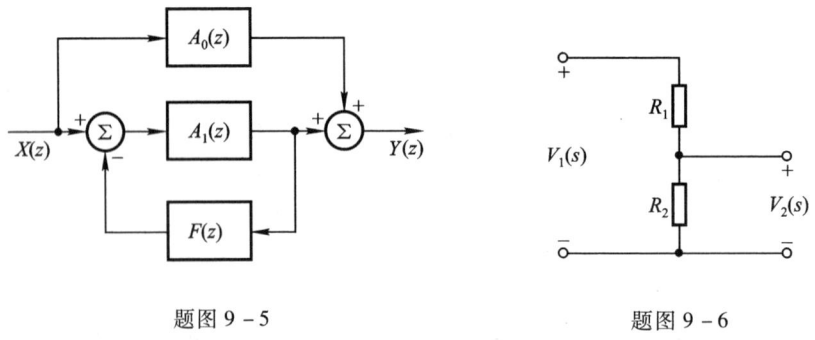

题图9-5　　　　　　　题图9-6

9-6 电阻分压器如题图9-6所示，此电路可以看成负反馈系统，若以 $V_1(s)$ 作输入、$V_2(s)$ 作输出，画出与图9-5对应的反馈系统框图，求 $A(s)$，$F(s)$。

9-7 在 9.2 节曾介绍的倒立摆系统重绘于题图 9-7。图中,摆长为 L,不计长杆质量,末端小球质量为 m,$\theta(t)$ 是偏离垂线之角度,重力加速度为 g,$a(t)$ 是小车加速度,$x(t)$ 表示扰动(如风吹)引起的角加速度。质量沿垂直于杆方向的加速度 $L\dfrac{d^2\theta}{dt^2}$ 应等于沿此方向施加之各种加速度之和,包括重力加速度、小车加速度和扰动加速度,按此要求建立的系统动态方程如下

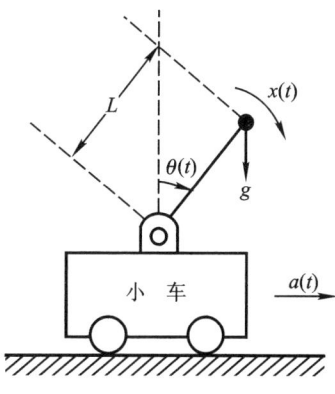

题图 9-7

$$L\frac{d^2\theta(t)}{dt^2} = g\sin[\theta(t)] - a(t)\cos[\theta(t)] + Lx(t)$$

此模型为非线性微分方程,在摆处于垂直位置附近,即 $\theta(t)$ 很小的情况下,取如下近似:$\sin[\theta(t)] \approx \theta(t)$,$\cos[\theta(t)] \approx 1$,得到如下简化的线性方程

$$L\frac{d^2\theta(t)}{dt^2} = g[\theta(t)] - a(t) + Lx(t)$$

(1) 设 $x(t)$ 为激励信号,$\theta(t)$ 是响应信号,若小车不动,即 $a(t) = 0$,写出系统函数 $H(s) = \dfrac{\Theta(s)}{X(s)}$ 表达式,并讨论系统的稳定性。

(2) 研究适当移动小车对稳定性的影响。假定随 $\theta(t)$ 之变化按比例反馈作用使小车产生加速度,即 $a(t) = K\theta(t)$,K 为比例系数。画出引入反馈后的系统方框图,并求此反馈系统的系统函数。讨论系统的稳定性(分为 $K < g$、$K = g$ 和 $K > g$ 三种情况)。

(3) 改用比例-微分(PD)反馈控制,即

$$a(t) = K_1\theta(t) + K_2\frac{d\theta(t)}{dt}$$

其中 K_1 和 K_2 都为正实系数。写出此反馈系统的系统函数,讨论为使系统稳定,K_1,K_2 应满足何种约束条件?

9-8 画出题图 9-8 所示方框图对应的流图,并求转移函数 $H(s) = \dfrac{Y(s)}{X(s)}$。

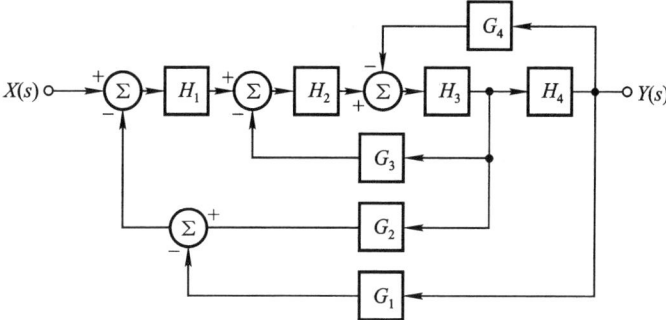

题图 9-8

9-9 分别求题图 9-9(a)、(b)流图所示系统的转移函数 $H(s) = \dfrac{Y(s)}{X(s)}$，$H_1(s) = \dfrac{Y(s)}{X_1(s)}$ 和 $H_2(s) = \dfrac{Y(s)}{X_2(s)}$。每题都用流图性质简化与梅森公式两种方法求解。

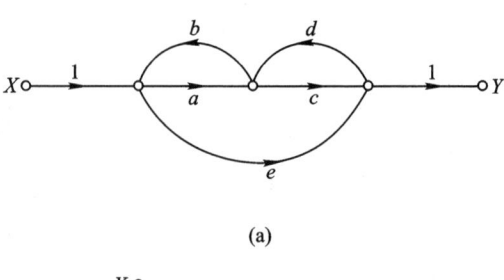

(a)

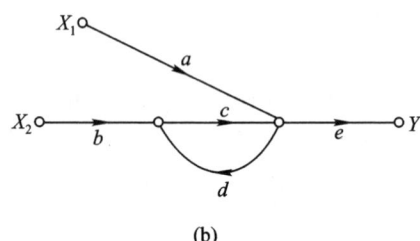

(b)

题图 9-9

9-10 分别求题图 9-10(a)、(b)流图所示系统的转移函数 $H(s) = \dfrac{Y(s)}{X(s)}$，$H_{11}(s) = \dfrac{Y_1(s)}{X_1(s)}$，$H_{21}(s) = \dfrac{Y_2(s)}{X_1(s)}$，$H_{12}(s) = \dfrac{Y_1(s)}{X_2(s)}$，$H_{22}(s) = \dfrac{Y_2(s)}{X_2(s)}$。

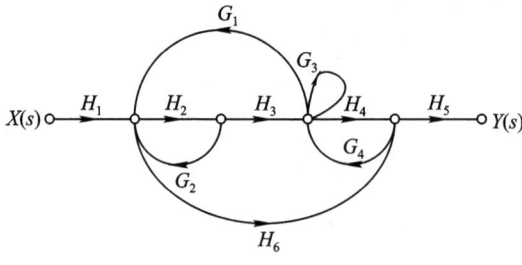

(a)

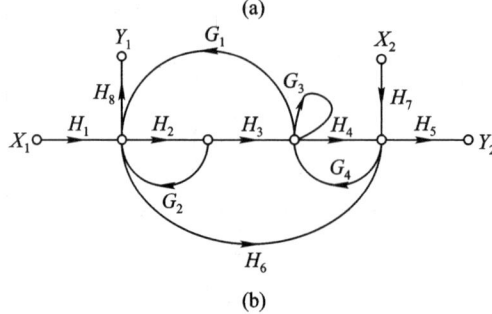

(b)

题图 9-10

9-11 根据下面的源点与阱点间转移函数,画出系统的流图表示,在每一支路上标明相应的转移函数。
$$H = \frac{Y}{X} = \frac{ah(1-cf-dg)}{(1-be)(1-dg)-fc}$$

9-12 题图9-12示出射极有负反馈电阻的单管放大器,各电压、电流之间满足以下约束方程:$V_o = -R_c I_c$, $I_c = \beta I_b$, $I_b = \frac{V_{be}}{r_{be}}$, $V_{be} = V_S - V_e$, $V_e = R_e I_e$, $I_e = \frac{1+\beta}{\beta} I_c$。

画出此系统的信号流图,求转移函数 $\frac{V_o}{V_S}$(即电压放大倍数)。

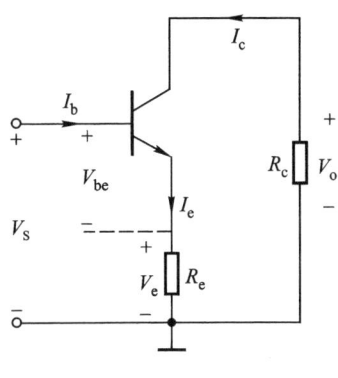

题图 9-12

9-13 题图9-13是数字滤波器的两种直接实现形式,利用信号流图证明两者具有相同的转移函数。

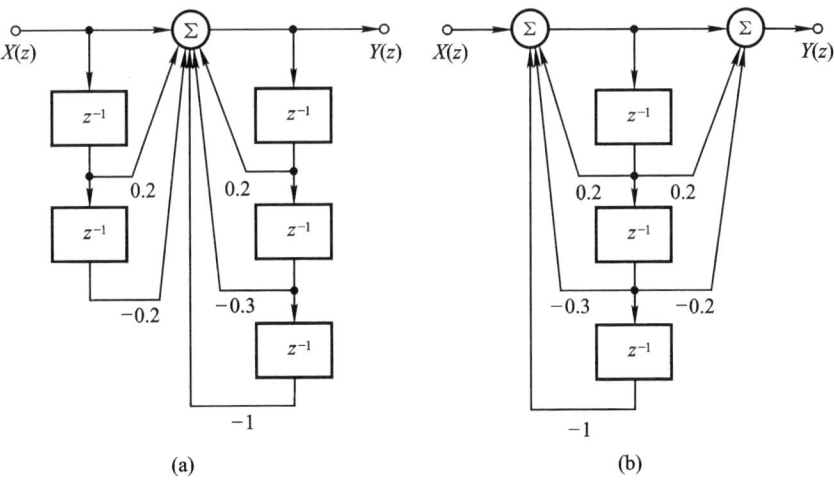

题图 9-13

9-14 如题图9-14所示电路,输出量取 $r(t) = v_{C2}(t)$,状态变量取 C_1 和 C_2 上的电压 $\lambda_1(t) = v_{C1}(t)$ 和 $\lambda_2(t) = v_{C2}(t)$,且有 $C_1 = C_2 = 1$ F, $R_0 = R_1 = R_2 = 1$ Ω。列写系统的状态方程和输出方程。

9-15 已知系统的传输算子表达式为
$$H(p) = \frac{1}{(p+1)(p+2)}$$

试建立一个二阶状态方程,使其 A 矩阵具有对角阵形式并画出系统的流图。

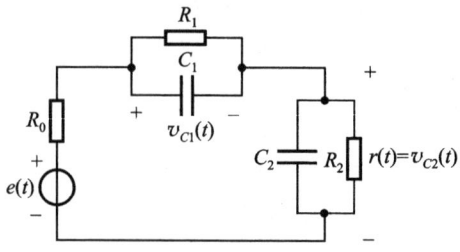

题图 9 - 14

9 - 16 给定系统微分方程表达式如下

$$a\frac{d^3}{dt^3}y(t) + b\frac{d^2}{dt^2}y(t) + c\frac{d}{dt}y(t) + dy(t) = 0$$

选状态变量为 $\lambda_1(t) = ay(t)$

$$\lambda_2(t) = a\frac{d}{dt}y(t) + by(t)$$

$$\lambda_3(t) = a\frac{d^2}{dt^2}y(t) + b\frac{d}{dt}y(t) + cy(t)$$

输出量取 $\qquad r(t) = \frac{d}{dt}y(t)$

列写状态方程和输出方程。

9 - 17 给定系统流图如题图 9 - 17 所示，列写状态方程和输出方程。

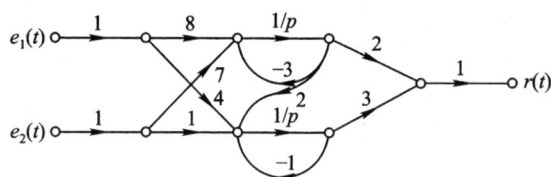

题图 9 - 17

9 - 18 给定离散时间系统框图如题图 9 - 18 所示，列写状态方程和输出方程。

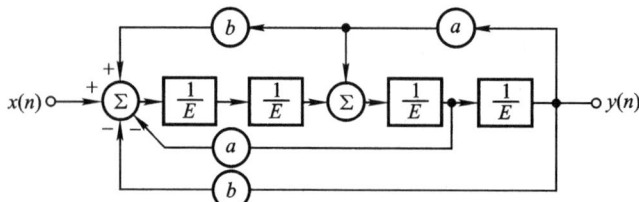

题图 9 - 18

9-19 (1) 给定系统用微分方程描述为

$$\frac{d^2}{dt^2}r(t) + a_1\frac{d}{dt}r(t) + a_2 r(t) = b_0\frac{d^2}{dt^2}e(t) + b_1\frac{d}{dt}e(t) + b_2 e(t)$$

用题图 9-19 的流图形式模拟该系统，列写对应于题图 9-19 形式的状态方程，并求 $\alpha_1, \alpha_2, \beta_0, \beta_1, \beta_2$ 与原方程系数之间的关系。

(2) 给定系统用微分方程描述为

$$\frac{d^2}{dt^2}r(t) + 4\frac{d}{dt}r(t) + 3r(t) = \frac{d^2}{dt^2}e(t) + 6\frac{d}{dt}e(t) + 8e(t)$$

求对应于(1)问所示状态方程的各系数。

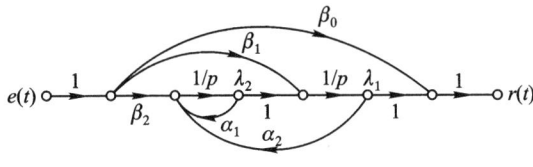

题图 9-19

9-20 试将题图 9-20(a),(b)分别改画为以一阶流图组合的形式，一阶流图的结构如题图 9-20(c)所示，并列写系统的状态方程和输出方程。在图(c)中传输算子

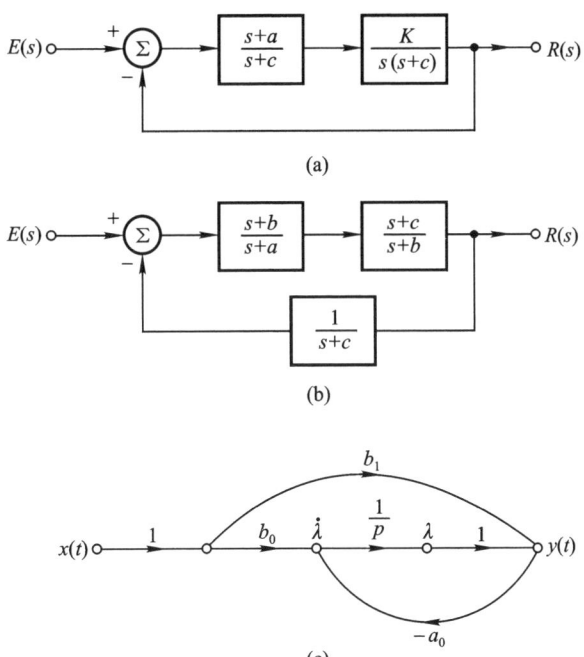

题图 9-20

为 $H(p) = \dfrac{b_1 + \dfrac{b_0}{p}}{1 + \dfrac{a_0}{p}}$。考虑图中结点 λ 之后增益为 1 的通路在本题中能否省去?

9-21 列写题图 9-21 所示网络的状态方程和输出方程表示。

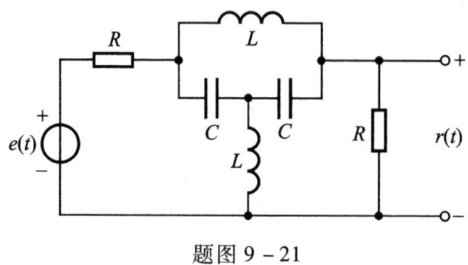

题图 9-21

9-22 已知

$$A = \begin{bmatrix} 0 & 1 & 0 \\ 0 & 0 & 1 \\ 0 & 1 & 0 \end{bmatrix}$$

借助拉氏变换求逆的方法计算 e^{At}。

9-23 给定系统的状态方程和初始条件为

$$\begin{bmatrix} \dot{\lambda}_1(t) \\ \dot{\lambda}_2(t) \end{bmatrix} = \begin{bmatrix} 1 & -2 \\ 1 & 4 \end{bmatrix} \begin{bmatrix} \lambda_1(t) \\ \lambda_2(t) \end{bmatrix}; \quad \begin{bmatrix} \lambda_1(0_-) \\ \lambda_2(0_-) \end{bmatrix} = \begin{bmatrix} 3 \\ 2 \end{bmatrix}$$

用拉氏变换方法求解该系统。

9-24 若每年从外地进入某城市的人口是上一年外地人口的 α 倍,而离开该市人口是上一年该市人口的 β 倍,全国每年人口的自然增长率为 γ 倍(α,β,γ 都以百分比表示)。试建立一个离散时间系统的状态方程,描述该城市和外地人口的动态发展规律。为了预测未来若干年后的人口数量,还需要知道哪些数据?

9-25 一离散系统如题图 9-25 所示。

(1) 当输入 $x(n) = \delta(n)$ 时,求 $\lambda_1(n)$ 和 $\lambda_2(n)$ 及 $y(n) = h(n)$;

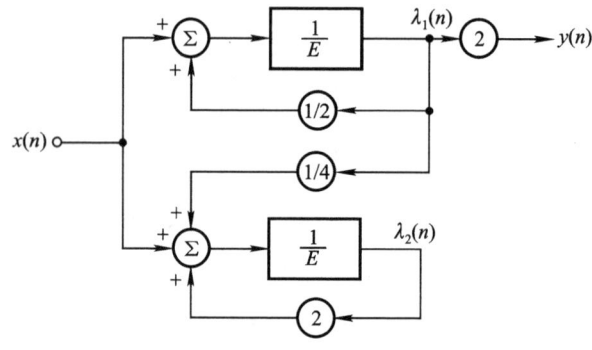

题图 9-25

(2) 列出系统的差分方程。

9-26 已知一离散系统的状态方程和输出方程表示为

$$\begin{bmatrix} \lambda_1(n+1) \\ \lambda_2(n+1) \end{bmatrix} = \begin{bmatrix} 1 & -2 \\ a & b \end{bmatrix} \begin{bmatrix} \lambda_1(n) \\ \lambda_2(n) \end{bmatrix} + \begin{bmatrix} 1 \\ 0 \end{bmatrix} x(n)$$

$$y(n) = [1,1] \begin{bmatrix} \lambda_1(n) \\ \lambda_2(n) \end{bmatrix}$$

给定当 $n \geq 0$ 时,$x(n) = 0$ 和 $y(n) = 8(-1)^n - 5(-2)^n$,求:

(1) 常数 a,b;

(2) $\lambda_1(n)$ 和 $\lambda_2(n)$ 的闭式解。

9-27 已知一离散系统的状态方程和输出方程表示为

$$\begin{cases} \lambda_1(n+1) = \lambda_1(n) - \lambda_2(n) \\ \lambda_2(n+1) = -\lambda_1(n) - \lambda_2(n) \end{cases}$$

$$y(n) = \lambda_1(n)\lambda_2(n) + x(n)$$

(1) 给定 $\lambda_1(0) = 2, \lambda_2(0) = 2$,求状态方程的零输入解;

(2) 求系统的差分方程表示式;

(3) 给定(1)的起始条件,且给定 $x(n) = 2^n, n \geq 0$。求输出响应 $y(n)$,并问(2)中差分方程的特解是什么?

9-28 已知两个系统有这样的关系

$$\begin{cases} \dot{\boldsymbol{\lambda}}(t) = \boldsymbol{A}\boldsymbol{\lambda}(t) + \boldsymbol{B}e(t) \\ r_1(t) = \boldsymbol{C}\boldsymbol{\lambda}(t) \end{cases}$$

$$\begin{cases} \dot{\boldsymbol{\gamma}}(t) = -\boldsymbol{A}^T\boldsymbol{\gamma}(t) + \boldsymbol{C}^T e(t) \\ r_2(t) = \boldsymbol{B}^T\boldsymbol{\gamma}(t) \end{cases}$$

证明:如果系统起始是静止的,则这两个系统的输出冲激响应有下列关系

$$h_1(t) = h_2(-t)$$

9-29 给定线性时不变系统的状态方程和输出方程

$$\begin{cases} \dot{\boldsymbol{\lambda}}(t) = \boldsymbol{A}\boldsymbol{\lambda}(t) + \boldsymbol{B}e(t) \\ r(t) = \boldsymbol{C}\boldsymbol{\lambda}(t) \end{cases}$$

其中

$$\boldsymbol{A} = \begin{bmatrix} -2 & 2 & -1 \\ 0 & -2 & 0 \\ 1 & -4 & 0 \end{bmatrix} \quad \boldsymbol{B} = \begin{bmatrix} 0 \\ 1 \\ 1 \end{bmatrix}$$

$$\boldsymbol{C} = [1,0,0]$$

(1) 检查该系统的可控性和可观性;

(2) 求系统的转移函数。

9-30 判断习题 9-14 的可控性与可观性,并求系统函数。

9-31 已知线性时不变系统状态方程的参数矩阵为

$$A = \begin{bmatrix} 1 & 0 & 0 & 0 \\ 0 & 2 & 0 & 0 \\ -6 & -2 & 3 & 0 \\ -3 & -2 & 0 & 4 \end{bmatrix} \quad B = \begin{bmatrix} 1 \\ 0 \\ 3 \\ 2 \end{bmatrix}$$

$$C = [-4, -3, 1, 1]$$

求:(1) 将参数矩阵化为 A 对角线形式;

(2) 判断系统可控性与可观性;

(3) 系统函数 $H(s)$。

9-32 考虑可控且可观的两个单输入－单输出系统 S_1 和 S_2,它们的状态方程和输出方程分别为

$$S_1: \dot{\lambda}_1(t) = A_1 \lambda_1(t) + B_1 e_1(t)$$
$$r_1(t) = C_1 \lambda_1(t)$$

其中 $A_1 = \begin{bmatrix} 0 & 1 \\ -3 & -4 \end{bmatrix} \quad B_1 = \begin{bmatrix} 0 \\ 1 \end{bmatrix} \quad C_1 = [2, 1]$

$$S_2: \dot{\lambda}_2(t) = A_2 \lambda_2(t) + B_2 e_2(t)$$
$$r_2(t) = C_2 \lambda_2(t)$$

其中 $A_2 = -2, B_2 = 1, C_2 = 1$。

现在考虑串联系统如题图 9-32 所示。

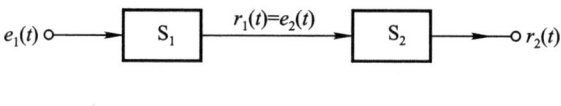

题图 9-32

(1) 求串联系统的状态方程和输出方程,令

$$\boldsymbol{\lambda}(t) = \begin{bmatrix} \lambda_1(t) \\ \lambda_2(t) \end{bmatrix}$$

(2) 检查串联系统的可控性和可观性;

(3) 求系统 S_1 和 S_2 分别的转移函数及串联系统的转移函数;串联系统转移函数有无零极点相消现象?(2)的结果说明什么?

9-33 已知线性时不变系统的状态方程和输出方程表示为

$$\dot{\boldsymbol{\lambda}}_{k \times 1}(t) = \boldsymbol{A}_{k \times k} \boldsymbol{\lambda}_{k \times 1}(t) + \boldsymbol{B}_{k \times 1} e(t)$$
$$r(t) = \boldsymbol{C}_{1 \times k} \boldsymbol{\lambda}_{k \times 1} + De(t)$$

且有 $CB = 0, CAB = 0, \cdots, CA^{k-1}B = 0$。

证明:该系统不可能同时完全可控和完全可观;

附 录 一

卷 积 表

序号	$f_1(t)$	$f_2(t)$	$f_1(t) * f_2(t)$
1	$f(t)$	$\delta(t)$	$f(t)$
2	$f(t)$	$u(t)$	$\int_{-\infty}^{t} f(\lambda) d\lambda$
3	$f(t)$	$\delta'(t)$	$f'(t)$
4	$u(t)$	$u(t)$	$tu(t)$
5	$u(t) - u(t - t_1)$	$u(t)$	$tu(t) - (t - t_1)u(t - t_1)$
6	$u(t) - u(t - t_1)$	$u(t) - u(t - t_2)$	$tu(t) - (t - t_1)u(t - t_1) - (t - t_2)u(t - t_2) + (t - t_1 - t_2) \cdot u(t - t_1 - t_2)$
7	$e^{\alpha t} u(t)$	$u(t)$	$-\dfrac{1}{\alpha}(1 - e^{\alpha t}) u(t)$
8	$e^{\alpha t} u(t)$	$u(t) - u(t - t_1)$	$-\dfrac{1}{\alpha}(1 - e^{\alpha t})[u(t) - u(t - t_1)] - \dfrac{1}{\alpha}(e^{-\alpha t_1} - 1) e^{\alpha t} u(t - t_1)$
9	$e^{\alpha t} u(t)$	$e^{\alpha t} u(t)$	$t e^{\alpha t} u(t)$
10	$e^{\alpha_1 t} u(t)$	$e^{\alpha_2 t} u(t)$	$\dfrac{1}{\alpha_1 - \alpha_2}(e^{\alpha_1 t} - e^{\alpha_2 t}) u(t) \quad \alpha_1 \neq \alpha_2$
11	$e^{\alpha t} u(t)$	$t^n u(t)$	$\dfrac{n!}{\alpha^{n+1}} e^{\alpha t} u(t) - \sum_{j=0}^{n} \dfrac{n!}{\alpha^{j+1}(n-j)!} t^{n-j} u(t)$
12	$t^m u(t)$	$t^n u(t)$	$\dfrac{m! \, n!}{(m + n + 1)!} t^{m+n+1} u(t)$
13	$t^m e^{\alpha_1 t} u(t)$	$t^n e^{\alpha_2 t} u(t)$	$\sum_{j=0}^{m} \dfrac{(-1)^j m! \, (n+j)!}{j! \, (m-j)! \, (\alpha_1 - \alpha_2)^{n+j+1}} t^{m-j} e^{\alpha_1 t} u(t)$ $+ \sum_{k=0}^{n} \dfrac{(-1)^k n! \, (m+k)!}{k! \, (n-k)! \, (\alpha_2 - \alpha_1)^{m+k+1}} t^{n-k} e^{\alpha_2 t} u(t) \quad \alpha_1 \neq \alpha_2$
14	$e^{-\alpha t} \cos(\beta t + \theta) u(t)$	$e^{\lambda t} u(t)$	$\left[\dfrac{\cos(\theta - \varphi)}{\sqrt{(\alpha + \lambda)^2 + \beta^2}} e^{\lambda t} - \dfrac{e^{-\alpha t} \cos(\beta t + \theta - \varphi)}{\sqrt{(\alpha + \lambda)^2 + \beta^2}} \right] u(t)$ 其中 $\varphi = \arctan\left(\dfrac{-\beta}{\alpha + \lambda} \right)$

附 录

常用周期信号的

信号名称	周期信号 $f(t)$ 波形	特点	
		对称性	冲激出现在
一般周期信号	波形：一般周期信号，标注 t_0, O, t_0+T_1		
周期矩形信号	波形：矩形脉冲，幅度 E，标注 $-T_1$, $-\frac{\tau}{2}$, O, $\frac{\tau}{2}$, T_1	偶函数	$f'(t)$
周期对称方波信号	波形：对称方波，幅度 $\pm\frac{E}{2}$，标注 $-\frac{T_1}{4}$, $\frac{T_1}{4}$, T_1	偶函数，奇谐函数	$f'(t)$
	波形：对称方波，幅度 $\pm\frac{E}{2}$，标注 $-\frac{T_1}{2}$, $\frac{T_1}{2}$, T	奇函数，奇谐函数	$f'(t)$
周期锯齿信号	波形：锯齿波，幅度 $\pm\frac{E}{2}$，标注 $-\frac{T_1}{2}$, $\frac{T_1}{2}$, T_1	奇函数	$f'(t)$

傅里叶级数表

傅里叶级数 $f(t) = a_0 + \sum_{n=1}^{\infty} [a_n \cos(n\omega_1 t) + b_n \sin(n\omega_1 t)], (n=1,2,\cdots)$				
a_0	a_n	b_n	特点	
^	^	^	包含的频率分量	谐波幅度收敛速率
$\dfrac{1}{T_1}\int_{t_0}^{t_0+T_1} f(t)\,\mathrm{d}t$	$\dfrac{2}{T_1}\int_{t_0}^{t_0+T_1} f(t)\cdot\cos(n\omega_1 t)\,\mathrm{d}t$	$\dfrac{2}{T_1}\int_{t_0}^{t_0+T_1} f(t)\cdot\sin(n\omega_1 t)\,\mathrm{d}t$	$n\omega_1$	
$\dfrac{E\tau}{T_1}$	$\dfrac{2E}{n\pi}\sin\left(\dfrac{n\pi\tau}{T_1}\right)$ $=\dfrac{E\tau\omega_1}{\pi}\mathrm{Sa}\left(\dfrac{n\omega_1\tau}{2}\right)$	0	$0, n\omega_1$	$\dfrac{1}{n}$
0	$\dfrac{2E}{n\pi}\sin\left(\dfrac{n\pi}{2}\right)$	0	基波和奇次谐波的余弦分量	$\dfrac{1}{n}$
0	0	$\dfrac{2E}{n\pi}\sin^2\left(\dfrac{n\pi}{2}\right)$	基波和奇次谐波的正弦分量	$\dfrac{1}{n}$
0	0	$(-1)^{n+1}\cdot\dfrac{E}{n\pi}$	正弦分量	$\dfrac{1}{n}$

附录二 常用周期信号的傅里叶级数表

信号名称	周期信号 波形	$f(t)$ 特点 对称性	冲激出现在
周期锯齿信号	(波形图：锯齿波，峰值 E，周期 T_1)	去直流后为奇函数	$f'(t)$
周期三角信号	(波形图：对称三角波，峰值 E，在 $\pm T_1/2$ 处为谷)	偶函数，去直流后为奇谐函数	$f''(t)$
周期三角信号	(波形图：三角波，峰值 $E/2$，谷值 $-E/2$)	奇函数，奇谐函数	$f''(t)$
周期半波余弦信号	(波形图：半波余弦，峰值 E，在 $\pm T_1/4$ 之间为正半波)	偶函数	
周期全波余弦信号	(波形图：全波余弦，峰值 E，周期 $T_1/2$)	偶函数	

续表

傅里叶级数 $f(t) = a_0 + \sum_{n=1}^{\infty} [a_n\cos(n\omega_1 t) + b_n\sin(n\omega_1 t)], (n=1,2,\cdots)$			
a_0	a_n	b_n	特 点	
^	^	^	包含的频率分量	谐波幅度收敛速率
$\dfrac{E}{2}$	0	$\dfrac{E}{n\pi}$	直流和正弦分量	$\dfrac{1}{n}$
$\dfrac{E}{2}$	$\dfrac{4E}{(n\pi)^2}\sin^2\left(\dfrac{n\pi}{2}\right)$	0	直流和基波、奇次谐波的余弦分量	$\dfrac{1}{n^2}$
0	0	$\dfrac{4E}{(n\pi)^2}\sin\left(\dfrac{n\pi}{2}\right)$	基波和奇次谐波的正弦分量	$\dfrac{1}{n^2}$
$\dfrac{E}{\pi}$	$\dfrac{2E}{(1-n^2)\pi}\cos\left(\dfrac{n\pi}{2}\right)$	0	直流和基波、偶次谐波的余弦分量	$\dfrac{1}{n^2}$
$\dfrac{2E}{\pi}$	$(-1)^{n+1}\dfrac{4E}{(4n^2-1)\pi}$	0	直流和基波以及各次谐波的余弦分量	$\dfrac{1}{n^2}$

附 录

常用信号的

序号	信号名称	时间函数 $f(t)$	波形图
1	单边指数脉冲	$Ee^{-at}u(t)$ $(a>0)$	
2	双边指数脉冲	$Ee^{-a\|t\|}$ $(a>0)$	
3	矩形脉冲	$\begin{cases} E & \left(\|t\|<\dfrac{\tau}{2}\right) \\ 0 & \left(\|t\|\geqslant\dfrac{\tau}{2}\right) \end{cases}$	
4	钟形脉冲	$E\cdot e^{-\left(\frac{t}{\tau}\right)^2}$	
5	余弦脉冲	$\begin{cases} E\cos\left(\dfrac{\pi t}{\tau}\right) & \left(\|t\|<\dfrac{\tau}{2}\right) \\ 0 & \left(\|t\|\geqslant\dfrac{\tau}{2}\right) \end{cases}$	

三

傅里叶变换表

频谱函数 $F(\omega) = \|F(\omega)\| e^{j\varphi(\omega)}$	频 谱 图
$\dfrac{E}{a + j\omega}$	
$\dfrac{2aE}{a^2 + \omega^2}$	
$E\tau \mathrm{Sa}\left(\dfrac{\omega\tau}{2}\right) = \dfrac{2E}{\omega}\sin\left(\dfrac{\omega\tau}{2}\right)$	
$\sqrt{\pi}\, E\tau \cdot \mathrm{e}^{-\left(\frac{\omega\tau}{2}\right)^2}$	
$\dfrac{2E\tau}{\pi} \cdot \dfrac{\cos\left(\frac{\omega\tau}{2}\right)}{\left[1 - \left(\frac{\omega\tau}{\pi}\right)^2\right]}$	

序号	信号名称	时间函数 $f(t)$	波形图
6	升余弦脉冲	$\begin{cases} \dfrac{E}{2}\left[1+\cos\left(\dfrac{2\pi t}{\tau}\right)\right] & \left(\|t\|<\dfrac{\tau}{2}\right) \\ 0 & \left(\|t\|\geqslant\dfrac{\tau}{2}\right) \end{cases}$	
7	三角脉冲	$\begin{cases} E\left(1-\dfrac{2\|t\|}{\tau}\right) & \left(\|t\|<\dfrac{\tau}{2}\right) \\ 0 & \left(\|t\|\geqslant\dfrac{\tau}{2}\right) \end{cases}$	
8	锯齿脉冲	$\begin{cases} \dfrac{E}{a}(t+a) & (-a<t<0) \\ 0 & (\text{其他}) \end{cases}$	
9	梯形脉冲	$\begin{cases} \dfrac{2E}{\tau-\tau_1}\left(t+\dfrac{\tau}{2}\right) & \left(-\dfrac{\tau}{2}<t<-\dfrac{\tau_1}{2}\right) \\ E & \left(-\dfrac{\tau_1}{2}<t<\dfrac{\tau_1}{2}\right) \\ \dfrac{2E}{\tau-\tau_1}\left(\dfrac{\tau}{2}-t\right) & \left(\dfrac{\tau_1}{2}<t<\dfrac{\tau}{2}\right) \\ 0 & (\text{其他}) \end{cases}$	
10	抽样脉冲	$\mathrm{Sa}(\omega_c t)=\dfrac{\sin(\omega_c t)}{\omega_c t}$	

续表

频谱函数 $F(\omega) = \lvert F(\omega) \rvert e^{j\varphi(\omega)}$	频 谱 图
$\dfrac{E\tau}{2} \cdot \dfrac{\mathrm{Sa}\left(\dfrac{\omega\tau}{2}\right)}{1 - \left(\dfrac{\omega\tau}{2\pi}\right)^2}$	峰值 $\dfrac{E\tau}{2}$,零点 $\dfrac{4\pi}{\tau}, \dfrac{6\pi}{\tau}$
$\dfrac{E\tau}{2}\mathrm{Sa}^2\left(\dfrac{\omega\tau}{4}\right) = \dfrac{8E}{\omega^2\tau}\sin^2\left(\dfrac{\omega\tau}{4}\right)$	峰值 $\dfrac{E\tau}{2}$,零点 $\dfrac{4\pi}{\tau}, \dfrac{8\pi}{\tau}$
$\dfrac{E}{a\omega^2}(1 + j\omega a - e^{+j\omega a})$	
$\dfrac{8E}{(\tau - \tau_1)\omega^2} \sin\left[\dfrac{\omega(\tau + \tau_1)}{4}\right] \sin\left[\dfrac{\omega(\tau - \tau_1)}{4}\right]$	峰值 $\dfrac{E}{2}(\tau + \tau_1)$,零点 $\dfrac{4\pi}{\tau + \tau_1}$
$\begin{cases} \dfrac{\pi}{\omega_c} & (\lvert\omega\rvert < \omega_c) \\ 0 & (\lvert\omega\rvert > \omega_c) \end{cases}$	幅值 $\dfrac{\pi}{\omega_c}$,区间 $-\omega_c$ 到 ω_c

574 附录三 常用信号的傅里叶变换表

序号	信号名称	时间函数 $f(t)$	波形图
11	指数脉冲	$te^{-at}u(t)$ （$a>0$）	
12	冲激函数	$E\delta(t)$	
13	阶跃函数	$Eu(t)$	
14	符号函数	$E\mathrm{sgn}(t)$	
15	直流信号	E	
16	冲激序列	$\delta_T(t) = \sum\limits_{n=-\infty}^{\infty} \delta(t-nT_1)$	

续表

频谱函数 $F(\omega) = \|F(\omega)\| e^{j\varphi(\omega)}$	频 谱 图
$\dfrac{1}{(a+j\omega)^2}$	
E	
$\dfrac{E}{j\omega} + \pi E \delta(\omega)$	
$\dfrac{2E}{j\omega}$	
$2\pi E \delta(\omega)$	
$\omega_1 \displaystyle\sum_{n=-\infty}^{\infty} \delta(\omega - n\omega_1)$ $\left(\omega_1 = \dfrac{2\pi}{T_1}\right)$	

序号	信号名称	时间函数 $f(t)$	波形图
17	余弦信号	$E\cos(\omega_0 t)$	
18	正弦信号	$E\sin(\omega_0 t)$	
19	单边余弦信号	$E\cos(\omega_0 t)u(t)$	
20	单边正弦信号	$E\sin(\omega_0 t)u(t)$	
21	复指数信号	$Ee^{j\omega_0 t}$	

续表

频谱函数 $F(\omega) = \|F(\omega)\|e^{j\varphi(\omega)}$	频 谱 图
$E\pi[\delta(\omega+\omega_0)+\delta(\omega-\omega_0)]$	
$j\pi E[\delta(\omega+\omega_0)-\delta(\omega-\omega_0)]$	
$\dfrac{E\pi}{2}[\delta(\omega+\omega_0)+\delta(\omega-\omega_0)]+\dfrac{j\omega E}{\omega_0^2-\omega^2}$	
$\dfrac{E\pi}{2j}[\delta(\omega-\omega_0)-\delta(\omega+\omega_0)]+\dfrac{\omega_0 E}{\omega_0^2-\omega^2}$	
$2\pi E\delta(\omega-\omega_0)$	

序号	信号名称	时间函数 $f(t)$	波形图
22	单边减幅正弦信号	$e^{-at}\sin(\omega_0 t)u(t)$ $(a>0)$	
23	单边减幅余弦信号	$e^{-at}\cos(\omega_0 t)u(t)$ $(a>0)$	
24	单边衰减信号	$\dfrac{1}{\beta-\alpha}(e^{-\alpha t}-e^{-\beta t})u(t)$ $(\alpha\neq\beta)$	
25	斜变信号	$tu(t)$	
26	矩形调幅信号	$\left[u\left(t+\dfrac{\tau}{2}\right)-u\left(t-\dfrac{\tau}{2}\right)\right]\cos(\omega_0 t)$	

续表

频谱函数 $F(\omega) = \lvert F(\omega) \rvert e^{j\varphi(\omega)}$	频 谱 图
$\dfrac{\omega_0}{(a+j\omega)^2+\omega_0^2}$	
$\dfrac{a+j\omega}{(a+j\omega)^2+\omega_0^2}$	
$\dfrac{1}{(j\omega+\alpha)(j\omega+\beta)}$	
$j\pi\delta'(\omega)-\dfrac{1}{\omega^2}$	
$\left[\operatorname{Sa}\dfrac{(\omega+\omega_0)\tau}{2}+\operatorname{Sa}\dfrac{(\omega-\omega_0)\tau}{2}\right]\dfrac{\tau}{2}$	

附录四 几何级数的求值公式表

序 号	公 式
1	$\sum_{n=0}^{n_2} a^n = \begin{cases} \dfrac{1-a^{n_2+1}}{1-a} & a \neq 1 \\ n_2+1 & a=1 \end{cases}$
2	$\sum_{n=n_1}^{n_2} a^n = \begin{cases} \dfrac{a^{n_1}-a^{n_2+1}}{1-a} & a \neq 1 \\ n_2-n_1+1 & a=1 \end{cases}$
3	$\sum_{n=0}^{\infty} a^n = \dfrac{1}{1-a} \qquad |a|<1$
4	$\sum_{n=1}^{\infty} a^n = \dfrac{a}{1-a} \qquad |a|<1$
5	$\sum_{n=n_1}^{\infty} a^n = \dfrac{a^{n_1}}{1-a} \qquad |a|<1$

注：对于公式 2 中，$n_1 \leq n_2$，n_1 与 n_2 可以是正数，也可以是负数。

下面证明表中的各公式

（一）公式 1

$$\sum_{n=0}^{n_2} a^n = \frac{1-a^{n_2+1}}{1-a} \qquad (a \neq 1)$$

以 $(1-a)$ 乘等式两端，左端得到

$$(1+a+a^2+\cdots+a^{n_2})(1-a)$$

经逐项相乘展开，即可证明它与等式右端相等。

$$\sum_{n=0}^{n_2} a^n = n_2+1 \qquad (a=1)$$

很明显，级数由 n_2+1 项组成，其中每项都是 1。

（二）公式 2

利用上述结果容易构成

$$\sum_{n=n_1}^{n_2} a^n = \sum_{n=0}^{n_2} a^n - \sum_{n=0}^{n_1-1} a^n$$

$$= \frac{1-a^{n_2+1}}{1-a} - \frac{1-a^{n_1}}{1-a}$$

$$= \frac{a^{n_1} - a^{n_2+1}}{1-a} \quad (a \neq 1)$$

$$\sum_{n=n_1}^{n_2} a^n = n_2 + 1 - n_1$$

$$= n_2 - n_1 + 1 \quad (a = 1)$$

(三) 公式 5

注意到,若 $|a|<1$,则有

$$\lim_{n \to \infty} a^n = 0$$

$$\sum_{n=n_1}^{\infty} a^n = \lim_{n_2 \to \infty} \sum_{n_1}^{n_2} a^n$$

$$= \lim_{n_2 \to \infty} \left[\frac{a^{n_1}}{1-a} - \frac{a^{n_2+1}}{1-a} \right]$$

$$= \frac{a^{n_1}}{1-a} \quad (|a|<1 \quad n_1 \geq 0)$$

(四) 公式 3 与公式 4

令公式 5 中的 n_1 分别等于 0 或 1,即可得到

$$\sum_{n=0}^{\infty} a^n = \frac{1}{1-a} \quad (|a|<1)$$

$$\sum_{n=1}^{\infty} a^n = \frac{a}{1-a} \quad (|a|<1)$$

(五) 在以上证明过程中,假定 n_1 和 n_2 都是正数,现可将结果推广至 n_1, n_2 为负数的一般情况

若 $n_1 < 0 \leq n_2$,则有

$$\sum_{n=n_1}^{n_2} a^n = \sum_{n=n_1}^{-1} a^n + \sum_{n=0}^{n_2} a^n$$

以 $m = -n$ 置换等式右端第一项中的序数

$$\sum_{n=n_1}^{n_2} a^n = \sum_{m=1}^{-n_1} \left(\frac{1}{a}\right)^m + \sum_{n=0}^{n_2} a^n$$

$$= \frac{\left(\frac{1}{a}\right) - \left(\frac{1}{a}\right)^{-n_1+1}}{1 - \frac{1}{a}} + \frac{1-a^{n_2+1}}{1-a}$$

$$= \frac{a^{n_1} - a^{n_2+1}}{1-a} \quad (a \neq 1)$$

若 $n_1 < n_2 \leq 0$，再次利用 $m = -n$ 置换，得到

$$\sum_{n=n_1}^{n_2} a^n = \sum_{m=-n_2}^{-n_1} \left(\frac{1}{a}\right)^m$$

$$= \frac{\left(\frac{1}{a}\right)^{-n_2} - \left(\frac{1}{a}\right)^{-n_1+1}}{1 - \frac{1}{a}}$$

$$= \frac{a^{n_1} - a^{n_2+1}}{1-a} \quad (a \neq 1)$$

最后，对于 $a=1$，求上式 $a \to 1$ 的极限，借助洛比达法则即可得到

$$\sum_{n=n_1}^{n_2} a^n = n_2 - n_1 + 1 \quad (a = 1)$$

至此，表中的公式全部得到证明。

附录五 序列的 z 变换表

序号	序列 $x(n)$	单边 z 变换 $X(z) = \sum_{n=0}^{\infty} (j)(n) z^{-n}$	收敛域 $|z| > R$
1	$\delta(n)$	1	$|z| \geqslant 0$
2	$\delta(n-m)\,(m>0)$	z^{-m}	$|z| > 0$
3	$u(n)$	$\dfrac{z}{z-1}$	$|z| > 1$
4	n	$\dfrac{z}{(z-1)^2}$	$|z| > 1$
5	n^2	$\dfrac{z(z+1)}{(z-1)^3}$	$|z| > 1$
6	n^3	$\dfrac{z(z^2+4z+1)}{(z-1)^4}$	$|z| > 1$
7	n^4	$\dfrac{z(z^3+11z^2+11z+1)}{(z-1)^5}$	$|z| > 1$
8	n^5	$\dfrac{z(z^4+26z^3+66z^2+26z+1)}{(z-1)^6}$	$|z| > 1$
9	a^n	$\dfrac{z}{z-a}$	$|z| > |a|$
10	na^n	$\dfrac{az}{(z-a)^2}$	$|z| > |a|$
11	$n^2 a^n$	$\dfrac{az(z+a)}{(z-a)^3}$	$|z| > |a|$
12	$n^3 a^n$	$\dfrac{az(z^2+4az+a^2)}{(z-a)^4}$	$|z| > |a|$
13	$n^4 a^n$	$\dfrac{az(z^3+11az^2+11a^2z+a^3)}{(z-a)^5}$	$|z| > |a|$
14	$n^5 a^n$	$\dfrac{az(z^4+26az^3+66a^2z^2+26a^3z+a^4)}{(z-a)^6}$	$|z| > |a|$
15	$(n+1)a^n$	$\dfrac{z^2}{(z-a)^2}$	$|z| > |a|$
16	$\dfrac{(n+1)\cdots(n+m)a^n}{m!}$ $(m \geqslant 1)$	$\dfrac{z^{m+1}}{(z-a)^{m+1}}$	$|z| > |a|$

续表

序 号	序 列	单边 z 变换	收 敛 域
17	e^{bn}	$\dfrac{z}{z-e^b}$	$|z|>|e^b|$
18	$e^{jn\omega_0}$	$\dfrac{z}{z-e^{j\omega_0}}$	$|z|>1$
19	$\sin(n\omega_0)$	$\dfrac{z\sin\omega_0}{z^2-2z\cos\omega_0+1}$	$|z|>1$
20	$\cos(n\omega_0)$	$\dfrac{z(z-\cos\omega_0)}{z^2-2z\cos\omega_0+1}$	$|z|>1$
21	$\beta^n\sin(n\omega_0)$	$\dfrac{\beta z\sin\omega_0}{z^2-2\beta z\cos\omega_0+\beta^2}$	$|z|>|\beta|$
22	$\beta^n\cos(n\omega_0)$	$\dfrac{z(z-\beta\cos\omega_0)}{z^2-2\beta z\cos\omega_0+\beta^2}$	$|z|>|\beta|$
23	$\sin(n\omega_0+\theta)$	$\dfrac{z[z\sin\theta+\sin(\omega_0-\theta)]}{z^2-2z\cos\omega_0+1}$	$|z|>1$
24	$\cos(n\omega_0+\theta)$	$\dfrac{z[z\cos\theta-\cos(\omega_0-\theta)]}{z^2-2z\cos\omega_0+1}$	$|z|>1$
25	$na^n\sin(n\omega_0)$	$\dfrac{z(z-a)(z+a)a\sin\omega_0}{(z^2-2az\cos\omega_0+a^2)^2}$	
26	$na^n\cos(n\omega_0)$	$\dfrac{az[z^2\cos\omega_0-2az+a^2\cos\omega_0]}{(z^2-2az\cos\omega_0+a^2)^2}$	
27	$\sinh(n\omega_0)$	$\dfrac{z\sinh\omega_0}{z^2-2z\cosh\omega_0+1}$	
28	$\cosh(n\omega_0)$	$\dfrac{z(z-\cosh\omega_0)}{z^2-2z\cosh\omega_0+1}$	
29	$\dfrac{a^n}{n!}$	$e^{\frac{a}{z}}$	
30	$\dfrac{1}{(2n)!}$	$\cosh(z^{-\frac{1}{2}})$	
31	$\dfrac{(\ln a)^n}{n!}$	$a^{1/z}$	
32	$\dfrac{1}{n}\ (n=1,2,\cdots)$	$\ln\left(\dfrac{z}{z-1}\right)$	
33	$\dfrac{n(n-1)}{2!}$	$\dfrac{z}{(z-1)^3}$	
34	$\dfrac{n(n-1)\cdots(n-m+1)}{m!}$	$\dfrac{z}{(z-1)^{m+1}}$	

习题答案

第一章

1-1 (a) 连续 (b) 连续
 (c) 离散、数字 (d) 离散
 (e) 离散、数字 (f) 离散、数字

1-2 (1) 连续 (2) 离散
 (3) 离散、数字 (4) 离散 (5) 离散

1-3 (1) $\dfrac{\pi}{5}$ (2) $\dfrac{\pi}{5}$
 (3) $\dfrac{\pi}{8}$ (4) $2T$

1-5 正确答案为(4)。

1-8 $f(t) = e^{-\alpha t}u(t) - e^{-\alpha(t-t_0)}u(t-t_0)$

$\displaystyle\int_{-\infty}^{t} f(\tau)\,d\tau = \dfrac{1}{a}(1-e^{-\alpha t})u(t) - \dfrac{1}{a}[1-e^{-\alpha(t-t_0)}]u(t-t_0)$

1-10 (a) $\left(1 - \dfrac{|t|}{2}\right)[u(t+2) - u(t-2)]$

 (b) $u(t) + u(t-1) + u(t-2)$

 (c) $E\sin\left(\dfrac{\pi}{T}t\right)[u(t) - u(t-T)]$

1-14 (1) $f(-t_0)$ (2) $f(t_0)$ (3) 1 (4) 0 (5) $e^2 - 2$ (6) $\dfrac{\pi}{6} + \dfrac{1}{2}$ (7) $1 - e^{-j\omega t_0}$

1-15 $i(t) = \dfrac{C_1 C_2 E}{C_1 + C_2}\delta(t)$

$v_{C1}(t) = \dfrac{C_2 E}{C_1 + C_2}u(t)$ $v_{C2}(t) = \dfrac{C_1 E}{C_1 + C_2}u(t)$

1-16 $v(t) = \dfrac{L_1 L_2 I}{L_1 + L_2}\delta(t)$

$i_{L1}(t) = \dfrac{L_2 I}{L_1 + L_2}u(t)$ $i_{L2}(t) = \dfrac{L_1 I}{L_1 + L_2}u(t)$

1-17 (1) $\dfrac{2}{\pi}$ (2) $\dfrac{1}{2}$ (3) 0 (4) K

1-20 (1) 线性、时不变、因果
 (2) 线性、时变、因果
 (3) 非线性、时变、因果
 (4) 线性、时变、非因果
 (5) 线性、时变、非因果

(6) 非线性、时不变、因果

(7) 线性、时不变、因果

(8) 线性、时变、非因果

1-21　(1) 可逆, $e(t+5)$

(2) 不可逆, 当输入为任意常数时都使输出为零

(3) 可逆, $\dfrac{\mathrm{d}}{\mathrm{d}t}e(t)$

(4) 可逆, $e\left(\dfrac{t}{2}\right)$

1-23　$r_2(t) = \delta(t) - \alpha \mathrm{e}^{-at}u(t)$

第二章

2-1　(a) $2\dfrac{\mathrm{d}^3}{\mathrm{d}t^3}v_\mathrm{o}(t) + 5\dfrac{\mathrm{d}^2}{\mathrm{d}t^2}v_\mathrm{o}(t) + 5\dfrac{\mathrm{d}}{\mathrm{d}t}v_\mathrm{o}(t) + 3v_\mathrm{o}(t) = 2\dfrac{\mathrm{d}}{\mathrm{d}t}e(t)$

(b) $(L^2 - M^2)\dfrac{\mathrm{d}^4}{\mathrm{d}t^4}v_\mathrm{o}(t) + 2RL\dfrac{\mathrm{d}^3}{\mathrm{d}t^3}v_\mathrm{o}(t) + \left(\dfrac{2L}{C} + R^2\right)\dfrac{\mathrm{d}^2}{\mathrm{d}t^2}v_\mathrm{o}(t) + \dfrac{2R}{C}\dfrac{\mathrm{d}}{\mathrm{d}t}v_\mathrm{o}(t) +$

$\dfrac{1}{C^2}v_\mathrm{o}(t) = MR\dfrac{\mathrm{d}^2}{\mathrm{d}t^2}e(t)$

(c) $CC_1\dfrac{\mathrm{d}^3}{\mathrm{d}t^3}v_\mathrm{o}(t) + \left(\dfrac{C_1}{R} + \dfrac{C}{R_1}\right)\dfrac{\mathrm{d}^2}{\mathrm{d}t^2}v_\mathrm{o}(t) + \left(\dfrac{C}{L_1} + \dfrac{1}{R_1 R}\right)\dfrac{\mathrm{d}}{\mathrm{d}t}v_\mathrm{o}(t) + \dfrac{1}{RL_1}v_\mathrm{o}(t)$

$= \dfrac{\mu}{R_1}\dfrac{\mathrm{d}}{\mathrm{d}t}i(t)$

(d) $(1-\mu)C\dfrac{\mathrm{d}}{\mathrm{d}t}v_\mathrm{o}(t) + \dfrac{1}{R}v_\mathrm{o}(t) = \dfrac{\mu}{R}e(t)$

2-2　$\dfrac{\mathrm{d}^3}{\mathrm{d}t^3}v_2(t) + \dfrac{m_1 f_2 + m_2 f_1}{m_1 m_2}\dfrac{\mathrm{d}^2}{\mathrm{d}t^2}v_2(t) + \dfrac{(m_1+m_2)k + f_1 f_2}{m_1 m_2}\dfrac{\mathrm{d}}{\mathrm{d}t}v_2(t) + \dfrac{(f_1+f_2)k}{m_1 m_2}v_2(t)$

$= \dfrac{k}{m_1 m_2}e(t)$

2-3　$\dfrac{\mathrm{d}^2}{\mathrm{d}t^2}y(t) + \dfrac{f}{m}\dfrac{\mathrm{d}}{\mathrm{d}t}y(t) + \dfrac{k}{m}y(t) = \dfrac{f}{m}\dfrac{\mathrm{d}}{\mathrm{d}t}x(t) + \dfrac{k}{m}x(t)$

2-4　(1) $\mathrm{e}^{-t}(\cos t + 3\sin t)$

(2) $(3t+1)\mathrm{e}^{-t}$

(3) $1 - (t+1)\mathrm{e}^{-t}$

2-5　(1) $r(0_+) = 0$

(2) $r(0_+) = 3$

2-6　$r(0_+) = r(0_-) = 1$　$r'(0_+) = r'(0_-) + 1 = 3$

零输入 $4\mathrm{e}^{-t} - 3\mathrm{e}^{-2t}$　零状态 $-2\mathrm{e}^{-t} + \dfrac{1}{2}\mathrm{e}^{-2t} + \dfrac{3}{2}$

自由　$2\mathrm{e}^{-t} - \dfrac{5}{2}\mathrm{e}^{-2t}$　强迫　$\dfrac{3}{2}$

完全　$2\mathrm{e}^{-t} - \dfrac{5}{2}\mathrm{e}^{-2t} + \dfrac{3}{2}$

2-7　$v_\mathrm{o}(t) = (E\mathrm{e}^{-\frac{t}{RC}} - RI_S\mathrm{e}^{-\frac{t}{RC}} + RI_S)u(t)$

2-8 (1) $i(0_-) = i(0_+) = 0, i'(0_-) = 0, i'(0_+) = 10$

(2) $\dfrac{d^2}{dt^2}i(t) + \dfrac{d}{dt}i(t) + i(t) = 0 \quad (t \geqslant 0_+)$

$i(t) = \dfrac{20}{\sqrt{3}} e^{-\frac{1}{2}t} \sin\left(\dfrac{\sqrt{3}}{2}t\right)$

2-9 (1) $h(t) = 2\delta(t) - 6e^{-3t}u(t)$

$g(t) = 2e^{-3t}u(t)$

(2) $h(t) = e^{-\frac{1}{2}t}\left[\cos\left(\dfrac{\sqrt{3}}{2}t\right) + \dfrac{1}{\sqrt{3}}\sin\left(\dfrac{\sqrt{3}}{2}t\right)\right]u(t)$

$g(t) = \left\{ e^{-\frac{1}{2}t}\left[-\cos\left(\dfrac{\sqrt{3}}{2}t\right) + \dfrac{1}{\sqrt{3}}\sin\left(\dfrac{\sqrt{3}}{2}t\right)\right] + 1 \right\}u(t)$

(3) $h(t) = e^{-2t}u(t) + \delta(t) + \delta'(t)$

$g(t) = \delta(t) + \left(\dfrac{3}{2} - \dfrac{1}{2}e^{-2t}\right)u(t)$

2-10 $h(t) = \left(\dfrac{1}{4}e^{-t} + \dfrac{7}{4}e^{-5t}\right)u(t)$

2-11 $r(0_-) = -\dfrac{1}{2}, r'(0_-) = \dfrac{1}{2}, C = \dfrac{1}{2}$

2-12 (1) $r_{zi}(t) = e^{-t} \quad (t \geqslant 0)$

(2) $r_3(t) = (2-t)e^{-t}u(t)$

2-13 (1) $\dfrac{1}{\alpha}(1 - e^{-\alpha t})u(t)$

(2) $\cos(\omega t + 45°)$

(3) $\begin{cases} 0 & (t<1, t>3) \\ \dfrac{1}{2}(t^2 - 1) & (1<t<2) \\ -\dfrac{1}{2}t^2 + t + \dfrac{3}{2} & (2<t<3) \end{cases}$

(4) $\cos[\omega(t+1)] - \cos[\omega(t-1)]$

(5) $\dfrac{\alpha \sin t - \cos t + e^{-\alpha t}}{\alpha^2 + 1} u(t)$

2-16 $A = \dfrac{1}{1 - e^{-3}}$

2-17 $h(t) = e^{t-1}u(3-t)$

2-18 $\dfrac{1}{2}e^{-2t}u(t)$

2-19 (b) $u(-t) + (2 - e^{-t})u(t)$

(c) $\begin{cases} 2(1 - \cos t) & (0<t<1) \\ 2[\cos(t-1) - \cos t] & (1<t<\pi) \\ 2[\cos(t-1) + 1] & (\pi<t<\pi+1) \end{cases}$

(d) $\begin{cases} \dfrac{1}{2}t^2 & (0<t<1) \\ -2+4t-\dfrac{3}{2}t^2 & (1<t<2) \\ 2t^2-10t+12=2\left(t-\dfrac{5}{2}\right)^2-\dfrac{1}{2} & (2<t<3) \end{cases}$

对于 $n<t<n+1$ $(n\geqslant 2)$

$(-1)^n\left[2\left(t-\dfrac{2n+1}{2}\right)^2-\dfrac{1}{2}\right]$

(e) $1-\cos(t-1)$ $(t>1)$

(f) $\dfrac{1}{\pi}[1-\cos(\pi t)][u(t)-u(t-2)] * \sum_{k=0}^{\infty}\delta(t-3k)$

2-20 $u(t)-u(t-1)$

2-21 (1) $\begin{cases} e^{-t}-e^{-2t} & (0<t<2) \\ e^{-2t}(\beta e^4+e^2-1) & (t>2) \end{cases}$

(2) $\beta=-e^{-4}\int_0^2 e^{2\tau}x(\tau)\mathrm{d}\tau$

2-24 (1) $Ae^{-\alpha t}u(t)$

(2) $Ate^{-\alpha t}u(t)$

(3) $\dfrac{A}{\alpha-\beta}(e^{-\beta t}-e^{-\alpha t})u(t)$

第三章

3-1 三角形式傅里叶级数的系数为

$a_0=0$

$a_n=0$ $(n=1,2,\cdots)$

$b_n=\begin{cases} 0 & (n=2,4,\cdots) \\ \dfrac{2E}{n\pi} & (n=1,3,\cdots) \end{cases}$

所以

$f(t)=\dfrac{2E}{\pi}\left[\sin(\omega_1 t)+\dfrac{1}{3}\sin(3\omega_1 t)+\dfrac{1}{5}\sin(5\omega_1 t)+\cdots\right]$ $\left(\omega_1=\dfrac{2\pi}{T}\right)$

指数形式傅里叶级数的系数为

$F_n=\begin{cases} 0 & (n=0,\pm2,\pm4,\cdots) \\ -\dfrac{jE}{n\pi} & (n=\pm1,\pm3,\pm5,\cdots) \end{cases}$

所以

$f(t)=-\dfrac{jE}{\pi}e^{j\omega_1 t}+\dfrac{jE}{\pi}e^{-j\omega_1 t}-\dfrac{jE}{3\pi}e^{j3\omega_1 t}+\dfrac{jE}{3\pi}e^{-j3\omega_1 t}-\cdots$

3-2 直流分量为 1 V,基波、二次、三次谐波的有效值分别为

$\dfrac{10\sqrt{2}}{\pi}\sin 18°\approx 1.39, \dfrac{5\sqrt{2}}{\pi}\sin 36°\approx 1.32, \dfrac{10\sqrt{2}}{3\pi}\sin 54°\approx 1.21$

3-3 (1) 1000 kHz, 2000 kHz

(2) $\dfrac{1000}{3}$ kHz, $\dfrac{2000}{3}$ kHz

(3) 1:3

(4) 1:1

3-4 $a_0 = \dfrac{E}{2}$

$b_n = 0$

$a_n = \begin{cases} 0 & (n=2,4,\cdots) \\ -\dfrac{4E}{(n\pi)^2} & (n=1,3,\cdots) \end{cases}$

所以

$f(t) = -\dfrac{4E}{\pi^2}\left[\cos(\omega_1 t) + \dfrac{1}{3^2}\cos(3\omega_1 t) + \dfrac{1}{5^2}\cos(5\omega_1 t) + \cdots\right]\quad\left(\omega_1 = \dfrac{2\pi}{T}\right)$

3-5 $a_0 = \dfrac{E}{\pi}$

$b_n = 0$

$a_n = \dfrac{2E}{T}\left[\dfrac{\sin\dfrac{(n+1)\pi}{2}}{(n+1)\omega_1} + \dfrac{\sin\dfrac{(n-1)\pi}{2}}{(n-1)\omega_1}\right]\quad\left(\omega_1 = \dfrac{2\pi}{T}\right)$

即

$a_n = \begin{cases} \dfrac{E}{2} & (n=1) \\ 0 & (n=3,5,\cdots) \\ \dfrac{2E}{(1-n^2)\pi}\cos\dfrac{n\pi}{2} & (n=2,4,\cdots) \end{cases}$

所以

$f(t) = \dfrac{E}{\pi} + \dfrac{E}{2}\left[\cos(\omega_1 t) + \dfrac{4}{3\pi}\cos(2\omega_1 t) - \dfrac{4}{15\pi}\cos(4\omega_1 t) + \cdots\right]$

3-6 $F_0 = \dfrac{E}{2}$

$F_n = -\dfrac{jE}{2n\pi}\quad(n = \pm 1, \pm 2, \cdots)$

所以 $f(t) = \dfrac{E}{2} - \dfrac{jE}{2\pi}e^{j\omega_1 t} + \dfrac{jE}{2\pi}e^{-j\omega_1 t} - \dfrac{jE}{4\pi}e^{j2\omega_1 t} + \dfrac{jE}{4\pi}e^{-j2\omega_1 t} - \cdots$

$= \dfrac{E}{2} + \dfrac{E}{\pi}\left[\sin(\omega_1 t) + \dfrac{1}{2}\sin(2\omega_1 t) + \cdots\right]$

3-7 (a) 只含有基波和奇次谐波的余弦分量

(b) 只含有基波和奇次谐波的正弦分量

(c) 只含有奇次谐波

(d) 只含有正弦分量

(e) 只含有直流,基波和偶次谐波的余弦分量

(f) 只含有直流,基波和偶次谐波的正弦分量

3-8 (a) $a_0 = \dfrac{E}{2}$ $a_n = 0$,

$$b_n = \begin{cases} 0 & (n=2,4,\cdots) \\ \dfrac{4E}{(n\pi)^2}\sin\dfrac{n\pi}{2} & (n=1,3,\cdots) \end{cases}$$

所以

$$f(t) = \dfrac{E}{2} + \dfrac{4E}{\pi^2}\left[\sin(\omega_1 t) - \dfrac{1}{3^2}\sin(3\omega_1 t) + \cdots\right]$$

(b) $a_0 = \dfrac{3E}{4}$

$b_n = 0$

$a_n = \dfrac{-4E}{(n\pi)^2}\left(1 - \cos\dfrac{n\pi}{2}\right) \quad (n=1,2,\cdots)$

所以 $f(t) = \dfrac{3E}{4} - \dfrac{4E}{\pi^2}\left[\cos(\omega_1 t) + \dfrac{1}{2}\cos(2\omega_1 t) + \dfrac{1}{9}\cos(3\omega_1 t) + \dfrac{1}{25}\cos(5\omega_1 t) + \cdots\right] \quad \left(\omega_1 = \dfrac{2\pi}{T}\right)$

3-9 (1) $I_0 = \dfrac{i_m(\sin\theta - \theta\cos\theta)}{\pi(1-\cos\theta)}$

$I_1 = \dfrac{i_m(\theta - \sin\theta \cdot \cos\theta)}{\pi(1-\cos\theta)}$

$I_k = \dfrac{2i_m[\sin(k\theta)\cos\theta - k\cos(k\theta)\cdot\sin\theta]}{\pi k(k^2-1)(1-\cos\theta)}$

(2) $I_0 \approx 0.22 i_m \quad I_1 \approx 0.39 i_m$

$I_k = \dfrac{2i_m\left(\sin\dfrac{k\pi}{3} - \sqrt{3}k\cos\dfrac{k\pi}{3}\right)}{\pi k(k^2-1)}$

(3) $I_0 = \dfrac{i_m}{\pi} \quad I_1 = \dfrac{i_m}{2} \quad I_k = \dfrac{2i_m \cdot \cos\dfrac{k\pi}{2}}{\pi\cdot(1-k^2)}$

3-11 (a) $a_0 = 0 \quad a_n = \dfrac{2}{\pi(4-n^2)}[1-\cos(n\pi)]$，即

$$a_n = \begin{cases} 0 & (n=2,4,\cdots) \\ \dfrac{4}{\pi(4-n^2)} & (n=1,3,\cdots) \end{cases} \qquad b_n = \begin{cases} \dfrac{1}{2} & (n=2) \\ 0 & (n\neq 2) \end{cases}$$

所以 $f(t) = \dfrac{4}{\pi}\left[\dfrac{1}{3}\cos(\omega_1 t) - \dfrac{1}{5}\cos(3\omega_1 t) - \dfrac{1}{21}\cos(5\omega_1 t) - \cdots\right] + \dfrac{1}{2}\sin(2\omega_1 t) \cdot$

$\left(\omega_1 = \dfrac{2\pi}{T} = \dfrac{\pi}{2}\right)$

(b) $F_n = \dfrac{2}{\pi(n^2-4)}\sin\dfrac{n\pi}{2}[\cos(n\pi)-1]\left(\sin\dfrac{n\pi}{4} + j\cos\dfrac{n\pi}{4}\right)$

$\left(\omega_1 = \dfrac{2\pi}{T} = \dfrac{\pi}{2}\right)$

3-12 (1) 直流 0.25 V，基波幅度 0.305 V，五次谐波幅度 0.018 V

(2) 比值分别为 1.0, 0.847, 0.303，此 RC 积分电路是一个低通滤波器，对高频分量衰减大，对低频分量衰减少

3-13 (1) 频率为 100 kHz，幅度为 127 V 的正弦波

(2) 近于 0

(3) 频率为 100 kHz,幅度为 42.4 V 的正弦波

3-14 可利用此电路直接选出以下频率成分的正弦信号:100 kHz,300 kHz。

3-15 $F(\omega) = \dfrac{\tau E}{2}\left[\text{Sa}\left(\dfrac{\omega\tau}{2} - \dfrac{\pi}{2}\right) + \text{Sa}\left(\dfrac{\omega\tau}{2} + \dfrac{\pi}{2}\right)\right] = \dfrac{2E\tau\cos\dfrac{\omega\tau}{2}}{\pi\left[1 - \left(\dfrac{\omega\tau}{\pi}\right)^2\right]}$

3-16 (a) $j\dfrac{2E}{\omega}\left[\cos\left(\dfrac{\omega T}{2}\right) - \text{Sa}\left(\dfrac{\omega T}{2}\right)\right],\quad F(0) = 0$

(b) $\dfrac{E}{\omega^2 T}(1 - j\omega T - e^{-j\omega T})$

(c) $\dfrac{E\omega_1}{\omega_1^2 - \omega^2}(1 - e^{-j\omega T}) = j\dfrac{2E\omega_1}{\omega_1^2 - \omega^2}\sin\left(\dfrac{\omega T}{2}\right)e^{-j\frac{\omega T}{2}}, F(\omega_1) = \dfrac{ET}{2j}\quad\left(\omega_1 = \dfrac{2\pi}{T}\right)$

(d) $j\dfrac{2E\omega_1\sin\left(\dfrac{\omega T}{2}\right)}{\omega^2 - \omega_1^2}, F(\omega_1) = \dfrac{ET}{2j}\quad\left(\omega_1 = \dfrac{2\pi}{T}\right)$

3-17 (a) $\dfrac{1}{4}$;(b) $\dfrac{1}{4}$;(c) $\dfrac{1}{4}$;(d) 1;(e) $\dfrac{2}{3}$;(f) $\dfrac{1}{2}$。(单位均为 MHz。)

3-18 $F(\omega) = E\tau\text{Sa}\left(\dfrac{\omega\tau}{2}\right)\left[\dfrac{\cos\left(\dfrac{k\omega\tau}{2}\right)}{1 - \left(\dfrac{k\omega\tau}{\pi}\right)^2}\right]$

3-19 (a) $\dfrac{A\omega_0}{\pi}\text{Sa}[\omega_0(t+t_0)]$ (b) $-\dfrac{2A}{\pi t}\sin^2\left(\dfrac{\omega_0 t}{2}\right)$

3-21 $F_1(-\omega)e^{-j\omega t_0}$

3-22 (1) $\dfrac{1}{2\pi}e^{j\omega_0 t}$ (2) $\dfrac{\omega_0}{\pi}\text{Sa}(\omega_0 t)$ (3) $\left(\dfrac{\omega_0}{\pi}\right)^2\text{Sa}(\omega_0 t)$

3-23 $2jE\tau\sin\left(\dfrac{\omega\tau}{2}\right)\text{Sa}\left(\dfrac{\omega\tau}{2}\right)$

3-24 $\dfrac{\tau_1}{4}\left\{\text{Sa}^2\left[\dfrac{(\omega-\omega_0)\tau_1}{4}\right] + \text{Sa}^2\left[\dfrac{(\omega+\omega_0)\tau_1}{4}\right]\right\}$

3-25 (1) $-\omega$;(2) 4;(3) 2π;(4) 其图形为函数 $f(t)$ 之偶分量。

3-26 $\dfrac{8E}{\omega^2(\tau - \tau_1)}\sin\dfrac{\omega(\tau+\tau_1)}{4}\sin\dfrac{\omega(\tau-\tau_1)}{4}$

3-27 $\dfrac{\omega_1 E}{\omega_1^2 - \omega^2}(1 + e^{-j\frac{\omega T}{2}}), \dfrac{\omega_1\omega^2 E}{\omega^2 - \omega_1^2}(1 + e^{-j\frac{\omega T}{2}})\quad\left(\omega_1 = \dfrac{2\pi}{T}\right)$

3-28 $\dfrac{1}{(a+j\omega)^2}$

3-29 (1) $\dfrac{1}{2}j\dfrac{dF\left(\dfrac{\omega}{2}\right)}{d\omega}$

(2) $j\dfrac{dF(\omega)}{d\omega} - 2F(\omega)$

(3) $-F\left(-\dfrac{\omega}{2}\right) + \dfrac{j}{2}\cdot\dfrac{dF\left(-\dfrac{\omega}{2}\right)}{d\omega}$

(4) $-F(\omega) - \omega\dfrac{dF(\omega)}{d\omega}$

(5) $F(-\omega)e^{-j\omega}$

(6) $-j\dfrac{dF(-\omega)}{d\omega}e^{-j\omega}$

(7) $\dfrac{1}{2}F\left(\dfrac{\omega}{2}\right)e^{-j\frac{5}{2}\omega}$

3-31 $\mathscr{F}[f_1(t)*f_2(t)] = E_1 E_2 \tau_1 \tau_2 \operatorname{Sa}\left(\dfrac{\omega\tau_1}{2}\right)\operatorname{Sa}\left(\dfrac{\omega\tau_2}{2}\right)$

3-32 $\mathscr{F}[\cos(\omega_0 t)u(t)] = \dfrac{\pi}{2}[\delta(\omega+\omega_0)+\delta(\omega-\omega_0)] + \dfrac{j\omega}{\omega_0^2-\omega^2}$

$\mathscr{F}[\sin(\omega_0 t)u(t)] = j\dfrac{\pi}{2}[\delta(\omega+\omega_0)-\delta(\omega-\omega_0)] + \dfrac{\omega_0}{\omega_0^2-\omega^2}$

3-33 $\dfrac{E\tau}{4}e^{-j\frac{\omega\tau}{2}}\left\{\operatorname{Sa}^2\left[\dfrac{(\omega-\omega_0)\tau}{4}\right]e^{j\frac{\omega_0\tau}{2}} + \operatorname{Sa}^2\left[\dfrac{(\omega+\omega_0)\tau}{4}\right]e^{-j\frac{\omega_0\tau}{2}}\right\}$

3-35 $\displaystyle\sum_{n=-\infty}^{\infty}\dfrac{\tau_1(-1)^{n+1}}{(2n-1)\pi}\operatorname{Sa}^2\left\{\dfrac{\left[\omega-(2n-1)\dfrac{\pi}{\tau}\right]\tau_1}{4}\right\}$

3-36 (a) 傅里叶级数 $f(t) = \displaystyle\sum_{n=-\infty}^{\infty}F_n e^{jn\frac{2\pi}{T}t}$

傅里叶变换 $F(\omega) = 2\pi\displaystyle\sum_{n=-\infty}^{\infty}F_n\delta\left(\omega-\dfrac{2n\pi}{T}\right)$

其中 $F_n = \dfrac{2ET}{n^2\pi^2(T-\tau)}\sin\dfrac{n\pi(T+\tau)}{2T}\sin\dfrac{n\pi(T-\tau)}{2T}$

(b) 傅里叶级数 $f(t) = \displaystyle\sum_{n=-\infty}^{\infty}F_n e^{jn\frac{2\pi}{T}t}$

傅里叶变换 $F(\omega) = 2\pi\displaystyle\sum_{n=-\infty}^{\infty}F_n\delta\left(\omega-\dfrac{2n\pi}{T}\right)$

其中 $F_n = (-1)^n\dfrac{2E}{\pi(1-4n^2)}$

3-37 (a) $\dfrac{8}{\omega^2\tau}\sin^2\left(\dfrac{\omega\tau}{4}\right) = \dfrac{\tau}{2}\operatorname{Sa}^2\left(\dfrac{\omega\tau}{4}\right)$

(b) $-\dfrac{4j}{\omega}\sin^2\left(\dfrac{\omega\tau}{4}\right) = -j\dfrac{\omega\tau^2}{4}\operatorname{Sa}^2\left(\dfrac{\omega\tau}{4}\right)$

(c) $\dfrac{2\tau}{\pi}\dfrac{\cos\dfrac{\omega\tau}{2}}{\left[1-\left(\dfrac{\omega\tau}{\pi}\right)^2\right]}$

(d) $\dfrac{2}{\omega}\left(\sin\dfrac{\omega\tau}{4}+\sin\dfrac{\omega\tau}{2}\right) = \dfrac{\tau}{2}\operatorname{Sa}\left(\dfrac{\omega\tau}{4}\right)\left(1+2\cos\dfrac{\omega\tau}{4}\right)$

3-39 (1) $\dfrac{100}{\pi},\dfrac{\pi}{100}$ (2) $\dfrac{200}{\pi},\dfrac{\pi}{200}$

(3) $\dfrac{100}{\pi},\dfrac{\pi}{100}$ (4) $\dfrac{120}{\pi},\dfrac{\pi}{120}$

3-40 (1) $\displaystyle\sum_{n=-\infty}^{\infty}a_n F(\omega-n\omega_0)$

(2) $\dfrac{1}{2}\left[F\left(\omega-\dfrac{1}{2}\right)+F\left(\omega+\dfrac{1}{2}\right)\right]$

(3) $\dfrac{1}{2}[F(\omega-1)+F(\omega+1)]$

(4) $\dfrac{1}{2}[F(\omega-2)+F(\omega+2)]$

(5) $\dfrac{1}{4}[F(\omega-1)+F(\omega+1)-F(\omega-3)-F(\omega+3)]$

(6) $\dfrac{1}{2}[F(\omega-2)+F(\omega+2)-F(\omega-1)-F(\omega+1)]$

(7) $\dfrac{1}{\pi}\sum\limits_{n=-\infty}^{\infty}F(\omega-2n)$

(8) $\dfrac{1}{2\pi}\sum\limits_{n=-\infty}^{\infty}F(\omega-n)$

(9) $\dfrac{1}{2\pi}\left[\sum\limits_{n=-\infty}^{\infty}F(\omega-n)-\sum\limits_{n=-\infty}^{\infty}F(\omega-2n)\right]$

(10) $\dfrac{1}{3}\sum\limits_{n=-\infty}^{\infty}\dfrac{\sin(n\pi/3)}{n\pi/3}F(\omega-2n)$

3-41 (1) $\dfrac{1}{3000}$

(2) 梯形周期重复,周期为 6000π,幅度为 $\dfrac{3}{2}$

第四章

4-1 (1) $\dfrac{\alpha}{s(s+\alpha)}$ (2) $\dfrac{2s+1}{s^2+1}$

(3) $\dfrac{1}{(s+2)^2}$ (4) $\dfrac{2}{(s+1)^2+4}$

(5) $\dfrac{s+3}{(s+1)^2}$ (6) $\dfrac{1}{s+\beta}-\dfrac{s+\beta}{(s+\beta)^2+\alpha^2}$

(7) $\dfrac{2}{s^3}+\dfrac{2}{s^2}$ (8) $2-\dfrac{3}{s+7}$

(9) $\dfrac{\beta}{(s+\alpha)^2-\beta^2}$ (10) $\dfrac{1}{2}\left(\dfrac{1}{s}+\dfrac{s}{s^2+4\Omega^2}\right)$

(11) $\dfrac{1}{(s+\alpha)(s+\beta)}$ (12) $\dfrac{(s+1)\mathrm{e}^{-a}}{(s+1)^2+\omega^2}$

(13) $\dfrac{(s+2)\mathrm{e}^{-(s-1)}}{(s+1)^2}$ (14) $aF(as+1)$

(15) $aF(as+a^2)$ (16) $\dfrac{1}{4}\left[\dfrac{3s^2-27}{(s^2+9)^2}+\dfrac{s^2-81}{(s^2+81)^2}\right]$

(17) $\dfrac{2s^3-24s}{(s^2+4)^3}$ (18) $-\ln\left(\dfrac{s}{s+\alpha}\right)$

(19) $\ln\left(\dfrac{s+5}{s+3}\right)$ (20) $\dfrac{\pi}{2}-\arctan\left(\dfrac{s}{\alpha}\right)$

4-2 (1) $\dfrac{\omega}{s^2+\omega^2}(1+\mathrm{e}^{-\frac{T}{2}s})$ (2) $\dfrac{\omega\cos\varphi+s\sin\varphi}{s^2+\omega^2}$

4-3 (1) $\dfrac{1}{s+1}\mathrm{e}^{-2(s+1)}$ (2) $\dfrac{1}{s+1}\mathrm{e}^{-2s}$

(3) $\dfrac{e^2}{s+1}$ (4) $\dfrac{2\cos 2 + s\sin 2}{s^2+4}e^{-s}$

(5) $\dfrac{1}{s^2}[1-(1+s)e^{-s}]e^{-s}$

4-4 (1) e^{-t} (2) $2e^{-\frac{3}{2}t}$

(3) $\dfrac{4}{3}(1-e^{-\frac{3}{2}t})$ (4) $\dfrac{1}{5}[1-\cos(\sqrt{5}t)]$

(5) $\dfrac{3}{2}(e^{-2t}-e^{-4t})$ (6) $6e^{-4t}-3e^{-2t}$

(7) $\sin t + \delta(t)$ (8) $e^{2t}-e^{t}$

(9) $1-e^{-\frac{t}{RC}}$ (10) $1-2e^{-\frac{t}{RC}}$

(11) $\dfrac{RC\omega}{1+(RC\omega)^2}\left[e^{-\frac{t}{RC}}-\cos(\omega t)+\dfrac{1}{RC\omega}\sin(\omega t)\right]$

(12) $7e^{-3t}-3e^{-2t}$

(13) $\dfrac{100}{199}(49e^{-t}+150e^{-200t})$

(14) $e^{-t}(t^2-t+1)-e^{-2t}$

(15) $\dfrac{A}{K}\sin(Kt)$

(16) $\dfrac{1}{6}\left[\dfrac{\sqrt{3}}{3}\sin(\sqrt{3}t)-t\cos(\sqrt{3}t)\right]$

(17) $\dfrac{-a}{(\alpha-a)^2+\beta^2}\left\{e^{-at}-\left[\cos(\beta t)+\dfrac{\alpha^2+\beta^2-a\alpha}{a\beta}\sin(\beta t)\right]e^{-\alpha t}\right\}$

(18) $\dfrac{1}{(\beta^2+\alpha^2-\omega^2)^2+(2\alpha\omega)^2}\left\{(\beta^2+\alpha^2-\omega^2)\cos(\omega t)+2\alpha\omega\sin(\omega t)+\right.$

$\left. e^{-\alpha t}\left[(\omega^2-\alpha^2-\beta^2)\cos(\beta t)-\dfrac{\alpha}{\beta}(\omega^2+\alpha^2+\beta^2)\sin(\beta t)\right]\right\}$

(19) $\dfrac{1}{4}[1-\cos(t-1)]u(t-1)$

(20) $\dfrac{1}{t}(e^{-9t}-1)$

4-5 (1) $f(0_+)=1, f(\infty)=0$

(2) $f(0_+)=0, f(\infty)=0$

4-6 $E\left(1+\dfrac{R}{r}e^{-\frac{R}{L}t}\right)u(t)$

4-7 $\dfrac{R_2 E}{R_1+R_2}(1-e^{-\frac{R_1+R_2}{R_1 R_2 C}t})u(t)$

4-8 $E\left[\dfrac{R_2}{R_1+R_2}+\left(\dfrac{C_1}{C_1+C_2}-\dfrac{R_2}{R_1+R_2}\right)e^{-\frac{R_1+R_2}{R_1 R_2 (C_1+C_2)}t}\right]u(t)$

4-9 设符号 $\alpha=\dfrac{1}{2RC}$ $\omega_0=\dfrac{1}{\sqrt{LC}}$ $\omega_d^2=\omega_0^2-\alpha^2$

$i(t)=\dfrac{E}{R}\left[1-\dfrac{2\alpha}{\omega_d}e^{-\alpha t}\sin(\omega_d t)\right]u(t)$

4-10 (1) 设符号 $\alpha = \dfrac{R+R_0}{2RR_0C}$ $\omega_0 = \dfrac{1}{\sqrt{LC}}$

$\omega_d^2 = \omega_0^2 - \alpha^2$ 且假设 $\alpha < \omega_0$

$h(t) = \dfrac{1}{RC}e^{-\alpha t}\left[\cos(\omega_d t) - \dfrac{\alpha}{\omega_d}\sin(\omega_d t)\right]u(t)$

(2) 设符号 $\alpha = \dfrac{1}{R_1R_2C_1C_2}$ $\beta = R_1C_1 + R_1C_2 + R_2C_2$

$p_1 = \dfrac{\alpha}{2}\left(-\beta + \sqrt{\beta^2 - \dfrac{4}{\alpha}}\right)$ $p_2 = \dfrac{\alpha}{2}\left(-\beta - \sqrt{\beta^2 - \dfrac{4}{\alpha}}\right)$

$h(t) = \delta(t) + \dfrac{1}{p_2 - p_1}\left[(p_1\alpha\beta + \alpha)e^{p_1 t} - (p_2\alpha\beta + \alpha)e^{p_2 t}\right]u(t)$

4-11 设 $\omega_0 = \dfrac{1}{\sqrt{LC}}$ $i(t) = \dfrac{E}{2L\omega_0}\sin(\omega_0 t)u(t)$

4-12 $-0.1te^{-t}u(t)$

4-13 (a) $\dfrac{s}{RC\left(s^2 + \dfrac{3}{RC}s + \dfrac{1}{R^2C^2}\right)}$ (b) $-\dfrac{s - \dfrac{1}{RC}}{s + \dfrac{1}{RC}}$ (c) $\dfrac{1}{6}$

4-14 (1) $\dfrac{R}{2}\left(\dfrac{1}{L-M}e^{-\frac{R}{L-M}t} - \dfrac{1}{L+M}e^{-\frac{R}{L+M}t}\right)u(t)$

(2) $\dfrac{1}{2}\left(e^{-\frac{R}{L+M}t} - e^{-\frac{R}{L-M}t}\right)u(t)$

4-15 $\dfrac{E}{2}e^{-20t}u(t) - \dfrac{E}{40T}\{(1-e^{-20t})u(t) - [1-e^{-20(t-T)}]u(t-T)\}$

4-16 (1) $H(s) = \dfrac{K}{s^2 + (3-K)s + 1}$

(2) 当 $K=2$ 时,$h(t) = \dfrac{4}{\sqrt{3}}e^{-\frac{1}{2}t}\sin\left(\dfrac{\sqrt{3}}{2}t\right)u(t)$

4-17 $\dfrac{2E}{3}\left[\delta(t) + \dfrac{1}{12}e^{-\frac{t}{6}}u(t)\right]$

4-18 $H(s) = \dfrac{s^2 + 2s + 1 - g^3}{3s^3 + 10s^2 + 11s + 4 + 2g^3}$

4-19 $\dfrac{F_1(s)}{1 - e^{-sT}}$

4-20 (1) $\dfrac{1}{s(1 + e^{\frac{sT}{2}})}$

(2) $\dfrac{\omega}{s^2 + \omega^2} \cdot \dfrac{1 + e^{-\frac{sT}{2}}}{1 - e^{-\frac{sT}{2}}}$

4-21 (1) $\sum_{n=0}^{\infty} f(nT)e^{-nsT}$

(2) $\dfrac{1}{1 - e^{-(a+s)T}}$

4-23 (a) $H(s) = 1 + \dfrac{1}{s+1}$ $i(t) = \delta(t) - e^{-2t}u(t)$

(b) $H(s) = 2 - \dfrac{1}{s+1}$ $i(t) = \dfrac{1}{2}\delta(t) + \dfrac{1}{4}e^{-\frac{t}{2}}u(t)$

(c) $H(s) = 1 + \dfrac{2s}{4s^2+1}$

$i(t) = \delta(t) + \left[-\dfrac{1}{2}\cos\left(\dfrac{\sqrt{3}}{4}t\right) + \dfrac{1}{2\sqrt{3}}\sin\left(\dfrac{\sqrt{3}}{4}t\right) \right]e^{-\frac{t}{4}}u(t)$

(d) $H(s) = \dfrac{10\left(s^2 + \dfrac{s}{20} + \dfrac{1}{4}\right)}{s(s+5)}$

$i(t) = \dfrac{1}{10}\left\{ \delta(t) + \left[\dfrac{99}{20}\cos\left(\dfrac{\sqrt{399}}{40}t\right) - \dfrac{299}{20\sqrt{399}}\sin\left(\dfrac{\sqrt{399}}{40}t\right) \right]e^{-\frac{t}{40}}u(t) \right\}$

4-24 (a) $H(s) = \dfrac{C_1}{C_1+C_2}\cdot\dfrac{s + \dfrac{1}{C_1 R}}{s + \dfrac{1}{(C_1+C_2)R}}$

$v_2(t) = \dfrac{C_1}{C_1+C_2}\left[\delta(t) + \dfrac{C_2}{C_1(C_1+C_2)R}e^{-\frac{t}{R(C_1+C_2)}}u(t) \right]$

(b) $H(s) = \dfrac{L_2}{L_1+L_2}\cdot\dfrac{s}{s + \dfrac{R}{L_1+L_2}}$

$v_2(t) = \dfrac{L_2}{L_1+L_2}\left[\delta(t) - \dfrac{R}{L_1+L_2}e^{-\frac{R}{L_1+L_2}t}u(t) \right]$

(c) $H(s) = \dfrac{s}{10s^2+s+10}$

$v_2(t) = \dfrac{1}{10}e^{-\frac{t}{20}}\left[\cos\left(\dfrac{\sqrt{399}}{20}t\right) - \dfrac{1}{\sqrt{399}}\sin\left(\dfrac{\sqrt{399}}{20}t\right) \right]u(t)$

(d) $H(s) = \dfrac{0.1s}{s+1}$

$v_2(t) = 0.1[\delta(t) - e^{-t}u(t)]$

4-25 $Z(s) = Z_1 + \cfrac{1}{Y_2 + \cfrac{1}{Z_3 + \cfrac{1}{Y_4 + \cfrac{1}{Z_5 + \cfrac{1}{Y_6 + \cfrac{1}{Z_7 + \cfrac{1}{Y_8}}}}}}}$

4-26 (a) $\dfrac{s^2}{s^2+3s+1}$

(b) $\dfrac{s^2}{s^2+3s+1}$

(c) $\dfrac{1}{(4s^2+1)^2 + (4s^2+1) - 1}$

(d) $\dfrac{s^3}{(s^2+1)^2 + (s^2+1) - 1}$

4-27 $\dfrac{3}{2}\delta(t) + (e^{-2t} + 8e^{3t})u(t)$

4-28 $\left(1 - \dfrac{1}{2}e^{-2t}\right)u(t)$

4-29　(1) $H(s) = \dfrac{5}{s^2 + s + 5}$　　(2) 极点 $p_{1,2} = \dfrac{-1 \pm j\sqrt{19}}{2}$

(3) $h(t) = \dfrac{10}{\sqrt{19}} e^{-\frac{t}{2}} \sin\left(\dfrac{\sqrt{19}}{2} t\right) u(t)$

$g(t) = 1 - e^{-\frac{t}{2}} \left[\cos\left(\dfrac{\sqrt{19}}{2} t\right) + \dfrac{1}{\sqrt{19}} \sin\left(\dfrac{\sqrt{19}}{2} t\right) \right] u(t)$

4-30　$v_2(t) = \dfrac{5}{2} \left\{ -\dfrac{48}{37} \cos t + \dfrac{8}{37} \sin t + e^{-\frac{t}{16}} \left[\dfrac{48}{37} \cos\left(\dfrac{\sqrt{63}}{16} t\right) - \dfrac{80}{37\sqrt{63}} \sin\left(\dfrac{\sqrt{63}}{16} t\right) \right] \right\} u(t)$

其中前两项为强迫响应,后两项为自由响应。

4-31　(1) $H(s) = \dfrac{s+1}{(s+1)^2} = \dfrac{1}{s+1}$

(2) $[v_2(0) - i_1(0)] t e^{-t} + i_1(0) e^{-t}$

4-32　(1) $H(s) = \dfrac{s^2 + \dfrac{1}{LC}}{s^2 + \dfrac{1}{RC} s + \dfrac{1}{LC}}$

(2) $LC = \dfrac{1}{4}$　　(3) $(1 - 2t) e^{-2t} u(t)$

4-33　$v_2(t) = \underbrace{2 e^{-t}}_{\text{自由}} + \underbrace{\dfrac{1}{2} e^{-3t}}_{\text{强迫}}$

完全响应即瞬态响应,稳态响应为零。

4-35　$H(s) = \dfrac{5(s^3 + 4s^2 + 5s)}{s^3 + 5s^2 + 16s + 30}$

4-36　$K_1 = -\dfrac{a-3}{3}$

4-37　(1) $Z_1 = -\dfrac{R}{L}$　　$p_{1,2} = -\dfrac{R}{2L} \pm j \sqrt{\dfrac{1}{LC} - \dfrac{R^2}{4L^2}}$

(2) $R = 1\ \Omega$　$L = \dfrac{1}{3}$ H　$C = \dfrac{1}{10}$ F

4-39　(a) 低通　　(b) 带通　　(c) 高通
　　　(d) 带通　　(e) 带通　　(f) 带阻
　　　(g) 高通　　(h) 带通 - 带阻

4-40　(a) $H(s) = \dfrac{L_1 L_2 C s^3 + L_1 s}{L_1 L_2 C s^3 + RC(L_1 + L_2) s^2 + L_1 s + R}$

(b) $H(s) = \dfrac{L_1 L_2 C_1 s^2 + L_2}{L_1 L_2 (C_1 + C_2) s^2 + L_1 + L_2}$

(c) $H(s) = \dfrac{L_2 C_1 s^2}{L_1 L_2 C_1 C_2 s^4 + (L_1 C_1 + L_2 C_2 + L_2 C_1) s^2 + 1}$

4-41　$H(s) = \dfrac{s^2 - s + 1}{s^2 + s + 1}$,是全通。

4-42　(a) 是最小相移,其他都是非最小相移。

4-43　$H(s) = \dfrac{s - \dfrac{1}{RC}}{s + \dfrac{1}{RC}}$,是全通。

4-44　$H(s) = -\dfrac{s^2 - \dfrac{1}{R_1 C_1 R_2 C_2}}{\left(s + \dfrac{1}{R_1 C_1}\right)\left(s + \dfrac{1}{R_2 C_2}\right)}$

当 $R_1 C_1 = R_2 C_2$ 时构成全通。

4-45　(1) $H(s) = \dfrac{ks}{s^2 + (4-k)s + 4}$

(2) $k \leqslant 4$

(3) $h(t) = 4\cos(2t) u(t)$

4-46　(1) $H(s) = \dfrac{k}{s^2 + (3-k)s + 1}$

(2) $k \leqslant 3$,稳定

4-47　$H(s) = \dfrac{K}{1 - KF} = \dfrac{\beta}{CR_i}\left[\dfrac{s}{s^2 + \left(\dfrac{G}{C} - \dfrac{\beta F}{R_i C}\right)s + \dfrac{1}{LC}}\right]$

当 $G = \dfrac{\beta F}{R_i}$ 时极点的实部等于零

4-48　$H(s) = \dfrac{As^2}{s^2 + \left(\dfrac{C_1 + C_2}{RC_1 C_2} + \dfrac{1 - A}{R_2 C_1}\right)s + \dfrac{1}{R_1 R_2 C_1 C_2}}$,

当满足　$A \leqslant 1 + \dfrac{R_2}{R_1} + \dfrac{R_2 C_1}{R_1 C_2}$

4-49　$H(s) = \dfrac{RM}{L^2 - M^2} \dfrac{s}{\left(s + \dfrac{R}{L - M}\right)\left(s + \dfrac{R}{L + M}\right)}$

4-50　$\dfrac{2a}{a^2 - s^2}$,收敛域 $-a < \sigma < a$

4-51　(1) $H(s) = 1 + ae^{-sT}$

(2) $H_i(s) = \dfrac{1}{1 + ae^{-sT}}$

(3) 由级数求和公式求得 $H_i(s) = \sum_{k=0}^{\infty} (-a)^k e^{-skT}$,

$h_i(t) = \sum_{k=0}^{\infty} (-a)^k \delta(t - kT)$

第五章

5-1　$r(t) = (e^{-2t} - e^{-3t}) u(t)$

5-2　$r(t) = \dfrac{1}{\sqrt{2}}\sin(t - 45°) + \dfrac{1}{\sqrt{10}}\sin(3t - 72°)$

5-3　$H(j\omega) = \dfrac{\omega_0^2}{\omega_0^2 - \omega^2} + j\dfrac{\pi \omega_0}{2}[\delta(\omega + \omega_0) - \delta(\omega - \omega_0)]$

$h(t) = \omega_0 \sin(\omega_0 t) u(t)$

5-4 $H(s) = \dfrac{C_1}{C_1 + C_2} \dfrac{s + \dfrac{1}{R_1 C_1}}{s + \dfrac{R_1 + R_2}{R_1 R_2 (C_1 + C_2)}}$

无失真条件 $R_1 C_1 = R_2 C_2$

5-5 $H(s) = \dfrac{R_2 s^2 + (1 + R_1 R_2) s + R_1}{s^2 + (R_1 + R_2) s + 1}$

无失真条件 $R_1 = R_2 = 1\ \Omega$，无延迟。

5-6 对两种信号的响应均为 $\text{Sa}[\omega_c(t - t_0)]$。

5-7 $r(t) = \text{Sa}[\omega_0(t - t_0)]$

5-9 $r(t) = \dfrac{1}{\pi} \left\{ \text{Si}\left[\dfrac{2\pi}{\tau}\left(t + \dfrac{\tau}{2}\right)\right] - \text{Si}\left[\dfrac{2\pi}{\tau}\left(t - \dfrac{\tau}{2}\right)\right] \right\}$

5-10 $h(t) = \dfrac{2\omega_c}{\pi} \text{Sa}[\omega_c(t - t_0)] \cos(\omega_0 t)$

非因果，不能实现。

5-11 (1) $v_2(t) = \dfrac{1}{\pi}[\text{Si}(t - t_0 - T) - \text{Si}(t - t_0)]$

(2) $v_2(t) = \text{Sa}\left[\dfrac{1}{2}(t - t_0 - T)\right] - \text{Sa}\left[\dfrac{1}{2}(t - t_0)\right]$

5-12 $y(t) = \dfrac{1}{T}[tu(t) - (t - T)u(t - T) - (t - \tau)u(t - \tau) + (t - T - \tau)u(t - T - \tau)]$

5-13 $h(t) = \dfrac{\omega_c}{2\pi} \left\{ \text{Sa}[\omega_c(t - t_0)] + \dfrac{1}{2}\text{Sa}\left[\omega_c\left(t - t_0 + \dfrac{\pi}{\omega_c}\right)\right] + \dfrac{1}{2}\text{Sa}\left[\omega_c\left(t - t_0 - \dfrac{\pi}{\omega_c}\right)\right] \right\}$

5-14 $h(t) = h_i(t) + \sum_{k=1}^{m} \dfrac{a_k}{2}\left[h_i\left(t - \dfrac{k}{\omega_1}\right) - h_i\left(t + \dfrac{k}{\omega_1}\right)\right]$

其中 $h_i(t) = \dfrac{\omega_c}{\pi} \text{Sa}[\omega_c(t - t_0)]$

5-17 将 $F_1(\omega)$ 与本地载波信号之频谱（冲激函数）进行卷积（频域），即可恢复含有 $G(\omega)$ 之频谱。再经低通滤波取出 $G(\omega)$。

5-18 $V(\omega) = G(\omega + \omega_0) u(-\omega - \omega_0) + G(\omega - \omega_0) u(\omega - \omega_0)$

5-19 $\text{Sa}[\omega_c(t - t_0)] \cos(\omega_0 t)$

5-20 (1) $h(t) = \dfrac{\sin 2\Omega(t - t_0)}{\pi(t - t_0)}$

(2) $r(t) = \dfrac{1}{2}\left[\dfrac{\sin \Omega(t - t_0)}{\Omega(t - t_0)}\right]^2$

(3) $r(t) = 0$

(4) 是线性时变系统

5-25 $\Delta < \dfrac{T}{4\pi}, a = \dfrac{\Delta}{T + \Delta}, k = \dfrac{1}{T + \Delta}$

5-27 (1) $H(j\omega) = 1 + ae^{-j\omega T}$

(2) $H_i(j\omega) = \dfrac{1}{1 + ae^{-j\omega T}}$

(3) 由级数求和公式求得

$$H_i(j\omega) = \sum_{k=0}^{\infty} (-a)^k e^{-j\omega kT}$$

$$h_i(t) = \sum_{k=0}^{\infty} (-a)^k \delta(t - kT)$$

第六章

6-3 不是。

6-4 不是。

6-6 当 $n=1, n=2$ 时 $\overline{\varepsilon^2} = 1 - \dfrac{8}{\pi^2} \approx 0.19$

当 $n=3, n=4$ 时 $\overline{\varepsilon^2} = 1 - \dfrac{8}{\pi^2} - \dfrac{8}{(3\pi)^2} \approx 0.1$

6-8 $f(t) = -\dfrac{3}{2}P_1(t) + \dfrac{7}{8}P_3(t)$

6-9 $a = \dfrac{15}{4}(e - 7e^{-1}) \quad b = 3e^{-1}$

$c = \dfrac{1}{4}(-3e + 33e^{-1})$

6-12 $\text{Wal}(7,t) = \text{sgn}[\cos(4\pi t)]\text{sgn}[\cos(2\pi t)]\text{sgn}[\cos(\pi t)]$

$\text{Wal}(8,t) = \text{sgn}[\cos(8\pi t)]$

$\text{Wal}(9,t) = \text{sgn}[\cos(8\pi t)]\text{sgn}[\cos(\pi t)]$

$\text{Wal}(10,t) = \text{sgn}[\cos(8\pi t)]\text{sgn}[\cos(2\pi t)]$

$\text{Wal}(11,t) = \text{sgn}[\cos(8\pi t)]\text{sgn}[\cos(2\pi t)]\text{sgn}[\cos(\pi t)]$

$\text{Wal}(12,t) = \text{sgn}[\cos(8\pi t)]\text{sgn}[\cos(4\pi t)]$

$\text{Wal}(13,t) = \text{sgn}[\cos(8\pi t)]\text{sgn}[\cos(4\pi t)]\text{sgn}[\cos(\pi t)]$

$\text{Wal}(14,t) = \text{sgn}[\cos(8\pi t)]\text{sgn}[\cos(4\pi t)]\text{sgn}[\cos(2\pi t)]$

$\text{Wal}(15,t) = \text{sgn}[\cos(8\pi t)]\text{sgn}[\cos(4\pi t)]\text{sgn}[\cos(2\pi t)]\text{sgn}[\cos(\pi t)]$

6-15 $c_0 = \dfrac{1}{2}, c_1 = \dfrac{1}{4}, c_2 = 0, c_3 = \dfrac{1}{8}, s_m = 0$

6-16 (1) $\dfrac{1}{2a}e^{-a|\tau|}$ (2) $\dfrac{E^2}{4}\cos(\omega_0 \tau)$

6-17 (1) $P = \dfrac{1}{2}(A^2 + B^2)$

$\mathscr{P}(\omega) = \dfrac{\pi}{2}[A^2\delta(\omega + 2000\pi) + A^2\delta(\omega - 2000\pi) + B^2\delta(\omega + 200\pi) + B^2\delta(\omega - 200\pi)]$

(2) $P = \dfrac{A^2}{2} + \dfrac{1}{4}$

$\mathscr{P}(\omega) = \dfrac{\pi A^2}{2}[\delta(\omega + 2000\pi) + \delta(\omega - 2000\pi)] +$

$\dfrac{\pi}{8}[\delta(\omega + 2200\pi) + \delta(\omega - 2200\pi) + \delta(\omega + 1800\pi) + \delta(\omega - 1800\pi)]$

(3) $P = \dfrac{A^2}{4}$

$\mathscr{P}(\omega) = \dfrac{\pi A^2}{8}[\delta(\omega+2200\pi)+\delta(\omega-2200\pi)+\delta(\omega+1800\pi)+\delta(\omega-1800\pi)]$

(4) $P = \dfrac{A^2}{4}$

$\mathscr{P}(\omega) = \dfrac{\pi A^2}{8}[\delta(\omega+2200\pi)+\delta(\omega-2200\pi)+\delta(\omega+1800\pi)+\delta(\omega-1800\pi)]$

(5) $P = \dfrac{A^2}{4}$

$\mathscr{P}(\omega) = \dfrac{\pi A^2}{8}[\delta(\omega+2300\pi)+\delta(\omega-2300\pi)+\delta(\omega+1700\pi)+\delta(\omega-1700\pi)]$

(6) $P = \dfrac{3A^2}{16}$

$\mathscr{P}(\omega) = \dfrac{\pi A^2}{8}[\delta(\omega+2000\pi)+\delta(\omega-2000\pi)] +$

$\dfrac{\pi A^2}{32}[\delta(\omega+2400\pi)+\delta(\omega-2400\pi)+\delta(\omega+1600\pi)+\delta(\omega-1600\pi)]$

6-19 $\mathscr{E}_r(\omega) = \dfrac{4}{1+\omega^2}[u(\omega+1)-u(\omega-1)]$

6-20 (1) $\mathscr{P}_r(\omega) = \dfrac{8}{\pi^3}[\delta(\omega+6)+\delta(\omega-6)]$

$\overline{r^2(t)} = \dfrac{8}{\pi^4}$

(2) $\mathscr{P}_r(\omega) = 0 \quad \overline{r^2(t)} = 0$

6-21 (1) $r(t) = \int_{-\infty}^{\infty} f(x)s(x+T-t)\mathrm{d}x$

(2) $r(T) = \int_{-\infty}^{\infty} f(x)s(x)\mathrm{d}x$

6-22 M_0 对 $x_0(t)$ 和 $x_1(t)$ 的响应以及 M_1 对 $x_0(t)$ 和 $x_1(t)$ 的响应在 $t=4$ 时刻的值分别为 4, 2, 2, 4。

6-23 两路输出信号的频谱分别为

$\dfrac{1}{2}G_1(\omega) + \dfrac{1}{4}[G_1(\omega+2\omega_0)+G_1(\omega-2\omega_0)] + \dfrac{\mathrm{j}}{4}[G_2(\omega+2\omega_0)-G_2(\omega-2\omega_0)]$ 和

$\dfrac{1}{2}G_2(\omega) + \dfrac{\mathrm{j}}{4}[G_1(\omega+2\omega_0)-G_1(\omega-2\omega_0)] - \dfrac{1}{4}[G_2(\omega+2\omega_0)+G_2(\omega-2\omega_0)]$

经低通滤除 $2\omega_0$ 附近的信号可分别取出 $G_1(\omega)$ 或 $G_2(\omega)$ 成分,与时域分析结论相同。

第七章

7-4 (1) 周期序列,周期为 14

(2) 非周期序列

7-5 (1) $3^{-n}u(n)$

(2) $\dfrac{3-3^{-n}}{2}u(n)$

(3) $\dfrac{1}{2(3^n)}\{(3^{n+1}-1)[u(n)-u(n-5)]+(3^5-1)u(n-5)\}$

$=\dfrac{3-3^{-n}}{2}[u(n)-u(n-5)]+\dfrac{121}{3^n}u(n-5)$

7-6 $\left(\dfrac{1}{3}\right)^{n-1}u(n-1)$

7-7 $-3^{-n}u(-n-1)$

7-8 $b_0y(n)+b_1y(n-1)=a_0x(n)+a_1x(n-1)$

7-9 $y(n)-b_1y(n-1)-b_2y(n-2)=a_0x(n)+a_1x(n-1)$

7-10 当 $0\leqslant n\leqslant 7$ 时,$y(n)=b_r$,(下标 $r=n$);
当 $n<0, n>7$ 时,$y(n)=0$

7-11 (1) $\left(\dfrac{1}{2}\right)^n$ (2) 2^{n-1}

(3) $(-3)^{n-1}$ (4) $\left(-\dfrac{2}{3}\right)^n$

7-12 (1) $4(-1)^n-12(-2)^n$

(2) $(2n+1)(-1)^n$

(3) $\cos\left(\dfrac{n\pi}{2}\right)+2\sin\left(\dfrac{n\pi}{2}\right)$

7-13 $3^n-(n+1)2^n$

7-14 $\dfrac{1}{36}[(-5)^{n+1}+6n+5]$

7-15 $\dfrac{13}{9}(-2)^n+\dfrac{1}{3}n-\dfrac{4}{9}$

7-16 $\left(-\dfrac{3}{4}n-\dfrac{9}{16}\right)(-1)^n+\dfrac{9}{16}(3^n)$

7-17 $y(n)=\dfrac{1}{2}\sin n+\dfrac{1}{2}(\tan 1)(\cos n)-\dfrac{1}{2}(\tan 1)\left[\cos\left(\dfrac{n\pi}{2}\right)\right]$

$=\dfrac{1}{2(1+\cos 2)}\left[\sin n+\sin(n+2)-\sin 2\cos\left(\dfrac{n\pi}{2}\right)\right]$

7-18 (1) $y(n)=\sum\limits_{k=0}^{n}k=\dfrac{1}{2}n(n+1)$

(2) 应假设特解函数式为 $D_2n^2+D_1n$

7-19 $y(n)=\sum\limits_{k=0}^{n}k^3=\dfrac{1}{4}n^4+\dfrac{2}{4}n^3+\dfrac{1}{4}n^2$

$=\left[\dfrac{1}{2}n(n+1)\right]^2$

7-20 (1) $y(n)-7y(n-1)+10y(n-2)$
$=14x(n)-85x(n-1)+111x(n-2)$

(2) $y(n)=2\{[2^n+3(5)^n+10]u(n)-[2^{n-10}+3(5^{n-10})+10]u(n-10)\}$

7-21 $y(n)=2\left(\dfrac{2}{3}\right)^n$

7-22 $y(n) - (1+a)y(n-1) = x(n)$
       $y(12) = 142.73$ 元

7-23 $1000y(n) - 900y(n-1) = x(n)$
       $y(n) = \underbrace{-0.5(0.9)^n}_{\text{自由}} + \underbrace{0.5}_{\text{强迫}}$ $y(\infty) = 0.5$

7-24 (1) $y\left(nT + \dfrac{T}{2}\right) = \dfrac{C_1}{C_1+C_2}x(nT) + \dfrac{C_2}{C_1+C_2}y(nT)$

   (2) $y(n+1) - \dfrac{C_2}{C_1+C_2}y(n) = \dfrac{C_1}{C_1+C_2}x(n)$ 或 $y(n) - \dfrac{C_2}{C_1+C_2}y(n-1) = \dfrac{C_1}{C_1+C_2}x(n-1)$

   (3) $y(n) = \left[1 - \left(\dfrac{C_2}{C_1+C_2}\right)^n\right]u(n)$

7-25 $\lim\limits_{N\to\infty} v(n) = E\left(\dfrac{3-\sqrt{5}}{2}\right)^n$

7-26 $y(n) = (1 - 0.9^n)u(n)$

7-27 $y(n) = 2y(n-1) + 1, y(n) = 2^n - 1$

7-28 (1)、(2)、(8)、(9)、(12)因果、稳定。
       (3)、(7)非因果、稳定。(4)、(6)、(11)因果、不稳定。
       (5)、(10)非因果、不稳定。

7-29 (1) 非线性、时不变
       (2) 线性、时变
       (3) 非线性、时不变
       (4) 线性、时不变

7-30 (1) $h(n) = g(n) - g(n-1)$
       (2) $g(n) = \sum\limits_{k=0}^{\infty} h(n-k)$

7-31 (1) $y(n) = \delta(n) + 3\delta(n-1) + 4\delta(n-2) + 3\delta(n-3) + \delta(n-4)$
       (2) $y(n) = \delta(n+4) + 2\delta(n+3) + \delta(n+2) + \delta(n+1) + 2\delta(n)$
       (3) $y(n) = \dfrac{\beta^{n+1} - \alpha^{n+1}}{\beta - \alpha}u(n)$
       (4) $y(n) = \delta(n-2)$

7-32 (1) $y(n) = \delta(n) + \delta(n-6) + 2[\delta(n-1) + \delta(n-5)]$
              $+ 3[\delta(n-2) + \delta(n-4)] + 4\delta(n-3)$
       (2) $y(n) = 2^n[u(n) - u(n-4)] - 2^{n-2}[u(n-2) - u(n-6)]$
       (3) $y(n) = \dfrac{1 - 0.5^{n+1}}{1 - 0.5}u(n) - \dfrac{1 - 0.5^{n-4}}{1 - 0.5}u(n-5)$

7-33 $y(n) = \dfrac{1 - 0.8^{n+1}}{1 - 0.8}u(n) - \dfrac{1 - 0.8^{n-2}}{1 - 0.8}u(n-3)$

7-34 $N_4 = N_0 + N_2$ $N_5 = N_1 + N_3$

7-35 $h(n) = \begin{cases} \left(\dfrac{1}{2}\right)^n & n \text{ 为偶} \\ 0 & n \text{ 为奇} \end{cases}$

第八章

8-1 (1) $\dfrac{2z}{2z-1}$ $\left(|z|>\dfrac{1}{2}\right)$

(2) $\dfrac{4z}{4z+1}$ $\left(|z|>\dfrac{1}{4}\right)$

(3) $\dfrac{z}{z-3}$ $(|z|>3)$

(4) $\dfrac{1}{1-3z}$ $\left(|z|<\dfrac{1}{3}\right)$

(5) $\dfrac{2z}{2z-1}$ $\left(|z|<\dfrac{1}{2}\right)$

(6) z $(|z|<\infty)$

(7) $\dfrac{1-\left(\dfrac{1}{2z}\right)^{10}}{1-\dfrac{1}{2z}}$ $(|z|>0)$

(8) $\dfrac{z(12z-5)}{(2z-1)(3z-1)}$ $\left(|z|>\dfrac{1}{2}\right)$

(9) $1-\dfrac{1}{8}z^{-3}$ $(|z|>0)$

8-2 $\dfrac{-1.5z}{(z-0.5)(z-2)}$ $(0.5<|z|<2)$

8-3 (1) $\dfrac{Az^2\cos\phi - Arz\cos(\omega_0-\phi)}{z^2-2rz\cos\omega_0+r^2}$ $(|z|>r)$

(2) $\dfrac{1-z^{-N}}{1-z^{-1}}$ $(|z|>0)$

8-4 (1) $\delta(n)$

(2) $\delta(n+3)$

(3) $\delta(n-1)$

(4) $\delta(n)+2\delta(n+1)-2\delta(n-2)$

(5) $a^n u(n)$

(6) $-a^n u(-n-1)$

8-5 (1) $(-0.5)^n u(n)$

(2) $\left[4\left(-\dfrac{1}{2}\right)^n - 3\left(-\dfrac{1}{4}\right)^n\right]u(n)$

(3) $(-0.5)^n u(n)$

(4) $-a\delta(n)+\left(a-\dfrac{1}{a}\right)\left(\dfrac{1}{a}\right)^n u(n)$

8-6 $10(2^n-1)u(n)$

8 - 9 $\dfrac{u(-n)}{(-n)!}$

8 - 10 (1) $\left[20\left(\dfrac{1}{2}\right)^n - 10\left(\dfrac{1}{4}\right)^n\right]u(n)$

(2) $5[1+(-1)^n]u(n)$

(3) $\left[\dfrac{\sin(n+1)\omega + \sin(n\omega)}{\sin\omega}\right]u(n)$

8 - 11 (1) $n6^{n-1}u(n)$

(2) $\delta(n) - \cos\left(\dfrac{n\pi}{2}\right)u(n)$

8 - 12 (1) $\left[\left(\dfrac{1}{2}\right)^n - 2^n\right]u(n)$

(2) $\left[2^n - \left(\dfrac{1}{2}\right)^n\right]u(-n-1)$

(3) $\left(\dfrac{1}{2}\right)^n u(n) + 2^n u(-n-1)$

8 - 13 (1) $x(0)=1 \quad x(\infty)$ 不存在

(2) $x(0)=1 \quad x(\infty)=0$

(3) $x(0)=0 \quad x(\infty)=2$

8 - 14 $x(n) = (-1)^{n+1} \dfrac{a^n}{n} u(n-1)$

8 - 17 (1) $\dfrac{b}{b-a}[a^n u(n) + b^n u(-n-1)]$

(2) $a^{n-2} u(n-2)$

(3) $\dfrac{1-a^n}{1-a}u(n)$

8 - 18 $\dfrac{1-a^{n+1}}{1-a}u(n) - \dfrac{1-a^{n+1-N}}{1-a}u(n-N)$

8 - 19 (1) $1 \quad (|z| \geq 0)$

(2) $\dfrac{1}{1-100z} \quad (|z| > 0.01)$

(3) $\dfrac{e^{-b}z\sin\omega_0}{z^2 - 2e^{-b}z\cos\omega_0 + e^{-2b}} \quad (|z| > e^{-b})$

8 - 20 $x(n) = x_1(n) * x_2(n)$，为得到 $x_2(n)$ 应有

D 运算：$X(z) = X_1(z)X_2(z)$

$\ln[X(z)] = \ln[X_1(z)] + \ln[X_2(z)]$

$\mathscr{Z}^{-1}\{\ln[X(z)]\} = \hat{x}_1(n) + \hat{x}_2(n) = \hat{x}(n)$

L 运算：当 $\hat{x}(n) = \hat{x}_1(n) + \hat{x}_2(n)$ 时

可得到 $\hat{y}(n) = \hat{x}_2(n)$ 即滤除 $\hat{x}_1(n)$

D^{-1} 运算：

$\mathscr{Z}[\hat{x}_2(n)] = \hat{X}_2(z)$ 或 $\mathscr{Z}[\hat{y}(n)] = \hat{Y}(z)$

$$\exp[\hat{X}_2(z)] = X_2(z) \text{ 或 } \exp[\hat{Y}(z)] = Y(z)$$
$$\mathscr{Z}^{-1}[X_2(z)] = x_2(n) \text{ 或 } \mathscr{Z}^{-1}[Y(z)] = y(n)$$

最后有 $y(n) = x_2(n)$

8-21 (1) $\dfrac{1}{3} + \dfrac{2}{3}\cos\left(\dfrac{2n\pi}{3}\right) + \dfrac{4\sqrt{3}}{3}\sin\left(\dfrac{2n\pi}{3}\right)$ $(n \geqslant 0)$

(2) $\approx [9.26 + 0.66(-0.2)^n - 0.2(0.1)^n]$ $(n \geqslant 0)$

(3) $[0.5 - 0.45(0.9)^n]$ $(n \geqslant 0)$

(4) $[0.5 + 0.45(0.9)^n]$ $(n \geqslant 0)$

(5) $\left[\dfrac{n}{6} + \dfrac{5}{36} - \dfrac{5}{36}(-5)^n\right]$ $(n \geqslant 0)$

(6) $\dfrac{1}{9}[3n - 4 + 13(-2)^n]$ $(n \geqslant 0)$

8-22 $\left(\dfrac{3-\sqrt{5}}{2}\right)^n E, (n = 0, 1, 2, \cdots, N)$

8-23 (1) 稳定

(2) 不稳定

(3) 不稳定(边界稳定)

(4) 不稳定(边界稳定)

8-24 (1) $h(n) = (-3)^n u(n)$

(2) $y(n) = \dfrac{1}{32}[-9(-3)^n + 8n^2 + 20n + 9] u(n)$

8-25 $y(n) = b_1 y(n-1) + b_2 y(n-2) + ax(n-1)$

$$H(z) = \dfrac{az^{-1}}{1 - b_1 z^{-1} - b_2 z^{-2}}$$

$$h(n) = \dfrac{a}{P_1 - P_2}(P_1^n - P_2^n) u(n)$$

其中 $P_1, P_2 = \dfrac{b_1 \pm \sqrt{b_1^2 + 4b_2}}{2}$

8-26 (1) $H(z) = \dfrac{z}{3z-6}, h(n) = \dfrac{1}{3}(2^n) u(n)$

(2) $H(z) = 1 - 5z^{-1} + 8z^{-3}, h(n) = \delta(n) - 5\delta(n-1) + 8\delta(n-3)$

(3) $H(z) = \dfrac{z}{z - 0.5}, h(n) = 0.5^n u(n)$

(4) $H(z) = \dfrac{z^3}{(z-1)^3}, h(n) = \dfrac{1}{2}(n+1)(n+2) u(n)$

(5) $H(z) = \dfrac{z^2 - 3}{z^2 - 5z + 6}, h(n) = -\dfrac{1}{2}\delta(n) - \dfrac{1}{2}(2)^n u(n) + 2(3)^n u(n)$

8-27 当 $10 < |z| \leqslant \infty$ 时，$h(n) = (0.5^n - 10^n) u(n)$，系统是因果，不稳定的。当 $0.5 < |z| < 10$ 时，$h(n) = 0.5^n u(n) + 10^n u(-n-1)$，系统是非因果，稳定的。

8-29 (1) $H(z) = \dfrac{z}{z+1}$ $h(n) = (-1)^n u(n)$

习题答案　607

(2) $y(n) = 5[1 + (-1)^n]u(n)$

8-30　在 $u(n)$ 作用下，$y(n) = \dfrac{a}{a-1}a^n u(n) - \dfrac{1}{a-1}u(n)$

在 $e^{jn\omega}u(n)$ 作用下，$y(n) = \dfrac{a}{a-e^{j\omega}}a^n u(n) - \dfrac{e^{j\omega}}{a-e^{j\omega}}e^{jn\omega}u(n)$

上两式右边的第一项为瞬态响应，第二项为稳态响应。

8-31　$H(e^{j\omega}) = e^{-j\frac{3\omega}{2}}\cos\omega \cdot \cos\left(\dfrac{\omega}{2}\right)$

8-32　$y(n) - ky(n-1) = x(n)$

$H(e^{j\omega}) = \dfrac{e^{j\omega}}{e^{j\omega} - k}$

$|H(e^{j\omega})| = \dfrac{1}{\sqrt{1 + k^2 - 2k\cos\omega}}$

$\varphi(\omega) = -\arctan\left(\dfrac{k\sin\omega}{1 - k\cos\omega}\right)$

8-34　(1) $y(n) = \sum\limits_{i=0}^{M-1} a^i x(n-i) \quad (M = 8)$

(2) $H(z) = \sum\limits_{i=0}^{M-1} a^i z^{-i} = \dfrac{1 - (az^{-1})^M}{1 - az^{-1}}$

(3) $h(n) = a^n [u(n) - u(n-M)] = \sum\limits_{i=0}^{M-1} a^i \delta(n-i)$

8-35　$y(n) = x(n) - \cos\left(\dfrac{2\pi}{N}\right)x(n-1) + 2\cos\left(\dfrac{2\pi}{N}\right)y(n-1) - y(n-2)$

$H(z) = \dfrac{1 - z^{-1}\cos\left(\dfrac{2\pi}{N}\right)}{1 - 2z^{-1}\cos\left(\dfrac{2\pi}{N}\right) + z^{-2}}$

$h(n) = \cos\left(\dfrac{2\pi n}{N}\right)u(n)$

8-36　(1) $H(z) = \dfrac{z}{z - \dfrac{1}{3}} \quad \left(|z| > \dfrac{1}{3}\right)$

$h(n) = \left(\dfrac{1}{3}\right)^n u(n)$

(2) $x(n) = (0.5)^n u(n-1)$

(3) 零点位于 $z = 0$，极点位于 $z = \dfrac{1}{3}$

(4) 呈低通特性，最大值为 1.5，最小值为 0.75

8-37　(1) $H(z) = \dfrac{10}{3}\left(\dfrac{z}{z - \dfrac{1}{2}}\right) - \dfrac{7}{3}\left(\dfrac{z}{z - \dfrac{1}{4}}\right)$

$\left(|z| > \dfrac{1}{2}\right)$

$h(n) = \left[\dfrac{10}{3}\left(\dfrac{1}{2}\right)^n - \dfrac{7}{3}\left(\dfrac{1}{4}\right)^n\right]u(n)$

(2) 零点位于 $z=0$ 和 $-\dfrac{1}{3}$，极点位于 $z=\dfrac{1}{4}$ 和 $\dfrac{1}{2}$

(3) 呈低通特性，最大值为 $\dfrac{32}{9}$，最小值为 $\dfrac{16}{45}$

8-38 (1) 零点位于 $ae^{j\omega_0}$ 和 $ae^{-j\omega_0}$ 都在单位圆之外，极点位于 $a^{-1}e^{j\omega_0}$ 和 $a^{-1}e^{-j\omega_0}$ 都在单位圆之内

(2) 由 $z=e^{sT}$ 或 $s=\dfrac{1}{T}\ln z$，令 $T=1$，可求得对应 s 平面的零点位于 $\ln a+j\omega_0$ 和 $\ln a-j\omega_0$，而极点位于 $-\ln a+j\omega_0$ 和 $-\ln a-j\omega_0$ 为全通系统

第九章

9-1 $\beta<1$

9-2 $\beta<-1$

9-3 $-\dfrac{5}{2}<\beta<\dfrac{3}{2}$

9-4 $\dfrac{A_1(s)A_2(s)}{1+A_1(s)F_1(s)+A_1(s)A_2(s)F_2(s)}$

9-5 $A_0(z)+\dfrac{A_1(z)}{1+A_1(z)F(z)}$

9-6 $A(s)=\dfrac{R_2}{R_1}, F(s)=1$

9-7 (1) $H(s)=\dfrac{1}{s^2-\dfrac{g}{L}}$，极点 $s_p=\pm\sqrt{\dfrac{g}{L}}$，其中一极点位于右半平面，系统不稳定

(2) $H(s)=\dfrac{1}{s^2-\dfrac{g}{L}+\dfrac{K}{L}}$，极点 $s_p=\pm\sqrt{\dfrac{g-K}{L}}$。当 $K<g$ 有一极点在右半平面，系统不稳定；当 $K=g$ 在 $s=0$ 处有二阶极点，系统不稳定；当 $K>g$ 在 $j\omega$ 轴上有共轭极点，系统处于边界稳定状态，倒立摆以无阻尼方式来回摆动

(3) $H(s)=\dfrac{1}{s^2+\dfrac{K_2 s}{L}+\dfrac{K_1-g}{L}}$，极点位于 $s_p=\dfrac{-K_2\pm\sqrt{K_2^2-4L(K_1-g)}}{2L}$，当 $K_2>0$ 和 $K_1>g$ 时系统稳定

9-8 (a) $H(s)=\dfrac{H_1H_2H_3H_4}{1+H_2H_3G_3+H_3H_4G_4+H_1H_2H_3G_2-H_1H_2H_3H_4G_1}$

9-9 (a) $H=\dfrac{ac+e}{1-ab-cd-edb}$

(b) $\dfrac{Y}{X_1}=\dfrac{ae}{1-cd}$

$\dfrac{Y}{X_2}=\dfrac{bce}{1-cd}$

9-10 (a) $H(s)=H_1H_2H_3H_4H_5+H_1H_6H_5(1-G_3)/[1-(H_2G_2+H_2H_3G_1+G_3+H_4G_4+G_4G_1H_5)+H_2G_2H_4G_4+H_2G_2G_3]$

(b) 令 $\Delta = 1 - (H_2G_2 + H_2H_3G_1 + G_3 + H_4G_4 + G_4G_1H_6)$
$\qquad + H_2G_2H_4G_4 + H_2G_2G_3$

$$H_{11}(s) = \frac{Y_1(s)}{X_1(s)} = \frac{1}{\Delta}[H_1H_8(1-H_4G_4-G_3)]$$

$$H_{21}(s) = \frac{Y_2(s)}{X_1(s)} = \frac{1}{\Delta}[H_1H_2H_3H_4H_5 + H_1H_6H_5(1-G_3)]$$

$$H_{12}(s) = \frac{Y_1(s)}{X_2(s)} = \frac{1}{\Delta}[H_7G_4G_1H_8]$$

$$H_{22}(s) = \frac{Y_2(s)}{X_2(s)}$$
$$= \frac{1}{\Delta}[H_7H_5(1-G_3-H_2G_2-H_2H_3G_1+G_2H_2G_3)]$$

9-12 $\quad \dfrac{V_o}{V_S} = -\dfrac{R_c\beta}{r_{be} + (1+\beta)R_e}$

9-13 $\quad H(z) = \dfrac{1 + 0.2z^{-1} - 0.2z^{-2}}{1 - 0.2z^{-1} + 0.3z^{-2} + z^{-3}}$

9-14
$$\boldsymbol{A} = \begin{bmatrix} -2 & -1 \\ -1 & -2 \end{bmatrix} \qquad \boldsymbol{B} = \begin{bmatrix} 1 \\ 1 \end{bmatrix}$$
$$\boldsymbol{C} = [0,1] \qquad \boldsymbol{D} = 0$$

9-15
$$\boldsymbol{A} = \begin{bmatrix} -1 & 0 \\ 0 & -2 \end{bmatrix} \qquad \boldsymbol{B} = \begin{bmatrix} 1 \\ -1 \end{bmatrix}$$
$$\boldsymbol{C} = [1,1]$$

9-16
$$\begin{cases} \dot{\lambda}_1(t) = -\dfrac{b}{a}\lambda_1(t) + \lambda_2(t) \\ \dot{\lambda}_2(t) = -\dfrac{c}{a}\lambda_1(t) + \lambda_3(t) \\ \dot{\lambda}_3(t) = -\dfrac{d}{a}\lambda_1(t) \end{cases}$$
$$r(t) = \dot{y}(t) = -\dfrac{b}{a^2}\lambda_1(t) + \dfrac{1}{a}\lambda_2(t)$$

9-17
$$\begin{cases} \dot{\lambda}_1(t) = -3\lambda_1(t) + 8e_1(t) + 7e_2(t) \\ \dot{\lambda}_2(t) = 2\lambda_1(t) - \lambda_2(t) + 4e_1(t) + e_2(t) \end{cases}$$
$$r(t) = 2\lambda_1(t) + 3\lambda_2(t)$$

9-18
$$\begin{cases} \lambda_1(n+1) = \lambda_2(n) \\ \lambda_2(n+1) = a\lambda_1(n) + \lambda_3(n) \\ \lambda_3(n+1) = \lambda_4(n) \\ \lambda_4(n+1) = b(a-1)\lambda_1(n) - a\lambda_2(n) + x(n) \end{cases}$$

$y(n) = \lambda_1(n)$

9-19 (1) $\alpha_1 = -a_1$, $\alpha_2 = -a_2$

$$\begin{bmatrix} \beta_0 \\ \beta_1 \\ \beta_2 \end{bmatrix} = \begin{bmatrix} 1 & 0 & 0 \\ a_1 & 1 & 0 \\ a_2 & a_1 & 1 \end{bmatrix}^{-1} \begin{bmatrix} b_0 \\ b_1 \\ b_2 \end{bmatrix}$$

(2) $\alpha_1 = -4, \alpha_2 = -3, \beta_0 = 1, \beta_1 = 2, \beta_2 = -3$

9-20 (a) 状态方程和输出方程为

$$\begin{cases} \dot{\lambda}_1(t) = -c\lambda_1(t) + K\lambda_2(t) \\ \dot{\lambda}_2(t) = \lambda_3(t) + e(t) - \lambda_1(t) \\ \dot{\lambda}_3(t) = (-a+c)\lambda_1(t) - c\lambda_3(t) + (a-c)e(t) \end{cases}$$

$r(t) = \lambda_1(t)$

其中 $\lambda_1, \lambda_2, \lambda_3$ 为状态变量。

(b) 选择各一阶系统的状态变量分别以 $\lambda_1, \lambda_2, \lambda_3$ 表示。状态方程和输出方程为

$$\begin{cases} \dot{\lambda}_1(t) = -b\lambda_1(t) + (c-b)\lambda_2(t) + (b-c)\lambda_3(t) + (c-b)e(t) \\ \dot{\lambda}_2(t) = -a\lambda_2(t) + (a-b)\lambda_3(t) + (b-a)e(t) \\ \dot{\lambda}_3(t) = \lambda_1(t) + \lambda_2(t) - (c+1)\lambda_3(t) + e(t) \end{cases}$$

$r(t) = \lambda_1(t) + \lambda_2(t) - \lambda_3(t) + e(t)$

9-21 在题图 9-21 中取下列状态变量:接地电感中的电流 λ_1(方向自上而下),水平位置电感中的电流 λ_2(方向自左而右),电容电压 λ_3 和 λ_4(方向左正右负),建立如下状态方程和输出方程

$$\begin{cases} \dot{\lambda}_1(t) = -\dfrac{R}{2L}\lambda_1(t) - \dfrac{1}{2L}\lambda_3(t) + \dfrac{1}{2L}\lambda_4(t) + \dfrac{1}{2L}e(t) \\ \dot{\lambda}_2(t) = \dfrac{1}{L}\lambda_3(t) + \dfrac{1}{L}\lambda_4(t) \\ \dot{\lambda}_3(t) = \dfrac{1}{2C}\lambda_1(t) - \dfrac{1}{C}\lambda_2(t) - \dfrac{1}{2RC}\lambda_3(t) - \dfrac{1}{2RC}\lambda_4(t) + \dfrac{1}{2RC}e(t) \\ \dot{\lambda}_4(t) = -\dfrac{1}{2C}\lambda_1(t) - \dfrac{1}{C}\lambda_2(t) - \dfrac{1}{2RC}\lambda_3(t) - \dfrac{1}{2RC}\lambda_4(t) + \dfrac{1}{2RC}e(t) \end{cases}$$

$r(t) = -\dfrac{R}{2}\lambda_1 - \dfrac{1}{2}\lambda_3 - \dfrac{1}{2}\lambda_4 + \dfrac{1}{2}e(t)$

9-22 $e^{At} = \begin{bmatrix} 1 & \dfrac{1}{2}(e^t - e^{-t}) & \dfrac{1}{2}(e^t + e^{-t}) - 1 \\ 0 & \dfrac{1}{2}(e^t + e^{-t}) & \dfrac{1}{2}(e^t - e^{-t}) \\ 0 & \dfrac{1}{2}(e^t - e^{-t}) & \dfrac{1}{2}(e^t + e^{-t}) \end{bmatrix}$

9-23 $\begin{cases} \lambda_1(t) = 10e^{2t} - 7e^{3t} \\ \lambda_2(t) = -5e^{2t} + 7e^{3t} \end{cases}$

9 – 24 设 λ_1 为该城市人口数,λ_2 为外地人口数,n 为年。
$$\begin{cases} \lambda_1(n+1) = (1+\gamma)[(1-\beta)\lambda_1(n) + \alpha\lambda_2(n)] \\ \lambda_2(n+1) = (1+\gamma)[\beta\lambda_1(n) + (1-\alpha)\lambda_2(n)] \end{cases}$$
为预测未来人口数,还需知道某起始年份的人口数 $\lambda_1(0)$ 和 $\lambda_2(0)$ 作为起始条件即可求解。

9 – 25
(1) $\begin{cases} \lambda_1(n) = \left(\dfrac{1}{2}\right)^{n-1} u(n-1) \\ \lambda_2(n) = \dfrac{1}{6}\left[7\left(\dfrac{1}{2}\right)^{1-n} - \left(\dfrac{1}{2}\right)^{n-1}\right] u(n-1) \end{cases}$

$y(n) = h(n) = \left(\dfrac{1}{2}\right)^{n-2} u(n-1)$

(2) $y(n) - \dfrac{1}{2}y(n-1) = 2x(n-1)$

9 – 26 (1) $a = 3 \quad b = -4$

(2) $\begin{cases} \lambda_1(n) = 4(-1)^n - 2(-2)^n \\ \lambda_2(n) = 4(-1)^n - 3(-2)^n \end{cases}$

9 – 27 (1) $\begin{cases} \lambda_1(n) = [1 + (-1)^n](\sqrt{2})^n \\ \lambda_2(n) = [(1-\sqrt{2}) + (-1)^n(1+\sqrt{2})](\sqrt{2})^n \end{cases}$

(2) $y(n) - 4y(n-2) = x(n) - 4x(n-2)$

(3) $y(n) = 3 \cdot 2^n + 2(-2)^n$

差分方程的特解等于 0。

9 – 28 证明 $h_1(t) = \int_0^t Ce^{A(t-\tau)} Be(\tau) d\tau \Big|_{e(\tau)=\delta(\tau)} = Ce^{At}B$

$h_2(t) = \int_0^t B^T e^{-A^T(t-\tau)} C^T e(\tau) d\tau \Big|_{e(\tau)=\delta(\tau)} = B^T e^{-A^T t} C^T$

$[h_2(t)]^T = h_2(t) = [B^T e^{-A^T t} C^T]^T = Ce^{-At}B = h_1(-t)$

9 – 29 (1) 系统可控,但不可观

(2) $H(s) = \dfrac{1}{(s+1)^2}$

9 – 30 $M = \begin{bmatrix} 1 & -3 \\ 1 & -3 \end{bmatrix}, \quad N = \begin{bmatrix} 0 & 1 \\ -1 & -2 \end{bmatrix}$

因此,系统不完全可控,完全可观。

$H(s) = \dfrac{1}{s+3}$

9 – 31 (1) $\hat{A} = \begin{bmatrix} 1 & 0 & 0 & 0 \\ 0 & 2 & 0 & 0 \\ 0 & 0 & 3 & 0 \\ 0 & 0 & 0 & 4 \end{bmatrix}, \hat{B} = \begin{bmatrix} 1 \\ 0 \\ 0 \\ 1 \end{bmatrix}$

$\hat{C} = [0, 0, 1, 1]$

(2) 不完全可控,不完全可观

(3) $H(s) = \dfrac{1}{s-4}$

9-32 (1)

$$\dot{\boldsymbol{\lambda}}(t) = \begin{bmatrix} \dot{\lambda}_1(t) \\ \dot{\lambda}_2(t) \end{bmatrix} = \left[\begin{array}{cc:c} 0 & 1 & 0 \\ -3 & -4 & 0 \\ \hdashline 2 & 1 & -2 \end{array}\right] \begin{bmatrix} \lambda_1(t) \\ \lambda_2(t) \end{bmatrix} + \begin{bmatrix} 0 \\ 1 \\ \cdots \\ 0 \end{bmatrix} e(t)$$

$$r_2(t) = [0, 0 \vdots 1] \begin{bmatrix} \lambda_1(t) \\ \lambda_2(t) \end{bmatrix}$$

(2) 该串联系统不可控,但可观

(3) $H_1(s) = \dfrac{(s+2)}{(s+1)(s+3)}$

$H_2(s) = \dfrac{1}{s+2}$

$H(s) = H_1(s)H_2(s) = \dfrac{1}{(s+1)(s+3)}$

即串联后有零极点相消现象。

索 引

二 画

人工神经网络	neural network	36,242
几何级数	geometric series	580
~的求值	evaluation of ~	580

三 画

上升时间	rise time	277,368
已调信号	modulated signal	288,289
子波(小波)	wavelet	295,319

四 画

方程	equation	28,31
代数~	algebraic ~	31
微分~	differential ~	31,42
偏微分~	partial differential ~	31
差分~	difference ~	31
方均值(均方值)	mean-square value	330
方均误差(均方误差)	mean-square error	100,330
分解	decomposition	23
分量	component	23
直流~	direct ~	23
交流~	alternating ~	23
正弦~	sine ~	90
余弦~	cosine ~	90
基波~	fundamental ~	91
谐波~	harmonic ~	91
偶~	even ~	23
奇~	odd ~	23
脉冲~	pulse ~	24
实~	real ~	26

虚 ~	imaginary ~	26
分形	fractal	27
内积	inner product	321,326
匹配滤波器	match filter	363
无失真传输	distortionless transmission	272
尺度(变换)特性	scaling property	10,127,187,443
双边 z 变换	bilateral(two-sided) z transform	422
双线性变换	bilinear transformation	486
开环系统	open-loop system	498
反馈系统	feedback system	497
支路	branch	503

五 画

电路	circuit	2
电压	voltage	207
~源	~ source	202
电流	current	207
~源	~ source	202
电信网络	telecommunication network	309
功率	power	324,336
~谱	power spectrum	356,357
平均~	average ~	324,347
正弦积分	sine integral	278
正交	orthogonal	329
~性	orthogonality	329
~函数	~ function	330
~分量	~ component	330
~函数集	set of ~ function	332
完备~函数集	complete set of ~ function	335
规格化~函数集	normalized set of ~ function	334
包络线	envelop	107,292
对称性	symmetry	123
对偶性	duality	21,29
齐次性(均匀性)	homogeneity	33
齐次解	homogeneous solution	47
失真	distortion	272
幅度~	amplitude ~	272
相位~	phase ~	272

线性 ~ linear ~		272
矢量空间 vector space		322,323
白噪声 flat noise		357
可逆系统 invertible system		32
可实现性 realizability		282
系统的物理 ~ physical ~ of system		282
本地载波 local carrier		289
卡尔曼 Kalman		493
可观测性 observability		493,547
可控制性 controllability		493,547
对角线矩阵 diagonal matrix		521
矢量微分方程 vector differential equation		526
矢量差分方程 vector difference equation		537
边界条件 boundary condition		397

六　画

冲激 impulse		16
~函数　~ function		16,72
~响应　~ response		57,206
~偶　doublet		21,78
~不变法　~ invariance		483
因特网 Internet		2
因果性 causality		34,406
因果系统 causal system		35,406
收敛 convergence		178,426
~域　region of ~ (ROC)		179,426
~轴(坐标)　axis(Abscissa) of ~		179
有效值 effective value		325
有理分式 rational fraction		191
有线电视网 wired television network		311,314
回波系统 echo system		77
多径失真 multipath distortion		76
多项式 polynomical		337
切比雪夫 ~ Chebyshev ~		337
勒让德 ~ Legendre ~		337
雅可比 ~ Jacobi ~		337
多路复用 multiplex		288,304
频分 ~ frequency-division ~ (FDM)		304

时分~	time-division ~ (TDM)	304
码分~	code-division ~ (CDM)	370
吉布斯现象	Gibbs phenomenon	102,281
共轭	conjugate	193,211,227
阶(次)	order	29
同步解调	synchronous detection	289
网络	network	2,3
滤波~	filter ~	219
全通~	all-pass ~	234
最小相移~	minimum-phase ~	236
信息~	information ~	1,2,3
全球定位系统(GPS)	global positioning system	1
传输算子	transfer operator	82,209
齐次解	homogeneous solution	47,392
约当矩阵	Jordan matrix	523
闭环系统	closed-loop system	498

七　画

系统	system	2,28
线性~	linear ~	31,60
非线性~	nonlinear ~	31
时不变~(非时变~)	time-invariant ~	31,60
时变~	time-varying ~	31
连续时间~	continuous-time ~	31,42
离散时间~	discrete-time ~	31
集总参数~	lumped-parameter ~	31
分布参数~	distributed-parameter ~	31
即时~	instantaneous ~	31
动态~	dynamic ~	31
稳定~	stable ~	238
不稳定~	nonstable ~	238
临界稳定~	marginally stable ~	238
物理~	physical ~	3
非物理~	nonphysical ~	3
人工~	man-made ~	3
自然~	natural ~	3
~函数	~ function	204,268
~仿真	simulation of ~	501

间断点（不连续点）	discontinous point	102
杜阿美尔积分	Duhamel integral	67,88
状态	state	53
～变量方法	～ variable method	35,494
初始～	initial ～	53
起始～	original ～	53
～变量	～ variable	495
～矢量	～ vector	495
～空间	～ space	495
～轨迹	～ trajectory	495
～方程	～ equation	494,513
～转移矩阵	～ transition matrix	527
初始条件	initial condition	50,53
初值定理	initial value theorem	188,444
极点	pole	192,209,432,473
围线积分	contour integral	196,432
均匀性（齐次性）	homogeneity	33
狄里赫利条件	Dirichlet condition	91,114
时域	time domain	42
时间常数	time constant	7,280
时移特性	time-shifting property	9,130,186
希尔伯特变换	Hilbert transform	285
序列	sequence	379
单位样值～	unit sample ～	381
（单位冲激～）	(unit impulse ～)	381
单位阶跃～	unit step ～	382
矩形～	rectangular ～	382
斜变～	ramp ～	383
指数～	exponential ～	383
正弦～	sinusoidal ～	384
复指数～	complex exponential ～	384
有限长～	finite length ～	427
序列的傅里叶变换（离散时间傅里叶变换 DTFT）	discrete time Fourier transform	464

八　画

函数	function	4
奇～	odd ～	95

偶～	even ～	95
奇谐～	odd harmonic ～	96
奇异～	singularity ～	13
抽样～	（Sa～）sampling(Sa)～	8
冲激～	impulse ～	16,73
单位冲激～	unit impulse ～	16
狄拉克～	Dirac's ～	18
δ～	Delta ～	16
阶跃～	step ～	14,73
单位阶跃～	unit step ～	14
指数阶	～ of exponential order	179
转移～	transfer ～	206,207
策动点～	driving point ～	206,207
系统～	system ～	204,265
网络～	network ～	204
原～	orginal ～	176
象～	transform ～	176
频谱～	spectrum ～	110
频谱密度～	spectrum density ～	110
全通～	all-pass ～	233
最小相移～	minimum-phase ～	237
符号(正负号)～	signum ～	16
沃尔什～	Walsh ～	337
拉德马赫～	Rademacher ～	337
实～	real ～	125
虚～	imaginary ～	125
有理～	rational ～	191
分配～	distribution ～	19
相关～	correlation ～	346
抽样 sampling		151
～(频)率	～(frequency) rate	158
～间隔	～ interval	158
时域～	time domain ～	152
频域～	frequency domain ～	155
冲激～	impulse ～	154
抽样定理 sampling theorem		158
时域～	time domain ～	159
频域～	frequency domain ～	160

拉普拉斯变换　Laplace transform	174
单边~　single-sided ~	176
双边~　two-sided(bilateral) ~	176,243
~的性质　properties of ~	182
拉普拉斯逆变换　inverse Laplace transform	191
卷积　convolution	61,65,190,351
~积分　~ integral	61,68
~的性质　properties of ~	71
卷积定理　convolution theorem	139,190,445,448
时域~　time domain ~	139,190,445
频域~　frequency domain ~	139,190
z 域~　z domain ~	448
卷积和　convolution sum	407
迭代法　iteration method	392
单边 z 变换　single(one) sided z transform	421
留数　residue	191,432
~定理　~ theorem	191,196,432
奈奎斯特频率　Nyquist frequence	160
奈奎斯特间隔　Nyquist interval	160
周期　period	4
帕塞瓦尔方程　Parseval's equation	335
帕塞瓦尔定理　Parseval's theorem	335
佩利—维纳准则　Paley-Wiener criterrion	282
终值定理　final theorem	189,445
变换域　transform domain	36,88
~方法　~ method	36
欧拉公式　Euler's formula	8
实部　real part	26,125
实轴　real axis	211
码分多址(CDMA)　code division multiple access	370
非对称数字用户环路(ADSL)　asymmetrical digital subscriber line	311

九　画

信号　signal	1,3,9,23
周期~　periodic ~	4
非周期~　nonperiodic(aperiodic) ~	4
确定性~　determinate ~	4

随机 ~	random ~	4
连续(时间) ~	continuous(time) ~	5
离散(时间) ~	discrete(time) ~	5
数字 ~	digital ~	5
模拟 ~	analog ~	5
指数 ~	exponential ~	6
正弦 ~	sine ~	7
余弦 ~	cosine ~	7
复指数 ~	complex exponential ~	8
斜变 ~	ramp ~	13
矩形脉冲 ~	rectangular pulse ~	15,102,115
三角形脉冲 ~	triangular pulse ~	107
锯齿波 ~	sawtooth wave ~	107
高斯(钟形脉冲) ~	Gaussian ~	9,117
升余弦 ~	raised cosine ~	119
升余弦滚降 ~	raised cosine roll-off	165
冲激 ~	impulse ~	16,120,181
单位冲激 ~	unit impulse ~	16,120,181
阶跃 ~	step ~	14,122,180
单位阶跃 ~	unit step ~	14,123
能量 ~	energy ~	346
功率 ~	power ~	346
信号流图	signal-flow graph	500
信息高速公路	information super-highway	314
测不准原理	uncertainty principle	367
柯西 - 施瓦茨不等式	Cauchy-Schwarz inequality	328
范数	norm	323
相关	correlation	346,352
自 ~	autocorrelation	350
互 ~	crosscorrelation	350
~ 系数	~ coefficient	347
~ 定理	~ theorem	353
~ 函数	~ function	347
响应	response	29
零状态 ~	zero-state ~	57,392,398
零输入 ~	zero-input ~	57,392,398
稳态 ~	steady-state ~	59,217,471
瞬态 ~	transient ~	59,217,472

自由 ~	natural ~	50,58,215,398
强迫 ~	forced ~	50,58,215,398
冲激 ~	impulse ~	61
阶跃 ~	step ~	61
单位样值(冲激) ~	unit sample(impulse) ~	403
完全 ~	total ~	50,396,397
脉冲宽度	width of pulse	105
脉冲编码调制(PCM)	pulse code modulation	302
复频率	complex frequency	177
矩阵	matrix	208
范德蒙德 ~	Vandermonde ~	50,397
矩阵的秩	rank of matrix	549
矩阵指数	matrix exponetial	526
费班纳西数列	Fibonacci sequence of numbers	391
逆系统	inverse system	32,77
结点	node	503
输入 ~(源点)	source ~	503
输出 ~(阱点)	sink ~	503
洛朗级数	Laurent series	422

十　画

消息	message	1
通信	communication	2,285
通带	pass-band	231
通带宽度	width of pass-band	231
部分分式展开	partial fraction expansion	191
载波	carrier wave, carrier	288
调制	modulation	287
振幅 ~(调幅)	amplitude ~ (AM)	291
抑制载波振幅 ~	suppressed carrier amplitude ~ (SC-AM)	291
单边带 ~	single side-band ~ (SSB)	291,317
特解	particular solution	48
特征根	characteristic root	48
特征方程	characteristic equation	48
诺顿定理	Norton's theorem	202
特征矩阵	characteristic matrix	527
起始值	original value	388
海诺塔	tower of Hanoi	417

样值　sample　379

差分方程　difference equation　387

倒立摆　inverted pendulum　500

流图转置　transpose of flow graph　505

通路　path　503

　　开~　open ~　503

　　闭~　closed ~　503

　　前向~　forward ~　504

十 一 画

离散　discrete　5

　　~时间信号　~ time signal　5

　　~时间系统　~ time system　31

虚部　imaginary part　26,125

虚轴　imaginary axis　211

基尔霍夫电压定律　Kirchhoff's voltage law(KVL)　202

基尔霍夫电流定律　Kirchhoff's current law(KCL)　202

维纳-欣钦关系　Wiener-Khintchine relation　357

混叠　aliasing　159

混沌　chaos　4

综合业务数字网(ISDN)　integrated services digital network　312

理想低通滤波器　ideal low-pass filter　276

离散时间傅里叶变换(DTFT 序列的傅里叶变换)　465
　　discrete time Fourier transform

维纳　Wiener　499

梅森公式　Mason formula　509

移动通信网　mobile communication network　311,313

十 二 画

傅里叶级数　Fourier series　90

　　三角~　trigonomitric ~　90

　　指数~　exponential ~　92

　　广义~　generalized ~　331

　　有限项~　finite term ~　98

傅里叶变换　Fourier transform　110

　　~的性质　properties of ~　123

　　离散~　discrete ~ (DFT)　36

　　快速~　fast ~ (FFT)　36

傅里叶分析　Fourier analysis	89
傅里叶系数　Fourier coefficient	95
量化　quantization	302
窗函数　window function	282,293
棣莫弗　Demoivre	420
幂级数　power series	433
～展开法　～ expansion method	433

十 三 画

频率　frequency	7
角～　angular ～	7
固有(自然)～　natural	50,215
截止～　cut-off ～	219,280
频率响应　frequency response	218,471
频谱　frequency spectrum, spectrum	91
离散～　discrete ～	92,114
连续～　continuous ～	114
～密度　～ density	110
周期信号的～　～ of periodic signal	102
非周期信号的～　～ of nonperiodic signal	113
幅度～　amplitude ～	92
相位～　phase ～	92
复数～　complex ～	93
能量～　energy ～	354
功率～　power ～	356,358
频域　frequency domain	89,177
～分析　～ analysis	89
复～　complex ～	177
频移特性　frequency-shifting property	132
频带宽度　bandwidth	104
群时延　group delay	274,293
零点　zero	192,209,432,473
零极点图　zero-pole plot(diagram)	211,462
零输入线性　zero-input linearity	60
零状态线性　zero-state linearity	60
叠加性　superposition property	33,385
遗传算法　genetic algorithm	36
解卷积(反卷积)　deconvolution	411

数字滤波器　digital filter	480
数字－模拟转换　Digital-to-Analog(D/A) conversion	302,378,480
数字化世界　digitize world	378
输出方程　output equation	496,514,530
数字用户接入电路(DLC)　digital subscriber line interface circuit	312

十四画以上

算子　operator	78,402
移序~　sequency shift operator	402
算子符号　operational notation	78,402
稳定　stabilization	237
~性　stability	237
~系统　stable system	238
激励　excitation	47
~函数　~ function	207
~信号　~ signal	29
戴维宁定理　Thevenin's theorem	201
模型　model	28
模拟－数字(A/D)转换　analog-to-digital conversion	302,378,480
模糊集理论　fuzzy set theory	36
模拟用户接入电路(ALC)　analog subscriber line interface circuit	311

参 考 书 目

[1] 郑君里,应启珩,杨为理.信号与系统(上册、下册)[M].2 版.北京:高等教育出版社,2000.(1981 第一版)

[2] 郑君里.教与写的记忆——信号与系统评注[M].北京:高等教育出版社,2005.

[3] 谷源涛,应启珩,郑君里.信号与系统——MATLAB 综合实验[M].北京:高等教育出版社,2008.

[4] 常迵.无线电信号与线路原理(上册、中册)[M].北京:高等教育出版社,1965.

[5] 管致中,夏恭恪,孟桥.信号与线性系统(上册、下册).4 版.北京:高等教育出版社,2004.

[6] 吴大正,杨林耀,张永瑞,等.信号与线性系统分析[M].4 版.北京:高等教育出版社,2005.

[7] 朱钟霖.信号与线性系统分析[M].北京:中国铁道出版社,1993.

[8] 张谨,赫慈辉.信号与系统[M].北京:人民邮电出版社,1987.

[9] 芮坤生.信号分析与处理[M].北京:高等教育出版社,2003.

[10] 吴湘淇.信号、系统与信号处理(上册、下册)[M].北京:电子工业出版社,1996.

[11] Oppenheim A V, Willsky A S, Nawab S H. Signals and Systems[M].2nd ed. Prentice-Hall,1997.

中译:刘树棠译.信号与系统[M].西安:西安交通大学出版社,1998.

[12] W. McC. Siebert. Circuits, Signals, and Systems[M]. The MIT Press McGraw-Hill Book Company, 1986.

中译:朱钟霖,周宝珀译.电路、信号与系统[M].北京:科学出版社,1991.

[13] Haykin Simon, Barry Van Veen. Signals and Systems[M]. 2nd ed. John Wiley & Sons, Inc, 2003.

中译:林秩盛等译.信号与系统[M].北京:电子工业出版社,2004.

[14] Lee Edward A, Varaiya Pravin, Structure and Interpretation of Signals and Systems [M]. Pearson Education, Inc. 2003.

中译:吴利民等译.信号与系统结构精析[M].北京:电子工业出版社,2006.

[15] Kamen Edward W, Heck Bonnie S. Fundamentals of Signals and Systems Using the Web and MATLAB [M]. Prentice Hall, 2000.

中译:高强等译.应用 Web 和 MATLAB 的信号与系统基础[M].北京:电子工业出版社,2002.

[16] Ambardar Ashok. Analog and Digital Signal Processing [M]. 2nd ed. Thomson, 1999.

中译:冯博琴等译.信号、系统与信号处理[M].北京:机械工业出版社,2001.

[17] Girod Bernd, Rabenstein Rudolf, Stender Alexander. Signals and Systems [M]. John Wiley & Sons, Inc. 2001.

[18] Lindner Douglas K. Introduction to Signals and Systems [M]. McGraw-Hill, 1999.

[19] Roberts Michael J. Signals and Systems Analysis Using Transform Methods and MATLAB [M]. McGraw-Hill, 2004.

中译:胡剑凌等译.信号与系统[M].北京:机械工业出版社,2006.

[20] Lath B P. Linear Systems and Signals [M]. Oxford University Press, 2004.

中译:刘树棠等译.线性系统与信号[M].西安:西安交通大学出版社,2006.

[21] McClellan J H, Schafer R W, Yoder M A. Signal Processing First [M]. Prentice-Hall, 2003.

中译:周利清等译.信号处理引论[M].北京:电子工业出版社,2005.

[22] Mason S J, Zimmerman H J. Electronic Circuits, Signals and Systems [M]. John Wiley & Sons, Inc, 1960.

[23] Cheng D K(郑钧). Analysis of Linear Systems [M]. Addison-wesly, 1959.

中译:毛培法译.线性系统分析[M].北京:科学出版社,1979.

[24] Liu C L, Liu Jane W S. Linear Systems Analysis [M]. McGraw-Hill, Inc, 1975.

[25] Papoulis A. Circuit and System: A Modern Approach [M]. HRW, 1980.

中译:葛果行等译.电路与系统——模拟与数字新讲法[M].北京:人民邮电出版社,1983.

[26] Gabel R A, Roberts R A. Signals and Linear systems [M]. 3rd ed. John Wiley and Sons, Inc., 1987.

[27] McGillem C D, Cooper G R. Continuous and Discrete Signal and System

Analysis [M]. 3rd ed. Holt, Rinehart and Winston, Inc. 1991.

[28] Ziemer R E, Tranter W H, Fannin D R. Signals and Systems: Continuous and Discrete [M]. 4th ed. Prentice-Hall, Inc., 1998.
中译:肖志涛等译. 信号与系统——连续与离散[M]. 北京:电子工业出版社,2005.

[29] Kwakernaak H and Sivan R. Modern Signals and Systems [M]. Prentice-Hall, Inc., 1991.

[30] Poularikas A D, Seely S. Signals and Systems [M]. 2nd ed. PWS-KNET Publishing Company, 1991.

[31] Jackson L B. Signals, Systems and Transforms [M]. Addison-Wesley Publishing Company, 1991.

[32] Papoulis A. The Fourier Integral and Its Applications [M]. McGraw-Hill, Inc., 1962.

[33] Phillips C I. Signals, Systems and Transforms [M]. 3rd ed. Prentice-Hall, 2003.

[34] Chen Chi-Tsong. Signals and Systems [M]. Oxford University Press, 2004.

[35] Cha Philip D, Molinder John I. Fundamentals of Signals and Systems A building block approach [M]. Cambridge University Press, 2006.

[36] Sundararajan D. A Practical Approach to Signals and Systems [M]. John Wiley & Sons, Inc., 2008.

[37] Burrus C Sidney, et al. Computer-Based Exercises for Signal Processing using MATLAB [M]. Prentice-Hall, Inc., 1994.

[38] Stonick Virginia, Bradley Kevin. Labs for Signals and Systems Using MATLAB [M]. PWS Publishing Company, 1996.

[39] 郑君里,谷源涛. 信号与系统课程历史变革与进展[C]//电子电气课程报告论坛论文集 2008. 北京:高等教育出版社,2009.

作者声明

未经本书作者和高等教育出版社允许,任何单位或个人均不得以任何形式将《信号与系统引论》中的习题解答后出版,不得翻印或在出版物中选编、摘录本书的内容;否则,将依照《中华人民共和国著作权法》追究法律责任。

郑重声明

高等教育出版社依法对本书享有专有出版权。任何未经许可的复制、销售行为均违反《中华人民共和国著作权法》，其行为人将承担相应的民事责任和行政责任；构成犯罪的，将被依法追究刑事责任。为了维护市场秩序，保护读者的合法权益，避免读者误用盗版书造成不良后果，我社将配合行政执法部门和司法机关对违法犯罪的单位和个人进行严厉打击。社会各界人士如发现上述侵权行为，希望及时举报，我社将奖励举报有功人员。

反盗版举报电话　　（010）58581999　58582371

反盗版举报邮箱　　dd@hep.com.cn

通信地址　北京市西城区德外大街4号　高等教育出版社法律事务部

邮政编码　100120